Springer Collected Works in Mathematics

Springer Collected Works in Mathematics

For further volumes:
http://www.springer.com/series/11104

F. Klein

Felix Klein

Gesammelte Mathematische Abhandlungen I

Liniengeometrie -
Grundlegung der Geometrie zum
Erlanger Programm

Editors

Robert Fricke · Alexander Markowitsch Ostrowski

Reprint of the 1921 Edition

 Springer

Author
Felix Klein
(1849 Düsseldorf, Germany –
   1925 Göttingen, Germany)

Editors
Robert Fricke
(1861 Helmstedt, Germany –
   1930 Bad Harzburg, Germany)

Alexander Markowitsch Ostrowski
(1893 in Kiew, Russia – 1986
   Montagnola/Lugano, Switzerland)

ISSN 2194-9875
ISBN 978-3-662-45462-6   (Softcover)
       978-3-642-51898-0   (Hardcover)
DOI 10.1007/978-3-642-51960-4
Springer Heidelberg New York Dordrecht London

Library of Congress Control Number: 2012954381

Printed on acid-free paper

Springer is part of Springer Science+Business Media (www.springer.com)

FELIX KLEIN
GESAMMELTE MATHEMATISCHE ABHANDLUNGEN

ERSTER BAND

LINIENGEOMETRIE

GRUNDLEGUNG DER GEOMETRIE

ZUM ERLANGER PROGRAMM

HERAUSGEGEBEN

VON

R. FRICKE UND **A. OSTROWSKI**

(VON F. KLEIN MIT ERGÄNZENDEN ZUSÄTZEN VERSEHEN)

MIT EINEM BILDNIS

BERLIN

VERLAG VON JULIUS SPRINGER

1921

ISBN 978-3-642-51898-0   ISBN 978-3-642-51960-4 (eBook)
DOI 10.1007/978-3-642-51960-4

VORWORT.

Die umfassende Wirksamkeit, welche Felix Klein in den vielseitigen Richtungen seiner Betätigung ausgeübt hat, wurzelt in dem engeren Gebiete seiner rein mathematischen Forschungen und in der wichtigen Stellung, welche die Ergebnisse dieser Forschungen, sowie ihre Grundauffassung und Methodik in der neueren Gesamtentwicklung der mathematischen Wissenschaft einnehmen. Bereits in den ersten Schöpfungen Kleins war der Weg vorgezeichnet, dessen folgerechte Weiterbildung zu seiner mathematischen Denkweise hinführte. Im Laufe der Jahrzehnte hat Klein seine Auffassung und Methodik in fast allen Einzeldisziplinen der Mathematik zur glänzenden Durchführung gebracht und so eine Entwicklung geschaffen, die mit außerordentlicher Fruchtbarkeit überall eine Fülle neuer Gesichtspunkte und Probleme schuf, und deren früheste Periode jetzt eben im Laufe des letzten Jahrzehntes in die Entwicklung der mathematischen Physik in so überraschender Weise klärend und grundlegend eingriff.

Kleins mathematische Auffassungen entstammen der geometrischen Denkweise. Die neueste Mathematik wird demgegenüber von den Begriffen der Zahl und der Menge beherrscht. Doch wieviel ärmer wäre diese mehr kritische als produktive Periode unserer Wissenschaft, hätte sie nicht zuvor von den der Geometrie entstammenden Auffassungen jene mächtigen Impulse erlebt, welche nicht nur in der Geometrie selbst, sondern auch in der Algebra, Gruppentheorie und vor allem in der Funktionentheorie die wahren und wertvollen Gegenstände und Probleme auch für die spätere mehr kritische Bearbeitung ans Licht brachte!

Die Vielseitigkeit der Forschungen Kleins brachte ihn in unmittelbare Berührung und persönliche Fühlung mit einer sehr großen Anzahl deutscher und ausländischer Gelehrter Für die Weiterführung seiner Ideen trat eine stattliche Reihe von Mitarbeitern und Schülern ein. Seit lange war demnach im Kreise der Freunde und Schüler Kleins der Wunsch rege geworden, die wissenschaftlichen Werke Kleins in einer einheitlichen Gesamtausgabe vereinigt zu sehen. Die Feier des goldenen Doktorjubiläums Kleins am 12. Dezember 1918 gab den willkommenen Anlaß, zur Schaffung einer solchen Ausgabe den ersten Schritt zu unternehmen. Den Text der Urkunde, die dem Jubilar zu diesem Zwecke am genannten. Tage überreicht wurde, bringen wir unten zum Abdruck.

Die Unterzeichneten haben es sich zu einer besonderen Ehre angerechnet, an ihrem Teile Herrn Geheimrat Klein bei der Herausgabe seiner gesammelten mathematischen Abhandlungen behilflich sein zu dürfen. Die Ausgabe ist auf drei ungefähr gleich starke Bände berechnet, an welche sich noch ein kurzer Registerband anschließt. Gleich mit Beginn der geschäftlichen Verhandlungen über Druck und Verlag der Neuausgabe hat Klein in eingehenden Besprechungen mit Ostrowski die Vorbereitungen zum Drucke insbesondere des ersten Bandes begonnen. In Verbindung hiermit hat Klein über seine zunächst in Betracht kommenden Arbeiten vor einem kleinen Kreise von Zuhörern Vorträge gehalten, aus denen dann wesentlich die Vorbemerkungen und Zusätze entstanden sind, die unserer Neuausgabe ihren besonderen Wert verleihen. Eine Eigenart der Kleinschen Produktion ist es, daß er immer mit Freunden und Schülern arbeitete. Dementsprecheud berichten die genannten Bemerkungen wesentlich über die Art der Entstehung der einzelnen Abhandlungen.

Längere Überlegungen Kleins mit Ostrowski haben die Anordnung der Abhandlungen ergeben, welche für den ersten Band durchgeführt und für die folgenden Bände wenigstens im allgemeinen festgelegt ist. Wir haben die auf den zweiten und dritten Band bezüglichen Einzelangaben, weil sie noch nicht bindend sein können, im Einverständnis mit der Verlagsbuchhandlung nur auf den Umschlag des gegenwärtigen Bandes gesetzt. Es ist eine Mischung von sachlicher Anordnung mit chronologischen Gesichtspunkten befolgt. Hierdurch gelang es, jedem der drei ersten Bände einen geschlossenen Charakter zu erteilen.

Erschöpft ist die Summe der auf Klein zurückgehenden Fortschritte durch unsere Ausgabe allerdings noch nicht. Manche seiner Ideen und Resultate finden sich nämlich nur in den Veröffentlichungen seiner Mitarbeiter eingestreut, und es erscheint ganz unmöglich, sie systematisch herauszulösen und zu sammeln, weil sie mit den jeweiligen Gedankengängen der anderen organisch verknüpft sind. Auf Beziehungen dieser Art konnte demnach nur gelegentlich hingewiesen werden.

Der vorliegende erste Band enthält insbesondere die Mehrzahl der rein geometrischen Arbeiten Kleins, mit Ausnahme derjenigen über Realitätsverhältnisse algebraischer Gebilde und Analysis situs, die für den zweiten Band zurückgestellt wurden. Demnach umfaßt der erste Band den Hauptteil der Abhandlungen Kleins aus seiner ersten Schaffensperiode (1868—1872), zusammen mit den Weiterbildungen, welche die damals entstandenen Grundanschauungen im Laufe der Zeit gefunden haben. Im vorliegenden Bande fanden auch die letzten Aufsätze ihren Platz, mit denen Klein an seine Jugendarbeiten anknüpfend zur modernen Relativitätstheorie der Physiker Stellung nehmen konnte.

Der Text der Abhandlungen ist vor dem Druck durchgesehen und an einzelnen Stellen sind kleine Verbesserungen angebracht worden. Da manche der Abhandlungen bereits an verschiedenen Stellen abgedruckt und dabei auch wiederholt kleine Änderungen im Texte vorgenommen sind, würde ein pedantisches Eingehen auf alle Einzelheiten im Sinne einer textkritischen Ausgabe die Darstellung gelegentlich recht unübersichtlich gemacht haben. Es wurde daher der Mittelweg gewählt, nur die von irgendwelchem Gesichtspunkte aus wichtigen Änderungen, sowie die Zusätze und Fußnoten, die sich vom übrigen Text abheben, besonders zu bezeichnen, indem sie in eckige Klammern gesetzt wurden. Indessen ist selbstverständlich z. B. alles, was von irgendwelcher Bedeutung für etwaige Prioritätsfragen sein konnte, aufs sorgfältigste hervorgehoben worden. Größere Zusätze und zusammenfassende Vorbemerkungen sind teils an den Anfang, teils an den Schluß der einzelnen Abhandlungen, teils endlich in die Einleitungen zu den drei Hauptabschnitten dieses Bandes gesetzt. —

Mit verbindlichem Dank haben wir der freundlichen Hilfe zu gedenken, die uns mehrere Fachgenossen bei der Herausgabe zuteil werden ließen. Herr A. Schönflies hat einen großen Teil der Korrekturen des vorliegenden Bandes durchgesehen und seine Bemerkungen sind uns von großem Nutzen gewesen. Herr H. Vermeil hat sämtliche Korrekturen und Revisionen des Textes mit großer Sorgfalt gelesen. Außerdem hat er an der Vorbereitung der die Relativitätstheorie betreffenden Abhandlungen zum Wiederabdruck wesentlichen Anteil. Bei einzelnen Teilen des Bandes haben uns die Herren L. Bieberbach und F. Engel und Frl. E. Noether bei der Korrektur unterstützt. Ebenso möchten wir an dieser Stelle den Herren M. Noether und F. Engel für die freundliche Erlaubnis zur Benutzung der Sonderabzüge einiger älterer Arbeiten Kleins danken, ganz besonders aber der Firma B. G. Teubner, die einige ältere Bände der Mathematischen Annalen der Druckerei zur Verfügung gestellt hat.

Die Verlagsfirma Julius Springer hat bei der Drucklegung des ersten Bandes allen unseren Wünschen und Vorschlägen in entgegenkommender Weise entsprochen, aber, was mehr ist, sie hat es in einer schweren Zeit, in der der Herstellung eines größeren der reinen Wissenschaft gewidmeten Werkes fast unüberwindliche Schwierigkeiten entgegenstehen, gewagt, den vorliegenden Band herzustellen und in Verlag zu nehmen. Die Firma Julius Springer hat hierdurch nicht nur den aufrichtigen Dank der Nächstbeteiligten erworben, sondern dem Ansehen und der Wirkung deutscher Wissenschaft einen unschätzbaren Dienst geleistet.

Braunschweig und Göttingen, im Oktober 1920.

Die Herausgeber.

HERRN
GEHEIMEN REGIERUNGSRAT
DR. PHIL. ET ING.

FELIX KLEIN

ORDENTLICHEM PROFESSOR
DER MATHEMATIK AN DER
GEORG AUGUST UNIVERSITÄT
GÖTTINGEN

ZUM 10. DEZEMBER 1918
DEM TAGE SEINES
GOLDENEN DOKTORJUBILÄUMS

Hochverehrter Herr Geheimrat!

AM 12. Dezember 1918 sind fünfzig Jahre verflossen, seit Sie damals neunzehnjährig, von der philosophischen Fakultät der Universität Bonn auf Grund Ihrer Dissertation „Über die Transformation der allgemeinen Gleichung zweiten Grades zwischen Linienkoordinaten auf eine kanonische Form" zum Doktor promoviert wurden. Den Tag Ihres goldenen Doktorjubiläums haben Ihre unterzeichneten mathematischen Freunde und Verehrer als eine willkommene Gelegenheit ergriffen, Ihnen Gruß und Glückwunsch zu entbieten und zugleich freudig Bekenntnis davon abzulegen, was Sie während des verflossenen halben Jahrhunderts der Wissenschaft und Ihren Freunden und Schülern gewesen sind. Bereits kurze Zeit nach dem Erscheinen Ihrer Dissertation haben Sie die Geometrie um eine Reihe wertvoller Untersuchungen bereichert, haben Sie zusammen mit Lie Ihre ersten gruppentheoretischen Entwicklungen ausgeführt. Im Anfang der siebziger Jahre erfolgten Ihre tiefen Untersuchungen über Nicht-Euklidische Geometrie, und bei Antritt Ihrer Erlanger Professur übergaben Sie Ihr bahnbrechendes Erlanger Programm der Öffentlichkeit. Was zum wesentlichen Charakter der glänzenden Reihe Ihrer weiterfolgenden Untersuchungen wurde, trat schon hier hervor: die Durchdringung und gegenseitige Belebung der verschiedenen mathematischen Disziplinen, der geniale Blick für ihre inneren Zusammenhänge. Zur schönsten Blüte erwuchs diese Ihnen ganz eigentümliche Denkweise mathematischer Forschung in Ihrer bewunderungswürdigen Arbeit über die Transformation siebenter Ordnung der elliptischen Funktionen, die stets als ein Juwel mathematischer Forschung verehrt werden wird. Aber auch in der reichen Fülle Ihrer weiteren Arbeiten, die sich namentlich auf die naturwissenschaftlichen Anwendungen der Mathematik beziehen, sehen wir überall die Vorzüge Ihrer Denkweise sich glänzend bewähren.

Aber nicht nur den bahnbrechenden Forscher sehen wir in Ihnen, der unserer Wissenschaft neue Wege erschlossen hat, wir verehren in Ihnen zugleich den unermüdlichen Freund und Helfer, der dem gleichstrebenden Forscher durch schriftlichen und mündlichen Ausspruch stets freigebig von dem Reichtum seiner Ideen spendete. Wir verehren in Ihnen den geistreichen Lehrer, der es verstand, unserer Wissenschaft eine große Anzahl von Schülern zu gewinnen, die begeistert die belebende Zauberkraft Ihres Vortrages empfanden. So wollen wir an Ihrem heutigen Jubeltage Ihnen, dem bahnbrechenden Forscher, dem hilfsbereiten Führer, dem geistvollen Lehrer unsere Verehrung und Dankbarkeit darbringen.

Zugleich aber wollen wir eine Bitte aussprechen. Um die wertvollen Errungenschaften Ihrer Lebensarbeit noch zugänglicher und wirkungsvoller zu gestalten, besteht der lebhafte Wunsch, Sie möchten den Entschluß fassen, eine einheitliche Ausgabe Ihrer gesammelten Werke zu veranstalten. Bei dem großen Reichtume und Umfange Ihrer gesamten Tätigkeit verkennen wir nicht die riesige Arbeit, die eine Verwirklichung dieses

Wunsches in sich schließen würde. Aber vielleicht besteht doch
einige Hoffnung, daß vorerst eine Ausgabe Ihrer gesammelten
wissenschaftlichen Abhandlungen und Noten der Verwirklichung
entgegengeführt werden könnte. Ihrer Forschertätigkeit, deren
Jugendkraft wir noch jüngst zu bewundern Gelegenheit hatten,
wird ja eine zurückschauende Arbeit wenig behagen. Darum nahen
wir Ihnen heute noch mit einer letzten Bitte, nämlich freund-
lichst die Verfügung über eine Stiftung annehmen zu wollen, die
den ausdrücklichen Zweck hat, nach Ihrem Ermessen alles Dien-
liche zur Vorbereitung und Durchführung einer Ausgabe Ihrer
gesammelten Abhandlungen zu ermöglichen und zu befördern.
Sehen Sie, hochverehrter Herr Geheimrat, in unserer Bitte die
Lebhaftigkeit unseres Wunsches, daß Ihre Schöpfungen, die
uns zu einer so reichen Quelle der Belehrung und des Ge-
nusses geworden sind, in dem Gesamtrahmen der mathematischen Literatur auch äußerlich die ihnen gebührende Stellung gewinnen, daß sie künftigen
Generationen leichter zugänglich werden
und damit die ihnen innewohnende Kraft
und Wirksamkeit für die fernere
Fortentwicklung unserer Wissenschaft noch sicherer
zur Geltung
bringen.

*

INHALTSVERZEICHNIS DES ERSTEN BANDES[1]).

---

[1]) Wo zwei Jahreszahlen beigesetzt sind, bezieht sich die eine auf die Datierung der Arbeit, die andere auf die des betreffenden Zeitschriftbandes.

Zum Erlanger Programm.

Zur Liniengeometrie.

Zur Dissertation.

Vielleicht darf ich einige Bemerkungen über die Entstehung meiner Dissertation vorausschicken. — Ich war seit Ostern 1866 Assistent bei Plücker bis zu seinem Tode am 22. Mai 1868. Plücker beschäftigte sich damals neben seiner Vorlesung über Experimentalphysik mit der Ausarbeitung seiner „Neuen Geometrie des Raumes, gegründet auf die Betrachtung der geraden Linie als Raumelement" (Leipzig, B. G. Teubner, Teil I 1868, Teil II 1869). Ich hatte nicht nur bei der Vorlesung zu helfen, sondern auch bei der Vorbereitung und Redaktion des genannten Werkes. Einiges hierüber wird noch in Bd. II dieser Ausgabe meiner Abhandlungen anzugeben sein. Als Plücker starb, war im wesentlichen nur erst die erste Hälfte des Werkes im Druck vollendet, die dann nach dem Wunsche der Verlagsbuchhandlung von Clebsch herausgegeben wurde. Ich kam so mit Clebsch in persönliche Verbindung, der mich insbesondere auf die Arbeiten von Battaglini aufmerksam machte. Battaglini hatte nicht nur die Theorie der Komplexe ersten Grades, sondern auch die der Komplexe zweiten Grades bereits in Angriff genommen (s. bes. Atti della R. Accademia di Napoli, III, 1866). Es wurde mir nicht ganz leicht, von den mehr elementaren Methoden der Plückerschen Darstellung zu dem konsequenten Verfahren der projektiven Koordinaten überzugehen, wie es von Battaglini gehandhabt wurde. Das Studium der Lehrbücher von Salmon-Fiedler und mancher Originalabhandlung half mir über diese Schwierigkeit weg. Ich bemerkte dann aber bald, daß die von Battaglini zugrunde gelegte kanonische Form der Komplexe zweiten Grades nicht die allgemeine sein konnte[1]). Damit hatte ich das Thema, aus dem ich hoffte, eine Dissertation gestalten zu können, nämlich die Herstellung einer wirklich allgemeinen kanonischen Form. Die simultane Reduktion zweier quadratischer Formen von beliebig vielen Variabeln auf Aggregate bloß quadratischer Glieder, — das verallgemeinerte Hauptachsenproblem — war mir natürlich bekannt. Aber es hat lange gedauert, bis ich sie, wie in der Dissertation geschieht, als *Durch*-

---

[1]) Vgl. die erste der a. S. 49 abgedruckten Doktorthesen. — Battaglini setzt (wenn ich die Bezeichnungen meiner Dissertation gebrauchen darf) Ω und P von vornherein in der kanonischen Form an

$$\Omega = \sum a_\varkappa p_\varkappa^2, \qquad P = \sum p_\varkappa p_{\varkappa+3}.$$

Da man auf das einzelne Koordinatenstystem 15 Konstante zu rechnen hat, die sechs Größen $a_\varkappa$ aber nur ihren Verhältnissen nach in Betracht kommen, so hat man scheinbar 20 Konstante zur Verfügung, so daß der von 19 Konstanten abhängige allgemeine Komplex zweiten Grades jedenfalls umfaßt zu werden scheint. Aber die vorausgesetzte Gleichungsform bleibt, wie ich bemerkte, ungeändert, wenn man unter Einführung dreier beliebiger Größen λ, μ, ν für die $p_\varkappa$ folgende andere Variable setzt:

$$p_1' = \lambda p_1, \quad p_4' = \frac{1}{\lambda} p_4; \quad p_2' = \mu p_2, \quad p_5' = \frac{1}{\mu} p_5; \quad p_3' = \nu p_3, \quad p_6' = \frac{1}{\nu} p_6.$$

Sie enthält also in Wirklichkeit nur 17 wesentliche Konstante.

1*

gangspunkt benutzte, ich habe zunächst immer wieder versucht, nach *Analogie* des Hauptachsenproblems einen Ansatz zu finden, bei welchem die Form $P = \sum p_\varkappa\, p_{\varkappa+3}$ auch zwischendurch ihre ursprüngliche Gestalt behielt. Nachdem ich im September 1868 (gelegentlich eines Aufenthalts in meiner Vaterstadt Düsseldorf) den richtigen Gedanken gefaßt hatte, habe ich ihn rasch ausgearbeitet und meinem verehrten Lehrer Lipschitz, der mich zu examinieren hatte, vorgelegt. Ich hatte dabei, wie es damals bei geometrischen Untersuchungen üblich war, nur erst den einfachsten (freilich auch interessantesten) Fall berücksichtigt, wo die Determinante von $\Omega + \lambda P$, gleich Null gesetzt, für λ sechs verschiedene Wurzeln ergibt. Dementgegen verlangte Lipschitz, daß ich alle anderen, mehr speziellen Fälle, mit berücksichtigen solle, und gab mir zugleich die Korrekturbogen der eben noch im Druck befindlichen Arbeit von Weierstraß: Zur Theorie der quadratischen und bilinearen Formen (Monatsberichte der Berliner Akademie vom Mai 1868), in der die für diesen Zweck erforderliche Theorie der „Elementarteiler“ zum ersten Male in voller Allgemeinheit entwickelt ist. Es wurde mir nicht schwer, diese Theorie in wenigen Tagen einzuarbeiten, womit meine Dissertation die Form erhielt, in der sie jetzt vorliegt. Ich bin dabei, wie ich im Hinblick auf meine späteren Untersuchungen hervorheben möchte, gleich in zweierlei Richtung über die Weierstraßschen Entwickelungen hinausgegangen, indem ich einmal darlegte, welche Möglichkeiten hinsichtlich der *Realität* der Transformation jeweils vorliegen (natürlich vorausgesetzt, daß Ω von Haus aus reelle Koeffizienten hat), andererseits aber untersuchte, *wie viele Parameter* bei der Transformation jeweils verfügbar bleiben (welche kontinuierliche Gruppe linearer Transformationen die einzelne kanonische Form in sich selbst überführt).

Es hat übrigens immer meiner Denkweise entsprochen, die besonderen Fälle, wo die Wurzeln der determinierenden Gleichung $|\Omega + \lambda P| = 0$ nicht sämtlich voneinander verschieden sind, als Ausartungen aufzufassen; ich habe das sehr viel später einmal in einer Vorlesung für den Fall von fünf Variablen auseinandergesetzt, worüber das Buch von Bôcher über die Reihenentwickelungen der Potentialtheorie (B. G. Teubner, 1894), S. 56, 57 zu vergleichen ist. Dies schließt nicht aus, daß eine genaue Untersuchung der Spezialfälle mir wünschenswert schien. So ist 1873, als ich schon in Erlangen war, die Dissertation von A. Weiler entstanden (Math. Ann. Bd. 7), an die sich dann in bekannter Weise die Arbeiten von Segre und Loria und anderen Forschern angeschlossen haben. Siehe, was insbesondere Liniengeometrie und die von mir untersuchten Konfigurationen angeht, die bezüglichen Referate von Zindler und Steinitz in Bd. III der Mathematischen Enzyklopädie. K.

I. Über die Transformation
der allgemeinen Gleichung des zweiten Grades zwischen
Linien-Koordinaten auf eine kanonische Form.

[Inauguraldissertation, Bonn 1868. Wiederabgedruckt mit kleinen Änderungen und Zusätzen in den Math. Ann., Bd. 23 (1884).]

Ueber

die Transformation

der allgemeinen Gleichung des zweiten Grades
zwischen Linien-Coordinaten

auf eine canonische Form.

———

Inauguraldissertation,

zur Erlangung der Doctorwürde bei der philosophischen
Facultät zu Bonn eingereicht

und am 12. December 1868 mit Thesen vertheidigt

von

Felix Klein.

———

Namen der Opponenten:

Emil Budde, Dr. phil.

Ernst Sagorski, cand. phil.

Johannes Seeger, Dd. phil.

Bonn.

Druck von Carl Georgi.

Seinem unvergesslichen Lehrer

Julius Pluecker

in dankbarer Erinnerung

der Verfasser.

Ein Linienkomplex des n-ten Grades umfaßt eine dreifach unendliche Anzahl gerader Linien, welche im Raume in einer solchen Art verteilt sind, daß diejenigen geraden Linien, welche durch einen festen Punkt gehen, einen Kegel der n-ten Ordnung bilden, oder, was dasselbe sagt, daß diejenigen geraden Linien, welche in einer festen Ebene liegen, eine Kurve der n-ten Klasse umhüllen.

Seine analytische Darstellung findet ein derartiges Gebilde durch die von Plücker in die Wissenschaft eingeführten Koordinaten der geraden Linie im Raume[1]. Nach Plücker erhält die gerade Linie sechs homogene Koordinaten, welche eine Bedingungsgleichung zweiten Grades erfüllen. Vermöge derselben wird die gerade Linie mit Bezug auf ein Koordinatentetraeder bestimmt. Eine homogene Gleichung des n-ten Grades zwischen diesen Koordinaten stellt einen Komplex des n-ten Grades dar.

In dem Folgenden ist es unsere Absicht, die Gleichung des zweiten Grades zwischen Linienkoordinaten, einer Verwandlung des Koordinatentetraeders entsprechend, auf eine kanonische Form zu transformieren. Wir geben zunächst die allgemeinen Formeln, welche bei einer derartigen Transformation überhaupt in Anwendung kommen. Auf Grund derselben behandelt sich das Problem algebraisch als die simultane lineare Transformation der Komplexgleichung auf eine kanonische Gestalt und der Bedingungsgleichung des zweiten Grades, welcher die Linienkoordinaten genügen müssen, in sich selbst. Bei der Durchführung dieser Transformation gelangen wir insbesondere zu einer Einteilung der Komplexe zweiten Grades in unterschiedene Arten.

---

[1] Proceedings of the Royal Soc. 1865; Phil. Transactions 1865, p. 725, übersetzt in Liouv. Journal, 2. Série, t. XI; Les Mondes, par Moigno, 1867, p. 79; Annali di matematica, Ser. II, t. 1 [siehe den Wiederabdruck in den Gesammelten Abhandlungen von J. Plücker, Bd. I, herausgegeben von A. Schoenfließ]; Neue Geometrie des Raumes, gegründet auf die Betrachtung der geraden Linie als Raumelement, erste Abteilung, Leipzig 1868, bei B. G. Teubner.

I.

Über Linienkoordinaten im allgemeinen.

1. Wenn wir die homogenen Koordinaten zweier, beliebig auf einer gegebenen geraden Linie angenommener Punkte bezüglich mit

$$x_1, x_2, x_3, x_4$$

und

$$y_1, y_2, y_3, y_4$$

bezeichnen, so erhält die gegebene gerade Linie, welche geometrisch als Verbindungslinie der beiden Punkte (x) und (y) bestimmt ist, *die folgenden sechs, ebenfalls homogenen Koordinaten:*

$$(1) \quad \begin{cases} p_1 = x_1 y_2 - x_2 y_1, & p_4 = x_3 y_4 - x_4 y_3, \\ p_2 = x_1 y_3 - x_3 y_1, & p_5 = x_4 y_2 - x_2 y_4, \\ p_3 = x_1 y_4 - x_4 y_1, & p_6 = x_2 y_3 - x_3 y_2. \end{cases}$$

Es sind dies die aus den Elementen

$$\begin{matrix} x_1 & x_2 & x_3 & x_4 \\ y_1 & y_2 & y_3 & y_4 \end{matrix}$$

gebildeten sechs Determinanten zweiten Grades, mit einem derartigen Zeichen genommen, daß eine Vertikalreihe der Elemente (in unserer Annahme die erste) ausgezeichnet auftritt.

Zufolge der Determinantenform behalten die sechs gewählten Koordinaten dieselben relativen Werte, wenn wir an die Stelle der angenommenen beiden Punkte (x) und (y) irgend zwei andere Punkte der gegebenen geraden Linie setzen. Denn die Koordinaten eines beliebigen solchen Punktes lassen sich auf die Form bringen:

$$\lambda x_1 + \mu y_1, \ldots, \lambda x_4 + \mu y_4,$$

wo λ, μ näher zu bestimmende Konstanten bezeichnen, und die Substitution solcher Größen an Stelle der x und y in die für die Koordinaten p gegebenen Ausdrücke liefert, wie sich sofort ergibt, Multipla der für die p ursprünglich erhaltenen Werte.

Die sechs Koordinaten p befriedigen identisch die folgende Relation des zweiten Grades:

$$P \equiv p_1 p_4 + p_2 p_5 + p_3 p_6 = 0,$$

welche wir auch so schreiben können:

$$\sum_\varkappa p_\varkappa \cdot p_{\varkappa+3} = 0,$$

indem wir den Index $\varkappa$ von 1 bis 3, oder auch von 1 bis 6 laufen lassen, und dabei unter $\varkappa + 3$ diejenige Zahl verstehen, welche in der kontinuierlichen Reihenfolge:

$$1, 2, \ldots, 5, 6, 1, 2, \ldots$$

die $(\varkappa + 3)$. Stelle einnimmt.

Vermöge dieser Relation, welcher die *sechs* homogenen Koordinaten p genügen, vertreten dieselben die zu der Bestimmung einer geraden Linie notwendigen *vier* Konstanten.

Für die Gleichungen derjenigen vier Ebenen (Projektionsebenen), welche sich durch die vermöge der beiden Punkte (x) und (y) bestimmte gerade Linie und bezüglich die vier Eckpunkte des Koordinatentetraeders hindurchlegen lassen, erhalten wir die folgenden:

$$(2) \quad \begin{cases} p_4 z_2 + p_5 z_3 + p_6 z_4 = 0, \\ p_4 z_1 - p_3 z_3 + p_2 z_4 = 0, \\ p_5 z_1 + p_3 z_2 - p_1 z_4 = 0, \\ p_6 z_1 - p_2 z_2 + p_1 z_3 = 0, \end{cases}$$

wo wir mit $z_1, \ldots, z_4$ laufende Punktkoordinaten bezeichnen. Es sind somit die Koordinaten p die in die Gleichungen der vier Projektionsebenen eingehenden Konstanten. Die Gleichung:

$$P = 0$$

drückt aus, daß sich die fraglichen vier Ebenen nach derselben geraden Linie schneiden. Sie ist also nicht nur die *notwendige*, sondern auch die *hinreichende* Bedingung, damit sechs beliebig ausgewählte Größen:

$$p_1, p_2, \ldots, p_6$$

als Linienkoordinaten betrachtet werden können. Die geometrische Konstruktion der durch sie bestimmten geraden Linie wird durch zwei beliebige unabhängige der Ebenen (2) vermittelt.

Der Koordinatenbestimmung (1) liegt das Prinzip zugrunde, die in die Gleichungen der geraden Linie in Punktkoordinaten (2) eingehenden Konstanten als Bestimmungsstücke derselben zu betrachten, und dieselben durch die Koordinaten einer Anzahl von Punkten der geraden Linie darzustellen, welche erforderlich und hinreichend ist, um die letztere geometrisch zu definieren.

2. In dem Vorstehenden haben wir die gerade Linie durch zwei ihrer Punkte bestimmt. Wir betrachten in dieser Bestimmungsweise die gerade Linie als einen Ort von Punkten, als einen *Strahl*. Auf vollständig entsprechende Weise können wir die gerade Linie durch zwei ihrer Ebenen bestimmen und betrachten sie dann als von Ebenen umhüllt, als eine *Achse*[2]).

---

[2]) Vgl. Plückers „Neue Geometrie", S. 2.

Zwei beliebige Ebenen (t) und (u) der gegebenen geraden Linie seien durch die Koordinaten bestimmt:

$$t_1, \quad t_2, \quad t_3, \quad t_4$$

und

$$u_1, \quad u_2, \quad u_3, \quad u_4.$$

Dann erhalten wir, ganz dem Früheren entsprechend, als *Koordinaten der gegebenen geraden Linie die folgenden sechs Ausdrücke:*

$$(3) \quad \begin{cases} q_1 = t_1 u_2 - t_2 u_1, & q_4 = t_3 u_4 - t_4 u_3, \\ q_2 = t_1 u_3 - t_3 u_1, & q_5 = t_4 u_2 - t_2 u_4, \\ q_3 = t_1 u_4 - t_4 u_1, & q_6 = t_2 u_3 - t_3 u_2, \end{cases}$$

welche die folgende Gleichung:

$$Q \equiv \sum_\varkappa q_\varkappa \cdot q_{\varkappa+3} = 0$$

identisch befriedigen. Den vier Gleichungen (2) entsprechend erhalten wir für die Durchschnittspunkte der durch die Ebenen (t) und (u) bestimmten geraden Linie mit den vier Seitenflächen des Tetraeders die folgenden vier Gleichungen:

$$(4) \quad \begin{cases} q_4 v_2 + q_5 v_3 + q_6 v_4 = 0, \\ q_4 v_1 - q_3 v_3 + q_2 v_4 = 0, \\ q_5 v_1 + q_3 v_2 - q_1 v_4 = 0, \\ q_6 v_1 - q_2 v_2 + q_1 v_3 = 0, \end{cases}$$

wo $v_1, \ldots, v_4$ laufende Ebenenkoordinaten bedeuten.

Wenn sich die Strahlenkoordinaten p und die Achsenkoordinaten q auf *dieselbe* gerade Linie beziehen, so hat man zwischen denselben die folgenden Proportionen:

$$(5) \quad \frac{p_1}{q_4} = \frac{p_2}{q_5} = \frac{p_3}{q_6} = \frac{p_4}{q_1} = \frac{p_5}{q_2} = \frac{p_6}{q_3}.$$

Die Richtigkeit dieser Beziehungen ergibt sich sofort, wenn wir die Größen q aus den Koordinaten zweier Ebenen (2), oder die Größen p aus den Koordinaten zweier Punkte (4) bilden.

Die Koordinaten p sind also von den Koordinaten q nur durch die Anordnung verschieden. Ihrer doppelten geometrischen Bedeutung entsprechend, wird die gerade Linie durch dieselben sechs Größen dargestellt. Es ist das kein geringer Vorteil der Plückerschen Koordinatenwahl.

3. Wir wollen die vier Eckpunkte des Koordinatentetraeders mit

$$O_1, \ O_2, \ O_3, \ O_4$$

und die vier gegenüberstehenden Seitenflächen desselben mit

$$E_1, \ E_2, \ E_3, \ E_4$$

bezeichnen. Dann sind die sechs Kanten des Tetraeders durch die folgenden Verbindungen der Zeichen O bzw. E bestimmt:

$$O_1 O_2, \quad O_1 O_3, \quad O_1 O_4, \quad O_3 O_4, \quad O_4 O_2, \quad O_2 O_3,$$
$$E_3 E_4, \quad E_4 E_2, \quad E_2 E_3, \quad E_1 E_2, \quad E_1 E_3, \quad E_1 E_4.$$

Von den *sechs* Koordinaten einer Kante des Koordinatentetraeders verschwinden fünf, und nur die sechste behält einen endlichen Wert. Es ergibt sich das sofort, wenn wir in die Ausdrücke (1) oder (3) die Koordinaten zweier Eckpunkte bzw. zweier Seitenflächen des Tetraeders substituieren. Wir wollen, in der vorstehenden Reihenfolge, die Kanten des Koordinatentetraeders mit

$$P_1, \; P_2, \; P_3, \; P_4, \; P_5, \; P_6$$

oder mit

$$Q_4, \; Q_5, \; Q_6, \; Q_1, \; Q_2, \; Q_3$$

bezeichnen. Dann verschwinden für eine beliebig ausgewählte Kante $(P_\varkappa = Q_{\varkappa+3})$ alle Koordinaten bis auf diejenige, welche wir mit $p_\varkappa = q_{\varkappa+3}$ bezeichnet haben.

Die Gruppierung der Tetraederkanten unter sich ist dadurch bestimmt, daß sich P_1, P_2, P_3 (Q_4, Q_5, Q_6) in einem Punkte schneiden, während P_4, P_5, P_6 (Q_1, Q_2, Q_3) in einer Ebene liegen.

Der Kürze wegen werden wir in dem Folgenden nur von der independenten Darstellung der Linienkoordinaten durch Punktkoordinaten Gebrauch machen, und die jedesmal vollständig analogen (reziproken) Entwicklungen, welche sich an die Darstellung derselben durch Ebenenkoordinaten anknüpfen, nicht immer wieder ausdrücklich hervorheben. Wir bedienen uns daher in der Folge auch nur der Bezeichnung p für Linienkoordinaten, wenn auch die Beibehaltung der Koordinaten q neben den Koordinaten p manche Formeln übersichtlicher zu schreiben erlaubt.

4. Damit sich zwei gegebene gerade Linien (p) und (p') *schneiden*, müssen ihre Koordinaten die folgende Gleichung befriedigen:

$$(6) \qquad \sum_\varkappa p_\varkappa \cdot p'_{\varkappa+3} = 0.$$

Denn es seien die beiden geraden Linien (p) und (p') bezüglich durch die beiden Punkte (a), (b) und (c), (d) bestimmt. Wenn wir dann in die vorstehende Gleichung für die Koordinaten p, p' ihre Werte aus (1) in den Koordinaten dieser Punkte einsetzen, so erhalten wir:

$$\sum \pm a_1 b_2 c_3 d_4 = 0.$$

Das Verschwinden dieser Determinante ist die Bedingung dafür, daß die vier Punkte (a), (b), (c), (d) in einer Ebene liegen; und also schneiden sich die beiden geraden Linien (a, b) und (c, d)[3].

---

[3] Vgl. den Aufsatz von Lüroth: Zur Theorie der windschiefen Flächen, Crelles Journal, Bd. 67 (1867), S. 130.

Wenn wir in der Gleichung (6):

$$\sum_\varkappa p_\varkappa \cdot p'_{\varkappa+3} = 0$$

die $p'_{\varkappa+3}$ als fest, die $p_\varkappa$ als veränderlich betrachten, so stellt sie die Gesamtheit aller derjenigen geraden Linien dar, welche die feste gerade Linie (p') schneiden. Insbesondere also genügen der Gleichung:

$$p_{\varkappa+3} = 0$$

die Koordinaten aller derjenigen geraden Linien, welche die Tetraederkante $P_\varkappa$ schneiden. Wenn für die Kante $P_\varkappa$ selbst alle Koordinaten bis auf die eine, $p_\varkappa$, verschwinden, so ist damit ausgedrückt, daß sie alle Tetraederkanten bis auf die ihr gegenüberliegende schneidet.

Wenn drei gerade Linien (p), (p'), (p'') einander gegenseitig schneiden, so besteht zwischen den Koordinaten je zweier derselben eine Gleichung von der Form (6). Dabei gehen die drei geraden Linien entweder durch einen Punkt oder liegen in einer Ebene. Das Kriterium für den ersten oder zweiten Fall bildet das Verschwinden des zweiten oder ersten Faktors des unter der gemachten Annahme immer verschwindenden Produktes:

$$\sum \pm p_1 p'_2 p''_3 \cdot \sum \pm p_4 p'_5 p''_6,$$

und der ähnlich gebildeten Produkte, welche sich aus dem Vorstehenden durch Vertauschung von jedesmal zwei der Indizes 1, 2, 3 mit den entsprechenden 4, 5, 6 ergeben.

Den Beweis liefert die Betrachtung der Gleichungen (2) und (4). Wenn sich drei Linien in einem Punkte schneiden, so haben diejenigen drei Ebenen, welche sich durch einen Eckpunkt des Koordinatentetraeders und jedesmal eine der gegebenen geraden Linien hindurchlegen lassen, eine gerade Linie gemein, und umgekehrt, wenn drei Linien in einer Ebene liegen, so sind diejenigen drei Punkte, in welchen eine Seitenfläche des Koordinatentetraeders von den gegebenen geraden Linien geschnitten wird, in gerader Linie.

5. Wir können den sechs Variabeln p, immer unter der Voraussetzung, daß die Bedingungsgleichung

$$\sum_\varkappa p_\varkappa \cdot p_{\varkappa+3} = 0$$

erfüllt sei, *imaginäre Werte* erteilen. Sei also:

$$p_\varkappa = p'_\varkappa + i p''_\varkappa.$$

Wir betrachten die Größen $p_\varkappa$ als *die Koordinaten einer imaginären geraden Linie*. Diese rein formelle Definition führt zu der folgenden geometrischen. Nach der Gleichung (6) der 4. Nummer wird die gegebene imaginäre gerade Linie, sowie die konjugiert imaginäre von allen reellen geraden Linien geschnitten, deren Koordinaten die folgenden beiden linearen Bedingungsgleichungen befriedigen:

$$\sum_{\varkappa} p'_{\varkappa} \cdot p_{\varkappa+3} = 0, \qquad \sum_{\varkappa} p''_{\varkappa} \cdot p_{\varkappa+3} = 0.$$

Durch vier beliebige unter den Linien, deren Koordinaten diesen beiden Gleichungen genügen[4]), sind die beiden Gleichungen, oder vielmehr ist die von denselben gebildete zweigliedrige Gruppe:

$$\sum_{\varkappa} (\lambda p'_{\varkappa} + \mu p''_{\varkappa}) \, p_{\varkappa+3} = 0$$

bestimmt (außer, wenn die angenommenen vier geraden Linien derselben Erzeugung eines Hyperboloids angehören). Eine imaginäre gerade Linie und ihre konjugierte sind somit geometrisch *als die beiden geradlinigen Transversalen vier reeller gerader Linien gegeben.*

Es stimmt das mit der Definition, welche die neuere synthetische Geometrie für die imaginäre gerade Linie im Raume aufstellt, überein.

Im allgemeinen besitzt eine imaginäre gerade Linie keinen reellen Punkt und keine reelle Ebene. Nur wenn sich die gegebene imaginäre gerade Linie und ihre konjugierte schneiden, ist beiden ein reeller Punkt und eine reelle Ebene gemeinsam. Die imaginäre gerade Linie wird dann von allen reellen Linien geschnitten, welche durch diesen Punkt gehen, bezüglich in dieser Ebene liegen. Sie ist nicht mehr durch vier ihrer reellen geradlinigen Transversalen bestimmt. Man definiere sie geometrisch durch den reellen Punkt, die reelle Ebene und einen von dem reellen Punkte ausgehenden Kegel der zweiten Ordnung, oder eine in der reellen Ebene liegende Kurve der zweiten Klasse.

II.

Transformation der Linienkoordinaten, entsprechend einer Verwandlung des Koordinatentetraeders.

6. In dem Folgenden stellen wir zunächst diejenigen Transformationsformeln für Linienkoordinaten auf, welche einer Verwandlung des Koordinatentetraeders, oder, was dasselbe sagt, der linearen Transformation von Punkt- oder Ebenenkoordinaten entsprechen[5]).

---

[4]) Das System solcher geraden Linien findet man insbesondere betrachtet in dem Aufsatze von O. Hermes: Über Strahlensysteme der ersten Ordnung und der ersten Klasse. Crelles Journal, Bd. 67 (1867), S. 153.

[5]) Man vergleiche die beiden Aufsätze von Battaglini:
Intorno ai sistemi di rette di primo ordine; Rendiconti della R. Accademia di Napoli, Giugno 1866;

Diese Transformationsformeln werden *linear*. Sie würden ihren linearen Charakter verlieren, wenn statt der sechs homogenen Koordinaten, welche eine Bedingungsgleichung befriedigen, deren nur fünf unabhängige genommen worden wären, wie sie zur Bestimmung einer geraden Linie ausreichen. — Wir gelangen im folgenden zu dem Resultate, *daß die in Rede stehenden linearen Substitutionen die allgemeinen sind, durch welche der Ausdruck:*

$$P \equiv \sum_{\varkappa} p_{\varkappa} \cdot p_{\varkappa+3}$$

in ein Multiplum seiner selbst übergeführt wird.

Der vorstehende Satz bedarf noch der folgenden Bestimmung. Es sei eine lineare Substitution gegeben, welche den Ausdruck P in ein Multiplum seiner selbst überführt. Unter den sechs neuen Veränderlichen können wir diejenige frei auswählen, welcher wir den Namen p_1 geben wollen. Dann ist die Veränderliche p_4 zugleich mit bestimmt. Wir können ferner p_2 ohne weiteres unter den noch übrigen vier Veränderlichen annehmen; dann ist p_5 gegeben. Welche von den zwei noch übrigen Variabeln p_3 und welche p_6 zu nennen sei, bleibt aber nicht mehr willkürlich. Denn diejenige Kante des neuen Tetraeders, auf welche sich das neue p_3 bezieht, schneidet die beiden Kanten, welche den neuen p_1 und p_2 entsprechen, in einem Punkte und ist also eindeutig bestimmt. (Nr. 3). Nur unter der Voraussetzung, daß p_3 demgemäß ausgewählt sei, gelten die Ausdrücke der Linienkoordinaten in den Koordinaten zweier Punkte, bzw. zweier Ebenen, wie sie unter (1) und (3) gegeben worden sind.

Es sei nun, unter $x_{\varkappa}$, $y_{\varkappa}$ Punktkoordinaten verstanden,

$$(7) \qquad \begin{cases} x_{\varkappa} = \sum_{\varkappa} \alpha_{\varkappa,\lambda} \cdot x'_{\lambda}, \\[2mm] y_{\varkappa} = \sum_{\varkappa} \alpha_{\varkappa,\lambda} \cdot y'_{\lambda}, \end{cases}$$

eine allgemeine lineare Substitution, wie sie einer beliebigen Verwandlung des Koordinatentetraeders entspricht. Die Substitutionskoeffizienten $\alpha_{\varkappa,\lambda}$ stellen dabei die Koordinaten der Seitenflächen des früheren Tetraeders mit Bezug auf das neue dar; wie sich ergibt, wenn wir $x_{\varkappa}$ ($y_{\varkappa}$) verschwinden lassen.

Durch Einsetzen dieser Werte für $x_{\varkappa}$, $y_{\varkappa}$ in die durch (1) gegebenen Ausdrücke für die Linienkoordinaten p erhalten wir die gesuchten Formeln. Die in dieselben eingehenden Substitutionskoeffizienten erhalten die Determinantenform:

$$\alpha_{\varkappa,\mu} \cdot \alpha_{\lambda,\nu} - \alpha_{\varkappa,\nu} \cdot \alpha_{\lambda,\mu}$$

Intorno ai sistemi di rette di secondo grado; Atti della R. Accademia di Napoli, 3, 1866.

Beide Aufsätze finden sich wieder abgedruckt: Giornale di Matematiche, Napoli, Bd. 6, 7 (1868, 1869).

und stellen also, geometrisch gedeutet, die *Koordinaten der Kanten des früheren Tetraeders mit Bezug auf das neue* dar, in einer solchen Größe genommen, wie sich dieselben unter Zugrundelegung der Formeln (3) aus den Koordinaten $\alpha_{\varkappa,\lambda}$ der Seitenflächen des früheren Tetraeders mit Bezug auf das neue ergeben. Indem wir dieselben mit $a_{\varkappa,\lambda}$ bezeichnen, je nachdem sie zu einer Kante $P_\varkappa$ gehören und unter den Koordinaten dieser Kante, wenn wir dieselben in der unter (1) festgesetzten Reihenfolge schreiben, die λ-te Stelle einnehmen, werden die gesuchten Transformationsformeln:

$$(8) \qquad p_\varkappa = \sum_\lambda a_{\varkappa+3,\lambda+3} \cdot p'_\lambda.$$

Denn verlangen wir, daß $p_\varkappa$ verschwinde, das heißt, daß die gerade Linie (p, p') die Kante $P_{\varkappa+3}$ schneide, so ist dafür, nach der vierten Nummer, das Verschwinden des Ausdrucks:

$$\sum_\lambda a_{\varkappa+3,\lambda+3} \cdot p'_\lambda$$

die Bedingung.

7. Durch die Substitution (8) wird der Ausdruck:

$$P = \sum_\varkappa p_\varkappa \cdot p_{\varkappa+3}$$

in ein Multiplum des entsprechenden:

$$P' = \sum_\varkappa p'_\varkappa \cdot p'_{\varkappa+3}$$

übergeführt. Wenn wir den ersten Ausdruck aus (8) bilden und mit dem zweiten vergleichen, so erhalten wir eine Reihe von Relationen für die Koeffizienten a, welcher dieselben, vermöge ihrer Darstellung durch die Koeffizienten α, identisch genügen.

Die wirkliche Entwicklung des Ausdruckes P nach den p' liefert in diesen Variabeln ein Polynom des zweiten Grades mit 21 Gliedern. Die Koeffizienten von 18 dieser Glieder müssen verschwinden, die der übrigen drei unter sich gleich werden. Die 36 Größen a sind somit 20 Bedingungen unterworfen und deshalb durch die 16 Größen α independent darstellbar. Nach diesen Zahlenverhältnissen kommt es auf dasselbe hinaus, ob wir den Ausdruck der Linienkoordinaten durch Punkt- (oder Ebenen-)Koordinaten zugrunde legen und diese letzteren linear transformieren, oder ob wir die Linienkoordinaten selbst unmittelbar linear transformieren und bedingen, daß dabei der Ausdruck:

$$P = \sum_\varkappa p_\varkappa \cdot p_{\varkappa+3}$$

in ein Vielfaches seiner selbst übergehe. Die volle Bestätigung dieser Aussage finden wir in der geometrischen Deutung der Bedingungen, welchen die Substitutionskoeffizienten a zufolge der letzten Beschränkung unterworfen sind. Nur in der Benennung der neuen Veränderlichen muß, nach der vorigen Nummer, eine feste Regel beobachtet werden.

8. Sei also:

$$(9) \qquad p_\varkappa = \sum_\lambda b_{\varkappa+3,\,\lambda+3} \cdot p'_\lambda$$

eine lineare Substitution, durch welche der Ausdruck:

$$P \equiv \sum_\varkappa p_\varkappa \cdot p_{\varkappa+3}$$

in ein Multiplum seiner selbst übergeführt wird. Dann gelten für die Koeffizienten b zunächst die folgenden Relationen:

$$(10) \qquad \sum_\varkappa b_{\varkappa+3,\,\lambda} \cdot b_{\varkappa,\,\lambda+\mu} = 0 \qquad (\mu = 1, 2, 4, 5, 6),$$

$$(11) \qquad \sum_\varkappa b_{\varkappa+3,\,\lambda} \cdot b_{\varkappa,\,\lambda+3} = d,$$

wo d eine willkürlich zu bestimmende Konstante bezeichnet.

Zufolge der Beziehungen (10) verschwinden die folgenden beiden Produkte:

$$\sum \pm\, b_{11} b_{22} b_{33} \cdot \sum \pm\, b_{41} b_{52} b_{63}$$

und

$$\sum \pm\, b_{14} b_{25} b_{36} \cdot \sum \pm\, b_{44} b_{55} b_{66}.$$

Denn die Entwicklung dieser Produkte nach dem Multiplikationstheorem der Determinanten liefert eine neue dreigliedrige Determinante, für deren Elemente $(\varkappa, \lambda)$ das Gesetz gilt:

$$(\varkappa, \lambda) + (\lambda, \varkappa) = 0.$$

Wir fügen nun den Bedingungen (10) und (11) die weitere hinzu, daß die beiden vorstehenden Produkte darum verschwinden, weil die beiden Faktoren:

$$\sum \pm\, b_{41} b_{52} b_{63}, \qquad \sum \pm\, b_{14} b_{25} b_{36}$$

gleich Null sind. Und dementsprechend sollen die ähnlich gebildeten Determinanten verschwinden, welche sich aus den vorstehenden durch Vertauschung von jedesmal zwei der ersten oder zweiten Indizes 1, 2, 3 mit den entsprechenden 4, 5, 6 ergeben. Diese Bedingungen beschränken durchaus nicht die relative Größe der Koeffizienten b, sondern nur die Willkürlichkeit in deren Reihenfolge.

Die Auflösung der Substitutionen (9) wird unter Zuziehung der Bedingungsgleichungen (10) die folgende:

$$(12) \qquad \sum_\varkappa b_{\varkappa,\,\lambda+3} \cdot b_{\varkappa+3,\,\lambda} \cdot p'_\lambda = \sum_\varkappa b_{\varkappa,\,\lambda} \cdot p_\varkappa,$$

oder, unter Berücksichtigung der Gleichungen (11):

$$(13) \qquad d \cdot p'_\lambda = \sum_\varkappa b_{\varkappa,\lambda} \cdot p_\varkappa.$$

Indem wir von (13) zu (9) zurückgehen, ergeben sich, den Formeln (10) entsprechend, die folgenden:

$$(14) \qquad \sum_\lambda b_{\varkappa,\lambda+3} \cdot b_{\varkappa+\mu,\lambda} = 0 \quad (\mu = 1, 2, 4, 5, 6).$$

Wenn wir die Substitutionsdeterminante $\sum \pm b_{1,1} b_{2,2} \ldots b_{6,6}$ mit D, die einem beliebigen Elemente $b_{\varkappa,\lambda}$ zugehörige Unterdeterminante derselben, wie überhaupt im folgenden die Unterdeterminanten, durch die beiden Indizes $\varkappa, \lambda$ $(D_{\varkappa,\lambda})$ bezeichnen und dabei das Vorzeichen richtig bestimmen: $((-1)^{(\varkappa+\lambda)})$, so folgt aus den Auflösungen (12) der Gleichungen (9):

$$D_{\varkappa,\lambda+3} \cdot \sum_\mu b_{\mu,\lambda+3} \cdot b_{\mu+3,\lambda} = b_{\varkappa+3,\lambda} \cdot D.$$

Diese Formel bleibt für jeden Index $\varkappa$ und jeden Index λ gültig. Es findet sich also, bis auf einen Faktor:

$$(15) \qquad D = \prod_{(\lambda=1,\,2,\,3)} \sum_\varkappa b_{\varkappa+3,\lambda} \cdot b_{\varkappa,\lambda+3},$$

oder, infolge von (11):

$$(16) \qquad D = d^{3}\,{}^{6)}.$$

Aus den Gleichungen (10) folgt, daß die Vertikalreihen der Substitutionskoeffizienten (9) die Linienkoordinaten der Kanten eines neuen Tetraeders mit Bezug auf das frühere darstellen. Denn diese Gleichung sagt aus, einmal, wenn wir $\mu = 6$ setzen, daß die Koeffizienten einer Vertikalreihe der Substitutionen (9) die Bedeutung von Linienkoordinaten haben, dann den vier anderen Werten von μ entsprechend, daß eine jede der durch die Substitutionskoeffizienten bestimmten sechs Linien vier der fünf übrigen schneidet, daß also die sechs dargestellten geraden Linien ein Tetraeder bilden.

Wir wollen die sechs Kanten dieses Tetraeders, den Koordinaten $b_{\varkappa,\lambda}$ entsprechend, mit P'_λ bezeichnen. Dann sagen die Bedingungen, welche wir den Gleichungen (10) und (11) über die Reihenfolge der Koeffizienten $b_{\varkappa,\lambda}$ hinzugefügt haben, nichts anderes aus, als daß sich die drei Kanten P'_1, P'_2, P'_3 in einem Punkte schneiden und die drei Kanten P'_4, P'_5, P'_6 in einer Ebene liegen. Ausgeschlossen ist durch jene Bedingungen (falls die Substitutions-

---

6) [Die drei im Original auf Gleichung (16) folgenden Zeilen sind hier weggelassen, da der in ihnen enthaltene Nachweis, daß das Vorzeichen in (16) richtig gewählt ist, nicht bindend war. Die Tatsache selbst ergibt sich aus den an die Formel (18) geknüpften Überlegungen. K.]

determinante $\sum \pm b_{1,1} \ldots b_{6,6}$ nicht verschwindet), daß P_1', P_2', P_3' in einer Ebene enthalten sind und P_4', P_5', P_6' durch einen Punkt gehen. Im Verein mit diesen Bedingungen besagen die drei Gleichungen (11), daß die Verhältnisse der Koordinaten dieser sechs geraden Linien unter sich in einer solchen Größe gewählt seien, wie sie sich aus den Koordinaten der vier Eckpunkte (Seitenflächen) des von ihnen gebildeten Tetraeders unter Zugrundelegung der Formeln (1), (3) ergeben.

Damit ist der vollständige Nachweis geführt, daß die gewählte Transformation der Verwandlung des gegebenen Koordinatentetraeders in ein anderes entspricht.

9. Wir denken uns die Substitutionskoeffizienten b independent durch die Koeffizienten β einer derselben Koordinatenverwandlung entsprechenden linearen Transformation von Punktkoordinaten:

$$(17) \qquad\qquad x_\varkappa = \sum_\lambda \beta_{\varkappa,\lambda}\, x_\lambda'$$

dargestellt. Dann erhalten wir die folgende Relation:

$$(18) \qquad\qquad d = \sum \pm \beta_{1,1} \ldots \beta_{4,4}.$$

Von der Richtigkeit derselben überzeugen wir uns einmal durch direkte Ausrechnung, indem wir von einer der Formeln (11) ausgehen, dann aber auch durch die Bemerkung, daß die Determinante D, als gebildet aus den zweiten Unterdeterminanten der viergliedrigen Determinante $\sum \pm \beta_{1,1} \ldots \beta_{4,4}$ gleich ist der dritten Potenz dieser Determinante[7]).

Die Konstante d kann jeden positiven oder negativen Wert annehmen, nur darf sie nicht verschwinden. Denn dann würden sich, infolge der Gleichungen (11), die gegenüberliegenden Kanten des neuen Tetraeders schneiden und damit die Koordinatenbestimmung unmöglich werden. Dem entspräche, daß die vier Eckpunkte oder die vier Seitenflächen des Tetraeders zusammenfielen, was seinen Ausdruck in dem Verschwinden der Determinante $\sum \pm \beta_{1,1} \ldots \beta_{4,4}$ findet.

In dem Folgenden nehmen wir die Konstante d gleich der positiven Einheit an, so daß also durch die lineare Substitution, in welche dann nur noch 15 unabhängige Koeffizienten eingehen, der Ausdruck P in sich selbst übergeführt wird.

Der Übergang von der Substitution (9) zu der Substitution (17) gestaltet sich folgendermaßen. Wir können uns drei Horizontal- und

---

[7]) [Beweist man die Formel (18) auf dem zuerst angegebenen Wege, so ergibt die Umkehrung der darauf folgenden Überlegung die Formel (16) mit der richtigen Vorzeichenbestimmung. K.]

drei Vertikalreihen der Koeffizienten b in einer solchen Weise auswählen, daß, wenn wir uns in b die Größen β eingeführt denken und wir mit λ einen laufenden Index, mit $\varkappa, \mu$ zwei in jedem einzelnen Falle bestimmte Indizes bezeichnen, weder Glieder von der Form $\beta_{\varkappa, \lambda}$ noch von der Form $\beta_{\lambda, \mu}$ vorkommen. Die Determinante aus den so gewählten Koeffizienten b ist dann aus den Unterdeterminanten der Determinante $d_{\varkappa, \mu}$ zusammengesetzt und hat folglich den absoluten Wert $d_{\varkappa, \mu}^{2}$. Die so bestimmten Determinanten $d_{\varkappa, \mu}$ sind gerade diejenigen Koeffizienten, welche in die Auflösungen der Gleichungen (17) eingehen.

10. Die Aufgabe, einen gegebenen Ausdruck in Linienkoordinaten durch eine lineare Substitution auf eine bestimmte Gestalt zu transformieren, kann zu imaginären Substitutionskoeffizienten und damit zu Tetraedern mit imaginären Kanten führen. Wir mögen ein solches Tetraeder einfach *ein imaginäres Tetraeder* nennen.

Im allgemeinen gehört zu einem imaginären Tetraeder ein konjugiertes. Dann werden beide Tetraeder immer gemeinsam auftreten.

Insbesondere aber können die imaginären Kanten desselben imaginären Tetraeders einander konjugiert sein. Wenn dann sämtliche Seitenflächen (Eckpunkte) imaginär sind, so besitzt das Tetraeder zwei reelle, sich nicht schneidende Kanten, während die vier übrigen Kanten weder einen reellen Punkt noch eine reelle Ebene enthalten und die gegenüberstehenden paarweise konjugiert sind.

Sind dagegen nur zwei Seitenflächen (Eckpunkte) imaginär, so sind, wie im vorhergehenden Falle, nur zwei gegenüberstehende Kanten reell; aber längs der einen schneiden sich zwei reelle Ebenen des Tetraeders, auf der anderen liegen, als Durchschnittspunkte mit diesen Seitenflächen, zwei reelle Eckpunkte desselben. Die übrigen vier Kanten des Tetraeders sind paarweise konjugiert. Je zwei konjugierte verlaufen innerhalb einer der reellen Seitenflächen und schneiden sich in derselben in dem entsprechenden reellen Eckpunkte. Solche zwei imaginäre gerade Linien sind von der am Schlusse der fünften Nummer betrachteten Art.

Wenn also die imaginären Kanten eines Tetraeders konjugiert sind, sind immer zwei gegenüberstehende reell, und wir haben es mit einem Tetraeder der einen oder anderen Art zu tun, je nachdem von den vier übrigen Kanten sich die konjugierten schneiden oder nicht. — Tetraeder von der einen wie von der andern Art können isoliert auftreten, insofern sie sich selbst konjugiert sind.

Auch solche imaginäre Tetraeder, die nicht in sich konjugiert sind, können zwei reelle, einander gegenüberstehende Kanten besitzen. Dann sind dieselben dem gegebenen und dem konjugierten Tetraeder gemeinsam.

III.
Über Linienkomplexe im allgemeinen.

11. Eine homogene Gleichung zwischen Linienkoordinaten bestimmt ein dreifach unendliches System von geraden Linien. Solch ein Gebilde heißt, nach **Plücker**, ein *Linienkomplex*. Indem wir in die Gleichung eines Komplexes des n-ten Grades für die Linienkoordinaten die Ausdrücke (1) oder (3) einsetzen, erhalten wir die folgenden beiden, unter sich identischen, geometrischen Definitionen eines solchen Komplexes[8]):

In einem Komplexe des n-ten Grades bilden diejenigen geraden Linien, welche durch einen festen Punkt gehen, einen Kegel der n-ten Ordnung.

In einem Komplexe des n-ten Grades bilden diejenigen geraden Linien, welche in einer festen Ebene liegen, eine Kurve der n-ten Klasse.

Ist also insbesondere der Komplex linear, so entspricht jedem Punkte eine Ebene, die durch ihn hindurch geht, jeder Ebene ein Punkt, der in ihr liegt. Einen derartigen Komplex bildet die Gesamtheit aller geraden Linien, welche eine gegebene gerade Linie schneiden (Nr. 4).

Als ausgezeichneter Fall der Komplexe des $n(n-1)$-ten Grades kann die Gesamtheit der Tangenten einer Fläche der n-ten Ordnung oder Klasse angesehen werden. Wenn sich die Fläche dahin partikularisiert, daß sie in eine abwickelbare Fläche mit zugehöriger Rückkehrkante ausartet, so umfaßt der Komplex alle diejenigen geraden Linien, welche die erste berühren oder die zweite schneiden.

12. Die allgemeine Gleichung des n-ten Grades umfaßt $(n+5)_5$ verschiedene Glieder. Allein der Komplex hängt, sobald $n > 1$, von einer geringeren als der um 1 verminderten Anzahl unabhängiger Konstanten ab, indem es freisteht, aus seiner Gleichung eine Reihe von Gliedern vermöge der Relation:

$$P \equiv \sum_{\varkappa} p_\varkappa \cdot p_{\varkappa+3} = 0$$

zu entfernen. Wir können, ohne den gegebenen Komplex zu ändern, zu seiner Gleichung P, mit einer beliebigen Funktion des $(n-2)$-ten Grades multipliziert, addieren. Eine derartige Funktion enthält $(n+3)_5$ unbestimmte Konstanten. Eine gleiche Anzahl von Konstanten dürfen wir also auch in der Gleichung des Komplexes beliebig annehmen.

Die Erniedrigung in der Anzahl der unabhängigen Konstanten fällt fort, sobald wir die Gleichung des Komplexes nicht in den sechs Koordinaten $p_\varkappa$, sondern in $6n$ Koordinaten

$$p'_\varkappa, \, p''_\varkappa, \, \ldots, \, p^{(n)}_\varkappa$$

---

[8]) **Plücker**: „Neue Geometrie", Nr. 19.

n-fach linear schreiben. Denn der Ausdruck P schreibt sich bilinear:

$$\sum_{\varkappa} p'_{\varkappa} \cdot p''_{\varkappa+3}$$

und ist dann, außer wenn die beiden geraden Linien (p') und (p'') sich schneiden, nicht mehr gleich Null, so daß er nicht mehr ohne weiteres der Gleichung des gegebenen Komplexes zugefügt werden kann.

Nach dem Vorstehenden hängt *ein Komplex des zweiten Grades* nicht von $21 - 1 = 20$, sondern nur von 19 unabhängigen Konstanten ab. Dagegen gibt es eine einfach unendliche Schar zugehöriger Polarsysteme (bilinearer Formen), deren jedes durch 20 Konstanten bestimmt wird. In einem solchen Polarsysteme entspricht einer beliebig angenommenen geraden Linie ein linearer Komplex[9]). Diejenigen Linien, welche sich selbst entsprechen, sind in allen Polarsystemen dieselben: die Linien des zugehörigen Komplexes zweiten Grades.

Es ist die Theorie der Komplexe durchaus analog der Theorie der Kurven, welche auf einer Fläche der zweiten Ordnung liegen, oder der Theorie der abwickelbaren Flächen, welche eine Fläche der zweiten Klasse umhüllen. Die *einzelne* Fläche, welche durch ihren Durchschnitt mit der gegebenen Fläche der zweiten Ordnung eine Kurve bestimmt, kommt bei der Diskussion dieser Durchschnittskurve gar nicht in Betracht, sondern nur die durch sie und die gegebene Fläche der zweiten Ordnung bestimmte Schar. Dagegen ist in einem Punkte der gegebenen Fläche zweiten Grades in bezug auf die fragliche Durchschnittskurve ein anderes auf dieser Fläche liegendes Gebilde zugeordnet, je nach der Wahl der zweiten die Kurve bestimmenden Fläche.

Diejenigen geraden Linien, welche zwei Komplexen gemeinsam sind, bilden eine *Kongruenz*. Die Kongruenz heißt vom Grade mn, wenn die beiden sie bestimmenden Komplexe bezüglich vom Grade m und n sind. Alle Linien einer linearen Kongruenz schneiden zwei feste gerade Linien, die reell oder imaginär sein können: die *Direktrizen* der Kongruenz.

Diejenigen geraden Linien, welche drei Komplexen, die bezüglich vom Grade m, n, p sind, zugleich angehören, bilden eine *Linienfläche* (windschiefe Fläche) von der Ordnung und Klasse $2\,mnp$. Insbesondere bestimmen drei lineare Komplexe eine Fläche des zweiten Grades durch die Linien der einen Erzeugung derselben[10]).

---

[9]) Plücker, a. a. O. — Es ist hier nicht der Ort, die im Texte angedeutete Reziprozität zwischen geraden Linien und Komplexen des ersten Grades, die, bei konsequenter Behandlungsweise, dazu führt, den Komplexen ersten Grades sechs homogene, unabhängige Koordinaten zu erteilen, weiter zu verfolgen. (Plückers „Neue Geometrie", Nr. 25). Die gerade Linie erscheint in dieser Auffassungsweise als ein linearer Komplex, dessen Koordinaten die Gleichung: $P = 0$ befriedigen (Nr. **4**).

[10]) Vgl. Plückers Neue Geometrie, a. a. O.

IV.

Transformation der Gleichung des zweiten Grades zwischen Linienkoordinaten auf eine kanonische Form.

13. Es sei

$$(19) \qquad \Omega = 0$$

die allgemeine Gleichung der Komplexe des zweiten Grades;

$$P = 0$$

bezeichne die Bedingung

$$\sum_\varkappa p_\varkappa \cdot p_{\varkappa+3} = 0.$$

Unsere Aufgabe ist, ein Tetraeder zu bestimmen, welches zu dem Komplex (19) in einer ausgezeichneten Beziehung steht, und die Form anzugeben, welche die Gleichung des Komplexes annimmt, wenn derselbe auf dieses Tetraeder als Koordinatentetraeder bezogen wird.

Diese Aufgabe behandelt sich algebraisch als die lineare simultane Transformation der Form P in sich selbst und der Form Ω auf eine kanonische Gestalt. Wir definieren dabei die kanonische Gestalt der Form Ω als die einfachste, auf welche sich dieselbe durch eine derartige Transformation umformen läßt. Es wird in der Auswahl dieser kanonischen Gestalt immer eine gewisse Willkür herrschen, und der Weg, auf welchem wir in der Folge zu einer solchen gelangen, ist kein notwendiger, sondern ein nach Belieben ausgewählter. — Die algebraische Fassung dieses Problems ist insofern allgemeiner als die geometrische, als in derselben P und Ω als individuelle Formen auftreten, während bei der geometrischen Untersuchung neben P nur die zweigliedrige Gruppe

$$\Omega + \lambda P,$$

wo λ eine willkürliche Konstante bedeutet, in Betracht kommt[11]).

Indem wir bei der linearen Transformation der Form P in sich selbst noch über 15 willkürliche Konstanten verfügen können, wird die kanonische Gestalt der Form Ω noch sechs Konstanten enthalten. Wenn wir durch eine derselben durchdividieren und den Ausdruck P, mit einer geeigneten Konstante multipliziert, hinzuaddieren, können wir noch zwei Konstanten aus derselben fortschaffen. Die kanonische Form der Komplexgleichung enthält somit nur noch vier wesentliche Konstante.

Es erfordert eine Partikularisation des Komplexes, wenn in seiner Gleichung weniger als vier Konstanten vorkommen sollen, oder wenn es

---

[11]) Die algebraische Behandlungsweise knüpft sich an die oben erwähnte Erweiterung der geometrischen Deutung von sechs Veränderlichen. Einer Verwandlung des Koordinatentetraeders entsprechend, transformieren sich die Koordinaten eines Komplexes ersten Grades linear in einer solchen Weise, daß der Ausdruck P, der nicht verschwindet, in sich selbst übergeht.

möglich sein soll, denselben auf unendlichfach verschiedene Weise auf dieselbe Form mit vier Konstanten zu transformieren.

Wir beginnen, im Anschluß an die neueste Arbeit von Weierstraß über die quadratischen Formen[12]), mit einer eigentümlichen Umgestaltung der beiden Formen P und Ω, welche in unserem Falle *immer* anwendbar ist. Dieselbe schließt als besonderen Fall die Transformation der beiden Formen P und Ω auf solche zwei in sich, die nur die Quadrate der Variabeln enthalten, eine Transformation, die bekanntlich nicht in allen Fällen möglich ist.

Durch die in Rede stehende Umgestaltung werden P und Ω in zwei neue Formen P' und Ω' übergeführt. Wir gehen sodann durch eine einfache lineare Substitution von P' zu P zurück und transformieren dadurch Ω' in eine neue Form Ω'', welche wir als *kanonische* bezeichnen. Wir gelangen so, durch Benutzung der in der angeführten Abhandlung gewonnenen Ergebnisse, auf dem kürzesten Wege zur Aufstellung der jedem Falle entsprechenden kanonischen Form und damit zur Einteilung der Komplexe des zweiten Grades.

Wir wiederholen zunächst die Ergebnisse, zu denen Weierstraß in dem oben zitierten Aufsatze gelangt, in einer Form, wie sie dem hier vorliegenden Falle entspricht. Weierstraß betrachtet die simultane Transformation zweier beliebig gegebener quadratischer (oder bilinearer) Formen, und muß, dem Falle entsprechend, daß die Determinante einer jeden der beiden Formen verschwindet, besondere Vorsichtsmaßregeln treffen. In unserem Falle ist die eine Form, P, gegeben und hat die nicht verschwindende Determinante (-1).

14. Es mögen

$$\Phi, \Psi$$

zwei quadratische Formen derselben n Veränderlichen $x_1, x_2, \ldots, x_n$ bezeichnen. Wir machen die Voraussetzung, daß die Determinante von Φ nicht verschwindet. Dann ist die Determinante der Form

$$s\,\Phi + \Psi,$$

die wir kurz mit S bezeichnen wollen, eine ganze Funktion des n-ten Grades von s, und kann immer als Produkt von n Faktoren, die lineare Funktionen von s sind, dargestellt werden.

Es sei, unter der Voraussetzung, daß der Koeffizient der höchsten in S enthaltenen Potenz von s der Einheit gleich, oder daß er als konstanter Faktor aus dem Produkt jener n linearen Faktoren herausge-

---

[12]) Zur Theorie der quadratischen und bilinearen Formen; Monatsberichte d. Berl. Akad., Mai, 1868, S. 310—338 (Werke, Bd. II). Vgl. einen früheren Aufsatz über denselben Gegenstand, Monatsberichte, 1858, S. 207—220 (Werke, Bd. I).

zogen sei, $(s - c)$ irgendeiner dieser Faktoren. Mit l bezeichnen wir den Exponenten der höchsten in S aufgehenden Potenz desselben. Ferner bedeute $l^{(\varkappa)}$ den Exponenten der höchsten Potenz von $(s - c)$, durch welche *alle* aus den Elementen von S gebildeten partiellen Determinanten $(n - \varkappa)$-ter Ordnung teilbar sind. Dann gelten, wie W e i e r s t r a ß zeigt, die folgenden Ungleichheiten:

$$l > l' > l'' > \ldots > l^{(\nu-1)} > 0,$$
$$l^{(\varkappa-1)} - l^{(\varkappa)} \geqq l^{(\varkappa)} - l^{(\varkappa+1)}.$$

Setzt man daher:

$$e = l - l',\, e' = l' - l'',\, \ldots,\, e^{(\nu-1)} = l^{(\nu-1)},$$

so sind $e, e', \ldots, e^{(\nu-1)}$ positive Zahlen, welche nach ihrer Größe geordnet sind, so daß:

$$e^{(\varkappa)} \geqq e^{(\varkappa+1)}.$$

Jeder einzelne der so definierten ν Faktoren von $(s - c)^l$:

$$(s - c)^e,\, (s - c)^{e'},\, \ldots,\, (s - c)^{e^{(\nu-1)}}$$

heiße *ein Elementarteiler der Determinante* S[13]). Wir nennen einen Elementarteiler, je nach dem Grade e der höchsten in ihm enthaltenen Potenz von s, von der e-ten Ordnung.

Es gilt zunächst der allgemeine Satz, daß wie auch die beiden Formen Φ, Ψ durch lineare Substitution in andere Formen Φ', Ψ' transformiert werden mögen, die zugehörigen Elementarteiler dieselben bleiben. Und umgekehrt, wenn zwei Formenpaare, Φ, Ψ und Φ', Ψ', dieselben Elementarteiler besitzen, so lassen sie sich durch eine lineare Substitution mit nicht verschwindender Determinante ineinander überführen[14]).

Wir bezeichnen nun durch $S^{(\varkappa)}$ diejenige Unterdeterminante der Determinante S, welche aus derselben durch Weglassung der $\varkappa$ ersten Horizontal- und Vertikalreihen entsteht. Ferner bedeute

$$(- 1)^{\alpha + \beta} S_{\alpha \beta}^{(\varkappa)}$$

unter der Voraussetzung, daß α, β beide größer als $\varkappa$ sind, die Determinante $(n - \varkappa - 1)$-ter Ordnung, deren Elementensystem aus dem von $S^{(\varkappa)}$ durch Weglassung der $(\alpha - \varkappa)$-ten Horizontal- und der $(\beta - \varkappa)$-ten Vertikalreihe hervorgeht, — werde aber gleich Null gesetzt, wenn eine der beiden Zahlen $\alpha, \beta \leqq \varkappa$ ist.

---

[13]) Die Elementarteiler, zu welchen die beiden Formen Φ, $\lambda\Phi + \Psi$ führen, sind von den Elementarteilern, die zu den Formen Φ, Ψ zugehören, nur dadurch verschieden, daß s in denselben durch $s + \lambda$ ersetzt ist.

[14]) [Wir bemerken, daß dieser Satz nur dann allgemein gilt, wenn man auch solche lineare Substitutionen zuläßt, deren Substitutionskoeffizienten imaginäre, nicht notwendig paarweise konjugierte Werte besitzen.]

Die Funktionen:
$$S, S', S'', \ldots$$
sind bezüglich durch
$$(s - c)^l, \; (s - c)^{l'}, \; (s - c)^{l''}, \ldots$$
teilbar. Wir nehmen an, daß in keiner dieser Funktionen eine höhere Potenz von $(s - c)$ als die angegebene als Faktor enthalten sei. Sollte dieses doch der Fall sein, so sei in der Reihe der Funktionen:
$$S, S', S'', \ldots$$
$S^{(\nu)}$ die erste, welche eine höhere Potenz von $(s - c)$ als die $l^{(\nu)}$-te enthält. Dann können wir vorab eine lineare Transformation von der Gestalt:
$$\bar{x}_\nu = x_\nu + h_{\nu+1} x_{\nu+1} + \ldots + h_n x_n,$$
$$\bar{x}_\alpha = x_\alpha, \quad \text{wenn} \quad \alpha \gtrless \nu,$$
eintreten lassen und über die Konstanten $h_{\nu+1}, \ldots, h_n$ derart verfügen, daß das neue $\overline{S}^{(\nu)}$ nur noch die $l^{(\nu)}$-te Potenz von $(s - c)$ enthält[15]). Indem die vorstehende Substitution die Determinante $(+1)$ hat, sind bei ihr die Funktionen:
$$S, S', S'', \ldots, S^{(\nu-1)}$$
ungeändert geblieben. Wir können also, in der angegebenen Weise fortfahrend, es immer dahin bringen, daß von den Determinanten $S^{(\varkappa)}$ keine eine höhere Potenz von $(s - c)$ enthält, als die $l^{(\varkappa)}$-te.

Diese Hilfstransformation vorausgesetzt, sei:

$$(20) \quad \begin{cases} X \; = S_{11} \dfrac{\partial \Phi}{\partial x_1} + S_{12} \dfrac{\partial \Phi}{\partial x_2} + \ldots + S_{1n} \dfrac{\partial \Phi}{\partial x_n}, \\[2mm] X' = \qquad\qquad S_{22}' \dfrac{\partial \Phi}{\partial x_2} + \ldots + S_{2n}' \dfrac{\partial \Phi}{\partial x_n}, \\[2mm] X'' = \; \ldots \ldots \ldots \ldots \ldots \ldots \ldots \ldots \\[2mm] \qquad\; \ldots \ldots \ldots \ldots \ldots \ldots \ldots \ldots \end{cases}$$

Ferner bezeichne e_λ in der Reihe der zu dem Teiler $(s - c)$ gehörigen Zahlen e die $\varkappa$-te. Wir mögen zugleich c_λ statt c schreiben, so daß dieselbe Wurzel c der Gleichung $S = 0$, den verschiedenen ihr zugehörigen Elementarteilern entsprechend, verschiedene Indizes bekommt. Man entwickle sodann die Funktionen:

$$\frac{X^{(\varkappa-1)}}{\sqrt{S^{(\varkappa-1)} \cdot S^{(\varkappa)}}}$$

---

[15]) [An dieser Stelle enthält die ursprüngliche Weierstraßsche Abhandlung, über die hier referiert wird, eine Lücke. Der betreffende Hilfssatz ist erst von G. Frobenius (Sitzungsber. d. Berl. Akad. 1894, Sitzung v. 18. Januar) bewiesen worden. Vgl. auch K. Weierstraß' Werke, Bd. II, S. 31).]

nach aufsteigenden Potenzen von $(s - c_\lambda)$. Die Entwicklung beginnt mit der Potenz $-\dfrac{e_\lambda}{2}$ von $(s - c_\lambda)$ und hat die Gestalt:

$$\sum X_{\lambda,\mu} \cdot (s - c_\lambda)^{\mu - \frac{e_\lambda}{2}}.$$
$$\mu = 0, 1, \ldots, \infty.$$

Dabei ist:

$$(21) \qquad X_{\lambda\mu} = \frac{1}{\sqrt{C_\lambda}}\left(C_{\varkappa\lambda\mu}\frac{\partial \Phi}{\partial x_\varkappa} + \cdots + C_{n\lambda\mu}\frac{\partial \Phi}{\partial x_n}\right),$$

wo C_λ und sämtliche Koeffizienten der Größen $\dfrac{\partial \Phi}{\partial x}$ ganze Funktionen von c_λ und den Koeffizienten der Formen Φ, Ψ sind.

Der Koeffizient C_λ, auf dessen Vorzeichen in dem Falle Gewicht zu legen ist, daß c_λ eine reelle Größe ist, schreibt sich entwickelt:

$$(22) \qquad C_\lambda = \left\{\frac{(s - c_\lambda)^{2l_\lambda^{(\varkappa)} + e_\lambda}}{S^{(\varkappa - 1)} \cdot S^{(\varkappa)}}\right\}_{s = c_\lambda},$$

wo $l_\lambda^{(\varkappa)}$ die früher $l^{(\varkappa)}$ gegebene Bedeutung hat, und der Index λ nur auf die Zusammengehörigkeit mit e_λ, c_λ hinweist.

Man bezeichne nun, wenn e eine beliebige ganze Zahl bedeutet:

$$\sum X_{\lambda\mu} \cdot X_{\lambda\nu} \quad \text{mit} \quad (X_\lambda X_\lambda)_e,$$
$$(\mu + \nu = e - 1).$$

Dann erhält man die folgenden Umformungen:

$$(23) \qquad \begin{cases} \Phi = \displaystyle\sum_\lambda (X_\lambda X_\lambda)_{e_\lambda}, \\[2mm] \Psi = \displaystyle\sum_\lambda c_\lambda (X_\lambda X_\lambda)_{e_\lambda} + (X_\lambda X_\lambda)_{e_\lambda - 1}, \end{cases}$$

wo die Summation sich über die den verschiedenen Elementarteilern entsprechenden λ zu erstrecken hat und $(X_\lambda X_\lambda)_{e_\lambda - 1}$ gleich Null zu setzen ist, wenn e_λ den Wert 1 hat.

Dies sind die fraglichen Umgestaltungen der Formen Φ, Ψ. Es läßt sich nachweisen, daß die neuen n Variabeln:

$$X_{1,0}, \; X_{1,1}, \; \ldots, \; X_{1,e_1 - 1},$$
$$\cdot \quad \cdot \quad \cdot \quad \cdot \quad \cdot \quad \cdot \quad \cdot \quad \cdot$$
$$X_{\lambda,0}, \; X_{\lambda,1}, \; \ldots, \; X_{\lambda,e_\lambda - 1},$$
$$\cdot \quad \cdot \quad \cdot \quad \cdot \quad \cdot \quad \cdot \quad \cdot \quad \cdot$$

durch welche Φ und Ψ vorstehend ausgedrückt sind, aus den Variabeln X (20) und damit aus den ursprünglichen Variabeln x durch eine Substitution hergeleitet worden sind, deren Determinante nicht verschwindet.

Einem gegebenen Systeme von Elementarteilern entsprechend können wir, nach den Formeln (23), ohne weiteres ein System zweier Formen hinschreiben. Sind insbesondere alle Elementarteiler von der ersten Ordnung, so stellen sich Φ und Ψ dar durch die Quadrate der neuen Variabeln.

15. Ehe wir zur Anwendung der vorstehenden Umgestaltung auf die beiden uns gegebenen Formen P, Ω übergehen, mögen wir untersuchen, inwieweit sich die unter (21) eingeführten Variabeln $X_{\lambda,\mu}$ durch andere, gleichberechtigte, ersetzen lassen, in denen sich Φ und Ψ ebenfalls unter der Form (23) darstellen.

Von den Elementarteilern der Determinante S seien μ_ν mal ν einander gleich. Dann ist es möglich, eine lineare Substitution anzugeben, welche

$$\sum_\nu \mu_\nu \cdot \frac{\nu(\nu-1)}{1\cdot 2}$$

willkürliche Konstante enthält und die Eigenschaft besitzt, Φ *und* Ψ *in der unter* (23) *gegebenen Gestalt in sich selbst zu transformieren.*

Es seien nämlich ν unter sich gleiche Elementarteiler der e-ten Ordnung gegeben, und es sei zunächst $e > 1$. Wir bezeichnen die Teiler der Reihe nach mit den Indizes $1, 2, \ldots, \nu$, allgemein durch den Index α. Einem jeden dieser Elementarteiler entspricht, in der unter (23) gegebenen Darstellung der Formen Φ und Ψ, in Φ eine Funktion der e Variabeln:

$$X_{a,0}, \ X_{a,1}, \ \ldots, \ X_{a,\,e_a-1},$$

die wir mit $(X_a X_a)_{e_a}$ bezeichnet haben, und in Ψ dieselbe Funktion derselben e Variabeln, multipliziert mit einer von dem Index α unabhängigen Konstanten, vermehrt um eine Funktion, $[(X_a X_a)_{e_a-1}]$, allein der $(e-1)$ Variabeln:

$$X_{a,0}, \ X_{a,1}, \ \ldots, \ X_{a,\,e_a-2}.$$

Die Variabeln $X_{a,\,e_a-1}$ kommen nur in der ersten Funktion und in derselben, gemäß der Bedeutung des Symbols $(X_a X_a)_{e_a}$, nur in der Verbindung:

$$2 X_{a,0} X_{a,\,e_a-1},$$

in Φ und Ψ also nur in dem folgenden Ausdruck vor:

$$2 X_{1,0} \cdot X_{1,\,e_1-1} + 2 X_{2,0} \cdot X_{2,\,e_2-1} + \ldots + 2 X_{\nu,0} \cdot X_{\nu,\,e_\nu-1}.$$

Die Form von Φ und Ψ bleibt also ungeändert, wenn wir die Variabeln $X_{a,\,e_a-1}$ durch eine folgende lineare Substitution:

$X_{a,\,e_a-1} = X_{a,\,e_a-1}$, vermehrt um eine lineare Funktion von $X_{1,0}, \ldots, X_{\nu,0}$,

transformieren und dabei bedingen, daß durch diese Substitution der Ausdruck

$$X_{1,0} \cdot X_{1,\,e_1-1} + X_{2,0} \cdot X_{2,\,e_2-1} + \ldots + X_{\nu,0} \cdot X_{\nu,\,e_\nu-1}$$

in sich selbst übergehe. Bei einer derartigen Substitution haben wir über ν^2 Konstante zu verfügen und $\dfrac{\nu(\nu+1)}{1\cdot 2}$ Bedingungen zu befriedigen. Es bleiben also noch

$$\nu^2 - \frac{\nu(\nu+1)}{1\cdot 2} = \frac{\nu(\nu-1)}{1\cdot 2}$$

Konstanten willkürlich.

Die gleiche Zahl ergibt sich, wenn wir $e = 1$ annehmen. Denn dann ist die Funktion:

$$X_{1,\,0}^2 + X_{2,\,0}^2 + \cdots + X_{\nu,\,0}^2$$

in sich selbst zu transformieren.

Auf diese Weise können wir mit jedem in der Reihe der Elementarteiler der Determinante S enthaltenen System gleicher Teiler verfahren und erhalten so die oben angegebene Zahl:

$$\sum_\nu \mu_\nu \cdot \frac{\nu(\nu-1)}{1\cdot 2}\,.$$

Es bezeichnet diese Zahl den Wert, den das den Formen (23) zugrunde gelegte System von Variabeln für diese Formen besitzt.

16.[16]) Eine weitere Untersuchung knüpft sich an das Vorzeichen der durch die Gleichung (22) bestimmten Konstante C_λ.

Man teilt bekanntlich die quadratischen Formen von n Variabeln mit nicht verschwindender Determinante in Klassen ein, je nach dem Überschuß, den die Anzahl der positiven Quadrate über die Anzahl der negativen Quadrate ergibt, wenn man die gegebene Form durch irgendeine *reelle* lineare Substitution mit nicht verschwindender Determinante auf eine Form transformiert, die nur die Quadrate der Variabeln enthält. Es bezeichne m den Überschuß, welcher zu der gegebenen Funktion Φ gehört. Dann gilt der folgende Satz, unabhängig von der Wahl der Form Ψ:

Wenn man die Konstanten C_λ, welche zu reellen Elementarteilern einer ungeraden Ordnung gehören, nach ihrem Vorzeichen in zwei Gruppen teilt, *so enthält die Gruppe der positiven C_λ m Glieder mehr als die der negativen.*

Und daraus folgt der Satz, daß die Determinante S, unabhängig von der Wahl der Form Ψ, *mindestens m reelle Elementarteiler ungerader Ordnung besitzen muß.*

Wenn $(s - c_\lambda)^{e_\lambda}$ einen reellen Elementarteiler und ε_λ die positive oder negative Einheit bezeichnet, je nachdem C_λ positiv oder negativ ist, wollen wir (mit Weierstraß)

$$X_{\lambda\mu} = + \sqrt{\varepsilon_\lambda} \cdot \mathfrak{X}_{\lambda\mu}$$

---

[16]) [Die meisten Betrachtungen, soweit sie Realitätsverhältnisse betreffen, setzen Linienkomplexe $\Omega = 0$ mit reellem Ω voraus.]

und also:

$$(X_\lambda X_\lambda)_{e_\lambda} = \varepsilon_\lambda (\mathfrak{X}_\lambda \mathfrak{X}_\lambda)_{e_\lambda}$$

setzen. Dann sind die $\mathfrak{X}_{\lambda\mu}$ lineare Funktionen der ursprünglichen Veränderlichen x mit *reellen* Koeffizienten. Ist dagegen $(s - c_\lambda)^{e_\lambda}$ ein imaginärer Elementarteiler, so findet sich ein zweiter, ihm konjugierter, $(s - c_{\lambda'})^{e_{\lambda'}}$, wo $e_\lambda = e_{\lambda'}$. Indem wir dann den Wurzelgrößen $\sqrt{C_\lambda}$, $\sqrt{C_{\lambda'}}$ konjugierte Werte erteilen und

$$X_{\lambda\mu} = \mathfrak{X}_{\lambda\mu} + i\mathfrak{X}'_{\lambda\mu},$$
$$X_{\lambda'\mu} = \mathfrak{X}_{\lambda\mu} - i\mathfrak{X}'_{\lambda\mu}$$

setzen, werden $\mathfrak{X}_{\lambda\mu}$, $\mathfrak{X}'_{\lambda\mu}$ lineare Funktionen der Variabeln x ebenfalls mit reellen Koeffizienten; und man hat:

$$(X_\lambda X_\lambda)_{e_\lambda} + (X_{\lambda'} X_{\lambda'})_{e_{\lambda'}} = 2(\mathfrak{X}_\lambda \mathfrak{X}_\lambda)_{e_\lambda} - 2(\mathfrak{X}'_\lambda \mathfrak{X}'_\lambda)_{e_{\lambda'}}.$$

Nach diesen Substitutionen ist Φ dargestellt durch n reelle Variabeln Wir haben Φ jetzt durch irgendeine reelle Substitution auf die Quadrate n neuer Veränderlicher zu transformieren. Dann muß der Überschuß der positiven über die Anzahl der negativen Quadrate m betragen.

Je zwei konjugiert imaginäre Elementarteiler liefern offenbar keinen Beitrag zu diesem Überschusse m. Denn $(\mathfrak{X}_\lambda \mathfrak{X}_\lambda)_{e_\lambda}$ liefert ebenso viele Quadrate des einen Zeichens, wie $(\mathfrak{X}'_\lambda \mathfrak{X}'_\lambda)_{e_{\lambda'}}$.

Der einem ungeraden reellen Elementarteiler entsprechende Ausdruck liefert den Überschuß eines Quadrates mit dem Zeichen ε_λ. Denn der entsprechende Ausdruck $(\mathfrak{X}_\lambda \mathfrak{X}_\lambda)_{e_\lambda}$ enthält ein Quadrat und $\dfrac{e_\lambda - 1}{2}$ Produkte von jedesmal zwei Variabeln. Solch' ein Produkt vertritt ein positives und ein negatives Quadrat.

Ist dagegen der reelle Elementarteiler von einer geraden Ordnung, so umfaßt der Ausdruck $(\mathfrak{X}_\lambda \mathfrak{X}_\lambda)_{e_\lambda}$ nur Produkte der Variabeln zu zwei und liefert somit eine gleiche Anzahl positiver und negativer Quadrate.

Damit sind die vorstehenden beiden Sätze bewiesen. Umgekehrt ist aus den Formeln (23) klar, daß man, bei gegebenem Φ, einem beliebigen Systeme von Elementarteilern entsprechend, eine Form Ψ mit reellen Koeffizienten bestimmen kann, sobald unter den Quadraten, welche in der Darstellung (23) von Φ den ungeraden reellen Teilern entsprechen, m positive mehr als negative angenommen werden. Denn man denke sich Φ durch irgendeine reelle lineare Substitution auf eine Form transformiert, welche nur die Quadrate der Variabeln enthält. Es lassen sich dann, unter der gemachten Voraussetzung, immer lineare Substitutionen angeben, welche Φ von dieser Form zu der unter (23) gegebenen überführen, wobei die neuen

Variabeln entweder sich reell durch die früheren ausdrücken oder paarweise imaginär konjugiert sind, je nach der Art des Elementarteilers, welchem sie entsprechen. Es genügt dann in (23) Ψ mit solchen Koeffizienten zu versehen, wie sie den verschiedenen Elementarteilern zugehören. Dann führt die Rücksubstitution zu einer Form Ψ in den ursprünglichen Variabeln mit reellen Koeffizienten. Es gibt das das Mittel, bei gegebenem Φ ohne weiteres alle Fälle hinzuschreiben, welche bei der Transformation der Formen Φ, Ψ auf die Gestalt (23) auftreten können.

17. Wir kehren zu den uns gegebenen Formen P und Ω zurück. Indem wir P als Form mit nicht verschwindender Determinante an die Stelle von Φ, Ω an die von Ψ treten lassen, erhalten wir aus (23) die folgende Darstellung der Formen P und Ω:

$$(24) \quad \begin{cases} P = \sum_\lambda (X_\lambda X_\lambda)_{e_\lambda} : \\ \Omega = \sum_\lambda c_\lambda (X_\lambda X_\lambda)_{e_\lambda} + (X_\lambda X_\lambda)_{e_\lambda - 1}. \end{cases}$$

Die neuen Variabeln bestimmen sich, wie in dem allgemeinen Falle, durch die Formeln (20), (21), (22). Es ist in denselben die Zahl n der Variabeln überall durch 6 zu ersetzen. Wir bemerken nur, daß diese Formeln sich bei der gegebenen Form von P dadurch vereinfachen, daß an die Stellen der Größen $\dfrac{\partial \Phi}{\partial x}$ die Variabeln x selbst, nur in veränderter Reihenfolge, treten.

Auch die Erörterungen der 15. Nummer über die Multiplizität der Transformation auf die Form (23) behalten ihre Gültigkeit. Wir mögen deswegen die Bezeichnung μ_ν der Anzahl der Systeme von ν Elementarteilern, die unter sich gleich sind, beibehalten.

Die in der 16. Nummer gegebenen Sätze über die Anzahl der in der Darstellung (23) der Form Φ enthaltenen positiven und negativen reellen Quadrate modifizieren sich, der besonderen Gestalt von P entsprechend, folgendermaßen.

Wenn wir die Form P durch irgendeine reelle Substitution mit nicht verschwindender Determinante auf eine Form transformieren, die nur die Quadrate der Variabeln enthält, so finden sich unter diesen Quadraten *gleich viele* positive und negative. Die Zahl m also, welche in dem allgemeinen Falle den Überschuß der positiven über die negativen Quadrate angab, wird in dem Falle der Form P gleich Null.

Es werden sich also in der Darstellung (24) der Form P immer *eine gleiche Anzahl positiver und negativer reeller Quadrate vorfinden*. Wir mögen diese Anzahl mit σ bezeichnen. Dann ist 2σ die Zahl der reellen

Elementarteiler einer ungeraden Ordnung. — In dem allgemeinen Falle der Form Φ sind wenigstens m solcher Elementarteiler vorhanden, während die Zahl der reellen Elementarteiler einer geraden Ordnung willkürlich ist. Umgekehrt läßt sich die Form Ψ so wählen, daß überhaupt nur m reelle Elementarteiler, und zwar ungerader Ordnung, vorhanden sind. Weil m für die Form P den Wert Null hat, können also, je nach Wahl der Form Ω, *beliebig viele Paare der Elementarteiler der Determinante der Form* $sP + \Omega$ *imaginär werden.* — Die Anzahl der Elementarteiler einer ungeraden Ordnung mögen wir in der Folge mit 2ϱ bezeichnen.

Das Vorstehende liefert das vollständige Material zu einer *Einteilung der Komplexe des zweiten Grades.* Nach der Ordnung der Ω zugehörigen Elementarteiler bestimmt sich die Gestalt der Formen (24). Indem wir die Zahlen zusammenstellen, welche die Ordnungen der einzelnen Elementarteiler angeben, erhalten wir in dem folgenden Schema eine Einteilung sämtlicher Komplexe zweiten Grades in *elf* unterschiedene Arten:

	Ordnung der Elementarteiler.
I	1, 1, 1, 1, 1, 1,
II	1, 1, 1, 1, 2,
III	1, 1, 1, 3,
IV	1, 1, 2, 2,
V	1, 1, 4,
VI	1, 2, 3,
VII	2, 2, 2,
VIII	1, 5,
IX	2, 4,
X	3, 3,
XI	6.

Es bezeichnet die Zahl 11 die Anzahl der Möglichkeiten der Zerlegung der Zahl der Veränderlichen, 6, in Summanden.

Weitere Einteilungsgründe gibt die Zahl der gleichen und die Zahl der imaginären Elementarteiler; dann das Vorzeichen der reellen Elementarteilern in der Darstellung (24) von P entsprechenden Glieder. — Wir unterlassen es, die verschiedenen Fälle, welche sonach stattfinden können, einzeln aufzuzählen, oder nachzuweisen, wie sich dieselben kontinuierlich als Übergangsfälle zwischen extremen Gliedern aneinander reihen lassen.

18. Wir wollen die unter (24) gegebene Gestalt der Form P noch folgendermaßen transformieren. Alle diejenigen Glieder, welche imaginären Elementarteilern entsprechen, lassen wir unverändert. Dagegen führen wir statt der Variabeln $X_{\lambda,0}, \ldots, X_{\lambda,e_\lambda-1}$, welche einem rellen Elementarteiler zugehören, je nach dem Vorzeichen der Konstante C_λ (22), neue Variabeln ein. In

dem Falle, daß C_λ positiv ist, behalten wir die ursprünglichen Veränderlichen bei. In dem entgegengesetzten Falle setzen wir:

$$X_{\lambda\beta} = \pm\, i\mathfrak{X}_{\lambda\beta},$$

und bestimmen dabei das Vorzeichen der Quadratwurzel in einer solchen Weise, daß ein jedes der doppelten Produkte $2\,X_{\lambda,\beta}\cdot X_{\lambda,e_\lambda-\beta-1}$ als $2\,\mathfrak{X}_{\lambda,\beta}\cdot\mathfrak{X}_{\lambda,e_\lambda-\beta-1}$ mit dem positiven Vorzeichen in die neue Darstellung der Form P eingeht.

Dann ist die Form P dargestellt durch die Quadrate von 2ϱ Variabeln, unter denen sich 2σ reelle finden, und $(3-\varrho)$ doppelte Produkte von jedesmal 2 der übrigen $6-2\varrho$ Veränderlichen. Dabei haben diejenigen doppelten Produkte, in welche reelle Variabeln eingehen, das positive Vorzeichen. Von dieser Darstellung der Form P müssen wir durch eine neue lineare Substitution zu der ursprünglich gegebenen Gestalt:

$$\sum_\varkappa p_\varkappa\cdot p_{\varkappa+3},$$

in welcher nur doppelte Produkte von jedesmal zwei der sechs Veränderlichen vorkommen, die alle das positive Vorzeichen haben, zurückgehen.

Zu diesem Zwecke werden wir diejenigen $6-2\varrho$ Variabeln, die in der gegebenen Darstellung der Form bereits zu doppelten Produkten von je zwei verbunden sind, ohne weiteres beibehalten. Dagegen werden wir die 2ϱ Quadrate in ϱ Gruppen von jedesmal 2 einteilen und jede einzelne Gruppe in das doppelte Produkt zweier neuer Variabeln auflösen. Wir zerlegen so

$$Y_\alpha^2 + Y_\beta^2,$$

wo Y_α^2, Y_β^2 zwei derartige Quadrate bedeuten, in das Produkt der beiden linearen Faktoren:

$$\lambda\cdot\frac{Y_\alpha+iY_\beta}{\sqrt{2}},\qquad \frac{\sqrt{2}}{\lambda}(Y_\alpha-iY_\beta),$$

wo λ eine noch willkürliche Konstante bedeutet. Sind Y_α, Y_β nicht einander konjugiert imaginär, so ist es vorteilhaft, λ einfach der positiven Einheit gleichzusetzen. Im entgegengesetzten Falle wählen wir λ gleich $1-i$ und erhalten dadurch neue Veränderliche, die sich aus den reellen und imaginären Bestandteilen der Y_α, Y_β bzw. als Summe und Differenz zusammensetzen.

Die Art und Weise der Einteilung der 2ϱ Quadrate in ϱ Gruppen von 2 ist eine willkürliche. Solange die Elementarteiler, welche den einzelnen Quadraten entsprechen, sämtlich verschieden sind, hat jedes System neuer Variabeln, welches durch eine beliebige Gruppierung der 2ϱ Quadrate gewonnen wird, eine gleiche Berechtigung. Wir haben dann die Wahl zwischen

$$(2\varrho-1)(2\varrho-3)\ldots$$

verschiedenen Systemen. Denn dieses ist die Anzahl der Möglichkeiten einer verschiedenen Gruppierung von 2ϱ Elementen zu 2. Diese Zahl nimmt für die in der vorigen Nummer aufgezählten elf Fälle bezüglich die folgenden Werte an:

$$15,\ 3,\ 3,\ 1,\ 1,\ 1,\ 1,\ 1,\ 1,\ 1,\ 1.$$

Anders ist es, wenn sich unter den Elementarteilern, welche den 2ϱ Quadraten zugehören, gleiche befinden. Wir werden sodann immer solche Quadrate zunächst zu zwei gruppieren, welche gleichen Elementarteilern entsprechen. Und mit dem Reste der Quadrate, welcher bei dieser Operation zurückbleibt, werden wir in derselben Weise vorgehen, wie eben mit den überhaupt vorhandenen 2ϱ Quadraten.

In der 15. Nummer haben wir mit μ_ν diejenige Zahl bezeichnet, welche angibt, wie oft sich unter den Elementarteilern ν gleiche befinden. Dementsprechend bezeichnen wir mit $\mu'_{2\nu}$, bezüglich $\mu'_{2\nu+1}$ diejenigen Zahlen, welche ausdrücken, wie oft sich 2ν, bezüglich $2\nu+1$ gleiche unter den Elementarteilern einer ungeraden Ordnung befinden. Endlich führen wir die Bezeichnung μ''_ν für die Summe $\mu'_{2\nu}+\mu'_{2\nu+1}$ ein.

Eine jede Abteilung von 2ν zusammengehörigen (gleichen Elementarteilern entsprechenden) Quadraten liefert

$$(2\nu-1)(2\nu-3)\ldots$$

verschiedene Systeme neuer Variabeln.

Aus jeder Abteilung von $2\nu+1$ zusammengehörigen Quadraten müssen wir zunächst beliebig ein Quadrat aussondern, was auf $(2\nu+1)$-fache Weise geschehen kann, und haben dann die übrigen 2ν zu 2 zu kombinieren. Wir erhalten also die Zahl:

$$(2\nu+1)(2\nu-1)(2\nu-3)\ldots.$$

So bleiben schließlich noch $\sum \mu'_{2\nu+1}$ Einzelquadrate übrig. Dieselben lassen

$$\left(\sum \mu'_{2\nu+1}-1\right)\left(\sum \mu'_{2\nu+1}-3\right)\ldots$$

verschiedene Gruppierungen zu.

Als Totalanzahl der Systeme gleichberechtigter Variabeln erhalten wir somit das Produkt:

$$R=\left(\sum \mu'_{2\nu+1}-1\right)\left(\sum \mu'_{2\nu+1}-3\right)\ldots$$
$$\cdot \prod_\nu (2\nu+1)^{\mu'_{2\nu+1}}\cdot\left[(2\nu-1)(2\nu-3)\ldots\right]^{\mu''_\nu}.$$

In diesem allgemeinen Ausdrucke ist der oben abgeleitete:

$$(2\varrho-1)(2\varrho-3)\ldots$$

als besonderer Fall enthalten.

Den so bestimmten sechs neuen Veränderlichen geben wir, indem P durch ihre Einführung seine frühere Gestalt wieder angenommen hat, *die Bedeutung von Linienkoordinaten.* Durch Substitution derselben in die Form Ω (24) geht dieselbe in eine neue Form über, *welche wir als kanonische bezeichnen.* Dieselbe erhält, je nach Zahl und Ordnung der Elementarteiler, eine verschiedene Gestalt. Wir unterlassen es, dieselbe den vorstehend unterschiedenen elf Arten von Komplexen entsprechend hinzuschreiben. Wenn unter den Elementarteilern ungerader Ordnung gleiche auftreten, erhalten einige der in die zugehörige kanonische Form eingehenden Konstanten den Wert Null.

19. Die Transformation der Form Ω auf die kanonische Gestalt ist eine *mehrdeutige.* Die in der vorigen Nummer gegebene Zahl R bestin nt den Grad dieser Mehrdeutigkeit. Wir untersuchen jetzt, inwieweit sich unter diesen verschiedenen Transformationen solche finden, die zu *reellen* neuen Variabeln führen.

Dazu ist zunächst die Bedingung zu erfüllen, daß sich unter den mehrfachen Wurzeln der Gleichung in s, welche ausdrückt, daß die Determinante S der Form $sP + \Omega$ verschwindet (Nr. 13), keine imaginären finden. Denn solchen Wurzeln entspricht entweder eine Reihe gleicher Elementarteiler, oder, wenn dieses nicht der Fall ist, zum mindesten ein Elementarteiler von einer höheren als der ersten Ordnung. In beiden Fällen erhalten wir unter den kanonischen Variabeln imaginäre. Weiter verlangt die Annahme, daß ein System reeller kanonischer Variabeln möglich sei, die Bedingung, daß unter den 2ν, bezüglich $2\nu + 1$ Quadraten, die zu gleichen Elementarteilern gehören, ν positive und ν negative vorkommen. Wenn diese Bedingung durchgängig für Werte von ν, die größer als 0 sind, erfüllt ist und wir nur Quadrate von entgegengesetztem Zeichen zu zwei kombinieren, finden sich, nach den Erörterungen der 17. Nummer, unter den schließlich übrigbleibenden Einzelquadraten gleichviele positive und negative. — Wir erhalten unter den vorstehenden Voraussetzungen die folgende Anzahl reeller Transformationen. Eine jede Gruppe von 2ν, bezüglich $2\nu + 1$ zusammengehörigen Quadraten gibt $\nu!$, bezüglich $(\nu + 1)!$ verschiedene Systeme neuer reeller Variabeln. Denn aus der Anzahl der $2\nu + 1$ Quadrate muß ein Quadrat ausgesondert werden, welches ein derartiges Vorzeichen hat, wie außer ihm noch ν andere. Es ist das auf $(\nu + 1)$-fache Weise möglich. Und dann sind ν positive Elemente mit ν negativen so zu 2 zu kombinieren, daß jede Gruppe ein positives und ein negatives Element enthält. Solcher Kombinationen gibt es $\nu!$. Schließlich sind noch $\sum \mu'_{2\nu+1}$ Einzelquadrate zu gruppieren. Wir haben oben angenommen, daß die Anzahl aller reeller Quadrate in der Darstellung von

Φ 2σ betrage. Nun haben wir schon über $2\sum \nu\cdot\mu_\nu''$ reelle Quadrate verfügt. Es bleiben also unter den Einzelquadraten noch

$$2\left(\sigma - \sum \nu\cdot\mu_\nu''\right)$$

reelle übrig. Indem wir sodann die konjugiert imaginären unter den Einzelquadraten zusammen nehmen, und unter den reellen Quadraten jedesmal ein positives mit einem negativen verbinden, erhalten wir $\left(\sigma - \sum \nu\cdot\mu_\nu''\right)$! Systeme reeller Variabeln. Eine reelle Transformation der gegebenen Form Ω auf die kanonische Form ist demnach auf R'-fache Weise möglich, wo R' das folgende Produkt bezeichnet:

$$R' = \left(\sigma - \sum \nu\cdot\mu_\nu''\right)! \cdot \prod_\nu (\nu+1)^{\mu''_{2\nu+1}} \cdot (\nu!)^{\mu''_\nu}.$$

Sind insbesondere alle Elementarteiler verschieden, so ist diese Zahl gleich $\sigma!$. Beispielsweise können in dem oben mit I bezeichneten Falle

$$0,\ 2,\ 4,\ 6$$

der Elementarteiler imaginär werden, und danach sind von den 15 verschiedenen Systemen linearer Substitutionen, welche Ω unter der Voraussetzung verschiedener Teiler in diesem Falle auf die kanonische Form transformieren, bezüglich

$$6,\ 2,\ 1,\ 1$$

reell.

Auch in solchen Fällen, in denen alle Systeme kanonischer Variabeln imaginär ausfallen, ist es selbstverständlich möglich, Ω durch eine reelle Substitution auf eine einfache Form zu transformieren, etwa indem wir die reellen und imaginären Teile der in Rede stehenden imaginären Variabeln als neue Veränderliche betrachten; aber wir dürfen eine solche Form nicht als kanonische bezeichnen, weil sie nach einem anderen Modus als demjenigen, der in allen übrigen Fällen angewandt ist, aus der Darstellung (24) der Form Ω sich ableitet.

25. Wenn wir zusammenfassen, sind wir zu dem folgenden Resultate gelangt:

Es sei ein Komplex des zweiten Grades gegeben:

$$\Omega = 0,$$

und es bezeichne:

$$P = 0$$

die Bedingungsgleichung zweiten Grades, welcher die Linienkoordinaten genügen müssen.

Es sei ferner $(s - c_\lambda)^{e_\lambda}$ ein beliebiger Elementarteiler der Determinante *der Form $sP + \Omega$, und es bedeute μ_ν die Zahl, welche angibt, wie oft sich unter den Elementarteilern ν gleiche befinden. $\mu'_{2\nu}$ und $\mu'_{2\nu+1}$ mögen diejenigen Zahlen bezeichnen, welche ausdrücken, wie oft unter den Elementarteilern ungerader Ordnung bezüglich 2ν und $2\nu + 1$ gleiche vorkommen, μ''_ν bedeute die Summe $\mu'_{2\nu} + \mu'_{2\nu+1}$. Endlich sei 2σ die Anzahl der reellen unter den Elementarteilern einer ungeraden Ordnung.*

Dann lassen sich P und Ω durch eine Substitution mit nicht verschwindender Determinante, welche noch

$$\sum_\nu \mu_\nu \cdot \frac{\nu(\nu-1)}{1 \cdot 2}$$

willkürliche Konstanten enthält, simultan auf die folgende Gestalt transformieren:

$$P = \sum_\lambda \ \sum_{(\mu+\nu=e_\lambda-1)} X_{\lambda\mu} \cdot X_{\lambda\nu},$$

$$\Omega = \sum_\lambda \left\{ c_\lambda \sum_{(\mu+\nu=e_\lambda-1)} X_{\lambda\mu} \cdot X_{\lambda\nu} + \sum_{(\mu+\nu=e_\lambda-2)} X_{\lambda\mu} \cdot X_{\lambda\nu} \right\},$$

wo $X_{\lambda,0}, \ldots, X_{\lambda,e_\lambda-1}$ die neuen Variabeln bedeuten, und die Summe

$$\sum_{(\mu+\nu=e_\lambda-2)} X_{\lambda\mu} \cdot X_{\lambda\nu}$$

gleich Null zu setzen ist, wenn e_λ den Wert der Einheit hat.

Von dieser Darstellung der Form Ω können wir durch

$$R = \left(\sum \mu'_{2\nu+1} - 1 \right) \left(\sum \mu'_{2\nu+1} - 3 \right) \ldots$$

$$\cdot \prod_\nu (2\nu+1)^{\mu''_{2\nu+1}} \cdot \left[(2\nu-1)(2\nu-3) \ldots \right]^{\mu''_\nu}$$

verschiedene Systeme linearer Substitutionen mit nicht verschwindender Determinante zu der kanonischen Gestalt derselben übergehen. Im günstigen Falle läßt sich das System der neuen Variabeln auf

$$R' = \left[\sigma - \sum \nu \cdot \mu''_\nu \right]! \cdot \prod_\nu (\nu+1)^{\mu'_{2\nu+1}} \cdot (\nu!)^{\mu''_\nu}$$

-fach verschiedene Weise so auswählen, daß die Transformation eine reelle wird. Dazu ist erforderlich, einmal, daß sich unter den Wurzeln der gleich Null gesetzten Determinante von $sP + \Omega$ keine mehrfachen imaginären finden; dann, daß die Anzahl reeller positiver Quadrate, welche zu gleichen Elementarteilern in der vorhin gegebenen Form von P gehören, von der Anzahl der reellen negativen höchstens um 1 verschieden sei.

V.

Geometrische Deutung der Transformation auf die kanonische Form, insbesondere in dem Falle, daß alle Elementarteiler linear und verschieden sind.

21. Die Koeffizienten der Substitution, durch welche Ω auf die kanonische Gestalt transformiert wird, geben, nach der 8. Nummer, unmittelbar die Kanten des ausgezeichneten Koordinatentetraeders, mit Bezug auf welches sich die Gleichung des Komplexes unter kanonischer Form schreibt. Den verschiedenen Substitutionen entsprechend, erhalten wir eine

$$\sum_{\nu} \mu_{\nu} \cdot \frac{\nu(\nu-1)}{1\cdot 2} \cdot \text{fach}$$

unendliche Schar von jedesmal R Koordinatentetraedern, unter welchen R' reelle vorkommen. Diese Tetraeder stehen sämtlich in derselben ausgezeichneten Beziehung zum Komplex.

Wir verstehen dabei unter einer einfach, zweifach, $\ldots m$-fach unendlichen Schar von Koordinatentetraedern die Gesamtheit aller derjenigen, welche Kanten besitzen, deren Koordinaten sich aus den Koordinaten der Kanten eines derselben unter Zuhilfenahme von $1, 2, \ldots, m$ willkürlichen Konstanten ableiten lassen. Wenn wir also, unter $P_{\varkappa}, P_{\varkappa+3}$ zwei gegenüberstehende Kanten des Koordinatentetraeders verstanden, die Transformation:

$$p_{\varkappa} = \lambda p_{\varkappa}', \qquad p_{\varkappa+3}' = \lambda p_{\varkappa+3}$$

anwenden, durch welche die Kanten selbst und damit das Tetraeder nicht verändert werden und nur der dem Koordinatensystem zugrunde gelegte Maßstab ein anderer wird, so müssen wir konsequenterweise, den verschiedenen Werten der willkürlichen Konstante λ entsprechend, von einer einfach unendlichen Schar von Tetraedern sprechen.

22. Wir beschränken uns in dem Folgenden auf die geometrische Diskussion des gewonnenen Resultates allein in dem Falle, daß alle Elementarteiler linear und verschieden sind. In diesem Falle sind P und Ω unter (24) durch die folgenden Formen dargestellt:

$$(25) \qquad \begin{cases} P = \sum_{\lambda} X_{\lambda}^{2}, \\ \Omega = \sum_{\lambda} c_{\lambda} X_{\lambda}^{2}, \end{cases}$$

wo die Summation von 1 bis 6 zu gehen hat, und $c_1, \ldots, c_6$ voneinander verschiedene Größen bedeuten. Auf 15 verschiedene Arten können wir Ω, von dieser Darstellung ausgehend, auf die kanonische Form transformieren. Je nachdem

$$0,\ 2,\ 4,\ 6$$

der Elementarteiler imaginär sind, sind von den 15 ausgezeichneten Tetraedern bezüglich

$$6,\ 2,\ 1,\ 1$$

reell. *Mit Bezug auf ein beliebiges dieser letzten Tetraeder schreibt sich die Form Ω unter der folgenden Gestalt:*

$$(26) \qquad \Omega = A_{1,4}(p_1^2 \pm p_4^2) + 2B_{1,4}p_1p_4$$
$$+ A_{2,5}(p_2^2 \pm p_5^2) + 2B_{2,5}p_2p_5$$
$$+ A_{3,6}(p_3^2 \pm p_6^2) + 2B_{3,6}p_3p_6,$$

wo $p_1, \ldots, p_6$ die neuen reellen Variabeln und A die Koeffizienten der einen, B die der anderen Gruppe bezeichnen (Nr. 12). Von den drei unbestimmt gebliebenen Vorzeichen ist einem jeden Paare imaginärer Elementarteiler entsprechend eins negativ zu wählen.

Dies ist in dem Falle linearer und verschiedener Elementarteiler die kanonische Gestalt der Form Ω, deren Ableitung unsere Aufgabe war.

23. Es beschäftigt uns zunächst die Gruppierung der 15 ausgezeichneten Tetraeder unter sich. Wir mögen dieselben kurz als die *Fundamentaltetraeder* des Komplexes bezeichnen.

Zwei gegenüberstehende Kanten eines der 15 Fundamentaltetraeder sind ihm mit zwei anderen gemeinsam. Denn wenn wir von den sechs Quadraten, durch welche P unter (25) dargestellt wird, zwei beliebige auswählen, so lassen sich die vier übrigen noch dreimal in zwei Gruppen von zwei teilen. Das System der 15 Fundamentaltetraeder umfaßt sonach 30 Kanten. Die 60 Seitenflächen derselben schneiden sich zu 6 nach diesen Kanten, und die 60 Eckpunkte derselben sind ebenfalls zu 6 auf dieselben verteilt. Es schneidet also eine jede der 30 Kanten 12 der übrigen. Dieselben 12 Kanten werden von einer zweiten Kante geschnitten, die zu der ersten in einer ausschließlichen Beziehung steht. Danach sondern sich die 30 Kanten in 15 Gruppen von 2, die zusammengehören.

Die in (25) eingehenden Variabeln X_λ stellen, einzeln gleich Null gesetzt, lineare Komplexe dar. Wenn wir zwei derselben, X_1, X_2, beliebig auswählen, so stellen die beiden Gleichungen:

$$X_1 + iX_2 = 0, \qquad X_1 - iX_2 = 0$$

zwei zusammengehörige der 30 Kanten der Fundamentaltetraeder dar. Alle geraden Linien, welche die eine und die andere dieser beiden Kanten schneiden, befriedigen die vorstehenden beiden Gleichungen und gehören somit den beiden Komplexen X_1, X_2 an. Es sind also die in Rede stehenden beiden Kanten die Direktrizen der von den beiden Komplexen X_1, X_2 gebildeten Kongruenz (Nr. 12). Es gibt das die geometrische Deutung der Variabeln X_λ aus dem System der Fundamentaltetraeder.

Drei unter den Komplexen X_λ, etwa X_1, X_2, X_3, bestimmen eine Fläche des zweiten Grades (Hyperboloid) als windschiefe Fläche (Nr. 12). Dieser Fläche gehören, als Direktrizen der Kongruenzen je zweier der drei Komplexe[17]), die folgenden sechs aus dem System der Kanten der Fundamentaltetraeder als Linien einer Erzeugung derselben an:

$$X_1 + iX_2 = 0, \qquad X_2 + iX_3 = 0, \qquad X_3 + iX_1 = 0,$$
$$X_1 - iX_2 = 0, \qquad X_2 - iX_3 = 0, \qquad X_3 - iX_1 = 0.$$

Und weil die 30 fraglichen Kanten zu Tetraedern gruppiert sind, sind die folgenden sechs Kanten:

$$X_4 + iX_5 = 0, \qquad X_5 + iX_6 = 0, \qquad X_6 + iX_4 = 0,$$
$$X_4 - iX_5 = 0, \qquad X_5 - iX_6 = 0, \qquad X_6 - iX_4 = 0$$

Linien der anderen Erzeugung.

Die sechs Symbole X_λ lassen sich auf $\dfrac{6 \cdot 5 \cdot 4}{1 \cdot 2 \cdot 3} = 20$-fache Weise zu drei kombinieren. Die 30 Kanten der Fundamentaltetraeder sondern sich also in 20 Gruppen von jedesmal 6, die paarweise zusammengehören. Die sechs Kanten einer Gruppe sind Linien derselben Erzeugung einer Fläche des zweiten Grades, die sechs Kanten der zugehörigen Gruppe Linien der anderen Erzeugung derselben Fläche. Das System der 30 Kanten steht also zu 10 verschiedenen Flächen zweiten Grades, von denen sich jedesmal vier nach einer Kante schneiden, in einer ausgezeichneten Beziehung.

24. Wenn sämtliche Elementarteiler reell sind, werden sechs der 15 Fundamentaltetraeder reell. Die übrigen neun Tetraeder sind von der Art, daß sie zwei reelle, gegenüberstehende Kanten besitzen, und von den übrigen Kanten die gegenüberstehenden konjugiert sind. Zwei zusammengehörige reelle Kanten sind zwei reellen und einem imaginären Tetraeder gemeinsam. Von den 30 Kanten der 15 Tetraeder sind also 18 reell und die 12 anderen imaginär, so zwar, daß die konjugiert imaginären zusammengehören.

Wenn zwei der sechs Elementarteiler imaginär sind, so sind nur zwei der 15 Tetraeder reell. Eins ist, wie die neun Tetraeder in dem vorigen Falle, in sich konjugiert. Die übrigen 12 imaginären Tetraeder sind einander paarweise konjugiert. Von den 30 Kanten werden nur zehn reell, die übrigen 20 imaginär. Von diesen 20 Kanten sind zweimal zwei Kanten konjugiert und zugleich zusammengehörig, während sich die übrigen 16 Kanten in zwei Gruppen teilen, welche konjugiert sind, und deren jede acht solche Kanten enthält, die paarweise zusammengehören.

In dem dritten und vierten Falle endlich, daß vier oder sechs der

---

[17]) Vgl. Plückers „Neue Geometrie", Nr. 101.

Elementarteiler imaginär werden, ist nur eins der 15 Tetraeder reell. Von den 30 Kanten sind sechs reell, die übrigen 24 imaginär. Sie teilen sich in zwei einander konjugierte Gruppen, deren jede 12 solche Kanten umfaßt, welche paarweise zusammengehören. Unter den imaginären Fundamentaltetraedern kommt keins mit nur zwei imaginären Eckpunkten vor (Nr. 10.)

In dem Falle, daß sechs der 15 Fundamentaltetraeder reell sind, gelangen wir von einem der reellen Tetraeder zu einem zweiten, und zwar zu demjenigen, welches mit dem angenommenen die beiden Kanten P_3, P_6 gemein hat, wenn wir setzen:

und

$$p_1 + p_4 = x_1, \qquad p_2 + p_5 = x_2,$$
$$p_1 - p_4 = ix_4, \qquad p_2 - p_5 = ix_5,$$

$$x_1 - ix_5 = 2p_1', \qquad x_2 + ix_4 = 2p_2',$$
$$x_1 + ix_5 = 2p_4', \qquad x_2 - ix_4 = 2p_5'.$$

Es kommt dies auf die direkte Transformation hinaus:

$$2p_1' = p_1 + p_4 - p_2 + p_5,$$
$$2p_4' = p_1 + p_4 + p_2 - p_5,$$
$$2p_2' = p_1 - p_4 + p_2 + p_5,$$
$$2p_5' = - p_1 + p_4 + p_2 + p_5,$$
$$2p_3' = 2p_3,$$
$$2p_6' = 2p_6,$$

und dieser entspricht die folgende Transformation der Punktkoordinaten $(z_1, \ldots, z_4)$:

$$\sqrt{2}\,z_1' = \quad z_1 + z_4, \qquad \sqrt{2}\,z_2' = z_2 - z_3,$$
$$\sqrt{2}\,z_4' = - z_1 + z_4, \qquad \sqrt{2}\,z_3' = z_2 + z_3.$$

Indem wir auch in dem Falle imaginärer Tetraeder ganz dieselben Umformungen anwenden können, erhalten wir den Satz, daß die vier Seitenebenen zweier Fundamentaltetraeder, welche sich nach einer Kante schneiden, so wie die vier Eckpunkte, welche auf einer Kante liegen, einander harmonisch konjugiert sind.

25. Wir gehen dazu über, die geometrische Bedeutung der Gleichungsform (26) zu untersuchen. Wir nehmen dabei der Einfachheit wegen an, daß alle Elementarteiler reell sind, daß also in (26) nur positive Zeichen vorkommen.

Es sei eine Linie des Komplexes bekannt, deren Koordinaten sind:

$$p_1, p_2, p_3, p_4, p_5, p_6.$$

Dann gehören demselben Komplexe eine Reihe anderer gerader Linien an, deren Koordinaten durch dieselben sechs Größen, zunächst nur in anderer

Reihenfolge, gegeben werden. Wir können p_1 mit p_4, p_2 mit p_5, und p_3 mit p_6 vertauschen. So erhalten wir sieben neue gerade Linien, welche ebenfalls Linien des Komplexes sind:

$$p_4, p_2, p_3, p_1, p_5, p_6,$$
$$p_1, p_5, p_6, p_4, p_2, p_3,$$
$$p_4, p_5, p_6, p_1, p_2, p_3,$$
$$\cdot \quad \cdot \quad \cdot \quad \cdot \quad \cdot \quad \cdot \quad \cdot \quad \cdot$$

Wir erhalten weitere Linien des Komplexes, wenn wir die Vorzeichen von p_1 und p_4, von p_2 und p_5, von p_3 und p_6 ändern. So bekommen wir, einer jeden der vorstehenden acht Linien entsprechend, drei neue, die ebenfalls dem Komplexe angehören. Im ganzen also sind, wenn *eine* Linie gegeben ist, damit 32 bestimmt.

Diese Zahl leitet sich, wie folgt, unmittelbar ab. An die Stelle von $+\,p_1$ kann $+\,p_4$, $-\,p_1$, $-\,p_4$ treten; ebenso an die von $+\,p_2$ und $+\,p_3$ bezüglich $+\,p_5$, $-\,p_2$, $-\,p_5$ und $+\,p_6$, $-\,p_3$, $-\,p_6$. Wir erhalten also

$$4 \cdot 4 \cdot 4 = 64$$

Kombinationen und dementsprechend $\dfrac{64}{2} = 32$ gerade Linien, weil ein Wechsel der Vorzeichen aller Koordinaten die durch dieselbe dargestellte gerade Linie nicht ändert.

Die Beziehung zwischen diesen 32 geraden Linien ist eine gegenseitige. Sie läßt sich geometrisch durch diejenigen zehn Flächen des zweiten Grades vermitteln, deren jede 12 Kanten des Systems der 30 Kanten der Fundamentaltetraeder enthält (Nr. 23). Eine beliebige dieser Flächen ist mit Bezug auf ein passend gewähltes Fundamentaltetraeder dargestellt durch die Gleichung:

$$z_1 z_2 + z_3 z_4 = 0,$$

wo $z_1, \ldots, z_4$ Punktkoordinaten bedeuten mögen. Dann entspricht der willkürlich angenommenen geraden Linie mit den Koordinaten:

$$p_1, p_2, p_3, p_4, p_5, p_6$$

in bezug auf diese Fläche eine zweite als Polare, deren Koordinaten sind:

$$p_4, p_2, -\,p_3, p_1, p_5, -\,p_6;$$

und dies ist eine der vorstehend aufgeführten 32 geraden Linien. So liefert jede dieser 32 Linien in bezug auf jede der zehn Flächen eine gerade Linie als Polare, welche selbst in der Reihe der 32 Linien enthalten ist.

Wir können sagen, *daß mit Bezug auf jede dieser zehn Flächen zweiten Grades der gegebene Komplex sich selbst reziprok ist*, das heißt: einer jeden Linie des Komplexes entspricht in Beziehung auf jede dieser

Flächen eine andere Linie desselben als Polare, oder mit andern Worten: dem von Komplexlinien, die durch einen festen Punkt gehen, gebildeten Kegel entspricht mit Bezug auf jede der vorstehend genannten Flächen eine ebene Kurve, die selbst wieder von Linien des Komplexes umhüllt wird.

Die Bestimmung dieser zehn Flächen ist unabhängig von den in die Gleichung (26) eingehenden Konstanten.

26. Die Gleichungsform (26) gibt eine geometrische Konstruktion der Komplexe des zweiten Grades. Wir können zunächst diese Form auf die folgende Gestalt bringen:

$$(27) \qquad 2P_1 P_4 + 2P_2 P_5 + 2P_3 P_6 = 0,$$

wo $P_1, \ldots, P_6$ lineare Komplexe bezeichnen. Wir brauchen zu diesem Zwecke nur jedesmal das Aggregat der Glieder:

$$A_{\varkappa,\varkappa+3}\left(p_\varkappa^2 + p_{\varkappa+3}^2\right) + 2B_{\varkappa,\varkappa+3}\, p_\varkappa \cdot p_{\varkappa+3}$$

in das Produkt der beiden Linearfaktoren:

$$2\left(\alpha p_\varkappa + \beta p_{\varkappa+3}\right)\cdot\left(\beta p_\varkappa + \alpha p_{\varkappa+3}\right)$$

aufzulösen, wo α, β sich durch die Gleichungen bestimmen:

$$2\alpha\beta = A_{\varkappa,\varkappa+3}, \qquad \alpha^2 + \beta^2 = B_{\varkappa,\varkappa+3}.$$

Die Komplexe $P_1, \ldots, P_6$ lassen sich vermöge des Koordinatentetraeders und jedesmal einer ihnen angehörigen geraden Linie, oder allgemeiner, durch fünf ihrer Linien linear konstruieren[18]).

Man bestimme die sechs Ebenen, welche einem beliebigen Punkte des Raumes in bezug auf diese sechs linearen Komplexe entsprechen. Wir mögen diese Ebenen ebenfalls mit dem Symbole $P_1, \ldots, P_6$ bezeichnen. Dann lassen sich diejenigen beiden Kanten, nach welchen der Kegel zweiter Ordnung, welcher von den Linien des gesuchten Komplexes in dem angenommenen Punkte gebildet wird, eine beliebige dieser Ebenen, etwa P_1, schneidet, als Durchschnitt dieser Ebene mit dem Kegel:

$$P_2 P_5 + P_3 P_6 = 0,$$

welcher durch zwei projektivische Ebenenbüschel, etwa:

$$P_2 + \lambda P_6, \qquad P_3 - \lambda P_5,$$

gegeben ist, konstruieren. Eine dreimalige Wiederholung dieser Konstruktion liefert sechs Kanten des fraglichen Komplexkegels. Fünf derselben reichen hin, um denselben zu bestimmen.

27. Wir mögen zum Schlusse die Art der ausgezeichneten Beziehung untersuchen, in welcher die Fundamentaltetraeder zu dem Komplexe stehen.

---

[18]) Plückers „Neue Geometrie“, Nr. 29.

Einer beliebigen geraden Linie ist, mit Bezug auf einen Komplex des zweiten Grades, nach Plücker, eine zweite als Polare zugeordnet[19]). Dieselbe steht zu der ersten in der doppelten Beziehung, daß sie einmal der geometrische Ort ist für die Pole der ersten geraden Linie mit Bezug auf alle Kurven, die in den durch sie hindurchgelegten Ebenen von Linien des Komplexes umhüllt werden; dann, daß sie umhüllt wird von den Polarebenen der ersten geraden Linie mit Bezug auf alle Kegel, die in den Punkten derselben von Linien des Komplexes gebildet werden. Dieses Verhältnis zwischen den beiden Linien ist indes kein gegenseitiges. Zu der zweiten Linie gehört eine dritte, usf. Abgesehen von den Linien des Komplexes, die sich selbst konjugiert sind, wird es nur eine endliche Anzahl von geraden Linien geben, die selbst wieder die Polaren ihrer Polaren sind.

Wenn wir in der Gleichung (26) beliebig solche drei Koordinaten verschwinden lassen, welche sich auf drei, sich in einem Punkte schneidende oder in einer Ebene liegende Kanten des Fundamentaltetraeders beziehen, so erhalten wir zur Darstellung des von dem Eckpunkte ausgehenden Kegels, bezüglich der in der Seitenfläche liegenden Kurve eine Gleichung, die nur die Quadrate der übrigen drei Variabeln enthält. Kegel und Kurve sind also bezüglich auf ein in bezug auf dieselben sich selbst konjugiertes Dreikant und Dreieck bezogen. Daraus folgt, daß die im Komplexe einer beliebigen Kante eines Fundamentaltetraeders zugeordnete Polare die gegenüberstehende Kante desselben Fundamentaltetraeders ist, daß also die Fundamentaltetraeder in einer solchen Weise ausgewählt sind, *daß je zwei gegenüberstehende Kanten derselben gegenseitig mit Bezug auf den Komplex konjugiert sind.*

28. Nun läßt sich zeigen, daß außer den 30 Kanten der 15 Fundamentaltetraeder keinen anderen Linien mehr die Eigenschaft zukommt, sich gegenseitig in bezug auf den gegebenen Komplex zu entsprechen.

Denn es seien zwei derartige Linien gegeben. Wir wählen sie zu gegenüberstehenden Kanten eines Koordinatentetraeders und beziehen den Komplex auf dasselbe. Dann fehlen in seiner Gleichung, wenn wir die beiden gegebenen Kanten mit P_1 und P_4 bezeichnen, die acht Glieder mit den doppelten Produkten:

$$p_1 p_2, \; p_1 p_3, \; p_1 p_5, \; p_1 p_6,$$
$$p_4 p_2, \; p_4 p_3, \; p_4 p_5, \; p_4 p_6,$$

---

[19]) Plückers „Neue Geometrie", Nr. 170. — Das Verhältnis einer geraden Linie zu ihrer Polaren läßt sich auch mit Hilfe der in der 12. Nummer erwähnten einfach unendlichen Schar linearer Polarsysteme darstellen, welche der angenommenen geraden Linie in bezug auf den gegebenen Komplex des zweiten Grades entsprechen. Die angenommene gerade Linie und ihre Polare sind die Direktrizen der durch die *eingliedrige* Gruppe der linearen Polarkomplexe bestimmten Kongruenz. (Plücker, a. a. O.)

und es treten also p_1 und p_4 nur in der Verbindung:

$$a_{11}\,p_1^2 + 2\,a_{14}\,p_1\,p_4 + a_{44}\,p_4^2$$

auf. Wenn wir also die beiden Formen:

$$P = \sum_{\varkappa} p_{\varkappa} \cdot p_{\varkappa+3}$$

und

$$\Omega\,(p_1,\,p_2,\,p_3,\,p_4,\,p_5,\,p_6),$$

wie wir statt Ω schreiben wollen, den Gleichungen (25) entsprechend, auf zwei Formen transformieren, die nur die Quadrate der Variabeln enthalten, so wird es gestattet sein, diese Transformation mit den beiden Formenpaaren:

$$2\,p_1\,p_4 \quad \text{und} \quad a_{11}\,p_1^2 + 2\,a_{14}\,p_1\,p_4 + a_{44}\,p_4^2$$

und

$$2\,p_2\,p_5 + 2\,p_3\,p_6 \quad \text{und} \quad \Omega\,(0,\,p_2,\,p_3,\,0,\,p_5,\,p_6)$$

einzeln vorzunehmen. Damit ist der Beweis geführt, daß die Kanten P_1, P_4 des angenommenen Koordinatentetraeders zu dem System der 30 Kanten der Fundamentaltetraeder gehören. Und somit haben wir den Satz:

Es sei ein Komplex gegeben, dessen zugehörige Elementarteiler sämtlich linear und voneinander verschieden sind. Dann gibt es 30 gerade Linien, welche einander mit Bezug auf den Komplex gegenseitig konjugiert sind. Je nachdem von den linearen Elementarteilern 0, oder 2, oder mehr imaginär ausfallen, sind von diesen 30 geraden Linien bezüglich 18, oder 10, oder 6 reell.

Thesen.

1. Diejenige kanonische Gleichungsform, welche Battaglini seiner Arbeit über Komplexe des zweiten Grades zugrunde legt:

$$\sum_{\varkappa} a_\varkappa p_\varkappa^2 = 0,$$

ist nicht die allgemeine.

2. Die Anwendung, welche Cauchy von den in seiner méthode générale, propre à fournir les équations de conditions rélatives aux limites des corps [Comptes rendus, VIII (vgl. Cauchys Werke (1) IV, p. 193 ff.)] entwickelten Prinzipien auf lineare Differentialgleichungen einer beliebigen Ordnung gibt (ibid.), scheint nicht über alle Bedenken erhaben.

3. Bei Erklärung der Lichtphänomene kann die Annahme eines Lichtäthers nicht umgangen werden.

4. Positive und negative Elektrizität sind nicht als entgegengesetzt gleich zu betrachten.

5. Es ist wünschenswert, daß neben der Euklidischen Methode neuere Methoden der Geometrie in den Unterricht auf Gymnasien eingeführt werden.

Zu den folgenden liniengeometrischen Arbeiten.

Den Abdruck der folgenden liniengeometrischen Arbeiten möchte ich mit einigen autobiographischen Notizen einleiten:

1. Von Neujahr 1869 bis Mitte August war ich bei Clebsch in Göttingen, zunächst um Teil II der Plückerschen „Neuen Geometrie" fertigzustellen, was bis zum 25. Mai gelang. Gleichzeitig entstanden die weiteren liniengeometrischen Arbeiten, die nachstehend unter II und III abgedruckt sind. Beim Vergleich mit der Dissertation wird man den anregenden Einfluß erkennen, den die Göttinger Umgebung auf mich ausgeübt hat. Ich wähle diesen etwas unbestimmten Ausdruck, weil neben Clebsch selbst die vorab noch kleine Zahl von Spezialschülern, die er um sich versammelt hatte, regsten Einfluß auf mich gewann. Clebsch selbst hatte uns damals vor allen Dingen die von ihm entdeckte rationale Abbildung der niedersten algebraischen Flächen auf die Ebene vorgetragen und insbesondere Nöther die prinzipielle Weiterführung dieser Untersuchungen und ihre Erweiterung auf mehrdimensionale Gebilde übertragen. Die weiter unten unter IV und V abgedruckten Notizen sind ein Beleg dafür, wie weit ich selbst, allerdings mehr beiläufig, an diesen Arbeiten teilnahm. — Im übrigen ist die damalige Anregung durch Clebsch für mich von viel durchschlagenderer Bedeutung gewesen, als in diesen Einzelangaben hervortritt. Ich war nach Göttingen durchaus mit der Absicht gekommen, mich nach Vollendung der Plücker-Ausgabe wieder physikalischen Studien zuzuwenden. Diese Absicht schob ich nun zurück und habe nach verschiedenen späteren Ansätzen — die ersten Vorlesungen die ich 1871—72 hielt, bezogen sich noch in der Hauptsache auf physikalische Fragen — schließlich ganz darauf verzichten müssen.

2. Von Ende August 1869 bis Mitte März 1870 bin ich in Berlin gewesen.

Ich darf zunächst des engen Verkehrs mit meinem Düsseldorfer Freunde A. Wenker gedenken, der damals in den astronomischen Werkstätten von Pistor und Martins arbeitete[1]). Wir haben zusammen die vier Modelle zur Theorie der Linienkomplexe zweiten Grades hergestellt, von denen in Bd. II dieser Ausgabe die Rede sein soll.

Das wichtigste Ereignis meiner Berliner Zeit aber war jedenfalls, daß ich Ende Oktober im dortigen mathematischen Verein mit dem Norweger S. Lie bekannt wurde. Wir hatten von verschiedenen Ausgangspunkten aus schließlich über dieselben oder doch nahe verwandte Fragen gearbeitet. So waren wir denn bald in regstem Gedankenaustausch fast täglich zusammen und schlossen uns um so näher aneinander an, als wir für unsere geometrischen Interessen in unserer nächsten Umgebung zunächst nur wenig Interesse fanden.

Dies will nicht sagen, daß ich nicht auch von anderen Altersgenossen mannigfache Anregung erfuhr. So habe ich damals durch L. Kiepert Weierstraß' Theorie der elliptischen Funktionen kennen gelernt, von O. Stolz aber erfuhr ich zum ersten Male von Nicht-Euklidischer Geometrie und erfasste damals gleich den Gedanken, daß diese mit Cayleys allgemeiner projektiver Maßbestimmung auf das engste zusammenhängen müsse. Vorlesungen habe ich in Berlin kaum gehört. Um so

---

[1]) Wenker ist leider während des Krieges 1870/71 am Typhus gestorben.

eifriger beteiligte ich mich an dem von Kummer und Weierstraß geleiteten mathematischen Seminar, wo ich in der Kummerschen Abteilung zahlreiche Vorträge über Liniengeometrie hielt. Es ist mir noch heute unverständlich, warum sich zu den nahe verwandten Kummerschen Untersuchungen über algebraische Strahlensysteme, so genau ich die Kummerschen Veröffentlichungen studierte, keine lebendige Beziehung entwickelt hat. Bei Weierstraß habe ich in dem Schlußseminar, Mitte März 1870, über Cayleysche Maßbestimmung vorgetragen und geradezu mit der Frage geschlossen, ob hier nicht eine Beziehung zur Nicht-Euklidischen Geometrie vorliege. Weierstraß lehnte dies ab, indem er die Entfernung zweier Punkte als notwendigen Ausgangspunkt für die Grundlegung der Geometrie erklärte und dementsprechend die Gerade als kürzeste Verbindungslinie definiert wissen wollte.

3. Von Ende April 1870 bis zum Ausbruch des deutsch-französischen Krieges, Mitte Juli, war ich mit Lie zusammen in Paris. Wir wohnten Zimmer an Zimmer und haben neue wissenschaftliche Anregung wieder wesentlich in persönlichem Verkehr gesucht, insbesondere mit jüngeren Mathematikern. Einen großen Eindruck machte mir Camille Jordan, dessen traité des substitutions et des équations algébriques eben erschienen war und uns ein Buch mit sieben Siegeln erschien. Den nächsten Verkehr aber hatten wir mit G. Darboux. Die damals neuen Untersuchungen der Franzosen über metrische Geometrie (Geometrie der reziproken Radien, beständige Benutzung des Kugelkreises) waren uns in Deutschland noch unbekannt geblieben; jetzt ergab sich, daß sie auf das innigste mit unseren eigenen liniengeometrischen Arbeiten verwandt waren. Insbesondere hatte Darboux für seine konfokalen Zykliden Untersuchungen mit fünf Veränderlichen angestellt, die das genaue Gegenstück meiner vorherigen Verwendung der sechs linearen Fundamentalkomplexe in der Theorie der Komplexe zweiten Grades waren (vgl. die folgende Abhandlung II). Für Lie kamen vielleicht noch mehr die Untersuchungen der Franzosen über die geometrische Theorie der Differentialgleichungen in Betracht; aus der Verschmelzung der beiden Ideenkreise ist dann seine Entdeckung der Beziehung zwischen Haupttangentenkurven und Krümmungskurven erwachsen, die weiter unten wiederholt zur Sprache kommt.

Der Krieg hat, so tief er in die Erlebnisse eines jeden von uns eingriff, doch lange nicht so störend auf unsere wissenschaftlichen Beziehungen gewirkt, wie man heutzutage voraussetzen möchte. Ich hatte mich wegen der Mobilmachung in meine Heimat begeben, bin aber, nachdem ich für militäruntauglich erklärt wurde, erst gegen Mitte August in das Bonner Nothelferkorps eingetreten. Bis dahin hatte ich mit Lie, der solange noch in Paris geblieben war, ungestört mathematisch korrespondieren können. Die nächsten 4 Monate sind dann für jeden von uns mit mannigfachen Erlebnissen ausgefüllt, deren Erzählung aber, so interessant sie sein möchte, nicht hierher gehört. Ich habe, vom 1. Oktober beginnend, lange Wochen typhuskrank in meiner Vaterstadt Düsseldorf gelegen. Um Mitte Dezember besuchte mich Lie dort auf seiner Rückreise nach Norwegen, und wir haben damals die gemeinsame Note über die Haupttangentenkurven der Kummerschen Fläche fertiggestellt, die weiterhin unter VI abgedruckt ist. Als aber Paris Ende Januar 1871 gefallen war, hat sich sofort wieder ein lebhafter Briefwechsel mit Darboux entwickelt.

4. Von Neujahr 1871 bis Ende September 1872 hat dann mein zweiter Göttinger Aufenthalt gedauert. Ich habe mich am 7. Januar 1871 habilitiert. Meine produktiven Arbeiten, die fortgesetzt durch fast tägliches Zusammensein mit Clebsch belebt wurden, galten zunächst einer ausführlicheren Darstellung der Ideen, die ich im Verkehr mit Lie gewonnen hatte. Ein reger Briefwechsel hielt dabei unsere persönliche Beziehung lebendig. Man vergleiche neben den nachstehend abgedruckten Abhandlungen über liniengeometrische Themata (VI—IX) insbesondere auch XXV und XXVI. Ich erhielt dann einen neuen wesentlichen Impuls dadurch, daß O. Stolz für das Sommersemester 1871 nach Göttingen kam. Die Ideen über den Zusammenhang der Nicht-Euklidischen Geometrie mit der Cayleyschen Maßbestimmung, die sich seit meiner Berliner Zeit bereits einigermaßen weitergebildet hatten, traten

in den Vordergrund, und es gelang mir, Stolz nicht nur von ihrer Richtigkeit zu überzeugen, sondern auf Grund der Ansätze v. Staudts zu einer unabhängigen projektiven Begründung der Gesamttheorie vorzudringen. Stolz war alle die Zeit nicht nur mein strenger Kritiker, sondern auch mein literarischer Anhalt. Er hatte Lobatschewsky, Joh. Bolyai und v. Staudt genau studiert, wozu ich mich nie habe zwingen können, und stand mir bei allen meinen Fragen Rede und Antwort.

Mein Interesse war schon von meiner Bonner Zeit her darauf gerichtet, im Widerstreite der sich befehdenden mathematischen Schulen das gegenseitige Verhältnis der nebeneinander herlaufenden, äußerlich einander unähnlicher und doch ihrem Wesen nach verwandter Arbeitsrichtungen zu verstehen und ihre Gegensätze durch eine einheitliche Gesamtauffassung zu umspannen. Innerhalb der Geometrie gab es in dieser Hinsicht noch viel für mich zu tun. Ich habe im Herbst 1871 insbesondere daran gearbeitet, die konsequente projektive Denkweise, wie ich sie bei Salmon-Fiedler kennen gelernt habe und Clebsch sie glänzend vertrat, wie sie sich dann wieder in der Nicht-Euklidischen Geometrie bewährt hatte, mit den Entwicklungen von Möbius' baryzentrischem Kalkul und den Grundanschauungen von Hamiltons Quaternionen in klare gegenseitige Beziehung zu setzen. So ist im November 1871 der Grundgedanke meines im Oktober 1872 ausgearbeiteten Erlanger Programms (XXVII) entstanden. Ich habe ihn zuerst in meiner zweiten Abhandlung über Nicht-Euklidische Geometrie (XVIII) zur Darstellung gebracht, die infolge äußerer Druckschwierigkeiten erst nach dem Erlanger Programm erschien. Es ist dort noch, je nach der Gruppe, welche man bei der Behandlungsweise der Geometrie zugrunde legen will, von verschiedenen „geometrischen Methoden" die Rede, eine Ausdrucksweise, die ich später auf Anraten von Lie fallen gelassen habe.

5. Die nachstehend unter XII, XIII abgedruckten Abhandlungen gehören einer wesentlich späteren Zeit an (1885/86). Sie sind hier angeschlossen, weil auch bei ihnen das liniengeometrische Interesse voransteht. Daß die Theorie der Kummerschen Fläche, insofern letztere Singularitätenfläche von einfach unendlich vielen Komplexen zweiten Grades ist, mit derjenigen der hyperelliptischen Funktionen $p = 2$ auf das innigste zusammenhängen muß, findet sich schon am Schlusse von IX (1871) ausgesprochen. Ich habe dann später, als ich in München war, meinem damaligen Schüler Rohn vorgeschlagen, diesen Zusammenhang weiter zu verfolgen. Seine Dissertation (1878) gab eine Menge der merkwürdigsten Resultate, die dadurch an Aktualität gewannen, daß eben 1877—78 die Beziehung der Kummerschen Fläche zu den genannten hyperelliptischen Funktionen von Cayley, Borchardt und Weber von ganz anderem Ausgangspunkte aus bemerkt wurde. Es folgt 1879 die Habilitationsschrift von Rohn (Math. Ann., Bd. 15), deren Ergebnisse ich dann meinerseits 1885, als ich begann, mich ausführlicher mit den hyperelliptischen und Abelschen Funktionen zu beschäftigen, für meine Seminarvorträge durcharbeitete und durch möglichst unmittelbare (von Zwischenrechnungen befreite) Schlüsse zu beweisen suchte. Dies der Ursprung der Arbeiten XII, XIII.

Bei ihnen wird das Zusammengehen algebraischer Beziehungen geometrischer Gebilde mit den Ideenbildungen von Galois als wesentlich bekannt vorausgesetzt; es ist dies eine Sache, der ich in der Zwischenzeit viel Nachdenken gewidmet hatte und die in meinen Arbeiten über algebraische Gleichungen, welche erst im II. Bande dieser Abhandlungen abgedruckt werden sollen, zur vollen Geltung kommt.   K.

II. Zur Theorie der Linienkomplexe des ersten und zweiten Grades[1]).

[Math. Annalen, Bd. 2 (1870).]

Als *Koordinaten der geraden Linie im Raume* betrachtet man die relativen Werte der aus den Koordinaten zweier Punkte oder zweier Ebenen gebildeten sechs zweigliedrigen Determinanten. Zwischen denselben besteht identisch eine Relation zweiten Grades:

$$R = 0.$$

Indem sechs beliebig ausgewählte Größen, welche diese Gleichung befriedigen, als Koordinaten einer geraden Linie angesehen werden können, ist es gestattet, von der Entstehungsweise der Linienkoordinaten aus den Koordinaten zweier Punkte oder Ebenen abzusehen, und die Linienkoordinaten als selbständige homogene Veränderliche zu betrachten, welche einer Gleichung zweiten Grades zu genügen haben.

Eine weitere Gleichung zweiten Grades zwischen denselben:

$$\Omega = 0$$

bestimmt *einen Linienkomplex des zweiten Grades.*

Es liegt nahe, die beiden Gleichungen R und Ω durch eine lineare Substitution in solche zwei zu verwandeln, welche nur noch die Quadrate der Veränderlichen enthalten. Eine derartige Umformung ist bekanntlich immer und in einziger Weise möglich, vorausgesetzt, daß die Wurzelwerte, welche die gleich Null gesetzte Determinante der Form $\Omega + \lambda P$ für λ ergibt, sämtlich voneinander verschieden sind[2]). *Im folgenden soll der geometrische Sinn dieser Transformation erörtert werden.* Indem wir solche Komplexe zweiten Grades, bei welchen die in Rede stehende Umformung

---

[1]) Im Auszuge bereits mitgeteilt in den Göttinger Nachrichten, 1869, Sitzung vom 9. Juni, S. 258.

[2]) In meiner Inaugural-Dissertation: *Über die Transformation der allgemeinen Gleichung zweiten Grades zwischen Linienkoordinaten auf eine kanonische Form,* Bonn, 1868 (Abhandlung I dieser Ausgabe) habe ich die algebraische Durchführung dieser Transformation behandelt. Ich habe dort zugleich die im Texte ausgeschlossenen Fälle von Komplexen zweiten Grades mit in Betracht gezogen und die ihnen entsprechenden kanonischen Gleichungsformen aufgestellt.

nicht möglich ist, von der Betrachtung ausschließen, denken wir uns die beiden Formen R und Ω von vornherein in der vereinfachten Gestalt gegeben.

Es sei gleich hervorgehoben, daß diese Gleichungsform nicht nur für die Komplexe zweiten Grades als solche, sondern auch für die mit diesen Komplexen in enger Beziehung stehenden *Flächen vierter Ordnung und vierter Klasse mit 16 Doppelebenen und 16 Doppelpunkten* von Wichtigkeit ist.

Die statt der ursprünglichen Linienkoordinaten eingeführten neuen Veränderlichen stellen, gleich Null gesetzt, lineare Komplexe dar, welche in ausgezeichneter Weise zueinander gruppiert sind. In bezug auf dieselben ordnen sich die geraden Linien des Raumes zu Systemen von 32, die Ebenen und Punkte desselben zu Systemen von 16 Ebenen und 16 Punkten zusammen. Die Beziehung der 16 Ebenen und 16 Punkte eines solchen Systems zueinander ist dieselbe, wie die der 16 Doppelebenen und 16 Doppelpunkte jener Flächen vierter Ordnung und vierter Klasse.

Die fundamentale Bedeutung dieser linearen Komplexe für den Komplex zweiten Grades ist die, daß für alle Elemente, welche einander durch die linearen Komplexe zugeordnet werden, die Beziehung zu dem Komplexe zweiten Grades dieselbe ist. Ein Gleiches, wie für den Komplex zweiten Grades, gilt für die durch denselben bestimmte Fläche der vierten Ordnung und vierten Klasse. Es folgt hieraus eine Reihe von Theoremen sowohl für jene Komplexe als für diese Flächen.

Die algebraische Darstellung der bei diesen geometrischen Betrachtungen auftretenden Gebilde gestaltet sich sehr einfach. Insbesondere stellt sich die Schar von Komplexen zweiten Grades, welche zu derselben Fläche vierter Ordnung und vierter Klasse gehören, auf dieselbe Art durch einen willkürlichen Parameter dar, wie ein System konfokaler Kurven oder Flächen zweiten Grades.

Es sei noch bemerkt, daß wir von zwei einander reziprok entgegengesetzten Sätzen meistens nur den einen aufgenommen haben, ohne ausdrücklich auf den anderen hinzuweisen.

I.

Vorbereitende Betrachtungen.

1. Die Koordinaten zweier Punkte einer geraden Linie seien durch:

$$x_1, \; x_2, \; x_3, \; x_4,$$
$$y_1, \; y_2, \; y_3, \; y_4,$$

die Koordinaten zweier Ebenen derselben geraden Linie durch:

$$u_1, \; u_2, \; u_3, \; u_4,$$
$$v_1, \; v_2, \; v_3, \; v_4$$

bezeichnet. Als Koordinaten der geraden Linie sind dann die Determinanten:

$$p_{ik} = x_i y_k - y_i x_k,$$

oder die Determinanten:

$$q_{ik} = u_i v_k - v_i u_k$$

zu betrachten. Dabei ist:

$$p_{ik} + p_{ki} = 0, \qquad q_{ik} + q_{ki} = 0.$$

Nach Plücker nennt man die Koordinaten p_{ik} *Strahlenkoordinaten*, die Koordinaten q_{ik} *Achsenkoordinaten*.

Unter α, β, γ, δ die Zahlen 1, 2, 3, 4 in beliebiger Reihenfolge verstanden, hat man die folgenden Identitäten:

$$P \equiv p_{\alpha\beta} p_{\gamma\delta} + p_{\alpha\gamma} p_{\delta\beta} + p_{\alpha\delta} p_{\beta\gamma} = 0,$$
$$Q \equiv q_{\alpha\beta} q_{\gamma\delta} + q_{\alpha\gamma} q_{\delta\beta} + q_{\alpha\delta} q_{\beta\gamma} = 0,$$

die gemeinsam durch das Symbol:

$$R = 0$$

bezeichnet sein mögen.

In dieser Bezeichnung ist:

$$\varrho\, p_{ik} = \frac{\partial Q}{\partial q_{ik}}, \qquad q_{ik} = \varrho\, \frac{\partial P}{\partial p_{ik}},$$

wo ϱ einen Proportionalitätsfaktor bedeutet.

Eine gerade Linie, deren Koordinaten $p_{ik}^{(a)}$, $q_{ik}^{(a)}$ sind, werde im folgenden durch $(r^{(a)})$ bezeichnet. Statt $p_{ik}^{(a)}$, $q_{ik}^{(a)}$ werde in solchen Fällen, in welchen die Unterscheidung zwischen Strahlen- und Achsenkoordinaten unnötig ist, $r_{ik}^{(a)}$ geschrieben.

2. Diese Bezeichnungsweise vorausgesetzt, schreibt sich die Bedingung dafür, daß zwei gerade Linien (r), (r') sich schneiden, unter den folgenden gleichbedeutenden Formen:

$$\sum p_{ik} \frac{\partial P'}{\partial p'_{ik}} = 0, \qquad \sum p'_{ik} \frac{\partial P}{\partial p_{ik}} = 0,$$

$$\sum q_{ik} \frac{\partial Q'}{\partial q'_{ik}} = 0, \qquad \sum q'_{ik} \frac{\partial Q}{\partial q_{ik}} = 0,$$

$$\sum p_{ik}\, q'_{ik} = 0, \qquad \sum p'_{ik}\, q_{ik} = 0.$$

Drei gerade Linien (r), (r'), (r''), die sich gegenseitig schneiden, haben entweder einen Punkt oder eine Ebene gemeinsam. Je nachdem das eine oder das andere stattfindet, verschwindet der zweite oder der erste Faktor der vier Produkte:

$$\sum \pm\, p_{\alpha\beta}\, p'_{\alpha\gamma}\, p''_{\alpha\delta} \cdot \sum \pm\, p_{\gamma\delta}\, p'_{\delta\beta}\, p''_{\beta\gamma},$$

die sich auch unter einer der folgenden Formen darstellen lassen:

$$\sum \pm p_{\alpha\beta}\, p'_{\alpha\gamma}\, p''_{\alpha\delta} \cdot \sum \pm q_{\alpha\beta}\, q'_{\alpha\gamma}\, q''_{\alpha\delta},$$

$$\sum \pm q_{\gamma\delta}\, q'_{\delta\beta}\, q''_{\beta\gamma} \cdot \sum \pm q_{\alpha\beta}\, q'_{\alpha\gamma}\, q''_{\alpha\delta},$$

$$\sum \pm q_{\gamma\delta}\, q'_{\delta\beta}\, q''_{\beta\gamma} \cdot \sum \pm p_{\gamma\delta}\, p'_{\delta\beta}\, p''_{\beta\gamma}.$$

Sind (r), (r'), (r'') gerade Linien, welche innerhalb derselben Ebene durch einen Punkt hindurchgehen, so verschwinden sämtliche aus den Koordinaten derselben gebildete dreigliedrige Determinanten, und man kann setzen:

$$r_{ik} = \lambda r'_{ik} + \mu r''_{ik}.$$

Es seien (r'), (r''), (r''') gerade Linien, welche in einer Ebene liegen oder durch einen Punkt hindurchgehen. Dann sind die Koordinaten einer beliebigen geraden Linie (r), welche in derselben Ebene liegt, bezüglich durch denselben Punkt hindurchgeht, darstellbar durch

$$r_{ik} = \lambda r'_{ik} + \mu r''_{ik} + \nu r'''_{ik}.$$

3. Wenn in den Ausdruck R an Stelle der Koordinaten einer geraden Linie die in die Gleichung eines Komplexes ersten Grades eingehenden Konstanten gesetzt werden, entsteht ein im allgemeinen nicht verschwindender Ausdruck, welcher *die Invariante des Komplexes* genannt werden mag. Das Verschwinden derselben sagt aus, daß der Komplex die Gesamtheit aller geraden Linien umfaßt, welche eine feste gerade Linie schneiden, deren Koordinaten die Konstanten des Komplexes sind, daß der Komplex ein sogenannter *spezieller* Komplex ist.

Als *simultane Invariante zweier linearer Komplexe* sei der Ausdruck bezeichnet, welcher entsteht, wenn man in den bilinear geschriebenen Ausdruck R die Konstanten zweier linearer Komplexe einträgt.

Das Verschwinden der simultanen Invariante zweier Komplexe drückt eine Beziehung zwischen denselben aus, welche als *Involution* bezeichnet werden mag.

Sind beide lineare Komplexe spezielle, so ist das Verschwinden der simultanen Invariante die Bedingung dafür, daß sich die durch dieselben dargestellten geraden Linien schneiden. Ist nur einer der beiden Komplexe ein spezieller, so sagt das Verschwinden der simultanen Invariante aus, daß die durch denselben dargestellte gerade Linie dem anderen Komplexe angehört.

In dem Folgenden sei angenommen, daß keiner der zu betrachtenden Komplexe ein spezieller sei.

Alle geraden Linien, welche zwei linearen Komplexen gemeinschaftlich angehören, schneiden zwei feste gerade Linien, *die Direktrizen der durch die beiden Komplexe bestimmten Kongruenz*. Liegen die beiden Komplexe in Involution, so sind diejenigen beiden Punkte, welche in ihnen einer beliebigen Ebene entsprechen, harmonisch zu denjenigen beiden Punkten, in welchen die Ebene von den beiden Direktrizen geschnitten wird. Läßt man eine Ebene sich um eine beiden Komplexen gemeinsame gerade Linie drehen, so sind die Punktepaare, welche der Ebene in ihren verschiedenen Lagen entsprechen, auf dieser geraden Linie in Involution. Einem jedem der beiden Punkte, welche durch die beiden Komplexe in einer beliebigen Ebene bestimmt werden, entspricht in denselben noch eine zweite Ebene. Diese Ebene ist für beide Punkte dieselbe.

Die Ebenen und Punkte des Raumes ordnen sich mit Bezug auf zwei lineare Komplexe, welche in Involution liegen, in Gruppen von zwei Ebenen und zwei auf der Durchschnittslinie derselben liegenden Punkten.

Mit Bezug auf drei gegenseitig in Involution liegende lineare Komplexe ordnen sich die Ebenen und Punkte des Raumes zu Tetraedern zusammen, welche sich in bezug auf die durch die drei linearen Komplexe bestimmte Fläche zweiten Grades konjugiert sind. Die drei Punkte, welche einer Seitenfläche eines solchen Tetraeders in den drei Komplexen entsprechen, sind die drei in derselben liegenden Eckpunkte des Tetraeders; umgekehrt sind die drei Ebenen, welche einem Eckpunkte entsprechen, die drei durch denselben hindurchgehenden Seitenflächen.

4. Die Linienkoordinaten r_{ik} stellen die mit gewissen (nicht vollständig willkürlichen) Konstanten multiplizierten Momente der zu bestimmenden geraden Linie mit Bezug auf die sechs Kanten des Koordinatentetraeders dar. Wir fragen nach der Bedeutung einer allgemeinen linearen Transformation der Linienkoordinaten.

Die Einführung linearer Funktionen der Linienkoordinaten an Stelle dieser Koordinaten kommt darauf hinaus, als Bestimmungsstücke der geraden Linie die mit willkürlichen Konstanten multiplizierten Momente derselben in bezug auf die sechs gegebene lineare Komplexe zu betrachten.[3]

Wenn man die durch eine lineare Substitution eingeführten neuen Veränderlichen in die zwischen den ursprünglichen Linienkoordinaten bestehende Identität einführt, erhält man einen Ausdruck des zweiten Grades in diesen Veränderlichen, der wieder mit R bezeichnet sein mag, dessen Verschwinden die notwendige und hinreichende Bedingung dafür ist, daß sechs, sonst beliebig gegebene Werte der Veränderlichen auf eine gerade Linie bezogen werden können.

Dieser Ausdruck R hat ganz dieselbe Bedeutung, wie der aus den früheren Koordinaten gebildete. So wie sich früher Strahlen- und Achsen-

---

[3] [Die Formulierung des Textes ist bei diesem Wiederabdruck etwas abgeändert worden, entsprechend den am Anfang der nächstfolgenden Abhandlung III zugefügten Bemerkungen, auf die hier verwiesen sei. K.]

koordinaten entsprachen, entsprechen sich jetzt die neuen Koordinaten und die nach denselben genommenen partiellen Differentialquotienten von R.

Die Form von R gibt sofort Aufschluß über die Art und die gegenseitige Lage der für die Koordinatenbestimmung zugrunde gelegten Komplexe.

Insbesondere ist klar, daß, wenn R, wie es bei den ursprünglichen Koordinaten der Fall war, nur drei Glieder enthält, die neuen Veränderlichen wiederum die Momente der zu bestimmenden geraden Linie in bezug auf die Kanten eines Tetraeders sind.

II.

Das System der sechs Fundamentalkomplexe.

5. Die eingehends erwähnte Normal-Gleichungsform für Komplexe des zweiten Grades führt zur Untersuchung solcher linearer Funktionen der Linienkoordinaten, in welchen sich die Bedingungsgleichung $R = 0$ als Summe der mit passenden Konstanten multiplizierten Quadrate schreibt. Gleich Null gesetzt, stellen dieselben sechs lineare Komplexe dar, welche *die sechs Fundamentalkomplexe* genannt werden sollen.

Dieselben seien durch:

$$x_1 = 0, \quad x_2 = 0, \quad x_3 = 0, \quad x_4 = 0, \quad x_5 = 0, \quad x_6 = 0$$

bezeichnet und die Symbole x gleich mit solchen Konstanten multipliziert gedacht, daß sich die Bedingungsgleichung unter der folgenden Form schreibt:

$$(1) \qquad x_1^2 + x_2^2 + x_3^2 + x_4^2 + x_5^2 + x_6^2 = 0.$$

Das System dieser Veränderlichen hängt von 15 Konstanten ab.

Die Invariante eines linearen Komplexes:

$$a_1 x_1 + a_2 x_2 + \ldots + a_6 x_6 = 0$$

ist in demselben dargestellt durch:

$$a_1^2 + a_2^2 + \ldots + a_6^2,$$

und die simultane Invariante zweier linearer Komplexe:

$$a_1 x_1 + a_2 x_2 + \ldots + a_6 x_6 = 0,$$
$$b_1 x_1 + b_2 x_2 + \ldots + b_6 x_6 = 0,$$

durch:

$$a_1 b_1 + a_2 b_2 + \ldots + a_6 b_6.$$

Es folgt hieraus zunächst, daß die Multipla der x so gewählt sind, daß die Invarianten sämtlicher Fundamentalkomplexe der positiven Einheit gleich werden. Ferner folgt, daß die simultane Invariante zweier beliebiger Fundamentalkomplexe verschwindet.

Je zwei der sechs Fundamentalkomplexe liegen in Involution.

Die Bedingungsgleichung:

$$R = 0,$$

wie sie zwischen den ursprünglichen Linienkoordinaten stattfand, umfaßte die drei Produkte von jedesmal zwei der paarweise gruppierten sechs Veränderlichen. Wenn dieselbe also durch eine *reelle* lineare Substitution in der Art transformiert wird, daß sie nur die Quadrate der Variabeln enthält, so müssen sich unter diesen Quadraten gleich viele positive und negative finden. Indem ferner die Summe der Quadrate zweier konjugiert imaginärer Ausdrücke gleichwertig ist der Summe eines positiven und eines negativen reellen Quadrates, ergibt sich das Folgende[4]):

Es kann eine beliebige (gerade) Anzahl der sechs Fundamentalkomplexe imaginär sein.

Die Symbole x, welche reellen Fundamentalkomplexen entsprechen, sind so gewählt, daß die Hälfte von ihnen reelle, die andere Hälfte rein imaginäre Koeffizienten enthält.

Und hieraus:

Die reellen Fundamentalkomplexe sondern sich in zwei gleich zahlreiche Gruppen. Die Komplexe der einen Gruppe sind rechts-, die der anderen sind linksgewunden[5]).

Die sechs Fundamentalkomplexe mögen im folgenden einfach durch die Zahlen $1, 2, \ldots, 6$ bezeichnet sein, und es bleibe unberücksichtigt, ob sich unter denselben imaginäre finden oder nicht.

6. Die Direktrizen der Kongruenz der beiden Fundamentalkomplexe $(1, 2)$ haben offenbar als Koordinaten:

$$\varrho x_1 = 1, \quad \varrho x_2 = \pm\, i, \quad \varrho x_3 = 0, \quad \varrho x_4 = 0, \quad \varrho x_5 = 0, \quad \varrho x_6 = 0.$$

Die Direktrizen der Kongruenz zweier Fundamentalkomplexe gehören den übrigen vier Fundamentalkomplexen an.

Die Gesamtheit der geraden Linien, welche eine beliebige der beiden Direktrizen schneiden, ist dargestellt durch:

$$x_1^2 + x_2^2 = 0,$$

oder, was dasselbe ist, durch:

$$x_3^2 + x_4^2 + x_5^2 + x_6^2 = 0.$$

Die sechs Fundamentalkomplexe bestimmen $\dfrac{6 \cdot 5}{2} = 15$ lineare Kongruenzen, deren 30 Direktrizen dementsprechend in ausgezeichneter Weise gruppiert sind. Indem die Direktrizen der Kongruenz $(1, 2)$ den Kom-

---

[4]) [In der Darstellung des Textes ist nicht hinreichend klar zum Ausdruck gekommen, daß nur solche lineare Substitutionen betrachtet werden, bei denen unter den neu eingeführten Ausdrücken die konjugiert komplexen zu gleicher Zeit vorkommen.]

[5]) **Plücker**, Neue Geometrie. **Nr. 47.**

plexen 3, 4, 5, 6 angehören, werden sie von den 12 Direktrizen der $\dfrac{4\cdot 3}{2} = 6$ durch dieselben bestimmten Kongruenzen geschnitten.

Je zwei zusammengehörige der 30 Direktrizen werden von 12 der übrigen geschnitten.

Von den Direktrizen einer der drei Kongruenzen $(1, 2)$, $(3, 4)$, $(5, 6)$ schneidet jede die Direktrizen der anderen beiden Kongruenzen.

Die Direktrizen solcher drei Kongruenzen, welche zusammen von sämtlichen sechs Fundamentalkomplexen abhängen, bilden die Kanten eines Tetraeders.

Hiermit in Übereinstimmung schreibt sich die Bedingungsgleichung

$$R = 0$$

in den folgenden Veränderlichen:

$$y_1 = x_1 + ix_2, \quad y_3 = x_3 + ix_4, \quad y_5 = x_5 + ix_6,$$
$$y_2 = x_1 - ix_2, \quad y_4 = x_3 - ix_4, \quad y_6 = x_5 - ix_6,$$

welche, gleich Null gesetzt, die betreffenden Direktrizen darstellen, in der für die Kanten eines Tetraeders charakteristischen Form:

$$y_1 y_2 + y_3 y_4 + y_5 y_6 = 0.$$

Die Gesamtheit der geraden Linien, welche in einer Seitenfläche des Tetraeders liegen oder durch einen Eckpunkt desselben gehen, ist dargestellt durch:

$$x_1^2 + x_2^2 = 0,$$
$$x_3^2 + x_4^2 = 0,$$
$$x_5^2 + x_6^2 = 0.$$

Indem sich sechs Elemente auf 15 verschiedene Weisen in drei Gruppen von zwei teilen lassen, bilden die 30 Direktrizen die Kanten von 15 Tetraedern. Diese Tetraeder mögen *die Fundamentaltetraeder* heißen. Die Eckpunkte und Seitenflächen dieser Tetraeder sind sämtlich verschieden.

Je zwei zusammengehörige Direktrizen gehören als gegenüberstehende Kanten dreien der Fundamentaltetraeder an. Die zwölf Direktrizen, welche die angenommenen beiden schneiden, sind die noch übrigen $3 \cdot 4$ Kanten dieser Tetraeder. Diese drei Tetraeder bestimmen auf jeder der beiden Direktrizen sechs paarweise zusammengehörige Punkte. Indem die Fundamentalkomplexe gegenseitig in Involution liegen, sind zwei beliebige der drei Paare gegeneinander harmonisch. Ein Gleiches gilt für die sechs Seitenflächen der Tetraeder, die sich nach einer beliebigen der beiden Direktrizen schneiden[6]).

---

[6]) Es geht hieraus hervor, daß die drei Tetraeder, welche zwei gegenüberstehende Kanten gemein haben, nie zugleich reell sein können. Bezüglich der Realität der hier vorkommenden Gebilde ist überhaupt das Folgende zu bemerken. Die sechs

Mit Bezug auf ein beliebiges der 15 Fundamentaltetraeder teilen sich die vierzehn übrigen in zwei Gruppen von sechs und acht. Die Tetraeder der ersten Gruppe haben mit dem gegebenen zwei gegenüberstehende Kanten gemein, die der zweiten Gruppe nicht.

7. Die sechs Direktrizen $(1, 2)$, $(3, 4)$, $(5, 6)$, welche ein Tetraeder bilden, haben die folgenden Koordinaten:

		x_1	x_2	x_3	x_4	x_5	x_6
$(1, 2)$	I	1	i	0	0	0	0
	II	1	$-i$	0	0	0	0
$(3, 4)$	III	0	0	1	i	0	0
	IV	0	0	1	$-i$	0	0
$(5, 6)$	V	0	0	0	0	1	i
	VI	0	0	0	0	1	$-i$

Welche von drei sich schneidenden dieser Direktrizen einen Punkt, welche eine Ebene gemeinschaftlich haben, kann nur dann entschieden werden, wenn der explizite Ausdruck der Veränderlichen $x_1, \ldots, x_6$ in den ursprünglichen Linienkoordinaten gegeben ist. Es mögen I, III, V durch einen Eckpunkt des Tetraeders gehen, dann liegen II, IV, VI in der gegenüberstehenden Seitenfläche. Ob drei sich gegenseitig schneidende gerade Linien (x, x', x'') einen Punkt oder eine Ebene gemeinschaftlich haben, bestimmt sich dann, gemäß dem Obigen, danach, ob der erste oder der zweite der folgenden beiden Ausdrücke verschwindet:

$$\begin{vmatrix} x_1 + i x_2 & x_3 + i x_4 & x_5 + i x_6 \\ x_1' + i x_2' & x_3' + i x_4' & x_5' + i x_6' \\ x_1'' + i x_2'' & x_3'' + i x_4'' & x_5'' + i x_6'' \end{vmatrix},$$

$$\begin{vmatrix} x_1 - i x_2 & x_3 - i x_4 & x_5 - i x_6 \\ x_1' - i x_2' & x_3' - i x_4' & x_5' - i x_6' \\ x_1'' - i x_2'' & x_3'' - i x_4'' & x_5'' - i x_6'' \end{vmatrix}.$$

Es ist dabei gestattet, das Vorzeichen von i in zwei beliebigen Vertikalreihen gleichzeitig zu ändern.

Ähnliche Kriterien erhält man in bezug auf jedes der vierzehn übrigen Fundamentaltetraeder.

8. Durch einen jeden der 60 Eckpunkte der 15 Fundamentaltetraeder gehen außer den drei zugehörigen noch weitere 12 der 60 Seitenflächen, die in drei Gruppen von je vier gesondert sind, welche sich bezüglich nach

---

Fundamentalkomplexe sind entweder alle reell, oder es sind zwei, oder vier, oder alle imaginär. Diesen Annahmen entsprechend sind

der 30 Direktrizen und

$$18,\quad 10,\quad 6,\quad 6$$
$$6,\quad 2,\quad 1,\quad 1$$

der 15 Fundamentaltetraeder reell.

einer der drei durch den Eckpunkt hindurchgehenden Direktrizen schneiden. Eine jede derselben schneidet eine der drei zu dem Eckpunkte zugehörigen Seitenflächen in einer neuen geraden Linie. Der Punkt, in welchem dieselbe der dritten in dieser Seitenfläche liegenden Direktrix begegnet, ist einer der 59 weiteren Eckpunkte.

Eine derartige Linie ist die folgende:

$$\begin{array}{cccccc} x_1 & x_2 & x_3 & x_4 & x_5 & x_6 \\ \hline 0 & 0 & 1 & i & 1 & i \end{array}.$$

Dieselbe ist die Verbindungslinie der beiden Eckpunkte:

$$(x_1 + ix_2, \quad x_3 + ix_4, \quad x_5 + ix_6),$$
$$(x_1 - ix_2, \quad x_3 + ix_6, \quad x_5 + ix_4),$$

und die Durchschnittslinie der beiden Seitenebenen:

$$(x_1 - ix_2, \quad x_3 + ix_4, \quad x_5 + ix_6),$$
$$(x_1 + ix_2, \quad x_3 + ix_6, \quad x_5 + ix_4).$$

Solcher geraden Linien gehen durch den angenommenen Eckpunkt zwölf. Es gibt ihrer im ganzen

$$\frac{12 \cdot 60}{2} = 360.$$

Die 12 Seitenflächen, welche außer den drei zugehörigen durch einen Eckpunkt hindurchgehen und die in drei Büschel von vier verteilt sind, schneiden sich zu je drei nach 16 weiteren Linien, deren jede außer dem angenommenen Eckpunkte zwei weitere enthält. In der Tat, die gerade Linie:

$$\begin{array}{cccccc} x_1 & x_2 & x_3 & x_4 & x_5 & x_6 \\ \hline 1 & i & 1 & i & 1 & i \end{array}$$

enthält die drei Eckpunkte:

$$(x_1 + ix_2, \quad x_3 + ix_4, \quad x_5 + ix_6),$$
$$(x_1 + ix_4, \quad x_3 + ix_6, \quad x_5 + ix_2),$$
$$(x_1 + ix_6, \quad x_3 + ix_2, \quad x_5 + ix_4),$$

und liegt in den drei Seitenflächen:

$$(x_1 + ix_2, \quad x_3 + ix_6, \quad x_5 + ix_4),$$
$$(x_1 + ix_4, \quad x_3 + ix_2, \quad x_5 + ix_6),$$
$$(x_1 + ix_6, \quad x_3 + ix_4, \quad x_5 + ix_2).$$

Solcher gerader Linien gibt es $\dfrac{16 \cdot 60}{3} = 320$.

In den vorstehenden Betrachtungen können überall die Worte Eckpunkt und Seitenfläche vertauscht werden.

Die 30 Direktrizen der 15 durch die 6 Fundamentalkomplexe bestimmten Kongruenzen sind die Kanten von 15 (Fundamental-) Tetraedern.

Durch jeden der 60 Eckpunkte der Fundamentaltetraeder gehen 15 Seitenflächen; in jeder der 60 Seitenflächen liegen 15 Eckpunkte.

Es gibt 360 gerade Linien, welche je zwei der 60 Eckpunkte der Fundamentaltetraeder enthalten. Dieselben geraden Linien bilden den Durchschnitt von je zwei der 60 Seitenflächen.

Es gibt 320 gerade Linien, auf welchen je drei der 60 Eckpunkte der Fundamentaltetraeder liegen. Nach denselben geraden Linien schneiden sich je drei der 60 Seitenflächen.

Die 30 Direktrizen der 15 durch die sechs Fundamentalkomplexe bestimmten Kongruenzen enthalten je sechs der 60 Eckpunkte und sind der Durchschnitt von je sechs der 60 Seitenflächen.

Die sechs Eckpunkte, sowie die sechs Seitenflächen gehören paarweise zusammen. Je zwei Paare sind zueinander harmonisch.

9. Je drei der Fundamentalkomplexe, beispielsweise 1, 2, 3, bestimmen eine Fläche des zweiten Grades vermöge der Linien ihrer einen Erzeugung. Die Direktrizen der Kongruenzen $(2, 3)$, $(3, 1)$, $(1, 2)$ sind Linien zweiter Erzeugung. Indem diese Direktrizen den Komplexen 4, 5, 6 angehören, ist klar, daß die Komplexe 4, 5, 6 dieselbe Fläche zweiten Grades vermöge der Linien ihrer anderen Erzeugung bestimmen.

Die sechs Komplexe lassen sich auf $\dfrac{6 \cdot 5 \cdot 4}{1 \cdot 2 \cdot 3} \cdot \dfrac{1}{2} = 10$-fache Weise in zwei Gruppen von drei teilen. *Je zwei zusammengehörige Gruppen bestimmen dieselbe Fläche des zweiten Grades vermöge ihrer verschiedenen Erzeugungen.*

Die zehn so definierten Flächen mögen die zehn *Fundamentalflächen* heißen.

Je zwei zusammengehörige der 30 Direktrizen gehören vier der Fundamentalflächen als Erzeugende an. So liegt das Direktrizenpaar $(1, 2)$ auf den Flächen $(1, 2, 3)$, $(1, 2, 4)$, $(1, 2, 5)$, $(1, 2, 6)$. In bezug auf die übrigen sechs Fundamentalflächen sind die Direktrizen $(1, 2)$ einander konjugierte Polaren.

In bezug auf eins der Fundamentaltetraeder teilen sich die Fundamentalflächen in zwei Gruppen. Die sechs Flächen der einen Gruppe enthalten je vier der sechs Tetraederkanten, in bezug auf die Flächen der anderen Gruppe ist das Tetraeder sich selbst konjugiert.

Um eine der Fundamentalflächen, etwa $(1, 2, 3) = (4, 5, 6)$, darzustellen, diene die Bedingung, welche ausspricht, daß eine gerade Linie die Fläche berührt, mit anderen Worten, die Komplexgleichung der Fläche[7]).

---

[7]) Sind f_1, f_2, f_3 drei lineare Komplexe, A_{11}, A_{22}, A_{33} ihre Invarianten, A_{12} usf. ihre simultanen Invarianten, so ist die Komplexgleichung des durch sie bestimmten Hyperboloids:

$$0 = \begin{vmatrix} 0 & f_1 & f_2 & f_3 \\ f_1 & A_{11} & A_{12} & A_{13} \\ f_2 & A_{21} & A_{22} & A_{23} \\ f_3 & A_{31} & A_{32} & A_{33} \end{vmatrix}.$$

Dieselbe wird:

$$x_1^2 + x_2^2 + x_3^2 = 0,$$

oder, was offenbar dasselbe ist:

$$x_4^2 + x_5^2 + x_6^2 = 0.$$

10. In bezug auf die sechs Fundamentalkomplexe *gruppieren sich die geraden Linien des Raumes und die Ebenen und Punkte desselben zu in sich geschlossenen Systemen*, ähnlich wie dies mit den Ebenen und Punkten bei zwei oder drei in Involution liegenden Komplexen der Fall war.

Sei zunächst eine gerade Linie gegeben, deren Koordinaten sind:

$$a_1, a_2, \ldots, a_6.$$

So ist:

$$a_1^2 + a_2^2 + \ldots + a_6^2 = 0.$$

Indem diese Relation bei willkürlicher Annahme der Vorzeichen der Koordinaten erfüllt bleibt, erhält man einer jeden der $2^5 = 32$ Zeichenkombinationen:

$$\pm a_1, \pm a_2, \ldots, \pm a_6$$

entsprechend eine gerade Linie. Die Beziehung der 32 geraden Linien zueinander ist offenbar eine gegenseitige.

Mit Bezug auf die sechs Fundamentalkomplexe gruppieren sich die geraden Linien des Raumes zu 32 zusammen.

Indem man sich aus dem Schema:

$$\begin{vmatrix} x_1 & x_2 & x_3 & x_4 & x_5 & x_6 \\ \pm a_1 & \pm a_2 & \pm a_3 & \pm a_4 & \pm a_5 & \pm a_6 \end{vmatrix}$$

die zweigliedrigen Determinanten gebildet und dieselben gleich Null gesetzt denkt, übersieht man sofort, daß von den 32 Linien

$$2 \cdot 15 \text{ mal } 16 \text{ einem Komplexe,}$$
$$4 \cdot 20 \text{ mal } 8 \text{ einer Kongruenz,}$$
$$8 \cdot 15 \text{ mal } 4 \text{ einer Fläche zweiten Grades}$$

angehören, wobei jede der 32 Linien auf 15 der Komplexe, auf 20 der Kongruenzen und auf 15 der Flächen zweiten Grades liegt.

Die 32 Linien teilen sich in zwei Gruppen von 16, je nachdem von ihren Koordinaten eine gerade oder eine ungerade Anzahl ein gleiches Zeichen besitzt. Wenn von einer geraden Linie einer der beiden Gruppen eine ebene Kurve erzeugt wird, geschieht ein Gleiches mit den übrigen 15 Linien derselben Gruppe; die 16 Linien der anderen Gruppe erzeugen Kegelflächen.

Gegen eine beliebige Linie der einen Gruppe sondern sich die der anderen Gruppe in solche, welche ihre konjugierten Polaren in bezug auf die sechs Fundamentalkomplexe, und in solche, welche ihre konjugierten

Polaren in bezug auf die zehn Fundamentalflächen sind. Die Koordinaten der ersteren sechs unterscheiden sich von den Koordinaten der angenommenen geraden Linie durch einen Zeichenwechsel; die der letzteren zehn durch drei.

Die Gleichung des 32. Grades, durch welche ein derartiges System von geraden Linien, wie das hier betrachtete, bestimmt wird, verlangt, nachdem die sechs Fundamentalkomplexe durch eine Gleichung des sechsten Grades gefunden worden sind, nur noch die Auflösung von Gleichungen des zweiten Grades.

Das System der 32 zusammengehörigen geraden Linien vereinfacht sich, sobald eine oder mehrere der Koordinaten a gleich Null sind. Insbesondere entsprechen sich diejenigen geraden Linien, welche zwei zusammengehörige der 30 Direktrizen schneiden, zu 8, diejenigen, welche Erzeugende einer der zehn Fundamentalflächen sind, zu 4, endlich die 30 Direktrizen selbst zu 2.

11. Sei die Gleichung der Projektion des in einer beliebig angenommenen Ebene dem Komplexe

$$x_k = 0$$

entsprechenden Punktes auf eine der Koordinatenebenen:

$$a_k u + b_k v + c_k w = 0.$$

Dann verschwindet, zufolge der Bedingungsgleichung:

$$x_1^2 + x_2^2 + \ldots + x_6^2 = 0$$

der Ausdruck

$$\sum_{1 \ldots 6} (a_k u + b_k v + c_k w)^2$$

identisch. Es verschwindet also auch die folgende Determinante:

$$\begin{vmatrix} a_1^2 & b_1^2 & c_1^2 & b_1 c_1 & c_1 a_1 & a_1 b_1 \\ a_2^2 & b_2^2 & c_2^2 & b_2 c_2 & c_2 a_2 & a_2 b_2 \\ \cdot & \cdot & \cdot & \cdot & \cdot & \cdot \\ \cdot & \cdot & \cdot & \cdot & \cdot & \cdot \\ \cdot & \cdot & \cdot & \cdot & \cdot & \cdot \\ a_6^2 & b_6^2 & c_6^2 & b_6 c_6 & c_6 a_6 & a_6 b_6 \end{vmatrix},$$

was aussagt, daß die sechs Punkte $1, 2, \ldots, 6$ auf einem Kegelschnitt liegen.

Die sechs Punkte, welche einer beliebigen Ebene in den sechs Fundamentalkomplexen entsprechen, liegen auf einer Kurve der zweiten Ordnung.

Die sechs Ebenen, welche einem beliebigen Punkte in den sechs Fundamentalkomplexen entsprechen, umhüllen einen Kegel der zweiten Klasse.

Wenn die beliebig angenommene Ebene durch einen der 60 Eckpunkte der 15 Fundamentaltetraeder hindurchgeht, so wird das von den sechs, den Fundamentalkomplexen entsprechenden Punkten gebildete Sechseck ein Brianchonsches. Der Tetraedereckpunkt wird der Brianchonsche Punkt. Das Sechseck erhält zwei, bez. drei in gerader Linie liegende Brianchonsche Punkte, wenn die beliebig angenommene Ebene eine der 360, bez. der 320 zu dem System der Fundamentaltetraeder gehörigen geraden Linien enthält. Die Zahl der Brianchonschen Punkte wird vier, wenn die Ebene durch eine der 360 geraden Linien und eine dieselbe schneidende der 320 geraden Linien hindurchgelegt ist.

Wenn die beliebig anzunehmende Ebene eine der zehn Fundamentalflächen berührt, so liegen die sechs den Fundamentalkomplexen entsprechenden Punkte zu drei auf zwei geraden Linien: den beiden Erzeugenden der Fundamentalfläche, welche die Ebene enthält. Ist die Ebene durch eine der 30 Direktrizen hindurchgelegt, so rücken von den sechs Punkten vier auf die Direktrix, die anderen zwei fallen in den Durchschnittspunkt mit der zugehörigen Direktrix. Fällt endlich die Ebene mit einer der Seitenflächen der Fundamentaltetraeder zusammen, so rücken die sechs Punkte paarweise in die drei zusammengehörigen Tetraedereckpunkte.

12. Die sechs Punkte, welche einer gegebenen Ebene in den sechs Fundamentalkomplexen entsprechen, seien mit:

$$1, \ 2, \ 3, \ 4, \ 5, \ 6$$

bezeichnet. Einem jeden dieser Punkte entsprechen außer der gegebenen fünf weitere Ebenen. Es gibt das, insofern die Ebene, welche 1 in x_2 entspricht, mit der Ebene zusammenfällt, die zu 2 in x_1 gehört, im ganzen 15 neue Ebenen, welche die gegebene nach den 15 Verbindungslinien der sechs Punkte unter sich schneiden. Die drei Ebenen $(2, 3)$, $(3, 1)$, $(1, 2)$ schneiden sich (vgl. Nr. 3) in dem Pole der gegebenen Ebene mit Bezug auf die Fundamentalfläche $(1, 2, 3)$. Indem diese Fläche mit der Fläche $(4, 5, 6)$ identisch ist, schneiden sich die Ebenen $(5, 6)$, $(6, 4)$, $(4, 5)$ in demselben Punkte. Die sechs Ebenen, welche diesem Punkte in den sechs Fundamentalkomplexen

$$x_1, \ x_2, \ x_3, \ x_4, \ x_5, \ x_6$$

entsprechen, fallen mit den Ebenen:

$$(2, 3), \ (3, 1), \ (1, 2), \ (5, 6), \ (6, 4), \ (4, 5)$$

zusammen, welche in der Tat, wie dies aus der Betrachtung des Sechsecks 1 2 3 4 5 6 hervorgeht, einen Kegel der zweiten Klasse umhüllen.

Mit Bezug auf die Fundamentalkomplexe gruppieren sich die Ebenen und Punkte des Raumes zu in sich geschlossenen Systemen von 16 Ebenen und 16 Punkten. In jeder der 16 Ebenen liegen sechs der 16 Punkte, durch jeden der 16 Punkte gehen sechs der 16 Ebenen. Die sechs Punkte in einer Ebene liegen auf einer Kurve der zweiten Ordnung, die sechs Ebenen durch einen Punkt umhüllen einen Kegel der zweiten Klasse.

Wenn eine der 16 Ebenen gegeben ist, findet man die 16 Punkte, indem man die ihr in den sechs Fundamentalkomplexen entsprechenden Punkte und die ihr in bezug auf die zehn Fundamentalflächen konjugierten Pole konstruiert.

Von der hier betrachteten Art ist das System der 16 Doppelebenen und 16 Doppelpunkte der Flächen vierter Ordnung und vierter Klasse, die Herr Kummer untersucht hat[8]).

Wenn eine von 32 in bezug auf die Fundamentalkomplexe zusammengehörigen geraden Linien in einer der 16 Ebenen eines solchen Systems liegt, so verteilen sich die 15 Linien derselben Gruppe auf die 15 weiteren Ebenen und die 16 Linien der anderen Gruppe auf die 16 Punkte. Berührt insbesondere die angenommene gerade Linie den in der betreffenden Ebene liegenden Kegelschnitt, so findet dasselbe bei den 15 Linien derselben Gruppe statt, und die 16 Linien der anderen Gruppe sind Seiten der von den 16 Punkten ausgehenden Kegel.

Die 32 zusammengehörigen Linien sind durch die Vorzeichen ihrer Koordinaten unterschieden. Es gibt diese Bemerkung unmittelbar die Bezeichnung derselben durch fünf Indizes, welche zwei verschiedene Werte annehmen können. Auf ähnliche Weise können die 16 Ebenen und 16 Punkte des hier betrachteten Systems bezeichnet werden. Die 16 Ebenen entsprechen den geraden Linien der einen, die 16 Punkte denen der anderen Gruppe. Es geht hieraus hervor, daß die Gleichung 16. Grades, welche die 16 Ebenen bestimmt, von der eben betrachteten Gleichung des 32. Grades nur dadurch verschieden ist, daß bei ihr eine Quadratwurzel als bekannt vorausgesetzt wird.

Wenn einer von den 16 Punkten des hier betrachteten Systems in einer der 16 Ebenen eines beliebigen ähnlichen Systems liegt, findet ein Gleiches für die übrigen 15 Punkte statt, und jede der 16 Ebenen enthält einen der 16 Punkte des zweiten Systems.

Die 16 Ebenen eines Systems schneiden sich nach $\frac{16 \cdot 15}{2} = 120$ geraden Linien, welche zugleich die Verbindungslinien der 16 Punkte sind. Dieselben sondern sich in 15 Gruppen von jedesmal acht. Die Linien einer Gruppe gehören denselben beiden Fundamentalkomplexen an und haben also die beiden entsprechenden Direktrizen zu gemeinschaftlichen Transversalen. Es gibt dies das Mittel, aus dem Systeme der 16 Ebenen und 16 Punkte die 30 Direktrizen und die 15 Fundamentaltetraeder zu konstruieren.

---

[8]) Monatsberichte der Berliner Akademie, 1864.

Außer in den 16 Punkten des Systems schneiden sich die 16 Ebenen desselben zu drei in 240 Punkten, welche zu sechs auf den 120 Durchschnittslinien liegen. Ebenso gibt es 240 Ebenen, welche drei der 16 Punkte des Systems enthalten. Sie schneiden sich zu sechs nach denselben 120 geraden Linien.

Wenn eine der 16 Ebenen des Systems gegen die sechs Fundamentalkomplexe eine ausgezeichnete Lage hat, findet ein Gleiches für die übrigen 15 Ebenen und die 16 Punkte statt. Besonders hervorzuheben ist dasjenige System, welches entsteht, wenn eine der Ebenen einen der 60 Eckpunkte der Fundamentaltetraeder enthält. Dann gehen die 16 Ebenen zu vier durch die Eckpunkte des fraglichen Tetraeders und die 16 Punkte liegen zu vier in den Seitenflächen desselben. Es ist das System das Singularitätensystem eines Tetraedroids[9]) geworden. Die Gleichung 16. Grades, welche die Ebenen des Systems bestimmt, ist hier algebraisch lösbar, indem dieselbe nur die Auflösung einer biquadratischen Gleichung und mehrerer quadratischer verlangt.

<h1 style="text-align:center">III.</h1>

Die Kummersche Fläche und ihr Zusammenhang mit den Komplexen zweiten Grades.

13. Als Gleichung des zu untersuchenden Komplexes zweiten Grades sei die folgende gegeben:

2) $$k_1 x_1^2 + k_2 x_2^2 + \ldots + k_6 x_6^2 = 0.$$

Dabei ist:

(1) $$x_1^2 + x_2^2 + \ldots + x_6^2 = 0,$$

so daß der Komplex unverändert bleibt, wenn statt k_α allgemein geschrieben wird $k_\alpha + \lambda$. Die vier Konstanten, welche hiernach noch in der Gleichung (2) enthalten sind, geben mit den 15 Konstanten der Fundamentalkomplexe die 19 Konstanten des Komplexes zweiten Grades.

Die Gleichungsform (2) sagt aus, *daß der gegebene Komplex und alle von demselben unmittelbar abhängigen geometrischen Gebilde sich selbst mit Bezug auf das System der sechs Fundamentalkomplexe entsprechen*[10]).

Es gruppieren sich also die Linien des Komplexes in Systeme von 32. Jedesmal 16 Komplexkurven und 16 Komplexkegel gehören zusammen usf.

Aus diesem Satze leiten sich, unter Zugrundelegung der von Plücker

---

[9]) Cayley in Liouvilles Journal, 11 (1846). (Coll. Papers, Bd. I, 302—306.)

[10]) Dieses gegenseitige Entsprechen kann statt als durch die sechs Fundamentalkomplexe auch als durch die zehn Fundamentalflächen vermittelt angesehen werden.

entwickelten Eigenschaften der Komplexe des zweiten Grades[11]), die im folgenden aufgeführten Theoreme ab.

14. Diejenigen Punkte, deren Komplexkegel in ein Ebenenpaar zerfällt, die sogenannten *singulären Punkte*, bilden eine Fläche der vierten Ordnung und Klasse, mit 16 Doppelpunkten und 16 Doppelebenen. Dieselbe Fläche wird von den *singulären Ebenen* umhüllt, solchen Ebenen, deren Komplexkurve sich in das System zweier Punkte aufgelöst hat[12]).

Eine derartige Fläche soll im folgenden eine *Kummersche Fläche* genannt werden. In ihrer Beziehung zum Komplexe heiße sie seine *Singularitätenfläche*.

Die nächstfolgenden Betrachtungen untersuchen die Kummersche Fläche als solche, abgesehen von ihrer Beziehung zu dem gegebenen Komplexe.

Eine Kummersche Fläche entspricht sich selbst mit Bezug auf ein System von sechs Fundamentalkomplexen.

Die bezüglichen Fundamentalkomplexe[13]) seien jedesmal, nach wie vor, durch $x_1, x_2, \ldots, x_6$ bezeichnet.

Zur Bestimmung der Tangentialebenen, welche sich an eine gegebene Kummersche Fläche durch eine gerade Linie

$$a_1, a_2, \ldots, a_6$$

legen lassen, dient eine Gleichung des vierten Grades. Dieselbe kann nur die Quadrate der Koordinaten a enthalten[14]). ... Es sind also die vier Tangentialebenen, welche durch eine beliebige der 32 geraden Linien:

$$\pm a_1, \pm a_2, \ldots, \pm a_6$$

hindurchgehen, alle durch dieselbe biquadratische Gleichung bestimmt.

---

[11]) Neue Geometrie des Raumes, gegründet auf die Betrachtung der geraden Linie als Raumelement. Von Julius Plücker. Leipzig, B. G. Teubner, 1868, 1869.

[12]) Plücker, Neue Geometrie. Nr. 311, 320.

[13]) Für die Fresnelsche Wellenfläche, die sich aus dem Ellipsoid:

$$a^2 x^2 + b^2 y^2 + c^2 z^2 = 1$$

ableitet, sind die Fundamentalkomplexe die folgenden:

$$(yz' - y'z) + a\sqrt{-1}\,(x - x') = 0, \qquad (yz' - y'z) - a\sqrt{-1}\,(x - x') = 0,$$
$$(zx' - z'x) + b\sqrt{-1}\,(y - y') = 0, \qquad (zx' - z'x) - b\sqrt{-1}\,(y - y') = 0,$$
$$(xy' - x'y) + c\sqrt{-1}\,(z - z') = 0, \qquad (xy' - x'y) - c\sqrt{-1}\,(z - z') = 0.$$

[14]) [Diese Behauptung ist an sich richtig, war aber im Text nicht richtig begründet worden; die Begründung müßte aus den algebraischen Entwickelungen des Abschnittes IV mühsam abgeleitet werden, ist also hier weggelassen. — Ich hatte den Satz von der Gleichheit der anharmonischen Verhältnisse, auf den die Überlegung hinzielt, ursprünglich durch dieselbe Methode bewiesen, welche später Herr A. Voß in der Abhandlung: Über Komplexe und Kongruenzen, Math. Annalen, Bd. 9 (1876) entwickelt hat und die davon ausgeht, daß eine beliebige gerade Linie nach (8) bis (10), S. 79 einem (und sogar vier) Komplexen zweiten Grades angehört, die dieselbe Singulari-

Den vier Tangentialebenen, welche sich durch die gegebene gerade Linie an die Fläche legen lassen, sind die vier Durchschnittspunkte einer beliebigen der 16 Linien der anderen Gruppe mit der Fläche reziprok zugeordnet. Es folgt hieraus und aus dem Vorhergehenden, daß dieselbe Gleichung die durch eine beliebige gerade Linie gehenden Tangentialebenen und die auf derselben liegenden Durchschnittspunkte bestimmt.

Das anharmonische Verhältnis der vier Tangentialebenen, welche sich durch eine gerade Linie an eine Kummersche Fläche legen lassen, ist gleich dem anharmonischen Verhältnisse der vier Durchschnittspunkte derselben Linie mit der Fläche.

15. Es sei ein Punkt einer Kummerschen Fläche gegeben. Aus demselben leitet sich vermöge der sechs entsprechenden Fundamentalkomplexe ein System von 16 Punkten und 16 Ebenen ab. Die Punkte sind Punkte der Fläche, die Ebenen Ebenen derselben. Ebenso entspricht der Tangentialebene in dem gegebenen Punkte ein System von 16 Ebenen und 16 Punkten der Fläche. Die beiden Systeme stehen in der gegenseitigen Beziehung, daß in jeder Ebene des einen ein Punkt des anderen liegt, welcher der zugehörige Berührungspunkt ist. Es folgt hieraus, daß die sechs geraden Linien, nach welchen eine Ebene des einen Systems von den sechs dem zugehörigen Berührungspunkte in dem anderen Systeme entsprechenden Ebenen geschnitten wird, außer in dem allen gemeinsamen Punkte jede noch in einem derjenigen sechs Punkte berühren, welche der angenommenen Ebene in den Fundamentalkomplexen entsprechen. Es sind also diese Linien Doppeltangenten der Fläche. Somit ergeben sich die folgenden Sätze:

Nachdem die einer Kummerschen Fläche zugehörigen Fundamentalkomplexe durch eine Gleichung des sechsten Grades bestimmt worden sind, leiten sich aus den Koordinaten eines Punktes (einer Ebene) der Fläche die Koordinaten von 32 Punkten, 32 Ebenen und 96 Doppeltangenten derselben rational ab.

Die sechs Tangenten, welche sich von dem Berührungspunkte einer Ebene der Kummerschen Fläche an die in derselben liegende Durchschnittskurve ziehen lassen, berühren in den sechs auf einem Kegelschnitt gelegenen Punkten, welche der angenommenen Ebene in den sechs Fundamentalkomplexen entsprechen.

tätenfläche haben. In meiner Note: Über die Plückersche Komplexfläche (siehe Abhandlung XI dieser Ausgabe) habe ich einen anderen Beweis gegeben, der sich in einer mehr elementaren Weise an die von Plücker selbst gefundenen Eigenschaften der allgemeinen Komplexflächen anschließt. — Für die Auffindung des Satzes war im übrigen der Anlaß gewesen, daß v. Staudt ein ähnliches Theorem für das Tetraeder aufgestellt hatte und man das Tetraeder (als Inbegriff von vier Ebenen und vier Ecken) als äußerste Ausartung einer Kummerschen Fläche ansehen kann. K.]

Die 28 Doppeltangenten einer beliebigen ebenen Durchschnittskurve einer Kummerschen Fläche teilen sich in zwei Gruppen von 16 und 12. Die Doppeltangenten der ersten Gruppe sind der Durchschnitt der Ebene der Kurve mit den 16 Doppelebenen der Fläche. Die 12 Doppeltangenten der zweiten Gruppe sondern sich in Gruppen von zwei. Die sechs Punkte, in welchen sich bezüglich die Linien der verschiedenen Paare schneiden, sind die auf einem Kegelschnitt gelegenen sechs Punkte, welche der Ebene der Kurve in den sechs Fundamentalkomplexen entsprechen.

Die Doppeltangenten einer Kummerschen Fläche bilden sechs verschiedene Kongruenzen der zweiten Ordnung und Klasse, deren jede einem der sechs Fundamentalkomplexe angehört[15]).

16. Ausgezeichnet unter den in bezug auf die sechs Fundamentalkomplexe zusammengehörigen Systemen von 16 Punkten und 16 Ebenen der Kummerschen Fläche ist das System der 16 Doppelpunkte und 16 Doppelebenen derselben. An Stelle des zugehörigen zweiten Systems tritt in diesem Falle das System der 16 Berührungskegel und der 16 Berührungskurven. Die 96 Doppeltangenten werden durch die 96 Büschel solcher gerader Linien ersetzt, welche bezüglich innerhalb einer der Doppelebenen durch einen der Doppelpunkte hindurchgehen.

Die Bestimmung der Singularitäten einer Kummerschen Fläche hängt von der Auflösung einer Gleichung sechsten Grades und mehrerer quadratischer Gleichungen ab[16]).

Um die Fundamentaltetraeder aus dem Singularitätensystem einer Kummerschen Fläche zu finden, hat man diejenigen 30 geraden Linien zu konstruieren, welche acht der 120 Durchschnittslinien der 16 Doppelebenen schneiden.

Wenn außer den sechs Fundamentalkomplexen eine der Doppelebenen der Kummerschen Fläche bekannt ist, läßt sich die Fläche konstruieren[17]). Denn indem dann durch die Fundamentalkomplexe sämtliche 16 Doppelebenen und die Berührungskurven in ihnen gegeben sind, kennt man zur Konstruktion einer beliebigen ebenen Durchschnittskurve der Fläche 16 Doppeltangenten und die Berührungspunkte auf denselben.

Enthält die gegebene Doppelebene einen der 60 Eckpunkte der Fundamentaltetraeder, so wird die zugehörige Kummersche Fläche ein Tetraedroid. *Ein Tetraedroid ist dadurch charakterisiert, daß die sechs in einer*

<hr>

[15]) Vgl. Kummer. Abhandl. der Berl. Akad., 1866.

[16]) C. Jordan in Crelles Journal, Bd. 70 (1869).

[17]) Wenn man die Doppelebene durch eine derjenigen 320 geraden Linien hindurchlegt, welche drei der 60 Eckpunkte der 15 Fundamentaltetraeder enthalten, so erhält man eine Fläche, die dem Modelle entspricht, dessen Herr Kummer (Monatsberichte der Berl. Akad., 1864) Erwähnung tut.

Doppelebene desselben liegenden Doppelpunkte ein Brianchonsches Sechseck bilden.

　　Die Singularitäten eines Tetraedroids sind algebraisch bestimmbar.

　　17. Wir wenden uns zur Betrachtung der Komplexe zweiten Grades zurück.

　　Diejenigen geraden Linien, welche Durchschnittslinien zweier Ebenen sind, in welche sich ein Komplexkegel aufgelöst hat, oder, was auf dasselbe hinauskommt, diejenigen geraden Linien, welche Verbindungslinien zweier Punkte sind, in welche eine Komplexkurve zerfallen ist, sind die *singulären Linien* des Komplexes. Dieselben bilden eine Kongruenz der vierten Ordnung und Klasse. Die singulären Linien berühren die Singularitätenfläche des Komplexes. Der Berührungspunkt heißt *der zugeordnete singuläre Punkt*, die Berührungsebene *die zugeordnete singuläre Ebene*. Der Komplexkegel, dessen Mittelpunkt der zugeordnete singuläre Punkt ist, hat sich in die beiden Tangentialebenen der Singularitätenfläche aufgelöst, die außer der doppelt zu zählenden zugeordneten singulären Ebene durch die singuläre Linie hindurchgehen. Entsprechend ist die Komplexkurve in der zugeordneten singulären Ebene in das System derjenigen beiden Punkte zerfallen, welche der singulären Linie neben dem doppelt zu zählenden zugeordneten singulären Punkte mit der Singularitätenfläche gemein sind[18]).

　　Die Komplexkurve, welche in einer beliebigen Ebene liegt, berührt die Durchschnittskurve vierter Ordnung der Ebene mit der Singularitätenfläche in vier Punkten. Gemeinschaftliche Tangenten beider Kurven in diesen Punkten sind die vier in der Ebene liegenden singulären Linien[19]).

　　Welche unter den Tangenten der Singularitätenfläche in einem gegebenen Punkte derselben dem gegebenen Komplexe als singuläre Linie angehört, ist durch die Fläche selbst noch nicht bestimmt. Es kann eine aus der einfach unendlichen Anzahl der Tangenten willkürlich als singuläre Linie angenommen werden; dann läßt sich ein zugehöriger Komplex eindeutig bestimmen. Aus der zugeordneten singulären Ebene leitet sich vermöge der sechs Fundamentalkomplexe ein System von 16 singulären Ebenen ab. Sobald die beiden Punkte, in welche die Komplexkurve für die eine singuläre Ebene zerfallen ist, durch Auflösung einer quadratischen Gleichung bestimmt worden sind, sind die entsprechenden Punkte in den übrigen Ebenen bekannt. Sechs unter denjenigen Komplexlinien, welche durch einen der Schnittpunkte von drei der 16 Ebenen hindurchgehen, sind also gegeben und deshalb die Komplexkegel für diese Punkte linear konstruier-

---

[18]) Plücker, Neue Geometrie. Nr. 317.
[19]) Plücker, Neue Geometrie. Nr. 318.

bar. Indem diese Schnittpunkte zu sechs auf einer jeden der 120 Durchschnittslinien von zwei der 16 Ebenen liegen, kennt man die zu diesen Linien gehörigen Komplexflächen. Zur Konstruktion der in einer beliebigen Ebene liegenden Komplexkurve kann man also über 240 Tangenten verfügen.

Wenn eine Kummersche Fläche und eine dieselbe berührende gerade Linie gegeben ist, so kann man einen Komplex zweiten Grades eindeutig konstruieren, welcher die Fläche zur Singularitätenfläche und die gerade Linie zur singulären Linie hat.

Eine Kummersche Fläche ist die Singularitätenfläche für eine einfach unendliche Schar von Komplexen zweiten Grades.

Eine Kummersche Fläche hängt von 18 Konstanten ab [20]).

Wenn die gegebene gerade Linie eine Doppeltangente der Fläche ist, so artet der zugehörige Komplex in den doppelt zu zählenden linearen Fundamentalkomplex aus, welchem die Doppeltangente angehört.

Zu der Schar von Komplexen zweiten Grades, welche eine gegebene Kummersche Fläche zur Singularitätenfläche haben, gehören auch die doppelt zu zählenden sechs linearen Fundamentalkomplexe. Als singuläre Linien eines solchen Komplexes sind die ihm angehörigen Doppeltangenten der Fläche anzusehen.

18. Ausgezeichnet unter den singulären Linien des gegebenen Komplexes sind diejenigen, welche die Singularitätenfläche oskulieren. Die Tangenten im Berührungspunkte gehören sämtlich dem gegebenen Komplexe an.

Wenn eine Kummersche Fläche und eine dieselbe berührende gerade Linie gegeben ist, gibt es außer dem eben konstruierten noch zwei weitere Komplexe, welche die Fläche zur Singularitätenfläche haben und die gerade Linie (aber nicht als singuläre Linie) enthalten. Singuläre Linien in dem Berührungspunkte der gegebenen sind für diese Komplexe die beiden Haupttangenten in diesem Punkte.

Bei der Konstruktion eines solchen Komplexes sind zunächst die beiden Haupttangenten im Berührungspunkte durch eine quadratische Gleichung zu bestimmen. Die beiden Punkte, in welche sich die Komplexkurve innerhalb der zugeordneten singulären Ebene aufgelöst hat, sind dann linear gegeben.

Die Komplexkurve in einer beliebigen Ebene hat mit der in derselben Ebene liegenden Durchschnittskurve vierter Ordnung der Singularitätenfläche außer den vier doppelt zu zählenden singulären Linien noch $2 \cdot 4 \cdot 3 - 2 \cdot 4 = 16$ Tangenten gemein. Die Berührungspunkte derselben mit der Durchschnittskurve der Singularitätenfläche sind diejenigen Punkte, in welchen die angenommene Ebene von der Kurve solcher Punkte der Singu-

---

[20]) Es stimmt das mit der von Herrn Kummer gegebenen Zählung überein.

laritätenfläche geschnitten wird, in welchen die zugehörige singuläre Linie mit einer Haupttangente zusammenfällt.

Die Kurve der singulären Punkte, deren zugeordnete singuläre Linien die Singularitätenfläche oskulieren, ist von der 16. Ordnung.

19. Sei eine Kummersche Fläche und eine beliebige gerade Linie gegeben. Durch die gerade Linie gehen vier Ebenen der Fläche, und auf ihr liegen vier Punkte derselben. Die biquadratische Gleichung zur Bestimmung der vier Ebenen ist dieselbe, wie die zur Bestimmung der vier Punkte. Dementsprechend kann man die vier Ebenen den vier Punkten einzeln zuordnen, und zwar auf vierfache Weise. Nachdem über die Art der Zuordnung entschieden ist, ziehe man in einer der Ebenen durch den Berührungspunkt mit der Kummerschen Fläche und den zugeordneten Punkt eine gerade Linie. Derjenige Komplex, welcher die gegebene Kummersche Fläche zur Singularitätenfläche und die konstruierte gerade Linie zur singulären Linie hat, enthält offenbar die gegebene gerade Linie.

Es lassen sich vier Komplexe konstruieren, welche eine gegebene Kummersche Fläche zur Singularitätenfläche haben und die außerdem eine gegebene gerade Linie enthalten.

Die beiden auf der konstruierten singulären Linie liegenden Punkte bestimmen sich linear, indem der eine als Durchschnittspunkt der gegebenen geraden Linie mit der Fläche bekannt ist.

Wenn die gegebene gerade Linie die Singularitätenfläche berührt, fallen zwei von den vier vorstehend konstruierten Komplexen in denjenigen zusammen, der die gegebene Linie zur singulären hat.

Die Tangenten der Singularitätenfläche sind solche gerade Linien, für welche die biquadratische Gleichung, welche die vier einer gegebenen geraden Linie zugehörigen Komplexe bestimmt, eine doppelte Wurzel hat.

Die Komplexgleichung der Singularitätenfläche hat die Form einer Diskriminante.

20. Die einfach unendliche Schar der zu einer gegebenen Kummerschen Fläche gehörigen Komplexe zweiten Grades bestimmt in jeder Ebene des Raumes ein System von Kegelschnitten, welche die Durchschnittskurve vierter Ordnung der Kummerschen Fläche mit der Ebene viermal berühren. Das System ist von der vierten Klasse. Indem als Ausartungskegelschnitte die sechs den Fundamentalkomplexen entsprechenden Punkte mit ihrem Doppeltangentenpaare anzusehen sind, ist das System von der Ordnung $2 \cdot 4 - 6 = 2$.

Durch eine Kummersche Fläche wird in jeder Ebene des Raumes ein Kegelschnittsystem der vierten Klasse und zweiten Ordnung bestimmt.

21. Diejenigen Linien des Komplexes, welche innerhalb einer *Doppelebene* der Singularitätenfläche verlaufen, schneiden sich in einem Punkte

der Berührungskurve. Sie sind sämtlich singuläre Linien. Es kann dieser Punkt beliebig auf der Berührungskurve angenommen werden; dann ist ein zugehöriger Komplex linear bestimmt. Läßt man den Punkt in einen der sechs auf der Berührungskurve liegenden Doppelpunkte rücken, so artet der Komplex in denjenigen Fundamentalkomplex aus, welchem das durch den Doppelpunkt in der angenommenen Ebene gehende Büschel gerader Linien angehört. Auf ähnliche Weise entspricht jedem *Doppelpunkte* der Fläche eine Ebene, welche den Tangentialkegel im Doppelpunkte berührt[21]).

Die 16 Punkte und 16 Ebenen entsprechen einander in bezug auf die sechs Fundamentalkomplexe.

Im allgemeinen sind die Linien des gegebenen Komplexes keine Doppeltangenten der Singularitätenfläche. Es findet dies nur für diejenigen 96 Büschel von singulären Linien statt, welche innerhalb einer Doppelebene der Fläche durch einen Doppelpunkt gehen.

Diejenigen 16 singulären Linien, welche in einer Doppelebene der Singularitätenfläche liegen und die Berührungskurve der Doppelebene berühren, sind die einzigen Komplexlinien, welche die Singularitätenfläche vierpunktig berühren. Die 16 entsprechenden singulären Linien, welche durch die Doppelpunkte de Singularitätenfläche gehen, sind die einzigen Komplexlinien, welche die dualistisch entgegengesetzte Eigenschaft besitzen.

22. Einer jeden geraden Linie entspricht in bezug auf einen Komplex zweiten Grades eine zweite gerade Linie als *Polare*. Dieselbe steht zu der ersten in der doppelten Beziehung, einmal, daß sie der geometrische Ort ist für die Pole der ersten geraden Linie mit Bezug auf alle Kurven, die in den durch sie hindurchgelegten Ebenen von Linien des Komplexes umhüllt werden, dann, daß sie umhüllt wird von den Polarebenen der ersten geraden Linie mit Bezug auf alle Kegel, die in den Punkten derselben von Linien des Komplexes gebildet werden. Diese Beziehung zwischen den beiden Linien ist indes keine gegenseitige. Abgesehen von den Linien des Komplexes, deren jede sich selbst als Polare konjugiert ist, gibt es nur eine endliche Anzahl solcher gerader Linien, die selbst wieder die Polaren ihrer Polaren sind[22]).

Die Polaren der Diagonalen des von den vier in einer beliebigen Ebene liegenden singulären Linien gebildeten Vierseits schneiden sich in einem Punkte. Dieser Punkt wird der *Pol* der Ebene mit Bezug auf den Komplex genannt. Derselbe fällt zusammen mit dem Pol der Ebene in bezug auf die Singularitätenfläche. — Auf ähnliche Weise entspricht jedem Punkte in bezug auf den Komplex eine *Polarebene*.

---

[21]) Plücker, Neue Geometrie. Nr. 321.
[22]) Plücker, Neue Geometrie. Nr. 299.

Der Pol einer singulären Ebene ist ihr Berührungspunkt mit der Singularitätenfläche, die Polarebene dieses Punktes ist wiederum die gegebene singuläre Ebene.

Aber im allgemeinen ist die Beziehung zwischen Ebene und Pol, Punkt und Polarebene keine gegenseitige. Es tritt das — abgesehen von den singulären Ebenen und Punkten — nur bei einer endlichen Anzahl von Ebenen und Punkten ein[23]).

23. Der gegebene Komplex des zweiten Grades werde auf ein beliebiges der 15 Fundamentaltetraeder bezogen. Dann nimmt seine Gleichung die folgende Form an[24]):

$$\sum a_{ik} r_{ik}^2 + 2\,A\,r_{\alpha\beta} r_{\gamma\delta} + 2\,B\,r_{\alpha\gamma} r_{\delta\beta} + 2\,C\,r_{\alpha\delta} r_{\beta\gamma} = 0,$$

wo r_{ik} Strahlen- oder Achsenkoordinaten bedeuten.

Wird die Gleichung des gegebenen Komplexes zweiten Grades in bezug auf eins der 15 Fundamentaltetraeder als Koordinatentetraeder geschrieben, so treten in derselben außer den Quadraten der Veränderlichen die Produkte von nur solchen Veränderlichen auf, welche sich auf gegenüberstehende Kanten des Tetraeders beziehen.

Es ist leicht zu sehen, daß diese Gleichungsform für die Fundamentaltetraeder charakteristisch ist. Man schließt weiter:

Wenn der gegebene Komplex auf ein beliebiges Koordinatentetraeder bezogen wird und in der entsprechenden Gleichung zwei Veränderliche, die sich auf gegenüberstehende Kanten des Koordinatentetraeders beziehen, außer als Quadrate nur in gegenseitiger Verbindung auftreten, so sind die betreffenden Kanten zwei zusammengehörige aus dem System der Fundamentaltetraeder.

Die vorstehende Gleichungsform zeigt, daß die gegenüberstehenden Kanten des zugrunde gelegten Tetraeders einander gegenseitig entsprechende Polaren in bezug auf den gegebenen Komplex sind.

Von den 30 Kanten der Fundamentaltetraeder entsprechen sich die zusammengehörigen in bezug auf den Komplex gegenseitig als Polaren.

Die 30 Kanten der Fundamentaltetraeder sind, abgesehen von den Linien des Komplexes, die einzigen geraden Linien, welche diese Eigenschaft besitzen.

Und hieraus schließt man:

Von den 60 Eckpunkten und 60 Seitenflächen der Fundamentaltetraeder entsprechen sich die zusammengehörigen gegenseitig in bezug auf den Komplex als Pol und Polarebene.

---

[23]) **Plücker**, Neue Geometrie. Nr. 328, 330, 337.
[24]) Vgl. Nr. 6.

Es gibt, abgesehen von den singulären Punkten und Ebenen, keine weiteren Punkte und Ebenen, die sich gegenseitig in bezug auf den Komplex zugeordnet sind.

Insofern das Verhältnis von Ebene und Pol, Punkt und Polarebene als durch die Singularitätenfläche vermittelt angesehen werden kann, lassen sich die vorstehenden beiden Sätze auch als Eigenschaften der Kummerschen Fläche aussprechen.

24. Ähnliche Untersuchungen, wie die vorstehenden, sind bereits in der Abhandlung über Komplexe zweiten Grades von Herrn Battaglini[25]) enthalten. Nur sind die Voraussetzungen, welche er zugrunde legt, nicht allgemein genug. Unter r_{ik} Strahlen- oder Achsenkoordinaten verstanden, gibt er dem Komplexe zweiten Grades die folgende Gleichung:

$$\sum' a_{ik} r_{ik}^2 = 0,$$

welche drei Glieder weniger besitzt, als die letzt-vorangehende, in welcher der Komplex auf eins der Fundamentaltetraeder bezogen ist. In der Tat enthält sie nur 17 Konstanten, während der Komplex von 19 Konstanten abhängt. Dementsprechend verschwinden zwei der simultanen Invarianten, welche sich aus ihr und der zwischen den Linienkoordinaten bestehenden Bedingungsgleichung ableiten lassen.

Der Komplex, welchen Herr Battaglini untersucht, ist dadurch partikularisiert, daß für denselben die um eine passende Konstante vermehrten Größen $k_1, k_2, \ldots, k_6$ einander entgegengesetzt gleich werden. Infolgedessen ist eins der Fundamentaltetraeder, dasselbe, auf welches der Komplex in seiner vereinfachten Gleichung bezogen ist, vor den übrigen ausgezeichnet, und die Singularitätenfläche wird ein Tetraedroid, welches zu diesem Tetraeder gehört. (Nr. 16.)

IV.

Algebraische Darstellung.

25. Der gegebene Komplex sei, wie oben, durch die Gleichung bestimmt:

$$(2) \qquad k_1 x_1^2 + k_2 x_2^2 + \ldots + k_6 x_6^2 = 0,$$

wo:

$$(1) \qquad x_1^2 + x_2^2 + \ldots + x_6^2 = 0.$$

Vermöge der Gleichung (1) ist es gestattet, die Größen k um eine

---

[25]) Atti della Reale Accademia di Napoli, 3 (1866), sowie Giornale di Matematiche, Napoli, Bd. 6 (1868).

beliebige Konstante wachsen zu lassen, ohne daß der Komplex geändert wird.

Die *singulären Linien* des Komplexes sind alsdann dargestellt[26]) durch (1), (2) und die folgende Gleichung:

$$(3) \qquad k_1^2 x_1^2 + k_2^2 x_2^2 + \ldots + k_6^2 x_6^2 = 0 .$$

Sei unter (x) eine beliebige singuläre Linie verstanden, so sind die Koordinaten (y) einer derjenigen geraden Linien, welche innerhalb der (x) zugeordneten singulären Ebene durch den zugehörigen singulären Punkt gehen, von der folgenden Form:

$$(4) \qquad \varrho\, y_a = (k_a + \sigma)\, x_a ,$$

wo ϱ einen Proportionalitätsfaktor, σ eine Konstante bedeutet[27]). Die durch (4) dargestellten geraden Linien mögen die *zugeordneten* der singulären Linie (x) heißen. Die Gesamtheit der zugeordneten Linien aller singulären Linien fällt mit der Gesamtheit der Tangenten der Singularitätenfläche zusammen.

Wenn die singuläre Linie (x) so bestimmt wird, daß die zugeordneten Linien dem gegebenen Komplexe (2) angehören, so oskuliert sie die Singularitätenfläche. Man findet also zur Darstellung *der oskulierenden singulären Linien* außer (1), (2), (3) die Gleichung:

$$(5) \qquad k_1^3 x_1^2 + k_2^3 x_2^2 + \ldots + k_6^3 x_6^2 = 0 .$$

Die von den oskulierenden singulären Linien gebildete Linienfläche ist von der 16. Ordnung und 16. Klasse.

Die 32 *ausgezeichneten singulären Linien*, welche bezüglich in einer der Doppelebenen der Singularitätenfläche liegen und die in derselben enthaltene Berührungskurve berühren, oder durch einen der Doppelpunkte der Singularitätenfläche gehen und Erzeugende des Tangentialkegels in demselben sind, sind durch die Bedingung bestimmt, daß ihre zugeordneten singulären Linien selbst wieder singuläre Linien sind. Ihre Koordinaten genügen also außer den Gleichungen (1), (2), (3), (5) auch noch der folgenden Gleichung:

$$(6) \qquad k_1^4 x_1^2 + k_2^4 x_2^2 + \ldots + k_6^4 x_6^2 = 0 .$$

Durch Auflösung findet man:

$$(7) \qquad \varrho\, x_1^2 = \frac{1}{(k_2 - k_1)(k_3 - k_1) \ldots (k_6 - k_1)} \quad \text{usw.}$$

26. Wenn $x_1, x_2, \ldots, x_6$ und σ willkürliche Parameter bezeichnen, welche den Gleichungen (1), (2), (3) Genüge leisten, so ist eine beliebige

[26]) **Plücker**, Neue Geometrie. Nr. 300.
[27]) **Plücker**, Neue Geometrie. Ebenda.

der Tangenten der Singularitätenfläche durch die Gleichung (4) gegeben. Durch Elimination von $x_1, x_2, \ldots, x_6$ ergibt sich:

$$(8) \qquad y_1^2 + y_2^2 + \cdots + y_6^2 = 0,$$

$$(9) \qquad \frac{y_1^2}{k_1 + \sigma} + \frac{y_2^2}{k_2 + \sigma} + \cdots + \frac{y_6^2}{k_6 + \sigma} = 0,$$

$$(10) \qquad \frac{y_1^2}{(k_1 + \sigma)^2} + \frac{y_2^2}{(k_2 + \sigma)^2} + \cdots + \frac{y_6^2}{(k_6 + \sigma)^2} = 0.$$

Die Gleichung (9) ist eine Gleichung vierten Grades zur Bestimmung von σ. Die Gleichung (10) sagt aus, daß der nach σ genommene Differentialquotient der Gleichung (9) verschwinde.

Die Komplexgleichung der Singularitätenfläche ist die nach σ genommene Diskriminante der Gleichung (9).

Wie das sein muß, wird diese Komplexgleichung vom 12. Grade.

Unter σ eine willkürliche Größe verstanden, stellt die Gleichung (9) einen Komplex des zweiten Grades dar. Derselbe hat mit dem gegebenen (2) die Singularitätenfläche gemein. Denn das System der Gleichungen (8), (9), (10) bleibt ungeändert, wenn k_α allgemein durch $\dfrac{1}{k_\alpha + \sigma}$ ersetzt wird.

Die Gleichung (9) *stellt das zu der Singularitätenfläche des gegebenen Komplexes zugehörige System von Komplexen zweiten Grades dar.*

Die Gleichung (9) ist durchaus analog den Gleichungen, welche bei der Bestimmung konfokaler Kurven oder Flächen zweiten Grades auftreten.

Wenn (y) eine gegebene gerade Linie bedeutet, bestimmt die Gleichung (9) vier zugehörige Werte von σ. Von denselben werden zwei einander gleich, wenn (y) eine Tangente der Singularitätenfläche ist.

Die *Haupttangenten* der Singularitätenfläche sind dadurch charakterisiert, daß drei Wurzeln der Gleichung (9) gleich werden; sie sind also durch (8), (9), (10) und die folgende Gleichung gegeben:

$$(11) \qquad \frac{y_1^2}{(k_1 + \sigma)^3} + \frac{y_2'^2}{(k_2 + \sigma)^3} + \cdots + \frac{y_6^2}{(k_6 + \sigma)^3} = 0.$$

Endlich sind diejenigen geraden Linien, welche die Berührungskurven in den Doppelebenen der Singularitätenfläche umhüllen, bezüglich die Berührungskegel in den Doppelpunkten derselben erzeugen, durch (8), (9), (10), (11) und die folgende Gleichung bestimmt:

$$(12) \qquad \frac{y_1^2}{(k_1 + \sigma)^4} + \frac{y_2^2}{(k_2 + \sigma)^4} + \cdots + \frac{y_6^2}{(k_6 + \sigma)^4} = 0.$$

Sei irgendeinem Werte von σ entsprechend das System der Gleichungen (8), (9), (10), (11), (12) aufgelöst. Die in dem entsprechenden Komplexe (9) den so bestimmten geraden Linien zugeordneten Linien sind selbst wieder singuläre Linien. Ihre zugeordneten Linien bilden *die Ge-*

samtheit der in den Doppelebenen der Singularitätenfläche liegenden und der durch die Doppelpunkte derselben hindurchgehenden geraden Linien. Die Koordinaten einer solchen geraden Linie lassen sich also unter der Form schreiben:

$$(13) \qquad \varrho\, x_a = \left(\lambda + \frac{\mu}{k_a + \sigma} + \frac{\nu}{(k_a + \sigma)^2} \right) y_a,$$

wo y_a eine Lösung der Gleichungen (8), (9), (10), (11), (12) ist. Diese Form bleibt unverändert, welchen Wert man σ erteilen mag.

Es erübrigt, die *Doppeltangenten* der Singularitätenfläche zu bestimmen. Für die von denselben gebildeten sechs Kongruenzen ergibt sich aus (9) und (10), indem σ der Reihe nach $= - k_1$, $= - k_2$ usw. gesetzt wird:

$$(14) \quad \begin{cases} y_1 = 0, & \dfrac{y_2^2}{k_2 - k_1} + \cdots + \dfrac{y_6^2}{k_6 - k_1} = 0, \\[2mm] \cdots\cdots\cdots\cdots\cdots\cdots \\[2mm] y_6 = 0, & \dfrac{y_1^2}{k_1 - k_6} + \cdots + \dfrac{y_5^2}{k_5 - k_6} = 0. \end{cases}$$

Auf dieselben Gleichungen kommt man aus (4), wenn man $\sigma = - k_1$, $= - k_2$ usw. setzt und hierauf x_a aus (1), (2), (3) eliminiert.

Die bei den vorstehenden Betrachtungen vorausgesetzte Umformung der Komplexgleichung ist in vielen Fällen nicht möglich. Unter die hier ausgeschlossenen Komplexe gehört auch der von Herrn Th. Reye betrachtete, dessen Linien der Durchschnitt entsprechender Ebenen zweier kollinearer räumlicher Systeme sind[28]). Derartige Komplexe sind durch das Auftreten von Doppellinien, Ausnahmepunkten und Ausnahmeebenen[29]) ausgezeichnet. Eine Übersicht über die bei ihnen zu unterscheidenden Fälle denke ich bei nächster Gelegenheit zu geben.

[Vielleicht ist es nützlich, aus den Formeln des Abschnittes IV noch folgende Regeln zu abstrahieren:

Während der einzelne Komplex $\sum k_i x_i^2$ ungeändert bleibt, wenn man für die k_i irgendwelche $k_i' = a k_i + b$ setzt, wird die ganze Komplexschar und damit die zu ihr gehörige Kummersche Fläche erhalten bleiben, wenn man die k_i' gleich irgendwelcher linearer Funktion der k_i setzt: $k_i' = \dfrac{\alpha k_i + \beta}{\gamma k_i + \delta}$.   K.]

Göttingen, 14. Juni 1869.

---

[28]) R e y e, Die Geometrie der Lage. Hannover, C. Rümpler, 1868.
[29]) P l ü c k e r, Neue Geometrie. Nr. 313.

III. Die allgemeine lineare Transformation der Linienkoordinaten.

[Math. Annalen, Bd. 2 (1870).]

Die Bedeutung der Linienkoordinaten ist zunächst in ihrer steten Verbindung mit den Punktkoordinaten einerseits und den Ebenenkoordinaten andererseits zu suchen. Dem entsprechend stellen sich die Linienkoordinaten dar als die Determinanten aus den Koordinaten zweier Punkte oder zweier Ebenen. Indessen scheint es, als wenn der Fortgang der allgemeinen Theorie es wünschenswert mache, die Linienkoordinaten unabhängig von dieser Beziehung als selbständige Veränderliche zu betrachten. Dieselben haben alsdann eine Bedingungsgleichung zweiten Grades zu erfüllen, welche eine Identität ist, sobald wir zu dem Ausdrucke der Linienkoordinaten in den Koordinaten zweier Punkte oder zweier Ebenen zurückgehen. Die Theorie der Linienkomplexe fällt mit der Theorie der simultanen Formen der Komplexgleichung und dieser Bedingungsgleichung zusammen.

Die nächste hier entstehende Frage ist die nach der geometrischen Bedeutung der allgemeinen linearen Transformation der Linienkoordinaten. Ich erledige dieselbe in der folgenden Notiz durch eine entsprechende allgemeinere Definition der Linienkoordinaten, bei welcher ich, wie dies bereits Herr Zeuthen getan hat[1]), von *dem Moment zweier gerader Linien in bezug aufeinander* als einfacher Maßbestimmung ausgehe. Überdies betrachte ich als bekannt *den Begriff des linearen Komplexes*, sowie *den der involutorischen Lage zweier solcher Komplexe*[2]).

1. [Vorbemerkung[3]). Da Moment ein metrischer Begriff ist, wird es gut sein, zunächst von gewöhnlichen rechtwinkligen Punktkoordinaten x, y, z auszugehen, also die Linienkoordinaten p_{ik} so zu definieren: $p_{12} = x - x', \ldots$, $p_{34} = y z' - y' z, \ldots$ Das Moment zweier Geraden p und p' drückt sich dann in bekannter Weise durch die Formeln aus:

$$\text{(a)} \qquad M = \frac{p_{12} p_{34}' + p_{13} p_{42}' + p_{14} p_{23}' + p_{34} p_{12}' + p_{42} p_{13}' + p_{23} p_{14}'}{\sqrt{p_{12}^2 + p_{13}^2 + p_{14}^2}\ \sqrt{p_{12}'^2 + p_{13}'^2 + p_{14}'^2}},$$

---

[1]) Math. Annalen, Bd. 1, S. 432.

[2]) Vgl. Math. Annalen, Bd. 2, S. 201 (siehe Abh. II dieser Ausgabe, S. 56).

[3]) [Erst in dieser Ausgabe zur Richtigstellung bez. Klarstellung aller Einzelheiten eingefügt, unter gleichzeitiger Änderung einiger Stellen in Nr. 1. K.]

(wo im Nenner die Ausdrücke stehen, welche verschwinden, wenn p bez. p' den Kugelkreis schneidet). Der Zähler von M gibt, seinerseits gleich Null gesetzt, die Bedingung dafür, daß die Gerade p dem „speziellen" linearen Komplex angehört, dessen sämtliche Gerade p' schneiden. Schreiben wir dementsprechend die Gleichung eines allgemeinen linearen Komplexes

$$(\text{b}) \qquad 0 = p_{12}a_{34} + p_{13}a_{42} + p_{14}a_{23} + p_{34}a_{12} + p_{42}a_{13} + p_{23}a_{14},$$

so ist es natürlich, *den folgenden Ausdruck:*

$$(\text{c}) \qquad M' = \frac{p_{12}a_{34} + p_{13}a_{42} + p_{14}a_{23} + p_{34}a_{12} + p_{42}a_{13} + p_{23}a_{14}}{\sqrt{p_{12}^2 + p_{13}^2 + p_{14}^2}\ \sqrt{a_{12}^2 + a_{13}^2 + a_{14}^2}}$$

als Moment der Geraden p in bezug auf den linearen Komplex a zu bezeichnen, überhaupt aber als Moment zweier linearer Komplexe a, a' in bezug aufeinander:

$$(\text{d}) \qquad M'' = \frac{a_{12}a_{34}' + a_{13}a_{42}' + a_{14}a_{23}' + a_{34}a_{12}' + a_{42}a_{13}' + a_{23}a_{14}'}{\sqrt{a_{12}^2 + a_{13}^2 + a_{14}^2}\ \sqrt{a_{12}'^2 + a_{13}'^2 + a_{14}'^2}}.$$

Läßt man hier a mit a' zusammenfallen, so hat man das, was Plücker den *Parameter K* des bez. Komplexes nannte, mit 2 multipliziert.

Nun findet man für M'' durch geschickte Partikularisierung des Koordinatensystems leicht folgende geometrische Definition:

$$(\text{e}) \qquad M'' = \Delta \sin\varphi + (K + K')\cos\varphi,$$

unter K, K' die Parameter der linearen Komplexe, unter Δ den Abstand ihrer Hauptachsen, unter φ deren gegenseitige Neigung verstanden (wo $\Delta \sin\varphi$ natürlich das Moment der beiden Hauptachsen in bezug aufeinander bedeutet). Danach ist es klar, was der Ausdruck M' (c) bedeutet; man hat in (e) nur K' gleich 0 zu setzen.]

Dies vorausgesetzt, seien nun sechs lineare Komplexe gegeben, die mit den Symbolen $X_1, X_2, \ldots, X_6$ bezeichnet sein mögen. Über ihre gegenseitige Lage mache ich nur die Voraussetzung, daß es keinen linearen Komplex gibt, der mit sämtlichen sechs zugleich in Involution liegt... *Die relativen Werte der mit gegebenen Konstanten multiplizierten Momente einer geraden Linie in bezug auf diese (Komplexe) betrachte ich als die homogenen Koordinaten derselben.*

Dieselben seien durch $x_1, x_2, \ldots, x_6$ bezeichnet. Damit die gerade Linie einem der Komplexe X angehöre, muß die betreffende Koordinate verschwinden. $x = 0$ ist also die Gleichung des Komplexes X.

Einem beliebig gegebenen Wertsysteme der x entspricht im allgemeinen keine gerade Linie. Damit dieses stattfinde, müssen die x eine Bedingungsgleichung des zweiten Grades erfüllen:

$$f \equiv a_x^2 = 0,$$

in welcher die a Konstanten sind. Aus der Form dieser Gleichung wird es erlaubt sein, auf die Art und die gegenseitige Lage der zugrunde gelegten sechs linearen Komplexe X zu schließen.

Neben die hier gegebene Koordinatenbestimmung stellt sich sofort eine zweite. Wir erhalten dieselbe, wenn wir die halben nach den einzelnen x genommenen partiellen Differentialquotienten von f als neue Veränderliche $u_1, u_2, \ldots, u_6$ einführen. Dieselben sind proportional den mit passenden Konstanten multiplizierten Momenten der geraden Linie in bezug auf sechs lineare Komplexe $U_1, U_2, \ldots, U_6$, welche bezüglich durch $u = 0$ dargestellt werden.

Indem wir die u an Stelle der x in f einführen, erhalten wir eine Form:

$$\varphi \equiv u_a^2 \equiv (abcdeu)^2,$$

deren Verschwinden die Bedingung ist, damit einem gegebenen Wertsysteme der u eine gerade Linie entspricht.

Dabei ist:

$$f \equiv \varphi \equiv u_x.$$

2. Die Koordinaten zweier gegebener gerader Linien seien, in der zwiefachen Koordinatenbestimmung, bezüglich x, y und u, v. Wir bilden uns den Ausdruck:

$$u_y - v_x \equiv a_x a_y \equiv u_a v_a.$$

Derselbe stellt, bis auf leicht anzugebende Faktoren, das Moment der beiden geraden Linien in bezug aufeinander dar. Die Gleichung:

$$u_y - v_x \equiv a_x a_y \equiv u_a v_a = 0$$

vertritt also, wenn wir in ihr die y, v als fest, die x, u als veränderlich betrachten, die Gesamtheit derjenigen Linien (x, u), welche eine gegebene Gerade (y, v) schneiden.

Hiernach entspricht die doppelte Koordinatenbestimmung, x und u, der zweifachen Bedeutung, in welcher die gerade Linie in der vorstehenden Gleichung — sowie überhaupt in den hier anzustellenden Betrachtungen — auftritt. Das eine Mal ist die gerade Linie Raumelement, das andere Mal stellt sie die Gesamtheit der sie schneidenden geraden Linien dar. Der ersten Vorstellung entsprechen die Koordinaten x, der zweiten die Koordinaten u, oder umgekehrt, je nachdem wir bei ihrer Bestimmung von den Komplexen X oder den Komplexen U ausgehen.

3. Wenn wir in die vorstehende Gleichung an Stelle von y, v beliebige Größen setzen (welche nicht mehr der Gleichung

$$f = 0, \quad \varphi = 0$$

zu genügen brauchen), stellt dieselbe einen linearen Komplex dar. Die Größen y, v bezeichne ich *als die Koordinaten dieses Komplexes.*

Dadurch, daß man diese Koordinaten in f, φ einführt, entsteht ein Ausdruck, den ich als *Invariante* des Komplexes bezeichnet habe[4]. Bis auf leicht zu bestimmende Faktoren ist die Invariante gleich dem Parameter[5] des Komplexes. Das Verschwinden der Invariante gibt an, daß der Komplex ein spezieller Komplex ist.

Als *simultane Invariante* zweier linearer Komplexe (x, u) und (y, v) habe ich den Ausdruck bezeichnet[6]:

$$u_y \equiv v_x \equiv a_x a_y \equiv u_a v_a.$$

Derselbe hat die folgende geometrische Bedeutung. Seien die Parameter der beiden Komplexe bezüglich K und K', der Abstand ihrer Hauptachsen Δ, die gegenseitige Neigung derselben φ, so ist die simultane Invariante bis auf leicht angebbare Faktoren:

$$= \Delta \sin \varphi + (K + K') \cos \varphi.$$

Diese letztere Größe soll *das Moment der beiden linearen Komplexe in bezug aufeinander* genannt werden. [Vgl. Vorbemerkung in Nr. 1.]

Das Verschwinden der simultanen Invariante zweier Komplexe sagt aus, daß die beiden Komplexe in Involution liegen.

Für die simultanen Invarianten eines gegebenen Komplexes mit den Komplexen X bezüglich U finden wir seine betreffenden Koordinaten. *Als Koordinaten eines Komplexes ersten Grades sind die relativen Werte der mit gegebenen Konstanten multiplizierten Momente desselben mit Bezug auf die sechs gegebenen Komplexe anzusehen.*

4. Indem wir den Variabeln in der Gleichung eines Komplexes unbeschränkte Veränderlichkeit erteilen, gelangen wir, nach dem Vorstehenden, *zu einer zweifachen Auffassung eines linearen Komplexes.* Das eine Mal ist der lineare Komplex Element, das andere Mal Vertreter der Gesamtheit der mit ihm in Involution liegenden linearen Komplexe.

Die bei dieser Anschauung zunächst in Betracht kommenden Gebilde sind diejenigen, welche durch

$$1, \ 2, \ 3, \ 4, \ 5$$

lineare Gleichungen zwischen den Komplexkoordinaten definiert werden.

---

[4] Math. Annalen, Bd. 2, S. 201. [Siehe Abh. II dieser Ausgabe, S. 56.] Wenn man in f, φ bezw. die nach den einzelnen u, x genommenen partiellen Differentialquotienten irgendeiner Komplexgleichung an Stelle der Variabeln einsetzt, entsteht ein Ausdruck, welcher, gleich Null gesetzt, denjenigen kovarianten Komplex darstellt, der mit dem gegebenen die singulären Linien desselben bestimmt. (Plücker, Neue Geometrie, S. 296.)

[5] Plücker, Neue Geometrie. S. 38.

[6] Math. Annalen a. a. O. [Siehe Abh. II dieser Ausgabe.]

Mögen für diese Koordinaten zunächst die X gewählt sein. Dann erhält man dieselben Gebilde bezüglich durch:

$$5, 4, 3, 2, 1$$

Gleichungen zwischen den u bestimmt. Dem entspricht eine doppelte Auffassung der dargestellten Gebilde. Wie sich dieselbe bei den Endgliedern der vorstehenden zwei Reihen $(1, 5)$, $(5, 1)$, die beide lineare Komplexe sind, gestaltet, ist bereits erörtert. Bei $(2, 4)$, $(4, 2)$, welche beide Kongruenzen sind, kommt dieselbe, wenn wir uns auf die Betrachtung spezieller Komplexe beschränken, darauf hinaus, als eine lineare Kongruenz entweder die Gesamtheit der geraden Linien, welche zwei gegebene schneiden, oder solche zwei gegebene gerade Linien selbst zu betrachten. In der doppelten Darstellungsweise von $(3, 3)$ endlich ist die doppelte Erzeugung der Flächen zweiten Grades durch gerade Linien ausgesprochen.

5. Nach diesen Erörterungen ergibt sich für das hier zugrunde gelegte Koordinatensystem der X und U das Folgende.

Die Koordinaten von X_1 in dem Systeme der U, sowie die von U_1 in dem Systeme der X, sind:

$$1, 0, 0, 0, 0, 0.$$

Es sind also die U diejenigen sechs Komplexe, welche mit jedesmal fünf der Komplexe X in Involution liegen. Diese Beziehung zwischen den X und U ist eine gegenseitige.

Für die Koordinaten von X_1 in dem System der X finden wir:

$$a_{11}, \; a_{12}, \; a_{13}, \; a_{14}, \; a_{15}, \; a_{16},$$

und für die Koordinaten von U_1 in dem Systeme der U:

$$\alpha_{11}, \; \alpha_{12}, \; \alpha_{13}, \; \alpha_{14}, \; \alpha_{15}, \; \alpha_{16}.$$

Die Koeffizienten a, α sind die Invarianten der Komplexe X, U.
Mit dem Koordinatensysteme in unmittelbarem Zusammenhange stehen die durch die Komplexe X oder die Komplexe U bestimmten gemeinsamen Elemente. Dabei findet die Reziprozität statt, daß alles, was nach der einen Auffassung der geraden Linie (des linearen Komplexes) einer Anzahl von Komplexen X gemeinsam angehört, nach der anderen Auffassung den Komplexen U zukommt, welche den noch übrigen X entsprechen.

So bestimmen zwei Komplexe X, z. B. X_1, X_2 eine Kongruenz, deren Direktrizen diejenigen beiden Linien sind, welche U_3, U_4, U_5, U_6 zugleich angehören.

Im ganzen bestimmen die Komplexe X, sowie die Komplexe U, 15 Kongruenzen. Die Direktrizen einer Kongruenz einer dieser beiden

Gruppen werden durch die Direktrizen von sechs Kongruenzen der anderen Gruppe geschnitten.

Drei Komplexe X, z. B. X_1, X_2, X_3, bestimmen eine Fläche zweiten Grades vermöge der Linien ihrer einen Erzeugung. Dieselbe Fläche gehört vermöge der Linien ihrer anderen Erzeugung den Komplexen U_4, U_5, U_6 an.

6. Wir mögen noch kurz die folgenden Bemerkungen hinzufügen.

So oft einer der Koeffizienten a_{kk}, α_{kk} verschwindet, wird einer der Komplexe X, bezüglich U ein spezieller Komplex. Sind insbesondere alle a_{kk} und α_{kk} gleich Null, so bilden die zwölf geraden Linien X und U eine [Schläflische] *Doppelsechs*. Als ein ausgezeichneter Fall dieser Gruppierung ist das System der sechs Kanten eines *Tetraeders* zu betrachten, für welches die X von den U nur durch die Anordnung verschieden sind.

Dann ist noch hervorzuheben dasjenige Koordinatensystem, für welches die Komplexe X mit den Komplexen U identisch werden [7]. Dasselbe ist durch das Verschwinden sämtlicher Koeffizienten in f, φ außer denen mit gleichen Indizes charakterisiert.

Göttingen, den 4. August 1869.

---

[7] Von der Betrachtung eines derartigen Systems bin ich in dem Aufsatze: Zur Theorie der Komplexe ersten und zweiten Grades [Math. Annalen, Bd. 2 (siehe Abh. II dieser Ausgabe)] ausgegangen.

IV. Über Abbildung der Komplexflächen vierter Ordnung und vierter Klasse.

[Math. Annalen, Bd. 2 (1870).]

Herr Clebsch hat in den Math. Annalen (Bd. 1, S. 253) die Abbildung der Flächen vierter Ordnung mit einer Doppellinie gegeben. Ein Beispiel für Flächen dieser Art bilden die Komplexflächen vierter Ordnung und vierter Klasse, deren Erzeugung sich an die Linienkomplexe zweiten Grades anknüpft[1]). Ausgezeichnet sind diese Flächen dadurch, daß Kegelschnitte, nach welchen dieselben von den Ebenen, die durch die Doppellinie hindurchgehen, geschnitten werden, nicht als Kurven der zweiten Ordnung, sondern als Kurven der zweiten *Klasse* definiert sind.

Solch eine Komplexfläche besitzt acht paarweise zusammengehörige *Doppelpunkte*. Die Verbindungslinien der beiden Doppelpunkte eines Paares sind die sogenannten *singulären Strahlen* der Fläche. Die vier doppelt zu zählenden singulären Strahlen sind — abgesehen von dem Doppelstrahl — die einzigen Strahlen, welche der Fläche angehören. Die acht Doppelpunkte liegen zu vier in acht, paarweise zusammengehörigen *Doppelebenen*. In jeder Doppelebene liegt ein Berührungskegelschnitt; und diese acht, doppelt zu zählenden Kegelschnitte sind, abgesehen von der Kegelschnittschar in den durch die Doppellinie gehenden Ebenen, die einzigen Kegelschnitte, welche auf der Fläche liegen. Je zwei zusammengehörige Doppelebenen schneiden sich in einem Punkte der Doppellinie. Diese Punkte heißen die *singulären Punkte* der Fläche.

Es sind dies die Singularitäten der Fläche, die bei ihrer Abbildung zur Sprache kommen, sofern man die Fläche als durch Punkte erzeugt betrachtet.

Die Abbildung selbst gestaltet sich in der folgenden Weise.

Das Bild der Doppellinie wird eine Kurve der dritten Ordnung. Auf derselben liegt ein doppelter Fundamentalpunkt O. Die Berührungspunkte a,

---

[1]) Vgl. Plücker, Neue Geometrie des Raumes, gegründet auf die Betrachtung der geraden Linie als Raumelement. Leipzig, B. G. Teubner, 1868, 1869.

b, c, d der von O an die Kurve gezogenen vier Tangenten sind doppelt zu zählende einfache Fundamentalpunkte. Die Tangenten mögen α, β, γ, δ heißen.

Von den *acht Doppelpunkten* der Fläche sind vier dargestellt durch α, β, γ, δ, die vier übrigen durch a, b, c, d, doch in der Art, daß eine auf der Fläche liegende Kurve, deren Bild bezüglich durch a, b, c, d geht, nur dann die betreffenden Doppelpunkte enthält, wenn sie nicht α, β, γ, δ in a, b, c, d berührt.

Die vier *singulären Strahlen* sind durch a, b, c, d dargestellt. Kurven, welche a, b, c, d enthalten und in denselben α, β, γ, δ berühren, schneiden die entsprechenden singulären Strahlen in Punkten, die von den auf denselben liegenden Doppelpunkten verschieden sind.

Von den *acht Kegelschnitten*, nach welchen die Doppelebenen die Fläche berühren, ist einer durch den Punkt O, ein anderer durch den Kegelschnitt a, b, c, d, O abgebildet. Die sechs übrigen sind durch die Verbindungslinien von a, b, c, d unter sich gegeben.

Einer der *vier singulären Punkte* fällt in den Fundamentalpunkt O. Alle ihn enthaltenden Kurven berühren in O die Kurve dritter Ordnung. Die übrigen drei singulären Punkte sind der Durchschnitt je zweier zusammengehöriger der sechs Verbindungslinien von a, b, c, d. Diese Durchschnittspunkte liegen auf der Kurve dritter Ordnung.

Endlich sind die durch O hindurchgehenden geraden Linien das Bild der auf der Fläche liegenden *Kegelschnittschar*.

Göttingen, den 14. Juni 1869.

V. Eine Abbildung des Linienkomplexes zweiten Grades auf den Punktraum.

[Abgedruckt mit einigen im Interesse der Verständlichkeit gebotenen Umstellungen aus Max Nöther, *Zur Theorie der algebraischen Funktionen mehrerer komplexer Variabeln.* Nachrichten von der Kgl. Gesellschaft der Wissenschaften zu Göttingen, 1869, Nr. 15 (14. Juli 1869), S. 298—306.]

... Die einfachste Abbildung eines Linienkomplexes zweiten Grades[1] auf den Punktraum verdanke ich Herrn Dr. Klein. Wenn man den Komplex auf ein Tetraeder bezieht, welches so gegen ihn liegt, daß alle geraden Linien, welche durch den den beiden Kanten 5 und 6 gemeinsamen Punkt innerhalb der durch dieselben bestimmten Ebene hindurchgehen, dem Komplex angehören, so lassen sich die Gleichungen desselben ebenfalls in der Form (3) schreiben

$$(3) \qquad \Phi(x_1 x_2 x_3 x_4) + A x_5 + B x_6 = 0,$$

wobei man nur unter Φ eine homogene Funktion zweiten Grades, unter A und B lineare homogene Funktionen von x_1, x_2, x_3, x_4 zu verstehen hat. Denkt man sich noch in den Formeln (4)

$$(4) \qquad \begin{cases} \varrho x_1 = & \xi_1(A\xi_3 - B\xi_2) \\ \varrho x_2 = & \xi_2(A\xi_3 - B\xi_2) \\ \varrho x_3 = & \xi_3(A\xi_3 - B\xi_2) \\ \varrho x_4 = & \xi_4(A\xi_3 - B\xi_2) \\ \varrho x_5 = & \xi_1\xi_4 B - \xi_3\Phi(\xi_1,\xi_2,\xi_3,\xi_4) \\ \varrho x_6 = & -\xi_1\xi_4 A + \xi_2\Phi(\xi_1,\xi_2,\xi_3,\xi_4) \end{cases}$$

in A und B an Stelle von x_1, x_2, x_3, x_4 resp. ξ_1, ξ_2, ξ_3, ξ_4 gesetzt, so wird der Komplex im Raume abgebildet durch diese Funktionen dritter Ordnung, und als Fundamentalgebilde tritt eine Kurve 5. Ordnung auf.

---

[1] [Herr Nöther selbst hat ebendort die heutzutage wohlbekannte Abbildung des Linienkomplexes ersten Grades auf den Punktraum mitgeteilt, zu der ziemlich gleichzeitig auch von ganz anderem Ausgangspunkte aus S. Lie geführt war. K.]

VI. Über die Haupttangentenkurven der Kummerschen Fläche vierten Grades mit 16 Knotenpunkten.

[Sitzungsberichte der Berl. Akad. 1870. Vorgelegt durch E. E. Kummer, Sitzung vom 15. Dezember 1870. Wiederabgedruckt in den Math. Annalen, Bd. 23 (1884).]

Von

Sophus Lie und Felix Klein.

Die Kummersche Fläche vierten Grades mit 16 Knotenpunkten ist bekanntlich[1]) für einfach unendlich viele Komplexe des zweiten Grades Singularitätenfläche, d. h. diejenige Fläche, welche der geometrische Ort ist für solche Punkte, deren Komplexkegel in zwei Ebenen zerfallen ist, oder, was auf dasselbe hinauskommt, die umhüllt wird von solchen Ebenen, deren Komplexkurve sich in zwei Punkte aufgelöst hat. Die Betrachtung dieser Komplexe zweiten Grades führt fast unmittelbar zu der Bestimmung der Haupttangentenkurven der Fläche, wie im nachstehenden gezeigt werden soll.

1. Aus der einfach unendlichen Zahl der zu der Fläche gehörigen Komplexe zweiten Grades heben wir einen heraus.

Die demselben innerhalb einer Tangentialebene der Fläche entsprechende Komplexkurve hat sich in zwei Punkte aufgelöst. Diese beiden Punkte sind diejenigen, in denen die in der Tangentialebene enthaltene Durchschnittskurve vierter Ordnung mit der Fläche von einer bestimmten, durch den Berührungspunkt gehenden Geraden, die dessen zugeordnete singuläre Linie genannt wird, noch außer in diesem Berührungspunkte geschnitten wird.

Man kann nun nach denjenigen Punkten der Fläche fragen, deren zugeordnete singuläre Linie eine Haupttangente der Fläche ist. Die übrigen Tangenten der Fläche in einem solchen Punkte gehören offenbar auch dem Komplexe an. Andererseits sind diese letzteren Komplexgeraden die einzigen, welche die Fläche berühren, ohne zugleich singuläre Linien des Komplexes zu

---

[1]) Vgl. Plücker, Neue Geometrie des Raumes, gegründet auf die Betrachtung der geraden Linie als Raumelement. (B. G. Teubner 1868, 69.) Nr. 310 ff. Vgl. auch, hier und im folgenden: Klein, Zur Theorie der Komplexe des ersten und zweiten Grades. Math. Ann., Bd. 2. [Siehe Abh. II dieser Ausgabe.]

sein. Betrachten wir nun in einer beliebigen Ebene den Komplexkegelschnitt und die Durchschnittskurve vierter Ordnung mit der Fläche. Dieselben berühren sich in vier Punkten, und die Tangenten in diesen Punkten sind die in der Ebene gelegenen singulären Linien[2]). Außer diesen doppelt zu zählenden Tangenten haben die beiden Kurven, als bez. von der zweiten und zwölften Klasse, noch 16 Tangenten gemein. Die Berührungspunkte derselben mit der Durchschnittskurve vierter Ordnung sind Punkte der gesuchten Beschaffenheit.

Die Punkte der Kummerschen Fläche, deren zugeordnete singuläre Linien Haupttangenten der Fläche sind, bilden also eine Kurve der 16. Ordnung.

2. *Die so bestimmte Kurve ist nun eine Haupttangentenkurve der Fläche.*

Zum Beweise bemerken wir zunächst, daß zwischen den durch eine Komplexlinie, — welche nur keine singuläre Linie sein darf, — hindurchgelegten Ebenen und den Berührungspunkten der in denselben enthaltenen Komplexkurven mit der Linie projektivisches Entsprechen stattfindet. Hieraus schließt man, daß einer unendlich kleinen Verschiebung des Punktes auf der Linie eine Drehung der Ebene entspricht, deren Größe von derselben Ordnung des Unendlich-Kleinen ist.

Nun ist die Verbindungslinie zweier konsekutiver Punkte der eben bestimmten Kurve eine Komplexlinie, ohne zugleich singuläre Linie desselben zu sein. Die beiden Tangentialebenen in den beiden Punkten enthalten dem Komplexe angehörige Strahlbüschel, deren Scheitel diese Punkte sind. Die beiden Tangentialebenen sind also zwei Ebenen, deren Komplexkurven die angenommene Tangente in zwei konsekutiven Punkten berühren. Hieraus folgt, nach der vorstehenden Bemerkung, daß, wenn man auf der Kurve fortschreitet, die Tangentialebene der Fläche sich um die Tangente der Kurve dreht.

Das aber ist die charakteristische Eigenschaft der Haupttangentenkurven einer Fläche; unsere Behauptung ist also erwiesen.

Da der Begriff der Haupttangentenkurve, sowie der des Komplexes, sich selbst dualistisch ist, folgt, daß die dualistisch entgegenstehenden Singularitäten der Kurve einander gleich sind. Insbesondere *ist ihre Klasse gleich ihrer Ordnung, also gleich* 16.

Da ferner die Kurve sich selbst dualistisch in einziger Weise durch den Komplex bestimmt ist, geht sie, wie dieser, durch ein System linearer, sowie reziproker Transformationen in sich über[3]). Man schließt hieraus eine Reihe von Eigenschaften derselben, die wir hier nicht weiter verfolgen können.

---

[2]) Plücker, Neue Geometrie. Nr. 318.
[3]) Vgl. die bereits zitierte Abhandlung: Zur Theorie usw., Nr. 13.

3. Auf die auseinandergesetzte Weise erhalten wir einem jeden der einfach unendlich vielen Komplexe zweiten Grades, die zu derselben Kummerschen Fläche gehören, entsprechend eine Haupttangentenkurve. Hiermit hat man aber *alle* Haupttangentenkurven, wofern nicht etwa Umhüllungskurven derselben existieren, da man für jeden Punkt der Fläche einen der Komplexe angeben kann, der die eine oder die andere der beiden Haupttangenten in demselben zur singulären Linie hat.

Unter den zu der Fläche gehörigen Komplexen zweiten Grades befinden sich sechs, doppelt zu zählende, lineare Komplexe. Als die singulären Linien derselben sind die Doppeltangenten der Fläche anzusehen, so zwar, daß jedem der sechs Komplexe eines der sechs von den Doppeltangenten gebildeten Systeme angehört. *Entsprechend diesen Komplexen gibt es sechs ausgezeichnete Haupttangentenkurven.* Dieselben sind, wie sich durch dieselben Betrachtungen ergibt, durch die wir Ordnung und Klasse der allgemeinen Kurve bestimmt haben, nur noch von der achten Ordnung und der achten Klasse.

4. Wir gehen jetzt dazu über, die Singularitäten der Haupttangentenkurven zu bestimmen. Hierzu gelangen wir, indem wir der allgemeinen Theorie solcher Kurven die folgenden Sätze entlehnen:

Die Haupttangentenkurven einer beliebigen Fläche haben in den Knotenpunkten dieselben Spitzen.

Überhaupt haben sie Spitzen in den Punkten der parabolischen Kurve, vorausgesetzt, daß diese nicht selbst Haupttangentenkurve ist. In dem letzteren Falle ist sie Umhüllungskurve für die übrigen Haupttangentenkurven. Dies gilt besonders, wenn die parabolische Kurve aus ebenen Berührungskurven besteht.

Ferner haben die Haupttangentenkurven in den Durchschnittspunkten mit der Kurve vierpunktiger Berührung stationäre Tangenten, wofern die Kurve vierpunktiger Berührung nicht zugleich parabolische Kurve ist, was eine besondere Betrachtung verschiedener Fälle verlangt, die wir hier nicht nötig haben.

Endlich können die Haupttangentenkurven außer in den angegebenen Fällen keine Spitzen und keine stationären Tangenten haben.

In unserem Falle hat man 16 Knotenpunkte, in denen also die Haupttangentenkurven Spitzen haben.

Die parabolische Kurve, welche von der 32. Ordnung sein muß, besteht aus den 16 Berührungskegelschnitten in den 16 Doppeltangentialebenen der Fläche. Sie ist also Umhüllungskurve der Haupttangentenkurven. Die 16 Ebenen sind dabei stationäre Ebenen dieser Kurven, wie dies überhaupt die Ebenen ebener Berührungskurven sind.

Man überzeugt sich nun leicht, daß die Haupttangentenkurven in jedem Knotenpunkte nur eine Spitze haben und nur je einmal die Doppeltangentialebenen stationär berühren. Die Kurve kann nämlich mit der Doppeltangentialebene nur 16 Punkte gemein haben; vier davon kommen auf die stationäre Berührung, und zwölf auf die sechs Spitzen in den sechs in der Ebene liegenden Knotenpunkten.

Die Haupttangentenkurven haben hiernach 16 (in die Knotenpunkte der Fläche fallende) Spitzen und 16 (mit den Doppeltangentialebenen derselben identische) stationäre Ebenen.

Die Kurve vierpunktiger Berührung besteht in unserem Falle einmal aus den 16 Berührungskegelschnitten, die hier nicht weiter in Betracht kommen, da sie schon erledigt sind. Andererseits besteht sie aus den sechs ausgezeichneten Haupttangentenkurven achter Ordnung, die den sechs linearen Komplexen angehören. Es geht dies daraus hervor, daß die singulären Linien dieser Komplexe, wie schon angeführt, Doppeltangenten der Fläche sind. Weitere Kurven umfaßt die Kurve vierpunktiger Berührung nicht, da die aufgezählten zusammen die richtige Ordnung, 80, besitzen.

Wir müssen jetzt die Zahl der Durchschnittspunkte einer Haupttangentenkurve mit den sechs ausgezeichneten bestimmen.

Diese Durchschnittspunkte sind dadurch charakterisiert, daß die vierpunktig berührende Haupttangente eine Linie des Komplexes zweiten Grades ist, dem die gegebene Haupttangentenkurve zugehört. Die in den Punkten einer der sechs Kurven vierpunktig berührenden Haupttangenten bilden aber eine Linienfläche von der achten Ordnung, da der vollständige Durchschnitt derselben mit der Kummerschen Fläche aus der gewählten Kurve besteht, welche vierfach zählt. Mit einer solchen Fläche hat aber der Komplex zweiten Grades 16 Linien gemein. Man erhält also, jeder der sechs Kurven entsprechend, 16 Durchschnittspunkte. Wir haben somit den Satz:

Die Haupttangentenkurven haben 6·16 = 96 stationäre Tangenten.

Fügen wir noch hinzu, daß die Haupttangentenkurven keinen wirklichen Doppelpunkt und also auch keine wirkliche Doppeloskulationsebene besitzen können, da in keinem Punkte der Kummerschen Fläche, der nicht auf der parabolischen Kurve liegt, die beiden Haupttangenten demselben Komplexe als singuläre Linien angehören, so können wir die sämtlichen Singularitäten derselben, von denen die dualistisch entgegenstehenden gleich sind, ohne weiteres bestimmen. Insbesondere finden wir: den Rang = 48, die Zahl der scheinbaren Doppelpunkte = 72, die Ordnung der Doppelkurve der Developpablen = 952, das Geschlecht = 17.

5. Für die sechs ausgezeichneten Haupttangentenkurven wird die Zahl der Spitzen und stationären Oskulationsebenen gleich Null. Eine solche

Kurve geht nämlich durch jeden der Doppelpunkte einfach hindurch und hat in ihm eine der sechs ihn enthaltenden Doppeltangentialebenen zur Oskulationsebene. Man hat sich den stetigen Übergang zwischen den allgemeinen Kurven und diesen besonderen so vorzustellen, daß die letzteren doppelt zählen und aus der Vereinigung je zweier in einer Spitze zusammenstoßender Zweige der übrigen entstanden sind. Darum sinkt Ordnung und Klasse auf die Hälfte. Hiernach müßte auch der Rang halb so groß sein, wie der der anderen, also gleich 24. Das aber findet man auch, wenn man die Zahl der stationären Tangenten berechnet. Für dieselbe kommt nämlich jetzt 40, indem die Kurve jede der anderen nicht mehr 16 mal, sondern, weil sie 2 mal zählt, nur 8 mal schneidet, und das nicht 6 mal, sondern nur 5 mal geschieht.

Wir finden weiter: die Zahl der scheinbaren Doppelpunkte gleich 16, die Ordnung der Doppelkurve der Developpable gleich 200, das Geschlecht gleich 5.

6. Wie man sich die Aufeinanderfolge der Haupttangentenkurven zu denken hat, ist in der nebenstehenden Zeichnung für den Fall, daß die sechs zugehörigen linearen Komplexe reell sind, schematisch dargestellt.

In diesem Falle haben nämlich die Teile der Fläche, für welche die Haupttangenten reell werden, die Gestalt eines von zwei Kegelschnittstücken begrenzten Segmentes, das sich von einem Knotenpunkte nach einem anderen hinzieht. Die beiden begrenzenden Kurvenstücke gehören den Berührungskegelschnitten in denjenigen beiden Doppeltangentialebenen der Fläche an, welche beide Knotenpunkte zugleich enthalten.

Innerhalb eines solchen Segmentes verlaufen nun zunächst zwei der sechs ausgezeichneten Haupttangentenkurven. Dieselben gehören denjenigen zwei der sechs linearen Komplexe an, denen in den zwei Knotenpunkten, zwischen denen sich das Segment erstreckt, die beiden dasselbe begrenzenden Doppeltangentialebenen entsprechen. Die betreffenden Kurven sind in der Figur stärker ausgezogen. Dieselben haben eine S-förmige Gestalt. Sie ziehen sich von dem einen Knotenpunkte zu dem anderen hin, indem sie in jedem eine der beiden Begrenzungskurven berühren. Außer in den beiden Knotenpunkten schneiden sich dieselben in einem beiden gemeinsamen Wendepunkte, der den Mittelpunkt der Zeichnung bildet. — Übrigens setzen sich diese Kurven über die beiden Knotenpunkte hinaus auf weitere, ähnlich gestaltete Segmente der Fläche fort.

Von den übrigen Haupttangentenkurven, deren drei gezeichnet sind. weiß man, daß sie in den Knotenpunkten eine Spitze haben, daß sie jeden der beiden begrenzenden Kegelschnitte einmal berühren, und daß sie dort, wo sie, außer in den beiden Knotenpunkten, die beiden ausgezeichneten Kurven treffen, einen Wendepunkt besitzen. Hiernach wird es leicht sein, ihrem Verlaufe in der Figur zu folgen.

---

7. Die im vorstehenden gegebene Bestimmung der Haupttangentenkurven der Kummerschen Fläche, welche wir an die Betrachtung der zugehörigen Komplexe zweiten Grades geknüpft haben, kann noch unter einem anderen Gesichtspunkte gefaßt werden, indem man von einem der sechs unter denselben befindlichen linearen Komplexe ausgeht. Die Fläche ist nämlich Brennfläche eines diesem Komplexe angehörigen Strahlensystems: des einen Systems ihrer Doppeltangenten. Wir wollen nun zeigen, *daß das Problem: die Haupttangentenkurven auf der Brennfläche eines einem linearen Komplexe angehörigen Strahlensystems zu bestimmen, identisch ist mit dem anderen: die Krümmungskurven einer gewissen Fläche zu finden.* In unserem Falle wird diese Fläche die Fläche vierter Ordnung, welche den unendlich weit entfernten imaginären Kreis doppelt enthält; und da man deren Krümmungskurven kennt, so erhält man eine Bestimmung der Haupttangentenkurven der Kummerschen Fläche, die natürlich mit der oben gegebenen übereinstimmt.

Man beziehe nämlich die Linien des gegebenen linearen Komplexes eindeutig auf die Punkte des Raumes, indem man, vermöge der gegebenen linearen Gleichung und der zwischen den Linienkoordinaten bestehenden Identität zwei der sechs Linienkoordinaten, die sich auf zwei sich schneidende Kanten des Tetraeders beziehen, als Funktionen der vier übrigen auffaßt und diese letzten als Punktkoordinaten interpretiert[4]).

Man findet, daß dann allen Linien des Komplexes, welche durch einen Punkt hindurchgehen, die Punkte einer geraden Linie entsprechen, und daß diese gerade Linie einen festen Kegelschnitt schneidet, der für die Abbildung fundamental ist. Das Strahlensystem, welches dem linearen Komplexe mit einem Komplexe n-ten Grades gemein ist, bildet sich ab als Fläche $2n$-ten Grades, welche den Kegelschnitt n-fach enthält. Insbesondere ist das Bild einer geraden Linie, d. h. der dieselbe schnei-

---

[4]) Dieses Abbildungsverfahren ist bereits gelegentlich von Herrn Nöther angegeben worden: Zur Theorie der algebraischen Funktionen mehrerer komplexer Veränderlichen. Gött. Nachrichten 1869.

denden Komplexlinien, eine Fläche zweiten Grades, die durch den Kegel-schnitt geht.

Wir wollen fortan für den fundamentalen Kegelschnitt den unendlich weit entfernten imaginären Kreis wählen, so daß also das Bild einer ge-raden Linie eine Kugel wird.

Sei jetzt eine beliebige Fläche gegeben und auf derselben eine Krüm-mungskurve. Die Fläche ist das Bild eines dem linearen Komplexe ange-hörigen Strahlensystems, die Kurve das Bild einer in demselben enthaltenen geradlinigen Fläche. Wir behaupten, *daß diese geradlinige Fläche die Brenn-fläche des Strahlensystems nach einer Haupttangentenkurve berührt.*

Zum Beweise bemerken wir zunächst, daß, rückwärts, das Bild dieser Brennfläche dasjenige Strahlensystem ist, dessen Linien gleichzeitig die ge-gebene Fläche berühren und den unendlich weit entfernten imaginären Kreis schneiden. Einer jeden geraden Linie, welche die Brennfläche be-rührt, entspricht hiernach eine die gegebene Fläche berührende Kugel. Insbesondere entspricht einer Haupttangente eine stationär berührende Kugel.

Eine der beiden in einem beliebigen Punkte der Krümmungskurve stationär berührenden Kugeln enthält aber drei konsekutive Punkte der Krümmungskurve. Also schneidet eine der beiden Haupttangenten der Brennfläche in einem Berührungspunkte mit der umgeschriebenen Linien-fläche drei konsekutive Erzeugende derselben, mit anderen Worten, ist eine Haupttangente auch der letzteren.

Man hat aber allgemein den Satz: Wenn zwei Flächen sich nach einer Kurve berühren und in jedem Punkte dieser Kurve ist ihnen eine Haupt-tangente gemeinsam, so ist die Kurve eine Haupttangentenkurve.

Damit ist unsere Behauptung erwiesen.

Wenn man nun insbesondere für die gegebene Fläche eine Fläche vierter Ordnung nimmt, die den unendlich weit entfernten imaginären Kreis doppelt enthält, — eine solche ist das Bild eines dem linearen Komplexe angehörigen Strahlensystems zweiter Ordnung und Klasse, — so erhält man auf diesem Wege die Haupttangentenkurven der Kummerschen Fläche, welche die Brennfläche eines solchen Strahlensystems ist.

Die in der letzten Nummer enthaltenen Betrachtungen sind es ge-wesen, durch die der eine von uns (Lie)[5]) zuerst zu der Bemerkung ge-führt wurde, daß die Haupttangentenkurven der Kummerschen Fläche

---

[5]) Vgl. Lie: Über eine Klasse geometrischer Transformationen, Berichte der Akademie zu Christiania, 1870, oder auch: Sur une transformation géométrique, in den Comptes rendus de l'Académie des Sciences von demselben Jahre (Bd. 71, 31. Oktober 1870).

algebraische Kurven der 16. Ordnung sind; hierauf fand der andere (Klein) die Beziehung dieser Kurven zu den Komplexen zweiten Grades, die zu der Kummerschen Fläche gehören, und bestimmte, wie im vorstehenden auseinandergesetzt ist, ihre Singularitäten[6]).

[6]) [Vorstehende Abhandlung geht, wie schon im Text angedeutet, auf das Zusammenarbeiten von Lie und mir in unserer Pariser Zeit zurück und bildet sozusagen dessen Höhepunkt. Ich war — Anfang Juli 1870 — eines Morgens früh aufgestanden und wollte gerade ausgehen, als mich Lie, der noch im Bette lag, in sein Zimmer rief und mir den von ihm in der Nacht gefundenen Zusammenhang der Haupttangentenkurven einer Fläche mit den Krümmungskurven einer anderen Fläche in einer Weise auseinandersetzte, daß ich kein Wort verstand. (Es handelte sich um die Linienkugeltransformation, aber statt mit Kugeln operierte er halbanschaulich mit geradlinigen Hyperboloiden, die durch einen festen rellen Kegelschnitt gingen.) Jedenfalls versicherte er mir, daß danach die Haupttangentenkurven der Kummerschen Fläche algebraische Kurven 16. Ordnung sein müßten. Am Vormittage kam mir dann, während ich das Conservatoire des Arts et Métiers besichtigte, der Gedanke, daß es sich um eben jene Kurven 16. Ordnung handeln müßte, welche schon in der Abhandlung II (siehe S. 74) in meiner „Theorie der Linienkomplexe ersten und zweiten Grades" aufgetreten waren, und es gelang mir rasch, die im Texte unter 1 bis 5 gegebenen, von der Lieschen Transformation unabhängigen geometrischen Betrachtungen durchzuführen. Als ich am Nachmittage um 4 Uhr nach Hause zurückkam, war Lie ausgegangen, und ich hinterließ ihm eine Zusammenstellung meiner Resultate in einem Briefe. — Die Figur der Nr. 6 des Textes fand ich Ende Juli oder Anfang August 1870 während meines Aufenthaltes in Düsseldorf.

Die Haupttangentenkurven der Kummerschen Fläche sind ja seitdem vielfach weiter untersucht worden. Zunächst von Lie und mir in unseren Abhandlungen in Bd. 5 der Math. Ann. (1871); siehe die nachstehenden Abhandlungen. Während Lie daselbst seine Linienkugeltransformation eingehend entwickelte, habe ich den in Betracht kommenden Integrationsprozeß von verschiedenen anderen Seiten beleuchtet. — Ich verweise auf diese Arbeiten um so lieber, als die vorstehend in Nr. 2 und 7 des Textes entwickelten Beweise des Hauptsatzes, trotzdem sie materiell richtig sind, vielleicht in formaler Hinsicht unbefriedigend erscheinen können. — Es folgen die Entwicklungen von Herrn Rohn in seiner Dissertation (München, 1878) und in seinen Abhandlungen in Bd. 15, 18 der Math. Ann. (1879 bez. 1881). Hier tritt die Bedeutung der Haupttangentenkurven der Kummerschen Fläche für deren Darstellung durch hyperelliptische Funktionen zum erstenmal klar hervor, und wird ihr reeller Verlauf für die Fälle, wo die in Nr. 6 des Textes gegebene Figur eines von zwei Kegelschnittstücken umgrenzten Segmentes nicht stimmt, angegeben. Weiteres vergleiche man im Artikel III C 8 der Enzyklopädie der Math. Wiss. von K. Zindler über algebraische Liniengeometrie. K.]

VII. Über einen Satz aus der Theorie der Linienkomplexe, welcher dem Dupinschen Theorem analog ist.

Vorgelegt von A. Clebsch.

[Nachrichten von der Kgl. Gesellschaft der Wissenschaften zu Göttingen, 1871, Nr. 3 (8. März 1871), vorgelegt in der Sitzung vom 4. März 1871[1]).]

Bei der Bestimmung der Haupttangentenkurven der Kummerschen Fläche[2]) hat sich gezeigt, daß diese Kurven in einem unmittelbaren Zusammenhange mit den Komplexen zweiten Grades stehen, deren Singularitätenfläche die Kummersche Fläche ist. Im folgenden will ich nun ein allgemeines Theorem aufstellen, betreffend eine Beziehung zwischen *Linienkomplexen* und *Haupttangentenkurven*, unter welches sich die Bestimmung der Haupttangentenkurven der Kummerschen Fläche subsumiert.

Seien zunächst zwei Komplexe und eine ihnen gemeinsame Gerade gegeben. In einer beliebig durch die letztere hindurchgelegten Ebene befinden sich zwei bez. den beiden Komplexen angehörige Komplexkurven und diese berühren die gegebene Gerade je in einem Punkte. Man betrachte den einen Berührungspunkt als dem anderen entsprechend. Läßt man sich die angenommene Ebene um die gerade Linie drehen, so erhält man daraus ein lineares Entsprechen zwischen zwei auf der Geraden befindlichen Punktreihen. Die beiden Komplexe sollen nun *mit Bezug auf die gegebene gerade Linie in Involution* heißen, wenn die Beziehung zwischen diesen Punktreihen die involutorische ist.

Analytisch drückt sich dies, wie ich hier ohne Beweis angebe, folgendermaßen aus[3]). Die Linienkoordinaten $x_1, \ldots, x_6$ mögen so gewählt

---

[1]) [Das Prinzip ist, in die vorliegende Ausgabe von den vorläufigen Mitteilungen, die in den Göttinger Nachrichten oder anderen Akademieberichten erschienen sind, nur aufzunehmen, was nicht in spätere umfassende Abhandlungen eingearbeitet ist. Bei VII wird wie in einigen analogen Fällen eine Ausnahme gemacht, weil die Methode der Darstellung eine andere ist, als bei der endgültigen Darstellung in VIII. K.]

[2]) Vgl. die Arbeit von Herrn Lie und mir: „Über die Haupttangentenkurven der Kummerschen Fläche", Monatsberichte der Berliner Akademie, Dezember 1870; sowie eine Notiz von mir in diesen Nachrichten, 1871. Nr. 1. [Vgl. Abh. II, VI dieser Ausgabe.]

[3]) Hier und im folgenden verweise ich auf die beiden Arbeiten: „Zur Theorie der Linienkomplexe ersten und zweiten Grades" und „Die allgemeine lineare Transformation der Linienkoordinaten", Math. Ann., Bd. 2. [Siehe Abh. II, III dieser Ausgabe.]

sein, daß die Summe ihrer Quadrate identisch verschwindet. Die beiden gegebenen Komplexe seien $A = 0$, $B = 0$; sie liegen mit Bezug auf eine gemeinsame gerade Linie in Involution, wenn für diese Linie $\sum \dfrac{\partial A}{\partial x_\alpha} \cdot \dfrac{\partial B}{\partial x_\alpha}$ verschwindet.

Diese Definition vorausgesetzt, ist nun der Satz, um den es sich hier handelt, der folgende:

Wenn vier Komplexe mit Bezug auf eine gemeinsame gerade Linie (p) paarweise in Involution liegen, wenn ferner je drei derselben mit Bezug auf die ihnen gemeinsame, nächstfolgende gerade Linie ebenfalls paarweise in Involution sind, so berührt die dreien der Komplexe gemeinsame Linienfläche die Brennfläche desjenigen Strahlensystems, das zweien dieser drei Komplexe angehört, in der Nähe von (p) nach der Richtung einer Haupttangentenkurve.

Der hiermit ausgesprochene Satz hat seiner Form nach eine gewisse Ähnlichkeit mit dem Dupinschen Theorem über Krümmungskurven, wenn man das letztere so ausspricht, wie dies beispielsweise in Salmons Raumgeometrie (II, S. 51 der Übersetzung von Fiedler) geschieht. Diese Ähnlichkeit entspricht dem Wesen der Sache; ich werde hier einen solchen Beweis für den aufgestellten Satz geben, der dem in Salmons Raumgeometrie mitgeteilten Beweise des Dupinschen Theorems genau nachgebildet ist, und aus dem sich ergibt, daß der Satz eine Erweiterung des Dupinschen Theorems von drei Variabeln auf vier ist.

Überhaupt ist, wie an einem anderen Orte ausführlicher dargelegt werden soll, *die Liniengeometrie äquivalent mit der metrischen Geometrie für vier Variabeln.* Diese Behauptung findet ihren einfachsten Ausdruck in der sogleich zu gebrauchenden Koordinatenbestimmung, vermöge derer die bilineare Invariante zweier gerader Linien sich darstellt wie die Entfernung zweier Punkte und die Bedingung für die involutorische Lage zweier Komplexe wie die Bedingung für die Orthogonalität zweier Flächen. Zu dieser Beziehung zwischen metrischer Geometrie und Liniengeometrie, insbesondere auch zu der Aufstellung des hier in Rede stehenden Theorems, bin ich durch weiteren Verfolg eines Gedankenganges gekommen, der Herrn Lie angehört. Herr Lie hat nämlich, wie dies beiläufig auch in der vorstehend zitierten Arbeit: „Über die Haupttangentenkurven usw." [vgl. die vorstehende Abhandlung VI] auseinandergesetzt ist, gefunden, daß zwischen der Geometrie eines linearen Komplexes und der metrischen Geometrie bei drei Variabeln ein vollständiger Parallelismus statthat, der darauf zurückkommt, daß man die Linien eines linearen Komplexes in der Art eindeutig auf die Punkte des Raumes beziehen kann, daß dabei der unendlich weit entfernte imaginäre Kreis als fundamentales Gebilde auftritt[4]). Dabei entsprechen sich, wie Herr Lie fand, die Krümmungskurven im metrischen Raume und die Haupttangentenkurven im Raume des linearen Komplexes in einer gewissen Weise.

Man kann sich nun die Frage vorlegen: Was bedeutet für den linearen Komplex das auf den metrischen Raum bezügliche Dupinsche Theorem? Die Antwort auf diese Frage ist eben der hier aufgestellte Satz, nur nicht in seiner allgemeinsten Form, sondern mit der Beschränkung, daß einer der vier Komplexe, von denen in demselben die Rede ist, ein linearer ist. Es ist nicht schwer, von dieser besonderen Annahme zu dem allgemeinen Satze überzugehen; der Wunsch, einen unmittelbaren Beweis zu haben, führte mich zu der Aufstellung des im nachstehenden benutzten Koordinatensystems und dieses zu der oben hervorgehobenen Analogie zwischen Liniengeometrie und metrischer Geometrie bei vier Variabeln.

Ich wende mich jetzt zu dem Beweise des aufgestellten Theorems.

Die vier gegebenen Komplexe mögen heißen:

$$(1) \qquad \varphi_1 = 0, \quad \varphi_2 = 0, \quad \varphi_3 = 0, \quad \varphi_4 = 0,$$

die ihnen gemeinsame gerade Linie, in bezug auf welche sie paarweise in Involution liegen, sei p; ihre (Komplex-)Gleichung sei $p = 0$. Aus der einfach unendlichen Schar der linearen Tangentialkomplexe von $\varphi_1, \varphi_2, \varphi_3, \varphi_4$ mit Bezug auf p wähle man je einen aus; dieselben heißen $x_1 = 0$, $x_2 = 0$, $x_3 = 0$, $x_4 = 0$. Endlich möge $q = 0$ diejenige gerade Linie sein, welche den vier linearen Komplexen noch außer p gemeinsam ist. Die sechs linearen Ausdrücke x_1, x_2, x_3, x_4, p, q lege ich im folgenden als Linienkoordinaten zugrunde. Wegen der zwischen den betreffenden linearen Komplexen bestehenden Beziehungen schreibt sich die für diese Linienkoordinaten geltende Identität bei passender Wahl von Multiplikatoren unter der folgenden Form:

$$(2) \qquad 0 = x_1^2 + x_2^2 + x_3^2 + x_4^2 + 2pq.$$

Fortan werde ich $q = +1$ setzen, dann ist:

$$(3) \qquad -2p = x_1^2 + x_2^2 + x_3^2 + x_4^2,$$

p drückt sich mithin rational und ganz durch die x aus. Es ist also gestattet, *in allen Gleichungen, welche vorkommen, p durch die x zu ersetzen und die x als die einzigen und dann unabhängigen Veränderlichen zu betrachten.*

Seien unter dieser Voraussetzung $A = 0$, $B = 0$ die Gleichungen

---

[4]) Herr Lie hat diese Beziehungen ausführlicher in einer demnächst in den Berichten der Akademie zu Christiania erscheinenden Abhandlung auseinandergesetzt (1871). [Vgl. die große Abhandlung von Lie in den Math. Ann., Bd. 5.]

zweier Komplexe, so ist die Bedingung dafür, daß dieselben mit Bezug auf eine gemeinsame Linie in Involution liegen,

$$(4) \qquad \frac{\partial A}{\partial x_1} \cdot \frac{\partial B}{\partial x_1} + \frac{\partial A}{\partial x_2} \cdot \frac{\partial B}{\partial x_2} + \frac{\partial A}{\partial x_3} \cdot \frac{\partial B}{\partial x_3} + \frac{\partial A}{\partial x_4} \cdot \frac{\partial B}{\partial x_4} = 0,$$

was der Bedingung für die Orthogonalität zweier Flächen im Raume von vier Dimensionen entspricht. Die Bedingung für die Involution ist nämlich ursprünglich:

$$\sum \frac{\partial A}{\partial x_\alpha} \cdot \frac{\partial B}{\partial x_\alpha} + \frac{\partial A}{\partial p} \cdot \frac{\partial B}{\partial q} + \frac{\partial A}{\partial q} \cdot \frac{\partial B}{\partial p} = 0,$$

da aber A und B nach Voraussetzung kein p mehr enthalten, so fallen die Glieder mit $\dfrac{\partial A}{\partial p}, \dfrac{\partial B}{\partial p}$ fort, und man erhält die vorstehende Bedingung (4)[5].

Die Gleichungen der vier gegebenen Komplexe (1) erhalten nun die folgende Form:

$$(5) \qquad 0 = \varphi_1 = 2x_1 + \Omega_1(x_1, x_2, x_3, x_4) + \cdots,$$

usw., wo Ω eine homogene Funktion zweiten Grades der x ist und die nicht hingeschriebenen Glieder aus homogenen Funktionen höheren Grades derselben Argumente bestehen.

Die Form von (5) sagt erst aus, daß die vier Komplexe mit Bezug auf die gemeinsame Gerade p paarweise in Involution liegen; sollen dieselben zu je drei auch mit Bezug auf die ihnen angehörige nächstfolgende Gerade paarweise in Involution sein, so partikularisiert das die Form der Ω. Man findet nämlich, daß die Ω dann nur die Quadrate der x enthalten dürfen, so daß also:

$$(6) \qquad \begin{cases} 0 = \varphi_1 = 2x_1 + (a_1 x_1^2 + a_2 x_2^2 + a_3 x_3^2 + a_4 x_4^2) + \cdots \\ 0 = \varphi_2 = 2x_2 + (b_1 x_1^2 + b_2 x_2^2 + b_3 x_3^2 + b_4 x_4^2) + \cdots \end{cases}$$

usf. die Gleichungen der vier gegebenen Komplexe werden.

Betrachten wir jetzt die Kongruenz, welche zweien der vier Komplexe, etwa φ_1 und φ_2, gemeinsam ist. Dieselbe besitzt eine Brennfläche und diese wird von p in zwei Punkten (den Doppelpunkten des auf p befindlichen, zu φ_1 und φ_2 gehörigen, involutorischen Punktsystems) berührt. Sei a einer dieser Berührungspunkte. Jetzt möge p in eine benachbarte Lage übergehen, doch in der Art, daß es nach wie vor den beiden Kom-

---

[5] Auf ähnliche Weise erhält man für das Moment zweier Geraden $(x_1, x_2, x_3, x_4, p, q)$ und $(y_1, y_2, y_3, y_4, p^1, q^1)$, welches ursprünglich (bis auf einen Faktor)

$$= (x_1 y_1 + x_2 y_2 + x_3 y_3 + x_4 y_4) + p q^1 + p^1 q$$

ist, durch Einsetzung der Werte für p und q:

$$= -\tfrac{1}{2}\left[(x_1 - y_1)^2 + (x_2 - y_2)^2 + (x_3 - y_3)^2 + (x_4 - y_4)^2\right].$$

plexen $\varphi_1 = 0$, $\varphi_2 = 0$ angehört. Dann ist p Doppeltangente der Brennfläche geblieben; der Berührungspunkt a ist in einen benachbarten Berührungspunkt übergegangen. Soll dieser Punkt in der Richtung einer der beiden in a die Brennfläche berührenden Haupttangenten liegen, so muß die Tangentialebene in ihm, auch wenn man auf Größen erster Ordnung Rücksicht nimmt, durch a hindurchgehen. Mit anderen Worten: *das Büschel der in a und das Büschel der in dem benachbarten Punkte die Fläche berührenden Tangenten müssen, auch wenn man auf Größen erster Ordnung Rücksicht nimmt, eine Gerade gemein haben.* Dies werde ich analytisch ausdrücken; in der Form der betreffenden Gleichung liegt dann unmittelbar der Beweis des aufgestellten Theorems.

Beiläufig sei bemerkt, daß sich aus den folgenden Resultaten ergibt, daß, wenn der Berührungspunkt a auf einer Haupttangente der Brennfläche fortrückt, dieses auch mit dem zweiten Berührungspunkte der Brennfläche mit der Linie p der Fall ist.

Die Linie p hat bei unserer Koordinatenwahl die Koordinaten:

$$\frac{x_1,\ x_2,\ x_3,\ x_4,\ p,\ q}{0,\ \ 0,\ \ 0,\ \ 0,\ \ 0,\ 1}\ .$$

Für eine benachbarte Linie ist wegen (3) $dp = 0$; sie hat also die Koordinaten:

$$dx_1,\ dx_2,\ dx_3,\ dx_4,\ 0,\ 1,$$

wo dx_1, dx_2, dx_3, dx_4 völlig unabhängig sind. Soll die benachbarte Linie, wie hier vorausgesetzt, den Komplexen φ_1, φ_2 angehören, so ist dx_1 und dx_2 gleich Null: Die genannte Bedingung also: daß die beiden Tangentenbüschel eine Gerade gemein haben, wird eine Gleichung zwischen dx_3 und dx_4. Der Beweis für das aufgestellte Theorem liegt nun darin, daß diese Gleichung die Form annimmt:

$$dx_3 \cdot dx_4 = 0,$$

wie jetzt gezeigt werden soll.

Zunächst, um auszudrücken, daß zwei Geradenbüschel eine Gerade gemein haben, wähle man zwei Gerade aus beiden Büscheln aus. Die Bedingung ist die, daß die aus beliebigen vier der Koordinaten der vier geraden Linien zusammengesetzten Determinanten verschwinden.

Von dem Büschel der in a die Brennfläche berührenden Tangenten kennt man aber eine gerade Linie; das ist p selbst, deren Koordinaten, wie schon angegeben, sind:

$$0,\ 0,\ 0,\ 0,\ 0,\ 1.$$

Ferner findet sich unter denselben jedesmal eine Direktrix der Kongruenz, welche irgend zweien auf p bezüglichen linearen Tangentialkomplexen von φ_1 und φ_2 gemeinsam ist. Nehmen wir für die beiden Tangentialkomplexe $x_1 = 0$ und $x_2 = 0$, so erhält die Direktrix die Koordinaten:

$$1,\ i,\ 0,\ 0,\ 0,\ 0.$$

In dem zweiten (benachbarten) Büschel enthalten ist zunächst die zu p benachbarte Linie mit den Koordinaten:

$$0,\ 0,\ dx_3,\ dx_4,\ 0,\ 1,$$

sodann wieder eine Direktrix jeder Kongruenz, die irgend zwei auf diese Linie bezüglichen linearen Tangentialkomplexen von φ_1 und φ_2 gemeinsam ist. Für solche zwei Komplexe findet man aus (6) unmittelbar die folgenden:

$$0 = x_1 + \ \cdot\ + a_3 dx_3 \cdot x_3 + a_4 dx_4 \cdot x_4,$$
$$0 = \ \cdot\ + x_2 + b_3 dx_3 \cdot x_3 + b_4 dx_4 \cdot x_4.$$

Eine Direktrix der diesen beiden Komplexen gemeinsamen Kongruenz hat zu Koordinaten:

$$1,\ i,\ (a_3 + ib_3) dx_3,\ (a_4 + ib_4) dx_4,\ 0,\ 0.$$

Die aus den Koordinaten der aufgezählten vier geraden Linien gebildeten viergliedrigen Determinanten sollen verschwinden. Vereinigt man dieselben in ein rechtwinkliges Schema, so kann man dasselbe auf die folgende Form reduzieren:

$$\begin{vmatrix} 0 & 0 & 0 & 0 & 0 & 1 \\ 1 & i & 0 & 0 & 0 & 0 \\ 0 & 0 & dx_3 & dx_4 & 0 & 0 \\ 0 & 0 & (a_3 + ib_3) dx_3 & (a_4 + ib_4) dx_4 & 0 & 0 \end{vmatrix}.$$

Damit die aus diesem Schema gebildeten Determinanten sämtlich verschwinden, muß offenbar sein:

$$dx_3 \cdot dx_4 = 0,$$

womit der Beweis unseres Theorems geführt ist.

Diese Gleichung sagt nämlich aus: damit der Berührungspunkt a und also auch der zweite Berührungspunkt von p mit der Brennfläche bei einer infinitesimalen Verschiebung von p auf einer Haupttangente der Brennfläche fortrücke, muß diese Verschiebung so geschehen, daß dx_3 oder dx_4 gleich Null ist, d. h. daß p in der benachbarten Lage nicht nur, wie selbstverständlich, den Komplexen $\varphi_1 = 0$, $\varphi_2 = 0$, sondern auch einem der beiden Komplexe $\varphi_3 = 0$ oder $\varphi_4 = 0$ angehöre. Mit anderen Worten: die Linienfläche, welche $\varphi_1 = 0$, $\varphi_2 = 0$ und $\varphi_3 = 0$ oder $\varphi_1 = 0$, $\varphi_2 = 0$ und $\varphi_4 = 0$ gemeinsam ist, berührt die Brennfläche der Kongruenz $\varphi_1 = 0$, $\varphi_2 = 0$ in der Nähe von p nach der Richtung einer Haupttangentenkurve, was das aufgestellte Theorem war.

Es mag jetzt ein System von unendlich vielen Komplexen gegeben sein, welches von einem Parameter λ abhängt, der bis zur vierten Potenz vorkommt:

$$\varphi + \lambda\,\varphi_1 + \lambda^2\,\varphi_2 + \lambda^3\,\varphi_3 + \lambda^4\,\varphi_4 = 0.$$

Eine beliebige gerade Linie gehört vieren der Komplexe des Systems an. Das System soll nun so beschaffen sein, daß diese vier Komplexe jedesmal mit Bezug auf die gemeinsame Gerade in Involution sind[6]). Dann gibt das aufgestellte Theorem durch Übergang vom Unendlich-Kleinen zum Endlichen den Satz:

Die Linienfläche, welche dreien der Komplexe des Systems gemeinsam ist, berührt die Brennfläche der zweien dieser drei Komplexe gemeinsamen Kongruenz nach einer Haupttangentenkurve.

Hiernach kennt man die Haupttangentenkurven auf den Brennflächen der Kongrenzen je zweier der Komplexe des Systems.

Aber auch die Haupttangentenkurven auf den je dreien der Komplexe gemeinsamen Linienflächen bestimmen sich ohne weiteres. Die Berührungskurven einer solchen Linienfläche mit den Brennflächen der zweien der drei Komplexe gemeinsamen Kongruenzen sind nämlich auch Haupttangentenkurven der Linienfläche, da überhaupt, wenn zwei Flächen sich nach einer Haupttangentenkurve berühren, diese Kurve für beide Haupttangentenkurve ist. Diese drei Haupttangentenkurven schneiden die Erzeugenden der Linienfläche in drei Punktepaaren. Da nun die Erzeugenden einer Linienfläche von den Haupttangentenkurven derselben projektivisch geteilt werden[7]), so ist die Bestimmung der übrigen Haupttangentenkurven der Fläche im vorliegenden Falle auf rein algebraische Operationen zurückgeführt. Zugleich ergibt sich, daß die drei Punktepaare, die auf jeder Erzeugenden festgelegt wurden, sechs festen Elementen projektivisch sein müssen. In der Tat findet man, daß jedes Paar zu jedem anderen harmonisch ist.

Die hiermit ausgesprochenen Sätze finden ihre Stelle insbesondere *bei den Komplexen zweiten Grades, die dieselbe Singularitätenfläche besitzen.* Das von ihnen gebildete System hat nämlich gerade die Eigenschaft: daß eine beliebige gerade Linie vieren der Komplexe angehört, und daß diese Komplexe mit Bezug auf die Gerade in Involution liegen. Für die Komplexe zweiten Grades, welche eine Kummersche Fläche zur Singularitäten-

---

[6]) Ein solches Komplexsystem entspricht bei vier Variabeln einem Orthogonalflächensysteme bei drei Variabeln. Die allgemeinen Eigenschaften der letzteren [cf. Darboux, Recherches sur les surfaces orthogonales. Ann. de l'Ecole Normale Supérieure, t. 2 (1865)] finden bei den Komplexsystemen ihre Analoga.

[7]) Dieser Satz ist, soviel ich weiß, zuerst von Herrn Paul Serret ausgesprochen worden.

fläche haben, kann man dies aus den Gött. Nachrichten 1871, Nr. 1 [siehe Abh. II dieser Ausgabe] mitgeteilten Formeln unmittelbar entnehmen. Der Nachweis für die allgemeine Gültigkeit dieses Satzes, den ich hier der Kürze wegen nicht ausführe, entspricht übrigens ganz dem Gange, den man einschlägt, um zu zeigen, daß konfokale Flächen zweiten Grades sich senkrecht schneiden.

Sei nun ein solches System von Komplexen zweiten Grades gegeben. Zwei demselben angehörige Komplexe bestimmen eine Kongruenz, deren Brennfläche im allgemeinen von der 16. Ordnung und Klasse ist. Auf diesen Brennflächen kennt man nach dem aufgestellten Theoreme die Haupttangentenkurven; es werden algebraische Kurven von der 32. Ordnung und Klasse. Dieselben sind die Berührungkurven mit den je dreien der Komplexe angehörigen Linienflächen, die im allgemeinen auch von der 16. Ordnung und Klasse sind. Auf diesen Linienflächen kann man nach dem Obigen ebenfalls durch algebraische Operationen die Haupttangenkurven bestimmen.

Durch passende Partikularisationen erhält man hieraus die Bestimmung der Haupttangentenkurven auf einer großen Zahl von besonderen Flächen. Hier sei nur eine solche Partikularisation erwähnt. Die beiden Komplexe des Systems, welche miteinander die Kongruenz und durch diese die Brennfläche bestimmen, mögen unendlich wenig voneinander verschieden sein. Dann wird die Kongruenz die Kongruenz der singulären Linien desjenigen Komplexes, in welchen die beiden zusammengefallen sind. Ihre Brennfläche zerfällt in die allen Komplexen gemeinsame Singularitätenfläche, die von der vierten Ordnung und Klasse ist, und eine weitere Fläche von der 12. Ordnung und Klasse. Auf beiden erhält man die Haupttangentenkurven. Nun ist für die allgemeinen Komplexe zweiten Grades die Singularitätenfläche eine Kummersche Fläche vierten Grades mit 16 Knotenpunkten. Man erhält also eine Bestimmung der Haupttangentenkurven dieser Fläche und zwar eine solche, die sich unmittelbar in diejenige überführen läßt, welche Herr Lie und ich in der im Eingange zitierten Arbeit auseinandergesetzt haben.

VIII. Über Liniengeometrie und metrische Geometrie.

[Math. Annalen, Bd. 5 (1872).]

In der vorstehenden Abhandlung[1]) hat Herr Lie unter anderem eine fundamentale Analogie entwickelt, welche zwischen der Geometrie des linearen Komplexes und der gewöhnlichen metrischen Geometrie besteht. Diese Analogie kommt darauf zurück, daß man den linearen Komplex eindeutig auf den Punktraum abbilden kann[2]), wobei im linearen Komplexe eine einzelne Linie, im Punktraume ein Kegelschnitt als Fundamentalgebilde auftritt. Denn die metrische Geometrie ist ja nichts anderes, als die Untersuchung der projektivischen Eigenschaften der räumlichen Gebilde unter Zugrundelegung eines ein für allemal gegebenen Kegelschnittes, des unendlich fernen imaginären Kreises. Die Geometrie des linearen Komplexes ist durch die fragliche Abbildung also mit der metrischen Geometrie in Verbindung gesetzt, jedoch so, daß im linearen Komplexe noch eine Linie willkürlich ausgezeichnet ist. — Der hierdurch aufgedeckte Zusammenhang zwischen zwei auf den ersten Blick sehr heterogenen Gebieten der Geometrie muß nach beiden Seiten hin von großer Fruchtbarkeit sein. Es mag hier genügen, in diesem Betracht auf den reichen Inhalt der vorstehenden Abhandlung zu verweisen, insbesondere auf die

---

[1]) [Gemeint ist die im Bd. 5 der Math. Ann. unmittelbar vorher abgedruckte große Abhandlung von Lie: „Über Komplexe, insbesondere Linien- und Kugelkomplexe, mit Anwendung auf die Theorie partieller Differentialgleichungen". Es wäre gewiß erwünscht, die engen Beziehungen, die zwischen den Abhandlungen VIII und IX und dieser Abhandlung von Lie bestehen, genauer klarzulegen, zumal auch letztere auf zahlreiche zugehörige Bemerkungen meinerseits Bezug nimmt. Aber es scheint unmöglich, dies in Form eines kurzen zusammenfassenden Kommentars zu tun. So muß es bei gelegentlichen Verweisen sein Bewenden haben. Hoffen wir, daß die Fülle der geometrischen Ideen, welche in den jetzt schwer zugänglichen Lieschen Abhandlungen in ihrer ursprünglichen Form enthalten ist, doch noch einmal in der seit langem vorbereiteten, durch die Ungunst der Verhältnisse bislang zurückgestellten Ausgabe der Lieschen Werke zum Gesamtgut der Mathematiker wird! K.]

[2]) Auf diese Abbildung ist zuerst durch Herrn Nöther aufmerksam gemacht worden: Zur Theorie algebraischer Funktionen. Gött. Nachrichten. 1869.

dort gegebene Beziehung zwischen dem Probleme der Haupttangentenkurven und der Krümmungskurven.

Anknüpfend an diese Untersuchungen von Herrn Lie, über die ich durch wiederholte ausführliche Mitteilungen desselben unterrichtet war, fand ich, daß in ganz gleicher Weise, wie die Geometrie des linearen Komplexes mit der metrischen Geometrie des gewöhnlichen Raumes zusammenhängt, *ein Zusammenhang besteht zwischen dem Gesamtinhalte der Liniengeometrie und der metrischen Geometrie des Raumes von vier Dimensionen*[3]). In diesem Betracht stellte ich insbesondere ein liniengeometrisches Theorem auf[4]), welches dem Dupinschen Theorem der gewöhnlichen metrischen Geometrie nachgebildet war. Hieran habe ich weitere Überlegungen geknüpft, die darauf abzielen: einmal den gesamten Inhalt der metrischen Geometrie auf Liniengeometrie zu übertragen; andererseits die algebraischen Methoden, deren man sich in der Liniengeometrie mit Erfolg bedient, zur Behandlung metrischer Probleme zu verwerten. Diese Betrachtungen — die übrigens mit den von Herrn Lie vorgetragenen in engster Beziehung stehen und aus ihnen erwachsen sind — sollen im folgenden, wenn auch nur in allgemeinen Zügen, dargelegt werden. Hoffentlich genügt die hier gegebene Auseinandersetzung, um deutlich zu zeigen: daß auf dem hier eingeschlagenen Wege eine Weiterentwickelung der beiden in Betracht kommenden Disziplinen: der *Liniengeometrie* und der *metrischen Geometrie* gegeben ist.

In der Liniengeometrie pflegt man, wie bekannt, die Gerade durch sechs homogene Koordinaten p_{ik} zu definieren, welche an eine Bedingungsgleichung zweiten Grades:

$$P \equiv p_{12}p_{34} + p_{13}p_{42} + p_{14}p_{23} = 0$$

geknüpft sind. Betrachtet man einen Augenblick die p_{ik} als unabhängige Veränderliche, so konstituieren sie eine Mannigfaltigkeit, oder, wie man häufig sagt, einen Raum von fünf Dimensionen. Derselbe soll mit R_5 bezeichnet werden (überhaupt ein Raum von n Dimensionen mit R_n). Aus diesem Raume wird die von den Geraden gebildete Mannigfaltigkeit von vier Dimensionen durch die vorstehende quadratische Gleichung ausgeschieden, in ähnlicher Weise, wie aus der Gesamtheit der Punkte des gewöhnlichen Raumes (R_3) durch eine quadratische Gleichung eine Fläche

---

[3]) Unter der metrischen Geometrie eines solchen Raumes ist wiederum die Untersuchung der projektivischen Eigenschaften seiner Gebilde unter Zugrundelegung eines ausgezeichneten Gebildes zu verstehen, welches dem Kegelschnitte der gewöhnlichen Geometrie entspricht. Bestimmt man, wie gewöhnlich bei metrischen Untersuchungen, das Raumelement (den Punkt) durch rechtwinklige Koordinaten, hier also durch vier Koordinaten x, y, z, t, so besteht das fragliche Gebilde aus denjenigen unendlich fernen Elementen, für die $x^2 + y^2 + z^2 + t^2 = 0$.

[4]) Göttinger Nachrichten. 1871. Nr. 3. [Vgl. Abh. VII dieser Ausgabe.]

zweiten Grades ausgeschieden wird. Man wird so dazu geführt, *die Linien-geometrie in ähnlicher Weise analytisch zu behandeln, wie die Geometrie auf einer Fläche zweiten Grades.* Die hiermit angedeutete Auffassung soll in § 1 noch näher erörtert und begründet werden; sie liegt übrigens meinen sämtlichen bisherigen Arbeiten über Liniengeometrie zugrunde.

Es mag hier gleich eine Bezeichnung eingeführt werden, die im folgenden nötig wird. Den Raum von n Dimensionen bezeichneten wir bereits als R_n. Ein Gebilde nun, welches aus ihm durch μ Gleichungen ausgeschieden wird, welches also noch immer eine Mannigfaltigkeit von $n - \mu$ Dimensionen vorstellt, soll als $M_{n-\mu}$ bezeichnet sein. Dabei mögen rechts oben zugesetzte Indizes den Grad der μ Gleichungen angeben, durch welche die $M_{n-\mu}$ bestimmt wird. — Die Gesamtheit der geraden Linien bildet bei dieser Bezeichnung eine $M_4^{(2)}$, die im Raume R_5 gelegen ist. In ähnlicher Weise bilden die Linien eines linearen Komplexes eine $M_3^{(2)}$ des R_4, die Linien einer linearen Kongruenz eine $M_2^{(2)}$ des R_3, endlich die Linien einer Regelschar eine $M_1^{(2)}$ des R_2. [Während diese Gebilde, im R_5 betrachtet, die Bezeichnungen $M_3^{(1,\,2)}$, $M_2^{(1,1,2)}$, $M_1^{(1,1,1,2)}$ erhalten mußten.] Diese Bezeichnungsweise ist etwas abstrakt; sie ist aber im folgenden nicht gut zu umgehen.

Der Zusammenhang zwischen Liniengeometrie und metrischer Geometrie bei vier Variabeln kommt nun auf eine eindeutige Abbildung der in R_5 gelegenen $M_4^{(2)}$ auf den R_4 hinaus. — Es ist bekannt, wie man eine im R_3 gelegene $M_2^{(2)}$, also etwa eine im gewöhnlichen Raume gelegene Fläche zweiten Grades, eindeutig auf den R_2, etwa die Ebene, abbilden kann. Dies geschieht, geometrisch ausgedrückt, durch das Verfahren der stereographischen Projektion. Dabei treten in der Ebene zwei Fundamental-punkte auf, die Bilder der durch den Projektionspunkt gehenden beiden Erzeugenden. Auf der Fläche zweiten Grades findet sich ein Fundamental-punkt, der Projektionspunkt. Nun benutzt aber die metrische Geometrie in der Ebene als Fundamentalgebilde ein Punktepaar, die beiden unend-lich fernen imaginären Kreispunkte. Man wird deshalb sagen können: die Geometrie auf einer Fläche zweiten Grades und die metrische Geometrie in der Ebene entsprechen einander, sowie man auf der Fläche einen (will-kürlichen) Punkt auszeichnet. — Bei der in Rede stehenden Abbildung einer $M_{n-1}^{(2)}$ des R_n auf den R_{n-1} findet nun etwas ganz Ähnliches statt. Ein Element der $M_{n-1}^{(2)}$ (welches dem Projektionspunkte entspricht) wird ausgezeichnet. Dafür tritt im R_{n-1} ein Fundamentalgebilde auf, wie es auch die metrische Geometrie des R_{n-1} benutzt, nämlich eine $M_{n-3}^{(1,\,2)}$. Allgemein kann man also sagen:

Die metrische Geometrie des R_{n-1} kann als stereographische Projektion der Geometrie auf einer im R_n gelegenen $M_{n-1}^{(2)}$ aufgefaßt werden[5]).

Mit diesem Satze, der in § 2 vollständig begründet werden soll, ist der Zusammenhang der Liniengeometrie mit der metrischen Geometrie des R_4 vollständig gegeben. Ebenso natürlich der Zusammenhang zwischen der Geometrie des linearen Komplexes und der metrischen Geometrie des R_3. Man könnte endlich in dem nämlichen Sinne die Geometrie der linearen Kongruenz mit der metrischen Geometrie des R_2, die Geometrie der Regelschar mit der metrischen Geometrie des R_1 in Verbindung setzen. Andererseits begründet der Satz diejenige Behandlung der metrischen Geometrie des R_{n-1}, welche vorher bereits angedeutet wurde. Dieselbe soll ebenfalls in § 2 etwas weiter ausgeführt werden. Man wird bei ihr in erster Linie dazu geführt, zwischen solchen metrischen Eigenschaften des R_{n-1} zu unterscheiden, welche, auf die $M_{n-1}^{(2)}$ des R_n übertragen, eine besondere Beziehung zu dem bei der Abbildung benutzten Projektionspunkte implizieren, und solche, welche dies nicht tun. Letztere ergeben, wenn $n = 5$, allgemeine liniengeometrische Sätze; erstere solche, bei denen eine willkürliche Gerade fundamental auftritt.

Um wenigstens an einem Beispiele die Fruchtbarkeit dieser Übertragungen zu zeigen, suche ich in § 3 das liniengeometrische Analogon der *Orthogonalsysteme* der metrischen Geometrie. Es sind dies Systeme von Linienkomplexen, welche ich als *Involutionssysteme* bezeichne. Ein Involutionssystem ist ein einfach unendliches System von Komplexen, welche von einem Parameter im vierten Grade abhängen, so daß durch jede Gerade des Raumes vier Komplexe des Systems hindurchgehen. Diese vier Komplexe — und das konstituiert eben den Charakter der in Rede stehenden Systeme — liegen paarweise mit Bezug auf die gemeinsame Gerade in Involution[6]). Die involutorische Lage zweier Komplexe entspricht dabei auf seiten der Liniengeometrie der Orthogonalität zweier

---

[5]) Die metrische Geometrie der Ebene als stereographische Projektion der Geometrie auf einer Fläche zweiten Grades (insbesondere einer Kugel) anzusehen, ist ein Mittel, welches namentlich von Chasles gebraucht worden ist. Die im Texte angedeutete allgemeine Auffassung wird gelegentlich von Herrn Darboux in der Theorie der Orthogonalflächensysteme benutzt (Comptes Rendus t. 69. 1869, 2. Sur une nouvelle série de systèmes orthogonaux algébriques). Wie mir Herr Darboux auf eine Anfrage meinerseits mitteilte, ist sie ein allgemeines Prinzip gewesen, welches ihn bei der Aufstellung seiner Theoreme über metrische Geometrie geleitet hat.

[6]) Als *involutorische Lage* zweier Komplexe mit Bezug auf eine gemeinsame Gerade bezeichne ich die folgende Beziehung. In jeder durch die Gerade hindurchgelegten Ebene befindet sich, jedem Komplexe entsprechend, eine Komplex-Kurve welche die gegebene Gerade berührt. Die beiden Berührungspunkte mögen als einander zugeordnet angesehen werden. Dreht sich nun die Ebene, so beschreiben die beiden Punkte kollineare Punktreihen. Die Komplexe heißen nun involutorisch gelegen, wenn die Beziehung der beiden Punktreihen die involutorische ist.

Flächen in der metrischen Geometrie. — Für Involutionssysteme von Komplexen gilt dann ein Theorem, welches dem Dupinschen Theoreme der gewöhnlichen metrischen Geometrie analog ist. Dasselbe ist, wie ich in § 4 des weiteren auseinandersetze, insofern höchst fruchtbar, als es, sowie ein Involutionssystem gegeben ist, auf einer großen Zahl von Flächen die Haupttangenten-Kurven kennen lehrt. Insbesondere ist hier eingeschlossen die Bestimmung der Haupttangenten-Kurve der Kummerschen Fläche vierter Ordnung mit sechzehn Knotenpunkten, wie sie sich aus den Untersuchungen von Herrn Lie und mir ergeben hat[7]).

Ich will noch ausdrücklich auf einen Unterschied aufmerksam machen, der zwischen den hier vorgetragenen Dingen und einigen Kapiteln der voraufgehenden Lieschen Arbeit besteht und dabei zugleich auseinandersetzen, wie, anknüpfend an diesen Unterschied, Herr· Lie eine neue in der metrischen Geometrie anzuwendende Transformation entwickelt hat[8]). Vermöge der erwähnten Abbildung des linearen Komplexes in den gewöhnlichen Punktraum setzt Herr Lie die Liniengeometrie in Verbindung mit der Geometrie, deren Element die *Kugel* des *gewöhnlichen* Raumes ist. Hier dagegen wird die Liniengeometrie auf die *Punkt*geometrie des Raumes *von vier Dimensionen* bezogen. Während die letztere Beziehung eineindeutig ist, ist es die erstere nicht, jeder Linie entspricht allerdings nur eine Kugel, dagegen jeder Kugel ein Linienpaar. Da beide Abbildungen der Liniengeometrie metrisch interessante Dinge ergeben, so wird man, zur Behandlung metrischer Probleme, indem man die Betrachtung der Liniengeometrie als unwesentlich beiseite läßt, die folgende Methode aufstellen können: Man bezieht den Punkt des Raumes von n Dimensionen auf die Kugel des Raumes von $n-1$ Dimensionen, in der Art, daß jedem Punkte eine Kugel, jeder Kugel dagegen ein Punktepaar entspricht. Dies geschieht einfach, indem man die n Koordinaten des Punktes im R_n bez. die $n-1$ Mittelpunktskoordinaten und den Radius einer Kugel im R_{n-1} bedeuten läßt. Dies ist die von Lie aufgestellte Methode, welche die metrische Geometrie des R_n und des R_{n-1} in Verbindung setzt. Nicht zu verwechseln mit ihr ist ein von Herrn Darboux aufgestellter Prozeß[9]), der ebenfalls die metrische Geometrie des R_n mit der des R_{n-1} verknüpft. Derselbe kommt im wesentlichen darauf zurück: die metrische Geometrie des R_n durch sphärische Abbildung auf eine Kugel des R_n und dann von dieser durch stereographische Projektion auf den R_{n-1} zu übertragen.

---

[7]) Vgl. eine gemeinsame Mitteilung in den Monatsberichten der Berliner Akademie. Dezember 1870 [siehe Abh. VI dieser Ausgabe], sowie die in der vorstehenden Abhandlung [von S. Lie] enthaltenen bez. Auseinandersetzungen.

[8]) Göttinger Nachrichten. 1871. Nr. 7.

[9]) Vgl. die bereits zitierte Note: Sur une nouvelle série de systèmes orthogonaux algébriques. Comptes Rendus. 69. 1869.

§ 1.

Die Liniengeometrie ist wie die Geometrie auf einer $M_4^{(2)}$ des R_5.

Diese Aussage findet in dem folgenden Verhalten der Linienkoordinaten p_{ik} ihre eigentliche Begründung. Für die Koordinaten p_{ik} hat man:

$$P \equiv p_{12} p_{34} + p_{13} p_{42} + p_{14} p_{23} = 0.$$

Damit sich nun zwei Gerade, p und p', schneiden, muß sein:

$$\sum \frac{\partial P}{\partial p_{ik}} \cdot p'_{ik} = 0.$$

Infolgedessen kann man den folgenden Satz aufstellen, den ich bereits gelegentlich mitteilte [10]):

Setzt man statt der Linienkoordinaten p_{ik} beliebige lineare Funktionen derselben, die nur der einen Bedingung genügen sollen, die Mannigfaltigkeit $M_4^{(2)}$:

$$P = 0$$

in sich überzuführen, so hat man eine kollineare oder eine dualistische (reziproke) Umformung des Linienraumes. Andererseits erhält man auf diesem Weg alle solchen kollinearen und reziproken Umformungen.

Was den ersten Teil dieses Satzes betrifft, so werden offenbar durch die in Rede stehenden Transformationen alle Geraden wieder in Gerade, sich schneidende Gerade in sich schneidende Geraden übergeführt. Der Gesamtheit der zweifach unendlich vielen Geraden, die durch einen Punkt gehen (sich also schneiden), entsprechen wiederum zweifach unendlich viele Gerade, die sich schneiden. Dabei bleibt die doppelte Möglichkeit: daß dieselben entweder wieder durch einen Punkt gehen oder daß sie die Gesamtheit der in einer Ebene verlaufenden Geraden vorstellen [11]). Im ersten Falle hat man eine räumliche Transformation vor sich, welche jede Gerade in eine Gerade, jeden Punkt in einen Punkt überführt, und das ist ersichtlich eine kollineare Umformung. Im zweiten Fall dagegen hat man eine räumliche Transformation, welche jede Gerade in eine Gerade, jeden Punkt in eine Ebene überführt. Es ist also eine dualistische Umformung.

Aber auch umgekehrt wird jede kollineare und jede dualistische Umformung sich in Linienkoordinaten in der vorgenannten Weise darstellen.

---

[10]) Math. Ann., Bd. 2 (1870) (Geometrisches über Resolventen...) [Siehe Bd. 2 dieser Ausgabe. Dieser Satz ist bereits in meiner Dissertation (Abh. I dieser Ausgabe) auf dem Wege der Rechnung bewiesen worden. (Nr. 6—8.) K.]

[11]) In ähnlicher Weise spalten sich überhaupt die linearen Transformationen, welche eine $M_{n-1}^{(2)}$ im R_n in sich überführen, falls n eine ungerade Zahl ist, in zwei Scharen. Vgl. die Arbeit: „Über die sogenannte Nicht-Euklidische Geometrie", § 16. [Math. Annalen, Bd. 4 (1872).] [Siehe Abh. XVI dieser Ausgabe.]

Denn bei einer solchen Umformung werden die Punktkoordinaten durch lineare Funktionen der neuen Punkt- oder Ebenenkoordinaten ersetzt. Infolgedessen treten an Stelle der früheren Linienkoordinaten p_{ik}, die gleichmäßig als zweigliedrige Determinanten aus Punktkoordinaten oder aus Ebenenkoordinaten dargestellt werden können, lineare Funktionen derselben. Diese linearen Funktionen haben auch die Eigenschaft, die $M_4^{(2)}$

$$P = 0$$

in sich selbst überzuführen, da ja bei ihnen gerade Linien gerade Linien bleiben und sich also die durch die vorstehende Gleichung dargestellte Linienmannigfaltigkeit nicht ändert.

Hiermit ist der vorstehende Satz vollständig bewiesen. Dieser Satz gibt nun zu der folgenden Behandlung liniengeometrischer Probleme Veranlassung. Die neuere Geometrie untersucht alle räumlichen Gebilde, insonderheit also die Liniengebilde, nur insofern sie durch kollineare oder dualistische Transformationen ungeändert bleiben, oder, wenn man will, sie führt alle anderen Eigenschaften auf Eigenschaften dieser Art zurück. Ganz denselben Umfang von Transformationen ziehen wir aber in Betracht, wenn wir den Linienraum als eine $M_4^{(2)}$ im R_5 betrachten und die projektivischen Eigenschaften des R_5 untersuchen, welche sich auf die $M_4^{(2)}$ beziehen. Die gesamte Liniengeometie wird dadurch auf folgendes Problem zurückgeführt:

Man untersuche im projektivischen Sinne die im R_5 gelegene $M_4^{(2)}$. Sodann übertrage man die Resultate in die Sprache der Liniengeometrie.

Wie sich dies bei näherer Ausführung stellt, habe ich in aller Kürze in dem Aufsatze: „Die allgemeine lineare Transformation der Linienkoordinaten" (Math. Annalen, Bd. 2 [siehe Abh. III dieser Ausgabe]) auseinandergesetzt. Eine lineare Gleichung (oder sagen wir: die Ebene des R_5) stellt einen linearen Komplex dar, der ein spezieller wird, wenn die Ebene die $M_4^{(2)}$ berührt. Sind zwei Ebenen in bezug auf die $M_4^{(2)}$ konjugiert, so heißen die Komplexe in Involution. Berührt der Durchschnitt der beiden Ebenen die $M_4^{(2)}$, so berühren sich die beiden Komplexe (die ihnen gemeinsame Kongruenz hat dann zwei zusammenfallende Direktrizen).

Es soll hier nicht weiter in diese Dinge eingegangen werden [12]); doch mag noch folgende Bemerkung hier ihre Stelle finden. Liniengeometrie ist schließlich nichts, als überhaupt projektivische Raumgeometrie. Der vorstehende Satz begründet also eine eigentümliche Behandlung der Geometrie des R_3, bei der die linearen und dualistischen Transformationen

---

[12]) [Diese Untersuchungsmethode ist später von C. Segre systematisch ausgebaut worden. (Mem. della R. Acc. di Torino, Ser. II, T. 36, (1885).]

des R_3 durch die linearen Transformationen eines höheren Raumes ersetzt werden, welche ein in diesem Raume gelegenes Gebilde ungeändert lassen. Man kann die Frage aufstellen, ob eine analoge Behandlung bei anderen Räumen, als dem R_3, möglich ist. Dies ist allerdings, aber nur bei besonderen Räumen, der Fall. So kann man den R_1 behandeln als Kegelschnitt im R_2 oder als Raumkurve dritter Ordnung im R_3 usw. Denn die gerade Linie R_1 läßt sich derart auf einen Kegelschnitt, bez. eine Raumkurve dritter Ordnung beziehen, daß ihren dreifach unendlich vielen linearen Transformationen die gleich zahlreichen linearen Transformationen entsprechen, welche einen Kegelschnitt in der Ebene, eine Raumkurve der dritten Ordnung im Raume in sich überführen. Hierauf beruht das von Hesse vorgeschlagene Übertragungsprinzip (Borchardts Journal, Bd. 66, 1866). Hesse bespricht insbesondere die Beziehung zwischen der geraden Linie und dem Kegelschnitte der Ebene und zeigt, wie bei der Übertragung die projektivische Geometrie der Ebene eine Geometrie der Punktepaare auf der Geraden ergibt[13]).

§ 2.

Zusammenhang der metrischen Geometrie bei $(n-1)$ Variabeln und der Geometrie auf einer $M_{n-1}^{(2)}$ eines R_n.

Sei eine $M_{n-1}^{(2)}$ eines R_n gegeben. Durch passende Wahl der homogenen Veränderlichen $x_1 \ldots x_{n+1}$ wird man deren Gleichung im Allgemeinen auf die Form bringen können:

$$0 = x_1^2 + x_2^2 + \ldots + x_{n-1}^2 + x_n^2 + x_{n+1}^2.$$

Setzen wir jetzt:
$$p = x_n + i x_{n+1}$$
$$q = x_n - i x_{n+1},$$

so kommt:
$$0 = x_1^2 + x_2^2 + \ldots + x_{n-1}^2 + pq.$$

Von dieser Gleichungsform ausgehend, kann man die $M_{n-1}^{(2)}$ ohne weiteres auf den R_{n-1} abbilden. Zu diesem Behufe hat man nur zu setzen, unter ϱ einen Proportionalitätsfaktor verstanden:

$$\begin{aligned}
\varrho\, x_1 &= y_1 y_n \\
\varrho\, x_2 &= y_2 y_n \\
&\;\;\vdots \\
\varrho\, x_{n-1} &= y_{n-1} y_n \\
\varrho\, p &= y_n y_n \\
\varrho\, q &= -(y_1^2 + y_2^2 + \ldots + y_{n-1}^2).
\end{aligned}$$

---

[13]) Hiermit wieder kann man in Zusammenhang bringen, wenn man, wie die Herren Clebsch und Gordan, behufs der typischen Darstellung gerader binärer Formen getan haben, die Punkte der Geraden durch drei homogene Koordinaten bestimmt, zwischen denen eine Bedingungsgleichung zweiten Grades statthat; vgl. Clebsch: Theorie der binären Formen (Leipzig 1871). Neunter Abschnitt.

Für $n = 3$ sind dies die bekannten Formeln, welche die stereographische Projektion einer Fläche zweiten Grades auf die Ebene vorstellen.

Als Fundamentalgebilde treten bei dieser Abbildung auf:

1. Im R_{n-1} die $M_{n-3}^{(1,2)}$, welche durch die beiden Gleichungen vorgestellt wird:

$$0 = y_n,$$
$$0 = y_1^2 + y_2^2 + \cdots + y_{n-1}^2.$$

Jedem Elemente derselben entspricht nicht ein Element der gegebenen $M_{n-1}^{(2)}$, sondern einfach unendlich viele.

2. Auf der $M_{n-1}^{(2)}$ ein einzelnes Element (der Projektionspunkt):

$$x_1 = 0, \quad x_2 = 0, \ldots, x_{n-1} = 0, \quad p = 0.$$

Ihm entspricht die lineare Mannigfaltigkeit von $(n-1)$ Dimensionen:

$$y_n = 0.$$

Nun wurde bereits bemerkt, daß die metrische Geometrie des R_{n-1} eben eine $M_{n-3}^{(1,2)}$ als fundamentales Gebilde benutzt. Durch unsere Abbildung wird also, wie behauptet wurde, die metrische Geometrie des R_{n-1} mit der Geometrie der $M_{n-1}^{(2)}$ des R_n, unter Zugrundelegung eines ausgezeichneten Elementes, in Beziehung gesetzt.

Die Art dieser Beziehung wird durch den folgenden Satz dargelegt, der die Beziehung als eine wesentliche kennzeichnet:

Den linearen Transformationen des R_{n-1}, welche dessen fundamentale $M_{n-3}^{(1,2)}$ ungeändert lassen, entsprechen diejenigen linearen Transformationen des R_n, welche die gegebene M_{n-1} und den auf ihr befindlichen (willkürlich gewählten) Projektionspunkt nicht ändern.

In der Tat, setzen wir statt $y_1 \ldots y_n$ lineare Funktionen derselben, welche die fundamentale $M_{n-3}^{(1,2)}$:

$$0 = y_n$$
$$0 = y_1^2 + y_2^2 + \cdots + y_{n-1}^2$$

nicht ändern, so ergeben die Formeln ohne weiteres die Richtigkeit des Satzes.

Die ersteren Transformationen sind aber diejenigen, welche man in der metrischen Geometrie des R_{n-1} betrachtet; d. h. es sind diejenigen Umformungen, welche metrische Eigenschaften des R_{n-1} nicht ändern. Beispielsweise, ist $n = 4$, so ist der R_{n-1} der gewöhnliche Punktraum. Die fundamentale $M_{n-3}^{(1,2)}$ ist der unendlich ferne imaginäre Kreis. Die linearen Transformationen des Punktraumes, welche letzteren nicht ändern, sind diejenigen, die man als Bewegungen, als Ähnlichkeitstransformationen und als Transformationen durch Spiegelung bezeichnet. Bei diesen Transformationen bleiben aber alle metrischen Beziehungen räumlicher Figuren ungeändert. — Andererseits würde man den entsprechenden Zyklus linearer Transformationen der x in Betracht zu ziehen haben, wenn man nach denjenigen Eigenschaften von Gebilden des R_n fragt, welche sich auf die gegebene $M_{n-1}^{(2)}$ und den auf ihr befindlichen Projektionspunkt beziehen.

Man wird jetzt die Frage aufstellen können: Welche Transformationen des R_{n-1} entsprechen denn denjenigen linearen Transformationen des R_n, welche nur die gegebene $M_{n-1}^{(2)}$, nicht aber auch den Projektionspunkt selbst ungeändert lassen? Ehe wir diese Frage beantworten, wollen wir die benutzten Abbildungsformeln so umändern, daß auch formell der Zusammenhang mit der gewöhnlichen Darstellung der metrischen Geometrie des R_n (wobei rechtwinklige Koordinaten gebraucht werden) hervortritt. Es genügt, zu diesem Zwecke $y_n = 1$ zu setzen und die dann absolut bestimmten $y_1 \ldots y_{n-1}$ als rechtwinklige Koordinaten des R_{n-1} aufzufassen. $y_n = 0$ ist dann der Ort der unendlich fernen Elemente des R_{n-1} (die unendlich ferne Ebene). In $y_n = 0$ befindet sich die fundamentale $M_{n-3}^{(1,\,2)}$, die aus ihm durch die Gleichung:

$$0 = y_1^2 + y_2^2 + \cdots + y_{n-1}^2$$

ausgeschieden wird. — Es sei nun gestattet, die $M_{n-2}^{(2)}$, welche durch folgende Gleichung dargestellt wird:

$$(y_1 - \alpha_1)^2 + (y_2 - \alpha_2)^2 + \cdots + (y_{n-1} - \alpha_{n-1})^2 = r^2$$

nach Analogie mit der gewöhnlichen Raumgeometrie als eine *Kugel* des R_{n-1} zu bezeichnen. $\alpha_1, \alpha_2, \ldots, \alpha_{n-1}$ sind die Koordinaten ihres Mittelpunktes, r ist der Radius. Eine derartige Kugel ist das Bild eines ebenen Schnittes der im R_n gegebenen und auf den R_{n-1} projizierten $M_{n-1}^{(2)}$. Denn die Gleichung der Kugel ist die allgemeine lineare Gleichung zwischen den die gegebene $M_{n-1}^{(2)}$ darstellenden Abbildungsfunktionen. Unter den Kugeln finden sich insbesondere solche mit unendlich großem Radius, d. h. Ebenen; sie sind das Bild solcher ebenen Schnitte der gegebenen $M_{n-1}^{(2)}$, welche durch den Projektionspunkt hindurchgehen [14]).

Betrachten wir jetzt, wie sich die Abbildung der gegebenen $M_{n-1}^{(2)}$ ändert, wenn wir die $M_{n-1}^{(2)}$ durch lineare Transformationen des R_n in sich selbst überführen. Wir untersuchten bereits diejenigen unter diesen Transformationen, welche den Projektionspunkt nicht ändern. Ihnen entsprechen

---

[14]) Man versinnliche sich dies an der gewöhnlichen stereographischen Projektion einer F_2. Jeder ebene Schnitt bildet sich als Kreis ab; insbesondere als Gerade, wenn er den Projektionspunkt enthält.

die Bewegungen und die Ähnlichkeitstransformationen des R_{n-1}. Alle anderen Transformationen setzen sich aber augenscheinlich aus Transformationen dieser besonderen Art und solchen Transformationen zusammen, welche einer Verlegung des Projektionspunktes auf der gegebenen $M_{n-1}^{(2)}$ entsprechen. Vertauschen wir aber den bisher benutzten Projektionspunkt:

$$x_1 = 0, \quad x_2 = 0, \ldots, x_{n-1} = 0, \quad p = 0$$

mit einem anderen, für den wir, unbeschadet der Allgemeinheit, den Punkt:

$$x_1 = 0, \quad x_2 = 0, \ldots, x_{n-1} = 0, \quad q = 0$$

nehmen wollen, so kommt dies darauf hinaus, im R_{n-1} die Größen

$$y_1, \quad y_2, \ldots, y_{n-1}$$

mit den folgenden

$$\frac{y_1}{\varrho^2}, \quad \frac{y_2}{\varrho^2}, \ldots, \frac{y_{n-1}}{\varrho^2}$$

zu vertauschen, wo ϱ^2 den Ausdruck bezeichnet:

$$\varrho^2 = y_1^2 + y_2^2 + \cdots + y_{n-1}^2.$$

Eine derartige Transformation soll, nach Analogie mit der entsprechenden Transformation bei zwei und drei Variabeln, eine Transformation *durch reziproke Radii vectores* heißen. Wir können jetzt den Satz aussprechen:

Der Gesamtheit der linearen Transformationen des R_n, welche die gegebene $M_{n-1}^{(2)}$ in sich überführen, entspricht im R_{n-1} ein Transformationszyklus, der sich aus dessen Bewegungen, den Ähnlichkeitstransformationen und den Transformationen durch reziproke Radien zusammensetzt.

Hier nun knüpft diejenige Behandlung der metrischen Geometrie des R_{n-1} an, von der in der Einleitung die Rede war. Zunächst wird man den Gesamtinhalt der metrischen Geometrie in zwei Teile sondern. Man wird solche Beziehungen unterscheiden, welche, auf die $M_{n-1}^{(2)}$ übertragen, den gewählten Projektionspunkt implizieren, und solche, bei denen dieses nicht der Fall ist Die letzteren sind, wie man jetzt sieht, alle diejenigen, welche bei Umformung durch reziproke Radien ungeändert bleiben. Zu ihrer Behandlung muß es vorteilhaft sein, den R_{n-1} auch algebraisch als eine $M_{n-1}^{(2)}$ des R_n zu behandeln. Das heißt: man wird bei ihrer Behandlung das Element des R_{n-1} nicht durch $n-1$ absolute, sondern durch $n+1$ homogene Koordinaten bestimmen, zwischen denen eine Bedingungsgleichung zweiten Grades besteht. (Da dieselben, gleich Null gesetzt, ebene Schnitte der $M_{n-1}^{(2)}$ vorstellen, so repräsentieren sie im R_{n-1} Kugeln.)

Man bestimme also z. B. den Punkt des gewöhnlichen Raumes nicht durch drei absolute Koordinaten, sondern durch fünf homogene:

$$s_1, \quad s_2, \quad s_3, \quad s_4, \quad s_5,$$

die, gleich Null gesetzt, Kugeln vorstellen. Geometrisch kommt dies darauf hinaus, den Punkt durch die relativen Werte der mit gewissen Konstanten multiplizierten Potenzen desselben in bezug auf fünf gegebene Kugeln festzulegen. Zwischen den fünf s besteht eine Bedingungsgleichung zweiten Grades:

$$\Omega = 0.$$

In der Diskussion dieser Gleichung ist in demselben Sinne der gesamte Teil der metrischen Raumgeometrie vorhanden, der durch reziproke Radien ungeändert bleibt, wie sich die gesamte Liniengeometrie an die Diskussion der entsprechenden Gleichung $P = 0$ anknüpft. Daß diese Behandlung metrischer Probleme von großem Vorteile sein kann, mag hier nur an einem Beispiele erörtert werden. Auf dieses Beispiel ist Herr Lie bei dem Studium seiner Abbildung des linearen Komplexes geführt worden, indem er liniengeometrische Betrachtungen, die ich in einer früheren Abhandlung[15]) gegeben hatte, auf die entsprechenden metrischen Dinge übertrug. Andererseits ist dieses Beispiel eben für mich Veranlassung gewesen, die allgemeineren hier vorgetragenen Überlegungen anzustellen. Man bestimme nämlich den Punkt des Raumes durch fünf Koordinaten $s_1 \ldots s_5$, welche, gleich Null gesetzt, Kugeln vorstellen, die sich orthogonal schneiden. Dann hat Ω die Gestalt:

$$s_1^2 + s_2^2 + s_3^2 + s_4^2 + s_5^2 = 0.$$

Schreibt man nun die Gleichung:

$$\frac{s_1^2}{k_1 + \lambda} + \frac{s_2^2}{k_2 + \lambda} + \cdots + \frac{s_5^2}{k_5 + \lambda} = 0,$$

wo λ ein Parameter, so hat man ohne weiteres das Orthogonalflächensystem vor sich, welches von den Herren Darboux und Moutard gefunden wurde, und das aus Flächen vierter Ordnung gebildet ist, die den imaginären Kreis doppelt enthalten[16]). — Diese Form entspricht, bis auf die Zahl der Variabeln, genau der Gestalt, die ich l. c. der Gleichung der Komplexe zweiten Grades mit gemeinsamer Singularitätenfläche gegeben habe; es findet also auch dieselbe Art der Diskussion auf sie Anwendung, wie dies Herr Lie in der vorstehenden Abhandlung [Math. Ann., Bd. 5] ausführt.

---

[15]) Math. Annalen, Bd. 2 (1870). Zur Theorie der Komplexe ersten und zweiten Grades. [Siehe Abh. II dieser Ausgabe.]

[16]) Vgl. Lie. Göttinger Nachrichten. 1871. Nr. 7, oder die vorstehende Abhandlung von S. Lie (Math. Ann., Bd. 5). — Auf dieselbe Gleichungsform war Herr Darboux bereits früher geführt worden. Er hat dieselbe in einer Abhandlung entwickelt, welche er 1868 der Akademie zu Paris eingereicht hat, die aber noch nicht veröffentlicht ist. Vgl. eine neuere Note in den Comptes Rendus, Sept. 1871, wo Herr Darboux einige in seiner gen. Abhandlung enthaltene Resultate anführt. [Die hier erwähnte Abhandlung von Darboux ist seitdem in erweiterter Form als Buch erschienen: Sur une classe remarquable des courbes et des surfaces. Paris, 1873.]

Aber auch für die Geometrie der $M_{n-1}^{(2)}$ des R_n ist die Verbindung, in welche sie hier mit der metrischen Geometrie gebracht wird, nicht ohne Wichtigkeit. Ich will hier unter vielen ähnlichen Betrachtungen nur eine hervorheben, die im folgenden für Liniengeometrie verwandt werden soll. Die ∞^{n-2} verschiedenen Fortschreitungsrichtungen, welche von einem Elemente des metrischen Raumes R_{n-1} zu benachbarten Elementen führen, bilden miteinander *Winkel*, z. B. können zwei solche Fortschreitungsrichtungen aufeinander senkrecht stehen. Diese Winkel bleiben, wie bekannt, bei Umformungen durch reziproke Radien ungeändert. Man wird daher, wenn im R_n eine $M_{n-1}^{(2)}$ gegeben ist, auch von Winkeln reden können, welche die Fortschreitungsrichtungen von einem Elemente der $M_{n-1}^{(2)}$ zu benachbarten Elementen der $M_{n-1}^{(2)}$ bilden. Bei der Bestimmung dieser Winkel kommen nur die projektivischen Eigenschaften der $M_{n-1}^{(2)}$ selbst, nicht etwa außerhalb im R_n gelegene fundamentale Gebilde in Betracht. Man übersieht dies deutlich, wenn man $n = 3$ nimmt, die $M_{n-1}^{(2)}$ also eine Fläche zweiten Grades bedeuten läßt. Durch jeden Punkt der Fläche gehen zwei Erzeugende hindurch; auf sie beziehen sich, als fundamentales Geradenpaar [17]), die zwischen den Fortschreitungsrichtungen zu benachbarten Punkten bestehenden Winkel. Insbesondere wird man zwei Fortschreitungsrichtungen zueinander senkrecht nennen, wenn sie harmonisch zu den beiden Erzeugenden liegen. Der analytische Ausdruck hierfür ist offenbar dieser. Sei $\Omega = 0$ die Fläche zweiten Grades. So bilden wir den Ausdruck:

$$2\,\Omega_{xy} = \frac{\partial\Omega}{\partial x_1}\cdot y_1 + \frac{\partial\Omega}{\partial x_2}\cdot y_2 + \frac{\partial\Omega}{\partial x_3}\cdot y_3 + \frac{\partial\Omega}{\partial x_4}\cdot y_4\,.$$

Setzen wir in ihn für x_1, x_2, x_3, x_4 bez. dx_1, dx_2, dx_3, dx_4, für y_1, y_2, y_3, y_4 bez. $d'x_1$, $d'x_2$, $d'x_3$, $d'x_4$, so bedeutet das Verschwinden des Ausdrucks, daß die beiden Fortschreitungsrichtungen in dem genannten Sinne aufeinander senkrecht stehen [18]). Die entsprechende Formel wird auch bei n Dimensionen gültig bleiben und soll im folgenden Paragraphen für Liniengeometrie verwandt werden.

---

[17]) Vgl. „Über die sogenannte Nicht-Euklidische Geometrie“. Math. Annalen, Bd. 4 (1871) [siehe Abh. XVI dieser Ausgabe] § 2, 3.

[18]) Allgemein wird der fragliche Winkel durch den folgenden Ausdruck gegeben sein. Sei Ω_{xy} der im Texte aufgestellte Aufdruck; Ω_{xx} und Ω_{yy} bedeute die Gleichung Ω bez. mit den x oder den y geschrieben. So ist der gesuchte Winkel

$$= \text{arc cos} \frac{\Omega_{xy}}{\sqrt{\Omega_{xx}}\,\sqrt{\Omega_{yy}}}\,,$$

wo statt x und y bez. dx und $d'x$ einzutragen ist.

Hier ist ersichtlich, wie diese Winkelbestimmung mit der allgemeinen von Cayley aufgestellten projektivischen Maßbestimmung zusammenhängt, die eine F_2 als

§ 3.

Übertragung der Lehre von den Krümmungskurven und den Orthogonalsystemen auf Liniengeometrie.

Die Lehre von den Krümmungskurven und den Orthogonalsystemen konstituiert einen Teil der metrischen Geometrie, welcher durch reziproke Radien ungeändert bleibt. Es soll jetzt — als ein Beispiel für solche Übertragungen — das Entsprechende bei der Liniengeometrie aufgesucht werden. Zu diesem Zwecke mag die gewöhnliche Theorie zunächst so formuliert werden, daß ihre Unabhängigkeit von der Transformation durch reziproke Radien in Evidenz tritt.

Sei im gewöhnlichen Raum R_3 eine Fläche gegeben. Dieselbe wird in jedem Punkte von einfach unendlich vielen Kugeln berührt. Unter denselben gibt es nun jedesmal zwei ausgezeichnete, die auch ·noch in einem benachbarten Punkte berühren, die sogenannten *Hauptkugeln*. An ihre Existenz knüpft sich unmittelbar die Definition der Krümmungskurven. Man erhält eine Krümmungskurve, wenn man vom gewählten Punkte zu dem benachbarten Punkte fortschreitet, in welchem eine der beiden Hauptkugeln berührt. Krümmungskurven sind also solche auf einer Fläche verlaufenden Kurven, in deren konsekutiven Punkten die Fläche von derselben Kugel berührt wird[19]). Durch jeden Punkt gehen zwei Krümmungskurven; dieselben stehen aufeinander senkrecht.

Gehen wir nun zum metrischen Raume von vier oder gleich von $(n-1)$ Dimensionen. Eine Fläche desselben, d. h. eine Mannigfaltigkeit, die durch eine Gleichung von ihm ausgeschieden wird, wird wieder in jedem Punkte von einfach unendlich vielen Kugeln berührt (unter einer Kugel, wie oben, eine besondere $M_{n-2}^{(2)}$ verstanden). Unter denselben ·finden sich $(n-2)$ stationär berührende, d. h. solche, die noch in einem benachbarten Elemente berühren. Man wird jetzt von dem beliebig gewählten Punkte zu einem der benachbarten Berührungspunkte fortschreiten können und so weiter fort. Man erhält dann, einer Krümmungskurve

---

fundamentales Gebilde benutzt. (Phil. Transactions. t. 149. A sixth Memoir upon Quantics [(1859) Coll. Papers, Bd. II]. Vgl. auch des Verf.: „Über die sogenannte Nicht-Euklidische Geometrie" l. c.) Indes soll dieser Zusammenhang, der auch bei beliebig vielen Dimensionen gilt, hier nicht weiter verfolgt werden. [Auf den Begriff des Winkels zweier linearer Komplexe geht ausführlicher F. Lindemann in seiner Dissertation ein: Über unendlich kleine Bewegungen und über Kraftsysteme bei allgemeiner projektivischer Maßbestimmung. Erlangen, 1873 (Math. Ann, Bd. 7).]

[19]) Die gewöhnliche Definition der Krümmungskurven, daß sich die Flächennormalen in konsekutiven Punkten einer Krümmungskurve schneiden, ist eine Folge der hier vorgetragenen. Sie geht durch Anwendung reziproker Radien in eine allgemeinere über, in welcher das (zufällig gewählte) Inversionszentrum mit auftritt; deshalb ziehen wir die Definition, wie sie im Texte gegeben ist, vor.

im R_3 entsprechend, eine einfach unendliche auf der Fläche gelegene Mannigfaltigkeit, welche die Eigenschaft hat, *daß die gegebene Fläche in je zwei konsekutiven Punkten derselben von der nämlichen Kugel berührt wird.* Solcher Mannigfaltigkeiten [20]) gehen durch jeden Punkt der Fläche $n-2$; ihre Fortschreitungsrichtungen stehen aufeinander senkrecht.

Gehen wir jetzt zur Liniengeometrie über. Wir haben dann n gleich 5 zu setzen. An Stelle der Fläche des R_4 tritt hier der Linienkomplex. Statt von Punkten der Fläche sprechen wir von Linien des Komplexes; statt von Kugeln des R_4 von linearen Komplexen (den ebenen Schnitten der in R_5 gelegenen $M_4^{(2)}$, die den Linienraum vorstellt). So erhalten wir das Folgende.

Sei ein Linienkomplex gegeben. Derselbe wird in einer (beliebig gewählten) seiner Geraden von einfach unendlich vielen linearen Komplexen berührt, den von Plücker sogenannten linearen Tangentialkomplexen. Unter ihnen gibt es drei ausgezeichnete, welche auch noch in einer benachbarten Geraden berühren. Schreitet man von der angenommenen Geraden zu einer dieser benachbarten und von da weiter in gleichem Sinne fort, so beschreibt man eine dem Komplexe angehörige Linienfläche — sie soll im folgenden *eine Hauptfläche des Komplexes* heißen — welche die Eigenschaft hat, daß der Komplex in je zwei konsekutiven Erzeugenden derselben von dem nämlichen linearen Komplexe berührt wird. Durch jede Gerade des Komplexes gehen drei Hauptflächen hindurch; ihre Fortschreitungsrichtungen sind, in übertragenem Sinne, zueinander senkrecht.

Wir haben jetzt noch zu erörtern, welchen metrischen Sinn dieses Senkrecht-Stehen besitzt. Da unter Zugrundelegung gewöhnlicher Linienkoordinaten die für sie geltende Bedingungsgleichung die Form hat:

$$P \equiv p_{12}p_{34} + p_{13}p_{42} + p_{14}p_{23} = 0,$$

so werden nach § 2 zwei Fortschreitungsrichtungen dp und $d'p$ zueinander senkrecht genannt werden müssen, wenn:

$$0 = dp_{12}d'p_{34} + dp_{13}d'p_{42} + dp_{14}d'p_{23}$$
$$+ d'p_{12}dp_{34} + d'p_{13}dp_{42} + d'p_{14}dp_{23}.$$

Dann aber besteht zwischen der gegebenen Geraden p und ihren beiden benachbarten, $p+dp$ und $p+d'p$, eine Beziehung, die ich als *involu-*

---

[20]) Man kann sie wieder dadurch definieren, daß sich die in ihren konsekutiven Punkten errichteten Flächennormalen schneiden. — Die Krümmungstheorie eines Raumes von beliebig vielen Dimensionen ist in neuerer Zeit Gegenstand wiederholter Darstellungen gewesen. Man geht dabei meist von der letztgenannten Definition aus.

torische Lage der beiden benachbarten Geraden bezeichne[21]) und die folgenden geometrischen Inhalt hat.

Eine benachbarte Gerade $p + dp$ ordnet jedesmal die Ebenen, welche durch p gehen, den auf p befindlichen Punkten projektivisch zu. Jede durch p gehende Ebene schneidet nämlich $p + dp$ in einem Punkte, der beim Grenzübergange auf p selbst rückt. Man übersieht dies deutlich, wenn man p und $p + dp$ als konsekutive Erzeugende einer Linienfläche betrachtet. Jeder durch p hindurchgehenden Ebene entspricht dann ein auf p gelegener und durch $p + dp$ bestimmter Punkt: der Berührungspunkt mit der Fläche.

Sind nun zwei benachbarte Gerade $p + dp$, $p + d'p$ gegeben, so betrachte man jedesmal diejenigen beiden Punkte als entsprechend, die einer durch p gelegten Ebene bezüglich durch die beiden benachbarten Geraden zugeordnet werden. So erhält man auf p zwei kollinear aufeinander bezogene Punktreihen.

Die beiden benachbarten Geraden heißen nun involutorisch gelegen, wenn die beiden Punktreihen eine Involution bilden[22]). [Vgl. die ganz analoge Definition von der involutorischen Lage zweier Komplexe in der Einleitung, S. 109.]

Gehen wir jetzt noch einmal zu dem metrischen Raume R_3 zurück und betrachten in demselben Orthogonalsysteme. Dies sind einfach unendlich viele Flächen, von denen durch jeden Punkt des Raumes drei hindurchgehen. Dieselben schneiden einander senkrecht. Für solche Orthogonalflächensysteme gilt der Dupinsche Satz: *Je zwei Flächen des Systems schneiden sich nach einer gemeinsamen Krümmungskurve.*

Ähnliche Flächensysteme kann man im R_{n-1} betrachten; für sie gilt ein Satz, der dem Dupinschen entspricht. Diese Flächensysteme sind wieder einfach unendlich, durch jeden Punkt des R_{n-1} gehen $n - 1$ Flächen. Dieselben schneiden sich gegenseitig senkrecht. Für diese Systeme gilt dann der Satz: *Je $n - 2$ Flächen schneiden sich nach einer gemeinsamen Krümmungskurve*, unter Krümmungskurven die eben betrachteten einfach unendlichen Mannigfaltigkeiten verstanden.

---

[21]) Als *Winkel* zweier benachbarter Geraden würde man bezeichnen können

$$\text{arc cos } \frac{dp_{12}\,d'p_{34} + d'p_{12}\,dp_{34} + \ldots}{2\,\sqrt{dp_{12}\,dp_{34} + \ldots}\cdot\sqrt{d'p_{12}\,d'p_{34} + \ldots}}.$$

[22]) Man sieht ohne weiteres die Richtigkeit des folgenden Satzes ein: Diejenigen Geraden, welche einem Linienkomplexe in der Nähe einer seiner Geraden p angehören, liegen zu einer bestimmten p benachbarten Linie, die im allgemeinen nicht selbst dem Komplexe angehört, in Involution. Und umgekehrt gehören alle solche benachbarten Geraden dem Komplexe an. — Zwei Komplexe heißen nun in bezug auf eine gemeinsame Gerade p in Involution, wenn die benachbarten Geraden $p + dp$, $p + d'p$ involutorisch liegen, die sie bez. in dem hier auseinandergesetzten Sinne der Geraden p zuordnen.

Im Linienraume werden wir uns den Begriff der *Involutionssysteme von Komplexen* zu bilden haben. Das sind einfach unendliche Komplexsysteme. Jede Gerade des Raumes gehört vieren der Komplexe an, und zwar liegen die vier Komplexe, denen eine Gerade angehört, jedesmal paarweise mit Bezug auf diese Gerade in Involution.

Für diese Komplexinvolutionssysteme gilt dann wieder ein Satz, der dem Dupinschen entspricht: *Je drei Komplexe schneiden sich nach einer gemeinschaftlichen Hauptfläche.*

Es ist bekannt, wie für irreduzibele Orthogonalsysteme noch andere allgemeine Sätze aufgestellt werden können. So zeigte Herr Kummer, daß die Kurven eines irreduzibelen Orthogonal-Kurvensystems notwendig konfokal sind; Herr Darboux[23]) dehnte diesen Satz auf Orthogonalflächensysteme im R_3 aus und fügte weitere, erst im R_3 auftretende, Eigenschaften hinzu. Es ist ersichtlich, daß analoge Eigenschaften für die irreduzibeln Orthogonalsysteme in beliebigen Räumen, wie auch im Linienraume für irreduzibele Involutionssysteme existieren. Ich gehe hier auf dieselben nicht ein; ich bemerke nur, daß dem Satze von der Konfokalität der orthogonalen Flächen der liniengeometrische Satz entspricht: *Komplexe eines irreduzibeln Involutionssystems haben eine gemeinsame Singularitätenfläche[24]).*

Das einfachste Beispiel eines irreduzibelen Involutionssystems geben denn auch die einfach unendlich vielen Komplexe zweiten Grades mit gemeinsamer Singularitätenfläche. Man kann für dieselben, wie ich in der schon genannten Arbeit: „Zur Theorie usw." (Math. Annalen, Bd. 2 (1870) [siehe Abh. II dieser Ausgabe] gezeigt habe, die folgende algebraische Darstellung anwenden. Seien $x_1, \ldots, x_6$ homogene Funktionen der p_{ik}, für die

$$x_1^2 + x_2^2 + \ldots + x_6^2 = 0.$$

So sind die Komplexe dargestellt durch:

$$\frac{x_1^2}{k_1 - \lambda} + \frac{x_2^2}{k_2 - \lambda} + \ldots + \frac{x_6^2}{k_6 - \lambda} = 0,$$

wo λ einen Parameter bezeichnet. In der Tat kommt der Parameter λ vermöge der Relation $\sum x^2 = 0$ im vierten Grade vor. Jede Gerade des Raumes gehört also vier Komplexen des Systems an. Je zwei Komplexe $\lambda = \lambda_1$ und $\lambda = \lambda_2$ liegen aber auch in bezug auf die gemeinsame Gerade in Involution. Die Bedingung dafür, daß zwei Komplexe

$$\varphi = 0, \quad \psi = 0$$

---

[23]) Annales Scientifiques de l'École Normale Supérieure. t. 2. 1865.

[24]) Bei Plücker ist die Singularitätenfläche nur für Komplexe zweiten Grades definiert. Diese Lücke ist durch Herrn Pasch in seiner Habilitationsschrift: „Zur Theorie der Komplexe und Kongruenzen von Geraden", Gießen 1870, ausgefüllt worden.

mit Bezug auf eine gemeinsame Gerade in Involution sind, ist nämlich bei der gewählten Koordinatenbestimmung:

$$\sum \frac{\partial \varphi}{\partial x_\alpha} \cdot \frac{\partial \psi}{\partial x_\alpha} = 0 \; \{ \text{ vermöge } \varphi = 0, \; \psi = 0 \}.$$

Dieser Ausdruck verschwindet aber immer, wenn φ, ψ zwei Komplexe des hier betrachteten Systems sind. Denn derselbe wird gleich

$$4 \left[\frac{x_1^2}{(k_1 - \lambda_1)(k_1 - \lambda_2)} + \frac{x_2^2}{(k_2 - \lambda_1)(k_2 - \lambda_2)} + \cdots + \frac{x_6^2}{(k_6 - \lambda_1)(k_6 - \lambda_2)} \right]$$

und das ist durch Zerlegung in Partialbrüche:

$$= \frac{4}{\lambda_1 - \lambda_2} (\varphi - \psi),$$

verschwindet also mit φ und ψ.

Je drei Komplexe des Systems haben als Komplexe des zweiten Grades Linienflächen des sechzehnten Grades gemein; *die Hauptflächen der Komplexe zweiten Grades sind also vom sechzehnten Grade.* Ich gehe nicht näher auf die Diskussion dieser Flächen ein, die, wenn man die Komplexe spezialisiert, eine große Zahl besonderer Flächen unter sich begreifen.

§ 4.

Weitere Betrachtungen über die Hauptflächen der Komplexe.

In diesem letzten Paragraphen mögen wir noch weitere Eigenschaften der Hauptflächen von Komplexen, der Involutionssysteme usw. entwickeln, und zwar an der Hand rein liniengeometrischer Betrachtungen. Dieselben übertragen sich natürlich wieder auf die metrische Geometrie des R_4, was aber nicht weiter verfolgt werden soll.

Herr L i e hat den merkwürdigen Satz gefunden (der bei ihm in anderweitigem Zusammenhange steht), *daß man auf jeder Linienfläche, die einem linearen Komplexe angehört, eine Haupttangenten-Kurve kennt.* Es gibt nämlich auf jeder Erzeugenden der Linienfläche zwei Punkte, deren Tangentialebene gleichzeitig die ihnen im linearen Komplexe entsprechende Ebene ist. Die Gesamtheit dieser Punkte bilden die in Rede stehende Haupttangenten-Kurve.

Den Beweis kann man einfach so stellen. Alle Tangenten der Fläche in einem solchen Punkte gehören dem Komplexe an. Die Punkte bilden daher eine Kurve, deren Tangenten dem Komplexe angehören, eine Komplexkurve. Eine Komplexkurve hat aber die Eigenschaft, in jedem ihrer Punkte die im Komplexe entsprechende Ebene zur Oskulationsebene zu besitzen. Andererseits ist diese Ebene jedesmal nach Voraussetzung Tangentialebene der Fläche. Die Kurve ist also eine Haupttangenten-Kurve.

Wenn nun eine Linienfläche als irgendeinem Komplexe angehörig gegeben ist, so kann man auf ihr immer in ähnlicher Weise eine Kurve bestimmen; nur ist sie dann im allgemeinen keine Haupttangenten-Kurve. Man suche nämlich auf jeder Erzeugenden diejenigen beiden Punkte, in denen die Fläche vom Komplexkegel berührt wird. Die Reihenfolge dieser Punktepaare konstituiert die fragliche Kurve.

Ist nun aber die Linienfläche insbesondere eine Hauptfläche des gegebenen Komplexes, *so ist die so konstruierte Kurve eine Haupttangenten-Kurve derselben*[25]).

Der Beweis ergibt sich vermöge des Lieschen Satzes unmittelbar aus der Definition der Hauptfläche. Der gegebene Komplex wird in je zwei konsekutiven Erzeugenden von dem nämlichen linearen Komplexe berührt. Der betreffende lineare Komplex enthält also drei konsekutive Erzeugende der Linienfläche und bestimmt auf den beiden ersten derselben die nämlichen beiden Punktepaare, wie der gegebene Komplex selbst.

Nun kann man den Lieschen Satz auch so formulieren. Enthält ein linearer Komplex drei konsekutive Erzeugende einer Linienfläche, so bestimmt er auf den beiden ersten Punktepaare, die derselben Haupttangenten-Kurve angehören. Hiermit ist der Beweis unseres Satzes gegeben.

Wenden wir uns jetzt zur Betrachtung eines Involutionssystems. Eine einzelne Gerade p gehört vieren der Komplexe an, die mit a, b, c, d bezeichnet sein mögen. Dieselben liegen paarweise miteinander in Involution. Infolgedessen hat man zunächst die folgenden Sätze, wegen deren Beweis ich auf die Arbeit: „Zur Theorie usw." (Math. Annalen, Bd. 2 (1870) [siehe Abh. II dieser Ausgabe] verweise[26]).

1. Die Linienfläche, welche dreien der Komplexe, etwa a, b, c, angehört wird in allen Punkten von p von dem betreffenden Komplexkegel von d berührt.

2. Die Linie p berührt die Brennfläche der Kongruenz zweier Komplexe a, b in den nämlichen beiden Punkten, in denen sie die Brennfläche der Kongruenz der beiden anderen Komplexe c, d berührt.

3. Die drei in dieser Weise auf der Geraden entstehenden Punktepaare (ab, cd), (ac, bd), (ad, bc) sind zueinander harmonisch[27]).

Betrachten wir jetzt eine Hauptfläche, die dreien der Komplexe, etwa a, b, c, gemeinsam ist. Auf ihr kennt man, jedem der drei Komplexe entsprechend, eine Haupttangenten-Kurve, welche jede Erzeugende zweimal schneidet. Nun gilt aber für Haupttangenten-Kurven der Linien-

---

[25]) Auch die Umkehrung dieses Satzes ist richtig.

[26]) Dieselben sind dort nur für lineare Komplexe bewiesen. Sie gelten also auch für die linearen Tangentialkomplexe der hier gegebenen Komplexe und hiermit für die letzteren selbst.

[27]) Hieran knüpft sich der weitere Satz: Legt man durch p eine Ebene, so enthält dieselbe, a, b, c, d entsprechend, je eine Komplexkurve. Die vier Berührungspunkte der vier Kurven mit p bilden eine viergliedrige Punktgruppe, deren Kovariante sechsten Grades durch die drei Punktepaare des Textes dargestellt wird.

flächen der von Herrn Paul Serret angegebene Satz: daß die Erzeugenden der Linienfläche von den Haupttangenten-Kurven projektivisch geteilt werden. Hieraus wird man einmal schließen, daß die sechs Punkte, in denen jede Erzeugende von den drei Haupttangenten-Kurven a, b, c geschnitten wird, sechs festen Elementen projektivisch sind. Dies ist, wie vorstehend (Satz 3) angegeben, in der Tat der Fall. Andererseits wird man folgern, *daß man auf der fraglichen Hauptfläche alle Haupttangenten-Kurven durch rein algebraische Prozesse bestimmen kann.* Denn man erhält alle Haupttangenten-Kurven, wenn man sich einen Punkt auf der Fläche so bewegen läßt, daß er jedesmal auf allen Erzeugenden mit dreien der sechs Punkte (und also mit allen) ein festes Doppelverhältnis bildet, und hierzu sind nur algebraische Operationen notwendig.

Die beiden Punkte, in denen die Haupttangenten-Kurve a eine Erzeugende, etwa p, trifft, sind, behaupte ich jetzt, die Berührungspunkte von p mit der Brennfläche der b und c gemeinsamen Kongruenz. Denn in diesen Punkten berührt der Komplexkegel von a die Fläche, also auch, nach Satz 1, den Komplexkegel von d. Deshalb sind diese Punkte die Berührungspunkte von p mit der Brennfläche ad und also auch, nach Satz 2, mit der Brennfläche bc, was zu beweisen war. Man hat also den Satz:

Die Hauptfläche abc berührt die Brennfläche bc nach der Haupttangenten-Kurve a, die Brennfläche ca nach der Kurve b, die Brennfläche ab nach der Kurve c.

Hieraus wird man weiter schließen:

Daß man auch auf den Brennflächen der Kongruenzen je zweier Komplexe die Haupttangenten-Kurven kennt.

Es sind dies dieselben Kurven, die Haupttangenten-Kurven der Hauptflächen waren. In der Tat erhält man in der Gesamtheit der Berührungs-Kurven der Brennfläche mit den Hauptflächen auch die Gesamtheit der Haupttangenten-Kurven der Brennfläche. Denn die in einem Punkte der Brennfläche ab berührende Gerade, welche a und b angehört, gehört gleichzeitig zwei weiteren Komplexen c und d an. Man erhält also in den Berührungskurven der Brennflächen mit den Hauptflächen abc, abd die *beiden* durch den gewählten Punkt hindurchgehenden Haupttangenten-Kurven[28].

---

[28] Die verschiedenen hier aufgestellten Sätze hatte ich, mitsamt dem Satze des § 3: „daß sich je drei Komplexe eines Involutionssystems nach einer gemeinsamen Hauptfläche schneiden", in der bereits zitierten Note in den Gött. Nachrichten Nr. 3. (1871) [siehe Abh. VII dieser Ausgabe] in dem Satze zusammengefaßt: *daß die Linienfläche, welche drei Komplexen eines Involutionssystems gemeinsam ist, die Brennfläche je zweier derselben nach einer Haupttangenten-Kurve berührt,* und in dieser Fassung analytisch erwiesen. Die heterogenen Bestandteile, welche dieser Satz enthielt, erscheinen im Texte gesondert. Ich bin Herrn Lie dafür verpflichtet, daß er mich auf die Möglichkeit der Sonderung aufmerksam gemacht hat.

Für das Involutionssystem der Komplexe zweiten Grades findet man insbesondere: die Haupttangenten-Kurven auf den Hauptflächen, nach denen diese die Brennflächen berühren, sind von der 32. Ordnung und Klasse. Die Brennflächen selbst sind gleich den Hauptflächen von der sechzehnten Ordnung und Klasse.

Durch passende Partikularisationen erhält man aus der Betrachtung dieser Brennflächen und Hauptflächen die Bestimmung der Haupttangenten-Kurven auf einer großen Zahl besonderer Flächen. Hier sei nur eine solche Partikularisation erwähnt. Die beiden Komplexe des Systems, die miteinander die Kongruenz und durch diese die Brennfläche bestimmen, mögen zusammenfallen. Dann wird die Kongruenz die Kongruenz der singulären Linien des betreffenden Komplexes. Ihre Brennfläche zerfällt in die allen Komplexen gemeinsame Singularitätenfläche, die von der vierten Ordnung und Klasse ist und eine weitere Fläche von der zwölften Ordnung und Klasse. Auf beiden erhält man die Haupttangenten-Kurven, die jetzt bezüglich von der sechzehnten Ordnung werden. Nun ist für die allgemeinen Komplexe zweiten Grades die Singularitätenfläche eine Kummersche Fläche vierten Grades mit sechzehn Knotenpunkten. Man erhält also eine Bestimmung der Haupttangenten-Kurven dieser Fläche, die dahin geht: daß sie die Berührungs-Kurven der Fläche mit denjenigen Linienflächen sind, welche einem beliebigen (aber fest gewählten) zugehörigen Komplexe als singuläre Linien und außerdem noch bez. einem zweiten (veränderlichen) der zugehörigen Komplexe angehören. Hiermit in Übereinstimmung findet sich eine Bestimmung der Haupttangenten-Kurven der Kummerschen Fläche, wie sie in einer gemeinsamen Arbeit in den Monatsberichten der Berliner Akademie, Dezember 1870 [siehe Abh. VI dieser Ausgabe], von Lie und mir gegeben worden ist. Der Inhalt dieser Note kann als eine nähere Ausführung einiger der dort vorgetragenen Betrachtungen angesehen werden.

Göttingen, im Oktober 1871.

IX. Über gewisse in der Liniengeometrie auftretende Differentialgleichungen.

[Math. Annalen, Bd. 5 (1872).]

Bei liniengeometrischen Untersuchungen wird man zu gewissen Differentialgleichungen geführt, die im folgenden formuliert und in noch näher anzugebenden Fällen integriert werden sollen. Dieselben entsprechen im wesentlichen den folgenden drei Aufgaben:

1. Man soll diejenigen Linienkomplexe finden, deren Geraden die Tangenten einer Fläche sind.

2. Man soll diejenigen einem gegebenen Linienkomplexe angehörigen Kongruenzen bestimmen, deren Geraden Haupttangenten ihrer Brennflächen sind.

3. Man soll die Umhüllungskurven der Linien einer Kongruenz angeben.

Bei der im folgenden eingeschlagenen Darstellung, bei welcher durchgängig von Linienkoordinaten Gebrauch gemacht werden wird[1]), erkennt man, wie diese drei Probleme zusammen eine naturgemäße Gruppe bilden.

Das Problem 1 ist eines der ersten, welche bei der Untersuchung der Linienkomplexe auftreten. Es ist denn auch bereits von Cayley in seiner ersten bez. Mitteilung[2]), wenn auch nur beiläufig, beantwortet worden. Cayley untersucht dort diejenigen Bedingungen, denen ein Linienkomplex genügen muß, damit seine Geraden eine feste Kurve schneiden. Er findet nur eine erste Bedingung, die aber noch nicht hinreichend ist, vielmehr auch dann erfüllt ist, wenn die Linien des Komplexes eine Fläche umhüllen[3]). Diese nämliche Bedingung wird im folgenden auf einem ganz

---

[1]) Das Nachstehende mag zugleich dazu dienen, zu illustrieren, wie man mit Linienkoordinaten operieren kann, ohne auf den Zusammenhang derselben mit Punkt- und Ebenenkoordinaten zurückzugehen.

[2]) Quarterly Journal, t. 3, S. 227. [(1860) Coll. Papers IV.]

[3]) [Ein vollständiges System von Bedingungen für den Sekantenkomplex einer Kurve hat erst Herr A. Voß in einer Note in den Gött. Nachr., 1875, S. 101—123, aufgestellt.]

anderen Wege abgeleitet werden, und es wird gezeigt werden, daß sie in der Tat den Komplex als Gesamtheit der Tangenten einer Fläche charakterisiert. Für Komplexe zweiten Grades, insbesondere für diejenigen, die eine Fläche umhüllen, findet sich das Entsprechende bei Plücker (Neue Geometrie, Nr. 341) angegeben.

Das Problem 2 ist von Lie, zunächst unter einer anderen Form aufgestellt worden[4]). Er verlangt nämlich, solche Flächen zu finden, die in jedem ihrer Punkte von dem Komplexkegel eines gegebenen Komplexes berührt werden. Sodann zeigt er, daß die Kante, nach welcher der Komplexkegel die gesuchte Fläche berührt, eine Haupttangente der Fläche ist, und daß diese Eigenschaft die fraglichen Flächen charakterisiert. Das Problem kommt also darauf hinaus: Flächen zu finden, bei welchen ein System Haupttangenten dem gegebenen Komplexe angehört. In dieser Form ist es offenbar mit dem Problem 2 identisch; die Gestalt, die ihm vorstehend erteilt wurde, schließt sich nur besser an die gleich vorzutragende Behandlung an.

Das Problem 3 endlich entsteht, sowie man von Linienkongruenzen handelt. Die Linien einer Kongruenz lassen sich nach der allgemeinen Theorie[5]) auf zwei Weisen in eine Reihe Developpablen zusammenfassen; das Problem ist: wenn die Kongruenz gegeben ist, diese Developpablen zu bestimmen.

Das Problem 2 soll im folgenden insbesondere für den allgemeinen Linienkomplex zweiten Grades gelöst werden. Eine solche Lösung hat auf anderem, mehr geometrischem Wege Lie in der vorstehenden Abhandlung gegeben. Die Resultate stimmen natürlich überein; es wird daher interessant, zu verfolgen, wie seine geometrischen Betrachtungen den hier angewandten analytischen entsprechen. In der analytischen Schlußformel, die aufgestellt werden wird, erscheinen seine Resultate in übersichtlicher Weise zusammengefaßt.

Gleichzeitig erledigt sich bei der eingeschlagenen Methode das Problem 3 für diejenigen Linienkongruenzen vierter Ordnung und Klasse, welche zwei Linienkomplexen zweiten Grades gemeinsam sind, die zu der nämlichen Singularitätenfläche gehören. Unter dieselben fallen als besondere Art, wie hier gleich hervorgehoben sein soll, die allgemeinen Kongruenzen zweiter

---

[4]) Vgl. die Abhandlung von Lie in den Math. Annalen, Bd. 5 und dessen bezügliche Mitteilungen an die Akademie zu Christiania (Berichte 1870, 71). Es ist dort die das Problem darstellende Differentialgleichung kurz als „die Differentialgleichung des gegebenen Linienkomplexes" bezeichnet. — Auch Herr Darboux hatte sich mit diesem Gegenstande beschäftigt; vgl. eine bez. Bemerkung von Lie in dem vorstehenden Aufsatze. [Die hier und weiter im Text als vorstehender Aufsatz zitierte Arbeit von Lie ist die in der Fußnote [1]) zur Abh. VIII erwähnte Abhandlung.]

[5]) Vgl. Kummer in Borchardts Journal, Bd. 57 (1860).

Ordnung und Klasse, welche einem Komplexe zweiten und einem Komplexe ersten Grades angehören[6]).

Nach der oben zitierten Abhandlung von Lie wird man erkennen, wie diese liniengeometrischen Probleme identisch sind mit Problemen, die sich auf *Kugelgeometrie* beziehen. Problem 1 entspricht dann der Forderung: diejenigen Gleichungen zwischen den vier Koordinaten einer Kugel (ihren Mittelpunktskoordinaten und ihrem Radius) anzugeben, welche dreifach unendliche Kugelsysteme (Kugelkomplexe) darstellen, deren sämtliche Kugeln eine feste Fläche berühren. Dem Problem 2 entspricht die Aufgabe: Wenn ein Kugelkomplex gegeben ist, diejenigen Flächen zu finden, deren ein System Hauptkugeln dem Komplexe angehört[7]). Endlich dem Probleme 3 die Aufgabe: Wenn eine Kugelkongruenz, d. h. zweifach unendlich viele Kugeln, gegeben ist, solche einfach unendliche Kugelreihen aus ihr auszuscheiden, in denen sich je zwei konsekutive Kugeln berühren.

Andererseits wird man, von dem Zusammenhange ausgehend, der zwischen Liniengeometrie und der metrischen Punktgeometrie des Raumes von vier Dimensionen besteht[8]), äquivalente Probleme für diese metrische Geometrie aufstellen können. Die entsprechenden Probleme der metrischen Geometrie des Raumes von drei Dimensionen mögen hier ausgesprochen sein; ihre Zahl hat sich, wie die Zahl der Variabeln, um 1 vermindert. Es sind die folgenden beiden:

a) diejenigen developpablen Flächen anzugeben, welche den unendlich fernen imaginären Kreis enthalten;

b) auf einer gegebenen Fläche diejenigen Kurven zu bestimmen, deren Tangenten den unendlich fernen Kreis fortwährend treffen (die sogenannten Kurven ohne Länge).

Mit den letzteren Kurven haben sich besonders die neueren französischen Geometer beschäftigt. Auf die Aufsuchung dieser Kurven kommt, wie beiläufig bemerkt sei, das Problem der konformen Abbildung zweier Flächen aufeinander hinaus. Man hat nämlich nur die beiden Flächen so aufeinander zu beziehen, daß den fraglichen Kurven der einen Fläche die der anderen entsprechen. — Die Developpablen a) sind hinsichtlich ihrer ausgezeichneten

---

[6]) Vgl. den Satz XXXVI der allgemeinen Aufzählung der Strahlensysteme zweiter Ordnung von Kummer. (Abhandlungen der Berl. Akad. 1866.)

[7]) Mit diesem Probleme, das, zusammen mit Problem 2), von Lie in der vorstehenden Abhandlung behandelt ist, hatte sich, wie er uns mitteilte, auch Herr Darboux in der neuesten Zeit beschäftigt. Er hatte dasselbe gerade in dem Umfange gelöst, wie eine solche Lösung bei Lie angegeben ist, und wie sie durch Anwendung der Lieschen Transformation von Liniengeometrie in Kugelgeometrie aus der im Texte gegebenen Lösung des liniengeometrischen Problems hervorgeht. Die Methode, die Herr Darboux dabei benutzte, war, soweit ich übersehen kann, mit der, die hier angewandt werden soll, durchaus identisch.

[8]) Vgl. den vorstehenden Aufsatz: Über Liniengeometrie und metrische Geometrie.

metrischen Eigenschaften zuerst von Herrn Darboux untersucht worden[9]). Herr Darboux hat auch, wie er mir mitteilte, das Problem b) für die Flächen vierten Grades gelöst, die den imaginären Kreis doppelt enthalten. Dies entspricht vermöge der Lie schen Abbildung (wie auch Lie bemerkt) der von mir im folgenden gegebenen und schon früher gelegentlich mitgeteilten [Göttinger Nachrichten, 1871, Nr. 1 (in diese Ausgabe nicht aufgenommen)] Integration der Umhüllungskurven einer Linienkongruenz zweiter Ordnung und Klasse. Es mag genügen, hiermit auf die entsprechenden metrischen Probleme hingewiesen zu haben, die sich natürlich nicht nur auf den metrischen Raum von drei und vier, sondern von beliebig vielen Dimensionen beziehen[10]). Ich wende mich jetzt zu den liniengeometrischen Aufgaben zurück, die den eigentlichen Inhalt dieser Mitteilung bilden sollen und beginne damit, einiges, was später benutzt werden soll, über den linearen Komplex vorauszuschicken.

§ 1.

Einiges über den linearen Komplex.

In dem vorhergehenden Aufsatze: „Über Liniengeometrie und metrische Geometrie" habe ich in § 1 entwickelt, wie die Liniengeometrie aufgefaßt werden kann als die Geometrie auf einer im Raume von fünf Dimensionen gelegenen Fläche zweiten Grades[11]). Dieselbe sei, unter $x_1, x_2, \ldots, x_6$ die homogenen Koordinaten des Raumes von fünf Dimensionen verstanden, durch

$$\Omega \left(x_1, x_2, \ldots, x_6 \right) = 0$$

dargestellt. Ein linearer Komplex:

$$u_1 x_1 + u_2 x_2 + \ldots + u_6 x_6 = 0$$

ist bei dieser Auffassung wie die Ebene des betreffenden Raumes. Hieraus schließt man, *daß ein linearer Komplex eine Invariante hat*, nämlich denjenigen Ausdruck, der, gleich Null gesetzt, aussagt, daß die Ebene $u_x = 0$ die Fläche $\Omega = 0$ berührt. Dieser Ausdruck entsteht aus der Determinante von Ω durch Ränderung mit den Koeffizienten u. Hat Ω insbesondere[12]), wie im folgenden der Einfachheit wegen angenommen werden wird, die Form

$$0 = x_1^2 + x_2^2 + \ldots + x_6^2,$$

---

[9]) Annales scientifiques de l'École Normale Supérieure, t. 2, 1865.

[10]) Nach den Auseinandersetzungen des § 2 des vorhergehenden Aufsatzes ist ersichtlich, wie sich diese metrischen Probleme genau mit denselben Formeln behandeln lassen, wie die hier ausgeführten liniengeometrischen.

[11]) Dieser Ausdruck sei hier gestattet, da er wohl nicht mißverstanden werden kann.

[12]) Vgl. „Zur Theorie der Komplexe usw.", Math. Annalen, Bd. 2 (1870). [Siehe Abh. II dieser Ausgabe.]

so erhält die Invariante die Gestalt:

$$u_1^2 + u_2^2 + \ldots + u_6^2.$$

Verschwindet die Invariante, so ist der lineare Komplex ein sogenannter *spezieller*, d. h. er besteht aus der Gesamtheit der Geraden, die eine feste Gerade schneiden.

Seien jetzt zwei lineare Komplexe gegeben:

$$u = 0, \qquad v = 0.$$

Dieselben haben eine lineare Kongruenz gemein, die gleichzeitig allen Komplexen

$$\lambda u + \mu v = 0$$

angehört. Unter denselben finden sich zwei spezielle, die sogenannten beiden Direktrizen. Man bestimmt dieselben, indem man die Invariante von $\lambda u + \mu v$ bildet. Sei A_{uu} die Invariante von u, A_{vv} die enige von v, endlich $A_{uv} = A_{vu}$ derjenige Ausdruck, der entsteht, wenn man die Determinante von Ω auf der einen Seite mit den Koeffizienten von u, auf der anderen mit denen von v rändert. Diesen Ausdruck A_{uv} habe ich gelegentlich die *simultane Invariante* der beiden Komplexe genannt. (Ihr Verschwinden ist die Bedingung für die involutorische Lage zweier Komplexe.) Bei dieser Bezeichnung wird die Invariante von $\lambda u + \mu v$:

$$\lambda^2 A_{uu} + 2\lambda\mu A_{uv} + \mu^2 A_{vv}.$$

Dieselbe, gleich Null gesetzt, ergibt eine quadratische Gleichung für $\dfrac{\lambda}{\mu}$, und diese ist es, welche die beiden Direktrizen bestimmt. Die hiermit aufgestellte quadratische Gleichung hat, als quadratische binäre Form der Variabeln λ, μ betrachtet, eine Invariante:

$$A_{uu} A_{vv} - A_{uv}^2.$$

Dieselbe ändert sich (bis auf einen Faktor) nicht, wenn man statt u, v irgend zwei andere Komplexe der Gruppe $\lambda u + \mu v$ setzt. Sie ist also eine *Kombinante* der beiden Komplexe u, v, und deswegen eine *Invariante der durch dieselben bestimmten Kongruenz.*

Das Verschwinden dieser Invariante sagt aus, daß die quadratische Gleichung zur Bestimmung der Direktrizen der Kongruenz zwei gleiche Wurzeln hat, daß also die Direktrizen der Kongruenz zusammenfallen (vgl. Plückers Neue Geometrie, Nr. 68). Die Kongruenz soll dann eine *spezielle* lineare Kongruenz heißen.

Eine weitere Partikularisation tritt ein, wenn nicht nur $A_{uu} A_{vv} - A_{uv}^2 = 0$, sondern A_{uu}, A_{vv}, A_{uv} einzeln verschwinden. Dann sind u und v beides spezielle Komplexe (gerade Linien), die sich schneiden. Die Kongruenz zerfällt in zwei: in die Kongruenz erster Ordnung und nullter

Klasse derjenigen Geraden, die durch den gemeinsamen Schnittpunkt gehen, und die Kongruenz erster Klasse und nullter Ordnung der in der gemeinsamen Ebene verlaufenden Geraden. Eine solche lineare Kongruenz wird im folgenden als eine *zerfallende* bezeichnet werden. Eine zerfallende Kongruenz hat unendlich viele Direktrizen: die Geraden des Büschels, dem u und v angehören und die durch

$$\lambda u + \mu v = 0$$

dargestellt sind.

Betrachten wir jetzt drei lineare Komplexe:

$$u = 0, \qquad v = 0, \qquad w = 0.$$

Dieselben haben eine Regelschar, d. h. die eine Erzeugung einer Fläche zweiten Grades (eines einschaligen Hyperboloids) gemein. Die anderen Erzeugenden des Hyperboloids sind die Direktrizen der Kongruenz je zweier Komplexe der Gruppe:

$$\lambda u + \mu v + \nu w = 0.$$

Man erhält alle zweiten Erzeugenden, wenn man alle Werte von λ, μ, ν wählt, für welche die Invariante von $\lambda u + \mu v + \nu w$ verschwindet, für welche also:

$$0 = \lambda^2 A_{uu} + 2\lambda\mu A_{uv} + \mu^2 A_{vv} + 2\nu\lambda A_{uw} + 2\mu\nu A_{vw} + \nu^2 A_{ww}.$$

Diese Gleichung stellt, wenn wir λ, μ, ν als Koordinaten in der Ebene interpretieren, einen Kegelschnitt dar. Derselbe hat, hinsichtlich linearer Transformationen, denen man λ, μ, ν aussetzen kann, eine Invariante, nämlich die Determinante:

$$\begin{vmatrix} A_{uu} & A_{uv} & A_{uw} \\ A_{vu} & A_{vv} & A_{vw} \\ A_{wu} & A_{wv} & A_{ww} \end{vmatrix}.$$

Wir werden dieselbe als die *Invariante* der den drei Komplexen gemeinsamen Regelschar zu bezeichnen haben.

Das Verschwinden der Invariante sagt aus: zunächst, daß der Kegelschnitt, der durch die Gleichung zwischen λ, μ, ν dargestellt wird, zerfällt. Es zerfällt also auch das zweite Erzeugendensystem. Das bez. Hyperboloid artet in diesem Falle in zwei Ebenen und zwei auf deren Durchschnitt gelegene Punkte aus (vgl. **Plückers** Neue Geometrie, Nr. 144)[13]). Die

---

[13]) Während also eine F_2 als Punktgebilde betrachtet den Kegel, als Ebenengebilde betrachtet den Kegelschnitt als erste Partikularisation ergibt, tritt hier ein mit einem Punktepaare vereinigt gelegenes Ebenenpaar als solche auf. Es ist interessant, daß man bei den allgemeinen auf Systeme von Flächen zweiten Grades bezüglichen Abzählungen gleichmäßig auf alle drei Partikularisationen Rücksicht nehmen muß. Vgl. die Arbeit von Herrn **Schubert**: Zur Theorie der Charakteristiken (Borchardts Journal, Bd. 71, 1870). Die hier in Rede stehende Partikularisation der F_2 ist dort als „begrenzter Ebenenschnitt" bezeichnet.

eine Erzeugung desselben besteht aus den Geraden, welche durch den ersten Punkt in der ersten Ebene, oder durch den zweiten Punkt in der zweiten Ebene hindurchgehen; die andere Erzeugung aus den Geraden, die durch den ersten Punkt in der zweiten Ebene, oder den zweiten Punkt in der ersten Ebene hindurchgehen. Die drei Komplexe haben also zwei vereinigt gelegene Strahlbüschel gemein. Wir werden eine solcherart zerfallene Regelschar in Analogie mit dem Vorstehenden als *spezielle* Regelschar zu bezeichnen haben.

Eine weitere Partikularisation ist, daß nicht nur die Invariante der Regelschar, sondern sämtliche Unterdeterminanten derselben verschwinden. Dann ist die Regelschar in zwei sich deckende Strahlbüschel ausgeartet (Plückers Neue Geometrie, Nr. 146). Die Kongruenzen je zweier Komplexe der Schar $\lambda u + \mu v + \nu w$ sind alsdann spezielle, da sich ihre Invarianten linear aus den verschwindenden Unterdeterminanten zusammensetzen.

Es wäre der letzte Fall noch denkbar, daß auch die zweiten Unterdeterminanten, d. h. A_{uu}, A_{uv} usw. selbst sämtlich verschwinden. Dann sind u, v, w drei spezielle Komplexe, deren Achsen sich gegenseitig schneiden, also entweder einen Punkt gemein haben oder in einer Ebene verlaufen. Es genügen dann den drei Gleichungen $u = 0$, $v = 0$, $w = 0$ zweifach unendlich viele Linien, nämlich diejenigen, die durch den gemeinsamen Punkt gehen, resp. in der gemeinsamen Ebene liegen. Denn die Bedingungsgleichung $\Omega = 0$ ist dann vermöge $u = 0$, $v = 0$, $w = 0$ identisch erfüllt; die dritte Gleichung, etwa $w = 0$, dient nur dazu, um aus der zerfallenden Kongruenz: $u = 0$, $v = 0$, $w = 0$ den einen Teil auszusondern. Es ist dies also ein von den vorhergehenden wesentlich verschiedener Fall, der im folgenden nicht in Betracht kommen wird.

Es mögen endlich vier Komplexe:

$$u = 0, \qquad v = 0, \qquad w = 0, \qquad t = 0$$

in Betracht gezogen werden. Dieselben haben zwei Geraden gemein, und für dieses Geradenpaar erhält man die Invariante:

$$\begin{vmatrix} A_{uu} & A_{uv} & A_{uw} & A_{ut} \\ A_{vu} & A_{vv} & A_{vw} & A_{vt} \\ A_{wu} & A_{wv} & A_{ww} & A_{wt} \\ A_{tu} & A_{tv} & A_{tw} & A_{tt} \end{vmatrix}.$$

Verschwindet dieselbe, so fallen die beiden Geraden zusammen[14]). Ver-

---

[14]) Läßt man $t = 0$ einen speziellen Komplex bedeuten, wodurch A_{tt} verschwindet, so sagt das Verschwinden der Invariante des Textes aus, daß die Gerade t das Hyperboloid der drei Komplexe $u = 0$, $v = 0$, $w = 0$ berührt. Aber A_{tu}, A_{tv}, A_{tw} sind offenbar nichts anderes, als die Gleichungen der Komplexe u, v, w, in die nur die

schwinden die ersten Unterdeterminanten, so schneiden sich die beiden zusammenfallenden Geraden [und also haben die linearen Komplexe das ganze Büschel, welches durch diese beiden Erzeugenden gegeben ist, gemein]. Was das Verschwinden der zweiten und dritten Unterdeterminanten bedeutet, mag hier unerörtert bleiben.

§ 2.

Aufstellung der Differentialgleichungen.

Sei jetzt ein beliebiger Komplex

$$\varphi = 0$$

gegeben. Betrachten wir eine seiner Geraden (x). In der Nähe dieser Geraden kann der Komplex als ein linearer angesehen werden, d. h. die benachbarten Geraden sind, bis auf Größen höherer Ordnung, durch einen tangierenden linearen Komplex bestimmt (vgl. **Plückers Neue Geometrie,** Nr. 297 ff.). Derselbe ist:

$$\left(\frac{\partial \varphi}{\partial x_1}\right) y_1 + \left(\frac{\partial \varphi}{\partial x_2}\right) y_2 + \cdots + \left(\frac{\partial \varphi}{\partial x_6}\right) y_6 = 0,$$

wo die eingeklammerten Differentialquotienten sich auf den konstanten Wert x beziehen. Dieser lineare Tangentialkomplex ist indes nicht einzig bestimmt, sondern es gibt einfach unendlich viele gleichberechtigte. Da nämlich der gegebene Komplex

$$\varphi = 0$$

nicht geändert wird, wenn man zu seiner Gleichung Ω mit einem beliebigen Faktor hinzufügt:

$$\lambda \varphi + \mu \Omega = 0,$$

so ist jeder lineare Komplex, der in der Gleichung enthalten ist:

$$\sum \left(\lambda \frac{\partial \varphi}{\partial x_\alpha} + \mu \frac{\partial \Omega}{\partial x_\alpha} \right) \cdot y_\alpha = 0$$

Koordinaten der Geraden t eingetragen sind. Ersetzt man daher A_{tu}, A_{tv}, A_{tw} kurz durch u, v, w, so stellt die resultierende Gleichung:

$$0 = \begin{vmatrix} A_{uu} & A_{uv} & A_{uw} & u \\ A_{vu} & A_{vv} & A_{vw} & v \\ A_{wu} & A_{wv} & A_{ww} & w \\ u & v & w & 0 \end{vmatrix}$$

die *Komplexgleichung der Hyperboloids u, v, w* dar, wie ich Math. Annalen, Bd. 2 (1870) [siehe Abh. II dieser Ausgabe] ohne Beweis angab. — Auf ähnliche Weise findet man das Produkt der Gleichungen der beiden Direktrizen der Kongruenz u, v:

$$0 = \begin{vmatrix} A_{uu} & A_{uv} & u \\ A_{vu} & A_{vv} & v \\ u & v & 0 \end{vmatrix} .$$

ein linearer Tangentialkomplex[15]). Dabei ist:

$$\frac{\partial \Omega}{\partial x_\alpha} \cdot y_\alpha = 0$$

die Gleichung des speziellen Komplexes, dessen sämtliche Gerade die Gerade x schneiden.

Die einfach unendlich vielen linearen Tangentialkomplexe haben eine *spezielle* lineare Kongruenz gemein. In der Tat, nehmen wir für Ω, wie fortan immer geschehen soll, die vereinfachte Form:

$$\Omega = x_1^2 + x_2^2 + \ldots + x_6^2,$$

so wird die Schar der linearen Tangentialkomplexe:

$$\sum \left(\lambda \frac{\partial \varphi}{\partial x_\alpha} + \mu x_\alpha \right) y_\alpha = 0.$$

Die Invariante der einzelnen Komplexe ist also gleich:

$$\lambda^2 \sum \left(\frac{\partial \varphi}{\partial x_\alpha} \right)^2,$$

da sowohl $\sum x_\alpha^2$ vermöge $\Omega = 0$, als $\sum \frac{\partial \varphi}{\partial x_\alpha} \cdot x_\alpha$ vermöge $\varphi = 0$ verschwindet, und ergibt, gleich Null gesetzt, die Doppelwurzel $\lambda = 0$. Die beiden Direktrizen der Kongruenz fallen also zusammen, und zwar in die gegebene Gerade (x).

Es wird nun insbesondere unter den Linien eines Komplexes solche geben, für welche die den tangierenden linearen Komplexen gemeinsame spezielle Kongruenz zerfällt. Die Bedingung hierzu ist nach dem vorstehenden

$$\sum \left(\frac{\partial \varphi}{\partial x_\alpha} \right)^2 = 0.$$

Dann sind alle einfach unendlich vielen Tangentialkomplexe speziell, d. h. gerade Linien, und diese Geraden bilden ein Büschel. Durch dies Büschel werden der gegebenen Geraden ein auf ihr gelegener Punkt und eine durch sie hindurchgehende Ebene zugeordnet. Alle Geraden des Komplexes, welche der gegebenen (x) unendlich nahe sind und sie schneiden, müssen entweder sie in dem zugeordneten Punkte treffen oder in der zugeordneten Ebene verlaufen. Der zugeordnete Punkt ist deshalb gemeinsamer Berührungspunkt für die Gerade (x) und die in den durch sie hindurchgelegten Ebenen enthaltenen Komplexkurven; ebenso wird die zugeordnete Ebene von allen Kegeln, die von Punkten der Geraden (x) ausgehen, nach der Geraden (x) berührt.

---

[15]) Unter den linearen Tangentialkomplexen gibt es drei ausgezeichnete, die stationär berühren. Vgl. den vorhergehenden Aufsatz.

Derartige Komplexlinien (x) heißen bei Plücker *singuläre Linien des Komplexes* (Nr. 305, 306 der Neuen Geometrie). Der zugeordnete Punkt heißt der zugeordnete *singuläre Punkt*, die zugeordnete Ebene die zugeordnete *singuläre* Ebene.

Hat Ω, wie oben angenommen, die vereinfachte Gestalt $\sum x_a^2 = 0$, so werden die singulären Linien des Komplexes

$$\varphi = 0$$

aus demselben ausgeschieden durch die Gleichung:

$$\sum \left(\frac{\partial \varphi}{\partial x_a}\right)^2 = 0.$$

Ist φ vom Grade m, so ist diese Gleichung vom Grade $2(m-1)$; *die singulären Linien bilden also eine Kongruenz der Ordnung und Klasse* $2m(m-1)$.

Ich will hieran beiläufig die Definition einer für die Theorie der Komplexe sehr wichtigen Fläche knüpfen. Jeder der zweifach unendlich vielen singulären Linien ist ein singulärer Punkt und eine singuläre Ebene zugeordnet. Es gibt hiernach eine Fläche der singulären Punkte und eine Fläche der singulären Ebenen. *Diese beiden Flächen sind nun identisch und bilden einen Teil der von der Kongruenz der singulären Linien umhüllten Brennfläche*[16]). Im folgenden werde ich diese Fläche, wie ich bereits früher gelegentlich getan, als die *Singularitätenfläche* des Komplexes bezeichnen.

Es wird nun Komplexe besonderer Art geben können — sie sollen im folgenden *spezielle* Komplexe heißen —, für die

$$\sum \left(\frac{\partial \varphi}{\partial x_a}\right)^2 = 0$$

vermöge $\sum x^2 = 0$, $\varphi = 0$ identisch verschwindet, deren sämtliche Linien also singuläre Linien sind. Ich behaupte, daß diese Komplexe es sind, deren Linien eine Fläche umhüllen, *daß also die Komplexe, die aus der Gesamtheit der Tangenten einer Fläche bestehen, durch die Differential-gleichung*

$$\sum \left(\frac{\partial \varphi}{\partial x_a}\right)^2 = 0$$

charakterisiert sind[17]).

Zunächst ist ersichtlich, daß für alle Komplexe, deren Linien eine Fläche umhüllen, diese Bedingung erfüllt ist. Denn jede Linie eines solchen

---

[16]) Es ist dieser Satz von Herrn Pasch in seiner Habilitationsschrift gegeben worden (Zur Theorie der Komplexe usw., Gießen 1870). Bei Plücker findet sich das Entsprechende für Komplexe zweiten Grades auf einem Umwege bewiesen (Nr. 318—320).

[17]) [Auch dieser Satz ist zum erstenmal in der oben zitierten Abhandlung von Pasch gegeben worden.]

Komplexes hat den Charakter einer singulären. Die Komplexkurven z. B., die in den durch sie hindurchgelegten Ebenen liegen (die Durchschnittskurven dieser Ebenen mit der umhüllten Fläche), berühren die Gerade in einem festen Punkte usw.

Um auch die Umkehrung des Satzes einzusehen, benutzen wir einen Hilfssatz. Sei nämlich (x) eine Linie des Komplexes. So wird wegen

$$\sum \left(\frac{\partial \varphi}{\partial x_\alpha}\right)^2 = 0$$

auch $\left(\frac{\partial \varphi}{\partial x}\right)$ eine gerade Linie sein. Dieselbe wird überdies, wegen

$$\varphi = 0 \quad \text{und also} \quad \sum x_\alpha \frac{\partial \varphi}{\partial x_\alpha} = 0$$

die Gerade (x) schneiden. $\left(x + \lambda \frac{\partial \varphi}{\partial x}\right)$ ist deshalb ein Büschel gerader Linien, das schon oben betrachtete Büschel der zu der singulären Linie (x) gehörigen speziellen linearen Tangentialkomplexe. *Im vorliegenden Falle gehört nun dieses ganze Büschel von Geraden dem Komplexe $\varphi = 0$ an.*

Der Beweis, den ich bei einer anderen Gelegenheit ausführlicher zu geben hoffe, läßt sich so führen. Ist, wie vorausgesetzt:

$$\sum \left(\frac{\partial \varphi}{\partial x_\alpha}\right)^2 = 0$$

vermöge $\varphi = 0$, $\sum x_\alpha^2 = 0$, so kann man, wie sich zeigen läßt, setzen[18]):

$$\sum \left(\frac{\partial \varphi}{\partial x_\alpha}\right)^2 = M \varphi + N \sum x_\alpha^2 .$$

Man bilde jetzt

$$\varphi \left(x_\alpha + \lambda \frac{\partial \varphi}{\partial x_\alpha}\right)$$

$$= \varphi(x_\alpha) + \lambda \sum \frac{\partial \varphi}{\partial x_\alpha} \cdot \frac{\partial \varphi}{\partial x_\alpha} + \frac{\lambda^2}{1 \cdot 2} \cdot \sum \frac{\partial^2 \varphi}{\partial x_\alpha \partial x_\beta} \cdot \frac{\partial \varphi}{\partial x_\alpha} \cdot \frac{\partial \varphi}{\partial x_\beta} + \dots .$$

Das Glied mit λ^0 und mit λ^1 verschwindet ohne weiteres mit $\varphi = 0$, $\sum x_\alpha^2 = 0$. Für die anderen Glieder kann man es dann durch ein rekurrentes Verfahren nachweisen, indem man von der dem Ausdrucke $\sum \left(\frac{\partial \varphi}{\partial x_\alpha}\right)^2$ gegebenen Darstellung Gebrauch macht.

Die Linien des Komplexes fassen sich also in zweifach unendlich viele Büschel

$$x + \lambda \frac{\partial \varphi}{\partial x}$$

---

[18]) [Die Zulässigkeit des Ansatzes für algebraische Komplexe ergibt sich aus den in der Note: Über einen liniengeometrischen Satz (Gött. Nachr. 1872, Math. Ann., Bd. 22, siehe Abh. X dieser Ausgabe) entwickelten Überlegungen.]

zusammen. Der gemeinsame Schnittpunkt der Geraden des Büschels ist
für alle der zugeordnete singuläre Punkt, die Ebene des Büschels für alle
die zugeordnete singuläre Ebene. Den dreifach unendlich vielen Geraden
des Komplexes entsprechen also nur zweifach unendlich viele singuläre
Punkte und zweifach unendlich viele singuläre Ebenen. Es gibt also (wie
beim allgemeinen Komplexe) eine Fläche der singulären Punkte und eine
Fläche der singulären Ebenen. Nun ist es leicht, zu sehen, daß (wie beim
allgemeinen Komplexe) diese beiden Flächen identisch sind und daß die
Linien des Komplexes die Tangenten dieser Fläche sind. Jede Komplexlinie muß nämlich jetzt die Komplexkurve in einer beliebigen durch sie
hindurchgelegten Ebene, als singuläre Linie, im zugehörigen singulären
Punkte berühren. Die in einer Ebene enthaltene Komplexkurve ist also
die Durchschnittskurve der Ebene mit der Fläche der singulären Punkte.
Die Fläche der singulären Punkte wird mithin von den Linien des Kom-
plexes umhüllt. Die Linien des Komplexes umhüllen also in der Tat eine
Fläche, die Fläche der singulären Punkte. Dasselbe beweist·man von der
Fläche der singulären Ebenen. Die Fläche der singulären Punkte und die
Fläche der singulären Ebenen sind also identisch[19]).

Betrachten wir jetzt die Kongruenz, welche zwei Komplexen

$$\varphi = 0, \qquad \psi = 0$$

gemeinsam ist. Eine Linie derselben habe die Koordinaten x. In der
Nähe derselben kann man die beiden Komplexe durch einen ihrer linearen
Tangentialkomplexe ersetzen:

$$\sum \left(\frac{\partial \varphi}{\partial x_\alpha} + \lambda x_\alpha \right) y_\alpha = 0,$$

$$\sum \left(\frac{\partial \psi}{\partial x_\alpha} + \mu x_\alpha \right) y_\alpha = 0.$$

---

[19]) Man kann, wie hier beiläufig angegeben sein mag, die Singularitätenfläche
eines Komplexes als denjenigen speziellen Komplex definieren, der dem Komplexe
umschrieben ist; die Brennfläche einer Kongruenz als denjenigen speziellen Komplex,
dem die Kongruenz angehört. [Der innere Zusammenhang der Singularitätenfläche
und der anderen hier vorkommenden Gebilde mit den entsprechenden Differentialgleichungen wird vielleicht deutlicher werden, wenn ich die ursprüngliche Auffassung,
die mich bei diesen Untersuchungen geleitet hat, erwähne. Man gehe von den Linienkoordinaten aus, die der Identität $x_1^2 + x_2^2 + x_3^2 + x_4^2 + pq = 0$ genügen, setze $q = 1$ und
eliminiere dann p aus der Komplexgleichung. Dann wird z. B. die partielle Differential
gleichung der speziellen Komplexe zu

$$\left(\frac{\partial \Phi}{\partial x_1} \right)^2 + \left(\frac{\partial \Phi}{\partial x_2} \right)^2 + \left(\frac{\partial \Phi}{\partial x_3} \right)^2 + \left(\frac{\partial \Phi}{\partial x_4} \right)^2 = 0.$$

Man sieht die Analogie mit den Developpablen, die im gewöhnlichen R_3 dem Kugelkreis umgeschrieben sind. Die „Büschel" des Komplexes entsprechen den Erzeugenden
der Developpablen (und damit den Charakteristiken der partiellen Differentialgleichung), die vereinigte Lage konsekutiver Büschel dem Schnitt aufeinander folgender
Erzeugender (bzw. der vereinigten Lage konsekutiver charakteristischerStreifen). K.]

Die gegebene Kongruenz kann man in der Nähe von (x) durch die lineare Kongruenz ersetzen, welche irgend zwei dieser Komplexe gemeinsam ist. *Es gibt also zweifach unendlich viele lineare Kongruenzen, welche eine gegebene Kongruenz in einer ihrer Geraden (x) berühren.*

Diese linearen Kongruenzen haben alle eine Regelschar gemein:

$$\sum \frac{\partial \varphi}{\partial x_\alpha} \cdot y_\alpha = 0, \qquad \sum \frac{\partial \psi}{\partial x_\alpha} \cdot y_\alpha = 0, \qquad \sum x_\alpha y_\alpha = 0.$$

Aber dieselbe zerfällt in zwei Büschel, da ihre Invariante

$$\begin{vmatrix} \sum \left(\dfrac{\partial \varphi}{\partial x_\alpha}\right)^2 & \sum \dfrac{\partial \varphi}{\partial x_\alpha} \cdot \dfrac{\partial \psi}{\partial x_\alpha} & \varphi \\[2ex] \sum \dfrac{\partial \varphi}{\partial x_\alpha} \cdot \dfrac{\partial \psi}{\partial x_\alpha} & \sum \left(\dfrac{\partial \psi}{\partial x_\alpha}\right)^2 & \psi \\[2ex] \varphi & \psi & \sum x_\alpha^2 \end{vmatrix}$$

vermöge $\varphi = 0$, $\psi = 0$, $\sum x_\alpha^2 = 0$ verschwindet. Die Direktrizen der zweifach unendlich vielen tangierenden Kongruenzen bestehen also aus zwei Büscheln, welche die gegebene Gerade (x) gemein haben. Irgend zwei Gerade, entnommen den beiden Büscheln, sind Direktrizen einer tangierenden Kongruenz. Man erkennt in diesen beiden Büscheln die Tangentenbüschel[20] der Brennfläche der Kongruenz in deren Berührungspunkten mit der Geraden (x).

Unter den Linien einer Kongruenz wird es nun insbesondere solche geben, für welche die beiden Büschel, d. h. also die beiden Berührungspunkte mit der Brennfläche zusammenfallen. Dann wird die Kongruenzgerade, die vorher Doppeltangente der Brennfläche war, im allgemeinen eine vierpunktig berührende Tangente. Diese Kongruenzgeraden sind durch die Bedingung dargestellt, daß für sie die Unterdeterminanten der vorstehenden Invariante verschwinden, was sich, vermöge der vereinfachten Form der letzteren, auf die eine Bedingung reduziert:

$$\sum \left(\frac{\partial \varphi}{\partial x_\alpha}\right)^2 \cdot \sum \left(\frac{\partial \psi}{\partial x_\alpha}\right)^2 - \left(\sum \frac{\partial \varphi}{\partial x_\alpha} \cdot \frac{\partial \psi}{\partial x_\alpha}\right)^2 = 0.$$

Diese Gleichung, zusammen mit

$$\varphi = 0, \qquad \psi = 0, \qquad \sum x_\alpha^2 = 0$$

stellt eine Linienfläche der Kongruenz dar, welche die Brennfläche vierpunktig berührt. Ist φ vom Grade m, ψ vom Grade n, so wird diese Fläche vom Grade $4mn(m + n - 2)$.

---

[20]) Bei der gewöhnlichen Darstellung zeichnet man die gegen (x) rechtwinkligen Linien der beiden Büschel aus und bezeichnet sie als die *Brennlinien* des in der Nähe von (x) verlaufenden unendlich dünnen Strahlenbündels. Jedes andere den beiden Büscheln entnommene Linienpaar ist im projektiven Sinne gleichberechtigt.

Diejenigen Linien einer Kongruenz $[m, n]$, *welche die Brennfläche vierpunktig berühren, bilden im allgemeinen eine Linienfläche vom Grade*

$$4\,m\,n\,(m + n - 2).$$

Es wird nun besondere Kongruenzen geben — sie sollen *spezielle* Kongruenzen heißen —, für welche die vorstehende Gleichung:

$$\sum\left(\frac{\partial \varphi}{\partial x_\alpha}\right)^2 \cdot \sum\left(\frac{\partial \psi}{\partial x_\alpha}\right)^2 - \left(\sum \frac{\partial \varphi}{\partial x_\alpha} \cdot \frac{\partial \psi}{\partial x_\alpha}\right)^2 = 0$$

vermöge

$$\varphi = 0, \qquad \psi = 0, \qquad \sum x_\alpha^2 = 0$$

identisch erfüllt ist. Diese haben die Eigentümlichkeit, daß alle ihre Linien die Brennfläche in zusammenfallenden Punkten berühren. Es sind dies diejenigen Kongruenzen, deren Linien Haupttangenten der Brennfläche sind[21]): im Gegensatze zu den allgemeinen Kongruenzen, deren Linien Doppeltangenten der Brennfläche sind.

Hiermit ist denn auch das Problem (2) *formuliert*[22]). Ist ein Linien-

---

[21]) Vgl. Kummer, Allgemeine Theorie der Strahlensysteme, § 8. (Borchardts Journal, Bd. 57).

[22]) Lie erteilte diesem Problem bereits früher eine ähnliche Form. Er fand nämlich, daß die betr. Differentialgleichung durch eine Transformation, die darauf hinauskommt, die Geraden des Komplexes als Raumelement einzuführen, in eine Gleichung zweiten Grades übergeht. Insbesondere gibt er die Gleichung:

$$p \cdot \frac{\partial H}{\partial x} + q\,\frac{\partial H}{\partial y} - \frac{\partial H}{\partial z} = \sqrt{1 + p^2 + q^2} \cdot \sqrt{\left(\frac{\partial H}{\partial x}\right)^2 + \left(\frac{\partial H}{\partial y}\right)^2 + \left(\frac{\partial H}{\partial z}\right)^2 - 1}$$

(Bericht der Akademie zu Christiania, 1870, Dezember.) Wollte man statt Linienkoordinaten Punktkoordinaten anwenden, so würde man zu einer auf den ersten Blick sehr verschiedenen partiellen Differentialgleichung geführt werden. Sei unter Anwendung der Koordinaten p_{ik} die Gleichung des Komplexes

$$\varphi\,(p_{ik}) = 0,$$

so stellt die Gleichung

$$\varphi\,(x_i y_k - y_i x_k) = 0,$$

wenn man den x feste Werte erteilt, den vom Punkte (x) ausgehenden Komplexkegel dar. Das Problem (2) besteht nun darin, solche Flächen $\psi\,(x) = 0$ zu finden, die in jedem ihrer Punkte von dem betreffenden Komplexkegel berührt werden. Man drücke also die Bedingung aus, daß die Ebene

$$\frac{\partial \psi}{\partial x_1} \cdot y_1 + \frac{\partial \psi}{\partial x_2} \cdot y_2 + \frac{\partial \psi}{\partial x_3} \cdot y_3 + \frac{\partial \psi}{\partial x_4} \cdot y_4 = 0$$

den Kegel

$$\varphi\,(x_i y_k - y_i x_k) = 0$$

berühre, so hat man die Differentialgleichung des Problems. Ist φ vom Grade m, so werden die Differentialquotienten $\dfrac{\partial \psi}{\partial x}$ im allgemeinen bis zum Grade $m\,(m-1)$ vorkommen.

komplex $\varphi = 0$ gegeben, so suche man solche Kongruenzen desselben: $\varphi = 0$, $\psi = 0$, daß für die Kongruenzlinien

$$\sum\left(\frac{\partial \varphi}{\partial x_a}\right)^2 \cdot \sum\left(\frac{\partial \psi}{\partial x_a}\right)^2 - \left(\sum\frac{\partial \varphi}{\partial x_a}\cdot\frac{\partial \psi}{\partial x_a}\right)^2 = 0.$$

Ist insbesondere $\varphi = 0$ ein spezieller Komplex, d. h. eine Fläche, so reduziert sich diese Gleichung auf:

$$\sum\frac{\partial \varphi}{\partial x_a}\cdot\frac{\partial \psi}{\partial x_a} = 0.$$

Es mögen endlich drei Komplexe

$$\varphi = 0, \qquad \psi = 0, \qquad \chi = 0$$

gegeben sein. Dieselben haben eine Linienfläche gemein. Sei (x) eine Gerade derselben. Dieselbe hat in φ, ψ, χ bez. die folgenden Tangentialkomplexe

$$\sum\left(\frac{\partial \varphi}{\partial x_a} + \lambda x_a\right)y_a = 0$$

$$\sum\left(\frac{\partial \psi}{\partial x_a} + \mu x_a\right)y_a = 0$$

$$\sum\left(\frac{\partial \chi}{\partial x_a} + \nu x_a\right)y_a = 0.$$

Je drei Komplexe aus diesen drei Scharen haben ein Hyperboloid gemeinsam, welches die den drei gegebenen Komplexen gemeinsame geradlinige Fläche in (x) berührt. *Es gibt dreifach unendlich viele solcher berührenden Hyperboloide.* Alle haben zwei zusammenfallende Gerade gemein, nämlich (x) und die benachbarte Erzeugende: die gemeinschaftlichen Geraden der vier Komplexe:

$$\sum\frac{\partial \varphi}{\partial x_a}\cdot y_a = 0, \quad \sum\frac{\partial \psi}{\partial x_a}\cdot y_a = 0, \quad \sum\frac{\partial \chi}{\partial x_a}\cdot y_a = 0, \quad \sum x_a y_a = 0.$$

Denn die Invariante des diesen Komplexen gemeinsamen Geradenpaares:

$$\begin{vmatrix} \sum\left(\frac{\partial \varphi}{\partial x_a}\right)^2 & \sum\frac{\partial \varphi}{\partial x_a}\cdot\frac{\partial \psi}{\partial x_a} & \sum\frac{\partial \varphi}{\partial x_a}\cdot\frac{\partial \chi}{\partial x_a} & \varphi \\[2ex] \sum\frac{\partial \psi}{\partial x_a}\cdot\frac{\partial \varphi}{\partial x_a} & \sum\left(\frac{\partial \psi}{\partial x_a}\right)^2 & \sum\frac{\partial \psi}{\partial x_a}\cdot\frac{\partial \chi}{\partial x_a} & \psi \\[2ex] \sum\frac{\partial \chi}{\partial x_a}\cdot\frac{\partial \varphi}{\partial x_a} & \sum\frac{\partial \chi}{\partial x_a}\cdot\frac{\partial \psi}{\partial x_a} & \sum\left(\frac{\partial \chi}{\partial x_a}\right)^2 & \chi \\[2ex] \varphi & \psi & \chi & \sum x_a^2 \end{vmatrix}$$

verschwindet.

Für besondere Geraden der Linienfläche werden auch sämtliche Unterdeterminanten dieser Invariante verschwinden. Es sind dies die sogenannten *singulären* Erzeugenden der Linienfläche, die ihre konsekutive schneiden. Zu ihrer Bestimmung erhält man:

$$0 = \begin{vmatrix} \sum\left(\dfrac{\partial\varphi}{\partial x_\alpha}\right)^2 & \sum\dfrac{\partial\varphi}{\partial x_\alpha}\cdot\dfrac{\partial\psi}{\partial x_\alpha} & \sum\dfrac{\partial\varphi}{\partial x_\alpha}\cdot\dfrac{\partial\chi}{\partial x_\alpha} \\[2ex] \sum\dfrac{\partial\psi}{\partial x_\alpha}\cdot\dfrac{\partial\varphi}{\partial x_\alpha} & \sum\left(\dfrac{\partial\psi}{\partial x_\alpha}\right)^2 & \sum\dfrac{\partial\psi}{\partial x_\alpha}\cdot\dfrac{\partial\chi}{\partial x_\alpha} \\[2ex] \sum\dfrac{\partial\chi}{\partial x_\alpha}\cdot\dfrac{\partial\varphi}{\partial x_\alpha} & \sum\dfrac{\partial\chi}{\partial x_\alpha}\cdot\dfrac{\partial\psi}{\partial x_\alpha} & \sum\left(\dfrac{\partial\chi}{\partial x_\alpha}\right)^2 \end{vmatrix}$$

Diese Gleichung ist, wenn φ, ψ, χ bez. vom Grade m, n, p sind, vom Grade $2(m + n + p - 3)$. Man erhält also den Satz: *die Linienfläche, welche drei Komplexen bez. vom Grade m, n, p gemeinsam ist, hat im allgemeinen*

$$4\,m\,n\,p(m + n + p - 3)$$

singuläre Erzeugende[23]).

Es gibt nun *spezielle* Linienflächen, deren sämtliche Linien singuläre Erzeugende sind, d. h. ihre konsekutiven schneiden. Dies sind die *Developpablen*. Sie sind dadurch charakterisiert, daß für sie, vermöge $\varphi = 0$, $\psi = 0$, $\chi = 0$ die vorstehende Gleichung identisch erfüllt ist. Sind also φ und ψ gegeben und betrachtet man χ als unbekannt, *so stellt diese Gleichung die Differentialgleichung für die Developpablen der Kongruenz* $\varphi = 0$, $\psi = 0$ *dar*, was das Problem (3) ist. Dieselbe wird insbesondere linear, wenn $\varphi = 0$, $\psi = 0$ eine spezielle Kongruenz ist.

Die Umhüllungskurven der Kongruenz zweier zu derselben Singularitätenfläche gehöriger Komplexe zweiten Grades werden wir in etwas anderer Weise bestimmen, indem wir nämlich die Kongruenzgeraden durch zwei Parameter ausdrücken und dann die Bedingung aufstellen, daß sich zwei benachbarte Kongruenzgeraden schneiden. Zu diesem Zwecke mag hier die Bedingung gegeben werden, unter der sich überhaupt zwei benachbarte Gerade (x) und $(x + dx)$ schneiden. Damit sich zwei Gerade (x) und (y) schneiden, muß sein

$$\sum x_\alpha y_\alpha = 0.$$

Ist aber $y_\alpha = x_\alpha + dx_\alpha$, so ist diese Gleichung identisch befriedigt, weil die y_α, als Linienkoordinaten, an die Gleichung $\sum y_\alpha^2 = 0$ geknüpft sind, was, wegen $\sum x_\alpha^2 = 0$, auf $\sum x_\alpha\,dx_\alpha = 0$ führt. Setzen wir jetzt $y_\alpha = x_\alpha + dx_\alpha + d^2 x_\alpha$, so haben wir einmal, wegen $\sum y_\alpha^2 = 0$:

$$\sum x_\alpha\,dx_\alpha = 0, \qquad \sum\left(2\,x_\alpha\,d^2 x_\alpha + dx_\alpha^2\right) = 0.$$

---

[23]) Dieselbe Zahl hat auf etwas anderem Wege Herr Lüroth abgeleitet: Zur Theorie der windschiefen Flächen (Borchardts Journal, Bd. 67, 1867).

Andererseits wird die Bedingung des Schneidens

$$\sum x_\alpha \, d^2 x_\alpha = 0$$

und diese reduziert sich vermöge der letzten Gleichung auf

$$\sum d x_\alpha^2 = 0.$$

Dies ist die Bedingung für das Schneiden zweier konsekutiven Geraden, welche im folgenden angewandt werden wird[24]).

§ 3.

Elliptische Koordinaten zur Bestimmung der geraden Linie[25]). Bestimmung verschiedener Umhüllungskurven.

Ich werde jetzt statt der bisher gebrauchten homogenen Linienkoordinaten $x_1, \ldots, x_6$, welche an die Bedingungsgleichung

$$\sum x_\alpha^2 = 0$$

gebunden waren, vier voneinander unabhängige, nicht homogene Koordinaten $\lambda_1, \lambda_2, \lambda_3, \lambda_4$ einführen. Dieselben werden in der folgenden Weise definiert.

In einer früheren Arbeit [Math. Ann., Bd. 2 (siehe Abh. II dieser Ausgabe)] habe ich gezeigt, daß die Komplexe zweiten Grades mit gemeinsamer Singularitätenfläche in der folgenden Weise durch einen Parameter λ dargestellt werden können:

$$0 = \frac{x_1^2}{k_1 - \lambda} + \frac{x_2^2}{k_2 - \lambda} + \cdots + \frac{x_6^2}{k_6 - \lambda},$$

wo $x_1, x_2, \ldots, x_6$ Koordinaten der eben betrachteten Art sind. Die gemeinsame Singularitätenfläche ist in dem allgemeinen Falle, auf welchen diese kanonische Form paßt, eine Kummersche Fläche vierten Grades mit 16 Knotenpunkten.

Nun kann man die vorstehende Gleichung, wenn man für die x die Koordinaten einer geraden Linie setzt, als eine Gleichung für λ betrachten. Dieselbe ist vom vierten Grade, da die beim Heraufmultiplizieren auftretende Potenz λ^5 den verschwindenden Faktor $\sum x^2$ hat. Die vier Wurzeln der Gleichung sollen $\lambda_1, \lambda_2, \lambda_3, \lambda_4$ heißen; sie sind es, die fortan als Koordinaten der Geraden benutzt werden. *Diese vier Koordinaten geben also*

---

[24]) Lie benutzt als Bedingung für das Schneiden zweier konsekutiven Geraden (oder die Berührung zweier konsekutiver Kugeln) die folgende:

$$d x^2 + d y^2 + d z^2 + (i\, d H)^2 = 0.$$

[25]) Vgl. eine Note in den Göttinger Nachrichten, 1871, Nr. 1. [In die vorliegende Ausgabe nicht aufgenommen, weil sie genau die Entwicklungen des Textes enthält.]

den Wert des Parameters λ derjenigen vier Komplexe des Systems an, denen die fragliche Gerade angehört.

Wie man sieht, ist diese Koordinatenbestimmung der allgemeinen Jacobischen Methode der elliptischen Koordinaten analog. Bei der Jacobischen Methode hat man nur eine Gleichung, und zwar eine nicht homogene, von der Form[26]):

$$\sum_1^n \frac{x_\alpha^2}{k_\alpha - \lambda} = 1,$$

während hier zwei homogene Gleichungen gegeben sind:

$$\sum_1^{n+1} \frac{x_\alpha^2}{k_\alpha - \lambda} = 0, \qquad \sum_1^{n+1} x_\alpha^2 = 0.$$

Diese allgemeinere[27]) Art elliptischer Koordinaten findet sich zuerst bei Herrn Darboux erwähnt[28]) und werden von ihm in einem neueren Aufsatze entwickelt[29]). Er bezeichnet dieselben als die erste Derivation der gewöhnlichen elliptischen Koordinaten, insofern er auf sie durch einmalige Anwendung eines Prozesses geführt wird, durch den er aus jedem Orthogonalsysteme ein neues Orthogonalsystem herleitet. Auf das System der konfokalen Flächen zweiten Grades angewandt, ergibt der Prozeß das Darboux-Moutardsche Orthogonalsystem der Flächen vierten Grades, die den imaginären Kreis doppelt enthalten, und auf dieses System beziehen sich die neuen Koordinaten. (Vgl. hierzu auch den vorstehenden Aufsatz, § 2.)

Wir werden zunächst die früheren Koordinaten x_α durch die neuen λ_α ausdrücken. Zu diesem Zwecke mag $f(\lambda)$ den Ausdruck bezeichnen:

$$f(\lambda) = (k_1 - \lambda)(k_2 - \lambda) \ldots (k_6 - \lambda).$$

So hat man bekanntlich die Relationen:

$$\sum \frac{1}{f'(k_\alpha)} = 0, \quad \sum \frac{k_\alpha}{f'(k_\alpha)} = 0, \quad \sum \frac{k_\alpha^2}{f'(k_\alpha)} = 0, \quad \sum \frac{k_\alpha^3}{f'(k_\alpha)} = 0, \quad \sum \frac{k_\alpha^4}{f'(k_\alpha)} = 0.$$

Infolgedessen sind die x_α durch die folgende Gleichung gegeben:

$$\varrho\, x_\alpha^2 = \frac{(k_\alpha - \lambda_1)(k_\alpha - \lambda_2)(k_\alpha - \lambda_3)(k_\alpha - \lambda_4)}{f'(k_\alpha)}.$$

---

[26]) Bei Jacobi ist dem Parameter λ ein anderes Vorzeichen gegeben, was aber nicht vorteilhaft scheint.

[27]) Als *allgemeiner* kann man diese Koordinaten bezeichnen, da sich aus ihnen die gewöhnlichen elliptischen Koordinaten ergeben, wenn zwei der x_α zusammenfallen. Es würde dies einer Ausartung der Kummerschen Fläche in eine Fläche mit Doppellinie, d. h. in eine Plückersche Komplexfläche, entsprechen.

[28]) Comptes Rendus, t. 69, 1869, 2. Sur une nouvelle série de systèmes orthogonaux algébriques.

[29]) Comptes Rendus, t. 73, 1871, 2. Des courbes tracées sur une surface et dont la sphère osculatrice est tangente en chaque point à la surface.

In der Tat überzeugt man sich infolge der zwischen den $f'(k)$ existierenden Gleichungen ohne weiteres, daß diese Werte von x_α^2 sowohl der Gleichung $\sum x_\alpha^2 = 0$ als den vier Komplexgleichungen genügen, welche den Werten λ_1, λ_2, λ_3, λ_4 von λ entsprechen.

Wir mögen beiläufig erörtern, wie durch die Parameter λ die hauptsächlichen Elemente des gegebenen Komplexsystems und der mit ihm verknüpften Kummerschen Fläche dargestellt werden[30]).

Setzt man zwei Parameter λ, etwa λ_3 und λ_4, einander gleich, so hat man eine Tangente der Kummerschen Fläche. Betrachtet man λ_1 und λ_2 als konstant, während $\lambda_3 = \lambda_4$ alle Werte durchläuft, so erhält man das Büschel aller solcher Tangenten, welche die Fläche in einem Punkte berühren. λ_1 und λ_2 charakterisieren also den Berührungspunkt; man kann sie als Koordinaten des Punktes auf der Fläche auffassen[31]). Die von den Tangenten in zwei Punkten (λ_1, λ_2) und (λ_1', λ_2') gebildeten zwei Büschel sind dabei, gleichen Werten von $\lambda_3 = \lambda_4$ entsprechend, eindeutig und also projektiv aufeinander bezogen.

Setzt man drei Parameter einander gleich, so erhält man die Haupttangenten der Fläche.

Nimmt man die vier Parameter paarweise gleich, so hat man die Linien, welche die 16 Doppelebenen der Fläche ausfüllen und diejenigen, die durch die 16 Doppelpunkte hindurchgehen.

Endlich die Annahme, daß alle Parameter einander gleich sind, ergibt die Tangenten der in den 16 Doppelebenen gelegenen Berührungskegelschnitte, sowie die Erzeugenden der in den 16 Knotenpunkten berührenden Kegel.

Die einem bestimmten Komplexe des Systems angehörigen Geraden erhält man, wenn man einen der Parameter, etwa λ_4, dem betreffenden λ gleichsetzt. Nimmt man zwei Parameter konstant, etwa λ_3 und λ_4, so hat man die Linien der Kongruenz, die den beiden Komplexen $\lambda = \lambda_3$ und $\lambda = \lambda_4$ gemeinsam ist. Ist dabei gleichzeitig $\lambda_3 = \lambda_4$, so hat man die *singulären Linien* des Komplexes $\lambda = \lambda_3 = \lambda_4$. Durch den Wert von $\lambda_3 = \lambda_4$ wird also in jedem Tangentenbüschel der Kummerschen Fläche diejenige Tangente bestimmt, die dem Komplexe $\lambda = \lambda_3 = \lambda_4$ als singuläre Linie zugehört. Ist $\lambda_3 = \lambda_4 = k_\alpha$, so sind die singulären Linien *Doppeltangenten* der Kummerschen Fläche, nämlich diejenigen, welche dem unter den Komplexen des Systems befindlichen linearen (Fundamental-)Komplexe $x_\alpha = 0$ angehören. — Sind drei Parameter konstant, etwa λ_2, λ_3, λ_4, so

---

[30]) Wegen der Beweise siehe den Aufsatz: Zur Theorie der Komplexe usw. Math. Annalen, Bd. 2 (1870) [siehe Abh. II dieser Ausgabe].

[31]) Die Kurven $\lambda_1 = \varrho$, $\lambda_2 = \sigma$ sind, wie noch gezeigt werden soll, die Haupttangentenkurven der Kummerschen Fläche.

erhält man die Erzeugenden der den drei Komplexen $\lambda = \lambda_2$, $\lambda = \lambda_3$, $\lambda = \lambda_4$ gemeinsamen Linienfläche. Ist dabei $\lambda_2 = \lambda_3 = \lambda_4$, so hat man die singulären Linien des Komplexes $\lambda = \lambda_2 = \lambda_3 = \lambda_4$, welche die **Kummersche Fläche** oskulieren. Wenn der gemeinsame Wert von $\lambda_2 = \lambda_3 = \lambda_4$ gleich k_a ist, so sind dies vierpunktig berührende Linien. Und zwar erhält man, wenn man α die Werte $1 \dots 6$ erteilt, alle vierpunktig berührenden Linien der **Kummerschen Fläche**, außer denen, die die Berührungskegelschnitte in den 16 Doppelebenen tangieren[32]). — Endlich die Annahme, daß alle Parameter konstant sind, ergibt die den Komplexen $\lambda = \lambda_1$, $\lambda = \lambda_2$, $\lambda = \lambda_3$, $\lambda = \lambda_4$ gemeinsamen 32 geraden Linien. Ist dabei $\lambda_1 = \lambda_2 = \lambda_3 = \lambda_4$, so hat man die 32 ausgezeichneten singulären Linien des Komplexes $\lambda = \lambda_1 = \lambda_2 = \lambda_3 = \lambda_4$, welche Tangenten der Berührungskegelschnitte in den Doppelebenen, bez. Erzeugende der Berührungskegel in den Doppelpunkten sind

Die neuen Koordinaten λ_1, λ_2, λ_3, λ_4 wollen wir jetzt in die Gleichung

$$\sum dx_a^2 = 0$$

einsetzen, welche ausdrückt, daß sich zwei konsekutive Linien schneiden. Man findet:

$$0 = d\lambda_1^2 \cdot \frac{(\lambda_1 - \lambda_2)\,(\lambda_1 - \lambda_3)\,(\lambda_1 - \lambda_4)}{f(\lambda_1)}$$

$$+ d\lambda_2^2 \cdot \frac{(\lambda_2 - \lambda_3)\,(\lambda_2 - \lambda_4)\,(\lambda_2 - \lambda_1)}{f(\lambda_2)}$$

$$+ d\lambda_3^2 \cdot \frac{(\lambda_3 - \lambda_4)\,(\lambda_3 - \lambda_1)\,(\lambda_3 - \lambda_2)}{f(\lambda_3)}$$

$$+ d\lambda_4^2 \cdot \frac{(\lambda_4 - \lambda_1)\,(\lambda_4 - \lambda_2)\,(\lambda_4 - \lambda_3)}{f(\lambda_4)} .$$

Diese Differentialgleichung wird nun in einigen Fällen ohne weiteres integrierbar.

Es tritt dies insbesondere ein für die Kongruenzen je zweier Komplexe des gegebenen Systems. Setzt man nämlich λ_3 und λ_4 konstant, also $d\lambda_3$, $d\lambda_4$ gleich Null, so hebt sich der Faktor $(\lambda_1 - \lambda_2)$ fort *und man erhält die Differentialgleichung der Umhüllungskurven der Kongruenz in der Form:*

$$d\lambda_1 \sqrt{\frac{(\lambda_1 - \lambda_3)\,(\lambda_1 - \lambda_4)}{f(\lambda_1)}} = \pm\, d\lambda_2 \sqrt{\frac{(\lambda_2 - \lambda_3)\,(\lambda_3 - \lambda_4)}{f(\lambda_2)}} .$$

Setzt man in dieser Gleichung $\lambda_3 = \lambda_4$, so hat man *die Umhüllungskurven der singulären Linien des Komplexes* $\lambda = \lambda_3 = \lambda_4$.

Ist insbesondere $\lambda_3 = \lambda_4 = k_a$, so hat man *die Umhüllungskurven derjenigen Doppeltangenten der **Kummerschen Fläche**, die dem Kom-*

---

[32]) Vgl. die Arbeit von Lie und mir: Über die Haupttangentenkurven der **Kummerschen Fläche**. Monatsberichte der Berliner Akademie, 1870, Dezember. [Siehe Abh. VI dieser Ausgabe.]

plexe $x_a = 0$ *angehören*. Diese Doppeltangenten bilden bekanntlich eine allgemeine Kongruenz zweiter Ordnung und zweiter Klasse; für diese Kongruenzen ist also das Problem 3 gelöst.

Setzt man in die vorstehende Differentialgleichung $\lambda_1 = \lambda_2$, $\lambda_3 = \lambda_4$, so wird sie identisch befriedigt. Die Kongruenz $\lambda_1 = \lambda_2$, $\lambda_3 = \lambda_4$ ist also eine solche, in der jede Gerade alle ihre benachbarten schneidet. In der Tat stellen die Gleichungen $\lambda_1 = \lambda_2$, $\lambda_3 = \lambda_4$, wie schon bemerkt, diejenigen Geraden dar, welche entweder in einer Doppelebene der Kummerschen Fläche liegen oder durch einen Doppelpunkt hindurchgehen. Ihre Gesamtheit bildet eine Kongruenz 16. Ordnung und Klasse, welche allerdings die geforderte Eigenschaft hat.

Endlich sei $\lambda_2 = \lambda_3 = \lambda_4$. So wird die vorstehende Differentialgleichung:

$$d\lambda_1 = 0, \text{ also } \lambda_1 = \text{konst.}$$

Dies sind die Haupttangentenkurven der Kummerschen Fläche. In Worten: Die Haupttangentenkurven der Kummerschen Fläche werden jedesmal von solchen Punkten der Fläche gebildet, in welchen die zweite Haupttangente einem bestimmten Komplexe des Systems als singuläre Linie angehört. Es sind dies dieselben Kurven 16. Ordnung, welche ich in dem früheren Aufsatze: Zur Theorie usw. (Math. Annalen, Bd. 2 [siehe Abh. II dieser Ausgabe]) in Nr. 18 betrachtet hatte. Daß die Haupttangentenkurven der Kummerschen Fläche algebraische Kurven der 16. Ordnung sind, hat zuerst Lie gefunden, indem er seine Abbildung studierte, die Liniengeometrie in Kugelgeometrie, Haupttangentenkurven in Krümmungskurven überführt. Sodann bemerkte ich die Identität der fraglichen Haupttangentenkurven mit dem früher von mir untersuchten Kurvensysteme, und bestimmte im Anschluß hieran die Singularitäten derselben. Diese Resultate haben Lie und ich in einer gemeinsamen Arbeit dargestellt[33]). Hierauf fand ich den hier vorgetragenen analytischen Beweis[34]) und erkannte endlich[35]), daß sich die ganze Bestimmungsweise der Haupttangentenkurven durch die zugehörigen Komplexe unter ein allgemeineres liniengeometrisches Theorem subsumiert, das dem Dupinschen Theoreme der metrischen Geometrie entspricht. Dieses letztere ist in dem vorhergehenden Aufsatze ausführlicher dargelegt, und dort auch gezeigt worden, wie dasselbe die Bestimmung der Haupttangentenkurven der Kummerschen Fläche umfaßt. — Es sei noch bemerkt, daß die sechs Haupttangentenkurven $\lambda_1 = k_a$ die Kurven der vierpunktigen Berührung auf der Kummerschen Fläche sind.

---

[33]) Monatsberichte der Berl. Akademie, 1870, Dezember. [Siehe Abh. VI dieser Ausgabe.]

[34]) Göttinger Nachrichten, 1871, Nr. 1. [In diese Ausgabe nicht aufgenommen.]

[35]) Göttinger Nachrichten, 1871, Nr. 3. [Siehe Abh. VII dieser Ausgabe.]

§ 4.

Bestimmung der Integralflächen der allgemeinen Komplexe zweiten Grades.

Die Einführung der neuen Veränderlichen λ_1, λ_2, λ_3, λ_4 in die Differentialgleichung

$$\sum dx_a^2 = 0$$

ergab:

$$0 = d\lambda_1^2 \cdot \frac{(\lambda_1 - \lambda_2)\,(\lambda_1 - \lambda_3)\,(\lambda_1 - \lambda_4)}{f(\lambda_1)} + \cdots.$$

Die partielle Differentialgleichung, welche die speziellen Komplexe charakterisierte:

$$\sum \left(\frac{\partial \varphi}{\partial x_a}\right)^2 = 0$$

wird also nach bekannten Methoden übergehen in:

$$0 = \left(\frac{\partial \varphi}{\partial \lambda_1}\right)^2 \cdot \frac{f(\lambda_1)}{(\lambda_1 - \lambda_2)\,(\lambda_1 - \lambda_3)\,(\lambda_1 - \lambda_4)} + \left(\frac{\partial \varphi}{\partial \lambda_2}\right)^2 \cdot \frac{f(\lambda_2)}{(\lambda_2 - \lambda_3)\,(\lambda_2 - \lambda_4)\,(\lambda_2 - \lambda_1)} + \cdots.$$

Nun ist aber bekannt[36]), daß eine Differentialgleichung, wie die vorstehende, ohne weiteres eine vollständige Lösung (mit drei willkürlichen Konstanten) ergibt, nämlich:

$$\varphi = \int d\lambda_1 \frac{\sqrt{(\lambda_1 - a)\,(\lambda_1 - b)}}{\sqrt{f(\lambda_1)}} + \int d\lambda_2 \frac{\sqrt{(\lambda_2 - a)\,(\lambda_2 - b)}}{\sqrt{f(\lambda_2)}} + \int d\lambda_3 \frac{\sqrt{(\lambda_3 - a)\,(\lambda_3 - b)}}{\sqrt{f(\lambda_3)}}$$

$$+ \int d\lambda_4 \frac{\sqrt{(\lambda_4 - a)\,(\lambda_4 - b)}}{\sqrt{f(\lambda_4)}} + C.$$

Lassen wir a, b, C der Reihe nach alle möglichen Werte annehmen, so stellt uns die Gleichung

$$\varphi = 0$$

dreifach unendlich viele spezielle Komplexe, dreifach unendlich viele Flächen dar. Jeder in der allgemeinen Lösung enthaltene Komplex, d. h. jeder Komplex, dessen Linien eine Fläche umhüllen, wird als Umhüllungsgebilde von zweifach unendlich vielen dieser Flächen erhalten.

Nun behaupte ich, *daß die Fläche $\varphi = 0$ mit den Konstanten a, b, C gemeinsames Integral der beiden Komplexe $\lambda = a$ und $\lambda = b$ ist*[37]), d. h. daß das eine System Haupttangenten der Fläche dem Komplexe $\lambda = a$, das andere dem Komplex $\lambda = b$ angehört, oder, was dasselbe ist, daß die Fläche mit dem Komplexe $\lambda = a$, sowie mit dem Komplexe $\lambda = b$ eine spezielle Kongruenz gemein hat.

---

[36]) Vgl. Jacobis Vorlesungen über Dynamik.

[37]) Daß zwei Komplexe des Systems einfach unendlich viele gemeinsame Integralflächen haben, bildet den Ausgangspunkt der bez. Überlegungen von Lie.

Um dies zu beweisen, ist nur zu zeigen, daß der Differentialgleichung der speziellen Kongruenzen:

$$\left(\sum \frac{\partial \varphi}{\partial x_\alpha} \cdot \frac{\partial \psi}{\partial x_\alpha} \right)^2 - \sum \left(\frac{\partial \varphi}{\partial x_\alpha} \right)^2 \cdot \sum \left(\frac{\partial \psi}{\partial x_\alpha} \right)^2 = 0$$

Genüge geschieht wenn man statt φ eine der hier gefundenen Flächen und statt ψ etwa $(\lambda_4 - a)$ oder $(\lambda_4 - b)$ nimmt. $\sum \left(\frac{\partial \varphi}{\partial x_\alpha} \right)^2$ verschwindet aber, da φ ein spezieller Komplex. Es bleibt also nur noch:

$$\sum \frac{\partial \varphi}{\partial x_\alpha} \cdot \frac{\partial \psi}{\partial x_\alpha} = 0$$

oder, unter Anwendung der Koordinaten λ:

$$0 = \frac{\partial \varphi}{\partial \lambda_1} \cdot \frac{\partial \psi}{\partial \lambda_1} \cdot \frac{f(\lambda_1)}{(\lambda_1 - \lambda_2)(\lambda_1 - \lambda_3)(\lambda_1 - \lambda_4)} + \cdots$$

Aber $\frac{\partial \psi}{\partial \lambda_1}$, $\frac{\partial \psi}{\partial \lambda_2}$, $\frac{\partial \psi}{\partial \lambda_3}$ verschwinden, da $\psi = \lambda_4 - a$, oder $\psi = \lambda_4 - b$ nur von λ_4 abhängt. Andererseits ist $\frac{\partial \varphi}{\partial \lambda_4} = \frac{\sqrt{(\lambda_4 - a)(\lambda_4 - b)}}{\sqrt{f(\lambda_4)}}$ und verschwindet, wenn $\lambda_4 = a$ oder $= b$ gesetzt wird. Der Differentialgleichung der speziellen Kongruenzen wird also allerdings Genüge geleistet.

Der Wert der Konstante C in der Gleichung von φ kommt dabei gar nicht in Betracht, bleibt also willkürlich. Wir haben also den Satz: *Je zwei Komplexe $\lambda = a$, $\lambda = b$ der zu der Kummerschen Fläche gehörigen Schar haben einfach unendlich viele gemeinsame Integralflächen.*

Läßt man außer C auch noch b sich ändern, so erhält man zweifach unendlich viele Integralflächen des Komplexes $\lambda = a$, also eine vollständige Lösung der mit dem Komplexe verknüpften partiellen Differentialgleichung. Die allgemeine Lösung umfaßt alle Flächen, die das Umhüllungsgebilde von einfach unendlich vielen Flächen aus der so bestimmten zweifach unendlichen Schar sind. — *Hiernach ist das Problem 2) für allgemeine Komplexe zweiten Grades erledigt.*

Die gefundenen Integralflächen, welche den Komplexen $\lambda = a$ und $\lambda = b$ gemeinsam sind, stehen zu den Umhüllungsgeraden der Kongruenz $\lambda = a$, $\lambda = b$, welche im vorigen Paragraphen bestimmt wurden, in einer bemerkenswerten Beziehung.

[In der Tat reduziert sich die Gleichung der einzelnen Integralflächen, wenn wir λ_3 konstant gleich a, $\lambda_4 = b$ nehmen, auf die Differentialgleichung der genannten Umhüllungskurven. Die Beziehung, welche hiernach zwischen der Integralfläche und der Brennfläche der Kongruenz $\lambda_3 = a$, $\lambda_4 = b$ besteht, bleibt näher zu entwickeln[38]).]

---

[38]) [Die genaueren Angaben, welche hierüber im Original, Math. Ann., Bd. 5, gemacht sind, lassen sich nach dem Einwande, den Herr A. Voß in den Math. Ann., Bd. 9, S. 134—135 erhoben hat, nicht aufrecht erhalten. Das Sachverhältnis bedarf weiterer Untersuchung. K.]

Aus der Bedeutung der Singularitätenfläche folgt ferner, daß die Integralfläche überall dort, wo sie die Singularitätenfläche trifft, sie berühren muß. Denn der Komplexkegel a oder b, der von einem Punkte der Singularitätenfläche ausgeht, hat sich in ein Ebenenpaar aufgelöst, dessen Durchschnitt, die zugeordnete singuläre Linie, die Singularitätenfläche berührt. Die Integralfläche kann den ausgearteten Kegel nicht anders berühren, als indem sie die singuläre Linie berührt. Die Integralfläche berührt also in jedem Punkte, in welchem sie die Singularitätenfläche trifft, die beiden zugehörigen singulären Linien der Komplexe a und b, d. h. sie berührt die Singularitätenfläche selbst.

Wir erhalten die singulären Linien des Komplexes a, die zu den Punkten der Berührungskurve gehören, wenn wir in der Gleichung der Integralfläche $\lambda_3 = \lambda_4 = a$ setzen. So bleibt:

$$\int d\lambda_1 \frac{\sqrt{(\lambda_1 - a)(\lambda_1 - b)}}{\sqrt{f(\lambda_1)}} + \int d\lambda_2 \frac{\sqrt{(\lambda_2 - a)(\lambda_2 - b)}}{\sqrt{f(\lambda_2)}} + C = 0.$$

Diese Gleichung bestimmt mit $\lambda_3 = \lambda_4 = a$ zusammen die fraglichen singulären Linien. Andererseits können wir sie — da nach dem vorigen Paragraphen λ_1 und λ_2 als Koordinaten eines Punktes auf der Singularitätenfläche angesehen werden können — geradezu für die Gleichung der Berührungskurve halten. Wir haben so den Satz:

Die Integralfläche berührt die Singularitätenfläche nach Erstreckung einer Kurve, deren Gleichung die vorstehende ist.

Die Singularitätenfläche entspricht also einer *singulären Lösung* der mit dem Komplexe verknüpften Differentialgleichung in dem Sinne, als dieselbe von allen Integralflächen des Komplexes nach einer Kurve berührt wird.

Wir mögen endlich noch das Folgende bemerken. Setzen wir in der Gleichung einer Integralfläche des Komplexes a, $\lambda_4 = a$, so kommt man zur Darstellung der bezüglichen dem Komplexe a angehörigen speziellen Kongruenz:

$$\int d\lambda_1 \frac{\sqrt{(\lambda_1 - a)(\lambda_1 - b)}}{\sqrt{f(\lambda_1)}} + \int d\lambda_2 \frac{\sqrt{(\lambda_2 - a)(\lambda_2 - b)}}{\sqrt{f(\lambda_2)}} + \int d\lambda_3 \frac{\sqrt{(\lambda_3 - a)(\lambda_3 - b)}}{\sqrt{f(\lambda_3)}} + C = 0$$

Nun sind die hier vorkommenden Integrale hyperelliptische, die $p = 3$ entsprechen. Es ist also durch die vorstehende Gleichung ein Umkehrproblem indiziert. Wir schreiben sie zu diesem Zwecke in der Form:

$$\int d\lambda_1 \frac{\sqrt{(\lambda_1 - a)(\lambda_1 - b)}}{\sqrt{f(\lambda_1)}} + \ldots = u$$

und verknüpfen sie mit zwei ähnlich gebauten Gleichungen, deren Integrale sich aus den vorstehenden durch Differentiation nach den Parametern a, b ergeben:

$$\int d\lambda_1 \frac{\sqrt{\lambda_1 - b}}{\sqrt{\lambda_1 - a} \cdot \sqrt{f(\lambda_1)}} + \ldots = v$$

$$\int d\lambda_1 \frac{\sqrt{\lambda_1 - a}}{\sqrt{\lambda_1 - b} \cdot \sqrt{f(\lambda_1)}} + \ldots = w.$$

Diese Gleichungen dienen dazu, um die $\lambda_1, \lambda_2, \lambda_3$, und weiterhin die $x_1, \ldots, x_6$ der Komplexlinie durch die u, v, w auszudrücken. Und da x_α mit den λ durch eine Gleichung von der symmetrischen Form:

$$\varrho\, x_\alpha^2 = \frac{(k_\alpha - \lambda_1)\,(k_\alpha - \lambda_2)\,(k_\alpha - \lambda_3)\,(k_\alpha - a)}{f(k_\alpha)}$$

zusammenhängt, drücken sich die x_α geradezu als hyperelliptische Funktionen der u, v, w aus.

Die Koordinaten x_α der Linien eines Linienkomplexes zweiten Grades sind hiermit unter Zugrundelegung eines zweiten Komplexes als sechsfach periodische hyperelliptische Funktionen dreier Parameter u, v, w dargestellt.

Es wurde bereits wiederholt hervorgehoben, wie das von Flächen vierter Ordnung mit imaginärem Doppelkreise gebildete Orthogonalsystem dem System der Linienkomplexe zweiten Grades mit gemeinsamer Singularitätenfläche entspricht. Man übersieht, wie man für diese Flächen ähnlich wie für diese Komplexe einen Satz aufzustellen hat, der dahin geht: *daß sich die Koordinaten der Punkte einer Fläche des Orthogonalsystems als vierfach periodische hyperellyptische Funktionen zweier Parameter darstellen lassen.* Diesen Satz hat Herr Darboux in den Comptes Rendus (t. 68, 1869, 1: Mémoire sur une classe de courbes et de surfaces) ohne Beweis angegeben; er hebt besonders hervor, wie derselbe auf allgemeine Flächen dritten Grades Anwendung findet, da drei unter den Flächen des Orthogonalsystems allgemeine Flächen dritten Grades sind. Ein ähnlicher Satz gilt offenbar für die entsprechenden Gebilde bei beliebig viel Dimensionen.

Noch zu einem zweiten Umkehrprobleme wird man geführt, nämlich durch die Gleichung der Umhüllungskurven der singulären Linien:

$$\int \frac{d\lambda_1\,(\lambda_1 - a)}{\sqrt{f(\lambda_1)}} + \int \frac{d\lambda_2\,(\lambda_2 - a)}{\sqrt{f(\lambda_2)}} + C = 0,$$

da auch für sie die Zahl der summierten Integrale mit dem p der auftretenden hyperelliptischen Funktionen übereinstimmt. Wir setzen zu diesem Zwecke:

$$\int \frac{d\lambda_1\,(\lambda_1 - a)}{\sqrt{f(\lambda_1)}} + \int \frac{d\lambda_2\,(\lambda_2 - a)}{\sqrt{f(\lambda_2)}} = u,$$

und nehmen eine ähnliche Gleichung hinzu:

$$\int \frac{d\lambda_1\,(\lambda_1 - b)}{\sqrt{f(\lambda_1)}} + \int \frac{d\lambda_2\,(\lambda_2 - b)}{\sqrt{f(\lambda_2)}} = v,$$

Es sind dies zwei Scharen auf der allen Komplexen gemeinsamen Singularitätenfläche (der Kummerschen Fläche) verlaufender Kurven: die Umhüllungskurven der singulären Linien der Komplexe $\lambda = a$ und $\lambda = b$ Indem wir statt u und v lineare Kombinationen derselben setzen, können wir insbesondere a und b gleich zweien der sechs Größen k_α nehmen. Dann stellen die vorstehenden Gleichungen zwei der Scharen von Umhüllungskurven vor, welche die sechs Doppeltangentensysteme der Fläche besitzen. *Mit Bezug auf zwei solche Kurvensysteme sind dann die Koordinaten der Punkte der Kummerschen Fläche als vierfach periodische hyperelliptische Funktionen dargestellt.*

Für besondere Linienkomplexe zweiten Grades vereinfachen sich natürlich die in den hier genannten Umkehrproblemen auftretenden hyperelliptischen Funktionen. Sind z. B. die k_α paarweise gleich, so werden sie Logarithmen. Der Komplex ist dann in den bekannten Komplex übergegangen, dessen Geraden ein festes Tetraeder nach konstantem Doppelverhältnisse schneiden. Die Singularitätenfläche ist in dies Tetraeder ausgeartet. In der Tat sind die gemeinsamen Integralflächen zweier zu dem nämlichen Tetraeder gehörigen Komplexe durch eine Gleichung zwischen den Logarithmen der Koordinaten, nämlich durch eine lineare Gleichung zwischen denselben dargestellt. Es sind dies dieselben Flächen, die Lie und ich unter der Bezeichnung „Flächen W" untersucht[39]) und deren Analoga in der Ebene wir neuerdings in einem gemeinsamen Aufsatze in diesen Annalen[40]) betrachtet haben.

Göttingen, im November 1871.

---

[39]) Comptes Rendus. 1870, 1. Sur une certaine classe de courbes et de surfaces. [Siehe Abh. XXV dieser Ausgabe.] Die Auffassung der Flächen W als gemeinsamer Integralflächen zweier zu dem nämlichen Tetraeder gehöriger Komplexe gehört Lie

[40]) Über diejenigen ebenen Kurven usw. Math. Ann., Bd. 4 (1871). [Siehe Abh. XXVI dieser Ausgabe.]

X. Über einen liniengeometrischen Satz.

[Nachrichten von der Kgl. Gesellschaft der Wissenschaften zu Göttingen, 1872, Nr. 9 (20. März 1872), abgedruckt in den Math. Annalen, Bd. 22 (1884).]

Statt die Koordinaten p_{ik} der geraden Linie im Raume als zweigliedrige Determinanten aus den Koordinaten zweier Punkte oder Ebenen zu definieren, kann man sie bekanntlich auch als selbständige Veränderliche auffassen, welche an eine Bedingungsgleichung zweiten Grades:

$$P = p_{12}p_{34} + p_{13}p_{42} + p_{14}p_{23} = 0$$

gebunden sind. Bei diesem Ausgangspunkte entsteht die Frage, ob jeder algebraische Linienkomplex durch *eine* zu $P = 0$ hinzutretende algebraische Gleichung definiert werden kann, oder ob nicht zur reinen Darstellung des Komplexes gelegentlich mehrere Gleichungen erforderlich sind. Ich werde nun im folgenden zeigen: *daß allerdings zur Darstellung eines algebraischen Linienkomplexes immer eine zu $P = 0$ hinzutretende Gleichung genügt.* Die zum Beweise notwendigen, sehr einfachen Überlegungen, wie sie im nachstehenden auseinandergesetzt sind, können voraussichtlich überhaupt bei der Untersuchung analoger Fragen[1] Anwendung finden und scheinen dadurch ein allgemeineres Interesse zu besitzen.

Rein analytisch gefaßt, lautet der zu beweisende Satz folgendermaßen: „Aus einer allgemeinen[2] Mannigfaltigkeit von fünf Dimensionen ist eine Mannigfaltigkeit von vier Dimensionen durch eine quadratische Gleichung mit nicht verschwindender Determinante[3]

$$P = 0$$

ausgeschieden. Jede in ihr enthaltene algebraische Mannigfaltigkeit von drei Dimensionen kann durch *eine* zu $P = 0$ hinzutretende algebraische Gleichung dargestellt werden.

---

[1] Ich erinnere hier an eine Betrachtung, welche Cayley gelegentlich anstellt (Quart. Journ., Bd. 3, 1860, S. 234 [Coll. Pap., Bd. IV]), und die sich darauf bezieht, daß nicht auf allen algebraischen Flächen unvollständige Durchschnittskurven gelegen sein können.

[2] *Allgemein* mag eine Mannigfaltigkeit von n Dimensionen heißen, deren Elemente von *unabhängig gedachten* Parametern abhängt.

[3] Diese nähere Bestimmung ist zugefügt, weil sie die quadratische Gleichung sofern ihre Eigenschaften hier in Betracht kommen, vollständig charakterisiert.

Statt dieses Satzes mögen wir gleich den folgenden, ihn einschließenden beweisen:

„Es sei eine allgemeine Mannigfaltigkeit von n Dimensionen gegeben, wo $n \geq 4$, und aus ihr eine Mannigfaltigkeit von $(n-1)$ Dimensionen durch eine quadratische Gleichung:

$$P = 0$$

ausgeschieden. Jede in der letzteren enthaltene algebraische Mannigfaltigkeit von $(n-2)$ Dimensionen kann durch *eine* zu $P = 0$ hinzutretende algebraische Gleichung dargestellt werden, *falls nicht alle aus den Koeffizienten von P zusammengesetzten fünfreihigen Unterdeterminaten verschwinden.*"

Diese Bedingung ist in dem ursprünglich aufgestellten Satze befriedigt, insofern dort die (sechsreihige) Determinante von P selbst nicht verschwindet, um so weniger also ihre fünfreihigen Unterdeterminanten sämtlich gleich Null sind.

Der Beweis des allgemeinen algebraischen Satzes mag zunächst für $n = 4$ geführt werden, wo also die Bedingung die ist, *daß die Determinante von P nicht verschwindet.* Bei einem beliebigen n lassen sich hinterher dieselben Betrachtungen anstellen, für $n = 4$ haben wir nur den Vorzug, den Überlegungen, wie im folgenden geschehen soll, ein anschauliches geometrisches Bild zugrunde legen zu können.

Das einzelne Element der gegebenen Mannigfaltigkeit von vier Dimensionen sei durch die relativen Werte der fünf homogenen Veränderlichen

$$x_1, x_2, x_3, x_4, x_5$$

bestimmt. Man wird dieselben immer (und auf unendlich viele Weisen) so wählen können, daß die gegebene quadratische Gleichung $P = 0$ (deren Determinante nicht verschwindet) die folgende Gestalt annimmt:

$$x_1^2 + x_2^2 + x_3^2 + x_4^2 + x_5^2 = 0,$$

oder, indem man

$$x_4 + i x_5 = p, \quad x_4 - i x_5 = q$$

setzt:

$$x_1^2 + x_2^2 + x_3^2 + pq = 0.$$

Das Element:

$$x_1 = 0, \quad x_2 = 0, \quad x_3 = 0, \quad p = 0,$$

welches im folgenden ausgezeichnet werden soll, ist dabei ein unter den übrigen der Mannigfaltigkeit $P = 0$ angehörigen beliebig ausgewähltes.

In der nunmehr hergestellten Gleichungsform kann die Mannigfaltigkeit $P = 0$ ohne weiteres auf eine allgemeine Mannigfaltigkeit von drei Dimensionen eindeutig abgebildet werden, ganz dem entsprechend, wie die Abbildung einer Fläche zweiten Grades auf die Ebene durch Projektion von einem Punkte der Fläche aus erfolgt. Man setze nämlich, unter

$$\xi_1, \xi_2, \xi_3, \xi_4$$

die homogenen Koordinaten eines Elementes einer allgemeinen Mannigfaltigkeit von drei Dimensionen verstanden:

$$\varrho x_1 = \xi_1 \xi_4, \quad \varrho x_2 = \xi_2 \xi_4, \quad \varrho x_3 = \xi_3 \xi_4, \quad \varrho p = \xi_4 \xi_4, \quad \varrho q = -(\xi_1^2 + \xi_2^2 + \xi_3^2).$$

Die allgemeine Mannigfaltigkeit von drei Dimensionen mag jetzt durch den Punktraum vorgestellt sein, die ξ mögen also homogene Punktkoordinaten bedeuten: *dann ist die gegebene Mannigfaltigkeit $P = 0$ durch die vorstehenden Gleichungen eindeutig auf den Punktraum abgebildet.* Dabei tritt im Punktraume ein fundamentaler Kegelschnitt auf:

$$\xi_4 = 0, \qquad \xi_1^2 + \xi_2^2 + \xi_3^2 = 0,$$

dessen Punkten jedesmal ∞^1 Elemente der gegebenen Mannigfaltigkeit $P = 0$ entsprechen. Andererseits sind sämtliche übrige Punkte der Ebene

$$\xi_4 = 0$$

einem einzigen Elemente der Mannigfaltigkeit $P = 0$, dem Elemente:

$$x_1 = 0, \quad x_2 = 0, \quad x_3 = 0, \quad p = 0$$

zugeordnet, welches, in Analogie mit dem Projektionspunkte bei der Abbildung der Flächen zweiten Grades, im folgenden das *Projektionselement* heißen mag.

Fügt man nun zu $P = 0$ eine weitere algebraische Gleichung, die vom m-ten Grade sein mag;

$$\Omega = 0$$

hinzu, so erhält man im Punktraume als Bild der beiden Gleichungen genügenden Elemente eine Fläche vom Grade $2\,m$, welche den fundamentalen Kegelschnitt m-fach enthält. Von dieser Bildfläche kann sich gelegentlich, einfach oder mehrfach zählend, die Ebene $\xi_4 = 0$ absondern. Es tritt dies dann und nur dann ein, wenn das Projektionselement selbst der Mannigfaltigkeit $\Omega = 0$, als gewöhnliches oder singuläres Element, angehört. Aber dies können wir immer vermeiden, da es uns ja frei steht, auch wenn die Mannigfaltigkeit $\Omega = 0$ bereits gegeben ist, das Projektionselement unter den Elementen von $P = 0$ zu wählen, wie wir wollen. Es bildet sich also allgemein die Mannigfaltigkeit:

$$P = 0, \quad \Omega = 0$$

als eine Fläche vom $2\,m$-ten Grade ab, *welche den fundamentalen Kegelschnitt zur m-fachen Kurve hat, und die Ebene desselben in nicht dem Kegelschnitte angehörigen Punkten nicht trifft.*

Es ist aber auch umgekehrt ersichtlich, daß jede Fläche $2\,m$-ten Grades, welche diesen Bedingungen genügt, den vollständigen Durchschnitt von $P = 0$ mit der durch eine hinzutretende Gleichung $\Omega = 0$ vorgestellten Mannigfaltigkeit repräsentiert. Denn die Gleichung einer solchen Fläche muß in jedem Gliede die Ausdrücke ξ_4 und $(\xi_1^2 + \xi_2^2 + \xi_3^2)$ zusammen in der m-ten Dimension enthalten. Das einzelne Glied hat also, unter μ eine Zahl ≥ 0 und $\leq m$ verstanden, die folgende Form

$$\xi_4^\mu \cdot (\xi_2^1 + \xi_2^2 + \xi_3^2)^{m-\mu} \cdot \varphi(\xi_1, \xi_2, \xi_3, \xi_4),$$

wo φ eine homogene Funktion vom μ-ten Grade der beigefügten Argumente ist. Aber das Produkt:

$$\xi_4^\mu \, \varphi(\xi_1, \xi_2, \xi_3, \xi_4)$$

ist ersichtlich nichts anderes, als eine homogene Funktion μ-ten Grades der Argumente

$$\xi_1\xi_4, \ \xi_2\xi_4, \ \xi_3\xi_4, \ \xi_4\xi_4.$$

Jedes Glied der gegebenen Flächengleichung und also die Flächengleichung selbst ist mithin eine homogene Funktion m-ten Grades der fünf Argumente:

$$\xi_1\xi_4, \ \xi_2\xi_4, \ \xi_3\xi_4, \ \xi_4\xi_4, \ (\xi_1^2 + \xi_2^2 + \xi_3^2).$$

Man hat jetzt nur statt dieser Argumente bez.

$$x_1, \ x_2, \ x_3, \ p, \ -q$$

zu setzen, um die Gleichung m-ten Grades

$$\Omega = 0$$

derjenigen Mannigfaltigkeit zu haben, welche mit $P = 0$ zusammen als vollständigen Durchschnitt eine Mannigfaltigkeit bestimmt, deren Bild im Punktraume die ursprünglich gegebene Fläche ist, womit denn die Behauptung, daß die Fläche das Bild eines vollständigen Durchschnittes sei, bewiesen ist.

Eine beliebige in $P = 0$ enthaltene algebraische Mannigfaltigkeit von zwei Dimensionen, wird sich nun aber, — falls wir nicht, was wir immer vermeiden können, das Projektionselement unter ihren Elementen wählen — *nicht anders als eine solche Fläche abbilden können, die den vorgenannten Bedingungen genügt*. Denn die Bildfläche darf, der Annahme über die Lage des Projektionselementes entsprechend, die Ebene $\xi_4 = 0$ in keinen anderen Punkten, als in den Punkten des fundamentalen Kegelschnittes treffen, und das ist, *weil der Kegelschnitt ein irreduzibeles Gebilde ist*, nicht anders möglich, als wenn sie von gerader Ordnung $= 2\,m$ ist, und den Kegelschnitt als m-fache Kurve enthält[4]).

---

[4]) [Für die genaue Durchführung dieses Schlusses ist es notwendig zu berücksichtigen, daß die Bildfläche mit der Ebene $\xi_4 = 0$ auch keine Berührung haben kann, weil die ihr im R_4 entsprechende Mannigfaltigkeit sonst durch den benutzten Projektionspunkt hindurchgehen würde. Man überzeugt sich hiervon in einfachster Weise durch Betrachtung der ebenen Schnitte mit den durch den Projektionspunkt hindurchgehenden Ebenen, wenn man die bekannten Verhältnisse bei der stereographischen Projektion einer Fläche zweiten Grades heranzieht. K.]

Hiermit ist der Beweis unseres Satzes für $n = 4$ *geführt.* Seine wesentlichen Momente mögen hier noch ausdrücklich zusammengefaßt werden, es sind die folgenden:

1. daß im Punktraume eine *irreduzibele* Fundamentalkurve auftritt;

2. daß eine durch die Fundamentalkurve gelegte Fläche (die Ebene $\xi_4 = 0$) ein einzelnes, beliebig anzunehmendes Element des darzustellenden Gebildes repräsentiert;

3. daß es nur auf das Verhalten der Bildfläche zum Fundamentalkegelschnitte ankommt, ob eine $P = 0$ angehörige Mannigfaltigkeit von zwei Dimensionen als vollständiger Durchschnitt gefaßt werden kann. —

Unser Schluß würde dagegen sofort ungültig werden, wenn der Fundamentalkegelschnitt reduzibel wäre, also in ein Geradenpaar zerfiele. Denn dann kann man Flächen von der Ordnung $(m' + m'')$ konstruieren, welche die Geraden bez. m'- und m''-fach enthalten. Dieselben treffen, wie verlangt, die Ebene des Kegelschnittes nur in Punkten des Kegelschnittes, aber vollständige Schnitte würden sie erst dann vorstellen, wenn $m' = m''$ wäre.

Dieses Zerfallen des fundamentalen Kegelschnittes tritt nun gerade dann ein, wenn die Determinante der Form P verschwindet, und mußte deshalb beim Beweise unseres Satzes diese Möglichkeit ausdrücklich ausgeschlossen werden. In der Tat, hat P eine verschwindende Determinante (ohne daß zugleich alle Unterdeterminanten verschwinden), so kann man ihm die Form geben:

$$0 = x_1^2 + x_2^2 + pq,$$

die Abbildungsfunktionen werden:

$$\varrho x_1 = \xi_1 \xi_4, \quad \varrho x_2 = \xi_2 \xi_4, \quad \varrho x_3 = \xi_3 \xi_4, \quad \varrho p = \xi_4 \xi_4, \quad \varrho q = -(\xi_1^2 + \xi_2^2),$$

und der fundamentale Kegelschnitt wird:

$$\xi_4 = 0, \quad \xi_1^2 + \xi_2^2 = 0,$$

ist also in ein Linienpaar:

$$\xi_4 = 0, \quad \xi_1 + i\xi_2 = 0,$$
$$\xi_4 = 0, \quad \xi_1 - i\xi_2 = 0$$

zerfallen. —

Auf ganz ähnliche Weise, wie nunmehr der Beweis unseres Satzes für $n = 4$ geführt und das Nichtverschwinden der Determinante als notwendige und hinreichende Bedingung erkannt wurde, erledigt sich die Frage für ein beliebiges n. Ist erstlich $n = 3$, haben wir also eine Fläche zweiten Grades, so entsteht bei der Abbildung derselben auf die allgemeine Mannigfaltigkeit der nächst niederen Dimension ohnehin ein reduzibeles Fundamentalgebilde, auch wenn die Determinante der Fläche nicht verschwindet, nämlich ein Punktepaar. *Auf Flächen zweiten Grades findet unser Satz*

deshalb keine Anwendung[5]). Dagegen gilt der Satz allemal, wenn bei der
Abbildung der Mannigfaltigkeit $P = 0$ auf die allgemeine Mannigfaltigkeit
von $(n-1)$ Dimensionen — eine Abbildung, die sich immer in gleicher
Weise gestaltet — ein irreduzibeles Fundamentalgebilde auftritt. Hierzu
ist das Nichtverschwinden der aus den Koeffizienten von P gebildeten
fünfreihigen Determinanten die notwendige und hinreichende Bedingung.
Als Fundamentalgebilde tritt nämlich eine Mannigfaltigkeit von $(n-3)$
Dimensionen auf, welche aus einer allgemeinen Mannigfaltigkeit von $(n-2)$
Dimensionen durch eine quadratische Gleichung ausgeschieden wird. Soll
das Fundamentalgebilde zerfallen, so ist dazu das Verschwinden aller aus
den Koeffizienten der Gleichung gebildeter dreireihiger Unterdeterminanten
die Bedingung; und dies Verschwinden tritt dann und nur dann ein, wenn
ein Gleiches bei den fünfreihigen Unterdeterminanten der ursprünglichen
quadratischen Gleichung $P = 0$ der Fall war. *Hiermit ist denn unser
allgemeiner Satz für ein beliebiges n, insbesondere das in ihm enthaltene
liniengeometrische Theorem, bewiesen.*

Ich will hier von der auseinandergesetzten Theorie noch zwei weitere
geometrische Anwendungen geben. Die erste bezieht sich wieder auf Liniengeometrie. Man verbinde nämlich mit der quadratischen Gleichung, der
die Linienkoordinaten zu genügen haben:

$$P = 0,$$

eine lineare. So hat man einen linearen Komplex, den man auch in der
folgenden Weise bestimmen kann. Aus der linearen Gleichung nehme man
den Wert einer der Veränderlichen, ausgedrückt in den fünf anderen, und
substituiere ihn in $P = 0$, wodurch eine neue quadratische Gleichung $P' = 0$
entsteht. Der lineare Komplex erscheint dann als durch diese Gleichung
aus einer allgemeinen Mannigfaltigkeit von vier Dimensionen ausgeschieden.
Die Determinante von P' verschwindet nicht, wenn der lineare Komplex
ein allgemeiner ist; sie verschwindet dann und nur dann, wenn er ein
spezieller wird[6]). Wir erhalten also den folgenden Satz:

----

[5]) Ebensowenig gilt der Satz für Kegelschnitte, wie ohne weiteres ersichtlich.

[6]) Es braucht kaum darauf hingewiesen zu werden, daß die eben vorgetragene
Abbildung einer Mannigfaltigkeit $P = 0$ von drei Dimensionen auf den Punktraum
mit der Abbildung des linearen Komplexes auf den Punktraum gleichbedeutend ist,
welche Herr Nöther in den Göttinger Nachrichten, 1869, Nr. 15, gegeben und die
Herr Lie seinen metrisch-projektivischen Untersuchungen zugrunde gelegt hat. Ich
möchte an dieser Stelle ausdrücklich auf die Abbildung des speziellen linearen Komplexes hinweisen, welche die Theorie der Flächen mit einer mehrfachen Geraden mit
derjenigen der Flächen mit zwei sich schneidenden mehrfachen Geraden in eine merkwürdige Verbindung setzt, durch welche z. B. die Zeuthenschen Untersuchungen
über die Flächen mit einer mehrfachen Geraden [Math. Ann., Bd. 4 (1871)] für die letztgenannten Flächen verwertet werden können.

Kongruenzen, welche einem allgemeinen linearen Komplexe ange-
hören, können als vollständiger Durchschnitt desselben mit einem anderen
Komplexe dargestellt werden.

Für den speziellen linearen Komplex gilt aber der Satz nicht mehr.
Ebensowenig wird der analoge Satz gelten, wenn wir zu der Gleichung
des linearen Komplexes eine weitere lineare Gleichung hinzufügen und die
durch beide dargestellte lineare Kongruenz ins Auge fassen. Auf einer
linearen Kongruenz gibt es in der Tat Linienflächen, welche sich nicht als
vollständiger Durchschnitt der Kongruenz mit einem hinzutretenden Komplex darstellen lassen. Es sind dies diejenigen, welche die Leitlinien der
Kongruenz ungleich oft enthalten.

Eine zweite geometrische Anwendung bezieht sich auf die Darstellung
des Raumpunktes durch die relativen Werte seiner (mit gewissen Konstanten multiplizierten) Potenzen mit Bezug auf fünf Kugeln, welche Herr Lie
in Anknüpfung an die Abbildung des linearen Komplexes Göttinger Nachrichten, 1871, Nr. 7, S. 208 gegeben hat, während sie Herr Darboux bereits früher (1868) in einer der Pariser Akademie eingereichten Abhandlung
aufgestellt hatte, die aber noch nicht veröffentlicht ist (vgl. Darboux in
den Comptes Rendus, 1871, September). Der Punkt wird durch fünf
homogene Koordinaten dargestellt, welche, einzeln gleich Null gesetzt, fünf
linear unabhängige Kugeln vorstellen, und diese Koordinaten sind an eine
Bedingungsgleichung zweiten Grades mit nicht verschwindender Determinante geknüpft. Der Punktraum ist hiernach das Bild einer Mannigfaltigkeit, die aus einer allgemeinen Mannigfaltigkeit von vier Dimensionen
durch diese quadratische Gleichung abgeschieden wird, es liegen also genau
die Verhältnisse vor, wie wir sie eben bei dem Beweise des allgemeinen
Satzes für $n = 4$ voraussetzten. Dem Projektionselemente entspricht die
unendlich ferne Ebene des Punktraumes, der in ihr enthaltene imaginäre
Kugelkreis ist der fundamentale Kegelschnitt. Einer Verlegung des Projektionselementes entspricht, wie man leicht sieht, eine Transformation des
Punktraums durch reziproke Radien. Hier erhalten wir also: *Jede alge-*
braische Fläche kann vermöge Umformung durch reziproke Radien in eine
solche übergeführt werden, die durch eine Gleichung zwischen den in Rede
stehenden Koordinaten rein dargestellt wird. Dagegen würde der entsprechende Satz bei einer analogen Koordinatenbestimmung in der Ebene
nicht mehr richtig sein[7]).

---

[7]) [Man vergleiche die Arbeiten von Lie und mir in Math. Ann., Bd. 5 (s. Abh. VIII,
IX dieser Ausgabe), sowie Herrn Darboux' im Jahre 1873 erschienenes Buch: „Sur
une certaine famille de courbes et de surfaces" (Paris, Gauthier-Villars).]

XI. Über die Plückersche Komplexfläche.

[Math. Annalen, Bd. 7 (1874).]

Aus der Diskussion der Linienkomplexe zweiten Grades, wie sie **Herr Weiler** in dem vorstehenden Aufsatze[1]) durchgeführt hat, geht hervor, daß die Plückersche Komplexfläche gleich der allgemeineren Kummerschen Fläche für unendlich viele Komplexe zweiten Grades die singuläre Fläche[2]) bildet, und daß dieselbe also mit ganz ähnlichen Mitteln untersucht werden kann, wie dies der Verf. früher [Math. Ann., Bd. 2, S. 198 ff. (siehe Abh. II dieser Ausgabe)] bei der Kummerschen Fläche getan hatte. Das System der sechs paarweise in Involution liegenden linearen Komplexe, welches bei der Kummerschen Fläche eine fundamentale Rolle spielte, ist bei der Komplexfläche nur in dem Sinne ausgeartet, daß zwei dieser Komplexe, indem sie zusammenrückten, speziell wurden und in die Doppellinie der Fläche übergingen. Mit Bezug auf die vier übrigen linearen Komplexe bleiben durchaus die Schlußweisen bestehen, welche bei der Kummerschen Fläche ihre Anwendung fanden, und man hat also insbesondere den Satz:

Eine Plückersche Komplexfläche ist mit Bezug auf vier paarweise in Involution liegende lineare Komplexe ihre eigene reziproke Polare.

Aus diesem Satze folgt ohne weiteres, daß das Doppelverhältnis der vier singulären Punkte der Komplexfläche gleich dem Doppelverhältnisse ihrer vier Ebenen sei. Indem man sodann die Komplexfläche nicht mehr als singuläre Fläche eines besonderen Komplexes zweiten Grades betrachtet, sondern in der Art, wie sie bei **Plücker** eingeführt wird, d. h. als Brennfläche derjenigen Linien eines Komplexes zweiten Grades, welche eine feste Gerade schneiden, erhält man:

Die vier Punkte, in denen eine beliebige Gerade die singuläre Fläche eines Komplexes zweiten Grades trifft, und die vier Ebenen, die man durch dieselbe Gerade als Tangentenebenen der singulären Fläche legen kann, haben dasselbe Doppelverhältnis.

---

[1]) [A. Weiler, Über die verschiedenen Gattungen der Komplexe zweiten Grades, Math. Ann., Bd. 7 (1874).]

[2]) Ich ziehe diesen von Herrn Voß vorgeschlagenen Ausdruck (Göttinger Nachrichten, 1873, S. 546) dem sonst gebräuchlichen „Singularitätenfläche" vor.

Diesen Satz habe ich für die singuläre Fläche des allgemeinen Komplexes vom zweiten Grade, d. h. für die Kummersche Fläche, bereits in Math. Ann., Bd. 2, S. 215 (siehe Abh. II dieser Ausgabe, S. 70) mitgeteilt; aber der Zusammenhang, in welchem er dort ausgesprochen ist, kann nicht als Beweis desselben gelten.

Um so lieber will ich hier eine einfache Betrachtung mitteilen, die in Anlehnung an die von Plücker begonnene Untersuchungsweise der Komplexflächen (vgl. dessen Neue Geometrie, S. 205 ff.) unmittelbar die vier zur Fläche gehörigen linearen Komplexe nachweist und aus ihrer Existenz die Gleichheit der fraglichen Doppelverhältnisse, sowie weiterhin die Eigenschaft der Fläche erschließt, ihre eigene reziproke Polare zu sein. Aus der Gleichheit der beiden Doppelverhältnisse wird man weiterhin, was bei Plücker in minder übersichtlicher Weise bewiesen wird, den Satz von der Identität der von den singulären Punkten gebildeten und von den singulären Ebenen umhüllten Fläche gewinnen. Ist nämlich das Doppelverhältnis der vier Punkte, in welchen eine beliebige Gerade die erste Fläche trifft, immer gleich dem Doppelverhältnisse der vier Ebenen, welche man durch die Gerade hindurch an die zweite Fläche legen kann, so sind die Tangenten der ersten Fläche immer auch Tangenten der zweiten Fläche, d. h. die beiden Flächen sind identisch[3]), wie zu beweisen.

Für die Singularitäten der Komplexfläche, wie sie Plücker nachweist, sollen im nachstehenden, soweit sie in Betracht kommen, die folgenden Bezeichnungen[4]) angewandt werden. Die vier singulären Ebenen der Fläche mögen E_1, E_2, E_3, E_4 heißen. Sie enthalten je ein Paar von Doppelpunkten der Fläche: $1, 1'$; $2, 2'$; $3, 3'$; $4, 4'$. Die in ihnen verlaufenden Verbindungslinien der Doppelpunktpaare, die singulären Strahlen der Fläche, seien S_1, S_2, S_3, S_4. Dieselben schneiden die Doppellinie und die Polare der Fläche bez. in den Punkten p_1 p_2, p_3, p_4 und q_1, q_2, q_3, q_4, die jedesmal zu den zwei auf dem singulären Strahle gelegenen Doppelpunkten harmonisch sind. Weiter sollen die vier singulären Punkte der Fläche P_1, P_2, P_3, P_4 genannt sein. Von ihnen gehen die Paare Doppelebenen I, I'; II, II'; III, III'; IV, IV' aus. Die singulären Achsen endlich, in welchen sich die zusammengehörigen Doppelebenen schneiden, seien durch A_1, A_2, A_3, A_4 bezeichnet.

Die Doppelebenen der Fläche enthalten (vgl. Plücker) jedesmal vier Doppelpunkte, und durch jeden Doppelpunkt gehen vier Doppelebenen hin-

---

[3]) Der Nachweis der Identität der beiden Flächen ist durch Herrn Pasch in seiner Habilitationsschrift (Gießen 1870) auf allgemeinere und fundamentalere Betrachtungen betr. Brennflächen von Kongruenzen zurückgeführt worden. Der im Texte angegebene Beweis scheint aber immer dadurch interessant, daß er bis zum Schlusse die Vorstellung des Unendlich-Kleinen vermeidet.

[4]) Vgl. Clebschs Bericht über Plückers Neue Geometrie in den Göttinger Anzeigen, 1869.

durch. Man kann die festgesetzten Bezeichnungen insbesondere so wählen, daß dieses Verhältnis in dem folgenden Schema seine Darstellung findet:

Ebenen	Punkte	Ebenen	Punkte
I	1 2 3 4	I'	$1'$ $2'$ $3'$ $4'$
II	1 2 $3'$ $4'$	II'	$1'$ $2'$ 3 4
III	1 $2'$ 3 $4'$	III'	$1'$ 2 $3'$ 4
IV	1 $2'$ $3'$ 4	IV'	$1'$ 2 3 $4'$

Ich behaupte nun zunächst, daß es möglich ist, die acht Doppelpunkte den acht Doppelebenen in den folgenden vier Weisen durch lineare Komplexe zuzuordnen. *Es entsprechen den Punkten:*

$$1, \quad 1', \quad 2, \quad 2', \quad 3, \quad 3', \quad 4, \quad 4'$$

bezüglich die Ebenen:

$$
\begin{array}{cccccccc}
I, & I', & II, & II', & III, & III', & IV, & IV \\
II, & II', & I, & I', & IV', & IV, & III', & III \\
III, & III', & IV', & IV, & I, & I', & II', & II \\
IV, & IV', & III', & III, & II', & II, & I, & I'.
\end{array}
$$

Gesetzt, es sei dieses bewiesen, dann folgt unmittelbar, daß die vier betreffenden linearen Komplexe paarweise in Involution liegen. Denn die Zuordnungen, wie sie durch das vorstehende Schema gegeben sind, haben ersichtlich die Eigenschaft, paarweise vertauschbar zu sein, und die Vertauschbarkeit der mit ihnen verknüpften Zuordnungen ist für lineare Komplexe das Kennzeichen der involutorischen Lage [vgl. Math. Ann., Bd. 4, S. 414. (Siehe Abh. XIV dieser Ausgabe, S. 237)].

Um aber den nötigen Beweis zu führen, konstruiere ich vier lineare Komplexe aus je fünf denselben angehörigen Linien und zeige sodann, daß sie die voraufgeführten Zuordnungen zur Folge haben. Es soll dies der Kürze wegen nur mit Bezug auf die erste Zuordnung auseinandergesetzt werden. Man konstruiere nämlich den linearen Komplex, der die folgenden fünf Geraden enthält:

die Doppellinie der Fläche,

die Polare,

die Verbindungsgeraden der Doppelpunkte $2, 3$; $3, 4$; $4, 2'$.

Man betrachte sodann etwa die singulären Strahlen S_2 und S_3. Die Linien des linearen Komplexes, welche beide schneiden, müssen eine Regelschar bilden, und vermöge derselben werden die beiden Punktreihen S_2 und S_3 projektiv aufeinander bezogen sein. Aber von dieser Regelschar sind drei Erzeugende bekannt: die Doppellinie, die Polare und die Gerade $2, 3'$. Sie ordnen den Punkten $p_2, q_2, 2$ von S_2 die Punkte $p_3, q_3, 3'$ von S_3

zu. Da aber p_2, q_2 auf S_2 zu 2, 2 und p_3, q_3 auf S_3 zu 3, 3′, oder, was dasselbe ist, zu 3′, 3 harmonisch sind, so werden auch 2′, 3 durch die Regelschar zugeordnet werden. *Dem linearen Komplexe gehört also auch die Gerade 2′, 3 an.* Dasselbe beweist man in ähnlicher Weise von den Geraden 3′, 4; 4′, 2.

Unter den geraden Linien, die durch den Punkt 2 hindurchgehen, kennt man jetzt zwei als dem linearen Komplexe angehörig, nämlich 2, 3′ und 2, 4′. Dem Punkte 2 ist also im Komplexe die Ebene 2, 3′, 4′, d. h. nach der oben festgesetzten Bezeichnung die Ebene *II* zugeordnet. Dieselbe geht außer durch 2, 3′, 4′ noch durch 1 hindurch; die Gerade 1, 2 gehört also ebenfalls dem Komplexe an. In gleicher Weise zeigt man, daß den Punkten 3 und 4 die Ebenen *III* und *IV* entsprechen und also auch 1, 3; 1, 4 dem Komplexe angehören. Hieraus denn endlich folgt, daß dem Punkte 1 die Ebene *I* entspricht. Die Zuordnung von 1′, 2′, 3′, 4′ bez. zu *I*′, *II*′, *III*′, *IV*′ ergibt sich auf dieselbe Weise, und es ist somit der geforderte Beweis erbracht.

Durch denselben linearen Komplex werden einander zugeordnet, wie nicht näher ausgeführt zu werden braucht: die vier singulären Ebenen E_1, E_2, E_3, E_4 bez. den vier singulären Punkten P_1, P_2, P_3, P_4; die vier singulären Strahlen S_1, S_2, S_3, S_4 bez. den vier singulären Achsen A_1, A_2, A_3, A_4 usw. Wir haben also:

> *Das Singularitätensystem ist in bezug auf den konstruierten linearen Komplex seine eigene konjugierte Polare,*

was die Gleichheit der von den vier singulären Punkten und den vier singulären Ebenen gebildeten Doppelverhältnisse als einzelne Behauptung einschließt. Weiter aber folgt:

> *Die Komplexfläche selbst ist in bezug auf den Komplex ihre eigene konjugierte Polare.*

Denn die Polarfläche derselben ist wieder eine Fläche vierter Ordnung mit derselben Doppellinie, denselben singulären Strahlen, denselben Berührungskegelschnitten in den Doppelebenen, und durch diese Elemente ist die Fläche als Fläche vierter Ordnung mehr als vollständig bestimmt.

Hiermit sind die zu Anfang voraufgeschickten Sätze und also auch die aus ihnen gezogenen Folgerungen bewiesen.

Erlangen, Oktober 1873.

XII. Über Konfigurationen, welche der Kummerschen Fläche zugleich eingeschrieben und umgeschrieben sind.

[Math. Annalen, Bd. 27 (1885).]

Eine Reihe von Vorträgen, welche ich in dem nun vergangenen Sommer in meinem Seminare gehalten habe, gaben mir die Veranlassung, die interessanten Sätze, welche Herr Rohn betreffs des in der Überschrift genannten Gegenstandes von der Theorie der hyperelliptischen Funktionen ausgehend in seiner Habilitationsschrift[1]) mehr andeutet als entwickelt, im Zusammenhange darzulegen und nach einigen Richtungen weiter zu führen. Indem ich im folgenden den wesentlichen Inhalt meiner Betrachtungen reproduziere, hoffe ich zu erreichen, daß der Gegenstand allseitig zugänglich wird und von anderer Seite vielleicht bald weiter gefördert werden kann.

I. Elementares über Liniengeometrie.

§ 1.

Vorbemerkungen.

Die eigentliche Grundlage für die Betrachtung der Kummerschen Fläche bildet anerkanntermaßen die Untersuchung der Linienkomplexe zweiten Grades, deren Singularitätenfläche die Kummersche Fläche ist. Ich werde im folgenden durchweg, wie dies auch Herr Rohn tut, von dem kanonischen Koordinatensysteme ausgehen, das ich im zweiten Bande der Math. Annalen[2]) einführte und vermöge dessen die Raumgerade homogene Koordinaten $x_1, x_2, \ldots, x_6$ erhält, welche an die Bedingung:

$$(1) \qquad \sum x_i^2 = 0$$

gebunden sind, während gleichzeitig die unendlich vielen in Rede stehenden Komplexe zweiten Grades durch folgende Gleichung gegeben sind:

$$(2) \qquad \sum \frac{x_i^2}{x_i - \lambda} = 0,$$

---

[1]) Math. Ann., Bd. 15: *Transformation der hyperelliptischen Funktionen $p = 2$ und ihre Bedeutung für die Kummersche Fläche* (vgl. insbesondere S. 348—350 daselbst). [An die in der Einleitung genannten Vorträge schließt sich hinwiederum die Leipziger Dissertation von Reichardt (Halle, 1886), welche die Anwendung der hyperelliptischen Funktionen auf die Kummersche Fläche in ausführlicher Darstellung zusammenfassend behandelt. Für die spätere Entwicklung vgl. den Enzyklopädieartikel von Krazer und Wirtinger.]

[2]) [Vgl. Abh. II dieser Ausgabe.]

unter λ einen Parameter verstanden. Übrigens setze ich im folgenden die Theorie dieser Komplexe, die jetzt ja verschiedentlich bearbeitet und zur Darstellung gebracht ist, im wesentlichen als bekannt voraus. Es soll sich zunächst darum handeln, die l. c. besprochenen Konfigurationen, soweit dies unmittelbar gelingt, in elementarer Weise, d. h. unter Beiseitelassung der hyperelliptischen Funktionen, zu behandeln. Wenn wir dann weiter unten, im zweiten Teile der gegenwärtigen Darstellung, die letzteren in Betracht ziehen und, auf ihre Kenntnis gestützt, im dritten Teile auf die Konfigurationen zurückkommen, so wird der große Vorteil, den die Benutzung transzendenter Funktionen hier bietet, um so deutlicher hervortreten. Derselbe zeigt sich zumal darin, daß wir alle Konstruktionen sofort verallgemeinern und insbesondere eine neue Klasse von Konfigurationen konstruieren können, worauf gleich hier aufmerksam gemacht sei.

§ 2.

Konjugierte Punkte und Ebenen der Kummerschen Fläche.

Der Hauptsatz, den ich nunmehr der speziellen Betrachtung voranstellen will, ist folgender:

Die vier Punkte, in denen eine beliebige Raumgerade die Kummersche Fläche schneidet, und die vier Tangentialebenen, welche man durch dieselbe Raumgerade an die Fläche legen kann, sind in der Art aufeinander bezogen, daß jeder Zerlegung der vier Punkte in zwei Paare eine Zerlegung der vier Ebenen in zwei Paare rational entspricht.

Dieser Satz ergibt sich, beiläufig bemerkt, als Korollar des anderen, mehrfach behandelten, den ich in Bd. 2 der Math. Ann. (l. c.) mitteilte, demzufolge die vier Punkte und die vier Ebenen in richtiger Reihenfolge zusammen dasselbe Doppelverhältnis darbieten[3]). In der Tat sind vier Elemente eines einstufigen Gebildes

$$I,\ II,\ III,\ IV$$

vier Elementen

$$1,\ 2,\ 3,\ 4$$

eines zweiten einstufigen Gebildes projektiv, so sind sie es nicht minder zu folgenden Elementenreihen:

$$2,\ 1,\ 4,\ 3;$$
$$3,\ 4,\ 1,\ 2;$$
$$4,\ 3,\ 2,\ 1,$$

---

[3]) Vgl. meine Bemerkungen in Bd. 7 der Math. Annalen [vgl. Abh. XI dieser Ausgabe] oder auch die Entwicklungen von Voß im 9. Bande daselbst, S. 66. Übrigens folgt der Satz auch sofort aus der allgemeinen Theorie der zwei-zweideutigen Verwandtschaft zweier Grundgebilde erster Stufe. Man betrachte die Raumgerade als Leitlinie einer gewöhnlichen Komplexfläche und beachte, daß dann ihre Punkte und Ebenen zwei-zweideutig zusammen geordnet sind, usw.

und es entsprechen sich also die Zerfällungen:

$$(3) \quad \begin{cases} (I,\,II)\ (III,\,IV) & \text{und} \quad (1,\,2)\ (3,\,4), \\ (I,\,III)\ (IV,\,II) & \text{und} \quad (1,\,3)\ (4,\,2), \\ (I,\,IV)\ (II,\,III) & \text{und} \quad (1,\,4)\ (2,\,3) \end{cases}$$

in eindeutiger Weise.

Es sollen jetzt die römischen Ziffern die Ebenen und die arabischen Ziffern die Punkte der Kummerschen Fläche bedeuten, welche unserer Raumgeraden angehören. *Ich werde dann solche Ebenenpaare und Punktepaare, welche in einer der Zerfällungen* (3) *nebeneinander stehen, z. B.*

$$(I,\,II) \quad \text{und} \quad (1,\,2)$$

in bezug auf die Kummersche Fläche konjugiert nennen. Zu jeder Raumgeraden gehören offenbar zwölf konjugierte Ebenen- und Punktepaare. Kennen wir von den Ebenen der Kummerschen Fläche, die durch eine Raumgerade gehen, zwei und außerdem einen Schnittpunkt der Raumgeraden mit der Fläche, so können wir denjenigen anderen Schnittpunkt, der mit den beiden Ebenen und dem vorgegebenen Punkte konjugiert ist, rational berechnen. Man beachte, daß man diesen Satz auch umkehren kann. Gelingt es, durch rationale Prozesse einen weiteren Schnittpunkt unserer Raumgeraden mit der Kummerschen Fläche zu finden, so wird dies eben derjenige Schnittpunkt sein, der mit den anderen Elementen konjugiert ist.

Ich stelle jetzt die Frage, wie der Begriff konjugierter Ebenen und Punkte hervortritt, wenn wir unsere Raumgerade mit einem Komplexe der Schar (2) kombinieren und die Komplexfläche konstruieren, deren Leitlinie sie ist.

Es soll zunächst einer derjenigen vier Komplexe der Schar (2) herausgegriffen werden, denen unsere Raumgerade als Linie angehört. Vermöge eines solchen Komplexes werden die Ebenen und Punkte unserer Raumgeraden in bekannter Weise eindeutig zusammengeordnet, indem jede Ebene einen Komplexkegelschnitt trägt, der die Gerade in einem bestimmten Punkte (den wir dann der Ebene entsprechend setzen) berührt. Für die Ebenen I, II, III, IV, die wir jetzt die singulären Ebenen nennen, gilt insbesondere folgendes: Der in der singulären Ebene enthaltene Komplexkegelschnitt hat sich in zwei Strahlbüschel aufgelöst, deren eines seinen Mittelpunkt auf unserer Raumgeraden hat. Dieser Mittelpunkt, welcher der singulären Ebene in dem hier in Betracht kommenden Sinne entspricht, ist gleichzeitig einer der vier auf unserer Raumgeraden gelegenen singulären Punkte, die wir schon mit 1, 2, 3, 4 bezeichneten. — Es sind hier betreffs der Zusammengehörigkeit der singulären Ebenen und Punkte dem projektiven Charakter der Zuordnung und der Vierzahl der in Betracht kommenden Komplexe entsprechend genau jene vier Anordnungen möglich, die wir soeben aufgezählt haben. Daher folgt zunächst:

(A) *Beliebige zwei der singulären Ebenen und diejenigen zwei der singulären Punkte, die ihnen in einem der vier Komplexe entsprechen, sind jedesmal konjugiert.*

Wir können auch so sagen:

(A′) *Sind zwei der Ebenen und zwei der Punkte konjugiert, so gibt es unter den vier Komplexen unserer Schar, denen die Raumgerade angehört, immer zwei, welche den beiden Ebenen, in der einen oder anderen Reihenfolge, die beiden Punkte entsprechen lassen,*
oder auch:

(A″) *Befindet sich unter den vier Komplexen einer, der zweien der Ebenen zwei bestimmte unter den Punkten entsprechen läßt, so gibt es noch einen zweiten Komplex, der dies ebenfalls tut, nur daß die Reihenfolge, in der die Punkte den Ebenen zugeordnet werden, bei ihm umgekehrt erscheint. —*

Es sei jetzt $\lambda = a$ ein Komplex unserer Schar, dem unsere Raumgerade nicht angehört. Die Komplexkegelschnitte, welche $\lambda = a$ in den singulären Ebenen I, II, III, IV entsprechen, sind wieder je in zwei Strahlbüschel zerfallen; ich will die Mittelpunkte dieser Büschel (von denen jetzt keiner auf der anfänglichen Raumgeraden liegt) folgendermaßen bezeichnen:

$$(4\,\mathrm{a}) \qquad I', I''; \; II', II''; \; III', III''; \; IV', IV''.$$

Wir betrachten andererseits die Komplexkegel, die von den singulären Punkten $1, 2, 3, 4$ auslaufen. Sie sind ebenfalls je in zwei Büschel zerfallen, deren Ebenen wir beziehungsweise nach folgendem Schema benennen mögen:

$$(4\,\mathrm{b}) \qquad 1', 1''; \; 2', 2''; \; 3', 3''; \; 4', 4'';$$

keine dieser Ebenen geht durch unsere Raumgerade hindurch.

Nun ist die Beziehung dieser Ebenen zu den Punkten $(4\,\mathrm{a})$ bekanntlich die, daß jede der Ebenen vier der Punkte trägt (immer einen aus jeder singulären Ebene), während zugleich die beiden Ebenen eines Paares zusammengenommen alle acht Punkte enthalten.

Wir betrachten jetzt die Punkte:

$$I', I''; \; II', II'',$$

die in den singulären Ebenen I, II enthalten sind. Dieselben mögen sich auf die beiden von 1 auslaufenden Ebenen:

$$1', 1''$$

in der Weise verteilen, daß $1'$ durch I, II' und also $1''$ durch I'', II'' hindurchgeht (was keine Partikularisation ist, sondern immer durch Wahl der Bezeichnung erreicht werden kann). Nun mögen 1, 2, wie wir vorhin schon annahmen, zu I, II konjugiert sein; wir fragen, wie sich unter dieser Voraussetzung die Punkte I', I'', II', II'' auf die beiden von 2 auslaufenden Ebenen (also auf $2', 2''$) verteilen. Ich behaupte, daß die Verteilung genau so geschehen muß, wie bei den Ebenen $1', 1''$, also in der Art, daß I', II' in einer der beiden Ebenen liegen (die wir fernerhin $2'$ nennen wollen), I'', II'' in der anderen der beiden Ebenen (die dann $2''$ genannt werden muß). Es gibt nämlich überhaupt nur zwei Weisen, wie sich die Punkte I', I'', II', II'' auf die beiden von einem der singulären Punkte 1, 2, 3, 4 auslaufenden Ebenen verteilen können: entweder gehören I', II' und andererseits I'', II'' zusammen, oder I', II'' und I'', II'. Böten nun die von 2 auslaufenden Ebenen nicht dieselbe Verteilungsweise dar, wie die von 1 auslaufenden, so müßten es die Ebenen tun, die von 3 oder von 4 ausgehen. Dann aber gehörte 3 oder 4 zu 1 und den beiden Ebenen I, II eindeutig hinzu, wäre also aus I, II und 1 rational zu berechnen, während dies nach Annahme doch nur bei 2 zutreffen kann. Daher usw. — Natürlich könnte man den hiermit gegebenen indirekten Beweis sofort durch einen direkten ersetzen, wenn man genauer auf die Gruppierung der acht Punkte und acht Ebenen eingehen wollte, wie ich dies beispielsweise in Bd. 7 der Math. Annalen[4]) (l. c.) getan habe. Wichtiger ist für das Folgende, daß wir unseren Satz, wie sofort ersichtlich, umkehren können. Wir haben:

(B) *Wenn die Punkte I', I'', II', II'' irgendzweier singulärer Ebenen I, II sich auf die von zwei singulären Punkten 1, 2 der Durchschnittskante auslaufenden Ebenen $1', 1'', 2', 2''$ in gleicher Weise verteilen, so sind $I, II, 1, 2$ in bezug auf die Kummersche Fläche konjugiert.*

§ 3.

Ausgezeichnete Tetraeder.

Wir wollen jetzt das Tetraeder genauer betrachten, welches in 1, 2 und in zweien der in I, II von uns zusammengeordneten Punkte, also etwa in I', II', seine Eckpunkte hat, und dessen Seitenebenen durch I, II, beziehungsweise $1', 2'$ vorgestellt sein werden, wobei den Punkten

$$1, 2, I', II'$$

der Reihe nach die folgenden Ebenen

$$2', 1', II, I$$

gegenüberliegen. Der Komplex $\lambda = a$ enthält von den 12 Büscheln, die, in den Seitenflächen des Tetraeders liegend, eine Ecke des Tetraeders zum Mittelpunkte haben, vier, nämlich:

$$(I, I'), (II, II'), (1', 1), (2', 2).$$

---

[4]) [Vgl. Abh. XI dieser Ausgabe.]

Jedes dieser Büschel hat mit zweien derselben eine Kante unseres Tetraeders gemein, so daß wir überhaupt von einer *windschiefen Büschelkonfiguration* unseres Tetraeders sprechen können, die dem Komplexe $\lambda = a$ angehört. Wir schließen hieraus, *daß je zwei Ebenen unseres Tetraeders und die beiden Eckpunkte, welche ihre Durchschnittskante enthält, in bezug auf die Kummersche Fläche konjugiert sind.* Für die ursprünglich allein betrachtete Linie (I, II), bez. $(1, 2)$, war dies von vornherein bekannt, bez. folgte aus (B); ebenso folgt es aus (B) für die gegenüberliegende Kante. Für die anderen vier Kanten (die jedesmal zweien der vier Büschel der Büschelkonfiguration gemeinsam sind) ergibt sich der Satz aus (A).

Ein Tetraeder der hiermit betrachteten Art werde ich fortan als *ausgezeichnetes* Tetraeder bezeichnen. Ein ausgezeichnetes Tetraeder ist der Kummerschen Fläche *gleichzeitig ein- und umgeschrieben.* Denn seine Ecken sind singuläre Punkte eines Komplexes $\lambda = a$, seine Ebenen singuläre Ebenen desselben. *Offenbar gibt es fünffach unendlich viele ausgezeichnete Tetraeder*[5]). Denn wir können den Komplex $\lambda = a$ und die Anfangskante I, II (die ihrerseits von vier Konstanten abhängt) beliebig annehmen. Übrigens gelangen wir auch noch durch andere Annahme derselben Bestimmungsstücke zu demselben Tetraeder. Erstlich ist klar, daß wir, unter Festhaltung des Komplexes $\lambda = a$, statt mit der Kante (I, II) ebensowohl mit der gegenüberliegenden Kante $(1', 2')$ beginnen können. Dann aber sage ich, *daß unser Tetraeder noch zu zwei anderen Komplexen der Schar* (2), die ich $\lambda = b$ und $\lambda = c$ nennen will, *genau in derselben Beziehung steht, wie zum Komplexe $\lambda = a$.* Es sind dies diejenigen beiden unter den vier Komplexen, denen die Kante (I, II) angehört, welche dem Theoreme (A') zufolge die Ebenen I, II und die Punkte $1, 2$ zusammenordnen.

In der Tat: jedem der beiden hiermit definierten Komplexe muß eine windschiefe Büschelkonfiguration unseres Tetraeders angehören. Der Komplex $\lambda = b$ möge etwa zunächst das Büschel $I, 1$ und also das Büschel $II, 2$ enthalten. Er enthält dann insbesondere die Tetraederkanten, längs deren sich I und $1'$, bez. II und $2'$ schneiden. Aber die beiden Ebenen, welche wir hiermit bei der einzelnen Kante nennen, sind zu den beiden Eckpunkten, die auf derselben Kante liegen, also zu 1 und I', bez. zu 2 und II', wie wir wissen, konjugiert. Daher gehören dem Komplexe $\lambda = b$ auch die Büschel an, die von den Ecken I', II' bez. in den Ebenen $1', 2'$ auslaufen, womit unsere Behauptung bewiesen ist.

---

[5]) Den Satz, daß es ∞^5 Tetraeder gibt, die der Kummerschen Fläche gleichzeitig ein- und umgeschrieben sind, hat gelegentlich Herr Hurwitz auf meinen Wunsch mitgeteilt; siehe Bd. 15 der Math. Ann., S. 14 (Fußnote).

Auf Grund dieser Betrachtungen ergibt sich schließlich eine Konstruktion unseres Tetraeders, welche von den drei Komplexen $\lambda = a$, $\lambda = b$, $\lambda = c$ ganz unabhängig ist. Die drei Eckpunkte, welche einer Seitenfläche des Tetraeders bez. in den drei Komplexen entsprechen, sind nämlich, wie aus der Konstantenzählung hervorgeht, unter den Punkten der Durchschnittskurve, die unserer Ebene mit der Kummerschen Fläche gemeinsam ist, drei ganz beliebige. Daher also werden wir zur Konstruktion unseres Tetraeders erstlich eine Seitenfläche desselben unter den Tangentialebenen der Kummerschen Fläche nach Willkür annehmen, dann aber auf der zu ihr gehörigen Durchschnittskurve mit der Kummerschen Fläche drei Ecken des Tetraeders beliebig fixieren. *Wenn wir dann durch je zwei dieser Ecken diejenige Ebene legen, die zu ihnen in bezug auf die anfänglich angenommene Ebene konjugiert ist, so schneiden sich diese Ebenen von selbst in einem weiteren Punkte der Kummerschen Fläche, und wir haben ein ausgezeichnetes Tetraeder konstruiert.*

§ 4.

Allgemeinere Konfigurationen.

Die fünffach unendlich vielen Tetraeder, welche wir jetzt kennen, gruppieren sich in charakteristischer Weise zu größeren Konfigurationen zusammen, welche ebenfalls der Kummerschen Fläche gleichzeitig ein- und umgeschrieben sind. Eine erste solche Konfiguration erhalten wir sofort, wenn wir erneut an die Anfangsüberlegung anknüpfen, von der aus wir die ausgezeichneten Tetraeder zunächst definiert haben. Es ist dies diejenige Konfiguration, welche von den vier singulären Punkten und Ebenen $1, 2, 3, 4$ bez. I, II, III, IV, den acht zugehörigen Ebenen $1', 1''$; $2', 2''$; $3', 3''$; $4', 4''$ und den acht zugehörigen Punkten I', I''; II', II''; III', III''; IV', IV'', kurzum von den singulären Elementen der zu unserer Raumgeraden und dem Komplexe $\lambda = a$ gehörigen *Komplexfläche* gebildet wird, und aus der man, wie sofort ersichtlich, die Ecken und Ebenen von 24 ausgezeichneten Tetraedern herausgreifen kann[6]). Nun ist aber die Komplexfläche als Umhüllungsgebilde derjenigen Komplexlinien, welche eine feste Raumgerade treffen, in allen diesen Untersuchungen nur der spezielle Fall jener Brennfläche, welche bei Zusammenstellung des Komplexes $\lambda = a$ mit einem *allgemeinen* linearen Komplexe entsteht, und die selbst eine *Kummersche Fläche* sein wird, die wir mit unserer von Anfang an be-

---

[6]) Ich verfolge die Gruppierung dieser Punkte und Ebenen oder auch die Beziehung der Komplexfläche zu unserer Kummerschen Fläche (der Singularitätenfläche) nicht weiter, weil selbstverständlich alles, was im Text sogleich über den Fall der als Brennfläche auftretenden Kummerschen Fläche gesagt werden soll, auf den speziellen Fall der Komplexfläche übertragen werden kann.

trachteten Kummerschen Fläche, der Singularitätenfläche der Komplexe (2), natürlich nicht verwechseln dürfen[7]). Wir handeln im folgenden nur von der Konfiguration $(16)_6$, welche von den Doppelpunkten und den Doppelebenen der neuen Kummerschen Fläche gebildet wird. *Offenbar ist auch diese Konfiguration der anfänglichen Kummerschen Fläche gleichzeitig ein- und umgeschrieben.* Denn durch jeden der Doppelpunkte geht innerhalb einer der hindurchlaufenden Doppelebenen der Theorie der Linienkongruenzen zweiter Ordnung und Klasse zufolge[8]) ein Strahlbüschel, so daß der Doppelpunkt als Punkt, die Doppelebene als Ebene der Singularitätenfläche des Komplexes $\lambda = a$ angehören muß. *Man zeigt aber überhaupt* (wie ich hier beiläufig anführe, da ich es sogleich als Beweisgrund benutze), *daß die beiden Kummerschen Flächen einander nach Erstreckung einer Kurve achter Ordnung, resp. einer Developpablen achter Klasse berühren, so zwar, daß sie keinen Punkt und keine Ebene gemein haben, welche nicht dieser Kurve, bez. dieser Developpablen angehörten.* Die betreffende Berührungkurve ist der geometrische Ort solcher singulären Punkte des Komplexes $\lambda = a$, deren zugeordnete singuläre Linie unserer Kongruenz angehören; die Umhüllungsdeveloppable ist in genau dualistischer Weise definiert. Zum Beweis beachte man, daß eine singuläre Linie des Komplexes $\lambda = a$ nur von solchen benachbarten Linien desselben geschnitten wird, die entweder durch den zugeordneten singulären Punkt laufen oder in der zugeordneten singulären Ebene liegen, — daß andererseits unsere zweite Kummersche Fläche, nach der Begriffsbestimmung der Brennfläche, von allen Linien der zugehörigen Kongruenz umhüllt wird[9]).

§ 5.

Eigenschaften der neuen Konfigurationen.

Über die nunmehr gewonnenen Konfigurationen $(16)_6$ hat Herr Rohn, den ich seinerzeit auf die Existenz derselben aufmerksam machte, zwei einfache Sätze aufgestellt, deren Beweis sich jetzt ohne Mühe ergibt, wie ich zeigen will[10]).

---

[7]) Dem widerspricht nicht, daß weiterhin die Beziehung der Kummerschen Flächen zueinander als eine durchaus gegenseitige erkannt wird; vgl. die Note am Schluß von § 5.

[8]) Wegen der Sätze, die im Texte betreffs der in Rede stehenden Kongruenzen gebraucht werden, möchte ich hier ein für alle Mal auf Kummers Originalabhandlung: *Über algebraische Strahlensysteme usw.* verweisen; siehe Abhandl. d. Berliner Akademie von 1866, insbesondere S. 62—71 daselbst.

[9]) In allgemeinerer Form findet man diese Überlegungen bei Voß in Bd. 9 der Math. Ann., siehe insbesondere, was die Resultate angeht, S. 148 ff. daselbst.

[10]) Rohn l. c.; ebenda (S. 352) die Darstellung der Berührungskurve achter Ordnung in transzendenter Form. Man vgl. hierzu die Entwicklungen von Herrn Reye im 97. Bande des Journals für Mathematik [*Über die Singularitätenflächen quadratischer Strahlenkomplexe und ihre Haupttangentenkurven* (1884)].

Wir betrachten zunächst eine einzelne Ebene der Konfiguration, die wir I nennen wollen. Sie ist Tangentialebene der ursprünglichen Kummerschen Fläche und schneidet die letztere also in einer Kurve vierter Ordnung mit Doppelpunkt. Andererseits berührt sie die zutretende Kummersche Fläche (die Brennfläche) nach Erstreckung eines Kegelschnitts. Jetzt trägt der Kegelschnitt 6 von den 16 Doppelpunkten der Brennfläche (die wir weiterhin mit $1, 2, \ldots, 6$ bezeichnen wollen), und wir bemerkten bereits oben, daß sämtliche 16 Doppelpunkte als einfache Punkte der Singularitätenfläche angehören. Daher fallen sechs von den acht Schnittpunkten, welche unser Kegelschnitt mit der Kurve vierter Ordnung gemein hat, in die Punkte $1, 2, \ldots, 6$. Der erste von Herrn Rohn mitgeteilte Satz behauptet: *daß die weiteren beiden Schnittpunkte unserer Kurven im Doppelpunkte der Kurve vierter Ordnung koinzidieren, daß also der Kegelschnitt zur Kurve vierter Ordnung adjungiert ist.* In der Tat, die ursprüngliche Kummersche Fläche und die Ebene I haben die Eigenschaft gemein, die zweite Kummersche Fläche überall zu berühren, wo sie dieselbe treffen. Gibt es also einen Punkt, der allen drei Flächen gemein ist und ist derselbe, wie wir hier annehmen (da die Doppelpunkte $1, 2, \ldots, 6$ bereits betrachtet wurden), kein singulärer Punkt der zweiten Kummerschen Fläche, so ist er ein Berührungspunkt der ersten Kummerschen Fläche mit der Ebene I. Also usw. — Natürlich gilt der entsprechende Satz für den Kegel zweiter Klasse, der in einem beliebigen Eckpunkte unserer Konfiguration durch die zugehörigen Tangentialebenen der zweiten Kummerschen Fläche umhüllt wird, wie denn überhaupt *alle* Beziehungen, die im vorliegenden Aufsatze zur Sprache kommen, nach dualistischer Umkehr ebenfalls zutreffen, wie ich nicht jedesmal betonen möchte und also hier ein für allemal hervorgehoben haben will.

Wir nehmen jetzt die übrigen 15 Ebenen zu I hinzu. Da durch jede der 15 Verbindungslinien der sechs in I enthaltenen Eckpunkte $1, 2, \ldots, 6$ eine der Ebenen hindurchläuft, so wird es zweckmäßig sein, die einzelne Ebene durch diejenigen beiden dieser Punkte zu benennen, welche sie enthält. Sechs Ebenen, welche durch einen der zehn nicht in I enthaltenen Eckpunkte der Konfiguration laufen, erhält man dann bekanntlich in der Weise, daß man die Punkte $1, 2, \ldots, 6$ irgendwie in zwei Gruppen von drei teilt, z. B.

$$1, 2, 3; \ 4, 5, 6,$$

und dann die Ebenen aufzählt, welche irgendzwei der sonach zusammengehörigen Punkte tragen, also im Beispiele:

$$\overline{12}, \ \overline{23}, \ \overline{31}; \ \ \overline{45}, \ \overline{56}, \ \overline{64}.$$

Wir fassen jetzt drei Ebenen $\overline{ik}$, $\overline{kl}$, $\overline{li}$ mit I zu einem Tetraeder zusammen und erhalten so ein Tetraeder, welches der ursprünglichen

Kummerschen Fläche gleichzeitig um- und eingeschrieben ist. Offenbar gibt es solcher Tetraeder, zu I gehörig, 20, also im ganzen bei unserer Konfiguration, wenn wir I durch eine beliebige Ebene der 16 ersetzen, $\frac{16 \cdot 20}{4} = 80$. *Ich sage jetzt, daß diese sämtlichen Tetraeder ausgezeichnete Tetraeder in dem früher definierten Sinne sind.*

Der Beweis zerlegt sich, indem wir von dem Komplexe $\lambda = a$ ausgehen, in mehrere Schritte. Ich will annehmen, daß dem Komplexe $\lambda = a$ in der Ebene I speziell dasjenige Strahlbüschel angehöre, dessen Mittelpunkt in 1 fällt. Dann werden von den 20 Tetraedern, deren eine Seitenfläche mit I koinzidiert, 10 eine windschiefe, dem Komplexe a angehörige Büschelkonfiguration tragen, wie sofort aus bekannten Sätzen über die Kongruenzen zweiter Ordnung und Klasse folgt: diejenigen 10 nämlich, welche zugleich 1 zu einer ihrer Ecken haben und denen also das Büschel $(I, 1)$ angehört. Ersetzen wir hier die Ebene I durch irgendeine andere Ebene unserer Konfiguration, so erhalten wir im ganzen 40 Tetraeder derselben Definition, bei denen also die Behauptung, die wir aufstellen, selbstverständlich ist. Nun aber partizipieren an diesen 40 Tetraedern alle 120 durch den Schnitt zweier Konfigurationsebenen entstehenden Linien als Kanten. Zum Beweise betrachte man nur die 15 dieser Linien, die in I liegen: diejenigen fünf derselben, welche durch 1 laufen, sind, wie man unmittelbar sieht, bei je vier von den 10 Tetraedern, die I zur Seitenfläche haben, beteiligt, die zehn, welche nicht durch 1 laufen, bei je einem derselben. Wir schließen hieraus, was an sich ein schönes Theorem ist: *daß die beiden Ebenen unserer Konfiguration, welche durch eine der 120 Linien hindurchgehen, und die beiden Eckpunkte derselben, welche auf derselben Linie liegen, allemal in bezug auf die erste Kummersche Fläche konjugiert sind.* Das aber heißt, daß überhaupt jedes Tetraeder, welches man aus den Ebenen und Ecken unserer Konfiguration bilden kann, ein ausgezeichnetes Tetraeder im früher festgestellten Sinne ist, w. z. b. w.[11]).

An die hiermit gegebenen Entwicklungen knüpfen wir jetzt zunächst eine einfache Konstruktion unserer Konfiguration $(16)_6$, in der man sofort die sechs Konstanten erkennt, von denen die Konfiguration abhängt: wir wählen zunächst unter den Tangentenebenen der ersten Kummerschen Fläche die Ebene I beliebig (2 Const.), zeichnen die Kurve vierter Ordnung, in der sie die Kummersche Fläche durchdringt, nehmen dann in I einen zur Kurve vierter Ordnung adjungierten Kegelschnitt und bezeichnen diejenigen sechs Schnittpunkte desselben mit der Kurve vierter Ordnung,

---

[11]) Der im Text gegebene Beweis wäre unnötig, wenn man zeigen könnte (was vermutlich nicht schwer ist), daß in der Tat jedes einer Kummerschen Fläche gleichzeitig um- und eingeschriebene Tetraeder ein ausgezeichnetes Tetraeder ist.

welche nicht in den Doppelpunkt der letzteren fallen, mit 1, 2, ..., 6.
Wir werden die 16 Ebenen einer Konfiguration der von uns gewollten Art
haben, indem wir durch jede der 15 Verbindungsgeraden $\overline{12}$, ... eine Ebene
legen, die mit I zusammen zu den beiden auf der Verbindungsgeraden
liegenden Punkten (also zu 1 und 2, usw.) in bezug auf die Kummersche
Fläche konjugiert ist, — und diese 15 Ebenen der Ebene I hinzufügen.
Die 16 Eckpunkte der Konfiguration sind 1, 2, ..., 6 und die weiteren
Punkte, in denen sich die konstruierten Ebenen begegnen. —

Übrigens aber haben wir alle Mittel, um den zweiten Satz von Rohn
abzuleiten. Die sechs Strahlbüschel, welche innerhalb der Ebene I durch
die Punkte 1, 2, ..., 6 laufen, werden sechs Komplexen unserer Schar beziehungsweise angehören, nämlich $\lambda = a$ und fünf weiteren Komplexen, die
wie $\lambda = b, c, d, e, f$ resp. nennen wollen. Aus dem eben aufgestellten
Satze von dem Konjugiertsein gewisser Ebenen- und Punktenpaare und
dem in § 2 gegebenen Theoreme (A') folgt dann, daß jedem der sechs
Komplexe (also nicht nur $\lambda = a$) in jeder der 16 Ebenen ein Strahlbüschel
angehört, dessen Mittelpunkt in einen der 16 Eckpunkte der Konfiguration
fällt. Dabei erweist sich die Gruppierung dieser $6 \cdot 16$ Strahlbüschel als dieselbe, welche man für die Strahlbüschel der sechs zu der zweiten Kummerschen Fläche gehörigen Kongruenzen zweiter Ordnung und Klasse kennt.
Wir gingen davon aus, daß die eine dieser Kongruenzen dem Komplexe
$\lambda = a$ angehört; *ich sage, daß die anderen fünf Kongruenzen beziehungsweise in den Komplexen $\lambda = b, c, d, e, f$ liegen.* In der Tat kann ein
Komplex zweiten Grades mit einer irreduziblen Kongruenz zweiter Ordnung
und Klasse nicht 16 Strahlbüschel gemein haben, ohne die Kongruenz ganz
zu enthalten. Wir würden unsere „zweite" Kummersche Fläche also
ebensowohl haben gewinnen können, hätten wir nicht mit Komplex $\lambda = a$,
sondern mit dem Komplex $\lambda = b$ oder $\lambda = c$ usw. begonnen. Mit anderen
Worten (und dies ist der Rohnsche Satz): *Die Komplexe a, b, c, d, e, f
sind für die Definition der zweiten Kummerschen Fläche (oder auch der
Konfiguration $(16)_6$) von durchaus gleicher Bedeutung.* —

Ich breche hier die elementaren Betrachtungen ab, obgleich ersichtlich
ist, daß sich eine Menge von Fragen aufdrängen, welche einer direkten
(algebraisch-geometrischen) Behandlungsweise sehr wohl zugänglich sind [12]).

---

[12]) Herr Rohn hat sich früher, wie er mir mitteilt (und übrigens auch in Bd. 15
der Math. Ann., S. 350, andeutet), seinerseits mit solchen weitergehenden Fragen beschäftigt. Indem ich seine Ausdrucksweise den von mir gebrauchten Bezeichnungen
anpasse, entnehme ich einem seiner Briefe das Folgende:

„Es seien die Komplexe zweiten Grades, denen die Doppeltangentensysteme der
zweiten Kummerschen Fläche angehören sollen, d. h. die Konstanten $\lambda = a, b, c, d, e, f$,
gegeben; ich stelle die Aufgabe, die linearen Komplexe zu bestimmen, welche die
Doppeltangentensysteme enthalten, und überhaupt die Schar von Komplexen zweiten

II. Über die Darstellung der Kummerschen Fläche durch hyperelliptische Funktionen $p = 2$.

§ 6.

Allgemeine Vorbemerkungen, die Theorie der hyperelliptischen Funktionen betreffend.

Um die Darstellung der Kummerschen Fläche durch hyperelliptische Funktionen zweier Argumente U_1, U_2, oder vielmehr, um die Ausbreitung zweier Integralsummen U_1, U_2 auf der Kummerschen Fläche (die allein bei der folgenden Darstellung in Betracht kommt) in völliger Deutlichkeit zu

---

Grades anzugeben, deren Singularitätenfläche die zweite Kummersche Fläche ist. Ich will der Kürze halber $\lambda_1, \lambda_2, \ldots, \lambda_6$ für $a, b, \ldots, f$ schreiben und die Produkte

$$(\varkappa_1 - \lambda_m)(\varkappa_2 - \lambda_m) \ldots (\varkappa_6 - \lambda_m), \text{ bez. } (\varkappa_n - \lambda_1)(\varkappa_n - \lambda_2) \ldots (\varkappa_n - \lambda_6)$$

mit $f(\lambda_m)$ und $\varphi(\varkappa_n)$ bezeichnen. Ist dann, unter ϱ einen Proportionalitätsfaktor verstanden:

$$(1) \qquad \varrho\, a_{mn} = \sqrt{\frac{f(\lambda_m) \cdot \varphi(\varkappa_n)}{(\varkappa_n - \lambda_m)^2 \cdot f'(\varkappa_n) \cdot \varphi'(\lambda_m)}} \,,$$

so sind die gesuchten linearen Komplexe durch folgende Gleichungen gegeben:

$$(2) \qquad z_\varkappa = a_{1\varkappa} x_1 + a_{2\varkappa} x_2 + \ldots + a_{6\varkappa} x_6 = 0.$$

Ich habe dabei die linken Seiten gleich so normiert, daß $\sum z_\varkappa^2 = 0$ wird vermöge $\sum x_\varkappa^2 = 0$. Man hat also eine orthogonale Substitution und die Auflösungen von (2) lauten mit Unterdrückung eines Proportionalitätsfaktors:

$$(3) \qquad x_i = a_{i1} z_1 + a_{i2} z_2 + \ldots + a_{i6} z_6.$$

Hierin liegt zugleich, daß die Vorzeichen der Quadratwurzeln in (1) nicht völlig willkürlich sind. Vielmehr wird man die Vorzeichen nur derjenigen a_{mn}, welche einem festen m oder einem festen n entsprechen, willkürlich annehmen dürfen, worauf alle anderen Vorzeichen fixiert sein werden. Es entspricht dies (mit Rücksicht auf den in (1) auftretenden Proportionalitätsfaktor ϱ) dem Umstande, daß die vorgelegte Aufgabe $2^5 = 32$ Lösungen zuläßt. — Die Schar der Komplexe zweiten Grades, deren Singularitätenfläche die zweite Kummersche Fläche ist, wird jetzt durch folgende Gleichung gegeben:

$$(4) \qquad \sum \frac{z_\alpha^2}{\lambda_\alpha - \varkappa} = 0,$$

unter $\varkappa$ den Parameter verstanden. Vergleicht man diese Formel mit Gleichung (2) des Textes (welche die zur ersten Kummerschen Fläche gehörigen Komplexe vorstellt), so ist ersichtlich, *daß zwischen beiden Kummerschen Flächen volle Gegenseitigkeit besteht.* Die Doppeltangenten der ersten Kummerschen Fläche liegen also in den Komplexen $\varkappa = \varkappa_1, \varkappa_2, \ldots, \varkappa_6$ der Komplexschar (4). Dabei findet noch folgende Übereinstimmung statt. Eine Linie, welche unsere erste Kummersche Fläche berührt, wird einem Komplex der ersten Schar, sagen wir $\lambda = m$, als singuläre Linie angehören. Jetzt soll der Berührungspunkt insbesondere auf jene Berührungskurve achter Ordnung rücken, die den beiden Kummerschen Flächen gemeinsam ist. Die Linie wird dann auch einem Komplex der zweiten, durch (4) gegebenen, Schar als singuläre Linie angehören. Der Satz ist, daß dieser Komplex durch $\varkappa = m$ gegeben ist, unter m dieselbe Größe verstanden, wie vorhin."

gewinnen, scheint es zweckmäßig, einige allgemeine Bemerkungen zur Theorie der hyperelliptischen Integrale vom Geschlechte Zwei vorauszuschicken.

Die beiden Integrale, welche wir im folgenden zugrunde legen wollen, sind diese:

$$(5) \qquad w_1 = \int \frac{d\lambda}{\sqrt{f(\lambda)}}, \qquad w_2 = \int \frac{\lambda\, d\lambda}{\sqrt{f(\lambda)}},$$

wo die Bezeichnung $f(\lambda)$, die wir schon gelegentlich benutzten, das Produkt $(\lambda - \varkappa_1)(\lambda - \varkappa_2)\ldots(\lambda - \varkappa_6)$ vertreten soll. Man betrachtet den Verlauf dieser Integrale gemeinhin — und so müssen wir es hier zunächst auch tun — auf der zweiblättrigen Riemannschen Fläche vom Geschlechte Zwei, die zu $\sqrt{f(\lambda)}$ gehört und deren Verzweigungspunkte bei $\lambda = \varkappa_1$, $\varkappa_2, \ldots, \varkappa_6$ liegen. Es erscheint dann zweckmäßig, die untere Grenze der Integrale in einen der Verzweigungspunkte zu legen, als welchen wir $\varkappa_6$ wählen wollen. Indem wir gleichzeitig die obere Grenze genau fixieren, wird das einzelne Integral durch folgende Formel gegeben sein:

$$(6) \qquad w = \int_{\varkappa_6}^{\lambda,\, \sqrt{f(\lambda)}} dw.$$

Ich habe diese Formel der Kürze halber so geschrieben, daß nach Belieben 1 oder 2 als Index zugefügt werden kann, ein Verfahren, dessen ich mich weiterhin durchgängig bedienen will.

Es kommt jetzt darauf an, die Periodizitätsmoduln der so definierten Integrale in möglichst einfacher Weise zu bezeichnen. Zu dem Zwecke werde ich statt der vier Fundamentalperioden, aus denen sich alle anderen zusammensetzen, fünf Perioden einführen, zwischen denen natürlich eine lineare Abhängigkeit bestehen muß. Ich denke mir nämlich den Verzweigungspunkt $\varkappa_6$ mit den anderen Verzweigungspunkten $\varkappa_1, \varkappa_2, \ldots, \varkappa_5$ durch fünf in demselben Blatte der Riemannschen Fläche verlaufende Linien, welche einander nur in $\varkappa_6$ treffen, verbunden und setze nun, indem ich an diesen Linien hinintegriere:

$$(7) \qquad P^{(i)} = 2 \int_{\varkappa_6}^{\varkappa_i} dw.$$

Was aber die Relation angeht, die zwischen den so definierten Perioden besteht, so findet man nach bekannter Methode:

$$(8) \qquad \sum_{1}^{5} P^{(i)} = 0 \ ^{13}).$$

---

[13]) Will man die Symmetrie der später zu entwickelnden Formeln noch steigern, so empfiehlt es sich, noch eine sechste Periode $P^{(6)}$, mit der Relation $P^{(6)} = 0$, einzuführen, was ich hier nur beiläufig erwähne.

Die Größe w ist durch die Formel (6) nur bis auf beliebig hinzufügbare ganzzahlige Multipla der Perioden $P^{(i)}$ bestimmt. Indem ich mit $\overline{w}$ einen der Werte bezeichne, deren sie fähig ist, werde ich das Gesagte durch die Formel ausdrücken:

$$(9) \qquad w \equiv \overline{w} \quad (\text{mod. } P^{(i)}).$$

Sind die Werte der w (d. h. von w_1 und w_2) gegeben, so ist nach der Theorie der hyperelliptischen Funktionen die obere Grenze $\lambda, \sqrt{f(\lambda)}$ in (6) völlig bestimmt. Daß w_1, w_2 dabei nicht unabhängig sein können, sondern durch eine Relation verbunden sein müssen ($\Theta = 0$), ist selbstverständlich, aber soll hier nicht weiter untersucht werden, wie überhaupt von der Theorie der Θ-Funktionen abgesehen werden wird. Solche Werte w_1, w_2, die vermöge (6) zu einer oberen Grenze $\lambda, \sqrt{f(\lambda)}$ zugehören, nenne ich *einfache Integrale*. Bezeichnen wir mit $\overline{w}$ dieselben Größen, wie in (9) und schreiben:

$$(10) \qquad w \equiv - \overline{w} \quad (\text{mod. } P^{(i)}),$$

so haben wir wieder einfache Integrale, die jetzt zur oberen Grenze $\lambda, - \sqrt{f(\lambda)}$ gehören. Wir berühren hiermit die charakteristische Eigenschaft des hyperelliptischen Gebildes, die im folgenden immer wieder hervortritt, die Eigenschaft nämlich, durch eine Transformation von der Periode Zwei (die in dem Vorzeichenwechsel der Quadratwurzel $\sqrt{f(\lambda)}$, oder nach (10), des $\overline{w}$, ihren Ausdruck findet) in sich selbst überzugehen.

Die hiermit aufgezählten Sätze und die Anschauungsweisen, auf denen sie beruhen, sind wohlbekannt. Es scheint nun aber für den Fortschritt unserer Untersuchungen wesentlich und überhaupt für die Theorie der hyperelliptischen Funktionen vorteilhaft, ein neues methodisches Hilfsmittel einzuführen. *Neben der zweiblättrigen Riemannschen Fläche nämlich, die zu* $\sqrt{f(\lambda)}$ *gehört, werden wir die andere Riemannsche Fläche in Betracht ziehen, die durch Simultanstellung der fünf in der laufenden Proportion:*

$$\sqrt{\lambda - \varkappa_1} : \sqrt{\lambda - \varkappa_2} : \ldots : \sqrt{\lambda - \varkappa_6}$$

vereinigten Wurzelfunktionen entsteht[14]). Es ist dies eine 32-blättrige Fläche ($32 = 2^5$), welche in der Art regulär verzweigt ist, daß bei $\lambda = \varkappa_1$, $\varkappa_2, \ldots, \varkappa_6$ jedesmal 16 einfache Verzweigungspunkte übereinander liegen, was im ganzen 96 einfache Verzweigungspunkte und also $p = 17$ ergibt. Wir müssen uns vorstellen, daß diese 32-blättrige Fläche 16-fach über die bisher betrachtete zweiblättrige Fläche ausgebreitet sei, so zwar, daß wir einem Punkte $\lambda, \sqrt{f(\lambda)}$ der letzteren unter den 32 Punkten der ersteren,

---

[14]) Wegen der hier im Texte gebrauchten Ausdrucksweisen siehe insbesondere Dyck: *Über Untersuchung und Aufstellung von Gruppe und Irrationalität regulärer Riemannscher Flächen* in Bd. 17 der Math. Ann. (1880).

welche dasselbe λ besitzen, etwa diejenigen 16 zuweisen, für welche

$$\sqrt{\lambda - \varkappa_1} \cdot \sqrt{\lambda - \varkappa_2} \ldots \sqrt{\lambda - \varkappa_6} = \sqrt{f(\lambda)}$$

wird. Demselben Werte von λ entsprechen auf der 32-blättrigen Fläche noch 16 weitere Punkte; sie korrespondieren dann ihrerseits dem Punkte $\lambda, - \sqrt{f(\lambda)}$ der zweiblättrigen Fläche.

Wir werden jetzt die Integrale (5) auf der 32-blättrigen Fläche betrachten. Zu dem Zwecke müssen wir ihre oberen und unteren Grenzen wesentlich genauer bezeichnen, als es in (6) geschehen ist. Dem Werte $\lambda = \varkappa_6$ entsprechen auf unserer neuen Fläche 16 Punkte, von denen wir einen herausheben, indem wir für die Verhältnisse:

$$\sqrt{\varkappa_6 - \varkappa_1} : \sqrt{\varkappa_6 - \varkappa_2} : \ldots : \sqrt{\varkappa_6 - \varkappa_5}$$

bestimmte Vorzeichen verabreden. Ich will dies in der Weise bezeichnen, daß ich $\sigma \sqrt{\varkappa_6 - \varkappa_i}$ als untere Grenze an das Integralzeichen schreibe, wo man sich das σ als einen Proportionalitätsfaktor denken mag, dessen Wert völlig gleichgültig ist. Genau entsprechend werde ich zur Bezeichnung der oberen Grenze die Schreibweise $\varrho \sqrt{\lambda - \varkappa_i}$ anwenden (wodurch also ausgedrückt sein soll, daß die Quotienten:

$$\sqrt{\lambda - \varkappa_1} : \sqrt{\lambda - \varkappa_2} : \ldots : \sqrt{\lambda - \varkappa_6}$$

vollständig, d. h. auch den Vorzeichen nach gegeben sind). An Stelle der Formel (6) tritt also jetzt die folgende:

$$(11) \qquad w = \int\limits_{\sigma\sqrt{\varkappa_6 - \varkappa_i}}^{\varrho\sqrt{\lambda - \varkappa_i}} dw.$$

Es sei nun wieder $\overline{w}$ einer der Werte, die durch (11) definiert sind. Welches ist die allgemeinste Bedeutung von w? Wie modifiziert sich dieselbe, wenn wir den oberen Grenzpunkt durch einen beliebigen der 16 oder 32 ersetzen, mit denen er zusammengehört? Und sind die so entstehenden Integralwerte (d. h. die Werte von w_1 und w_2) wiederum für den oberen Grenzpunkt charakteristisch? — Auf diese Fragen gibt die Theorie der hyperelliptischen Funktionen folgende Auskunft:

1. Die Größe w ist durch (11) bis auf *gerade* Periodenmultipla bestimmt, was wir, der Formel (9) entsprechend, in folgender Weise andeuten wollen:

$$(12) \qquad w \equiv \overline{w} \quad (\mathrm{mod.}\ 2\,P^{(i)}).$$

2. Wir wollen unter $\varepsilon^{(i)}$ die 1 oder die 0 verstehen, je nachdem beim Übergange von dem anfänglich gewählten oberen Grenzpunkte zum neuen der Quotient $\sqrt{\lambda - \varkappa_i} : \sqrt{\varkappa_6 - \varkappa_i}$ sein Vorzeichen ändert oder nicht. Die

Integralwerte, welche zur neuen oberen Grenze gehören, sind dann durch folgende Formel gegeben:

$$(13) \qquad w \equiv (-1)^{\Sigma \varepsilon^{(i)}} \cdot \overline{w} + \sum \varepsilon^{(i)} P^{(i)} \quad (\mathrm{mod.}\ 2\,P^{(i)}).$$

3. Die letzte Frage ist zu bejahen. Die Integralwerte w_1, w_2, welche sich aus (11) für eine bestimmte obere Grenze ergeben, und die ich wieder als *einfache* Integrale bezeichnen werde, sind in der Tat zur Definition der oberen Grenze ausreichend.

§ 7.

Über elliptische Linienkoordinaten.

Ich werde nunmehr als Koordinaten einer Raumgeraden statt der bisher benutzten $x_1, x_2, \ldots, x_6$, welche an die Identität (1):

$$\sum x_i^2 = 0$$

gebunden sind, diejenigen Größen λ', λ'', λ''', λ^{IV} einführen, die ich in Bd. 5 der Math. Annalen[15]) als *elliptische Linienkoordinaten* bezeichnete, und die durch die Gleichung (2):

$$\sum \frac{x_i^2}{\varkappa_i - \lambda} = 0$$

gegeben werden, indem man in ihr die x_i als bekannt, das λ als unbekannt betrachtet. Vor allem bemerke ich, daß sich die x_i durch die λ folgendermaßen darstellen:

$$(14) \qquad \tau\, x_i = \frac{\sqrt{\lambda' - \varkappa_i} \cdot \sqrt{\lambda'' - \varkappa_i} \cdot \sqrt{\lambda''' - \varkappa_i} \cdot \sqrt{\lambda^{IV} - \varkappa_i}}{\sqrt{f'(\varkappa_i)}},$$

wo τ einen Proportionalitätsfaktor und f' den Differentialquotienten von f bedeutet. Die 32 Vorzeichenwechsel der $x_1 : x_2 : \ldots : x_6$, welche für die geometrische Theorie in bekannter Weise fundamental sind, indem sie die 16 Kollineationen und 16 Reziprozitäten vorstellen, durch welche unsere Gebilde in sich selbst übergeführt werden, erscheinen hier durch die Vorzeichenwechsel der rechter Hand auftretenden Quadratwurzeln bedingt. Ich erinnere übrigens an folgende Sätze:

1. Sind zwei λ einander gleich, z. B. $\lambda''' = \lambda^{IV}$, so hat man eine Tangente der Kummerschen Fläche, zugleich eine singuläre Linie des Komplexes $\lambda''' = \lambda^{IV}$.

2. Ändert man $\lambda''' = \lambda^{IV}$ (die fortwährend einander gleich sein sollen) beliebig, während λ', λ'' konstant bleiben, so dreht sich die gerade Linie

---

[15]) *Über gewisse in der Liniengeometrie auftretende Differentialgleichungen*, siehe insbesondere daselbst S. 293 ff. [Vgl. Abh. IX dieser Ausgabe, S. 143 ff.]

als Tangente der **Kummer**schen Fläche innerhalb ihrer Tangentialebene um ihren Berührungspunkt.

3. Wird bei dem so definierten Änderungsprozesse $\lambda''' \,(= \lambda^{IV})$ gleich λ' oder gleich λ'', so hat man eine der beiden in dem genannten Büschel enthaltenen Haupttangenten der **Kummer**schen Fläche.

4. Nimmt man außer $\lambda''' = \lambda^{IV}$ auch noch $\lambda' = \lambda''$, so hat man solche gerade Linien, welche entweder in einer der 16 Doppelebenen der **Kummer**schen Fläche liegen oder durch einen ihrer 16 Doppelpunkte laufen.

An den letztangeführten Satz knüpfen wir jetzt noch eine Verabredung, die prinzipiell wichtig ist. Indem wir in (14) $\lambda' = \lambda''$, $\lambda''' = \lambda^{IV}$ setzen, kommt:

$$(15) \qquad \tau \cdot x_i = \pm \frac{\lambda' - x_i \cdot \lambda''' - x_i}{\sqrt{f'(x_i)}}.$$

Die 32 hier zu unterscheidenden Vorzeichenkombinationen werden wir wieder auf zwei Gruppen von je 16 verteilen, je nachdem das Produkt der Vorzeichen positiv oder negativ ist[16]). Es ist a priori deutlich, daß die Unterscheidung der beiden Gruppen der Unterscheidung der Doppelpunkte und Doppelebenen der **Kummer**schen Fläche entspricht. Welche der Gruppen aber die Doppelpunkte bez. die Doppelebenen liefert, ist zunächst unentschieden, da wir weder für die Koordinaten x_i einen bestimmten Zusammenhang mit den Punktkoordinaten oder den Ebenenkoordinaten festgesetzt haben, noch auch die Bedeutung der Quadratwurzeln $\sqrt{f'(x_i)}$ in absoluter Weise fixiert haben, was doch beides geschehen sein müßte, sollte unsere Frage unzweideutig beantwortet werden können. Die Unbestimmtheit, die hier vorliegt, wollen wir nun durch eine Verabredung beseitigen, mit der wir unsere späteren Entwicklungen natürlich in Übereinstimmung halten müssen: *wir wollen festsetzen, daß den Doppelpunkten eine gerade, den Doppelebenen eine ungerade Anzahl von Minuszeichen in* (15) *entsprechen soll.* Es gibt dann insbesondere einen Doppelpunkt, für welchen in (15) rechter Hand lauter gleiche Vorzeichen (Plus- oder Minuszeichen, was wegen des τ dasselbe ist) auftreten, und eine Doppelebene, für welche in (15) die ersten fünf Vorzeichen übereinstimmen und nur das Vorzeichen von x_6 von den anderen abweicht. Ersteren Punkt nennen wir den *Anfangspunkt* (der **Kummer**schen Fläche), die Ebene die *Anfangsebene*. Die Anfangsebene läuft durch den Anfangspunkt und entspricht ihm im Komplex $x_6 = 0$.

Wir benutzen die Formeln (14) jetzt, um zwischen den Geraden des Raumes und den Punktquadrupeln der 32-blättrigen **Riemann**schen Fläche

---

[16]) Bei Abzählung der Kombinationen wolle man immer beachten, daß die x_i homogene Koordinaten sind und also nur ihre Verhältnisse in Betracht kommen, wie hier ein für allemal hervorgehoben sei.

ein Entsprechen herzustellen. Es seien den Werten $\lambda = \lambda', \lambda'', \lambda''', \lambda^{IV}$ zugehörig vier Punkte der Riemannschen Fläche gegeben, wobei also die Wurzelquotienten

$$\sqrt{\lambda' - \varkappa_1} : \sqrt{\lambda' - \varkappa_2} : \ldots \sqrt{\lambda' - \varkappa_6}$$

usw. in bestimmter Weise fixiert gedacht werden. Wir werden diese vier Punkte einer zu denselben Werten von $\lambda', \lambda'', \lambda''', \lambda^{IV}$ gehörigen Raumgeraden (14) dann und nur dann entsprechend setzen, wenn die auf die vier Punkte bezüglichen Produkte

$$\sqrt{\lambda' - \varkappa_1} \cdot \sqrt{\lambda'' - \varkappa_1} \cdot \sqrt{\lambda''' - \varkappa_1} \cdot \sqrt{\lambda^{IV} - \varkappa_1},$$
$$\cdot \quad \cdot \quad \cdot \quad \cdot \quad \cdot \quad \cdot \quad \cdot \quad \cdot \quad \cdot \quad \cdot \quad \cdot \quad \cdot$$
$$\cdot \quad \cdot \quad \cdot \quad \cdot \quad \cdot \quad \cdot \quad \cdot \quad \cdot \quad \cdot \quad \cdot \quad \cdot \quad \cdot$$
$$\sqrt{\lambda' - \varkappa_6} \cdot \sqrt{\lambda'' - \varkappa_6} \cdot \sqrt{\lambda''' - \varkappa_6} \cdot \sqrt{\lambda^{IV} - \varkappa_6}$$

den mit $\sqrt{f'(\varkappa_i)}$ bez. multiplizierten Koordinaten x_i der Raumgeraden proportional werden. Es entspricht hiernach jedem Punktquadrupel eine bestimmte Raumgerade, umgekehrt aber sind jeder Raumgeraden $32^3 = 2^{15}$ Punktquadrupel zugeordnet. In der Tat, wir können, um die gewünschte Übereinstimmung zu erzielen, die Vorzeichen der Quadratwurzeln, die sich auf drei der Größen λ, z. B. auf $\lambda', \lambda'', \lambda'''$, beziehen, ganz beliebig nehmen, die zur vierten Größe gehörigen Vorzeichen sind dann gerade bestimmt (wir können die drei ersten Punkte des Quadrupels jeden in ein beliebiges der 32 Blätter der Riemannschen Fläche legen, der vierte Punkt ist dann eindeutig gegeben). Ist insbesondere $\lambda''' = \lambda^{IV}$ (bei den Tangenten der Kummerschen Fläche) oder $\lambda'' = \lambda''' = \lambda^{IV}$ (bei den Haupttangenten)[17], so können wir zwei oder drei Punkte des Punktquadrupels zusammenfallen lassen, wobei sich dann die Zahl der zulässigen Punktquadrupel auf $32^2 = 2^{10}$, bez. auf $32 = 2^5$ reduziert. Ist $\lambda' = \lambda''$, und haben wir insbesondere eine Gerade, die durch den Anfangspunkt der Kummerschen Fläche läuft, so können wir die Punkte der zugehörigen Quadrupel paarweise zusammenfallen lassen, worauf wieder nur $32 = 2^5$ Quadrupel zulässig erscheinen.

---

[17]) Hält man λ' fest und läßt $\lambda'' = \lambda''' = \lambda^{IV}$ sich ändern, so umhüllt die betr. Haupttangente nach den Untersuchungen von Lie und mir eine Haupttangentenkurve der Kummerschen Fläche (siehe die Mitteilung in den Berliner Monatsberichten von 1870, die in Bd. 23 der Math. Annalen, wieder abgedruckt ist [vgl. Abh. VI dieser Ausgabe]). Wir lassen jetzt der Haupttangente im Sinne des Textes ein Punktquadrupel der 32-blättrigen Fläche entsprechen, welches drei zusammenfallende Punkte besitzt. Die Haupttangentenkurve erscheint dann, indem wir an dem Gesetze der Kontinuität festhalten, eindeutig auf unsere 32-blättrige Fläche bezogen, womit übereinstimmt, daß ihr Geschlecht früher (l. c., mit Hilfe der Plücker-

§ 8.
Transzendente Parameter einer Raumgeraden.

Es seien jetzt (indem wir eine früher gebrauchte Bezeichnung auf-
nehmen) $\varrho' \sqrt{\lambda' - \varkappa_i}$, $\varrho'' \sqrt{\lambda'' - \varkappa_i}$, $\varrho''' \sqrt{\lambda''' - \varkappa_i}$, $\varrho^{IV} \sqrt{\lambda^{IV} - \varkappa_i}$ die Punkte
eines Punktquadrupels auf der 32-blättrigen Riemannschen Fläche, das
einer Raumgeraden zugeordnet ist. *Wir werden dann der betr. Raumgeraden
vier Paare transzendenter Parameter* $w_1', w_2'; w_1'', w_2''; usw.$ *beilegen, indem
wir schreiben:*

$$(16) \quad w' = \int\limits_{\sigma\sqrt{\varkappa_6-\varkappa_i}}^{\varrho'\sqrt{\lambda'-\varkappa_i}} dw, \quad w'' = \int\limits_{\sigma\sqrt{\varkappa_6-\varkappa_i}}^{\varrho''\sqrt{\lambda''-\varkappa_i}} dw, \quad w''' = \int\limits_{\sigma\sqrt{\varkappa_6-\varkappa_i}}^{\varrho'''\sqrt{\lambda'''-\varkappa_i}} dw, \quad w^{IV} = \int\limits_{\sigma\sqrt{\varkappa_6-\varkappa_i}}^{\varrho^{IV}\sqrt{\lambda^{IV}-\varkappa_i}} dw.$$

In genauer Analogie zu den Entwicklungen des § 6 fragen wir zunächst
nach den allgemeinsten Größensystemen w, welche in diesem Sinne einer
Raumgeraden zugehören. Es sei wieder $\overline{w}'$, $\overline{w}''$, $\overline{w}'''$, $\overline{w}^{IV}$ ein erstes zulässiges Wertsystem. Dann folgt durch Vergleich von § 6 und § 7:

Die allgemeinsten Werte w', w'', w''', w^{IV} *sind modulo doppelter
Perioden durch folgende Kongruenzen definiert:*

$$(17) \quad \begin{cases} w' \equiv \eta' \cdot \overline{w}' + \sum_1^4 \varepsilon_1^{(i)} P^{(i)}, \quad w'' \equiv \eta'' \cdot \overline{w}'' + \sum_1^4 \varepsilon_2^{(i)} P^{(i)}, \\[2ex] w''' \equiv \eta''' \cdot \overline{w}''' + \sum_1^4 \varepsilon_3^{(i)} P^{(i)}, \quad w^{IV} \equiv \eta^{IV} \cdot \overline{w}^{IV} + \sum_1^4 \varepsilon_4^{(i)} P^{(i)}, \end{cases}$$

wo die η *die positive oder negative Einheit, die* $\varepsilon_\varkappa^{(i)}$ *Eins oder Null bedeuten und*

$$\eta'\eta''\eta'''\eta^{IV} = +1, \quad \varepsilon_1^{(i)} + \varepsilon_2^{(i)} + \varepsilon_3^{(i)} + \varepsilon_4^{(i)} \equiv 0 \; (\text{mod. } 2)$$

zu setzen ist.

Die Unsymmetrie, welche wir in die Formulierung dieses Satzes einführten,
indem wir die vorkommenden Summen von eins bis vier erstreckten, kann
durch Heranziehen der Identität (8) sofort ausgeglichen werden.

Wir fragen ferner, wie sich die w abändern werden, wenn wir statt
der anfänglichen Raumgeraden die anderen setzen, die sich aus ihr durch
Vorzeichenwechsel der Koordinaten x_i ergeben. Es wird genügen, wenn
wir angeben, wie wir in jedem Falle aus den anfänglichen $\overline{w}'$, $\overline{w}''$, $\overline{w}'''$, $\overline{w}^{IV}$
ein einzelnes zulässiges Parametersystem erhalten. Es wird ferner genügen,

---

Cayleyschen Formeln) zu $p = 17$ bestimmt wurde. Die sechs l. c. genannten aus-
gezeichneten Haupttangentenkurven, welche nur $p = 5$ aufweisen, gehören eindeutig
zu solchen 16-blättrigen Flächen über der λ-Ebene, welche bloß an fünf der sechs
Stellen $\varkappa_1, \varkappa_2, \ldots, \varkappa_6$ verzweigt sind und also $5 \cdot 8 = 40$ Verzweigungspunkte aufweisen.
Es ist lehrreich, den Vergleich dieser verschiedenen Riemannschen Flächen und der
Haupttangentenkurven ins einzelne durchzuführen.

wenn wir bei den $\overline{w}', \overline{w}''$, usw. nur diejenigen Modifikationen angeben, welche dem Vorzeichenwechsel allein einer Koordinate x_i entsprechen: sollten mehrere x_i im Zeichen geändert werden, so kombinieren wir ein-fach die den einzelnen Änderungen entsprechenden Formeln. Wir rekur-rieren wieder auf § 6 und § 7 und erhalten als Antwort auf unsere neuen Fragen den Satz:

Wird die Koordinate x_i der Raumgeraden in $-x_i$ abgeändert, so haben wir in (17) *für*

$$\overline{w}', \ \overline{w}'', \ \overline{w}''', \ \overline{w}^{IV},$$

die folgenden Größen einzuführen:

$$-\overline{w}' + P^{(i)}, \ -\overline{w}'' + P^{(i)}, \ -\overline{w}''' + P^{(i)}, \ -\overline{w}^{IV} + P^{(i)}.$$

Endlich konstatieren wir, daß eine Raumgerade eindeutig bestimmt ist, sobald wir ein System zugehöriger transender Parameter kennen. —

Wir betrachten jetzt insbesondere den Fall, daß unsere Raumgerade eine Tangente der Kummerschen Fläche wird. Indem wir $\lambda''' = \lambda^{IV}$ nehmen, wollen wir den Punkt $\varrho''' \sqrt{\lambda''' - \varkappa_i}$ mit dem Punkte $\varrho^{IV} \sqrt{\lambda^{IV} - \varkappa_i}$ zusammenfallen lassen. Es wird dann $w''' \equiv w^{IV}$ (mod. $2P^{(i)}$). *Die Werte w', w'' nun, welche unter dieser Voraussetzung resultieren, will ich in der Folge u', u'' nennen.* Die Formeln (17) nehmen, was die u', u'' angeht, eine äußerst einfache Bedeutung an. Es zeigt sich nämlich, daß die Änderungen, welche man bei u', u'' unter Festhaltung der Raum-geraden (der Tangente an die Kummersche Fläche) anbringen kann, gerade darauf hinauslaufen, *daß man u', u'' entweder simultan im Zeichen umgekehrt oder simultan um irgendwelche Periodenvielfache vermehrt.* — Handelt es sich insbesondere um gerade Linien, die durch einen Doppel-punkt der Kummerschen Fläche laufen oder in einer Doppelebene der-selben liegen, so wird

$$(18) \qquad u' \equiv \pm\, u'' + \sum_{1}^{4} \varepsilon^{(i)} P^{(i)} \ (\text{mod. } P^{(i)})$$

wo das Minuszeichen für die Ebenen zutrifft und die $\varepsilon^{(i)}$ je nach der Wahl des Doppelpunktes oder der Doppelebene Null oder Eins bedeuten. Sämt-liche $\varepsilon^{(i)}$ werden Null sein, wenn es sich um den Anfangspunkt oder die Anfangsebene handelt.

§ 9.

Ausbreitung von Integralsummen auf der Kummerschen Fläche.

Die letztangeführten Sätze sind es, auf die wir jetzt die Zuordnung der Punkte und Ebenen der Kummerschen Fläche zu transzendenten Parametern, die sich als Summen (oder Differenzen) zweier einfacher hyperelliptischer Integrale darstellen, stützen wollen. Aus § 7 geht hervor, daß alle solche Tangenten der Kummerschen Fläche, welche denselben Berührungspunkt und dieselbe Berührungsebene besitzen, dieselben Parameter u', u'' aufweisen (während $w''' = w^{IV}$ von einer Tangente zur anderen wechselt). Diese Parameter wollen wir jetzt auf den Punkt und die Ebene selbst übertragen. *Wir legen nämlich dem Punkte die Parameter:*

$$(19\,\text{a}) \qquad\qquad U_1 = u_1' - u_1'', \qquad U_2 = u_2' - u_2'',$$

der Ebene die Parameter:

$$(19\,\text{b}) \qquad\qquad (U_1) = u_1' + u_2'', \quad (U_2) = u_2' + u_2''$$

bei (die wir weiterhin mit Unterdrückung der Indizes durch U und (U) bezeichnen wollen).

Offenbar gehören zu jedem Punkte unendlich viele Parameterpaare, welche sich aus einem ersten Paare, welches wir $\overline{U}$ nennen, nach dem Gesetze ableiten:

$$(20) \qquad\qquad U \equiv \pm\, \overline{U} \ (\text{mod. } 2P^{(i)});$$

entsprechend ist es mit den Parametern (U) der Tangentialebenen. Aber ich sage, *daß rückwärts zu einem gegebenen Wertsysteme der U_1, U_2 (resp. der $(U_1), (U_2)$) immer nur ein Punkt, bez. eine Ebene der Kummerschen Fläche zugehört.* Für Wertsysteme der U_1, U_2 (oder der $(U_1), (U_2)$), die von $0, 0$ oder Multiplis der Perioden verschieden sind, ist dies aus den Untersuchungen über das Jacobische Umkehrsystem sofort deutlich. Letztere zeigen nämlich, daß es in solchen Fällen (von möglicherweise zutretenden Perioden abgesehen) immer nur ein System einfacher Integrale u', u'' gibt, welche den Gleichungen (19a) oder den Gleichungen (19b) genügen, wodurch wir zu einem eindeutig definierten Tangentialbüschel der Kummerschen Fläche und also zu einem bestimmten Punkte und einer bestimmten Ebene derselben geführt werden. Wenn aber U_1, U_2 oder $(U_1), (U_2)$ gleich $0, 0$ oder gleich Multiplis von Perioden sind, so haben wir allerdings den sogenannten unbestimmten Fall des Umkehrproblems, und es gibt dann unendlich viele zugehörige Wertsysteme von u', u'' und also unendlich viele in Betracht kommende Tangentenbüschel der Kummerschen Fläche. *Aber infolge der in § 7 getroffenen Verabredung und auf Grund der in (19a), bez. in (19b) gewählten Zeichen, haben alle Büschel denselben Mittelpunkt, resp. dieselbe Ebene.* Es handelt sich nämlich um die unendlich vielen Tangentenbüschel, welche in einem Doppelpunkte der Kummerschen Fläche berühren, bez. in einer Doppelebene derselben liegen. In der Tat, sind beispielsweise in (19a) die U gleich $\sum \varepsilon^{(i)} P^{(i)}$, so hat man für die unendlich vielen zugehörigen Lösungen u', u'' die Relation:

$$u' = u'' + \sum \varepsilon^{(i)} P^{(i)},$$

und eben hierdurch sind nach § 8 (Schluß) die Raumgeraden charakterisiert, welche durch einen bestimmten Doppelpunkt der Kummerschen Fläche laufen. Analog bei den Doppelebenen. — Man beachte insbesondere, daß der Anfangspunkt und die Anfangsebene der Kummerschen Fläche die Argumentenpaare

$$U_1 = U_2 = 0, \quad (U_1) = (U_2) = 0$$

erhalten (die natürlich noch vermöge (20) modifiziert werden können).

Ich werde das Gesagte noch in etwas anderer Weise ausdrücken. Die unendlich vielen komplexen Wertsysteme, deren die Variabeln U_1, U_2, bez. (U_1), (U_2), fähig sind, erfüllen einen vierfach ausgedehnten Raum, der den Perioden $P^{(1)}$, $P^{(2)}$, $P^{(3)}$, $P^{(4)}$ entsprechend in vierdimensionale Parallelepipeda zerlegt sein soll. Wir müssen $2^4 = 16$ der letzteren zusammenstellen, um ein Parallelepipedon von doppelter Kantenlänge (dessen Kanten also durch $2P^{(i)}$ gegeben sind) zu erhalten. Ein Parallelepidon der letzteren Art mag in der Weise konstruiert werden, daß sein Mittelpunkt in $U_1 = 0$, $U_2 = 0$ fällt, worauf wir dasselbe durch eine beliebige Diametralebene (d. h. durch einen linearen Raum von drei Dimensionen) halbieren. Es entsteht so ein Bereich, dessen Begrenzungspunkte teils durch die Operationen $U' = U + 2P^{(i)}$, teils durch die Transformation $U' = -U$ zusammengeordnet sind. Indem wir festsetzen, daß in dieser Weise zusammengehörige Punkte nur je einmal gezählt werden sollen, definieren wir, wenn ich diesen Ausdruck einer früheren Arbeit von mir entlehnen darf[18]), einen gewissen *Fundamentalbereich*, und nun ist die Sache die, *daß einerseits, durch* (19a), *die Punkte der Kummerschen Fläche, andererseits, durch* (19b), *die Ebenen derselben ausnahmslos eindeutig auf die Elemente des Fundamentalbereichs bezogen sind.*

Was die Einzelheiten der hiermit gefundenen Parameterausbreitung angeht, so verweise ich insbesondere auf Herrn Rohns Dissertation[19]), wo dieselbe mit dem Verlaufe der Haupttangentenkurven auf der Kummerschen Fläche in Verbindung gebracht ist. Will man die 16 Punkte erhalten, die aus dem Punkte U vermöge der 16 Kollineationen entstehen, die die Kummersche Fläche in sich selbst überführen, so hat man U in

$$U + \sum_1^4 \varepsilon^{(i)} P^{(i)} \text{ zu verwandeln.}$$

suchen, in denen die 16 Ebenen berühren, die aus dem Punkte U bei den Reziprozitäten, die die Kummersche Fläche in sich überführen, hervor-

---

[18]) Vgl. Bd. 21 der Math. Ann., S. 149. [Vgl. die Abhandlungen im III. Band dieser Ausgabe.]

[19]) *Betrachtungen über die Kummersche Fläche und ihren Zusammenhang mit den hyperelliptischen Funktionen* $p = 2$ (München, Straub, 1878).

gehen, so hat man $U = u' - u''$ zu setzen und wird in $u' + u'' + \sum_1^4 \varepsilon^{(i)} P^{(i)}$
die Parameter der 16 Punkte haben. Die Ebenen selbst erhalten die Para-
meter $(U) = U + \sum \varepsilon^{(i)} P^{(i)}$. Insbesondere sind die Parameter U eines
Punktes und (U) einer Ebene einander gleich, wenn Punkt und Ebene
einander im Komplexe $x_6 = 0$ entsprechen.

III. Konfigurationen bei der Kummerschen Fläche, mit Hilfe der transzendenten Parameter behandelt.

§ 10.

Transzendente Parameter für diejenigen Punkte der Kummerschen Fläche, die einer festen Tangentialebene angehören.

Um jetzt die Theorie der Konfigurationen der Behandlung vermittelst
der transzendenten Parameter zugänglich zu machen, betrachten wir vorab
den Umhüllungskegel vierter Klasse, der von einem Punkte der Kummerschen Fläche aus sich an letztere erstreckt, oder, was für die Ausdrucksweise bequemer ist, und übrigens auf dasselbe hinauskommt, die Kurve
vierter Ordnung, in welcher die Kummersche Fläche von einer ihrer
Tangentialebenen geschnitten wird. Besagte Kurve ist, wie selbstverständlich, eine hyperelliptische Kurve vom Geschlechte Zwei, von der man leicht
erkennt, *daß sie sich auf die zweiblättrige Fläche* $\lambda, \sqrt{f(\lambda)}$ *eindeutig beziehen läßt.* Ordnet man nämlich jeder Linie, die innerhalb der Ebene
der Kurve durch den Doppelpunkt derselben geht, als Parameter das λ
desjenigen Komplexes unserer Schar (2) zu, dessen singuläre Linie sie ist,
so treffen auf die sechs unter ihnen enthaltenen Doppeltangenten der
Kummerschen Fläche (auf die sechs Tangenten also, die sich vom Doppel-
punkte an die Kurve legen lassen) die Parameterwerte $\varkappa_1, \varkappa_2, \ldots, \varkappa_6$, wie
bekannt. Um jetzt unsere Kurve auf die zweiblättrige Fläche eindeutig
zu beziehen, brauchen wir nur den beiden beweglichen (nicht in den Doppelpunkt fallenden) Schnittpunkten unserer Geraden λ mit der Kurve vierter
Ordnung beziehungsweise die beiden Punkten entsprechend zu setzen, die
auf der Riemannschen Fläche demselben Werte von λ zugehören. Welchem
der beiden Punkte wir dabei $+ \sqrt{f(\lambda)}$, welchem $- \sqrt{f(\lambda)}$ zuweisen wollen,
haben wir bei dem ersten Punktepaare, bei dem wir die Entscheidung
treffen, willkürlich festzusetzen; für alle anderen Punktepaare ergibt es sich
dann durch analytische Fortsetzung. Es entspricht diese doppelte Möglichkeit der Zuordnung dem schon oben hervorgehobenen Satze, daß jedes
hyperelliptische Gebilde sich durch eine Transformation von der Periode

Zwei eindeutig auf sich selbst beziehen läßt. — Übrigens ist der **Para**-meter λ, den wir hier der um den Doppelpunkt der Kurve drehbaren Linie beilegen, dieselbe Größe, die wir oben (bei Einführung der elliptischen Linienkoordinaten) mit $\lambda''' = \lambda^{IV}$ bezeichnet haben; λ' und λ' sind speziell die Parameter λ derjenigen beiden Linien, die unsere Kurve vierter Ordnung im Doppelpunkte berühren (der im Büschel enthaltenen Haupttangenten der **Kummer**schen Fläche). Die beiden Punkte unserer Kurve vierter Ordnung, denen wir die Parameterwerte λ, $\pm \sqrt{f(\lambda)}$ zuordnen, sind zugleich die Mittelpunkte der beiden Strahlbüschel, welche dem Komplex λ der Schar (2) in unserer Ebene angehören.

Dies vorausgesetzt werden wir nun an unserer C_4 *die Integrale* (6):

$$w = \int\limits_{\varkappa_6}^{\lambda,\,\sqrt{f(\lambda)}} dw$$

hinerstrecken. Jeder Punkt der C_4 enthält dann, *insofern er der* C_4 *angehört*, unendlich viele Parameterwerte, die wir W_1, W_2 nennen wollen, und die sich aus einem ersten Paare, das $\overline{W}_1$, $\overline{W}_2$ heißen mag, durch Zufügen beliebiger Periodenmultipla ergeben:

$$(21) \qquad W \equiv \overline{W} \quad (\text{mod. } P^{(i)}).$$

Dabei ist natürlich vorausgesetzt, daß die C_4 auf die zweiblättrige Fläche λ, $\sqrt{f(\lambda)}$ in bestimmter Weise bezogen sei. Führen wir hinterher die andere, ebenso zulässige Beziehungsweise ein, so erfahren die Parameter W_1, W_2 sämtlicher Punkte einen simultanen Zeichenwechsel.

Es seien jetzt in dem hiermit definierten Sinne C_1', C_2' und C_1'', C_2'' transzendente Parameterpaare, welche denjenigen beiden Punkten unserer C_4 zukommen, die im Doppelpunkte derselben vereinigt sind. Ferner seien durch W', W'', ..., $W^{(4n)}$ Parameterpaare bezeichnet, welche solchen $4n$ Punkten der C_n zugehören, in denen unsere C_4 von einer beliebigen C_n geschnitten wird. Wir haben dann nach dem **Abel**schen Theoreme in bekannter Weise:

$$(22) \qquad W' + W'' + \ldots + W^{(4n)} \equiv n(C' + C'') \quad (\text{mod. } P^{(i)}).$$

Ich will hier insbesondere $n = 1$ nehmen. *Dann finden wir für die vier Schnittpunkte einer geraden Linie mit unserer* C_4:

$$(23) \qquad W' + W'' + W''' + W^{IV} \equiv (C' + C'') \quad (\text{mod. } P^{(i)}).$$

Ich will andererseits, worauf ich später gelegentlich zurückkomme, $n = 2$ setzen, aber annehmen, daß $W^{(7)}$ und $W^{(8)}$ mit C' und C'' koinzidieren, daß also der schneidende Kegelschnitt zur C_4 adjungiert sei. Dann kommt für die übrigen sechs Schnittpunkte unseres Kegelschnitts mit der C_4:

$$(24) \qquad W' + W'' + \ldots + W^{(6)} \equiv (C' + C'') \quad (\text{mod. } P^{(i)}).$$

Diese Gleichungen (23), (24) sind bekanntlich auch hinreichend, um ein vorgelegtes Punktsystem als Schnittpunktsystem der in Betracht kommenden Art zu charakterisieren. Was wir hier besonders beachten müssen, ist die Bedeutung der rechter Hand stehenden konstanten Größen. Es sind C' und C'' beide *einfache* Integrale (in dem früher definierten Sinne); dazu im allgemeinen (d. h. bei beliebig gelegter Tangentialebene) voneinander verschieden. Die Summe $C' + C''$ ist also keineswegs, von partikulären Fällen abgesehen, einem zweimal genommenen einfachen Integrale gleich, ein Satz, auf den wir uns später stützen müssen.

§ 11.

Fundamentalsätze über den Schnitt einer geraden Linie mit der Kummerschen Fläche.

Wir knüpfen jetzt an Formel (23) an. Die gerade Linie, welche die Schnittpunkte W', W'', W''', W^{IV} verbindet, gehört, wie schon oben hervorgehoben wurde, den Komplexen λ', λ'', λ''', λ^{IV} an. Wenn wir ihr also in früherer Weise Parameterpaare w', w'', w''', w^{IV} beilegen (Formel (16)), so werden, von Multiplis der Perioden $P^{(i)}$ abgesehen, Gleichungen der folgenden Art bestehen müssen:

$$w' = \pm\, W', \quad w'' = \pm\, W'', \quad w''' = \pm\, W''', \quad w^{IV} = \pm\, W^{IV},$$

wo uns inzwischen die Vorzeichen noch unbekannt sind. Indem wir in (23) eintragen, erhalten wir den vorläufigen Satz, daß eine gerade Linie (w', w'', w''', w^{IV}), die sich in einer Tangentialebene der Kummerschen Fläche bewegt, die folgende Relation befriedigt:

$$(25\,\mathrm{a}) \qquad \pm\, w' \pm w'' \pm w''' \pm w^{IV} \equiv \text{Const. (mod. } P^{(i)}).$$

Hier sind die Vorzeichen linker Hand noch unbestimmt und ist Const. im allgemeinen nicht gleich dem Doppelten eines einfachen Integrals.

Wir können diesen Satz sofort so präzisieren, daß wir schreiben:

$$(25\,\mathrm{b}) \qquad \pm\, w' \pm w'' \pm w''' \pm w^{IV} \equiv \text{Const. (mod. } 2P^{(i)}),$$

wo nun natürlich Const. modulo doppelter Perioden bestimmt gedacht werden muß, was aber die Bemerkung, die wir über die Natur von Const. gemacht haben, nicht modifiziert. In der Tat ist, wie wir früher sahen, die auf der linken Seite von (25 a) oder (25 b) stehende Verbindung der w', w'', w''', w^{IV} für jede einzelne Raumgerade modulo doppelter Perioden definiert. Dann aber dürfen wir von (25 a) sofort zu (25 b) übergehen, da ja die Raumgeraden, von denen wir handeln, sich kontinuierlich aneinander schließen.

Wir wenden uns jetzt zur Bestimmung der Vorzeichen. Dabei ist die erste Bemerkung, die wir machen, daß von einer absoluten Fixierung der

Vorzeichen überhaupt nicht die Rede sein kann. Denn die Parameterpaare w', w'' usw., welche wir einer geraden Linie beilegten, waren selbst nur bis auf gewisse Abänderungen bestimmt: nach Formel (17) dürfen wir für w', w'', w''', w^{IV} nach Belieben $\pm w'$, $\pm w''$, $\pm w'''$, $\pm w^{IV}$ einführen, sofern wir nur an der einen Bedingung festhalten, daß die Anzahl der Vorzeichenwechsel eine gerade sein muß[20]). Alles also, was wir entscheiden können, ist dies: ob in (25a) resp. (25b) linker Hand eine *gerade* oder eine *ungerade* Anzahl von Minuszeichen richtig ist? Wir können gleich vermuten, daß hier die Verabredung des § 7 zur Geltung kommt, und dies bestätigt sich in der Tat, indem wir zur Beantwortung unserer Frage nunmehr ein Beispiel heranziehen. In unserer Ebene liegt eine gerade Linie, welche zugleich der Anfangsebene angehört, für welche also nach unseren früheren Entwicklungen

$$w' = -w'', \quad w''' = w^{IV}$$

genommen werden kann. Kombinieren wir nun diese Beziehungen mit irgendeinem der acht Ausdrücke, in denen eine gerade Anzahl von Minuszeichen vorkommt:

$$\pm (w' + w'') \pm (w''' + w^{IV}),$$
$$\pm (w' - w'') \pm (w''' - w^{IV}),$$

so erhalten wir allemal das Doppelte eines einfachen Integrals, nämlich $\pm 2w'''$ oder $\pm 2w'$. Nun soll aber die in (25) auftretende Konstante dem Doppelten eines einfachen Integrals gerade nicht gleich sein. Es bleibt also nichts anderes übrig, als daß wir linker Hand in (25) eine *ungerade* Anzahl von Minuszeichen in Anwendung bringen.

Ehe wir aus dem Gesagten weitere Konsequenzen ziehen, wollen wir die in (25b) auftretende Konstante in Beziehung zu den Parametern (U) setzen, die unserer Ebene als einer Tangentialebene der Kummerschen Fläche nach Formel (19b) zukommen. Wir betrachten zu dem Zwecke unter den Linien der Ebene insbesondere diejenigen, die durch ihren Berührungspunkt laufen, und erinnern uns, daß nach § 8 für sie

$$w' = u', \quad w'' = u'', \quad w''' = w^{IV}$$

genommen werden kann. Ich trage diese Werte von w in die acht Ausdrücke ein, die eine ungerade Anzahl von Minuszeichen haben:

$$\pm (w' + w'') \pm (w''' - w^{IV}),$$
$$\pm (w' - w'') \pm (w''' + w^{IV}).$$

Nur die ersten vier dieser Ausdrücke ergeben dann eine Summe, die von

---

[20]) Mit dieser Unbestimmtheit korrespondiert die andere, daß die in (22) rechter Hand auftretende Konstante ($C' + C''$) ebenfalls nach Belieben im Vorzeichen geändert werden kann, da wir unsere Kurve vierter Ordnung ja ebensowohl auf die eine als auf die andere Weise auf die zweiblättrige Fläche $\lambda, \sqrt{f(\lambda)}$ beziehen können.

dem wechselnden $w''' = w^{IV}$ nicht mehr abhängt und also der in (25) auftretenden Konstanten gleich sein kann. Wir finden so:

$$\text{Const.} = \pm (u' + u'') \;(\text{mod. } 2P^{(i)}).$$

Nun sind aber die Ausdrücke $(u' + u'')$ genau jene Parameter (U), die wir der Ebene als einer Tangentialebene der Kummerschen Fläche beilegten. Diese (U) können selbst im Vorzeichen oder durch Hinzufügen doppelter Perioden beliebig abgeändert werden. Das Resultat ist daher einfach dieses: *daß wir Const. durch (U) selbst ersetzen können.*

Fassen wir zusammen, so haben wir einen Satz bewiesen, der für alles Folgende fundamental ist, und den ich als *Fundamentalsatz I* bezeichne (insofern ihm sogleich vermöge dualistischer Umkehr der Betrachtungen ein zweiter Fundamentalsatz an die Seite gestellt werden soll). Derselbe lautet:

Sind w', w'', w''', w^{IV} die Parameter einer geraden Linie, die in der Ebene (U) liegt, so wird, je nach der Wahl der w', w'', w''', w^{IV}, resp. der (U), eine der folgenden acht Kongruenzen statthaben:

$$(26) \qquad \left. \begin{array}{l} w' + w'' + w''' - w^{IV} \\ w' + w'' - w''' + w^{IV} \\ w' - w'' + w''' + w^{IV} \\ w' - w'' - w''' - w^{IV} \end{array} \right\} \equiv \pm (U) \;(\text{mod. } 2P^{(i)}).$$

Die Unbestimmtheit der Vorzeichen, welche hier zur Geltung kommt, findet nach anderer Seite ihre Erklärung darin, daß durch die gerade Linie w', w'', ... in der Tat vier Tangentialebenen der Kummerschen Fläche hindurchgehen. Ich habe mit Rücksicht hierauf die acht Formeln (26) bereits auf vier Zeilen verteilt. Wir können einfach sagen:

Die Parameter (U) derjenigen vier Tangentialebenen der Kummerschen Fläche, welche durch eine Raumgerade w', w'', w''', w^{IV} hindurchgehen, sind durch die Formeln (26) gegeben.

In der Tat sind sie durch diese Formeln so weit gegeben, als sie überhaupt bestimmt sind, nämlich bis auf die Vorzeichen und bis auf gerade Multipla der Perioden.

Ich wende mich sofort zum *Fundamentalsatz II*. Es ist nicht nötig, daß ich alle die einzelnen Schritte, die wir bei der Aufstellung des ersten Fundamentalsatzes vollzogen haben, unter durchgängiger dualistischer Umkehr hier wiederhole. Vielmehr gebe ich sofort das Resultat an. Wir haben:

Geht eine Gerade w', w'', w''', w^{IV} durch einen Punkt U der Kummerschen Fläche, so muß eine der acht Kongruenzen statthaben:

$$(27) \qquad \left. \begin{array}{l} w' - w'' - w''' + w^{IV} \\ w' - w'' + w''' - w^{IV} \\ w' + w'' - w''' - w^{IV} \\ w' + w'' + w''' + w^{IV} \end{array} \right\} \equiv \pm U \;(\text{mod. } 2P^{(i)}).$$

Umgekehrt berechnet man aus diesen Gleichungen die Parameter U der vier Punkte, in denen eine Gerade $w', w'', \ldots$ die Kummersche Fläche schneidet.

Ich will unter den Folgerungen, die sich an unsere Fundamentalsätze knüpfen, nur einige wenige hervorheben[21]

1. Es sei $w''' = w^{IV}$, die gerade Linie also eine singuläre Linie des Komplexes $\lambda''' = \lambda^{IV}$. Wir haben dann als Parameter des Berührungspunktes der ursprünglichen Definition dieser Parameter zufolge:

$$\pm U = w' - w'' \;(\mathrm{mod.}\; 2\,P^{(i)}).$$

Formel (27) gibt jetzt für die beiden anderen Schnittpunkte

$$\pm U = w' + w'' \pm 2\,w''' \;(\mathrm{mod.}\; 2\,P^{(i)}).$$

Nun sind aber die $w' + w''$, ebenfalls zufolge der ursprünglichen Definition, gleich den Parametern (U) der Tangentialebene, die zu unserer singulären Linie gehört, während die beiden vom Berührungspunkte verschiedenen Punkte, in denen unsere singuläre Linie der Kummerschen Fläche begegnet, diejenigen Punkte sind, welche der genannten Ebene in dem Komplexe λ''' als Büschelmittelpunkte entsprechen. Wir haben also folgenden Satz (in welchem ich λ statt λ''' geschrieben habe):

Die Mittelpunkte der beiden Strahlbüschel, die einem Komplex λ in einer Ebene (U) angehören, sind durch folgende Formel gegeben:

$$(28) \qquad \pm U = (U) \pm 2 \int_{\varkappa_6}^{\lambda,\sqrt{f(\lambda)}} dw \;(\mathrm{mod.}\; 2\,P^{(i)}).$$

Dabei erinnere man sich, daß dieselben beiden Punkte als Punkte der in der Ebene enthaltenen Kurve vierter Ordnung nach § 10 die folgenden Parameter erhielten:

$$W = \pm \int_{\varkappa_6}^{\lambda,\sqrt{f(\lambda)}} dw \;(\mathrm{mod.}\; P^{(i)}),$$

wobei wir noch willkürlich festsetzen können, ob das Plus- oder das Minuszeichen dem in (28) auftretenden Pluszeichen entsprechen soll.

2. Wir haben hiermit das Mittel gewonnen, um *konjugierte Punkte und Ebenen* durch ihre transzendenten Parameter zu charakterisieren. Unter w', w'' einfache Integrale verstanden, die den oberen Grenzen λ', λ'' zugehören, betrachte man folgende Ebenen:

---

[21] Vgl. hier überall Rohn in Bd. 15 der Math. Ann., S. 349 ff. Die von mir gegebene Darstellung weicht von der Rohnschen einmal durch die bindenden Verabredungen betreffs der Vorzeichen, dann aber dadurch ab, daß ich immer neben den Parametern U der Punkte der Kummerschen Fläche die Parameter (U) ihrer Ebenen in Anwendung bringe.

$$(29\,\mathrm{a}) \qquad (U), \qquad (U) + 2\,w' + 2\,w''$$

und zugleich die Punkte:

$$(29\,\mathrm{b}) \qquad (U) + 2\,w', \quad (U) + 2\,w''.$$

Aus (28) ergibt sich dann sofort, daß beide Punkte der Ebene (U) in den Komplexen λ', λ'' und der Ebene $(U) + 2\,w' + 2\,w''$ in den Komplexen λ'', λ' zugeordnet sind. Dies aber heißt sofort, daß Ebenen und Punkte im allgemeinsten Sinne konjugiert sind (Theorem (A) des § 2). Also:

Konjugierte Ebenen und Punkte werden durch die Formeln (29) *geliefert.*

3. Ich will zum Schluß noch eine gerade Linie betrachten, welche durch den Anfangspunkt der Kummerschen Fläche läuft. Für sie kann $w' = w''$, $w''' = w^{IV}$ genommen werden und wir erhalten dann für die weiteren beiden Schnittpunkte, die sie mit der Kummerschen Fläche gemein hat, nach (27):

$$(30) \qquad \pm\, U = 2\,(w' + w'''), \quad \text{bez.} \quad \pm\, U = 2\,(w' - w''').$$

Ich werde weiter unten dieses Resultat benutzen und bemerke hier nur, daß durch diese Formeln eine elementare Methode indiziert ist, um die Parameter U der Punkte der Kummerschen Fläche einzuführen, indem man die Punkte den durch sie gehenden Linien zuordnet, welche durch den Anfangspunkt laufen, die Parameterpaare λ', λ''' bestimmt, die einer solchen Linie zukommen, usw.[22]

§ 12.

Transzendente Darstellung der früher untersuchten Konfigurationen.

Aus den nunmehr formulierten Sätzen können wir jetzt die früheren Theoreme über Konfigurationen, welche der Kummerschen Fläche gleichzeitig eingeschrieben und umgeschrieben sind, mit leichter Mühe wiedergewinnen.

Es seien K_1, K_2 irgend zwei Konstante, a_1, a_2; b_1, b_2; c_1, c_2 einfache Integrale. Wir betrachten die vier Punkte der Kummerschen Fläche:

$$(31\,\mathrm{a}) \qquad \pm\, U = \begin{cases} K - a - b - c, \\ K - a + b + c, \\ K + a - b + c, \\ K + a + b - c, \end{cases} (\mathrm{mod.}\ 2\,P^{(i)})$$

---

[22]) Es ist dies im wesentlichen diejenige Methode, welche Herr **Darboux** im 92. Bande der Comptes Rendus, S. 1493–1495, entwickelt.

und die vier Tangentialebenen derselben:

$$(31\,\mathrm{b}) \qquad \pm\,(U) = \begin{cases} K + a + b + c, \\ K + a - b - c, \\ K - a + b - c, \\ K - a - b + c. \end{cases} \pmod{2\,P^{(i)}}.$$

Offenbar liegt, nach Formel (28), der an i-ter Stelle angeführte Punkt je in denjenigen drei Ebenen (31 b), die *nicht* an der i-ten Stelle stehen und entspricht in jeder dieser Ebenen als Büschelmittelpunkt bez. einem der drei Komplexe a, b oder c[23]). Gleichzeitig sind, nach (29), je zwei Punkte mit den beiden durch sie gemeinsam hindurchgehenden Ebenen konjugiert. *Dies aber ist die ganze Theorie der früher als „ausgezeichnet"* *benannten fünffach unendlich vielen Tetraeder.* Die Zahl Fünf resultiert dabei aus den drei Paaren einfacher Integrale (a, b und c) und den beiden unabhängigen Konstanten K_1, K_2.

2. Nicht minder einfach ist die Darstellung der Konfigurationen $(16)_6$[24]). Es seien a, b, c, d, e, f die Bezeichnungen für sechs Paare einfacher Integrale, und es mögen ε', ε'', ε''', ε^{IV} nach Belieben die positive oder negative Einheit bedeuten. *Dann werden die 16 Ecken und 16 Ebenen unserer* *sechsfach unendlich vielen Konfigurationen durch die Formeln gegeben sein:*

$$(32) \quad \begin{aligned} \pm\ U &= a + \varepsilon' b + \varepsilon'' c + \varepsilon''' d + \varepsilon^{IV} e - \varepsilon' \varepsilon'' \varepsilon''' \varepsilon^{IV} f, \\ \pm\ (U) &= a + \varepsilon' b + \varepsilon'' c + \varepsilon''' d + \varepsilon^{IV} e + \varepsilon' \varepsilon'' \varepsilon''' \varepsilon^{IV} f, \end{aligned} \quad \pmod{2\,P^{(i)}}$$

wo die zugehörigen sechs Komplexe zweiten Grades direkt durch a, b, c, d, e, f *bestimmt sind.*

Beispielsweise liegen in der Ebene:

$$(U) \quad a + b + c + d + e + f,$$

und zwar den sechs Komplexen a, b, c, d, e, f entsprechend, die sechs Punkte:

$$\begin{aligned} -\,a + b + c + d + e + f, \\ +\,a - b + c + d + e + f, \\ \cdot\ \cdot\ \cdot\ \cdot\ \cdot\ \cdot\ \cdot\ \cdot\ \cdot\ \cdot \\ \cdot\ \cdot\ \cdot\ \cdot\ \cdot\ \cdot\ \cdot\ \cdot\ \cdot\ \cdot \end{aligned}$$

Als Punkte der C_4, welche von der Ebene aus der Kummerschen Fläche ausgeschnitten wird, erhalten diese Punkte die transzendenten Parameter:

$$W = a, b, c, d, e, f \pmod{P^{(i)}},$$

deren Summe dem Parameter (U) der Ebene selbst gleich ist. Hierin liegt unmittelbar, nach Formel (24), daß unsere sechs Punkte aus der C_4 von

---

[23]) Ich benutze hier die zu den Parametern λ der Komplexe gehörigen einfachen Integrale kurzweg zur Benennung der Komplexe selbst.

[24]) Vgl. wieder Rohn l. c.

einem Kegelschnitte ausgeschnitten werden, der zur C_4 adjungiert ist, usw. — Man beachte noch, daß durch Angabe der Komplexe $a, b, c \ldots$ die einfachen Integrale $\pm a, \pm b, \pm c, \ldots$ nur modulo einfacher Perioden bestimmt sind. Wir erhalten also aus einer ersten zu den genannten Komplexen gehörigen Konfiguration $(16)_6$, die durch (32) gegeben sein mag, im ganzen 16 gleichberechtigte, die aus (32) hervorgehen, indem man sämtliche U und (U) um dieselbe Kombination einfacher Perioden vermehrt. Von diesen 16 Konfigurationen war schon oben in der Anmerkung zu § 5 die Rede. — Daß man unter den Punkten und Ebenen (32) die Ecken und Seitenflächen von 80 ausgezeichneten Tetraedern, dem Schema (31) entsprechend, herausgreifen kann, liegt unmittelbar auf der Hand. —

Die hiermit gewonnene Darstellung unserer früheren Konfigurationen ist so einfach, daß wir sofort allgemeinere Konfigurationen derselben Art konstruieren können. Einmal werden wir, indem wir die Formeln (31) mit den (32) vergleichen, auch letzteren additive Konstante K willkürlich zufügen wollen, andererseits aber statt der drei Paare einfacher Integrale von (31) und der sechs Paare von (32) deren überhaupt eine beliebige Zahl, sagen wir ν ins Auge fassen. Indem wir diese Integrale der besseren Übersicht halber mit $w', w'', \ldots$ bezeichnen, erhalten wir so *Aggregate von $2^{\nu-1}$ Punkten und $2^{\nu-1}$ Ebenen der Kummerschen Fläche, die durch folgende Formeln definiert sind:*

$$(33)\quad\begin{cases} \pm U \equiv \varepsilon' w' + \varepsilon'' w'' + \ldots + \varepsilon^{(\nu-1)} \cdot w^{(\nu-1)} - \prod_{i=1}^{\nu-1} \varepsilon^{(i)} \cdot w^{(\nu)} + K \ (\mathrm{mod.}\, 2\, P^{(i)}) \\[2em] \pm (U) \equiv \varepsilon' w' + \varepsilon'' w'' + \ldots + \varepsilon^{(\nu-1)} \cdot w^{(\nu-1)} + \prod_{i=1}^{\nu-1} \varepsilon^{(i)} \cdot w^{(\nu)} + K \ (\mathrm{mod.}\, 2\, P^{(i)}) \end{cases}$$

Es ist nicht meine Absicht, die Theorie der sich solchergestalt darbietenden Konfigurationen, zu der übrigens im vorangehenden alle Mittel gegeben sind, eingehender zu verfolgen. Vielmehr möchte ich hier neben ihnen noch allgemeinere Konstruktionen in Betracht ziehen, die entstehen, indem wir die Argumente U eines Punktes oder (U) einer Ebene um *beliebig* gegebene Konstante $C, C', C'', \ldots$ vermehren. Wenn man die hyperelliptischen Funktionen den elliptischen parallelisiert, so entsprechen unsere neuen Konstruktionen unmittelbar den wohlbekannten Polygonen von Poncelet, die sich auf Kegelschnitte eines Büschels oder einer Schar beziehen[25]).

---

[25]) Verallgemeinerungen der Ponceletschen Sätze, welche durch Einführung hyperelliptischer Funktionen vom Geschlechte Zwei an Stelle der elliptischen Funktionen entstehen, sind auch jene Theoreme über geradlinige beim Flächenbüschel zweiter Ordnung auftretende Polygone, die neuerdings Herr Staude in Bd. 22 (1883) der Math. Ann. systematisch untersucht hat. In seiner Dissertation (*Über die Darstellung der*

§ 13.

Das Additionsproblem der transzendenten Parameter.

Die Elementaraufgabe, mit der wir uns jetzt zunächst beschäftigen müssen, verlangt, *aus einem Punkte U der Kummerschen Fläche, bez. aus einer Ebene (U) derselben allgemein den Punkt oder die Ebene zu konstruieren, welche durch die Formel:*

$$(34) \qquad U' = U + C, \quad resp. \quad (U') = (U) + C$$

definiert sind.

Konstatieren wir zunächt, daß die Aufgaben, welche hier einander dualistisch koordiniert erscheinen, in der Tat untrennbar miteinander verbunden sind. Sind nämlich irgendwelche Punkte U in einer Ebene (U) gelegen, so werden die Punkte $U + C$ in der Ebene $(U) + C$ enthalten sein. In der Tat ist ja die Bedingung für die vereinigte Lage von Punkt und Ebene nach unseren früheren Entwicklungen die, daß die Differenz der betreffenden transzendenten Parameter gleich dem Doppelten eines einfachen Integrales ist, — und diese Differenz wird durch Einfügen der Konstante C nicht geändert.

Bemerken wir ferner, daß unsere Aufgabe im allgemeinen *zwei*, untrennbar miteinander verbundene Lösungen besitzt. Wir verstehen dies am besten, wenn wir uns dessen erinnern, was in § 9 über die Beziehung der Punkte der Kummerschen Fläche auf das 16-fache Periodenparallelepiped des Raumes der U gesagt wurde [26]). Wenn wir solche Wertsysteme der U, die sich um doppelte Perioden unterscheiden, als gleichwertig erachten, so wird durch (34) einem jeden Werte von C entsprechend eine *eindeutige* Transformation des Periodenparallelepipedes in sich selbst vorgestellt. Aber für die Kummersche Fläche wird dieselbe im allgemeinen zweideutig. In der Tat, dem einzelnen Punkte der Kummerschen Fläche entspricht ebensowohl die Stelle $+ U$ als die Stelle $- U$ des Parallelepipeds, und wir müssen ihm also ebensowohl den Punkt $U + C$ als den Punkt $- U + C$, oder, was dasselbe ist, den Punkt $U - C$, entsprechend

---

Flächen vierter Ordnung mit Doppelkegelschnitt durch hyperelliptische Funktionen, Leipzig 1885, siehe auch Grunerts Archiv, Neue Serie, Teil II) hat nun Herr Domsch die betreffenden Polygone durch einen direkten geometrischen Übertragungsprozeß mit Schließungssätzen für die Kummersche Fläche, bez. für die zugehörigen Komplexe zweiten Grades, in Verbindung gebracht. Die von Herrn Domsch benutzten Konstruktionen sind indes minder einfach, als die von mir im Texte abzuleitenden, und scheinen dementsprechend einem weiteren Gebiete als spezielle Fälle anzugehören; ich begnüge mich also hier, beiläufig auf dieselben verwiesen zu haben. [Vgl. hierzu die folgende Abhandlung XIII.]

[26]) Ich lasse der Einfachheit halber im Texte die Ebenen (U) beiseite, wie ich auch im folgenden immer nur entweder die Punkte oder die Ebenen bei den Konstruktionen betrachte, wie es gerade am bequemsten scheint.

setzen. Diese beiden Punkte aber fallen nur dann zusammen, wenn entweder C gleich einer ganzzahligen Verbindung der Perioden ist (wo wir dann zu den 16 Kollineationen geführt werden, die die **Kummer**sche Fläche in sich transformieren) oder wenn U einer solchen Verbindung gleich ist, wir also einen Doppelpunkt der Fläche herausgegriffen haben.

Wir können das Gesagte auch so ausdrücken: *Unsere Aufgabe bleibt ungeändert, wenn wir die Konstante C im Vorzeichen umkehren.* Daß sie ebenfalls ungeändert bleibt, wenn wir C um beliebige gerade Multipla der Perioden vermehren, braucht kaum hervorgehoben zu werden.

Was nun die konstruktive Behandlung unserer Aufgabe angeht, so sind alle Mittel dazu in § 11, insbesondere in den Formeln (26), (27) daselbst enthalten. Ich will hier insbesondere von den Ebenen (26) sprechen. Nehmen wir irgendzwei derselben, z. B.

$$w' + w'' - w''' - w^{IV}$$

und

$$w' + w'' + w''' + w^{IV},$$

und bezeichnen die erste mit (U), die zweite mit $(U) + C$, so wird $C = 2(w''' + w^{IV})$, eine Gleichung, die sich bei beliebig gegebenem C befriedigen läßt. Es kommt also nur darauf an, den Zusammenhang zwischen den beiden in Betracht genommenen Ebenen in Form einer Konstruktionsvorschrift auszusprechen. Ich kann dies bei der Einfachheit der Sache ohne weitere Zwischenbetrachtungen ausführen. Wir verfahren folgendermaßen:

Vor allen Dingen setzen wir

$$C = 2\left(\int_{\varkappa_6}^{\lambda''',\,\sqrt{f(\lambda''')}} dw \;\; + \int_{\varkappa_6}^{\lambda^{IV},\,\sqrt{f(\lambda^{IV})}} dw \right) \qquad (\mathrm{mod.}\ 2P^{(i)})$$

was uns λ''', λ^{IV} und die zugehörigen Quadratwurzeln $\sqrt{f(\lambda''')}$, $\sqrt{f(\lambda^{IV})}$ eindeutig bestimmt, — sofern wir von dem nicht in Betracht kommenden Ausnahmefalle absehen, daß $C_1, C_2 \equiv 0, 0$ (mod. $2P^{(i)}$) ist. Wir denken uns dann die Durchschnittskurve der Ebene (U) mit der **Kummer**schen Fläche gezeichnet und suchen auf ihr die beiden Punkte, welche den Komplexen λ''', λ^{IV} in der Art zugehören, wie es durch die Vorzeichen der mitbestimmten $\sqrt{f(\lambda''')}$, $\sqrt{f(\lambda^{IV})}$ verlangt wird. *Hier ist es nun, wo die Zweideutigkeit der Konstruktion Platz greift.* Wie wir immer wieder betonten, kann unsere C_4 auf die fundamentale zweiblättrige **Riemann**sche Fläche auf zwei Weisen bezogen werden. Bezeichnen wir mit p''', p^{IV} die beiden Punkte unserer C_4, welche bei Anwendung der einen Beziehungsweise resultieren, so sind mit ihnen die anderen beiden Punkte, die bez. mit ihnen auf denselben durch den Doppelpunkt der C_4 laufenden geraden

Linien liegen und die ich π''', π^{IV} resp. nennen will, gleichberechtigt. Wir verbinden jetzt p''', p^{IV} und ebenso π''', π^{IV} durch eine Gerade. *Wir werden die Ebenen $(U) \pm C$ bekommen, indem wir durch jede dieser Geraden diejenige Ebene hindurchlegen, welche zu (U) und zu p''', p^{IV}, bez. zu π''', π^{IV}, konjugiert ist.*

Wir fügen dem Gesagten noch folgende Bemerkung hinzu. Haben wir eine der beiden in Rede stehenden Ebenen gewählt, z. B. diejenige, die durch p''', p^{IV} geht, so folgt, daß in ihr p''' und p^{IV} den Wurzeln $-\sqrt{f(\lambda''')}$ und $-\sqrt{f(\lambda^{IV})}$ zugeordnet werden müssen, womit die Beziehung der in der neuen Ebene enthaltenen Durchschnittskurve vierter Ordnung zur fundamentalen Riemannschen Fläche festgelegt (sogar überbestimmt) ist. Handelt es sich also jetzt darum, aus der Ebene $(U) + C$ weitergehend eine neue Ebene $(U) + C + C'$ zu konstruieren (wo die C irgendwie gegeben sein sollen), so ist dies eine Aufgabe, welche nur *eine* Lösung zuläßt.

§ 14.

Verschiedene Polygonkonstruktionen.

Es gibt zweierlei Weisen, um durch Wiederholung der Additionsoperation des vorigen Paragraphen *geschlossene* Serien von Punkten (oder Ebenen) zu gewinnen. Entweder wir addieren zu einem anfänglichen Elemente solche Konstante $C, C', C'', \ldots$ zu, deren Summe unmittelbar verschwindet, oder aber, wir wählen $C, C', C'', \ldots$ derart, daß ihre Summe gleich einem geraden Periodenvielfachen ist. Einen besonders einfachen Fall der ersten Art haben wir, wenn wir nach vorgängiger Addition beliebiger Größen $C, C', \ldots$ hinterher dieselben Größen $C, C', \ldots$ wieder subtrahieren. Wenn wir dabei die Reihenfolge der Summanden und Subtrahenden noch beliebig permutieren, so bekommen wir Aggregate von Punkten oder Ebenen, deren Beziehung zu den früher betrachteten Konfigurationen auf der Hand liegt. Einen besonders einfachen Fall der zweiten Art bekommen wir, wenn wir $C, C', \ldots$ einander gleich nehmen. Wir betrachten also etwa die Serie der Punkte

$$\ldots U - 2C, \; U - C, \; U, \; U + C, \; U + 2C, \ldots$$

Ist

$$(35) \qquad C = 2 \cdot \frac{a_1 P^{(1)} + a_2 P^{(2)} + a_3 P^{(3)} + a_4 P^{(4)}}{n},$$

(wo a_1, a_2, a_3, a_4 vier ganze Zahlen vorstellen sollen, die mit der gleichfalls ganzen Zahl n keinen Faktor gemein haben), so wird unsere Punktreihe mit n Punkten abgeschlossen sein, und zwar unabhängig von der

Wahl des Ausgangspunktes[27]); *ist C nicht in solcher Form darstellbar, so kann sich die Punktreihe niemals schließen.* Ich will n insbesondere (um Einzeldiskussionen zu entgehen, die hier zunächst kein Interesse haben) als ungerade Primzahl voraussetzen. Dann sind in der Formel (35) $[n^4 - 1]$ wesentlich verschiedene Werte von C enthalten. Indem C und $-C$ immer gleichzeitig bei der Konstruktion der einzelnen Punktreihe in Betracht kommen, erhalten wir im ganzen $\dfrac{n^4 - 1}{2}$ verschiedene Serien. Aber jedesmal $\dfrac{n-1}{2}$ derselben enthalten dieselben Punkte. Denn ich werde, von U ausgehend, in allerdings veränderter Reihenfolge jeweils dieselben Elemente erhalten, wenn ich statt des anfänglich gewählten C das Doppelte, $2C$, oder das Dreifache, $3C$, usw. in Anwendung bringe. Die Anzahl der verschiedenen hier resultierenden Punktaggregate ist also $(n^4 - 1):(n-1) = n^3 + n^2 + n + 1$, gleich der Zahl der unterschiedenen Transformationen n-ter Ordnung. Es scheint vom geometrischen Standpunkte aus interessant, die sämtlichen $n^4 - 1$ Punkte, welche durch

$$U + 2\,\frac{a_1 P^{(1)} + a_2 P^{(2)} + a_3 P^{(3)} + a_4 P^{(4)}}{n}$$

gegeben sind, mit dem Punkte U zu einer Figur zu vereinigen. —

§ 15.

Über eindeutige Transformationen der Kummerschen Fläche in sich selbst.

Ich wünsche hier noch eine letzte Frage zu berühren. Wir kennen von früher her 32 eindeutige Transformationen der Kummerschen Fläche in sich selbst: die oft genannten 16 Kollineationen und 16 Reziprozitäten. Erstere erhält man, wenn man (um nur von den Punkten der Kummerschen Fläche zu reden) $U' = U + \sum_1^4 \varepsilon^{(i)} P^{(i)}$ setzt, wo die $\varepsilon^{(i)}$ nach Belieben 0 oder 1 bedeuten, letztere, indem man $U = u' - u''$ nimmt und dann $U' = u' + u'' + \sum_1^4 \varepsilon^{(i)} P^{(i)}$ sein läßt. Hierüber hinaus erkennt man auf geometrischem Wege die Existenz noch weiterer 32 eindeutiger Transformationen. Dieselben setzen solche zwei Punkte der Kummerschen Fläche einander entsprechend, die entweder ihre Verbindungslinie durch einen der 16 Doppelpunkte der Fläche schicken oder deren Tangential-

---

[27]) Sollte sich unter den Punkten unserer Reihe ein Doppelpunkt der Kummerschen Fläche befinden, so muß unsere Behauptung in leicht erkennbarer Weise modifiziert werden.

ebenen sich in einer geraden Linie kreuzen, die einer der 16 Doppelebenen angehört. Die 32 neuen Transformationen erwachsen offenbar, indem man auf eine derselben die 32 Transformationen der ersten Art (die Kollineationen und Reziprozitäten) anwendet. Es wird also genügen, wenn wir nur eine der neuen Transformationen analytisch darstellen. Dies aber wird durch Formel (30) geleistet. Dieselbe besagt, daß die Parameter solcher zwei Punkte, deren Verbindungslinie durch den Anfangspunkt der Kummerschen Fläche geht, sich in der Form

$$2(w' + w'') \quad \text{und} \quad 2(w' - w'')$$

darstellen, unter w', w'' einfache Integrale verstanden. Um also zu einem Punkte U den in der betreffenden Transformation entsprechenden U' zu finden, hat man einfach $U = 2(w' + w'')$ zu setzen und dann $U' = 2(w' - w'')$ zu nehmen. *Es ist die Frage, ob mit den 64 eindeutigen Transformationen, welche wir sonach kennen, die sämtlichen eindeutigen Transformationen der Kummerschen Fläche in sich selbst erschöpft sind.*

Leipzig, den 28. September 1885.

XIII. Zur geometrischen Deutung des Abelschen Theorems der hyperelliptischen Integrale.

[Math. Annalen, Bd. 28 (1886).]

In der im vorigen Annalenbande abgedruckten Arbeit *über Konfigurationen, welche der Kummerschen Fläche zugleich eingeschrieben und umgeschrieben sind* [vgl. die vorstehende Abhandlung XII], entwickele ich im Anschlusse an die Untersuchungen von Herrn Rohn u. a. einen Satz, demzufolge eine gerade Linie mit den elliptischen Koordinaten λ_1, λ_2, λ_3, λ_4 sich entweder um einen festen Punkt der zugrunde liegenden Kummerschen Fläche dreht oder in einer festen Tangentialebene derselben fortschreitet, sofern bei irgendwie fixierten Vorzeichen die Differentialgleichungen des Abelschen Theorems erfüllt sind:

$$(1) \qquad \sum_{\alpha=1}^{4} \frac{\pm \lambda_\alpha^\nu \cdot d\lambda_\alpha}{\sqrt{\varphi(\lambda_\alpha)}} = 0,$$

wo $\nu = 0, 1$ zu nehmen ist und $\varphi(\lambda)$ das Produkt bezeichnet:

$$\varphi(\lambda) = \prod_{i=1}^{6} (\lambda - k_i).$$

Ich berühre ferner (S. 138 daselbst, Fußnote) eine andere Deutung desselben Theorems, die sich für Differentiale von analogem Aufbau in der Dissertation des Herrn Domsch findet[1]) und auf deren Inhalt ich weiter unten noch genauer eingehen werde. Die folgenden Entwicklungen, die ich bei Gelegenheit zusammenstellte, haben den Zweck, die allgemeinen auf konfokale Mannigfaltigkeiten zweiten Grades eines beliebig ausgedehnten Raumes bezüglichen Sätze aufzuweisen, unter welche sich die gesamten Theoreme subsumieren. Hierdurch wird, wie ich hoffe, nicht nur über die zunächst in Betracht kommenden liniengeometrischen Theoreme und eine große Zahl ähnlicher Beziehungen neue Klarheit verbreitet, sondern insbesondere auch unsere allgemeine Kenntnis der konfokalen Mannigfaltigkeiten zweiten Grades durch Aufweisung einer merkwürdigen Gruppierung gewisser in ihnen enthaltener linearer Räume wesentlich vervollständigt. Letzteres

---

[1]) 1885, vgl. Grunerts Archiv, Neue Serie. Teil II.

aber erscheint um so wertvoller, als die Gruppierung der auf quadratischen Mannigfaltigkeiten enthaltenen linearen Räume immer noch wenig untersucht ist, während sie doch in verschiedenem Betracht von durchschlagender Wichtigkeit sein muß; man vergleiche die Schlußbemerkungen der [im 28. Bande der Math. Annalen] vorangehenden Arbeit: *Über die Auflösung der allgemeinen Gleichungen sechsten und siebenten Grades.*[2]) — Um die Darstellung nicht zu abstrakt zu gestalten, erörtere ich die zur Verwendung kommenden Schlußweisen zunächst ausführlich für den dreidimensionalen Punktraum, übertrage dieselben dann in großen Zügen auf den Raum von beliebig vielen Dimensionen und steige schließlich zum Falle der Liniengeometrie wieder herab. Mein Grundsatz ist dabei, im Gegensatze zu sonstigen diese Fragen betreffenden Arbeiten möglichst wenig zu rechnen, weshalb ich denn auch in § 1 und anderwärts auf den Beweis sonst bekannter Theoreme aufs neue eingehe.

§ 1.

Die konfokalen $F^{(2)}$ des R_3 und der auf sie bezügliche Fundamentalsatz.

Indem ich von der Berücksichtigung irgendwelcher metrischer Beziehungen oder Realitätsdiskussionen im folgenden durchweg absehe, definiere ich hier, was fortan eine Schar konfokaler Flächen zweiten Grades des dreifach ausgedehnten Punktraums genannt werden soll, durch folgende Gleichung:

$$(2) \qquad \sum_{i=1}^{4} \frac{x_i{}^2}{\lambda - k_i} = 0 \, ,$$

in der die k_i irgendwie gegebene voneinander verschiedene Größen, die x_i aber beliebige Tetraederkoordinaten bedeuten sollen. Als elliptische Koordinaten des Punktes x bezeichne ich die Wurzeln λ_1, λ_2, λ_3 (allgemein λ_a), welche (2) bei festgehaltenen x_i für λ als Unbekannte ergibt. Schreiben wir dann:

$$(3) \qquad \varphi(\lambda) = \prod_{i=1}^{4} (\lambda - k_i) \cdot (\lambda - a)\,(\lambda - b)$$

und verlangen das Bestehen der Abelschen Differentialgleichungen:

$$(4) \qquad \sum_{a=1}^{3} \frac{\pm \lambda_a{}^\nu \cdot d\lambda_a}{\sqrt{\varphi(\lambda_a)}} = 0 \, , \qquad (\nu = 0, 1) \, ,$$

so bewegt sich der Raumpunkt λ, einem Satze zufolge, der wohl zuerst von Liouville aufgestellt wurde[3]) und der hier als *Fundamentalsatz* be-

---

2) [Vgl. Bd. II dieser Ausgabe.]
3) Journal des Mathématiques, sér. I, Bd. 12 (1847). Wegen weiterer hier anknüpfender Entwicklungen und insbesondere der einschlägigen Literatur vgl. Staude in Bd. 22 der Math. Ann. (*Geometrische Deutung des Additionstheorems der hyperelliptischen Integrale usw.*, 1883).

zeichnet werden soll, *auf einer geraden Linie, welche die Flächen $\lambda = a$ und $\lambda = b$ berührt.* Aus dem in der Einleitung bemerkten Grunde und mit Rücksicht auf die Verallgemeinerungen, die ich für höhere Fälle beabsichtige, gebe ich hier zunächst einen neuen, möglichst einfachen Beweis dieses Satzes.

Mein Beweis ruht darauf, *das algebraische Gebilde, welches von der Gesamtheit der Schnittpunkte einer beliebigen Raumgeraden mit den Flächen* (2) *gebildet wird, in doppelter Weise aufzufassen.* Erstlich nehme ich, wie es am nächsten liegt, je diejenigen drei (durch die Werte λ_1, λ_2, λ_3 des zugehörigen λ unterschiedenen) Schnittpunkte zusammen, welche in den nämlichen Punkt der Raumgeraden fallen. Das algebraische Gebilde stellt sich dann als dreifache Überdeckung unserer Raumgeraden dar, wobei die drei Überdeckungen an denjenigen Stellen Verzweigungspunkte haben, an denen die Raumgerade der developpablen Fläche begegnet, welche den Flächen (2) gemeinsam umgeschrieben ist. Als Zahl dieser Stellen ergibt sich auf Grund bekannter Abzählungen acht, woraus sich das Geschlecht des algebraischen Gebildes als zwei berechnet. Wir schließen sofort, daß es zwei zugehörige überall endliche Differentiale gibt, die wir $du^{(1)}$, $du^{(2)}$ nennen wollen. Indem wir noch durch einen unteren Index 1, 2 oder 3 unterscheiden, ob wir uns in der ersten oder der zweiten oder dritten Überdeckung der Raumgeraden befinden (ob wir uns also die in den Differentialen vorkommende algebraische Funktion des Ortes, λ, gleich λ_1 oder gleich λ_2 oder λ_3 gesetzt denken wollen) haben wir in bekannter Weise bei beliebigem Fortschreiten auf der Raumgeraden:

$$(5) \qquad du_1^{(1)} + du_2^{(1)} + du_3^{(1)} = 0, \qquad du_1^{(2)} + du_2^{(2)} + du_3^{(2)} = 0.$$

Wir wenden uns jetzt zur zweiten Auffassung unseres algebraischen Gebildes. Dieselbe ruht darauf, daß wir immer diejenigen zwei Stellen desselben zusammengenommen denken, welche derselben Fläche λ der Schar (2) angehören. Wir erhalten so eine zweifache Überdeckung des Gebietes der Variablen λ, wobei, damit das Geschlecht 2 herauskomme, sechs Verzweigungsstellen auftreten müssen, solchen Flächen zweiten Grades der Schar (2) entsprechend, die unsere Raumgerade in zusammenfallenden Punkten treffen. Vier dieser letzteren Flächen sind a priori bekannt: es sind die doppeltzählenden Ebenen des Koordinatentetraeders der x_i, welche unter der Schar (2) für $\lambda = k_1, k_2, k_3, k_4$ enthalten sind; die anderen beiden (die beliebig liegen können) nennen wir, um den Anschluß an die Formeln (3) und (4) zu erzielen, $\lambda = a$ und $\lambda = b$. Ich will auch die Bezeichnung $\varphi(\lambda)$ der Formel (3) wieder aufnehmen. Dann ist vermöge unserer neuen Auffassungsweise ersichtlich, daß die beiden soeben eingeführten Differentiale $du^{(1)}$, $du^{(2)}$ in folgende Form gesetzt werden können:

$$(6) \qquad du^{(1)} = \frac{\pm\, d\lambda}{\sqrt{\varphi(\lambda)}}, \qquad du^{(2)} = \frac{\pm\, \lambda\, d\lambda}{\sqrt{\varphi(\lambda)}}.$$

Dies aber in (5) *eingetragen ergibt die Formeln* (4), *womit der gewünschte Beweis der letzteren erbracht ist.* In der Tat ist ja die „beliebige" Raumgerade, mit der wir unseren Beweis begannen, im Verlaufe des Beweises von selbst in eine solche übergegangen, welche die Flächen $\lambda = a$ und $\lambda = b$ berührt.

Übrigens ist leicht zu sehen, daß wir unseren Fundamentalsatz noch ein wenig strenger formulieren können. Man beachte, daß von einem beliebigen Raumpunkte aus an zwei gegebene Flächen zweiten Grades vier gemeinsame Tangenten möglich sind, während die Differentialgleichungen (4) vermöge der in ihnen unbestimmt bleibenden Vorzeichen gerade auch vier Fortschreitungsrichtungen vom Punkte λ aus bestimmen. Wir wußten bisher nur, daß unsere Differentialgleichungen tatsächlich erfüllt sind, wenn wir auf einer der genannten gemeinsamen Tangenten fortschreiten; wir sehen jetzt, daß sie auch *auf keine andere Weise* erfüllt werden können. *Die gemeinsamen Tangenten der Flächen* $\lambda = a$ *und* $\lambda = b$ *sind also als Integralkurven der Differentialgleichungen* (4) *charakterisiert.* In diesem verschärften Sinne soll fortan unser Fundamentalsatz aufgefaßt sein.

§ 2.

Die erste Ausdehnung des Fundamentalsatzes.

Statt der Gleichungen (3), (4) betrachte ich jetzt einen Augenblick die folgenden:

$$(7) \qquad \varphi_1(\lambda) = \prod_{i=1}^{4} (\lambda - k_i), \qquad \sum_{a=1}^{2} \frac{\pm \, d\lambda_a}{\sqrt{\varphi_1(\lambda_a)}} = 0,$$

wo in $\varphi_1(\lambda)$ die beiden in dem früheren $\varphi(\lambda)$ enthaltenen Faktoren $(\lambda - a)$ und $(\lambda - b)$, die ich fortan als *willkürliche* Faktoren bezeichne, weggeblieben sind und dafür nur *eine* Differentialgleichung geschrieben ist, bei der sich das Summenzeichen auf die beiden Indizes 1 und 2 beschränkt, so daß λ_3 als konstant zu gelten hat. Welches ist die geometrische Deutung dieses Gleichungssystems? Da wir $\lambda_3 = $ Const. gesetzt haben, so liefert die Integration von (7) jedenfalls solche Kurven, die ganz auf einer, übrigens beliebigen $F^{(2)}$ unserer Schar verlaufen. Man erkennt jetzt leicht, *daß es sich einfach nur um die geradlinigen Erzeugenden der* $F^{(2)}$ *handelt*[4]). Der Beweis läßt sich genau so gliedern, wie beim Satze des vorigen Paragraphen. Wir haben unsere Aufmerksamkeit wieder einem einfach ausgedehnten algebraischen Gebilde zuzuwenden, nämlich demjenigen, das von

---

[4]) Dieser Satz ist keineswegs neu; man findet ihn bespielsweise in Herrn Darboux' Buche: *Sur une classe remarquable de courbes et de surfaces algébriques* (Paris 1873), auf welches ich hier um so lieber verweisen will, als es mannigfache Beziehungspunkte auch zu den folgenden Paragraphen des Textes darbietet.

den Schnittpunkten einer geradlinigen Erzeugenden unserer festen $F^{(2)}$ mit den übrigen $F^{(2)}$ der konfokalen Schar gebildet wird. Dieses Gebilde kann einmal so aufgefaßt werden, daß es die gewählte Erzeugende mehrfach (und zwar doppelt) überdeckt, andererseits wieder so, daß jeder Fläche λ zwei seiner Elemente zugeordnet werden, wobei sich Verzweigungsstellen bei $\lambda = k_1, k_2, k_3, k_4$ einstellen. Der Vergleich beider Auffassungsweisen ergibt sofort, daß die Differentialgleichung (7) beim Fortschreiten auf einer geradlinigen Erzeugenden der festen $F^{(2)}$ tatsächlich erfüllt ist. Nun bietet (7) aber ebenso viele Vorzeichenkombinationen dar, als die Zahl der Erzeugenden beträgt, die auf $\lambda_3 = $ Const. durch einen beliebigen Punkt laufen. Die in Rede stehenden Erzeugenden sind also wieder auch die einzigen Kurven, die der vorgeschriebenen Differentialbeziehung genügen.

Diese Betrachtung und Interpretation der Gleichungen (7) sollen hier nur vorläufige Bedeutung haben. Was wir eigentlich anstreben, ist die geometrische Interpretation der folgenden Gleichung:

$$(8) \qquad \sum_{\alpha=1}^{3} \frac{\pm\, d\lambda_\alpha}{\sqrt{\varphi_1(\lambda_\alpha)}} = 0,$$

in der $\varphi_1(\lambda)$ dieselbe Bedeutung hat, wie in (7), die Summation über α aber von 1 bis 3 erstreckt ist, also sämtliche λ als beweglich gelten. Offenbar handelt es sich jetzt darum, daß der Punkt $\lambda_1, \lambda_2, \lambda_3$ auf gewissen *Flächen* fortschreitet, die den Raum so erfüllen, daß durch jeden Punkt vier derselben laufen. Aus dem Umstande, daß wir es in (8) mit der Differentialgleichung des Additionstheorems des elliptischen Integrals erster Gattung zu tun haben, werden wir sofort schließen, daß es sich um *algebraische* Flächen handelt. Aber welches ist die nähere Definition dieser Flächen? Ich sage, daß wir *Ebenen* finden, und zwar keine anderen Ebenen, als *die gemeinsamen Tangentialebenen der $F^{(2)}$ unserer konfokalen Schar.*

Der nächstliegende Beweis dieses Satzes beruht auf einer direkten Verallgemeinerung der Betrachtungen des vorigen Paragraphen. Da es bekannt ist, daß es gemeinsame Tangentialebenen unserer $F^{(2)}$ gibt und daß diese Ebenen eine Devoloppable vierter Klasse umhüllen, so genügt es, zu verifizieren, daß die Differentialgleichung (8) erfüllt ist, wenn wir in einer solchen Ebene, die wir als gegeben betrachten, fortschreiten. Dies aber gelingt sofort, wenn wir beachten, daß die Paare geradliniger Erzeugender, in denen eine solche Ebene von unseren konfokalen $F^{(2)}$ geschnitten wird, innerhalb der Ebene eine Kurve dritter Klasse vom Geschlechte Eins umhüllen, zu der ein bestimmtes überall endliches Integral gehört, das wir u nennen, — daß für je drei in einem Punkte der Ebene zusammenlaufende Tangenten der Kurve dem Abelschen Theoreme zufolge

$$u_1 + u_2 + u_3 = \text{Const.}$$

ist, — daß endlich du vermöge der Beziehung der Kurve auf das Gebiet der Variablen λ in die Form gesetzt werden kann:

$$du = \frac{d\lambda}{\sqrt{\varphi_1(\lambda)}}.$$

Der Unterschied dieser Betrachtung von der früheren ist ersichtlich nur der, daß jetzt eine ebene Kurve zugrunde gelegt wird, wo wir damals eine mehrfach überdeckte Gerade vor uns hatten.

Der hiermit angedeutete Beweis ist an sich so einfach wie möglich. Er setzt aber voraus, daß wir über die Existenz und Haupteigenschaften der gemeinsamen Tangentialebenen unserer $F^{(2)}$ bereits unterrichtet sind, und eignet sich daher nicht für die weiterhin beabsichtigten Verallgemeinerungen, bei denen uns solche Vorkenntnisse nicht zu Gebote stehen. Ich entwickle daher hier eine andere Beweismethode, bei welcher die Existenz der gemeinsamen Tangentialebenen unserer $F^{(2)}$ selbst erst aus (8) erschlossen wird.

Die neue Methode, welche ich darzulegen habe, geht davon aus, Gleichung (8) mit Gleichung (7) zu vergleichen und die für (7) gefundene Interpretation als bekannt vorauszusetzen. Gleichung (7) geht aus Gleichung (8) hervor, indem wir λ_3 konstant nehmen. Wir schließen, daß die durch (8) definierten Flächen die Eigenschaft haben, jede Fläche $\lambda_3 = \text{Const.}$, d. h. schlechthin jede $F^{(2)}$ unserer konfokalen Schar, nach Kurven schneiden, welche (7) befriedigen, d. h. nach geradlinigen Erzeugenden zu schneiden. Unsere Fläche ist also jedenfalls vollständig durch gerade Linien überdeckt. Nun gehen aber durch jeden Raumpunkt drei $F^{(2)}$ der konfokalen Schar. *Unsere Fläche ist also sogar dreifach durch gerade Linien überdeckt.* Dann aber muß sie aus evidenten Gründen eine Ebene sein. Denn eine krumme Fläche kann nie mehr als zwei Scharen geradliniger Erzeugender aufweisen (Hyperboloid). Wir finden also *Ebenen*, und zwar *Ebenen, welche sämtliche $F^{(2)}$ unserer Schar nach geraden Linien schneiden*, d. h. gemeinsame Tangentialebenen der $F^{(2)}$ unserer Schar, w. z. b. w.

Wir müssen noch ausführen, daß mit den so definierten Ebenen sämtliche gemeinsame Tangentialebenen unserer $F^{(2)}$ erschöpft sind. Dies gelingt folgendermaßen. Wir betrachten irgendzwei durch einen Punkt laufende $F^{(2)}$ unserer Schar und die zweimal zwei Erzeugenden, welchen auf diesen $F^{(2)}$ durch den Punkt hindurchgehen. Soll eine gemeinsame Tangentialebene sämtlicher konfokaler $F^{(2)}$ durch den Punkt hindurch möglich sein, so muß dieselbe jede der beiden vorgenannten $F^{(2)}$ nach einer durch den Punkt hindurchlaufenden Erzeugenden schneiden, sie muß also eine der beiden durch den Punkt hindurchgehenden Erzeugenden der einen Fläche mit einer der beiden entsprechenden Erzeugenden der anderen Fläche verbinden. Die Zahl der durch den Punkt hindurchlaufenden gemeinsamen

Tangentialebenen unserer $F^{(2)}$ kann also nicht größer als vier sein, und da vier gerade auch die Zahl der bei (8) möglichen Vorzeichenkombinationen ist, so ist die geforderte Ergänzung unseres Gedankenganges erbracht:

Durch jeden Raumpunkt hindurch gehen der Differentialgleichung (8) *entsprechend vier Ebenen, welche geometrisch als gemeinsame Tangentialebenen der $F^{(2)}$ der konfokalen Schar charakterisiert sind.*

Es ist sehr merkwürdig, daß die Ergänzung, welche wir unserem zweiten Beweisgange hinzufügten, zu derjenigen, welche beim ersten Beweisgange nötig war, gewissermaßen komplementär ist. In der Tat handelte es sich jetzt darum, daß geometrisch nicht mehr Ebenen einer gewissen Definition geliefert werden, als es Ebenen gibt, die der Differentialgleichung (8) genügen, während wir früher zu zeigen hatten, daß unsere Differentialgleichungen nicht etwa noch andere Integralmannigfaltigkeiten zulassen als diejenigen, deren geometrische Natur wir bereits erkannten.

§ 3.

Die zweite Ausdehnung des Fundamentalsatzes.

Die zweite Ausdehnung, die ich dem Fundamentalsatze zu geben beabsichtige, bezieht sich auf folgendes: es soll sich darum handeln, anzugeben, wie sich die Bedeutung der Gleichungen (4) oder (8) modifiziert, wenn wir in $\varphi(\lambda)$ oder $\varphi_1(\lambda)$ statt eines oder mehrerer Faktoren $(\lambda - k_i)$ *willkürliche* Faktoren $(\lambda - c)$, $(\lambda - d)$ usw. einführen.

Um die so gestellte Frage in einfachster Weise zu beantworten, bediene ich mich einer geometrischen Transformation. Ich setze:

$$(9) \qquad\qquad x_i^2 = \xi_i.$$

Dann geht Gleichung (2) der konfokalen Flächen zweiten Grades in folgende über:

$$(10) \qquad\qquad \sum_{i=1}^{4} \frac{\xi_i}{\lambda - k_i} = 0,$$

d. h. die Schar der Flächen in die Schar der einfach unendlich vielen Oskulationsebenen einer Raumkurve dritter Ordnung. Für Gleichung (4) aber, die wir in unveränderter Form hersetzen:

$$(11) \qquad \sum_{a=1}^{3} \frac{\pm\,\lambda_a^{\nu}\cdot d\lambda_a}{\sqrt{\varphi(\lambda_a)}} = 0, \qquad \left(\nu = 0,1;\ \varphi(\lambda) = \prod_{i=1}^{4}(\lambda - k_i)(\lambda - a)(\lambda - b)\right),$$

ergibt sich nach leichter Überlegung[5]), daß sie diejenigen *Kegelschnitte*

---

[5]) Nämlich entweder vermöge unserer Transformation aus dem Fundamentalsatze des § 1, oder auch durch Wiederholung des damaligen Beweisverfahrens an dem von den Schnittpunkten des Kegelschnitts und der Oskulationsebenen (10) erzeugten algebraischen Gebildes.

des Raumes der ξ definiert, welche die Ebenen (10), die folgenden Parameterwerten entsprechen:

$$\lambda = k_1, k_2, k_3, k_4, a, b,$$

berühren. Gleichung (8) hingegen, die ich ebenfalls noch einmal herschreibe:

$$(12) \qquad \sum_{a=1}^{3} \frac{\pm \, d\lambda_a}{\sqrt{\varphi_1(\lambda_a)}} = 0, \qquad \left(\varphi_1(\lambda) = \prod_{i=1}^{4} (\lambda - k_i) \right),$$

bedeutet jetzt diejenigen *Steinerschen Flächen*, welche zur Raumkurve dritter Ordnung (10) in der Beziehung stehen, daß sie eine beliebige Oskulationsebene derselben in zwei Kegelschnitten schneiden, die vier Oskulationsebenen aber, deren Parameter λ bez. gleich k_1, k_2, k_3, k_4 sind, nach Erstreckung ganzer Kegelschnitte berühren.

Der Gewinn, den wir hiernach durch die Substitution (9) erzielt haben, liegt darin, daß die Unterscheidung der Faktoren $(\lambda - k_i)$ und der willkürlichen Faktoren $(\lambda - a)$ usw. für die geometrische Deutung gegenstandslos geworden ist. Führen wir statt etwelcher Faktoren $(\lambda - k_i)$ neue willkürliche Faktoren $(\lambda - c)$ usw. ein, so ist der Erfolg augenscheinlich der, daß in den gerade ausgesprochenen Sätzen an Stelle der Ebenen $\lambda = k_i$ usw. die Ebenen $\lambda = c$ usw. zu nennen sind, während die Form der Sätze selbst völlig ungeändert bleibt. Dies legen wir jetzt zugrunde und kehren vermöge der Transformation (9) von den ξ_i zu den x_i zurück. Die ursprüngliche Frage nach der Bedeutung der modifizierten Differentialgleichungen im Raume der x_i ist dann in folgende rein algebraische verwandelt: *Im Raume der ξ_i ist ein Kegelschnitt gegeben* (der selbstverständlich mit der Raumkurve dritter Ordnung (10) sechs Oskulationsebenen gemein hat) *oder auch eine Steinersche Fläche, welche zur Raumkurve dritter Ordnung in der oben bezeichneten Beziehung steht* (die der Raumkurve eingeschrieben ist, wie man kurz sagen könnte): *es soll entschieden werden, welche Bilder Kegelschnitt und Steinersche Fläche im Raume der x_i haben.*

Ich will das Resultat, welches sich unmittelbar darbietet, hier nur für den Fall aussprechen, daß sämtliche Faktoren $(\lambda - k_i)$ durch willkürliche Faktoren ersetzt worden sind. Dabei benenne ich eine Fläche oder eine Kurve oder auch Punktsystem als *symmetrisch*, wenn die zugehörige algebraische Definition bei irgendwelchen Vorzeichenänderungen der x_i ungeändert bleibt. Wir haben dann folgende Sätze:

I. *Sei*

$$\varphi(\lambda) = (\lambda - a)(\lambda - b)(\lambda - c)(\lambda - d)(\lambda - e)(\lambda - f),$$

dann werden die Differentialgleichungen:

$$(13) \qquad \sum_{a=1}^{3} \frac{\pm \, \lambda_a^{\nu} \cdot d\lambda_a}{\sqrt{\varphi(\lambda_a)}} = 0, \qquad (\nu = 0, 1)$$

durch symmetrische Kurven achter Ordnung integriert, welche die Flächen $\lambda = a, b, c, d, e, f$ je achtmal in beziehungsweise symmetrisch gelegenen Punkten berühren.

    II. *Sei*

$$\varphi_1(\lambda) = (\lambda - c)\,(\lambda - d)\,(\lambda - e)\,(\lambda - f).$$

Die Integralflächen der Differentialgleichung:

$$(14) \qquad \sum_{a=1}^{3} \frac{\pm\, d\lambda_a}{\sqrt{\varphi_1(\lambda_a)}} = 0,$$

sind dann symmetrische Flächen achter Ordnung, welche jede $F^{(2)}$ der konfokalen Schar in einem Paare symmetrischer Kurven achter Ordnung durchsetzen, die Flächen $\lambda = c, d, e, f$ aber nach Erstreckung je einer solchen Kurve berühren.

    Wie nun entstehen aus diesen Kurven und Flächen die speziellen, die wir in § 1 und 2 fanden? Die Sache ist selbstverständlich elementar, und so mag es genügen, hier nur das Resultat der betr. Überlegung mitzuteilen. Solange in $\varphi(\lambda)$ oder $\varphi_1(\lambda)$ der Faktor $\lambda - k_i$ noch nicht vorhanden ist, wird die Koordinatenebene $x_i = 0$ von der symmetrischen Kurve oder Fläche achter Ordnung gewissermaßen *senkrecht* geschnitten, d. h. so geschnitten, daß die Tangente der Kurve bez. die Tangentialebene der Fläche durch den gegenüberliegenden Eckpunkt des Koordinatentetraeders hindurchläuft. Dies kann nicht völlig aufhören zu gelten, wenn auch einer der Faktoren von $\varphi(\lambda)$ oder $\varphi_1(\lambda)$ in $(\lambda - k_i)$ übergeht, während dann doch gleichzeitig die Kurve oder Fläche achter Ordnung die Ebene $x_i = 0$ berühren soll. Die Folge ist, daß die acht Schnittpunkte der Kurve mit der Ebene in *vier Doppelpunkte* zusammenrücken und die Schnittkurve achter Ordnung der Fläche mit der Ebene in eine *Doppelkurve vierter Ordnung* übergeht (während Kurve wie Fläche nach wie vor symmetrisch bleiben). Man denke sich dies jetzt bei sämtlichen vier Koordinatenebenen gleichzeitig eintretend. Dann ist die Folge, wie man sofort sieht, daß die Kurve oder Fläche in ein symmetrisches Aggregat von acht linearen Bestandteilen *zerfällt*, also die Kurve in acht Gerade, die Fläche in acht Ebenen, die aus einer Geraden bez. Ebene durch die Vorzeichenwechsel der x_i hervorgehen. Und nun ist die Beziehung zu den Sätzen der § 1 und 2 ohne weiteres ersichtlich: wir haben damals je nur von *einer* dieser acht geraden Linien oder Ebenen gesprochen, insofern wir keinen Anlaß hatten, auch noch die anderen Linien usw. zu betrachten, die aus der ersten Geraden durch die Vorzeichenwechsel der x_i entstehen. Dem entspricht auch, daß wir statt der achtmaligen Berührung der Kurve achter Ordnung mit gewissen Flächen zweiten Grades in § 1 nur eine je einmalige Berührung der in Betracht kommenden geraden Linie und der Flächen $\lambda = a$ und $\lambda = b$ fanden, usw. —

Ich habe hier gleich die beiden äußersten Fälle einander gegenüber-
gestellt, daß nämlich an den Produkten $\varphi(\lambda)$, $\varphi_1(\lambda)$ entweder keiner der
Faktoren $\lambda - k_i$ oder alle dieser Faktoren beteiligt sind. Es hat keinen
Zweck, die verschiedenen möglichen Zwischenfälle hier einzeln aufzuzählen.
Ich will hier nur den Fall hervorheben, daß in $\varphi(\lambda)$ drei der Faktoren
$(\lambda - k_i)$ und also noch drei willkürliche Faktoren enthalten sind. Die
Integralkurven des allgemeinen Falles zerfallen dann in Kegelschnitte,
welche nur auf der einen der vier Koordinatenebenen senkrecht stehen (in
dem eben erwähnten Sinne) während sie gleichzeitig drei $F^{(2)}$ der konfokalen Schar je zweimal berühren[6]).

$$\S\ 4.$$

Übergang zu Räumen von $(n-1)$ Dimensionen.

Indem wir jetzt statt des gewöhnlichen Punktraums einen Raum von
$(n-1)$ Dimensionen, R_{n-1}, einführen, versuchen wir die Entwickelungen
der § 1 und 2 auf diesen allgemeineren Fall zu übertragen. Eine gleiche
Übertragung ist natürlich ebensowohl bei den Betrachtungen des § 3 statt-
haft; wir unterlassen sie aber, da sie keinerlei besondere Schwierigkeit
darbietet und eine bloße Häufung in ihrer Allgemeinheit doch unanschau-
licher Theoreme nicht unser Zweck sein kann. Auf den Inhalt des § 3
kommen wir vielmehr erst zurück, wenn wir später die für beliebiges n
erhaltenen Resultate am Falle der Liniengeometrie, der $n = 6$ entspricht,
wieder spezialisieren.

Als Ausgangsgleichung für unsere neue Betrachtung werden wir, der
Gleichung (2) entsprechend, die folgende hinstellen:

$$(15) \qquad \sum_{i=1}^{n} \frac{x_i^2}{\lambda - k_i} = 0,$$

vermöge deren jedem Raumpunkte x im Ganzen $(n-1)$ elliptische Koordinaten

$$\lambda_1, \lambda_2, \ldots, \lambda_{n-1} \ (\text{allgemein } \lambda_a)$$

zugeordnet werden. Wir wollen dabei sagen, daß jede einzelne Gleichung (15)
eine *quadratische Mannigfaltigkeit von* $(n-2)$ *Dimensionen*, $M_{(n-2)}^{(2)}$, bestimmt. Den Buchstaben M mit ähnlicher Stellung zweier Indizes verwenden wir später allgemein zur Bezeichnung irgendwelcher algebraischer
Mannigfaltigkeiten nach Ordnung und Dimension. Insbesondere *lineare*
in R_{n-1} einbegriffene Mannigfaltigkeiten bezeichnen wir kurzweg mit dem

---

[6]) Man sehe diesen Satz bei Darboux, l. c.

Buchstaben R, wobei wir die Dimensionen wieder durch einen rechts unten beigefügten Index markieren (z. B. R_ϱ)[7].

Wenn wir jetzt zunächst das Analogon zum Fundamentalsatze des § 1 aufstellen wollen[8], so werden wir vor allem dem Produkte der n jetzt a priori gegebenen Faktoren

$$\prod_{i=1}^{n}(\lambda - k_i)$$

noch $(n - 2)$ willkürlichen Faktoren zufügen, die

$$(\lambda - a_\varkappa)$$

heißen sollen $(\varkappa = 1, 2, \ldots, (n - 2))$, so daß ein Ausdruck $\varphi(\lambda)$ entsteht, der folgendermaßen lautet:

$$(16) \qquad \varphi(\lambda) = \prod_{i=1}^{n}(\lambda - k_i) \cdot \prod_{\varkappa=1}^{n-2}(\lambda - a_\varkappa).$$

Wir konstruieren dann die Differentialgleichungen:

$$(17) \qquad \sum_{\alpha=1}^{n-1}\frac{\pm \lambda_\alpha^\nu \cdot d\lambda_\alpha}{\sqrt{\varphi(\lambda_\alpha)}} = 0, \qquad \nu = 0, 1, \ldots, (n - 3),$$

und finden durch genau dasselbe Schlußverfahren, das wir in § 1 anwandten, den folgenden ersten Satz:

I. *Die Gleichungen* (17) *werden durch diejenigen* $\infty^{n-2}\,R_1$ *integriert, welche die* $(n - 2)$ *beliebig vorgegebenen* $M^{(2)}_{(n-2)}$:

$$\lambda = a_1,\, \lambda = a_2,\, \ldots,\, \lambda = a_{n-2}$$

berühren, und von denen durch jeden Raumpunkt 2^{n-2} *hindurchgehen.*

Diese Zahl 2^{n-2} ist zunächst durch die Zahl der in (17) möglichen Vorzeichenkombinationen gegeben; wir bestimmen sie algebraisch, indem wir die $(n - 2)$ Kegel zweiter Ordnung, die sich vom beliebig gewählten Raumpunkte aus an die $(n - 2)\ M^{(2)}_{(n-2)}$ legen lassen, zum gemeinsamen Schnitt bringen. Daß beidemal dieselbe Zahl resultiert, ist in der Form, die wir dem Satz I erteilt haben, bereits ausgesprochen.

Wir fahren nun fort, wie in § 2 zu Anfang, indem wir von den in $\varphi(\lambda)$ auftretenden willkürlichen Faktoren zwei weglassen, also etwa schreiben:

$$(18) \qquad \varphi_1(\lambda) = \prod_{i=1}^{n}(\lambda - k_i) \cdot \prod_{\varkappa=1}^{n-1}(\lambda - a_\varkappa)$$

---

[7]) Dies ist dieselbe Bezeichnungsweise, deren ich mich in der auf S. 201 zitierten Abhandlung bediene.

[8]) Die Ausdehnung des Fundamentalsatzes auf beliebig viele Dimensionen findet sich schon in einer Arbeit von Schläfli, die von 1849 datiert ist und 1852 in Crelles Journal, Bd. 43 veröffentlicht wurde.

und nun nur $(n-3)$ Differentialgleichungen bilden, bei denen wir eines der λ, also etwa λ_{n-1}, als konstant voraussetzen:

$$(19) \qquad \sum_{\alpha=1}^{n-2} \frac{\pm\,\lambda_\alpha^\nu \cdot d\lambda_\alpha}{\sqrt{\varphi_1(\lambda_\alpha)}} = 0, \qquad \nu = 0, 1, \ldots, (n-4).$$

Wir finden:

II. *Durch jeden Punkt der einzelnen* $M_{(n-2)}^{(2)}$:

$$\lambda_{n-1} = \text{Const.}$$

laufen den Gleichungen (19) *entsprechend* 2^{n-3} *in der* $M_{(n-2)}^{(2)}$ *enthaltene* R_1, *welche geometrisch dadurch charakterisiert sind, daß sie die* $(n-4)$ *beliebig vorgegebenen* $M_{(n-2)}^{(2)}$:

$$\lambda = a_1, \lambda = a_2, \ldots, \lambda = a_{n-4}$$

berühren.

Die Gesamtzahl der so auf der einzelnen $M_{(n-2)}^{(2)}$ (bei festgehaltenen $a_1, a_2, \ldots, a_{n-4}$) bestimmten R_1 beträgt ∞^{n-3}. Was die Zahl 2^{n-3} angeht, so erhalten wir dieselbe algebraisch, indem wir die ausgezeichnete $M_{(n-2)}^{(2)}$ (deren Gleichung $\lambda_{n-1} = \text{Const.}$ ist) mit ihrer Tangentialebene in dem gerade ausgewählten Punkte und übrigens den $(n-4)$ Kegeln zweiter Ordnung schneiden, die sich vom genannten Punkte aus an die Mannigfaltigkeiten $\lambda = a_1, a_2, \ldots, a_{n-4}$ legen lassen.

Jetzt ist deutlich, daß wir den Schritt, der von (16) und (17) zu (18) und (19) führt, und der darin besteht, daß wir zwei der willkürlichen in $\varphi(\lambda)$ enthaltenen Faktoren wegwerfen und dafür die Zahlenreihen, welche die Indizes α und ν in den Differentialgleichungen durchlaufen, je um eine Einheit kürzen, — für größere n mehrere Mal wiederholen können. Ich will annehmen, daß dieser Schritt bereits ϱ-mal ausgeführt sei, wo $\varrho \leqq \left[\dfrac{n-2}{2}\right]$ sein wird. An Stelle des in (16) eingeführten $\varphi(\lambda)$ erhalten wir dann:

$$(20) \qquad \varphi_\varrho(\lambda) = \prod_{i=1}^{n} (\lambda - k_i) \cdot \prod_{\varkappa=1}^{n-2-2\varrho} (\lambda - a_\varkappa),$$

an Stelle der Differentialgleichungen (17) aber die $(n-2-\varrho)$ Differentialgleichungen:

$$(21) \qquad \sum_{\alpha=1}^{n-1-\varrho} \frac{\pm\,\lambda_\alpha^\nu \cdot d\lambda_\alpha}{\sqrt{\varphi_\varrho(\lambda_\alpha)}} = 0, \qquad \nu = 0, 1, \ldots, (n-3-\varrho).$$

Der zugehörige Satz aber, der die Sätze I und II als spezielle Fälle unter sich begreift, wird folgendermaßen lauten:

III. *Auf der* $M_{n-\varrho-1}^{2^\varrho}$, *welche irgend* ϱ *Mannigfaltigkeiten unseres konfokalen Systems:*

$$(21\,\mathrm{a}) \qquad \lambda_{n-1} = C_1, \lambda_{n-2} = C_2, \ldots, \lambda_{n-\varrho} = C_\varrho$$

14*

gemeinsam ist, verlaufen den Differentialgleichungen (21) *entsprechend durch jeden Punkt* $2^{n-2-\varrho} R_1$, *die geometrisch unter den übrigen* R_1 *der genannten Mannigfaltigkeit dadurch definiert sind, daß sie die* $n-2-2\varrho$ $M^{(2)}_{(n-2)}$:

$$\lambda = a_1,\, \lambda = a_2,\, \ldots,\, \lambda = a_{n-2-2\varrho}$$

berühren.

Die Gesamtzahl der hier (bei festen $C_1, C_2, \ldots, C_\varrho, a_1, a_2, \ldots, a_{n-2-2\varrho}$) in Betracht kommenden R_1 ist $\infty^{n-\varrho-2}$.

Die Aufstellung der Sätze I, II, III erfolgt auf Grund der früheren Betrachtungen ohne Schwierigkeit. Es ist nun aber die **Frage**, ob wir, an sie anknüpfend, so weiterschließen können, wie in § 2 geschah, ob wir also zu mehrfach ausgedehnten linearen Räumen von erkennbarer geometrischer Eigenschaft geführt werden, wenn wir den Index α in den Formeln (17), (19), (21) gleichförmig von 1 bis $n-1$ laufen lassen und die so entstehenden Differentialgleichungen integrieren. Daß dies in der Tat der Fall ist, wollen wir im folgenden Paragraphen zeigen.

§ 5.

Ausdehnung der Sätze des vorigen Paragraphen.

In welcher Richtung die Ausdehnung der Sätze des vorigen Paragraphen zu suchen ist, dürfte nach dem Gesagten bereits erkennbar sein. Wenn wir in den Differentialgleichungen (21) die Summation nach α nicht von 1 bis $(n-1-\varrho)$, sondern von 1 bis $(n-1-\varrho+\sigma)$ ausdehnen, wo σ irgendeine Zahl $\leqq \varrho$ ist, also schreiben:

$$(22) \qquad \sum_{\alpha=1}^{n-1-\varrho+\sigma} \frac{\pm \lambda_\alpha^\nu \cdot d\lambda_\alpha}{\sqrt{\varphi_\varrho(\lambda_\alpha)}} = 0, \qquad \nu = 0, 1, \ldots, (\nu-3-\varrho),$$

während, den Gleichungen (21a) entsprechend,

$$(23) \qquad \lambda_{n-1} = C_1,\, \lambda_{n-2} = C_2,\, \ldots,\, \lambda_{n-\varrho+\sigma} = C_{\varrho-\sigma}$$

gesetzt sein soll, so werden wir bei Integration der neuen Differentialgleichungen von jedem Punkte der durch (23) vorgestellten $M^{2(\varrho-\sigma)}_{n-1-\varrho+\sigma}$ auslaufend $2^{n-1-\varrho+\sigma}$ ganz in dieser Mannigfaltigkeit enthaltene algebraische $M_{\sigma+1}$ (überhaupt also auf der durch (23) vorgestellten Mannigfaltigkeit $\infty^{n-2-\varrho} M_{\sigma+1}$) erhalten. Von diesen $M_{\sigma+1}$ wissen wir zunächst nur, daß sie jedes Aggregat von weiter zutretenden σ Mannigfaltigkeiten $M^{(2)}_{(n-2)}$:

$$(24) \qquad \lambda_{n-\varrho+\sigma-1} = C_{\varrho-\sigma+1},\, \ldots,\, \lambda_{n-\varrho} = C_\varrho$$

dem Satze III des vorigen Paragraphen zufolge (wie aus Vergleichung der Differentialgleichungen hervorgeht) nach lauter solchen R_1 schneiden,

welche die an dem Ausdrucke $\varphi_\varrho(\lambda)$ ausgezeichnet beteiligten Mannigfaltigkeiten

$$(25) \qquad \lambda = a_1,\ \lambda = a_2,\ \ldots,\ \lambda = a_{n-2-2\varrho}$$

berühren (wobei alle in (24) enthaltenen berührenden R_1 dieser Art zur
Verwendung gelangen). *Hieraus wollen wir schließen, daß die $M_{\sigma+1}$ selber
linear (also $R_{\sigma+1}$) sind, — daß sie jede einzelne der zutretenden Mannigfaltigkeiten* (24) *nach einem Paare linearer Räume* (R_σ) *schneiden, welche
zusammenfallen, wenn man als zutretende Mannigfaltigkeit insbesondere
eine der durch* (25) *gegebenen wählt, — daß ferner außer den $R_{\sigma+1}$, die* (24)
genügen, keine anderen $R_{\sigma+1}$ derselben geometrischen Definition existieren.
Wir mögen in diesem Satze der Zahl σ insbesondere den Maximalwert ϱ
erteilen. *Dann soll es also den Differentialgleichungen entsprechend:*

$$(26) \qquad \sum_{a=1}^{n-1} \frac{\pm \lambda_a^{\nu} \cdot d\lambda_a}{\sqrt{\varphi_\varrho(\lambda_a)}} = 0, \qquad \nu = 0, 1, \ldots, (n-3-\varrho)$$

*von jedem Punkte des R_{n-1} auslaufend $2^{n-2}\,R_{\varrho+1}$ (i. e. im ganzen
$\infty^{n-2-\varrho}\,R_{\varrho+1}$) geben, welche jede unserer konfokalen Mannigfaltigkeiten
nach einem Paare von R_ϱ schneiden, die dann und nur dann zusammenfallen, wenn man eine der Mannigfaltigkeiten* (25) *herannimmt; zugleich
soll es keine anderen $R_{\varrho+1}$ dieser Eigenschaft geben als die durch* (26)
gefundenen.

Man bemerke, daß wir aus dem letztausgesprochenen Satze den vorangehenden, auf beliebiges σ bezüglichen und darum scheinbar allgemeineren
sofort wieder ableiten können. Denn wenn der Schnitt eines der in Rede
stehenden $\infty^{n-2-\varrho}\,R_{\varrho+1}$ mit jeder der konfokalen Mannigfaltigkeiten in
lineare Bestandteile zerfällt, so geschieht notwendig das gleiche mit dem
Schnitte, den $R_{\varrho+1}$ mit beliebig vielen, gleichzeitig in Betracht gezogenen
konfokalen Mannigfaltigkeiten gemein hat. Nun repräsentiert jeder durch
(22), (23) definierte $R_{\varrho+1}$, wie durch Vergleichung der Differentialgleichungen (22), (26) hervorgeht, nur den einzelnen der $2^{\varrho-\sigma}$ linearen Bestandteile, die in dem hiermit bezeichneten Sinne durch Zusammenstellung
eines geeigneten $R_{\varrho+1}$ mit den Mannigfaltigkeiten (23) definiert wird (wie
denn auch die Zahl der $R_{\sigma+1}$ und $R_{\varrho+1}$ beidemal dieselbe, nämlich $\infty^{n-2-\varrho}$,
ist). Daher ist deutlich, daß der Schnitt des $R_{\sigma+1}$ mit beliebig zutreten-
den weiteren konfokalen Mannigfaltigkeiten genau ebenso in lineare Bestandteile zerfallen muß, wie der Schnitt des $R_{\varrho+1}$. Der auf beliebiges σ
bezügliche Satz ist also in der Tat ein spezieller Fall des zu (26) gehörigen, und wir werden den letzteren als den zusammenfassenden Ausdruck des durch unsere Überlegungen für den Raum von beliebig vielen
Dimensionen abzuleitenden Resultates betrachten dürfen.

Was den Beweis der somit formulierten Sätze betrifft, so führe ich ihn genau entsprechend zu den Überlegungen des § 2. Es handelt sich vor allem darum, einzusehen, daß unsere $M_{\sigma+1}$ *linear* sein müssen (also $R_{\sigma+1}$ sind). In dieser Hinsicht gingen wir in § 2 davon aus, daß eine Fläche nicht öfter als zweimal von geraden Linien überdeckt sein kann, ohne eben zu sein. In der Tat werden die geraden Linien, welche durch einen Flächenpunkt laufen, der Tangentialebene im Flächenpunkte und der im Punkte oskulierenden Fläche zweiten Grades gemeinsam sein, und ihre Zahl kann also nur dann > 2 sein, wenn die Tangentialebene ein Bestandteil der genannten Fläche zweiten Grades ist, was bei einer gekrümmten Fläche nur in einzelnen Punkten denkbar ist. Ich formuliere dementsprechend für mehr Dimensionen den folgenden Grundsatz:

Eine $M_{\sigma+1}$ ist linear (also ein $R_{\sigma+1}$), wenn von jedem Punkte der $M_{\sigma+1}$ mehr als zwei der $M_{\sigma+1}$ angehörige Räume R_σ auslaufen[9]).

Wir beachten jetzt, daß der von uns zu beweisende Hauptsatz infolge der Theoreme des § 4 jedenfalls für $\sigma = 0$ richtig ist (die dort durch die Differentialgleichungen definierte M_1 ist ein R_1). Wir werden also annehmen, derselbe sei überhaupt bereits für $\sigma = \sigma'$ bewiesen, und werden dann zeigen, daß er für $\sigma = \sigma' + 1$ ebenfalls gilt. Dieser Beweis aber gelingt unmittelbar infolge des formulierten Grundsatzes (den wir hier als richtig akzeptieren, ohne ihn weiter zu begründen). Die $M_{\sigma+1}$, die wir durch Integration von (22) erhalten, liegt den Formeln (23) entsprechend auf $\varrho - \sigma$ konfokalen Mannigfaltigkeiten, wo $\varrho \leqq \left[\dfrac{n-2}{2}\right]$; durch jeden Punkt der $M_{\sigma+1}$ gehen also noch weitere $(n - 1 - \varrho + \sigma)$ konfokale Mannigfaltigkeiten, eine Zahl, die für $n \geqq 4$ jedenfalls größer als 2 ist. Nun aber schneidet jede dieser weiteren konfokalen Mannigfaltigkeiten längs einer durch unseren Punkt hindurchlaufenden M_σ, die nach Voraussetzung linear ist. Unsere $M_{\sigma+1}$ hat also die Eigenschaft, daß von jedem ihrer Punkte aus mehr als zwei in ihr enthaltene R_σ auslaufen, und also ist sie nach unserem Grundsatze selbst linear ($= R_{\sigma+1}$), was zu beweisen war.

Was die übrigen Punkte unserer Behauptung angeht, so erledigen wir sie ebenfalls nach dem Vorbilde der in § 2 gegebenen Entwickelungen.

Zunächst ist zu zeigen, daß die $R_{\sigma+1}$, welche jede einzelne konfokale Mannigfaltigkeit, wie wir jetzt wissen, nach zwei R_σ schneiden, die Mannigfaltigkeiten (25) speziell nach solchen zwei R_σ treffen, die zusammenfallen. Wieder nehmen wir an, der Satz sei für kleinere Werte von σ bewiesen (wie er es für $\sigma = 0$ ja in der Tat ist). Dann haben also die sämtlichen R_σ, welche aus $R_{\sigma+1}$ durch die konfokalen Mannigfaltigkeiten ausgeschnitten

---

[9]) [In einem der nächsten Bände (Bd. 30 der Math. Ann. [1887]) hat Herr C. Segre einen sehr einfachen Beweis für diesen Grundsatz nachgetragen.]

werden (und die $R_{\sigma+1}$, wie wir wissen, mehrfach überdecken), die Eigenschaft, jene beiden R_σ, in denen $R_{\sigma+1}$ einer Mannigfaltigkeit (25) begegnet, in einem Paare zusammenfallender $R_{\sigma+1}$ zu treffen, woraus gewiß folgt, daß die beiden R_σ, welche aus $R_{\sigma+1}$ durch die einzelne Mannigfaltigkeit (25) ausgeschnitten werden, zusammenfallen. (Auf gleiche Weise zeigt man, daß die beiden R_σ, nach denen eine konfokale Mannigfaltigkeit, die nicht zu den (25) gehört, unserer $R_{\sigma+1}$ begegnet, allgemein zu reden *nicht* koinzidieren).

Wir behaupten ferner, daß es keine anderen $R_{\sigma+1}$ derselben, uns nun bekannten geometrischen Definition gibt, als diejenigen, die aus unseren Differentialgleichungen entspringen. Auch diese Behauptung ist für $\sigma = 0$ (und zwar durch algebraische Abzählung) bewiesen, so daß wir abermals nur zu zeigen brauchen, daß sie für $\sigma = \sigma' + 1$ gilt, wenn sie für $\sigma = \sigma'$ zutrifft. Wir denken uns irgendeinen $R_{\sigma+1}$ gegeben, der auf den konfokalen Mannigfaltigkeiten (23) gelegen, die übrigen konfokalen Mannigfaltigkeiten in der hier nicht noch einmal zu nennenden Weise durchsetzt. Derselbe wird ein System linearer Differentialgleichungen befriedigen, das wir für einen Augenblick folgendermaßen schreiben wollen:

$$(27) \qquad \sum_{\alpha=1}^{n-1-\varrho+\sigma} \mathsf{M}_\alpha^{(\nu)} \cdot d\lambda_\alpha = 0, \qquad \nu = 0, 1, \ldots, (n-3-\varrho).$$

Nun wird unser $R_{\sigma+1}$ nach Voraussetzung von jeder zutretenden konfokalen Mannigfaltigkeit in zwei R_σ von kanonischer Definition durchsetzt, d. h. in zwei R_σ, welche den Differentialgleichungen genügen, die aus (22) hervorgehen, wenn man bei der Summation einen der angegebenen Werte von α überspringt. Dies aber heißt nichts anderes, als daß aus (27) durch Nullsetzen eines beliebigen der $d\lambda_\alpha$ immer dasselbe System linearer Differentialgleichungen entstehen soll, wie aus den mit den richtigen Vorzeichen genommenen Formeln (22), was nicht anders möglich ist, als wenn für die gegebenen $R_{\sigma+1}$ die Gleichungen (27) bei geeigneter Wahl der Vorzeichen mit den Gleichungen (22) gleichbedeutend sind, was zu beweisen war.

§ 6.

Verifikation des gerade gegebenen Beweises.

Der Beweis, den ich im vorigen Paragraphen erbrachte, dürfte bei manchem Leser vielleicht darum auf Schwierigkeiten stoßen, weil ich das von mir benutzte Theorem der mehrdimensionalen Geometrie ohne weitere Erläuterung hingestellt habe. Ich will also nicht unterlassen, meine Schlüsse, soweit sie geometrisch waren (also mit Ausnahme des letzten, wesentlich algebraischen) auch noch durch Rechnung zu verifizieren, wobei ich nur

insofern an meinem bisherigen Entwicklungsgange festhalte, als ich mich
nach wie vor auf die Theoreme des § 4 stütze.

Die Sache ist einfach folgende. Das allgemeine Integral der Gleichungen (26) (die ich hier allein ins Auge fasse, da ihre Betrachtung genügt, wie wir früher sahen) ist bekanntermaßen durch Nullsetzen einer Matrix
von $(n - \varrho + 1)$ Vertikalreihen und $(2n - 2)$ Horizontalreihen gegeben:

$$(28)\quad \begin{vmatrix} \lambda_1^{n-1} & \lambda_1^{n-2} \ldots 1 & \lambda_1^{\varrho}\sqrt{\varphi_\varrho(\lambda_1)} & \lambda_1^{\varrho-1}\sqrt{\varphi_\varrho(\lambda_1)} \ldots \sqrt{\varphi_\varrho(\lambda_1)} \\ \lambda_2^{n-1} & \lambda_2^{n-2} \ldots 1 & \lambda_2^{\varrho}\sqrt{\varphi_\varrho(\lambda_2)} & \lambda_2^{\varrho-1}\sqrt{\varphi_\varrho(\lambda_2)} \ldots \sqrt{\varphi_\varrho(\lambda_2)} \\ \cdot & \cdot \quad \cdot \quad \cdot & \cdot \quad \cdot \quad \cdot & \cdot \quad \cdot \quad \cdot \\ \lambda_{n-1}^{n-1} & \lambda_{n-1}^{n-2} \ldots & \cdot \quad \cdot \quad \cdot & \cdot \quad \cdot \quad \cdot \\ \mu_1^{n-1} & \mu_1^{n-2} \ldots 1 & \mu_1^{\varrho}\sqrt{\varphi_\varrho(\mu_1)} & \mu_1^{\varrho-1}\sqrt{\varphi_\varrho(\mu_1)} \ldots \sqrt{\varphi_\varrho(\mu_1)} \\ \mu_2^{n-1} & \cdot \quad \cdot \quad \cdot & \cdot \quad \cdot \quad \cdot & \cdot \quad \cdot \quad \cdot \\ \cdot & \cdot \quad \cdot \quad \cdot & \cdot \quad \cdot \quad \cdot & \cdot \quad \cdot \quad \cdot \\ \mu_{n-1}^{n-1} & \cdot \quad \cdot \quad \cdot & \cdot \quad \cdot \quad \cdot & \cdot \quad \cdot \quad \cdot \end{vmatrix};$$

hier sind $\mu_1, \mu_2, \ldots, \mu_{n-1}$ Integrationskonstanten. Es handelt sich jetzt
darum, aus dieser Matrix die von uns aufgestellten Theoreme abzuleiten.

Erstlich wollen wir zeigen, daß die durch diese Matrix dargestellte
algebraische $M_{\varrho+1}$ im Raume der x linear ist. Wir wissen zunächst nur,
nach § 4, daß wenn wir

$$(29)\qquad \lambda_{n-1} = C_1,\ \lambda_{n-2} = C_2,\ \ldots,\ \lambda_{n-\varrho} = C_\varrho$$

setzen und selbstverständlich die dann in der Matrix vorkommenden Quadratwurzeln:

$$(30)\qquad \sqrt{\varphi_\varrho(C_1)},\ \sqrt{\varphi_\varrho(C_2)},\ \ldots,\ \sqrt{\varphi_\varrho(C_\varrho)}$$

irgendwie fixieren, daß dann das Verschwinden der Matrix eine auf den
Mannigfaltigkeiten gelegene lineare Mannigfaltigkeit von einer Dimension
(einen R_1) vorstellt. Aber eben hieraus können wir unseren Schluß machen.
Zu den Gleichungen (29) können nämlich die Vorzeichen (30) im ganzen
auf 2^ϱ Weisen hinzugewählt werden. Andererseits ist die $M_{n-1-\varrho}$, welche
durch die Gleichungen (29) dargestellt wird, als Schnitt von ϱ Mannigfaltigkeiten zweiter Ordnung selber von der Ordnung 2^ϱ. Die durch (28)
vorgestellte $M_{\varrho+1}$ hat hiernach die Eigenschaft, eine $M_{n-1-\varrho}$ von der Ordnung 2^ϱ nach 2^ϱ R_1 zu schneiden. Dies aber heißt *nach dem Bezoutschen
Theoreme*, daß $M_{\varrho+1}$ selber linear, $= R_{\varrho+1}$ ist.

Ferner zeigen wir, daß der Schnitt des $R_{\varrho+1}$ mit einer beliebigen konfokalen Mannigfaltigkeit

$$\lambda_{n-1} = C_1,$$

aus zwei R_ϱ besteht. Es werden zwei getrennte Mannigfaltigkeiten, weil wir
wieder in der Hand haben, für $\sqrt{\varphi_\varrho(\lambda_{n-1})}$ in unsere Matrix $+\sqrt{\varphi_\varrho(C_1)}$

oder $-\sqrt{\varphi_\varrho(C_1)}$ einzutragen, — und jede dieser Annahmen führt zu einer linearen Mannigfaltigkeit, d. h. zu einem R_ϱ, weil die Hinzunahme fester Werte von $\lambda_{n-2}, \ldots, \lambda_{n-\varrho}$ und der zu ihnen gehörigen Quadratwurzeln, wie soeben, je einen R_1 ergibt.

Endlich, daß die beiden R_ϱ, in denen unsere $R_{\varrho+1}$ eine der Mannigfaltigkeiten

$$\lambda = a_\varkappa$$

durchsetzt, zusammenfallen, folgt einfach daraus, daß $\varphi_\varrho(a_\varkappa)$ verschwindet und also in diesem Falle der Unterschied, der durch die Vorzeichenwahl von $\sqrt{\varphi_\varrho}$ eingeführt wird, verschwindet.

<h2 style="text-align:center">§ 7.</h2>

<h3 style="text-align:center">Besondere Betrachtung der Verhältnisse auf der einzelnen $M^{(2)}_{(n-2)}$.</h3>

Im Interesse der liniengeometrischen Anwendungen, die ich beabsichtige, erläutere ich hier noch besonders den Fall der im vorigen Paragraphen aufgestellten Sätze, in welchem $\sigma = \varrho - 1$ genommen ist und also *eine* elliptische Koordinate konstant gesetzt wird:

$$(31) \qquad \lambda_{n-1} = C_1.$$

Wir haben dann die Differentialgleichungen:

$$(32) \qquad \sum_{a=1}^{n-2} \frac{\pm \lambda_a^\nu \cdot d\lambda_a}{\sqrt{\varphi_\varrho(\lambda_a)}} = 0, \qquad \nu = 0, 1, \ldots, (n-3-\varrho)$$

und hierzu den Satz, den ich mit I benennen will:

I. *Auf der Mannigfaltigkeit* (31) *verlaufen durch jeden Punkt* 2^{n-3} *Räume* R_ϱ, *welche geometrisch dadurch definiert sind, daß sie alle anderen konfokalen Mannigfaltigkeiten nach Paaren von Räumen* $R_{\varrho-1}$ *schneiden, welch letztere für die besonderen Mannigfaltigkeiten*

$$\lambda = a_1, \lambda = a_2, \ldots, \lambda = a_{n-2\varrho-2}$$

zusammenfallen. Diese R_ϱ *sind die Integrale der Differentialgleichungen* (32).

Ich wünsche diesen Satz mit der allgemeinen Theorie der auf einer $M^{(2)}_{n-2}$ enthaltenen linearen Räume[10] in Verbindung zu setzen.

Erstlich machen wir eine gewisse Abzählung. Der genannten Theorie zufolge enthält eine $M^{(2)}_{n-2}$ Räume R_ϱ für $\varrho = 1, 2, \ldots, \left[\dfrac{n-2}{2}\right]$ und zwar

---

[10] Vgl. in dieser Hinsicht insbesondere Segre: Studio sulle quadriche in uno spazio lineare ad un numero qualunque di dimensioni, Atti di Torino, Memorie. 1884, sowie verschiedene Angaben und Bemerkungen in meiner oben (S. 201) zitierten Abhandlung. [*Zur Theorie der allgemeinen Gleichungen sechsten und siebenten Grades*, vgl. Bd. II dieser Ausgabe.]

von der einzelnen Art je $\infty^{\frac{1}{2}(\varrho+1)(2n-3\varrho-4)}$. Räume aller dieser Arten treten auch in Satz I auf. Ihre Anzahl berechnet sich dabei folgendermaßen. Halten wir die $(n-2\varrho-2)$ Größen $a_\varkappa$ fest, so überdecken die zugehörigen R_ϱ die $M^{(2)}_{(n-2)}$ endlichfach, die Zahl der R_ϱ ist also $\infty^{n-2-\varrho}$. Denken wir uns jetzt auch noch die $a_\varkappa$ beweglich, so kommen wir auf $\infty^{2n-3\varrho-4} R_\varrho$. Diese Zahl stimmt nur dann mit der vorher angegebenen, wenn $\varrho = 1$. Wir können hiernach folgendermaßen sagen:

II. *Durch die in* I *auftretenden R_ϱ werden sämtliche R_1, die auf* (31) *vorhanden sind, erschöpft, keineswegs aber die sonstigen mehrfach ausgedehnten R.*

Wir beschränken uns jetzt auf den Fall eines geraden n und setzen $\varrho = \dfrac{n-2}{2}$. Der Ausdruck $\varphi_\varrho(\lambda)$ enthält dann überhaupt keine willkürlichen Faktoren mehr, was diesem Falle sein besonderes Interesse verleiht. Andererseits weiß man, daß die $R_{\frac{n-2}{2}}$, die (für gerades n) auf einer $M^{(2)}_{n-2}$ vorhanden sind, in zwei gleichberechtigte Klassen zerfallen, so zwar, daß die $R_{\frac{n-2}{2}}$ der einzelnen Klasse sich kontinuierlich aneinander anschließen, nirgends aber einen Übergang zu den $R_{\frac{n-2}{2}}$ der anderen Klasse haben (das einfachste Beispiel geben die beiden Erzeugendensysteme eines Hyperboloids). Mit Rücksicht hierauf behaupte ich:

III. *Die 2^{n-3} Räume $R_{\frac{n-2}{2}}$, welche* $\left(\text{für gerades } n \text{ und } \varrho = \dfrac{n-2}{2}\right)$ *dem Satze* I *entsprechend von einem beliebigen Punkte der $M^{(2)}_{(n-2)}$ auslaufen, verteilen sich gleichförmig auf die beiden in Rede stehenden Klassen, so zwar, daß immer solche zwei $R_{\frac{n-2}{2}}$ zu verschiedenen Klassen gehören, deren Differentialgleichungen* (32) *sich durch eine ungerade Zahl von Zeichenwechseln unterscheiden. Diejenigen dem Satze* I *genügenden $R_{\frac{n-2}{2}}$, welche derselben Klasse angehören, bilden je ein irreduzibles Ganzes.*

Was den Beweis angeht, so wollen wir die übrigens bekannte Bemerkung vorausschicken, daß eine gerade Zahl von Zeichenwechseln der Koordinaten x_i jede der beiden auf unserer $M^{(2)}_{(n-2)}$ (31) gelegenen Klassen von $R_{\frac{n-2}{2}}$ ungeändert läßt, eine ungerade Zahl aber sie vertauscht. Wir müssen jetzt ferner die Formeln heranziehen, welche die Koordinaten x_i mit den elliptischen Koordinaten $\lambda_1, \ldots, \lambda_{n-1}$ verknüpfen. Dieselben lauten bekanntlich, unter σ einen Proportionalitätsfaktor verstanden:

$$(34) \qquad \sigma x_i = \sqrt{\frac{(\lambda_1 - k_i)(\lambda_2 - k_i) \ldots (\lambda_{n-i} - k_i)}{\varphi'_{\frac{n-2}{2}}(k_i)}},$$

wo

$$\varphi_{\frac{n-2}{2}}(\lambda) = (\lambda - k_1)(\lambda - k_2) \ldots (\lambda - k_n),$$

oder besser, da wir die Quadratwurzeln aus den einzelnen Faktoren $(\lambda_\alpha - k_i)$ sogleich unabhängig voneinander betrachten müssen:

$$(34\,\mathrm{a}) \qquad \sigma x_i = \frac{\sqrt{\lambda_1 - k_i} \cdot \sqrt{\lambda_2 - k_i} \ldots \sqrt{\lambda_{n-1} - k_i}}{\sqrt{\varphi'_{\frac{n-2}{2}}(k_i)}}.$$

Hiermit stellen wir nun die Differentialgleichungen (32) für $\varrho = \dfrac{n-2}{2}$ zusammen; wir wollen dieselben in der entsprechenden Form schreiben:

$$(35) \qquad \sum_{\alpha=1}^{n-2} \frac{\pm \lambda_\alpha^\nu \cdot d\lambda_\alpha}{\sqrt{\lambda_\alpha - k_1}\,\sqrt{\lambda_\alpha - k_2} \ldots \sqrt{\lambda_\alpha - k_n}} = 0, \qquad \left(\nu = 0, 1, \ldots, \frac{n-4}{2}\right).$$

Wir denken uns jetzt zunächst, indem wir die sämtlichen λ_α festhalten, eine dieser Differentialgleichungen fixiert, etwa diejenige, die lauter Pluszeichen aufweist, und fragen, durch welche Vorzeichenänderungen der Quadratwurzeln $\sqrt{\lambda_\alpha - k_i}$ wir von ihr zu den übrigen hingelangen. Da in (35) immer n der genannten Quadratwurzeln miteinander multipliziert sind, so kann dies in jedem Falle auf eine große Zahl verschiedener Weisen geschehen. Unabhängig von dieser Willkür finden wir aber offenbar, da n gerade ist, folgenden Satz:

Die Anzahl der Vorzeichenwechsel, die wir an den $\sqrt{\lambda_\alpha - k_i}$ anbringen müssen, ist gerade oder ungerade, je nachdem wir von der anfänglichen Differentialgleichung zu einer solchen mit einer geraden oder ungeraden Anzahl von Minuszeichen übergehen wollen.

Wie nun verhalten sich hierbei die Ausdrücke σx_i (34 a)? Ein jeder derselben enthält von den in Betracht kommenden Faktoren $\sqrt{\lambda_\alpha - k_i}$ $(\alpha = 1, 2, \ldots, (n-2))$ wieder eine gerade Zahl. Daher folgt (bei aller Unbestimmtheit im einzelnen):

Die x_i erfahren eine gerade oder ungerade Zahl von Zeichenwechseln, je nachdem wir bei der anfänglichen Differentialgleichung eine gerade oder ungerade Zahl von Vorzeichenänderungen anbringen.

Dies aber heißt in der Tat, nach der vorausgeschickten Bemerkung, daß die $R_{\frac{n-2}{2}}$, welche zu verschiedenen Vorzeichenkombinationen in (35) gehören, dann und nur dann von derselben Klasse sind, wenn die Anzahl der Vorzeichenwechsel, die von dem einen Systeme von Differentialgleichungen zum anderen hinüberführen, gerade ist, w. z. b. w.

Wir prüfen jetzt unsere Angabe über die *Irreduzibilität* der von unseren $R_{\frac{n-2}{2}}$ erzeugten Gebilde. Von einer bestimmten Anfangslage aus lassen wir das Element x auf der Mannigfaltigkeit $\lambda_{n-1} = C_1$ (31) irgendwelchen Weg beschreiben, durch welchen es schließlich zu seiner Anfangslage zurückkehrt, und sehen zu, wie sich dabei die verschiedenen Systeme von Differentialgleichungen (35) permutiert haben mögen. Wir wollen dies in der Weise bewerkstelligen, daß wir $\lambda_1, \lambda_2, \ldots, \lambda_{n-2}$ als die eigentlichen Veränderlichen betrachten, die dann ihrerseits sich wegen (34b) so bewegen müssen, daß nicht nur sie selbst, sondern auch die Produkte:

$$\sqrt{\lambda_1 - k_i} \cdot \sqrt{\lambda_2 - k_i} \ldots \sqrt{\lambda_{n-2} - k_i}$$

(bis auf einen etwa bei allen simultan eintretenden und auf den Proportionalitätsfaktor σ zu rechnenden Zeichenwechsel) zu ihren Anfangswerten zurückkehren. Wir fragen, welche Zeichenwechsel dabei in (35) auftreten mögen. Offenbar kann dies nur eine gerade Zahl von Zeichenwechseln sein, wir können aber auch jede vorgegebene Art von Zeichenwechseln, deren Anzahl gerade ist, wirklich erzielen. Hierin liegt, was über die Irreduzibilität gesagt wurde.

§ 8.

Anwendung auf Liniengeometrie.

Die Anwendung der vorhergehenden Überlegungen auf Liniengeometrie betrifft selbstverständlich, wie in der Einleitung in Aussicht genommen, die Theorie der „konfokalen" Linienkomplexe zweiten Grades, welche in bekannter Weise durch das Gleichungssystem

$$(36) \qquad \sum_{i=1}^{6} \frac{x_i^2}{\lambda - k_i} = 0, \qquad \sum_{i=1}^{6} x_i^2 = 0$$

dargestellt werden (wo sich die zweite Gleichung aus der ersten ergibt, indem man $\lambda = \infty$ setzt). Wir haben hier für $n = 6$, $C_1 \doteq \infty$ ganz die Prämissen des vorigen Paragraphen. Die Elemente der ausgezeichneten $M_{(4)}^{(2)}$, die durch $\lambda_5 = \infty$ gegeben ist, nennen wir *gerade Linien*, ihre R_1 *Strahlbüschel*, die beiden Arten der ihr angehörigen R_2 beziehungsweise *Strahlenbündel* und *Geradenfelder*. Der einzelne durch (36) gegebene Komplex zweiten Grades hat mit einem Strahlbüschel, allgemein zu reden, zwei Strahlen gemein, mit einem Strahlenbündel einen Kegel zweiter Ordnung, mit einem Geradenfeld eine Kurve zweiter Klasse.

Wir rekurrieren jetzt auf Satz I des vorigen Paragraphen und haben sofort, indem wir zunächst $\varrho = 1$ setzen:

I'. *Jede Raumgerade gehört acht Strahlbüscheln an, die dadurch definiert sind, daß sie mit jedem von zwei vorgegebenen Komplexen*

$$\lambda = a_1, \qquad \lambda = a_2$$

zwei zusammenfallende Strahlen gemein haben. Diese Strahlbüschel sind die Integrale der Differentialgleichungen

$$(37) \qquad \sum_{a=1}^{4} \frac{\pm \lambda_a^{\nu} \cdot d\lambda_a}{\sqrt{\varphi(\lambda_a)}} = 0, \qquad (\nu = 0, 1, 2),$$

wo

$$\varphi(\lambda) = \prod_{i=1}^{6} (\lambda - k_i) \cdot \prod_{\varkappa=1}^{2} (\lambda - a_\varkappa).$$

Hierzu beachte man, daß, Satz II des vorigen Paragraphen zufolge, jedes Strahlbüschel von zwei der konfokalen Komplexe in dem erwähnten Sinne berührt wird, daß also, bei geeigneter Annahme von a_1, a_2, jedes Strahlbüschel des Raumes seine Darstellung durch (37) findet.

Wir setzen ferner in Satz I des vorigen Paragraphen $\varrho = 2$, ziehen gleichzeitig Satz III heran und erhalten das Theorem von der *Gemeinsamkeit der Singularitätenfläche* unserer Komplexe. In der Tat haben wir:

I''. *Jede Raumgerade gehört vier Strahlenbündeln und vier Geradenfeldern an, welche die Eigenschaft haben, mit jedem der konfokalen Komplexe einen in zwei Strahlbüschel zerfallenden Kegel zweiter Ordnung, bez. eine in zwei Strahlbüschel zerfallende Kurve zweiter Klasse gemein zu haben. Diese Bündel bez. Felder sind durch folgende Differentialgleichungen definiert:*

$$(38) \qquad \sum_{a=1}^{4} \frac{\pm \lambda_a^{\nu} \cdot d\lambda_a}{\sqrt{\varphi_1(\lambda_a)}} = 0, \qquad (\nu = 0, 1),$$

wo

$$\varphi_1(\lambda) = \prod_{i=1}^{6} (\lambda - k_i)$$

gesetzt ist und sich die verschiedenen Vorzeichenkombinationen auf die Bündel und Felder in der erläuterten Weise verteilen. Die Fläche der Bündelmittelpunkte und die von den Felderebenen umhüllte Fläche sind irreduzibel.

Hier sind nun die Differentialgleichungen (38) keine anderen, als die von Herrn Rohn aufgestellten, auf die in der Einleitung Bezug genommen wurde. Der Unterschied unserer jetzigen Entwicklung gegenüber der von Herrn Rohn gegebenen oder auch gegenüber meiner eigenen [hier als XII. Aufsatz abgedruckten] Abhandlung (Über Konfigurationen usw.) ist dabei der, daß jetzt nicht, wie dort, die Existenz der gemeinsamen Singularitätenfläche unserer Komplexe bereits als bekannt angesehen und nur die Richtigkeit der Differentialgleichungen bewiesen wird, daß vielmehr die Existenz der gemeinsamen Singularitätenfläche selbst aus den Differentialgleichungen erschlossen wird. Freilich bleibt bei unserem jetzigen Gedankengange ein wichtiger Punkt noch unerledigt, *daß nämlich die Fläche der singulären Punkte mit der Fläche der singulären Ebenen identisch ist*, ich werde im folgenden Paragraphen hierauf zurückkommen. —

Haben wir so den Anschluß an die ersten Sätze erreicht, die zu Beginn dieser Mitteilung vorangestellt wurden, so gelingt jetzt ohne Schwierigkeit auch der Übergang zu dem eben dort genannten Theoreme des Herrn Domsch. Wir haben zu dem Zwecke an die Entwicklungen des § 3 anzuknüpfen, wobei wir uns aber darauf beschränken wollen, nur einen der Faktoren $\lambda - k_i$, nämlich $\lambda - k_6$, durch einen willkürlichen Faktor $\lambda - a_3$ zu ersetzen und diese Änderung auch nur an den Differentialgleichungen (37) anzubringen. Wir erhalten so die Gleichungen:

$$(39) \qquad \sum_{a=1}^{4} \frac{\pm\,\lambda_a^{\nu}\cdot d\lambda_a}{\sqrt{\prod_{i=1}^{5}(\lambda_a - k_i)\cdot \prod_{\varkappa=1}^{3}(\lambda - a_\varkappa)}} = 0, \qquad (\nu = 0, 1, 2),$$

deren geometrische Interpretation verlangt wird. Nach den Erläuterungen des § 3 wird es sich jedenfalls darum handeln, daß die Raumgerade x eine einfach ausgedehnte quadratische Mannigfaltigkeit, d. h. eine Regelschar durchläuft, welche ungeändert bleibt, wenn man x_6 im Vorzeichen ändert. Letztere Eigenschaft aber läßt sich auf Grund bekannter liniengeometrischer Entwicklungen geometrisch kurz dahin ausdrücken, daß die Erzeugenden unserer Regelschar paarweise in bezug auf den Komplex $x_6 = 0$ als konjugierte Polaren zusammengehören, oder auch, was dasselbe ist, daß die konjugierte Regelschar, d. h. die zweite Erzeugung des von unserer Regelschar überdeckten Hyperboloids, dem Komplexe $x_6 = 0$ angehört. Im übrigen wird, in Übereinstimmung mit § 3, unsere Regelschar die drei Komplexe $\lambda = a_1$, $\lambda = a_2$, $\lambda = a_3$ je zweimal berühren, d. h. mit jedem einzelnen derselben statt vier getrennter Strahlen zweimal zwei zusammenfallende Strahlen gemein haben. Wir finden das Theorem:

II. *Von jeder Raumgeraden aus erstrecken sich acht Regelscharen, welche die drei vorgegebenen Komplexe* $\lambda = a_1$, $\lambda = a_2$, $\lambda = a_3$ *je zweimal berühren und dabei die Eigenschaft haben, daß die von ihnen überdeckten Hyperboloide vermöge ihrer zweiten Erzeugung dem Komplexe* $x_6 = 0$ *angehören. Diese Regelscharen sind analytisch durch die Differentialgleichungen* (39) *definiert.*

Der hiermit gewonnene Satz steht dem von Herrn Domsch gegebenen sehr nahe, aber er ist mit ihm noch nicht identisch. Herr Domsch operiert überhaupt nicht, wie wir hier, mit beliebigen Raumgeraden, sondern immer nur mit den Geraden eines bestimmten der sechs linearen Fundamentalkomplexe, sagen wir mit den Geraden von $x_1 = 0$. Dies hat zufolge, daß von den vier elliptischen Koordinaten der Raumgeraden eine (etwa λ_1) den konstanten Wert k_1 bekommt und aus der Reihe der Veränderlichen ausscheidet.

Ich will der besseren Übersicht halber die ganze Reihe der hier entstehenden Sätze anführen. Formel (37) findet ihr Analogon, indem wir schreiben:

$$(40) \qquad \sum_{a=2}^{4} \frac{\pm \lambda_a^{\nu} \cdot d\lambda_a}{\sqrt{\prod\limits_{i=2}^{6} (\lambda_a - k_i) \cdot (\lambda_a - a_1)}} = 0, \qquad (\nu = 0, 1),$$

(wo neben fünf Faktoren $(\lambda - k_i)$ jetzt ein willkürlicher, $(\lambda - a_1)$, vorhanden ist), was uns von jeder geraden Linie des Komplexes $x_1 = 0$ auslaufend *vier diesem Komplexe angehörige Strahlbüschel ergibt, welche den beliebig angenommenen Komplex $\lambda = a_1$ je einfach berühren.* Formel (38) scheidet aus dem Vergleich aus, weil in (40) unter der Quadratwurzel überhaupt nur ein willkürlicher Faktor vorhanden ist und also nicht zwei weggelassen werden können, wie es der Fortschritt von (37) zu (38) verlangt.

Das Gegenbild zu Formel (39) gewinnen wir, indem wir den in (40) auftretenden Faktor $(\lambda - k_6)$ überall durch $(\lambda - a_2)$ ersetzen, unter a_2 eine willkürliche Größe verstanden. Wir haben dann die Differentialgleichungen:

$$(41) \qquad \sum_{a=2}^{4} \frac{\pm \lambda_a^{\nu} \cdot d\lambda_a}{\sqrt{\prod\limits_{i=2}^{5} (\lambda_a - k_i) \cdot \prod\limits_{\varkappa=1}^{2} (\lambda - a_\varkappa)}} = 0, \qquad (\nu = 0, 1),$$

und finden ihnen entsprechend *von jeder Linie des Komplexes $x_1 = 0$ auslaufend vier dem Komplexe $x_1 = 0$ angehörige Regelscharen, welche die beliebig vorgegebenen Komplexe $\lambda = a_1$ und $\lambda = a_2$ je zweimal berühren und deren konjugierte Regelscharen dem Komplexe $x_6 = 0$ angehören.* Dies aber ist der Domschsche Satz.

§ 9.

Verallgemeinerung der Kummerschen Fläche.

Als besten Gewinn der vorangehenden Erörterungen betrachte ich, daß sich eine naturgemäße Verallgemeinerung der Kummerschen Fläche für den Fall hyperelliptischer Funktionen höheren Geschlechtes darbietet. Die Kummersche Fläche erscheint im vorhergehenden als der Inbegriff der ∞^2 Strahlenbündel, bez. ∞^2 Geradenfelder, welche den hyperelliptischen Differentialgleichungen vom Geschlechte 2 genügen:

$$(42) \qquad \sum_{a=1}^{4} \frac{\pm \lambda_a^{\nu} \cdot d\lambda_a}{\sqrt{\varphi(\lambda_a)}} = 0, \qquad (\nu = 0, 1),$$

wo $\varphi(\lambda)$ das Produkt $\prod\limits_{i=1}^{6} (\lambda - k_i)$ bezeichnet. Ist nun $p > 2$ gegeben, so werden wir entsprechend $n = 2p + 2$ wählen $\left(\text{so daß } p = \dfrac{n-2}{2} \text{ ist}\right)$, zunächst eine der elliptischen Koordinaten konstant setzen:

$$(43) \qquad \lambda_{n-1} = C_1$$

und nun die Differentialgleichungen hinschreiben:

$$(44) \qquad \sum_{\alpha=1}^{n-2} \frac{\pm \lambda_\alpha^\nu \cdot d\lambda_\alpha}{\sqrt{\varphi(\lambda_\alpha)}} = 0, \qquad (\nu = 0, 1, \ldots, (p-1)),$$

wo $\varphi(\lambda) = \prod\limits_{i=1}^{n}(\lambda - k_i)$ zu nehmen ist. *Die irreduzibelen Mannigfaltigkeiten von zweimal $\infty^p R_p$, welche die Mannigfaltigkeit (43) nach Satz II und III des § 7 den Differentialgleichungen (44) entsprechend enthält, erscheinen uns als die Verallgemeinerungen der das eine Mal von Punkten gebildeten und das andere Mal von Ebenen umhüllten Kummerschen Fläche.* An die Stelle der Zahl 4, welche Ordnung und Klasse der Kummerschen Fläche angibt, tritt dabei die Zahl 2^{n-4}. —

Hier nun wird es unabweisbar, zu diskutieren, warum die von den Punkten gebildete und die von den Ebenen umhüllte Kummersche Fläche identisch sind. Wir werden den Beweis hierfür liefern müssen, indem wir von den elliptischen Linienkoordinaten λ und den Differentialgleichungen (42) ausgehen, und zusehen, was die Übertragung derselben Überlegung auf den Fall größerer Dimensionenzahl liefert.

Der in Aussicht genommene Beweis gestaltet sich jedenfalls am einfachsten, indem wir aus (42) zeigen, daß alle Linien, für welche zwei λ einander gleich werden (also etwa $\lambda_1 = \lambda_2$ ist), gleichzeitig die von den singulären Punkten gebildete Kummersche Fläche und die von den singulären Ebenen umhüllte Kummersche Fläche berühren. Dies aber gelingt folgendermaßen. Ich will, um unnötige Unbestimmtheiten zu vermeiden, mir die Differentialgleichungen (42) hier so geschrieben denken, daß die Terme mit $d\lambda_1$ das Pluszeichen haben. Setzen wir dann, indem $\lambda_2 = \lambda_1$ genommen ist, $\varphi(\lambda_2) = \varphi(\lambda_1)$, so werden vier der acht zu unterscheidenden Systeme von Differentialgleichungen lauten

$$(45\,\mathrm{a}) \qquad \frac{(d\lambda_1 + d\lambda_2)\cdot \lambda_1^\nu}{\sqrt{\varphi(\lambda_1)}} \pm \frac{d\lambda_3 \cdot \lambda_3^\nu}{\sqrt{\varphi(\lambda_3)}} \pm \frac{d\lambda_4 \cdot \lambda_4^\nu}{\sqrt{\varphi(\lambda_4)}} = 0, \quad (\nu = 0, 1),$$

vier andere aber folgendermaßen:

$$(45\,\mathrm{b}) \qquad \frac{(d\lambda_1 - d\lambda_2)\cdot \lambda_1^\nu}{\sqrt{\varphi(\lambda_1)}} \pm \frac{d\lambda_3 \cdot \lambda_3^\nu}{\sqrt{\varphi(\lambda_3)}} \pm \frac{d\lambda_4 \cdot \lambda_4^\nu}{\sqrt{\varphi(\lambda_4)}} = 0, \quad (\nu = 0, 1).$$

Die vier Systeme der einen und der anderen Art verteilen sich dabei gleichförmig auf die singulären Punkte und die singulären Ebenen, welche die Gerade λ trägt: denn unter den Gleichungssystemen (45a) und (45b) sind gleichförmig zwei mit einer geraden und zwei mit einer ungeraden

Zahl von Minuszeichen. Nun sage ich — und darin liegt unser Beweis — *daß von den Gleichungen* (45b) *immer diejenigen beiden, welche durchaus entgegengesetzte Vorzeichen haben, in ihrer geometrischen Bedeutung zusammenfallen* (so daß also die Gleichungen (45b) nicht zwei auf der Geraden λ befindliche Punkte und zwei durch sie hindurchgehende Ebenen vorstellen, sondern nur einen auf ihr befindlichen (doppeltzählenden) Punkt und eine durch sie hindurchgehende (doppeltzählende) Ebene). — In der Tat, ob ich beispielsweise schreibe:

$$0 = \frac{(d\lambda_1 - d\lambda_2)\lambda_1^\nu}{\sqrt{\varphi(\lambda_1)}} + \frac{d\lambda_3 \cdot \lambda_3^\nu}{\sqrt{\varphi(\lambda_3)}} + \frac{d\lambda_4 \cdot \lambda_4^\nu}{\sqrt{\varphi(\lambda_4)}} \quad (\nu = 0, 1)$$

oder

$$0 = \frac{(d\lambda_1 - d\lambda_2)\lambda_1^\nu}{\sqrt{\varphi(\lambda_1)}} - \frac{d\lambda_3 \cdot \lambda_3^\nu}{\sqrt{\varphi(\lambda_3)}} - \frac{d\lambda_4 \cdot \lambda_4^\nu}{\sqrt{\varphi(\lambda_4)}} \quad (\nu = 0, 1),$$

kommt geometrisch auf dasselbe hinaus. Denn die eine Gleichung geht aus der anderen hervor, wenn λ_1 mit λ_2 vertausche, und dies ist eine für die geometrische Deutung irrelevante Operation. —

Wir wiederholen jetzt dieselbe Überlegung an den Differentialgleichungen (44). Wieder spalten wir die 2^{n-3} Systeme von Differentialgleichungen, die in (44) eingeschlossen sind (und die sich auf 2^{n-4} Systeme der einen Art und 2^{n-4} der anderen Art nach der Zahl der Minuszeichen verteilen), für $\lambda_1 = \lambda_2$ in 2^{n-4}, welche den Term $\dfrac{d\lambda_1 + d\lambda_2}{\sqrt{\varphi(\lambda_1)}} \cdot \lambda_1^\nu$, und in ebensoviele, welche den Term $\dfrac{d\lambda_1 - d\lambda_2}{\sqrt{\varphi(\lambda_1)}} \cdot \lambda_1^\nu$ enthalten. Von letzteren erschließen wir dann, daß sie paarweise zu demselben doppeltzählenden R_p gehören. Wir haben also folgenden Satz, in welchem wir die gewünschte Verallgemeinerung erblicken, wenn er auch der Form nach von dem ursprünglich für die Kummersche Fläche aufgestellten Theoreme zunächst sehr verschieden erscheint:

Während sich von einem beliebigen Punkt unserer Mannigfaltigkeit (43) *aus* 2^{n-4} *getrennte* R_p *der einen und ebenso viele* R_p *der anderen Art erstrecken, die beziehungsweise den Differentialgleichungen* (44) *genügen, fallen für solche Punkte von* (43), *für welche zwei* λ *einander gleich sind,* 2^{n-5} *der genannten* R_p *der einen Art und ebenso viele der anderen Art zu* 2^{n-6} *doppeltzählenden* R_p *der einen, bez. der anderen Art zusammen.*

Ich unterlasse es, diesen Satz noch weiter zu verfolgen, insbesondere auch solche Punkte von (43) in Betracht zu ziehen, für welche mehrere λ einander gleich werden, will aber den Wunsch nicht unterdrücken, daß dies von anderer Seite geschehen möge. Was den Fall $n = 4$ angeht, so findet man die betreffenden Verhältnisse in Bd. 5 der Math. Annalen, S. 295—296 [vgl. Abh. IX dieser Ausgabe, S. 145—147], auseinandergesetzt.

Göttingen, im Oktober 1886.

XIV. Notiz, betreffend den Zusammenhang der Liniengeometrie mit der Mechanik starrer Körper.

[Math. Annalen, Bd. 4 (1871).]

Mit den Betrachtungen der Plückerschen Liniengeometrie stehen gewisse Probleme der Mechanik starrer Körper im engsten Zusammenhange, so namentlich die Aufgabe der Zusammensetzung beliebiger, auf einen starren Körper wirkender Kräfte, und die Untersuchung der von einem starren Körper ausgeführten unendlich kleinen Bewegungen.

Von einem solchen Zusammenhange spricht Plücker bereits in der ersten größeren Mitteilung, die er über seine neuen geometrischen Forschungen machte[1]); bald darauf widmet er dessen Auseinandersetzung einen besonderen Aufsatz[2]). Auf denselben Gegenstand beziehen sich einzelne Stellen seiner „Neuen Geometrie"[3]), besonders die Nummern 25 und 39.

Plücker beabsichtigte, wie aus wiederholten Andeutungen in der „Neuen Geometrie" ersichtlich, die Anwendung seiner geometrischen Prinzipien auf Mechanik in einem größeren zusammenhängenden Werke, das der „Neuen Geometrie" nachfolgen sollte, auseinanderzusetzen. Daß Plücker diese Absicht nicht mehr verwirklicht hat, ist um so mehr zu bedauern, als die vorgenannten wenigen Stellen, wo er sich über seine mechanischen Konzeptionen ausspricht, nur sehr kurz und schwer verständlich, häufig auch unbestimmt sind. Ich werde nun im nachstehenden zunächst in kurzem Referate den Zusammenhang der im Eingange genannten mechanischen Probleme mit der Liniengeometrie darlegen, sodann einige Punkte besprechen, die mir in der Plückerschen Darstellung nicht ganz deutlich erscheinen. Hieran anknüpfend, werde ich dann eine besondere Art physikalischen Zusammenhangs erörtern, welche sich zwischen Kräftesystemen und unendlich kleinen Bewegungen aufstellen läßt.

---

[1]) On a New Geometry of Space. Phil. Trans. 1865, S. 725, vgl. Additional Note [Gesammelte Abhandlungen, Bd. 1.]

[2]) Fundamental Views regarding Mechanics. 1866. S. 361. [Gesammelte Abhandlungen, Bd. 1.]

[3]) Neue Geometrie des Raumes, gegründet auf die Betrachtung der geraden Linie als Raumelement. Leipzig, B. G. Teubner. 1868/69.

§ 1.

Einiges über den Zusammenhang der Mechanik starrer Körper mit der Liniengeometrie.

Daß in der Tat zwischen der Liniengeometrie und der Mechanik starrer Körper ein intimer Zusammenhang besteht, um dies zu sehen, braucht man nur die geometrischen Betrachtungen über die Mechanik starrer Körper durchzugehen, wie sie von Poinsot, Möbius, Chasles u. a. angestellt worden sind[4]). Man hat bei diesen Untersuchungen fortwährend mit geometrischen Dingen zu tun, welche in der Liniengeometrie gleich anfangs und fundamental auftreten. Eine kurze Auseinandersetzung mag dies erläutern.

Die fraglichen Betrachtungen beziehen sich wesentlich auf die bereits genannten zwei Aufgaben, deren eine die Zusammensetzung von Kräften behandelt, welche auf einen starren Körper wirken, während die andere die unendlich kleinen Bewegungen untersucht, die ein starrer Körper vollführt. Beide Probleme sind gewissermaßen geometrisch identisch, insofern die Betrachtung unendlich kleiner Bewegungen eines starren Körpers auf die Zusammensetzung unendlich kleiner Rotationen eines solchen zurückkommt *und sich unendlich kleine Rotationen nach ganz derselben Regel wie Kräfte, nämlich nach der Regel vom Parallelogramm, zusammensetzen.* Dabei tritt also der Begriff der *Kraft* dem der *unendlich kleinen Rotation* als koordiniert[5]) gegenüber. Alle Betrachtungen, die man hinsichtlich Kräften anstellt, welche auf einen starren Körper wirken, können in ganz gleicher Form für unendlich kleine Rotationen angestellt werden, die ein solcher Körper ausführt, und umgekehrt.

Irgendwie gegebene Kräfte, welche einen starren Körper angreifen, können nun immer durch *zwei* Kräfte[6]) ersetzt werden, deren eine man nach einer beliebig angenommenen Geraden wirken lassen kann; worauf

---

[4]) Vgl. bes. Möbius: Lehrbuch der Statik. Leipzig 1837. Teil I. [Werke, Bd. III.] In großer Vollständigkeit finden sich die betreffenden Untersuchungen in Schells Theorie der Bewegung und der Kräfte. Leipzig 1870. [Vgl. hierzu, was die neuere Literatur anbetrifft, den Artikel von Timerding in der Enzyklopädie der Math. Wiss., Bd. 4.]

[5]) Diese Koordination von Kraft und Rotation ist nur eine mathematische, keine physikalische. Vgl. § 4.

[6]) Die *Kräftepaare*, welche in der Poinsotschen Theorie eine so wichtige Rolle spielen, sind dabei anzusehen als (unendlich kleine) Kräfte, welche nach einer unendlich fernen Geraden wirken. In der Tat haben die beiden Kräfte eines Paares, wenn dieser Ausdruck gestattet ist, nach dem Hebelgesetze eine unendlich ferne (und dann unendlich kleine) Resultante. [So schon bei Culmann in der vierten Auflage seiner graphischen Statik (1864—1866).]

Analogerweise sind in den Betrachtungen des Textes Translationen eines Körpers anzusehen als Rotationen um unendlich ferne Achsen.

Kräftepaare und Translationen sind also in demselben Sinne koordiniert, wie Kräfte und Rotationen.

15*

denn die Gerade, nach der die andere Kraft wirkt, und die Intensität beider Kräfte gegeben sind. Ebenso läßt sich jedes System unendlich kleiner Rotationen, oder, kürzer gesagt, jede unendlich kleine Bewegung eines starren Körpers aus *zwei* unendlich kleinen Rotationen zusammensetzen. Eine der Rotationsachsen kann dabei beliebig im Raume angenommen werden; dann ist die andere Achse und die Größe der um beide stattfindenden Rotation bestimmt. Durch ein Kräftesystem oder eine unendlich kleine Bewegung werden sonach die Geraden des Raumes paarweise konjugiert; bereits Möbius hat gezeigt[7]), daß die gegenseitige Beziehung beider durch eine besondere Art dualer Verwandtschaft gegeben ist, derjenigen Art, die man nach v. Staudt als „Nullsystem“ bezeichnet und die dadurch gegenüber anderen dualen Verwandtschaften ausgezeichnet ist, daß jeder Punkt mit der ihm entsprechenden Ebene vereinigt liegt. Im Nullsysteme gibt es dreifach unendlich viele „Nullgerade“, das sind solche Linien, welche mit ihren konjugierten zusammenfallen. Alle Linien, welche durch einen beliebigen Punkt in dessen entsprechender Ebene verlaufen, sind Nullgerade, und sind die Nullgeraden auch umgekehrt dadurch vollständig definiert, daß sie in der jedem ihrer Punkte entsprechenden Ebene liegen. — Will man eine der beiden Kräfte, in welche ein gegebenes Kräftesystem zerlegt werden soll, nach einer Nullgeraden des betreffenden Nullsystems wirken lassen, so wirkt auch die zweite Kraft nach derselben Nullgeraden. Die Intensität beider Kräfte wird unendlich groß und die Kräfte erscheinen entgegengesetzt gerichtet. Man hat es dann also mit einem Grenzfalle der allgemeinen Zerlegung des Kräftesystems in zwei Kräfte zu tun, der nur, insofern er Grenzfall ist, einen Sinn hat. Bei der Betrachtung unendlich kleiner Rotationen würde man ebenso, wenn man eine der beiden Rotationen, in die man das System zerlegen kann, um eine Nullgerade des zugehörigen Nullsystems geschehen läßt, zu einem für sich nicht verständlichen Grenzfalle gelangen. Die Nullgeraden haben in beiden Fällen auch noch eine weitere leicht angebbare Eigenschaft. Im Falle des Kräftesystems sind die Nullgeraden diejenigen Linien des Raumes, um welche das Moment des Kräftesystems gleich Null ist; im Falle der unendlich kleinen Bewegung sind die Nullgeraden diejenigen Linien, welche senkrecht zu sich selbst versetzt werden, d. h. ohne eine Verschiebung parallel mit ihrer Richtung zu erfahren[8]).

Nun ist die dreifach unendliche Mannigfaltigkeit der Nullgeraden eines Nullsystems genau dasselbe, was Plücker als einen linearen Linien-

<hr>

[7]) Crelles Journal, Bd. 10. Über eine besondere Art dualer Verhältnisse zwischen Figuren im Raume. [Werke, Bd. I.]

[8]) Möbius, Statik. I. § 84 ff. [Werke, Bd. 3.] Chasles in den Comptes Rendus. 1843. Sur les mouvements infiniment petits des corps.

komplex bezeichnet[9]), d. h. also wie diejenige dreifach unendliche Mannigfaltigkeit von Geraden, deren Koordinaten eine lineare Gleichung befriedigen.

Ein beliebiges Kräftesystem, wie eine beliebige unendlich kleine Bewegung ist sonach jedesmal mit einem bestimmten linearen Komplexe in
Verbindung gesetzt. Die Linien des Komplexes sind diejenigen Raumgeraden, in bezug auf welche das Kräftesystem kein Drehmoment hat, resp.
welche bei der unendlich kleinen Bewegung senkrecht gegen sich selbst
versetzt werden. Die durch den Komplex paarweise zugeordneten Geraden —
die *konjugierten Polaren des Komplexes* in der Plückerschen Terminologie[10]) — sind diejenigen Linienpaare, nach denen zwei Kräfte wirken
können, welche dem gegebenen Kräftesystem äquivalent sind, bez. um
welche zwei unendlich kleine Rotationen geschehen können, die die gegebene
unendlich kleine Bewegung ersetzen.

Das beliebige Kräftesystem, resp. die beliebige unendlich kleine Bewegung kann für die geometrische Vorstellung geradezu durch den zugehörigen linearen Komplex ersetzt werden. Man muß dabei im Falle des
Kräftesystems nur von der absoluten Größe der wirkenden Kräfte absehen
und alle solchen Kräftesysteme als wesentlich identisch betrachten, die
sich nur hinsichtlich ihrer Intensität unterscheiden. Bei unendlich kleinen
Bewegungen wird dem Begriffe des Unendlich-Kleinen entsprechend von
vornherein von der absoluten Größe abstrahiert, und es braucht eine solche
Abstraktion also nicht hier noch ausdrücklich eingeführt zu werden.

Ein linearer Komplex kann insbesondere ein spezieller Komplex werden[11]),
d. h. in die Gesamtheit aller Geraden übergehen, die eine feste Gerade schneiden. Das mit dem linearen Komplexe gleichbedeutende Kräftesystem reduziert sich dementsprechend auf eine einzelne Kraft, die nach der festen
Geraden wirkt; die mit dem linearen Komplexe gleichbedeutende unendlich
kleine Bewegung auf eine Rotation, welche um die feste Gerade geschieht.

§ 2.

**Analytische Darstellung. Koordinaten von Kräften und (unendlich
kleinen) Rotationen. Koordinaten von Kräftesystemen und (unendlich
kleinen) Bewegungen. **

Man beweist die vorgetragenen Dinge am einfachsten, wenn man, nach
dem Vorgange von Plücker[12]), einer Kraft, resp. unendlich kleinen Rotation, geradezu *Koordinaten* erteilt, nämlich dieselben Koordinaten, welche

---

[9]) Vgl. Plücker. Neue Geometrie, Nr. 29.
[10]) Neue Geometrie, Nr. 28.
[11]) Neue Geometrie, Nr. 45. Dem entspricht, daß die Determinante des betr.
Nullsystems verschwindet.
[12]) Vgl. Neue Geometrie, Nr. 25.

die gerade Linie besitzt, nach welcher die Kraft wirkt, bez. um welche die Rotation geschieht.

Seien, unter Zugrundelegung eines rechtwinkligen Koordinatensystems, x, y, z und x', y', z' die Koordinaten zweier Punkte der zu bestimmenden Geraden, so erhält ihre Verbindungslinie bei Plücker als Koordinaten die relativen Werte der folgenden sechs Ausdrücke:

$$\varrho X = x - x', \qquad \varrho Y = y - y', \qquad \varrho Z = z - z',$$
$$\varrho L = yz' - y'z, \qquad \varrho M = x'z - xz', \qquad \varrho N = xy' - x'y.$$

Dabei ist identisch:

$$XL + YM + ZN = 0,$$

wodurch die relativen Werte der sechs Größen X, Y, Z, L, M, N auf die zur Bestimmung einer Geraden notwendigen vier Konstanten zurückkommen.

Auf *dieselben* sechs Koordinaten kommt man bekanntlich, wenn man die Gerade nicht, wie vorstehend, als Verbindungslinie zweier Punkte, als einen *Strahl*, wie Plücker sagt, sondern als Durchschnittslinie zweier Ebenen, als eine *Achse*, nach Plückers Ausdrucksweise, auffaßt. — Während die mechanische Vorstellung der nach einer Geraden wirkenden Kraft mit der geometrischen der Geraden als Strahl verknüpft ist, ist es die mechanische der um eine Gerade geschehenden Rotation mit der geometrischen der Geraden als Achse.

Einer Kraft, die nach einer Geraden wirkt, bez. einer unendlich kleinen Rotation, die um eine solche geschieht, erteilen wir nun geradezu die sechs Größen

$$X, \; Y, \; Z, \; L, \; M, \; N$$

als Koordinaten.

Für Kräfte kommt diese Koordinatenbestimmung, sobald man noch die absoluten Werte der sechs Koordinaten der Intensität der Kraft proportional festlegt, auf die gewöhnliche Art und Weise heraus, wie man Kräfte in der Mechanik bezeichnet. X, Y, Z sind die Komponenten parallel zu den drei Koordinatenachsen, L, M, N die Drehungsmomente um dieselben Achsen.

Eine solche Festlegung der absoluten Werte der Koordinaten hat bei einer unendlich kleinen Rotation so lange keinen Sinn, als man nicht eine (willkürlich gewählte) andere unendlich kleine Rotation als gleichzeitig mit ihr eintretend ansieht, der man dann die Intensität 1 erteilt.

Kräfte und Rotationen, deren Koordinaten in dieser Weise absolute Werte bekommen haben, setzen sich nun zusammen, indem sich ihre Koordinaten addieren[13]).

[13]) Battaglini hat die sich hier anknüpfenden Dinge in einer Reihe von Aufsätzen in den Rendiconti und Atti der Akademie zu Neapel unter Zugrundelegung tetra-

Dieser Satz sagt zunächst aus, daß alle Systeme von Kräften, bez. alle Systeme von Rotationen, welche durch Addition der den einzelnen Kräften bez. Rotationen zugehörigen Koordinaten dieselben sechs Werte ergeben, äquivalent sind.

Diese durch Addition erhaltenen sechs Werte, welche wir als *Koordinaten des Kräftesystems* bez. als *Koordinaten der unendlich kleinen Bewegung* ansprechen können, mögen heißen:

$$\Xi, \; \mathsf{H}, \; \mathsf{Z}, \; \Lambda, \; \mathsf{M}, \; \mathsf{N}.$$

Es kann nun insbesondere sein:

$$\Xi \Lambda + \mathsf{H}\mathsf{M} + \mathsf{Z}\mathsf{N} = 0.$$

Dann kann das Kräftesystem durch eine einzelne Kraft, die unendlich kleine Bewegung durch eine Rotation ersetzt werden, deren Koordinaten geradezu sind:

$$X = \Xi, \quad Y = \mathsf{H}, \quad Z = \mathsf{Z}, \quad L = \Lambda, \quad M = \mathsf{M}, \quad N = \mathsf{N}.$$

Ist aber die Bedingung

$$\Xi \Lambda + \mathsf{H}\mathsf{M} + \mathsf{Z}\mathsf{N} = 0$$

nicht erfüllt, so kann man das Kräftesystem nur durch zwei Kräfte, die unendlich kleine Bewegung nur durch zwei Rotationen ersetzen. Sind die Koordinaten der beiden Kräfte, bezüglich der beiden Rotationen:

$$X', \; Y', \; Z', \; L', \; M', \; N' \quad \text{und} \quad X'', \; Y'', \; Z'', \; L'', \; M'', \; N'',$$

so muß sein:

$$X' + X'' = \Xi, \quad Y' + Y'' = \mathsf{H}, \quad Z' + Z'' = \mathsf{Z},$$
$$L' + L'' = \Lambda, \quad M' + M'' = \mathsf{M}, \quad N' + N'' = \mathsf{N}.$$

Gleichzeitig ist dann:

$$X'L' + Y'M' + Z'N' = 0, \quad X''L'' + Y''M'' + Z''N'' = 0.$$

Diese Gleichungen sagen nun aus, daß die geraden Linien X', Y', Z', L', M', N' und X'', Y'', Z'', L'', M'', N'' konjugierte Polaren sein sollen in bezug auf den linearen Komplex, dessen Gleichung ist

$$\Lambda X + \mathsf{M}Y + \mathsf{N}Z + \Xi L + \mathsf{H}M + \mathsf{Z}N = 0.$$

Da sich in der „Neuen Geometrie" nicht gerade eine Stelle findet, aus der man dieses ohne weiteres ersehen kann, folge hier der kurze Beweis.

---

edrischer Koordinaten ausgeführt. (In den Rendiconti vom Februar, Mai, August 1869, Mai 1870 und in den Atti, Bd 4, 1869.)

Man vgl. auch Cayley: On the six Coordinates of a line. Cambridge Transactions. Bd. 9, 1868, bes. das Kapitel: Statical and Kinematical Applications, S. 25. [Coll. Papers, Bd. VII.]

Die Bedingung, daß eine gerade Linie die feste Gerade X', Y', Z', L', M', N' schneide, ist:

$$L'X + M'Y + N'Z + X'L + Y'M + Z'N = 0.$$

Ebenso für die Gerade X'', Y'', Z'', L'', M'', N'':

$$L''X + M''Y + N''Z + X''L + Y''M + Z''N = 0.$$

Durch Addition beider Gleichungen folgt:

$$\Lambda X + \mathrm{M}Y + \mathrm{N}Z + \Xi L + \mathrm{H}M + \mathrm{Z}N = 0.$$

Das heißt: Alle Geraden, welche die beiden X', Y', Z', L', M', N' und X'', Y'', Z'', L'', M'', N'' schneiden, gehören dem fraglichen linearen Komplexe an. Das aber ist die charakteristische Eigenschaft[14]) der konjugierten Polaren, w. z. b. w.

Die Koeffizienten

$$\Xi,\ \mathrm{H},\ \mathrm{Z},\ \Lambda,\ \mathrm{M},\ \mathrm{N}$$

in der Gleichung des linearen Komplexes kann man geradezu als *Koordinaten des linearen Komplexes*[15]) bezeichnen. Es ist das darum gestattet, weil, wenn die sechs Koeffizienten insbesondere die Gleichung befriedigen:

$$\Xi \Lambda + \mathrm{HM} + \mathrm{ZN} = 0,$$

sie die Koordinaten desjenigen speziellen Komplexes sind, der dann durch die gegebene lineare Gleichung

$$\Lambda X + \mathrm{M}Y + \mathrm{N}Z + \Xi L + \mathrm{H}M + \mathrm{Z}N = 0$$

dargestellt wird, d. h. die Koordinaten derjenigen geraden Linie, welche von allen der Gleichung genügenden Geraden geschnitten wird. Es muß ja in der Tat die vorstehende Gleichung bestehen, damit sich zwei Gerade mit den Koordinaten Ξ, H, Z, Λ, M, N und X, Y, Z, L, M, N schneiden.

Gebrauchen wir nun diesen Ausdruck: Koordinaten eines linearen Komplexes, gleichgültig, ob der Komplex ein spezieller (eine gerade Linie) geworden ist oder nicht, so können wir, unabhängig davon, ob ein gegebenes Kräftesystem eine Resultante hat oder nicht, resp. ob eine gegebene unendlich kleine Bewegung sich auf eine Rotation reduziert oder nicht, den Satz aussprechen:

Das geometrische Bild für ein Kräftesystem, bez. eine unendlich kleine Bewegung mit den Koordinaten:

$$\Xi,\ \mathrm{H},\ \mathrm{Z},\ \Lambda,\ \mathrm{M},\ \mathrm{N}$$

ist ein linearer Komplex, der dieselben Koordinaten besitzt.

---

[14]) Neue Geometrie, Nr. 28.

[15]) Vgl.: „Die allgemeine lineare Transformation der Linienkoordinaten". Math. Annalen, Bd. 2. [Siehe Abh. III dieser Ausgabe.]

§ 3.

Besprechung einiger besonderer Punkte.

Es sind nun einige Dinge, wie bereits im Eingange erwähnt, die in der von Plücker gegebenen Darstellung des Zusammenhanges seiner Liniengeometrie mit der Mechanik starrer Körper, wie sie etwa in der 25. Nummer der „Neuen Geometrie" vorliegt, nicht ganz klar zu sein scheinen.

Kräftesysteme und unendlich kleine Bewegungen können, nach dem Vorstehenden, beide unter demselben geometrischen Bilde, dem linearen Komplexe, vorgestellt werden. Ein und derselbe Komplex ist also einmal Bild eines Kräftesystems, das andere Mal Bild einer unendlich kleinen Bewegung: ganz in demselben Sinne, wie ein und dieselbe gerade Linie (ein spezieller Komplex) einmal eine nach ihr wirkende Kraft, das andere Mal eine um sie stattfindende Rotation versinnlichte. Zwischen dem Kräftesystem und der unendlich kleinen Bewegung, die sich auf denselben linearen Komplex beziehen, besteht ebensowenig ein ursächlicher physikalischer Zusammenhang, als zwischen der Kraft, welche nach einer Geraden wirkt, und der Rotation, die um dieselbe Gerade stattfindet.

Aber in der Plückerschen Darstellung sieht es so aus, als wenn das Kräftesystem die Ursache der zugehörigen (auf denselben linearen Komplex bezüglichen) unendlich kleinen Bewegung sei. Dementsprechend wird denn auch beides, als wesentlich identisch, mit dem einheitlichen Namen „Dyname" bezeichnet.

Daß ein Kräftesystem und eine unendlich kleine Bewegung bei diesen Betrachtungen überhaupt nicht in einen ursächlichen Zusammenhang gesetzt werden können, ist daraus ersichtlich, daß bei einem gegebenen Kräftesystem doch nur dann eine bestimmte Bewegung des starren Körpers erfolgt, wenn derselbe eine Masse, einen Schwerpunkt, ein Trägheitsellipsoid usw. besitzt. Durch einen bestimmten starren Körper, dessen Masse usw. ein für allemal gegeben ist, wird also allerdings jedem Kräftesystem eine bestimmte unendlich kleine Bewegung, die seine Wirkung ist, koordiniert[16]). Solange man aber nur schlechthin von einem starren Körper spricht, dessen Massenverteilung gar nicht in Betracht kommt, kann von einer ursächlichen Zuordnung überhaupt nicht die Rede sein.

Es entsteht dabei die Frage, ob nicht eine andere Art physikalischen

---

[16]) Da sowohl das Kräftesystem als die unendlich kleine Bewegung durch einen linearen Komplex ersetzt werden können, so begründet jeder starre Körper von gegebener Massenverteilung eine besondere Art räumlicher Verwandtschaft, bei welcher jedem linearen Komplexe ein zweiter zugeordnet ist. Für Körper, deren Trägheitsellipsoid eine Kugel ist, wird die Verwandtschaft geradezu die Polarreziprozität hinsichtlich einer um den Schwerpunkt des Körpers herumgelegten Kugel.

Zusammenhanges zwischen Kräftesystemen und unendlich kleinen Bewegungen obwaltet, auf den die mathematische Koordination der beiden Dinge zurückzuführen wäre. Davon soll in den nächsten Paragraphen gehandelt werden.

Ein weiterer Punkt, der in der Plückerschen Darstellung nicht ganz deutlich scheint, ist der folgende, der übrigens mit dem erwähnten nahe zusammenhängt.

Wenn wir von einer Kraft sprechen, so knüpft das an die geometrische Vorstellung der Geraden als einer Punktreihe, als eines Strahles, an. Dagegen, wenn eine (unendlich kleine) Rotation um eine Gerade stattfindet, so fassen wir die Gerade als ein Ebenenbüschel, als eine Achse. An eine Achse die Vorstellung einer Kraft anzuknüpfen, d. h. also eine Kraft sich zu denken, welche einen frei beweglichen starren Körper um eine *bestimmte* Gerade drehen will, ist ebenso unmöglich, wie mit einem Strahl die Vorstellung einer unendlich kleinen Bewegung zu verbinden, die dann den Körper nach einer einzelnen, *bestimmten* Geraden verschieben müßte. Eine Drehkraft, d. h. ein Kräftepaar, hat nicht eine Achse, sondern unendlich viele, deren Richtung allein gegeben ist; ebenso verschiebt eine Translation nicht einen einzelnen Strahl in sich, sondern gleichzeitig alle parallelen Strahlen. Man kann also auch nicht die geometrische Vorstellung einer Achse mit der mechanischen einer Drehkraft, die geometrische Vorstellung eines Strahles mit der mechanischen einer Translation verknüpfen. Es kann nur die Rede sein von Kräften, die *nach* geraden Linien wirken und von Bewegungen, die *um* solche geschehen. Dies tritt bei Plücker nicht deutlich hervor; Plücker spricht meist von Kräften und Rotationen, dann aber auch wieder von Translationen und Drehkräften, und hat es an einzelnen Stellen den Anschein, als wäre jede Kraft mit einer Translation, jede Drehkraft mit einer Rotation ursächlich verknüpft.

Daß man nur von Kräften sprechen kann, welche *nach* geraden Linien wirken, nur von Bewegungen, die *um* solche geschehen, kommt auf den undualistischen Charakter zurück, den überhaupt unsere Maßbestimmung besitzt. Dieselbe bezieht sich bekanntlich auf eine ebene Kurve zweiten Grades, den unendlich weit entfernten imaginären Kreis. Man kann nun aber nach dem Vorgange von Cayley[17]) eine allgemeinere Maßbestimmung konzipieren, bei welcher eine allgemeine Fläche zweiten Grades dieselbe Rolle spielt, wie sonst die genannte ebene Kurve. Führt man eine solche Maßbestimmung ein und ersetzt gleichzeitig die sechsfach unendlich vielen Bewegungen unseres Raumes durch ebenso viele lineare Transformationen,

---

[17]) Vgl. Cayley. A sixth Memoir upon Quantics. Phil. Trans. 1859. [Coll. Papers, Bd. II.] Sodann: Salmons Analytische Geometrie der Kegelschnitte. Kap. XXII (der Fiedlerschen Übersetzung).

welche die fundamentale Fläche zweiten Grades unverändert lassen[18]): — so kann man gleichmäßig von Kräften sprechen, die nach Geraden und die um Gerade wirken, und von Bewegungen, die um Gerade und nach Geraden geschehen. Es würden aber beide Arten von Kräften und beide Arten von Bewegungen gleichbedeutend sein. Eine Drehung um eine Gerade ist dann dasselbe, wie eine Verschiebung nach der ihr in bezug auf die fundamentale Fläche zweiten Grades konjugierten Polare. Ebenso eine Kraft, die nach einer Geraden wirkt, dasselbe, wie eine Kraft, die um deren konjugierte Polare zu drehen bestrebt ist.

Ein dritter Punkt, der bei Plücker wenigstens nicht ausdrücklich hervorgehoben ist, ist der, daß man nur unendlich kleine Rotationen, überhaupt unendlich kleine Bewegungen in Betracht ziehen darf Endliche Bewegungen setzen sich ja in anderer Weise zusammen, als unendlich kleine, es ist z. B. die Aufeinanderfolge bei der Zusammensetzung nicht gleichgültig, während es bei unendlich kleinen Bewegungen, ebenso wie bei der Zusammensetzung von Kräften, auf die Reihenfolge nicht ankommt.

§ 4.

Über die Art des physikalischen Zusammenhanges zwischen Kräftesystemen und unendlich kleinen Bewegungen.

Es läßt sich nun in der Tat ein physikalischer Zusammenhang zwischen Kräftesystemen und unendlich kleinen Bewegungen angeben, welcher es erklärt, wieso die beiden Dinge mathematisch koordiniert auftreten. Diese Beziehung ist nicht von der Art, daß sie jedem Kräftesystem eine einzelne unendlich kleine Bewegung zuordnet, sondern sie ist anderer Art, sie ist eine *dualistische*.

Es sei ein Kräftesystem mit den Koordinaten

$$\Xi, \mathrm{H}, Z, \Lambda, \mathrm{M}, \mathrm{N}$$

und eine unendlich kleine Bewegung mit den Koordinaten

$$\Xi', \mathrm{H}', Z', \Lambda', \mathrm{M}', \mathrm{N}'$$

---

[18]) Eine Fläche zweiten Grades geht durch sechsfach unendlich viele lineare Transformationen in sich über. Aber dieselben sondern sich in zwei sechsfach unendliche Mannigfaltigkeiten. *Bei den Transformationen der einen Mannigfaltigkeit bleiben die beiden Systeme geradliniger Erzeugender der Fläche ungeändert, bei den Transformationen der zweiten Mannigfaltigkeit vertauschen sich die beiden Systeme gegenseitig.* Die Transformationen der ersten Mannigfaltigkeit sind im Texte gemeint; sie gehen, wenn die F_2 allmählich in den unendlich weiten imaginären Kreis übergeht, allmählich in die sechsfach unendlich vielen Bewegungen des Raumes über. — Bei einer nächsten Gelegenheit denke ich zu zeigen, wie die im Texte erwähnte Cayleysche Maßbestimmung unter Hinzunahme dieser sechsfach unendlich vielen Transformationen genau zu denselben geometrischen Vorstellungen hinleitet, wie sie von einem ganz anderen Ausgangspunkte aus, Lobatchewsky und Bolyai entwickelt haben.

gegeben, wobei man die Koordinaten in der in § 2 besprochenen Weise
absolut bestimmt haben mag. *Dann repräsentiert*, wie hier nicht weiter
nachgewiesen werden soll, *der Ausdruck*

$$\Lambda'\Xi + M'H + N'Z + \Xi'\Lambda + H'M + Z'N$$

*das Quantum von Arbeit, welche das gegebene Kräftesystem bei Eintritt
der gegebenen unendlich kleinen Bewegung leistet.*

Ist insbesondere:

$$\Lambda'\Xi + M'H + N'Z + \Xi'\Lambda + H'M + Z'N = 0,$$

so leistet das gegebene Kräftesystem bei Eintritt der gegebenen unendlich
kleinen Bewegung *keine* Arbeit.

Diese Gleichung nun repräsentiert uns, indem wir einmal Ξ, H, Z, Λ,
M, N, *das andere Mal* Ξ', H', Z', Λ', M', N' *als veränderlich betrachten,
den Zusammenhang zwischen Kräftesystemen und unendlich kleinen Be-
wegungen.*

Betrachten wir Ξ, H, Z, Λ, M, N als veränderlich, so sagt die
Gleichung aus: Es gibt vierfach unendlich viele Kräftesysteme[20]), welche
bei einer gegebenen unendlich kleinen Bewegung keine Arbeit leisten.
Ihre Koordinaten haben eine homogene lineare Gleichung zu befriedigen.
Das kann man auch so aussprechen:

*Durch eine homogene lineare Gleichung zwischen den Koordinaten
eines Kräftesystems wird eine unendlich kleine Bewegung dargestellt;*
ganz in demselben Sinne, wie etwa in der analytischen Geometrie durch
eine homogene lineare Gleichung zwischen Punktkoordinaten, welche aussagt, daß die Entfernung eines Punktes von einer gewissen Ebene gleich
Null sein soll, diese gewisse Ebene dargestellt wird.

Betrachten wir dagegen Ξ', H', Z', Λ', M', N' als veränderlich, so
sagt unsere Gleichung aus: Es gibt vierfach unendlich viele unendlich kleine
Bewegungen, bei deren Eintritt ein gegebenes Kraftsystem keine Arbeit
leistet. Ihre Koordinaten genügen einer homogenen linearen Gleichung.
Anders ausgedrückt:

---

[19]) [Die Analogie zwischen Konfigurationen und unendlich kleinen Bewegungen
wird schon von Rodrigues in seiner großen Abhandlung: Les lois géométriques qui
régissent le deplacement d'un système solide etc. (Liouvilles Journal, Bd. 5, 1840)
in allgemeiner Gedankenwendung auf das Prinzip der virtuellen Geschwindigkeiten
zurückgeführt. Bei Cayley finden sich dann (in dem schon genannten Aufsatze
über die sechs Koordinaten einer geraden Linie) ähnliche analytische Formeln, wie
hier im Texte. Es fehlen nur die Ausführungen über die Geometrie der linearen
Komplexe.

Siehe übrigens, was die Weiterführung der Betrachtungen angeht, den unten
folgenden Aufsatz XXX.]

[20]) Diejenigen als identisch betrachtet, die sich nur hinsichtlich des absoluten
Wertes ihrer Koordinaten unterscheiden.

Durch eine homogene lineare Gleichung zwischen den Koordinaten einer unendlich kleinen Bewegung wird ein Kräftesystem dargestellt, ganz dem entsprechend, wie, wenn wir bei dem eben angezogenen Beispiele aus der analytischen Geometrie bleiben, durch eine lineare Gleichung zwischen Ebenenkoordinaten ein Punkt dargestellt wird.

Das geometrische Substrat für die hiermit auseinandergesetzte *Dualität zwischen Kräftesystemen und unendlich kleinen Bewegungen* bildet die doppelte Art und Weise, wie sich in der Liniengeometrie alle Begriffe fassen lassen, wenn man vom linearen Komplexe als Raumelement ausgeht[21]). Ein linearer Komplex ist dann gleichzeitig Raumelement, andererseits das durch eine lineare Gleichung dargestellte Gebilde. Die Gleichung:

$$\Lambda' \Xi + \mathsf{M}' \mathsf{H} + \mathsf{N}' \mathsf{Z} + \Xi' \Lambda + \mathsf{H}' \mathsf{M} + \mathsf{Z}' \mathsf{N} = 0,$$

in der nunmehr Ξ, H, Z, Λ, M, N und Ξ', H', Z', Λ', M', N' die Koordinaten zweier linearer Komplexe bedeuten sollen, sagt eine zwischen denselben geltende Beziehung aus, die ich als *involutorische* Lage derselben bezeichne[22]). Was man unter der involutorischen Lage zweier linearer Komplexe geometrisch zu verstehen hat, ist vielleicht am einfachsten so auseinander zu setzen. Jedem Punkte des Raumes entspricht im ersten Komplexe eine Ebene, dieser Ebene im zweiten Komplexe ein Punkt. Auf denselben Punkt kommt man bei involutorischer Lage der beiden Komplexe, wenn man die Ebene betrachtet, die dem anfänglich gewählten Punkte im zweiten Komplexe entspricht und nun den Punkt sucht, der dieser Ebene im ersten Komplexe zugehört. Die mit den beiden Komplexen verknüpften dualen Umformungen des Raumes sind also miteinander vertauschbar. — Ist einer der beiden Komplexe ein spezieller, d. h. eine Gerade, so tritt die involutorische Lage dann ein, wenn die Gerade dem anderen Komplexe angehört. Sind beide Komplexe Gerade, so ist die involutorische Lage mit dem Schneiden der beiden Geraden gleichbedeutend.

Ein linearer Komplex kann nach dem Gesagten entweder als Raumelement oder als die vierfach unendliche Mannigfaltigkeit der mit ihm in Involution liegenden Komplexe aufgefaßt werden.

Geben wir dem linearen Komplexe die mechanische Bedeutung einer unendlich kleinen Bewegung, so repräsentieren die vierfach unendlich vielen

---

21) Ich habe diese geometrischen Betrachtungen in dem bereits zitierten Aufsatze: „Die allgemeine lineare Transformation der Linienkoordinaten“. Math. Ann., Bd. 2 [siehe Abh. III dieser Ausgabe] des weiteren ausgeführt.

22) Auf die involutorische Lage zweier linearer Komplexe kommt auch Herr Battaglini in den genannten Aufsätzen; er bezeichnet sie als „harmonische Lage“ zweier Komplexe. Das Wort „Involution“ wird von ihm gebraucht, um Mannigfaltigkeiten zu bezeichnen, die von Parametern linear abhängen.

mit ihm in Involution liegenden Komplexe diejenigen Kraftsysteme, welche bei Eintritt der unendlich kleinen Bewegung keine Arbeit leisten. Umgekehrt: knüpfen wir an den linearen Komplex die mechanische Vorstellung eines Kräftesystems, so stellen die vierfach unendlich vielen mit ihm in Involution liegenden Komplexe diejenigen unendlich kleinen Bewegungen dar, bei denen das Kraftsystem keine Arbeit leistet.

Unter den vierfach unendlich vielen mit einem linearen Komplexe in Involution liegenden Komplexen finden sich auch, wie bereits gesagt, die dreifach unendlich vielen ihm angehörigen geraden Linien. Für sie können wir insbesondere die vorstehenden beiden Sätze aussprechen. Dieselben werden dann gleichbedeutend mit den beiden in § 1 genannten Sätzen, die so lauteten: Wenn ein linearer Komplex das Bild eines Kräftesystems oder einer unendlich kleinen Bewegung ist, so sind die ihm angehörigen Geraden diejenigen Linien des Raumes, in bezug auf welche das Kräftesystem kein Drehmoment hat, resp. welche bei der unendlich kleinen Bewegung senkrecht gegen sich selbst versetzt werden.

Göttingen, im Juni 1871.

———

[Der Aufsatz XIV ist hier an den Schluß des liniengeometrischen Teils gestellt, weil er, in § 3, meine erste Mitteilung über die Bedeutung der Cayleyschen Maßbestimmung für die Nicht-Euklidische Geometrie enthält und damit einen natürlichen Übergang zu den Untersuchungen über die Grundlagen der Geometrie bildet. Die von mir im § 3 angeregte Fragestellung ist bald darauf von Herrn Lindemann, der Herbst 1872 mit mir nach Erlangen ging, in seiner Dissertation (Über unendlichkleine Bewegungen und über Kraftsysteme bei allgemeiner projektivischer Maßbestimmung, Math. Ann. Bd. 7, 1873) ausführlich behandelt worden. K.]

Zur Grundlegung der Geometrie.

Vorbemerkungen zu den Arbeiten über die Grundlagen der Geometrie.

———

Den autobiographischen Notizen von S. 50—52 habe ich hier vorweg noch nach zutragen, daß ich im September 1873 an der damals in Bradford stattfindenden Tagung der British Association for the Advancement of Science teilgenommen habe. Ich habe damals die wertvollsten persönlichen Beziehungen nicht nur zu Cayley und Sylvester, sondern namentlich auch zu R. Ball und W. K. Clifford gewonnen. Gleich am ersten Vormittag trug Ball über seine Theorie der Korreziprokalschrauben, Clifford über seine Fläche „vom Krümmungsmaße Null aber endlicher Ausdehnung" vor. Ich erkannte natürlich sofort, daß es sich bei Ball um meine Theorie der Fundamentalkomplexe, bei Clifford um eine wesentliche Weiterführung meiner Ideen über elliptische Maßbestimmung handele. Eingehende persönliche Besprechungen stellten bald die Beziehung völlig klar und haben auf meine späteren Arbeiten einen nachhaltigen Einfluß geübt. Clifford hat damals nur den Titel seines Vortrags veröffentlicht und, was er später darüber publizierte, ist auch so kurz gefaßt, daß es kaum verständlich war und jedenfalls wirkungslos blieb. Um so lieber bin ich später, als ich eine zusammenfassende Vorlesung über Nicht-Euklidische Geometrie hielt (1889 bis 90) und in dem daran anknüpfenden Aufsatz in Bd. 37 der Math. Annalen (1890) ausführlich darauf zurückgekommen. (Siehe unten Abh. XXI.) Auf die Ballsche Theorie bin ich erst 1901 genauer eingegangen, als Balls Theory of screws in zweiter Auflage vorlag. (Man vgl. unten Abh. XXIX.)

Im übrigen möge hier noch eine prinzipielle Bemerkung zur projektiven Grundlegung der Nicht-Euklidischen Geometrie Platz finden.

Ich bemerkte bereits auf S. 52, daß ich den v. Staudtschen Aufbau der projektiven Geometrie nur durch die fortgesetzten Unterhaltungen mit Stolz habe kennen lernen. Infolgedessen hat sich in meine bez. Darlegungen eine merkwürdige historische Ungenauigkeit eingeschlichen. In den §§ 19, 20, 21 des zweiten Heftes seiner „Beiträge zur Geometrie der Lage" (1857) gibt v. Staudt bekanntlich Regeln, um zwei Würfe zu addieren und zu multiplizieren, bez. einen Wurf zu potenzieren. Diese Regeln stimmen formal mit den gleichbenannten, die sich auf Zahlen beziehen, vollkommen überein. Danach war mir nicht zweifelhaft — und es wird das heutzutage jedem modernen Mathematiker selbstverständlich erscheinen —, daß v. Staudt seinen Würfen unmittelbar Zahlenwerte zugeordnet habe. Aber dies ist merkwürdigerweise nicht richtig. Vielmehr vollzieht er die Zuordnung in § 27 l. c. nur durch Zwischenschieben der gewöhnlichen Euklidischen Maßbestimmung (des Euklidischen Maßes auf der geraden Linie)! Die Angabe, welche ich im Text der Abh. XVI (§ 17) mache, daß sich bei v. Staudt „die nötigen Materialien finden, um ein Doppelverhältnis als eine reine Zahl zu definieren", ist richtig, der Hinweis auf § 27 in der zugehörigen Fußnote falsch[1]). Von hier aus sind hinsichtlich der Berechtigung und der Tragweite meiner anschließenden Betrachtungen gewisse Mißverständnisse entstanden, die ich vorab aufklären will:

1. Bei Cayley und bei Ball habe ich nie den Argwohn überwinden können, daß es sich bei meinen Darlegungen um einen Zirkelschluß handele (erst werden die Doppelverhältnisse metrisch eingeführt und dann auf sie die Metrik der projektiven Geometrie gegründet!). Ich habe die betreffenden Äußerungen in der Abh. XXI, S. 354, abgedruckt und bin eben zur Klarstellung dort (im dritten Abschnitt) auf die rein projektive Einführung der Zahlenskala auf der geraden Linie eingegangen. Die rationalen Zahlen, welche bei der Anfertigung einer solchen Skala den jeweils durch die Konstruktion erreichten Punkten beigelegt werden, sind sozusagen Ordnungszahlen (keine Kardinalzahlen, wie beim gewöhnlichen Messen). Man kann zwar von einem Segment $\overline{ab}$ sprechen, aber nicht sagen, ob ein solches Segment „klein" oder „groß" sei. Ein zweites Segment $\overline{cd}$ kann nur dann $\gtrless \overline{ab}$ genannt werden, wenn es $\overline{ab}$ umfaßt, bez. in $\overline{ab}$ enthalten ist.

2. Von anderer Seite ist die in Betracht kommende Einführung der Zahlen (bez. der Koordinaten) in die projektive Geometrie nicht beanstandet, sondern einfach nicht beachtet worden. Man spricht dann nicht von einer Neubegründung der Euklidischen oder Nicht-Euklidischen Metrik auf projektiver Grundlage, sondern von einer „Interpretation" der Nicht-Euklidischen Geometrie mit Hilfe der Cayleyschen Maßbestimmung (oder geradezu von einer Abbildung des Nicht-Euklidischen Raumes auf den Euklidischen). Ich muß hier gegen alle diese Ausdrucksweisen, die sich — nicht überall, aber doch immer wieder — in den Lehrbüchern finden, lebhafte Verwahrung einlegen. Eine *Abbildung* zunächst der Lobatschewskyschen Ebene auf die Cayleysche mit reellem Fundamentalkegelschnitt (der speziell als gewöhnlicher Kreis angenommen wird) hat schon, ohne freilich damals die Beziehung zu Cayley zu kennen, Beltrami in seinem „Saggio di interpretazione della geometria non euclidea" in Bd. 6 des Giornale di Matematiche (1868), (Werke Bd. I, XXIV, S. 382) gegeben. In seiner bald darauf folgenden „Teoria fondamentale degli spazii di curvatura costante" (Annali di Matematica (2), 2, 1868—69 = Werke Bd. I, XXV) dehnt er diese Abbildung sodann auf beliebige Nicht-Euklidische Räume aus. Wie fern ihm aber dabei die folgerichtige projektive Auffassung lag, geht daraus hervor, daß er eben dort an der Behauptung festgehalten hat, es könnte, im Falle positiven Krümmungsmaßes, die Verbindungsgerade zweier Punkte unter Umständen unbestimmt werden (sphärische Geometrie). Siehe Beltramis Werke Bd. I, S. 428.

Ich erwähne schließlich die Stellung meiner ersten Nicht-Euklidischen Arbeiten zu einer damals unbekannten aber später oft zitierten, sehr knapp gefaßten Jugendarbeit von Laguerre (Sur la théorie des foyers, Nouvelles Annales 1853; Werke II, S. 4—15). Der Abstand zweier Punkte und damit der Winkel zweier Geraden (in der Ebene) wird bei mir als der mit einer Konstanten multiplizierte Logarithmus eines Doppelverhältnisses definiert. Nun kommen auch bei Laguerre für die Winkel solche Logarithmen vor. Ich zitiere genau, was er darüber hat drucken lassen (S. 12, 13 von Bd. II der Werke). Es sind nur die folgenden Zeilen:

4. »*Problème. — Un système d'angles A, B, C, ..., situés dans un plan, étant liés par une équation quelconque $F(A, B, C, ...) = 0$, trouver la rélation qui lie les angles correspondants A', B', C', ..., quand on transforme la figure homographiquement.*«

---

[1]) Die erste genauere Durchführung des richtigen abstrakten Gedankenganges scheint sich in Pasch, „Vorlesungen über Neuere Geometrie" (1882, § 21 daselbst) zu finden. Ich selbst habe in meiner Vorlesung von 1889—90 [siehe unten Abh. XXI] die einfachere Darstellung gewählt, daß ich nach beliebiger Annahme dreier Koordinatengrundpunkte auf der geraden Linie gleich die Werte der zugehörigen „Abszissen" einführte — eine Darstellung, die allerdings mehr auf die Erläuterung dieser abstrakten Begründungsweise hinzielte, als auf eine genau gegliederte Durchführung derselben.

»*Solution.* — Soient *P, Q* les deux points correspondants, sur la seconde figure, aux deux points qui, dans la première figure, sont situés respectivement sur la droite de l'infini et sur les deux droites $y = xi, \; y = -xi$.«

»Les deux côtés de l'angles A' dans la seconde figure et les droites $A'P, A'Q$ formeront un faisceau dont nous désignerons le rapport anharmonique par a; désignons de même par $b, c, d, \ldots$ les rapports correspondants aux autres angles, la relation cherchée est

$$(1) \qquad F\left(\frac{\log a}{2\sqrt{-1}}, \frac{\log b}{2\sqrt{-1}}, \frac{\log c}{2\sqrt{-1}}, \ldots \right) = 0,$$

la caractéristique log désignant le logarithme népérien.«

Die hiermit reproduzierte Stelle von Laguerre bedeutet zweifellos einen großen Fortschritt in der Einordnung der gewöhnlichen metrischen Geometrie in die projektive. Aber eine neue *Definition* des (Euklidischen) Winkels zu geben, lag ihm augenscheinlich ganz fern. Man beachte nur, daß das zweite Heft der „Beiträge" von Staudt's welches die selbständige Begründung der projektiven Geometrie in die Wege leitete, erst 1857 erschienen ist. —

Ein Wort noch über den Stetigkeitsbegriff in der gewöhnlichen projektiven Geometrie, an den in den folgenden Abhandlungen von verschiedenen Seiten herangetreten wird.

Die Stetigkeitseigenschaften, die man den Grundgebilden 1. Stufe beizulegen hat, sind von denjenigen des Inbegriffs der rationalen und irrationalen reellen Zahlen insofern verschieden, als der Wert ∞ seine Sonderstellung verliert. Der Begriff der „Umgebung" eines Elementes bleibt erhalten. Ist eine unendliche Menge von Elementen gegeben, so heißt O ein Grenzelement der Menge, wenn sich in jeder Umgebung von O immer wieder ein Element der Menge aufweisen läßt. y heißt eine stetige Funktion von x, wenn dem Grenzelement irgendeiner Menge $x_1, x_2, \ldots$ das Grenzelement der entsprechenden Elemente $y_1, y_2, \ldots$ entspricht. Der Begriff der gleichmäßigen Stetigkeit fällt daher fort, oder vielmehr· er rückt in zweite Linie. Denn zwei Intervalle $\overline{12}$ und $\overline{34}$ können, wie schon oben gesagt, zunächst nur insofern in der Beziehung $\gtreqless$ stehen, als das eine ein Stück des andern ist. Die Vergleichbarkeit zweier auseinander liegender Intervalle hinsichtlich ihrer „Größe" tritt erst ein, wenn man, was natürlich in jedem Augenblicke freisteht, auf dem Grundgebilde irgendwelche projektive Maßbestimmung einführt, bei der die Intervalle $\overline{12}$ und $\overline{34}$ beide eine endliche Ausdehnung erhalten. K.

XV. Über die sogenannte Nicht-Euklidische Geometrie.

Vorgelegt von A. Clebsch.

[Nachrichten von der Kgl. Gesellschaft der Wissenschaften zu Göttingen, Nr. 17, (30. August 1871).]

Die nachstehenden Erörterungen beziehen sich auf die sogenannte Nicht-Euklidische Geometrie von Gauß, Lobatschewsky, Bolyai und die verwandten Betrachtungen, welche von Riemann und von Helmholtz über die Grundlage unserer geometrischen Vorstellungen angestellt worden sind. Sie sollen indes nicht etwa die philosophischen Spekulationen weiterverfolgen, welche zu den genannten Arbeiten hingeleitet haben; vielmehr ist ihr Zweck, die mathematischen Resultate dieser Arbeiten, so weit sie sich auf Parallentheorie beziehen, in einer neuen, anschaulichen Weise darzulegen und einem allgemeinen deutlichen Verständnisse zugänglich zu machen. Der Weg hierzu führt durch die *projektivische* Geometrie, deren Unabhängigkeit von der Frage nach der Parallelentheorie dargetan wird. Nun kann man, nach dem Vorgange von Cayley, eine allgemeine projektivische Maßbestimmung konstruieren, welche sich auf eine beliebig anzunehmende Fläche zweiten Grades als sogenannte Fundamentalfläche bezieht. Diese projektivische Maßbestimmung ergibt, je nach der Art der dabei benutzten Fläche zweiten Grades, ein Bild für die verschiedenen in den vorgenannten Arbeiten aufgestellten Parallelentheorien. Aber sie ist nicht nur ein Bild für dieselben, sondern sie deckt geradezu deren inneres Wesen auf. —

I. Die verschiedenen Parallelentheorien.

Das elfte Axiom des Euklid ist, wie bekannt, mit dem Satze gleichbedeutend, daß die Summe der Winkel im Dreiecke gleich zwei Rechten sei. Nun gelang es Legendre zu beweisen[1]), daß die Winkelsumme im Dreiecke nicht größer sein kann, als zwei Rechte; er zeigte ferner, daß,

---

[1]) Dieser Beweis, so wie der sich auf den nämlichen Gegenstand beziehende Beweis von Lobatschewsky setzt die unendliche Länge der Geraden voraus. Läßt man diese Annahme fallen (vgl. den weiteren Text), so fallen auch die Beweise, wie man daraus deutlich übersehen mag, daß dieselben sonst in gleicher Weise für die Geometrie auf der Kugel gelten müßten.

wenn in einem Dreiecke die Winkelsumme zwei Rechte beträgt, daß dann ein Gleiches bei jedem Dreieck der Fall ist. Aber er vermochte nicht zu zeigen, daß die Winkelsumme nicht möglicherweise kleiner ist, als zwei Rechte.

Eine ähnliche Überlegung scheint den Ausgangspunkt von Gauß' Untersuchungen über diesen Gegenstand gebildet zu haben. Gauß besaß die Auffassung, daß es in der Tat unmöglich sei, den Satz von der Gleichheit der Winkelsumme mit zwei Rechten zu beweisen, daß man vielmehr eine in sich konsequente Geometrie konstruieren könne, in der die Winkelsumme kleiner ausfällt. Gauß bezeichnete diese Geometrie als Nicht-Euklidische[2]); er hat sich mit ihr viel beschäftigt, leider aber, von einigen Andeutungen abgesehen, nichts über dieselbe veröffentlicht. In dieser Nicht-Euklidischen Geometrie kommt eine gewisse, für die räumliche Maßbestimmung charakteristische, Konstante vor. Erteilt man derselben einen unendlichen Wert, so erhält man die gewöhnliche Euklidische Geometrie. Hat aber die Konstante einen endlichen Wert, so hat man eine abweichende Geometrie, für die beispielweise folgende Gesetze gelten: Die Winkelsumme im Dreiecke ist kleiner als zwei Rechte, und zwar um so mehr, je größer die Fläche des Dreiecks ist. Für ein Dreieck, dessen Ecken unendlich weit entfernt sind, ist die Winkelsumme gleich Null. — Durch einen Punkt außerhalb einer Geraden kann man zwei Parallele zu der Geraden ziehen, d. h. Linien, welche die Gerade auf der einen oder anderen Seite in einem unendlich fernen Punkte schneiden. Die durch den Punkt gehenden Geraden, welche zwischen den beiden Parallelen verlaufen, schneiden die gegebene Gerade gar nicht.

Auf eben diese Nicht-Euklidische Geometrie ist Lobatschewsky[3]), Professor der Mathematik an der Universität zu Kasan, und einige Jahre später, der ungarische Mathematiker J. Bolyai[4]) geführt worden, und haben dieselben den Gegenstand in ausführlichen Veröffentlichungen behandelt. Indes blieben diese Arbeiten ziemlich unbekannt, bis man durch die Herausgabe des Briefwechsels zwischen Gauß und Schumacher, die 1862 erfolgte, auf dieselben aufmerksam gemacht wurde. Seitdem verbreitete sich die Auffassung, daß nunmehr die Parallelentheorie vollkommen erledigt, d. h. in ihrer realen Unbestimmtheit erkannt sei.

---

[2]) Vgl. Sartorius v. Waltershausen, Gauß zum Gedächtnis S. 81. Sodann einige Briefe in dem Briefwechsel von Gauß und Schumacher.

[3]) Im Kasanschen Boten 1829. — Schriften der Universität Kasan 1836—38. — Crelles Journal, Bd. 17, 1837 (Géométrie imaginaire). — Geometrische Untersuchungen zur Theorie der Parallellinien. Berlin 1840. — Pangéométrie. Kasan 1855 (Die Pangéométrie findet sich in italienischer Übersetzung im Bd. 5 des Giornale di Matematiche 1867); Ges. Werke, Bde. I, II.

[4]) In einem Appendix zu W. Bolyais Werke: Tentamen juventutem ... Maros-Vasarhely, 1832. Eine italienische Übersetzung desselben in Bd. 6 des Giornale di Matematiche, 1868.

Aber diese Auffassung muß wohl einer wesentlichen Modifikation unterliegen, seit im Jahre 1867 nach Riemanns Tode dessen Habilitationsvorlesung von 1854: „Über die Hypothesen, welche der Geometrie zugrunde liegen" erschienen ist, und bald darauf Helmholtz in diesen Nachrichten (1868) seine Untersuchungen: „Über die Tatsachen, welche der Geometrie zugrunde liegen" veröffentlichte.

In Riemanns Schrift ist darauf hingewiesen, wie die Unbegrenztheit des Raumes, die als Erfahrungstatsache gegeben ist, nicht auch notwendig dessen Unendlichkeit mit sich führt. Es wäre vielmehr denkbar und würde unserer Anschauung, die sich immer nur auf einen endlichen Teil des Raumes bezieht, nicht widersprechen, daß der Raum endlich wäre und in sich zurückkehrte: die Geometrie unseres Raumes würde sich dann gestalten wie die Geometrie auf einer in einer Mannigfaltigkeit von vier Dimensionen gelegenen Kugel von drei Dimensionen. — Diese Vorstellung, die sich auch bei Helmholtz findet, würde mit sich bringen, daß die Winkelsumme im Dreiecke (wie beim gewöhnlichen sphärischen Dreiecke) größer[5]) ist, als zwei Rechte, und zwar in dem Maße größer, als das Dreieck einen größeren Inhalt hat. Die gerade Linie würde alsdann keine unendlich fernen Punkte haben, und man könnte durch einen gegebenen Punkt zu einer gegebenen Geraden überhaupt keine Parallele ziehen.

Eine auf diese Vorstellungen gegründete Geometrie würde sich in ganz gleicher Weise neben die gewöhnliche Euklidische Geometrie stellen, wie die soeben erwähnte Geometrie von Gauß, Lobatschewsky, Bolyai. Während letztere der Geraden zwei unendlich ferne Punkte erteilt, gibt diese der Geraden überhaupt keine (d. h. zwei imaginäre) unendlich ferne Punkte. Zwischen beiden steht die Euklidische Geometrie als Übergangsfall; sie legt der Geraden zwei zusammenfallende unendlich ferne Punkte bei.

Einem in der neueren Geometrie gewöhnlichen Sprachgebrauche folgend, sollen diese drei Geometrien bezüglich als *hyperbolische* oder *elliptische*[6]) oder *parabolische* Geometrie im nachstehenden bezeichnet werden, je nachdem die beiden unendlich fernen Punkte der Geraden reell oder imaginär sind oder zusammenfallen.

II. Versinnlichung der dreierlei Geometrien durch die allgemeine Cayleysche Maßbestimmung.

Das Bedürfnis, die sehr abstrakten Spekulationen, welche zur Aufstellung der dreierlei Geometrien geführt haben, zu versinnlichen, hat dahingeführt, Beispiele von Maßbestimmungen aufzusuchen, die als Bilder

---

[5]) Die entgegenstehenden Beweise von Legendre und Lobatschewsky setzen, wie bereits bemerkt, die Unendlichkeit des Raumes voraus.

[6]) Die gewöhnliche Sphärik ist hiernach als eine „elliptische" Geometrie zu bezeichnen.

der genannten Geometrien aufgefaßt werden könnten, und damit zugleich die innere Folgerichtigkeit jeder einzelnen in Evidenz setzten.

Die parabolische Geometrie bedarf keiner solchen Versinnlichung, da sie mit der Euklidischen zusammenfällt und uns als solche geläufig ist.

Man hat nun für die elliptische und die hyperbolische Geometrie Bilder angegeben, welche die Art dieser Geometrien an Objekten demonstrieren, die im Sinne der Euklidischen Maßbestimmung gemessen werden. Dieselben erläutern indessen nur den planimetrischen Teil der fraglichen Geometrien. Beltrami, dem man die betreffende Versinnlichung der hyperbolischen Geometrie verdankt[7]), hat nachgewiesen, daß etwas Analoges für den Raum nicht möglich ist. Das Bild für den planimetrischen Teil der elliptischen Geometrie, ist, wie man ohne weiteres sieht, die Geometrie auf der Kugel[8]), überhaupt die Geometrie auf den Flächen von konstantem positiven Krümmungmaße. Die hyperbolische Geometrie dagegen findet ihre Interpretation auf den Flächen von konstantem negativen Krümmungsmaße. Diese letztere Interpretation bringt leider, wie es scheint, nie das gesamte Gebiet der Ebene zur Anschauung, indem die Flächen mit konstantem negativen Krümmungsmaße wohl immer durch Rückkehrkurven usw. begrenzt werden[9]).

Ich will nun hier zunächst für die dreierlei Geometrien sowohl in der Ebene als im Raume Bilder aufstellen, welche ihre Eigentümlichkeiten vollkommen übersehen lassen. Sodann werde ich zeigen, daß diese Bilder nicht nur Interpretationen der genannten Geometrien sind, sondern daß sie deren inneres Wesen darlegen und also ein deutliches Verständnis derselben mit sich führen.

Die fraglichen Bilder betrachten als Objekt der Maßbestimmung die Ebene resp. den Raum selbst und benutzen nur eine andere Maßbestimmung als die gewöhnliche, welche, im Sinne der projektivischen Geometrie, als eine Verallgemeinerung der gewöhnlichen Maßbestimmung erscheint. Es ist diese verallgemeinerte Maßbestimmung im wesentlichen von Cayley aufgestellt worden[10]); bei ihm sind nur die leitenden Gesichtspunkte ganz anderer Art, als die hier vorliegenden. Cayley konstruiert diese Maßbestimmung, um zu zeigen, wie die (Euklidische) Geometrie des Maßes als

---

[7]) Saggio di interpretazione della Geometria non-euclidea. Giornale di Matematiche Bd. 6, 1868. Werke, Bd. 1, S. 374—406.

[8]) [Hier ist zwischen der elliptischen Geometrie und der sphärischen Geometrie noch nicht scharf unterschieden, wie es in der folgenden Abh. XVI geschieht.]

[9]) [Dies ist in der Tat durch einen späteren Satz von Hilbert bestätigt worden. Vgl. D. Hilbert, Grundlagen der Geometrie, 2. und folgende Auflagen, Anhang. V.]

[10]) Im Sixth Memoir upon Quantics. Phil. Trans. Bd. 149 [Coll. Papers, Bd. II, S. 583—592]. Vgl. die Fiedlersche Übersetzung von Salmons Kegelschnitten, 2. Aufl. (Leipzig 1860), oder auch Fiedler: Die Elemente der neueren Geometrie und der Algebra der binären Formen (Leipzig 1862).

ein besonderer Teil der projektivischen Geometrie aufgefaßt werden kann. Er betrachtet dabei des näheren nur die Ebene. Er zeigt, wie man in der Ebene auf Grund der projektivischen Vorstellungen eine Maßbestimmung treffen kann, die sich auf einen beliebig gegebenen Kegelschnitt als „absoluten" Kegelschnitt bezieht. Degeneriert dieser Kegelschnitt in ein imaginäres Punktepaar, so hat man eine Maßbestimmung, wie die von uns (in der Euklidischen Geometrie) angewandte ist; man erhält geradezu die gewöhnliche Maßbestimmung, wenn man die beiden imaginären Fundamentalpunkte mit zwei bestimmten Punkten der Ebene, nämlich den beiden Kreispunkten, zusammenfallen läßt.

Diese allgemeine Cayleysche Maßbestimmung soll hier kurz auf den Raum übertragen werden, wobei ich mich, gegenüber der Cayleyschen Auseinandersetzung, einer mehr geometrischen Darstellungsweise bediene. Sei eine beliebig anzunehmende Fläche zweiten Grades als „fundamentale" Fläche gegeben. Zwei gegebene Raumpunkte bestimmen durch den Durchschnitt ihrer Verbindungslinie mit der Fläche zwei Punkte der letzteren. Die beiden gegebenen Punkte haben zu diesen beiden ein gewisses Doppelverhältnis, und *der mit einer willkürlichen Konstanten* [11]) *c multiplizierte Logarithmus dieses Doppelverhältnisses soll die Entfernung der beiden gegebenen Punkte genannt werden.* Analog, wenn zwei Ebenen gegeben sind, so lassen sich durch die Durchschnittslinie derselben zwei Tangentialebenen an die Fundamentalfläche legen. Dieselben bestimmen mit den beiden gegebenen Ebenen ein gewisses Doppelverhältnis. *Der mit einer willkürlich zu wählenden Konstanten c¹ multiplizierte Logarithmus dieses Doppelverhältnisses ist es, den wir als Winkel der beiden gegebenen Ebenen bezeichnen.*

Gemäß diesen Definitionen sind die Punkte der Fundamentalfläche von allen übrigen Punkten unendlich fern; die Fundamentalfläche ist also der Ort der unendlich fernen Punkte. Ebenso sind die Tangentialebenen der Fundamentalfläche solche Ebenen, welche mit einer beliebigen Ebene einen unendlich großen Winkel bilden. — Eine Entfernung gleich Null voneinander haben diejenigen Punkte, deren Verbindungslinie eine Tangente der Fläche ist. Einen Winkel gleich Null schließen miteinander solche Ebenen ein, deren Durchschnittslinie die Fläche berührt. — Unter einer Kugel ist eine Fläche zweiten Grades zu verstehen, welche die Fundamentalfläche nach einer ebenen Kurve berührt. Das Zentrum der Kugel ist der Pol der Ebene. — An Stelle der sechsfach unendlich vielen Bewe-

---

[11]) Cayley definiert die Entfernung zweier Punkte durch eine Formel, in der dieser Konstanten ein partikulärer Wert $\left(\dfrac{2}{\pi}\sqrt{-1}\right)$ beigelegt ist. Ebenso ist es mit der gleich zu nennenden Konstanten c^1.

gungen, welche die gewöhnliche Maßbestimmung ungeändert lassen, tritt jetzt ein Zyklus von ebenso vielen linearen Transformationen. Die Fundamentalfläche geht nämlich, wie überhaupt eine Fläche zweiten Grades, durch sechsfach unendlich viele lineare Transformationen in sich über. Dieselben zerfallen in zwei, sechsfach unendliche Scharen, je nachdem sie die beiden Systeme gradliniger Erzeugender der Fläche vertauschen odeɪ nicht. Die Transformationen der letzteren Art sind hier gemeint. Die Transformationen der ersteren Art lassen allerdings auch die Maßunterschiede ungeändert, da sie, gleich den anderen, die Doppelverhältnisse nicht ändern, deren Logarithmen die Maßunterschiede sind. Sie entsprechen aber nicht den Bewegungen des Raumes, sondern denjenigen Transformationen desselben, welche räumliche Figuren in beliebig gelegene symmetrisch kongruente Figuren umwandeln.

Aus dieser allgemeinen Maßbestimmung ergibt sich durch einen Grenzübergang eine Maßgeometrie, gleichartig der gewöhnlichen *parabolischen*, wenn die Fundamentalfläche zweiten Grades in einem imaginären Kegelschnitt ausartet. Ist dieser Kegelschnitt insonderheit der unendlich ferne imaginäre Kreis, so erhält man geradezu die gewöhnliche Maßgeometrie.

Aber die allgemeine projektivische Maßbestimmung ergibt bei passender Wahl der Fundamentalfläche auch eine Maßgeometrie, welche die Vorstellungen der *elliptischen*, andererseits eine, welche die Vorstellungen der *hyperbolischen* Geometrie darlegt; und sind dies die Bilder für die elliptische und die hyperbolische Geometrie, von denen im vorstehenden die Rede war.

Zu einer Maßgeometrie entsprechend der *elliptischen* Geometrie gelangt man, wenn man die Fundamentalfläche imaginär nimmt. Es hat dann ersichtlich keine gerade Linie reelle unendlich ferne Punkte, so daß die Gerade wie eine geschlossene Kurve von endlicher Länge ist. Des näheren wird man genau zu den (trigonometrischen) Formeln hingeleitet, wie sie die elliptische Geometrie anzunehmen hat. Es sind dies die Formeln der gewöhnlichen sphärischen Trigonometrie, in welche für den Radius der Kugel die Konstante $\dfrac{c}{\sqrt{-1}}$ eintritt [12]).

Zu einer Geometrie entsprechend der *hyperbolischen* wird man geführt, wenn man die Fundamentalfläche reell und nicht geradlinig nimmt und auf die Punkte in deren Innerem achtet. Diese Beschränkung auf das Innere der Fundamentalfläche ist naturgemäß. Denn gesetzt, man befände sich im Inneren der Fläche und man könne nur vermöge solcher linearer Raumtransformationen seinen Ort im Raume wechseln, die, bei der ge-

---

[12]) [Hierbei wird c zweckmäßigerweise als rein imaginäre Konstante angenommen. Vgl. die folgende Abh. XVI, § 5.]

troffenen Maßbestimmung, die Bewegungen des Raumes vorstellen. Dann würde man niemals aus dem Inneren der (für die Maßbestimmung) unendlich fernen Fläche zweiten Grades hinausgelangen können. Jenseits der Fundamentalfläche befände sich dann noch ein Raumstück, von dessen Vorhandensein man nichts weiß, und daß sich nur dadurch bemerkbar macht, daß sich nicht je zwei in einer Ebene verlaufende Gerade schneiden, wenn man nicht ein solches Raumstück supponiert. — Beschränkt man sich nun auf Konstruktionen, die nicht aus dem Inneren der Fläche hervortreten, so gelten für sie beim Gebrauche der betreffenden Maßbestimmung ganz diejenigen Gesetze, welche die hyperbolische Geometrie für die Raumkonstruktionen überhaupt aufstellt. Jede Gerade hat z. B. zwei reelle unendlich ferne Punkte, denn jede durch das Innere der Fläche gehende Gerade schneidet die Fläche in zwei reellen Punkten. Durch einen Punkt kann man zu einer Geraden zwei Parallele ziehen: diejenigen beiden Linien, welche den Punkt mit den beiden Schnittpunkten der gegebenen Geraden und der Fundamentalfläche verbinden. Ein Dreieck mit unendlich fernen Ecken, d. h. ein Dreieck, dessen Eckpunkte auf der Fundamentalfläche liegen, hat die Winkelsumme Null. Denn je zwei Linien, welche sich auf der Fundamentalfläche schneiden (je zwei Parallele) schließen einen Winkel gleich Null ein usw. Endlich repräsentiert die Konstante c, mit der der Logarithmus des betr. Doppelverhältnisses multipliziert werden muß, um die Entfernung zweier Punkte zu geben, die oben erwähnte in der hyperbolischen Geometrie vorkommende charakteristische Konstante.

III. Unabhängigkeit der projektivischen Geometrie von der Parallelentheorie. Begründung der dreierlei Maßgeometrien.

Im vorstehenden sind für die elliptische und hyperbolische Maßgeometrie in der allgemeinen Cayleyschen Maßbestimmung adäquate Bilder gefunden, indem wir die Fundamentalfläche einmal imaginär, das andere Mal reell und nicht geradlinig nahmen. Ähnlicherweise hatten wir ein Bild für die gewöhnliche, parabolische Geometrie, wenn die Fundamentalfläche in einen imaginären Kegelschnitt degenerierte. Aber dieses Bild ging in den Gegenstand, den es versinnlichte, d. h. in die parabolische Geometrie, selbst über, wenn wir den fundamentalen Kegelschnitt mit einem bestimmten Kegelschnitte, dem unendlich fernen imaginären Kreise, zusammenfallen ließen. Ähnlich nun gehen die Maßgeometrien, welche wir resp. als Bilder der elliptischen und hyperbolischen Geometrien aufgestellt haben, in diese Geometrien selbst über, wenn man die fundamentale Fläche derselben mit einer bestimmten (der unendlich fernen) Fläche zweiten Grades [dieser Geometrien] koinzidieren läßt.

Man gewinnt diese Überzeugung, indem man bemerkt, daß die projektivische Geometrie unabhängig ist von der Frage nach der Parallelentheorie[13]). In der Tat, um die projektivische Geometrie zu entwickeln und ihre Geltung in einem beliebig gegebenen begrenzten Raume nachzuweisen, genügt es, in diesem Raume Konstruktionen zu machen, die nicht über den Raum hinausführen und nur sogenannte Lagenbeziehungen betreffen. Die Doppelverhältnisse (die einzig festen Elemente der projektivischen Geometrie) dürfen dabei natürlich nicht, wie dies gewöhnlich geschieht, als Streckenverhältnisse definiert werden, da dies die Kenntnis einer Maßbestimmung voraussetzen würde. In von Staudts Beiträgen zur Geometrie der Lage[14]) sind aber die nötigen Materialien gegeben, um ein Doppelverhältnis als eine reine Zahl zu definieren. Von den Doppelverhältnissen mögen wir sodann zu den homogenen Punkt- und Ebenenkoordinaten aufsteigen, die ja auch nichts anderes sind, als die relativen Werte gewisser Doppelverhältnisse, wie dies v. Staudt gezeigt[15]) und noch neuerdings Herr Fiedler wieder aufgenommen hat[16]). Unentschieden bleibt dabei, ob sich zu sämtlichen reellen Werten der Koordinaten auch entsprechende Raumelemente finden lassen. Ist dies nicht der Fall, so steht nichts im Wege, den betreffenden Koordinatenwerten entsprechend zu den wirklichen Raumelementen uneigentliche hinzuzufügen. Dies geschieht in der parabolischen Geometrie, wenn wir von der unendlich fernen Ebene reden. Unter Zugrundelegung der hyperbolischen Geometrie würde man ein ganzes Raumstück zu adjungieren haben. Dagegen würde bei der elliptischen Geometrie eine Adjunktion uneigentlicher Elemente nicht stattfinden.

Ist so die projektivische Geometrie entwickelt, so wird man die allgemeine Cayleysche Maßbestimmung aufstellen können. Dieselbe bleibt, wie vorhin geschildert, durch sechsfach unendlich viele lineare Transformationen, die wir als Bewegungen des Raumes bezeichneten, ungeändert.

Nunmehr wende man sich der Betrachtung der tatsächlichen Bewegungen des Raumes und der durch sie begründeten Maßbestimmung zu. Man übersieht, daß die sechsfach unendlich vielen Bewegungen ebenso viele lineare Transformationen sind. Dieselben lassen überdies eine Fläche, die Fläche der unendlich fernen Punkte ungeändert. Nun gibt es aber, wie sich leicht beweisen läßt, keine anderen Flächen, die durch sechsfach

---

[13]) Es ist dies auch leicht hinterher zu verifizieren. Denn unter Zugrundelegung der elliptischen oder hyperbolischen Geometrie kann man in ganz ähnlicher Weise, wie man es bei der parabolischen Geometrie zu tun pflegt, die projektivische Geometrie aufbauen.

[14]) § 27, Nr. 393.

[15]) Beiträge § 29, Nr. 411.

[16]) Vierteljahrsschrift der naturforsch. Gesellschaft in Zürich. XV. 2. (1871).

unendlich viele lineare Transformationen in sich übergehen, als die Flächen zweiten Grades und ihre Ausartungen. Die unendlich fernen Punkte bilden also eine Fläche zweiten Grades, und die Bewegungen des Raumes subsumieren sich unter diejenigen sechsfach unendlichen Zyklen linearer Transformationen, welche eine Fläche zweiten Grades ungeändert lassen. Hiernach ist ersichtlich, wie sich die tatsächlich gegebene Maßbestimmung unter die allgemeine projektivische subsumiert. Während letztere eine beliebig anzunehmende Fläche zweiten Grades benutzt, ist diese bei ersterer ein für allemal gegeben.

Die Art dieser der tatsächlichen Maßbestimmung zugrunde liegenden Fläche zweiten Grades kann nun noch näher bestimmt werden, wenn man beachtet, daß eine Ebene durch fortgesetzte Drehung um eine beliebige in ihr im Endlichen gelegene Achse in die Anfangslage zurückkommt. Es sagt dies aus, daß die beiden Tangentialebenen, welche man durch eine im Endlichen gelegene Gerade an die Fundamentalfläche legen kann, imaginär sind. Denn wären sie reell, so fänden sich in dem betr. Ebenenbüschel zwei reelle unendlich ferne Ebenen (d. h. Ebenen, welche mit allen anderen einen unendlich großen Winkel bilden) und dann könnte keine in einem Sinne fortgesetzte Rotation eine Ebene des Büschels in die Anfangslage zurückführen.

Damit nun diese beiden Ebenen imaginär sind, oder, was dasselbe ist, damit der Tangentenkegel der Fundamentalfläche, der von einem Punkte des (uns durch die Bewegungen zugänglichen) Raumes ausgeht, imaginär sei, sind nur drei Fälle denkbar:

1. *Die Fundamentalfläche ist imaginär.* Dies ergibt die elliptische Geometrie.

2. *Die Fundamentalfläche ist reell, nicht geradlinig und umschließt uns.* Die Annahme der hyperbolischen Geometrie.

3. (Übergangsfall.) *Die Fundamentalfläche ist in eine imaginäre Kurve ausgeartet.* Die Voraussetzung der gewöhnlichen parabolischen Geometrie.

So sind wir denn gerade zu den dreierlei Geometrien hingeleitet, welche man, wie unter I. berichtet, von ganz anderen Betrachtungen ausgehend aufgestellt hat.

[Die Vorgeschichte der Nicht-Euklidischen Geometrie ist heutzutage dank insbesondere der Arbeiten von Stäckel und Engel sehr viel mehr geklärt, als es 1871 der Fall war, wo alles nur mehr gerüchtweise an uns herankam. Die ausgereifteste Darstellung findet sich in *Stäckels* letzter Schrift: *C. F. Gauß als Geometer* (1918 = Heft V der „Materialien für eine wissenschaftliche Biographie vom Gauß", demnächst in Bd. 10 von Gauß' Werken abzudrucken). Es wäre unmöglich und würde überdies den ganzen Charakter meiner eigenen Darlegungen entstellen, wollte man alle die Einzelergebnisse, wie sie insbesondere die Benutzung des wissenschaftlichen Nachlasses der in erster Linie in Betracht kommenden Autoren gezeitigt hat, nun in den Text meiner Aufsätze einarbeiten. Vielmehr muß es an gegenwärtigem Platze bei den mehr summarischen Zitaten, wie sie sich in der ursprünglichen Fassung meiner Arbeiten fanden, sein Bewenden haben.

Was andererseits die erkenntnistheoretische Wertung der Untersuchungen über Nicht-Euklidische Geometrie angeht, so würde ich heute gern die Unterscheidung der immanenten und der transienten Bedeutung der mathematischen Erkenntnis voranstellen, mit der A. Voß seine bezüglichen Darlegungen in Heft E des mathematischen Bandes der Kultur der Gegenwart (B. G. Teubner, 1914) beginnt. Immanent berechtigt ist, was in sich widerspruchsfrei ist, transient, was für unsere Erfassung der Außenwelt Bedeutung hat. Ich habe in meinen Arbeiten über Nicht-Euklidische Geometrie, soweit sie hier im Bd. I abgedruckt werden, wesentlich die immanente Seite betont, bez. zur Entwicklung gebracht, bin aber nie zu der vollen Gleichgültigkeit den transienten Fragen gegenüber durchgedrungen, die sich vielfach bei den modernen Axiomatikern geltend macht. Im übrigen möchte ich mich in beiderlei Hinsicht gerade auch betreffs der Nicht-Euklidischen Geometrie den allgemeinen Auffassungen anschließen, die A. Voß, l. c., S. 118 ff., entwickelt.

Endlich will ich betr. der Einzelheiten der heutigen Axiomatik der Geometrie hier gleich auf das zusammenfassende Referat von Enriques in III_1, Heft 1, der mathematischen Enzyklopädie verweisen (deutsche Ausgabe 1907, französische Ausgabe 1911). Wegen der Grundlagen insbesondere der projektiven Geometrie siehe auch das Referat von Schönflies in der Enzyklopädie III_1, Heft 3 der deutschen Ausgabe (1909), bez. III_2, der französischen (1913, Bearbeiter Tresse). —

Im übrigen sei noch bemerkt, daß vorstehender Aufsatz XV selbstverständlich vor der ausführlichen Abhandlung XVI niedergeschrieben ist.   K.]

XVI. Über die sogenannte Nicht-Euklidische Geometrie[1]).

[Math. Annalen, Bd. 4 (1871).]

Die nachstehenden Erörterungen beziehen sich auf die sogenannte Nicht-Euklidische Geometrie von Gauß, Lobatschewsky, Bolyai und die verwandten Betrachtungen, welche Riemann und Helmholtz über die Grundlagen unserer geometrischen Vorstellungen angestellt haben. Sie sollen indes nicht etwa die philosophischen Spekulationen weiterverfolgen, welche zu den genannten Arbeiten hingeleitet haben, vielmehr ist ihr Zweck, *die mathematischen Resultate dieser Arbeiten, soweit sie sich auf Parallelentheorie beziehen, in einer neuen anschaulichen Weise darzulegen und einem allgemeinen deutlichen Verständnisse zugänglich zu machen.*

Der Weg hierzu führt durch die projektivische Geometrie. Man kann nämlich, nach dem Vorgange von Cayley[2]), eine projektivische Maßbestimmung im Raume konstruieren, welche eine beliebig anzunehmende Fläche zweiten Grades als sogenannte fundamentale Fläche benutzt. Je nach der Art der von ihr benutzten Fläche zweiten Grades ist nun diese Maßbestimmung ein Bild für die verschiedenen in den vorgenannten Arbeiten aufgestellten Parallelentheorien. Aber sie ist nicht nur ein Bild für dieselben, sie deckt geradezu, wie sich zeigen wird, deren inneres Wesen auf.

Ich beginne damit, die in Rede stehenden Parallelentheorien kurz auseinander zu setzen (§ 1). Sodann wende ich mich der Cayleyschen Maßbestimmung zu, die ich im Zusammenhange entwickele, so zwar, daß fortwährend auf die verschiedenartigen Parallelentheorien Bezug genommen wird. Ich bin dabei um so lieber in ausführlichere Erörterungen eingegangen, als die bez. Cayleyschen Untersuchungen nicht hinlänglich be-

---

[1]) Vgl. eine unter demselben Titel mitgeteilte Note in den Göttinger Nachrichten, 1871, Nr. 17. [Siehe Abh. XV dieser Ausgabe.]

[2]) Im Sixth Memoir upon Quantics. Phil. Transactions, Bd. 149, 1859, Coll. Papers, Bd. II, S. 583—592. Vgl. die Fiedlersche Übersetzung von Salmons Kegelschnitten. 2. Aufl. (Leipzig 1866) oder auch Fiedler: Die Elemente der neueren Geometrie und der Algebra der binären Formen (Leipzig 1862).

kannt geworden zu sein scheinen, dann aber auch bei ihnen der leitende
Gesichtspunkt ein anderer ist, als der hier vorliegende. Bei Cayley handelt
es sich darum, nachzuweisen, daß die gewöhnliche (Euklidische) Maßgeometrie als ein besonderer Teil der projektivischen Geometrie aufgefaßt
werden kann. Zu diesem Zwecke stellt er die allgemeine projektivische
Maßbestimmung auf und zeigt sodann, daß aus ihren Formeln die Formeln
der gewöhnlichen Maßgeometrie hervorgehen, wenn die fundamentale Fläche
in einen bestimmten Kegelschnitt, den unendlich fernen imaginären Kreis,
degeneriert. Hier dagegen handelt es sich darum, den *geometrischen Inhalt*
der allgemeinen Cayleyschen Maßbestimmung möglichst deutlich darzulegen und zu erkennen, nicht nur, wie sie durch eine geeignete Partikularisation die Euklidische Maßgeometrie ergibt, sondern wesentlich, daß
sie in ganz derselben Beziehung zu den verschiedenen Maßgeometrien
steht, die sich den genannten Parallelentheorien anschließen.

Bei diesen Auseinandersetzungen ergeben sich einige neue Betrachtungen. Ich rechne dahin, abgesehen von den Detailausführungen, namentlich die Art und Weise, wie die Cayleysche Maßbestimmung durch Betrachtung wiederholter räumlicher Transformationen begründet wird. Sodann
hebe ich noch die Form hervor, unter welcher in § 7 und § 14 der Begriff des Krümmungsmaßes auftritt.

Es ist übrigens die Definition, welche ich für die projektivische Maßbestimmung aufstelle, etwas allgemeiner, als die von Cayley selbst gegebene. Um die Entfernung zweier Punkte zu bestimmen, denke ich mir
dieselben durch eine gerade Linie verbunden. Dieselbe schneidet die Fundamentalfläche in zwei weiteren Punkten, welche mit den beiden gegebenen
ein gewisses Doppelverhältnis besitzen. *Den mit einer willkürlichen, aber
fest gewählten Konstante c multiplizierten Logarithmus dieses Doppelverhältnisses bezeichne ich als die Entfernung der beiden Punkte.* Um
den Winkel zweier Ebenen zu bestimmen, lege ich durch deren Durchschnittslinie die beiden Tangentialebenen an die Fundamentalfläche. Dieselben bilden mit den beiden gegebenen Ebenen ein gewisses Doppelverhältnis. *Als Winkel der beiden gegebenen Ebenen bezeichne ich sodann
den mit einer anderen willkürlichen, aber fest gewählten Konstante c′
multiplizierten Logarithmus dieses Doppelverhältnisses.* Die hiermit aufgestellten geometrischen Definitionen stimmen mit den analytischen, von
Cayley gegebenen überein, sobald man noch c und $c′$ partikuläre Werte
erteilt, nämlich beide gleich $\dfrac{\sqrt{-1}}{2}$ setzt[3]). Es ist aber für das Folgende

---

[3]) Gelegentlich bezeichnet Cayley auch den „Quadranten" als Einheit. Dies
kommt darauf hinaus, c und $c′$ gleich $\dfrac{\sqrt{-1}}{\pi}$ zu nehmen.

wesentlich, die Konstanten c und c' beizubehalten, da z. B. c gerade der in der Nicht-Euklidischen Geometrie vorkommenden charakteristischen Konstanten entspricht (vgl. auch § 4).

§ 1.
Die verschiedenen Parallelentheorien.

Das elfte Axiom des Euklides ist, wie bekannt, mit dem Satze gleichbedeutend, daß die Summe der Winkel im Dreiecke gleich zwei Rechten ist. Nun gelang es Legendre, zu beweisen[4]), daß die Winkelsumme im Dreiecke nicht größer sein kann, als zwei Rechte; er zeigte ferner, daß, wenn in einem Dreiecke die Winkelsumme zwei Rechte beträgt, dann ein Gleiches bei jedem Dreiecke der Fall ist. Aber er vermochte nicht zu zeigen, daß die Winkelsumme nicht möglicherweise kleiner ist, als zwei Rechte.

Eine ähnliche Überlegung scheint den Ausgangspunkt von Gauß' Untersuchungen über diesen Gegenstand gebildet zu haben. Gauß war der Auffassung, daß es in der Tat unmöglich sei, den Satz von der Gleichheit der Winkelsumme mit zwei Rechten zu beweisen, daß man vielmehr auf Grund der vorangehenden Axiome eine in sich konsequente Geometrie konstruieren könne, bei der die Winkelsumme kleiner ausfällt. Gauß bezeichnete diese Geometrie als *Nicht-Euklidische*[5]); er hat sich mit ihr viel beschäftigt, leider aber, von einigen Andeutungen abgesehen, nichts über dieselbe veröffentlicht. In dieser Nicht-Euklidischen Geometrie kommt eine gewisse, für die räumliche Maßbestimmung charakteristische Konstante vor. Erteilt man derselben einen unendlichen Wert, so erhält man die gewöhnliche Euklidische Geometrie. Hat aber die Konstante einen endlichen Wert, so hat man eine abweichende Geometrie, für welche u. a. folgende Gesetze gelten:

Die Winkelsumme im Dreiecke ist kleiner als zwei Rechte, und zwar um so mehr, je größer die Fläche des Dreiecks ist. Für ein Dreieck, dessen Ecken unendlich weit entfernt sind, ist die Winkelsumme gleich Null. — Durch einen Punkt außerhalb einer Geraden kann man zwei Parallele zu der Geraden ziehen, d. h. Linien, welche die Gerade auf der einen oder anderen Seite in einem unendlich fernen Punkte schneiden.

---

[4]) Dieser Beweis, sowie der sich auf den nämlichen Gegenstand beziehende Beweis von Lobatschewsky setzt die unendliche Länge der Geraden voraus. Läßt man diese Annahme fallen (vgl. den weiteren Text), so fallen auch die Beweise, wie man daraus deutlich übersehen mag, daß dieselben sonst in gleicher Weise für die Geometrie auf der Kugel gelten müßten.

[5]) Vgl. Sartorius v. Waltershausen, Gauß zum Gedächtnis, S. 81. Sodann einige Briefe in dem Briefwechsel von Gauß und Schumacher.

Die durch den Punkt gehenden Geraden, welche zwischen den beiden Parallelen verlaufen, schneiden die gegebene Gerade gar nicht.

Auf eben diese Nicht-Euklidische Geometrie ist Lobatschewsky[6]), Professor der Mathematik an der Universität zu Kasan und, einige Jahre später, der ungarische Mathematiker J. Bolyai[7]) geführt worden, und haben dieselben den Gegenstand in ausführlichen Veröffentlichungen behandelt. Indes blieben diese Arbeiten ziemlich unbekannt, bis man durch die Herausgabe des Briefwechsels zwischen Gauß und Schumacher, die 1862 erfolgte, auf dieselben aufmerksam gemacht wurde. Seitdem verbreitete sich die Auffassung, daß nunmehr die Parallelentheorie in ihrer realen Unbestimmtheit erkannt sei.

Aber diese Auffassung muß wohl einer wesentlichen Modifikation unterliegen, seit im Jahre 1867 nach Riemanns Tode dessen Habilitationsvorlesung: „Über die Hypothesen, welche der Geometrie zugrunde liegen‟ erschienen ist und bald darauf Helmholtz in den Göttinger Nachrichten (1868, Nr. 6) seine Untersuchungen: „Über die Tatsachen, welche der Geometrie zugrunde liegen‟, veröffentlichte.

In Riemanns Schrift ist darauf hingewiesen, wie die Unbegrenztheit des Raumes nicht auch notwendig dessen Unendlichkeit mit sich führt. Es wäre vielmehr denkbar und würde unserer Anschauung, die sich immer nur auf einen endlichen Teil des Raumes bezieht, nicht widersprechen, daß der Raum endlich wäre und in sich zurückkehrte: die Geometrie unseres Raumes würde sich dann gestalten, wie die Geometrie auf einer in einer Mannigfaltigkeit von vier Dimensionen gelegenen Kugel von drei Dimensionen. — Diese Vorstellung, die sich auch bei Helmholtz findet, würde mit sich bringen, daß die Winkelsumme im Dreiecke (wie beim gewöhnlichen sphärischen Dreiecke) größer[8]) ist, als zwei Rechte, und zwar in dem Maße größer, als das Dreieck einen größeren Inhalt hat. Die gerade Linie würde alsdann keine unendlich fernen Punkte haben, und man könnte durch einen gegebenen Punkt zu einer gegebenen Geraden überhaupt keine Parallele ziehen.

Eine auf diese Vorstellungen gegründete Geometrie würde sich in ganz gleicher Weise neben die gewöhnliche Euklidische Geometrie stellen, wie

---

[6]) Im Kasanschen Boten 1829. — Schriften der Universität Kasan, 1835—38. — Crelles Journal, Bd. 17, 1837 (Géométrie imaginaire). — Geometrische Untersuchungen zur Theorie der Parallellinien. Berlin 1840. — Pangéométrie. Kasan 1855. (Die Pangéométrie findet sich in italienischer Übersetzung im Bd. 5 des Giornale di Matematiche, 1867.) [Ges. geometr. Werke, Bde. I, II, Kasan, 1883, 1886.]

[7]) In einem Appendix zu W. Bolyais Werke: Tentamen juventutem ... Maros-Vasarhely, 1832. Vgl. eine italienische Übersetzung desselben in Bd. 6 des Giornale di Matematiche, 1868.

[8]) Die entgegenstehenden Beweise von Legendre und Lobatschewsky setzen, wie bereits bemerkt, die Unendlichkeit des Raumes voraus.

die soeben erwähnte Geometrie von Gauß, Lobatschewsky, Bolyai. Während letztere der Geraden zwei unendlich ferne Punkte erteilt, gibt diese der Geraden überhaupt keine (d. h. zwei imaginäre) unendlich ferne Punkte. Zwischen beiden steht die Euklidische Geometrie als Übergangsfall; sie legt der Geraden zwei zusammenfallende unendlich ferne Punkte bei.

Einem in der neueren Geometrie gewöhnlichen Sprachgebrauche[9] folgend, sollen diese drei Geometrien bezüglich als *hyperbolische*, als *elliptische* und als *parabolische* Geometrie im nachstehenden bezeichnet werden, je nachdem die beiden unendlich fernen Punkte der Geraden reell oder imaginär sind oder zusammenfallen.

Diese dreierlei Geometrien werden sich nun im folgenden als besondere Fälle der allgemeinen Cayleyschen Maßbestimmung erweisen. Zu der parabolischen (der gewöhnlichen) Geometrie wird man geführt, wenn man die Fundamentalfläche der Cayleyschen Maßbestimmung in einen imaginären Kegelschnitt degenerieren läßt. Nimmt man für die Fundamentalfläche eine eigentliche Fläche zweiten Grades, die aber imaginär ist, so erhält man die elliptische Geometrie. Die hyperbolische Geometrie endlich erhält man, wenn man für die Fundamentalfläche eine reelle, aber nicht geradlinige Fläche zweiten Grades nimmt und auf die Punkte in deren Innerem achtet.

Ich wende mich jetzt zu der Aufstellung der allgemeinen Cayleyschen Maßbestimmung, zunächt für die Grundgebilde erster Stufe. Dabei erörtere ich jedesmal, wie sich unter die projektivischen Vorstellungen die Vorstellungen der elliptischen und hyperbolischen Geometrie subsumieren.

Es mag hier übrigens noch des Zusammenhanges gedacht werden, in welchem sich die in Rede stehenden geometrischen Dinge mit den Betrachtungen befinden, die sich auf Maßbestimmung in beliebig ausgedehnten analytischen Mannigfaltigkeiten beziehen.

Herr Beltrami hat zuerst gezeigt[10], wie der planimetrische Teil der hyperbolischen (Nicht-Euklidischen) Geometrie seine Interpretation in der gewöhnlichen Metrik der Flächen mit konstantem negativen Krümmungsmaße findet. In der hyperbolischen Geometrie ist also die Ebene wie eine Mannigfaltigkeit von zwei Dimensionen mit konstantem negativen Krümmungsmaße. Als darauf die bez. Riemannsche Arbeit erschien, in

---

[9]) Man bezeichnet z. B. die Punkte einer Fläche als hyperbolische oder elliptische oder parabolische, je nachdem die Haupttangenten reell oder imaginär sind oder zusammenfallen. Steiner nennt die Involutionen hyperbolisch oder elliptisch oder parabolisch, je nachdem die Doppelelemente reell oder imaginär sind oder zusammenfallen usf.

[10]) Saggio di interpretazione della Geometria non-euclidea. Giornale di Matematiche, 1868. Beltramis Werke, Bd. 1, 374—405.

der zum ersten Male der Begriff des Krümmungsmaßes auch für höhere Mannigfaltigkeiten aufgestellt wurde, dehnte Beltrami seine Untersuchungen auf Räume mit beliebig vielen Dimensionen aus[11]). Insbesondere zeigte er, daß bei der hyperbolischen Geometrie dem gewöhnlichen Raume (von drei Dimensionen) auch wieder ein konstantes negatives Krümmungsmaß beigelegt wird, daß geradezu die Annahme eines konstanten negativen Krümmungsmaßes sich mit der Annahme der hyperbolischen Geometrie deckt. Die elliptische Geometrie dagegen, oder, wie er sie bezeichnet, die sphärische[12]) (denn die gewöhnliche sphärische Geometrie gehört hierher), würde dem Raume ein konstantes positives Krümmungsmaß beilegen. Bei der parabolischen Geometrie endlich würde das Krümmungsmaß auch konstant, aber gleich Null sein.

Da nun. wie im folgenden gezeigt werden soll, die allgemeine Cayleysche Maßbestimmung im Raume von drei Dimensionen gerade die hyperbolische, elliptische und parabolische Geometrie umfaßt, sich also mit der Annahme eines konstanten Krümmungsmaßes deckt, so wird man zu der Vermutung geleitet, daß auch bei beliebig vielen Dimensionen die allgemeine Cayleysche Maßbestimmung und die Annahme eines konstanten Krümmungsmaßes übereinkommen. Dieses ist, wie indes nicht weiter gezeigt werden soll, in der Tat der Fall. Man wird also für die Räume mit konstantem Krümmungsmaße ohne weiteres die Formeln benutzen können, die im folgenden unter Annahme von zwei und drei Dimensionen aufgestellt werden. Es schließt dies ein, daß in solchen Räumen die kürzesten Linien wie gerade Linien durch lineare Gleichungen dargestellt werden können[13]); daß die unendlich fernen Elemente eine Fläche zweiten Grades bilden usw. Es sind dies Resultate, welche bereits Beltrami, von anderen Betrachtungen ausgehend, nachgewiesen hat[14]); auch ist, um von den Formeln von Beltrami zu denen von Cayley zu gelangen, kaum noch ein Schritt zu tun.

Zugleich mag hiermit der Zusammenhang angedeutet sein, der zwischen dem Nachstehenden und den allgemeinen Untersuchungen der Herren Christoffel[15]) und Lipschitz[16]) über Differentialausdrücke besteht.

---

[11]) Teoria fundamentale degli spazii di curvatura costante. Annali di Matematica. Serie II, Bd. 2, 1868/69. Beltrami's Werke, Bd. 1, 406—429.

[12]) Demgegenüber bezeichnet er die hyperbolische Geometrie als „pseudosphärische".

[13]) Insbesondere also wird für Räume mit konstanter Krümmung die projektivische Geometrie gelten. Vgl. § 17 des Textes.

[14]) Zunächst für Flächen von konstantem Krümmungsmaße in einem Aufsatze: Risolutione del problema di riportare i punti di una superficie usw. Annali di Matematica. Serie I, Bd. 7, 1866. Werke, Bd. 1, 262—280. Sodann allgemein in der genannten Abhandlung: Teoria generale usw.

[15]) Borchardts Journal. Bd. 70 (1869), S. 46.

[16]) Borchardts Journal. Bd. 70 (1869), S. 71; Bd. 72 (1870), S. 1.

§ 2.
Allgemeines über räumliche Maßbestimmung.

Alle räumlichen Maßbestimmungen lassen sich bekanntlich auf zwei fundamentale Aufgaben zurückführen: auf die Bestimmung *der Entfernung zweier Punkte* und auf die Bestimmung *der Neigung zweier sich schneidender Geraden;* wie denn die Instrumente, mit denen der praktische Geometer arbeitet, im allgemeinen *Strecken* oder *Winkel* messen; alle übrigen zu bestimmenden Dinge können aus diesen berechnet werden.

Im Sinne der projektivischen Geometrie wird man diese beiden Grundaufgaben als *das Problem der Maßbestimmung auf den Grundgebilden erster Stufe* bezeichnen können. Das Messen der Entfernung zweier Punkte entspricht der Maßbestimmung auf der geraden Punktreihe; das Messen der Neigung zweier sich schneidender Geraden der Maßbestimmung im ebenen Strahlbüschel. Die Maßbestimmung im Ebenenbüschel endlich ist von der im ebenen Strahlbüschel nicht verschieden, da als Neigung zweier Ebenen die Neigung solcher zwei sich schneidender Linien anzusehen ist, in welchen die beiden Ebenen durch eine auf ihrer Durchschnittslinie senkrechte Ebene geschnitten werden. Es bleiben sonach nur zu betrachten die Maßbestimmung auf der geraden Punktreihe und die Maßbestimmung im ebenen Strahlbüschel, und von ihnen soll hier zunächst gehandelt werden.

Sofern man die gerade Punktreihe und das ebene Strahlbüschel als in der Ebene gelegen betrachtet, sind sie durch das Prinzip der Dualität verknüpft. Nicht so die für dieselben geltenden Maßbestimmungen, die im Gegenteil wesentlich verschieden sind, z. B.:

Die Entfernung zweier Punkte ist eine algebraische, der Winkel zweier Geraden eine transzendente (zyklometrische) Funktion der Koordinaten.

Die Länge einer unbegrenzten geraden Punktreihe ist unendlich groß; dagegen ist die Summe der Winkel im Strahlbüschel endlich.

Eine Strecke ist (bis aufs Vorzeichen) eindeutig bestimmt, ein Winkel nur bis auf Multipla einer Periode. Entsprechend kann die Strecke auf einfache Weise in eine beliebige Anzahl gleicher Teile geteilt werden, nicht so der Winkel, bei dem im allgemeinen nur die Zweiteilung gelingt usw.

Trotz dieser Unterschiede haben beide Arten von Maßbestimmungen etwas Gemeinsames, und dieser Umstand wird gestatten, beide als besondere Fälle unter eine allgemeinere Maßbestimmung zu subsumieren. Dieses Gemeinsame ist zweierlei Art.

Erstens gilt für beide Maßbestimmungen das Gesetz, daß sich die

Maßunterschiede addieren[17]), d. h. daß der Maßunterschied $\overline{12}$, vermehrt um den Maßunterschied $\overline{23}$, gleich ist dem Maßunterschiede $\overline{13}$, in Zeichen $\overline{12} + \overline{23} = \overline{13}$. Diese *Addierbarkeit der Maßunterschiede* ist ein allgemeines Gesetz, welches bei allen Maßbestimmungen in Mannigfaltigkeiten einer Dimension von vornherein gegeben ist[18]). Dasselbe hat für die Bestimmung derjenigen Funktion der Koordinaten, welche den Maßunterschied darstellen soll, den Wert einer Funktionalgleichung. — Mit dieser Addierbarkeit der Maßunterschiede können wir gleich die weitere Eigenschaft verknüpfen, die ebenfalls bei allen Maßbestimmungen in Mannigfaltigkeiten einer Dimension hervortritt, nämlich die, daß die Entfernung eines Elementes von sich selbst gleich Null ist: $\overline{11} = 0$. Hieraus und aus der eben genannten Eigenschaft folgt noch insbesondere: $\overline{12} = -\,\overline{21}$.

Zweitens haben die hier zu betrachtenden Maßbestimmungen noch eine zweite Eigenschaft, welche sie eben geeignet macht, zur Messung im Raume angewandt zu werden. Diese Eigenschaft ist die, *durch eine Bewegung im Raume nicht geändert zu werden*. Der Winkel zweier Geraden eines Büschels ändert sich insbesondere nicht, wenn man das Büschel in seiner Ebene um seinen Mittelpunkt eine Rotation ausführen läßt; ebensowenig die Entfernung zweier Punkte einer Geraden, wenn man die Gerade in sich verschiebt.

Die genannten beiden Eigenschaften reichen hin, um beide Maßbestimmungen zu charakterisieren; sie treten auch in deutlichster Weise hervor bei der Art, wie wirkliche Messungen ausgeführt werden. Man bedient sich dazu, sowohl beim Winkel- als beim Streckenmessen, *einer Skala äquidistanter Elemente*, die man beliebig an den zu messenden Gegenstand anlegt[19]). Die Zahl der Skalenteile, welche zwischen den beiden Elementen liegen, deren Maßunterschied zu bestimmen ist, ergibt geradezu den gesuchten Maßunterschied. Dabei soll nicht weiter diskutiert werden, wie die Zahl dieser Skalenteile im allgemeinen keine ganze und nicht einmal eine rationale ist, wie man damit zusammenhängend auch den Maßunterschied zweier Elemente nie genau, sondern nur innerhalb gewisser Fehlergrenzen wird bestimmen können. — Dagegen mögen wir des näheren

---

[17]) Bei der Winkelmessung gilt dies natürlich nur so weit, als man nicht, was man immer kann, den Winkeln $\overline{12}$ usw. unabhängig voneinander Multipla von π zufügt.

[18]) Dasselbe gilt z. B., wenn wir die Zeit oder Gewichte oder Intensitäten messen.

[19]) Beim Streckenmessen bedient man sich, in Übereinstimmung mit dem im Texte Gesagten, einer Skala äquidistanter, auf einer Geraden gelegener Punkte, eines *Maßstabs*. Dagegen wendet man beim Winkelmessen nicht eine Winkelskala, sondern einen *geteilten Kreis* an, der eine Winkelskala vertritt. Im Texte soll aber an der Vorstellung einer Winkelskala festgehalten werden, weil ein Kreis nicht im Sinne der projektivischen Geometrie ein Grundgebilde ist.

betrachten, wie die genannten beiden Eigenschaften der Maßbestimmung in der hier mit geschilderten Operation des Messens zutage treten. Die erste Eigenschaft, die Addierbarkeit der Maßunterschiede, ist unmittelbar darin ausgesprochen, daß wir als Maßunterschied zweier Elemente schlechthin die Zahl der zwischen ihnen befindlichen Skalenteile nehmen. Die zweite Eigenschaft tritt namentlich darin hervor, daß wir für den Maßunterschied dieselbe Zahl finden, unabhängig von der Art und Weise, wie wir die Skala an das zu Messende anlegen. Zu diesem Zwecke muß die Skala die Eigenschaft haben, sich selbst zu decken, wenn man sie an sich selbst beliebig anlegt. Oder, mit anderen Worten: Übt man auf die Skala eine Bewegung aus, bei der die gerade Punktreihe bez. das Strahlbüschel, welche ihre Träger sind, unverändert bleiben, bei der ferner ein Skalenteil in den nächstfolgenden übergeht, so geht jeder Skalenteil in den nächstfolgenden über.

Diese letztere Eigenschaft der Skala gestattet es, *dieselbe durch eine wiederholte Bewegung anzufertigen* [wie man dies in praxi tatsächlich tut].

Insbesondere, um eine Skala auf der geraden Punktreihe zu konstruieren, nehme man zwei Punkte (1) und (2) als Grenzpunkte eines ersten Skalenteils an. Sodann verschiebe man die Gerade in sich, bis (1) in (2) fällt. So ist (2) in einen Punkt (3) gerückt, welcher der dritte Skalenteilpunkt sein soll. Verschiebt man noch einmal um ein gleiches Stück, so rückt wieder (1) in (2), (2) in (3), endlich (3) in einen neuen Skalenteilpunkt (4) usw.

Ebenso, will man eine Skala auf dem ebenen Strahlbüschel konstruieren, so nehme man zuvörderst zwei Strahlen (1) und (2) an als Grenzstrahlen eines ersten Skalenteils[20]). Eine Drehung des Büschels in seiner Ebene um seinen Mittelpunkt bringe (1) in die Lage von (2), so hat (2) eine Lage (3) angenommen, welches der dritte Teilstrahl ist usf.

Verschiebung einer Punktreihe oder Drehung eines Strahlbüschels in sich fallen nun beide, vom Standpunkte der projektivischen Geometrie aus, unter den allgemeineren Begriff *einer linearen Transformation, welche das betreffende Grundgebilde in sich überführt.* Hiernach wird man sofort *eine allgemeinere Konstruktion einer Skala* für die gerade Punktreihe oder das Strahlbüschel und damit *eine allgemeinere Maßbestimmung* auf diesen Grundgebilden konzipieren, die dann die wirklich angewandten Konstruktionen und Maßbestimmungen als besondere Fälle umfaßt. Man wird sich nämlich dadurch, sei es für die Punktreihe oder für das Strahlbüschel, eine Skala konstruieren, daß man auf ein Element des betreffenden Ge-

---

[20]) In praxi wird man für den Skalenteil einen solchen Winkel nehmen, daß der rechte Winkel durch eine ganze Anzahl Skalenteile ausgedrückt wird, was hier nicht in Betracht kommt.

bildes eine beliebig anzunehmende lineare Transformation, durch welche das Gebilde in sich übergeht, wiederholt anwendet. Das anfänglich gewählte Element erzeugt dabei eine Elementenreihe, welche eben die Skala ist. Als Maßunterschied zweier Elemente gilt die Zahl der zwischen den beiden Elementen befindlichen Skalenteile[21]). Ist hiernach zunächt nur der Maßunterschied solcher Elemente definiert, welche genau um eine ganze Anzahl von Skalenteilen voneinander abstehen, so wird man durch fortgesetztes Unterabteilen der Skalenteile (vgl. den folgenden Paragraphen) auch den Maßunterschied zweier Elemente festlegen können, die um eine rationale Zahl von Skalenteilen verschieden sind; man wird endlich, indem man den Begriff der irrationalen Grenze aufnimmt, von einem Maßunterschiede zweier beliebiger Elemente reden können.

Diese allgemeinere Art der Maßbestimmung auf den Grundgebilden erster Stufe soll in dem folgenden Paragraphen näher untersucht werden. Man wird dabei so viele wesentlich verschiedene Maßbestimmungen erhalten, als es wesentlich verschiedene lineare Transformationen im Grundgebilde erster Stufe gibt. Nun gibt es aber solcher Transformationen nur zweierlei Arten:

1. Solche, bei denen zwei (reelle oder imaginäre) Elemente des Grundgebildes fest bleiben (allgemeiner Fall).

2. Solche, bei denen nur ein (doppeltzählendes) Element des Grundgebildes ungeändert bleibt (spezieller Fall).

Entsprechend wird es auch nur zwei wesentlich verschiedene Arten projektivischer Maßbestimmung auf den Grundgebilden erster Stufe geben: eine *allgemeine*, welche Transformationen erster Art, eine *spezielle*, welche Transformationen zweiter Art benutzt.

Die gewöhnliche Maßbestimmung im Strahlbüschel ist von der ersten Art. Denn bei einer Rotation des Büschels um seinen Mittelpunkt in seiner Ebene bleiben zwei getrennte Strahlen desselben, diejenigen, welche nach den unendlich fernen imaginären Kreispunkten hingehen, ungeändert.

Dagegen ist die gewöhnliche Maßbestimmung auf der Geraden von der zweiten Art. Denn bei einer Verschiebung einer Geraden in sich selbst bleibt nach der Annahme der gewöhnlichen parabolischen Geometrie nur ein Punkt derselben, der unendlich ferne Punkt, ungeändert. —

Hiermit ist denn bereits angedeutet, wie nach der Annahme der hyperbolischen bez. der elliptischen Geometrie die Maßbestimmung auf der Ge-

---

[21]) Hierdurch wird die Art der zu benutzenden linearen Transformation beschränkt. In erster Linie muß die lineare Transformation eine reelle sein, welche ein reelles erstes Element in ein reelles zweites überführt. Sodann ist auch noch erforderlich, daß die Skalenteilelemente in der Reihenfolge ihrer Entstehung aufeinander folgen, und nicht etwa das erste und zweite Element durch das dritte und vierte getrennt werden. Vgl. den weiteren Text.

raden den speziellen Charakter verliert, den ihr die parabolische Geometrie beilegt. Die hyperbolische Geometrie erteilt der Geraden zwei reelle, die elliptische zwei imaginäre unendlich ferne Punkte. Sie hat dementsprechend eine Verschiebung einer Geraden in sich als eine allgemeine lineare Transformation aufzufassen, welche zwei getrennte Punkte, die beiden unendlich fernen Punkte, ungeändert läßt. Es wird dies im folgenden noch näher erörtert werden.

§ 3.

Die allgemeine projektivische Maßbestimmung auf den Grundgebilden erster Stufe.

Wir wollen hier zunächst nur den allgemeinen Fall der eben aufgestellten projektivischen Maßbestimmung ins Auge fassen, daß nämlich zwei getrennte Elemente bei der die Skala erzeugenden linearen Transformation vorhanden sind. Dieselben mögen als die beiden *Fundamentalelemente* bezeichnet werden. In sie verlegen wir die beiden Grundelemente einer Koordinatenbestimmung, welche jedes weitere Element durch das Verhältnis zweier homogener Veränderlichen $x_1 : x_2$ festlegt. Den Wert dieses Verhältnisses mögen wir kurz durch z bezeichnen, so daß also $z = 0$ und $z = \infty$ die beiden Fundamentalelemente vorstellt. Alsdann ist die lineare Transformation, von der wir bei der Konstruktion der Skala ausgehen wollen, durch eine Gleichung von der folgenden Form gegeben:

$$z' = \lambda z,$$

wo λ eine die Transformation bestimmende Konstante ist[22]). — Wenden wir nun diese Transformation wiederholt auf ein willkürlich angenommenes Element $z = z_1$ an, so erhalten wir eine Elementenreihe:

$$z_1, \quad \lambda z_1, \quad \lambda^2 z_1, \quad \lambda^3 z_1, \ldots$$

und diese Elementenreihe ist unsere Skala. Dieselbe geht, wie a priori ersichtlich, durch die erzeugende Transformation in sich über.

Bezeichnen wir nun *den Skalenteil als Einheit der Entfernung*, so wird die Entfernung der Elemente z_1, λz_1, $\lambda^2 z_1$, $\lambda^3 z_1$, ... von dem Elemente z_1 bez. gleich $0, 1, 2, 3, \ldots$.

Jetzt werden wir, um auch die Entfernung anderer Elemente von dem Elemente z_1 messen zu können, die Skalenteile unterabteilen, etwa zunächst

---

[22]) Dieses λ darf nach einer oben gemachten Bemerkung nicht ganz beliebig sein, weil wir bei der Konstruktion der Skala nur reelle Elemente des Grundgebildes ins Auge fassen. Es muß λ zunächst der Beschränkung genügen, daß durch die Transformation $z' = \lambda z$ reelle Elemente in reelle übergehen (unabhängig davon, ob die beiden Fundamentalelemente $z = 0$, $z = \infty$ reell oder imaginär sind). Sodann muß λ (vgl. den weiteren Text) bei reellen Fundamentalelementen positiv sein.

in n (gleiche) Teile. Man erreicht dies, indem man auf das eine Grenzelement eines Skalenteils diejenige lineare Transformation $(n-1)$ mal anwendet, welche nach n-maliger Wiederholung die Transformation $z' = \lambda z$ ergibt, d. h. also die Transformation:

$$z' = \lambda^{\frac{1}{n}} \cdot z.$$

Dabei wird man die n-te Wurzel des Näheren so wählen[23]), daß das Element $\lambda^{\frac{1}{n}} z$ zwischen die Elemente z und λz zu liegen kommt.

Ist diese Unterabteilung ausgeführt, so kann man nunmehr die Entfernung aller Elemente von z_1 angeben, deren Koordinate z sich auf die folgende Form bringen läßt:

$$z = \lambda^{\alpha + \frac{\beta}{n}} \cdot z_1,$$

wo α, β ganze Zahlen sind. Diese Entfernung wird geradezu gleich dem Exponenten $\alpha + \dfrac{\beta}{n}$.

Indem man sich nun die Unterteilung der Skala unbegrenzt fortgesetzt denkt, ist ersichtlich, daß überhaupt als Entfernung eines Elementes z von dem Elemente z_1 derjenige Exponent α anzusehen ist, zu welchem λ erhoben werden muß, damit $\lambda^\alpha z_1 = z$ ist. Es ist dabei α irgendeine rationale oder irrationale Zahl.

Wir können dies, da offenbar $\alpha = \log \dfrac{z}{z_1} : \log \lambda$ ist, auch so aussprechen:

Die Entfernung eines Elementes z von dem Elemente z_1 ist gleich dem Logarithmus des Quotienten $\dfrac{z}{z_1}$, dividiert durch die Konstante $\log \lambda$.

Das Element z_1 ist dabei nur zufällig als Anfangselement der Skala gewählt, aber nicht weiter ausgezeichnet gewesen; man kann dasselbe durch eine lineare Transformation, welche die beiden Fundamentalelemente und also die ganze Maßbestimmung nicht ändert, überall hinbringen. Man hat also:

Die Entfernung zweier beliebiger Elemente z und z' ist gleich

$$\log \frac{z}{z'} : \log \lambda,$$

wie man noch verifizieren mag, indem man die Entfernungen der beiden

---

[23]) Warum gerade diese Bestimmung, übersieht man am besten an dem Beispiele der Kreisteilung. Soll bei einem Kreise ein Skalenteil, etwa ein Grad, untergeteilt werden, so ist das zunächst noch eine unbestimmte Aufgabe, weil der gegebene Skalenteil nur bis auf Multipla der Periode 2π gegeben ist. Diese Unbestimmtheit wird durch die Festsetzung im Texte aufgehoben. — Bei reellen Fundamentalelementen genügt es, $\lambda^{\frac{1}{n}}$ einfach als die positive reelle n-te Wurzel von λ zu definieren. Damit es aber eine solche gibt, muß λ positiv sein, was schon oben angegeben wurde. Bei negativem λ würde man für die Skala eine Elementenreihe erhalten, deren Elemente nicht in der Reihenfolge ihrer Entstehung aufeinander folgten.

Elemente z und z' von z_1, nämlich $\log\dfrac{z}{z_1} : \log\lambda$ und $\log\dfrac{z'}{z_1} : \log\lambda$ voneinander subtrahiert.

Statt der Konstanten $\dfrac{1}{\log\lambda}$ wollen wir jetzt kürzer c schreiben[24]), eine Bezeichnung, die im folgenden immer angewendet werden soll.

Dann ist also die Entfernung zweier beliebiger Elemente z und z' gleich $c\cdot\log\dfrac{z}{z'}$.

An diesem Ausdrucke für den Maßunterschied zweier Elemente verifiziert man leicht das Vorhandensein derjenigen Eigenschaften, durch deren Forderung wir ihn konstruiert haben. Zunächst findet die Addierbarkeit der Maßunterschiede statt:

$$c\log\frac{z}{z''} = c\log\frac{z}{z'} + c\log\frac{z'}{z''}.$$

Es ist ferner die Entfernung eines Elementes von sich selbst gleich Null:

$$c\cdot\log\frac{z}{z} = 0.$$

Endlich bleibt die Entfernung zweier Elemente:

$$c\log\frac{z}{z'}$$

ungeändert, wenn man auf z und z' gleichzeitig eine lineare Transformation anwendet, bei der die beiden Fundamentalelemente:

$$z = 0, \quad z = \infty$$

ungeändert bleiben, also eine Transformation, welche z und z' gleichzeitig in Multipla ihrer selbst überführt. —

Der hiermit für die Maßbestimmung gewonnene analytische Ausdruck läßt sich einfach geometrisch interpretieren. Der Quotient $\dfrac{z}{z'}$ hat, wie bekannt, die Bedeutung des Doppelverhältnisses der Elemente z, z' zu den beiden Fundamentalelementen $z = 0$, $z = \infty$.

Es wird also bei unserer Maßbestimmung die Entfernung zweier Elemente des Grundgebildes gleich dem mit einer gewissen Konstanten multiplizierten Logarithmus des von denselben mit den beiden Fundamentalelementen gebildeten Doppelverhältnisses.

Die fragliche Konstante c ist dabei unbestimmt und willkürlich anzunehmen.

---

[24]) Entsprechend den Beschränkungen, die der Konstanten λ aufgelegt waren, wird man Beschränkungen für die Konstante c erhalten. Dieselben gehen dahin, daß c reell oder rein imaginär sein muß, je nachdem die Fundamentalelemente reell oder imaginär sind. Wählte man c anders, so würde man noch immer den hier gewonnenen analytischen Ausdruck als Maßunterschied bezeichnen können, aber der Maßunterschied zweier konsekutiver reeller Elemente wäre dann imaginär.

§ 4.
Übergang zu komplexen Elementen.
Verallgemeinerung der Koordinatenbestimmung.

Wir haben bei der Konstruktion der Skala und also bei der Definition des Maßunterschiedes zweier Elemente seither nur reelle Elemente des Grundgebildes betrachtet. Nun wir aber den analytischen Ausdruck für den Maßunterschied zweier Elemente gewonnen haben:

$$c \log \frac{z}{z'},$$

so können wir auch unmittelbar von einem Maßunterschiede zweier komplexen Elemente des Grundgebildes sprechen. Dabei tritt dann in Allgemeinheit eine Erscheinung auf, die wir beim Winkel kennen, und die, wie im nächsten Paragraphen weiter erörtert werden soll, bei reellen Elementen immer dann in Evidenz tritt, wenn die Fundamentalelemente imaginär sind. Es ist dies, *daß der Maßunterschied zweier Elemente keine eindeutig bestimmte, vielmehr eine unendlich vielwertige Funktion mit einem Periodizitätsmodul ist.*

Dieser Periodizitätsmodul beträgt, da die Funktion Logarithmus die Periode $2\pi i$ hat, $2c\pi i$.

Da ferner der Logarithmus unendlich groß wird, wenn sein Argument 0 oder ∞ beträgt, so sind offenbar solche Elemente unendlich weit voneinander entfernt, für welche $\frac{z}{z'} = 0$ oder $= \infty$ wird. Dies tritt dann und nur dann ein, wenn eines der beiden Elemente mit einem der beiden Fundamentalelemente ($z = 0$, $z = \infty$) zusammenfällt. Also:

Bei unserer Maßbestimmung erhält das Grundgebilde zwei (reelle oder imaginäre) unendlich ferne Elemente: die beiden Fundamentalelemente.

Die Entfernung dieser Elemente von einem beliebigen anderen ist in derselben Weise unendlich groß, wie $\log 0$ oder $\log \infty$.

Die beiden Fundamentalelemente sind logarithmisch unendlich weit.

Wir mögen nun auch die beschränkende Annahme fallen lassen, welche wir seither hinsichtlich der Koordinatenbestimmung gemacht hatten. Die beiden Fundamentalelemente mögen nicht mehr mit den Grundelementen der Koordinatenbestimmung zusammenfallen, sondern sollen durch eine allgemeine Gleichung zweiten Grades gegeben sein:

$$\Omega = az^2 + 2bz + c = 0,$$

oder, homogen geschrieben:

$$ax_1^2 + 2bx_1x_2 + cx_2^2 = 0.$$

Um den Maßunterschied zweier Elemente mit den homogenen Koordinaten x_1, x_2 und y_1, y_2 anzugeben, hat man nur das Doppelverhältnis derselben zu den beiden Elementen $\Omega = 0$ zu bilden. Dieses letztere wird aber nach bekannten Regeln:

$$= \frac{\Omega_{xy} + \sqrt{\Omega_{xy}^2 - \Omega_{xx}\,\Omega_{yy}}}{\Omega_{xy} - \sqrt{\Omega_{xy}^2 - \Omega_{xx}\,\Omega_{yy}}},$$

wo Ω_{xx}, Ω_{yy}, Ω_{xy} die folgenden Ausdrücke bedeuten. Es ist Ω_{xx}, Ω_{yy} dasjenige, was aus Ω entsteht, wenn man statt der Variabeln bez. x_1, x_2 und y_1, y_2 einsetzt, also:

$$\Omega_{xx} = a\,x_1^2 + 2\,b\,x_1 x_2 + c\,x_2^2, \qquad \Omega_{yy} = a\,y_1^2 + 2\,b\,y_1 y_2 + c\,y_2^2.$$

Sodann bedeutet Ω_{xy} den Ausdruck:

$$\Omega_{xy} = a\,x_1 y_1 + b\,(x_1 y_2 + x_2 y_1) + c\,x_2 y_2.$$

Bei Anwendung dieser Bezeichnung wird jetzt der Maßunterschied zweier Elemente gleich:

$$c \cdot \log \frac{\Omega_{xy} + \sqrt{\Omega_{xy}^2 - \Omega_{xx}\,\Omega_{yy}}}{\Omega_{xy} - \sqrt{\Omega_{xy}^2 - \Omega_{xx}\,\Omega_{yy}}}$$

und dies ist der allgemeine analytische Ausdruck für den Maßunterschied.

Gelegentlich werden wir statt des Logarithmus einen Arcus Cosinus einführen. Es ist bekanntlich:

$$c \log a = 2\,i\,c \cdot \mathrm{arc\;cos} \frac{a+1}{2\sqrt{a}}.$$

Also auch unser Maßunterschied:

$$= 2\,i\,c \cdot \mathrm{arc\;cos} \frac{\Omega_{xy}}{\sqrt{\Omega_{xx} \cdot \Omega_{yy}}}.$$

Dies ist diejenige Form des analytischen Ausdrucks, welche bei Cayley vorkommt; Cayley hat nur, wie bereits erwähnt, der Konstanten c den partikulären Wert $-\dfrac{i}{2}$ beigelegt, so daß bei ihm der Maßunterschied geradezu gleich wird dem betreffenden Arcus Cosinus.

§ 5.

Besondere Betrachtung der reellen Elemente des Grundgebildes.

Wir wollen nunmehr betrachten, wie sich die in den vorigen beiden Paragraphen entwickelte Maßbestimmung auf den Grundgebilden erster Stufe des näheren für die reellen Elemente des Gebildes gestaltet. Dabei werden die beiden Fälle zu unterscheiden sein, daß die Fundamentalelemente reell oder daß sie imaginär sind. Der bestimmteren Vorstellung wegen wollen wir dabei insbesondere die Maßbestimmung auf der geraden Punktreihe ins Auge fassen; für das Strahlbüschel gelten selbstverständlich die nämlichen Dinge.

Es mögen *erstens* auf der Geraden zwei reelle Fundamentalpunkte o, o' gegeben sein.

Sind dann x und y reelle Punkte der Geraden, so haben x, y zu o, o' ein negatives oder positives Doppelverhältnis, je nachdem die Strecke xy von der Strecke oo' getrennt wird oder nicht. Im ersten Falle ist also der Logarithmus des Doppelverhältnisses rein imaginär, im zweiten (bis auf imaginäre Perioden) reell. Stellen wir also die Forderung, daß die Entfernung zweier aufeinander folgender Punkte der Geraden reell sei, so müssen wir die den Logarithmus multiplizierende Konstante c ebenfalls reell nehmen. Dann gilt der Satz:

Die Entfernung zweier Punkte x, y ist eine imaginäre oder eine reelle Größe, je nachdem die Strecke xy von der Strecke oo' getrennt wird oder nicht.

Man könnte natürlich c (wie dies bei Cayley geschieht) einen rein imaginären Wert beilegen; dann würden sich in dem vorstehenden Satze die Worte reell und imaginär vertauschen. Von vornherein ist dies gerade so zulässig, wie die andere Annahme. Nur würde dadurch die Maßbestimmung einen ganz anderen Charakter für reelle Punkte bekommen, als die von uns gewöhnlich angewandte ist. Wollten wir z. B. eine Skala solcher Punkte konstruieren, $1, 2, 3, \ldots$, die jedesmal um die Einheit der Entfernung voneinander abstehen, so würde 2 von 1 und 3 durch oo' getrennt sein und die Entfernung 13 nur insofern gleich zwei Einheiten sein, als man von 1 zuerst zu 2, von 2 sodann zu 3 geht, während $\overline{13}$ unmittelbar gemessen einen imaginären Wert ergibt usf. Deshalb soll die Annahme eines imaginären c hier ausgeschlossen sein.

Bei reellem c haben wir zunächst den eben angegebenen Satz. Wir werden uns dementsprechend auf die Betrachtung der einen der beiden Strecken beschränken, in welche die Gerade durch die beiden Fundamentalpunkte zerlegt wird. Jede dieser beiden Strecken ist unendlich lang, insofern ihre beiden Grenzpunkte, die Fundamentalpunkte, von allen anderen Punkten unendlich fern sind.

Man stelle sich nun vor, daß man in einem Punkt der Strecke oo', die wir gerade betrachten, gesetzt wäre und daß man sich nicht anders auf der Geraden fortbewegen könne, als vermöge solcher linearer Transformationen, welche die Punkte o, o' und also die Maßbestimmung ungeändert lassen. Wir wollen dann auch von einer Geschwindigkeit der Bewegung sprechen, indem wir darunter das Verhältnis des durchlaufenen Raumes (gemessen in unserer Maßbestimmung) zu der gebrauchten Zeit verstehen. Wenn man sich dann mit konstanter Geschwindigkeit in dem einen oder dem anderen Sinne auf der Geraden bewegt, so wird man sich dem Punkte o oder o' beständig nähern, man wird ihn aber, da er unendlich fern ist, nie erreichen. *In die zweite Strecke $o'o$ aber, auf der* *man sich gerade nicht befindet, wird man nie gelangen, so daß man sich von ihrem Vorhandensein nicht wird überzeugen können.*

Dies ist nun gerade diejenige Vorstellung, welche man sich in der *hyperbolischen* Geometrie von dem Messen auf der geraden Linie bildet. Die hyperbolische Geometrie erteilt der Geraden zwei unendlich ferne Punkte. Ob jenseits der beiden unendlich fernen Punkte noch ein Stück der Geraden existiert, welches das im Endlichen gelegene Stück zu einer geschlossenen Kurve ergänzt, ist nicht zu sagen, da uns unsere Bewegungen nie an die unendlich fernen Punkte hinan, geschweige denn über dieselben hinausführen. Jedenfalls wird man aber ein solches Stück als ein gedachtes, ideales der geraden Linie hinzufügen können.

Wir wollen nun *zweitens* annehmen, die beiden der Maßbestimmung auf der Geraden zugrunde zu legenden Fundamentalpunkte seien (konjugiert) imaginär. Dann hat das Doppelverhältnis der beiden Fundamentalpunkte zu zwei beliebigen reellen Punkten x, y den absoluten Betrag 1, der Logarithmus ist daher rein imaginär. Wir müssen also c einen rein imaginären Wert $c_1 i$ erteilen, damit die Entfernung reeller Punkte reell sein kann. Dann aber ist zugleich die gegenseitige Entfernung aller reeller Punkte reell. Unendlich ferne reelle Punkte gibt es nicht. Die Linie kehrt wie eine geschlossene Kurve in sich zurück. Die reelle Entfernung zweier Punkte ist nicht vollständig bestimmt, sondern nur bis auf Multipla einer reellen Periode, welche die Gesamtlänge der Geraden vorstellt. Dieselbe beträgt $2 i \pi c = - 2 \pi c_1$. Die Maßbestimmung auf der Geraden ist dann ganz so, wie die gewöhnliche Maßbestimmung auf einem Kreise mit dem Radius c_1.

Die hiermit geschilderte Maßbestimmung auf der Geraden ist gerade diejenige, welche die *elliptische* Geometrie anzunehmen hat. —

Was wir jetzt für die gerade Punktreihe ausgeführt haben, können wir genau in derselben Weise für das *Strahlbüschel* aussprechen.

Sind die beiden der Maßbestimmung im Strahlbüschel zugrunde liegenden Fundamentalstrahlen reell, so hat das Büschel zwei reelle Strahlen, welche einen unendlich großen Winkel mit allen übrigen einschließen. Eine Rotation eines Strahles im Büschel — entsprechend definiert, wie eben die Bewegung eines Punktes auf der Geraden — führt den Strahl nie an diese beiden Grenzstrahlen hinan oder gar über dieselben hinaus. Eine solche Maßbestimmung liegt unserer gewöhnlichen Winkelbestimmung gewiß nicht zugrunde. da eine fortgesetzte Rotation eines Strahles um einen auf ihm gelegenen Punkt den Strahl nach endlicher Zeit in seine Anfangslage zurückführt. Vielmehr verlangt diese Tatsache imaginäre Fundamentalstrahlen. Und in der Tat erkannten wir bereits in § 2, daß die gewöhnliche Winkelbestimmung zwei imaginäre Fundamentalstrahlen benutzt, nämlich diejenigen beiden Strahlen des Büschels, welche durch die unendlich fernen imaginären Kreispunkte durchgehen. Bei der hyperbolischen und elliptischen Geometrie bleibt die Winkelbestimmung im Strahlbüschel ganz die gewöhnliche; die beiden Fundamentalstrahlen werden nur nicht mehr als diejenigen beiden Strahlen definiert, welche durch die Kreispunkte hindurchgehen, sondern als diejenigen, welche einen bestimmten Kegelschnitt, den in diesen Geometrien vorkommenden unendlich fernen Kreis (vgl. § 8) berühren.

Die in der allgemeinen Formel des § 4 unbestimmt bleibende Konstante c ist, damit dieselbe für die gewöhnliche Winkelbestimmung gilt, gleich $\pm \dfrac{\sqrt{-1}}{2}$ zu setzen. Zunächst muß sie, nach den vorstehend bei der geraden Punktreihe ausgeführten Betrachtungen, rein imaginär $= \pm c_1 i$ sein. Alsdann wird die Summe der Winkel im Strahlbüschel gleich $2\pi c_1$, und da dieselbe bei der gewöhnlichen Bestimmung gleich π gesetzt wird[25]), so ist $c_1 = \frac{1}{2}$ zu nehmen. Unter dieser Annahme ergibt die Formel des § 4 in der Tat die gewöhnlich bei der Winkelbestimmung benutzte Formel. Seien x und y rechtwinklige Koordinaten in der Ebene. Der Mittelpunkt des Strahlbüschels, welches wir betrachten, soll in den Koordinatenanfangspunkt fallen. So sind die beiden nach den Kreispunkten gehenden Strahlen:

$$x^2 + y^2 = 0.$$

Mögen sodann zwei Strahlen durch die homogenen Koordinaten x, y und x', y' festgelegt sein. So wird, nach der Formel des § 4, indem wir noch $c = \dfrac{i}{2}$ setzen, ihr Winkel

$$= \text{arc cos} \ \frac{xx' + yy'}{\sqrt{x^2 + y^2} \cdot \sqrt{x'^2 + y'^2}}$$

und dieses ist ersichtlich die gewöhnliche Winkelbestimmung.

Der Winkel zweier Geraden ist also im Sinne der projektivischen Geometrie zu definieren, *als der mit $\dfrac{\sqrt{-1}}{2}$ multiplizierte Logarithmus desjenigen Doppelverhältnisses, welches die beiden Geraden mit den von ihrem Schnittpunkte nach den beiden unendlich fernen imaginären Kreispunkten gehenden Linien bilden.*

Gerade Linien bilden miteinander insbesondere einen rechten Winkel, wenn dieses Doppelverhältnis ein harmonisches ist. Die Bezeichnung eines solchen Winkels (oder auch einer entsprechenden Strecke) als eines Rechten werden wir in der Folge gelegentlich auch bei der allgemeinen Maßbestimmung anwenden.

---

[25]) Unter der Summe der Winkel im Strahlbüschel ist hier derjenige Winkel zu verstehen, den ein sich um einen seiner Punkte drehender Strahl durchlaufen muß, um zum ersten Male wieder mit seiner anfänglichen Lage zusammen zu fallen. Es ist dies die Hälfte desjenigen Winkels, den ein Punkt auf der Peripherie eines Kreises durchlaufen muß, um zur Anfangslage zurück zu gelangen.

§ 6.

Die spezielle Maßbestimmung bei zusammenfallenden Grundelementen.

Bisher hatten wir den besonderen Fall noch nicht in Betracht gezogen, der bei dem Zusammenfallen der beiden Fundamentalelemente der Maßbestimmung eintritt. Unsere allgemeine Formel

$$2\,ic \,\operatorname{arc\,cos} \frac{\Omega_{xy}}{\sqrt{\Omega_{xx}\Omega_{yy}}}$$

ergibt dann, unabhängig von den Werten, die man x und y beilegen mag, als Entfernung der beiden Elemente Null. Aber eine Maßbestimmung bleibt nach wie vor möglich, da die Art, wie die Entfernungen verschiedener Elemente beim Zusammenfallen der Fundamentalelemente Null werden, eine ganz bestimmte ist. Es ist offenbar:

$$\Omega_{xx}\cdot\Omega_{yy} - \Omega_{xy}^2 = (x_1 y_2 - y_1 x_2)^2\cdot\Delta,$$

wo Δ die Diskriminante $(ac - b^2)$ der quadratischen Form Ω ist. Deshalb können wir die allgemeine Formel für die Maßbestimmung auch so schreiben:

$$2\,ic\cdot\operatorname{arc\,sin}\frac{(x_1 y_2 - y_1 x_2)\sqrt{\Delta}}{\sqrt{\Omega_{xx}\cdot\Omega_{yy}}}.$$

Fallen jetzt die beiden Fundamentalelemente zusammen, so wird Ω ein vollständiges Quadrat eines linearen Ausdruckes $p_1 x_1 + p_2 x_2 = p_x$ und Δ verschwindet. Wir können deshalb zunächst den arc sin dem Sinus selbst gleich setzen, also die Entfernung schreiben:

$$2\,ic\sqrt{\Delta}\cdot\frac{x_1 y_2 - y_1 x_2}{\sqrt{\Omega_{xx}\Omega_{yy}}},$$

oder, wenn wir für Ω_{xx}, Ω_{yy} noch bez. p_x^2 und p_y^2 einführen:

$$2\,ic\sqrt{\Delta}\,\frac{x_1 y_2 - y_1 x_2}{(p_1 x_1 + p_2 x_2)\,(p_1 y_1 + p_2 y_2)}.$$

Den verschwindenden Faktor $\sqrt{\Delta}$ vereinigen wir mit dem $2\,ic$, dem wir einen beliebig großen Wert beilegen können, zu einer neuen Konstanten k. *So erhalten wir denn für den Maßunterschied die Formel*[26]):

$$k\cdot\frac{x_1 y_2 - y_1 x_2}{(p_1 x_1 + p_2 x_2)\,(p_1 y_1 + p_2 y_2)},$$

wo $p = 0$ das doppeltzählende Fundamentalelement vorstellt.

Daß dieser Ausdruck, den wir durch einen Grenzübergang gefunden haben, in der Tat den Forderungen genügt, die wir nach § 2 an ihn zu stellen haben, ist leicht zu verifizieren.

[26]) Cayley leitet diese Formel in ganz ähnlicher Weise ab.

Wir wollen ihn zu dem Zwecke in der etwas anderen Form schreiben:

$$\frac{q_1 x_1 + q_2 x_2}{p_1 x_1 + p_2 x_2} - \frac{q_1 y_1 + q_2 y_2}{p_1 y_1 + p_2 y_2},$$

wo q_1, q_2 im übrigen beliebige Größen sind, welche die Bedingung befriedigen:

$$q_1 p_2 - p_1 q_2 = k.$$

An dieser Form tritt zuvörderst die Addierbarkeit der Maßunterschiede ohne weiteres in Evidenz.

Sodann aber auch die Unveränderlichkeit derselben durch diejenigen speziellen linearen Transformationen, welche das Fundamentalelement $p = 0$ doppeltzählend ungeändert lassen. Diese Transformationen führen p in ein Multiplum seiner selbst über; jeden anderen linearen Ausdruck, also auch q, in dasselbe Multiplum seiner selbst, vermehrt um ein Vielfaches von p:

$$p' = \varrho p,$$
$$q' = \varrho q + \sigma p.$$

Der Quotient $\frac{q}{p}$ ändert sich dabei also um die Konstante σ, und der Maßunterschied zweier Elemente, der die Differenz zweier solcher Quotienten ist, bleibt völlig ungeändert, w. z. b. w.

Geometrisch definiert sich die hiermit gefundene Maßbestimmung folgendermaßen. Der Quotient $\frac{p_x}{q_x}$ stellt, wie bekannt, das Doppelverhältnis des Punktes x und desjenigen Punktes, für welchen $\frac{p}{q}$ den Wert 1 annimmt, zu den beiden Punkten $p = 0$, $q = 0$ dar, also zu dem gegebenen doppeltzählenden Fundamentalelemente und einem beliebig gewählten hinzutretenden Elemente. *Die Differenz der Werte dieses Doppelverhältnisses, gebildet für zwei Elemente, stellt den Maßunterschied der beiden Elemente dar.*

Diese Maßbestimmung, die sich als ein Grenzfall der allgemeinen ergab, soll der letzteren gegenüber fortan als *spezielle Maßbestimmung* bezeichnet werden. Dieselbe besitzt im Gegensatze zu der allgemeinen besonders die folgenden beiden Eigenschaften:

Sie ist nicht mehr mehrdeutig, sondern eindeutig definiert.

Sie besitzt nicht zwei logarithmisch unendlich ferne Elemente, sondern nur ein algebraisch unendlich weites (das doppeltzählende Fundamentalelement).

Unter diese spezielle Maßbestimmung subsumiert sich insbesondere, wie bereits in § 2 angedeutet, die gewöhnliche (euklidische, parabolische) Maßbestimmung auf der geraden Linie. Deshalb hat die Gerade bei der gewöhnlichen Anschauung auch nur einen unendlich fernen Punkt. Diesem Punkte kann man sich auf der einen oder der anderen Seite unausgesetzt nähern, ohne ihn allerdings zu erreichen. Die gerade Linie ist bei der parabolischen Geometrie, im Gegensatze zu der elliptischen, unendlich lang. Aber ein ideales Stück, wie bei der hyperbolischen Geometrie, besitzt sie nicht mehr; sie hängt im Unendlichen zusammen.

§ 7.

Spezielle Maßbestimmung, welche eine allgemeine in einem Elemente berührt. Krümmung der letzteren.

Wir wollen uns jetzt auf einem Grundgebilde erster Stufe zwei Maßbestimmungen denken, eine allgemeine und eine spezielle. Dieselben sollen in einer besonderen gegenseitigen Beziehung stehen, die als *Berührung der beiden Maßbestimmungen in einem Elemente* bezeichnet werden wird. Welcher Art diese Beziehung ist, wird man am besten an einem Beispiele erkennen.

Auf einer geraden Linie sei eine gewöhnliche Maßbestimmung gegeben, die den unendlich fernen Punkt der Geraden als Doppelelement benutzt. Die Punkte der Geraden seien durch eine nicht homogene Koordinate z vorgestellt, wo z geradezu den Abstand vom Koordinatenanfangspunkte bedeuten mag.

Sodann konstruiere man auf der Geraden in der folgenden Weise eine allgemeine Maßbestimmung. In dem Abstande 1 von der gegebenen Geraden und auf der im Koordinatenanfangspunkte errichteten Senkrechten sei der Mittelpunkt eines Strahlbüschels gelegen. Für dieses Strahlbüschel sei wiederum die gewöhnliche Maßbestimmung, d. h. jetzt die für das Strahlbüschel gewöhnliche Winkelbestimmung, gegeben. Diese Maßbestimmung kann man auf die gegebene Gerade übertragen, indem man als Maßunterschied zweier Punkte der Geraden den Winkel definiert, den die durch sie hindurchgehenden Strahlen des Büschels bilden. Sei z die Koordinate eines der Punkte, so ist der Winkel, den der hindurchgehende Strahl des Büschels mit dem durch den Koordinatenanfangspunkt gehenden bildet, gleich arc tang z; überhaupt wird also bei dieser Maßbestimmung der Maßunterschied zweier Elemente z und z':

$$= \text{arc tang } z - \text{arc tang } z'.$$

Die Fundamentalelemente dieser Maßbestimmung sind imaginär und des näheren bestimmt durch $z = \pm i$.

Zwischen der angenommenen speziellen Maßbestimmung und der jetzt hinzutretenden allgemeinen besteht nun die Beziehung, daß sie für Werte von z, die sehr wenig von $z = 0$ abweichen, nahezu übereinstimmen, da ja für sehr kleine Winkel der Unterschied zwischen Winkel und trigonometrischer Tangente verschwindet.

Am deutlichsten tritt dies hervor, wenn wir für den arc tang z seine Reihenentwicklung setzen: $= z - \dfrac{z^3}{3} + \dfrac{z^5}{5} - + \ldots$. *Beide Maßbestimmungen sind also in der Nähe von $z = 0$ bis auf Größen dritter Ordnung identisch.* Diese Beziehung der beiden Maßbestimmungen ist es, welche als *Berührung* derselben bezeichnet sein soll.

Wenn sich, wie im vorstehenden, eine allgemeine und eine spezielle Maßbestimmung berühren, so ist augenscheinlich der Berührungspunkt der vierte harmonische Punkt zu den beiden Fundamentalpunkten der allgemeinen und dem doppeltzählenden Fundamentalpunkte der speziellen Maßbestimmung. Will man also, wenn auf einem Grundgebilde eine allgemeine Maßbestimmung gegeben ist, eine spezielle Maßbestimmung konstruieren, welche die gegebene in einem bestimmten Elemente berührt, so suche man zuerst zu diesem und zu den beiden Fundamentalelementen der allgemeinen Maßbestimmung das vierte harmonische. Dieses ist als Doppelelement der gesuchten Maßbestimmung zu benutzen. Es sind dann nur noch die absoluten Werte der in der letzteren vorkommenden Konstanten so zu bestimmen, daß in der Nähe des gegebenen Elementes zwischen beiden Maßbestimmungen Übereinstimmung stattfindet. Diese Übereinstimmung ist dann wegen der besonderen Lage des doppeltzählenden Fundamentalelementes sofort eine innigere, eine Berührung.

Nun findet ein charakteristischer Unterschied statt zwischen der allgemeinen Maßbestimmung mit imaginären und der allgemeinen Maßbestimmung mit reellen Fundamentalelementen.

Sind die beiden Fundamentalelemente imaginär, so eilt die in einem Punkte berührende spezielle Maßbestimmung der allgemeinen voran. Das heißt, für das eben gebrauchte Beispiel, der Abstand eines Punktes z vom Nullpunkte, gemessen in der tangierenden speziellen Maßbestimmung, ist immer größer als der Abstand derselben beiden Elemente, gemessen in der gegebenen allgemeinen Maßbestimmung. Man übersieht dies deutlich, wenn man bedenkt, daß die ganze Linie, gemessen in der speziellen Maßbestimmung, eine unendliche Länge hat, während sie in der gegebenen allgemeinen Maßbestimmung von endlicher Länge ist. Nur für Punkte, die unendlich nahe an dem Berührungspunkte ($z = 0$) gelegen sind, stimmen beide Maßbestimmungen überein.

Sind dagegen die beiden Fundamentalelemente der gegebenen allgemeinen Maßbestimmung reell, so bleibt umgekehrt die in einem Punkte berührende spezielle Maßbestimmung hinter der gegebenen zurück. In der Tat, die von den beiden Fundamentalelementen begrenzte Strecke ist in der gegebenen allgemeinen Maßbestimmung bereits unendlich groß, während sie für die berührende Maßbestimmung noch endlich ist.

Dieses Zurückbleiben resp. Voraneilen der allgemeinen Maßbestimmung, gegenüber der speziellen tangierenden, bezeichne ich als die *Krümmung der allgemeinen Maßbestimmung*, zunächst im Berührungselemente. Die Krümmung soll *positiv* heißen, wenn die Fundamentalelemente imaginär, *negativ*, wenn sie reell sind. Als *Maß der Krümmung* bezeichne ich, schlechthin ausgesprochen, die Größe des Zurückbleibens resp. Voraneilens. Dieses Krümmungsmaß erhält, wie ich jetzt zeigen will, für alle Elemente des Gebildes denselben Wert. Für diesen kann $-\dfrac{1}{4c^2}$ genommen werden, wo c die charakteristische Konstante der allgemeinen Maßbestimmung ist.

Die beiden Fundamentalelemente der allgemeinen Maßbestimmung mögen, wie oben in dem Beispiele, harmonisch zu $z = 0$ und zu $z = \infty$ gelegen sein, und zwar seien sie durch:

$$z^2 = a$$

bestimmt. Ist dann c, wie immer, die charakteristische Konstante der Maßbestimmung, so findet man für den Abstand eines Elementes z vom Koordinatenanfangselemente:

$$2c \operatorname{arc\,tg} \frac{zi}{\sqrt{a}},$$

oder, in eine Reihe entwickelt:

$$+\frac{2ci}{\sqrt{a}} \cdot z + \frac{2ci}{3\sqrt{a^3}} \cdot z^3 + \frac{2ci}{5\sqrt{a^5}} \cdot z^5 + \ldots.$$

Die im Elemente $z = 0$ tangierende spezielle Maßbestimmung ist diejenige, welche als Entfernung des Elementes z vom Elemente $z = 0$ das erste Glied der Reihenentwicklung, also den Ausdruck:

$$\frac{2ci}{\sqrt{a}} \cdot z$$

benutzt. Als Abweichung der allgemeinen Maßbestimmung von der tangierenden speziellen, oder als Krümmungsmaß der ersteren, kann man dann definieren: das negativ genommene zweite Glied der Reihenentwicklung, multipliziert mit 3, dividiert durch die dritte Potenz des ersten Gliedes. Dies aber ergibt den eben angegebenen Ausdruck $-\dfrac{1}{4c^2}$.

Dieser Ausdruck für das Krümmungsmaß hat auch das oben festgesetzte Vorzeichen. Bei reellen Fundamentalelementen muß man (§ 4) c ein positives Vorzeichen erteilen, das Krümmungsmaß wird also negativ; bei imaginären Fundamentalelementen dagegen ist c rein imaginär zu nehmen, somit das Krümmungsmaß positiv. Das Krümmungsmaß einer speziellen Maßbestimmung wird Null. Denn wir mußten im vorigen Paragraphen, um durch einen Grenzübergang zu der speziellen Maßbestimmung zu gelangen, c einen unendlich großen Wert erteilen.

Endlich ist auch die Krümmung in allen Elementen unseres Grundgebildes dieselbe, insofern c für alle Elemente dieselbe Bedeutung hat.

Das hiermit aufgestellte Krümmungsmaß einer allgemeinen Maßbestimmung kann noch in der folgenden Weise definiert werden.

In § 5 wurde gezeigt, daß die Länge der ganzen Linie bei imaginären Fundamentalelementen und der Konstanten $c_1 i$ gleich $2 c_1 \pi$ wird. Der mit π^2 multiplizierte reziproke Wert des Quadrats dieses Ausdruckes ist aber das Krümmungsmaß. Das Krümmungsmaß ist gleich der mit π multiplizierten Fläche eines gewöhnlichen Kreises, der einen Radius gleich dem reziproken Werte der scheinbaren Länge der ganzen Geraden hat.

Bei reellen Fundamentalelementen kann man folgende Betrachtung machen. Der gegenseitige Abstand der beiden Fundamentalelemente $z = \pm \sqrt{a}$, gemessen in der tangierenden speziellen Maßbestimmung, ist gleich $4c$. Das Krümmungsmaß wird also gleich dem mit -4 multiplizierten reziproken Quadrate des in der tangierenden speziellen Maßbestimmung gemessenen Abstandes der beiden Fundamentalelemente.

Zum Schlusse sei noch bemerkt, daß die dreierlei Maßbestimmungen, welche die elliptische, die hyperbolische und die parabolische Geometrie auf der geraden Linie annehmen, zueinander in dem Verhältnisse der Berührung stehen. Die Berührung findet jedesmal in demjenigen Punkte statt, den wir gerade ins Auge fassen, von dem aus wir im Sinne der hyperbolischen oder der elliptischen oder der parabolischen Geometrie messen. Die Maßbestimmung der parabolischen Geometrie ist die spezielle Maßbestimmung, welche die allgemeine Maßbestimmung der elliptischen bez. der hyperbolischen Geometrie tangiert. Sie kann deswegen die letzteren für alle Punkte ersetzen, welche von dem Punkte, den wir gerade betrachten, wenig entfernt sind.

§ 8.

Die allgemeine projektivische Maßbestimmung in der Ebene.

Nachdem nunmehr die projektivische Maßbestimmung auf den Grundgebilden erster Stufe auseinandergesetzt worden ist, können wir, fast unmittelbar, zu den projektivischen Maßbestimmungen auf den Grundgebilden zweiter und sodann beliebiger Dimension übergehen. Wir finden sodann eine allgemeinere Maßbestimmung, welche die von uns bei diesen Grundgebilden gewöhnlich in Anwendung gebrachten Maßbestimmungen, andererseits aber auch die Maßbestimmungen, welche die elliptische und die hyperbolische Geometrie für die betreffenden Gebilde aufstellt, als spezielle Fälle umfaßt. Es soll dieselbe hier zunächst für die Ebene auseinandergesetzt werden. Für den Punkt (als Strahlen- und Ebenenbündel im

Raume) gestaltet sich dieselbe ganz in gleicher Weise, wie in § 10 noch näher erörtert werden soll.

So wie man bei der projektivischen Maßbestimmung auf den Grundgebilden erster Stufe zwei Elemente derselben als Fundamentalelemente benutzt, so legt man der projektivischen Maßbestimmung in der Ebene einen Kegelschnitt zugrunde, welcher *der fundamentale Kegelschnitt* heißen soll (bei Cayley „the absolute"). An diesen fundamentalen Kegelschnitt knüpft sich zunächst die Maßbestimmung auf allen Grundgebilden erster Stufe, welche der Ebene angehören, d. h. die Maßbestimmung auf den Geraden und in den Strahlbüscheln der Ebene. Jede gerade Linie schneidet den fundamentalen Kegelschnitt in zwei (reellen oder imaginären oder zusammenfallenden) Punkten. Diese sollen die Fundamentalpunkte für die auf ihr zu treffende Maßbestimmung sein. Unter den Linien jedes Büschels finden sich zwei (reelle oder imaginäre oder zusammenfallende) Tangenten des Kegelschnitts. Dieselben sollen als Fundamentalstrahlen für die Maßbestimmung im Strahlbüschel genommen werden. — Sodann wollen wir noch eine Festsetzung hinsichtlich der Konstanten c machen, die in Anwendung zu bringen sind. Zur Maßbestimmung auf allen geraden Punktreihen wollen wir dieselbe, übrigens willkürlich gewählte Konstante c benutzen; ebenso zur Maßbestimmung in allen Strahlbüscheln ein und dieselbe, übrigens beliebig angenommene Konstante c'.

Für die hiermit eingeführte Maßbestimmung wollen wir nunmehr den analytischen Ausdruck aufstellen.

Die Gleichung des Fundamentalkegelschnittes in Punktkoordinaten mag sein:

$$\Omega = 0.$$

Sodann seien durch:

$$\Omega_{xx},\ \Omega_{yy}$$

diejenigen Ausdrücke bezeichnet, welche entstehen, wenn man in Ω die Koordinaten x_1, x_2, x_3 eines Punktes (x), resp. die Koordinaten y_1, y_2, y_3 eines Punktes (y) einsetzt. Endlich bedeute:

$$\Omega_{xy}$$

das Resultat der Einsetzung der Koordinaten y in die Polare von (x), oder, was dasselbe ist, der Koordinaten x in die Polare von (y). Dann ist das Doppelverhältnis der beiden Punkte (x) und (y) zu den beiden Schnittpunkten ihrer Verbindungsgeraden mit dem fundamentalen Kegelschnitt durch den Quotienten der Wurzeln der folgenden in λ quadratischen Gleichung gegeben:

$$\lambda^2 \Omega_{xx} + 2\lambda \Omega_{xy} + \Omega_{yy} = 0.$$

Das Doppelverhältnis ist also gleich:

$$\frac{\Omega_{xy} + \sqrt{\Omega_{xy}^2 - \Omega_{xx}\Omega_{yy}}}{\Omega_{xy} - \sqrt{\Omega_{xy}^2 - \Omega_{xx}\Omega_{yy}}},$$

und *die Entfernung der beiden Punkte wird:*

$$= c \log \frac{\Omega_{xy} + \sqrt{\Omega_{xy}^2 - \Omega_{xx}\Omega_{yy}}}{\Omega_{xy} - \sqrt{\Omega_{xy}^2 - \Omega_{xx}\Omega_{yy}}},$$

oder auch, was dasselbe ist:

$$= 2\,ic \cdot \operatorname{arc\,cos} \frac{\Omega_{xy}}{\sqrt{\Omega_{xx}\Omega_{yy}}}.$$

Es sind dies also, bei der hier gebrauchten Bezeichnung, genau dieselben Ausdrücke, welche bei den Grundgebilden erster Stufe auftraten.

Auf ganz gleiche Weise ergibt sich der Winkel zweier Geraden mit den Koordinaten u_1, u_2, u_3 und v_1, v_2, v_3, wenn:

$$\Phi = 0$$

die Gleichung des fundamentalen Kegelschnittes in Linienkoordinaten ist, durch die folgende Formel. *Der Winkel der beiden Geraden ist:*

$$= c' \log \frac{\Phi_{uv} + \sqrt{\Phi_{uv}^2 - \Phi_{uu}\Phi_{vv}}}{\Phi_{uv} - \sqrt{\Phi_{uv}^2 - \Phi_{uu}\Phi_{vv}}},$$

oder, was dasselbe ist:

$$= 2\,ic' \operatorname{arc\,cos} \frac{\Phi_{uv}}{\sqrt{\Phi_{uu}\Phi_{vv}}}.$$

Es entsteht nun zunächst die Frage: Wo liegen diejenigen Punkte (y), welche von einem Punkte (x) gleich weit abstehen? Da die Entfernung $\overline{xy}$ nur von:

$$\frac{\Omega_{xy}}{\sqrt{\Omega_{xx}}\,\sqrt{\Omega_{yy}}},$$

abhängt, so erhalten wir die Gleichung des geometrischen Ortes für (y), indem wir diesen Ausdruck gleich einer Konstanten k, oder, was dasselbe ist, wenn wir:

$$\Omega_{xy}^2 = k^2\,\Omega_{xx}\Omega_{yy}$$

setzen. Dies ist aber ein Kegelschnitt, welcher den fundamentalen Kegelschnitt $\Omega_{yy} = 0$ in den beiden Durchschnittspunkten mit $\Omega_{xy} = 0$, der Polare von (x) in bezug auf den fundamentalen Kegelschnitt, berührt.

Von dem Punkte (x) stehen alle diejenigen Punkte gleich weit ab, die demselben Kegelschnitte angehören, welcher den Fundamentalkegelschnitt in den beiden Durchschnitten mit der Polare des Punktes (x) berührt.

Diese Kegelschnitte also sind es, die wir, gewöhnlichem Sprachgebrauche folgend, bei unserer Maßbestimmung als *Kreise* zu bezeichnen haben. Der Punkt (x) ist das gemeinsame *Zentrum* der Kreise. Unter dem *Radius* des Kreises haben wir die Entfernung eines beliebigen seiner Punkte (y) vom Mittelpunkte (x), d. h. den Ausdruck:

$$2\,ic \operatorname{arc\,cos} k$$

zu verstehen.

Unter diesen um das Zentrum (x) beschriebenen Kreisen findet sich insbesondere, $k = 0$ und also einem Radius gleich $\pi i c$ entsprechend, die Polare des Punktes (x). Es findet sich ferner unter ihnen (für $k = 1$) ein Kreis mit dem Radius Null. Derselbe besteht aus dem Paare der von (x) an den Fundamentalkegelschnitt gelegten Tangenten. Der Abstand zweier auf einer solchen Tangente gelegenen Punkte ist in der Tat immer Null, weil sie mit den Durchschnittspunkten ihrer Verbindungslinie mit dem Fundamentalkegelschnitt das Doppelverhältnis $+\, 1$ bilden. Man müßte denn der Konstanten c einen unendlich großen Wert erteilen, was hier nicht angeht, da sonst die Entfernung aller nicht auf einer Tangente des Kegelschnitts gelegener Punkte unendlich groß würde. Es bleibt natürlich unbenommen, zur Maßbestimmung auf den Tangenten des Kegelschnitts dem c einen besonderen unendlich großen Wert beizulegen. Diese Maßbestimmung ist dann aber nicht mehr mit der allgemeinen vergleichbar. — Es gibt endlich unter den in Rede stehenden konzentrischen Kreisen, $k = \infty$ entsprechend, einen mit unendlich großem Radius. Dies ist der fundamentale Kegelschnitt selbst; wie denn auf jeder durch (x) hindurchgehenden Geraden die beiden Durchschnittspunkte mit dem fundamentalen Kegelschnitte die beiden unendlich fernen Punkte sind: *Der Fundamentalkegelschnitt ist der Ort derjenigen Punkte, welche von einem beliebigen Punkte unendlich abstehen.*

Ganz entsprechende Betrachtungen, wie vorstehend für die Punkte der Ebene, kann man ohne weiteres für die Geraden derselben anstellen *Diejenigen Geraden, welche mit einer festen Geraden (u) den nämlichen Winkel einschließen, umhüllen Kegelschnitte, welche den Fundamentalkegelschnitt in den beiden Durchschnittspunkten mit (u) berühren, unter denen sich also insbesondere der Pol von (u) (als Strahlbüschel gedacht) befindet. — Diejenigen Geraden, welche durch einen der Durchschnittspunkte des Fundamentalkegelschnitts mit (u) hindurchgehen, schließen mit (u) einen Winkel Null ein. — Die Tangenten des fundamentalen Kegelschnitts bilden mit (u) einen unendlich großen Winkel.*

Diejenigen Kegelschnitte also, welche den Fundamentalkegelschnitt zweimal berühren, sind gleichzeitig Ort derjenigen Punkte, welche von einem festen Punkte, dem Pole der Berührungssehne, gleich weit abstehen, und werden umhüllt von denjenigen Geraden, welche eine feste Gerade, die Berührungssehne, unter konstantem Winkel schneiden. Man bemerke ferner noch dies. Als *parallele* Linien wird man solche Linien bezeichnen, die sich unendlich weit, d. h. auf dem Fundamentalkegelschnitte schneiden. Der Winkel zweier paralleler Linien ist gleich Null. Aber es steht nichts im Wege, für ein Büschel paralleler Linien, indem man c einen unendlich großen Wert beilegt, eine *spezielle* Maßbestimmung einzuführen. Auf die Einführung einer solchen speziellen Maßbestimmung kommt es hinaus, wenn wir in der gewöhnlichen, parabolischen Geometrie von einem Abstande[27]) zweier Parallelen reden.

§ 9.

Über diejenigen linearen Transformationen der Ebene, welche an Stelle der Bewegungen treten.

Ein Kegelschnitt hat die Eigenschaft, durch dreifach unendlich viele lineare Transformationen der Ebene in sich überzugehen. Denn es gibt achtfach unendlich viele lineare Transformationen in der Ebene und nur fünffach unendlich viele Kegelschnitte, so daß jeder Kegelschnitt in jeden anderen, und also auch in sich selbst, durch dreifach unendlich viele lineare Transformationen übergeführt werden kann.

Bei einer solchen linearen Transformation der Ebene vertauschen sich die Punkte des Kegelschnittes unter sich, gerade so, wie bei einer linearen Transformation eines Grundgebildes erster Stufe, dessen Elemente untereinander vertauscht werden. Man wird hieraus schließen, daß bei jeder solchen linearen Transformation zwei Punkte des Kegelschnitts ungeändert bleiben. In der Tat, man betrachte die beiden Strahlbüschel $o(p_1, p_2, p_3, \ldots)$ und $o(p_1', p_2', p_3', \ldots)$, welche von einem festen Punkte o des Kegelschnitts nach beliebig gegebenen Punkten $p_1, p_2, p_3, \ldots$ desselben und nach denjenigen Punkten $p_1', p_2', p_3', \ldots$ hingehen, die aus letzteren vermöge einer linearen Transformation der Ebene, die den Kegelschnitt ungeändert läßt, entspringen. Die beiden Büschel sind projektivisch, denn $o(p_1, p_2, p_3, \ldots)$ ist projektivisch mit $o'(p_1', p_2', p_3', \ldots)$, wo o' den Punkt bezeichnet, in welchen o bei der Transformation übergeht. Dieser Punkt o' ist aber, wie o, ein Punkt des gegebenen Kegelschnittes, also ist $o'(p_1', p_2', p_3', \ldots)$ projektivisch zu $o(p_1', p_2', p_3', \ldots)$, und also letzteres auch zu $o(p_1, p_2, p_3, \ldots)$, w. z. b. w. Sind aber die beiden Büschel $o(p_1, p_2, p_3, \ldots)$ und $o(p_1', p_2', p_3'', \ldots)$ projektivisch, so haben sie zwei Strahlen $o\pi_1$ und $o\pi_2$ entsprechend gemein, mithin gibt es zwei Punkte π_1, π_2 des Kegelschnittes, welche bei der Transformation ungeändert bleiben.

Bleiben aber zwei Punkte des Fundamentalkegelschnitts ungeändert, so auch deren Verbindungslinie, die Tangenten in ihnen und deren Durchschnitt, überhaupt also das von der Verbindungslinie und den Tangenten gebildete Dreieck. Unter Zugrundelegung dieses Dreiecks als Koordinatendreieck ist die Gleichung des Kegelschnittes von der Form:

$$x_1 x_2 - x_3^2 = 0.$$

______

[27]) Es ist dabei eine Besonderheit der parabolischen Geometrie, wenn der Abstand zweier Parallelen gleich ist dem Minimalabstande zweier auf ihnen beweglicher Punkte.

Die lineare Transformation, durch welche er in sich selbst übergeht, muß, da sie das Dreieck ungeändert läßt, von der Form sein:

$$x_1 = \alpha_1 y_1, \quad x_2 = \alpha_2 y_2, \quad x_3 = \alpha_3 y_3.$$

Als Bedingung dafür, daß durch sie der Kegelschnitt ungeändert bleibt, kommt:

$$\alpha_1 \alpha_2 - \alpha_3^2 = 0,$$

und da dies nur eine Bedingung für die drei homogenen α ist, so gibt es einfach unendlich viele lineare Transformationen, die das Dreieck und den Kegelschnitt ungeändert lassen.

Durch diese Transformationen bleibt der Quotient $\dfrac{x_1 x_2}{x_3^2}$ unabhängig von seinem Werte ungeändert. Es gehen also durch die nämlichen Transformationen alle Kegelschnitte von der Form:

$$x_1 x_2 - k x_3^2 = 0$$

in sich über[28]).

Hier ist nun eine Unterscheidung zwischen reellen Kegelschnitten mit reellen Punkten und solchen ohne reelle Punkte zu machen. [29])

Im ersteren Falle zerfallen die in Betracht kommenden linearen Transformationen der Ebene, die den Kegelschnitt in sich überführen, sofern sie reell sind, in zwei Scharen. *Die Transformationen der ersten Schar können durch Wiederholung einer reellen, unendlich kleinen Transformation derselben Art erzeugt werden und bilden daher eine Gruppe, die der zweiten nicht.*

Sind beispielsweise die beiden festbleibenden auf dem Kegelschnitt befindlichen Punkte π_1 und π_2, so hat man eine Transformation der ersten oder zweiten Gruppe, jenachdem $\alpha_3 = \sqrt{\alpha_1 \alpha_2}$ oder $\alpha_3 = -\sqrt{\alpha_1 \alpha_2}$. Im letzteren Falle wird die Strecke $\pi_1 \pi_2$ von je zwei entsprechenden Punkten des Kegelschnitts getrennt, im ersteren nicht.

Die Transformationen der ersten Schar, durch die der Fundamentalkegelschnitt ungeändert bleibt, sind es nun, welche im vorliegenden Falle als *Bewegungen* der Ebene bezeichnet sein sollen. Dieselben gehen nämlich in den Zyklus der wirklichen Bewegungen der Ebene über, wenn wir den Fundamentalkegelschnitt in der Art passend partikularisieren, daß die auf ihn gegründete Maßbestimmung in die wirklich angewandte übergeht[30]).

---

[28]) Beiläufig bemerkt, sieht man hieraus: Nicht jede lineare Transformation führt einen Kegelschnitt in sich selbst über; steht aber die Transformation zu *einem* Kegelschnitte in dieser Beziehung, so gleich zu unendlich vielen.

[29]) [Daß diese Unterscheidung hier notwendig ist, hat Herr Study in den Math. Ann., Bd. 39 (1891) bemerkt. Dementsprechend ist die Fassung der nächstfolgenden Absätze abgeändert worden.]

[30]) Die andere Klasse von Transformationen des Kegelschnittes in sich selbst liefert bei diesem Übergange diejenigen Transformationen der Ebene, welche aus ebenen Figuren beliebig gelegene, invers kongruente machen.

Enthält aber der zugrunde zu legende, durch eine reelle Gleichung gegebene Kegelschnitt keine reellen Punkte, so werden sämtliche reelle lineare Transformationen, die den Kegelschnitt in sich überführen, als Bewegungen zu bezeichnen sein. [31])

Bei dieser Definition können wir den eben bewiesenen Satz, daß durch jede lineare Transformation, durch die der gegebene Kegelschnitt in sich übergeht, unendlich viel Kegelschnitte ungeändert bleiben, so aussprechen:

Bei einer Bewegung der Ebene geht nicht nur der Fundamentalkegelschnitt, sondern jeder Kegelschnitt (jeder Kreis) in sich über, welcher ihn in den beiden fest bleibenden Punkten berührt.

Unter diesen Kegelschnitten findet sich namentlich auch der Punkt $x_1 = 0$, $x_2 = 0$, der gemeinsames Zentrum der Kreise ist. Wir wollen die Bewegung als eine *Rotation der Ebene um dieses Zentrum* bezeichnen

Dann haben wir den Satz:

Jede Bewegung der Ebene besteht in einer Rotation um einen Punkt. Alle anderen Punkte beschreiben um diesen Punkt als Zentrum herumgelegte Kreise.

Es braucht kaum hervorgehoben zu werden, daß bei der Bewegung die Polare des Rotationszentrums dualistisch dieselbe Rolle spielt wie das Zentrum, daß also bei unserer Maßbestimmung Bewegung ein in sich selbst dualistischer Begriff ist. Diese Dualität wird erst aufgehoben, wenn wir, um zur parabolischen Geometrie zu gelangen, den fundamentalen Kegelschnitt undualistisch partikularisieren.

Unter den Bewegungen der Ebene gibt es noch einen ausgezeichneten Fall, der dann eintritt, wenn das Zentrum der Rotation unendlich weit, d. h. auf den Fundamentalkegelschnitt rückt.

Die Kreise, welche von den einzelnen Punkten der Ebene beschrieben werden, sind dann Kegelschnitte, die den fundamentalen Kegelschnitt im Zentrum vierpunktig berühren. Diejenige Art der Bewegung, welche dieser Annahme entspricht, bezeichnet man als *Translation*[32]).

Es ist nun ersichtlich, daß, wenn man Bewegungen der Ebene so definiert, wie vorstehend geschehen, dann der Satz gilt:

Bei den Bewegungen der Ebene bleiben die Maßverhältnisse ungeändert.

Denn da bei einer Bewegung der Fundamentalkegelschnitt in sich übergeht, so wird bei derselben das Doppelverhältnis zweier Punkte zu den

---

[31]) [Die Unterscheidung direkter und inverser Kongruenz fällt dabei weg, weil die unbegrenzte projektive und also auch die elliptischen Ebene eine einseitige Fläche vorstellt. Man vergleiche hierzu die Erörterungen des 2. Bandes dieser Ausgabe.]

[32]) Eine durch die Partikularisation des Fundamentalkegelschnitts herbeigeführte Besonderheit ist es, wenn bei der parabolischen Geometrie die Translationen ein geschlossenes System bilden und je zwei Translationen vertauschbar sind.

beiden Schnittpunkten ihrer Verbindungslinie mit dem Fundamentalkegelschnitte erhalten. Also auch der mit einer Konstanten multiplizierte Logarithmus des Doppelverhältnisses, d. h. die Entfernung der beiden Punkte. Ähnlich ist es mit dem Winkel zweier Geraden.

Es gilt dies nicht nur für die Bewegungen der Ebene, sondern auch, und aus demselben Grunde, bei den Transformationen zweiter Art, die den Fundamentalkegelschnitt in sich überführen [sofern ein solcher Unterschied besteht].

Es gilt ferner etwas Ähnliches bei denjenigen reziproken (dualistischen) Transformationen, die den Fundamentalkegelschnitt in sich überführen, namentlich für die durch denselben begründete Polarreziprozität. Denn zwei Punkten und den Durchschnittspunkten ihrer Verbindungslinie mit dem Fundamentalkegelschnitt, die ein gewisses Doppelverhältnis besitzen, entsprechen bei diesen Transformationen zwei Linien und die beiden von deren Durchschnittspunkte an den Fundamentalkegelschnitt gehenden Tangenten, welche dasselbe Doppelverhältnis miteinander bilden. Nehmen wir also die beiden Konstanten c und c' (§ 8) der beiden Maßbestimmungen gleich, so haben wir den Satz:

Die Entfernung zweier Punkte ist gleich dem Winkel der ihnen entsprechenden Geraden, und umgekehrt;
insbesondere:

Die Entfernung zweier Punkte ist gleich dem Winkel ihrer Polaren.

Wir werden hier diese Sätze nicht weiter benutzen, und nur noch im folgenden Paragraphen auf den letzten derselben zurückkommen. Unter ihn subsumiert sich nämlich der Satz aus der Geometrie der Kugel: daß sich die Seiten und Winkel eines sphärischen Dreiecks beim Übergange zum Polardreiecke vertauschen[33]).

§ 10.

Die allgemeine projektivische Maßbestimmung im Strahlen- und Ebenenbündel.

In ganz ähnlicher Weise, wie in den beiden vorigen Paragraphen eine allgemeine projektivische Maßbestimmung für die Ebene aufgestellt wurde, wird man eine solche für das andere Grundgebilde zweiter Stufe, den Punkt (aufgefaßt als Ebenen- und Strahlenbündel), aufstellen können. Bei derselben wird man statt des fundamentalen Kegelschnittes einen *fundamentalen Kegel zweiten Grades* benutzen. Als Winkel zweier Geraden, die sich im Mittelpunkt des Kegels schneiden, ist der mit einer Konstanten c multiplizierte Logarithmus desjenigen Doppelverhältnisses anzusehen, welches

---

[33]) Vgl. Cayley, l. c.

die beiden Geraden mit den beiden Erzeugenden des Kegels bilden, die mit ihnen in einer Ebene liegen; als Winkel zweier durch den Mittelpunkt gehenden Ebenen der mit einer (anderen) Konstanten c' multiplizierte Logarithmus des Doppelverhältnisses der beiden Ebenen zu denjenigen beiden Tangentenebenen des fundamentalen Kegels, welche durch ihren Durchschnitt gehen.

Der analytische Ausdruck dieser Maßbestimmung ist genau derselbe, wie derjenige, der oben für die Maßbestimmung in der Ebene aufgestellt wurde. Man hat nur den Koordinaten (x), (y) bez. (u), (v) in der Ebene die Bedeutung von Strahlen- und Ebenenkoordinaten im Punkte zu geben. Auch alle anderen für die Ebene ausgeführten Entwicklungen lassen sich ohne weiteres auf den Punkt übertragen, welche Andeutung hier genügen soll.

Es ist nun leicht zu sehen, daß sich die gewöhnliche Maßbestimmung im Punkte[34]), d. h. die gewöhnliche Art und Weise, Winkel von Geraden oder Ebenen, die durch einen Punkt gehen, zu messen, als spezieller Fall unter diese allgemeine Maßbestimmung subsumiert. *Dieselbe benutzt als fundamentalen Kegel zweiten Grades den Kegel, der vom Punkte sich nach dem unendlich weit entfernten imaginären Kreise*[35]) *erstreckt; sie setzt überdies die beiden Konstanten c und c' gleich* $\dfrac{\sqrt{-1}}{2}$[36]).

Denn auf ein rechtwinkliges Koordinatensystem bezogen, ist der Kegel, welcher von dem Punkte nach dem unendlich fernen imaginären Kreise hingeht, dargestellt durch:

$$x^2 + y^2 + z^2 = 0,$$

oder in Ebenenkoordinaten durch:

$$u^2 + v^2 + w^2 = 0.$$

Für den Winkel, den zwei gerade Linien mit den Koordinaten (x, y, z), (x', y', z') bez. zwei Ebenen (u, v, w), (u', v', w') miteinander bilden,

---

[34]) Man spricht gewöhnlich nicht von der Maßbestimmung im Punkte, sondern von der Maßbestimmung auf einer um ihn als Zentrum herumgelegten Kugel (vom Radius 1). Im Texte ist die erstere Ausdrucksweise vorzuziehen, da der Punkt das einfache Grundgebilde ist, mit dem die projektivische Geometrie operiert. Dabei ist ein Unterschied nicht zu übersehen, der auch schon auftritt, wenn man statt von der Maßbestimmung im Strahlbüschel von der Maßbestimmung auf dem Kreise spricht. Jeder durch den Punkt hindurchgehenden Geraden (jedem Strahle des Büschels) entsprechen *zwei* Punkte der Kugel (des Kreises). Dadurch wird für die Maßbestimmung auf der Kugel (dem Kreise) noch ein Unterschied geschaffen, der hier nur unnötigerweise komplizieren würde.

[35]) Bei der elliptischen und hyperbolischen Geometrie muß statt dessen gesetzt werden: den Tangentenkegel, der sich von dem Punkte nach der unendlich fernen Fläche zweiten Grades erstreckt.

[36]) Dies ist diejenige Annahme der Konstanten, welche Cayley immer in Anwendung bringt.

erhalten wir also nach den Formeln des § 8, indem wir noch $c = c' = \dfrac{\sqrt{-1}}{2}$ setzen, bez.:

$$\text{arc cos } \frac{xx' + yy' + zz'}{\sqrt{x^2 + y^2 + z^2} \cdot \sqrt{x'^2 + y'^2 + z'^2}}$$

und

$$\text{arc cos } \frac{uu' + vv' + ww'}{\sqrt{u^2 + v^2 + w^2} \cdot \sqrt{u'^2 + v'^2 + w'^2}}$$

und dies ist die gewöhnliche Winkelbestimmung. — Die Polare einer durch den Punkt gehenden Ebene mit Bezug auf den fundamentalen Kegel ist deren Senkrechte. Der letzte Satz des vorigen Paragraphen geht also jetzt in den Satz über: Der Winkel zweier Ebenen ist gleich dem Winkel ihrer Normalen. Auf diesem Satze beruht das in der sphärischen Geometrie angewandte Prinzip, nach welchem in einem sphärischen Dreiecke und seinem Polardreiecke die Maßverhältnisse dualistisch dieselben sind, d. h. dieselben sind, wenn man die Seiten mit den Winkeln vertauscht.

§ 11.

Die Maßbestimmung in der Ebene bei imaginärem Fundamentalkegelschnitte. Die elliptische Geometrie.

Die gewöhnliche Maßbestimmung im Punkte ist ein Bild dafür, wie sich überhaupt die projektivische Maßbestimmung in Punkt und Ebene stellt, wenn der fundamentale Kegel, resp. der fundamentale Kegelschnitt imaginär ist. Die einzige bei der gewöhnlichen Maßbestimmung im Punkte hinzutretende Partikularisation ist, daß die beiden Konstanten c und c' gleich $\dfrac{\sqrt{-1}}{2}$ gesetzt werden. Hätten wir sie allgemeiner gleich $c_1 \sqrt{-1}$ und $c_1' \sqrt{-1}$ gesetzt, so würden die Maßunterschiede nur um Faktoren $2c_1$, $2c_1'$ gewachsen sein:

$$2c_1 \cdot \text{arc cos } \frac{xx' + yy' + zz'}{\sqrt{x^2 + y^2 + z^2} \cdot \sqrt{x'^2 + y'^2 + z'^2}}$$

und

$$2c_1' \cdot \text{arc cos } \frac{uu' + vv' + ww'}{\sqrt{u^2 + v^2 + w^2} \cdot \sqrt{u'^2 + v'^2 + w'^2}},$$

Ausdrücke, an welche man ohne weiteres dieselben Entwicklungen anknüpfen kann, wie an die ursprünglichen.

Ist also in der Ebene ein imaginärer Fundamentalkegelschnitt gegeben, so ist die Länge jeder reellen Linie endlich, ebenso die Summe der Winkel im Strahlbüschel. Behalten wir die Bezeichnung c_1 und c_1' für die durch i dividierten Konstanten c und c' bei[37]), so ist die Länge der geraden Linie gleich $2c_1\pi$, die Summe der Winkel im Büschel gleich $2c_1'\pi$.

---

[37]) c und c' sind in der Tat rein imaginär zu nehmen, aus demselben Grunde, aus dem in § 5 die Konstante c bei imaginären Fundamentalelementen imaginär gesetzt wurde.

Es gibt weder reelle unendlich ferne Punkte, noch reelle Linien, welche mit anderen unendlich große Winkel bilden. Sodann werden sich auch alle Relationen zwischen den Winkeln von Linien und von Ebenen, die durch einen Punkt gehen, auf die Abstände von Punkten und die Winkel von Geraden in der Ebene übertragen, wenn man nur vorher die Abstände durch $2c_1$, die Winkel durch $2c_1'$ dividiert. *Die ebene Trigonometrie unter Zugrundelegung dieser Maßbestimmung wird also sein wie die sphärische Trigonometrie*, nur mit dem Unterschiede, daß man statt der Seiten der Dreiecke und ihrer Winkel die durch $2c_1$ dividierten Seiten in die durch $2c_1'$ dividierten Winkel in die Formeln einzuführen hat.

Die hiermit geschilderte Maßbestimmung in der Ebene ist nun gerade diejenige, welche die *elliptische* Geometrie anzunehmen hat. Man wird bei ihr noch insbesondere, damit die Winkelsumme im Büschel gleich π ist, die Konstante c_1', wie bei der gewöhnlichen Maßbestimmung im Punkte, gleich $\tfrac{1}{2}$ setzen. Die Winkelsumme im ebenen Dreiecke ist dann, wie beim sphärischen Dreiecke, größer als 2π, und wird nur gleich 2π beim unendlich kleinen Dreiecke usf.

Man hat hiernach ein Bild für den planimetrischen Teil der elliptischen Geometrie, wenn man sich in der Ebene einen imaginären Kegelschnitt willkürlich gegeben denkt und auf ihn eine projektivische Maßbestimmung gründet. Beispielsweise wähle man für den Kegelschnitt denjenigen, in welchem die Ebene von dem Kegel geschnitten wird, der von einem bestimmten Punkte des Raumes nach dem unendlich fernen imaginären Kreise hingeht. Sodann setze man c und c' gleich $\dfrac{\sqrt{-1}}{2}$. So ist die Entfernung zweier Punkte oder der Winkel zweier Geraden der Ebene gleich dem Winkel, unter welchem die beiden Punkte, bez. die beiden Geraden von dem gewählten Punkte aus erscheinen. — Andererseits: ist die uns tatsächlich gegebene Maßgeometrie die elliptische, so bilden die unendlich fernen Punkte der Ebene einen imaginären Kegelschnitt, und die elliptische Geometrie fällt mit der auf diesen Kegelschnitt gegründeten projektivischen Maßbestimmung zusammen.

§ 12.

Die Maßbestimmung in der Ebene bei reellem Fundamental-
kegelschnitt. Die hyperbolische Geometrie.

Wir wollen uns jetzt in der Ebene einen reellen Fundamentalkegelschnitt gegeben denken. Es wird dies zu einer Maßbestimmung führen, die für die Punkte innerhalb des Fundamentalkegelschnittes mit den Vorstellungen der hyperbolischen Geometrie übereinkommt.

Ist der fundamentale Kegelschnitt reell, so zerfallen die reellen Punkte und Geraden der Ebene, jede für sich, in zwei Klassen. Es gibt Punkte, von denen aus sich zwei reelle, und solche, von denen aus sich keine reellen Tangenten an den Kegelschnitt legen lassen. Die ersteren bezeichnet man als die Punkte außerhalb, die letzteren als die Punkte innerhalb des Kegelschnittes. Analog zerfallen die Geraden in zwei Gruppen, in solche, welche den Kegelschnitt in zwei reellen, und in solche, welche ihn in zwei imaginären Punkten schneiden.

Des Zusammenhangs mit der hyperbolischen Geometrie wegen wollen wir uns auf die Betrachtung der Punkte innerhalb des Kegelschnittes und der durch sie hindurchgehenden Geraden beschränken.

Keins der Strahlbüschel, deren Mittelpunkte in den von uns betrachteten Raum fallen, hat reelle unendlich ferne Elemente. Deswegen soll die Konstante c' rein imaginär, gleich $c'_1 i$, genommen werden. Die Winkelsumme in einem beliebigen Büschel, dessen Mittelpunkt innerhalb des fundamentalen Kegelschnittes liegt, ist dann $2 c'_1 \pi$.

Dagegen hat jede Gerade, welche das von uns betrachtete Gebiet durchsetzt, zwei reelle (logarithmisch) unendlich ferne Punkte: ihre Durchschnittspunkte mit dem Fundamentalkegelscnitt. Deshalb werden wir der Konstanten c einen reellen Wert beilegen.

Bei dieser Festsetzung der Konstanten c und c' haben alle Punkte, welche innerhalb des Kegelschnittes liegen, einen reellen Abstand; ebenso bilden alle Geraden, die sich innerhalb des Kegelschnittes schneiden, miteinander einen reellen Winkel. Aber der Abstand zweier Punkte, die durch den Fundamentalkegelschnitt getrennt werden, ist imaginär. Der Fundamentalkegelschnitt ist der Ort der unendlich fernen Punkte. Zwei Gerade, die durch das Innere des Kegelschnittes verlaufen, aber sich außerhalb desselben schneiden, bilden einen imaginären Winkel. Zwischen ihnen und den Geraden, die sich innerhalb schneiden, bilden diejenigen den Übergang, deren Schnittpunkt auf den fundamentalen Kegelschnitt, also unendlich weit fällt, d. h. diejenigen Linien, welche parallel (§ 8) heißen. Ihr Winkel ist gleich Null.

Wir wollen uns jetzt denken, daß wir uns an irgendeiner Stelle im Inneren des Fundamentalkegelschnittes befänden und daß wir uns auf der Ebene nur vermöge derjenigen linearen Transformationen bewegen könnten, die den fundamentalen Kegelschnitt ungeändert lassen (vgl. § 5, § 9). Wir werden uns dann, wie bei unserer gewöhnlichen Maßbestimmung, um uns selbst drehen können und nach endlicher Drehung in die Anfangslage zurückkommen, wir werden ebenfalls, wie bei der gewöhnlichen Maßbestimmung, auf der geraden Linie nach der einen oder anderen Seite unausgesetzt fortschreiten können. *Aber wir werden nie den fundamentalen Kegelschnitt erreichen, geschweige denn überschreiten.* Wir sind also in das Innere des Kegelschnittes festgebannt; der Kegelschnitt begrenzt für uns die Ebene; ob jenseits desselben noch ein Stück der Ebene vorhanden ist oder nicht, würden wir nicht sagen können. Ein Beobachter, der, mit der gewöhnlichen Maßbestimmung ausgerüstet, uns auf den fundamentalen Kegelschnitt zuschreiten sähe, während wir die Bewegung gemäß der neuen Maßbestimmung mit konstanter Geschwindigkeit ausführen, würde bemerken, wie wir (von einer gewissen Stelle an) zusehends immer langsamer vorwärts kämen und die uns gegebene Grenze, den Fundamentalkegelschnitt, nie erreichten.

Die hiermit geschilderte Maßgeometrie *entspricht nun durchaus den Vorstellungen der hyperbolischen Geometrie*, wenn wir noch die einstweilen unbestimmt gebliebene Konstante c_1' gleich $\frac{1}{2}$ setzen, damit die Winkelsumme im Strahlbüschel gleich π wird. Betrachten wir, um uns davon zu überzeugen, einige der Propositionen der hyperbolischen Geometrie etwas näher (dieselben sollen in Anführungszeichen aufgeführt werden).

„Durch einen Punkt der Ebene gibt es zu einer gegebenen Geraden zwei Parallele, d. h. Linien, welche die gegebene Gerade in unendlich fernen Punkten schneiden." Es sind dies die beiden Verbindungslinien des Punktes mit den beiden Schnittpunkten der gegebenen Geraden und des Fundamentalkegelschnittes.

„Die Neigung der beiden Parallelen, die durch einen Punkt zu einer Geraden gezogen werden können, nimmt bei zunehmender Entfernung des Punktes von der Geraden zu. Rückt der Punkt unendlich weit, so wird dieselbe gleich π, d. h. in anderem Sinne gerechnet, die beiden Parallelen bilden einen Winkel gleich Null." In der Tat, wenn der Punkt auf den Fundamentalkegelschnitt rückt, so schließen die beiden Parallelen, wie überhaupt zwei Gerade, die sich auf dem Fundamentalkegelschnitt schneiden, einen Winkel gleich Null ein. Daher auch der Satz: „Der Winkel zwischen einer Geraden und jeder ihrer Parallelen ist gleich Null." — Daß auch für nicht unendlich ferne Punkte der „Winkel des Parallelismus", den die hyperbolische Geometrie aufstellt, sich bei unserer projektivischen Maßbestimmung wiederfindet, mag man daraus ersehen, daß, wie gleich gezeigt werden soll, überhaupt die trigonometrischen Formeln in beiden Fällen übereinstimmen.

„Die Winkelsumme im Dreiecke ist kleiner als 2π; für ein Dreieck mit unendlich fernen Ecken ist die Winkelsumme gleich Null." Das letztere folgt daraus, daß diese Ecken des Dreiecks notwendig auf dem Fundamentalkegelschnitt liegen, und je zwei Linien, die sich in einem Punkte des Fundamentalkegelschnittes schneiden, einen Winkel gleich Null einschließen. Die allgemeine Gültigkeit des ersteren Satzes, der dadurch wahrscheinlich gemacht wird, daß für unendlich große Dreiecke die Winkelsumme Null, für unendlich kleine gleich 2π ist, folgt aus den noch näher anzugebenden trigonometrischen Formeln.

„Zwei Perpendikel, auf einer Geraden errichtet, schneiden sich nicht." Bei uns schneiden sie sich allerdings, nämlich in dem Pole der Geraden. Aber dieser liegt in dem Raume außerhalb des Kegelschnittes, von dessen Existenz wir durch unsere Bewegungen nichts wissen können. Einen solchen Raum können wir uns aber — und das geschieht auch in der hyperbolischen Geometrie — als einen *idealen* Raum[38]) adjungieren; ganz in demselben Sinne, wie man in der parabolischen Geometrie den wirklich vorhandenen Elementen der Ebene eine (uneigentliche) unendlich ferne Gerade hinzufügt. Über die Existenz des idealen Raumstückes wird damit gar nichts ausgesagt; wir gebrauchen den Ausdruck nur als einen in sich nicht widersprechenden und bequemen Terminus.

„Ein Kreis mit unendlich großem Radius ist von einer Geraden verschieden." Ein Kreis mit unendlich großem Radius bedeutet bei uns einen Kegelschnitt, der den Fundamentalkegelschnitt vierpunktig berührt. Dagegen würde die Gerade, d. h. eine Gerade, die durch das von uns betrachtete Innere des Kegelschnittes geht, ein Kreis sein, dessen Zentrum (der Pol der Geraden) in das ideale Gebiet der Ebene fällt, und dessen Radius einen imaginären Wert hat. —

Wir wollen uns noch eine Vorstellung davon machen, wie sich die Ebene in sich transformiert, wenn sie um einen unendlich fernen oder einen idealen Drehpunkt rotiert (§ 9). Im ersteren Falle beschreiben alle Punkte Kegelschnitte, die sich in unendlicher Entfernung berühren. Im zweiten Falle beschreiben sie Kegelschnitte, welche den fundamentalen Kegelschnitt in zwei reellen Punkten berühren. Unter ihnen befindet sich eine im Endlichen gelegene Gerade, die Polare des idealen Drehpunktes. Diese Gerade verschiebt sich in sich; aber die übrigen Punkte beschreiben nicht etwa, entsprechend den Vorstellungen der parabolischen Geometrie, parallele Gerade, sondern (in der Nähe der Geraden flachgestreckte) Kegelschnitte, die den Fundamentalkegelschnitt in den beiden Durchschnittspunkten mit der ausgezeichneten Geraden berühren.

Was nun endlich die *trigonometrischen Formeln* angeht, die bei unserer jetzigen Maßbestimmung gelten, so erhält man dieselben unmittelbar durch die folgende Überlegung. In § 11 haben wir gesehen, daß, bei Zugrundelegung eines imaginären Kegelschnittes in der Ebene und bei der Annahme der Konstanten $c = c_1 i$, $c' = c_1' i = \dfrac{\sqrt{-1}}{2}$ für die Ebene eine Trigonometrie

---

[38]) Man vgl. hierzu namentlich die Auseinandersetzungen, welche Herr Battaglini gegeben hat: *Sulla geometria imaginaria di Lobatchefsky*. Giornale di Matematiche. Bd. 5 (1867).

gilt, deren Formeln sich aus den Formeln der sphärischen Trigonometrie ergeben, wenn man statt der Seiten die Seiten, dividiert durch $2c_1$, einführt. Ein Gleiches wird nun auch gelten, wenn ein reeller Kegelschnitt zugrunde gelegt wird. Denn die Geltung der Formeln der sphärischen Trigonometrie beruht doch auf analytischen Identitäten, die unabhängig sind von der Frage nach der Art des zugrunde gelegten fundamentalen Kegelschnittes. Der einzige Unterschied, der nun, gegenüber dem früheren Falle, eintritt, ist, daß $c_1 = \dfrac{c}{i}$ nunmehr imaginär geworden ist.

Die trigonometrischen Formeln, welche bei unserer jetzigen Maßbestimmung gelten, ergeben sich aus den Formeln der sphärischen Trigonometrie, wenn man statt der Seiten die Seiten, dividiert durch $\dfrac{c}{i}$, einführt.

Das ist aber dieselbe Regel, nach welcher man in der hyperbolischen Geometrie die trigonometrischen Formeln aufstellt. Die Konstante c ist die in der hyperbolischen Geometrie vorkommende charakteristische Konstante. Man kann sagen, daß die Planimetrie sich nach der Annahme der hyperbolischen Geometrie so gestaltet, wie die Geometrie auf einer Kugel mit dem imaginären Radius $\dfrac{c}{i}$.

Für die Vorstellungen der hyperbolischen Geometrie erhalten wir nach dem Vorstehenden sofort ein Bild, wenn wir einen beliebigen reellen Kegelschnitt hinzeichnen und auf ihn eine projektivische Maßbestimmung gründen. Umgekehrt: ist die uns tatsächlich gegebene Maßbestimmung von der Art, wie sie sich die hyperbolische Geometrie vorstellt, so bilden die unendlich fernen Punkte der Ebene einen reellen uns umschließenden Kegelschnitt, und ist die hyperbolische Geometrie nichts anderes, als die auf diesen Kegelschnitt gegründete projektivische Maßbestimmung.

§ 13.

Die spezielle Maßbestimmung in der Ebene. Die parabolische Geometrie.

Die Maßbestimmung der parabolischen Geometrie ist unter den jetzt betrachteten nicht mit enthalten, da sie keinen eigentlichen Kegelschnitt als fundamentales Gebilde benutzt. Vielmehr subsumiert sie sich unter einen Grenzfall der seither betrachteten allgemeinen Maßbestimmung, der dann entsteht, wenn der fundamentale Kegelschnitt sich in ein Punktepaar auflöst. Dieses fundamentale Punktepaar ist bei der parabolischen Geometrie imaginär; *es sind die beiden unendlich fernen imaginären Kreispunkte.*

Ein imaginäres Punktepaar kann, wie hier beiläufig auseinandergesetzt werden mag, als Übergang eines reellen Kegelschnittes zu einem imaginären angesehen werden, und stellt sich deswegen auch die parabolische Geometrie als Übergangsfall zwischen die hyperbolische und die elliptische. Sei beispielsweise eine Hyperbel gegeben, deren (imaginäre) Nebenachse einen festen Wert hat, während die Hauptachse von einer gegebenen Größe an allmählich gegen Null abnimmt und dann imaginär wird. An der Grenze Null fallen die beiden Äste der Hyperbel in eine doppeltzählende Gerade, die Nebenachse, zusammen. Diese Linie vertritt den Kegelschnitt, insofern er durch Punkte erzeugt war. Aber sofern er von Linien umhüllt war, ist er in zwei konjugiert imaginäre Punkte ausgeartet, welche im Abstande der konstant gebliebenen Nebenachse auf der doppelt zählenden Geraden liegen. Alle Tangenten des Kegelschnittes sind beim Grenzübergange imaginär geworden bis auf die eine Gerade, die jetzt den ganzen Kegelschnitt repräsentiert und die als Doppeltangente desselben aufzufassen ist. Wird sodann auch die Hauptachse imaginär, so enthält der Kegelschnitt überhaupt keine reellen Elemente mehr.

Doch wir wollen zunächst allgemein eine solche Maßbestimmung in der Ebene betrachten, die statt eines fundamentalen Kegelschnittes ein Punktepaar benutzt. Eine solche Maßbestimmung soll eine *spezielle* Maßbestimmung heißen, im Gegensatz zu der bis jetzt betrachteten *allgemeinen*. Es versteht sich von selbst, daß man statt der Ausartung des Kegelschnittes in ein Punktepaar auch die Ausartung desselben in ein Linienpaar betrachten könnte; wenn wir uns hier auf die erste beschränken und ihr einen besonderen Namen geben, so geschieht dies, weil sie es ist, die unter sich die parabolische Geometrie begreift.

Wenn der fundamentale Kegelschnitt in ein Punktepaar ausartet, so bleibt die Bestimmung des Winkels ähnlich wie im allgemeinen Falle. Jedes Strahlbüschel, dessen Mittelpunkt nicht gerade auf der Verbindungsgeraden der beiden Fundamentalpunkte, d. h. auf den fundamentalen Kegelschnitt fällt, hat zwei getrennte Fundamentalstrahlen, diejenigen beiden, welche durch die Fundamentalpunkte durchgehen. Dagegen wird die Bestimmung des Abstandes zweier Punkte jetzt wesentlich anders als in dem allgemeinen Falle. Da der Fundamentalkegelschnitt jetzt aus einer doppeltzählenden Geraden besteht, so schneiden ihn alle Geraden in zusammenfallenden Punktepaaren. Die auf ihnen zu messende Distanz wird also, solange die Konstante c nicht einen unendlichen Wert bekommt, Null. Wir müssen, damit die Distanz endlich werde, c einen unendlich großen Wert erteilen. Dann wird die Distanz gleichzeitig eine algebraische Funktion der Koordinaten. Aber die Vergleichbarkeit von Strecken und Winkeln, die bisher bestanden hatte, fällt fort; richtiger ausgesprochen: die Strecken sind nur noch unendlich kleinen Winkeln vergleichbar. Auch wenn wir c einen unendlich großen Wert erteilen, bleibt die Entfernung solcher Punkte, deren Verbindungsgerade durch einen Fundamentalpunkt durchgeht, gleich Null. Denn diese Linien entsprechen den Tangenten des früheren Kegelschnittes. Einen Winkel gleich Null bilden solche Geraden, welche sich in einem Punkte der Verbindungsgeraden der beiden Fundamentalpunkte schneiden.

Als Kreise wird man diejenigen Kegelschnitte bezeichnen, welche durch die Fundamentalpunkte gehen; konzentrische Kreise sind solche, die sich in den beiden Fundamentalpunkten berühren. Unter jedem Systeme konzentrischer Kreise findet sich einer mit dem Radius ∞. Er ist in die doppeltzählende Verbindungsgerade der beiden Fundamentalpunkte ausgeartet. *Die unendlich fernen Punkte bilden also jetzt eine doppeltzählende Gerade.* Die Kreise haben nicht mehr, wie früher, eine sich selbst dualistische Bedeutung. Diejenigen Linien, welche eine gegebene Linie unter konstantem Winkel schneiden, umhüllen nicht mehr einen eigentlichen Kreis, sondern einen unendlich fern liegenden Punkt. Die Kreise mit unendlich fernem Zentrum, welche den Fundamentalkegelschnitt im Zentrum vierpunktig berührten, sind jetzt in die unendlich ferne Gerade und eine weitere Gerade zerfallen usf. Alles das sind Dinge, die sich aus dem früher Aufgestellten durch Grenzübergang ohne weiteres ergeben.

So wie wir nun unter Zugrundelegung eines Kegelschnittes eine dreifach unendliche Schar linearer Transformationen der Ebene als *Bewegungen* bezeichnen konnten, so auch hier. Nur genügt es nicht mehr, die Bewegungen als diejenigen linearen Transformationen (oder vielmehr als die eine Klasse derselben) zu definieren, welche das fundamentale Gebilde ungeändert lassen. Denn ein Punktepaar geht nicht nur durch dreifach unendlich viele, sondern durch vierfach unendlich viele lineare Transformationen der Ebene in sich über. Unter ihnen aber sind dreifach unendlich viele dadurch ausgezeichnet, daß jede einzelne unter ihnen die Kreise eines konzentrischen Büschels ungeändert läßt. Diese selbst zerfallen wieder in zwei dreifach unendliche Scharen. Die eine Schar umfaßt die Bewegungen, die andere diejenigen Transformationen der Ebene, welche ebene Figuren in invers kongruente überführen. Die beiden Scharen sind einfach dadurch zu trennen, daß die Bewegungen jeden einzelnen der beiden Fundamentalpunkte ungeändert lassen, während die anderen Transformationen die beiden Fundamentalpunkte untereinander vertauschen. Jede Bewegung der Ebene besteht in einer Rotation um einen Punkt. Wird die Bewegung eine Translation, d. h. rückt das Rotationszentrum unendlich weit, so beschreiben alle Punkte der Ebene parallele Gerade, d. h. Gerade, welche sich in demselben unendlich fernen Punkte schneiden.

Es existiert jetzt der Begriff der *Richtung; parallele Gerade haben gleiche Richtung.* Die Bewegung hat den sich selbst dualistischen Charakter verloren, den sie im allgemeinen Falle besessen hatte. — Neben die Verwandtschaft der *Kongruenz*, welche durch jede der dreifach unendlich vielen Bewegungen, und der *inversen Kongruenz*, welche die dreifach unendlich vielen Transformationen der zweiten Gruppe entstand, stellt sich jetzt, dem vierfach unendlichen Zyklus linearer Transformationen entsprechend, welche das Fundamentalgebilde zuläßt, die Verwandtschaft *der direkten und der inversen Ähnlichkeit.* Direkt ist die Ähnlichkeit, wenn beide Fundamentalpunkte ungeändert bleiben, invers, wenn sich die beiden Punkte vertauschen. Bei der Ähnlichkeit bleiben alle Winkel ungeändert, während die Entfernungen in Multipla übergehen. Sei noch bemerkt, daß wir nunmehr durch die Bewegungen zu allen Punkten der Ebene hingelangen können, bis auf die Punkte der unendlich fernen Geraden. Ein ideales Gebiet, wie im Falle eines reellen Fundamentalkegelschnittes, gibt es nicht mehr, oder, wenn man will, es hat sich auf seine deswegen doppeltzählende Begrenzung zusammengezogen.

Die analytische Formel, welche jetzt die Entfernung zweier Punkte darstellt — und auf diese wollen wir uns beschränken —, nimmt folgende Gestalt an. Sei $p_x = p_1 x_1 + p_2 x_2 + p_3 x_3 = 0$ die Gleichung der unendlich fernen Geraden, sei ferner $P_{xy} = 0$ die Bedingung, unter welcher die Verbindungslinie von (x) und (y) durch einen der beiden Fundamentalpunkte geht. So wird die Entfernung der beiden Punkte

$$= \frac{C\sqrt{P_{xy}}}{p_x \cdot p_y}.$$

Die Entfernung zweier Punkte wird also eine algebraische Funktion ihrer Koordinaten.

In der Tat wird man durch Grenzübergang von dem allgemeinen Ausdrucke der Entfernung zu dieser Formel geleitet. Der allgemeine Ausdruck läßt sich so schreiben:

$$2\,ic\arcsin \frac{\sqrt{\Omega_{xy}^2 - \Omega_{xx}\Omega_{yy}}}{\sqrt{\Omega_{xx}\Omega_{yy}}}.$$

Zerfällt nun $\Omega = 0$ in ein Punktepaar, so wird $\Omega_{xy}^2 - \Omega_{xx}\Omega_{yy}$ identisch Null, doch in der Art, daß es einen verschwindenden konstanten Faktor (die Diskriminante von Ω) erhält. Sondert man diesen ab, so bleibt von $\Omega_{xy}^2 - \Omega_{xx}\Omega_{yy}$ gerade noch P_{xy} stehen, d. h. der Ausdruck, der, gleich Null gesetzt, die Bedingung ausdrückt, daß die Verbindungsgerade von (x) und (y) eine Tangente nunmehr des ausgearteten Kegelschnittes sei. Aber wegen des verschwindenden Faktors können wir den Arcus Sinus dem Sinus selbst gleich setzen, und indem wir sodann den verschwindenden Faktor mit $2\,ic$

zu einer neuen Konstante C vereinigen, endlich noch statt Ω_{xx}, Ω_{yy} bez. p_x^2 und p_y^2 schreiben (da $p^2 = 0$ die Gleichung des ausgearteten Kegelschnittes in Punktkoordinaten ist), so kommt der vorstehend angegebene Ausdruck.

Aus ihm ergibt sich der in der parabolischen Geometrie gewöhnliche Ausdruck der Entfernung zweier Punkte ohne weiteres, wenn man die beiden Fundamentalpunkte so bezeichnet, wie man gewöhnlich die beiden Kreispunkte darstellt. Die unendlich ferne Gerade hat bei der gewöhnlichen Bezeichnung die Gleichung: Konstante $= 0$; es ist also $p_x = p_y$ gleich einer Konstanten k. Die Kreispunkte auf ihr stellt man in rechtwinkligen Koordinaten als ihre Durchschnitte mit dem Linienpaare

$$x^2 + y^2 = 0$$

dar. Die Bedingung, daß zwei Punkte (x, y) und (x', y') so liegen, daß ihre Verbindungsgerade durch einen Kreispunkt geht, ist dann:

$$(x - x')^2 + (y - y')^2 = 0.$$

Folglich wird die Entfernung der beiden Punkte

$$= \frac{C}{k^2} \cdot \sqrt{(x - x')^2 + (y - y')^2}.$$

Werden schließlich statt der x und y solche Multipla derselben gesetzt, daß die Entfernung zweier Punkte auf der x-Achse bez. der y-Achse geradezu durch die Differenz der betr. Koordinaten vorgestellt ist, so kommt:

$$\sqrt{(x - x')^2 + (y - y')^2},$$

der gewöhnliche Ausdruck für die Entfernung in rechtwinkligen Koordinaten.

Wir wollen hier nicht weiter erörtern, wie sich die Vorstellungen der parabolischen Geometrie mit ihren imaginären Grundpunkten in die vorhergegangenen allgemeinen Betrachtungen einordnen[39]). Wir wollen nur hervorheben, daß bei imaginären Fundamentalpunkten die trigonometrischen Formeln in die betr. Formeln der parabolischen Geometrie übergehen, daß also die Winkelsumme im Dreiecke genau gleich 2π wird, während sie bei reellem Fundamentalkegelschnitt kleiner, bei imaginärem größer war.

§ 14.

Spezielle Maßbestimmung in der Ebene, welche eine allgemeine in einem Punkte berührt. Krümmung der letzteren.

So wie wir in § 7 eine spezielle Maßbestimmung auf der Geraden angeben konnten, welche mit einer gegebenen allgemeinen Maßbestimmung in einem Punkte und in dessen Nähe übereinstimmte, welche, wie wir uns

---

[39]) Vgl. Cayley, l. c.

ausdrückten, die gegebene Maßbestimmung in dem Punkte berührte, so werden wir auch in der Ebene von einer speziellen Maßbestimmung reden können, welche eine allgemeine gegebene in einem Punkte berührt. Dieselbe wird (§ 7) als unendlich ferne Gerade die Polare des gegebenen Punktes mit Bezug auf den Fundamentalkegelschnitt der allgemeinen Maßbestimmung benutzen, als Fundamentalpunkte die beiden Berührungspunkte der an den Fundamentalkegelschnitt gelegten Tangenten. Dann stimmt für beide Maßbestimmungen bei gehöriger Bestimmung der Konstanten die Winkelbestimmung in dem gegebenen Punkte vollkommen überein, sowie, bis auf Größen höherer Ordnung, die Bestimmung des gegenseitigen Abstandes aller von ihm unendlich wenig verschiedenen Punkte. Kreise, welche um den gegebenen Berührungspunkt in der allgemeinen Maßbestimmung herumgelegt sind, d. h. also Kegelschnitte, welche den Fundamentalkegelschnitt in den beiden Fundamentalpunkten der tangierenden speziellen Maßbestimmung berühren, sind auch Kreise mit Bezug auf letztere. Insbesondere wird der Fundamentalkegelschnitt selbst, der für die allgemeine Maßbestimmung der Kreis mit unendlich großem Radius ist, für die tangierende spezielle Maßbestimmung ein Kreis sein, aber ein Kreis mit endlichem Radius. Für die Größe dieses Radius findet man die Konstante $2c$. Denn auf jeder durch den gegebenen Berührungspunkt hindurchgehenden Geraden bestimmen die gegebene allgemeine und die tangierende spezielle Maßbestimmung zwei ebensolche Maßbestimmungen, die auch in dem Verhältnisse der Berührung stehen. Die Fundamentalpunkte der auf der Geraden getroffenen allgemeinen Maßbestimmung sind aber die Durchschnitte der Geraden mit dem Fundamentalkegelschnitt. Deren Abstand, gemessen in der tangierenden speziellen Maßbestimmung (§ 7), ist aber gleich $4c$; deshalb der gesuchte Radius gleich $2c$.

Wir wollen nun insbesondere diejenigen beiden Fälle der allgemeinen Maßbestimmung ins Auge fassen, die in § 11 und § 12 betrachtet wurden und die Bilder für die elliptische und hyperbolische Geometrie ergeben, daß nämlich entweder der Fundamentalkegelschnitt imaginär ist oder daß er reell ist und uns umschließt.

Die in einem Punkte berührende spezielle Maßbestimmung hat in beiden Fällen imaginäre Fundamentalpunkte, da die Polare des Berührungspunktes den Fundamentalkegelschnitt nicht in reellen Punkten schneiden wird. Aber es findet dabei zwischen den beiden Arten allgemeiner Maßbestimmung ein Unterschied statt, analog demjenigen, der in § 7 bei den betreffenden Maßbestimmungen auf der geraden Linie eintrat. Ist der Fundamentalkegelschnitt imaginär, so eilt die spezielle Maßbestimmung der allgemeinen voran, d. h. die Entfernung eines Punktes vom Berührungspunkte, gemessen in der speziellen Maßbestimmung, ist immer größer als die Entfernung, gemessen in der gegebenen allgemeinen. Umgekehrt ist es bei reellem Fundamentalkegelschnitt[40]): die spezielle Maßbestimmung bleibt hinter der allgemeinen zurück. Dieses Voraneilen, resp. Zurückbleiben der speziellen Maßbestimmung soll als *Krümmung* der allgemeinen Maßbestimmung bezeichnet werden, und zwar soll die Krümmung im ersten Falle eine *positive*, im zweiten eine *negative* genannt werden. Als *Maß der Krümmung* soll derselbe Ausdruck betrachtet werden, der nach § 7 die Krümmung der allgemeinen Maßbestimmung auf einer durch den gegebenen Berührungspunkt laufenden Geraden angibt, nämlich $-\dfrac{1}{4c^2}$. Dieser Ausdruck ist unabhängig von dem Berührungspunkte, den man ursprünglich gewählt hat, und von der Geraden, die man durch ihn hindurchgelegt hat. Wir haben also den Satz:

Das Krümmungsmaß der allgemeinen Maßbestimmung ist in allen Punkten dasselbe, nämlich gleich $-\dfrac{1}{4c^2}$.

Dasselbe ist positiv bei imaginärem Fundamentalkegelschnitt (also bei der elliptischen Geometrie), es ist negativ bei reellem Fundamentalkegelschnitt (also bei der hyperbolischen Geometrie).

Für den Übergangsfall, daß der Fundamentalkegelschnitt in ein imaginäres Punktepaar ausartet (insonderheit für die parabolische Geometrie), wird das Krümmungsmaß Null.

Es soll nun jetzt gezeigt werden, daß die hier aufgestellte Definition des Krümmungsmaßes einer ebenen Maßbestimmung mit derjenigen übereinstimmt, welche Gauß für das Krümmungsmaß zweifach ausgedehnter Mannigfaltigkeiten aufgestellt hat. Es findet nur der Unterschied zwischen dem Begriffe des Krümmungsmaßes, wie er hier und wie er bei Gauß auftritt, statt, daß bei Gauß das Krümmungsmaß eine bleibende Eigenschaft des betreffenden geometrischen Gebildes ist, während es hier nur eine Eigenschaft der in dem gegebenen Gebilde, der Ebene, zufällig gewählten Maßbestimmung ist.

Das Gaußsche Krümmungsmaß berechnet sich bekanntlich aus dem Ausdrucke für das Quadrat des Bogenelementes:

$$ds^2 = E\,du^2 + 2F\,du\,dv + G\,dv^2.$$

Der betreffende Ausdruck ist hier zunächst aufzustellen. Sei $\Omega = 0$, wie immer, der Fundamentalkegelschnitt. Ω_{xx} habe die frühere Bedeutung. $\Omega_{x,dx}$, $\Omega_{dx,dx}$ sollen die Ausdrücke bezeichnen, die aus $\Omega_{x,y}$ und Ω_{yy} durch

---

40) Dies gilt natürlich nur für die Punkte innerhalb des Fundamentalkegelschnittes; für die Punkte außerhalb findet sowohl ein Voraneilen als ein Zurückbleiben statt, je nach der Richtung, in der man sich bewegt.

Einführung von Differentialen dx an Stelle der y entstehen. Nun war die Entfernung zweier Punkte (x) und (y)

$$= 2\,ic\,\operatorname{arc\,sin} \frac{\sqrt{\Omega_{xx}\Omega_{yy}-\Omega_{xy}^2}}{\sqrt{\Omega_{xx}\Omega_{yy}}}.$$

Setzt man $y_a = x_a + dx_a$, so wird dies unter Vernachlässigung von Größen höherer Ordnung:

$$= 2\,ic\,\operatorname{arc\,sin} \frac{\sqrt{\Omega_{xx}\Omega_{dx,dx}-\Omega_{x,dx}^2}}{\Omega_{xx}^2},$$

oder, indem wir statt des Arcus Sinus des kleinen Argumentes den Sinus selbst setzen:

$$= 2\,ic\,\frac{\sqrt{\Omega_{xx}\Omega_{dx,dx}-\Omega_{x,dx}^2}}{\Omega_{xx}^2}.$$

Das Quadrat des Bogenelementes wird also:

$$ds^2 = 4\,c^2 \cdot \frac{\Omega_{x,dx}^2-\Omega_{xx}\Omega_{dx,dx}}{\Omega_{xx}^2}.$$

Wir wollen diesen Ausdruck durch eine besondere Koordinatenannahme auf eine einfachere Form bringen. Da nämlich der Fundamentalkegelschnitt für die berührende spezielle Maßbestimmung ein Kreis ist, da ferner in den hier betrachteten Fällen die Fundamentalpunkte der letzteren wie bei der gewöhnlichen parabolischen Maßbestimmung imaginär sind, so wollen wir die Gleichung des Fundamentalkegelschnittes in der gewöhnlichen Form der Kreisgleichung schreiben:

$$x^2 + y^2 = 4\,c^2.$$

Diese Gleichung bezieht sich auf Koordinaten x, y, die in der tangierenden speziellen Maßbestimmung gemessen werden, denn der Radius des Fundamentalkreises, gemessen in der tangierenden speziellen Maßbestimmung, ist, wie in der vorstehenden Gleichung angenommen, gleich $2c$.

Nunmehr wird:

$$\Omega_{xx} = x^2 + y^2 - 4\,c^2, \quad \Omega_{dx,dx} = dx^2 + dy^2, \quad \Omega_{x,dx} = x\,dx + y\,dy.$$

Also der Ausdruck für das Quadrat des Bogenelementes:

$$ds^2 = 4\,c^2\,\frac{(x\,dx + y\,dy)^2-(x^2+y^2-c^2)(dx^2+dy^2)}{(x^2+y^2-4\,c^2)^2}$$

$$= 4\,c^2\,\frac{-(y\,dx - x\,dy)^2+4\,c^2(dx^2+dy^2)}{(x^2+y^2-4\,c^2)^2}.$$

Führt man jetzt neue Veränderliche ein (Polarkoordinaten der speziellen Maßbestimmung), indem man setzt:

$$x = r \cdot \cos\varphi, \quad y = r \cdot \sin\varphi,$$

so wird:

$$ds^2 = \frac{16c^4 dr^2}{(r^2 - 4c^2)^2} - \frac{4c^2 r^2 d\varphi^2}{r^2 - 4c^2},$$

ein Ausdruck, der in den gewöhnlichen Ausdruck des Bogenelementes in Polarkoordinaten übergeht, wenn c unendlich groß wird[41]). Vergleicht man ihn mit der von Gauß zugrunde gelegten Formel:

$$ds^2 = E\,du^2 + 2F\,du\,dv + G\,dv^2,$$

so verschwindet F, und E und G hängen nur von der einen Veränderlichen, etwa von u ab. Unter dieser Voraussetzung ist aber das Gaußsche Krümmungsmaß K:

$$4E^2 G^2 \cdot K = E\left(\frac{\partial G}{\partial u}\right)^2 + G \cdot \frac{\partial E}{\partial u} \cdot \frac{\partial G}{\partial u} - 2EG\frac{\partial^2 G}{\partial u^2}.$$

Setzt man hier für E, G ihre Werte:

$$E = \frac{16c^4}{(u^2 - 4c^2)^2}, \quad G = -\frac{4c^2 u^2}{u^2 - 4c^2},$$

so kommt:

$$K = -\frac{1}{4c^2},$$

also derselbe Wert, den wir vorhin aufgestellt hatten.

Wir können jetzt, Krümmungsmaß im Gaußschen Sinne aufgefaßt, den Satz aussprechen:

Je nachdem wir die elliptische, hyperbolische oder parabolische Geo-

---

[41]) Setzt man r konstant, so kommt:

$$ds = \frac{2cr}{\sqrt{4c^2 - r^2}} \cdot d\varphi.$$

Es wird also die Peripherie eines Kreises mit dem Radius r gleich $\dfrac{4cr\pi}{\sqrt{4c^2 - r^2}}$.
Aber dieses r bedeutet nur den Radius des Kreises, gemessen in der im Mittelpunkte tangierenden speziellen Maßbestimmung. Den in der allgemeinen Maßbestimmung gemessenen Radius ϱ erhält man aus der Formel des Textes, indem man statt ds $d\varrho$ schreibt, und $d\varphi$ gleich Null setzt, also:

$$d\varrho = \frac{-4c^2 dr}{r^2 - 4c^2}$$

oder:

$$r = \frac{e^{\frac{\varrho}{c}} - 1}{e^{\frac{\varrho}{c}} + 1}.$$

Setzt man dies für r ein, so erhält man die Peripherie des Kreises mit dem Radius ϱ gleich:

$$2c\pi\left(e^{\frac{\varrho}{2c}} - e^{-\frac{\varrho}{2c}}\right),$$

eine Formel, welche Gauß in einem Briefe an Schumacher anführt. Die Konstante k, welche er dort benutzt, entspricht geradezu der hier gebrauchten Konstante c.

metrie annehmen, ist die Ebene eine Fläche von konstantem positiven, von konstantem negativen, oder von verschwindendem Krümmungsmaße.

Deshalb findet auch (wie in § 1 erwähnt), unter Zugrundelegung der parabolischen Maßbestimmung, die elliptische Geometrie ihre Interpretation auf der Kugel oder den aus derselben durch Deformation entspringenden Flächen, die hyperbolische Geometrie auf den Flächen von konstantem negativen Krümmungsmaße.

§ 15.

Das gegenseitige Verhältnis der elliptischen, hyperbolischen und parabolischen Geometrie in der Ebene.

In dem Vorstehenden haben wir gesehen, wie sowohl diejenige Maßbestimmung, welche die parabolische, als diejenige, welche die elliptische oder hyperbolische Geometrie in der Ebene voraussetzt, in der allgemeinen projektivischen ebenen Maßbestimmung als spezielle Fälle enthalten sind. Die parabolische Geometrie benutzt als fundamentalen Kegelschnitt ein imaginäres Punktepaar, die sogenannten unendlich weiten[42]) imaginären Kreispunkte. Der Ort der unendlich fernen Punkte ist eine doppeltzählende Gerade. Die elliptische Geometrie bezieht sich auf einen eigentlichen Fundamentalkegelschnitt, der aber imaginär ist. Die hyperbolische Geometrie endlich hat gleich der elliptischen einen eigentlichen Fundamentalkegelschnitt, der aber reell ist (und uns umschließt).

In der Nähe eines Punktes, den wir gerade betrachten, kommen alle drei Geometrien, mag nun die tatsächlich vorhandene Maßbestimmung parabolisch oder elliptisch oder hyperbolisch sein, miteinander überein. Sie berühren sich also in dem betreffenden Punkte; die parabolische Geometrie gibt die spezielle tangierende Maßbestimmung für die elliptische wie für die hyperbolische Geometrie.

Ist uns also die parabolische Geometrie tatsächlich gegeben, so können wir ohne weiteres eine Geometrie konstruieren, die uns ein Bild für die Vorstellungen der hyperbolischen Geometrie ist, indem wir eine allgemeine Maßbestimmung mit reellem Fundamentalkegelschnitt konstruieren, welche die gegebene spezielle in dem Punkte, den wir betrachten, berührt. Wir erreichen dies, indem wir um den Punkt, den wir gerade ins Auge fassen, einen Kreis mit dem Radius $2c$ beschreiben und auf ihn eine projektivische Maßbestimmung mit der Konstanten c zur Bestimmung der Entfernung zweier Punkte und der Konstanten $c' = \dfrac{\sqrt{-1}}{2}$ zur Bestimmung des Winkels

---

[42]) Diese Punkte unendlich weit zu nennen, ist eigentlich unberechtigt, da ihre Entfernung von einem beliebig im Endlichen gelegenen Punkte nicht unendlich, sondern unbestimmt ist, weil ja alle um einen solchen Punkt herum gelegten Kreise dieselben enthalten.

zweier Geraden gründen. Diese allgemeine Maßbestimmung schließt sich um so genauer an die gegebene parabolische an, je größer c ist; sie fällt mit ihr zusammen, wenn c unendlich wird.

Auf ganz ähnliche Weise konstruieren wir eine Geometrie, die uns versinnlicht, wie sich die elliptische Geometrie des näheren gestalten würde. Zu dem Zwecke ist nur dem c, welches wir eben benutzten, ein rein imaginärer Wert gleich $c_1 i$ beizulegen. Es kommt dies darauf hinaus, daß wir in der Entfernung $2c_1$ über dem vorgegebenen Berührungspunkte einen Punkt festlegen und als Entfernung zweier Punkte der Ebene den mit c_1 multiplizierten Winkel betrachten, unter welchem die beiden Punkte von dem festen Punkt aus erscheinen. Der Winkel zweier Geraden der Ebene ist geradezu gleich dem Winkel zu nehmen, unter dem sie von dem festen Punkte aus gesehen werden. Die so entstehende Maßbestimmung schließt sich wieder um so genauer an die gegebene parabolische an, je größer c_1 ist, und geht, wenn c_1 unendlich wird, geradezu in die parabolische über.

Aber auch, wenn die elliptische oder die hyperbolische Geometrie die tatsächlich gegebenen wären, würde man auf diese Weise sich ein Bild davon machen können, welche Vorstellungen die parabolische oder bezüglich die hyperbolische und elliptische Geometrie mit sich führen.

Es bleibt uns nur noch übrig, die bis jetzt allein für die Grundgebilde erster und zweiter Stufe auseinander gesetzten Dinge auf den Raum zu übertragen, was noch in möglichster Kürze geschehen soll.

§ 16.
Die projektivische Maßbestimmung im Raume.

Der allgemeinen projektivischen Maßbestimmung im Raume wird man eine beliebig anzunehmende *fundamentale Fläche zweiten Grades* zugrunde legen.

Um dann die Entfernung zweier Punkte zu bestimmen, verbinde man sie durch eine gerade Linie. Dieselbe trifft die fundamentale Fläche in zwei neuen Punkten, die mit den beiden gegebenen ein gewisses Doppelverhältnis bilden. *Der mit einer willkürlichen Konstante c multiplizierte Logarithmus dieses Doppelverhältnisses ist es, der als Entfernung der beiden gegebenen Punkte zu bezeichnen ist.*

Auf ähnliche Weise bestimmt man den Winkel zweier gegebenen Ebenen. Man lege durch die Durchschnittsgerade derselben die beiden Tangentialebenen an die Fundamentalfläche. Dieselben bestimmen mit den beiden gegebenen ein gewisses Doppelverhältnis. *Der Winkel der beiden Ebenen ist gleich dem mit einer beliebig gewählten Konstanten c' multiplizierten Logarithmus dieses Doppelverhältnisses.*

Unter den *Bewegungen* des Raumes wird man einen Zyklus linearer Transformationen verstehen, welche die Fundamentalfläche ungeändert lassen. Eine Fläche zweiten Grades bleibt durch sechsfach unendlich viele lineare Transformationen ungeändert. Aber diese zerfallen in zwei Klassen, von denen die eine ein geschlossenes System, die andere kein solches umfaßt [ohne daß jetzt Unterscheidungen hinsichtlich der Realität der Flächenpunkte zu machen wären]. Die beiden Klassen lassen sich durch das Verhalten der Erzeugenden der Fläche ihren Transformationen gegenüber charakterisieren. Bei den Transformationen erster Klasse — und diese bezeichnen wir als Bewegungen[43]) des Raumes — bleiben die Systeme geradliniger Erzeugender als solche ungeändert; bei den Transformationen zweiter Klasse vertauschen sich dieselben unter sich. Es gibt sechsfach unendlich viele Bewegungen; dieselben lassen die Maßverhältnisse ungeändert.

Unter *Kugeln* hat man solche Flächen zweiten Grades zu verstehen, welche die fundamentale Fläche nach einer ebenen Kurve berühren. Das Zentrum der Kugel ist der Pol der Ebene, welche die Berührungskurve enthält. Die Fundamentalfläche selbst ist als eine um ein beliebiges Zentrum herumgelegte Kugel mit dem Radius ∞ anzusehen usw.

Achtet man insbesondere auf die reellen Elemente des Raumes, so wird man unterscheiden, ob die Fundamentalfläche imaginär oder reell ist, und im letzteren Falle, ob sie geradlinig ist oder nicht.

Ist die Fundamentalfläche *imaginär*, so haben alle geraden Linien eine endliche Länge, alle Ebenenbüschel eine endliche Winkelsumme. Unter diesen Fall subsumiert sich die Maßbestimmung der *elliptischen* Geometrie, wenn noch die Konstante c' der Winkelbestimmung gleich $\dfrac{\sqrt{-1}}{2}$ gesetzt wird, damit die Winkelsumme im Ebenenbüschel gleich π ist.

Den Fall, daß die Fundamentalfläche *reell* und *geradlinig* ist, daß sie also ein einschaliges Hyperboloid ist, wollen wir hier nicht weiter betrachten, weil er zu den dreierlei Geometrien, die wir hier betrachten, der elliptischen, hyperbolischen, parabolischen, in keiner Beziehung steht.

Ist endlich die Fundamentalfläche *reell* und *nicht geradlinig*, so werden wir für Punkte im Inneren eine Maßbestimmung erhalten, die unter sich die Maßbestimmung der *hyperbolischen* Geometrie begreift, wenn man die Konstante c' wieder gleich $\dfrac{\sqrt{-1}}{2}$ setzt.

---

[43]) Ich habe diese Verhältnisse bereits in einer früheren Arbeit: *Über die Mechanik starrer Körper*, Math. Annalen, Bd. 4 [s. Abh. XIV dieser Ausgabe] auseinandergesetzt. Hinzufügen muß ich, daß bereits Herr Schering in dem Aufsatze: *Die Schwerkraft im Gaußschen Raume*, Gött. Nachrichten 1870, Nr. 15 die Bewegungen des Raumes im Sinne der hyperbolischen Geometrie betrachtet hat.

Die *parabolische* Geometrie subsumiert sich unter einen speziellen Fall der allgemeinen Maßbestimmung, der eintritt, wenn die Fundamentalfläche sich in einen Kegelschnitt, insbesondere in einen imaginären Kegelschnitt, partikularisiert. Der fundamentale Kegelschnitt der parabolischen Geometrie ist der sogenannte unendlich ferne, imaginäre Kreis. In dem undualistischen Charakter der Partikularisation, welche die Fundamentalfläche erfahren hat, haben die undualistischen Eigenschaften der parabolischen Maßbestimmung ihren Grund.

Man kann nun wieder von *Krümmung* einer allgemeinen Maßbestimmung usw. reden; doch sollen alle diese Dinge der Kürze wegen hier unerörtert bleiben.

§ 17.

Die Unabhängigkeit der projektivischen Geometrie von der Parallelentheorie.

Man könnte gegen das gesamte Vorhergehende einen Einwand machen, der bei der seither eingehaltenen Darstellungsweise nicht unbegründet ist, der aber sofort weggeräumt werden kann.

Bei der Begründung der allgemeinen projektivischen Maßbestimmung sind wir einmal geometrisch verfahren, indem wir Distanz zweier Punkte usw. als Logarithmen gewisser Doppelverhältnisse definierten, sodann analytisch, indem wir homogene Koordinaten in Anwendung brachten. Beide Dinge: die Doppelverhältnisse und die homogenen Koordinaten, setzen in ihrer gewöhnlichen Begründung die parabolische Maßbestimmung voraus, wo dann Doppelverhältnisse wie homogene Koordinaten als gewisse Streckenverhältnisse definiert werden. Man würde also, wenn die tatsächlich gegebene Maßbestimmung nicht parabolisch ist, zunächst von diesen Dingen nicht reden können, und alle vorhergehenden Auseinandersetzungen würden ihre Geltung verlieren.

Demgegenüber hat man sich zu überzeugen, daß die projektivische Geometrie unabhängig von der Frage nach der Art der Maßbestimmung gültig ist.

Der Beweis dafür kann in der Art geführt werden, daß man die projektivische Geometrie einmal unter Zugrundelegung der elliptischen, dann unter Zugrundelegung der hyperbolischen Maßgeometrie aufbaut. Es ist dies nicht schwer zu leisten, wie man daraus übersehen mag, daß für den Punkt, als Strahlen- und Ebenenbündel im Raume, für den doch auch in der parabolischen Geometrie eine elliptische Maßbestimmung angewandt wird, die projektivische Geometrie ungestört gilt.

Aber wesentlicher ist es wohl, zu bemerken, *daß die projektivische Geometrie überhaupt vor Erledigung der Frage nach der Maßbestimmung entwickelt werden kann.*

Denn um die Geltung der projektivischen Geometrie in einem beliebig gegebenen begrenzten Raume zu erweisen, genügt es, in diesem Raume Konstruktionen zu machen, die nur sogenannte Lagenbeziehungen betreffen und die nicht über den Raum hinausführen. Die Doppelverhältnisse dürfen dabei natürlich nicht als Streckenverhältnisse definiert werden, da dies die Kenntnis einer Maßbestimmung voraussetzen würde. In v. Staudt's Beiträgen zur Geometrie der Lage[44]) sind aber die nötigen Materialien gegeben, um ein Doppelverhältnis als eine reine Zahl zu definieren. Von den Doppelverhältnissen mögen wir sodann zu den homogenen Punkt- und Ebenenkoordinaten aufsteigen, die ja auch nichts anderes sind, als die relativen Werte gewisser Doppelverhältnisse, wie dies v. Staudt ebenfalls gezeigt[45]) und noch neuerdings Herr Fiedler[46]) wieder aufgenommen hat. — Unentschieden bleibt dabei, ob sich zu sämtlichen reellen Werten der Koordinaten auch entsprechende Raumelemente finden lassen. Ist dies nicht der Fall, so steht nichts im Wege, den betreffenden Koordinatenwerten entsprechend, zu den wirklichen Raumelementen uneigentliche hinzuzufügen. Dies geschieht in der parabolischen Geometrie, wenn wir von der unendlich fernen Ebene reden. Unter Zugrundelegung der hyperbolischen Geometrie würde man ein ganzes Raumstück zu adjungieren haben. Dagegen würde bei der elliptischen Geometrie eine Adjunktion uneigentlicher Elemente nicht nötig sein.

§ 18.

Ableitung der dreierlei Geometrien: der elliptischen, hyperbolischen und parabolischen aus der projektivischen.

Hat man, wie vorstehend auseinandergesetzt, die projektivische Geometrie begründet, so wird man die allgemeine Cayleysche Maßbestimmung aufstellen können. Dieselbe bleibt durch sechsfach unendlich viele lineare Transformationen, die wir als Bewegungen des Raumes bezeichneten, ungeändert, und kann als geradezu durch den Zyklus dieser linearen Transformationen erzeugt angesehen werden (§§ 2, 3).

Nunmehr wende man sich der Betrachtung der tatsächlichen Bewegungen im Raume und der durch sie begründeten Maßbestimmung zu. Man übersieht, daß die sechsfach unendlich vielen Bewegungen ebenso viele lineare Transformationen sind. Dieselben lassen überdies eine Fläche, die Fläche der unendlich fernen Punkte, ungeändert. Es gibt aber, wie sich leicht beweisen läßt, keine anderen Flächen, welche durch sechsfach un-

---

[44]) § 27. Nr. 393. [Vgl. hierzu die Ausführungen in den Vorbemerkungen, S. 241.]
[45]) Beiträge. § 29. Nr. 411.
[46]) Vierteljahrsschrift der naturforschenden Gesellschaft in Zürich. XV. 2. (1871). — Die darstellende Geometrie von Fiedler. Leipzig 1871.

endlich viele lineare Transformationen in sich übergehen, als die Flächen zweiten Grades und ihre Ausartungen. Die unendlich fernen Punkte bilden also eine Fläche zweiten Grades, und die Bewegungen des Raumes subsumieren sich unter die vorgenannten sechsfach unendlichen Zyklen linearer Transformationen, welche eine Fläche zweiten Grades ungeändert lassen. Deshalb subsumiert sich auch die durch die Bewegungen gegebene (tatsächliche) Maßbestimmung unter die allgemeine projektivische. Während letztere sich auf eine beliebig anzunehmende Fläche zweiten Grades bezieht, ist diese Fläche bei ersterer ein für allemal gegeben.

Die Art dieser der tatsächlichen Maßbestimmung zugrunde liegenden Fläche zweiten Grades kann nun noch näher bestimmt werden. Man beachte, daß eine Ebene durch fortgesetzte Drehung um eine beliebig in ihr im Endlichen gelegene Achse in die Anfangslage zurückkommt. Es sagt dies aus, daß die beiden Tangentialebenen, welche man durch eine im Endlichen gelegene Gerade an die Fundamentalfläche legen kann, imaginär sind. Denn wären sie reell, so fänden sich in dem betreffenden Ebenenbüschel zwei reelle unendlich ferne Ebenen (d. h. Ebenen, welche mit allen anderen einen unendlich großen Winkel bilden) und dann könnte keine in einem Sinne fortgesetzte Rotation eine Ebene des Büschels in die Anfangslage zurückführen.

Damit nun diese beiden Ebenen imaginär sind, oder, was dasselbe ist, damit der Tangentenkegel der Fundamentalfläche, der von einem beliebigen Punkte des (uns durch die Bewegungen zugänglichen) Raumes ausgeht, imaginär sei, sind drei und nur drei Fälle denkbar:

1. *Die Fundamentalfläche ist imaginär.* Dies ergibt die elliptische Geometrie.

2. *Die Fundamentalfläche ist reell, nicht geradlinig und umschließt uns.* Die Annahme der hyperbolischen Geometrie.

3. (Übergangsfall.) *Die Fundamentalfläche ist in eine imaginäre ebene Kurve ausgeartet.* Die Voraussetzung der gewöhnlichen parabolischen Geometrie.

So sind wir denn gerade zu den dreierlei Geometrien hingeleitet, welche man, wie in § 1 berichtet, von ganz anderen Betrachtungen ausgehend, aufgestellt hat.

Düsseldorf, 19. August 1871.

XVII. Über einen Satz aus der Analysis situs.

[Nachrichten von der Kgl. Gesellschaft der Wissenschaften zu Göttingen, Nr. 14, (5. Juni 1872).]

In v. Staudts Geometrie der Lage wird die projektivische Geometrie, wie bekannt, durch bloße Betrachtung des Ineinanderliegens von Ebene, Gerade und Punkt aufgebaut. Von Maßbestimmung ist dabei zunächst keine Rede; es wird aber das Parallelenaxiom vorausgesetzt, weil sonst z. B. zwischen einer geraden Punktreihe und einem Ebenenbüschel kein vollständiges Entsprechen stattzufinden brauchte, vielmehr ein ganzer Teil der Ebenen des Büschels von der geraden Punktreihe möglicherweise nicht getroffen wurde. Nun hat sich aber gezeigt, daß die Ebenen und Geraden der Nicht-Euklidischen Geometrie, in welcher das Parallelenaxiom nicht zugrunde gelegt ist, trotzdem die projektivischen Beziehungen besitzen. Es folgt dies aus den Arbeiten Beltramis[1]), der nachweist, daß in einem Raume von konstantem Krümmungsmaße die kürzesten Linien durch lineare Gleichungen dargestellt werden können. Insbesondere habe ich dann gezeigt[2]), daß die Maßbestimmung der Nicht-Euklidischen Geometrie mit der projektivischen zusammenfällt, welche man nach Cayleys Vorgange auf eine Fläche zweiten Grades gründen kann. Es muß also möglich sein, die projektivische Geometrie unabhängig von dem Parallelenaxiome aufzubauen, und wenn bei Staudt das letztere vorausgesetzt wird, so kann dasselbe der Sache nach keine wesentliche Rolle spielen, wenn auch möglicherweise die Form, unter welcher Staudt seine Betrachtungen vorträgt, davon abhängen kann. Um sich hierüber Klarheit zu verschaffen, mag man sich die Frage vorlegen, ob man nicht den von Staudt eingeschlagenen Gang Schritt für Schritt verfolgen kann, wenn man sich das Gesetz auferlegt, mit den nötigen Konstruktionen aus einem gegebenen begrenzten Raume nicht hinauszutreten. Es seien also die Ebenen, Geraden und Punkte nach ihren gegenseitigen Lageverhältnissen in einem begrenzten Raume gegeben,

---

[1]) Bes. Teoria fundamentale degli spazii ai curvatura costante. Annali di Matematica. Serie II, Bd. 2, 1868/69, Werke, Bd. 1, S. 406—429.

[2]) Diese Nachrichten 1871. Math. Annalen, Bd. 4. „Über die sogenannte Nicht-Euklidische Geometrie". [S. Abh. XVI dieser Ausgabe.]

den man der Übersichtlichkeit wegen als einfach zusammenhängend und überall konvex begrenzt denken mag; ob außerhalb des Raumes die Ebenen und Geraden überhaupt existieren, bleibe unbestimmt, um so mehr also, welche Relationen sie zueinander im Unendlichen haben. Wird es dann noch möglich sein, im Anschlusse an den von Staudt eingeschlagenen Gang die projektivische Geometrie als innerhalb des gegebenen Raumes gültig zu erweisen? Diese Frage habe ich in der genannten Mitteilung „Über die sogenannte Nicht-Euklidische Geometrie" aufgeworfen und bejaht, allerdings ohne näher auf die Begründung der bejahenden Antwort einzugehen. Von verschiedenen Seiten her sind Zweifel an der Richtigkeit meiner Behauptung geltend gemacht worden. Indem ich deshalb neuerdings die Frage wieder aufnahm und eine ausführlichere Darlegung derselben vorbereitete, bemerkte ich, daß bei der Staudtschen Betrachtung nicht nur das Parallelenaxiom unwesentlich ist, sondern auch die Forderung, daß man mit den wirklichen Ebenen und Geraden zu tun habe, daß man vielmehr dieselben Betrachtungen auf jedes System von Flächen und Kurven übertragen kann, welches eine ähnliche Anordnung wie das System der Ebenen und Geraden besitzt. Mit anderen Worten, man kann den folgenden Satz[3]) aufstellen, den ich als einen Satz der Analysis situs bezeichne, insofern die geometrischen Dinge, von denen in ihm gehandelt wird, alle bei einer stetigen Verzerrung des Raumes ungeändert bleiben.

„In einem einfach zusammenhängenden Raume sei eine unendliche Schar einfach zusammenhängender, überall stetig gekrümmter, nur durch die Begrenzung des Raumes geendigter Flächen gegeben, welche die folgende Anordnung besitzen:

1. Durch drei beliebig angenommene Punkte des gegebenen Raumes geht eine und nur eine Fläche des Systems;

2. Zwei Flächen des Systems haben, wenn sie sich treffen, eine nur aus einem Zuge bestehende und bis an die Begrenzung des Raumes hinanreichende Durchschnittskurve gemein;

3. Jede Fläche des Systems, welche zwei Punkte einer solchen Durchschnittskurve enthält, enthält dieselbe ganz."

„Dann kann man im Anschlusse an Staudt[4]) für dieses Flächen-

---

[3]) Dem Satze sind einige Beschränkungen hinzugefügt hinsichtlich des *Zusammenhangs* der vorkommenden Gebilde, die möglicherweise entfernt werden können.

[4]) Dem Staudtschen Gange stellen sich einige Bedenken entgegen, welche nur durch besondere Axiome zu beseitigen zu sein scheinen, wie sie überhaupt immer nötig werden, wenn es sich darum handelt, den Raum als eine Zahlenmannigfaltigkeit aufzufassen. Dieselben Bedenken finden sich bei dem geometrischen Beweise des im Text genannten Satzes wieder und mögen durch die entsprechenden Forderungen erledigt werden, die dann weniger Axiome sind als Bedingungen, welche die Flächensysteme charakterisieren, auf die der Satz Anwendung finden soll.

und Kurvensystem die Geltung der projektivischen Geometrie erweisen; anders ausgedrückt: *dann kann man den Punkten des gegebenen Raumes in der Weise Koordinaten erteilen, daß die gegebenen Flächen durch lineare Gleichungen dargestellt werden.*"

Daß es Flächensysteme der gemeinten Art überhaupt gibt, zeigt das Beispiel der Ebenen. Unbegrenzt viele solcher Flächensysteme erzeugt man, indem man sich die Ebenen in einem konvex begrenzten, einfach zusammenhängenden Raumstück konstruiert denkt, und dann das Raumstück einer durch stetige Prozesse herbeiführbaren Deformation unterwirft. Und die in Rede stehende Behauptung kann geradezu dahin ausgesprochen werden: Jedes den Voraussetzungen des Satzes genügende Flächensystem kann auf diese Weise aus dem Systeme der Ebenen erzeugt werden.

Was diesen Satz sehr merkwürdig macht, ist, daß ein analoger Satz, den man für die Ebene formulieren möchte, nicht existiert. Ist nämlich in einem begrenzten Teile der Ebene ein Kurvensystem von der Eigenschaft gegeben, daß durch je zwei Punkte eine und nur eine Kurve hindurchgeht, so bedarf es noch weiterer Bedingungen, ehe die Kurven durch lineare Gleichungen zwischen Punktkoordinaten dargestellt werden können. Diesen negativen Satz mag man, sofern ein Beweis überhaupt nötig scheint, aus einem Theoreme von Beltrami ableiten. Ein Kurvensystem der gemeinten Art erhält man nämlich z. B., wenn man auf einer einfach zusammenhängenden begrenzten Fläche [hinreichend geringer Ausdehnung] die geodätischen Kurven zieht und dann die Fläche auf einen Teil der Ebene beliebig ausbreitet. Aber Beltrami zeigt[5]), daß nur den Flächen von konstantem Krümmungsmaße die Eigenschaft zukommt, sich so auf die Ebene übertragen zu lassen, daß sich alle geodätischen Kurven mit geraden Linien decken.

Man darf es daher auch nicht, wie seither wohl geschehen, als einen *Kunstgriff* von Staudts auffassen, wenn er behufs Begründung der projektivischen Geometrie auch der Ebene die stereometrischen Verhältnisse in Betracht zog; sondern es entspricht dieser Ausgangspunkt dem Wesen der Sache: es gilt für die geraden Linien der Ebene, falls man im Anschlusse an Staudt die Betrachtung der Maßverhältnisse ausschließt, nur deshalb die projektivische Geometrie, weil Ebene und Gerade als Glieder eines räumlichen Systems aufgefaßt werden können. —

War der in Rede stehende Satz dem Bedürfnisse entsprechend, aus dem er entsprungen ist, vorstehend in rein geometrischer Form mitgeteilt, so ist das als zufällig anzusehen; man kann seinen Inhalt rein analytisch formulieren und dann auf Mannigfaltigkeiten von beliebig vielen Dimen-

---

[5]) In den Annali di Matematica. Serie 1, Bd. 7 (1866), S. 185. Werke, Bd. 1, S. 262—280.

sionen übertragen. Er gilt, solange die Zahl der Dimensionen nicht kleiner ist als drei; für zwei Dimensionen gilt er nicht mehr, für eine Dimension hat er keinen Inhalt. Weshalb der Satz in dieser Weise an die Zahl der Dimensionen geknüpft ist, mag man aus den folgenden Betrachtungen ersehen, die man gleichzeitig als einen analytischen Beweis desselben auffassen kann.

Es seien drei Mannigfaltigkeiten bez. von eins, zwei, drei Dimensionen gegeben, dieselben mögen, der Anschaulichkeit wegen, durch die Punkte eines Kurvenstückes, bez. eines einfach zusammenhängenden Flächen- oder Raumstücks vorgestellt sein, die man sich jetzt also irgendwie durch Koordinatenwerte bezeichnet zu denken hat. Für die Punkte der Kurve existiert, sofern man beliebige [stetige] Änderungen der Kurve in Betracht zieht, keine andere (geometrische) Beziehung, als daß konsekutive Punkte konsekutive Punkte bleiben. Bei den Punkten der Fläche gibt es bereits unendlich viele Fortschreitungsrichtungen zu benachbarten *und für diese Fortschreitungsrichtungen bestehen dieselben projektivischen Beziehungen wie für die Geraden eines ebenen Strahlenbüschels.* Das heißt, man kann von einem Doppelverhältnis von vier Fortschreitungsrichtungen usw. reden. Von den Punkten des Raumes aus endlich gibt es zweifach unendlich viele Fortschreitungsrichtungen, für welche dann die nämlichen projektivischen Beziehungen gelten, wie für die Geraden eines Strahlenbündels. Insbesondere also kann man die Fortschreitungsrichtungen in unendlich viele Büschel zusammenfassen *und zu drei Elementen eines Büschels das vierte harmonische vermöge einer Konstruktion, die der gewöhnlichen Vierseitskonstruktion nachgebildet ist, auffinden.*

Auf der gegebenen Fläche sei jetzt ein Kurvensystem C konstruiert, von der Art, daß durch je zwei Punkte der Fläche eine und nur eine C geht; andererseits in dem gegebenen Raume ein Flächensystem F, welches die in dem in Rede stehenden Satze vorausgesetzten Eigenschaften besitzt.

Auf der gegebenen Fläche geht durch jeden Punkt ein Büschel von Kurven C; auf die C eines solchen Büschels überträgt sich die zwischen den vom Punkte ausgehenden Fortschreitungsrichtungen bestehende projektivische Zuordnung. Man wähle unter den C des Büschels vier C, die ein bestimmtes Doppelverhältnis miteinander bilden, aus, etwa vier harmonische C, und schneide sie mit einer nicht dem Büschel angehörigen Kurve C'. Zieht man durch diese Schnittpunkte und einen beliebig sonst in der Fläche angenommenen Punkt nun wieder vier Kurven C, so ist gar kein Grund vorhanden, weshalb dieselben für das zu dem neuen Punkte gehörige Büschel harmonisch gelegene Kurven sein sollen.

Ganz anders aber ist es im Raume mit dem Flächensysteme F. Man betrachte zunächst das Flächenbündel, welches durch einen Punkt geht.

Auf dasselbe überträgt sich in dualistischem Sinne die projektivische Geometrie, welche für die Fortschreitungsrichtungen vom Punkte aus galt, indem jede Fortschreitungsrichtung eine der den Flächen F des Bündels gemeinsame Durchschnittskurve bezeichnet. Man schneide jetzt das Bündel durch eine ihm nicht angehörige Fläche F'. So erhält man in F' ein Kurvensystem der oben betrachteten Art, welches außerdem aber die Eigenschaft besitzt, daß man zu drei Punkten einer Kurve vermöge der Vierseitskonstruktion einen bestimmten vierten sog. harmonischen Punkt finden kann. Denn die entsprechende Konstruktion gilt für das ursprünglich angenommene Bündel F, und die Konstruktion hat die Eigenschaft, sich beim Schnitte zu übertragen. Laut Voraussetzung wird aber die Fläche F' von jedem anderen Bündel von Flächen F in denselben Kurven geschnitten. Da sich auch rückwärts von F' auf ein schneidendes Bündel die Vierseitskonstruktion überträgt, so werden also durch F' vier harmonischen Elementen des ursprünglichen Bündels vier harmonische Elemente jedes anderen Bündels zugeordnet; mit anderen Worten: *durch die F' sind alle Bündel von F aufeinander projektivisch bezogen*, was denn unmittelbar zur Folge hat, daß man die F', d. h. jede beliebige F, durch eine lineare Gleichung darstellen kann.

[Zunächst eine historische Bemerkung: Daß man die grundlegenden Sätze über den harmonischen Schnitt gerader Linien in der Ebene aus den räumlichen Lagebeziehungen ohne weiteres ableiten kann, hat nicht erst v. Staudt, sondern bereits Desargue bemerkt; sehr nachdrücklich betont es Moebius in II, 207 seines baryzentrischen Kalkuls (1822). Werke, Bd. 1, S. 252—254.

Im übrigen formuliere ich gern die Bedeutung der in meiner Note gegebenen Überlegungen in der Sprache der modernen Axiomatik, etwa dahingehend: daß es bei der Grundlegung der projektiven Geometrie (NB. im begrenzten Raumstück) keineswegs auf die transiente Bedeutung der Worte „Ebene“ und „Gerade“ ankommt, sondern nur auf die für diese Elemente geltenden Sätze der Verknüpfung und Anordnung (bzw. die Postulate der Stetigkeit). Die Sätze der Anordnung werden bei mir allerdings nicht ausdrücklich ausgesprochen. Dies ist erst von Pasch in seinen Vorlesungen über neuere Geometrie (1882) geschehen. Sein Fortschritt ist ein methodischer. Man hat vorher gemeint, die Aussagen über die Anordnung je von Fall zu Fall durch einen Blick auf die gerade vorliegende Figur ersetzen zu können. Pasch dagegen entnimmt der Anschauung ein für allemal gewisse Grundsätze der Anordnung und ist daraufhin in der Lage, alle weiteren Anordnungsfragen durch bloße Überlegungen beantworten zu können.

Eine längere Kritik würde sodann daran angeknüpft werden können, daß ich die vorkommenden Kurven und Flächen, bzw. Funktionen, dem damaligen naiven Denken entsprechend, ohne weiteres als stetig gekrümmt bzw. differentiierbar voraussetze. Daß eine stetige Funktion noch nicht differentiierbar zu sein brauche, verbreitete sich in jenen Jahren wie eine Art Geheimlehre. Ich selbst habe erst 1873, als ich von England zurückkam, in dem Aufsatz „Über den allgemeinen Funktionsbegriff und seine Darstellung durch eine willkürliche Kurve“ dazu Stellung genommen.

Diese Bemerkungen sollen zugleich für Teil 2 der folgenden Abhandlung Bedeutung haben. K.]

XVIII. Über die sogenannte Nicht-Euklidische Geometrie.

(Zweiter Aufsatz.)

[Math. Annalen, Bd. 6 (1873).]

Die nachstehenden Auseinandersetzungen schließen sich an einen früheren Aufsatz über denselben Gegenstand (Math. Annalen Bd. 4 [s. Abh. XVI dieser Ausgabe]) an und sind bestimmt, einige dort nur angedeutete Punkte weiter auszuführen. Es galt mir damals hauptsächlich, in möglichst anschaulicher Weise darzulegen, wie Cayleys projektivische Maßbestimmung in Ebene und Raum ein äquivalentes Bild für die Lehren der Nicht-Euklidischen Geometrie ergibt. Ich durfte hoffen, letztere dadurch einem allgemeinen Verständnisse zugänglicher gemacht, gleichzeitig aber auch Ausgangspunkte für weitere Untersuchungen gewonnen zu haben. In letzterem Betracht hatte ich nur angedeutet, wie die vorgetragenen geometrischen Überlegungen für Mannigfaltigkeiten von beliebig vielen Dimensionen zu verwerten seien. Ich hatte ferner die Ansicht entwickelt, daß man in ähnlicher Weise, wie v. Staudt, die projektivische Geometrie aufbauen könne, auch ohne über das Parallelenaxiom etwas festzusetzen. Es sind hauptsächlich diese beiden Punkte, welche im folgenden im Sinne des damaligen Aufsatzes, aber in der fortentwickelten Form, die sie inzwischen bei mir gewonnen haben, dargelegt werden sollen. Wenn ich dabei oft weiter aushole und gelegentlich vielleicht etwas weitläufig werde, so trieb mich dazu der Wunsch, möglichst verständlich zu schreiben und dadurch von vornherein Zweifel an der Richtigkeit der Betrachtung zu beseitigen, welche sich bei so abstrakten Gegenständen nur zu leicht aufdrängen. Zugleich mögen dann dadurch die Bedenken entfernt werden, welche mir von verschiedenen Seiten her hinsichtlich meiner früheren Arbeit geäußert worden sind.

Die nachstehenden Untersuchungen sind wie die damaligen rein mathematischen Inhaltes. Es bleiben ihnen also durchaus die Fragen fern, welche Vorteile aus den bezüglichen mathematischen Resultaten für die Raumanschauung oder überhaupt die Naturerkenntnis gewonnen werden können. Aber es ist vielleicht nicht überflüssig, nach dieser Seite hin den Gegenstand hier zu präzisieren, da nur zu vielfach diese mathematischen

Betrachtungen mit eventuellen Anwendungen derselben untermischt und verwechselt werden.

Die Untersuchungen der Nicht-Euklidischen Geometrie haben durchaus nicht den Zweck, über die Gültigkeit des Parallelenaxioms zu entscheiden, sondern es handelt sich in denselben nur um die Frage: *ob das Parallelenaxiom eine mathematische Folge der übrigen bei Euklid aufgeführten Axiome ist;* eine Frage, die durch die fraglichen Untersuchungen definitiv mit *Nein* beantwortet wird. Denn sie haben ergeben, daß man ein in sich konsequentes Lehrgebäude auf Grund allein der übrigen Axiome aufbauen kann, welches das Lehrgebäude der Euklidischen Geometrie nur als einen speziellen Fall umfaßt.

Ähnliche Untersuchungen könnte man und sollte man mit Bezug auf alle anderen Voraussetzungen, die unseren geometrischen Vorstellungen zugrunde liegen, anstellen. Es ist die Nicht-Euklidische Geometrie ein erster Schritt in einer Richtung, deren allgemeine Möglichkeit durch Riemanns Arbeit[1]) „Über die Hypothesen, welche der Geometrie zugrunde liegen" vorgezeichnet ist. Ein ähnlicher Schritt ist es, wenn man das Axiom von der unendlichen Länge der Geraden fallen läßt, wie ich dies in meinem vorigen Aufsatze im Anschlusse an die Arbeiten von Riemann und Helmholtz getan habe. Dann ist außer der Nicht-Euklidischen Geometrie im Sinne von Lobatschewsky, Bolyai, oder, wie ich sie nenne, der hyperbolischen Geometrie, noch eine zweite Geometrie, die elliptische, möglich; zwischen beiden bildet die gewöhnliche, parabolische Geometrie den Übergangsfall.

Allerdings sind wohl nicht immer und nicht alle Bearbeiter der Nicht-Euklidischen Geometrie oder verwandter Gegenstände der hier entwickelten Ansicht gewesen. Man möchte dies wenigstens schließen, wenn z. B. Bolyai die Abhandlung, in der er das Parallelenaxiom fallen läßt, „über die absolut wahre Raumlehre" betitelt. Auch in der neuesten Zeit scheint diese Auffassung noch nicht ganz verschwunden, so daß es wohl nicht überflüssig ist, hier ausdrücklich auf dieselbe als eine von der hier vorgetragenen abweichende aufmerksam zu machen.

Man kann fragen, ob solche Untersuchungen, wie sie durch die Nicht-Euklidische Geometrie als Beispiel vertreten sind, noch außerhalb des speziellen Zweckes, um dessen willen sie entwickelt werden, anderweitigen Nutzen besitzen und in welcher Richtung derselbe zu suchen ist. Mir scheint ein zweifacher Nutzen zu resultieren, ein rein mathematischer und

---

[1]) Bei Riemann ist die rein mathematische Betrachtung nicht überall von den Betrachtungen mehr spekulativen Charakters geschieden, die sich auf die Objektivität der Raumanschauung usw. beziehen. Auf diesen Umstand ist die vielfach über die bez. Dinge verbreitete Unklarheit wohl zum großen Teile zurückzuführen.

ein, wenn die Ausdrucksweise gestattet ist, physikalischer. In erster Linie erweitern die Untersuchungen den Kreis unserer mathematischen Begriffe. So haben die Betrachtungen über Parallelentheorie, ganz allgemein zu reden, *einen* wesentlich neuen Begriff geliefert, den Begriff einer beliebig ausgedehnten Mannigfaltigkeit von konstantem Krümmungsmaße. Dann aber — und das ist die physikalische Wichtigkeit solcher Forschungen — gewinnen wir durch dieselben Material, um die uns geläufigen geometrischen Vorstellungen nach ihrer Notwendigkeit beurteilen und eine Abänderung derselben, falls eine solche wünschenswert scheinen sollte, zweckmäßig treffen zu können. Ich kann in dieser Beziehung nur (in etwas freier Fassung) die Schlußworte der Riemannschen Arbeit zitieren:

„Solche Untersuchungen, welche, wie die hier geführte, von allgemeinen Begriffen ausgehen, können dazu dienen, daß die Umarbeitung der überkommenen räumlich-mechanischen Vorstellungen nicht durch die Beschränktheit der Begriffe gehindert und der Fortschritt im Erkennen des Zusammenhanges der Dinge nicht durch überlieferte Vorurteile gehemmt wird."

Aber einseitig würde es sein, wollte man, wie dies gelegentlich von physikalischer oder philosophischer Seite geschieht, in einer solchen eventuellen Verwendung der betreffenden Untersuchungen den einzigen Nutzen derselben erblicken; und es ist jedenfalls nur vorteilhaft, wenn man die Fragen trennt, und zunächst die rein mathematischen Betrachtungen, welche die Grundlagen für die sich anschließenden spekulativen sind, durcharbeitet. —

Die folgenden Ausführungen zerfallen in zwei Abschnitte, die unter einander nur lose zusammenhängen und hier nur vereinigt sein mögen, weil sie sich beide an den früheren Aufsatz anlehnen.

Der erste Abschnitt ist durch den Umstand hervorgerufen, daß in meiner früheren Arbeit die Frage nach dem Begriffe einer Mannigfaltigkeit von konstantem Krümmungsmaße, und die Frage, wie unsere räumlichen Anschauungen zu modifizieren wären, falls der Raum ein nicht verschwindendes Krümmungsmaß besäße, nicht voneinander getrennt behandelt sind. Es scheint dies bei dem Verständnisse der Arbeit eine Hauptschwierigkeit zu bilden, und deshalb sollen die dort mit Bezug auf die erste Frage gewonnenen Resultate hier ohne alle Verbindung mit der zweiten Frage noch einmal ausgesprochen und ihrem Sinne und ihrer Tragweite nach deutlich begrenzt werden. Ich stelle mich dabei auf den rein analytischen Standpunkt und handele sofort von Mannigfaltigkeiten von beliebig vielen Dimensionen: wenn ich dabei gelegentlich von geometrischen Dingen rede, so geschieht es nur, um abstrakte Begriffe an einem konkreten Bilde zu erläutern. Es wird dabei die gewöhnliche geometrische Anschauung mit

ihrem Parallelen-Axiome zugrunde gelegt, was ja ein durchaus berechtigtes
Hilfsmittel ist, auch wenn die objektive Gültigkeit des Parallelenaxioms
(oder der anderen Axiome) als nicht feststehend betrachtet wird, da diese
uns geläufige Anschauung in sich nicht widersprechend ist, also wirkliche
mathematische Beziehungen in Evidenz setzt. Der begriffliche Unterschied
zwischen einer Mannigfaltigkeit von konstantem Krümmungsmaße und
dem, was ich eine projektivische Mannigfaltigkeit nenne — oder, was
das geometrische Analogon ist: der Unterschied zwischen metrischer
und projektivischer Geometrie wird dabei in möglichst bestimmter Form
hervorgehoben, da so erst die Resultate einen durchsichtigen Inhalt erhalten. Ich glaube nicht, daß die Art und Weise, wie ich diesen Unterschied einführe, wesentlich neu ist: vielmehr wird jeder, der darüber nach-
gedacht hat, den Unterschied in ähnlicher Weise auffassen; es ist mir aber
nicht bekannt, daß diese Auffassung irgendwo dargestellt wäre und ich
möchte sie hier um so weniger unerörtert lassen, als sie nach meiner
Meinung für mathematische Fragen überhaupt von fundamentaler Bedeutung
ist. Dementsprechend haben diese Auseinandersetzungen eine Ausdehnung
gewonnen, hinter welcher die Partien, die sich insbesondere auf das konstante Krümmungsmaß beziehen, verhältnismäßig zurücktreten. [2]).

In dem zweiten Abschnitte begründe ich denn eingehender die bereits
genannte Behauptung: daß man in ähnlicher Weise, wie v. Staudt, die
projektivische Geometrie entwickeln kann, auch wenn man das Parallen-
axiom nicht zugibt. Zu dem Zwecke zeige ich, daß nicht nur für die
Ebenen und Geraden des Raumes, sondern überhaupt für jedes Flächen-
und Kurvensystem, daß in einem endlichen Raumstücke ähnliche Lagenverhältnisse besitzt, wie man sie bei den Ebenen und Geraden voraussetzt,
innerhalb des begrenzten Raumes die projektivische Geometrie gilt. Diese
Untersuchung, die hier zum Beweise der genannten Behauptung geführt
wird, scheint an und für sich von Interesse. Sie lehrt einmal ein merkwürdiges Theorem der Analysis situs kennen, insofern der oben angedeutete Satz [3]) nur von solchen räumlichen Dingen handelt, die bei einer
stetigen Verzerrung des Raumes ungeändert bleiben, und kann also in diese
noch wenig entwickelte geometrische Disziplin eingereiht werden; anderer-

---

[2]) [In diesem ersten Teil der nachstehenden Abhandlung handelt es sich schließ-
lich um eine vorläufige Redaktion der Überlegungen, welche ich im Oktober desselben
Jahres (1872) im meinem „Erlanger Programm“ dargelegt habe (siehe unten Abh. XXVII).
Fertiggestellt im Juni, ist diese erste Redaktion doch erst lange nach dem Erlanger
Programm ausgegeben worden (nach den Angaben im Generalregister zu Bd. 50 der
Math. Annalen erst Mitte Juni 1873). Ursache der Verzögerung war der große Setzer-
streik von 1872/3. — Über die Entstehung der in Betracht kommenden Ideen wird
weiter unten im Zusammenhang zu berichten sein, S. 411—412. K.]

[3]) Ich habe diesen Satz bereits in den Gött. Nachrichten 1872, 5. Juni mitgeteilt.
[S. Abh. XVII dieser Ausgabe.]

seits kann man sie als einen Schritt in der oben angedeuteten Untersuchungsrichtung der Axiome der Geometrie betrachten, insofern sie von weniger Annahmen ausgeht, als man den Ebenen und Geraden des Raumes gewöhnlich beilegt, und doch das Vorhandensein einer Reihe denselben sonst zukommender Eigenschaften nachweist.

Erster Abschnitt.

Die Mannigfaltigkeit von konstantem Krümmungsmaße, die projektivische Mannigfaltigkeit und ihr gegenseitiges Verhältnis.

§ 1.

Begriff einer Mannigfaltigkeit von beliebig vielen Dimensionen, wie er im folgenden zugrunde gelegt wird.

Wenn n Veränderliche

$$x_1, x_2, \ldots, x_n$$

gegeben sind, so konstituieren die n-fach unendlich vielen Wertsysteme, die man erhält, wenn man die x unabhängig voneinander die reellen Werte von $-\infty$ bis $+\infty$ durchlaufen läßt, dasjenige, was hier, in Übereinstimmung mit der gewöhnlichen Bezeichnungsweise, *eine Mannigfaltigkeit von n Dimensionen* genannt werden soll. Das einzelne Wertsystem

$$(x_1, x_2, \ldots, x_n)$$

werde als ein *Element* derselben bezeichnet.

Für $n = 3$ kann man -- und das ist der ursprüngliche Grundgedanke der analytischen Geometrie — die Elemente der bez. Mannigfaltigkeit durch die Punkte des Raumes, die Mannigfaltigkeit selbst also durch den als Punktaggregat gedachten Raum vorgestellt sein lassen. Wir werden hier und im folgenden diese anschauliche und uns geläufige Interpretation eines einzelnen Falles benutzen, um uns an ihr jedesmal diejenigen Ideen zu bilden, welche auf den allgemeinen Mannigfaltigkeitsbegriff übertragen werden sollen. Den Punktraum denken wir uns dabei, wie bereits in der Einleitung gesagt, mit den Eigenschaften ausgerüstet, die wir ihm gewöhnlich, d. h. in der Euklidischen Geometrie beilegen.

Im folgenden soll bei Betrachtung der Mannigfaltigkeiten gewöhnlich von algebraischen Gebilden und algebraischen Prozessen gehandelt werden. In solchen Fällen mögen wir, wie dies in der neueren Geometrie geschieht, zu den bisherigen Elementen der Mannigfaltigkeit neue, *komplexe* hinzufügen, indem wir den n Variabeln

$$x_1, x_2, \ldots, x_n$$

fortan gestatten, beliebige komplexe Werte anzunehmen. Dabei wird es, wieder wie in der Geometrie, dennoch gestattet sein, der Ausdrucksweise nach an einer n-fach ausgedehnten Mannigfaltigkeit festzuhalten; der Vergleich mit der in der Geometrie üblichen Redeweise wird alle Schwierigkeiten in dieser Richtung fortheben.

§ 2.
Transformationen und Transformationsgruppen.

Als eine *Transformation* der Mannigfaltigkeit in sich selbst sei der Übergang verstanden, welcher von jedem Elemente zu einem (oder einigen) zugeordneten führt. Man mag die Transformation durch n Gleichungen bestimmen, nach welchen das zugeordnete Element von dem jedesmaligen ursprünglichen abhängt. Die Art der Gleichungen und ihre gegenseitige Beziehung ist für den Begriff zunächst gleichgültig; im folgenden werden wir aber immer voraussetzen, daß sie umkehrbar sind. Die umgekehrten Gleichungen repräsentieren, was die *umgekehrte Transformation* heißen soll. Bezeichnet man, wie im folgenden geschehen soll, eine Transformation durch einen Buchstaben $A, B, \ldots$, die Zusammensetzung zweier Transformationen A, B durch das Symbol (Produkt) $A B$, so wird die umgekehrte Transformation von A durch A^{-1} darzustellen sein.

Wir bemerken ferner, daß die Transformationen, die weiterhin vorkommen, wesentlich *algebraische* sind, und daß wir in solchen Fällen die Mannigfaltigkeit immer als eine komplexe Mannigfaltigkeit und die Transformation als gleichzeitig für die komplexen Elemente eintretend ansehen.

Sei nun eine Reihe von Transformationen $A, B, C \ldots$ gegeben. *Wenn diese Reihe die Eigenschaft besitzt, daß je zwei ihrer Transformationen zusammengesetzt eine Transformation ergeben, die selbst wieder der Reihe angehört, so soll sie eine Transformationsgruppe*[4]*) heißen.*

Beispiele für diesen Begriff mag man sich an der durch den Punktraum versinnlichten Mannigfaltigkeit von drei Dimensionen bilden. Eine jede Bewegung, eine jede Kollineation ist eine räumliche Transformation. Eine *Gruppe* bilden z. B. die Gesamtheit aller Bewegungen; denn zwei Bewegungen zusammengesetzt ergeben eine neue Bewegung. Eine *Gruppe* bilden ferner etwa die Gesamtheit aller Kollineationen, insbesondere diejenigen Kollineationen, die ein bestimmtes Gebilde, z. B. eine Fläche zweiten Grades, in sich überführen. Es ist übrigens zum Begriffe der

---

[4]) Name wie Definition sind herübergekommen von der analogen Begriffsbildung der Substitutionstheorie, die sich nur dadurch von der hier vorgetragenen unterscheidet, daß die in ihr betrachteten Mannigfaltigkeiten aus einer endlichen Zahl diskreter Elemente bestehen. In einem früheren Aufsatze (Math. Ann., Bd. 4 [s. Abh. XXVI dieser Ausgabe]) haben Lie und ich das, was hier Transformationsgruppe heißt, als ein „geschlossenes System von Transformationen" bezeichnet. [Um die Auffassungsweise des Gruppenbegriffs hier und im Erlanger Programm korrekt zu formulieren, muß bei Gruppen ausdrücklich noch vorausgesetzt werden, (wie dies sehr bald von Lie bemerkt wurde), daß mit jeder Operation auch deren inverse in der Gruppe enthalten sei. K.

Gruppe durchaus nicht wesentlich, daß die sie konstituierenden Transformationen, wie in den genannten Beispielen, an Zahl unendlich sind und
sich kontinuierlich aneinander anschließen, obwohl dies der Charakter derjenigen Gruppen sein wird, die im folgenden gebraucht werden. Vielmehr
bilden z. B. die unendlich vielen ruckweise aufeinander folgenden Verschiebungen, welche eine Sinuslinie mit sich selbst zur Deckung bringen,
eine Gruppe; ebenso die in endlicher Anzahl vorhandenen Bewegungen,
welche einen Würfel mit sich selbst zur Deckung bringen[5]). Ähnliche
Unterscheidungen finden bei den Transformationsgruppen in beliebigen
Mannigfaltigkeiten ihre Stelle, doch mag die nähere Erörterung der sich
anschließenden Fragen als für das Folgende unnötig hier unterbleiben.

Zwei Transformationsgruppen heißen *ähnlich*[6]), wenn man die Transformationen der einen Gruppe so den Transformationen der anderen Gruppe
zuordnen kann, daß die Zusammensetzung entsprechender Transformationen
entsprechende Transformationen ergibt. Eine Transformationsgruppe,
welche mit einer gegebenen ähnlich ist, erhält man z. B., wenn man mit
allen Transformationen A der gegebenen Gruppe eine Transformation C
und deren umgekehrte C^{-1} in der Art verbindet, daß die Transformationen
$C^{-1}AC$ entstehen. Man kann dies so aussprechen. Die Transformationen
A führen die ursprünglichen Elemente der Mannigfaltigkeiten bez. in neue
über. Auf die ursprünglichen und die neuen wende man gleichzeitig die
Transformation C an. So drücken die Transformationen $C^{-1}AC$ die Beziehung aus, welche zwischen den Elementen besteht, die durch C aus den
früher zugeordneten hervorgehen.

Man kann unter gewissen Einschränkungen beweisen, daß je zwei
ähnliche Gruppen in diesem Sinne auseinander durch Anwendung einer
Hilfstransformation C hervorgehen; für das Folgende haben wir die Begründung und die Begrenzung dieses Satzes nicht nötig, *wir wollen vielmehr unter zwei ähnlichen Transformationsgruppen schlechthin solche
zwei verstehen, die durch Anwendung einer Transformation C aus einander entstanden sind.* Dabei braucht C noch durchaus keine eindeutige
Transformation zu sein; sie kann recht wohl vieldeutig, selbst unendlich
vieldeutig sein[7]).

---

[5]) In einem Aufsatze: Sur les groupes de mouvements [Annali di matematica.
Ser 2, Bd. 2 (1869)] hat Camille Jordan alle Gruppen von Bewegungen aufgestellt.

[6]) Man vgl. immer die analoge Terminologie und Begriffsbildung der Substitutionstheorie.

[7]) Z. B. sollen, für $n = 2$, noch als ähnlich bezeichnet sein die Gruppen:

$$x_1' = x_1 + a_1, \; x_2' = x_2 + a_2$$

und

$$y_1' = b_1 y_1, \quad y_2' = b_2 y_2,$$

weil sie durch die Substitution

$$x_i = \log y_i, \; x_i' = \log y_i'$$

auseinander hervorgehen.

§ 3.
Die Hauptgruppe der räumlichen Transformationen.

Die Geometrie kann sich, unseren gewöhnlichen Vorstellungen nach[8]), überhaupt nur mit solchen Eigenschaften der räumlichen Gebilde befassen, welche unabhängig sind von der Stelle im Raume, die von den Gebilden eingenommen wird, sowie von der absoluten Größe der Gebilde. Auch kann sie nicht (immer ohne Zuhilfenahme eines dritten Körpers) zwischen den Eigenschaften eines Körpers und denen seines Spiegelbildes unterscheiden. Durch diese Sätze ist eine Gruppe räumlicher Transformationen charakterisiert — sie mag die *Hauptgruppe* genannt werden —, deren Transformationen die Gesamtheit der geometrischen Eigenschaften eines Gebildes unberührt lassen. Es setzt sich diese Gruppe zusammen aus den sechsfach unendlich vielen Bewegungen, aus den einfach unendlich vielen Ähnlichkeitstransformationen und aus der Transformation durch Spiegelung an einer Ebene.

Hatten wir seither den Punktraum schlechthin als eine dreifach ausgedehnte Mannigfaltigkeit aufgefaßt, so können wir jetzt eine nähere Bestimmung hinzufügen, welche durch das Vorhandensein der Hauptgruppe räumlicher Transformationen bedingt wird:

Der Punktraum ist eine Mannigfaltigkeit von drei Dimensionen, bei deren Behandlung man nur auf solche Eigenschaften auftretender Gebilde zu achten hat, die durch die Transformationen der Hauptgruppe ungeändert bleiben[9]).

Man übersieht bereits hier, wie von einer bestimmten Behandlung einer Mannigfaltigkeit von n Dimensionen erst dann die Rede sein kann, wenn eine Transformationsgruppe gegeben ist, welche die Eigenschaften, auf welche man achten will, charakterisiert als die durch die Transformationen der Gruppe unveränderlichen Relationen. Je umfangreicher die Gruppe ist, um so geringer wird die Zahl der bleibenden Eigenschaften und umgekehrt. Bestände die Gruppe aus der identischen Transformation, d. h. aus derjenigen, die jedes Element sich selbst zuordnet, so würde jedes Element der Mannigfaltigkeit bei deren Behandlung ein individuelles Interesse besitzen.

---

[8]) In der Nicht-Euklidischen Geometrie ist dies insofern anders, als die Verwandtschaft der Ähnlichkeit nicht existiert.

[9]) Dem Raume an und für sich kann man bekanntlich, nach der Plückerschen Auffassung, beliebig viele Dimensionen zuerteilen, je nach dem Gebilde, welches man als Raumelement zugrunde legen will. Aber die Hauptgruppe der Transformationen, welche die geometrischen Eigenschaften ungeändert läßt, ist von der Wahl des Raumelementes unabhängig. Der Raum erscheint also als das Bild einer beliebig ausgedehnten Mannigfaltigkeit, bei der jedesmal eine Transformationsgruppe von demselben Charakter adjungiert ist. Vgl. den folgenden Text.

§ 4.

Die verschiedenen Methoden der Geometrie sind durch eine zugehörige Transformationsgruppe charakterisiert.

Wenn man von bloß formellen Unterschieden absieht — also etwa davon, ob die Art der Behandlungweise in fortwährender Verbindung mit der räumlichen Anschauung oder unter Zuhilfenahme eines rechnenden Algorithmus geschieht — so wird man den Unterschied der in der Geometrie üblichen Methoden in der Art der bei der Behandlung adjungierten Transformationsgruppe erblicken müssen. Für alle geometrischen Betrachtungen ist, wie gesagt, von vornherein die Hauptgruppe der Transformationen gegeben. Wollte man nur einen Teil ihrer Transformationen in Betracht ziehen, so erhielte man solche geometrische Eigenschaften der räumlichen Gebilde, welche sich auf fest gedachte gegebene Elemente beziehen, die unter sich natürlich die eigentlichen, nicht von der Annahme fester Elemente abhängigen geometrischen Beziehungen begreifen. Aber es bleibt unbenommen, der allgemeinen geometrischen Betrachtung statt der Hauptgruppe eine weitere, die Hauptgruppe umfassende Gruppe von Transformationen zugrunde zu legen. Und in der Einführung solcher allgemeinerer Gruppen an Stelle der Hauptgruppe besteht das Wesen der verschiedenen geometrischen Methoden, die sich in der Neuzeit entwickelt haben, insbesondere, worauf es uns hier ankommt, das Wesen *der projektivischen Geometrie*. Sie faßt an den räumlichen Dingen nur das auf, was durch kollineare Umformungen nicht geändert wird, *sie adjungiert sich also in dem eben erörterten Sinne die Gruppe aller kollinearen Umformungen*. Die Transformationen der Hauptgruppe sind dann[10]) dadurch definiert, daß sie diejenigen reellen Kollineationen sind, welche ein individuelles Gebilde, den sogenannten unendlich fernen imaginären Kreis ungeändert lassen. Die nicht projektivischen Eigenschaften räumlicher Gebilde erscheinen als kovariante Beziehungen der Gebilde zum imaginären Kreise. Ein anderes Beispiel, welches hier, um die Verschiedenartigkeit der möglichen Methoden hervorzuheben, erwähnt sein mag, gibt diejenige Behandlungsweise geometrischer Dinge, wie sie in der sog. *Analysis situs* gehandhabt wird. Hier besteht die Gruppe der adjungierten räumlichen Transformationen aus denjenigen Raumtransformationen, welche man Verzerrungen (Deformationen) des Raumes nennt und die dadurch definiert sind, daß sie sich aus unendlich kleinen reellen Raumtransformationen zu-

---

[10]) Man muß bei der projektivischen Geometrie verschiedene Stadien der Entwicklung unterscheiden. Lange Zeit dachte man bei einer Kollineation immer an eine reelle Kollineation, und noch immer wohl ist die Anschauung, daß man in der projektivischen Geometrie alle vorkommenden Größen als unbedingt komplex veränderlich auffassen soll, nicht überall durchgedrungen.

sammensetzen lassen. Indem bei ihr der Begriff des Reellen wesentlich, der Begriff der Algebraischen zunächst überhaupt nicht vorhanden ist, so ist bei ihr das Punktgebiet des Raumes nicht durch komplexe Punkte zu erweitern.

Eine nähere Durchführung des hier entwickelten Gesichtspunktes zur Klassifizierung der verschiedenen geometrischen Methoden scheint sehr interessant, es würde eine solche aber hier außerhalb des eigentlichen Themas liegen, und es mag daher bei den genannten Beispielen, die zur Illustration der allgemeinen Betrachtungen des folgenden Paragraphen ausreichen, sein Bewenden haben[11]).

§ 5.

Behandlungsweise der Mannigfaltigkeiten aus n Dimensionen.

Aus den vorigen beiden Paragraphen ist ersichtlich, wie die Behandlungsweise einer Mannigfaltigkeit von n Dimensionen *durch die Transformationsgruppe charakterisiert wird, welche man adjungiert.* Alle diejenigen Behandlungsweisen stimmen dabei im Wesen überein und können durch passende Einführung neuer Variabeln auch in formelle Übereinstimmung gebracht werden, welche *ähnliche* Transformationsgruppen benutzen. Es ist das bei der in § 3 entwickelten Definition von ähnlichen Gruppen selbstverständlich. Denn eine einmalige Transformation der Mannigfaltigkeit in sich selbst (die wir dort mit dem Buchstaben C bezeichnet hatten) kann auch als eine Einführung neuer Variabeln zur Behandlung der Mannigfaltigkeit, als eine Koordinatentransformation, angesehen werden, wobei denn die Gruppe *der* Änderungen, welche man als nicht in Betracht kommend ansieht, unberührt dieselbe bleibt.

Als einfachste Transformationsgruppe erscheint die Gruppe aller *linearen* Transformationen, hierunter diejenigen verstanden, welche statt der ursprünglichen Variabeln gebrochene lineare Funktionen derselben mit gemeinsamem Nenner einführen. Die auf sie gegründete Behandlungsweise[12])

---

[11]) Ich habe seitdem versucht, diese Verhältnisse in einem Programme: *Vergleichende Betrachtungen über neuere geometrische Forschungen* (Erlangen 1872. Bei A. Deichert) [s. Abh. XXVII dieser Ausgabe] allgemein zu entwickeln.

[12]) Eine der frühesten Behandlungen des allgemeinen Mannigfaltigkeitsbegriffs findet sich in Graßmanns linealer Ausdehnungslehre von 1844. Seine Methode ist wenigstens in vielfacher Hinsicht eben die hier gemeinte projektivische; was hier Element der Mannigfaltigkeit heißt, heißt bei ihm extensive Größe. [Sehr merkwürdig ist und wieder nur als Ergebnis einseitiger Tradition zu verstehen, daß ich hier (wie auch im Erlanger Programm) zwischen der projektiven Geometrie und der gewöhnlichen metrischen Geometrie nicht die „affine" eingeschaltet habe (welche sich, bei Zugrundelegung nicht homogener Variabler, auf die Gruppe aller *ganzen* linearen Substitutionen der Veränderlichen stützt). Ich habe dies ausführlicher erst 1895—96 in meinen (seitdem autographierten) Vorlesungen über Zahlentheorie getan und später

der Mannigfaltigkeit — ich will sie die *projektivische* nennen — ist es, deren sich die *neuere Algebra* bedient (wobei es nur als ein Mittel zur übersichtlicheren Darstellung, allerdings als ein sehr wesentliches und der Natur der Sache durchaus entsprechendes Mittel erscheint, wenn man statt der n Veränderlichen, durch die ursprünglich das Element der Mannigfaltigkeit bestimmt wurde, $(n+1)$ homogene einführt). Der Namen „*Invariantentheorie*", den man der neueren Algebra beilegt, bezeichnet recht gut das Wesen, welches nach der hier dargelegten Auffassung überhaupt jeder Behandlungsweise einer Mannigfaltigkeit zukommt; es handelt sich immer darum bei gegebenem Umfange der Änderungen, die invarianten Beziehungen zu entdecken.

Zu einer anderen Behandlung der Mannigfaltigkeiten, die aber in der vorangeführten projektivischen Behandlung enthalten ist, insofern ihre Transformationsgruppe aus einem Teile der Gruppe aller linearen Transformationen besteht, wird man geführt, wenn man die Betrachtungen der gewöhnlichen metrischen Geometrie, bei denen die Hauptgruppe räumlicher Transformationen zugrunde gelegt ist, auf beliebig viele Veränderliche verallgemeinert[13]). Die bezüglichen Transformationen erscheinen vom Standpunkte der projektivischen Betrachtung als diejenigen reellen linearen Transformationen, welche ein individuelles Gebilde, das durch eine lineare und eine quadratische Gleichung vorgestellt wird, ungeändert lassen. Es mag die hier anknüpfende Behandlungsweise der Mannigfaltigkeit als die *gewöhnliche metrische* bezeichnet sein.

Man könnte sich ferner eine Behandlungsweise denken, welche der *Analysis situs* entspräche usw. usw.

Besonders betont sei noch einmal, daß *ähnliche* Transformationsgruppen zu identischen Behandlungsweisen Anlaß geben. Projektivisch mag deshalb geradezu jede Behandlungsweise heißen, welche eine Gruppe adjungiert, die durch passende Einführung neuer Veränderlichen auf die Gesamtheit der linearen Transformationen umgeformt werden kann usw.

Sodann sei noch auf einen Umstand aufmerksam gemacht, der zwar nicht im nächstfolgenden hervortritt, der aber für den zweiten Abschnitt dieses Aufsatzes von Bedeutung wird. Es ist, daß beliebige Transforma-

---

immer wieder vorangestellt. Erst so wird man den Arbeiten von Moebius und Graßmann wirklich gerecht, und auch erst hier findet (wenn man noch den Koordinatenanfangspunkt festläßt, und die Determinante $=1$ nimmt, d. h. sich auf ganze, *homogene* lineare Substitutionen des Veränderlichen beschränkt), die algebraische Invariantentheorie ihre volle geometrische Deutung. (In der projektiven Geometrie kann immer nur das Verschwinden der „relativen" Invarianten, nicht ihr numerischer Wert, geometrisch erfaßt werden, aber man hatte sich früher, unter dem Einfluß wohl namentlich der Salmonschen Lehrbücher, gewöhnt, damit zufrieden zu sein). K.]

[13]) Hierher sind beispielsweise alle derartigen Betrachtungen zu rechnen, welche die gew. Krümmungstheorie auf n Dimensionen übertragen usw.

tionen einer Mannigfaltigkeit, sofern sie die implizite immer vorausgesetzten Stetigkeitseigenschaften haben, *für unendlich kleine Partien der Mannigfaltigkeit durch lineare Transformationen ersetzt werden können*[14]). Welcher Art also auch die Behandlungsweise ist, der man eine Mannigfaltigkeit von n Dimensionen unterwerfen mag, *für die $(n-1)$-fach ausgedehnte Mannigfaltigkeit, welche von den von einem Elemente aus möglichen Fortschreitungsrichtungen zu benachbarten Elementen gebildet wird, ist sie in der projektivischen Behandlungsweise enthalten.*

§ 6.

Die Mannigfaltigkeit von konstantem nicht verschwindendem Krümmungsmaße.

Die vorhergehenden Paragraphen enthalten die notwendigen Auseinandersetzungen, um nunmehr den Begriff einer Mannigfaltigkeit von konstantem Krümmungsmaße einführen und sein Verhältnis zu dem Begriffe der projektivischen Mannigfaltigkeit erörtern zu können.

Wenn man einer Mannigfaltigkeit ein bestimmtes konstantes, nicht verschwindendes Krümmungsmaß beilegt[15]), so hat man dem bloßen Begriffe einer n-fach ausgedehnten Mannigfaltigkeit ganz so, wie in den im vorigen Paragraphen aufgeführten Beispielen, als nähere Bestimmung eine Transformationsgruppe zugefügt, die durch die Forderung freier Beweglichkeit starrer Körper in bekannter Weise konstruiert wird[16]). Der Wert des dann notwendig konstanten Krümmungsmaßes kann noch durch bestimmte weitere Forderungen näher umgrenzt und endlich durch Einführung der Längeneinheit numerisch festgelegt werden (vgl. § 7).

Mann kann nun die Frage aufwerfen, ob die so eingeführte Behandlungsweise zu der projektivischen Behandlung der Mannigfaltigkeit in einer ähnlichen Beziehung steht, wie nach der bez. Bemerkung des vorigen Paragraphen die gewöhnliche metrische Methode; anders ausgedrückt: Die bei der gewöhnlichen metrischen Methode zugrunde gelegte Gruppe war bei passender Koordinatenbestimmung in der Gruppe der linearen Transformationen, allgemein zu reden also in einer mit dieser Gruppe ähnlichen Gruppe enthalten: trifft das bei der nun vorliegenden Behandlungsweise auch zu?

---

[14]) [Im Sinne moderner Auffassungen würde man bei dem im folgenden eingehaltenen Gedankengange den die Transformationen definierenden Funktionen selbstverständlicherweise die Differentiierbarkeit als Forderung auferlegen müssen. K.]

[15]) Man vgl. hierzu außer der Riemannschen Schrift namentlich Beltrami: Teoria generale degli spazii di curvatura costante. (Annali di Matematica. Serie 3, Bd. 2, 1868/69, Werke, Bd. I, 406—429.) Dieselbe ist von Hoüel übersetzt im Journal de l'École Normale Supérieure, Bd. 4.

[16]) Vgl. die Arbeiten von Riemann und Helmholtz, auf welche sich auch die im Texte gebrauchte geometrische Redeweise bezieht.

Die so gestellte Frage findet ihre Beantwortung in den Arbeiten Beltramis[17]). Derselbe zeigt nämlich: *daß man in einer Mannigfaltigkeit von konstantem Krümmungsmaße die Variabeln so wählen kann, daß die geodätischen Linien durch lineare Gleichungen dargestellt sind; daß ferner bei dieser Koordinatenbestimmung die Transformationen, welche die Maßverhältnisse ungeändert lassen, durch lineare Gleichungen dargestellt werden.* Von dem hier vorliegenden Gesichtspunkte aus wird man das dahin aussprechen: *daß die Transformationsgruppe, welche bei einer Mannigfaltigkeit adjungiert wird, wenn man ihr konstantes Krümmungsmaß beilegt, bei passender Koordinatenbestimmung in der Gruppe der linearen Transformationen enthalten ist,* woraus man sofort schließen wird: *daß die Behandlung einer Mannigfaltigkeit von konstantem Krümmungsmaße in der projektivischen Behandlung enthalten ist.*

Ich habe in meiner früheren Arbeit namentlich noch gezeigt, daß die Maßbestimmung, wie man sie unter Annahme eines konstanten Krümmungsmaßes erhält, mit der projektivischen zusammenfällt, welche man nach Cayleys Vorgange unter Zugrundelegung einer quadratischen Gleichung aufbauen kann, und dieses ist nach der analytischen Seite hin das wesentliche Resultat meiner Arbeit. Ich hatte damals dem Resultate unter bloßem Hinweis auf die Theorie mehrfach ausgedehnter Mannigfaltigkeiten die geometrische Einkleidung gegeben: daß die auf einen passenden Kegelschnitt, bez. eine passende Fläche zweiten Grades gegründete Cayleysche Maßbestimmung ein äquivalentes Bild für die Maßbestimmung in Mannigfaltigkeiten konstanter Krümmung bez. von zwei und drei Dimensionen abgibt. Und im Zusammenhange mit dem Vorhergehenden wird man das Resultat so formulieren: *Die Gruppe von Transformationen, welche die Maßbestimmung in einer Mannigfaltigkeit konstanter Krümmung ungeändert lassen, besteht bei passender Koordinatenbestimmung aus der Gruppe derjenigen linearen Transformationen, welche eine quadratische Gleichung in sich überführen.*

Ich muß hier einen Unterschied erwähnen, der zwischen der vom Beltrami eingeschlagenen Darstellungsweise und der meinigen statt hat. Bei Beltrami wird immer nur von reellen Werten der Veränderlichen gesprochen, wenigstens die komplexe Variabilität der Argumente nicht prinzipiell eingeführt. In meiner vorigen Arbeit dagegen fasse ich, wie auch hier, zunächst die Veränderlichen als komplexe Veränderliche auf, und führe erst hinterher die Beschränkung auf das reelle Wertgebiet ein. Dadurch ist es möglich, den Aussagen, wie die vorstehenden sind, eine vollkommen allgemeine Form zu geben; achtet man nur auf reelle Werte der Variabeln, so treten

---

[17]) Vgl. besonders wieder die Teoria generale usw.

eine Reihe Beschränkungen hinzu, über welche man meinen früheren Aufsatz und die §§ 8, 9 dieses Abschnittes (S. 327—330) vergleichen mag.

Sodann erscheint bei Beltrami die Mannigfaltigkeit konstanter Krümmung als durch eine quadratische Gleichung aus einer gewöhnlich metrischen Mannigfaltigkeit von einer Dimension mehr ausgeschieden; während in meiner früheren Arbeit und auch hier von einer solchen umfassenderen Mannigfaltigkeit nicht die Rede ist. Hiermit hängt eine nach meiner Auffassung zu ändernde Behauptung bei Beltrami zusammen, auf die ich hier kurz eingehen will, um den Gegenstand wenigstens berührt zu haben, wenn er auch den Gang der allgemeinen Betrachtung unterbricht. Es heißt dort: in der Mannigfaltigkeit von konstantem positiven Krümmungsmaße gelte nicht allgemein das Axiom von der Geraden, d. h. die Forderung, daß die geodätische Linie durch zwei ihrer Punkte vollkommen bestimmt sei. Beltramis Überlegung ist dabei etwa folgende: Man betrachte eine Kugel als Bild einer zweifach ausgedehnten Mannigfaltigkeit von konstantem positiven Krümmungsmaße; ihre größten Kreise repräsentieren die geodätischen Linien. Ein größter Kreis ist nun im allgemeinen durch zwei seiner Punkte bestimmt, nicht aber, wenn diese Punkte einander diametral gegenüberstehen. Ähnlich wird es, so schließt Beltrami, überhaupt bei Mannigfaltigkeiten auch von mehr Dimensionen sein, die positives Krümmungsmaß besitzen. — Aber die Kugel ist nach den Auseinandersetzungen meines vorigen Aufsatzes (§ 10) nicht das einfachste Bild für eine Mannigfaltigkeit von positivem konstantem Krümmungsmaße, sondern dies wird durch die Strahlen eines Strahlenbündels vorgestellt, wobei die von den Strahlen gebildeten Ebenen die geodätischen Kurven vertreten. Eine solche Ebene ist vollständig durch zwei der Strahlen bestimmt. Wenn es auf der Kugel nicht so ist, so liegt das daran, weil sie vermöge einer *zweideutigen* Verwandtschaft auf ihr zentrales Strahlenbündel bezogen ist. Wollte man ein Strahlenbündel auf eine beliebig gelegene Fläche n-ten Grades in gleicher Weise beziehen, so daß als Abstand zweier Punkte der Fläche der Winkel erscheint, den ihre Verbindungsgeraden mit dem Zentrum des Bündels einschließen, so würden gelegentlich n Punkte nicht ausreichen, um eine geodätische Kurve eindeutig zu bestimmen. Aber das würde in ganz ähnlicher Weise bei anderen Maßbestimmungen, auch der Maßbestimmung von konstantem negativem Krümmungsmaße der Fall sein können und hängt mit dem positiven konstanten Krümmungsmaße als solchem gar nicht zusammen[18]).

––––––––––

[18]) Wenn es im Raume vom Krümmungsmaße Null keine geschlossene Fläche gibt von konstantem positivem Krümmungsmaße, auf der sich die geodätischen Linien in weniger als zwei Punkten schneiden, so hat man darin vielmehr eine Eigenschaft der dem Raume beigelegten Maßbestimmung zu erblicken.

Endlich mag auch noch die folgende Bemerkung hier ihre Stelle finden, die bestimmt ist, die Fruchtbarkeit der Untersuchung von Mannigfaltigkeiten konstanten Krümmungsmaßes auch für andere Fragen, als diejenigen, welche man gewöhnlich mit ihr in Verbindung bringt, hervorzuheben, und die zugleich die Aussage, daß ähnliche Transformationsgruppen identische Behandlungsweise nach sich ziehen, illustriert. Jede Behandlungsweise einer Mannigfaltigkeit, welche die linearen Transformationen in Betracht zieht, die eine quadratische Gleichung ungeändert lassen, muß nach dieser Behauptung mit der Behandlung der Mannigfaltigkeit als einer solchen von konstanter Krümmung übereinstimmen. Nun aber habe ich bei einer früheren Gelegenheit gezeigt (Math. Ann., Bd. 5 [s. Abh. VIII dieser Ausgabe]), daß die Theorie der binären Formen eine Transformationsgruppe benutzt, die mit der Gruppe der linearen Transformationen eines Kegelschnittes in sich selbst ähnlich ist, daß ein Gleiches ferner stattfindet mit den kollinearen und dualistischen Umformungen des Raumes und den linearen Transformationen einer quadratischen Gleichung zwischen fünf (sechs homogenen) Variabeln in sich selbst. Man muß zu diesem Zwecke als Element der geraden Linie nur das Punktepaar, als Element des Raumes den linearen Linienkomplex betrachten. Wir werden dieses Resultat jetzt so aussprechen können: *Die Theorie der binären und quaternären Formen ist bez. identisch mit der Theorie einer Mannigfaltigkeit konstanten Krümmungsmaßes von zwei und von fünf Dimensionen.* Jede Eigenschaft binärer Formen also ist auch eine Eigenschaft der Nicht-Euklidischen Geometrie in der Ebene, und umgekehrt. Die hiermit angedeutete interessante Analogie weiter auszuführen, ist hier nicht der Ort. Aber es sei noch einmal betont, daß so schlechthin ausgesprochen, wie vorstehend geschehen, die Analogie nur gilt, sowie von dem Unterschiede von Reell und Imaginär abstrahiert wird; auch sind, was nicht ausdrücklich erwähnt wurde, die vorkommenden quadratischen Gleichungen als allgemeine ihrer Art, d. h. als Gleichungen mit nicht verschwindender Determinante vorausgesetzt.

§ 7.

Ableitung des Begriffs einer Mannigfaltigkeit von konstantem Krümmungsmaße aus demjenigen der projektivischen Mannigfaltigkeit.

Die Auseinandersetzungen des vorigen Paragraphen begründen nun die folgende Methode, um zu der Vorstellung einer Mannigfaltigkeit von konstanter Krümmung zu gelangen:

1. Man entwickele die projektivische Behandlungsweise einer Mannigfaltigkeit von beliebig vielen Dimensionen, im Anschluß daran den Begriff algebraischer Gebilde und komplexer Elemente.

2. Man gründe auf ein Gebilde, welches durch eine quadratische Gleichung (von nicht verschwindender Determinante) zwischen den projektivischen Koordinaten dargestellt wird, zunächst ohne auf den Unterschied von Reell und Imaginär zu achten, die Cayleysche Maßbestimmung.

3. Man beschränke sich auf die Betrachtung quadratischer Gleichungen mit reellen Koeffizienten, und untersuche, welche besonderen Eigenschaften die auf eine solche Gleichung gegründete Maßbestimmung für die reellen Elemente besitzt je nach der *Art* der gegebenen Gleichung. Unter der Einteilung der quadratischen Gleichungen mit reellen Koeffizienten in *Arten* ist dabei die Unterscheidung derselben nach ihrem Verhalten gegenüber reellen Umformungen in die Summe von Quadraten gemeint. Bei jeder solchen Umformung ist bekanntlich der Unterschied in der Zahl der resultierenden positiven und negativen Quadraten ein konstanter, und hierauf gründet sich die fragliche Einteilung.

Hat die zugrunde gelegte und auf die Summe von Quadraten transformierte Gleichung lauter übereinstimmende Zeichen, so ergibt die auf sie gegründete Cayleysche Maßbestimmung die Vorstellung der Mannigfaltigkeit von konstanter *positiver* Krümmung. Die konstante *negative* Krümmung resultiert, wenn nur ein Zeichen von den übrigen verschieden vorausgesetzt wird. Die auf quadratische Gleichungen der übrigen Arten gegründeten Maßbestimmungen finden in der Theorie der Mannigfaltigkeiten von konstanter Krümmung, wie sie gewöhnlich vorgetragen wird, keine Stelle. Denn bei der letzteren setzt man von vornherein voraus, daß die Entfernung reeller konsekutiver Elemente reell sei, man nimmt entsprechend das Bogenelement als eine *definite* quadratische Form der Koordinaten-Differentiale an, und diese Annahme paßt nicht auf die noch übrigen Arten von quadratischen Gleichungen. Um diese Verhältnisse deutlich zu übersehen, denke man an die Cayleysche Maßbestimmung, die man im Raume auf eine Fläche zweiten Grades gründen kann. Ist die Fläche eine imaginäre, so hat man die positive Krümmung, ist sie ein Ellipsoid oder zweischaliges Hyperboloid, so herrscht im Innern die negative Krümmung. Ist aber die Fläche ein einschaliges Hyperboloid, so gibt es keine Partie des Raumes, von deren Punkten aus nicht reelle Kegel an die Fläche gingen; diese Kegel bezeichnen Fortschreitungsrichtungen von der Länge Null; das Bogenelement wird nicht mehr durch eine definite Form der Differentiale dargestellt (vgl. hierzu die §§ 11, 12, 16, 18 meines ersten Aufsatzes).

Auf diese Weise ist der Begriff einer Mannigfaltigkeit von konstantem Krümmungsmaße gewonnen. Man mag hinterher die Untersuchung durchführen, welche Verhältnisse in einer Mannigfaltigkeit durch die bloße Forderung der freien Beweglichkeit starrer Körper definiert werden. Es ist diese freie Beweglichkeit eine Eigenschaft der Cayleyschen Maßbestimmung; die Untersuchung zeigt, daß ihre Annahme auch notwendig zur Cayleyschen Maßbestimmung hinführt[19]). Dabei erhält man zunächst *alle* Fälle der Cayleyschen Maßbestimmung und die beiden, gewöhnlich allein betrachteten, erscheinen erst als die einzig möglichen, wenn man die Forderung hinzufügt, daß das Bogenelement durch eine definite Form der Differentiale dargestellt wird (oder eine äquivalente Forderung).

In den nun folgenden beiden Paragraphen mögen einige Bemerkungen ihre Stelle finden, welche mit dem Vorhergehenden wenig zusammenhängen, die aber einmal als eine Ergänzung meines vorigen Aufsatzes in einzelnen Punkten zu betrachten sind, andererseits auch bei dem zweiten hier folgenden Abschnitte vorausgesetzt werden müssen.

§ 8.

Ableitung der projektivischen Behandlungsweise einer Mannigfaltigkeit von konstanter Krümmung.

Der vorhin skizzierte Weg, vermöge dessen man von den projektivischen Vorstellungen zu der Vorstellung eines konstanten Krümmungsmaßes gelangt, zeichnet vor, wie das Umgekehrte zu leisten ist, und es mag hier nur kurz die hauptsächliche dabei zu benutzende Formel hingestellt werden. Dabei sei es gestattet, den Ausdruck so zu wählen, daß er sich an das für zwei oder drei Dimensionen in meinem früheren Aufsatze in der Ebene und im Raume aufgestellte Bild anschließt. Wir denken uns also in der Ebene oder im Raume Maßverhältnisse gegeben, wie sie sich unter der Annahme konstanter Krümmung gestalten; die gerade Linie sei als kürzeste Linie zwischen zwei Punkten definiert. Wie bestimmt man diejenigen Koordinaten, in welchen die Gerade durch lineare Gleichungen ausgedrückt wird? Aus der projektivischen Geometrie ist bekannt, daß die bez. Koordinaten die relativen Werte gewisser Doppelverhältnisse vorstellen, und die Frage kommt also auf die folgende zurück: *Welche Funktion der gegenseitigen Entfernungen von vier Punkten einer Geraden ist deren Doppelverhältnis?*

Seien vier Punkte einer Geraden: x, y, z, t gegeben. Auf der Geraden befinden sich gemäß der Cayleyschen Vorstellung zwei unendlich ferne Punkte o, o' und es ist die Entfernung etwa von x und y:

$$(x, y) = c . \log [x, y, o, o'],$$

---

[19]) Man kann diesen Beweis sehr einfach stellen, worauf ich gelegentlich zurückzukommen gedenke.

wo c eine charakteristische Konstante[20]) und $[x, y, o, o']$ das Doppelverhältnis von x, y zu o, o' bedeutet. Hieraus:

$$[x, y, o, o'] = e^{\frac{(x\,y)}{c}}.$$

Nun ist aber:

$$[x, y, o, o'] = 1 - [x, o, y, o'];$$

ferner:

$$[x, y, z, t] = \frac{[x, o, z, o']\,[y, o, t, o']}{[x, o, t, o']\,[y, o, z, o']}.$$

Also:

$$[x, y, z, t] = \frac{\left(e^{\frac{(x,z)}{c}} - 1\right) \cdot \left(e^{\frac{(y,t)}{c}} - 1\right)}{\left(e^{\frac{(x,t)}{c}} - 1\right) \cdot \left(e^{\frac{(y.z)}{c}} - 1\right)}$$

und als diese Funktion der Entfernungen vier in gerader Linie befindlicher Punkte ist also das Doppelverhältnis zu definieren, — womit der Übergang zur projektivischen Geometrie vermittelt ist[21]). Das heißt: hat man unter Voraussetzung konstanten Krümmungsmaßes irgendein Formelsystem, welches gestattet, die Entfernung zweier Punkte zu bestimmen, nennt dann die aus den Entfernungen von vier Punkten einer kürzesten Linie nach der vorstehenden Formel gebildete Funktion ein Doppelverhältnis, führt endlich eine auf derartige Doppelverhältnisse gegründete Koordinatenbestimmung ein, so wird die Gleichung der kürzesten Linie linear, und die projektivische Behandlung kann beginnen.

<h2 style="text-align:center">§ 9.</h2>

<h3 style="text-align:center">Besondere Betrachtung der reellen Elemente. Einführung idealer Elemente.</h3>

Sei wieder in der Ebene, die uns die Mannigfaltigkeiten konstanter Krümmung überhaupt vertreten soll, eine auf einen Kegelschnitt gegründete projektivische Maßbestimmung gegeben, so mögen wir zuerst eine

---

[20]) $-\dfrac{1}{4c^2}$ ist das Krümmungsmaß.

[21]) Man kann, da für vier in gerader Linie liegende Punkte offenbar

$$\frac{e^{\frac{(x,z)}{2c}} \cdot e^{\frac{(y,t)}{2c}}}{e^{\frac{(x,t)}{2c}} \cdot e^{\frac{(y,z)}{2c}}} = 1,$$

die Formel des Textes auch so schreiben:

$$[x, y, z, t] = \frac{\left(e^{\frac{(x,z)}{2c}} - e^{-\frac{(x,z)}{2c}}\right) \cdot \left(e^{\frac{(y,t)}{2c}} - e^{-\frac{(y,t)}{2c}}\right)}{\left(e^{\frac{(x,t)}{2c}} - e^{-\frac{(x,t)}{2c}}\right) \cdot \left(e^{\frac{(y,z)}{2c}} - e^{-\frac{(y,z)}{2c}}\right)};$$

metrische Koordinatenbestimmung treffen, etwa indem wir den Punkt durch seine Abstände von zwei festen Geraden definieren, sodann eine zweite, projektivische Koordinatenbestimmung, nach Anleitung des vorigen Paragraphen.

Ist das konstante Krümmungsmaß positiv, so werden den reellen Koordinatenwerten der einen Art immer reelle Koordinatenwerte der anderen entsprechen, und zwar in der Weise, daß zu jedem Paare metrischer Koordinaten ein Paar projektivischer zugehört, umgekehrt aber zu jedem Paare projektivischer unendlich viele Paare metrischer, da der Abstand zweier Punkte eine reelle Periode hat, die man beliebig oft zufügen kann (vgl. § 11 des ersten Aufsatzes).

Ist dagegen das Krümmungsmaß negativ, so entsprechen reellen metrischen Koordinaten immer auch reelle projektivische, nicht aber umgekehrt. Die Punkte nämlich, welche außerhalb des dann reellen Fundamental-Kegelschnittes liegen, bilden mit den Punkten innerhalb reelle Doppelverhältnisse, haben aber von ihnen imaginäre Abstände.

Unter rein analytischem Gesichtspunkte hat dieser Umstand durchaus nichts Merkwürdiges; aber man kann die Frage etwas anders stellen, und dann verlangt sie eine besondere Erledigung, die denn hier gegeben werden soll, weil sie im folgenden Abschnitte benutzt wird.

Gesetzt, man befände sich auf der Ebene von konstanter, negativer Krümmung und man könne sich auf derselben frei bewegen; wie wird man geometrisch die Punkte, welche reelle Doppelverhältnisse, aber imaginäre Abstände besitzen, definieren können? Oder in etwas anderer Form: Gibt es geometrische Eigenschaften des durch Bewegung zugänglichen Gebietes der Ebene, die man in übersichtlicher Weise ausdrückt, wenn man solche *ideale* Punkte — deren Zulässigkeit aus ihrer analytischen Definition erhellt — adjungiert?

Erinnern wir zum Zwecke der Beantwortung an die Art und Weise, wie in der gewöhnlichen (parabolischen) Geometrie die uneigentlichen Elemente, d. h. die unendlich fernen und die komplexen Elemente definiert werden. Der unendlich ferne Punkt ist nur der Repräsentant des durch ihn gehenden Parallelstrahlenbüschels: weil dieser Büschel alle wesentlichen projektivischen Eigenschaften besitzt, die einem Büschel von Geraden zukommen, welche durch einen wirklichen Punkt gehen, ist die Ausdrucksweise: „ein unendlich ferner Punkt" gestattet und brauchbar. Ganz ähn-

---

und setzt man nun, wie bei der gewöhnlichen Winkelbestimmung (vgl. meinen früheren Aufsatz), $c = \dfrac{\sqrt{-1}}{2}$, so kommt die bekannte Formel:

$$[x,\, y,\, z,\, t] = \frac{\sin(x,z)\cdot \sin(y,t)}{\sin(x,t)\cdot \sin(y,z)}.$$

lich ist es mit den Ausdrucksweisen: unendlich ferne Gerade, komplexer Punkt, komplexe Gerade usw., wie ja hier wohl nicht weiter erörtert zu werden braucht.

Durch einen Prozeß derselben Art kann man nun die in Rede stehenden idealen Punkte, ideale Gerade usw. einführen. Durch den idealen Punkt geht ein Büschel wirklicher Geraden hindurch, allerdings kein geschlossenes, sondern ein begrenztes. Aber diesem Büschel kommen alle projektivischen Eigenschaften zu, welche einem begrenzten Teile eines wirklichen Büschels eigentümlich sind. Wenn man z. B. ein Vierseit konstruiert, von welchem vier Ecken auf zwei festen Geraden des Büschels liegen, während sich die fünfte Ecke über eine dritte Gerade des Büschels bewegt, so findet mit der sechsten Ecke (falls diese überhaupt existiert, d. h. nicht schon in das ideale Gebiet fällt) dasselbe mit Bezug auf eine vierte Gerade des Büschels statt usw. Hier anknüpfend kann man rein geometrisch ideale Gerade, ideale Kurven usw. definieren, wobei nur Übung dazu gehört, um sich gerade so sicher in diesen idealen Gebilden wie in den gleichbenannten wirklichen Gebilden zurecht zu finden.

Zweiter Abschnitt.

Über die Möglichkeit, auch ohne Voraussetzung des Parallelenaxioms nach dem Vorgange v. Staudts die projektivische Geometrie aufzubauen.

§ 1.

Formulierung des Problems.

Der Aufbau der projektivischen Geometrie geschieht bei Staudt[22]) wie bekannt, durch bloßes Betrachten des Ineinanderliegens von Ebenen, Geraden und Punkten. Es werden die verschiedenen Grundgebilde, mit denen die projektivische Geometrie operiert: die gerade Punktreihe, das Ebenenbüschel usw. aufgestellt; dieselben erscheinen vermöge ihres Ineinanderliegens aufeinander bezogen, und die Beziehung ist der Art, daß man ohne weiteres zu dem Begriffe der harmonischen Teilung, weiterhin des Doppelverhältnisses gelangt, womit alle Grundlagen zur Behandlung, namentlich auch zur analytischen[23]) Behandlung der projektivischen Geo-

---

[22]) Die Geometrie der Lage. 1847. Man vgl. auch Reyes Geometrie der Lage, in welcher die Staudtschen Betrachtungen in übersichtlicher Form reproduziert wird.

[23]) Von analytischer Seite hat man die Staudtschen Untersuchungen nur zu wenig berücksichtigt, wozu die vielfach verbreitete Auffassung beigetragen haben mag,

metrie gegeben sind. Bei allen diesen Entwicklungen wird von Maßbestimmung nicht geredet, aber allerdings wird das Parallelenaxiom vorausgesetzt, weil sonst z. B. zwischen einer geraden Punktreihe und einem
Ebenenbüschel kein vollständiges Entsprechen stattzufinden brauchte, sondern das Ebenenbüschel eine ganze Reihe von Ebenen enthalten könnte,
welche der Punktreihe gar nicht begegnen.

Nun hat sich aber ergeben, worüber man den voraufgehenden Abschnitt dieser Arbeit vergleichen mag, daß die projektivische Geometrie
auch gilt, wenn man das Parallelenaxiom nicht zugibt, wenn man vielmehr
den Raum als eine Punkt-Mannigfaltigkeit von konstantem nicht verschwindendem Krümmungsmaße betrachtet. Nimmt man das Krümmungsmaß positiv — die Annahme der elliptischen Geometrie — so gilt die
projektivische Geometrie unbeschränkt, während in der gewöhnlichen parabolischen Geometrie, die eine verschwindende Krümmung voraussetzt, zur
vollen Geltung der projektivischen Beziehung die Adjunktion uneigentlicher Elemente, der unendlich fernen, notwendig wird. Ist das Krümmungsmaß negativ, so müssen außer den unendlich fernen Elementen noch
weitere „ideale" Elemente adjungiert werden, die aber, nach dem letzten
Paragraphen des vorigen Abschnittes dieser Arbeit, eine vollkommen bestimmte rein geometrische Bedeutung haben, so gut wie die unendlich
fernen Elemente der parabolischen Geometrie.

Ist in dem durch diese Bemerkungen beschränkten Sinne die projektivische Geometrie unabhängig von dem Parallelenaxiome gültig, so muß
es möglich sein, dieselbe ohne vorherige Entscheidung über dieses Axiom
aufzubauen; und wenn bei v. Staudt das Axiom mit in die Prämissen
aufgenommen wird, so kann dasselbe nur eine beiläufige, keine wesentliche
Rolle spielen. Immerhin wäre es möglich, daß der durch Staudt eingeschlagene Gang das Axiom wesentlich benutzte, aber es müßte sich dann
der Gang so abändern lassen, daß das nicht mehr geschieht. Im nachfolgenden soll nun gezeigt werden, daß man bei Nichtannahme des

---

als sei die synthetische Form, nicht die projektivische Auffassungsweise das Wesentliche an der Staudtschen Geometrie. —

Die Betrachtungen von Staudts haben eine Lücke, welche nur durch ein bez.
Axiom zu überbrücken scheint, wie dies im Texte noch weiter auseinander gesetzt
werden soll. Dieselbe Lücke findet sich bei der Ausdehnung der Staudtschen
Methode, wie sie hier beabsichtigt wird, an der entsprechenden Stelle wieder; sie betreffen aber nicht die Ausdehnung, sondern das zugrunde liegende Original. Geht
man, wie im Texte zum Schlusse geschehen soll, von der rein räumlichen Auffassung
ab und sucht den analytischen Inhalt der Staudtschen Betrachtungen, so verschwinden die Schwierigkeiten, und man kann dieselben hierdurch in der Forderung
zusammenfassen: *daß man den Punktraum unter dem Bilde einer dreifach ausgedehnten
Zahlenmannigfaltigkeit soll auffassen können,* eine Voraussetzung, die allen unseren
räumlichen Spekulationen auch sonst zugrunde liegt.

Parallelenaxioms den von Staudt eingehaltenen Gang *nicht* wesentlich zu modifizieren braucht, eine Behauptung, die durch die vorhergehenden Auseinandersetzungen so wahrscheinlich gemacht wird, daß ich eine ausgeführte Begründung derselben für kaum nötig erachten würde, hätten sich nicht gerade dieser Behauptung gegenüber, die ich in meinem früheren Aufsatze aussprach (§ 17), von verschiedenen Seiten her Zweifel geltend gemacht.

Ein Aufbau der projektivischen Geometrie vor Entscheidung über das Parallelenaxiom ist aber deshalb für die theoretische Spekulation von Wert, weil man dann beim Raume in ähnlicher Weise die Maßbestimmung einführen könnte, wie dies in § 7 des vorhergehenden Abschnittes für Zahlenmannigfaltigkeiten geschah: man würde den Raum zunächst als eine projektivische Mannigfaltigkeit, sodann erst als eine Mannigfaltigkeit von konstanter Krümmung bezeichnen, und endlich durch Einführung des Parallelenaxioms den Wert des Krümmungsmaßes auf Null festsetzen. Man vergleiche hierzu den letzten Paragraphen (§ 18) meines früheren Aufsatzes, wo ich diese Art, die Axiome der Geometrie einzuführen, etwas näher auseinandersetze; eine ausführlichere Darlegung werde ich vielleicht bei einer anderen Gelegenheit geben können. Ich will übrigens ausdrücklich bemerken, um Mißverständnissen vorzubeugen, daß dieser theoretisch mögliche Weg nach meiner Meinung durchaus nicht theoretisch notwendig ist, daß er unter vielen möglichen Wegen eben nur einen konstituiert.

Um mich zu überzeugen, daß Staudts Betrachtungen das Parallelenaxiom nicht wesentlich benutzen, wie ich vermutete, und zugleich, um allen Beschränkungen, die aus der Nicht-Annahme des Parallelenaxioms hervorgehen können (wie z. B. in der hyperbolischen Geometrie), aus dem Wege zu gehen, stellte ich mir die Frage, ob man nicht alles, was Staudt braucht, leisten kann, wenn man sich bei den erforderlichen Konstruktionen das Gesetz auferlegt, nicht aus einem *gegebenen begrenzten* Raume hinauszutreten. Man denke sich also innerhalb eines begrenzten Raumes die Punkte, Geraden und Ebenen in ihrer gegenseitigen Lagenbeziehung gegeben. Ob außerhalb des gegebenen Raumstückes diese Gebilde überhaupt noch vorhanden sind, bleibe dahingestellt; um so mehr, welche Beziehungen sie eventuell zueinander haben. Wird es dann noch möglich sein, im Anschlusse an von Staudts Betrachtungsweisen innerhalb dieses Raumes die Geltung der projektivischen Beziehungen zu erschließen?

In dieser Form, die ich bereits in § 17 meiner vorigen Arbeit bezeichnete, soll im folgenden die Frage über die Unabhängigkeit der projektivischen Betrachtung von der Parallelentheorie untersucht werden.

§ 2.

Erweiterung des Problems. Aufstellung eines allgemeinen der Analysis situs angehörigen Satzes.

Das im vorigen Paragraphen aufgestellte Problem mag vorerst noch verallgemeinert werden. Der Ausgangspunkt der Staudtschen Betrachtung ist die Voraussetzung der Ebenen und Geraden, aber von deren Eigenschaften kommen, sofern man von dem hinzutretenden Parallelenaxiome absieht, wesentlich nur in Betracht, daß durch drei beliebig angenommene Punkte eine und nur eine Ebene geht, und daß durch zwei Punkte ein Ebenenbüschel geht, dessen Ebenen alle dieselbe Durchschnittsgerade besitzen. Ist dem so, so wird man, die Richtigkeit der im vorigen Paragraphen vorgetragenen Behauptung zugegeben, die Staudtschen Überlegungen auf jedes System von Flächen und Kurven übertragen können, welches, schlechthin ausgesprochen, dieselben Lagenbeziehungen in einem gegebenen begrenzten Raume besitzt; mit anderen Worten, man wird den folgenden Satz aufstellen können:

„In einem begrenzten Raume sei eine unendliche Zahl überall stetig gekrümmter, nur durch die Begrenzung des Raumes geendigter Flächen gegeben, welche die folgende Gruppierung besitzen:

1. Durch drei beliebig angenommene Punkte des gegebenen Raumes geht eine und nur eine Fläche des Systems hindurch.

2. Die Durchschnittskurve, welche zwei Flächen des Systems gemein haben können, gehört allen Flächen an, die zwei Punkte der Kurve enthalten."

„Für ein solches System von Flächen und Kurven gilt die projektivische Geometrie in demselben Sinne wie gemäß den gewöhnlichen Vorstellungen für das System der Ebenen und Geraden in einem beliebig begrenzten Raume. Anders ausgesprochen: *Man wird den Punkten des gegebenen Raumes in der Art Zahlen zuordnen (Koordinaten erteilen) können, daß die Flächen des Systems durch lineare Gleichungen dargestellt werden."*

Die hiermit formulierte Behauptung muß, falls sie richtig ist, vor allen Definitionen von Ebene, Gerade usw. bewiesen werden können, denn sie benutzt nur die Begriffe der stetig gekrümmten Fläche, der kontinuierlich verlaufenden Kurve, die den Begriffen von Ebene und Gerade vorausgehen. Bei dem Beweise, wie er in den nächsten Paragraphen vorgetragen werden soll, sind dann auch die Ebenen und Geraden des Raumes nicht vorausgesetzt.

Daß es überhaupt Flächensysteme der hier gemeinten Art gibt, zeigt das Beispiel der Ebenen der gewöhnlichen Geometrie. Unbegrenzt viele solcher Flächensysteme erzeugt man, indem man sich die Ebenen in einem beliebig begrenzten Raume konstruiert denkt, und dann das Raumstück einer durch stetige Prozesse herbeiführbaren Deformation unterwirft. Und die vorgetragene Behauptung kann geradezu dahin ausgesprochen werden: daß jedes den Voraussetzungen des Satzes entsprechende Flächensystem aus dem Systeme der Ebenen in dieser Weise erzeugt werden kann.

Was diesen Satz sehr merkwürdig macht, ist, daß ein analoger Satz, den man für die Ebene formulieren möchte, nicht existiert. Ist nämlich in einem begrenzten Teile der Ebene ein Kurvensystem von der Eigenschaft gegeben, daß durch je zwei Punkte eine und nur eine Kurve hindurchgeht, so bedarf es noch weiterer Bedingungen, ehe die Kurven durch lineare Gleichungen zwischen Punktkoordinaten dargestellt werden können. Diesen negativen Satz mag man aus einem Theoreme Beltramis ableiten. Ein Kurvensystem der gemeinten Art erhält man nämlich z. B., wenn man auf einer begrenzten [nicht zu ausgedehnten] einfach zusammenhängenden Fläche die geodätischen Kurven zieht und dann die Fläche auf einen Teil der Ebene beliebig ausbreitet. Aber Beltrami zeigt[24], daß nur den Flächen von konstantem Krümmungsmaße die Eigenschaft zukommt, sich so auf die Ebene übertragen zu lassen, daß sich alle geodätischen Kurven mit geraden Linien decken. Man darf es daher auch nicht, wie seither wohl geschehen, als einen *Kunstgriff* v. Staudts auffassen, wenn er behufs Begründung der projektivischen Geometrie auch der Ebene die stereometrischen Verhältnisse in Betracht zog; es entspricht sein Ausgangspunkt durchaus dem Wesen der Sache: es gilt für die geraden Linien der Ebene, falls man im Anschluß an Staudt die Betrachtung der Maßverhältnisse ausschließt, nur deshalb die projektivische Geometrie, weil Ebene und Gerade als Glieder eines räumlichen Systems aufgefaßt werden können.

Ich werde nun den aufgestellten Satz unter engstem Anschluß an die Staudtschen Betrachtungen rein geometrisch erweisen, wobei, wie bereits angedeutet, an einer Stelle (§ 5) eine Schwierigkeit auftritt, die sich auch bei Staudt findet und die nur durch ein Axiom zu beseitigen zu sein scheint: durch das Axiom, *daß man einen Punkt, der durch einen konvergenten unendlichen Prozeß erzeugt werden soll, als wirklich existierend annehmen darf.* Sodann gebe ich in den letzten Paragraphen einen analytischen Beweis des in Rede stehenden Satzes, der diese Lücke nicht mehr hat, insofern bei ihm der Raum als von vornherein unter dem Bilde einer Zahlenmannigfaltigkeit gegeben erscheint. Dieser analytische Beweis deckt zugleich den Grund auf, weshalb der Satz für den Raum, das Gebilde von drei Dimensionen, gilt, nicht aber mehr für die Ebene, das Gebilde von zwei Dimensionen.

Der Einfachheit wegen denke ich im folgenden den Raum, in welchem

---

[24] In den Annali di Matematica. Serie I, Bd. 7 (1866), S. 185, Werke, Bd. 1, S. 262—280.

die Flächen gegeben sind, sowie die Flächen selbst als einfach zusammenhängend; die Fälle, in denen ein mehrfacher Zusammenhang stattfindet, können auf diese Annahme zurückgeführt werden, indem man aus dem gegebenen Raume zunächst ein einfach zusammenhängendes Stück ausschneidet, innerhalb dessen die gegebenen Flächen einfach zusammenhängend sind.

§ 3.

Die Grundgebilde. Beziehung derselben aufeinander.

Das vorhin eingeführte Flächensystem heiße das System der Flächen F. Die Durchschnittskurve zweier F, falls eine solche existiert, heiße K.

Aus den Punkten des gegebenen Raumes, den Kurven K und den Flächen F setzen sich eine Reihe von Grundgebilden zusammen. Grundgebilde erster Stufe gibt es drei: die Kurve K, als Ort für Punkte aufgefaßt; das Büschel der Kurven K, welche innerhalb einer F durch einen Punkt gehen; das Büschel der F, welche eine K enthalten. Man hat ferner vier Grundgebilde zweiter Stufe: die F, aufgefaßt als Punktgebilde oder als Aggregat von Kurven K, und die Gesamtheit der F, wie die Gesamtheit der K, die durch einen Punkt gehen: Alles, wie in der gewöhnlichen projektivischen Geometrie.

Aber ein Unterschied tritt hinzu wegen der Begrenztheit des gegebenen Raumes. Unter den Grundgebilden finden sich *begrenzte und unbegrenzte*. Begrenzt ist z. B. die Reihe der auf einer K befindlichen Punkte, unbegrenzt das Büschel von F, die durch eine K hindurchgehen.

Zwei Grundgebilde heißen aufeinander *bezogen*, wenn das eine ein Schnitt des anderen ist, oder wenn beide auf ein anderes als Schnitte bezogen sind. Es heißt z. B. das Bündel der durch einen Punkt gehenden K auf eine F als Punktgebilde bezogen, wenn man jedem Punkte der F diejenige K zuordnet, welche durch ihn hindurchgeht usw. Diese Beziehung ist außerdem, was man *unvollständig* nennen mag, insofern allerdings zu jedem Punkte der F eine K des Bündels gehört, nicht aber umgekehrt. Unmittelbar vollständig aufeinander bezogen sind nur das Büschel der durch eine K gehenden F und das Büschel der durch einen Punkt gehenden K, die in einer durch den Punkt hindurchgehenden, die feste K nicht enthaltenden, F verlaufen.

§ 4.

Definition harmonischer Elemente.

Zu drei Elementen A, B, C eines unbegrenzten Grundgebildes erster Stufe kann man vermöge einer Konstruktion, die der in der gewöhnlichen projektivischen Geometrie angewandten Vierseits-Konstruktion analog ist, ein bestimmtes viertes Element D konstruieren, welches das *vierte harmonische* zu A, B, C genannt werden soll.

Um sich hiervon zu überzeugen, wollen wir den folgenden beschränkteren Satz für die Punktreihe K beweisen, deren Anschauung uns geläufiger ist als die Anschauung der unbegrenzten Grundgebilde erster Stufe:

Sind A, B, C Punkte einer K, *welche in der alphabetischen Reihenfolge einander auf der K folgen*, so führt die Vierseitskonstruktion zu einem bestimmten vierten Elemente D, welches zu A, B, C harmonisch heißt. Die Reihenfolge von A, B, C muß hier deswegen besonders festgesetzt werden, weil sonst der gesuchte Punkt D gelegentlich über die Begrenzung des gegebenen Raumes hinausfallen, d. h. gar nicht vorhanden sein könnte. Zum Zwecke des für unbegrenzte Grundgebilde aufgestellten Satzes genügt es aber auch, den nun vorliegenden Satz mit seiner Beschränkung zu beweisen; denn man überzeugt sich leicht: Wenn A, B, C drei Elemente eines F-Büschels sind, so kann man eine K immer so legen, daß die Schnittpunkte mit A, B, C beliebige Reihenfolge haben. Wenn drei Elemente A, B, C eines K-Büschels gegeben, so würde man dasselbe zunächst auf ein F-Büschel beziehen und dann dieses durch eine K in gehöriger Weise schneiden.

Den nun mit Bezug auf die Punktreihe K aufgestellten Satz beweist man genau im Anschlusse an das gewöhnliche Verfahren der Geometrie der Lage. Es darf an dasselbe hier kurz erinnert werden:

Sind A, B, C Punkte einer Geraden, so lege man durch A eine neue Gerade. Durch zwei Punkte β, γ derselben und B und C lege man die beiden Geradenpaare βB, γC und βC, γB, welche bezüglich die beiden Schnittpunkte α und δ besitzen. Dann schneidet die Verbindungsgerade $\alpha\delta$ die ursprünglich gegebene Gerade in einem *festen* Punkte D, dem sogenannten vierten harmonischen Punkte zu A, B, C.

Der Beweis, daß der Punkt D von den bei der Konstruktion willkürlichen Elementen unabhängig ist, ist folgender. Konstruiert man aus A, B, C in einer anderen durch die gegebene Gerade hindurchgelegten Ebene ein neues Viereck α', β', γ', δ', so werden die Verbindungsgeraden $\alpha\alpha'$, $\beta\beta'$, $\gamma\gamma'$, $\delta\delta'$ sich in einem Punkte treffen; die beiden Vierecke müssen deshalb Schnitte des nämlichen Vierkants sein; es muß daher auch der Punkt D in beiden übereinstimmen. Wäre das zweite Viereck in derselben durch die gegebene Gerade hindurchgelegten Ebene konstruiert, wie das erste, so übertrage man es durch Projektion auf eine zweite durch die gegebene Gerade gehende Ebene[25]) und man hat den vorigen Fall.

---

[25]) Statt dessen wird gelegentlich gesagt: so drehe man des Viereck samt seiner Ebene um die gegebene Gerade in eine neue Lage; aber diese Operation würde man bei dem Systeme der K und F nicht wiederholen können, da zunächst noch nicht bekannt ist (was allerdings später erschlossen wird. § 7), daß dieses System Transformationen in sich selbst zuläßt.

Genau dieselben Betrachtungen können nun angestellt werden, wenn statt des Systems der Geraden und Ebenen das System der K und F gegeben ist. Die Annahme über die Reihenfolge von A, B, C sichert die Möglichkeit, trotz der Begrenzung unseres Raumes, die nötige Konstruktion ausführen zu können. Hat man dann zwei Vierecke $\alpha, \beta, \gamma, \delta$ und $\alpha', \beta', \gamma', \delta'$ in verschiedenen durch K hindurchgehenden F, so ziehe man die $K\,\alpha\alpha'$, $\beta\beta', \gamma\gamma', \delta\delta'$. Dann folgt ohne weiteres: Schneiden sich zwei dieser K in einem Punkte, so gehen auch die anderen durch denselben. Aber der Schnittpunkt kann gelegentlich über den gegebenen begrenzten Raum hinausfallen, d. h. gar nicht vorhanden sein. In dem Falle wird man eins der beiden Vierecke durch Projektion auf eine neue durch K gehende F übertragen, und mit diesem Verfahren so lange fortfahren, bis die Verbindungskurven K der Ecken des ursprünglichen und des neu konstruierten Vierecks sich treffen. Es ist das ein Prozeß, der immer zu leisten ist, wie man sich sofort überzeugt, sowie man zwei Vierecke in den bewußten Lagenverhältnissen gezeichnet denkt. Eine ausgeführte Diskussion würde nur mit dem Begriffe des Größer oder Kleiner, nicht aber mit einem Maße eines solchen Unterschiedes zu tun haben. Von zwei Strecken AB, AC einer K heißt AB kleiner als AC, sofern man, um von A nach C zu gelangen, B überschreiten muß.

Man beweist ferner, daß vier harmonischen Elementen eines Grundgebildes bei einer vollständigen Beziehung wieder vier harmonische Elemente entsprechen. Bei einer unvollständigen Beziehung ist das Entsprechende wahr, sofern den vier Elementen des einen Gebildes wirklich vier Elemente des anderen zugeordnet sind.

§ 5.

Projektivische Beziehungen.

Zwei Grundgebilde heißen aufeinander *projektivisch bezogen*, wenn je vier harmonischen Elementen des einen, sofern überhaupt vier entsprechende Elemente im anderen Gebilde vorhanden sind, vier harmonische Elemente des letzteren entsprechen.

Aus dieser Definition schließt man nun nach Staudt, daß das projektivische Entsprechen zwischen zwei Grundgebilden erster Stufe durch drei einander entsprechende Elemente A, B, C und A', B', C' festgelegt ist[26]). Da dieser Schluß, wie bereits angedeutet wurde, in seinem Beweise eine Lücke hat, die nur durch ein Axiom zu überbrücken scheint, so möge es gestattet sein, hier etwas ausführlicher bei demselben zu verweilen.

---

[26]) Geometrie der Lage. S. 50. Vgl. S. 44 des Reyeschen Buches.

Die bez. Auseinandersetzungen und Forderungen gelten gleichmäßig für das System der Ebenen und Geraden, wie für das System der F und K.

Staudts Schlußweise ist etwa die folgende. Entsprechen einander A, B, C und A', B', C' so auch D und D' die bez. vierten harmonischen Punkte zu A, B, C und A', B', C'; ferner E und E', die vierten harmonischen Punkte zu irgend drei der vier Punkte A, B, C, D bez. A', B', C', D', usw. usw. Die Art der Zuordnung ist hiernach durch die Zuordnung der drei Elemente A, B, C und A', B', C' vollständig gegeben, sowie man zeigen kann, daß man zu jedem Punkte einer Geraden hingelangen kann, indem man zu drei gegebenen Punkten den vierten harmonischen aufsucht, zu irgend drei der so bestimmten vier Punkte wieder den vierten harmonischen usw. Es kann diese Behauptung nur den Sinn haben, daß man jedem Punkte der Geraden durch die wiederholte Konstruktion des vierten harmonischen Punktes beliebig nahe kommen kann, d. h. daß man immer einen entsprechenden Punkt finden kann, der zwischen dem zu bestimmenden Punkte und einem beliebig von ihm verschieden angenommenen inne liegt. Staudt beweist dies, indem er die Absurdität der Annahme zeigt, ein gewisser Punkt sei der letzte, über den die Konstruktion nicht mehr hinausführe. Aber die Annahme, daß es einen letzten durch die Konstruktion erreichbaren Punkt gebe, ist noch willkürlich. Es wäre denkbar, daß der fortgesetzte Prozeß der Aufsuchung des vierten harmonischen Punktes über eine bestimmte Grenze nicht hinausführte, ohne doch eine letzte Lage für den Punkt zu erreichen. Über diese Möglichkeit hilft, soviel ich sehe, nur das Axiom hinweg, *daß es gestattet sein soll, den Grenzpunkt, auch wenn er in dieser Weise durch einen unendlichen Prozeß definiert ist, als fertig vorhanden aufzufassen.* Bei dieser Annahme tritt der Staudtsche Beweis wieder in Kraft und zeigt die Unmöglichkeit der Existenz von Grenzpunkten[27]).

Dieselben Erwägungen, die hier für die Gerade vorgetragen worden sind, übertragen sich auf die Grundgebilde erster Dimension aus dem Systeme der K und F, wobei man zunächst auf die unbegrenzten Grundgebilde achten wird. Auch bei ihnen wird man ein dem vorhergehenden analoges Axiom hinzuzufügen haben, *was dann als eine Forderung aufgefaßt werden kann, der das System der K und F genügen soll.* Diese Forderung ist mit den dem Systeme sonst auferlegten verträglich — das zeigt das Beispiel der gewöhnlichen Geraden und Ebenen —, ob sie aus den früheren zum Teile folgt, bleibe dahingestellt. Die Definition der projektivischen Beziehung, die so für unbegrenzte Grundgebilde erster Stufe

---

[27]) [Näheres hierüber findet man in folgender Abhandlung XIX.]

aufgestellt ist, überträgt sich ohne weiteres auf begrenzte, indem man begrenzte Gebilde projektivisch sein läßt, wenn sie Schnitte projektivischer unbegrenzter Gebilde sind.

§ 6.

Die Geometrie im Grundgebilde zweiter Stufe und im Raume.

Die aufgestellten Prinzipien genügen, um für die unbegrenzten Grundgebilde zweiter Stufe, d. h. für das Bündel der durch einen Punkt gehenden K und das Bündel der durch einen Punkt gehenden F die projektivische Geometrie aufzubauen. Man vergleiche hierzu nur etwa die Partien des Reyeschen Buches (S. 45 ff.), in denen für die als unbegrenztes Grundgebilde gedachte Ebene das Entsprechende durchgeführt wird. Es ist dies wohl der einzige Gedanke, der bei den hier vorgetragenen Dingen nicht ohne weiteres gegeben war, nämlich der Gedanke, darauf zu achten, daß, auch wenn der Punktraum, der gegeben ist, begrenzt ist, darum doch noch unbegrenzte Grundgebilde erster und zweiter Stufe vorhanden sind, und daß man für *sie* die Betrachtungen durchführen kann, die man sonst in bezug auf die unbegrenzt angenommene Ebene anstellt.

Namentlich wird man für die unbegrenzten Grundgebilde zweiter Stufe nun auch das Gesetz der *Dualität* entwickeln können, welches jetzt dahin auszusprechen ist, daß man in allen Sätzen, die sich auf K und F beziehen, welche durch einen Punkt gehen, statt K und F auch F und K setzen kann.

Durch Übertragung vom unbegrenzten Grundgebilde zweiter Stufe, dem Punkte (als Bündel von K und F gedacht), gewinnt man die Geometrie auf dem begrenzten Grundgebilde zweiter Stufe der (als Punktaggregat oder als Ort für Kurven K gedachten) F. Aber die projektivischen Beziehungen und die dualistischen gelten auf der F nur dann uneingeschränkt, wenn man der F *ideale* Punkte und Kurven K adjungiert, entsprechend denjenigen Kurven K und Flächen F des angenommenen Bündels, von dem aus man die projektivisch dualistischen Beziehungen auf die F überträgt, welche die F nicht treffen. Es ist ersichtlich, wie diese idealen Elemente der F, die ihrem Wesen nach durchaus mit den idealen Elementen übereinstimmen, von denen im letzten Paragraphen des vorigen Abschnittes die Rede war, unabhängig sind von dem Bündel, von dem man gerade ausging. Der Grund liegt darin, daß nach Voraussetzung die F von allen anderen F in denselben K, d. h. von jedem Bündel von F in demselben Kurvensystem K geschnitten wird. Der ideale Punkt der gegebenen F z. B. ist zunächst definiert durch eine irgend einem Bündel angehörige Kurve K, welche die F nicht trifft. Aber durch die K geht ein Büschel von F und ein begrenzter Teil des Büschels begegnet

22*

der gegebenen F. Auf der letzteren erhalten wir also eine Schar von Kurven K, welche dieselben Eigenschaften haben, besonders hinsichtlich der Konstruktion des vierten harmonischen Elementes, wie ein begrenzter Teil eines durch einen Punkt gehenden Büschels von Kurven K. Legt man jetzt durch irgendeinen Punkt und diese Kurven K die bezüglichen F, so werden diese sich nach einer K schneiden. Der ideale Punkt, den das erst angenommene Bündel lieferte, stimmt also mit dem idealen Punkte, den ein beliebiges anderes Bündel ergibt, überein.

Es ist hiernach auch ersichtlich, wie der ideale Punkt der gegebenen F, der hierdurch definiert ist, nicht bloß als dieser F angehörig, sondern als *idealer Raumpunkt* gedacht werden muß. Damit ist dann alles Material gegeben, um die projektivische Geometrie auch des Raumes zu entwickeln, und es ist der Beweis des oben aufgestellten Hauptsatzes:

> *daß für das bez. Flächen- und Kurvensystem die projektivische Geometrie gilt*

geleistet.

§ 7.

Einführung der Doppelverhältnisse und homogenen Koordinaten.

In diesem Paragraphen mag noch kurz angegeben werden, wie man an den bisher auseinandergesetzten synthetischen Aufbau der projektivischen Geometrie die analytische Behandlung derselben zu knüpfen hat. Es enthält dieser Paragraph also nichts mehr, was sich spezifisch auf das System der K und F bezieht; und er soll hier nur eine Stelle finden, weil die betreffenden Überlegungen, die man wesentlich alle den Staudtschen *Beiträgen zur Geometrie der Lage* entnehmen kann, nur zu wenig bekannt zu sein scheinen.

Die Definition der Projektivität zweier Grundgebilde erster Stufe ergibt, daß zwischen je vier Elementen eines solchen Gebildes eine konstante Beziehung obwaltet. Drei Elemente sind noch voneinander unabhängig; die Beziehung zwischen vier Elementen kann man daher unter dem Bilde einer reellen *Zahl* auffassen[28]). Man bezeichne drei Elemente A, B, C als Grundelemente des Gebildes, auf die übrigen Elemente D des unbegrenzt gedachten Gebildes verteile man nach einem willkürlichen Gesetze die reellen Zahlen von $-\infty$ bis $+\infty$, so ist jeder Kombination $ABCD$ eine Zahl zugeordnet, welche sie charakterisiert; man hat einen Maßstab, um die Beziehung $ABCD$ zu messen. Hat man bei *einem* Grundgebilde erster Stufe diese Bestimmung getroffen, so überträgt sie sich durch Projektion auf alle anderen.

---

[28]) Hier kehrt unter einer etwas anderen Form das Axiom des § 5 wieder.

Man wird darnach streben, diese willkürliche Skala durch eine gesetzmäßig erzeugte zu ersetzen, und dies hat Staudt in den Paragraphen 19, 20 seiner Beiträge zur Geometrie der Lage geleistet. Er ordnet dort den Beziehungen $ABCD$, oder, wie er sagt, den *Würfen $ABCD$* dieselben Zahlen zu, welche man ihnen in der auf metrischen Definitionen fußenden gewöhnlichen Behandlungsweise beilegt, wo sie als *Doppelverhältnisse* aufgefaßt werden[29]). Es genügt zu diesem Zwecke, die Würfe $ABCA$, $ABCB$, $ABCC$ bez. durch $0, 1, \infty$ zu bezeichnen und dann eine Operation anzugeben, vermöge deren man zwei Würfe $ABCD$ und $ABCD'$ addiert. Dabei wird der harmonische Wurf gleich -1, und es finden Relationen statt, wie

$$(ABCD) \cdot (ADBC) = 1 \text{ usw.}$$

Von den Doppelverhältnissen steige man zu den homogenen Koordinaten auf, die nichts sind als die relativen Werte gewisser Doppelverhältnisse. Es handelt sich dann besonders darum, einzusehen, daß durch eine lineare Gleichung zwischen den homogenen Koordinaten in der Ebene eine Gerade, im Raume eine Ebene dargestellt wird. Diese Aufgabe hat Fiedler neuerdings in sehr einfacher und übersichtlicher Weise erledigt, indem er von vornherein neben den homogenen Punktkoordinaten auch die homogenen Linienkoordinaten, bez. Ebenenkoordinaten einführte[30]). Die lineolineare Gleichung zwischen den Koordinaten vereinigt gelegener Punkte und Geraden (Ebenen) ist nur der Ausdruck für gewisse Beziehungen, die zwischen den in der Figur (die durch Hinzufügen eines Koordinaten-Dreiecks bez. -Tetraeders entsteht) auftretenden Doppelverhältnissen stattfinden[31]).

Die hiermit angedeuteten Überlegungen kann man alle, statt für das System der Geraden und Ebenen, für das System der K und F entwickeln, da für das letztere ebenso die projektivische Geometrie gilt. Und damit ist also die zweite Form erwiesen, welche wir in § 2 unserem Satze erteilt hatten, die wir noch einmal wiederholen:

Man kann den Punkten des ursprünglich gegebenen begrenzten Raumes in der Weise Zahlen zuordnen, daß die Flächen F (die Kurven K) durch lineare Gleichungen dargestellt werden.

---

[29]) Dasselbe kann man durch die von Möbius in seinem baryzentrischen Kalkul vorgetragene Theorie der geometrischen Netze erreichen.

[30]) Vierteljahrsschrift der naturforschenden Gesellschaft in Zürich. XV, 2. (1871). — Die darstellende Geometrie. Leipzig. 1871. — Bei Fiedler sind die Würfe als Doppelverhältnisse definiert, es ist das aber für seine weiteren Auseinandersetzungen ohne prinzipielle Bedeutung, da er nur solche Relationen zwischen Würfen benutzt, welche man, nach der im Texte gemachten Andeutung, auch bei Staudt begründet findet.

[31]) Vgl. hierzu auch Hamiltons Elements of Quaternious. S. 24—32.

Als Folgerungen, die sich von selbst aufdrängen, seien erwähnt, daß man nun in bezug auf die Flächen F von algebraischen Gebilden, von imaginären Elementen, von kollinearen und dualistischen Transformationen reden kann.

§ 8.
Analytischer Beweis des Hauptsatzes.

Es wurde bereits darauf hingewiesen, wie sich der in § 2 aufgestellte Hauptsatz viel einfacher und ohne Zuhilfenahme besonderer Axiome beweisen läßt, wenn man die Voraussetzung macht, daß es gestattet sei, *den Punktraum unter dem Bilde einer dreifach ausgedehnten Zahlenmannigfaltigkeit aufzufassen.* Ein an diese Voraussetzung anknüpfender Beweis enthält die Erweiterung unseres Satzes auf Zahlenmannigfaltigkeiten von beliebig vielen Dimensionen in sich; zugleich läßt er übersehen, warum für zwei Dimensionen, wie in § 2 hervorgehoben wurde, ein entsprechender Satz noch nicht gilt.

Den Vorteil, den man durch die Annahme, man könne den Punktraum als eine Zahlenmannigfaltigkeit auffassen, in den Beweis des Satzes einführt, ist der, daß man nun über den Begriff des Unendlich-Kleinen verfügt. Für die Fortschreitungsrichtungen von einem Punkte aus gilt bei beliebiger Koordinatenbestimmung die projektivische Geometrie in demselben Sinne, wie für die Geraden eines Strahlenbündels[32]). Hat man aber ein System von Flächen F und Kurven K, wie es in dem Satze des § 2 vorausgesetzt wird, so bezeichnet jede der von einem Punkte aus möglichen Fortschreitungsrichtungen eine der durch den Punkt hindurchgehenden K. *Für das Bündel der durch einen Punkt gehenden K, und, vermöge dualistischer Übertragung, das Bündel der durch einen Punkt gehenden F gilt also ohne weiteres die projektivische Geometrie.* Wir haben also von vornherein den Standpunkt gewonnen, der sich bei der rein geometrischen Untersuchung erst in § 6 ergab, noch mehr: es ist auch von vornherein wenigstens für das Bündel von K und F die projektivische Koordinatenbestimmung gegeben, die bei rein geometrischer Betrachtung erst durch besondere Operationen in § 7 entworfen werden mußte.

Von der Geometrie im Bündel von F oder K steigt man ähnlich, wie in § 6 geschildert wurde, zur Geometrie auf den F und zur Geometrie im Raume auf. Durch eine beliebige F, — sie heiße F' — werden je zwei Bündel von F aufeinander projektivisch bezogen. Denn die Bündel schneiden die F' laut Voraussetzung in dem nämlichen Kurvensysteme K. Da-

---

[32]) [Bei der Durchführung dieser Andeutungen wären vor allem die hier zur Verwendung kommenden Begriffe so zu präzisieren, daß der Forderung der Differenzierbarkeit, die implizite vorausgesetzt wird, Rechnung getragen wird.]

bei überträgt sich von dem einen Bündel so gut wie vom anderen auf die F' die Vierseitskonstruktion; die beiden Bündel, und also überhaupt alle vorhandenen Bündel sind hiernach durch die F' aufeinander projektivisch bezogen, w. z. b. Da aber projektivische Beziehung innerhalb eines Bündels bei Anwendung der projektivischen Koordinaten durch lineare Gleichungen bezeichnet wird, so ist ersichtlich, daß man die F' durch lineare Gleichungen zwischen den für zwei Bündel geltenden projektivischen Koordinaten darstellen kann usw.

Betrachtungen derselben Art kann man fü Mannigfaltigkeiten von beliebig vielen Dimensionen anstellen; ist aber die Zahl der Dimensionen auf 2 gesunken, so haben die Betrachtungen nicht mehr denselben Erfolg. Es sei eine Fläche und auf einem Teile derselben ein Kurvensystem K gegeben, von der Eigenschaft, daß durch je zwei Punkte des Flächenteils eine und nur eine K geht. Die Fläche, oder vielmehr ihre Punkte sollen unter dem Bilde einer zweifach ausgedehnten Zahlenmannigfaltigkeit gefaßt werden können. Dann gilt für die Fortschreitungsrichtungen von einem Punkte aus die projektivische Geometrie, d. h. vier Fortschreitungsrichtungen haben ein bestimmtes Doppelverhältnis, welches bei keiner stetigen Verzerrung der Fläche geändert wird. Es überträgt sich diese Beziehung auf das durch den Punkt gehende Büschel von Kurven K. Man schneide dasselbe durch eine ihm nicht angehörige Kurve K' und ziehe nach den Schnittpunkten die einem zweiten Büschel angehörigen K. Jetzt sind die beiden Büschel durch die K' auch eindeutig aufeinander bezogen, aber es ist gar kein Grund vorhanden, warum diese Beziehung eine projektivische sein soll, warum z. B. vier harmonischen Kurven des einen Büschels vier harmonische des andern entsprechen sollen. Denn ein Analogon zu der Vierseitskonstruktion, die sich im Raume übertrug, existiert nicht mehr, weil eine Dimension zu wenig vorhanden ist.

Göttingen, 8. Juni 1872.

XIX. Nachtrag zu dem „zweiten Aufsatz über Nicht-Euklidische Geometrie".

[Math. Annalen, Bd. 7 (1874).]

In dem in der Überschrift genannten Aufsatze behandelte ich neben anderen Fragen, zu denen die neueren Untersuchungen über Nicht-Euklidische Geometrie Anlaß geben, insbesondere auch die, ob v. Staudts nur auf die Betrachtung sogenannter Lagenverhältnisse gegründeter Aufbau der projektivischen Geometrie vom Parallelenaxiome unabhängig gemacht werden könne. Ich hatte dabei Gelegenheit (vgl. daselbst § 5 des zweiten Teiles) eine (auch sonst bemerkte) Lücke in v. Staudts Betrachtungen zur Sprache zu bringen, die freilich keine nähere Beziehung zu der Frage nach dem Einflusse des Parallelenaxioms besitzt. Es handelt sich nämlich um den Nachweis, daß eine projektivische Beziehung zweier Grundgebilde erster Stufe vollkommen festgelegt ist, sowie man drei Paare entsprechender Elemente kennt. Nach der bei v. Staudt eingeführten Definition der projektivischen Beziehung sind die unbegrenzt vielen Elemente, welche man auf den beiden Grundgebilden, bez. aus den drei gegebenen durch wiederholte Konstruktion des vierten harmonischen Elementes ableiten kann, ohne weiteres als entsprechend gesetzt. Von Staudt unternimmt es daher zu zeigen, daß diese unendlich vielen Elemente das Grundgebilde völlig überdecken und ihr Entsprechen deshalb das Entsprechen aller Elemente nach sich zieht. Dies Verfahren impliziert bereits eine Voraussetzung, die im folgenden (§ 3) noch weiter gekennzeichnet werden soll, nämlich die: daß es gestattet sei, aus dem Verhalten der jedenfalls diskreten Reihe der harmonischen Elemente auf das Verhalten des ganzen kontinuierlichen Gebietes zu schließen, dem sie angehören. Aber die Lücke in v. Staudts Beweisgang, von der in meinem Aufsatze gehandelt wurde, betrifft den ersten Teil des von ihm eingeschlagenen Weges. Um zu zeigen, daß die harmonischen Elemente das Grundgebilde völlig überdecken, d. h. *daß in jedem gegebenen Segmente des Grundgebildes Elemente liegen, welche man, von drei beliebig gegebenen Elementen ausgehend, durch fortgesetzte Konstruktion des vierten harmonischen Elementes wirklich erreichen kann,* macht v. Staudt einfach darauf aufmerksam, daß die Reihe der harmonischen Elemente nicht plötzlich abbrechen kann. Aber es ist dadurch die Möglichkeit nicht ausgeschlossen, daß diese Reihe, obgleich unbegrenzt, doch in gewisse Segmente des Grundgebildes nicht eindringt, und der Beweis, der zu erbringen war, ist also noch unvollständig.

Dem gegenüber glaubte ich in dem genannten „zweiten Aufsatze über Nicht-Euklidische Geometrie"[1]) ausdrücklich folgende zwei Voraussetzungen einführen zu sollen, die freilich dort, wo überhaupt die ganze Frage mehr beiläufig berührt wird, nicht mit der Bestimmtheit bezeichnet und auseinandergehalten sind, wie es hier geschehen soll. Ich verlangte zunächst:

Wenn auf einem Gebilde erster Stufe eine unendliche Reihe von Elementen gegeben ist, die in ein Segment des Gebildes nicht eindringt, so soll es gestattet sein, von einem Grenzelemente, dem die Reihe zustrebt, als einem völlig bestimmten Elemente zu sprechen.

Sodann aber insonderheit mit Bezug auf die Reihe der harmonischen Elemente:

Sollten in der Reihe der harmonischen Elemente solche Grenzelemente auftreten[2])*, so dürfen sie der Reihe zugezählt werden.*

Daß man unter Annahme dieser Voraussetzungen durch geeignete Fortsetzung der Reihe der harmonischen Elemente in jedes Segment hineingelangen kann, beweist man genau so, wie v. Staudt die Unmöglichkeit eines plötzlichen Abbrechens der Reihe zeigt. Es genügt nämlich, daran zu erinnern, daß das zu drei getrennten Elementen harmonische vierte Element mit keinem der drei Elemente zusammenfällt, und, je nach der Anordnung, die man den drei Elementen erteilen mag, einem jeden der drei Segmente angehört, in welche das Grundgebilde durch die drei Elemente geteilt wird.

Aber andererseits ist auch die oben bezeichnete zweite Frage bereits erledigt, die sich darauf bezieht, ob man aus dem Entsprechen der harmonischen Elemente auf das Entsprechen der übrigen Elemente schließen kann. Man wird nämlich auf Grund unserer ersten Voraussetzung jedes Element als Grenzelement einer unendlichen Reihe harmonischer Elemente

---

[1]) In ganz ähnlicher Weise berührte ich diese Frage bereits in einer Mitteilung an die Göttinger Societät, vgl. Göttinger Nachrichten, 1871. [S. Abh. XV dieser Ausgabe.]

[2]) Ob solche Elemente wirklich auftreten oder nicht, hängt von der Art und Weise ab, vermöge deren man die harmonischen Elemente fortsetzt, was auf sehr mannigfache Weise geschehen kann, weil immer drei beliebige Elemente unter den schon konstruierten zur weiteren Konstruktion verwandt werden können. Im Texte soll nicht gezeigt werden, daß solche Elemente überhaupt nicht auftreten, wenn man die Reihe der harmonischen Elemente in bestimmter Weise unendlich fortsetzt, sondern nur, daß sie jedesmal wieder überschritten werden können, wenn man die Art der Fortsetzung ändert, und daß sie also für die Gesamtheit der harmonischen Elemente keine Grenze konstituieren.

auffassen können[3]), und, gemäß der zweiten Voraussetzung, demjenigen
Elemente entsprechend setzen, welches auf dem anderen Grundgebilde durch
den nämlichen Grenzprozeß definiert wird.

Nach Veröffentlichung meines Aufsatzes erhielt ich eben mit Bezug
auf diese Überlegungen Zuschriften von den Herren G. Cantor, Lüroth
und Zeuthen, und ich verdanke es hauptsächlich der Korrespondenz mit
diesen Herren, wenn ich in der gegenwärtigen Mitteilung in der Lage bin,
den Gegenstand, um den es sich handelt, sehr viel deutlicher zu bezeichnen,
als ich es damals getan hatte. Insbesondere haben mir die Herren Lüroth
und Zeuthen unabhängig voneinander einen Beweis mitgeteilt, vermöge
dessen es gelingt, auch ohne Einführung der zweiten oben genannten Voraussetzung zu beweisen, daß man mit der Reihe der harmonischen Elemente
in jedes Segment des Grundgebildes eindringen kann. Es benutzt dieser
Beweis den (schon in der Fußnote [2]) hervorgehobenen) Umstand, daß
die Reihe der harmonischen Elemente, weil immer drei beliebige der bereits konstruierten zur Konstruktion verwandt werden dürfen, in sehr
mannigfacher Weise fortgesetzt werden kann. Ich werde weiter unten (§ 2)
diesen Beweis, durch dessen Mitteilung der gegenwärtige Nachtrag zu meinem
früheren Aufsatze wesentlich veranlaßt ist, in Herrn Zeuthens Darstellung[4]) geben. Durch ihn wird also die zweite oben aufgestellte Voraussetzung zunächst überflüssig; sie tritt erst wieder ein, wenn es sich darum
handelt, aus dem Entsprechen der konstruierten harmonischen Elemente
auf das Entsprechen aller Elemente zu schließen. Sie kann dann, worauf
mich besonders Herr Lüroth aufmerksam gemacht hat, durch verschiedene
äquivalente ersetzt werden. Der dritte Paragraph des Folgenden mag diesen
Betrachtungen gewidmet sein. Ich wende mich zunächst dazu, die erste
oben eingeführte Voraussetzung noch näher zu bezeichnen und ihren Zusammenhang mit ähnlichen Voraussetzungen, die in der gewöhnlichen
(metrischen) Geometrie nötig sind, darzulegen.

§ 1.

Von der Stetigkeit der Gebilde in der projektivischen Geometrie.

Was man in der gewöhnlichen Geometrie meint, wenn man sagt,
irgendein Gebilde erster Stufe, also etwa eine Punktreihe, sei *stetig*, ist
neuerdings von verschiedenen Seiten her mit besonderer Schärfe auseinander

---

[3]) Dies sollte eigentlich explizite bewiesen werden. Ich glaube die betreffenden Überlegungen hier aber um so mehr unterdrücken zu können, als das Operieren mit Würfen, das
zu diesem Zwecke systematisch würde untersucht werden müssen, von Herrn Lüroth
neuerdings eine gründliche Darstellung erfahren hat (Göttinger Nachrichten, Nov. 1873).

[4]) Herr Lüroth hatte bei seinen Überlegungen im wesentlichen dieselben Momente benutzt.

gesetzt worden[5]). Man legt durch die Forderung der Stetigkeit dem betreffenden Gebilde eben dieselbe Eigenschaft bei, die durch unsere erste Voraussetzung (welche sich in ganz ähnlicher Form in den Schriften von G. Cantor und Dedekind findet[6]) formuliert ist. Der Unterschied ist nur der, daß wir diese Voraussetzung ausdrücklich auch in die projektivische Geometrie einführen. Wir können also auch folgendermaßen sagen:

Die in der gewöhnlichen Geometrie vorausgesetzte Stetigkeit der Gebilde erster Stufe soll auch in der projektivischen Geometrie zugrunde gelegt werden.

Es bringt das mit sich oder ist geradezu gleichbedeutend damit, daß in der projektivischen Geometrie, wie in der gewöhnlichen, das analytische Gegenbild eines Gebildes erster Stufe die einfach unendliche Zahlenreihe ist. Auch in der projektivischen Geometrie können also Segmente eines Gebildes erster Stufe *gemessen* werden, nur daß nicht, wie in der gewöhnlichen Geometrie, eine Maßbestimmung vor allen anderen als besonders naturgemäß ausgezeichnet wird.

In dem letzteren Umstande liegt scheinbar eine gewisse Schwierigkeit hinsichtlich der Einführung der Zahlen in die projektivische Geometrie, insofern man nämlich von vornherein nur dann von zwei Segmenten sagen kann: das eine sei kleiner als das andere, wenn das eine ganz in dem anderen enthalten ist. Aber bei der Feststellung des Grenzbegriffs kommen eben nur solche Segmente in Vergleich, die in dieser Relation stehen, daß das eine ein Stück des anderen ist.

Eine entsprechende Voraussetzung der Stetigkeit, wie sie nunmehr für Gebilde erster Stufe eingeführt wurde, wird in der gewöhnlichen wie in der projektivischen Geometrie zu machen sein, wenn es sich um Gebilde höherer Stufe handelt. Doch braucht das hier wohl nicht näher entwickelt zu werden. Auch braucht hier nicht auf die Frage eingegangen zu werden, ob und wie weit wir zu diesen Voraussetzungen[7]) axiomatischen Charakters durch unsere räumliche Anschauung gezwungen sind.

§ 2.

Der Lüroth-Zeuthensche Beweis.

Ich erlaube mir weiterhin den Lüroth-Zeuthenschen Beweis mit Zeuthens Worten wiederzugeben, und bemerke hinsichtlich der beigesetzten Zeichnungen nur, daß dieselben allein die Aufeinanderfolge der in

---

[5]) Vgl. Heine, Die Elemente der Funktionenlehre, Borchardts Journal, Bd. 74 (1872); G. Cantor, über die Ausdehnung eines Satzes aus der Theorie der trigonometrischen Reihen, Math. Annalen, Bd. 5 (1842); sowie besonders Dedekind, Stetigkeit und irrationale Zahlen (Braunschweig 1872).

[6]) Ich bin kurz vor dem Erscheinen dieser Schriften von Herrn Weierstraß auf diese Voraussetzung als eine in der gewöhnlichen Geometrie notwendige aufmerksam gemacht worden.

[7]) Herr Cantor und Dedekind bezeichnen das Postulat der Stetigkeit der Gebilde erster Stufe auch ausdrücklich als ein *Axiom*.

Betracht kommenden Punkte veranschaulichen sollen. Es kommt in der Tat beim Beweise nur auf diese Aufeinanderfolge an, womit eine Verallgemeinerung angedeutet sein mag, die man diesen Betrachtungen zuteil werden lassen kann. Herr Zeuthen schreibt:

»Si AB harm. CD, c'est à dire, si A et B divisent harmoniquement CD,

$$\overline{\quad\underset{A}{\big|}\quad\underset{C}{\big|}\quad\underset{B}{\big|}\quad\underset{D}{\big|}\quad}$$

A et B restant fixes, C et D ne pourront se mouvoir que dans des sens inverses entre eux: mais si A et C restent fixes, B et D ne pourront se mouvoir que dans le même sens. Il s'agit de démontrer *qu'il n'existe. pas dans une série fondamentale complète*[8]) *des segments ou des angles où l'on ne puisse entrer par des constructions succesives du quatrième point harmonique, les trois premiers éléments étant donnés.*«

» Considérons comme v. Staudt une droite complète (dont les deux bouts sont liés l'un à l'autre par un point à l'infini) et désignons par $AB, CD, \ldots$ les segments qui se trouvent à droite (par exemple) du premier point $A, C, \ldots$, sans demander s'ils contiennent le point à l'infini ou non. Essayons d'attribuer à la droite un segment FG, qui ne contienne aucun point du système déterminé par les constructions successives du quatrième point harmonique, et supposons qu'on ait donné à ce segment l'extension la plus grande possible[9]). Alors, si F n'est pas lui-même un point du système, tout segment extérieur à FG et limité par F, quelque petit qu'il soit, contiendra des points du système, et de même pour le point G.

$$\begin{array}{ccccccccc} A & B & F & H & D & L & G & K & C & J \end{array}$$

Soit A un point quelconque du système et soient H et J les points satisfaisant aux conditions

$$(1)\qquad\qquad AH \text{ harm. } FG,$$

$$(2)\qquad\qquad AG \text{ harm. } FJ.$$

En désignant par B un nouveau point du système placé sur le segment AF convenablement près de F, on peut obtenir que le point K déterminé par

$$(3)\qquad\qquad AH \text{ harm. } BK$$

se trouve sur le segment GJ si près de G que le segment KJ contient un point du système. (Car au cas contraire ou pourrait, en laissant A et H rester fixes, rapprocher K de G jusqu'à ce que non seulement K a

---

[8]) „Unbegrenztes Grundgebilde erster Stufe“, vgl. Math. Annalen, Bd. 6, S. 137. [S. Abh. XVIII dieser Ausgabe, S. 335.]

[9]) Damit dies in allen Fällen möglich sei, wird man die in § 1 besprochene Voraussetzung der Stetigkeit voraufschicken müssen.

passé un point du système, mais aussi B, qui se meut dans le sens inverse, a gagné de nouveau un point du système.) Désignons par C un point du système qui se trouve sur KJ. Alors, comme le point L déterminé par

$$(4) \qquad\qquad A L \text{ harm. } B J$$

se trouve sur le segment HG (voir (3) et (2)), le point D déterminé par

$$(5) \qquad\qquad A D \text{ harm. } B C,$$

se trouvant sur le segment HL (voir (3) et (4)), se trouve aussi sur le segment FG. Or A, B, C étant des points du système, D en est aussi un. Donc etc. . . . ; — «

» Si F est un point du système on peut y placer le point B, et si en même temps G appartient au système (supposition de v. Staudt), on peut y placer le point C. «

§ 3.

Von der Stetigkeit der projektivischen Zuordnung.

Wenn es sich um eine systematische Darstellung der Grundlagen der projektivischen Geometrie handelt, wird man an die erste Voraussetzung des § 1 zunächst den Lüroth-Zeuthenschen Beweis anschließen und erst dann die in der Einleitung an zweiter Stelle eingeführte Voraussetzung folgen lassen. Dieselbe ist übrigens auch dadurch mit der ersteren ungleichwertig, daß sie keinen axiomatischen Charakter besitzt, vielmehr als ein Zusatz zu *Staudts Definition* der Projektivität aufgefaßt werden muß.[10])

Daß ein solcher Zusatz in der Tat notwendig ist, daß man also aus dem Entsprechen der harmonischen Elemente noch nicht auf das Entsprechen aller Elemente schließen darf, mag man sich an der folgenden, analog gebildeten Aufgabe überlegen, bei der, entsprechend ihrer rein analytischen Fassung, eine Beurteilung leichter scheint: Eine Funktion sei für alle rationalen Werte ihres Argumentes gegeben, für die irrationalen aber nicht, welche Werte wird sie für die letzteren annehmen? Man kann diese Frage nicht nur nicht beantworten, wenn nichts weiteres über die Funktion bekannt ist, sondern man kann nicht einmal behaupten, daß die Funktion für irrationale Werte des Arguments existiert.

Die Forderung, wie sie durch unsere zweite Voraussetzung ausgesprochen worden ist, kann prägnanter als die Forderung der *Stetigkeit* der projektivischen *Beziehung* bezeichnet werden. Sie verlangt, daß einem Elemente, das in einer kleinsten Strecke zwischen zwei Elementen liegt, deren entsprechende Elemente bekannt sind, ein Element zugeordnet sein

---

[10]) [Vgl. jedoch die Erläuterungen in der folgenden Abhandlung XX.]

soll, das eben zwischen diesen letzteren liegt. Mit Beziehung auf die Staudtsche Terminologie und unter besonderer Beachtung der projektivischen Beziehung kann man daher auch so sagen: *Vier Elementen des einen Gebildes, die in einem Sinne liegen, sollen vier Elemente des anderen entsprechen, die ebenfalls in einem Sinne liegen.*

Bei Gebilden mit mehr Dimensionen wird man bei Definition der projektivischen Beziehung in ganz entsprechender Weise die Stetigkeit dieser Beziehung zu verlangen haben, wie es hier für Gebilde erster Stufe geschah. Andererseits sei auch ausdrücklich hervorgehoben, daß in allen Fällen, in denen die projektivische Beziehung durch einmalige oder wiederholte Projektion gewonnen wird, diese Stetigkeit der Beziehung von vornherein gegeben ist.

Erlangen, im Januar 1874.

XX. Über die geometrische Definition der Projektivität auf den Grundgebilden erster Stufe.

[Math. Annalen, Bd. 17 (1880).]

In der nachstehenden Notiz komme ich auf einen Gegenstand zurück, den ich vor mehreren Jahren gelegentlich meiner Untersuchungen über *Nicht-Euklidische* Geometrie in Diskussion gezogen hatte; ich meine v. Staudts Definition der Projektivität auf Grundgebilden erster Stufe.[1]) Ich hatte damals auf eine Lücke in v. Staudts Darstellung aufmerksam gemacht, die in der Tat vorhanden ist, hatte aber, um sie zu beseitigen, zu einer überflüssigen Ergänzung der Definition meine Zuflucht genommen. Eine Korrespondenz mit den Herren Lüroth und Zeuthen belehrte mich in der Tat bald, daß eine Beschränkung meiner Zusätze möglich war. Indem ich meine neue hierauf gegründete Anschauung in einer ausführlicheren Publikation[2]) darlegte, glaubte ich inzwischen doch noch immer in einem Punkte an einer Vervollständigung der v. Staudtschen Definition festhalten zu sollen. Erst neuerdings bin ich durch Herrn Darboux[3]) darauf aufmerksam gemacht worden, daß auch noch diese Ergänzung überflüssig ist. Ich bin Herrn Darboux hierfür um so mehr verpflichtet, als meine bez. Darstellung in einige neuere geometrische Publikationen ungeändert übergegangen ist und also allgemein verbreitet zu werden droht.

Die Frage, um welche es sich handelt, kann folgendermaßen bezeichnet werden. Bekanntlich definiert v. Staudt zwei Grundgebilde erster Stufe als projektivisch, wenn sie derart aufeinander bezogen sind, daß je vier harmonischen Elementen des einen vier harmonische Elemente des anderen entsprechen. (Hiermit ist eo ipso ausgesprochen, wie ich schon hier ausdrücklich bemerken will, da später gerade auf diesen Umstand Gewicht zu legen ist: daß *jedem* Elemente des einen Gebildes ein Element des zweiten entspricht.) Es handelt sich nun um den Nachweis, daß die so erklärte Zuordnung völlig definirt ist, wenn man drei Paare zugeordneter Elemente kennt. Zu dem Zwecke beweise man zunächst nach Lüroth und Zeuthen (im Anschlusse an v. Staudts ursprünglichen Gedankengang), daß man, von drei Elementen ausgehend, durch immer wiederholte Konstruktion eines vierten harmonischen Elementes das ganze Gebilde in der Weise mit Elementen überdecken kann, daß in jedem noch

---

[1]) Vgl. Math. Annalen Bd. 6, S. 132, Note. [S. Abh. XVIII dieser Ausgabe, S. 330.]

[2]) Math. Annalen, Bd. 7, S. 531—537. [S. Abh. XIX dieser Ausgabe.]

[3]) Herr Darboux hatte inzwischen die Güte, mir eine ausführlichere Darlegung seiner Auffassung dieser Theorie zur Verfügung zu stellen, die ich hier nachfolgend [in den Math. Ann., Bd. 17] zum Abdruck bringe. Die doppelte Besprechung desselben Gegenstandes wird durch seine Wichtigkeit gerechtfertigt erscheinen.

so kleinen vorgegebenen Segmente mindestens ein konstruiertes Element
liegt. Ich will die Gesamtheit der so konstruierbaren Elemente die *rationalen* nennen. Dann ist es an sich deutlich, daß den rationalen Elementen
des einen Gebildes die rationalen Elemente des anderen unzweideutig entsprechen müssen (sofern man, wie vorausgesetzt wird, bei der beiderseitigen
Konstruktion von drei zugeordneten Elementen ausging). Aber es fragt
sich, ob durch das Entsprechen der rationalen Elemente das Entsprechen
der *irrationalen* Elemente mit gesetzt ist. Das irrationale Element kann
definiert werden durch eine unendliche (gesetzmäßige) Aufeinanderfolge
rationaler Elemente, deren *Grenze* es ist. Und nun war mein Zusatz zu
v. Staudts Definition, an welchem ich auch in meiner zweiten Darstellung festhielt, der, daß man aus dem Entsprechen der unendlich vielen
Elemente zweier derartiger Reihen rationaler Elemente auf das Entsprechen
der beiderseitigen Grenzelemente solle schließen dürfen. Ich hatte dem
auch die andere Formulierung erteilt: daß vier Elementen des einen Gebildes, welche eine „Folge" bilden, auch wenn irrationale Elemente in Betracht kommen, allemal solche vier Elemente des anderen Gebildes entsprechen sollen, welche wieder eine Folge bilden. — An dieser Stelle greift
jetzt Herrn Darbouxs Bemerkung ein. Was ich ausdrücklich verlangte
ist bereits eine notwendige Folge der v. Staudtschen Definition. Denn
nehmen wir an, daß vier Elementen des ersten Gebildes, welche eine Folge
bilden, auf dem anderen Gebilde solche vier Elemente entsprächen, die es
nicht tun. Dann könnte man die ersten vier so in zwei Paare teilen, daß
die beiden Paare ein gemeinsames harmonisches Paar besitzen, während
die entsprechenden zwei Paare von Elementen des anderen Gebildes *kein*
gemeinsames harmonisches Paar haben. Den beiden Elementen des „harmonischen" Paares auf dem ersten Gebilde könnten also überhaupt keine
Elemente auf dem zweiten Gebilde entsprechen. Und das widerstreitet
v. Staudts ursprünglicher Definition, die, wie ich schon oben hervorhob,
ausdrücklich voraussetzt, daß jedem Elemente des einen ein Element des
anderen Gebildes entsprechen solle. Unsere Voraussetzung war also un-
zulässig: was zu beweisen war.

Man sieht zugleich den Punkt, in welchem ich irrte. Einseitig mit
v. Staudts *Erzeugung* der projektivischen Beziehung beschäftigt, verlor
ich den *Wortlaut* seiner *Definition* aus den Augen. Ich suchte das Element
zu *konstruieren*, welches, auf dem zweiten Gebilde, einem irrationalen
Elemente des ersten Gebildes entspricht, und ich vergaß, daß es sich zunächst nur um die eindeutige Bestimmtheit dieses Elementes handelt und
daß es also genügt, *indirekte* Beweisgründe heranzuziehen.

Münd hen, im April 1880.

XXI. Zur Nicht-Euklidischen Geometrie.

[Math. Annalen, Bd. 37 (1890).]

Eine Vorlesung über Nicht-Euklidische Geometrie, die ich die letzten beiden Semester hindurch gehalten habe, gab mir die willkommene Gelegenheit, auf jene Gedankenreihen zurückzugreifen, denen ich in verschiedenen Arbeiten aus den Jahren 1871—73 Ausdruck gegeben habe[1]). Indem ich die neuere Literatur des Gegenstandes verglich, bemerkte ich, daß die fundamentalen Auffassungen, von denen ich damals ausging, immer nur erst teilweises Verständnis gefunden haben, und daß gewisse damit zusammenhängende Fragestellungen, über welche ich mir seit lange bestimmte Ansichten gebildet habe, noch gar nicht behandelt sind. Mittlerweile erfahre ich, daß eine zusammenhängende Darstellung der Theorie, von einem Standpunkte aus, der von dem meinigen jedenfalls nicht sehr verschieden ist, demnächst von Herrn Lindemann in dem zweiten Bande von Clebschs Vorlesungen über Geometrie[2]) publiziert werden wird. Um so lieber kann ich mich nachstehend auf die Besprechung solcher Punkte beschränken, in denen ich Neues zu bieten habe, oder deren Darlegung in einer besonderen Form mir erwünscht erscheint. In I reproduziere ich zunächst gewisse Ideen, die Clifford im Jahre 1873 darlegte, die aber bisher nur wenig bekannt geworden sind, trotz des großen Interesses,

---

[1]) Es sind dies insbesondere:

Zwei Arbeiten „über die sogenannte Nicht-Euklidische Geometrie" in den Bänden 4 und 6 der Math. Annalen (1871, 1872) [Abh. XVI und XVIII dieser Ausgabe],

meine Programmschrift „Vergleichende Betrachtungen über neuere geometrische Forschungen (Erlangen 1872, bei A. Deichert; dieselbe ist erst vor kurzem, mit Zusätzen und Verbesserungen von meiner Seite versehen, durch Herrn Gino Fano in Bd. 17 der Annali di Matematica (1890) in italienischer Übersetzung neu publiziert worden [s. Abh. XXVII dieser Ausgabe]),

ein Aufsatz: „Über den allgemeinen Funktionsbegriff und dessen Darstellung durch eine willkürliche Kurve" in den Berichten der Erlanger physikalisch-medizinischen Gesellschaft von 1873 (wiederabgedruckt in Bd. 22 der Math. Annalen). [S. Bd. 2 dieser Ausgabe.]

[2]) „Vorlesungen über Geometrie unter besonderer Benutzung der Vorträge von A. Clebsch, bearbeitet von F. Lindemann", II, 1. Leipzig, B. G. Teubner, 1891. Siehe insbesondere die dritte Abteilung: Die Grundbegriffe der projektivischen und metrischen Geometrie.

welches sich an dieselben knüpft[3]). Dieselben geben mir den Anlaß, in II die Frage der „Nicht-Euklidischen Raumformen", über welche Herr Killing vor einigen Jahren ein eigenes Werk publizierte[4]), aufs neue aufzunehmen: mein Resultat ist, daß eine Reihe solcher „Raumformen" existiert, welche bisher noch nicht die verdiente Beachtung gefunden haben. Eben in diesem Nachweise, sowie in den verschiedenartigen Bemerkungen, die ich mit demselben weiterhin verknüpfe, dürfte die Hauptbedeutung meiner diesmaligen Darlegungen enthalten sein. In III entwickele ich eine besonders einfache Art, auf Grund rein projektiver Betrachtungen die analytische Geometrie einzuführen. Im Prinzip kommt dieselbe selbstverständlich auf die betreffenden Ideen v. Staudts (oder auch von Moebius) zurück, aber sie ist wesentlich anschaulicher, als die mir sonst bekannten Darstellungen der Theorie, und dürfte also an ihrem Teile die Schwierigkeiten vermindern, die immer noch bei verschiedenen Mathematikern meinen früheren hierauf bezüglichen Ausführungen entgegenzustehen scheinen[5]). In IV endlich diskutiere ich allgemeinere Fragen: ich erläutere die prinzipielle Bedeutung derjenigen Auffassungsweise der Nicht-Euklidischen Geometrie, die von der projektiven Geometrie beginnt, und nehme ausführlicher, als ich früher tat, Stellung zum Problem der geometrischen Axiome.

I.
Über Cliffords Ideen von 1873.

Gleich nach Veröffentlichung meiner ersten Abhandlung zur Nicht-Euklidischen Geometrie hat sich Clifford mit der ihm eigentümlichen Unmittelbarkeit geometrischer Intuition auf das eifrigste den damit ge-

---

[3]) Bisher sind diese Fragen am ausführlichsten von Sir R. S. Ball behandelt. Vgl. insbesondere dessen neueste Abhandlung „On the theory of the Content" in den Transactions der R. Irish Academy, Bd. 29 (1889), deren bezüglicher Inhalt in das Schlußkapitel von Gravelius' „Theoretischer Mechanik starrer Systeme" (Berlin 1889) aufgenommen ist. Über Cliffords bez. Originalmitteilungen vgl. weiter unten im Texte.

[4]) Leipzig, bei Teubner 1885.

[5]) So äußert sich z. B. Herr Ball in der Einleitung zu seiner oben genannten Abhandlung:

„In that theory (the Non-Euclidian Geometry) it seems as if we try to replace our ordinary notion of distance between two points by the logarithm of a certain anharmonic ratio. But this ratio itself involves the notion of distance measured in the ordinary way. How then can we supersede the old notion of distance by the Non-Euclidian notion, inasmuch as the very definition of the latter involves the former"?

Und Cayley selbst äußert sich auf Seite 605 des zweiten Bandes seiner Collected Papers (Cambridge 1889), indem er v. Staudts Einführung der Zahlen bespricht:

„It must however be admitted that, in applying this theory of v. Staudt's to the theory of distance, there is at least the appearance of arguing in a circle".

[Vgl. hierzu das oben auf S. 241 Gesagte. Wenn man sich an den äußeren Wortlaut der v. Staudtschen Darstellung hält, sind danach die Skrupel von Ball und Cayley wohl begreiflich.]

gebenen Fragestellungen zugewandt. Durchdrungen von der besonderen Symmetrie und Eleganz der *elliptischen* Geometrie, suchte er deren Eigenart nach geometrischer und mechanischer Seite hin in besonders einfacher Weise zu formulieren. Die Verhandlungen der Londoner Mathematischen Gesellschaft enthalten hierüber nur zwei vorläufige Mitteilungen; es sind dies:

1. *Preliminary sketch of biquaternions* (Bd. 4, 1873),
2. *On the free motion under no forces of a rigid system in an n-fold homaloid* (Bd. 7, 1876),

die in Cliffords gesammelten Abhandlungen (Mathematical Papers, London, Macmillan 1882) unter Nr. XX und XXVI abgedruckt sind. Am letztgenannten Orte folgen dann aber noch unter Nr. XLI, XLII, XLIV drei weitere hierher gehörige Aufsätze:

1. *Motion of a solid in elliptic space* (aus dem Jahre 1874),
2. *Further Note on Biquaternions* (von 1876),
3. *On the Theory of screws in a space of constant positive curvature* (ebenfalls von 1876).

Ich kann auf die zahlreichen, interessanten Ideen, welche Clifford in diesen Arbeiten darlegt, hier leider nur sehr unvollständig eingehen. In der Tat möchte ich mich hier auf eine einzelne Stelle der „preliminary sketch of biquaternions" beschränken, wo Clifford in einer neuen, sogleich darzulegenden Weise *parallele* Linien des elliptischen Raumes definiert und daran folgende Bemerkung knüpft, die ich wörtlich reproduziere (vgl. Ges. Werke, S. 193 oben):

„There are many points of analogy between the *parallels* here defined and those of parabolic geometry. Thus, if a line meets two parallel lines, it makes equal angles with them; and a series of parallel lines meeting a given line constitute a ruled surface of zero curvature. *The geometry of that surface is the same as that of a finite parallelogramm whose opposite sides are regarded as identical.*"

Eben die Verhältnisse auf der letztgenannten Fläche erschienen Clifford besonders bemerkenswert: auf der Versammlung der British Association for the Advancement of Science vom Jahre 1873, die in Bradford stattfand, hat er eigens über dieselbe vorgetragen und mir, wie Sir R. S. Ball und anderen Mathematikern, die damals anwesend waren, wiederholt deren Eigenschaften persönlich erläutert. In den bez. Reports ist nur der Titel des Cliffordschen Vortrags wiedergegeben[6]), um so wichtiger ist es mir, hier nachträglich einiges davon zur Geltung zu bringen. Ich beginne damit, einige zugehörige analytisch-geometrische Formeln in

---

[6]) On a surface of zero curvature and finite extent.

derjenigen Weise zu entwickeln, die ich wiederholt in meinen Vorlesungen befolgte[7]): wie Clifford selbst die bez. Resultate abgeleitet hat, vermag ich im einzelnen nicht zu sagen.

Wir betrachten zunächst die gewöhnliche Interpretation von $x + iy$ auf der Einheitskugel. Bei derselben haben bekanntlich zwei *diametrale* Punkte Argumente folgender Form:

$$(1) \qquad re^{i\varphi}, \quad -\frac{1}{r}e^{i\varphi}$$

(ich werde zwei solche Argumente späterhin kurzweg „diametral" nennen). Wir betrachten ferner lineare Substitutionen von $\lambda = x + iy$:

$$\lambda' = \frac{\alpha\lambda + \beta}{\gamma\lambda + \delta},$$

bei denen zwei diametrale Elemente festbleiben, die sich also geometrisch als eine Drehung der Kugel um einen ihrer Durchmesser darstellen. Wie anderweitig bekannt und beispielsweise auf S. 33, 34 meiner „Vorlesungen über das Ikosaeder" (Leipzig, 1883, B. G. Teubner) ausgeführt ist, kann man einer solchen Substitution folgende Gestalt geben:

$$(2) \qquad \lambda' = \frac{(d + ic)\,\lambda - (b - ia)}{(b + ia)\,\lambda + (d - ic)},$$

unter a, b, c, d reelle Größen verstanden. Dabei ist, wenn $\xi\eta\zeta$ die rechtwinkligen Koordinaten eines beliebigen der zwei Kugelpunkte sind, welche bei der bez. Drehung festbleiben, wenn ferner φ den Winkel bezeichnet, durch welchen um diesen Punkt gedreht wird:

$$(3) \qquad a = \varrho\xi\cdot\sin\frac{\varphi}{2}, \quad b = \varrho\eta\cdot\sin\frac{\varphi}{2}, \quad c = \varrho\zeta\cdot\sin\frac{\varphi}{2}, \quad d = \varrho\cdot\cos\frac{\varphi}{2},$$

unter ϱ die Quadratwurzel $\sqrt{a^2 + b^2 + c^2 + d^2}$ verstanden. Aus Gründen, die ich S. 35, 36 der genannten Vorlesungen auseinandersetzte, nenne ich Substitutionen von der Form (2) solche vom *Quaternionentypus*.

Sei jetzt eine beliebige Fläche zweiten Grades gegeben. Wir betrachten diejenigen Kollineationen des Raumes, welche nicht nur die Fläche als solche in sich überführen, sondern auch jedes der beiden Systeme auf ihr verlaufender gerader Linien, — diejenigen Kollineationen also, bei denen die Nicht-Euklidische Maßbestimmung unverändert bleibt, die man auf die F_2 gründen kann, und die man also als zugehörige Nicht-Euklidische Bewegungen bezeichnen wird. Mögen wir die geradlinigen Erzeugenden erster Art der Fläche durch einen Parameter λ, diejenigen zweiter Art durch einen Parameter μ in üblicher Weise festlegen. Die allgemeine Kollineation der in Rede stehenden Art wird dann bekanntlich in der

---

[7]) Vgl. z. B. die Darlegungen in meiner Arbeit: „Über binäre Formen mit linearen Transformationen in sich". Math. Annalen, Bd. 9, 1875 [Bd. 2 dieser Ausgabe] (insbes. S. 188, 189 daselbst).

Weise zu geben sein, daß man für λ und μ irgend zwei lineare Substitutionen anschreibt:

$$\lambda' = \frac{\alpha\lambda+\beta}{\gamma\lambda+\delta}, \qquad \mu' = \frac{\alpha'\mu+\beta'}{\gamma'\mu+\delta'}$$

(vgl. z. B. Ikosaeder S. 179 ff.). Dabei treten dann von selbst diejenigen zwei Arten von Kollineationen der F_2 in sich besonders hervor, auf welche hier die Aufmerksamkeit gelenkt werden soll. Es sind dies erstens diejenigen, bei denen μ ungeändert bleibt:

$$(4) \qquad \lambda' = \frac{\alpha\lambda+\beta}{\gamma\lambda+\delta}, \qquad \mu' = \mu,$$

zweitens die anderen, bei denen λ festgehalten wird:

$$(4^0) \qquad \lambda' = \lambda, \qquad \mu' = \frac{\alpha'\mu+\beta'}{\gamma'\mu+\delta'}.$$

Ich werde die durch (4) gegebenen Kollineationen *Schiebungen der ersten Art* nennen, die durch (4^0) gegebenen *Schiebungen der zweiten Art* (Clifford gebraucht statt „Schiebung" das Wort „Vektorbewegung" oder auch wohl nur „Vektor"). Bei einer Schiebung erster Art bleiben, allgemein zu reden, zwei Erzeugende erster Art der Fläche punktweise fest und *es schreitet also jeder Raumpunkt auf derjenigen geraden Linie fort, die durch ihn so gelegt werden kann, daß sie diese beiden Erzeugenden erster Art trifft*, d. h. also auf der durch ihn gehenden geraden Linie derjenigen linearen Kongruenz, deren Leitlinien eben jene zwei Erzeugenden sind. Bei einer Schiebung zweiter Art tritt natürlich entsprechendes Verhalten gegenüber zwei Linien der zweiten Art ein. Jede Schiebung der einen Art ist mit jeder Schiebung der anderen Art vertauschbar (keineswegs aber mit jeder Schiebung derselben Art). Die allgemeine uns interessierende Kollineation unserer F_2 in sich kann nur in einer Weise in die Aufeinanderfolge einer Schiebung der ersten Art und einer Schiebung der zweiten Art aufgelöst werden.

Wir spezialisieren jetzt unsere Fläche zweiten Grades dahin, daß sie eine „reelle, nullteilige" Fläche sei, d. h. eine Fläche mit reeller Gleichung aber ohne reellen Punkt[8]. Die sämtlichen Erzeugenden einer solchen Fläche sind natürlich imaginär, aber es zeigt sich, daß das einzelne System dieser Erzeugenden reell ist, indem es zu jeder imaginären Linie, welche es umfaßt, die konjugiert imaginäre Linie hinzu enthält. Solche zwei

---

[8]) Die hier im Texte gebrauchte Ausdrucksweise scheint mir bequem, insofern ich das Attribut „imaginär" am liebsten nur einer Fläche beilege, deren Gleichung komplexe Koeffizienten besitzt. Um bei den „reellen" Flächen zweiter Ordnung eine Bezeichnung zu haben, die von der Inbetrachtnahme der unendlich fernen Ebene unabhängig ist, unterscheide ich neben den „nullteiligen" reellen Flächen „ovale" und „ringförmige".

konjugiert imaginäre Linien wählen wir jetzt als Direktrizen einer zugehörigen Schiebung. Offenbar wird letztere reell, und wir finden so, zu unserer Fläche gehörig, *dreifach unendlich viele reelle Schiebungen der einen wie der anderen Art, durch deren Kombination die Gesamtheit der zugehörigen reellen Nicht-Euklidischen Bewegungen entsteht.*

Wir wollen das Gesagte hier analytisch bestätigen und zugleich für die in Rede stehenden reellen Schiebungen explizite Formeln aufstellen. Der Bequemlichkeit halber sei unsere Fläche durch folgende Gleichung gegeben:

$$(5) \qquad x_1^2 + x_2^2 + x_3^2 + x_4^2 = 0,$$

die wir zwecks Darstellung der zugehörigen Erzeugenden in nachstehender Weise spalten:

$$(x_1 + ix_2)(x_1 - ix_2) + (x_3 + ix_4)(x_3 - ix_4) = 0.$$

Wir schreiben dann etwa:

$$(6) \qquad \begin{cases} \lambda = -\dfrac{x_1 + ix_2}{x_3 + ix_4} = \dfrac{x_3 - ix_4}{x_1 - ix_2}, \\[2ex] \mu = \dfrac{x_1 + ix_2}{x_3 - ix_4} = -\dfrac{x_3 + ix_4}{x_1 - ix_2} \end{cases}$$

und haben also z. B. für eine Erzeugende erster Art, indem wir noch $re^{i\varphi}$ für λ setzen, die beiden Gleichungen:

$$(7) \qquad \begin{aligned} (x_1 + ix_2) &= -re^{i\varphi}(x_3 + ix_4), \\ re^{i\varphi}(x_1 - ix_2) &= (x_3 - ix_4). \end{aligned}$$

Indem wir hier i durch $-i$ ersetzen, erhalten wir für die konjugiert imaginäre Gerade:

$$\begin{aligned} (x_1 - ix_2) &= -re^{-i\varphi}(x_3 - ix_4), \\ re^{-i\varphi}(x_1 + ix_2) &= (x_3 + ix_4). \end{aligned}$$

Aber dieses Gleichungspaar können wir auch so ordnen:

$$\begin{aligned} (x_1 + ix_2) &= \frac{1}{r}e^{i\varphi}(x_3 + ix_4), \\ -\frac{1}{r}e^{i\varphi}(x_1 - ix_2) &= (x_3 - ix_4), \end{aligned}$$

und haben damit einen Spezialfall der Gleichungen (7) selbst, wo das $re^{i\varphi}$ durch $-\frac{1}{r}e^{i\varphi}$ ersetzt ist. *Die zu (7) konjugiert imaginäre Linie ist also in der Tat selbst eine Erzeugende der ersten Art.* Aber zugleich erfahren wir: *Konjugiert imaginäre Erzeugende erhalten bei uns diametrale Parameter.* Hierauf und auf Formel (2) ruht jetzt die Darstellung der reellen Schiebungen. Die betreffende Rechnung verläuft folgendermaßen:

Wir haben zunächst aus (6):

$$(8) \qquad x_1 + ix_2 : x_1 - ix_2 : x_3 + ix_4 : x_3 - ix_4 = \lambda\mu : 1 : -\mu : \lambda,$$

oder, wie wir unter Einführung eines Proportionalitätsfaktors ϱ schreiben:

$$\begin{aligned}
\varrho\,x_1 &= \lambda\mu + 1,\\
\varrho\,x_2 &= i\,(-\lambda\mu + 1),\\
\varrho\,x_3 &= \lambda - \mu,\\
\varrho\,x_4 &= i\,(\lambda + \mu),
\end{aligned}$$

Hier tragen wir nun für λ zunächst allgemein ein:

$$\lambda' = \frac{\alpha\lambda + \beta}{\gamma\lambda + \delta},$$

während μ unverändert bleiben soll. Wir bekommen dann nach gehöriger Modifikation des Proportionalitätsfaktors ϱ:

$$\begin{aligned}
\varrho'x_1' &= (\alpha\lambda + \beta)\mu + (\gamma\lambda + \delta),\\
\varrho'x_2 &= -\,i(\alpha\lambda + \beta)\mu + i(\gamma\lambda + \delta),\\
\varrho'x_3' &= (\alpha\lambda + \beta) - (\gamma\lambda + \delta)\mu,\\
\varrho'x_4' &= i(\alpha\lambda + \beta) + i(\gamma\lambda + \delta)\mu.
\end{aligned}$$

Ferner tragen wir jetzt für $\lambda\mu,\ \lambda,\ \mu,\ 1$ die ihnen proportionalen Werte aus (8) ein, wobei ϱ' in ϱ'' übergehen mag. Wir erhalten so zur Darstellung der zu (5) gehörigen Schiebung erster Art:

$$\begin{aligned}
\varrho''x_1' &= \alpha(x_1 + ix_2) + \delta(x_1 - ix_2) - \beta(x_3 + ix_4) + \gamma(x_3 - ix_4),\\
\varrho''x_2' &= -\,i\alpha(x_1 + ix_2) + i\delta(x_1 - ix_2) + i\beta(x_3 + ix_4) + i\gamma(x_3 - ix_4),\\
\varrho''x_3' &= -\,\lambda(x_1 + ix_2) + \beta(x_1 - ix_2) + \delta(x_3 + ix_4) + \alpha(x_3 - ix_4),\\
\varrho''x_4' &= i\gamma(x_1 + ix_2) + i\beta(x_1 - ix_2) - i\delta(x_3 + ix_4) + i\alpha(x_3 - ix_4),
\end{aligned}$$

oder, anders geordnet:

$$(9)\quad
\left\{
\begin{aligned}
\varrho''x_1' &= (+\alpha + \delta)x_1 + i(\alpha - \delta)x_2 + (-\beta + \gamma)x_3 - i(+\beta + \gamma)x_4,\\
\varrho''x_2 &= i(-\alpha + \delta)x_1 + (\alpha + \delta)x_2 + i(+\beta + \gamma)x_3 + (-\beta + \gamma)x_4,\\
\varrho''x_3' &= (+\beta - \gamma)x_1 - i(\beta + \gamma)x_2 + (+\alpha + \delta)x_3 + i(-\alpha + \delta)x_4,\\
\varrho''x_4' &= i(+\beta + \gamma)x_1 + (\beta - \gamma)x_2 + i(+\alpha - \delta)x_3 + (+\alpha + \delta)x_4.
\end{aligned}
\right.$$

Aber wir wünschen eine analytische Darstellung insbesondere der *reellen* Schiebungen der ersten Art. Wir substituieren daher aus den Formeln (2):

$$\alpha = d + ic,\quad \beta = -b + ia,\quad \gamma = b + ia,\quad \delta = d - ic.$$

Gleichzeitig wollen wir den in (9) auftretenden Proportionalitätsfaktor ϱ'' ebenso wie auf der rechten Seite den Faktor 2 der Einfachheit halber weglassen. *Wir erhalten so die übersichtlichen Formeln:*

$$(10)\quad
\left\{
\begin{aligned}
x_1' &= dx_1 - cx_2 + bx_3 + ax_4,\\
x_2' &= cx_1 + dx_2 - ax_3 + bx_4,\\
x_3' &= -\,bx_1 + ax_2 + dx_3 + cx_4,\\
x_4' &= -\,ax_1 - bx_2 - cx_3 + dx_4,
\end{aligned}
\right.$$

die wir auch so ordnen können:

$$(11) \quad \begin{cases} x_4' = d\,x_4 - a\,x_1 - b\,x_2 - c\,x_3, \\ x_1' = a\,x_4 + d\,x_1 - c\,x_2 + b\,x_3, \\ x_2' = b\,x_4 + d\,x_2 - a\,x_3 + c\,x_1, \\ x_3' = c\,x_4 + d\,x_3 - b\,x_1 + a\,x_2. \end{cases}$$

Hier liegt die Beziehung zur Quaternionentheorie auf der Hand. Wir sagen sofort: *Bezeichnet q die Quaternion:*

$$q = d + ai + bj + ck,$$

so ist unsere reelle Schiebung erster Art durch die Formel gegeben:

$$(12) \qquad (x_4 + ix_1' + jx_2' + kx_3') = q \cdot (x_4 + ix_1 + jx_2 + kx_3).$$

Genau so findet man für eine Schiebung zweiter Art:

$$(13) \qquad (x_4' + ix_1' + jx_2 + kx_3') = (x_4 + ix_1 + jx_2 + kx_3) \cdot q',$$

unter q' irgendeine Quaternion $d' + ia' + jb' + kc'$ verstanden. *Für die allgemeine reelle lineare Transformation unserer F_2 in sich aber kommt die schöne Formel:*

$$(14) \qquad (x_4' + ix_1' + jx_2' + kx_3') = q \cdot (x_4 + ix_1 + jx_2 + kx_3) \cdot q'.$$

Diese Formel (14), welche das Resultat unserer Überlegungen in knapper Form zusammenfaßt, ist schon vor langer Zeit von Cayley gegeben worden (vgl. Recherches ultérieures sur les déterminants gauches, Crelles Journal, Bd. 50, 1855, oder auch Werke, Bd. II, S. 214), und stimmt natürlich mit den entsprechenden Formeln überein, welche von Clifford, bez. Sir Robert Ball entwickelt werden.

Es handelt sich nunmehr um die geometrische Deutung der durch (12) dargestellten Schiebung der ersten Art. Zu dem Zwecke führen wir jetzt die zu (5) gehörige Nicht-Euklidische (elliptische) Maßbestimmung ein und wählen der Einfachheit halber die bei letzterer auftretende, noch willkürliche multiplikative Konstante so, daß das Krümmungsmaß gleich 1 wird. Wir definieren dementsprechend als Nicht-Euklidische Entfernung zweier Punkte x, x' den Ausdruck

$$(15) \qquad E = \arccos \frac{x_1 x_1' + x_2 x_2' + x_3 x_3' + x_4 x_4'}{\sqrt{x_1^2 + x_2^2 + x_3^2 + x_4^2} \cdot \sqrt{x_1'^2 + x_2'^2 + x_3'^2 + x_4'^2}}$$

und als Winkel zweier Ebenen u, u' durchaus analog:

$$(16) \qquad W = \arccos \frac{u_1 u_1' + u_2 u_2' + u_3 u_3' + u_4 u_4'}{\sqrt{u_1^2 + u_2^2 + u_3^2 + u_4^2} \cdot \sqrt{u_1'^2 + u_2'^2 + u_3'^2 + u_4'^2}}.$$

Es ist wohl überflüssig, daß ich die Formeln (10) oder (12) auch noch für Ebenenkoordinaten anschreibe. Übrigens denken wir uns in alle diese Formeln jetzt für a, b, c, d die Werte (3) eingetragen. Wir haben dann sofort aus (15), (16): *Bei einer Schiebung von der Amplitude φ rückt jeder Punkt des Raumes auf der durch ihn hindurchgehenden Kongruenzlinie um das Stück $\frac{\varphi}{2}$ fort; ebenso dreht sich jede Ebene um die in ihr liegende Kongruenzlinie um den Winkel $\frac{\varphi}{2}$.* Die einzelne Schiebung ist also eine Schraubenbewegung des Raumes, bei welcher unendlich viele Schraubenachsen existieren: die Linien der zugehörigen linearen Kongruenz. Dabei unterscheiden sich, wie leicht zu sehen, die Schiebungen erster und zweiter Art durch den *Sinn* der jeweiligen Schraubenbewegung: bezeichnen wir irgendeine Schiebung erster Art als eine Schiebung *rechts herum*, so sind alle Schiebungen erster Art Schiebungen rechts herum, alle Schiebungen zweiter Art Schiebungen links herum. Die zugehörigen Kongruenzen sind eben selbst rechts herum gewunden, bez. links herum gewunden.

Mit den so gegebenen Sätzen (die ich nicht weiter ins einzelne ausführe) ist nun die Grundlage für Cliffords *neue Parallelentheorie* gegeben. Was parallele Linien im parabolischen (Euklidischen) Raume sind, steht fest: bei der Definition paralleler Linien des Nicht-Euklidischen Raumes werden wir zunächst nur insoweit eingeschränkt sein, als wir darauf achten müssen, daß die Definition in die gewöhnliche Euklidische übergeht, sobald der Nicht-Euklidische Raum in einen Euklidischen ausartet. Dieser Bedingung genügt man selbstverständlich durch die gewöhnliche Festsetzung, welche solche Linien des Nicht-Euklidischen Raumes parallel nennt, die sich in einem unendlich fernen Punkte (einem Punkte der Fundamentalfläche zweiten Grades) schneiden. Aber die so definierten Parallelen haben, wie Clifford hervorhebt, fast alle die eleganten Eigenschaften verloren, die den Euklidischen Parallelen zukommen. Diese Eigenschaften beruhen, nach Clifford, wesentlich darauf, daß Euklidische Parallelen vermöge derselben Raumbewegung in sich selbst verschoben werden können. Aber die gleiche Eigenschaft haben im Nicht-Euklidischen Raume, wie wir sahen, die Linien der gerade besprochenen Kongruenzen (der einen wie der anderen Art). Ein Bündel Euklidischer Parallelen kann geradezu als Ausartung einer derartigen Kongruenz angesehen werden. Daher der Vorschlag: *als Nicht-Euklidische Parallelen solche (windschiefe) gerade Linien zu bezeichnen, welche der gleichen Kongruenz (der einen oder anderen Art) angehören, d. h. welche dieselben beiden imaginären Erzeugenden der ersten oder zweiten Art unserer Fundamentalfläche treffen.* Die so definierten (Cliffordschen) Parallelen sind imaginär, wenn die gewöhnlichen Nicht-Euklidischen Parallelen reell sind, nämlich im hyperbolischen Raume, dafür sind sie auf Grund der vorausgeschickten Entwicklungen reell gerade da, wo es die gewöhnlichen Parallelen nicht sind, nämlich im elliptischen Raume. Sie zerfallen dabei ersichtlich in

Parallele der einen oder der anderen Art, d. h. in *rechtsgewundene* und in *linksgewundene* Parallelen.[9])

Es ist hier nicht meine Absicht, noch ausführlich die Zweckmäßigkeit der Cliffordschen Definition darzutun. Vielmehr wende ich mich gleich zur Theorie der besonderen Flächen zweiten Grades, von denen im obigen Zitate die Rede war. *Es handelt sich um die ringförmigen Flächen zweiten Grades (Regelflächen), welche mit der Fundamentalfläche* (5) *ein geradliniges Vierseit gemein haben.* Die Erzeugenden erster Art dieser Fläche, ebenso wie ihre Erzeugenden zweiter Art, sind im Cliffordschen Sinne unter sich parallel; die einen rechts-parallel, die andern links-parallel. Infolgedessen kann die Fläche in unserem elliptischen Raume auf zwei Weisen in sich verschoben werden, einmal so, daß die Erzeugenden der einen Art die Bahnkurven abgeben, während die der zweiten Art unter-einander vertauscht werden, das andere Mal umgekehrt. Wir schließen, daß alle Erzeugenden erster Art mit den sie treffenden Erzeugenden zweiter Art je denselben Winkel einschließen (den wir ϑ nennen wollen) und daß die Stücke, welche auf zwei Erzeugenden der einen Art von zwei Erzeugenden der anderen Art ausgeschnitten werden, gleich lang sind. Offenbar können wir die Figur, welche auf der Fläche von solchen zweimal zwei Erzeugendenstücken umgrenzt wird, ein *Parallelogramm* nennen; denn sie hat, obgleich nicht eben, mit dem Parallelogramm der Euklidischen Ebene die wesentlichen Eigenschaften gemein. Gleichzeitig erkennen wir in der Fläche, eben wegen der Verschiebungen, die sie in sich zuläßt, eine *Fläche konstanter Krümmung.* Aber die zweierlei Schiebungen sind, wie wir wissen, miteinander vertauschbar. Hieraus allein folgt bereits, wie Clifford hervorhob, *daß das Krümmungsmaß der Fläche gleich Null ist.*

Alles dieses sind besonders elegante Eigenschaften der betrachteten Fläche (die im elliptischen Raume in mancher Hinsicht dieselbe Rolle spielt wie im gewöhnlichen, parabolischen Raume die Ebene). Aus ihnen folgt, worauf Clifford vor allen Dingen die Aufmerksamkeit richten wollte: *Die Gesamtfläche hat einen endlichen Flächeninhalt.* In der Tat kann man sie ja in unendlich viele, unendlich kleine Parallelogramme von der Winkelöffnung ϑ zerschnitten denken, deren Summation sofort gelingt, und als Gesamtinhalt der Fläche, indem die Gesamtlänge der Erzeugenden der einen wie der anderen Art $= \pi$ ist, $\pi^2 \cdot \cos \vartheta$ ergibt. — Dieses Resultat ist darum so bemerkenswert, weil es unseren gewöhnlichen Vorstellungen von den Eigenschaften einer unbegrenzten Mannigfaltigkeit verschwinden-den Krümmungsmaßes widerstreitet. Man glaubt (oder glaubte) allgemein, daß eine solche Mannigfaltigkeit, gleich der Euklidischen Ebene, *unend-*

---

[9]) [Angaben späterer Untersuchungen findet man in den Artikeln der Math. Enz. von M. Zacharias (III. AB. 9) und H. Rothe (III. AB. 11).]

liche Ausdehnung besitzen müsse; die Cliffordsche Fläche (so will ich die in Rede stehende Fläche zweiten Grades fortan nennen) belehrt uns, daß dies keineswegs notwendig der Fall zu sein braucht. Es hängt dies offenbar mit dem Umstande zusammen, daß die Cliffordsche Fläche als ringförmige Fläche zweiten Grades mehrfachen Zusammenhang besitzt. So sehen wir denn jetzt ein allgemeines Problem vor Augen, mit dem wir uns bald ausführlich beschäftigen wollen, das Problem: *alle Zusammenhangsarten anzugeben, welche bei geschlossenen Mannigfaltigkeiten irgendwelchen konstanten Krümmungsmaßes überhaupt auftreten können.*[10]

II.

Von den verschiedenen (Euklidischen oder Nicht-Euklidischen) Raumformen.

Ehe ich das bezeichnete Problem in seiner Allgemeinheit in Angriff nehme, sei es mir gestattet, die Aufmerksamkeit auf einen besonderen dabei in Betracht kommenden Punkt zurückzulenken, der in meinen ersten Abhandlungen zur Nicht-Euklidischen Geometrie an zwei Stellen besprochen ist (Bd. 4 der Math. Annalen [Abh. XVI dieser Ausgabe, S. 285]; Bd. 6 [Abh. XVIII dieser Ausgabe S. 324]). Indem ich damals die projektive Geometrie als Grundlage der Nicht-Euklidischen Geometrie voranstellte, verursachte die Einordnung des Euklidischen Raumes und des sogenannten Gaußschen Raumes (des allseitig unendlich ausgedehnten Raumes konstanter negativer Krümmung) keinerlei Schwierigkeit: dieselben entsprechen direkt den beiden Fällen der von mir so bezeichneten *parabolischen*, bez. *hyperbolischen* Geometrie. Anders beim Raume konstanter positiver Krümmung (dem sogenannten Riemannschen Raume). Wie Riemann selbst sich die hier in Betracht kommenden Verhältnisse innerhalb dieses Raumes gedacht hat, ist nach den kurzen Andeutungen, welche er hierüber gibt[11], nicht ganz klar; jedenfalls aber haben Beltrami und die sämtlichen an ihn anknüpfenden Mathematiker die Geometrie des genannten Raumes schlechtweg mit derjenigen der Kugel parallelisiert und daraus

---

[10] [Es ist mir gelegentlich die Frage gestellt worden, wie denn die Cliffordsche Fläche aussieht? Nicht anders, als jedes beliebige einschalige Hyperboloid. Nicht das „Aussehen" der Fläche ist abgeändert, sondern nur eine besondere Verabredung getroffen, wie auf ihr gemessen werden soll (nämlich unter Zugrundelegung irgendeiner nullteiligen Fläche zweiten Grades, die mit dem vorgelegten Hyperboloid nur imaginäre Erzeugende gemein hat). K.]

[11] Vgl. *„Über die Hypothesen, welche der Geometrie zu Grunde liegen"*, insbesondere den Satz, der in den Ges. Werken [1. Auflage] auf S. 266 unten abgedruckt ist. — Ich halte es selbstverständlich für wahrscheinlich, daß Riemann dort an den sphärischen Raum gedacht hat, aber seine Worte passen auch, ohne unrichtig zu sein, auf den elliptischen Raum.

geschlossen, daß die Punkte eines solchen Raumes, gleich den Gegenpunkten der Kugel, paarweise zusammengehören, in der Art, daß alle geodätischen Linien, welche durch den einen der beiden Punkte hindurchgehen, auch durch den anderen laufen. Ich hatte dem gegenüber darauf aufmerksam zu machen [Abh. XVI, l. c.], daß die Kugel nicht der einfachste Typus einer zweidimensionalen, geschlossenen Mannigfaltigkeit konstanter positiver Krümmung ist, daß dieser vielmehr durch das vom Mittelpunkte der Kugel auslaufende Strahlenbündel geliefert wird (dessen Strahlen den Kugelpunkten ein-zweideutig entsprechen). Die *elliptische* Geometrie, wie ich sie verstehe, deckt sich also nicht mit der sonst diskutierten *sphärischen* Geometrie[12]), sondern ist einfacher. In der elliptischen Geometrie ist die Gruppierung der geraden Linien und Ebenen des Raumes genau dieselbe wie in .der projektiven Geometrie: zwei Gerade schneiden sich, wenn überhaupt, nur einmal. Die komplizierteren Verhältnisse des sphärischen Raumes entstehen erst, wenn man den linearen elliptischen Raum durch Projektion auf ein Gebilde zweiten Grades überträgt. —

Es ist mir kein Zweifel, und ich habe mich darüber bereits in Bd. 6 der Math. Ann. [Abh. XVIII] l. c. mit aller Deutlichkeit geäußert, daß ich mit den so bezeichneten Auseinandersetzungen einen wirklichen Irrtum der früheren Darstellungen aufgedeckt habe. Meine Anschauungen vom elliptischen Raume sind dann später in anderer Weise unabhängig von Herrn Newcomb entwickelt worden[13]). Indem ich mir vorbehalte, sogleich noch auf die ausführlichen hier anschließenden Untersuchungen des Herrn Killing einzugehen[14]), möchte ich hier vorab die Frage aufwerfen, weshalb man zur klaren Erfassung des elliptischen Raumes erst so spät gekommen ist, und die dazu führenden Überlegungen selbst heute immer noch nicht allgemein bekannt scheinen[15]). Der Unterschied des sphärischen und des elliptischen Raumes ruht natürlich wieder in deren Zusammenhangsverhältnissen, und der „Zusammenhang" des elliptischen Raumes hat etwas Ungewöhnliches. Bleiben wir der Einfachheit halber, weil die Sache da am kürzesten bezeichnet werden kann, bei zweidimensionalen Mannigfaltigkeiten. Es handelt sich da um den Unterschied der gewöhnlichen *einfachen* Flächen und der von Moebius

---

[12]) Ich werde die beiden Namen „elliptisch" und „sphärisch" in dem hier hervortretenden Sinne auch in der Folge auseinanderhalten.

[13]) *Elementary theorems relating to the geometry of a space of three dimensions and of uniform positive curvature in the fourth dimension.* Bd. 83 des Journals für Mathematik, 1877.

[14]) *Über zwei Raumformen mit konstanter positiver Krümmung,* Journal, Bd. 86, 1879, sowie in dem 1885 bei Teubner erschienenen Werke (auf welches schon oben Bezug genommen wurde): *Die Nicht-Euklidischen Raumformen in analytischer Behandlung.*

[15]) Vgl. z. B. Poincaré im Bulletin de la Société Mathématique de France, Bd. 15 (1887), S. 203 ff.

entdeckten *Doppelflächen*, bei denen man durch kontinuierliches Fortschreiten über die Fläche hin von einer Seite auf die andere gelangen kann[16]). Die Existenz dieser Doppelflächen widerstreitet unserer Gewöhnung, welche einseitig von solchen Flächen abgezogen ist, die einen Körper begrenzen und eben darum notwendig einfach sind. Dies ist die ganze hier vorliegende Schwierigkeit. In der Tat: die elliptische Ebene verhält sich wie die Ebene der projektiven Geometrie und diese ist, wie ich schon vor langer Zeit an Bemerkungen von Schläfli anknüpfend auseinandersetzte[17]), eine Doppelfläche. Die elliptische Geometrie ist einfach deshalb so lange unbeachtet geblieben, weil der Begriff der Doppelfläche den Geometern nicht geläufig war, oder, wenn sie ihn in der projektiven Geometrie gebrauchten, nicht als solcher zum Bewußtsein gekommen war.

Nun einige Bemerkungen zu den Entwicklungen des Herrn Killing. Herr Killing hat nämlich den Gedanken verfolgt (dem gewiß beigestimmt werden kann), daß der sphärische Raum auch neben dem elliptischen Raume noch ein besonderes Interesse behält. Als einen wirklichen Fortschritt betrachte ich den Killingschen Beweis, daß bei den von ihm festgehaltenen Hypothesen (welche ich übrigens sogleich noch einer näheren Kritik unterwerfen werde) als Raumformen konstanten positiven Krümmungsmaßes keine anderen möglich sind, als eben der elliptische und der sphärische Raum (Journal für Math., Bd. 89, l. c.). Clifford und ich sind an diesem Satze vorbeigeführt worden, weil wir unsere Aufmerksamkeit, unserer damaligen, wesentlich analytischen Auffassung entsprechend, von vornherein auch auf komplexe Werte der Koordinaten gerichtet hatten. Die Abbildung des elliptischen Strahlenbündels auf eine um seinen Mittelpunkt herumgelegte Kugel erschien mir daher (Math. Annalen, Bd. 4 [Abh. XVI dieser Ausgabe], l. c.) nur als spezieller Fall der n-deutigen Abbildung desselben auf irgendwelche Fläche n-ter Ordnung; Clifford stellt in seiner oben besprochenen Arbeit (Preliminary sketch of biquaternions, Werke, S. 189) dem „linearen“ elliptischen Raume ausdrücklich höhere „algebraische“ Räume entgegen. Diese algebraischen Räume werden natürlich „Verzweigungselemente“ enthalten, d. h. Punkte, welche mit den sonstigen Punkten des Raumes nicht gleichberechtigt sind (in meinem Beispiele sind dies diejenigen Punkte der F_n, in denen Strahlen des elliptischen Strahlenbündels berühren). Auch im

---

[16]) Vgl. die Mitteilungen von Herrn Reinhardt in Bd. 2 von Moebius' gesammelten Werken (Leipzig 1886), S. 519ff. — Wegen der allgemeinen Theorie dieser Zusammenhangsfragen siehe Dyck in Bd. 32 der Math. Annalen, S. 472ff. (*Beiträge zur Analysis situs*). — Vgl. übrigens auch die durchaus zutreffenden Äußerungen von Herrn Newcomb in Nr. XIII seiner zitierten Abhandlung. [Wie Staeckel in den Math. Ann., Bd. 59, bemerkt hat, ist die Existenz von Doppelflächen zuerst von Listing 1858 veröffentlicht worden.]

[17]) Math. Annalen, Bd. 7, S. 550 (1874). [Siehe Bd. 2 dieser Ausgabe.]

Falle des sphärischen Raumes sind Verzweigungselemente, algebraisch zu reden, vorhanden; nur sind dieselben alle imaginär und *man kann also von ihnen abstrahieren, indem man sich auf die Betrachtung reeller Elemente beschränkt.* Und nun verstehe ich Herrn Killings Resultat dahin, daß es neben dem eigentlichen elliptischen Raume keinen anderen *reellen* algebraischen Raum konstanten, positiven Krümmungsmaßes gibt, der frei von Verzweigungselementen wäre, als eben den sphärischen Raum. Es ist dies im Sinne der Analysis situs zu verstehen, welche solche geometrische Gebilde als gleichwertig erachtet, welche durch stetige Deformation ineinander übergeführt werden können[18]). Wir sagen also vielleicht besser, *daß ein reeller Raum konstanten positiven Krümmungsmaßes, der keine Verzweigungselemente enthält, eindeutig entweder auf den elliptischen Raum oder den sphärischen Raum muß bezogen werden können.* — Erscheint so das Hauptresultat des Herrn Killing mit meinen Anschauungen sehr wohl vereinbar, so kann ich demselben in einer anderen Hinsicht nicht zustimmen:

Herr Killing bezeichnet den elliptischen Raum als *Polarform* des sphärischen (oder, wie er sagt, des Riemannschen Raumes). Anlaß dazu ist wohl gewesen, daß im elliptischen Raume, der oben mitgeteilten Formel (15) entsprechend, die Gesamtlänge einer geraden Linie ebenso gleich π ist, wie die Winkelsumme im Ebenenbüschel des sphärischen Raumes. Aber die Winkelsumme im Ebenenbüschel des elliptischen Raumes ist doch auch gleich π, und nicht etwa gleich 2π, wie es die Gesamtlänge der geraden Linie des sphärischen Raumes ist. Der elliptische Raum ist eben sich selbst durchaus dualistsch, er ist seine eigene Polarform. Herrn Killings Benennung ist also unzutreffend. Nichts hindert, sich die wirkliche Polarform des Riemannschen Raumes auszudenken. Aber das wird so kompliziert und fremdartig, daß es keinen Zweck hat, hier näher darauf einzugehen.

Beiläufig will ich noch auf einen anderen Unterschied des sphärischen und des elliptischen Raumes aufmerksam machen, der nicht ohne Interesse ist und noch nicht bemerkt zu sein scheint. Bekanntlich ist durch Herrn Schering die *Theorie des Potentials* auf beliebige Nicht-Euklidische Räume ausgedehnt worden[19]). Setzen wir das Krümmungsmaß des sphärischen

---

[18]) So erscheint also z. B. ein in sich geschlossener ovaler Flächenteil irgendeiner Fläche höherer Ordnung als gleichwertig mit der Kugel, und es ist mit dem Satze des Textes nicht im Widerspruch, wenn man gegebenenfalls einen solchen Flächenteil ebensowohl zwei-eindeutig den reellen Strahlen eines Strahlenbündels zuordnen kann, wie die Kugel selbst.

[19]) Göttinger Nachrichten 1870, S. 311—321: *Die Schwerkraft im Gaußischen Raume,* ebenda 1873, S. 149 ff.: *Die Schwerkraft in mehrfach ausgedehnten Gaußischen und Riemannschen Räumen.* Vgl. hierzu auch Killing in Bd. 98 des Journals. für Mathematik (1884): *Die Mechanik in den Nicht-Euklidischen Raumformen* (vgl. insbesondere S. 24—29 daselbst). — Der „Riemannsche Raum" Scherings ist wieder unser sphärischer Raum.

Raumes, um mit unseren früheren Formeln in Übereinstimmung zu sein, gleich Eins, so wird ihm zufolge das Elementarpotential zweier Massenpunkte a, b, im Falle drei Dimensionen in Betracht kommen (eine Annahme, auf die wir uns hier beschränken wollen):

$$(17) \qquad\qquad V = \operatorname{cotg} r_{ab}.$$

Sei jetzt a' der sphärische Gegenpunkt von a. Rückt b an a heran, so wird $\operatorname{cotg} r_{ab}$ positiv unendlich, rückt es an a', so negativ unendlich. Wir haben also eine Elementarwirkung, bei welcher jedesmal gleichzeitig mit einer anziehenden Masse in a eine ebenso stark abstoßende Masse in a' gesetzt ist. Diese Mitwirkung des Gegenpunktes a' läßt sich auch nicht entbehren. Man sieht dies am besten, wenn man das gesuchte Elementarpotential V als Geschwindigkeitspotential einer Flüssigkeitsbewegung deutet: indem der sphärische Raum endlich ist, muß bei ihm, sobald eine Quelle gegeben ist, aus welcher Flüssigkeit ausströmt, notwendig eine andere Stelle gegeben sein, in der Flüssigkeit verschwindet. — Meine Bemerkung ist nun, daß die hiermit skizzierte Theorie notwendig an der Annahme des sphärischen Raumes haftet und im elliptischen Raume ihre Bedeutung verliert. In der Tat kann Formel (17) für den elliptischen Raum kein eigentliches Potential vorstellen. Denn da a und a' im elliptischen Raume koinzidieren, ist die durch (17) vorgestellte Funktion des Punktes b im elliptischen Raume nur bis auf das Vorzeichen bestimmt: der Punkt b soll also nach Formel (17) seitens eines und desselben Punktes a gleichzeitig angezogen und abgestoßen werden, oder auch a soll gleichzeitig Quelle und Verschwindungstselle einer Flüssigkeitsbewegung sein. Eine solche Vieldeutigkeit ist augenscheinlich mit der Idee einer Elementarwirkung unverträglich [20]).

---

[20]) Ich würde im Texte auch noch gern auf die Betrachtungen eingegangen sein, welche Herr v. Helmholtz in seinem bekannten Vortrage: *Über den Ursprung und die Bedeutung der geometrischen Axiome* (1870, abgedruckt in Heft 3 der populären wissenschaftlichen Vorträge, Braunschweig 1876) über das Sehen in Nicht-Euklidischen Räumen entwickelt. Inzwischen finde ich es schwer, dieselben im einzelnen zu verstehen. Indem wir hier bei Aufstellung der hyperbolischen, der elliptischen, der parabolischen Raumform gleichförmig von der projektiven Geometrie ausgehen, ist für uns von vornherein gegeben, daß allemal die Gesetze der Perspektive dieselben sein müssen. Ersetzen wir hinterher den elliptischen Raum durch den sphärischen, so kommt eine bestimmte Komplikation durch das Auftreten der Gegenpunkte hinzu. Von dieser Komplikation ist aber bei Herrn v. Helmholtz, trotzdem er sich übrigens genau an die Beltramischen Entwicklungen anschließt, nirgends die Rede; vielmehr paßt das, was a. a. O. S. 47 gesagt wird, ohne weiteres auf die Verhältnisse des elliptischen Raumes, ohne darum für den sphärischen Raum unrichtig zu sein. (Es heißt dort z. B.: Den seltsamsten Teil des Anblicks der sphärischen Welt würde aber unser eigener Hinterkopf bilden, in dem alle unsere Gesichtslinien wieder zusammenlaufen würden, soweit sie zwischen anderen Gegenständen frei durchgehen können, usw. —)

Gehen wir nun zu der allgemeinen Fragestellung über, die wir zum Schlusse von Nr. I formulierten. Auch hier werde ich mit einer kritischen Bemerkung beginnen. In der Tat hat sich ja Herr Killing an den genannten Orten dieselbe Aufgabe gestellt, die uns hier beschäftigen soll, nämlich die, alle Nicht-Euklidischen (oder auch Euklidischen) Raumformen aufzuzählen. Wir sahen bereits, daß in dieser Hinsicht der elliptische und der sphärische Raum bei ihm fortgesetzt nebeneinander betrachtet werden. Dagegen fehlt bei ihm die Raumform verschwindender Krümmung, die wir in Nr. I kennen lernten: die Cliffordsche Fläche. Auch hat, soviel ich weiß, bislang keiner der anderen zahlreichen Mathematiker, die über Räume verschwindender Krümmung geschrieben haben, der durch die Cliffordsche Fläche realisierten Möglichkeit gedacht. Es ist also, ohne daß man es merkte, immer eine willkürliche Voraussetzung eingeführt worden, die das Resultat der Überlegung unnötig einschränkte. Ich werde versuchen, diese Voraussetzung hier zu bezeichnen. Sei es dabei wieder, der größeren Bestimmtheit des Ausdrucks halber, gestattet, nur von zweidimensionalen Mannigfaltigkeiten zu reden. Hat eine solche Mannigfaltigkeit, wie wir voraussetzen, konstante Krümmung und ist sie zugleich unbegrenzt, so kann jeder einfach berandete, einfach zusammenhängende Teil derselben auf ihr auf dreifach unendlich viele Weisen verschoben werden (ohne je an eine Hemmung zu stoßen). *Aber darum ist keineswegs nötig* (was bei den Killingschen Raumformen zutrifft), *daß sich die Mannigfaltigkeit als Ganzes auf dreifach unendlich viele Weisen in sich verschieben läßt.* Man vergleiche in dieser Hinsicht die Eigenschaften der Cliffordschen Fläche. Dieselbe gestattet allerdings zweifach unendlich viele Bewegungen in sich selbst, entsprechend den einfach unendlich vielen Schiebungen der einen wie der anderen Art, durch welche sie in sich übergeht: bei diesen zweifach unendlich vielen Bewegungen bleibt kein Punkt der Fläche fest. Aber nun versuche man etwa, die Cliffordsche Fläche unter Festhaltung eines ihrer Punkte, gleich einer Euklidischen Ebene, um diesen Punkt in sich selbst zu drehen. So wird man sofort bemerken, daß dies nicht möglich ist. In der Tat haben die von einem Punkte der Fläche unter verschiedenen Azimuthen auslaufenden geodätischen Linien derselben ganz verschiedene Länge: die beiden durch den Punkt hindurchgehenden geradlinigen Erzeugenden der Fläche haben, wie wir wissen, die Gesamtlänge π, aber in ihrer unmittelbaren Nähe können geodätische Linien der Fläche gefunden werden (wir werden dies sogleich noch explizit zeigen), die unbegrenzt oft über die Fläche hinlaufen, ohne sich zu schließen, und also unendliche Länge haben. Die hiermit formulierten Bemerkungen sind, denke ich, entscheidend: *Man hat, indem man das Problem der Raumformen behandelte, bislang die berechtigte Forderung freier Beweglichkeit einfach zusammenhängender Raumstücke durch die weitergehende Annahme ersetzt, die Räume als Ganzes seien in sich frei beweglich.*

Clifford selbst hat bereits (an der oben zitierten Stelle) angedeutet, wie man sich am leichtesten Einsicht in die speziellen Zusammenhangsverhältnisse seiner Fläche verschafft. Man denke sich nämlich die Fläche längs zweier von einem Punkte derselben anlaufender Erzeugender derselben aufgeschnitten, wodurch sie einfach berandet und einfach zusammenhängend wird. Die so geschnittene Fläche können wir dann offenbar unter Aufrechterhaltung ihrer Maßverhältnisse auf ein Stück der Euklidischen Ebene abbilden (auf ein Stück der Euklidischen Ebene *abwickeln,* um diesen sonst in der Flächentheorie üblichen Ausdruck anwenden); nämlich auf *einen Rhombus von der Winkelöffnung* ϑ *und der Seitenlänge* π (Fig. 1), *wobei die gegenüberstehenden Seiten dieses Rhombus so zueinander gehören, wie sie durch eine Parallelverschiebung der Ebene auseinander*

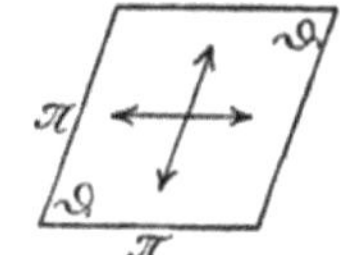

Fig. 1.

hervorgehen (was durch die Doppelpfeile der Figur angedeutet sein soll). An dieser Figur studieren wir nun mit Leichtigkeit die einzelnen Fragen, die uns interessieren; z. B. den Verlauf einer geodätischen Linie über die Cliffordsche Fläche hin. Noch bequemer wird dies übrigens, wenn wir Fig. 1 vermöge der zugehörigen Parallelverschiebungen (welche die einzelne Kante je in die gegenüberliegende überführen) vervielfältigen und uns so eine Zerlegung der Ebene in ein Rhombennetz verschaffen, wie es durch Figur 2 vorgestellt wird. Offenbar gibt uns diese neue Figur ein Bild davon, wie sich die Abwicklung unserer Euklidischen Ebene über die Cliffordsche Fläche hin gestaltet: so wie in der Figur unendlich viele Rhomben nebeneinanderliegen, so wird die

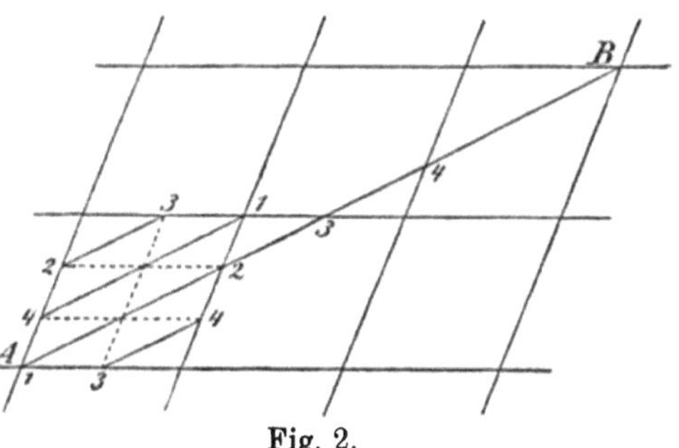

Fig. 2.

Cliffordsche Fläche bei der genannten Abwicklung mit unendlich vielen Blättern überdeckt, welche glatt ineinander übergehen,ohne irgendwelche Verzweigungspunkte darzubieten. — Wollen wir also den Verlauf einer geodätischen Linie auf der Fläche verfolgen, so haben wir nur zuzusehen, wie unser Rhombennetz von einer geraden Linie der Ebene durchzogen wird. Ich betrachte z. B. die gerade Linie AB der vorstehenden Figur, die von einem Eckpunkte (A) auslaufend vier Rhomben durchsetzt, ehe sie wieder in einen Eckpunkt (B) einmündet, von dem aus sie sich dann genau so weiter erstreckt, wie ursprünglich vom Punkte A aus. Offenbar ist es nur nötig, dieses begrenzte Stück AB auf die Cliffordsche Fläche zu übertragen. Und dies gelingt am leichtesten, indem wir die vier Stücke, mit denen AB die vier Rhomben durchsetzt, durch geeignete Parallelverschiebung sämtlich in den ursprünglichen Rhombus zurückverlegen. Es entsteht so ein gebrochener Linienzug:

$$1\,2,\quad 2\,3,\quad 3\,4,\quad 4\,1,$$

dessen Übertragung auf die Cliffordsche Fläche uns keine Schwierigkeit mehr macht. — Insbesondere können wir so ohne weiteres eine geodätische Linie finden, welche unendlich oft über die Cliffordsche Fläche hinläuft, ohne sich zu schließen. Wir werden einfach in Figur 2 eine gerade Linie ziehen, welche von A auslaufend keinen weiteren Eckpunkt der Figur mehr trifft. — Wir gedenken endlich eines letzten Mittels, um die in Frage kommenden Beziehungen noch lebhafter zu erfassen. Dasselbe besteht darin, daß wir den Rhombus 1 zu einer *Ringfläche* zusammenbiegen, daß die zusammengehörigen Stellen gegenüberliegender Kanten zur Deckung kommen. Zu dem Zwecke müssen wir uns natürlich, da es sich um keine kongruente Abwickelung handelt, den Rhombus aus einer dehnbaren Membran gebildet denken. *Auf die so entstehende Ringfläche ist dann die Cliffordsche Fläche stetig eindeutig bezogen,* und wir können an ihr in einfachster Weise die sämtlichen Zusammenhangsfragen, insbesondere den Verlauf unserer geodätischen Linien verfolgen. —

Ich habe die verschiedenen Abbildungen der Cliffordschen Fläche hier so ausführlich besprochen, weil uns jetzt die dabei zugrunde liegende geometrische Denkweise zur allgemeinen Erledigung des vorgelegten Problems der Euklidischen und Nicht-Euklidischen Raumformen dienen soll. Ich beschränke mich dabei vorab auf zwei Dimensionen.

Was die zweidimensionalen Euklidischen Raumformen angeht, so ist sofort ersichtlich, daß uns eine solche gegeben sein wird, auch wenn wir nicht, wie in Figur 1, von einem Rhombus, sondern von einem beliebigen Parallelogramm der Euklidischen Ebene ausgehen, dessen Ränder wir durch geeignete Parallelverschiebung zusammengeordnet denken. Wir können dieses Parallelogramm sogar zu einem Parallelstreif ausarten lassen:

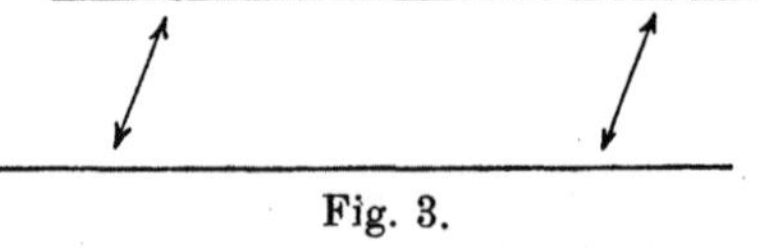

Fig. 3.

der dann, bei der Zusammenbiegung, nicht eine Ringfläche, sondern eine Zylinderfläche ergibt (auf die wir ihn sogar kongruent abgewickelt denken können). Wir haben so zwei neue zweidimensionale Euklidische Raumformen, die übrigens gleich der Cliffordschen Mannigfaltigkeit (die sie als besonderen Fall einschließen) durch *einseitige* Flächen versinnlicht werden. Wir können noch eine dritte Raumform zufügen, die unter dem Bilde einer *Doppelfläche*[21]) erscheint. In der Tat habe ich an einem anderen Orte[22]) ausführlich gezeigt, daß man eine Ringfläche in der Art stetig deformieren kann, daß sie schließlich eine Doppelfläche beiderseitig überzieht; indem wir bei diesem Deformationsprozesse die Ringfläche fortgesetzt in geeigneter Weise als Trägerin einer Euklidischen Maßbestimmung ansehen, wird schließlich die Doppelfläche zu einer solchen und repräsentiert dann, sobald wir zwischen ihren beiden Seiten nicht weiter unterscheiden, eine neue Euklidische Raumform. *Hiermit aber haben wir, sage ich, die Gesamtheit der in Betracht kommenden zweidimensionalen Nicht-Euklidischen Raumformen erschöpft.*

Der Beweis ist nicht einfach und kann hier nur in allgemeinen Zügen angedeutet werden:

Jedenfalls können wir uns zuvörderst auf die Aufzählung einseitiger Mannigfaltigkeiten der gewollten Art beschränken: denn etwaige Doppelflächen können wir immer auf einseitige Flächen reduzieren, indem wir uns dieselben doppelt überdeckt denken und dadurch zwischen ihren beiden Flächenseiten unterscheiden[23]). Ist erst die Aufzählung der einseitigen Flächen beendet, werden wir nachträglich überlegen, ob wir dieselben zu Doppelflächen zusammenbiegen können, und auf wie viel verschiedene Weisen dies möglich sein mag.

Sei also eine einseitige zweidimensionale Euklidische Mannigfaltigkeit zu suchen. Wir denken uns dieselbe durch stetig gekrümmte Schnitte, die vielleicht aus dem Unendlich-Weiten[24]) kommen und sich im Endlichen jedenfalls nur in einem Punkte schneiden sollen, in einen einfach zusammenhängenden Bereich verwandelt und diesen, wie wir es soeben im Beispiele taten, in die Euklidische Ebene abgewickelt. In letzterer entsteht dann ein Polygon, welches offenbar die doppelte Eigenschaft hat:

daß seine Seiten paarweise miteinander durch Euklidische Bewegungen zur Deckung gebracht werden können,

und daß die Summe seiner im Endlichen gelegenen Winkel (welche zusammengenommen die Umgebung jener einen Stelle ausmachen, in welcher sich die auf der ursprünglichen Mannigfaltigkeit anzubringenden Schnitte eventuell kreuzen sollten) *gleich* 2π *ist.*

---

[21]) [In der heute zumeist gebräuchlichen Terminologie werden, wie zur Vermeidung von Mißverständnissen bemerkt werden mag, die hier als einseitige bezeichneten Flächen als *zweiseitige* bezeichnet und Doppelflächen als *einseitige*.]

[22]) In meiner Schrift: *Über Riemanns Theorie der algebraischen Funktionen und ihrer Integrale* (Leipzig 1882, S. 80 unten).

[23]) Eben dadurch entsteht in einfachster Weise (um hier darauf zurückzugreifen) aus dem elliptischen der sphärische Raum.

[24]) D. h. aus dem Unendlich-Weiten der für die Fläche geltenden Maßbestimmung.

Es wird darauf ankommen, alle solche Polygone der Euklidischen Ebene aufzuzählen. Und da zeigt sich denn, daß es keine anderen Polygone dieser Art gibt, als das Parallelogramm, bzw. den Parallelstreif, oder doch, daß alle anderen krummlinigen Polygone der gesuchten Art, die man konstruieren mag, durch geeignete Verschiebung der auf der anfänglichen Mannigfaltigkeit zu konstruierenden Schnittlinien auf Parallelogramm oder Parallelstreif zurückgebracht werden können.

Endlich ist zu zeigen, daß man von den so gewonnenen einseitigen Euklidischen Mannigfaltigkeiten auf keine andere Weise zu Doppelmannigfaltigkeiten übergehen kann, als auf die soeben andeutungsweise erwähnte. —

Wir haben jetzt die gleichen Untersuchungen für Mannigfaltigkeiten positiver, bzw. negativer konstanter Krümmung durchzuführen. Wir werden dies tun, indem wir auf der Kugel und in der hyperbolischen Ebene geeignete Polygone konstruieren, bei denen wir dann noch hinterher untersuchen, ob wir sie etwa zu Doppelflächen zusammenbiegen können. Das Resultat ist im Falle der Kugel äußerst einfach, indem wir nämlich bei ihr überhaupt keine Polygone finden, die unseren Bedingungen genügen, was zur Folge hat, *daß Kugel und elliptische Ebene die einzigen hier in Betracht kommenden Mannigfaltigkeiten positiver Krümmung bleiben.* Ganz anders im Falle des negativen Krümmungsmaßes. Hier handelt es sich, was die Konstruktion geeigneter Polygone angeht, um eine ausgedehnte Theorie, welche aber — selbstverständlich unter anderen Gesichtspunkten und sogar mit einer Allgemeinheit, die wir nicht brauchen, — von anderer Seite, nämlich seitens der *modernen Funktionentheorie* [in der Theorie der automorphen Funktionen], fertig behandelt vorliegt. Ich denke hier zunächst an die *Fundamentalpolygone*, welche Herr Poincaré konstruiert, um die sämtlichen eindeutigen Funktionen einer komplexen Veränderlichen zu finden, *die durch reelle lineare Transformationen in sich übergehen*[25]). Die größere Allgemeinheit der Poincaréschen Konstruktion liegt darin, daß bei ihr die Winkelbestimmung minder eng gefaßt ist als bei uns. Aber auch wenn wir unsere beschränktere Fassung einführen, erhalten wir immer noch für jedes Geschlecht p unendlich viele zugehörige Polygone. *Alle diese Polygone definieren uns neue Raumformen konstanten negativen Krümmungsmaßes ohne singuläre Punkte.* In meiner soeben zitierten Schrift über Riemanns Theorie usw. sind denn auch (S. 81 daselbst) hinreichende Andeutungen darüber gegeben, wie man die so erhaltenen einseitigen Raumformen gegebenenfalls zu Doppelmannigfaltigkeiten zusammenbiegen kann.

Dies also ist die Antwort, welche wir auf unsere Frage nach den verschiedenen Raumformen im Falle zweier Dimensionen zu erteilen haben.

----

[25]) Vgl. etwa Acta Mathematica I (1882): *Mémoire sur les groupes fuchsiens.*

Analoge Überlegungen werden wir für dreidimensionale Räume durchführen, indem wir geeignete Polyeder konstruieren. Wir werden da im parabolischen Raume das Parallelepiped usw. in Betracht zu ziehen haben, im hyperbolischen Falle aber die Polyeder, welche Herr Poincaré in Band 3 der Acta Mathematica untersucht[26]). Ich verzichte darauf, dies hier ins einzelne auszuführen, weil dies außerordentlich viel Raum erfordern würde[27]). Immer würde ich wünschen, daß die Fragestellung von anderer Seite aufgenommen wird. In der Tat ist dieselbe ja für die Raumlehre, sofern wir diese mit der Forderung freier Beweglichkeit starrer Körper beginnen wollen, fundamental.

Letztere Forderung ist bekanntlich seinerzeit von Herrn v. Helmholtz vorangestellt worden[28]). Um hier alle Bemerkungen zusammen zu haben, die ich über das solchergestalt zu gründende System der Geometrie zu machen habe, gedenke ich anhangsweise noch der Helmholtzschen Forderung der *Monodromie* des Raumes. Dieses neue Postulat verlangt zunächst, daß überhaupt volle Umdrehung um eine Achse möglich sein soll; es werden dadurch z. B. die Räume mit indefinitem Bogenelemente ausgeschlossen. Dieser Teil des Postulates ist gewiß gerechtfertigt und soll hier unerörtert bleiben. Aber Herr v. Helmholtz gibt seinem Postulate eine weitergehende Bedeutung, indem er der Möglichkeit gedenkt, daß bei voller Umdrehung des Raumes um eine Achse sich die Abstände der Punkte von der Achse vielleicht nicht ungeändert reproduzieren. In der Tat hat Herr v. Helmholtz *für den Fall zweier Variabelen* am Schlusse seiner Mitteilung in den Göttinger Nachrichten eine mit drei Parametern ausgestattete Transformationsgruppe angegeben, welche übrigens alle Eigenschaften einer (Euklidischen oder Nicht-Euklidischen) Bewegungsgruppe hat, aber die hiermit bezeichnete Möglichkeit realisiert. Wir sehen dies sofort, indem wir uns die Transformationen der Gruppe etwa folgendermaßen anschreiben:

$$(x' + iy') = e^{(m+in)\varphi} \cdot (x + iy) + a + ib.$$

Hier sind φ, a, b die drei Parameter, m und n aber bedeuten zwei *nicht verschwindende* Konstante. *Die Forderung der Monodromie läuft nun insbesondere auch darauf hinaus, derartige Gruppen auszuschließen.* Dem-

---

[26]) *Mémoire sur les groupes kleinéens* (1883). [Ausgeführt in Bd. I der Vorlesungen über die Theorie der automorphen Funktionen von Fricke-Klein.]

[27]) Was den Begriff der Doppelmannigfaltigkeit im Falle dreier Dimensionen angeht, so vgl. die bereits zitierte Abhandlung von Herrn Dyck in Bd. 32 der Math. Annalen.

[28]) *Über die tatsächlichen Grundlagen der Geometrie,* Bd. 4 d. Verh. d. naturhistorisch-medizinischen Vereins zu Heidelberg, 1886; *Über die Tatsachen, die der Geometrie zu Grunde liegen,* Göttinger Nachrichten 1868. [Helmholtz, Gesammelte Abhandlungen, Bd. II, S. 610—618].

gegenüber muß konstatiert werden, *daß Gruppen der gewollten Eigenschaft überhaupt nur bei zwei Dimensionen existieren* (so daß also für Räume von drei und mehr Dimensionen die Forderung der Monodromie in ihrem zweiten, hier allein in Diskussion stehenden Teile gegenstandslos ist). Einen ausführlichen Beweis hierfür gibt Herr Lie in den Leipziger Berichten von 1886[29]). Ich meinerseits möchte hier auf eine einfache Überlegung aufmerksam machen, aus welcher das Gleiche ohne alle Rechnung folgt. Die Sache ist, daß bei drei und mehr Dimensionen *positive* und *negative* Drehung um eine Achse notwendig *gleichberechtigte* Operationen sind. Denn man kann in einem solchen mehrdimensionalen Raume die Achse, um welche gedreht wird, unter Festhaltung eines ihrer Punkte selber drehen, bis sie in umgekehrter Richtung in ihre ursprüngliche Lage hineinfällt: dann hat sich Drehung rechts herum von selbst in Drehung links herum verwandelt. Würden nun etwa bei Drehung rechts herum die Abstände der Raumpunkte von der Achse vergrößert, so müßte dies auch bei Drehung links herum, d. h. bei der inversen Operation, der Fall sein, was ein Widerspruch ist[30]).

---

[29]) Bemerkungen zu v. Helmholtz' Arbeit über die Tatsachen, welche der Geometrie zugrunde liegen.

[30]) [Die Darlegungen des Textes bedürfen der Erläuterung, bzw. Berichtigung, wie ich sie ausführlich in meiner unter XXVIII besprochenen autographierten Vorlesung: Einleitung in die höhere Geometrie, II, ausgearbeitet von Fr. Schilling, 1893, auf S. 215—244 gegeben habe; siehe auch den hierauf bezüglichen Satz in genannter Besprechung S. 502 der vorliegenden Ausgabe.

Der Gegensatz von Helmholtz und Lie und meine dementsprechende im Texte dargelegte Auffassungsweise kann nach meinem heutigen Standpunkt etwa folgendermaßen bezeichnet werden:

Helmholtz geht bei seinen Untersuchungen von der erkenntnistheoretischen Frage aus, wie die Grundsätze der Geometrie tatsächlich zustande kommen. Indem er die freie Beweglichkeit starrer Figuren anschauungsmäßig an die Spitze stellte, kam ihm kein Zweifel, daß diese auch für die unmittelbare Umgebung des einzelnen Punktes gelten müsse. Dementsprechend schreibt er für die entsprechende Transformation der von einem Punkte auslaufenden Differentiale erster Ordnung von vornherein eine dreigliedrige lineare Gruppe vor. Hieran habe ich mich im Texte (bzw. in meiner Vorlesung von 1889—90) angeschlossen. Helmholtz ist denn auch, als ich ihm gelegentlich (1893) von meinen Überlegungen betr. die Überflüssigkeit des Monodromieaxioms erzählte, damit sehr zufrieden gewesen (siehe Königsbergers Helmholtzbiographie, Bd. 3, S. 81).

Lie umgekehrt knüpft an den Wortlaut der Axiome an, wie ihn Helmholtz in einer im Texte genannten Note in den Göttinger Nachrichten formuliert hat, und hat sich dementsprechend mit der Möglichkeit auseinanderzusetzen, daß die 6gliedrige Gruppe der Bewegungen bei festgehaltenem Punkte vielleicht nur insofern dreigliedrig ist, als man die Transformationen der Differentiale höherer Ordnung mit in Betracht zieht.

Selbstverständlich sind dies für die rein mathematische Fragestellung wesentliche Untersuchungen, und es ist ein Fehler gewesen, daß ich in meiner Vorlesung von 1889—90, bzw. im vorliegenden Aufsatze darüber weggegangen bin. Zur Entschuldigung kann ich nur anführen, daß damals nur die vorläufigen Angaben von Lie in den sächsischen Berichten von 1886 vorlagen, nicht aber die Ausführungen eben-

III.

Von der rein projektiven Begründung der analytischen Geometrie.

Meine Entwicklungen in Band 4 und 6 der Math. Annalen [Abh. XVI
und XVIII dieser Ausgabe], denen zufolge die projektive Geometrie auch in
ihrer analytischen Form vor Entscheidung über die Frage des Parallelenaxioms soll aufgestellt werden können, ruhen wesentlich auf dem Nachweise v. Staudts, daß man den Zahlbegriff in die Geometrie auf Grund
bloßer projektiver Konstruktionen einführen kann, ohne irgend von Maß
und Messen zu sprechen. Trotzdem hierüber in den letzten 20 Jahren
vieles von verschiedenen Seiten geschrieben ist, scheinen doch noch immer
besondere Schwierigkeiten dem Verständnisse entgegenzustehen, wie ich
schon in der Einleitung bemerkte. Vielleicht liegt dies an der *Unanschaulichkeit* des ursprünglichen v. Staudtschen Verfahrens, bei welchem
abstrakte Definitionen vorangestellt werden und dem Leser selbst überlassen bleibt, wie er eine Übersicht der schließlich nötig werdenden Operationen gewinnen will. Diese Unanschaulichkeit liegt aber, hier wie in
anderen Teilen der Geometrie, keineswegs im Wesen der Sache. Vielmehr
gelingt es, wie ich hier zeigen möchte, an einer einzigen einfachen Figur
gleichzeitig die Einführung der Zahlen und die Grundsätze, nach welchen
mit denselben zu operieren ist, deutlich zu machen.

Es wird gut sein, die so bezeichnete Aufgabe von vorneherein nach
verschiedenen Seiten zu umgrenzen. Zielpunkt ist uns der allgemeine
Nachweis, daß man durch bestimmte projektive Konstruktion auf jedem
Grundgebilde erster Stufe (also, um uns auf die Ebene zu beschränken,
auf jedem Strahlbüschel und auf jeder geraden Punktreihe der Ebene)
*eine Werteverteilung x derart angeben kann, daß zwischen den x, x′
zweier Grundgebilde, die projektiv aufeinander bezogen sind, eine lineare
Relation* $x' = \dfrac{\alpha x + \beta}{\gamma x + \delta}$ *statt hat.* Nun wird aber die beabsichtigte Skalenkonstruktion sich wegen ihres projektiven Charakters von einem ersten
Grundgebilde sofort auf jedes andere, mit ihm projektiv verbundene übertragen. Daher können wir den beabsichtigten Nachweis auf die Betrachtung eines einzigen Grundgebildes einschränken, in der Weise, daß wir
zeigen: *Wie immer wir auf einem solchen Grundgebilde zwei projektive
Skalen x, x′ konstruieren mögen, immer stehen dieselben in linearer Abhängigkeit.* Aber auch diesen Ansatz werden wir noch modifizieren. Ein

---

dort von 1890. Das Merkwürdige dabei bleibt, daß ich Lie, wie er 1886 selbst angibt, meinerseits erst darauf aufmerksam gemacht habe, daß es sich bei Helmholtz im
Grunde um eine gruppentheoretische Frage handele, die er behandeln müsse (wobei
ich auch gleich die Vermutung ausgesprochen hatte, daß das Axiom betr. die Monodromie überflüssig sein dürfte). K.]

einfacher Überschlag wird uns lehren, daß bei der von uns auszuführenden Skalenkonstruktion drei willkürliche Konstante benutzt werden. Ebenso viele wesentliche Konstante sind in der Formel $x' = \dfrac{\alpha x + \beta}{\gamma x + \delta}$ enthalten. Wir können daher unsere Forderung umkehren und den Nachweis verlangen, *daß wir zu jeder Werteverteilung x, die wir auf einem festen Grundgebilde erster Stufe durch unsere projektive Konstruktion gewinnen mögen, durch Veränderung der Grundelemente unter Wiederholung unserer Konstruktion eine Werteverteilung x' hinzu konstruieren können, die zu ihr in irgendwelcher vorgegebener linearer Abhängigkeit* $x' = \dfrac{\alpha x + \beta}{\gamma x + \delta}$ *steht.*

Dieser letzte Beweis soll nun wirklich erbracht werden, indem wir als festes Grundgebilde ein *Strahlbüschel* der Ebene nehmen (was den Vorteil bietet, daß uns unabhängig von der Ansicht, die wir uns vom Parallelenaxiom bilden mögen, alle seine Elemente zugänglich sind). Dabei wird es sich, was die Konstruktion irgendwelcher Skala x angeht, selbstverständlicherweise nur darum handeln können: jedem *rationalen* Werte von x ein Element unseres Grundgebildes zuzuweisen, wobei wir den Nachweis verlangen, daß die so entstehenden „rationalen" Elemente des Gebildes auf diesem nach der Größe des zugehörigen x geordnet sind und in ihrer Gesamtheit das Gebilde „überall dicht" überdecken. Aber auch die Forderung, die wir betreffs der Formel $x' = \dfrac{\alpha x + \beta}{\gamma x + \delta}$ stellten, werden wir entsprechend einschränken. Wir werden dieselbe nämlich ausschließlich unter der Voraussetzung behandeln, daß die α, β, γ, δ *kommensurabel* sind; wir geben dem Ausdruck, indem wir statt der allgemeinen Formel lieber gleich die folgende hinschreiben:

$$x' = \frac{a\,x + b}{c\,x + d},$$

in welcher a, b, c, d *ganze Zahlen* bedeuten sollen. Die Determinante $(a\,d - b\,c)$, die selbstverständlich nicht verschwinden soll, setzen wir weiterhin $= p$. — Die so umgrenzten Konstruktionen und Beweise werden dann so durchzuführen sein, daß wir immer wieder *den v. Staudtschen Satz von der Vierseitskonstruktion* gebrauchen, durch den wir irgend drei in bestimmter Reihenfolge genommenen Elementen unseres Grundgebildes jeweils ein viertes, welches wir das *harmonische* Element nennen, zuordnen können.

Die Figur, die ich mir jetzt konstruiert denke, ist die projektive Verallgemeinerung des gewöhnlichen Parallelogramm-Netzes (Fig. 4). Die betreffende Verallgemeinerung bietet sich unmittelbar, sobald man bemerkt, daß von den in der Figur markierten Punkten

$$\dots\, a_{-2},\ a_{-1},\ 0,\ a_{+1},\ a_{+2},\ \dots$$

je drei aufeinanderfolgende zu dem unendlich fernen Elemente A, von den ebenfalls angegebenen Punkten

$$\ldots b_{-2},\, b_{-1},\, 0,\, b_{+1},\, b_{+2},\, \ldots$$

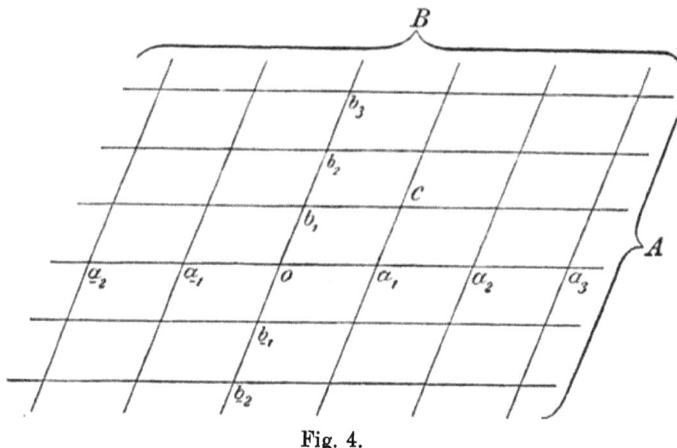

Fig. 4.

je drei aufeinanderfolgende zu dem unendlich fernen Elemente B harmonisch sind. Statt längerer Erläuterung schalte ich hier das Beispiel einer so verallgemeinerten Figur ein:

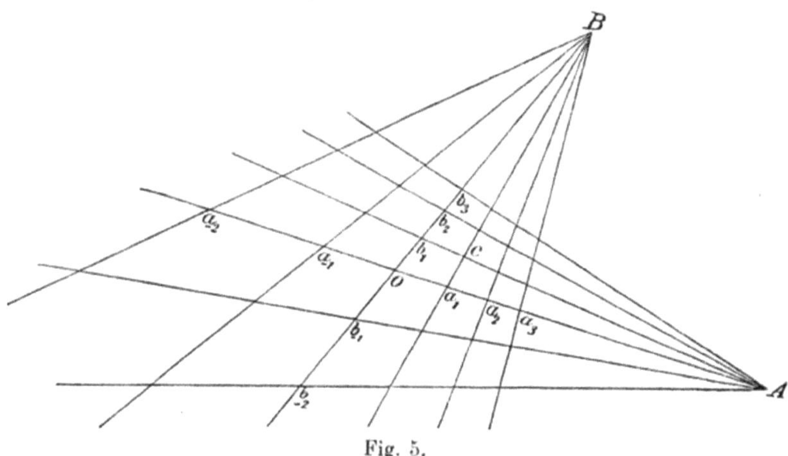

Fig. 5.

Offenbar können wir bei ihrer Konstruktion vier Punkte, z. B. 0, a_{+1}, b_{+1}, c, beliebig annehmen; alle weiteren Punkte sind dann eindeutig bestimmt. Wir nennen jetzt den Punkt, in welchem sich die Strahlen Ba_m, Ab_n kreuzen, den Punkt (m, n); m und n sind dabei irgend zwei (positive oder negative) ganze Zahlen. Man sieht dann in Fig. 4 durch elementargeometrische Überlegungen:

Sind m, n; m', n'; ϱ irgendwelche ganze Zahlen, so liegen die Punkte (m, n), (m', n'), $(m + \varrho (m' - m), n + \varrho (n' - n))$ *auf gerader Linie.*

Eben denselben Satz werden wir bei Figur 5 durch wiederholte Anwendung des Satzes vom Vierseit beweisen können.

Hiermit haben wir nun alle Hilfsmittel, um für das von 0 auslaufende Strahlbüschel der Fig. 5 alle von uns postulierten Entwicklungen zu machen. Offenbar liegen je zwei Punkte (m, n) und $(\varrho m, \varrho n)$ mit 0 auf gerader Linie. *Eben dieser Linie als einem Elemente des von 0 auslaufenden Strahlbüschels legen wir jetzt den Zahlenwert* $x = m/n$ *bei.* Wir erhalten so für jeden rationalen Wert von x einen Strahl, und daß diese „rationalen“ Strahlen im Büschel ebenso auf einander folgen, wie die der Größe nach geordneten zugehörigen x, ferner daß sie das Büschel „überall dicht“ überdecken, dürfte durch den bloßen Anblick unserer Figur deutlich sein. Nicht minder ist auf Grund einfacher projektiver Überlegungen klar, daß die so gewonnene Werteverteilung x von drei willkürlichen Parametern abhängt, daß sie nämlich völlig festgelegt ist, wenn wir die drei Strahlen OA, OB, OC, die beliebig ausgewählt werden dürfen, in bestimmter Weise angenommen haben. Wir können also gleich zum zweiten Teile unserer Entwicklung übergehen. Wir verlangten zu zeigen, daß wir zur ersten Skala x für die Strahlen unseres Büschels, unter Festhaltung der einmal gewählten Konstruktionsweise, eine neue Skala x' hinzukonstruieren können, die mit ihr durch irgendwelche Formel $x' = \dfrac{a\,x + b}{c\,x + d}$ verbunden ist (unter a, b, c, d ganze Zahlen von nicht verschwindender Determinante verstanden, die wir gleich p setzten).

Dieser Nachweis ist nun in speziellen Fällen, die ich hier vorab bespreche, wenn nämlich eine der folgenden drei Formeln vorgelegt ist:

$$x' = \frac{1}{x}, \quad x' = \frac{x}{p}, \quad x' = x + 1$$

durch bloßen Anblick der Figur 5 zu erbringen (man orientiere sich vielleicht vorab jedesmal an der Figur 4, die unseren Gewöhnungen besser entgegenkommt). Wollen wir z. B. $x' = \dfrac{1}{x}$ konstruieren, werden wir Fig. 5 als solche ganz unverändert lassen und nur die ihr beigesetzten Buchstabenreihen a, b vertauschen. Wollen wir $x' = \dfrac{x}{p}$ haben, so werden wir die Punke b und die Linie $A\,b$ der Figur ungeändert lassen, dagegen von den Punkten a (und also den Linien $B\,a$) nur diese beibehalten:

$$\ldots a_{-2p},\ a_{-p},\ O,\ a_{+p},\ a_{+2p},\ \ldots$$

und sie mit

$$\ldots a'_{-2},\ a'_{-1},\ O,\ a'_{+1},\ a'_{+2},\ \ldots$$

bezeichnen. Nicht minder konstruieren wir die Skala $x' = x + 1$ durch eine Figur der von uns betrachteten Art, deren Lage gegen Fig. 5 ohne weiteres ersichtlich sein dürfte.

Und nun ist das Schöne, *daß, aus arithmetischen Gründen, mit diesen speziellen Fällen der allgemeine von uns zu erbringende Nachweis bereits von selbst mit erledigt ist.* In der Tat ist es ein bekanntes Theorem der Arithmetik (welches z. B. in der Theorie der Transformation der elliptischen Funktionen immerzu benutzt wird[31]), daß man jede Substitution:

$$x' = \frac{a\,x + b}{c\,x + d}$$

aus den speziellen Substitutionen:

$$x' = \frac{1}{x},\quad x' = \frac{x}{p},\quad x' = x + 1$$

durch eine *endliche* Zahl von Wiederholungen, bez. Kombinationen erzeugen kann. Jeder einzelne dieser Schritte bedeutet aber die Ersetzung der ursprünglichen Figur 5 durch eine neue derselben Art; dieselbe Bedeutung hat also die allgemeine Formel $x' = \dfrac{a\,x + b}{c\,x + d}$, was zu beweisen war.[32]

---

[31] Vgl. z. B. Dedekind im 83. Bande des Journals für Mathematik, S. 287 ff.

[32] [Eine projektive Skala kann man nach den Grundsätzen der projektiven Geometrie insbesondere auch auf einem Kegelschnitt konstruieren. Bezeichnet man drei beliebige Punkte des Kegelschnitts mit $0, 1, \infty$, so werden die entsprechenden harmonischen Punkte $2, -1, {}^1/_2$ in der Weise zu konstruieren sein, daß man den Kegelschnitt mit den Geraden schneidet, welche $0, 1, \infty$ beziehungsweise mit den Polen der Linien $1\infty, \infty 0, 0\,1$ verbinden. Übrigens treffen sich diese Verbindungsgeraden nach dem Satz von Brianchon in einem gemeinsamen Punkte. Und so weiter fort. — Dieses Verfahren gibt zu einer besonders plastischen Figur Anlaß, wenn man die genannten Geraden, soweit sie das Innere des Kegelschnitts durchsetzen, wirklich hinzeichnet. Im Inneren der Kegelschnitte findet sich dann eine Zahl aneinander grenzender Dreiecksflächen und der unendliche Prozeß der immer wiederholten Konstruktion eines vierten harmonischen Punktes findet ein übersichtliches Fortführungsgesetz, indem man an die bereits gewonnenen Dreiecksflächen immer wieder neue an-

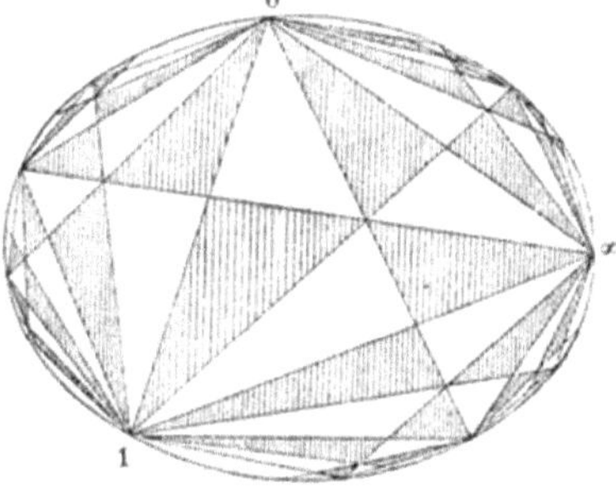

Fig. 6.

fügt. Man sehe die Figur 6 (die ich von 1877 an in Vorlesungen wiederholt zur Sprache brachte):

Es ist dies dieselbe Figur, welche die eigentliche Grundlage der Theorie der elliptischen Modulfunktionen ist und für funktionentheoretische wie zahlentheoretische Zwecke gleich unentbehrlich scheint. Man vergleiche meine von Fricke bearbeiteten Vorlesungen über elliptische Modulfunktionen I, S. 239—242 oder auch unsere Vorlesungen über die Theorie der automorphen Funktionen I, S. 75, oder endlich die Ausführungen in meinen autographierten Vorlesungen über Zahlentheorie I,

IV.

Von der prinzipiellen Bedeutung der projektiven Geometrie, nebst allgemeinen Bemerkungen über die geometrischen Axiome.

In meinen Abhandlungen in Bd. 4 und 6 der Math. Ann. [Abh. XVI und XVIII dieser Ausgabe] habe ich nirgends die Frage berührt, in welchem Sinne es psychologisch berechtigt erscheint, die projektive Geometrie vor der Geometrie des Maßes zu entwerfen und geradezu als Grundlage der letzteren zu betrachten. Hierauf dürfte etwa folgendes zu antworten sein:

Wir können zwischen *mechanischen* und *optischen* Eigenschaften des Raumes unterscheiden. Erstere finden in der freien Beweglichkeit starrer Körper ihren mathematischen Ausdruck, letztere in der Gruppierung der den Raum durchziehenden geraden Linien (der Lichtstrahlen, oder der vom Auge ausgehenden Visierlinien). Es handelt sich nun hier nicht um die Frage, wie überhaupt unsere Raumvorstellung entsteht (oder im Laufe der Generationen entstanden ist): Niemand wird wohl zweifeln, daß mechanische und optische Erfahrungen dabei zusammenwirken oder zusammengewirkt haben. Vielmehr handelt es sich darum, ob man beim methodischen Aufbau der Raumwissenschaft die Eigenschaften der einen oder der anderen Art voranstellen soll. Durch Herrn v. Helmholtz sind, wie wir ausführlich besprachen, die mechanischen Eigenschaften bevorzugt worden: meine Arbeiten zeigen, daß man ebensowohl mit den optischen Eigenschaften beginnen kann. Beiderlei Entwicklungen können nebeneinander bestehen; eine jede von ihnen hat ihre besonderen Vorzüge. Wenn es für den Anfänger faßlicher sein mag, mit den starren Körpern und ihrer Kongruenz zu beginnen, so gibt uns die projektive Methode bessere Übersicht. Ich möchte, um dies zu belegen, geradezu auf die Entwickelungen der Nr. II zurückverweisen. Alle die Unterscheidungen, die ich dort bespreche: zwischen dem elliptischen und sphärischen Raume und den anderen Raumformen, ergeben sich bei Zugrundelegung der projektiven Anschauung wie von selbst, während es eines hohen Maßes von Abstraktion bedürfen möchte, um auf dem anderen Wege zu denselben zu gelangen. —

Zum Schlusse noch einige Worte über das Wesen der geometrischen Axiome überhaupt. In der *mathematischen* Literatur zum mindesten

---

S. 134—237. In den elliptischen Modulfunktionen knüpfe ich an diese Figur insbesondere folgende Bemerkung: „Im Herbst 1873 hatte ich mit dem verstorbenen Clifford eine lebhafte Unterhaltung darüber, daß man es als eine Aufgabe der modernen Mathematik bezeichnen müsse, die uns überkommenen, getrennt nebeneinander stehenden mathematischen Disziplinen in lebendige Wechselwirkung zu setzen; wir kamen überein, daß dies für synthetische Geometrie und Zahlentheorie am schwierigsten sein möchte. *Die vorstehende Figur stellt diese Verbindung her.*“ K.]

scheint mir betreffs derselben fast allgemein eine Ansicht verbreitet[33]), die von derjenigen abweicht, die ich für richtig halte, und von der ich in meinen früheren hierher gehörigen Arbeiten Gebrauch gemacht habe, ohne mir des Widerspruchs gegen andere Meinungen deutlich bewußt zu sein. Die betreffende Ansicht geht dahin, daß die Axiome die „Tatsachen" der räumlichen Anschauung formulieren, und zwar so vollständig formulieren, daß es bei geometrischen Betrachtungen unnötig sein soll, auf die Anschauung als solche zu rekurrieren, es vielmehr genügt, sich auf die Axiome zu berufen. Ich möchte zunächst jedenfalls den zweiten Teil dieses Satzes bestreiten. Eine geometrische Betrachtung rein logisch zu führen, ohne mir die Figur, auf welche dieselbe Bezug nimmt, fortgesetzt vor Augen zu halten, ist jedenfalls mir unmöglich. Man verweist in dieser Hinsicht ja wohl auf das Verfahren der analytischen Geometrie. Aber eine bloß rechnende analytische Geometrie, die von den Figuren abstrahiert, kann ich ebensowenig als eigentliche Geometrie gelten lassen, wie gewisse Zweige der sogenannten synthetischen Geometrie, die sich nur dadurch von analytischer Geometrie unterscheiden, daß an Stelle der algebraischen Formelsprache eine andere gesetzt ist. — Doch nun zum ersten Teile des Satzes! In meinem Aufsatze über den allgemeinen Funktionsbegriff, den ich in der Einleitung zitierte, habe ich ausführlich auseinandergesetzt (und hierin stimme ich mit Herrn Pasch überein), daß ich die räumliche Anschauung als *etwas wesentlich Ungenaues* ansehe, — mag nun von der abstrakten Anschauung die Rede sein, wie sie uns durch Gewöhnung geläufig geworden ist, oder von der konkreten Anschauung, die bei empirischen Beobachtungen zur Geltung kommt. Das Axiom ist mir nun *die Forderung*, vermöge deren ich in die ungenaue Anschauung *genaue Aussagen hineinlege.* Eine geometrische Betrachtung aber denke ich mir so, daß wir die Figur, um die es sich handelt, als solche unablässig vor Augen behalten, und uns dann in jedem Augenblicke, in dem es sich um scharfe Beweisführung handelt, auf die Axiome als festes logisches Substrat zurückbeziehen. — Der *Inhalt der Axiome* erscheint bei dieser Auffassung so weit willkürlich, als mit der Ungenauigkeit unserer Raumanschauung verträglich ist. Eben hierin, aber auch nur

---

[33]) Ich möchte hier insbesondere auf die *Vorlesungen über neuere Geometrie* von M. Pasch verweisen (Leipzig, 1882), insofern die Grundanschauungen, von denen Herr Pasch ausgeht, mit meinen eigenen sehr gut übereinstimmen, abgesehen eben von der im Texte näher zu erläuternden Differenz hinsichtlich der Bedeutung der Axiome. [Diese Differenz ist keine prinzipielle. Pasch will ausdrücken, daß jeder vorliegende mathematische Beweis sich in eine Reihe nur auf die Axiome gestützter logischer Schlüsse zerlegen lassen muß. Ich dagegen denke an die Auffindung der Beweise, bez. der zu beweisenden Theoreme, also an die Arbeitsweise des *schaffenden* Mathematikers. In einem gewissen Maße auch des *lernenden* Mathematikers, denn das Erfassen der Theoreme und Beweise ist mehr oder minder ein Nachschaffen. K.]

hierin, ruht für mich die Berechtigung der Nicht-Euklidischen Geometrie (unter Nicht-Euklidischer Geometrie die reale Disziplin und nicht bloß die abstrakten mathematischen Betrachtungen verstanden, zu denen dieselbe Anlaß gegeben hat). Übrigens ist es von diesem Standpunkte aus selbstverständlich, daß wir unter gleichberechtigten Systemen von Axiomen jeweils das einfachste bevorzugen und ·eben darum zumeist mit der Euklidischen Geometrie operieren, welche für die gewöhnlichen Fragestellungen die einfacheren Aussagen liefert. — Was aber die *Entstehung der Axiome* angeht, so weiß ich darüber nichts weiter zu sagen, als daß wir die zu ihnen führende Abstraktion hier wie in anderen Gebieten unwillkürlich vollziehen. Das, was in der Anschauung oder im Experimente nur approximativ gegeben ist, das formulieren wir in exakter Weise, weil wir anderenfalls damit nichts anzufangen wissen. — Hiermit ist denn auch die Stellung gegeben, die ich zur Theorie des *Irrationalen* einnehme. Sicher liegt die *Veranlassung* zur Bildung der Irrationalzahlen in der scheinbaren Stetigkeit der Raumanschauung. Ich kann aber, da ich der Raumanschauung keine Genauigkeit beilege, ihr auch nicht die *Existenz* des Irrationalen entnehmen wollen. Vielmehr ist mir die Theorie des Irrationalen etwas, was in rein arithmetischer Weise zu begründen oder zu umgrenzen ist, und was wir dann, dank den Axiomen, in die Geometrie hineintragen, um auch in ihr diejenige Schärfe der Distinktionen zu erreichen, die die Vorbedingung der mathematischen Behandlung ist.

Göttingen, den 20. August 1890.

[Die Vorlesung von 1889—90, an die sich dieser Aufsatz wesentlich anschließt, ist seinerzeit in der Ausarbeitung von Fr. Schilling autographisch vervielfältigt worden und eröffnet damit die Reihe meiner Autographien über verschiedene Gegenstände der höheren Mathematik (später im Kommissionsverlag bei B. G. Teubner). In einem ersten Referate über diese Autographien (Math. Ann., Bd. 45, 1894) äußere ich mich hierzu zu Anfang folgendermaßen:

„Es ist nun schon eine längere Reihe von Jahren, daß ich mir eine besondere Vorlesungspraxis ausgebildet habe. Von dem Wunsche ausgehend, meine wissenschaftlichen Anschauungen möglichst allseitig auszugestalten, habe ich mit dem Gegenstande meiner Vorlesungen fast fortwährend gewechselt. Dies gab Schwierigkeiten fast noch mehr für meine Zuhörer als für mich selbst. Ich begann daher, meine jedesmaligen Vorträge ausarbeiten zu lassen und diese Ausarbeitungen den Studierenden im Lesezimmer des Seminars zur Verfügung zu stellen. Diese Methode hat sich im Laufe der Jahre naturgemäß weiterentwickelt. Es erschien wünschenswert, daß die Studierenden nicht zu viele Zeit auf das Nachschreiben der Vorlesungshefte verwenden sollten, während ich andererseits das Bedürfnis empfand, auch früheren Schülern oder befreundeten Gelehrten von dem Inhalte meiner jedesmaligen Vorlesungen Mitteilungen zu machen. Ich ging also dazu über, die Ausarbeitungen autographisch zu vervielfältigen. Diese autographierten Hefte haben gegen meinen ursprünglichen Wunsch allmählich immer mehr eine Verbreitung auch in weiteren Kreisen gefunden. In demselben Maße habe ich mehr und mehr danach gestrebt, denselben einen allgemein gültigen Inhalt zu geben. Ich habe eine Zeitlang gehofft, ich werde Hilfskräfte finden, um die so entstehenden Darstellungen verschiedener Gebiete einer Überarbeitung zu unterziehen und dann in Buchform zu veröffentlichen. Die Herausgabe meiner Vorlesungen über elliptische Modulfunktionen durch Herrn Fricke bot hierfür ein glänzendes Beispiel; ich kann in diesem Zusammenhange ferner das Werk von Pockels (Über die partielle Differentialgleichung $\Delta u + k^2 u = 0$, Leipzig 1891) sowie ein demnächst erscheinendes Buch von Bôcher (Über die Reihenentwickelungen der Potentialtheorie) anführen. Aber eine solche Bearbeitung kostet außerordentlich viele Zeit und es geht dabei auch der Charakter der Unmittelbarkeit, den die Vorlesungen besitzen, verloren, — ganz abgesehen davon, daß es kaum möglich sein dürfte, immer wieder einen geeigneten Bearbeiter zu finden. So sei denn der weitere Schritt gewagt, meine neueren autographierten Hefte, so wie sie sind, hier in den Annalen zu besprechen und dadurch dem allgemeinen mathematischen Publikum vorzulegen. Meine Absicht ist geradezu die, dem gegenwärtigen ersten Artikel in Zukunft eine Reihe weiterer Mitteilungen folgen zu lassen, in dem Maße wie fernere Vorlesungshefte hinzukommen.

Ich bin mir ja der Verantwortung dieses Schrittes sehr bewußt. Die autographierten Hefte sind als Wiedergabe wirklich gehaltener Vorlesungen durch die mannigfachsten Zufälligkeiten bedingt: einzelnes ist breit ausgeführt, während anderes, gleich wichtige fehlt. Und mehr als das: sie enthalten der vorläufigen Formulierungen und Urteile eine Menge, die bei nochmaliger Durcharbeitung vermutlich nicht würden bestehen bleiben können. Ich mochte dieselben nicht einfach wegstreichen, weil ich glaube, daß die Wirkung meiner Darstellung gerade in ihrem subjektiven Charakter beruhen wird. Möge man die Versicherung hinnehmen, daß ich an solchen Stellen einzig um den Fortschritt der Wissenschaft bemüht bin und daß ich andererseits sehr bereit sein werde, Berichtigungen entgegenzunehmen und bei späterer Gelegenheit zur Geltung zu bringen." K.]

XXII. Gutachten, betreffend den dritten Band der Theorie der Transformationsgruppen von S. Lie anläßlich der ersten Verteilung des Lobatschewsky-Preises[1]).

An die Physiko-mathematische Gesellschaft der Kaiserlichen Universität in Kasan.

Geehrte Herren!

Sie haben mir im Hinblick auf die demnächstige erste Vergebung des Lobatschewskyschen Preises die ehrenvolle Aufforderung zukommen lassen, ich solle mich über die Arbeiten von Sophus Lie betr. die Grundlagen der Geometrie, insbesondere über die im dritten Bande seiner Transformationsgruppen enthaltenen bezüglichen Entwicklungen gutachtlich äußern und über dieselben im Zusammenhange mit dem gegenwärtigen Standpunkte der Raumfrage Bericht erstatten. Ich versuche im folgenden dieser Aufforderung zu entsprechen, so schwierig und verantwortungsvoll die Sache nach verschiedenen Richtungen erscheinen mag.

Nach § 5 der Statuten wird der Lobatschewsky-Preis für Werke über Geometrie, in erster Linie für solche über Nicht-Euklidische Geometrie verliehen. Der § 6 stellt die weitere Bedingung, daß die Werke innerhalb der sechs der Verleihung des Preises vorangehenden Jahre gedruckt sein müssen.

Äußerlich genommen liegt daraufhin die Sache sehr einfach; denn der von Prof. Lie eingesandte Band entspricht diesen Bedingungen nicht nur, sondern er ragt unter allen anderen Werken, die zum Vergleich kommen mögen, so unbedingt hervor, daß ein Zweifel über die Erteilung des Preises kaum möglich sein dürfte. Entscheidend für diese Beurteilung der Höhe der wissenschaftlichen Leistung ist nicht nur die außerordentliche Gründlichkeit und Schärfe, mit welcher Lie im fünften Abschnitte seines Buches das von ihm so genannte *Riemann-Helmholtzsche Raumproblem*

---

[1]) Abgedruckt nach dem von der physikalisch-mathematischen Gesellschaft der Universität Kasan publizierten Original. [Bulletin de la société physico-mathematique de Kasan (2) 8 (1898). Vgl. auch den Abdruck in den Math. Annalen, Bd. 50.]

behandelt, sondern insbesondere der Umstand, daß diese Behandlung so zu sagen als logische Folge der lang fortgesetzten schöpferischen Arbeiten Lies auf dem Gebiete der Geometrie, insbesondere seiner Theorie der kontinuierlichen Transformationsgruppen erscheint. Ich möchte sagen, daß der § 5 der Statuten hier ebensosehr nach seinem speziellen wie nach seinem allgemeinen Inhalte entscheidet. Die außerordentliche Bedeutung, welche die Arbeiten von Lie für die Allgemeinentwicklung der Geometrie besitzen, kann nicht wohl überschätzt werden; ich bin überzeugt, daß dieselbe in den nächsten Jahren zu noch viel allgemeinerer Geltung kommen wird, als bisher.

Sehr viel schwieriger erscheint nun aber, Ihnen einen Bericht zu liefern, der ebensowohl der Wichtigkeit der Sache entspricht, als Ihrer Gesellschaft einigermaßen nützlich sein kann. Die sehr ausführliche und unmittelbar verständliche Darlegung von Lie hier im Auszuge reproduzieren zu wollen, hieße nur das, was klar und deutlich ist, unnötig zu verdunkeln und schwerer zugänglich zu machen; — mit dem Verfasser aber betreffs der kritischen Bemerkungen, die er anderen Autoren gegenüber macht, in dem einen oder anderen Punkte zu rechten, dürfte weder förderlich noch der heutigen Gelegenheit entsprechend sein; ich darf beiläufig auch auf die Darstellung verweisen, die ich von den Lieschen Entwickelungen im zweiten Bande meiner (autographierten) Vorlesungen über höhere Geometrie, sowie in dem elften Vortrage meines Evanston Colloquiums[2]) gegeben habe. Vielmehr will ich versuchen, meine Aufgabe allgemeiner zu fassen, indem ich es unternehme, den heutigen Stand der Raumfrage oder doch eine Reihe dahin gehöriger Probleme, die in den letzten Jahren hervorgetreten sind, unter umfassenden Gesichtspunkten zu erläutern. Hierbei wird sich von selbst die Stelle ergeben, an der die in Frage stehenden Lieschen Untersuchungen so wie andere von Lie herrührende, in demselben Bande der Transformationsgruppen enthaltene Entwicklungen in Betracht kommen; zugleich finde ich Gelegenheit, auf weitere Fragepunkte aufmerksam zu machen, die mir wesentlich scheinen und denen die Kommission des Lobatschewsky-Preises vielleicht einmal in Zukunft ihre Aufmerksamkeit zuwenden wird.

Woher stammen die Axiome? Ein Mathematiker, der die nichteuklidischen Theorien kennt, wird kaum noch die Meinung früherer Zeiten festhalten wollen, als seien die Axiome nach ihrem konkreten Inhalte Notwendigkeiten der inneren Anschauung: was dem Laien als solche Not-

---

²) „The Evanston Colloquium". Lectures on Mathematics delivered from Aug. 28 to Sept. 9, 1893 before members of the Congress of Mathematics hold in connection with the world's fair in Chicago at Northwestern University, Evanston Ill. Reported by Alexander Ziwet. Newyork, Macmillan & Co. 1894.

wendigkeit erscheint, erweist sich bei längerer Beschäftigung mit den Nicht-Euklidischen Problemen als Resultat sehr zusammengesetzter Prozesse, insbesondere auch der Erziehung und der Gewöhnung. Stammen die Axiome aus der Erfahrung? Helmholtz ist hierfür bekanntlich in nachdrücklichster Weise eingetreten. Aber seine Darlegungen erscheinen nach bestimmter Richtung unvollständig. Man wird, wenn man dieselben überdenkt, zwar gerne zugeben, daß die Erfahrung an dem Zustandekommen der Axiome einen großen Anteil hat, man wird aber bemerken, daß gerade derjenige Punkt bei Helmholtz unerörtert bleibt, der dem Mathematiker vor anderen interessant ist. Es handelt sich um einen Prozeß, den wir in genau derselben Weise bei der theoretischen Behandlung irgendwelcher empirischer Daten immerzu vollziehen und der ebendarum dem Naturforscher völlig selbstverständlich erscheinen mag. Ich werde mich in allgemeiner Fassung so ausdrücken: *die Ergebnisse irgendwelcher Beobachtungen gelten immer nur innerhalb bestimmter Genauigkeitsgrenzen und unter partikulären Bedingungen; indem wir die Axiome aufstellen, setzen wir an Stelle dieser Ergebnisse Aussagen von absoluter Präzision und Allgemeinheit.* In dieser „Idealisierung" der empirischen Daten liegt meines Erachtens das eigentliche Wesen der Axiome. Unser Ansatz ist dabei in seiner Willkür zunächst nur dadurch beschränkt, daß er sich den Erfahrungstatsachen anschmiegen muß und andererseits keine logischen Widersprüche einführen darf. Es tritt dann als Regulator noch dasjenige hinzu, was Mach die „Ökonomik des Denkens" nennt. Niemand wird vernünftigerweise ein komplizierteres Axiomensystem festhalten, sobald er einsieht, daß er mit einem einfacheren Systeme die zur Darstellung der empirischen Daten erforderliche Genauigkeit bereits vollauf erreicht. Also, um es gleich an demjenigen Punkte zu erläutern, der für die Grundlegung der Geometrie in erster Linie in Betracht kommt: Jedermann wird für praktische Zwecke die Formeln der gewöhnlichen Euklidischen Geometrie und nicht etwa diejenigen der Lobatschewskyschen Geometrie in Anwendung bringen.

Diese allgemeinen Bemerkungen habe ich vorausschicken wollen, damit über die Grundlage, von der die folgenden Entwickelungen ausgehen, kein Zweifel bestehen soll. In der Tat soll es sich des weiteren nur um die wirkliche Geometrie unseres empirisch gegebenen Raumes und um deren mathematischen Aufbau handeln, — nicht um Verallgemeinerungen, die man gebildet hat und die nach anderer Richtung mathematisch wertvoll sein mögen. Ich beginne mit einer Frage, welche die mathematischen Kreise in den letzten 25 Jahren in steigendem Maße beschäftigt hat, die aber immer noch nicht die allgemeine Beachtung gefunden hat, welche sie verdient. Was ist eine *willkürliche Kurve,* eine *willkürliche Fläche?* Euklid stellt die Worte Kurve und Fläche an die Spitze eines Systems, ehe er zur Definition der geraden Linie und der Ebene schreitet. Und nicht nur die Schöpfer der Differential- und Integralrechnung scheinen an der Deutlichkeit dieser Begriffe keinen Zweifel gehegt zu haben, auch noch die geometrischen Beweise, welche Gauß von dem Fundamentalsatze der Algebra gibt, ruhen auf der Voraussetzung, daß die Idee der (ebenen) Kurve etwas in sich evidentes sei. Aber unsere Sicherheit in dieser Hinsicht ist in der Zwischenzeit, wesentlich unter dem Einflusse von Weierstraß, völlig zerstört worden; man kann sagen, daß vom rein mathematischen Standpunkte aus heutzutage nichts dunkler und unbestimmter erscheint als die genannte Idee. Was wir in der empirischen Anschauung Kurve nennen, ist zunächst ein *Streifen,* d. h. ein Raumstück, dessen übrige Abmessungen gegen die Längendimension zurücktreten (wobei die genaue Begrenzung des Raumstücks unbestimmt bleibt). In dieser (primären) Form kommt die Idee der Kurve in zahlreichen Gebieten der Anwendungen zur Geltung, und ich bin, mit Herrn Pasch, der Meinung, daß es gut ist, dieses mehr hervorzukehren, als gewöhnlich geschieht. Soll aber die Kurve Gegenstand der *exakten* mathematischen Betrachtung werden, so müssen wir sie idealisieren, genau so, wie dies zu Beginn der Geometrie allerorts mit dem Punkte geschieht. Und hier beginnen nun die Schwierigkeiten. Eine erste Bemerkung, die nicht unwichtig ist, ist die, daß alle Autoren, welche über die vorliegende Frage geschrieben haben, dabei die analytische Geometrie als Ausgangspunkt benutzen. Man kann dann die ebene Kurve (um uns auf diese zu beschränken) entweder als Ort eines beweglichen Punktes durch Gleichungen $x = \varphi(t)$, $y = \psi(t)$ definieren, unter φ, ψ stetige Funktionen verstanden, oder als Grenze eines ebenen Gebietes. Tut man das letztere, so muß gleich zu Anfang die schwierige Frage erörtert werden, was alles unter „Gebiet" verstanden werden soll. Die beiden Definitionen stimmen zuvörderst keineswegs überein, und jedenfalls müssen ihnen beiden weitgehende Beschränkungen zugesetzt werden, wenn man zu all' den Eigenschaften der Rektifizierbarkeit, der Differentiierbarkeit usw. gelangen will, die man einer Kurve gemeinhin beilegt.[3]) Es ist fast am besten, sich von vornherein auf *analytische Kurven* zu beschränken, d. h. φ, ψ in den vorstehenden Gleichungen als analytische Funktionen vorauszusetzen. Die analytischen Kurven sind auch allgemein genug, um jede empirisch gegebene Kurve mit beliebiger Annäherung darzustellen. Weiter ist es eine sehr merkwürdige Tatsache, daß man die wichtigsten Eigenschaften

---

3) [Vgl. hierzu den Enzyklopädieartikel von v. Mangoldt über die Begriffe der „Linie" und „Fläche". Math. Enzyklopädie, Bd. III, A B 2 (1907), (dazu dessen Bearbeitung von Zoretti in der französischen Ausgabe).]

der analytischen Funktionen (insbesondere auch der algebraischen Funktionen) gefunden hat, indem man von der empirischen Auffassung der Kurven (und Flächen) Gebrauch machte. Trotzdem wird man sich kaum entschließen wollen anzunehmen, daß die empirische Auffassung vermöge irgendwelcher ihr innewohnender verborgener Qualitäten gerade notwendig und ausschließlich zu den analytischen Kurven hinleite. Es liegen hier offenbar noch die interessantesten Probleme erkenntnistheoretischer Natur vor. An gegenwärtiger Stelle müssen wir uns mit einer negativen Schlußfolgerung begnügen, *daß nämlich die hier berührten Untersuchungen unmöglich an den Anfang der Geometrie gestellt werden können*, daß man an dieselben erst herangehen kann, wenn auf Grund geeigneter Axiome und daran geknüpfter Folgerungen das Lehrgebäude der *elementaren* Geometrie bereits fest steht. Der vorherige Aufbau und die Verwendung der *analytischen* Geometrie aber erscheint uns nicht notwendig, sondern nur zweckmäßig.

Wenden wir uns jetzt zu der Voraussetzung, welche Riemann an die Spitze seiner Betrachtungen über die „Hypothesen der Geometrie" gestellt hat, der Punktraum dürfe als eine dreifach ausgedehnte, stetige *Zahlenmannigfaltigkeit* angesehen werden. In früherer Zeit mochte man diese Voraussetzung für eine selbstverständliche Folge der Stetigkeitsverhältnisse des Raumes bez. der in ihm liegenden Kurven und Flächen halten. Dies ist aber auf Grund der Entwicklung, welche die Kritik des Kurvenbegriffs in der Zwischenzeit genommen hat, offenbar nicht mehr zulässig. Die Berechtigung, den Punktraum als Zahlenkontinuum zu bezeichnen, kann nach dem heutigen Standpunkte der Wissenschaft nur so abgeleitet werden, daß man vorab dasselbe tut, was wir eben als notwendige Vorbereitung für die Definition des Kurvenbegriffs hinstellten, daß man nämlich die *Elementargeometrie als solche* entwickelt, — mag man nun dabei die Betrachtung der Kreise und Kugeln voranstellen (metrische Geometrie) oder diejenige der geraden Linien und Ebenen (projektive Geometrie), wie sogleich noch näher zu schildern ist. Von der Elementargeometrie aus ist nunmehr die elementare analytische Geometrie zu entwickeln. Da wird es sich zunächst darum handeln, die Punkte des einzelnen Kreises, oder der einzelnen geraden Linie, dem eindimensionalen Zahlenkontinuum zuzuordnen, worüber wir ebenfalls weiter unten noch Genaueres sagen werden. Nun erst, wenn dies alles geschehen ist, wird man zu den drei Raumkoordinaten aufsteigen, wo dann die Frage entsteht, wodurch sich ein mehrdimensionales Kontinuum von dem eindimensionalen unterscheidet. Man sieht, wie kompliziert der Weg ist, auf dem die in Rede stehende Voraussetzung schließlich erreicht wird. Etwas Ähnliches wird man von der Forderung sagen müssen, welche Riemann

wieder stillschweigend benutzt und die Helmholtz dann ausdrücklich als
Axiom einführt[4]): es sollen die Funktionen, durch welche die Maßverhältnisse des Raumes innerhalb der repräsentierenden Zahlenmannigfaltigkeit
festgelegt werden, differentiierbare Funktionen sein (eine Anzahl Differen-
tiationen gestatten). Es folgt, daß alle Untersuchungen, welche mit den
Begriffen Zahlenmannigfaltigkeit und differentiierbare Funktionen beginnen,
wenn man sie *direkt* als Untersuchungen über die Grundlagen der Geometrie interpretieren wollte, einen Zirkel enthalten würden. Wir können
sie nur als Hilfsmittel für solche Untersuchungen gelten lassen; sie ebenen
sozusagen den Weg, auf welchem die rein geometrischen Untersuchungen
vorzugehen haben. In ähnlichem Sinne äußert sich Lie auf S. 535—537
des dritten Bandes seiner Transformationsgruppen; er hebt dort noch
hervor, daß, wenn man die Forderung der Zahlenmannigfaltigkeit und der
Differentiierbarkeit mit den weiteren Axiomen zusammennimmt, die man
bei der Durchführung der analytischen Untersuchungen als solcher gebraucht, man dieses erreicht, *ein vielleicht nicht zweckmäßiges, aber
jedenfalls vollständiges System von Axiomen für die Grundlegung der
Geometrie zu besitzen.*

Immer möchte ich hier zunächst an die Voraussetzung der Zahlenmannigfaltigkeit und der Differentiierbarkeit anknüpfen. Man wird dann
genau so, wie bei der rein geometrischen Betrachtungsweise, zwischen
metrischer und projektiver Behandlung der weiteren Aufgabe unterscheiden
können; — oder auch, man wird in Anlehnung an meine Entwicklungen
von 1872[5]) die allgemeine Idee einer beliebigen innerhalb der Mannigfaltigkeit zu entwerfenden „Geometrie" auf Grund irgendwelcher für die
Elemente der Mannigfaltigkeit geltenden Transformationsgruppe erfassen.
*Für jede derartige Geometrie kann man dann eine axiomatische Defini-
tion verlangen*, d. h. eine Definition, welche sie ohne explizite Formeln
(oder sagen wir lieber: unabhängig von der innerhalb der Mannigfaltigkeit zufällig gegebenen Koordinatenbestimmung) durch begriffliche Eigenschaften festlegt. Diese axiomatische Definition kann damit beginnen, die
zugrunde liegende Gruppe als solche zu definieren, und das ist der Weg,
den man in der metrischen Geometrie einschlägt, wenn man die Tatsache
der freien Beweglichkeit starrer Körper (anders ausgedrückt: die „Kon-
gruenzsätze") an die Spitze stellt. Man kann aber auch so vorgehen,
daß man die Konfigurationen in Betracht zieht, welche sich aus irgend-

---

[4]) Helmholtz bezeichnet die Annahme, der Raum dürfe als Zahlenmannigfaltigkeit angesehen werden, bereits ebenfalls ausdrücklich als Axiom.

[5]) Erlanger Programm [Abh. XXVII dieser Ausgabe], oder auch Bd. 6 der
Math. Annalen (Zweiter Aufsatz zur Nicht-Euklidischen Geometrie) [Abh. XVIII dieser
Ausgabe].

welchen im Sinne der Gruppe gleichwertigen Elementen bilden lassen.
Dies geschieht beispielsweise, wenn man den Aufbau der projektiven Geo-
metrie mit den Sätzen über das Ineinanderliegen von Punkten, geraden
Linien und Ebenen beginnt.

Wir haben nun genau die Stelle für dasjenige Problem, dessen endgültige Erledigung von Lie gegeben wird, das von Lie sogenannte *Riemann-Helmholtzsche Raumproblem*. Lie legt dabei, wie es im Sinne der
weiter unten zu gebenden Erläuterungen allein zulässig scheint, zunächst
ein begrenztes Raumstück der Betrachtung zugrunde (S. 441 seiner Darstellung). Man wird dann etwa so sagen: die Euklidische, die Lobat-
schewskysche und die Riemannsche Geometrie setzen in gleicher Weise
innerhalb des genannten Raumstücks freie Beweglichkeit der starren
Körper voraus. Sie liefern auch übereinstimmend für das Quadrat des
Bogenelementes eine quadratische Funktion der Differentiale der Koordinaten, und zwar eine solche, für welche das sogenannte Krümmungsmaß
konstant ist (Riemanns Ausgangspunkt); sie differieren nur hinsichtlich
des Wertes dieser Größe, indem dieselbe in den drei Fällen beziehungsweise Null, negativ und positiv ist. *Die Aufgabe soll sein, die sechs-
gliedrigen Bewegungsgruppen dieser drei Geometrien durch charakteristische Merkmale von allen anderen kontinuierlichen Transformationsgruppen
der dreifachen Zahlenmannigfaltigkeit zu unterscheiden.*

Lie gibt für diese Aufgabe im vorliegenden Bande zwei Lösungen,
deren erste Voraussetzungen über das Verhalten der Gruppe im Infinitesimalen macht, während sich die zweite auf die Betrachtung endlicher
Dimensionen beschränkt. Was die erste Methode angeht, so sage man,
„eine Gruppe besitze in einem reellen Punkte freie Beweglichkeit im
Infinitesimalen“, wenn Folgendes statt hat: „Hält man den Punkt P und
ein beliebiges hindurchgehendes reelles Linienelement fest, so soll stets
noch kontinuierliche Bewegung möglich sein, hält man dagegen außer P
und jenem Linienelemente noch ein beliebiges reelles Flächenelement fest,
das durch beide geht, so soll keine kontinuierliche Bewegung möglich
sein“. *Unsere oben genannten Gruppen sind dann, wie Lie findet,
dadurch vollkommen charakterisiert, daß sie in einem reellen Punkte allgemeiner Lage freie Beweglichkeit im Infinitesimalen besitzen.* — Bei der
zweiten Methode wird vorausgesetzt: „Hält man einen beliebigen reellen
Punkt y_1^0, y_2^0, y_3^0 von allgemeiner Lage fest, so befriedigen alle reellen
Punkte x_1, x_2, x_3, in welche ein anderer reeller Punkt x_1^0, x_2^0, x_3^0 dann
noch übergehen kann, eine reelle Gleichung von der Form:

$$W\left(y_1^0,\, y_2^0,\, y_3^0;\ x_1^0,\, x_2^0,\, x_3^0;\ x_1,\, x_2,\, x_3\right) = 0,$$

die für $x_1 = y_1^0$, $x_2 = y_2^0$, $x_3 = y_3^0$ nicht erfüllt ist und die eine reelle durch den Punkt x_1^0, x_2^0, x_3^0 gehende Fläche darstellt. Um den Punkt y_1^0, y_2^0, y_3^0 läßt sich ein endlicher dreifach ausgedehnter Bereich derart abgrenzen, daß nach Festhaltung des Punktes y_1^0, y_2^0, y_3^0 jeder andere reelle Punkt x_1^0, x_2^0, x_3^0 des Bereiches noch kontinuierlich in jeden anderen dem Bereiche angehörigen reellen Punkt übergehen kann, der die Gleichung $W = 0$ befriedigt und der mit dem Punkte: x_1^0, x_2^0, x_3^0 durch eine irreduzible kontinuierliche Reihe von Punkten verbunden ist". *Wiederum sind durch diese Voraussetzungen, wie Lie findet, die oben genannten drei Gruppen vollständig charakterisiert.* — Diese zweite Methode leitet vermöge der Ähnlichkeit ihrer Voraussetzung zu Helmholtz' ursprünglichen Entwicklungen hin. Wenn man von der Genauigkeit der Formulierungen absieht (infolge deren die Lieschen Prämissen, die wir wörtlich anführten, etwas umständlich lauten), so wird bei Helmholtz *mehr* verlangt als bei Lie, insbesondere noch das besondere Postulat der „Monodromie des Raumes" aufgestellt, welches bei Lie wegfällt. Des ferneren aber findet sich in Helmholtz' Beweisgang eine wirkliche Unrichtigkeit, die darin besteht, daß Helmholtz seine auf endliche Dimensionen bezüglichen Voraussetzungen stillschweigend auf das Infinitesimale überträgt. Genauer gesagt: er setzt als mathematisch selbstverständlich voraus, daß die dreifach unendliche Gruppe von Bewegungen, welche einen Punkt P festläßt, die Verhältnisse der von P auslaufenden Differentiale der Koordinaten auf dreifach unendlich viele Weisen linear transformieren müsse. Hier ist übersehen (wie Lie hervorhebt), daß sich unter den Transformationen der genannten Gruppe möglicherweise auch solche befinden können, welche in der Umgebung des Punktes P unendlich klein von der zweiten Ordnung sind, welche also die in Rede stehenden Differentiale überhaupt ungeändert lassen. Vielleicht kann man sagen, daß bei Helmholtz an dieser Stelle der strenge Grenzbegriff der modernen Differentialrechnung durch die den Anwendungen entstammende Auffassung der Differentiale als sehr kleiner, aber nicht geradezu verschwindender Größen beeinträchtigt ist. —

Soviel über das Riemann-Helmholtzsche Raumproblem. Ich habe mich dabei absichtlich, entsprechend der Begrenzung, welche in diesem Berichte festgehalten werden soll, auf den Fall der dreidimensionalen Mannigfaltigkeit beschränkt; die Entwickelungen von Riemann, Helmholtz und Lie selbst beziehen sich zum Teil auf eine beliebige Dimensionenzahl. Im übrigen wiederhole ich, was ich schon oben andeutete, daß nämlich die bloße Mitteilung der Lieschen Resultate kein Äquivalent für die überzeugende Kraft der Lieschen Darstellung sein kann; um letztere zu würdigen, muß der Leser durchaus das Original selbst nachsehen. Ich gebe hier noch eine kurze Zusammenstellung weiterer

Bemerkungen zur Grundlegung der Geometrie, die in dem Lieschen Werke eingestreut sind. In Abteilung IV untersucht Lie u. a. diejenigen Gruppen des R_n, welche eine quadratische Gleichung zwischen den Differentialen der Koordinaten: $\sum' f_{ik} \, dx_i \, dx_k = 0$ invariant lassen, wodurch er Anschluß an Riemanns ursprüngliche Entwickelungen nimmt. Auf S. 524 (Abteilung V) kommt er beiläufig auf die Grundlegung der projektiven Geometrie zu sprechen und bemerkt, daß man die zugehörige Gruppe, d. h. die Gruppe der Kollineationen des R_n, einfach durch die Angabe charakterisieren kann, sie sei eine endliche kontinuierliche Gruppe von Punkttransformationen, bei welcher $n + 2$ Punkte keine Invariante haben. Endlich kommt hier aus Abteilung III die Bestimmung aller kontinuierlichen Untergruppen der projektiven Gruppe des Raumes von drei Dimensionen in Betracht. Man nehme an, daß man von der sechsfach unendlichen Bewegungsgruppe des genannten Raumes bereits wisse, daß sie aus lauter Kollineationen bestehe. Dann führt die von Lie gegebene Tabelle aller Untergruppen mit einem Schlage zu den obengenannten drei Möglichkeiten zurück, die sich nun in heute wohlbekannter Weise in die Cayleysche Maßbestimmung einordnen, bei welcher eine Fläche zweiten Grades fundamental ist.

Ich knüpfe nunmehr erneut an dasjenige an, was oben über die Notwendigkeit und Bedeutung der Axiome gesagt wurde. Unsere bisherigen Entwicklungen bezogen sich, wie wir ausdrücklich angaben, immer nur auf ein *begrenztes* Stück unserer Mannigfaltigkeit; es ist durchaus logisch, daß wir nun fragen, welche Verhältnisse eintreten mögen, wenn wir dieses Stück unbegrenzt erweitern. Die natürliche Festsetzung wird sein, daß sich der Raum in der Umgebung jeder seiner (durch endliche Bewegung zugänglichen) Stellen genau ebenso verhalten soll, wie in dem bisher untersuchten begrenzten Stück. Damit ist ersichtlich nicht ausgeschlossen, daß der Raum (bzw. die Mannigfaltigkeit, die wir hier abkürzend als Raum bezeichnen) verschiedentlich in sich zurückläuft, daß er höheren „Zusammenhang" besitzt. Die Frage wird geradezu sein, welche *Zusammenhangsverhältnisse des Raumes mit den verschiedenen Bogenelementen konstanter Krümmung verträglich sein mögen.* Diese Frage will mir genau ebenso wichtig erscheinen, wie irgendeine andere Frage auf axiomatischem Gebiete. Um so merkwürdiger ist es, daß dieselbe bisher nur wenig beachtet wurde.

Clifford hatte 1873 beiläufig auf eine in sich zurücklaufende Fläche des von mir so genannten elliptischen Raumes (des „einfachen" Raumes konstanter positiver Krümmung) aufmerksam gemacht, welche überall das Krümmungsmaß Null besitzt, aber trotzdem nur endlichen Flächeninhalt hat.

Hieran anknüpfend entwickelte ich im Bande 37 der Math. Annalen (1890) [Abh. XXI dieser Ausgabe] die allgemeine Fragestellung und die Grundlinien der Theorie; die Untersuchungen sind dann bald hernach von Herrn Killing aufgenommen worden (Math. Annalen, Bd. 39, 1891, sowie Abschnitt 4 in dem 1893 erschienenen ersten Bande des Lehrbuchs „Einführung in die Grundlagen der Geometrie"); es ist mir aber nicht bekannt, daß irgend jemand sonst seitdem auf diesen Gegenstand eingegangen wäre. Und doch sind die Resultate sehr merkwürdig. Es ergibt sich, daß wir je nach dem Werte des Krümmungsmaßes eine Reihe unterschiedener Möglichkeiten erhalten, *also eine Serie topologisch unterschiedener Raumformen mit Euklidischer, Lobatschewskyscher, Riemannscher Geometrie im begrenzten (einfach zusammenhängenden) Raumstück.* Wir haben da erstlich selbstverständlicherweise die drei Stammtypen, die sich in unmittelbarer Anlehnung an Cayleys projektive Maßbestimmung ergeben, den parabolischen, hyperbolischen und elliptischen Raum nach der von mir in Math. Annalen, Bd. 4 (1871) [Abh. XVI dieser Ausgabe] eingeführten Ausdrucksweise. Weitere Typen ergeben sich, wenn wir innerhalb eines jeden dieser Räume solche *diskontinuierliche* Bewegungsgruppen aufsuchen, die keine im Endlichen gelegene Rotations- oder Schraubenachsen aufweisen: die Diskontinuitätsbereiche dieser Gruppen brauchen nur als geschlossene Mannigfaltigkeiten aufgefaßt zu werden, um ebenso viele Beispiele der von uns gewollten Raumformen abzugeben. Es ist hier nicht der Ort, dies näher auszuführen. Ich will nur bemerken, daß die Aufzählung der genannten Gruppen im hyperbolischen Falle (im Falle des negativen Krümmungsmaßes) unmittelbar mit der von Poincaré und mir gegebenen Theorie der diskontinuierlichen Gruppen linearer Substitutionen einer komplexen Veränderlichen zusammenhängt und daß letztere Theorie von Herrn Fricke neuerdings wesentlich weiterentwickelt und unter meiner Mitwirkung zur zusammenhängenden Darstellung gebracht worden ist[6]). Aber dies ist nicht alles. Es rubriziert hier auch (im Falle positiven Krümmungsmaßes) die Gegenüberstellung des einfachen elliptischen und des *sphärischen* Raumes, in welchem sich zwei geodätische Linien immer in zwei Punkten schneiden. Herr Killing hat zuerst den Satz aufgestellt, daß der sphärische Raum neben den Stammtypen (wie ich sie oben nannte) der einzige ist, der als Ganzes frei in sich bewegt werden kann. — Es wird interessant sein, zu untersuchen, wie die Axiome der Geometrie (NB. hier immer noch unter Zugrundelegung der Hypothesen von der Zahlenmannigfaltigkeit und Differentiierbarkeit) gefaßt werden müssen, um von vornherein auf eine bestimmte dieser unendlich vielen verschiedenen Raumformen zu kommen. Für die Untergruppen, die sich

---

[6]) Vorlesungen über die Theorie der automorphen Funktionen. Von R. Fricke und F. Klein. Bd. 1. Leipzig, Teubner 1897.

aus den Diskontinuitätsbereichen der Bewegungsgruppen ergeben, gilt, daß die freie Beweglichkeit der Figuren nur so lange besteht, als die Dimensionen der Figuren eine gewisse Größe nicht überschreiten. Das Axiom von der Geraden (demzufolge zwei gerade Linien sich nur in einem Punkte schneiden können) erleidet die wesentlichsten Modifikationen; gibt es doch jetzt gerade Linien, welche sich in unendlich vielen Punkten treffen. Hierdurch wird die Beziehung zwischen den Punkten einer Geraden und den Strahlen eines perspektiven Büschels (sofern man eben den Raum als Ganzes nehmen will) unter Umständen ganz entstellt. Vollends aber entsteht Verwirrung in der Theorie der Parallellinien. Es ist so bequem zu sagen, daß sich verschwindendes, negatives und positives Krümmungsmaß dadurch unterscheiden, daß durch einen Punkt außerhalb einer Geraden zu dieser Geraden 1, 2 und 0 Parallelen möglich sind. Jetzt haben wir Räume von verschwindendem und negativem Krümmungsmaße, welche nur endlich ausgedehnt sind; wie will man in ihnen Parallele definieren? In alledem liegt natürlich mehr eine formale als eine wirkliche Schwierigkeit (insofern die Erzeugung aller unserer Raumformen ganz klar ist); ich führe es nur an, um zur Untersuchung der neuen Raumformen anzureizen.

Ich werde nunmehr die Annahme der Zahlenmannigfaltigkeit (und der Differentiierbarkeit) verlassen und über die eigentlichen *geometrischen Grundlagen* der Theorie einiges sagen. Dabei will ich wieder nur solche Punkte berühren, welche in den letzten Jahren besonders hervorgetreten sind oder auf die ich die Aufmerksamkeit des Lesers besonders hinlenken möchte. Als Haupteinteilungsprinzip bietet sich wieder der Gegensatz von *metrischer* und *projektiver* Geometrie. Letztere ist dabei natürlich wieder nicht so zu verstehen, als ob sie die metrischen Fragen von der Betrachtung schlechtweg ausschlösse; sie schiebt dieselben nur zurück, um sie erst aufzunehmen, nachdem die einfacheren projektiven Beziehungen entwickelt sind. Diese Zweiteilung wird dabei nicht als eine willkürliche oder nur durch die Natur der mathematischen Methoden indizierte anzusehen sein, sondern als eine solche, die dem tatsächlichen Zustandekommen unserer Raumanschauung entspricht, bei dem sich ja in der Tat mechanische Erfahrungen (betr. die Bewegung starrer Körper) mit Erfahrungen des Sehraumes (betr. die verschiedenartige Projektion angeschauter Gegenstände) kombinieren.

Die elementaren Grundlagen der metrischen Geometrie haben in den letzten Jahren wohl kaum eine Neubearbeitung gefunden, die hier zu nennen wäre. Interessant sind die Entwicklungen des Herrn Lindemann in dem 1891 erschienenen zweiten Bande von Clebschs Vorlesungen über Geometrie, der die Axiome, welche bei Euklid selbst auftreten, mit den modernen Betrachtungen über die Beweglichkeit der starren Körper in Vergleich bringt.

Etwas ausführlicher möchte ich mich über die *Einführung der Zahlen in die metrische Geometrie* äußern. Der wesentliche Schritt ist, wie schon oben hervorgehoben wurde, daß wir den Punkten irgendwelcher gegebenen Kurve, sagen wir der Einfachheit halber einer geraden Linie, die Zahlen des eindimensionalen Kontinuums zuordnen. Wir werden damit beginnen, daß wir uns auf einer gezeichnet vorliegenden oder sonstwie materiell gegebenen geraden Linie tatsächlich eine Skala äquidistanter Punkte (einen Maßstab) konstruieren. Die Teile dieser Skala werden wir dann weiter unterabteilen, soweit dies praktisch ausführbar erscheint. Wir kommen so zu dem Resultate, daß innerhalb der empirischen Anschauung, d. h. soweit die Genauigkeit derselben reicht, tatsächlich jedem Punkte der geraden Linie eine bestimmte Zahl und jeder Zahl ein bestimmter Punkt zugeordnet werden kann. Und nun machen wir den charakteristischen Schritt über die empirische Anschauung hinaus zum Axiom: *wir postulieren, daß das Entsprechen zwischen Punkt und Zahl nicht nur innerhalb der empirischen Genauigkeit, sondern im absoluten Sinne statthaben soll*[7]). Es wird sich diese Forderung des genaueren in drei Stücke zerlegen lassen. Wir ziehen erstlich nur rationale Zahlen in Betracht und verlangen, daß *jeder* rationalen Zahl ein Punkt der geraden Linie entsprechen soll. Schon dieses erscheint mir durchaus axiomatisch, denn rationale Zahlen mit hinreichend großem Nenner können auf unserer Skala empirisch nicht mehr nachgewiesen werden. Wir wenden uns zweitens zu den irrationalen Zahlen (die wir mit Dedekind oder G. Cantor oder Weierstraß als Grenzen rationaler Zahlen definieren). Wieder haben wir ausdrücklich zu postulieren, daß jeder solchen irrationalen Zahl ein Punkt unserer Geraden entsprechen soll (vgl. G. Cantor im fünften Bande der Math. Annalen, 1872). Drittens endlich ist zu verlangen, daß jedem Punkte unserer Geraden nun auch eine bestimmte Zahl zugewiesen sein soll. Es wird dies der Fall sein, sobald es kein noch so kleines Segment unserer geraden Linie gibt, in welches wir bei fortgesetzter Unterabteilung unserer Skala nicht eindringen können. Insofern deckt sich diese dritte Forderung mit dem [mehr projektiv gefaßten] sogenannten *Axiom des Archimedes*. Diese drei Axiome zusammen — ich werde sie kurz die *Stetigkeitsaxiome* nennen — sind die eigentliche Grundlage unserer gewöhnlichen analytischen Geometrie. Man wird fragen können, ob diese Axiome notwendig sind, ob man dieselben nicht irgendwie modifizieren kann. In diesem Zusammen-

---

[7]) Es ist interessant, hier die Erläuterungen zu vergleichen, welche Mach auf S. 71—77 seines neuen Buches über die Prinzipien der Wärmelehre (Leipzig, 1896) betreffs der physikalischen Bedeutung des Zahlenkontinuums gibt.

hange habe ich zunächst die Tendenz zu nennen, welche in dem großen Buche von Veronese[8]) ihre ausführlichste Bearbeitung gefunden hat, nämlich, das Axiom des Archimedes fallen zu lassen und neben den genannten (rationalen und irrationalen) Zahlen auf der geraden Linie noch andere Zahlen einzuführen, die durch Addition von „aktual unendlich kleinen Zahlen" zu den gewöhnlichen „endlichen" Zahlen entstehen. Ich betrachte es hier nicht als meine Aufgabe, zu den verschiedenen Einwendungen Stellung zu nehmen, welche gegen die Veroneseschen Entwicklungen erhoben worden sind; ich will nur beiläufig bemerken, daß greifbare geometrische Resultate als Folge des erwähnten Ansatzes bisher noch nicht gewonnen sein dürften. Umgekehrt tritt bei anderen Forschern neuerdings vielfach die Tendenz hervor, nur die rationalen Punkte als wirkliche Punkte gelten zu lassen. Es liegt hier eine merkwürdige Umkehr des wissenschaftlichen Gedankens vor. Denn die irrationalen Zahlen sind in die Arithmetik überhaupt erst eingeführt worden, um der geometrischen Kontinuität gerecht zu werden, an deren Vorhandensein man nicht zweifelte; also nicht die Arithmetik, sondern die Geometrie hat den ersten Anstoß zu ihrer Inbetrachtnahme gegeben.

Die hiermit gegebenen Erörterungen über die Einführung der Zahlen gingen von dem Umstande aus, daß die empirische Messung eine Grenze nach unten hin hat, jenseits deren sie versagt. Genau so dürfte bei der Heranziehung der topologisch unterschiedenen Raumformen, von denen wir oben nur erst in abstraktem Sinne handelten, hier, wo die Geometrie des tatsächlich gegebenen Raumes in Betracht kommt, keine Willkür, sondern nur eine innere Konsequenz vorliegen. Unsere empirische Messung hat ebensowohl eine Grenze nach oben hin, welche durch die Dimensionen der uns zugänglichen oder sonst in unsere Beobachtung fallenden Gegenstände gegeben ist. Was wissen wir über die Verhältnisse des Raumes im Unmeßbar-Großen? Von vornherein zweifellos gar nichts; wir sind durchaus darauf angewiesen, Postulate aufzustellen. Ich betrachte also alle die topologisch unterschiedenen Raumformen als mit der Erfahrung gleich verträglich. Daß wir bei unseren theoretischen Überlegungen einzelne dieser Raumformen bevorzugen (nämlich die Stammtypen, also die eigentliche parabolische, hyperbolische und elliptische Geometrie), um schließlich die parabolische Geometrie, d. h. die gewöhnliche Euklidische Geometrie endgültig anzunehmen, geschieht einzig nach dem Grundsatze der Ökonomie.

Indem ich mich jetzt zur projektiven Geometrie wende, wünsche ich zunächst einiges über ihre von allem Messen unabhängige Begründung zu

---

[8]) Grundlagen der Geometrie von mehreren Dimensionen und mehreren Arten geradliniger Einheiten (übersetzt von Schepp), Leipzig 1894. Das italienische Original erschien 1891, Padova.

sagen. Dieselbe beruht bekanntlich auf dem Ineinanderliegen der Punkte, Geraden und Ebenen des Raumes, wie dies zuerst v. Staudt in seiner Geometrie der Lage 1847 entwickelt hat. Ich selbst habe dann in Bd. 4 und 6 der Math. Annalen (1871—72) [Abh. XVI und XVIII dieser Ausgabe] gezeigt, daß diese Überlegungen, trotzdem v. Staudt es anders darstellt, tatsächlich vom Parallelenaxiom unabhängig sind. Es beruht dies auf dem Umstande, daß man sich auf solche Konstruktionen beschränken kann, die über ein vorgegebenes begrenztes Raumstück nicht hinausführen (wobei dann alle Punkte, welche die gewöhnliche projektive Geometrie außerhalb dieses Raumstücks voraussetzt, nur als sogenannte ideale Punkte zur Geltung kommen). In besonders knapper und durchsichtiger Weise ist dies neuerdings (1891) von Herrn Schur im 39. Bande der Math. Annalen dargelegt worden. Vor allen Dingen aber muß ich hier auf die systematische Ableitung der ganzen Theorie aufmerksam machen, welche Herr Pasch in seinen Vorlesungen über neuere Geometrie (Leipzig 1882) gegeben hat. Das Buch von Pasch ist um so bemerkenswerter, als er mit seinen streng logisch gegliederten Entwicklungen überall ausdrücklich an die empirisch gegebene Raumanschauung anknüpft, so daß diejenige Auffassung der Geometrie, welche im vorliegenden Berichte vertreten wird, hier im Zusammenhange zur konsequenten Darstellung gelangt. Die Axiome der *abstrakten* projektiven Geometrie sind im Anschlusse an Pasch in den letzten Jahren von verschiedenen italienischen Geometern weiter zergliedert worden. Eine eigenartige Darstellung fanden dieselben in dem bereits genannten Buche von Veronese: der Verfasser formuliert seine Voraussetzungen so allgemein, daß er beim Übergange zur metrischen Geometrie neben dem einfachen elliptischen Raume von vornherein den sphärischen Raum mit erhält. Die Abstraktheit ist hier auf die Spitze getrieben, indem die Betrachtung immer mit den allgemeinsten Überlegungen anhebt; ich finde es äußerst schwer, dem Gedankengange des Verfassers auch nur ein Stück weit zu folgen.

Zweitens wünsche ich über die *Einführung der Zahlen in die projektive Geometrie* hier einiges zu sagen. Der Prozeß ist meines Erachtens im Prinzip genau derselbe wie im Falle der metrischen Geometrie, daß man nämlich zuerst eine Skala auf gegebener gerader Linie empirisch konstruiert, diese so weit als möglich unterabteilt und schließlich eben diejenigen Stetigkeitsaxiome einführt, von denen oben die Rede war. *Der* äußere Unterschied besteht natürlich, daß man jetzt von *drei* Punkten der Geraden ausgehen muß, denen man (willkürlich) die Zahlen 0, 1, ∞ zuweist, — während die metrische Skala mit zwei beliebigen Punkten beginnt, welche 0 und 1 genannt werden. Dies hat aber mit der *Plausibilität* der Stetigkeitsaxiome, wie ich es nennen möchte, gar nichts zu tun;

es genügt, sich wirklich einmal eine projektive Skala (empirisch) zu konstruieren, um zu sehen, daß die Teilpunkte für das beobachtende Auge bald so eng zusammenrücken, daß sie nicht mehr unterschieden werden können[9]). Ich habe daher auch nie verstehen können, weshalb Pasch in seinem Buche, in dem er übrigens die projektive Einführung der Zahlen vollständig zur Durchführung bringt, vor Einführung der Stetigkeitsaxiome einen Abschnitt über Kongruenz der Figuren einschaltet und die genannten Axiome dann an die metrische Skala anschließt; man vergleiche hierzu die Erläuterungen, welche Herr Pasch später (1887) im 30. Bande der Math. Annalen über diesen Punkt gegeben hat. Die Herren Lindemann und Killing haben sich denn auch in ihren bereits genannten Lehrbüchern diesem Verfahren nicht angeschlossen. Übrigens soll nicht unerwähnt bleiben, daß der erste, welcher die projektive Einführung der Zahlen auf der geraden Linie in streng logisch gegliederter Weise zur Darstellung gebracht hat, de Paolis gewesen ist (Memorie della Accademia dei Lincei, ser. 3, vol. 9, 1880—81).

Die so skizzierten Bemerkungen über die Einführung der Zahlen in die projektive Geometrie bedürfen natürlich, um mit dem Früheren in Übereinstimmung zu sein, der bestimmten Einschränkung, daß alle in Betracht kommenden Konstruktionen und Überlegungen zunächst nur im begrenzten Raumstück angestellt werden sollen. Dann ist die Bahn frei, um beim Übergang zur Metrik eine der drei möglichen Maßbestimmungen nach Belieben aufzustellen und überhaupt für den unbegrenzten Raum hinterher alle die topologischen Möglichkeiten zu diskutieren, die wir oben genauer bezeichneten.

Nun noch ein paar lose Ausführungen, die mit diesen projektiven Theorien in Verbindung stehen.

Die Herren Minkowski und Hilbert haben der Frage der mit der projektiven Geometrie verträglichen metrischen Geometrie letzthin eine sehr merkwürdige Wendung gegeben. Es seien x, y, z gewöhnliche Parallelkoordinaten. Minkowski ersetzt dann (vgl. seine Geometrie der Zahlen, Heft 1, Leipzig 1896) den üblichen Ausdruck für den Abstand zweier Punkte x, y, z und x_0, y_0, z_0 durch irgendeine homogene Funktion ersten Grades der beigesetzten Differenzen:

$$\Omega\,(x - x_0,\; y - y_0,\; z - z_0),$$

welche, gleich Konstans gesetzt, in x, y, z als laufenden Koordinaten eine *nirgends konkave* Fläche darstellt. Es gilt dann immer noch der Satz (wie Minkowski nachweist), daß die gerade Linie die kürzeste Linie

---

[9]) In der Tat ist ja auch die gewöhnliche metrische Skala der Euklidischen Geometrie direkt ein Spezialfall der projektiven Skala.

zwischen zwei beliebigen ihrer Punkte ist. Bewegungen des Raumes aber gibt es, allgemein zu reden, nicht mehr, abgesehen von den dreifach unendlich vielen Parallelverschiebungen. Man muß die Entwicklungen von Minkowski selbst nachlesen, um zu sehen, daß dieser allgemeine Ansatz zu sehr bemerkenswerten geometrischen Folgerungen hinführt. Herr Hilbert hat die Frage umgekehrt, indem er verlangt, die allgemeinste Maßbestimmung anzugeben, bei welcher die gerade Linie uneingeschränkt kürzeste Linie ist. Er findet, daß man diese Maßbestimmung aus den Doppelverhältnissen der projektiven Geometrie erhält, wenn man statt der Fläche zweiten Grades, welche Cayley benutzt, irgendeine nirgends konkave geschlossene Fläche als Fundamentalfläche zugrunde legt. Minkowskis Maßbestimmung ist hiervon ein Grenzfall. Im allgemeinen gibt es bei Hilbert überhaupt keine Bewegungen.

Eine andere Frage, welche allgemein interessieren muß, ist, welche Stellung Helmholtz zur projektiven Begründung der Nicht-Euklidischen Geometrie eingenommen hat. Das typische projektive Denken (im Sinne v. Staudts) hat Helmholtz vermutlich ganz fern gelegen. Man muß sich vergegenwärtigen, daß man in jenen Jahren, in welche Helmholtz' eigentliche mathematische Produktivität fällt, die projektive Geometrie noch durchgängig als eine Spezialität betrachtete; die Überzeugung von ihrer grundlegenden Bedeutung für alle geometrische Spekulation war noch keineswegs allgemein durchgedrungen. Es kann auch sein, daß Helmholtz nach seiner naturwissenschaftlichen Gewöhnung, die Dinge immer in concreto zu sehen, der bei der projektiven Geometrie zugrunde liegenden Abstraktion von vornherein abgeneigt war. In der Einleitung zu seiner Göttinger Note (1868) weist er eine Begründung der Geometrie, welche die Eigenschaften des Sehraumes voranstellt, geradezu zurück, „weil doch auch der Blinde richtige Raumvorstellungen gewinnen könne". Hiermit kontrastiert nun in interessanter Weise, daß Helmholtz durch seine ausgedehnten optischen Untersuchungen von selbst immerzu veranlaßt ist, projektive Fragen in Betracht zu ziehen, die er bald mit selbstgeschaffenen Hilfsmitteln löst, bald aber auch nur mit allgemeinem Räsonnement behandelt.

Was insbesondere die projektive Erfassung der Lobatschewskyschen bzw. Riemannschen Geometrie angeht, so finden sich die ausführlichsten Äußerungen in dieser Richtung in seinem populären Vortrage über „Ursprung und Bedeutung der geometrischen Axiome", der im dritten Hefte der bezüglichen Sammlung (Braunschweig, 1876) abgedruckt ist. Für den Raum konstanter negativer Krümmung benutzt er dort in der Tat mit Vorliebe Beltramis „Sphärisches Abbild" (1868) (bei welchem der genannte Raum nach seiner ganzen Erstreckung in das Innere einer Kugel des Euklidischen Raumes abgebildet wird, und zwar derart, daß seinen geraden Linien die geraden Linien des Euklidischen Raumes entsprechen). Bei dieser Abbildung verwandelt sich bekanntlich Lobatschewskys Geometrie in diejenige Cayleysche Maßbestimmung, welche die begrenzende Kugel als absolute Fläche benutzt; der Unterschied ist nur, daß im Anschluß an Cayley zum Fundament wird, was bei Beltrami ein bloßes Mittel der Veranschaulichung ist, womit zusammenhängt, daß nicht schon Beltrami zur Erfassung einer projektiven Begründung der Nicht-Euklidischen Geometrie gelangt ist. Von Cayley und den sich anschließenden Entwicklungen ist nun bei Helmholtz nirgends die Rede; er hat, wie es scheint, davon nie Notiz genommen. Trotzdem erfaßt er das „kugelförmige Abbild" als etwas Wesentliches; er sucht sich den Eindruck klarzumachen, den ein Beobachter gewinnen müßte, der, mit Euklidischem Augenmaße ausgestattet, die Nicht-Euklidischen Bewegungen starrer Körper innerhalb des genannten Abbildes betrachten würde. Diese Bewegungen erweisen sich dabei natürlich als Kollineationen, welche die fundamentale Kugel festlassen; die Kugel ist wie eine undurchdringliche, oder richtiger gesagt: unerreichbare Wand, an welche die Bewegungen zwar beliebig nahe heranbringen, welche man aber nie wirklich berührt. Helmholtz versucht es, diese Sache zu veranschaulichen, ohne von dem Worte „Kollineation" Gebrauch zu machen. Zu dem Zweck konstruiert er eine Analogie; er fingiert einen Beobachter, der, mit Euklidischem Augenmaß ausgestattet, den Euklidischen Raum und die in diesem stattfindenden Bewegungen durch eine Konkavlinse betrachtet. Die Sache ist dann in projektiver Ausdrucksweise folgende: der Euklidische Raum unterliegt vermöge der an der Linse stattfindenden Strahlenbrechung einer bestimmten Kollineation (einer „Reliefperspektive"), vermöge deren die unendlich ferne Ebene auf den Beobachter zu ins Endliche gerückt erscheint; es ist also in der Tat dieser Vergleichspunkt vorhanden, daß das Gesichtsfeld nach vornehin durch eine Wand wie abgeschlossen erscheint. Darum bleibt aber doch, wie man leicht bemerkt, ein wesentlicher Unterschied bestehen. Die in Rede stehende Wand ist eben kein Stück einer Kugelfläche, sondern eine richtige Ebene, und in Übereinstimmung hiermit ist die abgeänderte Maßbestimmung, welche unser Beobachter wahrnimmt, nach wie vor eine Euklidische, d. h. eine parabolische Maßbestimmung, welche einen in der ebenen Wand gelegenen imaginären Kegelschnitt als fundamentales Gebilde benutzt. — Noch interessanter gewissermaßen (als eine Mischung von wahr und falsch) ist, was Helmholtz über den Fall des positiven Krümmungsmaßes sagt. Er stattet zunächst den eben eingeführten Beobachter mit einer Konvexbrille aus, was allerdings weniger gut paßt, weil dadurch die in Rede stehende Wand (die Fluchtebene der Reliefperspektive) nicht weggeschafft wird, wie es eigentlich der Fall sein sollte, sondern nur hinter den Beobachter gelegt wird. Dann wieder bemerkt er mit überraschender Deutlichkeit, daß der Hintergrund des Gesichtsfeldes im Falle positiven Krümmungsmaßes durch den eigenen Hinterkopf des Beobachters gegeben sein würde. Man kann die Verhältnisse, wie sie sich im (einfachen) elliptischen Raume gestalten, nicht überzeugender schildern, als durch diese Angabe geschieht. Die Sache stimmt allerdings auch im sphärischen Raume, aber doch nur in komplizierter Weise, indem nämlich die Visierlinien, welche vom Auge des Beobachters ausgehen, ehe sie erneut, von hinten kommend, sich im Ausgangspunkte kreuzen, vorher alle im sphärischen Gegenpunkte des Beobachters zusammentreffen: das ist eine so wesentliche Sache, daß ein Naturforscher, der den Hergang schildert, sie unmöglich unerwähnt lassen kann. Helmholtz ist aber trotzdem nicht zur Erfassung des einfachen elliptischen Raumes durchgedrungen; vielmehr reproduziert er l. c. weiterhin ungeändert den alten (aber falschen) Satz, daß sich im Raume positiver Krümmung zwei geodätische Linien, wenn sie sich überhaupt schneiden, notwendig in *zwei* Punkten schneiden müssen!

Fassen wir zusammen, so werden wir sagen dürfen, daß sich hier auf dem Gebiete der projektiven Geometrie ein ganz ähnliches Bild ergibt, wie bei den Untersuchungen über die Grundlagen der metrischen Geometrie, daß nämlich Helmholtz hier wie allerwärts in genialer Weise die richtigen allgemeinen Gesichtspunkte erfaßt, daß aber die Einzelausführung nur wenig befriedigt. Der große Namen von Helmholtz kann durch solche Bemerkungen nicht herabgemindert werden; die Wissenschaft aber hat Gewinn, wenn die historische Kritik versucht, auch in solchen außerordentlichen Fällen Licht und Schatten richtig zu verteilen.

Göttingen, den 1. Oktober 1897.

[Unnötig zu sagen, daß erst nach Abschluß des vorstehenden Berichts die volle Entwicklung der modernen Axiomatik einsetzte; man vergleiche, was diese weitere Entwicklung angeht, das Referat von Enriques in der Math. Enz., Bd. III, AB 1 (1907) bzw. deren französischen Ausgabe.

Ich selbst bin in meinen weiteren wissenschaftlichen Schriften nur noch einmal auf axiomatische Fragen zurückgekommen, nämlich in Bd. 2 meiner autographierten Vorlesungen über Elementarmathematik vom höheren Standpunkt aus (Geometrie, 1. Aufl. 1905, 2. Aufl. 1914), in der ich eine Übersicht über die elementarsten Fragen der Axiomatik gebe. Was insbesondere die Parallelentheorie angeht, gebe ich dort in erster Linie eine Darstellung, die dem Axiomensystem von Méray entspricht, indem ich nämlich von vornherein die Existenz von ∞^3 (unter sich vertauschbaren) Translationen voraussetze, womit natürlich die allgemeine projektive Maßbestimmung, und damit die eigentliche Nicht-Euklidische Geometrie ausgeschlossen sind. Erst in zweiter Linie gehe ich auf letztere ein. Ich erwähne diese Einzelheit hier, um hervortreten zu lassen, daß ich mir hinsichtlich Art und Aufeinanderfolge der Axiome je nach dem gerade vorliegenden Zweck alle Freiheit wahren möchte. — K.]

XXIII. Zur Interpretation der komplexen Elemente in der Geometrie.

[Nachrichten von der Kgl. Gesellschaft der Wissenschaften zu Göttingen
vom 14. August 1872; Math. Annalen, Bd. 22.]

Wenn bei der analytischen Behandlung der Geometrie das Studium
der algebraischen Gebilde notwendig zu der Einführung komplexer Elemente hinleitet, so hat man lange Zeit darüber gestritten, ob und in
wie weit den komplexen Elementen eine rein geometrische Bedeutung beizulegen sei. Die mehr oder minder unbestimmten Prinzipien, wie sie von
Poncelet, Chasles u. a. mit Bezug auf diese Frage formuliert wurden,
konnten eine exakte Auffassung nicht befriedigen; sie erweisen sich nicht
nur als unklar, sondern in vielen Fällen geradezu als ungenügend. Auch
die in neuerer Zeit so vielfach angewandte und gewiß höchst fruchtbare
Methode, die komplexen Gebilde als nur analytisch definiert anzusehen,
von ihnen aber Dinge auszusagen, welche die geometrische Anschauung
den reellen Gebilden beilegt, indem man darunter nur die auch für die
komplexen Elemente bestehenden bez. analytischen Relationen versteht,
kann nicht als die abschließende Behandlung des Gegenstandes erscheinen,
obwohl sie in ihrer Richtung alles leistet. Denn wir wollen auch in der
analytischen Geometrie uns nicht begnügen, geometrische Sätze an der
Hand übrigens nicht gedeuteter analytischer Operationen als wahr zu erkennen, sondern wir wollen den geometrischen Inhalt jeder einzelnen
Operation verfolgen, so daß das Resultat als ein durch unsere räumliche
Anschauung notwendig bedingtes mit Bewußtsein erkannt wird. In dieser
Richtung liegt also bei den komplexen Elementen die Frage vor, ob man
nicht den Sätzen und Aufgaben, die sich analytisch auf komplexe Elemente beziehen, dadurch eine geometrische Bedeutung erteilen könne, daß
man sie auf reale Gebilde überträgt, die zu den komplexen in einer
wesentlichen Beziehung stehen. v. Staudts Verdienst ist es[1]), in seinen

---

[1]) Vgl. hierzu die beiden neuen Aufsätze: Stolz, Die geometrische Bedeutung
der komplexen Elemente in der analytischen Geometrie. Math. Ann., Bd. 4 (1871). —
August, Untersuchungen über das Imaginäre in der Geometrie. (Programm der
Friedrichs-Realschule in Berlin 1872.)

Beiträgen zur Geometrie der Lage die Frage in der so präzisierten Form aufgestellt und in einer nun noch näher zu beleuchtenden Art beantwortet zu haben.

Jeder komplexe Punkt — und es mag hier nur von komplexen *Punkten* gehandelt werden — liegt mit seinen konjugierten auf einer reellen Geraden und gibt mit ihm zusammen das Paar Grundpunkte für eine reelle auf der Geraden befindliche Involution ab. Diese Involution ist durch die beiden Punkte vollständig bestimmt; es findet auch das Umgekehrte statt; sie kann daher die beiden komplexen Punkte geometrisch vertreten, insofern für sie bestimmte Beziehungen gelten müssen, sobald irgendwelche Beziehungen für die komplexen Punkte festgesetzt werden. Aber es entsteht die Schwierigkeit, zu sondern, was auf den einen oder den anderen komplexen Punkt sich bezieht. Um dies zu erreichen — und das ist der Kern seiner Methode — legt v. Staudt der geraden Linie, auf welcher sich die Involution befindet, einen bestimmten *Sinn* bei, in welchem sie durchlaufen werden soll; die Involution vertritt den einen oder den anderen komplexen Punkt, je nachdem man den einen oder anderen Sinn auswählt.

Diese Einführung und Unterscheidung des Sinnes scheint zunächst sehr willkürlich. Denn derselbe hängt mit der auf der Geraden befindlichen Involution gar nicht zusammen, er gibt nur an, in welcher Reihenfolge wir die überdies durch die Involution paarweise zusammengeordneten Punkte der Geraden unserer Aufmerksamkeit vorführen sollen. Und es ist gar nicht zu sehen, weshalb die Unterscheidung des Sinnes mit der Trennung der beiden komplexen Punkte zusammenhängt.

Demgegenüber sei es gestattet, hier eine andere Interpretation der komplexen Elemente vorzutragen, welche eine Einsicht in die aufgeworfenen Fragen gestattet, welche übrigens die v. Staudtsche Interpretation umfaßt und nur als eine Weiterbildung derselben angesehen werden will.

In ihrer allgemeinsten Form kann die fragliche Interpretation folgendermaßen dargelegt werden. Die beiden auf einer Geraden befindlichen komplexen Punkte O, O' können als Grundpunkte für eine auf der Geraden zu treffende *projektivische Maßbestimmung* betrachtet werden. Als Entfernung zweier Punkte a, b hat man dann den mit einer beliebig zu wählenden Konstanten c multiplizierten Logarithmus eines der beiden Doppelverhältnisse zu betrachten, welches die Punkte a, b mit den Punkten O, O' bilden. Nachdem man über c nach Belieben verfügt, ist die Maßbestimmung bis auf das Vorzeichen festgelegt, *in dieser Unbestimmtheit repräsentiert sie die beiden komplexen Punkte O und O'.* Ein Wechsel des Vorzeichens kann mit einer Vertauschung der beiden Punkte O und O' in Zusammenhang gebracht werden. Denn bei einer solchen Vertauschung geht das bez. Doppelverhältnis in seinen reziproken Wert über, der Logarithmus des Doppelverhältnisses ändert sein Zeichen. *Indem wir also der Maßbestimmung ein bestimmtes Vorzeichen beilegen, sondern wir zwischen den beiden komplexen Punkten, insofern Vorzeichenwechsel und Vertauschung der beiden Punkte einander entsprechen.*

Wir wollen jetzt von einem beliebigen Punkte a anfangend auf der gegebenen Geraden eine Skala mit Bezug auf die festgelegte Maßbestimmung äquidistanter Punkte konstruieren, welche in positivem Sinne fortschreitet, in dem wir von a aus eine positive Strecke α wiederholt antragen. Die so entstehende und in bestimmtem Sinne durchlaufene Punktreihe vertritt die Maßbestimmung vollständig, auch wenn sie sich nach n-maliger Wiederholung schließt, vorausgesetzt nur, daß $n > 2$. Sinkt n auf 2 herab, so hat die Reihe als solche keinen eigentümlichen Sinn mehr; sie hat auch zu wenig Konstante, um die beiden komplexen Punkte zu definieren. — Ist aber $n > 2$, so können wir die Punktreihe, die dann eine sogenannte zyklisch projektivische Reihe von n Punkten ist[2]), mit ihrem Sinne an Stelle der Maßbestimmung setzen; *als Bild des einzelnen komplexen Punktes dient dann also die in bestimmtem Sinne durchlaufene zyklisch projektivische Reihe.*

Statt der einen solchen Reihe mögen wir unendlich viele konstruieren, indem wir den Anfangspunkt a sich beliebig ändern lassen; wir mögen die unendlich vielen Reihen in der Weise aufeinander folgen lassen, wie es ihre Anfangspunkte entsprechend einer positiven Zunahme der Entfernung von a tun. Ist n, wie wir voraussetzten, > 2, so können alle diese Punktreihen in bestimmter Aufeinanderfolge aus einer einzigen derselben durch Konstruktion abgeleitet werden[3]); die Einführung der unendlich vielen Reihen hat nur den Zweck, daß sie den Wert beurteilen läßt, den die einzelne Reihe zur Darstellung der komplexen Grundpunkte besitzt; sie ist eben eine unter einfach unendlich vielen.

Ist aber $n = 2$, haben wir also mit Punktepaaren zu tun, die dann eine Involution bilden, so wird das gleichzeitige Betrachten von mindestens zwei Paaren notwendig, denen dann noch der Sinn, in welchem die Gerade durchlaufen werden soll, besonders hinzugefügt werden muß. *Dann hat man eben die v. Staudtsche Interpretation.*

Nehmen wir aber, was am einfachsten scheint, $n = 3$. Man hat dann

---

[2]) Eine solche wird auf einer beliebigen Geraden von den n Strahlen ausgeschnitten, die den Winkelraum um einen Punkt herum in n gleiche Teile teilen; man erhält dabei die allgemeinste zyklisch projektivische Reihe, jede einmal.

[3]) Man erreicht dies am einfachsten, wenn man die erste Reihe durch n Strahlen eines Büschels bestimmt, die untereinander gleiche Winkel bilden; dreht man den Büschel um seinen Mittelpunkt, so schneiden die Strahlen alle weiteren Punktreihen aus.

drei Punkte auf der Geraden, und zwar drei beliebige Punkte, da jedes
System von drei Punkten zyklisch projektivisch ist. Die Grundpunkte desselben werden durch die quadratische Kovariante Δ der durch die drei
Punkte repräsentierten kubischen Form f vorgestellt. Drei Punkte sind
auch gerade notwendig und hinreichend, um einen bestimmten Sinn auf
den Geraden festzulegen. *Wir repräsentieren also schließlich den komplexen Punkt durch drei beliebige in bestimmtem Sinne zu nehmende
Punkte einer Geraden.* — Der komplexe Punkt ist dann einer der beiden
Punkte, die durch $\Delta = 0$ vorgestellt werden. Daß sich die Unterscheidung
des Sinnes auf der Geraden mit der Unterscheidung der Faktoren von Δ
deckt, kommt darauf hinaus, daß die Festsetzung des Sinnes der Adjunktion der Quadratwurzel aus der Diskriminante von f äquivalent ist,
letztere ist aber zugleich im wesentlichen die Diskriminante von Δ.

Es mag hier nicht näher ausgeführt werden, wie sich die konstruk-
tiven Aufgaben, welche man für komplexe Punkte stellen kann, unter
Zugrundelegung dieser einfachsten Darstellung gestalten; dagegen mag noch
kurz der Darstellung durch zyklisch projektivische Reihen von vier Punkten
a, b, c, d gedacht werden. Dieselbe fällt nämlich ihrem Wesen nach mit
v. Staudts „harmonischer" Darstellung der zur Definition der komplexen
Punkte dienenden Involution zusammen, und nur die Auffassung ist hier
etwas anders. Bei v. Staudt hat man in den vier Punkten a, b, c, d
zwei Paare der bez. Involution vor sich, nämlich ac und bd, und man
schreibt die Punkte nur in der Reihenfolge a, b, c, d, um zugleich den
Sinn auf der Geraden zu fixieren. Hier dagegen gehen die Punkte a, b,
c, d in ihrer Reihenfolge durch dieselbe Operation auseinander hervor, und
der Sinn findet sich von selbst mitbestimmt.

XXIV. Eine Übertragung des Pascalschen Satzes auf Raumgeometrie.

[Sitzungsberichte der physikalisch-medizinischen Sozietät zu Erlangen vom 10. November 1873[1]); Math. Annalen, Bd. 22.]

Man erhält ein eigentümliches Prinzip zur Übertragung von Sätzen der Ebene auf den Raum, wenn man die Riemannsche Repräsentation einer komplexen Variabeln auf der Kugelfläche mit der projektivischen Betrachtung der Gebilde zweiten Grades verbindet. Dasselbe soll im folgenden kurz bezeichnet und insbesondere auf den Pascalschen Satz angewendet werden.

Hesse hat bekanntlich eine Methode gegeben (Borchardts Journal, Bd. 66 (1867)), um Sätze der Ebene auf die gerade Linie, — algebraisch ausgedrückt, auf das Wertgebiet einer einzelnen, im Sinne der linearen Invariantentheorie betrachteten, Variabeln — zu übertragen. Man lasse nämlich jeder geraden Linie der Ebene das Punktepaar entsprechen, in welchem sie einen festen Kegelschnitt schneidet, und beziehe den Kegelschnitt durch stereographische Projektion von irgendeinem seiner Punkte aus auf eine feste Gerade. Die Punktepaare der Geraden werden so die Bilder der Linien der Ebene, und die ebene Geometrie ist mit der Geometrie der Geraden in Verbindung gesetzt, wenn man in ersterer die Linien, auf letzterer die Punktepaare als Elemente betrachtet.

Man repräsentiere nun weiter das Wertgebiet der Variabeln, deren *reelle* Werte allein auf der festen Geraden veranschaulicht waren, in Riemannscher Weise auf einer Kugelfläche, oder, was eine leicht verständliche Verallgemeinerung ist, auf einer nicht geradlinigen reellen Fläche zweiten Grades[2]). Der geraden Linie der ursprünglichen Ebene, mochte sie reell oder komplex sein, entspricht eindeutig ein reelles Punktepaar der Fläche, und dieses Punktepaar ersetze man wieder durch seine Verbindungsgerade. So hat man schließlich eine Beziehung zwischen Ebene und Raum, *vermöge deren jeder reellen oder komplexen Geraden der Ebene eine und im allgemeinen nur eine reelle Gerade des Raumes ent-*

---

[1]) Es ist dies diejenige Arbeit, auf welche Hr. Wedekind bei seiner Definition des komplexen Doppelverhältnisses von vier Punkten der Kugel Bezug nimmt, Bd. 9 der Math. Annalen, S. 209 ff. (1875).

[2]) Man erhält diese Repräsentation, von der gewöhnlichen Darstellung der komplexen Variabeln in der Ebene ausgehend, indem man die Ebene parallel zu der Tangentialebene der Fläche in einem ihrer Nabelpunkte legt und durch stereographische Projektion von diesem Nabelpunkte aus Fläche und Ebene aufeinander bezieht.

spricht. Letztere ist in ihrer Lage dadurch beschränkt, daß sie gezwungen ist, eine nicht geradlinige reelle Fläche zweiten Grades zu treffen.

Diese Beziehung hat namentlich folgende Eigentümlichkeit: Zwei Gerade der Ebene, die mit den Tangenten, welche man durch ihren Durchschittspunkt an den bei Herstellung der Beziehung benutzten festen Kegelschnitt legen kann, ein *reelles* Doppelverhältnis bilden, erhalten als Bilder zwei räumliche Gerade, die sich erstens *schneiden* und überdies innerhalb des somit durch sie bestimmten Büschels mit den an die feste Fläche gelegten durch ihren Durchschnittspunkt gehenden Tangenten *dasselbe reelle* Doppelverhältnis bilden.   Insbesondere also: Linien der Ebene, die in bezug auf den festen Kegelschnitt konjugiert sind, werden wieder konjugierte, sich überdies schneidende, Raumgeraden zu Bildern haben.   Oder, wie man sich ausdrücken kann, indem man den Kegelschnitt in der Ebene, die Fläche im Raume nach Cayleys Vorgange als Fundamentalgebilde für eine projektivische Maßbestimmung betrachtet: *Senkrechten Linien der Ebene entsprechen senkrechte, sich schneidende Linien des Raumes.*

Um das hiermit geschilderte Übertragungsprinzip auf den Pascalschen Satz anzuwenden, mag man demselben folgende Form geben.   Statt zu sagen, daß die drei Durchschnittspunkte der Gegenseiten eines in einen Kegelschnitt eingeschriebenen Sechsseits in einer Geraden liegen, kann man sich dahin ausdrücken, daß die Polaren dieser drei Punkte, d. h. die drei Geraden, welche bez. zu den zusammengehörigen Gegenseiten gleichzeitig konjugiert sind, zu einer vierten Geraden konjugiert sind; oder endlich, indem man nun den Kegelschnitt als Fundamentalgebilde einer projektivischen Maßbestimmung wählt: *daß die gemeinsamen Perpendikel der Gegenseiten eines in das Fundamentalgebilde eingeschriebenen Sechsseits ein gemeinsames Perpendikel haben.*

Auf den Raum übertragen, behält der Satz vollständig seine Form; und das ist die Verallgemeinerung des Pascalschen Satzes, die hier gegeben werden sollte.   Unter „Fundamentalgebilde" ist nur eine ovale Fläche zweiten Grades verstanden; das in sie eingeschriebene Sechsseit braucht nicht eben zu sein, sondern kann irgendwie angenommen werden; endlich erscheinen alle Konstruktionen auf das Innere der Fläche beschränkt.   Wollte man diese Beschränkung aufheben, wollte man ferner, was nahe liegt, zu weiterer Verallgemeinerung an Stelle der nicht geradlinigen reellen Fläche zweiten Grades eine beliebige Fläche zweiten Grades setzen, so würde zunächst eine gewisse Unbestimmtheit zu beseitigen sein, die daraus entsteht, daß die Konstruktion des gemeinsamen Perpendikels zweier Raumgeraden in Cayleys Geometrie eine zweideutige ist und nur durch Beschränkung auf das Innere der nicht geradlinig vorausgesetzten reellen Fläche zu einer eindeutigen gemacht wird.

[Die Figur, welche aus zwei die $(x + iy)$ Kugel schneidenden Raumgeraden und ihrem zugehörigen, innerhalb der Kugel verlaufenden Perpendikel besteht, scheint in vielfacher Hinsicht besonders interessant. Ich hatte in einer Vorlesung von 1890—91 Anlaß, hierauf ausführlicher hinzuweisen, und im Anschluß daran hat damals Herr Fr. Schilling ein Resultat gefunden (s. Göttinger Nachrichten 1901, bez. Math. Annalen, Bd. 39), welches ich seiner besonderen Schönheit wegen hier gern erwähne:

Man nehme irgend drei die $(x + iy)$-Kugel schneidende Gerade a, b, c und die drei in unserem Sinne zugehörigen Perpendikel, welche in geeigneter Reihenfolge α, β, γ heißen sollen. Die Beziehung zwischen den a, b, c und den α, β, γ ist ersichtlich eine gegenseitige. Man definiere nun Winkel und Entfernung hinsichtlich der $(x + iy)$-Kugel als Logarithmen der in Betracht kommenden Doppelverhältnisse, multipliziert mit $i/_2$. Die Ebenen, welche man durch a und bez. β, γ legen kann, mögen danach den Winkel l' einschließen, ebenso die Strecke, welche auf a durch β, γ ausgeschnitten wird, die Länge il'' besitzen. Die entsprechende Bedeutung sollen m', m'', bez. n', n'' für b, c haben. Analog definiere man bei den Geraden α, β, γ die Winkel λ', μ', ν' und die Strecken $i\lambda'', i\mu'', i\nu''$. Man setze endlich

$$l = l' + il'', \qquad \lambda = \lambda' + i\lambda'',$$
$$m = m' + im'', \qquad \mu = \mu' + i\mu'',$$
$$n = n' + in'', \qquad \nu = \nu' + i\nu''.$$

Zwischen den sechs Größen $l, m, n, \lambda, \mu, \nu$ bestehen dann genau dieselben Gleichungen, die man in der Elementargeometrie zwischen den Kantenwinkeln und den Seitenwinkeln eines gewöhnlichen Dreikants aufstellt. Die Gleichungen der sphärischen Trigonometrie finden also in unserer Figur auch für den Fall, daß alle in sie eingehenden Argumente komplexe Werte haben, ihre konkrete Interpretation.

Wegen des, übrigens ganz einfachen, Beweises wolle man meine autographierte Vorlesung über die hypergeometrische Funktion (von 1893—94) oder auch Fr. Schilling in Math. Annalen, Bd. 44 vergleichen. An gegenwärtiger Stelle sei nur bemerkt, daß unsere Figur, sobald sich a, b, c im Mittelpunkt der $(x + iy)$-Kugel schneiden, in die Elementarfigur vom Dreikant und zugehörigem Polardreikant übergeht, wobei dann $l'', m'', n'', \lambda'', \mu'', \nu''$ verschwinden und $l = l', m = m', \ldots$, die Bedeutung gewöhnlicher Winkel bekommen. Mit anderen Worten: man hat dann genau die Verhältnisse der elementaren sphärischen Trigonometrie vor sich. K.]

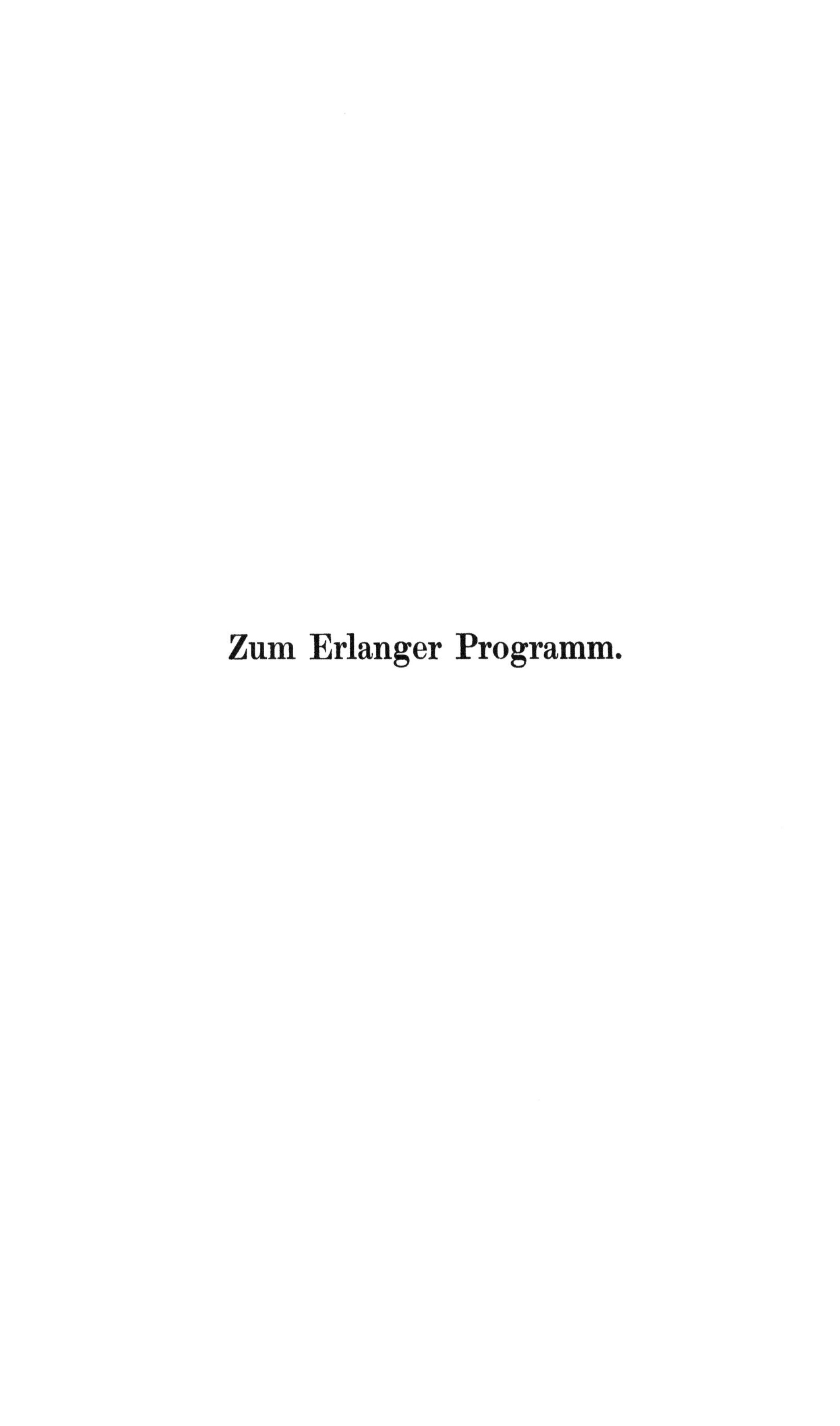

Zum Erlanger Programm.

Zur Entstehung der Abhandlungen XXV—XXXIII.

In der nun noch folgenden dritten Abteilung des vorliegenden ersten Bandes meiner gesammelten Abhandlungen sind der Hauptsache nach diejenigen meiner Arbeiten zusammengefaßt, bei denen der Begriff der *kontinuierlichen Transformationsgruppe* im Vordergrunde steht.

Den Anfang bilden, auch der Zeit nach, die gemeinsamen Veröffentlichungen von Lie und mir über *W*- Gebilde vom Sommer 1870, bzw. Frühjahr 1871, die hier als XXV und XXVI abgedruckt sind. Einige nähere Angaben über ihr Zustandekommen sind an Ort und Stelle eingefügt (S. 415).

Folgeweise hätte meine Arbeit VIII (Über Liniengeometrie und metrische Geometrie, vom Herbst 1871) ihre Stelle finden können, wenn es nicht doch, ihres besonderen Inhaltes wegen, zweckmäßiger erschienen wäre, sie schon in den ersten (liniengeometrischen) Teil des vorliegenden Bandes aufzunehmen. In der Tat kommen hier, wie in der großen Arbeit von Lie über Linien- und Kugelkomplexe, auf die dort fortwährend Bezug genommen wird, innerhalb der geometrischen Fragestellungen, die wir behandeln, neue Beispiele kontinuierlicher Transformationsgruppen zu spezifischer Geltung.

In demselben Sinne muß ferner auf die beiden Nummern XVI und XVIII der zweiten Abteilung (meine beiden ersten Arbeiten über Nicht-Euklidische Geometrie) verwiesen werden. Ganz besonders gilt das von XVIII, die Anfang Juni 1872 abgeschlossen wurde. Auf S. 52 oben ist bereits erzählt, daß der Grundgedanke des Erlanger Programms (den ich im Spätherbst 1871 erfaßt hatte) ebendort seine erste Ausprägung gefunden hat. Der Stoff, welcher dabei umspannt wird, ist nicht so ausgedehnt, wie im Programm selbst, dafür aber die Darstellung im einzelnen vielleicht noch überzeugender, weil ursprünglicher.

Unter XXVII folgt nunmehr das Erlanger Programm selbst, dessen Entstehungszeit der Oktober 1872 ist. Zwei Umstände haben bei seinem Zustandekommen in erster Linie mitgewirkt, worüber ich hier ein paar Worte sagen muß. Zunächst, daß mich Lie vom 1. September beginnend für zwei Monate besuchte, dann, daß ich am 1. Oktober nach Erlangen übersiedelte, wohin ich als Ordinarius berufen war. Lie, der mich dorthin begleitete, hatte inzwischen die Grundzüge seiner Theorie der partiellen Differentialgleichungen erster Ordnung, wie insbesondere der Berührungstransformationen, gewonnen, die bald unser tägliches Gespräch bildeten (wie denn die erste Note, welche Lie über seine neuen Auffassungen veröffentlichte, siehe die Göttinger Nachrichten vom 30. Okt. 1872, von mir redigiert war). Andererseits ging Lie nun mit größtem Eifer auf meine Ideen über die gruppentheoretische Klassifikation der verschiedenen Behandlungsweisen der Geometrie ein. Die äußere Veranlassung für die Entstehung meiner Schrift aber war, daß in Erlangen der neuernannte Professor neben einem Vortrage, mit dem er sich in den Kreis seiner Kollegen einführte, herkömmlicherweise ein gedrucktes Programm vorzulegen hatte. Ich halte diese Sitte, trotz aller Unbequemlichkeiten, die daraus für die Nächstbeteiligten erwachsen mögen, für etwas sehr Gutes, indem die inneren Gedankenreihen, mit denen der Neuberufene sein Amt antritt, den Kollegen, mit denen er zusammenzuwirken hat, auf ganz andere Weise bekannt werden, als sonst möglich ist, auch der Neuling zu voller Abklärung seiner Ideen gezwungen ist. In meinem Falle fand der öffentliche Vortrag, bei welchem die Druckschrift an die Zuhörer verteilt wurde, am 7. Dezember statt; ich hatte, wie beiläufig bemerkt sei, als Thema für meinen Vortrag die pädagogischen Grundzüge der von mir anzustrebenden akademischen Tätigkeit gewählt [einiges Nähere darüber in Loreys Abhandlung über das Studium der Mathematik an den deutschen Universitäten seit Anfang des 19. Jahrhunderts, Leipzig, B. G. Teubner, 1916[1])].

Bei der Ausarbeitung meines Programms habe ich selbstverständlich immer daran gedacht, was wohl mein verehrter Lehrer Clebsch (dem ich zweifellos auch die frühzeitige Berufung nach Erlangen zu verdanken hatte) zu meinen Darlegungen, die so vielfach von seiner systematisch - projektiven Denkweise abwichen, sagen würde. Vergeblich! Denn Clebsch ist am 7. November 1872, im Alter von nur 39 Jahren, einem Anfall von Diphtheritis plötzlich erlegen. Es kam also nicht zu der Stellungnahme, der ich mit einer Mischung von Hoffnung und Furcht entgegensah. Aber gleichzeitig erwuchsen mir, indem ich Clebschs wissenschaftliche Erbschaft zu verwalten hatte, neue Aufgaben, die meine Tätigkeit in eine andere Richtung drängten. Ich hatte zunächst dafür zu sorgen, daß Lindemann, der bald nach Erlangen kam, die Ausarbeitung von Clebschs Vorlesungen über Geometrie übernehmen konnte, überhaupt aber andere Spezialschüler von Clebsch, die sich gleichfalls in Erlangen einfanden, in ihren Arbeiten gefördert wurden. Im Zusammenhang damit hielt ich mehrere Semester hindurch höhere Vorlesungen über die von Clebsch bevorzugten Gegenstände, also Invariantentheorie, projektive Geometrie, Abelsche Funktionen usw. Auch die Tradition der noch jungen Mathematischen Annalen wollte aufrecht erhalten sein. Im übrigen wandte ich mich, indem ich meinen Bonner Arbeitsplan in erweitertem Sinne neu aufnahm, jetzt dazu, von den mir geläufigen Darstellungsweisen der algebraischen Geometrie zu Riemann und Galois vorzudringen. Hierüber wird im 2. und 3. Bande der vorliegenden Gesamtausgabe Näheres mitzuteilen sein; es war die Theorie der *diskontinuierlichen Gruppen,* die nun für mich in den Vordergrund trat.

Jedenfalls wurde ich durch diese Inanspruchnahme von dem unmittelbaren Kontakt mit dem Lieschen Ideenkreise abgedrängt. Aber auch bei Lie selbst trat eine Änderung der Arbeitsrichtung ein, die durch einen Besuch, den er, bei der Rückreise von Erlangen nach Christiania, bei Adolf Mayer in Leipzig machte, eingeleitet wurde: er begann, um für einen ausgedehnteren Kreis von Mathematikern verständlicher zu schreiben, die rein geometrischen (oder, wie er sagte, „synthetischen“) Betrachtungsweisen, die er sich ausgebildet hatte und die nach wie vor den eigentlichen Kern seines mathematischen Denkens bildeten, zu Gunsten der analytischen Darstellungart Jacobischer Tradition zurückzudrängen. Solcherweise ist das merkwürdige Ergebnis zustande gekommen, daß sich Lies und meine Gedankenkreise eben in dem Augenblicke, wo sie durch das Erlanger Programm auf das innigste verschmolzen waren, voneinander abtrennten. Wiederholtes längeres Zusammensein in den 70er und 80er Jahren hat an der hiermit geschilderten Sachlage nicht mehr viel ändern können. Ich war Ostern 1875 nach München, Herbst 1880 nach Leipzig gekommen. In beiderlei Stellungen war ich durch meine eigenen Untersuchungen und übrigens amtliche Verpflichtungen so sehr in Anspruch genommen, daß es einfach unmöglich war, auch noch den fortschreitenden Gedankenreihen meines norwegischen Freundes zu folgen. Das Gefühl innerer Zusammengehörigkeit ging darum nicht verloren, wie ich dann Ostern 1886, als ich wieder nach Göttingen übersiedelte, durchgesetzt habe, daß Lie als mein Nachfolger nach Leipzig berufen wurde und

---

[1]) Band III, Heft 9, der von mir im Auftrage der Internationalen Mathematischen Unterrichtskommission herausgegebenen Abhandlungen über den mathematischen Unterricht in Deutschland.

dadurch die Möglichkeit erhielt, jüngere Forscher in größerer Zahl in seine Ideen einzuführen.

Die ersten Jahre meines Göttinger Aufenthalts sind für mich eine Periode der Sammlung gewesen. Ich begann, das früher Erreichte zu ordnen und abzuschließen, insbesondere auch auf meine Jugendarbeiten in größeren Vorlesungen zurückzukommen. Aus einer solchen Vorlesung ist 1890 die Abhandlung „Zur Nicht - Euklidischen Geometrie" entstanden, die vorstehend unter XXI abgedruckt ist. Zugleich ließ ich eine Ausarbeitung der Vorlesung autographisch vervielfältigen, und es beginnt damit die Reihe der Autographien, auf die schon in den Schlußbemerkungen zur Abh. XXI hingewiesen ist. Von den weiteren Autographien kommt hier nur erst diejenige in Betracht, die 1893 unter dem Titel „Einleitung in die höhere Geometrie" in zwei Teilen erschienen ist. Auf sie bezieht sich das unter XXVIII folgende Selbstreferat von 1896. Es handelt sich bei ihr geradezu um die Kommentierung des Erlanger Programms unter Heranziehung der in der Zwischenzeit erzielten zugehörigen Fortschritte. —

In den gleichen Jahren gelang es mir übrigens, was ich seit Beginn meiner mathematischen Studien angestrebt hatte, mit Mechanik und mathematischer Physik nähere Fühlung zu gewinnen. Einzelnes in dieser Hinsicht werden die folgenden Bände dieser Ausgabe bringen. Zu einer umfassenden Produktivität ist es dann freilich nicht mehr gekommen, weil ich mich sehr bald vor neue organisatorische Aufgaben gestellt sah, auch immer mehr für die Geltendmachung der Mathematik nach außen hin einzutreten hatte. Ich erwähne in dieser Hinsicht nur, daß im Herbst 1894 die Arbeiten an der *Mathematischen Enzyklopädie* begannen, die mich in der Folge sehr stark in Anspruch genommen haben. Die unten folgende Abhandlung XXIX, in der ich den Geltungsbereich des Erlanger Programms auf elementare Mechanik ausdehne (1901), ist direkt diesem Beschäftigungskreise entwachsen. Einige Jahre darauf setzten die Untersuchungen der Physiker über die Relativitätstheorie ein, die sehr rasch die allgemeine Aufmerksamkeit auf sich lenkten. Ich bemerkte natürlich sofort, daß sich auch diese aufs beste in die Klassifikationsgedanken von 1872 einordnen, daß mit letzteren sogar die einfachste Art gegeben ist, die neueren physikalischen (oder auch philosophischen) Gedanken mathematisch klarzustellen. Ich habe auf die Dauer dem Reiz nicht widerstehen können, hierauf genauer einzugehen. Nach einem ersten Vortrag über die *Lorentzgruppe* (von 1910), der weiter unten unter XXX abgedruckt ist, habe ich mich in den Jahren 1916—18 mit den einschlägigen Fragen in eigenen Vorlesungen beschäftigt. Von hier aus sind die Notizen zu XXX, die ich jetzt beifüge, sowie die Aufsätze XXXI—XXXIII mit den jetzt angeschlossenen Ausführungen entstanden, womit der gegenwärtige Band abschließt [2]).

---

[2]) Ich gebe hier noch einige Einzelheiten zur Entstehung dieser letzten Arbeiten.

Hilbert (der 1895 nach Göttingen kam) hatte 1902 erreicht, daß noch ein drittes Ordinariat für reine Mathematik an der Universität errichtet und dieses seinem Jugendfreunde Minkowski übertragen wurde. Minkowski wandte sich damals bald — im Vollbesitz der von ihm entwickelten mathematischen Fähigkeiten — den Fragen der modernen theoretischen Physik zu; man wolle Hilberts Nachruf an Minkowski vergleichen, welcher 1909 zuerst in den Göttinger Nachrichten erschien und dann als Einleitung in Bd. I von Minkowskis Gesammelten Werken (Leipzig 1911) abgedruckt ist. Poincaré und Einstein hatten 1905 die elektrodynamischen Fragen, die mit der Lorentzgruppe zusammenhängen und zur Aufstellung der sogenannten speziellen Relativitätstheorie führen sollten, in den Vordergrund des Interesses gebracht. In der Erkenntnis, daß hier für den Mathematiker der dankbarste Untersuchungsgegenstand gegeben sei, setzte Minkowski sofort mit der Weiterentwicklung der Gedankenreihen ein. Ich vermag keine Einzelheiten darüber anzugeben, aber erzähle gern, daß er damals Hilbert und mir darüber auf unseren regelmäßigen wöchentlichen Spaziergängen immer wieder eindringliche Vorträge gehalten hat. Minkowski war sich dabei des Zusammenhanges mit den früheren Untersuchungen der

Wenn ich jetzt, nach fast 50 Jahren, auf das Erlanger Programm zurückblicke, sind es besonders zwei Unvollkommenheiten, die mir entgegentreten.

Die eine betrifft das schon auf S. 320—21 der gegenwärtigen Ausgabe getadelte Gleichsetzen von projektiver Geometrie und linearer Invariantentheorie (wo doch erstere nur die *Verhältnisse* der homogenen Koordinaten, bzw. der in den vorgelegten Formen auftretenden Koeffizienten interpretieren kann).

Die andere bezieht sich auf den unentwickelten und dementsprechend nicht recht umgrenzten Funktionsbegriff. Das Erlanger Programm ist fast so geschrieben, als wenn es nur algebraische Funktionen gäbe. In späteren Jahren ist für mich der Begriff der analytischen Funktion mit einer gewissen Ausschließlichkeit in den Vordergrund getreten (siehe z. B. den Abdruck des Programms in Bd. 43 der Mathematischen Annalen, 1893). Heute würde ich vielfach nur von reellen, mehrfach differentiierbaren Funktionen reeller Veränderlicher reden (an die übrigens die Auseinandersetzungen des Programms auch verschiedentlich anstreifen).

Beide Arten der Unvollkommenheit sind ein Reflex der mathematischen Auffassungen, in denen ich aufgewachsen war. Jedenfalls habe ich sie jetzt nicht ändern wollen, weil sonst der ganze Text einer Umgestaltung hätte unterzogen werden müssen, was doch dem Zwecke des gegenwärtigen Wiederabdrucks zuwiderlaufen würde. Ebensowenig kann ich systematisch auf Weiterbildungen des Programms oder zugehörige Weiterausführungen eingehen, wie sie die Folgezeit nach verschiedenen Richtungen gebracht hat. Manches Hierhergehörige wird man in den einschlägigen Enzyklopädieartikeln finden. Von den bisher erschienenen Referaten kommt insbesondere dasjenige von G. Fano in Betracht (III$_1$, Heft 2, 1907), das den Standpunkt der algebraischen Geometrie hervorkehrt.   K.

Geometer wohl bewußt. Man wolle die folgenden Sätze aus seinem, weiter unten (S. 551) genauer zu nennenden Vortrag vom 5. Nov. 1907 vergleichen (welche zugleich Minkowskis unvergleichliche Darstellungskraft charakterisieren):

„Überhaupt würden die neuen Ansätze, falls sie tatsächlich die Erscheinungen richtig wiedergeben, fast den größten Triumph bedeuten, den die Anwendung der Mathematik gezeitigt hat. Es handelt sich, so kurz wie möglich ausgedrückt, darum, daß die Welt in Raum und Zeit in gewissem Sinne eine vierdimensionale nichteuklidische Mannigfaltigkeit ist. Es würde zum Ruhme der Mathematiker, zum grenzenlosen Erstaunen der übrigen Menschheit offenbar werden, daß die Mathematiker rein in ihrer Phantasie ein großes Gebiet geschaffen haben, dem, ohne daß dieses je in der Absicht dieser so idealen Gesellen gelegen hätte, eines Tages die vollendetste reale Existenz zukommen sollte."

1908 erschien dann Minkowskis große Abhandlung über die elektromagnetischen Vorgänge in bewegten Körpern (Göttinger Nachrichten) und bald darauf sein Vortrag über „Raum und Zeit" vor der Kölner Naturforscherversammlung (Sonderabdrucke bei B. G. Teubner, 1909 und anderwärts); man vgl. Bd. II seiner Gesammelten Abhandlungen (1911).

Es bedarf wohl keiner Begründung, daß ich danach die nächste Gelegenheit ergriff, die sich mir bei meiner Vorlesungstätigkeit bot, um die Beziehungen der Lorentzgruppe zu den mir geläufigen Betrachtungen über projektive Maßbestimmung darzulegen. So ist der hier unter XXX abgedruckte Vortrag entstanden.

Minkowski ist durch seinen frühen Tod (12. Januar 1909) verhindert worden, den weiteren Fortschritten des physikalischen Gedankens, wie sie zumal durch Einsteins tiefschürfende Überlegungen geschaffen wurden, zu folgen. Aber nun setzte Hilbert ein, selbige nach den verschiedensten Richtungen mathematisch zu durchdringen. So ist insbesondere, als Einstein mit seinen Untersuchungen über allgemeine Relativität begonnen hatte, als Seitenstück dazu Hilberts erste Note über die Grundlagen der Physik zustande gekommen (Göttinger Nachrichten, Sitzung vom 20. November 1915). An sie haben dann die Vorlesungen und Aufsätze, die unter XXXI—XXXIII abgedruckt sind, in erster Linie angeknüpft.

XXV. Deux notes sur une certaine famille de courbes et de surfaces.

Par

MM. F. Klein et S. Lie.

[Comptes Rendus hebdomadaires de l'Académie de sciences de Paris, t. 70 (1870).
Presentées par M. Chasles].

[Den unmittelbaren Anlaß zu den nachfolgenden mit Lie zusammen verfaßten Noten haben die merkwürdigen Untersuchungen geboten, welche Lie unter dem Titel „Über die Reziprozitäts-Verhältnisse des Reye schen Komplexes" in Nr. 2 der Göttinger Nachrichten von 1870 veröffentlicht hat. Lie hatte mir, während er daran arbeitete, nicht nur fortwährend Mitteilungen gemacht, sondern auch, wie er in jener Zeit pflegte, die Darstellung seiner Ideen überlassen. Lie ging davon aus — man vergleiche das Original — den Komplex, oder vielmehr die mit ihm verknüpfte partielle Differentialgleichung der ersten Ordnung, zu erzeugen, indem er auf eine beliebige Komplexkurve (d. h. eine von den Geraden des Komplexes umhüllte Kurve) die dreifach unendlich vielen Kollineationen anwandte, die ein festes Tetraeder in sich überführen. Ich bemerkte gleich nach Abschluß der Lieschen Note, daß dabei die stillschweigende Annahme vorlag, daß besagte Kurve nicht selbst durch eine kontinuierliche Schar solcher Kollineationen in sich überging, also, im Sinne unserer späteren Ausdrucksweise, eine „W-Kurve" war. Diese W-Kurven erwiesen sich darauf selbst als das dankbarste Objekt der Lieschen Betrachtungsweise. Meine eigene Teilnahme an den bezüglichen Untersuchungen ist mehr auf schärfere Sonderung der Einzelheiten, auf den Zusammenhang mit der gewöhnlichen (algebraischen) Invariantentheorie und die Herausarbeitung der metrisch interessanten Fälle (logarithmische Spirale, Loxodrome auf der Kugel) gerichtet gewesen. Lie selbst gehört alles an, was auf das mehr gefühlsmäßige Operieren mit kontinuierlichen Gruppen Bezug hat, insbesondere auch, was die Integration gewöhnlicher oder partieller Differentialgleichungen betrifft. Alle die Gedanken, welche er später in seiner Theorie der kontinuierlichen Transformationsgruppen zur Entwicklung brachte, waren damals bei ihm bereits keimhaft vorhanden, aber freilich noch so wenig durchgebildet, daß ich ihm manche Einzelheiten, z. B. zu Anfang sogar die Existenz der W-Kurven, in langen Unterhaltungen abringen mußte. Ich erwähne diese ganze Sachlage, weil sie mir immer als eine für alle mathematische Produktion bedeutungsvolle Tatsache erschien, hinter der die Gewinnung der Einzelresultate, so wichtig sie sein mögen, zurücktritt. *Das Geheimnis ausgreifender mathematischer Produktion liegt im Unbewußten, in der durchaus individuellen, von vornherein gesetzten psychischen Konstitution der heranreifenden Persönlichkeit.*

Was die allgemeine Bedeutung der W-Kurven angeht (die in der Literatur bei den verschiedensten Anlässen immer wieder auftreten), so sei gleich hier auf die zusammenfassende Darstellung verwiesen, welche ihr G. Scheffers in den Nrn. 13—20

und 34 seines Enzyklopädieartikels über besondere transzendente Kurven gewidmet
hat (Enzyklopädie der Math. Wiss. III, D, 4, 1903).

Die Ausführung der Comptes-Rendus-Noten in Bd. 4 der Math. Annalen bezieht
sich nur auf die *W*-Kurven der Ebene; die Durcharbeitung der viel mannigfaltigeren
Verhältnisse, welche bei drei Dimensionen auftreten, ist damals leider unterblieben und
bedarf auch, wie weiter unten bemerkt wird, einiger Ergänzungen.   K.]

Note A.

Dans la Note que nous avons l'honneur de communiquer à l'Académie, nous nous proposons d'établir un théorème général concernant cer-
taines courbes et surfaces. Notre Note se composera de deux parties.
Dans la première partie nous définirons les courbes et les surfaces dont
nous voulons parler; dans la seconde, nous donnerons l'explication et la
démonstration de notre théorème.

I.

1. Les courbes que nous allons considérer sont celles qui se transforment en elles-mêmes par une infinité de transformations linéaires,
permettant d'amener en général chaque point de la courbe en chaque
autre.

Parmi ces transformations linéaires on trouvera nécessairement une
transformation infinitésimale; et réciproquement, si une courbe se transforme en elle-même par une transformation linéaire infinitésimale, elle se
transformera en elle-même d'une infinité de manières. Ainsi nos courbes
sont les intégrales générales du système d'équations différentielles

$$d\,p : d\,q : d\,r : d\,s = p' : q' : r' : s',$$

où p, q, r, s; p', q', r', s' désignent des fonctions linéaires des coordonnées[1]).

De la transformation bien connue de ce système d'équations à une
forme canonique, on conclut qu'on peut déterminer toujours un tétraèdre,
qui reste invariable, par un nombre simplement infini des transformations
linéaires appartenant à la courbe. Si ces transformations ne dépendent
que d'un seul paramètre arbitraire, ce tétraèdre sera unique; dans le cas
contraire[2]), il pourra être choisi parmi une infinité d'autres. Nous ajoutons que ce tétraèdre n'est pas nécessairement un tétraèdre proprement
dit, mais qu'un nombre quelconque de ses faces peuvent coïncider [ou
devenir indeterminé].

Dans ce qui va suivre, nous supposerons un tétraèdre donné, et nous
considérons les courbes appartenant à ce tétraèdre. Pour plus de briè-
veté, nous les désignerons par un symbole, la lettre V.

---

[1]) [Vgl. die Bemerkung über das Operieren mit homogenen Koordinaten, wie
sie weiter unten (S. 433) für den Fall des ebenen Problems gegeben wird.]

[2]) La seule courbe gauche qui correspond à ce cas est la courbe du troisième
ordre.

2. On sait que les transformations linéaires qui laissent invariable un tétraèdre sont échangeables entre elles.

Conséquemment, les surfaces engendrées par des courbes V_1, qui se transforment en elles-mêmes par les mêmes transformations linéaires et qui coupent une autre courbe V_2, appartenant au même tétraèdre, contiendront un nombre doublement infini de courbes V. Elles se transformeront donc en elles-mêmes par un nombre doublement infini de transformations linéaires appartenant au tétraèdre. Ces transformations permettent d'amener en genéral chaque point de la surface en chaque autre. Ces surfaces sont celles dont nous allons nous occuper; nous les désignerons, de même que les courbes, par la lettre V[3]).

3. On obtient les équations de ces surfaces de la manière suivante:

On peut former trois expressions des coordonnées, qui, par les transformations linéaires appartenant au tétraèdre donné, ne se changent que par une constante additive. Dans le cas d'un tétraèdre proprement dit, ces expressions sont les logarithmes des quotients de trois des fonctions linéaires qui représentent les faces du tétraèdre par la quatrième. Dans les autres cas, il faut remplacer les logarithmes en partie par des expressions algébriques.

Or les surfaces V sont représentées par les équations linéaires entre ces expressions.

4. Nous allons énumérer quelques-unes des courbes V et des surfaces V, qui ont été étudiées sous d'autres points de vue.

Parmi les courbes V planes, on remarque surtout les paraboles et les spirales logarithmiques: aussi un grand nombre des propriétés de ces courbes ne sont que des cas particuliers du théorème général que nous voulons démontrer.

Parmi les courbes V gauches, appartenant à un tétraèdre proprement dit, on doit distinguer les courbes du quatrième ordre avec un point de rebroussement et les courbes transformées linéaires de la loxodromie sur la sphère. Il est bon d'ajouter que ces dernières courbes contiennent un nombre infini de courbes algébriques; les plus simples sont la cubique gauche et une courbe du quatrième ordre, possédant deux tangentes stationnaires[4]).

Parmi les surfaces V, appartenant à un tétraèdre proprement dit,

---

[3]) La surface développable d'une cubique gauche, qui n'est pas une surface V, se transforme aussi en elle-même par des transformations linéaires, permettant d'amener en général chacun de ses points en chaque autre.

[4]) M. Cayley a signalé cette espèce [Quart. Journ., Bd. 7 (1866), Coll. Papers, Bd. 5, S. 517].

on doit remarquer une particularisation homographique: les surfaces données par l'équation

$$x^a\, y^b\, z^c = \text{const.},$$

pour lesquelles M. J.-A. Serret a déterminé les lignes de courbure (Journal de M. Liouville, t. 12 (1847)).

Si deux faces du tétraèdre coïncident, les courbes V contiennent l'hélice, les surfaces V l'héliçoïde gauche.

Enfin, si toutes les faces du tétraèdre coïncident, les courbes V sont des cubiques gauches, et les surfaces V des surfaces réglées du troisième ordre de cette espèce particulière dont les deux directrices coïncident.

Nous ajoutons encore que, dans un travail sur les formes ternaires (Math. Ann., t. 1 (1868)), MM. Clebsch et Gordan ont considéré incidemment les courbes planes, lieu d'un point, qui est transposé successivement par la même transformation linéaire.

II.

Pour établir notre théorème sur les courbes V et les surfaces V, nous allons faire une transformation de l'espace donné, qui n'est pas nécessaire pour notre but, mais qui est très commode. Cette transformation rapporte l'espace donné (A) à un autre espace (B), dont les coordonnées x, y, z sont égales aux trois expressions qui, pour les transformations linéaires appartenant au tétraèdre donné, ne se changent que par une constante additive. Alors ces transformations linéaires deviendront les translations de l'espace B, et les courbes V ses droites, les surfaces V ses plans.

Maintenant nous développerons quelques notions par rapport à l'espace B.

1. Si l'on transpose une courbe ou une surface par toutes les translations, elle formera un *système* de courbes ou de surfaces.

Un système contient, en général, un nombre triplement infini d'éléments.

Le nombre des droites, formant un système, n'est que doublement infini.

Le nombre des plans, formant un système, n'est que simplement infini.

Nous disons aussi des points de l'espace qu'ils forment un système.

2. Les éléments de deux systèmes quelconques, qui contiennent un nombre triplement infini d'éléments, pourront être coordonnés des deux manières suivantes.

En choisissant à volonté deux éléments des deux systèmes, on fera correspondre tous les éléments que l'on obtient de ces deux, soit par des translations identiques, soit par des translations opposées. La première sorte de correspondance sera nommée *cogrédiente*, la deuxième *contragrédiente*[5]).

Les deux éléments choisis pour établir ces correspondances ne se distinguent pas parmi les autres.

Soient a, b deux systèmes coordonnés par une correspondance contragrédiente. Alors les éléments a, enveloppant b_1, correspondront aux éléments b, enveloppant a_1.

On conclut de là que les éléments a, correspondant aux éléments b, qui enveloppent un élément c_1, et les éléments b, correspondant aux éléments a, qui enveloppent le même élément c_1, envelopperont un même élément d_1.

3. Après avoir établi une correspondance entre deux systèmes a, b, on peut en déduire une correspondance entre tous les systèmes, dont les éléments sont enveloppés par des a et des b. Pour cela, il suffit de coordonner tous les éléments, qui sont enveloppés par des a, b correspondants.

Cette correspondance sera cogrédiente, si la correspondance entre a, b est cogrédiente; si la dernière est contragrédiente, la correspondance établie sera de même contragrédiente, d'après les théorèmes que nous venons d'énoncer.

Il faut distinguer ici surtout le cas où a, b sont des courbes dont les tangentes sont parallèles aux arêtes d'un même cône. Dans ce cas on obtient une correspondance entre toutes les courbes dont les tangentes ont ces directions.

4. Si l'on transforme, par une des correspondances que nous venons d'établir, des droites ou des plans, on obtiendra des droites ou des plans du même système.

De là on conclut, comme corollaire, que les droites et les plans se transforment en eux-mêmes, si l'on coordonne un élément a, qui les enveloppe, à un élément b, qui les enveloppe aussi.

5. Revenons maintenant à l'espace A. Tout ce que nous venons de dire sur les différentes correspondances, que l'on peut établir dans l'espace B, subsiste encore là, si l'on remplace les translations par les transformations linéaires appartenant au tétraèdre donné. Ainsi, en faisant usage de la ter-

---

[5]) [Man kann diese beiden Transformationsarten unbeschadet des Endresultats noch erweitern, indem man das eine Element jede Translation, welche das andere erfährt, je eine bestimmte Anzahl von Malen, sagen wir m-mal, in gleichem oder entgegengesetztem Sinne ausführen läßt. Es kommt dies darauf hinaus, die im Texte betrachteten Transformationen noch mit der Ähnlichkeitstransformation $x' = mx$, $y' = my$, $z' = mz$ zu kombinieren. Die größere hierdurch erreichte Allgemeinheit des Ansatzes ist in den folgenden Annalenaufsatz stillschweigend gleich mit eingearbeitet. K.]

minologie employée pour l'espace B, nous aurons le théorème suivant, que nous nous proposions d'établir:

Si l'on transforme des courbes V ou des surfaces V par une correspondance appartenant au tétraèdre donné, on obtient des courbes V ou des surfaces V du même système[6]);
et ensuite ce corollaire:

Les courbes V et les surfaces V se transforment en elles-mêmes, si l'on coordonne un élément a, qui les enveloppe, à un élément b, qui les enveloppe aussi.

(6. juin 1870.)

Note B.

Dans une Note que nous avons communiquée récemment à l'Académie, nous avons établi un théorème général concernant des courbes et des surfaces que nous avons appelées *courbes* et *surfaces V*. Aujourd'hui nous nous proposons de donner quelques détails, qui sont, il est vrai, des conséquences immédiates de nos considérations, mais qui serviront peut-être à les éclaircir davantage.

Dans notre Communication précédente nous avons supposé un tétraèdre donné et nous avons défini ce que nous avons appelé les *correspondances* (*cogrédientes* ou *contragrédientes*) appartenant à ce tétraèdre. Nous ne con-

---

[6]) [Das Theorem bedarf der Präzisierung. Geht man der Einfachheit halber in den Raum B (den Translationsraum) zurück und ordnet dort den Punkten des Raumes in kogredienter oder kontragredienter Weise Kurven oder Flächen eines dreifach unendlichen Systems zu, so erzeugen (oder umhüllen) bei der Bewegung des Punktes längs einer geraden Linie die entsprechenden Kurven (oder Flächen) ersichtlich im allgemeinen einen Zylinder, der nicht etwa eine W-Fläche sein wird, da er nur einfach unendlich viele Transformationen in sich zuläßt. Bezeichnet man die solchen Zylindern entsprechenden Flächen des Raumes A als W_1-Flächen, die eigentlichen W-Flächen des Textes aber als W_2-Flächen, so lautet der korrekte Satz:

Bei einer zum gegebenen Tetraeder gehörenden Transformation gehen Kurven W, wie auch Flächen W_1, je nachdem in Kurven W oder auch Flächen W_1 über, Flächen W_2 aber in Flächen W_2.

Diese Dinge werden erst durchsichtig, wenn man die zur Zeit der Abfassung des Textes noch nicht klar ausgearbeiteten Lieschen Begriffe: „Flächenelement, Elementverein, Berührungstransformation" heranzieht. Punkte, Kurven und Flächen fallen dann gleichmäßig unter den Begriff des zweifach ausgedehnten Elementvereins. Man wird unter diesen Vereinen diejenigen (Kurven oder Flächen) unterscheiden, welche eine eingliedrige Gruppe der zum Tetraeder gehörigen Kollineationen zulassen (W_1-Gebilde), und die W_2-Gebilde (Flächen), welche eine zweigliedrige Gruppe gestatten. Der Satz lautet dann einfach:

Bei einer zum gegebenen Tetraeder gehörenden Transformation gehen W_1-Gebilde wieder in W_1-Gebilde, W_2-Gebilde in W_2-Gebilde über.

Alle diese Transformationen fallen dabei unter den Lieschen Begriff der Berührungstransformation. K.]

sidérons ici que le cas d'un tétraèdre proprement dit, et les correspondances qui coordonnent les points, les plans, les lignes droites.

Ces correspondances contiennent un grand nombre de correspondances étudiées antérieurement; nous allons en donner une courte énumération:

1. Une correspondance cogrédiente entre les points et les points, ou entre les plans et les plans, est une correspondance homographique, laissant invariable le tétraèdre donné.

Une correspondance contragrédiente entre les points et les points fait correspondre à un plan une surface du troisième ordre avec quatre points doubles dans les sommets du tétraèdre.

Par une correspondance contragrédiente entre les plans et les plans un point se change dans une surface Steinérienne, ayant les quatre faces du tétraèdre pour plans tangents doubles.

Parmi les correspondances cogrédientes entre les points et les plans on retrouve d'une part la correspondance, étudiée par Plücker, sous le nom de *polarité par rapport à un tétraèdre*, d'autre part une correspondance, considérée par M. Cremona dans ses recherches sur les courbes du quatrième ordre avec un point de rebroussement (Comptes rendus, t. 64, p. 1079—1081, 1867). Dans le dernier cas, le plan passe toujours par son point correspondant.

Une correspondance contragrédiente entre les points et les plans est équivalente à la polarité réciproque par rapport à une surface du deuxième degré, conjuguée au tétraèdre donné.

Les correspondances cogrédientes ou contragrédientes entre les points ou les plans et des lignes droites font correspondre les points ou les plans aux droites d'un certain complexe du deuxième degré[7]), engendré par une droite qui est transposée par toutes les transformations linéaires appartenant au tétraèdre donné. On peut définir ce complexe d'une autre manière en disant que ses lignes déterminent, avec les faces du tétraèdre, un rapport anharmonique donné.

M. Reye a étudié ce complexe dans la seconde partie de sa *Géometrie de situation* (1868)[8]). Il considère entre autres une correspondance entre les droites du complexe et les points, qu'il obtient en coordonnant à chaque point l'intersection de ses plans polaires par rapport à deux sur-

---

[7]) De là on peut tirer une théorie des congruences et des surfaces gauches appartenant au complexe.

[8]) Nous ajoutons que ce complexe a été rencontré déjà antérieurement par plusieurs géomètres, et surtout par M. Chasles, qui, dans son *Aperçu historique*, a appelé expressément l'attention des géomètres sur cet assemblage de droites. [Weitere Zitate in dem auf S. 4 angeführten Enzyklopädieartikel von Zindler.]

faces du deuxième degré. Cette correspondance est identique avec la correspondance contragrédiente entre les points et les droites.

Parmi les correspondances cogrédientes, on doit remarquer le cas où la droite passe par le point correspondant. Une correspondance de cette sorte a été signalée par M. Chasles, dans ses *Recherches sur le mouvement infiniment petit d'un corps* (1843). M. Chasles n'a eu à considérer qu'un cas spécial, qui, dans nos recherches, correspond à un tétraèdre dont deux faces coïncident.

Enfin un cas particulier de la correspondance contragrédiente entre les plans et les droites a été considéré par MM. Chasles et Plücker: la correspondance entre les normales d'un système de surfaces du second degré homofocales et leurs plans tangents.

2. Revenons maintenant à notre théorème fondamental.

Pour les éléments a, b, que l'on coordonne, on pourra choisir des points, des plans, des lignes droites en combinaison quelconque, et l'on pourra énoncer le théorème de manières différentes pour ces divers cas particuliers. Par exemple, que l'on considère la correspondance contragrédiente entre les points et les plans, on aura le théorème, que les courbes V et les surfaces V sont leurs propres polaires réciproques par rapport à chaque surface du second ordre, qui est conjuguée au tétraèdre donné et qui a un point et son plan tangent de commun avec elles.

On peut déduire de notre théorème un grand nombre d'autres, à l'aide de la remarque suivante. Soit donnée une courbe V ou une surface V: une courbe ou une surface quelconque qui possède avec elle un rapport invariable par des transformations qui transforment la courbe ou la surface V en elle-même, se transformera par ces transformations dans une courbe ou une surface possédant le même rapport avec la courbe ou la surface V.

Nous allons énoncer quelques théorèmes que l'on obtient de cette manière.

3. Une courbe V ne possède de singularités que dans des sommets du tétraèdre.

Toutes les courbes covariantes d'une courbe V, par exemple les courbes doubles de leurs surfaces développables, sont les courbes V du même système.

Les courbes V d'un même système ne se coupent que dans des sommets du tétraèdre.

Le point de contact d'une tangente d'une courbe V et ses points d'intersection avec les quatre faces du tétraèdre ont un rapport anharmonique constant.

Ce rapport ne dépend que du système auquel la courbe appartient.

Le plan osculateur d'une courbe V et les plans passant par la tangente et les quatre sommets du tétraèdre ont le même rapport anharmonique constant.

Quand on détermine, sur toutes les génératrices d'une surface développable appartenant à une courbe V, le point ayant un rapport anharmonique constant avec les points de rencontre de la droite et les faces du tétraèdre, ce point se trouve sur une courbe V du même système.

Dans les quatre derniers théorèmes on peut remplacer le tétraèdre par une surface V quelconque contenant des courbes V du système de la courbe donnée.

Les plans osculateurs d'une courbe V dans ses n points d'intersection avec un plan quelconque rencontrent la courbe en $n(n-3)$ points, situés à n sur $(n-3)$ plans.

Les courbes V qui se trouvent sur une surface du deuxième degré contenant quatre arêtes du tétraèdre appartiennent à un complexe du premier degré contenant les mêmes arêtes, et réciproquement.

Une surface V ne contient de singularités que dans des arêtes du tétraèdre.

Toutes les surfaces covariantes d'une surface V sont des surfaces V du même système.

L'intersection de deux surfaces V consiste dans des courbes V d'un même système.

Les surfaces V d'un même système ne se coupent que dans des arêtes du tétraèdre donné.

Les lignes asymptotiques d'une surface V sont des courbes V. Elles appartiennent à deux systèmes différents.

Les courbes V touchant une courbe dont toutes les tangentes coupent les faces du tétraèdre en quatre points ayant un rapport anharmonique donné sont des lignes asymptotiques de la surface engendrée par elles[9]).

Les surfaces développables de toutes les courbes V d'un même système tracées sur une surface V enveloppent une autre surface V, en la touchant suivant des courbes du même système.

L'ordre et la classe de la congruence formée par les tangentes de ces courbes sont les mêmes; ils s'accordent avec l'ordre et la classe de la surface V.

(13. juin 1870.)

---

[9]) Dieser Satz rührt insbesondere von Lie her und ist hernach (Math. Ann., Bd. 5, 1871) von ihm dahingehend verallgemeinert worden, daß die Charakteristiken der „Integralflächen" beliebiger Linienkomplexe allemal Asymptotenkurven dieser Flächen sind.

XXVI. Über diejenigen ebenen Kurven, welche durch ein geschlossenes System von einfach unendlich vielen[1]) vertauschbaren linearen Transformationen in sich übergehen.

[Math. Annalen, Bd. 4 (1871).]

Von

Felix Klein und Sophus Lie.

In dem nachstehenden Aufsatze wird eine geometrische Schlußweise mit Konsequenz angewandt werden, die wir, obwohl sie durchaus nicht neu ist, gleich hier beim Eingange unserer Arbeit mit Bestimmtheit bezeichnen wollen.

Dieselbe findet bei der Untersuchung aller solcher geometrischer Gebilde ihre Stelle, bei welchen man Transformationen kennt, durch die sie in sich selbst übergeführt werden.

Sie läßt sich in dem allgemeinen Satze zusammenfassen: *daß ein beliebiges anderes Gebilde, welches zu dem ursprünglichen in irgendeiner durch die zugehörigen Transformationen unzerstörbaren Beziehung steht, durch diese Transformationen in solche Gebilde übergeht, welche dieselbe Beziehung zu dem ursprünglichen haben*[2]).

Zum Beweise wende man auf beide Gebilde gleichzeitig diese Transformationen an; ihre gegenseitige Beziehung bleibt dabei, nach Voraussetzung, unverändert dieselbe. Ob man aber auf beide Gebilde oder nur auf das hinzutretende die Transformationen anwendet, macht keinen Unterschied, weil ja das ursprüngliche durch dieselben in sich übergeht. Unser allgemeiner Satz ist also bewiesen.

Wir betrachten nun diesen Satz in den einzelnen Fällen, auf die er Anwendung findet, und geben ihm, wenn dies angeht, eine den speziellen Voraussetzungen entsprechende Form.

---

[1]) Unter „einfach unendlich viel" sei hier, wie auch immer im folgenden, eine *kontinuierliche* Mannigfaltigkeit von einer Dimension verstanden.

[2]) Diese Schlußweise ist seither wohl besonders bei kinematischen Untersuchungen angewandt worden, vgl. Schell, Theorie der Bewegung und der Kräfte. Teil I, Kap. III.

Um dies völlig klar zu stellen, folge hier ein möglichst einfach gewähltes Beispiel.

Betrachten wir eine Schraubenlinie A. Dieselbe geht durch eine kontinuierliche Bewegung (die zugehörige Schraubenbewegung) in sich über. Hieraus schließt man, daß der Ort der Mittelpunkte der Schmiegungskugeln eine Schraubenlinie ist, die mit A die Achse und die Höhe der Schraubengänge gemein hat. Man konstruiere nämlich in einem beliebigen Punkte von A die zugehörige Schmiegungskugel und deren Mittelpunkt. Wenn man auf das so gebildete System die zu A gehörigen Bewegungen anwendet, so bleibt A selbst unverändert, während die Schmiegungskugel in die Schmiegungskugel in einem anderen Punkte von A, ihr Mittelpunkt in den Mittelpunkt dieser Kugel übergegangen ist: da Berührungs- und metrische Relationen bei der Bewegung unverändert bleiben. Man erhält also die Mittelpunkte aller Schmiegungskugeln, wenn man einen auswählt und auf ihn die zu A gehörige Schraubenbewegung anwendet, was der zu beweisende Satz ist.

Die hiermit dargelegte Schlußweise erscheint um so fruchtbarer, je einfacher die Transformationen, durch welche das ursprüngliche Gebilde in sich übergeht, an sich und in ihrer gegenseitigen Beziehung sind, so wie, je größer ihre Zahl ist.

Zwei Arbeiten, in denen wir von dieser Schlußweise als Hilfsmittel Gebrauch machten, waren geeignet, uns ihre Fruchtbarkeit in solchen Fällen zu zeigen.

In der einen Arbeit[3]) behandelte der eine von uns (Lie) den Linienkomplex, dessen Linien ein festes Tetraeder nach konstantem Doppelverhältnisse schneiden. Ein derartiger Komplex geht durch die dreifach unendlich vielen linearen Transformationen, welche sein festes Tetraeder unverändert lassen, in sich selbst über. Von dieser fundamentalen Eigenschaft ausgehend ließen sich nun eine Reihe weiterer Eigentümlichkeiten desselben unmittelbar ableiten. Übrigens werden wir eine aus dieser Arbeit entstandene gemeinsame ausführlichere Arbeit bei einer nächsten Gelegenheit in dieser Zeitschrift veröffentlichen [was leider nie geschehen ist].

In der anderen Arbeit[4]) betrachtete der andere von uns (Klein) insonderheit die Kummersche Fläche vierten Grades mit 16 Knotenpunkten. Die Untersuchungsmethode ging davon aus, daß diese Fläche durch 16 lineare und 16 reziproke Transformationen, welche untereinander vertauschbar sind, in sich selbst übergeht. Diese Transformationen lassen

---

[3]) Über die Reziprozitätsverhältnisse des Reyeschen Komplexes. Gött. Nachrichten 1870, 2.

[4]) Zur Theorie der Komplexe des ersten und zweiten Grades. Math. Annalen, Bd. 2 (1870) [s. Abhandlung II dieser Ausgabe].

sich — was übrigens hier nicht in Betracht kommt — durch den Übergang von Punkt- und Ebenenkoordinaten zu Linienkoordinaten im Raume in sehr einfacher Weise untersuchen; ist das geschehen, so erhält man, gemäß der auseinandergesetzten Schlußweise, eine Reihe weiterer Eigenschaften der Kummerschen Fläche.

Hiernach lag es uns nahe, überhaupt solche geometrische Gebilde aufzusuchen, welche durch möglichst einfache und möglichst viele Transformationen in sich übergehen, und nachzusehen, welche Eigenschaften solche Gebilde gemäß der in Rede stehenden Schlußweise besitzen.

Anknüpfend an die genannte Arbeit über den Linienkomplex, dessen Gerade ein festes Tetraeder nach konstantem Doppelverhältnisse schneiden, wandten wir unsere Aufmerksamkeit solchen Kurven und Flächen zu, welche durch geschlossene Systeme von einfach bzw. zweifach unendlich vielen unter sich vertauschbaren linearen Transformationen in sich übergehen. So entstand ein gemeinsamer Aufsatz, der unter dem Titel: *Sur une certaine famille de courbes et de surfaces* in den Comptes Rendus des vergangenen Jahres [6. und 13. Juni 1870 (s. Abhandlung XXV dieser Ausgabe)] erschienen ist.

In der gegenwärtigen Abhandlung wollen wir nun den Inhalt dieser Arbeit, soweit er sich auf *ebene Kurven* bezieht, ausführlicher darlegen. Indem wir uns auf die Betrachtung ebener Kurven beschränken, wird es möglich sein, der Darstellung eine abgerundetere Form zu geben, als dies bei Zuziehung der betreffenden räumlichen Gebilde bei deren großer Mannigfaltigkeit gelingen will, ohne daß wir deswegen auf die Auseinandersetzung der allgemeinen Gesichtspunkte zu verzichten brauchten, welche bei der Untersuchung solcher Gebilde in Betracht kommen.

Nur einen Punkt der allgemeinen Theorie, zu dessen Diskussion man bei der Untersuchung der genannten ebenen Kurven keine rechte Veranlassung hat, wollen wir, abgetrennt von dem Übrigen, in einem besonderen Paragraphen (§ 7) behandeln. Derselbe betrifft die Integration solcher Differentialgleichungen erster Ordnung mit zwei Variabeln, die durch unendlich viele Transformationen in sich übergehen. Man kann dieselbe immer auf die Integration einer anderen Differentialgleichung zurückführen, die einzig von der Art der unendlich vielen Transformationen abhängt.

Die Darstellung der in den Kreis unserer Betrachtung fallenden räumlichen Verhältnisse haben wir aus genannten Gründen hier ausgeschlossen; wir hoffen indessen, bei einer nächsten Gelegenheit eine solche geben zu können. Dabei würde es sich weniger um die Erledigung prinzipieller Fragen handeln, als vielmehr darum, die Fruchtbarkeit der in dem gegenwärtigen Aufsatze entwickelten Gesichtspunkte aus dem reicheren Material, welches die Raumgeometrie bietet, darzulegen.

Gegenstand der nachstehenden Untersuchung sind also diejenigen ebenen Kurven, welche durch ein geschlossenes System von einfach unendlich vielen unter sich vertauschbaren linearen Transformationen in sich übergehen [5]). Wir werden für diese Kurven eine beliebig zu erweiternde Reihe von Eigenschaften ableiten; insbesondere werden wir zeigen, daß dieselben durch unendlich viele geometrische Verwandtschaften in sich übergehen. Wir legen übrigens auf diese Entwicklungen nur insofern Wert, *als wir zu denselben einzig und allein vermöge Raisonnements gelangen und nicht nur die Richtigkeit der Resultate, sondern die innere Notwendigkeit derselben einsehen.*

Wir beginnen damit, daß wir die verschiedenen in den Kreis unserer Betrachtung fallenden Kurven aufzählen. Unter diesen Kurven findet sich insbesondere, wie hier gleich angeführt sein soll, *die logarithmische Spirale.* Die bekannte merkwürdige Eigenschaft dieser Kurve: daß sie durch eine Anzahl einfacher Operationen in eine Kurve derselben Art übergeführt wird [6]), subsumiert sich unter allgemeinere Eigenschaften der von uns betrachteten Kurven. Gleichzeitig ergeben sich eine Reihe bis jetzt, wie es scheint, nicht bemerkter Eigenschaften der logarithmischen Spirale. Man kann wohl durch die von uns angewandte Schlußweise die Theorie der logarithmischen Spirale auf ihren einfachsten Ausdruck zurückführen.

Es mag ferner noch die folgende Bemerkung hier ihre Stelle finden.

Die Betrachtungen über geschlossene Systeme vertauschbarer linearer Transformationen, wie sie im folgenden vorkommen werden, haben eine intime Beziehung zu Untersuchungen, welche in der Theorie der Substitutionen und damit zusammenhängend in der Theorie der algebraischen Gleichungen auftreten [7]). Indes findet *ein* durchgreifender Unterschied statt zwischen der Form, unter der diese Probleme in den genannten Disziplinen und unter der sie hier auftreten, nämlich der, daß in jenen immer von diskret veränderlichen, hier von kontinuierlich veränderlichen Größen die Rede ist. Dadurch vereinfachen sich im vorliegenden Falle die zu lösenden Fragen in hohem Grade. Vielleicht ist es für die Durchführung der

---

[5]) Die hier gegebene und auch in der Überschrift zugrunde gelegte Definition der in Betracht kommenden Kurven ist mit der scheinbar weiteren gleichbedeutend: Kurven, welche durch einfach unendlich viele lineare Transformationen in sich übergehen. Es liegt dies daran, daß Kurven Mannigfaltigkeiten von *einer* Dimension vorstellen (vgl. § 1, Nr. 4, Note). Wir haben vorgezogen, die Definition in der gewählten Form zu geben, weil sie in derselben auf die unseren Kurven analogen Mannigfaltigkeiten von mehr Dimensionen ausgedehnt werden kann.

[6]) Vgl. hierzu insbesondere den Artikel „Spirale" in Klügels mathematischem Wörterbuch. — [Was Jakob Bernoulli von seiner Spirale rühmt: „Iterum renata resurgo" könnte als Motto vor die gesamten Entwicklungen des Textos gesetzt werden. K.]

[7]) Vgl. Serret, Traité d'Algèbre Supérieure und Camille Jordan, Traité des Substitutions et des Equations Algébriques (1870).

komplizierteren Betrachtungen, welche bei diskreten Variabeln nötig werden, richtig, dieselben zuerst, in einer ähnlichen Weise, wie dies nachstehend geschieht, für kontinuierliche Veränderliche zu behandeln und erst hinterher die Variabilität der Veränderlichen zu beschränken.

§ 1.

Einfach unendliche, geschlossene Systeme von vertauschbaren linearen Transformationen. *W*-Kurven.

1. Von linearen Transformationen in der Ebene gibt es bekanntlich fünf Klassen.

Bei Transformationen der *ersten* Klasse bleiben die drei Ecken und die drei Seiten eines bestimmten Dreiecks (des Fundamentaldreiecks) unverändert, die übrigen Punkte und Geraden der Ebene verändern ihre Lage. Eine Seite des Dreiecks mag unendlich weit rücken, die anderen sollen bzw. mit der X- und Y-Achse zusammenfallen[8]). Dann ist eine solche Transformation dargestellt durch:

$$(1) \qquad \begin{aligned} x' &= ax, \\ y' &= by, \end{aligned}$$

wobei a und b zwei verschiedene Konstante bedeuten.

Die Transformationen der *zweiten* und *dritten* Klasse lassen sich als Grenzfall der Transformationen erster Klasse ansehen. Die Transformationen zweiter Klasse sind dadurch charakterisiert, daß für sie zwei der Ecken und zwei der Seiten des Fundamentaldreiecks bzw. zusammenfallen; bei denen dritter Klasse fallen sämtliche Seiten und bzw. sämtliche Ecken des Fundamentaldreiecks zusammen. Diejenige gerade Linie, in welche für die Transformationen zweiter Klasse zwei Seiten des Fundamentaldreiecks zusammenfallen, mag unendlich weit rücken; die dritte Seite des Dreiecks werde zur X-Achse gewählt. Die Y-Achse sei eine beliebige Gerade, welche durch den isolierten dritten Eckpunkt des Dreiecks geht. So ist die Transformation durch die Formel gegeben:

$$(2) \qquad \begin{aligned} x' &= ax, \\ y' &= y + b. \end{aligned}$$

Bei den Transformationen dritter Klasse soll die Gerade, in welche die

---

[8]) Wenn wir von einer besonderen Lage des Fundamentaldreiecks und von nicht homogenen Koordinaten Gebrauch machen, so geschieht dies, weil sich dann die geometrischen Beziehungen, welche wir betrachten müssen, besser bezeichnen und die Formeln, welche vorkommen, kürzer schreiben lassen. Wir verstehen diese Ausdrucksweise immer allgemein: d. h. nicht nur in Beziehung auf die besondere, sondern in Beziehung auf eine beliebige Annahme des Fundamentaldreiecks und der Koordinaten.

drei Seiten des Fundamentaldreiecks zusammenfallen, unendlich weit rücken. Die X-Achse enthalte den Punkt, in welchen die drei Eckpunkte des Dreiecks zusammengerückt sind; die Y-Achse sei eine beliebige Gerade. Dann hat die Transformation die Form:

$$(3) \qquad \begin{aligned} x' &= x + a, \\ y' &= y + ax + b. \end{aligned}$$

Die Transformationen der *vierten* Klasse sind die sogenannten perspektivischen. Bei ihnen bleibt ein isolierter Punkt (Zentrum der Perspektivität) und eine Punktreihe (Achse der Perspektivität) und infolgedessen eine isolierte gerade Linie (die Achse) und ein Büschel gerader Linien (diejenigen, die durch das Zentrum gehen) unverändert. Solche Transformationen werden durch (1) dargestellt, wenn entweder $a = b$, oder eine der beiden Größen gleich 1. Unter Zugrundelegung der ersten Annahme haben wir also für Transformationen der vierten Klasse:

$$(4) \qquad \begin{aligned} x' &= ax, \\ y' &= ay. \end{aligned}$$

Die Transformationen der *fünften* Klasse sind als ein Grenzfall derer vierter Klasse anzusehen. Sie entstehen aus diesen, indem das Zentrum der Perspektivität auf die Achse derselben rückt. Nehmen wir die Achse unendlich weit, die X- und Y-Achse beliebig, so hat man für diese Transformationen die Formel:

$$(5) \qquad \begin{aligned} x' &= x + a, \\ y' &= y + b. \end{aligned}$$

Bei der gewählten Koordinatenbestimmung kommt die Transformation auf eine Translation der Ebene hinaus.

Wegen seiner ausgezeichneten metrischen Eigenschaften mag hier noch ein besonderer Fall der Transformationen erster Klasse hervorgehoben sein. Derselbe entspricht der Annahme, daß zwei der Ecken des Fundamentaldreiecks mit den unendlich weit entfernten imaginären Kreispunkten zusammenfallen. Alsdann besteht die Transformation in einer Rotation der Ebene um den dritten Eckpunkt des Fundamentaldreiecks und einer ihrer Länge proportionalen Vergrößerung (oder Verkleinerung) der von diesem Eckpunkte ausgehenden Radiusvektoren.

2. Man wende nun eine jede der Transformationen (1) ... (5) λ-mal hintereinander an. So erhält man eine Transformation, welche dieselben Elemente der Ebene unverändert läßt, wie die ursprüngliche. Dieselbe ist in den fünf Fällen bzw. durch die nachstehenden fünf Gleichungen gegeben:

$$
\text{I.} \quad \begin{aligned} x' &= a^\lambda x, \\ y' &= b^\lambda y, \end{aligned} \qquad \text{II.} \quad \begin{aligned} x' &= a^\lambda x, \\ y' &= y + b\lambda, \end{aligned} \qquad \text{III.} \quad \begin{aligned} x' &= x + a\lambda, \\ y' &= y + a\lambda x + b\lambda \\ &\quad + a^2 \cdot \frac{\lambda(\lambda-1)}{2}, \end{aligned}
$$

$$
\text{IV.} \quad \begin{aligned} x' &= a^\lambda x, \\ y' &= a^\lambda y, \end{aligned} \qquad\qquad \text{V.} \quad \begin{aligned} x' &= x + a\lambda, \\ y' &= y + b\lambda. \end{aligned}
$$

Nun fasse man λ nicht mehr als eine gegebene Zahl, *sondern als einen kontinuierlich veränderlichen Parameter* auf. Dann stellen die Gleichungen I ... V Systeme von einfach unendlich vielen linearen Transformationen dar, welche die folgenden Eigenschaften haben:

Zwei beliebige Transformationen des Systems geben, hintereinander angewandt, unabhängig von ihrer Reihenfolge, dieselbe neue Transformation.

Diese neue Transformation ist selbst eine Transformation des Systems.

Mit Rücksicht auf die erste Eigenschaft heißen die Transformationen des Systems *vertauschbar*, mit Bezug auf die zweite[9]) heißt das System *geschlossen*[10]).

3. Unter den Transformationen der Systeme I ... V findet sich jedesmal eine, welche wir als die *unendlich kleine* Transformation des Systems bezeichnen, insofern sie x, y in solche x', y' überführt, die sich von den x, y nur um unendlich kleine Größen unterscheiden. Man erhält diese unendlich kleinen Transformationen, wenn man in I ... V λ unendlich klein, also etwa gleich $d\lambda$, nimmt. Beispielsweise findet man für I:

$$
\text{(6)} \qquad \begin{aligned} x' &= x + \log a \cdot d\lambda \cdot x, \\ y' &= y + \log b \cdot d\lambda \cdot y, \end{aligned}
$$

und für V:

$$
\text{(7)} \qquad \begin{aligned} x' &= x + a \cdot d\lambda, \\ y' &= y + b \cdot d\lambda. \end{aligned}
$$

Man kann sich die Systeme I ... V durch unendlich-malige Wiederholung der betreffenden unendlich kleinen Transformation entstanden denken.

Es ist nun auch umgekehrt klar, daß es keine weiteren Systeme einfach unendlich vieler linearer Transformationen geben kann, die die in Nr. 2 genannten beiden Eigenschaften besitzen, als die aufgestellten I ... V.

---

[9]) Im vorliegenden Falle ist die erste Eigenschaft notwendig vorhanden, wenn die zweite erfüllt ist. Es ist dies aber nur dem Umstande zuzuschreiben, daß wir Systeme mit nur einfach unendlich vielen linearen Transformationen betrachten. Beispielsweise bilden die dreifach unendlich vielen linearen Transformationen, die einen Kegelschnitt unverändert lassen, auch ein geschlossenes System; aber vertauschbar sind die Transformationen dieses Systems nicht.

[10]) Der Ausdruck „ein geschlossenes System von Transformationen" entspricht also ganz dem, was man in der Theorie der Substitutionen als „eine Gruppe von Substitutionen" zu bezeichnen pflegt.

Denn ein derartiges System muß alle Transformationen enthalten, welche sich aus einer beliebigen Transformation desselben durch Wiederholung ergeben. Man wähle nun die in dem Systeme enthaltene unendlich kleine Transformation. Dieselbe gehört entweder der Klasse (1) oder (2) ... oder (5) an und führt bei unendlich oft wiederholter Anwendung zu einem der Systeme I oder II ... oder V mit Notwendigkeit hin.

4. *Wir fragen nun nach solchen Kurven, welche durch die Transformationen der Systeme I ... V in sich übergehen.*

Zuvörderst ist klar, daß es solche Kurven gibt. Man transponiere nämlich einen in der Ebene beliebig angenommenen Punkt p durch alle Transformationen eines der Systeme. Dann beschreibt er eine Kurve, welche, mit Bezug auf dieses System, die verlangte Eigenschaft hat. Zum Beweise sei q ein beliebiger Punkt der Kurve. Man wende auf ihn irgend eine Transformation des Systems an. So geht er in einen Punkt über, in den p übergeht, wenn man p zunächst durch eine passende Transformation des Systems in q überführt und alsdann auf p die betreffende Transformation anwendet. Zwei Transformationen des Systems hintereinander angewandt geben aber eine neue Transformation des Systems; p geht also, und mithin auch q, in einen Punkt der Kurve über. Bei einer beliebigen Transformation des Systems geht also die Gesamtheit der Punkte der Kurve in die Gesamtheit derselben Punkte, mit anderen Worten, die Kurve in sich selbst über, w. z. b. w.

Die hiermit definierten Kurven werden wir im folgenden, der Kürze wegen, mit einem Buchstaben, als *Kurven W·* bezeichnen[11]).

W-Kurven, welche durch dieselben Transformationen in sich übergehen, nennen wir *W*-Kurven *eines Systems*. Von *W*-Kurven eines Systems gibt es einfach unendlich viele. Wendet man nämlich auf alle (zweifach unendlich vielen) Punkte der Ebene die Transformationen eines Systems an, so beschreibt jeder eine demselben angehörige *W*-Kurve; aber von diesen Kurven sind, nach der vorstehenden Auseinandersetzung, jedesmal einfach unendlich viele identisch, nämlich alle diejenigen, die aus Punkten einer demselben System angehörigen *W*-Kurve hervorgehen.

---

[11]) Wenn überhaupt ein geometrisches Gebilde durch eine Transformation in sich übergeht, so geht es selbstverständlicherweise auch in sich über durch jede Transformation, welche aus der einen durch Wiederholung entsteht. Gesetzt nun, eine Kurve gehe durch unendlich viele lineare Transformationen in sich über. Unter denselben findet sich eine unendlich kleine. Durch unendlichmalige Wiederholung derselben entsteht eins der Systeme I ... V. Durch alle Transformationen des Systems geht die Kurve in sich selbst über; mit anderen Worten, sie ist eine von den im Texte betrachteten Kurven. Hieraus folgt, was schon in der Einleitung gesagt wurde: daß für diese Kurven auch die scheinbar weitere Definition gilt: diejenigen Kurven, welche durch einfach unendlich viele lineare Transformationen in sich übergehen.

Es sei hier gleich angeführt, daß die Herren Clebsch und Gordan in einem gemeinsamen Aufsatze in den Mathematischen Annalen (Zur Theorie der ternären Formen mit kontragredienten Variabeln Bd. 1, (1869)) eben die hier zu untersuchenden W-Kurven betrachtet haben, nur unter anderen Gesichtspunkten, als die sind, von denen wir hier ausgehen. Bei ihnen tritt die Kurve nur beiläufig auf, als geometrischer Ort für einen Punkt, der durch wiederholte Anwendung derselben linearen Transformation transponiert wird, und die Untersuchung dreht sich darum, welche speziellen Eigenschaften die so erzeugte Punktreihe für besondere Annahmen der Konstanten (Invarianten) der betreffenden linearen Transformation hat.

5. Für die W-Kurven erhalten wir, dem entsprechend, daß man sich die Transformationen des zugehörigen Systems durch Wiederholung einer unendlich kleinen entstanden denken kann, noch eine zweite Definition. Wir wollen dabei von der Betrachtung des Systems I ausgehen. Die in demselben enthaltene unendlich kleine Transformation (6) führt einen Punkt x, y in einen benachbarten Punkt $x + dx$, $y + dy$ über, wobei offenbar:

$$dx = \log a \cdot d\lambda \cdot x,$$
$$dy = \log b \cdot d\lambda \cdot y.$$

Hieraus folgt:

$$(9) \qquad \frac{dx}{\log a \cdot x} = \frac{dy}{\log b \cdot y},$$

und *dieses ist eine Differentialgleichung, als deren Integrale die W-Kurven des Systems erscheinen.*

Auf ganz ähnliche Weise wird man zu Differentialgleichungen für die W-Kurven der Systeme II ... V geführt. Dieselben haben die Gestalt: $dx : dy = p : q$, wo p, q zwei ganze lineare Funktionen von x und y bezeichnen. Würde man in diese Differentialgleichung statt x und y irgend drei homogene Koordinaten ξ, η, ζ einführen, welche sich auf ein beliebig gewähltes Koordinatendreieck beziehen, so würde sie die allgemeinere Form annehmen: $d\xi : d\eta : d\zeta = p : q : r$, wo p, q, r jetzt homogene lineare Funktionen von ξ, η, ζ sind.

Andererseits ist klar, daß jede solche Differentialgleichung die W-Kurven eines Systems zu Integralen hat. Eine solche Differentialgleichung sagt nämlich aus, daß gewisse gesuchte Kurven durch eine gegebene unendlich kleine lineare Transformation in sich übergehen[12]). Eine Kurve, die dies tut, geht aber auch durch alle Transformationen

---

[12]) [Hierdurch ist eigentlich eine Kurve im drei-dimensionalen Raum ξ, η, ζ definiert, die erst von O aus projiziert, die ebene W-Kurve liefert. K.]

des Systems, welches durch Wiederholung der unendlich kleinen Transformation entstehen, in sich über. Also:

Die W-Kurven lassen sich auch definieren als die Integrale der linearen Differentialgleichungen erster Ordnung:

$$(10) \qquad\qquad d\,\xi : d\,\eta : d\,\zeta = p : q : r,$$

wo p, q, r homogene lineare Funktionen von ξ, η, ζ sind, und zwar sind die W-Kurven eines Systems die Integrale desselben Systems von Differentialgleichungen[13]).

Die bekannte Umformung der Differentialgleichungen (10) auf eine kanonische Form ist gleichbedeutend mit der Umformung der durch dieselbe ausgesprochenen unendlich kleinen linearen Transformation auf ihre kanonische Form.

6. Wir wenden uns dazu, die Gleichungen der W-Kurven aufzustellen, insbesondere diejenigen sonst bekannten Kurven aufzuzählen, welche unter denselben enthalten sind.

Allgemein erhalten wir die Gleichung der W-Kurven, wenn wir aus der Gleichung des zugehörigen Transformationen-Systems I oder II . . . oder V den Parameter λ eliminieren und x, y als Anfangswerte, x', y' als veränderliche Größen betrachten.

Um diese Elimination nach gleichförmiger Methode durchführen zu können, bemerken wir, daß sich die Systeme I, II, III, IV in der folgenden Weise schreiben lassen, die der Form entspricht, welche das System V von vornherein hat:

$$\text{I.}\quad \begin{aligned} \log x' &= \log x + A\,\lambda \\ \log y' &= \log y + B\,\lambda \end{aligned} \qquad\qquad \text{II.}\quad \begin{aligned} \log x' &= \log x + A\,\lambda \\ y' &= \quad\; y + B\,\lambda \end{aligned}$$

$$\text{III.}\quad \begin{aligned} x' &= \qquad\quad x + A\,\lambda \\ (x'^2 - 2y') &= (x^2 - 2y) + B\,\lambda \end{aligned} \qquad \text{IV.}\quad \begin{aligned} \log x' &= \log x + A\,\lambda \\ \log y' &= \log y + A\,\lambda. \end{aligned}$$

---

[13]) [Um den Zusammenhang mit anderen Untersuchungen herzustellen, ist es zweckmäßig, die Formel (10) etwas anders zu schreiben. Da es nur auf die Verhältnisse der $\xi : \eta : \zeta$ ankommt, bleibt der Punkt (ξ, η, ζ) ungeändert, wenn man die ξ, η, ζ um solche Inkremente vermehrt, welche den ξ, η, ζ selbst proportional sind. Formel (10) besagt also, ihrer geometrischen Bedeutung nach, nichts anderes als die Determinantengleichung:

$$(10')\qquad \begin{vmatrix} d\xi & d\eta & d\zeta \\ \xi & \eta & \zeta \\ p & q & r \end{vmatrix} = 0.$$

Bezeichnet man jetzt mit u, v, w die zu ξ, η, ζ kontragredienten Linienkoordinaten, so erweisen sich, nach der Terminologie von Clebsch, unsere W-Kurven als die „Hauptkoinzidenzkurven" des „Konnexes"

$$p\,u + q\,v + r\,w = 0.$$

Andererseits dürfen wir in $(10')$, unbeschadet der Al'gemeinheit, eine der homogenen Koordinaten, z. B. ζ, gleich Eins nehmen, was $d\zeta = 0$ bedingt. Wir haben dann

$$p\,d\eta - q\,d\xi + r(\eta\,d\xi - \xi\,d\eta) = 0,$$

d. h. die bekannte Differentialgleichung, welche Jacobi im 24. Bd. von Crelles Journal (1842), = Werke IV, S. 257—262, integrierte. K.]

Für die vorkommenden Konstanten haben wir kurz A, B geschrieben, da es auf die Ausdrücke derselben in den früheren Konstanten a, b nicht ankommt.

Fügen wir noch die ursprüngliche Gleichung des Systems V. hinzu, indem wir in derselben statt a, b auch A, B schreiben, also:

$$\text{V.} \quad \begin{aligned} x' &= x + A\lambda \\ y' &= y + B\lambda. \end{aligned}$$

Eliminiert man nun zwischen den beiden Gleichungen jedes Systems λ, so erhält man die Gleichungen der betreffenden W-Kurven. Dieselben werden, indem man noch statt x, y bzw. x_0, y_0 schreibt und bei x', y' die Akzente fortläßt:

$$(11) \quad \begin{cases} \text{I.} & B(\log x - \log x_0) = A(\log y - \log y_0), \\ \text{II.} & B(\log x - \log x_0) = A(\quad y - \quad y_0), \\ \text{III.} & B(\quad x - \quad x_0) = A[(x^2 - 2y) - (x_0^2 - 2y_0)], \\ \text{IV.} & \quad \log x - \log x_0 = \quad \log y - \log y_0, \\ \text{V.} & B(\quad x - \quad x_0) = A(\quad y - \quad y_0). \end{cases}$$

Statt I und IV mögen wir noch schreiben:

$$(12) \quad \begin{cases} \text{I.} & \left(\dfrac{x}{x_0}\right)^B = \left(\dfrac{y}{y_0}\right)^A, \\ \text{IV.} & \dfrac{x}{x_0} = \dfrac{y}{y_0}. \end{cases}$$

7. Wir nennen kurz einige in den Gleichungen (11), (12) enthaltene bekanntere Kurven.

Zunächst die Gleichung (11, V.) stellt gerade Linien dar, und zwar bei festem $A:B$ gerade Linien derselben Richtung. Man sieht an diesem einfachsten Beispiel deutlich, wie die Kurven W eines Systems durch die zugehörigen linearen Transformationen in sich übergehen. Die zugehörigen linearen Transformationen bestehen im vorliegenden Falle in gleichgerichteten Translationen der Ebene, dabei verschieben sich die parallelen Geraden, welche dieselbe Richtung haben, in sich selbst.

Übrigens geht aus dieser geometrischen Vorstellung hervor, daß man nicht nur diese Linien, sondern auch die unendlich weit liegenden Punkte als W-Kurven des Systems V anzusehen hat. Denn dieselben gehen durch die Transformationen des Systems auch in sich selbst über. An und für sich sind dieselben den Transformationen des Systems V gegenüber mit den geraden Linien, die durch dieselben unverändert bleiben, ganz gleichberechtigt. Sie entgehen nur der hier gewählten analytischen Darstellung; hätten wir statt Punkt-Koordinaten Linien-Koordinaten gebraucht, so würden wir zunächst nur die Punkte und erst hinterher, durch Überlegung, die geraden Linien gefunden haben. Diese Bemerkung wird uns später wiederholt entgegentreten (vgl. Nr. 15).

Die Gleichung (11, IV.) stellt gerade Linien dar, welche durch den Koordinaten-Anfangspunkt (das Zentrum der Perspektivität) gehen. Als W-Kurven des Systems müssen wir außer diesen geraden Linien auch noch die Punkte zählen, welche unendlich weit liegen, d. h. der Achse der Perspektivität angehören.

Gleichung (11, III.) stellt Parabeln dar, deren Durchmesser zur X-Achse parallel sind. Diejenigen Parabeln, welche denselben Werten von A, B zugehören, d. h. also W-Kurven desselben Systems sind, berühren sich in unendlicher Entfernung auf der X-Achse vierpunktig. Als W-Kurven des Systems III erhält man also, allgemein zu reden, sich vierpunktig berührende Kegelschnitte.

Die Gleichung (11, II.) stellt transzendente Kurven dar von der Art der logarithmischen Linie: $y = \log x$.

Gleichung (11, I.) endlich umfaßt zunächst alle sogenannten Parabeln. Unter denselben finden sich, entsprechend einem rationalen Verhältnisse von $A : B$ unendlich viele algebraische Kurven.

Setzt man insbesondere $A = 1$, $B = -1$ oder $A = 1$, $B = 2$ oder $A = 2$, $B = 1$, so hat man Kegelschnitte. Dieselben gehen durch zwei Eckpunkte des Fundamentaldreiecks hindurch, indem sie in jedem die bezüglich dem anderen gegenüberliegende Dreieckseite berühren[14]).

Weiterhin findet man Kurven dritter Ordnung mit Spitze usw.

Bei beliebiger Annahme von A und B finden sich unter den W-Kurven des zugehörigen Systems die drei Seiten des Fundamentaldreiecks, und auch, in dem eben auseinandergesetzten Sinne, dessen drei Eckpunkte.

Zu den W-Kurven (11, I.) gehört namentlich auch die schon im Eingange erwähnte *logarithmische Spirale*. Man wird auf dieselbe geführt, wenn man, wie dies schon in Nr. 1 geschah, das Fundamentaldreieck so partikularisiert, daß zwei seiner Eckpunkte in die beiden unendlich weit entfernten imaginären Kreispunkte hineinfallen. Diejenigen logarithmischen Spiralen, welche mit den Radiusvektoren vom Pole gleiche Winkel bilden, sind W-Kurven desselben Systems. Bei den linearen Transformationen, durch welche die logarithmische Spirale in sich selbst übergeht, bleiben die Winkel unverändert, alle ebenen Figuren sich selbst ähnlich.

---

[14]) Man hat hiernach den Satz: Kegelschnitte, welche sich in zwei Punkten berühren, gehen durch dieselben einfach unendlich vielen linearen Transformationen in sich über. Rücken die beiden Berührungspunkte unendlich nahe, so ergibt sich der im Texte unter III. genannte Fall der vierpunktig berührenden Kegelschnitte.

§ 2.

Einige Eigenschaften der W-Kurven.

8. Wir werden uns in diesem Paragraphen, in welchem wir beabsichtigen, die Anwendung der im Eingange erwähnten Schlußweise auf die W-Kurven als solche darzulegen, auf die Betrachtung der W-Kurven des Systems I. beschränken. Die analogen Betrachtungen für die W-Kurven der anderen Systeme wird man ohne weiteres dem hier Vorgetragenen nachbilden können.

Wir beginnen mit zwei Beispielen.

1. Beispiel. Denken wir uns mehrere demselben Systeme I. angehörige W-Kurven gegeben und an eine derselben eine Tangente gezogen. Bei Anwendung der zugehörigen linearen Transformationen bleiben die Kurven W selbst unverändert, während die Tangente nach und nach die Lage jeder anderen Tangente derselben Kurve einnimmt. Dabei gehen der Berührungspunkt mit der einen W-Kurve und die Schnittpunkte mit den anderen bzw. in den Berührungspunkt und die Schnittpunkte der neuen Tangente mit derselben Kurve über. Hieraus der Satz: *daß die Schnittpunkte mit dem Berührungspunkte eine Punktreihe bilden, die, für beliebige Lagen der Tangente, derselben Punktreihe projektivisch ist.* — Da die drei Seiten des Fundamentaldreiecks immer auch als W-Kurven des gegebenen Systems zu betrachten sind, so folgt das Korollar: *Das Doppelverhältnis des Berührungspunktes einer Tangente einer W-Kurve und ihrer drei Durchschnittspunkte mit den Seiten des Fundamentaldreiecks ist konstant* [15]).

2. Beispiel. Sei eine Kurve W gegeben. Man schneide dieselbe durch irgendeine gerade Linie a und konstruiere in beliebigen n ihrer Schnittpunkte die Tangenten. *Von den weiteren Schnittpunkten dieser n-Tangenten mit der Kurve liegen jedesmal n wieder auf einer geraden Linie.*

Zum Beweise heiße einer der Schnittpunkte der Linie a mit der gegebenen Kurve o, und einer der weiteren Schnittpunkte seiner Tangente mit der Kurve p. Sei o' ein zweiter Schnittpunkt von a mit der Kurve. Bei der Transformation des Systems, welche o in o' überführt, geht die Tangente in o in die Tangente in o', der Schnittpunkt p in einen Schnitt-

---

[15]) Für die Kurven des Systems II erschließt man auf gleiche Weise die Konstanz der Subtangente, was ja auch ein bekannter Satz über die logarithmische Linie ist. — [Indem Lie für Doppelverhältnisse in unseren ursprünglichen Unterhaltungen den v. Staudtschen Ausdruck „Wurf" benutzte, ist aus dem im Text angeführten Theorem die Bezeichnung „W-Kurve" entstanden. Daraus wieder sind die „courbes V" der Comptes Rendus-Noten hervorgegangen. Es ist also sozusagen eine freie Übersetzung unserer Terminologie, wenn Halphen später von „courbes anharmoniques" sprach. K.]

punkt p' der neuen Tangente über. Hiernach sind die Transformationen $o - o'$, $p - p'$ dieselben. Man setze nun beide Transformationen mit der Transformation $o' - p$ zusammen. So entsteht aus der ersten die Transformation $o - p$, aus der zweiten aber, indem man, was bei der Vertauschbarkeit der Transformationen gestattet ist, zuerst $o' - p$ und dann $p - p'$ anwendet, die Transformation $o' - p'$. Das heißt also: p geht aus o durch dieselbe Transformation des Systems hervor, durch welche p' aus o' hervorgeht. Zu den weiteren Schnittpunkten von a mit der Kurve: o'', $\ldots$ findet man auf dieselbe Weise Punkte p'', $\ldots$ und dabei ist die Transformation $o - p = o' - p'$ immer gleich der Transformation $o'' - p''$, $\ldots$ Man wende nun auf a, welches die Punkte o, o', o'' $\ldots$ enthält, diese Transformation an. So geht a in eine neue gerade Linie über, welche p, p', p'' $\ldots$ enthält. Damit ist unser Satz bewiesen.

9. Die vorstehenden Sätze finden ihren Beweis beide in der von uns im Eingange auseinandergesetzten Schlußweise. Außerdem benutzt der zweite Satz die Vertauschbarkeit der Transformationen unter sich.

Um die beiden Sätze zu verallgemeinern, wollen wir hier die Art der Beziehungen, welche bei den zugehörigen Transformationen unverändert bleiben, näher definieren. *Es sind dies alle im Sinne der neueren Algebra kovarianten Beziehungen zu dem von der W-Kurve und dem Fundamentaldreiecke gebildeten Systeme.*

Von dieser Definition ausgehend können wir in den beiden aufgestellten Sätzen beispielsweise an Stelle der Tangente beliebige solche gerade Linien setzen, welche mit den drei Verbindungslinien mit den Ecken des Fundamentaldreiecks ein konstantes Doppelverhältnis bestimmen[16]). Wir können statt ihrer 2, 3, 4, 5 punktig berührende Kegelschnitte setzen, welche bzw. 3, 2, 1, 0 der Eckpunkte des Fundamentaldreiecks enthalten[17]) oder 3, 2, 1, 0 der Seiten des Dreiecks berühren, usw.

In dem zweiten Satze können wir die schneidende gerade Linie a durch eine beliebige Kurve ersetzen; die Schnittpunkte p, p', p'', $\ldots$ liegen dann auf einer Kurve, die aus dieser durch eine dem Systeme angehörige lineare Transformation entsteht, usf.

Es wird dies genügen, um das Schlußprinzip völlig klarzustellen; man sieht, wie man ohne weitere Betrachtungen eine unbegrenzte Reihe von Eigenschaften der W-Kurven ableiten kann, und die einzige Frage,

---

[16]) In dem Falle der logarithmischen Spirale sind dies die unter konstantem Winkel schneidenden Geraden. — Daß dieselben logarithmische Spiralen derselben Art umhüllen (caustica, diacaustica, evoluta), ist nach unserer Schlußweise selbstverständlich und subsumiert sich unter den letzten Satz der Nr. 10 des Textes.

[17]) Für die logarithmische Spirale gehören hierher die Berührungskreise, welche den Pol enthalten, und die Krümmungskreise.

die man in dieser Richtung nur noch stellen kann, ist die: Welche dieser Eigenschaften sind besonders bemerkenswert?

10. Wir heben aus der Reihe solcher Eigenschaften zunächst nur die folgenden heraus:

Kurven W eines Systems (und zu diesen gehören immer die Seiten des Fundamentaldreiecks) können sich nur in Eckpunkten des Fundamentaldreiecks schneiden. (Wenn also W-Kurven transzendent sind, sind sie es nicht in der Art, daß sie einen Teil der Ebene mit einem Netzwerk bedecken.)

Kurven W besitzen in keinem ihrer Punkte, außer etwa in den Eckpunkten des Fundamentaldreiecks, die sie enthalten, irgendeine Singularität[18]).

Jede im Sinne der neueren Algebra kovariante Kurve einer Kurve W (Hessesche Kurve usw.) ist eine Kurve W desselben Systems.

Wenn man auf eine beliebige Kurve, die nur nicht selbst eine zu dem Fundamentaldreiecke gehörige Kurve W sein soll, die zu einem W-Kurvensysteme gehörigen linearen Transformationen anwendet, so besteht die Umhüllungskurve der dadurch erzeugten Kurvenreihe aus lauter Kurven W des gegebenen Systems.

— Besonders auf den letzten Satz machen wir aufmerksam, da wir ihn in der Folge benutzen werden. —

§ 3.

Aufstellung solcher geschlossener Systeme vertauschbarer linearer Transformationen, welche die bisher behandelten umfassen.

11. Wir legen uns jetzt die Frage vor, ob die einfach unendlichen geschlossenen Systeme von Transformationen I, II, ... V noch in umfassenderen (mindestens zweifach unendlichen) Systemen enthalten sind,

---

[18]) [Von den hier möglichen Singularitäten handelt u. a. Liebmann in III. D 8 der math. Enzyklopädie (Geometrische Theorie der Differentialgleichungen, S. 508). Es sind dieselben, welche Poincaré später in seinen bekannten Untersuchungen über den gestaltlichen Verlauf der Integralkurven von Differentialgleichungen erster Ordnung als „noued“, „col“, „centre“ und „foyer“ bezeichnet hat. Die unendlich ferne Gerade in ihrer Beziehung zur logarithmischen Spirale ist für den Projektiviker das einfachste Beispiel eines Poincaréschen „Grenzzyklus“. Dabei ist sie, wie aus den Entwicklungen des Textes hervorgeht, das dualistische Gegenstück zu dem „foyer“, den die Spirale in unendlich vielen immer enger werdenden Windungen umkreist. — Übrigens hat Lie seinerzeit jedes Eingehen auf diese gestaltlichen Verhältnisse abgelehnt. Ganz erfüllt von dem Interesse für die allgemeinen Eigenschaften, welche die W-Kurve infolge der kontinuierlichen Schar von Kollineationen, die sie in sich überführen, besitzt, tat er den charakteristischen Ausspruch: „Die Kurve weiß selbst am besten, wie sie sich in singulären Punkten zu verhalten hat.“ An dem Wortlaut des Textes, den ich für diese Abhandlung in Göttingen hergestellt habe, hat er dann nichts mehr geändert. K.]

die, gleich ihnen, die beiden Eigenschaften der Nr. 2 besitzen: daß die ihnen angehörigen Transformationen untereinander vertauschbar sind und miteinander kombiniert eine wieder dem Systeme angehörige Transformation ergeben. Insonderheit fragen wir nach den umfassendsten solchen Systemen, d. h. denjenigen, die nicht noch in weiteren Systemen gleicher Beschaffenheit enthalten sind. In unserem Falle, in welchem nur zwei Variable vorkommen, ergibt sich, daß die umfassendsten Systeme der gesuchten Beschaffenheit immer nur zweifach unendlich sind[19]), so daß es also zwischen den seither betrachteten einfach unendlichen und diesen umfassendsten keine Mittelstufe mehr gibt.

12. Zum Zwecke der Aufstellung der hier in Rede stehenden Systeme betrachten wir zunächst zwei beliebige lineare Transformationen, A und B.

Damit dieselben vertauschbar sind, müssen die Elemente der Ebene, welche bei der einen fest bleiben, auch für die andere fest sein oder durch dieselbe unter sich vertauscht werden.

Sei nämlich o ein festes Element von A; durch die Transformation B gehe es in p über. Wenden wir also auf o zuerst A, dann B an, so erhalten wir p. Wenden wir hingegen zuerst B, dann A an, so erhalten wir dasjenige Element, in welches p durch A übergeht. Dies aber muß p selbst sein, weil die Art der Aufeinanderfolge von A und B gleichgültig sein soll. p also bleibt bei der Transformation A unverändert, w. z. b. w.

Die Transformationen der hier gesuchten Systeme sollen nun nicht nur miteinander vertauschbar sein, sondern kontinuierlich sich aneinander anschließen. Damit ist die Möglichkeit aufgehoben, daß die festen Elemente einer einem solchen Systeme angehörigen Transformation — wofern dieselben nicht in kontinuierlicher, sondern nur in diskreter Aufeinanderfolge vorhanden sind — durch irgendeine andere ihm angehörige Transformation unter sich vertauscht werden; vielmehr müssen dieselben unverändert bleiben.

13. Dieser Satz erlaubt nun sofort alle geschlossenen Systeme vertauschbarer linearer Transformationen der Ebene, die nicht noch in umfassenderen enthalten sind, aufzustellen.

---

[19]) Daß die Zahl der in diesen Systemen vorkommenden Transformationen, nämlich ∞^2, mit der Zahl der Variabeln stimmt, ist eine besondere Eigenschaft der Zahl 2. Für drei Variable gibt es z. B. neben einer größeren Zahl dreifach unendlicher Systeme ein vierfach unendliches. Dasselbe stellt sich etwa in der folgenden Form dar:

$$x' = x + a\,z + b,$$
$$y' = y + c\,z + d,$$
$$z' = z.$$

Findet sich unter den Transformationen des Systems *eine*, welche der ersten Klasse angehört, so muß für *alle* Transformationen des Systems das betreffende Fundamentaldreieck ungeändert bleiben. Ein solches System kann also höchstens diejenigen Transformationen umfassen, welche diese Eigenschaft besitzen, nicht aber noch andere. Diese Transformationen sind nun durch (1) dargestellt,

$$x' = ax,$$
$$y' = by,$$

wenn man a, b nicht mehr die Bedeutung von Konstanten, sondern von Parametern gibt. Die Kombination irgend zweier solcher Transformationen mit den Parametern a, b und a', b' ergibt aber, wie man unmittelbar verifiziert, eine neue Transformation des Systems, nämlich diejenige mit den Parametern aa', bb', und zwar unabhängig von der Reihenfolge der beiden Transformationen dieselbe.

Die zweifach unendlich vielen Transformationen:

$$\text{A.} \quad \begin{aligned} x' &= ax, \\ y' &= by \end{aligned}$$

bilden also ein geschlossenes System vertauschbarer linearer Transformationen, das nicht noch in einem umfassenderen enthalten ist.

In diesem Systeme sind alle einfach unendlichen Systeme I. enthalten. *Andererseits sind die Systeme I. in keinem anderen geschlossenen Systeme vertauschbarer linearer Transformationen enthalten als eben in diesem.*

Denn nach der vorstehenden Nummer müßte ein solches System in A. enthalten sein, also eine Zwischenstufe zwischen Systemen I. und A. bilden. Eine solche Zwischenstufe gibt es aber nicht, da A. nur zweifach unendlich viele Transformationen enthält, während I. bereits einfach unendlich viele enthält.

Wie man von den Transformationen erster Klasse zur Aufstellung des Systems A. gelangt, kommt man von den Transformationen zweiter und dritter Klasse zu den folgenden beiden:

$$\text{B.} \quad \begin{aligned} x' &= ax, \\ y' &= y + b; \end{aligned}$$
$$\Gamma. \quad \begin{aligned} x' &= x + a, \\ y' &= y + ax + b. \end{aligned}$$

Die Beziehung von B. und Γ. zu den einfach unendlichen Systemen II., III. ist ganz dieselbe, wie die von A. zu den Systemen I., so daß wir dieselbe hier nicht weiter auseinandersetzen.

14. Bei den Transformationen vierter und fünfter Klasse wird eine besondere Untersuchung nötig, weil bei ihnen feste Elemente in kontinuierlicher Aufeinanderfolge vorhanden sind.

Transformationen der *vierten* Klasse können, nach dem Satze der 12. Nummer, nur vertauschbar sein, wenn entweder beide dasselbe Zentrum und dieselbe Achse der Perspektivität besitzen, oder wenn das Zentrum der einen bzw. auf der Achse der anderen liegt. In beiden Fällen sind die beiden Transformationen auch wirklich vertauschbar, wie man leicht verifiziert. Aber man wird dabei zu nichts Neuem geführt. In dem ersten Falle kommt man überhaupt nur zu dem einfach unendlichen Systeme IV.; in dem zweiten wird man zu dem Systeme A. geführt, welches man offenbar aus den beiden perspektivischen Transformationen:

$$x' = ax, \qquad x' = x,$$
$$y' = y, \qquad y' = by$$

zusammensetzen kann.

Ebensowenig gelingt es durch Kombination von Transformationen der vierten und fünften Klasse neue geschlossene Systeme vertauschbarer Transformationen zusammenzusetzen. Nach dem Satze der 12. Nummer wird man, wenn man dies versucht, zu dem Systeme B. zurückgeführt, welches man als aus der Kombination der perspektivischen Transformation:

$$x' = ax,$$
$$y' = y,$$

mit der Translation:

$$x' = x,$$
$$y' = y + b,$$

entstanden ansehen kann.

Dagegen lassen sich aus Transformationen *fünfter* Klasse zwei neue, auch wieder zweifach unendliche Systeme der gesuchten Art bilden.

Zwei Transformationen fünfter Klasse können nämlich nach Nr. 12 vertauschbar sein, sowohl wenn die feste Punktreihe, als auch wenn das feste Strahlbüschel für beide identisch ist. Man verifiziert unmittelbar, daß sie unter einer dieser Voraussetzungen auch wirklich vertauschbar sind und miteinander kombiniert eine neue Transformation gleicher Art erzeugen. Wir haben also zwei neue, wiederum zweifach unendliche Systeme der gesuchten Art.

Das eine umfaßt alle Transformationen der fünften Klasse, bei welchen dieselbe Punktreihe fest bleibt. Es mag diese Punktreihe mit der unendlich weit entfernten geraden Linie zusammenfallen. Dann sind die Transformationen des Systems dargestellt durch:

$$\Delta. \qquad \begin{aligned} x' &= x + a, \\ y' &= y + b. \end{aligned}$$

Ein Beispiel gibt die Gesamtheit der Translationen der Ebene.

Das andere umfaßt alle Transformationen derselben Klasse, bei denen

das feste Strahlbüschel dasselbe ist. Wählt man für das letztere die zur
Y-Achse parallelen Geraden, so sind die Transformationen des Systems
gegeben durch:

$$\text{E.} \qquad \begin{aligned} x' &= x, \\ y' &= y + ax + b. \end{aligned}$$

15. Wenn wir zusammenfassen, sind wir zu dem folgenden Resultate
gelangt:

*Es gibt in der Ebene fünf verschiedene zweifach unendliche ge-
schlossene Systeme von unter sich vertauschbaren linearen Transformationen:* A., B., Γ., Δ., E.

*Dieselben sind nicht noch in umfassenderen Systemen derselben Be-
schaffenheit enthalten.*

*Transformationen erster, zweiter und dritter Klasse sowie die aus
ihnen gebildeten einfach unendlichen Systeme I., II., III. finden sich
nur bezüglich in den Systemen* A., B., Γ.

*Transformationen vierter Klasse und die aus solchen gebildeten ein-
fach unendlichen Systeme IV. finden sich in* A. *und* B.; *Transformationen
fünfter Klasse und die aus ihnen gebildeten einfach unendlichen Systeme
V. finden sich in* B., Γ., Δ., E.

Wir werden nun im folgenden die W-Kurven betrachten nicht mit
Bezug auf das einfach unendliche System I., ... V., durch dessen Transformationen sie in sich übergehen, sondern mit Bezug auf das zweifach
unendliche A., ..., E., welchem das betreffende einfach unendliche angehört: wir werden uns ein solches zweifach unendliches System gegeben
denken und diejenigen W-Kurven in Untersuchung ziehen, deren zugehörige einfach unendliche Systeme in diesem enthalten sind.

Solcher W-Kurven gibt es für jedes der Systeme A., B., ..., E. zweifach unendlich viele.

Für A., B., Γ., Δ. sind dieselben durch die Gleichungen Nr. I., II.,
III., IV. dargestellt, wenn man den in denselben vorkommenden Konstanten beliebige Werte beilegt. Nicht eingeschlossen in diese Darstellung
sind für die vier Systeme jedesmal einfach unendlich viele W-Kurven, nämlich (vgl. Nr. 7) diejenigen *Punkte*, welche durch unendlich viele Transformationen des Systems unverändert bleiben. Es sind dies für A., B., Γ.
die auf den Seiten der bzw. Fundamentaldreiecke gelegenen Punkte, für
Δ. die Punkte der bei allen, Δ. angehörigen, Transformationen festen
Punktreihe. Diese Punkte lassen sich nicht durch *eine* Gleichung darstellen, weil wir von Punkt-Koordinaten Gebrauch machen. Würden wir
dagegen Linien-Koordinaten anwenden, so hätte man sofort die Darstellung dieser Punkte durch eine Gleichung: es würde aber unmöglich, diejenigen W-Kurven, welche etwa gerade Linien sind, entsprechend darzu-

stellen. Insbesondere für das System Δ., dessen zweifach unendlich viele W-Kurven — bis auf die eben genannten Punkte — die geraden Linien der Ebene sind, würde man die W-Kurven im allgemeinen gar nicht, sondern nur diese einfach unendlich vielen Punkte darstellen können. Das ist nun gerade, was bei dem System E., das dem Systeme Δ. dualistisch gegenübersteht, bei dem Gebrauche von Punktkoordinaten stattfindet. Man findet ohne weiteres einfach unendlich viele gerade Linien, welche W-Kurven sind, nämlich die geraden Linien des festen Büschels:

$$x = x_0.$$

Aber außerdem gibt es zweifach unendlich viele W-Kurven, die sich der Darstellung durch eine Gleichung entziehen: das sind sämtliche Punkte der Ebene. Das System E. hat darum den anderen gegenüber keine Sonderstellung; daß es hier eine solche zu besitzen scheint, beruht auf dem (zufälligen) Gebrauche von Punktkoordinaten.

In den folgenden Betrachtungen wird von dem Systeme A. ausgegangen werden; indes übertragen sich dieselben ohne weiteres auf die übrigen Systeme. Nur muß man dabei berücksichtigen, daß in dem Falle Δ. die geraden Linien, im Falle E. die Punkte der Ebene die W-Kurven sind, und man daher nicht, wie bei A., B., Γ. im ersten Falle die geraden Linien, im zweiten die Punkte als Beispiele für beliebige Kurven betrachten darf. Es ist übrigens so einfach, die Betrachtungen, welche wir für das System A. machen werden, auf B., Γ., Δ., E. zu übertragen, daß wir diese letzteren Systeme fortan ganz beiseite lassen werden.

<h2 style="text-align:center">§ 4.</h2>

Die W-Kurven gehen durch eine unendliche Reihe von Transformationen (geometrischen Verwandtschaften) in W-Kurven desselben Systems über.

16. Die Gleichung der W-Kurven, die zu dem zweifach unendlichen Systeme A gehören, ist von der folgenden Form (vgl. Nr. 6):

$$(13) \qquad\qquad A x^k = B y^l,$$

wo A, B, k, l irgendwelche Konstanten bedeuten. Diejenigen W-Kurven, welche dasselbe k, l besitzen, gehen durch dieselben einfach unendlich vielen linearen Transformationen in sich über. Wir bezeichneten früher solche W-Kurven als W-Kurven eines Systems und wir wollen hier diese Bezeichnung beibehalten, da ja wohl keine Verwechselung mit dem zweifach unendlichen Systeme A., dem alle W-Kurven, die wir hier betrachten, angehören, möglich ist.

Aus der Form der Gleichung (13) ersieht man nun unmittelbar: *daß die W-Kurven durch eine Anzahl von Transformationen, die noch* *jedesmal zwei willkürliche Konstanten einschließen, in W-Kurven desselben Systems, bzw. bei passender Bestimmung der beiden Konstanten unendlich oft in sich selbst übergeführt werden.*

Dies ist zunächst der Fall für die linearen Transformationen von A.:

$$x' = ax,$$
$$y' = by,$$

es ist allgemeiner der Fall für die Transformationen:

$$x' = ax^m,$$
$$y' = by^m,$$

wo m irgendeine Zahl ist.

Es ist ferner so hinsichtlich der Umformung durch reziproke Polaren mit Bezug auf einen Kegelschnitt, der das Fundamentaldreieck von A. zum Polardreieck hat. Damit nämlich eine gerade Linie:

$$tx + uy + 1 = 0,$$

Tangente der Kurve (13) sei, erhält man die Bedingung (Tangentialgleichung der Kurve):

$$A' t^k = B' u^l,$$

wo A', B' aus A, B, k, l zusammengesetzt sind. Eine solche Gleichung entsteht aus (13), indem man setzt:

$$x = at,$$
$$y = bu,$$

und diese Transformation stellt die Umformung durch reziproke Polaren hinsichtlich des Kegelschnittes dar:

$$\frac{x^2}{a} + \frac{y^2}{b} + 1 = 0,$$

der ein beliebiger Kegelschnitt ist, für welchen das Fundamentaldreieck Polardreieck ist.

Ferner haben die W-Kurven dieselbe Eigenschaft hinsichtlich derjenigen Transformationen, die sich aus den genannten zusammensetzen lassen usf.

Wir werden nun im nachstehenden, anknüpfend an die Erzeugung der W-Kurven, auf geometrischem Wege den Grund dieses Verhaltens suchen. Dabei werden wir zur Aufstellung einer unbegrenzten Reihe von Transformationen, oder, wie wir, weil bei ihnen ein Wechsel des Raumelementes eintritt, lieber sagen wollen, geometrischen Verwandtschaften gelangen, durch die jedesmal die W-Kurven in W-Kurven desselben Systems, bzw. bei passender Wahl der in denselben vorkommenden zwei willkürlichen Konstanten einfach unendlich oft in sich selbst übergehen. *Diese Verwandtschaften umfassen eine große Zahl sonst angewandter*

Verwandtschaften; abgesehen von ihrer Beziehung zu den W-Kurven, die hier in den Vordergrund tritt, scheinen dieselben auch darum Interesse zu besitzen, weil durch ihre Aufstellung diese spezielleren Verwandtschaften auf einen einheitlichen Algorithmus zurückgeführt werden. Das Wesentliche bei diesen Verwandtschaften ist, daß sie nach einer festen Regel erzeugt werden, indem wir von den zu dem Fundamentaldreiecke gehörigen linearen Transformationen als Grundoperationen ausgehen. In ähnlicher Weise kann man an jedes geschlossene System vertauschbarer Transformationen bei beliebig viel Veränderlichen einen Verwandtschaftszyklus anknüpfen. Die hiermit angedeutete Theorie scheint an und für sich beachtenswert zu sein.

17. Wir betrachten zunächst die Transformationen:

$$(14) \qquad \begin{aligned} x' &= a x^m, \\ y' &= b y^m. \end{aligned}$$

Die Punkte der XY-Ebene, sowie die der $X'Y'$-Ebene, kann man sich — und diese Vorstellungsweise ist hier für uns fundamental — in der Art und Weise entstehend denken, daß man von einem Punkte x_0, y_0 bzw. x_0', y_0' als gegeben ausgeht und auf denselben alle zu dem Fundamentaldreiecke von A. gehörigen linearen Transformationen anwendet.

Gemäß dieser Anschauung kann man nun in der folgenden Weise eine Beziehung (Verwandtschaft) zwischen den beiden Ebenen feststellen.

Die Punkte x_0, y_0 und x_0', y_0' betrachte man als entsprechend. Man betrachte ferner als entsprechend jedesmal diejenigen Punkte x, y und x', y', welche aus den gegebenen durch *dieselbe* zu dem Fundamentaldreieck von A. gehörige lineare Transformation hervorgehen. Ist also etwa $x = a x_0$, $y = b y_0$, so ist $x' = a x_0'$, $y' = b y_0'$. Die in dieser Weise festgelegte Beziehung zwischen den beiden Ebenen ist keine andere, als die durch eine lineare Transformation, welche zu dem Fundamentaldreieck gehört, ausgedrückte Verwandtschaft. In der Tat, bei dem angegebenen Verfahren ist immer $\frac{x}{x_0} = \frac{x'}{x_0'}$, $\frac{y}{y'} = \frac{y'}{y_0'}$ und diese Formeln stellen eben eine solche lineare Transformation dar. Worauf es aber hier ankommt, ist, daß man bei dieser Auffassung der linearen Verwandtschaft ohne weiteres einsieht, daß W-Kurven durch dieselbe in W-Kurven desselben Systems übergeführt werden. Transformiert man nämlich den Punkt x_0, y_0 durch solche zu dem Fundamentaldreiecke gehörige lineare Transformationen, daß er auf einer W-Kurve fortrückt, so bewegt sich der entsprechende Punkt x_0', y_0' notwendig auf einer W-Kurve desselben Systems, da er durch ganz dieselben linearen Transformationen versetzt wird. Zugleich aber sieht man ein, daß, wenn x_0, y_0 und x_0', y_0' von vornherein auf derselben in Betracht kommenden W-Kurve liegen, daß dann diese W-

Kurve und auch alle W-Kurven desselben Systems in sich selbst übergeführt werden. — Wir machen noch darauf aufmerksam, was auch für alle im folgenden aufzustellenden Verwandtschaften gilt, daß die Art der Beziehung unverändert dieselbe bleibt, wenn wir, statt von x_0, y_0 und x_0', y_0' als gegebenen entsprechenden Punkten auszugehen, von irgendeinem anderen Punktepaare ausgegangen wären, das aus x_0, y_0 und x_0', y_0' durch dieselbe zu dem Fundamentaldreiecke gehörige lineare Transformation hervorgeht.

Wir wollen wieder von x_0, y_0 und x_0', y_0' als gegebenen, einander entsprechenden Punkten ausgehen. Dem Punkte x, y, der aus x_0, y_0 durch eine gewisse zu dem Fundamentaldreieck gehörige Operation hervorgeht, wollen wir denjenigen Punkt x', y' zuordnen, der sich aus x_0', y_0' nicht durch dieselbe Transformation, sondern *durch m-malige Wiederholung derselben Transformation* ergibt. Sei $x = ax_0$, $y = by_0$, so wird $x' = a^m x_0'$, $y' = b^m y_0'$. Eliminiert man hieraus a und b, so erhält man:

$$\frac{x'}{x_0'} = \frac{x^m}{x_0^m}, \qquad \frac{y'}{y_0'} = \frac{y^m}{y_0^m}.$$

Die so festgelegte Verwandtschaft ist also gerade von der unter (14) dargestellten Art.

Nun wende man auf den Punkt x_0, y_0 solche zu dem Fundamentaldreieck gehörige lineare Transformationen an, daß er eine bestimmte W-Kurve durchläuft. Dann wird x_0', y_0' eine W-Kurve desselben Systems durchlaufen. Denn die Reihe der Transformationen, durch welche die W-Kurven eines Systems in sich übergehen: $x = A^\lambda x_0$, $y = B^\lambda y_0$, und die Reihe der Transformationen, die durch m-malige Wiederholung derselben entstehen: $x = A^{\lambda m} x_0$, $y = B^{\lambda m} y_0$, sind in ihrer Gesamtheit nicht voneinander verschieden, und können es auch nicht sein, da ja überhaupt die Reihe dieser Transformationen durch fortwährende Wiederholung einer (unendlich kleinen) Transformation entsteht. Der Punkt x_0', y_0' wird also eine W-Kurve desselben Systems durchlaufen, wie der Punkt x_0, y_0, nur, um uns so auszudrücken, m-mal so schnell.

Es ist also bewiesen, daß W-Kurven durch eine Transformation (14) in W-Kurven desselben Systems übergehen.

Wählt man insbesondere die Punkte x_0, y_0 und x_0', y_0' auf der W-Kurve, die man betrachtet, *so geht dieselbe durch die Transformation in sich über.*

18. Die allgemeineren Verwandtschaften, in welchen die in der letzten Nummer betrachteten als eine besondere Gattung enthalten sind, erhält man in ganz ähnlicher Weise, wie diese letzteren, indem man gleichzeitig an Stelle des Punktes ein anderes Gebilde als Element der Ebene einführt.

Wir wollen nämlich als Elemente der Ebene die zweifach unendlich vielen Kurven betrachten, die aus einer beliebig[20]*) gewählten:*

$$\varphi(x\,y) = 0,$$

durch die zu dem Fundamentaldreiecke gehörigen linearen Transformationen hervorgehen.

Die Gleichung dieses Kurvensystems wird sein, unter α, β Parameter verstanden:

$$\varphi(\alpha\,x,\ \beta\,y) = 0.$$

Die Parameter α, β mag man geradezu als *Koordinaten* der Kurven betrachten.

Eine Gleichung zwischen α, β stellt, sagen wir, diejenige Kurve dar, die von solchen Kurven φ umhüllt wird, deren α, β der Gleichung genügen.

Die allgemeineren Verwandtschaften bestehen nun darin, daß man einem Punkte x', y' eine Kurve φ entsprechen läßt, wo:

$$(15) \qquad x' = a\alpha^m, \qquad y' = b\beta^m.$$

In Worten ausgesprochen: *Man ordne einem willkürlich gewählten Anfangspunkte x_0', y_0' eine bestimmte Kurve φ_0 zu. Eine jede andere Kurve φ geht aus φ_0 durch eine bestimmte zu dem Fundamentaldreiecke gehörige lineare Transformation hervor. Man lasse ihr denjenigen Punkt x', y' entsprechen, der aus x_0', y_0' durch m-malige Wiederholung derselben Transformation entsteht.*

Den Beweis, daß durch eine solche Transformation W-Kurven in W-Kurven desselben Systems übergeführt werden, mag man dadurch in zwei Schritte zerlegen, daß man die Gleichungen (15) durch die Aufeinanderfolge der beiden Gleichungen ersetzt:

$$(16) \qquad x' = a\,x^m, \qquad y' = b\,y^m,$$
$$(17) \qquad x = \alpha, \qquad y = \beta.$$

Durch (16) gehen die W-Kurven in W-Kurven desselben Systems über, wie in der vorstehenden Nummer gezeigt ist. Es ist also nur noch von (17) zu zeigen. In Worten: es ist zu zeigen, daß eine beliebige Kurve φ eine W-Kurve, und zwar eine W-Kurve desselben Systems umhüllt, wenn man auf sie diejenigen zu dem Fundamentaldreiecke gehörigen linearen Transformationen anwendet, vermöge deren ein Punkt x, y eine bestimmte W-Kurve durchläuft. Das aber ist der letzte Satz der 10. Nummer.

Wählt man den Anfangspunkt x_0, y_0 und die Kurve φ_0 so, daß der erstere auf der W-Kurve liegt, die man betrachtet, die zweite eben diese

---

[20]) Ausgeschlossen bleibt dabei die Annahme, daß die Kurve $\varphi = 0$ eine zu dem Fundamentaldreiecke gehörige W-Kurve sei. In diesem Falle würde man nur einfach unendlich viele Kurven φ erhalten.

Kurve berührt, so geht die W-Kurve durch die Verwandtschaft (15) in sich selbst über. Es muß dabei nur eine Bemerkung hinzugefügt werden. Die den Punkten der W-Kurve entsprechenden φ umhüllen die W-Kurve, aber sie können recht wohl noch weitere Umhüllungskurven haben. Diese weiteren Umhüllungskurven sind dann aber immer W-Kurven desselben Systems.

19. Wir wollen den Satz: daß W-Kurven durch die Verwandtschaften (15) in W-Kurven desselben Systems übergehen, auch noch analytisch beweisen.

Eine solche Verwandtschaft ist analytisch durch eine sogenannte aequatio directrix[21]) dargestellt. Man erhält dieselbe, wenn man die Werte für α und β aus (15) in die Gleichung der Kurve:

$$\varphi(\alpha x,\ \beta y) = 0$$

einträgt. So entsteht:

$$(18) \qquad \varphi\left[x\left(\frac{x'}{a}\right)^{\frac{1}{m}},\ y\left(\frac{y'}{b}\right)^{\frac{1}{m}}\right] = 0.$$

Betrachtet man in dieser Gleichung x', y' als fest, so stellt sie das dem Punkte x', y' entsprechende φ dar. Umgekehrt, hält man x, y fest, so stellt sie diejenige Kurve dar, deren Punkten solche Kurven φ entsprechen, welche durch x, y hindurchgehen.

Einem bestimmten Punkte x', y' oder x, y wird durch eine aequatio directrix erst dann ein bestimmter Punkt x, y oder x', y' zugeordnet, wenn man $\frac{dy'}{dx'}$ oder $\frac{dy}{dx}$ kennt. Und zwar bestimmt sich, wenn man x, y, $\frac{dy}{dx}$ kennt, x', y', $\frac{dy'}{dx'}$ und umgekehrt. Es ist dies geometrisch evident. Denn dem Punkte x, y entspricht zunächst eine ganze Kurve von Punkten x', y'. Dadurch, daß man von x, y zu einem benachbarten Punkte übergeht, dem seinerseits eine benachbarte Kurve entspricht, fixiert man auf dieser Kurve, als Durchschnittspunkte mit der benachbarten, eine diskrete Mannigfaltigkeit von Punkten x', y'. Aber gleichzeitig ist für diese Punkte die Fortschreitungsrichtung, d. h. $\frac{dy'}{dx'}$, gegeben. Sie fällt nämlich bzw. in die Tangenten der beiden benachbarten Kurven in ihren Durchschnittspunkten. Analytisch stellt sich dies so. Sei

$$\varphi = 0$$

die aequatio directrix. Betrachtet man x, y als veränderlich, so kommt:

$$\frac{\partial \varphi}{\partial x}\cdot dx + \frac{\partial \varphi}{\partial y}\cdot dy = 0.$$

______

[21]) Vgl. Plücker: Analytisch-geometrische Entwicklungen. Band 2, S. 265 (1831).

Sieht man dagegen x', y' als veränderlich an, so hat man:

$$\frac{\partial \varphi}{\partial x'} \cdot d x' + \frac{\partial \varphi}{\partial y'} \cdot d y' = 0 \, .$$

Aus den vorstehenden drei Gleichungen kann man entweder x, y, $\dfrac{d y}{d x}$ durch x', y', $\dfrac{d y'}{d x'}$ oder x', y', $\dfrac{d y'}{d x'}$ durch x, y, $\dfrac{d y}{d x}$ bestimmen.

In unserem Falle hat man nun offenbar:

$$\frac{\partial \varphi}{\partial x} = \left(\frac{x'}{a}\right)^{\frac{1}{m}} \cdot \frac{\partial \varphi}{\partial \left[x \left(\frac{x'}{a}\right)^{\frac{1}{m}}\right]} \, , \qquad \frac{\partial \varphi}{\partial y} = \left(\frac{y'}{b}\right)^{\frac{1}{m}} \cdot \frac{\partial \varphi}{\partial \left[y \left(\frac{y'}{b}\right)^{\frac{1}{m}}\right]} \, ,$$

und

$$\frac{\partial \varphi}{\partial x'} = \frac{1}{m} \frac{x \, x'^{\frac{1}{m} - 1}}{a^{\frac{1}{m}}} \frac{\partial \varphi}{\partial \left[x \left(\frac{x'}{a}\right)^{\frac{1}{m}}\right]} \, , \qquad \frac{\partial \varphi}{\partial y'} = \frac{1}{m} \frac{y \, y'^{\frac{1}{m} - 1}}{b^{\frac{1}{m}}} \frac{\partial \varphi}{\partial \left[y \left(\frac{y'}{b}\right)^{\frac{1}{m}}\right]} \, .$$

Hieraus schließt man, unabhängig von der besonderen Form, die φ hat:

$$\frac{d x}{x} : \frac{d y}{y} = \frac{d x'}{x'} : \frac{d y'}{y'} \, .$$

Nun aber ist die Differentialgleichung der W-Kurven (Nr. 5):

$$\frac{d x}{x} = C \cdot \frac{d y}{y} \, .$$

Dieselbe bleibt also bei der Umformung umgeändert.

Mit anderen Worten: durch die Umformung gehen W-Kurven in W-Kurven desselben Systems über, w. z. b. w.

20. Auf dieselbe Art, wie wir in Nr. 18 zwei Punkte, in Nr. 19 einen Punkt und eine Kurve einander zugeordnet haben, kann man auch zwei Kurven einander entsprechen lassen. Sei die eine Kurve:

$$\varphi(x, \, y) = 0,$$

die andere:

$$\psi(x, \, y) = 0 \, .$$

Dann würde man die zweifach unendlich vielen Kurven, die aus $\varphi = 0$ durch die zu dem Fundamentaldreiecke gehörigen linearen Transformationen hervorgehen, nämlich:

$$\varphi(\alpha x, \, \beta y) = 0$$

den zweifach unendlich vielen, die sich auf gleiche Weise aus $\psi = 0$ ergeben, nämlich:

$$\psi(\alpha' x, \, \beta' y) = 0$$

entsprechend der Gleichung (15) in der folgenden Art zuordnen:

$$\alpha' = a \, \alpha^{m}, \quad \beta' = b \, \beta^{m},$$

und dadurch eine Verwandschaft begründen. Durch eine solche Verwandtschaft würden dann wieder W-Kurven in W-Kurven desselben Systems übergehen.

Allein diese Verwandtschaften, die begrifflich die in Nr. 18 und Nr. 19 aufgestellten Verwandtschaften umfassen, insofern man den Punkt als eine Kurve spezieller Art ansehen kann, sind von den bisher behandelten nicht verschieden. Den unendlich vielen Kurven ψ nämlich, welche durch einen Punkt gehen, entsprechen unendlich viele Kurven φ und diese haben eine Umhüllungskurve $\Phi = 0$ (die in besonderen Fällen auch ein Punkt sein kann). Die Beziehung der Punkte der Ebene zu den ihnen zugehörigen Φ ist dabei offenbar ganz von der in der Nr. 19 betrachteten Art. Weiter ist aber auch klar, daß man die Verwandtschaft, welche durch den Übergang von den ψ zu den φ definiert war, ebenso gut durch den Übergang von den Punkten zu den entsprechenden Φ definieren kann. Es folgt das aus dem nachstehenden Räsonnement, das übrigens in ganz gleicher Weise bei allen Verwandtschaften seine Stelle findet, welche zweifach unendlich viele Kurven der Ebene zweifach unendlich vielen anderen Kurven entsprechen lassen.

Den Kurven φ, welche irgendeine Kurve C berühren, mögen ψ entsprechen, die eine andere Kurve C' berühren. Durch einen Punkt von C gehen zwei konsekutive ψ, denen zwei konsekutive φ entsprechen, welche C' berühren. Dieselben φ müssen aber auch das dem Punkte zugehörige Φ berühren, da ja das Φ die Enveloppe aller φ ist, die solchen ψ entsprechen, die durch den Punkt gehen. Mithin wird C' auch von Φ berührt. Mit anderen Worten: Wenn der Punkt die Kurve C durchläuft, so umhüllt die Kurve Φ die Kurve C'. Die Verwandtschaft zwischen den ψ und den φ ist also dieselbe, wie die zwischen den Punkten und den Φ, w. z. b. w.

§ 5.

Aufzählung einiger unter den allgemeinen Verwandtschaften enthaltenen besonderen Fälle.

21. Wir wollen hier einige unter den eben aufgestellten Verwandtschaften enthaltene besondere Fälle herausheben, die besonderes Interesse zu haben scheinen.

Zunächst mögen wir bemerken, daß wir in der im Eingange erwähnten Arbeit in den Comptes Rendus die beiden Fälle, welche den Werten $m = +1$ und $m = -1$ entsprechen, unter dem Namen der *kogredienten* und *kontragredienten* Verwandtschaften behandelt haben. Die kontragredienten Verwandtschaften haben zunächst das größere Interesse. Für sie gilt nämlich der Satz: *daß sie zweimal hintereinander angewandt zur Identität führen, daß also bei ihnen die Beziehung zwischen dem ursprünglichen und dem verwandten Gebilde eine gegenseitige ist.*

Für die betreffende Verwandtschaft der Nr. 18 überzeugt man sich davon unmittelbar aus der Gleichung (14). Setzt man in derselben $m = -1$, so kommt:

$$x\,x' = a, \qquad y\,y' = b.$$

Eine Vertauschung von x, y mit x', y' läßt diese Formeln ungeändert. Wird man also durch sie von x, y zu x', y' geführt, so gelangt man bei Wiederholung derselben von x', y' zu x, y zurück.

Dasselbe gilt für die betreffenden Verwandtschaften der Nr. 19. Für $m = 1$ wird die aequatio directrix (18):

$$\varphi\left(\frac{x\,x'}{a},\ \frac{y\,y'}{b}\right) = 0$$

und ist also wieder mit Bezug auf x und x', y und y' symmetrisch, was denselben Schluß wie im vorhergehenden Falle begründet[22].

22. Die allgemeinen, in Nr. 18 auseinandergesetzten Verwandtschaften sind vielfach Gegenstand geometrischer Untersuchung gewesen. Wir verweisen insbesondere auf Salmons Treatise on the Higher Plane Curves, wo S. 238 bis 242 eine Zusammenstellung derartiger Forschungen gegeben ist.

Für $m = +1$ sind diese Verwandtschaften, wie schon gesagt, von der kollinearen Verwandtschaft nicht verschieden.

Für $m = -1$ geben sie die bekannte Verwandtschaft, welche eine gerade Linie in einen durch die drei Ecken des Fundamentaldreiecks gehenden Kegelschnitt verwandelt.

Besonderes Interesse haben diese Transformationen in dem Falle, daß zwei Ecken des Fundamentaldreiecks in die beiden Kreispunkte fallen. Dieselben lassen dann die Winkel[23] der Ebene unverändert, ein Umstand, den Herr M. Roberts zur Ableitung einer Reihe schöner Sätze benutzt hat. Ist in diesem Falle insbesondere $m = -1$ und setzt man

---

[22] In unserer Arbeit in den Comptes Rendus haben wir diesen Satz auf geometrische Weise begründet, indem wir das System Δ. aller Translationen zu Hilfe nahmen. In diesem Falle wird nämlich der Satz des Textes identisch mit dem Satze über relative Verschiebung: Wenn zwei Körper gegeneinander verschoben werden, so ist es gleichgültig, ob der eine ruht und der andere sich bewegt, oder ob der andere ruht und der erste sich·im umgekehrten Sinne bewegt.

[23] Es ist dies eine Folge davon, daß durch die Transformation die W-Kurven, d. h. in diesem Falle die logarithmischen Spiralen, in W-Kurven desselben Systems übergeführt werden. Die logarithmischen Spiralen zweier Systeme schneiden sich nämlich unter konstantem Winkel; bleiben bei der Transformation nun die Systeme ungeändert, so müssen es auch die Winkel tun. Es gilt diese Bemerkung auch für die in der folgenden Nummer betrachteten Verwandtschaften, soweit sie sich auf das Fundamentaldreieck der logarithmischen Spirale beziehen. — Die betreffende Arbeit von Herrn M. Roberts findet sich: Liouvilles Journal, Bd. 13 (1848).

gleichzeitig statt $x \, (-x)$, so hat man die Transformation der reziproken Radien. Im übrigen vergleiche man Salmon, die angeführte Stelle.

23. Unter den Verwandtschaften der Nr. 19 sind diejenigen besonders bemerkenswert, welche man erhält, wenn man für die Kurven $\varphi = 0$ gerade Linien nimmt. Dann entsprechen den Punkten der Ebene die geraden Linien derselben. Die Parameter α, β, welche wir als Koordinaten der Kurven φ auffaßten, sind dabei die reziproken Werte der gewöhnlichen Linienkoordinaten t und u.

A. Betrachten wir zunächst den Fall $m = -1$, d. h.

$$(19) \qquad \begin{aligned} a\,t &= x, \\ b\,u &= y. \end{aligned}$$

Diese Formeln stellen die Verwandtschaft der reziproken Polaren hinsichtlich des Kegelschnittes:

$$\frac{x^2}{a} + \frac{y^2}{b} + 1 = 0$$

dar, d. h. also hinsichtlich eines Kegelschnittes, welcher das Fundamentaldreieck zum Polardreieck hat. Wir haben also den folgenden Satz, den wir, unmittelbar aus der Gleichung bewiesen, bereits in Nr. 19 anführten:

Die reziproke Polare einer W-Kurve hinsichtlich eines Kegelschnittes, der das Fundamentaldreieck zum Polardreieck hat, ist eine W-Kurve desselben Systems.

Hieran knüpft sich noch das folgende Korollar:

Die W-Kurve ist ihre eigene reziproke Polare hinsichtlich eines solchen Kegelschnitts, wenn sie von dem Kegelschnitte berührt wird [24]).

Denn bei der durch einen solchen Kegelschnitt vermittelten Zuordnung von Punkt und gerader Linie entspricht einem Punkte der W-Kurve — nämlich dem Berührungspunkte mit dem Kegelschnitt — eine Tangente derselben Kurve — nämlich die Tangente im Berührungspunkte, und also (Nr. 18) allen Punkten der W-Kurve eine Tangente derselben Kurve.

Durch Übertragung früher aufgestellter Eigenschaften der W-Kurven vermöge der Theorie der reziproken Polaren finden wir unter anderen, was man übrigens vermöge der von uns immer gebrauchten Schlußweise ohne weiteres einsehen kann: *Das Doppelverhältnis der Tangente einer W-Kurve zu den drei geraden Linien, welche ihren Berührungspunkt mit den Ecken des Fundamentaldreiecks verbinden, ist konstant.* Wir

---

[24]) Für die logarithmische Spirale sagt dieser Satz aus: Die logarithmische Spirale ist ihre eigene reziproke Polare in bezug auf jede gleichseitige Hyperbel, deren Mittelpunkt in ihren Pol fällt, und welche sie berührt.

führen diesen Satz hier an, weil er für die logarithmische Spirale diejenige Eigenschaft ausspricht, die man gewöhnlich als Definition derselben gibt: daß nämlich für sie die Radiivektores vom Pole aus mit der Kurve gleiche Winkel bilden. — Man schließt ferner noch, daß dieses Doppelverhältnis dasselbe ist, welches der Berührungspunkt und die drei Durchschnittspunkte der Tangente mit den Seiten des Fundamentaldreiecks miteinander bilden, wie dies auch aus bekannten Eigenschaften des Dreiecks ersichtlich ist.

B. Sei zweitens $m = +1$. So sind die Formeln für die Verwandtschaft:

$$(20) \qquad x\,t = a, \qquad y\,u = b.$$

Man kann diese aus den Formeln

$$x\,x' = a, \qquad y\,y' = b,$$

und

$$x' = t, \qquad y' = u$$

zusammensetzen; die hier betrachtete Verwandtschaft entsteht also, wenn man die Verwandschaft

$$x\,x' = a, \qquad y\,y' = b$$

mit der der reziproken Polaren verbindet.

Die Transformation (20), wie überhaupt jede Transformation, die nicht reziprok ist, kann in doppeltem Sinne aufgefaßt werden, je nachdem man von den x, y der ersten Ebene zu den t, u der zweiten, oder von den t, u der ersten zu den x, y der zweiten übergeht.

In dem ersten Falle läßt sie dem Punkte eine gerade Linie, der geraden Linie einen Kegelschnitt entsprechen, welcher die drei Seiten des Fundamentaldreiecks berührt. — In dem zweiten Falle entspricht der geraden Linie ein Punkt, dem Punkte ein Kegelschnitt, der durch die drei Ecken geht.

Es ist dabei ein besonderer Fall bemerkenswert. Derselbe entspricht der Annahme $a + b + 1 = 0$, also:

$$t\,x + u\,y + 1 = 0.$$

Alsdann liegen Punkt und entsprechende gerade Linie (unter beiden Annahmen) jedesmal vereinigt.

Unter diesen Fall gehört namentlich auch die Beziehung der Punkte der W-Kurven eines Systems zu deren Tangenten, wie man dies an der Gleichung der W-Kurven unmittelbar verifiziert. Die vorstehend ausgesprochenen Eigenschaften der Transformation (20) ergeben für diesen besonderen Fall die beiden Sätze:

Die Tangenten in den Schnittpunkten einer geraden Linie mit einer

W-Kurve berühren einen dem Fundamentaldreiecke eingeschriebenen Kegelschnitt[25]).

Die Berührungspunkte der von einem Punkte aus an eine W-Kurve gelegten Tangenten liegen auf einem durch die drei Ecken des Fundamentaldreiecks gehenden Kegelschnitt[26]).

Noch mag als ein besonderer Fall der durch (20) dargestellten Verwandtschaft die Beziehung angesehen werden, die Plücker in seinem „Systeme der analytischen Geometrie" (1835) S. 10 als Polarität hinsichtlich eines Dreiecks[27]) bezeichnet. Dieselbe entsteht aus (20), wenn man $a = b = 1$ nimmt. [Geometrisch ist diese Beziehung in folgender Weise definiert. Man verbinde einen Punkt der Ebene mit den drei Ecken des Fundamentaldreiecks durch drei gerade Linien. Auf jeder Dreiecksseite wird durch eine von den Verbindungslinien ein neuer Punkt ausgeschnitten. Man bilde den zu diesem Punkt in bezug auf die beiden in der betreffenden Seite liegenden Ecken harmonischen Punkt. So erhält man drei Punkte, auf jeder Dreiecksseite einen, die auf einer geraden Linie liegen. Diese Gerade ist die Plückersche Polare des gegebenen Punktes.]

<h3 style="text-align:center">§ 6.</h3>

<h2 style="text-align:center">Allgemeine Probleme, die sich an das Vorige anknüpfen.</h2>

24. Mit der im vorstehenden Paragraphen gegebenen Aufzählung spezieller Verwandtschaften schließen wir unsere Auseinandersetzungen über die *W*-Kurven. Es soll hier nur noch kurz angedeutet werden, zu welchen allgemeineren Problemen dieselben hinführen.

Indem wir auf einen Punkt alle Transformationen eines einfach unendlichen geschlossenen Systems vertauschbarer linearer Transformationen anwandten, erhielten wir die *W*-Kurven.

Aber statt des Punktes können wir eine beliebige Kurve wählen. Indem wir auf sie die nämlichen Transformationen anwenden, erhalten wir eine Kurvenreihe, deren Umhüllungskurve, wie schon gesagt, aus *W*-Kurven desselben Systems besteht. Diese Kurvenreihe nun können wir statt der Punktreihe, die wir seither betrachteten, in die Untersuchung einführen.

Wir können weiter gehen. Auf eine beliebig angenommene Kurve wende man die Transformationen eines geschlossenen zweifach unendlichen

---

[25]) Für die logarithmische Spirale ist dies eine Parabel, deren Brennpunkt in den Pol fällt.

[26]) Für die logarithmische Spirale ein durch den Pol gehender Kreis. Der Satz kommt darauf hinaus, daß im Kreise Peripheriewinkel auf gleichen Bogen konstant sind.

[27]) Man kann ein Dreieck als eine Kurve dritter Ordnung betrachten. Die dem Punkte zugeordnete Linie ist seine gerade Polare mit bezug auf diese Kurve.

Systems vertauschbarer linearer Transformationen an. Dann erhält man ein zweifach unendliches System von Kurven, und nach dessen Eigenschaften kann man fragen. Auf dasselbe wird ebenso wie auf die vorstehend genannten Kurvenreihen unsere Schlußweise Anwendung finden. Wenn wir seither nicht zur Betrachtung solcher Systeme als selbständiger geometrischer Gebilde geführt wurden, so liegt das daran, weil wir vom Punkte als Element der Ebene ausgingen. Ein System von zweifach unendlich vielen Punkten fällt nämlich mit der Gesamtheit der Punkte der Ebene zusammen und erscheint deswegen nicht als ein in der Ebene enthaltenes besonderes geometrisches Gebilde.

Implizite haben wir übrigens wiederholt von solchen Kurvensystemen gehandelt. Einmal betrachteten wir solche Systeme in Nr. 19 und Nr. 20 bei der Begründung der allgemeinen Verwandtschaften. Andererseits ist das, was wir ein System von W-Kurven genannt haben, eben ein solches System. Dasselbe umfaßt, im Gegensatze zu den allgemeinen Systemen dieser Art, nur einfach unendlich viele Kurven, weil seine Konstituenten, die W-Kurven, selbst durch einfach unendlich viele Transformationen in sich übergehen. Die W-Kurven eines Systems wurden durch die aufgestellten Verwandtschaften immer in W-Kurven desselben Systems übergeführt. Wir können das so aussprechen:

Die W-Kurvensysteme, als selbständige Gebilde aufgefaßt, bleiben bei den aufgestellten Verwandtschaften ungeändert.

Insofern die hier definierten Kurvensysteme durch ein geschlossenes System von zweifach unendlich vielen vertauschbaren linearen Transformationen in sich übergehen, schließt sich ihre Untersuchung unmittelbar an das Studium der W-Kurven an, d. h. derjenigen Mannigfaltigkeiten, welche durch ein geschlossenes System von nur einfach unendlich vielen vertauschbaren linearen Transformationen in sich übergehen. Hiermit ist zugleich das allgemeinste Problem angedeutet, unter welches sich die Untersuchung der W-Kurven als einfachster Fall subsumiert. Dasselbe lautet:

Man soll nach der im Eingange auseinandergesetzten Schlußweise die Eigenschaften solcher geometrischer Gebilde entwickeln, die aus einem willkürlich gewählten durch Anwendung geschlossener Systeme beliebig unendlich vieler unter sich vertauschbarer linearer Transformationen hervorgehen.

Es ist hier nicht unsere Absicht, auf diese Frage einzugehen; wir haben nur das allgemeine Problem bezeichnen wollen, unter welches die hier gegebenen speziellen Betrachtungen fallen.

§ 7.
Über die Integration gewisser Differentialgleichungen[28]).

25. In diesem letzten Paragraphen wollen wir einige Betrachtungen
anstellen, die mit der Transformierbarkeit geometrischer Gebilde in sich
selbst nahe zusammenhängen. Dieselben betreffen die Integration solcher
Differentialgleichungen erster Ordnung mit zwei Variabeln, welche durch
unendlich viele Transformationen in sich übergeführt werden.

Bekanntlich kann man die Veränderlichen in den sogenannten homogenen Differentialgleichungen:

$$(\alpha) \qquad \frac{dy}{dx} = f\left(\frac{y}{x}\right)$$

ohne weiteres separieren. Denn man setze $\frac{y}{x} = t$, so wird $y = xt$ und
$\frac{dy}{dx} = t + x \frac{dt}{dx}$, folglich verwandelt sich die Gleichung in die folgende:

$$t + x \frac{dt}{dx} = f(t), \qquad \text{oder} \qquad \frac{dt}{-t+f(t)} = \frac{dx}{x},$$

in welcher die Veränderlichen separiert sind.

Wir wollen den inneren Grund für diese Eigenschaft der Gleichungen (α)
suchen.

Es mögen x, y Punktkoordinaten in der Ebene sein. Dann bestimmt
die Gleichung (α) für jeden Punkt der Ebene eine Fortschreitungsrichtung.
Diese Fortschreitungsrichtung ist nun für alle Punkte dieselbe, welche auf
einer durch den Koordinatenanfangspunkt gehenden Geraden liegen. Denn
(α) bleibt unverändert, wenn man statt x, y Multipla derselben, etwa
ax, ay, setzt. Statt nun die Punkte der Ebene durch die Parallelen
zur X- und Y-Achse zu bestimmen, kann man sie durch die Parallelen
zur X-Achse und das vom Koordinatenanfangspunkte ausgehende Strahlbüschel festlegen. Dies ist gerade der Sinn der Substitution $y = xt$;
t ist dabei ein Parameter für die Geraden des genannten Strahlbüschels.
Durch Einführung von t an Stelle von y geht Gleichung (α) in eine neue
Gleichung über:

$$(\beta) \qquad \frac{dt}{dx} = \varphi(x, t).$$

Von dieser Differentialgleichung weiß man nun: sie ändert sich nicht, wenn
man statt x ein Multiplum ax setzt und t konstant läßt. Dadurch geht
aber $\frac{dt}{dx}$ in $\frac{1}{a} \cdot \frac{dt}{dx}$ über. Es muß also auch $\varphi(x, t)$ bei dieser Substitution sich um einen Faktor $\frac{1}{a}$ ändern. Man hat somit:

$$\varphi(ax, t) = \frac{1}{a} \cdot \varphi(x, t).$$

---

[28]) [Dieser Paragraph geht inhaltlich ausschließlich auf Liesche Überlegungen
zurück. K.]

Setzt man x gleich 1 und sodann a gleich x, so kommt:

$$\varphi(x,\,t) = \frac{1}{x}\,\varphi(1,\,t) = \frac{1}{x}\,\psi(t).$$

$\varphi(x,\,t)$ ist also notwendig von der Form $\dfrac{\psi(t)}{x}$. In der Gleichung (β) sind mithin, wie dies ja auch die wirkliche Ausrechnung zeigt, die Veränderlichen separiert.

26. Der allgemeine in dem vorstehenden Räsonnement enthaltene Gedankengang ist der folgende.

Es sei eine Differentialgleichung gegeben:

$$(\gamma) \qquad\qquad \frac{dy}{dx} = f(y,\,x)$$

und man wisse von derselben, daß sie durch einfach unendlich viele Transformationen in sich übergeht.

So führe man statt der Veränderlichen y, x zwei neue Veränderliche η, ξ ein, welche die folgende geometrische Bedeutung haben. $\eta = \varkappa$ ist die Gleichung aller solcher Kurven, welche durch dieselben unendlich vielen Transformationen in sich übergehen, durch welche die vorgelegte Differentialgleichung unverändert bleibt. $\xi = \lambda$ ist die Gleichung desjenigen Kurvensystems, das aus einer beliebig angenommenen Kurve $\xi = \lambda_1$ durch Anwendung der betreffenden unendlich vielen Transformationen entsteht.

Durch Einführung der Variabelen ξ, η geht die gegebene Differentialgleichung in eine neue über, in welcher die Veränderlichen separiert sind.

Ehe wir dies beweisen, werde gezeigt, daß die Separation der Veränderlichen in der homogenen Differentialgleichung (α) in der hiermit ausgesprochenen allgemeinen Regel als etwas Spezielles enthalten ist. Die Kurven $\eta = \varkappa$ sind dort die durch den Anfangspunkt gehenden Geraden $t = $ Konst., da diese bei den Transformationen $x' = ax$, $y' = ay$, durch die (α) unverändert bleibt, ebenfalls unverändert bleiben. Weiter an Stelle der Kurven $\xi = \lambda$ sind die Geraden $x = $ Konst. gewählt, die in der Tat der für die Kurven ξ aufgestellten Bedingung genügen: daß alle aus einer durch die zu der Differentialgleichung gehörigen Transformationen hervorgehen.

27. Der Beweis dafür, daß bei der Einführung von η, ξ in die Gleichung (γ) allgemein Separation der Veränderlichen stattfindet, ist der folgende.

Die Differentialgleichung (γ) geht durch Einführung der η, ξ in eine andere über, die die folgende sein mag:

$$(\delta) \qquad\qquad \frac{d\eta}{d\xi} = \varphi(\eta,\,\xi).$$

Von dieser Differentialgleichung weiß man nun, daß sie unverändert bleibt, wenn man, ohne η irgendwie zu ändern, ξ gewissen einfach unendlich vielen Transformationen unterwirft. Dies ist nicht anders möglich, als wenn $\varphi\,(\eta,\,\xi)$ in zwei Faktoren zerfällt, von denen der eine nur η, der andere nur ξ enthält.

Um dies deutlich einzusehen, führe man statt ξ eine Funktion ζ von ξ als Veränderliche ein, die dadurch bestimmt ist, daß sie durch die einfach unendlich vielen Transformationen, denen man ξ unterwirft, in Multipla ihrer selbst übergeht. Durch Einführung dieses ζ an Stelle von ξ wird die Differentialgleichung (δ) die folgende:

$$\frac{d\eta}{d\zeta} = \psi\,(\eta,\,\zeta).$$

Dieselbe bleibt ungeändert, wenn man, bei konstantem η, statt ζ ein Multiplum setzt. Man schließt also ganz nach der Methode, die in Nr. 25 für die homogene Gleichung angewandt wurde, daß $\psi\,(\eta,\,\zeta)$ zerfällt in eine Funktion von η, dividiert durch ζ. Die Veränderlichen in der Gleichung sind also separiert. Setzt man nun statt ζ wieder rückwärts ξ, so kommt man zu der Gleichung (δ) zurück, und in dieser sind also auch die Veränderlichen separiert, wie behauptet wurde.

28. Die Bestimmung der Kurven $\eta = \varkappa$, welche durch die einfach unendlich vielen gegebenen Transformationen in sich übergehen, wird im allgemeinen die Integration einer neuen Differentialgleichung verlangen, nämlich derjenigen Differentialgleichung, welche aussagt, daß eine Kurve durch die unter den einfach unendlich vielen Transformationen enthaltene unendlich kleine Transformation in sich übergeht (vgl. Nr. 3). *Ist die Integration dieser Gleichung, die nur noch von der Art der Transformationen, welche (γ) zuläßt, abhängt, geleistet, so verlangt die Integration von (γ) nur noch Quadraturen.*

Sind nun die Transformationen, durch welche (γ) in sich selbst übergeht, insbesondere linear, wie dies in dem Beispiele der Gleichung (α) war, so lassen sich die Kurven $\eta = \varkappa$ ohne weiteres bestimmen. Es sind nämlich diejenigen W-Kurven, welche durch die betreffenden unendlich vielen linearen Transformationen in sich übergehen. Man hat also den Satz: *Differentialgleichungen (γ), welche durch unendlich viele lineare Transformationen in sich übergehen, verlangen zu ihrer Integration nur Quadraturen.*

29. Von diesem Satze wollen wir eine Anwendung geben, die sich auf Raumgeometrie bezieht.

Nach den Auseinandersetzungen des § 1, Nr. 3 wird es deutlich sein, was man unter einer unendlich kleinen linearen Transformation nicht nur der Ebene, sondern auch des Raumes zu verstehen hat. Wendet man eine solche unendlich oft auf einen Punkt an, so durchläuft er eine *räumliche W-Kurve*. Die W-Kurven, welche gleichzeitig von den verschiedenen Punkten des Raumes erzeugt werden, heißen W-Kurven eines Systems.

Man betrachte nun die Fläche, welche erzeugt wird von den W-Kurven eines Systems, die eine beliebige feste Kurve schneiden. *Auf dieser Fläche lassen sich die Haupttangentenkurven durch Quadratur bestimmen.*

Die Fläche geht nämlich offenbar durch dieselben unendlich vielen linearen Transformationen in sich über, durch welche die W-Kurven des Systems unverändert bleiben. Dieselben Transformationen werden auch die Haupttangentenkurven der Fläche in Haupttangentenkurven der Fläche überführen, da bei linearer Transformation Haupttangenten Haupttangenten bleiben. Die Differentialgleichung der Haupttangentenkurven wird also bei den bez. linearen Transformationen ungeändert bleiben. Sie wird also, nach unserem Satze, quadrierbar, wenn man, auf der Fläche, die folgende Koordinatenbestimmung macht. Man bestimme jeden Punkt derselben als den Durchschnitt zweier Kurven: $\eta = \varkappa_1$, $\xi = \lambda_1$, wo $\eta = \varkappa$ die auf der Fläche liegenden W-Kurven darstellt, $\xi = \lambda$ ein Kurvensystem ist, das sich aus einer auf der Fläche beliebig gezogenen Kurve durch Anwendung der zugehörigen unendlich vielen linearen Transformationen ergibt.

Wir wollen noch zwei besondere Fälle dieses Satzes hervorheben.

Unter den verschiedenen W-Systemen, welche es im Raume gibt, finden sich insonderheit die geraden Linien, welche zwei feste Geraden schneiden. Man kann nun nach unserem Satze die Haupttangentenkurven durch Quadratur bestimmen auf jeder aus solchen Linien gebildeten Fläche, d. h. also *auf jeder Linienfläche, deren Erzeugende zwei feste Geraden schneiden* [29]).

Ein zweiter besonderer Fall ist der folgende. Gleichgewundene Schraubenlinien von gleicher Achse und gleicher Ganghöhe bilden ebenfalls ein W-Kurvensystem. Die zugehörigen linearen Transformationen, durch welche dieselben in sich übergehen, sind die betreffenden Schraubenbewegungen um die gemeinsame Achse. Bei einer Bewegung bleiben nun nicht nur die projektivischen Beziehungen, sondern auch die metrischen ungeändert. Man wird also auf einer von solchen Schraubenlinien gebildeten Fläche nicht nur die Haupttangentenkurven, sondern auch die Krümmungskurven durch Quadratur bestimmen können. Wir haben also den Satz:

Wenn man auf irgendeine Kurve eine beliebige Schraubenbewegung anwendet, so beschreibt sie eine Fläche, auf der man die Haupttangentenkurven und Krümmungskurven durch Quadratur bestimmen kann.

Göttingen und Christiania, im März 1871.

---

[29]) Dieser Satz ist in umfassenderen Sätzen mit enthalten, die von Herrn Clebsch [Crelles Journal, Bd. 68, S. 151 (1868)] und von Herrn Cremona [Annali di Matematica. 1869, (2) 1] über die Haupttangentenkurven von Linienflächen aufgestellt worden sind.

XXVII. Vergleichende Betrachtungen über· neuere geometrische Forschungen.

[Programm zum Eintritt in die philosophische Fakultät und den Senat der k. Friedrich-Alexanders-Universität zu Erlangen. Erlangen, A. Deichert. 1872.[1]).]

Unter den Leistungen der letzten fünfzig Jahre auf dem Gebiete der Geometrie nimmt die Ausbildung der *projektivischen Geometrie* die erste Stelle ein. Wenn es anfänglich schien, als sollten die sogenannten metrischen Beziehungen ihrer Behandlung nicht zugänglich sein, da sie beim Projizieren nicht ungeändert bleiben, so hat man in neuerer Zeit gelernt, auch sie vom projektivischen Standpunkte aufzufassen, so daß nun die projektivische Methode die gesamte Geometrie umspannt. Die metrischen Eigenschaften erscheinen in ihr nur nicht mehr als Eigenschaften der räumlichen Dinge an sich, sondern als Beziehungen derselben zu einem Fundamentalgebilde, dem unendlich fernen Kugelkreise[2]).

Vergleicht man mit der so allmählich gewonnenen Auffassungsweise der räumlichen Dinge die Vorstellungen der gewöhnlichen (elementaren) Geometrie, so entsteht die Frage nach einem allgemeinen Prinzipe, nach welchem die beiden Methoden sich ausbilden konnten. Diese Frage erscheint um so wichtiger, als sich neben die elementare und die projektivische Geometrie, ob auch minder entwickelt, eine Reihe anderer Methoden stellt, denen man dasselbe Recht selbständiger Existenz zugestehen muß. Dahin gehören die Geometrie der reziproken Radien, die Geometrie der rationalen Umformungen usw., wie sie in der Folge noch erwähnt und dargestellt werden sollen.

Wenn wir es im nachstehenden unternehmen, ein solches Prinzip aufzustellen, so entwickeln wir wohl keinen eigentlich neuen Gedanken, sondern umgrenzen nur klar und deutlich, was mehr oder minder bestimmt von manchem gedacht worden ist. Aber es schien um so berechtigter, derartige

---

[1]) [Das Erlanger Programm wurde von mir im Jahre 1893 im Bd. 43 der Math. Annalen abgedruckt und damals von mir mit einer Reihe von Bemerkungen versehen, die ich im folgenden der Mehrzahl nach ungeändert übernehme. Sie sind gleich den anderen, nun erst hinzugefügten in eckige Klammern eingeschlossen, denen aber zur Unterscheidung immer die Jahreszahl 1893 hinzugefügt ist. K.]

[2]) Vgl. Note I des Anhangs.

zusammenfassende Betrachtungen zu publizieren, als die Geometrie, die doch ihrem Stoffe nach einheitlich ist, bei der raschen Entwicklung, die sie in der letzten Zeit genommen hat, nur zu sehr in eine Reihe von beinahe getrennten Disziplinen zerfallen ist[3]), die sich ziemlich unabhängig voneinander weiter bilden. Es lag dabei aber auch noch die besondere Absicht vor, Methoden und Gesichtspunkte darzulegen, welche von Lie und mir in neueren Arbeiten entwickelt wurden. Es haben unsere beiderseitigen Arbeiten, auf wie verschiedenartige Gegenstände sie sich auch bezogen, übereinstimmend auf die hier dargelegte allgemeine Auffassungsweise hingedrängt, so daß es eine Art von Notwendigkeit war, auch einmal diese zu erörtern und von ihr aus die betreffenden Arbeiten nach Inhalt und Tendenz zu charakterisieren.

War bisher nur von geometrischen Forschungen die Rede, so sollen darunter mit verstanden sein die Untersuchungen über beliebig ausgedehnte Mannigfaltigkeiten, die sich, unter Abstreifung des für die rein mathematische Betrachtung unwesentlichen räumlichen Bildes[4]), aus der Geometrie entwickelt haben[5]). Es gibt bei der Untersuchung von Mannigfaltigkeiten ebensolche verschiedene Typen wie in der Geometrie, und es gilt, wie bei der Geometrie, das Gemeinsame und das Unterscheidende unabhängig voneinander unternommener Forschungen hervorzuheben. Abstrakt genommen wäre es im folgenden nur nötig, schlechthin von mehrfach ausgedehnten Mannigfaltigkeiten zu reden; aber durch Anknüpfung an die geläufigeren räumlichen Vorstellungen wird die Auseinandersetzung einfacher und verständlicher. Indem wir von der Betrachtung der geometrischen Dinge ausgehen und an ihnen als einem Beispiele die allgemeinen Gedanken entwickeln, verfolgen wir den Gang, den die Wissenschaft in ihrer Ausbildung genommen hat, und den bei der Darstellung zugrunde zu legen gewöhnlich das Vorteilhafteste ist.

Eine vorläufige Exposition des im folgenden besprochenen Inhaltes ist hier wohl nicht möglich, da sich derselbe kaum in eine knappere Form[6]) fügen will; die Überschriften der Paragraphen werden den allgemeinen Fortschritt des Gedankens angeben. Ich habe zum Schlusse eine Reihe von Noten zugefügt, in welchen ich entweder, wo es im Interesse der allgemeinen Auseinandersetzung des Textes nützlich schien, besondere

---

[3]) Vgl. Note II.

[4]) Vgl. Note III.

[5]) Vgl. Note IV.

[6]) Diese knappe Form ist ein Mangel der im folgenden gegebenen Darstellung, der das Verständnis, wie ich fürchte, wesentlich erschweren wird. Aber dem hätte wohl nur durch eine sehr viel weitere Auseinandersetzung abgeholfen werden können, in der die Einzeltheorien, die hier nur berührt werden, ausführlich entwickelt worden wären.

Punkte weiterentwickelt habe, oder in denen ich bemüht war, den abstrakt mathematischen Standpunkt, der für die Betrachtungen des Textes maßgebend ist, gegen verwandte abzugrenzen.

§ 1.

Gruppen von räumlichen Transformationen. Hauptgruppe. Aufstellung eines allgemeinen Problems.

Der wesentlichste Begriff, der bei den folgenden Auseinandersetzungen notwendig ist, ist der einer *Gruppe* von räumlichen Änderungen.

Beliebig viele Transformationen eines Raumes[7]) ergeben zusammengesetzt immer wieder eine Transformation. Hat nun eine gegebene Reihe von Transformationen die Eigenschaft, daß jede Änderung, die aus den ihr angehörigen durch Zusammensetzung hervorgeht, ihr selbst wieder angehört, so soll die Reihe eine *Transformationsgruppe*[8]) genannt werden.

Ein Beispiel für eine Transformationsgruppe bildet die Gesamtheit der Bewegungen (jede Bewegung als eine auf den ganzen Raum ausgeführte Operation betrachtet). Eine in ihr enthaltene Gruppe bilden etwa die Rotationen um einen Punkt[9]). Eine Gruppe, welche umgekehrt die Gruppe der Bewegungen umfaßt, wird durch die Gesamtheit der Kollineationen vorgestellt. Die Gesamtheit der dualistischen Umformungen bildet dagegen keine Gruppe — denn zwei dualistische Umformungen ergeben zusammen wieder eine Kollineation —, wohl aber wird wieder eine Gruppe erzeugt, wenn man die Gesamtheit der dualistischen mit der Gesamtheit der kollinearen zusammenfügt[10]).

---

[7]) Wir denken von den Transformationen immer die Gesamtheit der räumlichen Gebilde gleichzeitig betroffen und reden deshalb schlechthin von Transformationen des Raumes. Die Transformationen können, wie z. B. die dualistischen, statt der Punkte andere Elemente einführen; es wird dies im Texte nicht unterschieden.

[8]) Begriffsbildung wie Bezeichnung sind herübergenommen von der *Substitutionstheorie*, in der nur an Stelle der Transformationen eines kontinuierlichen Gebietes die Vertauschungen einer endlichen Zahl diskreter Größen auftreten. [Diese Definition bedarf noch der Ergänzung. Bei den Gruppen des Textes wird nämlich stillschweigend vorausgesetzt, daß dieselben neben jeder Operation, die sie enthalten mögen, immer auch deren inverse enthalten; dies ist aber, wie wohl zuerst Lie hervorhob, bei unendlicher Zahl der Operationen keineswegs eine Folge des Gruppenbegriffs als solchen; unsere Voraussetzung sollte also der im Texte gegebenen Definition dieses Begriffs ausdrücklich zugefügt werden. 1893.]

[9]) Camille Jordan hat alle Gruppen aufgestellt, die überhaupt in der Gruppe der Bewegungen enthalten sind: Sur les groupes de mouvements. Annali di Matematica. Bd. 2 (1869).

[10]) Die Transformationen einer Gruppe brauchen übrigens durchaus nicht, wie das bei den im Texte zu nennenden Gruppen allerdings immer der Fall sein wird, in stetiger Aufeinanderfolge vorhanden zu sein. Eine Gruppe bildet z. B. auch die endliche Reihe von Bewegungen, die einen regelmäßigen Körper mit sich selbst zur Deckung bringen, oder die unendliche, aber diskrete Reihe, welche eine Sinuslinie sich selber superponiert.

Es gibt nun räumliche Transformationen, welche die geometrischen Eigenschaften räumlicher Gebilde überhaupt ungeändert lassen. Geometrische Eigenschaften sind nämlich ihrem Begriffe nach unabhängig von der Lage, die das zu untersuchende Gebilde im Raume einnimmt, von seiner absoluten Größe, endlich auch von dem Sinne[11]), in welchem seine Teile geordnet sind. Die Eigenschaften eines räumlichen Gebildes bleiben also ungeändert durch alle Bewegungen des Raumes, durch seine Ähnlichkeitstransformationen, durch den Prozeß der Spiegelung, sowie durch alle Transformationen, die sich aus diesen zusammensetzen. Den Inbegriff aller dieser Transformationen bezeichnen wir als die *Hauptgruppe*[12]) räumlicher Änderungen; *geometrische Eigenschaften werden durch die Transformationen der Hauptgruppe nicht geändert.* Auch umgekehrt kann man sagen: *Geometrische Eigenschaften sind durch ihre Unveränderlichkeit gegenüber den Transformationen der Hauptgruppe charakterisiert.* Betrachtet man nämlich den Raum einen Augenblick als unbeweglich usw., als eine starre Mannigfaltigkeit, so hat jede Figur ein individuelles Interesse; von den Eigenschaften, die sie als Individuum hat, sind es nur die eigentlich geometrischen, welche bei den Änderungen der Hauptgruppe erhalten bleiben. Dieser hier etwas unbestimmt formulierte Gedanke wird im weiteren Verlaufe der Auseinandersetzung deutlicher erscheinen.

Streifen wir jetzt das mathematisch unwesentliche sinnliche Bild ab, und erblicken im Raume nur eine mehrfach ausgedehnte Mannigfaltigkeit, also, indem wir an der gewohnten Vorstellung des Punktes als Raumelement festhalten, eine dreifach ausgedehnte. Nach Analogie mit den räumlichen Transformationen reden wir von Transformationen der Mannigfaltigkeit; auch sie bilden *Gruppen.* Nur ist nicht mehr, wie im Raume, eine Gruppe vor den übrigen durch ihre Bedeutung ausgezeichnet; jede Gruppe ist mit jeder anderen gleichberechtigt. Als Verallgemeinerung der Geometrie entsteht so das folgende umfassende Problem:

Es ist eine Mannigfaltigkeit und in derselben eine Transformationsgruppe gegeben; man soll die der Mannigfaltigkeit angehörigen Gebilde hinsichtlich solcher Eigenschaften untersuchen, die durch die Transformationen der Gruppe nicht geändert werden.

In Anlehnung an die moderne Ausdrucksweise, die man freilich nur auf eine bestimmte Gruppe, die Gruppe aller linearen Umformungen, zu beziehen pflegt, mag man auch so sagen:

---

[11]) Unter dem Sinne verstehe ich hier die Eigenschaft der Anordnung, welche den Unterschied von der symmetrischen Figur (dem Spiegelbilde) begründet. Ihrem Sinne nach unterschieden sind also z. B. eine rechts- und eine linksgewundene Schraubenlinie.

[12]) Daß diese Transformationen eine Gruppe bilden, ist begrifflich notwendig.

*Es ist eine Mannigfaltigkeit und in derselben eine Transformations-
gruppe gegeben. Man entwickle die auf die Gruppe bezügliche Invariantentheorie*[13]).

Dies ist das allgemeine Problem, welches die gewöhnliche Geometrie
nicht nur, sondern namentlich auch die hier zu nennenden neueren geometrischen Methoden und die verschiedenen Behandlungsweisen beliebig
ausgedehnter Mannigfaltigkeiten unter sich begreift. Was besonders betont
sein mag, ist die Willkürlichkeit, die hinsichtlich der Wahl der zu adjun-
gierenden Transformationsgruppe besteht, und die daraus fließende und in
diesem Sinne zu verstehende gleiche Berechtigung aller sich unter die allgemeine Forderung subsumierenden Betrachtungsweisen.

§ 2.

**Transformationsgruppen, von denen die eine die andere umfaßt,
werden nacheinander adjungiert. Die verschiedenen Typen geometrischer
Forschung und ihr gegenseitiges Verhältnis.**

Da die geometrischen Eigenschaften räumlicher Dinge durch *alle* Transformationen der Hauptgruppe ungeändert bleiben, so ist es an und für sich
absurd, nach solchen Eigenschaften derselben zu fragen, bei denen dies nur
gegenüber einem Teile dieser Transformationen der Fall ist. Diese Fragestellung wird indes berechtigt, ob auch nur *formal*, wenn wir die räumlichen Gebilde in ihrer Beziehung zu fest gedachten Elementen untersuchen.
Betrachten wir z. B., wie in der sphärischen Trigonometrie, die räumlichen
Dinge unter Auszeichnung eines Punktes. Dann ist zunächst die Forderung:
die unter Adjunktion der Hauptgruppe invarianten Eigenschaften nicht mehr
der räumlichen Dinge an sich, sondern des von ihnen mit dem gegebenen
Punkte gebildeten Systems zu entwickeln. Aber dieser Forderung können
wir die andere Form erteilen: Man untersuche die räumlichen Gebilde an
sich hinsichtlich solcher Eigenschaften, welche ungeändert bleiben durch
diejenigen Transformationen der Hauptgruppe, welche noch stattfinden
können, wenn wir den Punkt festhalten. Mit anderen Worten: Es ist

---

[13]) [Bei diesem Term ist hier und in der Folge keineswegs an die Frage der
jeweiligen rationalen ganzen Invarianten irgendwelcher vorgelegter Formen bzw. der
zwischen ihnen bestehenden rationalen, ganzen Syzygien gedacht. Diese Frage war
mir 1872, entsprechend meinem Verkehr mit Clebsch (der erst 1871 seine Theorie
der binären Formen herausgegeben hatte) selbstverständlich durchaus geläufig. Trotzdem füh'te ich mich an sie keineswegs gebunden Ich verstand unter der Invariantentheorie einer Gruppe schlechtweg die Lehre von den bei der Gruppe unverändert
bleibenden Beziehungen irgendwe cher vorgelegter Gebilde. Man vergleiche auch die
ausdrückliche Erklärung in § 5 meiner zweiten Abhandlung über Nicht-Euklidische
Geometrie, Abb. XVIII der vorliegenden Ausgabe. Zur Invariantentheorie der Elementargeometrie gehören in diesem Sinne beispielsweise die gesamte ebene und sphärische
Trigonometrie, die doch gewiß mit dem genannten Schema nicht erschöpft sind. K.]

dasselbe, ob wir die räumlichen Gebilde im Sinne der Hauptgruppe untersuchen und ihnen den gegebenen Punkt hinzufügen, oder ob wir, ohne ihnen irgendein Gegebenes hinzuzufügen, die Hauptgruppe durch die in ihr enthaltene Gruppe ersetzen, deren Transformationen den bez. Punkt ungeändert lassen.

Es ist dies ein in der Folge häufig angewandtes Prinzip, das wir deshalb gleich hier allgemein formulieren wollen; etwa in der folgenden Weise:

Es sei eine Mannigfaltigkeit und zu ihrer Behandlung eine auf sie bezügliche Transformationsgruppe gegeben. Es werde das Problem vorgelegt, die in der Mannigfaltigkeit enthaltenen Gebilde hinsichtlich eines gegebenen Gebildes zu untersuchen. *So kann man entweder dem Systeme der Gebilde das gegebene hinzufügen, und es fragt sich dann nach den Eigenschaften des erweiterten Systems im Sinne der gegebenen Gruppe — oder, man lasse das System unerweitert, beschränke aber die Transformationen, die man bei der Behandlung zugrunde legt, auf diejenigen in der gegebenen Gruppe enthaltenen, welche das gegebene Gebilde ungeändert lassen (und die notwendig wieder eine Gruppe bilden).*

Im Gegensatze zu der zu Anfang des Paragraphen aufgeworfenen Frage beschäftige uns nun die umgekehrte, die von vornherein verständlich ist. Wir fragen nach denjenigen Eigenschaften räumlicher Dinge, welche bei einer Transformationsgruppe erhalten bleiben, die die Hauptgruppe als einen Teil umfaßt. Jede Eigenschaft, die wir bei einer solchen Untersuchung finden, ist eine geometrische Eigenschaft des Dings an sich, aber das Umgekehrte gilt nicht. Bei der Umkehr tritt vielmehr das eben vorgetragene Prinzip in Kraft, wobei die Hauptgruppe nun die kleinere Gruppe ist. Wir erhalten so:

Ersetzt man die Hauptgruppe durch eine umfassendere Gruppe, so bleibt nur ein Teil der geometrischen Eigenschaften erhalten. Die übrigen erscheinen nicht mehr als Eigenschaften der räumlichen Dinge an sich, sondern als Eigenschaften des Systems, welches hervorgeht, wenn man denselben ein ausgezeichnetes Gebilde hinzufügt. Dieses ausgezeichnete Gebilde ist (soweit es überhaupt ein bestimmtes[14]) ist) dadurch definiert, daß es, fest gedacht, dem Raume unter den Transformationen der gegebenen Gruppe nur noch die Transformationen der Hauptgruppe gestattet.

---

[14]) Man erzeugt ein solches Gebilde beispielsweise, indem man auf ein beliebiges Anfangselement, das durch keine Transformation der gegebenen Gruppe in sich selbst überzuführen ist, die Transformationen der Hauptgruppe anwendet. [Der Satz des Textes bildet ohne Zweifel den Mittelpunkt aller Überlegungen meines Programms und ist dementsprechend von neueren Autoren mit dem besonderen Namen des „Adjunktionssatzes" belegt worden. Aber er wird in dem in der vorigen Fußnote angedeuteten Sinne vielfach mißverstanden, Indem man nur an rationale ganze Invarianten bzw. Syzygien denkt, nennt man den Satz eine bloße Vermutung, oder konstruiert auch Fälle, wo er sich, in falscher Weise interpretiert, nicht bewährt. Man sucht in dem Satze eben viel mehr, als gemeint ist. Ich meine genau das, was

In diesem Satze beruht die Eigenart der hier zu besprechenden neueren geometrischen Richtungen und ihr Verhältnis zur elementaren Methode. Sie sind dadurch eben zu charakterisieren, daß sie an Stelle der Hauptgruppe eine erweiterte Gruppe räumlicher Umformungen der Betrachtung zugrunde legen. Ihr gegenseitiges Verhältnis ist, sofern sich ihre Gruppen einschließen, durch einen entsprechenden Satz bestimmt. Dasselbe gilt von den verschiedenen hier zu betrachtenden Behandlungsweisen mehrfach ausgedehnter Mannigfaltigkeiten. Es soll dies nun an den einzelnen Methoden gezeigt werden, wobei denn die Sätze, die in diesem und dem vorigen Paragraphen allgemein hingestellt wurden, ihre Erläuterung an konkreten Gegenständen finden.

§ 3.
Die projektivische Geometrie.

Jede räumliche Umformung, die nicht gerade der Hauptgruppe angehört, kann dazu benutzt werden, um Eigenschaften bekannter Gebilde auf neue Gebilde zu übertragen. So verwerten wir die Geometrie der Ebene für die Geometrie der Flächen, die sich auf die Ebene abbilden

---

Cayley im Sixth Memoir upon Quantics 1859 (Phil.Trans. 1859, Coll.Pap., Bd. II, S. 560 ff., insbesondere die Schlußbemerkung S. 592) für den besonderen Fall der projektiven Geometrie und der elementaren metrischen Geometrie entwickelt hat und was übrigens bereits Laguerre 1853 in seinen oben S. 242—243 abgedruckten Sätzen in mehr partikulärer Fassung zum Ausdruck brachte. Cayley prägt am Schluß seiner Abhandlung den Satz: „Metrical geometry is a part of descriptive geometry and descriptive geometry is all geometry and reciprocally". Ich will das von mir aus hier in einer Fassung ausdrücken, die in ihrer prosaischen Form jedes Mißverständnis ausschließen dürfte: Jede Tatsache der elementaren Geometrie läßt sich durch Beziehungen zwischen Tetraederkoordinaten beschreiben, sofern man nur hinzunimmt, wie sich in den gerade gewählten Koordinaten der Kugelkreis darstellt.

Vielleicht ist es gut, noch folgendes hinzuzufügen: Der Kugelkreis ist mit einem beliebigen nicht zerfallenden Kegelschnitt projektiv, das Koordinatensystem läßt sich daher so wählen, daß er in seiner Ebene durch Nullsetzen einer beliebigen ternären quadratischen Form von nicht verschwindender Determinante dargestellt wird. Wir mögen nun etwa statt seiner, als Beispiel, eine in der unendlich fernen Ebene gelegene C_3 mit Spitze nehmen (welche eine W-Kurve ist, d. h. durch eine kontinuierliche Gruppe von Kollineationen mit einem Parameter in sich übergeht). Die sämtlichen Punkte der unendlich fernen Ebene bleiben bei der G_4 fest, die durch folgende Formeln gegeben ist:

$$x' = \lambda x + a, \quad y' = \lambda y + b, \quad z' = \lambda z + c.$$

Halten wir nun die C_3 nur als Ganzes fest, so haben wir eine G_5 von Kollineationen und können uns eine zugehörige Geometrie entworfen denken. Will man hernach diese Geometrie in die allgemeine projektive Geometrie einordnen, so darf man natürlich nicht eine in der unendlich fernen Ebene gelegene beliebige C_3 adjungieren (wie sie durch Nullsetzen einer *allgemeinen* ternären kubischen Form gegeben ist). Vielmehr wird man besagte Form gleich so spezialisiert einführen müssen, daß sie, gleich Null gesetzt, eben eine C_3 mit Spitze vorstellt. Letztere Bedingung genügt aber auch, weil alle C_3 mit Spitze untereinander projektiv verwandt sind. Und so ähnlich in allen weiteren Fällen, die man ersinnen mag. K.]

lassen; so schloß man schon lange vor dem Entstehen einer eigentlichen projektivischen Geometrie von den Eigenschaften einer gegebenen Figur auf Eigenschaften anderer, die durch Projektion aus ihr hervorgingen. Aber die projektivische Geometrie erwuchs erst, als man sich gewöhnte, die ursprüngliche Figur mit allen aus ihr projektivisch ableitbaren als wesentlich identisch zu erachten und die Eigenschaften, welche sich beim Projizieren übertragen, so auszusprechen, daß ihre Unabhängigkeit von der mit dem Projizieren verknüpften Änderung in Evidenz tritt. Hiermit war denn der Behandlung im Sinne von § 1 *die Gruppe aller projektivischen Umformungen* zugrunde gelegt und *dadurch eben der Gegensatz zwischen projektivischer und gewöhnlicher Geometrie geschaffen.*

Ein ähnlicher Entwicklungsgang, wie der hier geschilderte, kann bei jeder Art von räumlicher Transformation als möglich gedacht werden; wir werden noch öfter darauf zurückkommen. Er hat sich innerhalb der projektivischen Geometrie selbst noch nach zwei Seiten vollzogen. Die eine Weiterbildung der Auffassung geschah durch Aufnahme der *dualistischen* Umformungen in die Gruppe der zugrunde gelegten Änderungen. Für den heutigen Standpunkt sind zwei einander dualistisch entgegenstehende Figuren nicht mehr als zwei unterschiedene, sondern als wesentlich dieselben Figuren anzusehen. Ein anderer Schritt bestand in der Erweiterung der zugrunde gelegten Gruppe kollinearer und dualistischer Umformungen durch Aufnahme der bez. *imaginären* Transformationen. Dieser Schritt bedingt, daß man vorher den Kreis der eigentlichen Raumelemente durch Hinzunahme der imaginären erweitert habe — ganz dem entsprechend, wie die Aufnahme der dualistischen Umformungen in die zugrunde gelegte Gruppe die gleichzeitige Einführung von Punkt und Ebene als Raumelement nach sich zieht. Es ist hier nicht der Ort, auf die Zweckmäßigkeit der Einführung imaginärer Elemente zu verweisen, durch welche allein der genaue Anschluß der Raumlehre an das einmal gewählte Gebiet algebraischer Operationen erreicht wird. Dagegen muß betont werden, daß der Grund für die Einführung eben in der Betrachtung algebraischer Operationen, nicht aber in der Gruppe der projektivischen und dualistischen Umformungen liegt. So gut wir uns bei den letzteren auf reelle Transformationen beschränken können, da schon die reellen Kollineationen und dualistischen Transformationen eine Gruppe bilden, — so gut können wir imaginäre Raumelemente einführen, auch wenn wir nicht auf projektivischem Standpunkte stehen, und sollen es, sofern wir prinzipiell algebraische Gebilde untersuchen.

Wie man vom projektivischen Standpunkte aus die metrischen Eigenschaften aufzufassen hat, bestimmt sich nach dem allgemeinen Satze des vorangehenden Paragraphen. Die metrischen Eigenschaften sind als projektivische Beziehungen zu einem Fundamentalgebilde, dem unendlich fernen Kugelkreise[15]), zu betrachten, einem Gebilde, das die Eigenschaft hat, nur durch diejenigen Transformationen der projektivischen Gruppe, die eben auch Transformationen der Hauptgruppe sind, in sich überzugehen. Der so schlechthin ausgesprochene Satz bedarf noch einer wesentlichen Ergänzung, die der Beschränkung der gewöhnlichen Anschauungsweise auf reelle Raumelemente (und reelle Transformationen) entspricht. Man muß dem Kugelkreise, um diesem Standpunkte gerecht zu werden, noch das System der reellen Raumelemente (Punkte) ausdrücklich hinzufügen; Eigenschaften im Sinne der elementaren Geometrie sind projektivisch entweder Eigenschaften der Dinge an sich oder Beziehungen zu diesem Systeme der reellen Elemente, oder zum Kugelkreise, oder endlich zu beiden.

Es mag hier noch der Art gedacht werden, wie v. Staudt in seiner Geometrie der Lage (1847) die projektivische Geometrie aufbaut — d. h. diejenige projektivische Geometrie, welche sich auf Zugrundelegung der Gruppe aller reeller projektivisch-dualistischer Umformungen beschränkt[16]).

Es ist bekannt, wie er dabei aus dem gewöhnlichen Anschauungsmaterial nur solche Momente herausgreift, die auch bei projektivischen Umformungen erhalten bleiben. Wollte man weiterhin zur Betrachtung auch metrischer Eigenschaften übergehen, so hätte man die letzteren geradezu als Beziehungen zum Kugelkreise einzuführen. Der so vervollständigte Gedankengang ist für die hier vorliegenden Betrachtungen insofern von großer Bedeutung, als ein entsprechender Aufbau der Geometrie im Sinne jeder einzelnen der noch anzuführenden Methoden möglich ist.

§ 4.

Übertragung durch Abbildung.

Ehe wir in der Besprechung der geometrischen Methoden, die sich neben die elementare und die projektivische Geometrie stellen, weitergehen, mögen allgemein einige Betrachtungen entwickelt werden, die im folgenden immer wieder vorkommen und zu denen die bisher berührten Dinge bereits hinreichend viele Beispiele liefern. Auf diese Erörterungen bezieht sich der gegenwärtige und der nächstfolgende Paragraph.

Gesetzt, man habe eine Mannigfaltigkeit A unter Zugrundelegung einer Gruppe B untersucht. Führt man sodann A durch irgendwelche Transformation in eine andere Mannigfaltigkeit A' über, so wird aus der

---

[15]) Diese Anschauungsweise ist als eine der schönsten Leistungen der französischen Schule zu betrachten; durch sie erst gewinnt die Einteilung in Eigenschaften der Lage und Eigenschaften des Maßes, wie man sie gern an die Spitze der projektivischen Geometrie stellt, einen präzisen Inhalt.

[16]) Den erweiterten Kreis, der auch imaginäre Umformungen umspannt, hat v. Staudt erst in den „Beiträgen zur Geometrie der Lage" (1856) zugrunde gelegt.

Gruppe B von Änderungen, die A in sich transformierten, nunmehr eine Gruppe B', deren Transformationen sich auf A' beziehen. Dann ist es ein selbstverständliches Prinzip, *daß die Behandlungsweise von A unter Zugrundelegung von B die Behandlungsweise von A' unter Zugrundelegung von B' ergibt*, d. h. jede Eigenschaft, welche ein in A enthaltenes Gebilde mit Bezug auf die Gruppe B hat, ergibt eine Eigenschaft des entsprechenden Gebildes in A' mit Bezug auf die Gruppe B'.

Lassen wir z. B. A eine gerade Linie, B die dreifach unendlich vielen linearen Transformationen bedeuten, welche dieselbe in sich überführen. Die Behandlungsweise von A ist dann eben diejenige, welche die neuere Algebra als Theorie der binären Formen bezeichnet. Nun kann man die gerade Linie auf einen Kegelschnitt A' der Ebene durch Projektion von einem Punkte des letzteren aus beziehen. Aus den linearen Transformationen B der Geraden in sich selbst werden dann die linearen Transformationen B' des Kegelschnittes in sich selbst, wie man leicht zeigt, d. h. diejenigen Änderungen des Kegelschnittes, welche mit den linearen Transformationen der Ebene, die den Kegelschnitt in sich überführen, verknüpft sind.

Es ist nun aber nach dem Prinzip des zweiten Paragraphen[17]) dasselbe: nach der Geometrie auf einem Kegelschnitte zu fragen, wenn man sich den Kegelschnitt als fest denkt und nur auf diejenigen linearen Transformationen der Ebene achtet, welche ihn in sich überführen, oder die Geometrie auf dem Kegelschnitte zu studieren, indem man überhaupt die linearen Transformationen der Ebene betrachtet und sich den Kegelschnitt mit ändern läßt. Die Eigenschaften, welche wir an den Punktsystemen auf dem Kegelschnitte auffaßten, sind mithin im gewöhnlichen Sinne projektivische. Die Verknüpfung der letzten Überlegung mit dem eben abgeleiteten Resultate gibt also:

Binäre Formentheorie und projektivische Geometrie der Punktsysteme auf einem Kegelschnitte ist dasselbe, d. h. jedem binären Satze entspricht ein Satz über derartige Punktsysteme und umgekehrt[18]).

Ein anderes Beispiel, welches geeignet ist, diese Art von Betrachtungen zu veranschaulichen, ist das folgende: Wenn man eine Fläche zweiten Grades mit einer Ebene durch stereographische Projektion in Verbindung setzt, so tritt auf der Fläche ein Fundamentalpunkt auf: der Projektionspunkt, in der Ebene sind es zwei: die Bilder der durch den

---

[17]) Wenn man will, ist hier das Prinzip unter etwas erweiterter Form angewendet.
[18]) Statt des Kegelschnittes in der Ebene kann man mit gleichem Erfolge eine Raumkurve dritter Ordnung einführen, überhaupt bei n Dimensionen etwas Entsprechendes aufstellen.

Projektionspunkt gehenden Erzeugenden. Man zeigt nun ohne weiteres: Die linearen Transformationen der Ebene, welche die beiden Fundamentalpunkte derselben ungeändert lassen, gehen durch die Abbildung in lineare Transformationen der Fläche zweiten Grades in sich selbst über, aber nur in diejenigen, welche den Projektionspunkt ungeändert lassen. Unter linearen Transformationen der Fläche in sich selbst sind dabei diejenigen Änderungen verstanden, welche die Fläche erfährt, wenn man lineare Raumtransformationen ausführt, welche die Fläche mit sich selbst zur Deckung bringen. Hiernach wird also die projektivische Untersuchung einer Ebene unter Zugrundelegung zweier Punkte und die projektivische Untersuchung einer Fläche zweiten Grades unter Zugrundelegung eines Punktes identisch. Die erstere ist nun — sofern man imaginäre Elemente mit in Betracht zieht — nichts anderes, als die Untersuchung der Ebene im Sinne der elementaren Geometrie. Denn die Hauptgruppe der ebenen Transformationen besteht eben in den linearen Umformungen, welche ein Punktepaar (die unendlich fernen Kreispunkte) ungeändert lassen. Wir erhalten also schließlich:

Die elementare Geometrie der Ebene und die projektivische Untersuchung einer Fläche zweiten Grades unter Hinzunahme eines ihrer Punkte sind dasselbe.

Diese Beispiele ließen sich beliebig vervielfachen[19]); die beiden hier entwickelten sind gewählt worden, da wir in der Folge noch Gelegenheit haben werden, auf dieselben zurückzukommen.

<h2 style="text-align:center">§ 5.</h2>

<h3 style="text-align:center">Von der Willkürlichkeit in der Wahl des Raumelements.
Das Hessesche Übertragungsprinzip. Die Liniengeometrie.</h3>

Als Element der geraden Linie, der Ebene, des Raumes, überhaupt einer zu untersuchenden Mannigfaltigkeit kann statt des Punktes jedes in der Mannigfaltigkeit enthaltene Gebilde: die Punktgruppe, event. die Kurve, die Fläche usw. verwandt werden[20]). Indem über die Zahl willkürlicher Parameter, von denen man diese Gebilde abhängig setzen will, von vornherein gar nichts feststeht, erscheinen Linie, Ebene, Raum usw. je nach der Wahl des Elementes mit beliebig vielen Dimensionen behaftet. *Aber solange wir der geometrischen Untersuchung dieselbe Gruppe von*

---

[19]) Bez. anderer Beispiele, sowie namentlich der Erweiterungen auf mehr Dimensionen, deren die angeführten fähig sind, verweise ich auf bez. Auseinandersetzungen in einem Aufsatze von mir: *Über Liniengeometrie und metrische Geometrie.* Math. Annalen, Bd. 5 [s. Abh. VIII dieser Ausgabe], sowie auf die sogleich noch zu nennenden Lieschen Arbeiten.

[20]) Vgl. Note III.

Änderungen zugrunde legen, bleibt der Inhalt der Geometrie unverändert, das heißt, jeder Satz, der bei *einer* Annahme des Raumelements sich ergab, ist auch ein Satz bei beliebiger anderer Annahme, nur die Anordnung und Verknüpfung der Sätze ist geändert.

Das Wesentliche ist also die Transformationsgruppe; die Zahl der Dimensionen, die wir einer Mannigfaltigkeit beilegen wollen, erscheint als etwas Sekundäres.

Diese Verknüpfung dieser Bemerkung mit dem Prinzip des vorigen Paragraphen ergibt eine Reihe schöner Anwendungen, von denen hier einige entwickelt werden mögen, da diese Beispiele mehr als alle langen Auseinandersetzungen geeignet scheinen, den Sinn der allgemeinen Betrachtung darzulegen.

Die projektivische Geometrie auf der Geraden (die Theorie der binären Formen) ist nach dem vorigen Paragraphen mit der projektivischen Geometrie auf dem Kegelschnitte gleichbedeutend. Auf letzterem mögen wir jetzt statt des Punktes das Punktepaar als Element betrachten. Die Gesamtheit der Punktepaare des Kegelschnitts läßt sich aber auf die Gesamtheit der Geraden der Ebene beziehen, indem man jede Gerade dem Punktepaare zuordnet, in welchem sie den Kegelschnitt trifft. Bei dieser Abbildung gehen die linearen Transformationen des Kegelschnitts in sich selbst in die linearen Transformationen der (aus Geraden bestehend gedachten) Ebene über, welche den Kegelschnitt ungeändert lassen. Ob wir aber die aus den letzteren bestehende Gruppe betrachten, oder die Gesamtheit der linearen Transformationen der Ebene zugrunde legen und den zu untersuchenden Gebilden der Ebene den Kegelschnitt allemal hinzufügen, ist nach § 2 gleichbedeutend. Indem wir alle diese Überlegungen zusammennehmen, haben wir:

Die Theorie der binären Formen und die projektivische Geometrie der Ebene unter Zugrundelegung eines Kegelschnittes sind gleichbedeutend.

Da endlich projektivische Geometrie der Ebene unter Zugrundelegung eines Kegelschnittes wegen der Gleichheit der Gruppe mit der projektivischen Maßgeometrie koinzidiert, die man in der Ebene auf einen Kegelschnitt gründen kann[21]), so mögen wir auch so sagen:

Die Theorie der binären Formen und die allgemeine projektivische Maßgeometrie in der Ebene sind dasselbe.

Statt des Kegelschnitts in der Ebene können wir in der vorstehenden Betrachtung die Kurve dritter Ordnung im Raume setzen usw., doch mag dies unausgeführt bleiben. Der hier dargelegte Zusammenhang zwischen der Geometrie der Ebene, weiterhin des Raumes oder einer beliebig aus-

---

[21]) Vgl. Note V.

gedehnten Mannigfaltigkeit deckt sich im wesentlichen mit dem von Hesse vorgeschlagenen Übertragungsprinzipe (Borchardts Journal, Bd. 66 (1866)).

Ein Beispiel ganz ähnlicher Art ergibt die projektivische Geometrie des Raumes, oder, anders ausgedrückt, die Theorie der quaternären Formen. Faßt man die gerade Linie als Raumelement und erteilt ihr, wie in der Liniengeometrie geschieht, sechs homogene Koordinaten, zwischen denen eine Bedingungsgleichung vom zweiten Grade stattfindet, so erscheinen die linearen und dualistischen Transformationen des Raumes als diejenigen linearen Transformationen der unabhängig gedachten sechs Veränderlichen, welche die Bedingungsgleichung in sich überführen. Durch eine Verknüpfung ähnlicher Überlegungen, wie sie soeben entwickelt wurden, erhält man hieraus den Satz:

Die Theorie der quaternären Formen deckt sich mit der projektivischen Maßbestimmung in einer durch sechs homogene Veränderliche erzeugten Mannigfaltigkeit.

Wegen der näheren Ausführung dieser Auffassung verweise ich auf einen demnächst in den Math. Annalen, Bd. 6 [s. Abh. XVIII dieser Ausgabe] erscheinenden Aufsatz: „Über die sogenannte Nicht-Euklidische Geometrie“ zweite Abhandlung), sowie auf eine Note am Schlusse dieser Mitteilung[22]).

Ich knüpfe an die vorstehenden Auseinandersetzungen noch zwei Bemerkungen, von denen die erste zwar schon implizite in dem Bisherigen enthalten ist, aber ausgeführt werden soll, weil der Gegenstand, auf den sie sich bezieht, zu leicht Mißverständnissen ausgesetzt ist.

Wenn wir beliebige Gebilde als Raumelemente einführen, so erhält der Raum beliebig viele Dimensionen. Wenn wir dann aber an der uns geläufigen (elementaren oder projektivischen) Anschauungsweise festhalten, so ist die Gruppe, welche wir für die mehrfach ausgedehnte Mannigfaltigkeit zugrunde zu legen haben, von vornherein gegeben; es ist eben die Hauptgruppe bez. die Gruppe der projektivischen Umformungen. Wollten wir eine andere Gruppe zugrunde legen, so müßten wir von der gewöhnlichen bez. der projektivischen Anschauung abgehen. So richtig es also ist, daß bei geschickter Wahl der Raumelemente der Raum Mannigfaltigkeiten von beliebig vielen Ausdehnungen repräsentiert, so wichtig ist es, hinzuzufügen, *daß bei dieser Repräsentation entweder von vornherein eine bestimmte Gruppe der Behandlung der Mannigfaltigkeiten zugrunde zu legen ist, oder daß wir, wollen wir über die Gruppe verfügen, unsere geometrische Auffassung entsprechend auszubilden haben.* — Es könnte, ohne diese Bemerkung, z. B. eine Repräsentation der Liniengeometrie in der folgenden Weise gesucht werden. Die Gerade erhält in der Liniengeometrie

---

[22]) Vgl. Note VI.

sechs Koordinaten, ebensoviele Koeffizienten besitzt der Kegelschnitt in der Ebene. Das Bild der Liniengeometrie würde also die Geometrie in einem Kegelschnittsysteme sein, das aus der Gesamtheit der Kegelschnitte durch eine quadratische Gleichung zwischen den Koeffizienten ausgesondert wird. Das ist richtig, sowie wir als Gruppe der ebenen Geometrie die Gesamtheit der Transformationen zugrunde legen, die durch lineare Umformungen der Kegelschnittskoeffizienten repräsentiert werden, welche die quadratische Bedingungsgleichung in sich überführen. Halten wir aber an der elementaren bez. der projektivischen Auffassung der ebenen Geometrie fest, so haben wir eben *kein* Bild.

Die zweite Bemerkung bezieht sich auf folgende Begriffsbildung. Sei im Raume irgendeine Gruppe, etwa die Hauptgruppe gegeben. So wähle man ein einzelnes räumliches Gebilde, etwa einen Punkt, oder eine Gerade, oder auch ein Ellipsoid usw. aus und wende auf dasselbe alle Transformationen der Hauptgruppe an. Man erhält dann eine mehrfach unendliche Mannigfaltigkeit mit einer Anzahl von Dimensionen, die im allgemeinen gleich der Zahl der in der Gruppe enthaltenen willkürlichen Parameter ist, die in besonderen Fällen herabsinkt, wenn nämlich das ursprünglich gewählte Gebilde die Eigenschaften besitzt, durch unendlich viele Transformationen der Gruppe in sich übergeführt zu werden. Jede so erzeugte Mannigfaltigkeit heiße mit Bezug auf die erzeugende Gruppe ein *Körper*[23]). Wollen wir nun den Raum im Sinne der Gruppe untersuchen und dabei bestimmte Gebilde als Raumelemente auszeichnen, und wollen wir nicht, daß Gleichberechtigtes ungleichartig dargestellt werde, *so müssen wir die Raumelemente ersichtlich so wählen, daß ihre Mannigfaltigkeit entweder selbst einen Körper bildet oder in Körper zerlegt werden kann*[24]). Von dieser evidenten Bemerkung soll später (§ 9) eine Anwendung gemacht werden. Der Körperbegriff selbst wird im Schlußparagraphen in Verbindung mit verwandten Begriffen noch einmal zur Sprache kommen.

---

[23]) Ich wähle den Namen nach dem Vorgange von Dedekind, der in der Zahlentheorie ein Zahlengebiet als Körper bezeichnet, wenn es aus gegebenen Elementen durch gegebene Operationen entstanden ist. (Zweite Auflage von Dirichlets Vorlesungen über Zahlentheorie.)

[24]) [Im Texte ist nicht hinreichend beachtet, daß die vorgelegte Gruppe sogenannte ausgezeichnete Untergruppen enthalten kann. Bleibt ein geometrisches Gebilde bei den Operationen einer ausgezeichneten Untergruppe ungeändert, so gilt das Gleiche für alle Gebilde, die aus ihm durch die Operationen der Gesamtgruppe hervorgehen, d. h. für alle Gebilde des aus ihm entspringenden Körpers. Ein so beschaffener Körper würde aber zur Darstellung der Operationen der Gruppe durchaus ungeeignet sein. Es sind also im Texte nur solche Körper zuzulassen, die aus Raumelementen entstehen, welche bei keiner einzigen ausgezeichneten Untergruppe der vorgelegten Gruppe ungeändert bleiben. (1893).]

§ 6.

Die Geometrie der reziproken Radien. Die Interpretation von $x + iy$.

Wir kehren mit diesem Paragraphen zur Besprechung der verschiedenen Richtungen der geometrischen Forschung zurück, wie sie in §§ 2, 3 begonnen wurde.

Als ein Seitenstück zu den Betrachtungsweisen der projektivischen Geometrie kann man in vielfacher Hinsicht eine Klasse geometrischer Überlegungen betrachten, bei denen von der Umformung durch reziproke Radien fortlaufender Gebrauch gemacht wird. Es gehören hierher die Untersuchungen über die sog. Zykliden und anallagmatischen Flächen, über die allgemeine Theorie der Orthogonalsysteme, ferner Untersuchungen über das Potential usw. Wenn man die in denselben enthaltenen Betrachtungen noch nicht gleich den projektivischen zu einer besonderen Geometrie zusammengefaßt hat, *die dann als Gruppe die Gesamtheit derjenigen Umformungen zugrunde zu legen hätte, welche durch Verbindung der Hauptgruppe mit der Transformation durch reziproke Radien entstehen,* so ist das wohl dem zufälligen Umstande zuzuschreiben, daß die genannten Theorien seither nicht im Zusammenhange dargestellt worden sind; den einzelnen Autoren, die in dieser Richtung arbeiteten, wird eine solche methodische Auffassung nicht fern gelegen haben.

Die Parallele zwischen dieser Geometrie der reziproken Radien und der projektivischen ergibt sich, sowie einmal die Frage nach einem Vergleiche vorhanden ist, von selbst, und es mag daher nur ganz im allgemeinen auf die folgenden Punkte aufmerksam gemacht werden:

In der projektivischen Geometrie sind Punkt, Gerade, Ebene die Elementarbegriffe. Kreis und Kugel sind nur spezielle Fälle von Kegelschnitt und Fläche zweiten Grades. Das unendlich Ferne der elementaren Geometrie erscheint als Ebene; das Fundamentalgebilde, auf welches sich die elementare Geometrie bezieht, ist ein unendlich ferner, imaginärer Kegelschnitt.

In der Geometrie der reziproken Radien sind Punkt, Kreis und Kugel die Elementarbegriffe. Gerade und Ebene sind spezielle Fälle der letzteren, dadurch charakterisiert, daß sie einen, im Sinne der Methode übrigens nicht weiter ausgezeichneten Punkt, den unendlich fernen Punkt, enthalten. Die elementare Geometrie erwächst, sowie man diesen Punkt fest denkt.

Die Geometrie der reziproken Radien ist einer Einkleidung fähig, welche sie neben die Theorie der binären Formen und die Liniengeometrie stellt, falls man die letzteren in der Weise behandelt, wie das im vorigen Paragraphen angedeutet wurde. Wir mögen zu diesem Zwecke die Betrachtung zunächst auf ebene Geometrie und also auf Geometrie der reziproken Radien in der Ebene[25]) beschränken.

Es wurde bereits des Zusammenhangs gedacht, der zwischen der elementaren Geometrie der Ebene und der projektivischen Geometrie der mit einem ausgezeichneten Punkte versehenen Fläche zweiten Grades besteht (§ 4). Sieht man von dem ausgezeichneten Punkte ab und betrachtet also die projektivische Geometrie auf der Fläche an sich, so hat man ein Bild der Geometrie der reziproken Radien in der Ebene. Denn man überzeugt sich leicht[26]), daß der Transformationsgruppe der reziproken Radien in der Ebene vermöge der Abbildung der Fläche zweiten Grades die Gesamtheit der linearen Transformationen der letzteren in sich selbst entspricht. Man hat also:

Geometrie der reziproken Radien in der Ebene und projektivische Geometrie auf einer Fläche zweiten Grades ist dasselbe,
und ganz entsprechend:

Geometrie der reziproken Radien im Raume ist mit der projektivischen Behandlung einer Mannigfaltigkeit gleichbedeutend, die durch eine quadratische Gleichung zwischen fünf homogenen Veränderlichen dargestellt wird.

Die Raumgeometrie ist also durch die Geometrie der reziproken Radien in ganz dieselbe Verbindung mit einer Mannigfaltigkeit von vier Dimensionen gesetzt, wie vermöge der Liniengeometrie mit einer Mannigfaltigkeit von fünf Ausdehnungen.

Die Geometrie der reziproken Radien in der Ebene gestattet, sofern man nur auf *reelle* Transformationen achten will, noch nach einer anderen Seite eine interessante Darstellung resp. Verwendung. Breitet man nämlich eine komplexe Variable $x + iy$ in gewöhnlicher Weise in der Ebene aus, so entspricht ihren linearen Transformationen die Gruppe der reziproken Radien, mit der erwähnten Beschränkung auf das Reelle[27]). Die Untersuchung der Funktionen einer komplexen Veränderlichen, die beliebigen

---

[25]) Geometrie der reziproken Radien auf der Geraden ist mit der projektivischen Untersuchung der Geraden gleichbedeutend, da die bez. Umformungen die nämlichen sind. Man kann daher auch in der Geometrie der reziproken Radien von einem *Doppelverhältnisse* von vier Punkten einer Geraden und weiterhin eines Kreises reden.

[26]) Vgl. die bereits genannte Arbeit: Über Liniengeometrie und metrische Geometrie. Math. Annalen, Bd. 5 [s. Abh. VIII dieser Ausgabe].

[27]) [Die Ausdrucksweise des Textes ist ungenau. Den linearen Transformationen $z' = \dfrac{\alpha z + \beta}{\gamma z + \delta}$ (wo $z' = x' + iy'$, $z = x + iy$) entsprechen nur diejenigen Operationen aus der Gruppe der reziproken Radien, bei denen keine Umlegung der Winkel stattfindet (bei denen die beiden Kreispunkte der Ebene nicht miteinander vertauscht werden). Will man die Gesamtgruppe der reziproken Radien umspannen, so hat man den genannten Transformationen noch die anderen (nicht minder wichtigen) hinzuzufügen: $z' = \dfrac{\alpha \bar{z} + \beta}{\gamma \bar{z} + \delta}$, wo z' wieder $= x' + iy'$, $\bar{z}$ aber $= x - iy$. (1893).]

linearen Transformationen unterworfen gedacht ist, ist aber nichts anderes, als was bei einer etwas abgeänderten Darstellungsweise Theorie der binären Formen genannt wird. Also:

Die Theorie der binären Formen findet ihre Darstellung durch die Geometrie der reziproken Radien in der reellen Ebene, so zwar, daß auch die komplexen Werte der Variabeln repräsentiert werden.

Von der Ebene mögen wir, um in den gewohnteren Vorstellungskreis der projektivischen Umformungen zu gelangen, zur Fläche zweiten Grades aufsteigen. Da wir nur reelle Elemente der Ebene betrachteten, ist es nicht mehr gleichgültig, wie man die Fläche wählt; sie ist ersichtlich nicht geradlinig zu nehmen. Insbesondere können wir uns dieselbe — wie man das zur Interpretation einer komplexen Veränderlichen auch sonst tut — als Kugelfläche denken und erhalten so den Satz:

Die Theorie der binären Formen komplexer Variabeln findet ihre Repräsentation in der projektivischen Geometrie der reellen Kugelfläche.

Ich habe mir nicht versagen mögen, in einer Note[28]) noch auseinanderzusetzen, wie schön dieses Bild die Theorie der binären kubischen und biquadratischen Formen erläutert.

§ 7.

Erweiterungen des Vorangehenden. Lies Kugelgeometrie.

An die Theorie der binären Formen, die Geometrie der reziproken Radien und die Liniengeometrie, welche im vorstehenden koordiniert und nur durch die Zahl der Veränderlichen unterschieden scheinen, lassen sich gewisse Erweiterungen knüpfen, die nun auseinandergesetzt werden mögen. Dieselben sollen einmal dazu beitragen, den Gedanken, daß die Gruppe, welche die Behandlungsweise gegebener Gebiete bestimmt, beliebig erweitert werden kann, an neuen Beispielen zu erläutern; dann aber ist namentlich die Absicht gewesen, Betrachtungen, welche Lie in einer neueren Abhandlung niedergelegt hat[29]), in ihrer Beziehung zu den hier vorgetragenen Überlegungen darzulegen. Der Weg, auf welchem wir zu Lies Kugelgeometrie gelangen, weicht insofern von dem von Lie eingeschlagenen ab, als Lie an liniengeometrische Vorstellungen anknüpft, während wir, um uns mehr der gewöhnlichen geometrischen Anschauung anzuschließen und im Zusammenhang mit dem Vorhergehenden zu bleiben, bei den bez. Auseinandersetzungen eine geringere Zahl von Veränderlichen voraussetzen. Die Betrachtungen sind, wie bereits Lie selbst hervorgehoben hat (Göttinger Nachrichten 1871, Nr. 7, 22) von der Zahl der Variabeln unabhängig. Sie

---

[28]) Vgl. Note VII.
[29]) Partielle Differentialgleichungen und Komplexe. Math. Annalen, Bd. 5 (1870).

gehören dem großen Kreise von Untersuchungen an, welche sich mit der projektivischen Untersuchung quadratischer Gleichungen zwischen beliebig vielen Veränderlichen beschäftigen, Untersuchungen, die wir bereits öfter berührt haben und die uns noch wiederholt begegnen werden (vgl. § 10 u. a.).

Ich knüpfe an den Zusammenhang an, der zwischen der reellen Ebene und der Kugelfläche durch stereographische Projektion hergestellt wird. Wir setzten bereits in § 5 die Geometrie der Ebene mit der Geometrie auf einem Kegelschnitte in Verbindung, indem wir der Geraden der Ebene das Punktepaar zuordneten, in welchem sie den Kegelschnitt trifft. Entsprechend können wir einen Zusammenhang zwischen der Raumgeometrie und der Geometrie auf der Kugel aufstellen, indem wir jeder Ebene des Raumes den Kreis zuordnen, in welchem sie die Kugel schneidet. Übertragen wir dann durch stereographische Projektion die Geometrie auf der Kugel von derselben auf die Ebene, wobei jeder Kreis in einen Kreis übergeht, so entsprechen einander also:

die Raumgeometrie, welche als Element die Ebene, als Gruppe diejenigen linearen Transformationen benutzt, welche eine Kugel in sich überführen;

die ebene Geometrie, deren Element der Kreis, deren Gruppe die Gruppe der reziproken Radien ist.

Die erstere Geometrie wollen wir nun nach zwei Seiten verallgemeinern, indem wir statt ihrer Gruppe eine umfassendere setzen. Die resultierende Erweiterung überträgt sich dann durch die Abbildung ohne weiteres auf ebene Geometrie.

Statt der linearen Transformationen des aus Ebenen bestehenden Raumes, welche die Kugel in sich überführen, liegt es nahe, entweder die Gesamtheit der linearen Transformationen des Raumes, oder die Gesamtheit der Ebenentransformationen des Raumes zu wählen, welche [in einem noch erst anzugebenden Sinne] die Kugel ungeändert lassen, indem wir das eine Mal von der Kugel, das andere Mal von dem linearen Charakter der anzuwendenden Transformationen absehen. Die erste Verallgemeinerung ist ohne weiteres verständlich und wir mögen sie also zuerst betrachten und in ihrer Bedeutung für ebene Geometrie verfolgen; auf die zweite kommen wir hernach zurück, wobei es sich denn zunächst darum handelt, die allgemeinste betreffende Transformation zu bestimmen.

Die linearen Transformationen des Raumes haben die Eigenschaft gemein, Ebenenbüschel und Ebenenbündel wieder in solche überzuführen, Aber auf die Kugel übertragen ergibt das Ebenenbüschel ein Kreisbüschel, d. h. eine einfach unendliche Reihe von Kreisen mit gemeinsamen Schnittpunkten; das Ebenenbündel ergibt ein Kreisbündel, d. h. eine zweifach unendliche Schar von Kreisen, die auf einem festen Kreise senkrecht stehen (dem Kreise, dessen Ebene die Polarebene des den Ebenen des gegebenen Bündels gemeinsamen Punktes ist). **Den linearen Transforma-tionen des Raumes entsprechen** also auf der Kugel und weiterhin in der Ebene Kreistransformationen von der charakteristischen Eigenschaft, Kreis-büschel und Kreisbündel in ebensolche überzuführen[30]). *Die ebene Geo-metrie, welche die Gruppe der so gewonnenen Transformationen benutzt, ist das Bild der gewöhnlichen projektivischen Raumgeometrie.* Als Ele-ment der Ebene wird man in dieser Geometrie nicht den Punkt benutzen können, da die Punkte für die gewählte Transformationsgruppe keinen Körper bilden (§ 5), sondern man wird die Kreise als Elemente wählen.

Bei der zweiten Erweiterung, die wir nannten, gilt es zunächst die Frage nach der Art der bezüglichen Transformationsgruppe zu erledigen. Es handelt sich darum, Ebenentransformationen zu finden, die aus jedem [Ebenenbüschel, dessen Achse die Kugel berührt, wieder ein solches Büschel] machen. Wir mögen der kürzeren Ausdrucksweise wegen zu-nächst die Frage dualistisch umkehren und überdies einen Schritt in der Zahl der Dimensionen hinabgehen; wir wollen also nach Punkttransfor-mationen der Ebene fragen, welche aus jeder Tangente eines gegebenen Kegelschnittes wiederum eine Tangente erzeugen. Zu dem Zwecke be-trachten wir die Ebene mit ihrem Kegelschnitte als Bild einer Fläche zweiten Grades, die man von einem nicht auf ihr befindlichen Raum-punkte aus so auf die Ebene projiziert hat, daß der bezeichnete Kegel-schnitt die Übergangskurve vorstellt. Den Tangenten des Kegelschnitts entsprechen die Erzeugenden der Fläche, und die Frage ist auf die andere zurückgeführt nach der Gesamtheit der Punkttransformationen der Fläche in sich selbst, bei denen die Erzeugenden Erzeugende bleiben.

Solcher Transformationen gibt es nun zwar beliebig unendlich viele: denn man braucht nur den Punkt der Fläche als Durchschnitt der Er-zeugenden zweierlei Art zu betrachten und jedes der Geradensysteme beliebig in sich zu transformieren. Aber unter den Transformationen sind insbesondere die linearen. Nur auf diese wollen wir achten. Hätten wir nämlich nicht mit einer Fläche, sondern mit einer mehrfach ausgedehnten Man-nigfaltigkeit zu tun, die durch eine quadratische Gleichung repräsentiert wird, so blieben nur die linearen Transformationen, die anderen kämen in Wegfall[31]).

Diese linearen Transformationen der Fläche in sich selbst ergeben, durch (nicht stereographische) Projektion auf die Ebene übertragen, zwei-

---

[30]) Diese Transformationen werden gelegentlich in Graßmanns Ausdehnungs-lehre betrachtet (in der Auflage von 1862, S. 278).

[31]) Projiziert man die Mannigfaltigkeit stereographisch, so erhält man den be-kannten Satz: In mehrfach ausgedehnten Gebieten (schon im Raume) gibt es außer den Transformationen, die sich in der Gruppe der reziproken Radien befinden, keine konformen Punkttransformationen. In der Ebene gibt es dagegen beliebig viele andere. Vgl. auch die zitierten Arbeiten von Lie.

deutige Punkttransformationen, vermöge deren aus jeder Tangente des Kegelschnittes, der die Übergangskurve bildet, allerdings wieder eine Tangente wird, aus jeder anderen Geraden aber im allgemeinen ein Kegelschnitt, der die Übergangskurve doppelt berührt. Es läßt sich diese Transformationsgruppe passend charakterisieren, wenn man auf den Kegelschnitt, der die Übergangskurve bildet, eine projektivische Maßbestimmung gründet. Die Transformationen haben dann die Eigenschaft, Punkte, welche im Sinne der Maßbestimmung voneinander eine Entfernung gleich Null haben, sowie Punkte, welche von einem anderen Punkte eine konstante Entfernung haben, wieder in solche Punkte zu verwandeln.

Alle diese Betrachtungen lassen sich auf beliebig viele Variabeln übertragen, insbesondere also für die ursprüngliche Fragestellung, die sich auf die Kugel und die Ebene als Element bezog, verwerten. Man kann dem Resultate dabei eine besonders anschauliche Form geben, weil der Winkel, den zwei Ebenen im Sinne der auf eine Kugel gegründeten projektivischen Maßbestimmung miteinander bilden, mit dem Winkel gleich ist, den ihre Durchschnittskreise mit der Kugel im gewöhnlichen Sinne miteinander bilden.

Wir erhalten also auf der Kugel und weiterhin auf der Ebene eine Gruppe von Kreistransformationen, welche die Eigenschaft haben, *Kreise die einander berühren (einen Winkel gleich Null einschließen), sowie Kreise, die einen anderen Kreis unter demselben Winkel schneiden, in ebensolche Kreise überzuführen.* In der Gruppe dieser Transformationen sind auf der Kugel die bez. linearen, in der Ebene die Transformationen der Gruppe der reziproken Radien enthalten[32]).

***

[32]) [Die Betrachtungen des Textes dürften durch Zufügung einiger weniger analytischer Formeln wesentlich klarer werden. Sei die Gleichung der Kugel, die wir stereographisch auf unsere Ebene beziehen, in gewöhnlichen Tetraederkoordinaten:

$$x_1{}^2 + x_2{}^2 + x_3{}^2 + x_4{}^2 = 0;$$

die an diese Bedingungsgleichung gebundenen x erhalten dann bei uns die Bedeutung ebener tetrazyklischer Punktkoordinaten,

$$u_1 x_1 + u_2 x_2 + u_3 x_3 + u_4 x_4 = 0$$

wird die allgemeine Kreisgleichung der Ebene. Berechnet man den Radius des solcherweise dargestellten Kreises, so kommt man dabei auf die Quadratwurzel

$$\sqrt{u_1{}^2 + u_2{}^2 + u_3{}^2 + u_4{}^2},$$

die wir mit $i u_5$ bezeichnen mögen. Wir können jetzt die Kreise als Elemente der Ebene betrachten. Die Gruppe der reziproken Radien stellt sich dann durch die Gesamtheit der homogenen linearen Umsetzungen der $u_1 u_2 u_3 u_4$ dar, bei denen

$$u_1{}^2 + u_2{}^2 + u_3{}^2 + u_4{}^2$$

in ein Multiplum seiner selbst übergeht. Die erweiterte Gruppe aber derjenigen Kreisgeometrie, welche der Lieschen Kugelgeometrie entspricht, besteht aus den homogenen linearen Umsetzungen der *fünf* Variabelen $u_1 u_2 u_3 u_4 u_5$, welche

$$u_1{}^2 + u_2{}^2 + u_3{}^2 + u_4{}^2 + u_5{}^2$$

in ein Multiplum seiner selbst verwandeln (1893).]

Die auf diese Gruppe zu gründende Kreisgeometrie ist nun das Analogon zu der *Kugelgeometrie*, wie sie Lie für den Raum entworfen hat, und wie sie bei Untersuchungen über Krümmung der Flächen von ausgezeichneter Bedeutung scheint. Sie schließt die Geometrie der reziproken Radien in demselben Sinne in sich, wie letztere wieder die elementare Geometrie. —

Die nunmehr gewonnenen Kreis- (Kugel-)Transformationen haben insbesondere die Eigenschaft, sich berührende Kreise (Kugeln) in ebensolche überzuführen. Betrachtet man alle Kurven (Flächen) als Umhüllungsgebilde von Kreisen (Kugeln), so werden infolgedessen Kurven (Flächen), die sich berühren, immer wieder in solche übergehen. Die fraglichen Transformationen gehören also in die Klasse der später allgemein zu betrachtenden *Berührungstransformationen*, d. h. solcher Umformungen, bei denen Berührung von Punktgebilden eine invariante Beziehung ist. Die im vorliegenden Paragraphen zuerst erwähnten Graßmannschen Kreistransformationen, denen man analoge Kugeltransformationen an die Seite stellen kann, sind keine Berührungstransformationen. —

Wurden vorstehend die zweierlei Erweiterungen nur an die Geometrie der reziproken Radien angeknüpft, so gelten dieselben in entsprechender Weise für Liniengeometrie, überhaupt für die projektivische Untersuchung einer durch eine quadratische Gleichung ausgeschiedenen Mannigfaltigkeit, wie bereits angedeutet wurde, hier aber nicht weiter ausgeführt werden soll.

<h2 style="text-align:center">§ 8.</h2>

<h3 style="text-align:center">Aufzählung weiterer Methoden, denen eine Gruppe von Punkttransformationen zugrunde liegt.</h3>

Elementare Geometrie, Geometrie der reziproken Radien und auch projektivische Geometrie, sofern man von den mit Wechsel des Raumelements verknüpften dualistischen Umformungen absieht, subsumieren sich als einzelne Glieder unter die große Menge von denkbaren Betrachtungsweisen, welche überhaupt Gruppen von Punkttransformationen zugrunde legen. Wir mögen hier nur die folgenden drei Methoden, die hierin mit den genannten übereinstimmen, hervorheben. Sind diese Methoden auch lange nicht in dem Maße, wie die projektivische Geometrie, zu selbständigen Disziplinen entwickelt, so treten sie doch deutlich erkennbar in den neueren Untersuchungen auf[33]).

---

[33]) [Während es sich bei den bis jetzt behandelten Beispielen um Gruppen mit endlicher Parameterzahl handelte, kommen nunmehr im Texte sogenannte unendliche Gruppen in Betracht (1893).] [Zur Vermeidung von Mißverständnissen ist aber zu bemerken, daß in den späteren Untersuchungen von Lie der Begriff der unendlichen Gruppen viel enger gefaßt, nämlich auf solche Gruppen eingeschränkt wurde, die sich durch Differentialgleichungen definieren lassen. K.]

1. *Die Gruppe der rationalen Umformungen.*

Bei rationalen Umformungen muß wohl unterschieden werden, ob dieselben für *alle* Punkte des Gebietes, in welchem man operiert, also des Raumes oder der Ebene usw., rational sind, oder nur für die Punkte einer in dem Gebiete enthaltenen Mannigfaltigkeit, einer Fläche, einer Kurve. Nur die ersteren sind zu verwenden, wenn es gilt, im bisherigen Sinne eine Geometrie des Raumes, der Ebene zu entwerfen; die letzteren gewinnen von dem hier gegebenen Standpunkte aus erst Bedeutung, wenn Geometrie auf einer gegebenen Fläche, Kurve studiert werden soll. Dieselbe Unterscheidung gilt bei der sogleich anzuführenden Analysis situs.

Die seitherigen Untersuchungen, hier wie dort, haben sich aber wesentlich mit Transformationen der zweiten Art beschäftigt. Insofern dabei nicht die Frage nach der Geometrie auf der Fläche, der Kurve war, es sich vielmehr darum handelte, Kriterien zu finden, damit zwei Flächen, Kurven ineinander transformiert werden können, treten diese Untersuchungen aus dem Kreise der hier zu betrachtenden heraus[34]). Der hier aufgestellte allgemeine Schematismus umspannt eben nicht die Gesamtheit mathematischer Forschung überhaupt, sondern er bringt nur gewisse Richtungen unter einen gemeinsamen Gesichtspunkt.

Für eine Geometrie der rationalen Umformungen, wie sie sich unter Zugrundelegung der Transformationen der ersten Art ergeben muß, sind bis jetzt erst die Anfänge vorhanden. Im Gebiete erster Stufe, auf der geraden Linie, sind die rationalen Umformungen mit den linearen identisch und liefern also nichts Neues. In der Ebene kennt man freilich die Gesamtheit der rationalen Umformungen (der Cremonaschen Transformationen), man weiß, daß sie sich durch Zusammensetzung quadratischer erzeugen lassen. Man kennt auch invariante Charaktere der ebenen Kurven: ihr Geschlecht, die Existenz der Moduln; aber eigentlich zu einer Geo-

---

[34]) [Von einer anderen Seite ordnen sie sich wieder, was mir 1872 noch nicht bekannt war, aufs beste in die Betrachtungen des Textes ein. Ist irgendein algebraisches Gebilde (Kurve, oder Fläche, ...) vorgelegt, so übertrage man dasselbe in einen höheren Raum, indem man die Verhältnisse

$$\varphi_1 : \varphi_2 : \cdots : \varphi_p$$

der zugehörigen Integranden erster Gattung als homogene Koordinaten einführt. In diesem Raume hat man dann einfach der weiteren Betrachtung die Gruppe der homogenen linearen Umsetzungen der φ zugrunde zu legen. Vgl. verschiedene Arbeiten der Herren Brill, Nöther und Weber, sowie z. B. meine eigene Abhandlung: „Zur Theorie der Abelschen Funktionen" in Bd. 36 der Math. Annalen [s. Bd. III dieser Ausgabe] (1893)]. [Auch bei den in den vorangehenden Paragraphen behandelten Beispielen konnte die jeweils in Betracht kommende Gruppe bei Übergang zu einem zweckmäßig gewählten höheren Raum durch eine Gruppe linearer Transformationen ersetzt werden. Die Untersuchung kann daraufhin immer projektiv gewandt werden. Die naheliegende Frage, wie weit sich hieraus ein allgemeines Prinzip machen läßt, scheint immer noch nicht erledigt zu sein. K.]

metrie der Ebene in dem hier gemeinten Sinne entwickelt sind diese Betrachtungen noch nicht. Im Raume ist die ganze Theorie noch erst im Entstehen begriffen. Von den rationalen Umformungen kennt man bis jetzt nur wenige und benutzt dieselben, um bekannte Flächen mit unbekannten durch Abbildung in Verbindung zu setzen. —

2. *Die Analysis situs.*

In der sogenannten Analysis situs sucht man das Bleibende gegenüber solchen Umformungen, die aus unendlich kleinen Verzerrungen durch Zusammensetzung entstehen. Auch hier muß man, wie bereits gesagt, unterscheiden, ob das ganze Gebiet, also etwa der Raum, als Objekt der Transformationen gedacht werden soll, oder nur eine aus ihm ausgesonderte Mannigfaltigkeit, eine Fläche. Die Transformationen der ersten Art sind es, die man einer Raumgeometrie würde zugrunde legen können. Ihre Gruppe wäre wesentlich anders konstituiert, als die bisher betrachteten es waren. Indem sie alle Transformationen umfaßt, die sich aus reell gedachten unendlich kleinen Punkttransformationen zusammensetzen, trägt sie die prinzipielle Beschränkung auf reelle Raumelemente in sich, und bewegt sich auf dem Gebiete der willkürlichen Funktion. Man kann diese Transformationsgruppe nicht ungeschickt erweitern, indem man sie noch mit den reellen Kollineationen, die auch das unendlich Ferne modifizieren, verbindet. —

3. *Die Gruppe aller Punkttransformationen.*

Wenn gegenüber dieser Gruppe keine Fläche mehr individuelle Eigenschaften besitzt, da jede in jede andere durch Transformationen der Gruppe übergeführt werden kann, so sind es höhere Gebilde, bei deren Untersuchung die Gruppe mit Vorteil Anwendung findet. Bei der Auffassung der Geometrie, wie sie hier zugrunde gelegt ist, kann es gleichgültig sein, wenn diese Gebilde seither nicht sowohl als geometrische, sondern nur als analytische betrachtet wurden, die gelegentlich geometrische Anwendung fanden, und wenn man bei ihrer Untersuchung Prozesse anwandte (wie eben beliebige Punkttransformationen), die man erst in neuerer Zeit bewußt als geometrische Umformungen aufzufassen begonnen hat. Unter diese analytischen Gebilde gehören vor allen die homogenen Differentialausdrücke, sodann auch die partiellen Differentialgleichungen. Bei der allgemeinen Diskussion der letzteren scheint aber, wie in dem folgenden Paragraphen ausgeführt wird, die umfassendere Gruppe aller Berührungstransformationen noch vorteilhafter.

Der Hauptsatz, der in der Geometrie, welche die Gruppe aller Punkttransformationen zugrunde legt, in Geltung ist, ist der, *daß eine Punkttransformation für eine unendlich kleine Partie des Raumes immer den Wert einer linearen Transformation hat.* Die Entwicklungen der projektivischen Geometrie haben also nun ihren Wert für das Unendlichkleine, und hierin liegt, mag sonst die Wahl der Gruppe bei Behandlung von Mannigfaltigkeiten willkürlich sein — *hierin liegt ein auszeichnender Charakter für die projektivische Anschauungsweise.*

Nachdem nun schon lange von dem Verhältnisse der Betrachtungsweisen, die einander einschließende Gruppen zugrunde legen, nicht mehr die Rede war, mag hier noch einmal ein Beispiel für die allgemeine Theorie des § 2 gegeben werden. Wir mögen uns die Frage vorlegen, wie denn vom Standpunkte „aller Punkttransformationen" die gewöhnlichen projektivischen Eigenschaften aufzufassen sind, wobei von den dualistischen Umformungen, die eigentlich mit zur Gruppe der projektivischen Geometrie gehören, abgesehen werden mag. Die Frage deckt sich dann mit der andern: durch welche Bedingung aus der Gesamtheit der Punkttransformationen die Gruppe der linearen ausgeschieden wird. Das Charakteristische der letzteren ist, daß sie jeder Ebene eine Ebene zuordnen: sie sind diejenigen Punkttransformationen, vermöge deren die Mannigfaltigkeit der Ebenen (oder, was auf dasselbe hinauskommt, der geraden Linien) erhalten bleibt. *Die projektivische Geometrie ist aus der Geometrie aller Punkttransformationen ebenso durch Adjunktion der Mannigfaltigkeit der Ebenen zu gewinnen, wie die elementare Geometrie aus der projektivischen durch Adjunktion des unendlich fernen Kugelkreises.* Insbesondere haben wir z. B. vom Standpunkte aller Punkttransformationen die Bezeichnung einer Fläche als einer algebraischen von einer gewissen Ordnung als eine invariante Beziehung zur Mannigfaltigkeit der Ebenen aufzufassen. Es wird dies recht deutlich, wenn man, mit Graßmann, die Erzeugung der algebraischen Gebilde an ihre lineale Konstruktion knüpft.

§ 9.

Von der Gruppe aller Berührungstransformationen.

Berührungstransformationen sind zwar in einzelnen Fällen schon lange betrachtet; auch hat Jacobi bei analytischen Untersuchungen bereits von den allgemeinsten Berührungstransformationen Gebrauch gemacht; aber in die lebendige geometrische Anschauung wurden sie erst durch neuere Arbeiten von Lie eingeführt[35]). Es ist daher wohl nicht überflüssig, hier ausdrücklich auseinanderzusetzen, was eine Berührungstransformation ist,

---

[35]) Vgl. besonders die bereits zitierte Arbeit: Über partielle Differentialgleichungen und Komplexe. Math. Ann., Bd. 5. Die im Texte gegebenen Ausführungen betr. partielle Differentialgleichungen habe ich wesentlich mündlichen Mitteilungen von Lie entnommen; vgl. dessen Note: Zur Theorie partieller Differentialgleichungen. Göttinger Nachrichten. Okt. 1872.

wobei wir uns, wie immer, auf den Punktraum mit seinen drei Dimensionen beschränken.

Unter einer Berührungstransformation hat man, analytisch zu reden, jede Substitution zu verstehen, welche die Variabelwerte x, y, z und ihre partiellen Differentialquotienten $\frac{dz}{dx} = p$, $\frac{dz}{dy} = q$ durch neue x', y', z', p', q' ausdrückt. Dabei gehen, wie ersichtlich, sich berührende Flächen im allgemeinen wieder in sich berührende Flächen über, was den Namen Berührungstransformation begründet. Die Berührungstransformationen zerfallen, wenn man vom Punkte als Raumelement ausgeht, in drei Klassen: solche, die den dreifach unendlich vielen Punkten wieder Punkte zuordnen — das sind die eben betrachteten Punkttransformationen —, solche, die sie in Kurven, endlich solche, die sie in Flächen überführen. Diese Einteilung hat man insofern nicht als eine wesentliche zu betrachten, als bei Benutzung anderer dreifach unendlich vieler Raumelemente, etwa der Ebenen, allerdings wieder eine Teilung in drei Gruppen eintritt, die aber mit der Teilung, die unter Zugrundelegung der Punkte stattfand, nicht koinzidiert.

Wenden wir auf einen Punkt alle Berührungstransformationen an, so geht er in die Gesamtheit aller Punkte, Kurven und Flächen über. In ihrer Gesamtheit erst bilden also Punkte, Kurven und Flächen einen *Körper* unserer Gruppe. Man mag daraus die allgemeine Regel abnehmen, daß die formale Behandlung eines Problems im Sinne aller Berührungstransformationen (also etwa die sogleich vorzutragende Theorie der partiellen Differentialgleichungen) eine unvollkommene werden muß, sowie man mit Punkt- (oder Ebenen-) Koordinaten operiert, da die zugrunde gelegten Raumelemente eben keinen Körper bilden.

Alle in dem genannten Körper enthaltenen Individuen als **Raum**elemente einzuführen, geht aber, will man in Verbindung mit den gewöhnlichen Methoden bleiben, nicht an, da deren Zahl unendlichfach unendlich ist. Hierin liegt die Notwendigkeit, bei diesen Betrachtungen nicht den Punkt, nicht die Kurve oder die Fläche, sondern das *Flächenelement*, d. h. das Wertsystem x, y, z, p, q als *Raumelement* einzuführen. Bei jeder Berührungstransformation wird aus jedem Flächenelemente ein neues; die fünffach unendlich vielen Flächenelemente bilden also einen Körper.

Bei diesem Standpunkte muß man Punkt, Kurve, Fläche gleichmäßig als Aggregate von Flächenelementen auffassen, und zwar von zweifach unendlich vielen. Denn die Fläche wird von ∞^2 Elementen bedeckt, die Kurve von ebenso vielen berührt, durch den Punkt gehen ∞^2 hindurch. Aber diese zweifach unendlichen Aggregate von Elementen haben noch eine charakteristische Eigenschaft gemein. Man bezeichne als *vereinigte*

Lage zweier konsekutiven Flächenelemente x, y, z, p, q und $x + dx$, $y + dy$, $z + dz$, $p + dp$, $q + dq$ die Beziehung, welche durch

$$dz - p\,dx - q\,dy = 0$$

dargestellt wird. So sind Punkt, Kurve, Fläche übereinstimmend *zweifach unendliche Mannigfaltigkeiten von Elementen, deren jedes mit den einfach unendlich vielen ihm benachbarten vereinigt liegt.* Dadurch sind Punkt, Kurve, Fläche gemeinsam charakterisiert, und so müssen sie auch, wenn man die Gruppe der Berührungstransformationen zugrunde legen will, analytisch repräsentiert werden.

Die vereinigte Lage konsekutiver Elemente ist eine bei beliebiger Berührungstransformation invariante Beziehung. Aber auch umgekehrt können die Berührungstransformationen definiert werden *als diejenigen Substitutionen der fünf Veränderlichen x, y, z, p, q, vermöge deren die Relation $dz - p\,dx - q\,dy = 0$ in sich selbst übergeführt wird.* Der Raum ist also bei diesen Untersuchungen als eine Mannigfaltigkeit von fünf Dimensionen anzusehen, und diese Mannigfaltigkeit hat man zu behandeln, indem man als Gruppe die Gesamtheit aller Transformationen der Variablen zugrunde legt, welche eine bestimmte Relation zwischen den Differentialen ungeändert lassen.

Gegenstand der Untersuchung werden in erster Linie diejenigen Mannigfaltigkeiten, welche durch eine oder mehrere Gleichungen zwischen den Variabeln dargestellt werden, d. h. *die partiellen Differentialgleichungen erster Ordnung und ihre Systeme.* Eine Hauptfrage wird, wie sich aus den Mannigfaltigkeiten von Elementen, die gegebenen Gleichungen genügen, einfach, zweifach unendliche Reihen von Elementen ausscheiden lassen, deren jedes mit jedem benachbarten vereinigt liegt. Auf eine solche Frage läuft z. B. die Aufgabe der Lösung einer partiellen Differentialgleichung erster Ordnung hinaus. Man soll — so kann man sie formulieren — aus den vierfach unendlich vielen Elementen, die der Gleichung genügen, alle zweifach unendlichen Mannigfaltigkeiten der bewußten Art ausscheiden. Insbesondere die Aufgabe der vollständigen Lösung nimmt jetzt die präzise Form an: man soll die vierfach unendlich vielen Elemente, die der Gleichung genügen, auf irgendeine Weise in zweifach unendlich viele derartige Mannigfaltigkeiten zerlegen.

Ein Verfolg dieser Betrachtung über partielle Differentialgleichungen kann hier nicht in der Absicht liegen; ich verweise in bezug hierauf auf die zitierten Lieschen Arbeiten. Es sei nur noch hervorgehoben, daß für den Standpunkt der Berührungstransformationen eine partielle Differentialgleichung erster Ordnung keine Invariante hat, daß jede in jede andere übergeführt werden kann, daß also namentlich die linearen Gleichungen nicht weiter ausgezeichnet sind. Unterscheidungen treten erst ein, wenn man zu dem Standpunkte der Punkttransformationen zurückgeht.

Die Gruppen der Berührungstransformationen, der Punkttransformationen, endlich der projektivischen Umformungen lassen sich in einer einheitlichen Weise charakterisieren, die ich nicht unterdrücken mag[36]). Berührungstransformationen wurden bereits definiert als diejenigen Umformungen, bei denen die vereinigte Lage konsekutiver Flächenelemente erhalten bleibt. Die Punkttransformationen haben dagegen die charakteristische Eigenschaft, vereinigt gelegene konsekutive Linienelemente in ebensolche zu verwandeln: die linearen und dualistischen Transformationen endlich bewahren die vereinigte Lage konsekutiver Konnexelemente. Unter einem Konnexelemente verstehe ich die Vereinigung eines Flächenelementes mit einem in ihm enthaltenen Linienelemente; konsekutive Konnexelemente heißen vereinigt gelegen, wenn nicht nur der Punkt, sondern auch das Linienelement des einen in dem Flächenelemente des anderen enthalten ist. Die (übrigens vorläufige) Bezeichnung Konnexelement bezieht sich auf die von Clebsch neuerdings[37]) in die Geometrie eingeführten Gebilde, welche durch eine Gleichung dargestellt werden, die gleichzeitig eine Reihe Punkt-, eine Reihe Ebenen- und eine Reihe Linienkoordinaten enthalten, und deren Analoga in der Ebene Clebsch als Konnexe bezeichnet.

§ 10.
Über beliebig ausgedehnte Mannigfaltigkeiten.

Es wurde bereits wiederholt hervorgehoben, wie bei der Anknüpfung der bisherigen Auseinandersetzungen an die räumliche Vorstellung nur der Wunsch maßgebend war, die abstrakten Begriffe durch Anlehnung an anschauliche Beispiele leichter entwickeln zu können. An und für sich sind diese Betrachtungen von dem sinnlichen Bilde unabhängig und gehören dem allgemeinen Gebiete mathematischer Forschung an, das man als die Lehre von den ausgedehnten Mannigfaltigkeiten oder (nach Graßmann) kurz als *Ausdehnungslehre* bezeichnet. Wie man die Übertragung des Vorhergehenden vom Raume auf den bloßen Mannigfaltigkeitsbegriff zu bewerkstelligen hat, ist ersichtlich. Es sei dabei nur noch einmal bemerkt, daß wir bei der abstrakten Untersuchung, der Geometrie gegenüber, den Vorteil haben, die Gruppe von Transformationen, welche wir zugrunde

---

[36]) Ich verdanke diese Definitionen einer Bemerkung von Lie. [Lie scheint auf diese doch gewiß interessanten Definitionen in seinen späteren Arbeiten nie zurückgekommen zu sein. K.]

[37]) Gött. Abhandlungen, 1872, Bd. 17: Über eine Fundamentalaufgabe der Invariantentheorie, sowie namentlich Gött. Nachrichten, 1872, Nr. 22: Über ein neues Grundgebilde der analytischen Geometrie der Ebene.

legen wollen, ganz willkürlich wählen zu können, während in der Geometrie eine kleinste Gruppe, die Hauptgruppe, von vornherein gegeben war.

Wir mögen hier nur die folgenden drei Behandlungsweisen, und auch diese ganz kurz, berühren.

1. *Die projektivische Behandlungsweise oder die moderne Algebra (Invariantentheorie).*

Ihre Gruppe besteht in der Gesamtheit der linearen und dualistischen Transformationen der zur Darstellung des Einzelnen in der Mannigfaltigkeit verwendeten Veränderlichen; sie ist die Verallgemeinerung der projektivischen Geometrie. Es wurde bereits hervorgehoben, wie diese Behandlungsweise bei der Diskussion des unendlich Kleinen in einer um eine Dimension mehr ausgedehnten Mannigfaltigkeit zur Verwendung kommt. Sie schließt die beiden noch zu nennenden Behandlungsweisen in dem Sinne ein, als ihre Gruppe die bei jenen zugrunde zu legende Gruppe umfaßt.

2. *Die Mannigfaltigkeit von konstantem Krümmungsmaße.*

Die Vorstellung einer solchen erwuchs bei Riemann aus der allgemeineren einer Mannigfaltigkeit, in der ein Differentialausdruck der Veränderlichen gegeben ist. Die Gruppe besteht bei ihm aus der Gesamtheit der Transformationen der Variabeln, welche den gegebenen Ausdruck ungeändert lassen. Von einer anderen Seite kommt man zur Vorstellung einer Mannigfaltigkeit von konstanter Krümmung, wenn man im projektivischen Sinne auf eine zwischen den Veränderlichen gegebene quadratische Gleichung eine Maßbestimmung gründet. Bei dieser Weise tritt gegenüber der Riemannschen die Erweiterung ein, daß die Variabeln als komplex gedacht werden; man mag hinterher die Veränderlichkeit auf das reelle Gebiet beschränken. Hierher gehören die große Reihe von Untersuchungen, die wir in §§ 5, 6, 7 berührt haben.

3. *Die ebene Mannigfaltigkeit.*

Als ebene Mannigfaltigkeit bezeichnet Riemann die Mannigfaltigkeit von konstantem verschwindenden Krümmungsmaße. Ihre Theorie ist die unmittelbare Verallgemeinerung der elementaren Geometrie. Ihre Gruppe kann — wie die Hauptgruppe der Geometrie — aus der Gruppe der projektivischen dadurch ausgeschieden werden, daß man ein Gebilde fest hält, welches durch zwei Gleichungen, eine lineare und eine quadratische, dargestellt wird. Dabei hat man zwischen Reellem und Imaginärem zu unterscheiden, wenn man sich der Form, unter der die Theorie gewöhnlich dargestellt wird, anschließen will. Hierher zu rechnen sind vor allem die elementare Geometrie selbst, dann z. B. die in neuerer Zeit entwickelten Verallgemeinerungen der gewöhnlichen Krümmungstheorie usw.

Schlußbemerkungen.

Zum Schlusse mögen noch zwei Bemerkungen ihre Stelle finden, die mit dem bisher Vorgetragenen in enger Beziehung stehen; die eine betrifft den Formalismus, durch welchen man die begrifflichen Entwicklungen des Vorangehenden repräsentieren will, die andere soll einige Probleme kennzeichnen, deren Inangriffnahme nach den hier gegebenen Auseinandersetzungen als wichtig und lohnend erscheint.

Man hat der analytischen Geometrie häufig den Vorwurf gemacht, durch Einführung des Koordinatensystems willkürliche Elemente zu bevorzugen, und dieser Vorwurf trifft gleichmäßig jede Behandlungsweise ausgedehnter Mannigfaltigkeiten, welche das einzelne durch die Werte von Veränderlichen charakterisiert. War dieser Vorwurf bei der mangelhaften Art, mit der man namentlich früher die Koordinatenmethode handhabte, nur zu oft gerechtfertigt, so verschwindet er bei einer rationellen Behandlung der Methode. Die analytischen Ausdrücke, welche bei der Untersuchung einer Mannigfaltigkeit im Sinne einer Gruppe entstehen können, müssen, ihrer Bedeutung nach, von dem Koordinatensysteme, insofern es zufällig gewählt ist, unabhängig sein, und es gilt nun, diese Unabhängigkeit auch *formal* in Evidenz zu setzen. Daß dies möglich ist und wie es zu geschehen hat, zeigt die moderne Algebra, in der der formale Invariantenbegriff, um den es sich hier handelt, am deutlichsten ausgeprägt ist. Sie besitzt ein allgemeines und erschöpfendes Bildungsgesetz für invariante Ausdrücke und operiert prinzipiell nur mit solchen. Die gleiche Forderung soll man an die formale Behandlung stellen, auch wenn andere Gruppen, als die projektivische, zugrunde gelegt sind[38]). Denn der Formalismus soll sich doch mit der Begriffsbildung decken, mag man nun den Formalismus nur als präzisen und durchsichtigen Ausdruck der Begriffsbildung verwerten, oder will man ihn benutzen, um an seiner Hand in noch unerforschte Gebiete einzudringen. —

---

[38]) [Beispielsweise stellen für die Gruppe der Drehungen des dreidimensionalen Raumes um einen festen Punkt die Quaternionen einen solchen Formalismus dar (1893).]

[Aber ich habe späterhin die Forderung des Textes meinerseits nur wenig befolgt. Maßgebend hierfür war mir die Erfahrung, die ich an mir selbst und insbesondere im Unterricht machte, daß das Erlernen immer wieder neuer Arten symbolischer Schreibweise im allgemeinen mehr Zeit kostet, als durch deren Anwendung gewonnen wird. Hiermit dürfte die Tatsache zusammenhängen, daß immer nur ganz wenige Mathematiker sich die von ihrem jeweiligen Schöpfer lebhaft empfohlene Art der Symbolik aneignen (während umgekehrt sehr viele Mathematiker es bequem finden, ihre Gedanken in irgendwelcher, von ihnen selbst geschaffenen, neuen Symbolik zur Darstellung zu bringen). Wir haben auf Grund des hiermit beschriebenen Verhaltens zurzeit in der Mathematik bereits eine weitgehende Sprachverwirrung, als deren bedenkliches, wenn auch nicht gewolltes Endziel die Selbstsperrung alles mathematischen Fortschritts erscheint. K.]

Die Problemstellung, deren wir noch erwähnen wollten, erwächst durch einen Vergleich der vorgetragenen Anschauungen mit der sogenannten Galoisschen Theorie der Gleichungen.

In der Galoisschen Theorie, wie hier, konzentriert sich das Interesse auf *Gruppen* von Änderungen. Die Objekte, auf welche sich die Änderungen beziehen, sind allerdings verschieden; man hat es dort mit einer endlichen Zahl diskreter Elemente, hier mit der unendlichen Zahl von Elementen einer stetigen Mannigfaltigkeit zu tun. Aber der Vergleich läßt sich bei der Identität des Gruppenbegriffes doch weiter verfolgen[39]), und es mag dies hier um so lieber angedeutet werden, als dadurch die Stellung charakterisiert wird, die man gewissen von Lie und mir begonnenen Untersuchungen[40]) im Sinne der hier entwickelten Anschauungen zuzuweisen hat.

In der Galoisschen Theorie, wie sie z. B. in Serrets Traité d'Algèbre supérieure oder in C. Jordans Traité des substitutions dargestellt wird, ist der eigentliche Untersuchungsgegenstand die Gruppen- oder Substitutionstheorie selbst, die Gleichungstheorie fließt aus ihr als eine Anwendung. Entsprechend verlangen wir eine *Transformationstheorie*, eine Lehre von den Gruppen, welche von Transformationen gegebener Beschaffenheit erzeugt werden können. Die Begriffe der Vertauschbarkeit, der Ähnlichkeit usw. kommen, wie in der Substitutionstheorie, zur Verwendung. Als eine Anwendung der Transformationstheorie erscheint die aus der Zugrundelegung der Transformationsgruppen fließende Behandlung der Mannigfaltigkeit.

In der Gleichungstheorie sind es zunächst die symmetrischen Funktionen der Koeffizienten, die das Interesse auf sich ziehen, sodann aber diejenigen Ausdrücke, welche, wenn nicht bei allen, so durch eine größere Reihe von Vertauschungen der Wurzeln ungeändert bleiben. Bei der Behandlung einer Mannigfaltigkeit unter Zugrundelegung einer Gruppe fragen wir entsprechend zunächst nach den Körpern (§ 5), nach den Gebilden, die durch alle Transformationen der Gruppe ungeändert bleiben. Aber es gibt Gebilde, welche nicht alle aber einige Transformationen der Gruppe zulassen, und diese sind dann im Sinne der auf die Gruppe gegründeten Behandlung besonders interessant, sie haben ausgezeichnete Eigenschaften. Es kommt das also darauf hinaus, im Sinne der gewöhnlichen Geometrie symmetrische, reguläre Körper, Rotations- und Schraubenflächen auszu-

---

[39]) Ich erinnere hier daran, daß Graßmann bereits in der Einleitung zur ersten Auflage seiner Ausdehnungslehre (1844) die Kombinatorik und die Ausdehnungslehre parallelisiert.

[40]) Vgl. den gemeinsamen Aufsatz: Über diejenigen ebenen Kurven, welche durch ein geschlossenes System von einfach unendlich vielen vertauschbaren linearen Transformationen in sich übergehen. Math. Annalen, Bd. 4 [s. Abh. XXVI dieser Ausgabe

zeichnen. Stellt man sich auf den Standpunkt der projektivischen Geometrie und verlangt insbesondere, daß die Transformationen, durch welche die Gebilde in sich übergehen, vertauschbar sein sollen, so kommt man auf die von Lie und mir in dem zitierten Aufsatze betrachteten Gebilde und auf das in § 6 desselben gestellte allgemeine Problem. Die dort in §§ 1, 3 gegebene Bestimmung aller Gruppen unendlich vieler vertauschbarer linearer Transformationen in der Ebene gehört als ein Teil in die soeben genannte allgemeine Transformationstheorie[41]).

Noten.

I. *Über den Gegensatz der synthetischen und analytischen Richtung in der neueren Geometrie.*

Den Unterschied zwischen neuerer Synthese und neuerer analytischer Geometrie hat man zurzeit nicht mehr als einen wesentlichen zu betrachten, da der gedankliche Inhalt sowohl als die Schlußweise sich auf beiden Seiten allmählich ganz ähnlich gestaltet haben. Daher wählen wir im Texte zur gemeinsamen Bezeichnung beider das Wort „projektivische Geometrie". Wenn die synthetische Methode mehr mit räumlicher Anschauung arbeitet und ihren ersten, einfachen Entwicklungen dadurch einen ungemeinen Reiz erteilt, so ist das Gebiet räumlicher Anschauung der analytischen Methode nicht verschlossen, und man kann die Formeln der analytischen Geometrie als einen präzisen und durchsichtigen Ausdruck der geometrischen Beziehungen auffassen. Man hat auf der anderen Seite den Vorteil nicht zu unterschätzen, den ein gut angelegter Formalismus der Weiterforschung dadurch leistet, daß er gewissermaßen dem Gedanken vorauseilt. Es ist zwar immer an der Forderung festzuhalten, daß man einen mathematischen Gegenstand noch nicht als erledigt betrachten soll,

---

[41]) Ich muß mir versagen, im Texte auf die Fruchtbarkeit hinzuweisen, welche die Betrachtung unendlich kleiner Transformationen in der Theorie der Differentialgleichungen hat. In § 7 der zitierten Arbeit haben Lie und ich gezeigt: Gewöhnliche Differentialgleichungen, welche gleiche unendlich kleine Transformationen zulassen, bieten gleiche Integrationsschwierigkeiten. Wie die Betrachtungen für partielle Differentialgleichungen zu verwerten seien, hat Lie an verschiedenen Orten, so besonders in dem früher genannten Aufsatze (Math. Annalen, Bd. 5), an verschiedenen Beispielen auseinandergesetzt (vgl. namentlich auch Mitteilungen der Akademie zu Christiania, 3. Mai 1872).

[Durch die Auffassungsweise des Textes ordnen sich insbesondere auch meine späteren Untersuchungen über algebraische Gleichungen, wie diejenigen über transzendente automorphe Funktionen (die in den folgenden beiden Bänden dieser Gesamtausgabe abgedruckt werden sollen) mit den Darlegungen des Erlanger Programms zusammen. Vgl. hierzu die Vorrede zu meinen „Vorlesungen über das Ikosaeder" (Leipzig, Teubner, 1883) wo ich auf den Parallelismus meiner einschlägigen Arbeiten zu den gleichzeitigen Untersuchungen Lies über kontinuierliche Transformationsgruppen ausdrücklich hinwies. K.]

solange er nicht begrifflich evident geworden ist, und es ist das Vordringen an der Hand des Formalismus eben nur ein erster aber schon sehr wichtiger Schritt.

II. *Trennung der heutigen Geometrie in Disziplinen.*

Wenn man z. B. beachtet, wie der mathematische Physiker sich durchgängig der Vorteile entschlägt, die ihm eine nur einigermaßen ausgebildete projektivische Anschauung in vielen Fällen gewähren kann, wie auf der anderen Seite der Projektiviker die reiche Fundgrube mathematischer Wahrheiten unberührt läßt, welche die Theorie der Krümmung der Flächen aufgedeckt hat, so muß man den gegenwärtigen Zustand des geometrischen Wissens als recht unvollkommen und als hoffentlich vorübergehend betrachten.

III. *Über den Wert räumlicher Anschauung.*

Wenn wir im Texte die räumliche Anschauung als etwas Beiläufiges bezeichnen, so ist dies mit Bezug auf den rein mathematischen Inhalt der zu formulierenden Betrachtungen gemeint. Die Anschauung hat für ihn nur den Wert der Veranschaulichung, der allerdings in pädagogischer Beziehung sehr hoch anzuschlagen ist. Ein geometrisches Modell z. B. ist auf diesem Standpunkte sehr lehrreich und interessant.

Ganz anders stellt sich aber die Frage nach dem Werte der räumlichen Anschauung überhaupt. Ich stelle denselben als etwas Selbständiges hin. Es gibt eine eigentliche Geometrie, die nicht, wie die im Texte besprochenen Untersuchungen, nur eine veranschaulichte Form abstrakter Untersuchungen sein will. In ihr gilt es, die räumlichen Figuren nach ihrer vollen gestaltlichen Wirklichkeit aufzufassen, und (was die mathematische Seite ist) die für sie geltenden Beziehungen als evidente Folgen der Grundsätze räumlicher Anschauung zu verstehen. Ein Modell — mag es nun ausgeführt und angeschaut oder nur lebhaft vorgestellt sein — ist für diese Geometrie nicht ein Mittel zum Zwecke, sondern die Sache selbst.

Wenn wir so, neben und unabhängig von der reinen Mathematik, Geometrie als etwas Selbständiges hinstellen, so ist das an und für sich gewiß nichts Neues. Es ist aber wünschenswert, diesen Gesichtspunkt ausdrücklich einmal wieder hervorzuheben, da die neuere Forschung ihn fast ganz übergeht. Hiermit hängt zusammen, daß umgekehrt die neuere Forschung selten dazu verwendet wurde, wenn es galt, gestaltliche Verhältnisse räumlicher Erzeugnisse zu beherrschen, und doch scheint sie gerade in dieser Richtung sehr fruchtbar[42]).

---

[42]) [Meine Arbeiten über die Gestalten insbesondere der algebraischen Kurven und Flächen sollen in Bd. II dieser Gesamtausgabe ihre Stelle finden. K.]

IV. *Über Mannigfaltigkeiten von beliebig vielen Dimensionen.*

Daß der Raum, als Ort für Punkte aufgefaßt, nur drei Dimensionen hat, braucht vom mathematischen Standpunkte aus nicht diskutiert zu werden; ebensowenig kann man aber vom mathematischen Standpunkte aus jemanden hindern, zu behaupten, der Raum habe eigentlich vier, oder unbegrenzt viele Dimensionen, wir seien aber nur imstande, drei wahrzunehmen. Die Theorie der mehrfach ausgedehnten Mannigfaltigkeiten, wie sie je länger je mehr in den Vordergrund neuerer mathematischer Forschung tritt, ist, ihrem Wesen nach, von einer solchen Behauptung vollkommen unabhängig. Es hat sich in ihr aber eine Redeweise eingebürgert, die allerdings dieser Vorstellung entflossen ist. Man spricht, statt von den Individuen einer Mannigfaltigkeit, von den Punkten eines höheren Raumes usw. An und für sich hat diese Redeweise manches Gute, insofern sie durch Erinnern an die geometrischen Anschauungen das Verständnis erleichtert. Sie hat aber die nachteilige Folge gehabt, daß in ausgedehnten Kreisen die Untersuchungen über Mannigfaltigkeiten mit beliebig vielen Dimensionen als solidarisch erachtet werden mit der erwähnten Vorstellung von der Beschaffenheit des Raumes. Nichts ist grundloser als diese Auffassung. Die betreffenden mathematischen Untersuchungen würden allerdings sofort geometrische Verwendung finden, wenn die Vorstellung richtig wäre, — aber ihr Wert und ihre Absicht ruht, gänzlich unabhängig von dieser Vorstellung, in ihrem eigenen mathematischen Inhalte.

Etwas ganz anderes ist es, wenn Plücker gelehrt hat, den wirklichen Raum als eine Mannigfaltigkeit von beliebig vielen Dimensionen aufzufassen, indem man als Element des Raumes ein von beliebig vielen Parametern abhängendes Gebilde (Kurve, Fläche usw.) einführt (vgl. §5 des Textes).

Die Vorstellungsweise, welche das Element der beliebig ausgedehnten Mannigfaltigkeit als ein Analogon zum Punkte des Raumes betrachtet, ist wohl zuerst von Graßmann in seiner Ausdehnungslehre (1844) entwickelt worden. Bei ihm ist der Gedanke völlig frei von der erwähnten Vorstellung von der Natur des Raumes; letztere geht auf gelegentliche Bemerkungen von Gauß zurück und wurde durch Riemanns Untersuchungen über mehrfach ausgedehnte Mannigfaltigkeiten, in welche sie mit eingeflochten ist, in weiteren Kreisen bekannt.

Beide Auffassungsweisen — die Graßmannsche wie die Plückersche — haben ihre eigentümlichen Vorzüge; man verwendet sie beide, zwischen ihnen abwechselnd, mit Vorteil[43]).

---

[43]) [Unnötig zu bemerken, welche Entwicklung das mehrdimensionale Denken in den letzten Jahrzehnten genommen hat. Ich verweise, was speziell die Graßmannsche Auffassung und die ihr entsprechende Behandlung algebraischer Gebilde angeht, auf Segres Referat in III$_2$, Heft 7, der Mathematischen Enzyklopädie, 1918. K.]

V. *Über die sogenannte Nicht-Euklidische Geometrie.*

Die im Texte gemeinte projektivische Maßgeometrie koinzidiert, wie neuere Untersuchungen gelehrt haben, dem Wesen nach mit der Maßgeometrie, welche unter Nichtannahme des Parallelenaxioms entworfen werden kann und die zurzeit unter dem Namen der Nicht-Euklidischen Geometrie vielfach besprochen und diskutiert wird. Wenn wir im Texte diesen Namen überhaupt nicht berührt haben, so geschah es aus einem Grunde, der mit den in der vorstehenden Note gegebenen Auseinandersetzungen verwandt ist. Man verknüpt mit dem Namen Nicht-Euklidische Geometrie eine Menge unmathematischer Vorstellungen, die auf der einen Seite mit ebenso viel Eifer gepflegt als auf der anderen perhorresziert werden, mit denen aber unsere rein mathematischen Betrachtungen gar nichts zu schaffen haben. Der Wunsch, in dieser Richtung etwas zur Klärung der Begriffe beizutragen, mag die folgenden Auseinandersetzungen motivieren.

D e gemeinten Untersuchungen über Parallelentheorie haben mit ihren Weiterbildungen mathematisch nach zwei Seiten einen bestimmten Wert.

Sie zeigen einmal — und dieses ihr Geschäft kann man als ein einmaliges, abgeschlossenes betrachten —, daß das Parallelenaxiom keine mathematische Folge der gewöhnlich vorangestellten Axiome ist, sondern daß ein wesentlich neues Anschauungselement, welches in den vorhergehenden Untersuchungen nicht berührt wurde, in ihm zum Ausdruck gelangt. Ähnliche Untersuchungen könnte man und sollte man mit Bezug auf jedes Axiom nicht nur der Geometrie durchführen; man würde dadurch an Einsicht in die gegenseitige Stellung der Axiome gewinnen.

Dann aber haben uns diese Untersuchungen mit einem wertvollen mathematischen Begriffe beschenkt: dem Begriffe einer Mannigfaltigkeit von konstanter Krümmung. Er hängt, wie bereits bemerkt und wie in § 10 des Textes noch weiter ausgeführt ist, mit der unabhängig von aller Parallelentheorie erwachsenen projektivischen Maßbestimmung auf das innigste zusammen. Wenn das Studium dieser Maßbestimmung an und für sich hohes mathematisches Interesse bietet und zahlreiche Anwendungen gestattet, so kommt hinzu, daß sie die in der Geometrie gegebene Maßbestimmung als speziellen Fall (Grenzfall) umfaßt und uns lehrt, dieselbe von einem erhöhten Standpunkte aufzufassen.

Völlig unabhängig von den entwickelten Gesichtspunkten steht die Frage, welche Gründe das Parallelenaxiom stützen, ob wir dasselbe als absolut gegeben — wie die einen wollen — oder als durch Erfahrung nur approximativ erwiesen — wie die anderen sagen — betrachten wollen. Sollten Gründe sein, das letztere anzunehmen, so geben uns die fraglichen mathematischen Untersuchungen an die Hand, wie man dann eine exaktere Geometrie zu konstruieren habe. Aber die Fragestellung ist offenbar eine philosophische, welche die allgemeinsten Grundlagen unserer Erkenntnis betrifft. Den Mathematiker *als solchen* interessiert die Fragestellung nicht, und er wünscht, daß seine Untersuchungen nicht als abhängig betrachtet werden von der Antwort, die man von der einen oder der anderen Seite auf die Frage geben mag.

VI. *Liniengeometrie als Untersuchung einer Mannigfaltigkeit von konstantem Krümmungsmaße.*

Wenn wir Liniengeometrie mit der projektivischen Maßbestimmung in einer fünffach ausgedehnten Mannigfaltigkeit in Verbindung setzen, müssen wir beachten, daß wir in den geraden Linien nur die (im Sinne der Maßbestimmung) unendlich fernen Elemente der Mannigfaltigkeit vor uns haben. Es wird daher nötig, zu überlegen, welchen Wert eine projektivische Maßbestimmung für ihre unendlich fernen Elemente hat, und das mag hier etwas auseinandergesetzt werden, um Schwierigkeiten, die sich sonst der Auffassung der Liniengeometrie als einer Maßgeometrie entgegenstellen, zu entfernen. Wir knüpfen diese Auseinandersetzungen an das anschauliche Beispiel, welches die auf eine Fläche zweiten Grades gegründete projektivische Maßbestimmung ergibt.

Zwei beliebig angenommene Punkte des Raumes haben in bezug auf die Fläche eine absolute Invariante: ihr Doppelverhältnis zu den beiden Durchschnittspunkten ihrer Verbindungsgeraden mit der Fläche. Rücken aber die beiden Punkte auf die Fläche, so wird dies Doppelverhältnis unabhängig von der Lage der Punkte gleich Null, außer in dem Falle, daß die beiden Punkte auf eine Erzeugende zu liegen kommen, wo es unbestimmt wird. Dies ist die einzige Partikularisation, die in ihrer Beziehung eintreten kann, wenn sie nicht zusammenfallen, und wir haben also den Satz:

Die projektivische Maßbestimmung, welche man im Raume auf eine Fläche zweiten Grades gründen kann, ergibt für die Geometrie auf der Fläche noch keine Maßbestimmung.

Hiermit hängt zusammen, daß man durch lineare Transformationen der Fläche in sich selbst drei beliebige Punkte derselben mit drei anderen zusammenfallen lassen kann [44]).

Will man auf der Fläche selbst eine Maßbestimmung haben, so muß man die Gruppe der Transformationen beschränken, und dies erreicht man,

---

[44]) Diese Verhältnisse ändern sich bei der gew. Maßgeometrie; zwei unendlich ferne Punkte haben für sie freilich eine absolute Invariante. Der Widerspruch, den man in der Abzählung der linearen Transformationen der unendlich fernen Fläche in sich selbst hiermit finden könnte, erledigt sich dadurch, daß die unter ihnen befindlichen Translationen und Ähnlichkeitstransformationen das Unendlichferne überhaupt nicht ändern.

indem man einen beliebigen Raumpunkt (oder seine Polarebene) festhält. Der Raumpunkt sei zunächst nicht auf der Fläche gelegen. So projiziere man die Fläche von dem Punkte auf eine Ebene, wobei ein Kegelschnitt als Übergangskurve auftritt. Auf diesen Kegelschnitt gründe man in der Ebene eine projektivische Maßbestimmung, die man dann rückwärts auf die Fläche überträgt[45]). Dies ist eine eigentliche Maßbestimmung von konstanter Krümmung, und man hat also den Satz:

Auf der Fläche erhält man eine solche Maßbestimmung, sowie man einen außerhalb der Fläche gelegenen Punkt festhält.

Entsprechend findet man[46]):

Eine Maßbestimmung von verschwindender Krümmung erhält man auf der Fläche, wenn man für den festen Punkt einen Punkt der Fläche selbst wählt.

Für alle diese Maßbestimmungen auf der Fläche sind die Erzeugenden der Fläche Linien von verschwindender Länge. Der Ausdruck für das Bogenelement auf der Fläche ist also für die verschiedenen Bestimmungen nur um einen Faktor verschieden. Ein absolutes Bogenelement auf der Fläche gibt es nicht. Wohl aber kann man von dem Winkel sprechen, den Fortschreitungsrichtungen auf der Fläche miteinander bilden. —

Alle diese Sätze und Betrachtungen können nun ohne weiteres für Liniengeometrie benutzt werden. Für den Linienraum selbst existiert zunächst keine eigentliche Maßbestimmung. Eine solche erwächst erst, wenn wir einen linearen Komplex festhalten, und zwar erhält sie konstante oder verschwindende Krümmung, je nachdem der Komplex ein allgemeiner oder in spezieller (eine Gerade) ist. An die Auszeichnung eines Komplexes ist namentlich auch die Geltung eines absoluten Bogenelements geknüpft Unabhängig davon sind die Fortschreitungsrichtungen zu benachbarten Geraden, welche die gegebene schneiden, von der Länge Null, und auch kann man von einem Winkel reden, den zwei beliebige Fortschreitungsrichtungen miteinander bilden[47]).

VII. *Zur Interpretation der binären Formen.*

Es mag hier der übersichtlichen Gestalt gedacht werden, welche, unter Zugrundelegung der Interpretation von $x + iy$ auf der Kugelfläche, dem Formensysteme der kubischen und der biquadratischen binären Form erteilt werden kann.

Eine kubische binäre Form f hat eine kubische Kovariante Q, eine

---

⁴⁵) Vgl. § 5 des Textes S. 472.
⁴⁶) Vgl. § 4 des Textes S. 470.
⁴⁷) Vgl. den Aufsatz: Über Liniengeometrie und metrische Geometrie. Math. Annalen, Bd. 5 [s. Abh. VIII dieser Ausgabe].

quadratische Δ, und eine Invariante R[48]). Aus f und Q setzt sich eine ganze Reihe von Kovarianten sechsten Grades

$$Q^2 + \lambda \cdot R f^2$$

zusammen, unter denen auch Δ^3 enthalten ist. Man kann zeigen[49]), daß jede Kovariante der kubischen Form in solche Gruppen von sechs Punkten zerfallen muß. Insofern λ komplexe Werte annehmen kann, gibt es zweifach unendlich viele derselben.

Das ganze so umgrenzte Formensystem kann auf der Kugel nun folgendermaßen repräsentiert werden[50]). Durch geeignete lineare Transformation der Kugel in sich selbst bringe man die drei Punkte, welche f repräsentieren, in drei äquidistante Punkte eines größten Kreises. Derselbe mag als Äquator bezeichnet sein; auf ihm haben die drei Punkte f die geographische Länge 0^0, 120^0, 240^0. So wird Q durch die Punkte des Äquators mit der Länge 60^0, 180^0, 300^0, Δ durch die beiden Pole vorgestellt. Jede Form $Q^2 + \lambda R f^2$ ist durch sechs Punkte repräsentiert, deren geographische Breite und Länge, unter α und β beliebige Zahlen verstanden, in dem folgenden Schema enthalten ist:

$$\begin{array}{c|c|c|c|c|c|} \alpha & \alpha & \alpha & -\alpha & -\alpha & -\alpha \\ \beta & 120 + \beta & 240 + \beta & -\beta & 120 - \beta & 240 - \beta \end{array}.$$

Verfolgt man diese Punktsysteme auf der Kugel, so ist es interessant, zu sehen, wie f und Q doppelt, Δ dreifach zählend aus denselben entsteht.

Eine biquadratische Form f hat eine ebensolche Kovariante H, eine Kovariante sechsten Grades T, zwei Invarianten i und j. Besonders zu bemerken ist die Schar biquadratischer Formen $iH + \lambda j f$, die alle zu dem nämlichen T gehören, und unter denen die drei quadratischen Faktoren, in welche man T zerlegen kann, doppelt zählend enthalten sind. —

Man lege jetzt durch den Mittelpunkt der Kugel drei zueinander rechtwinklige Achsen OX, OY, OZ. Ihre sechs Durchstoßpunkte mit der Kugel bilden die Form T. Die vier Punkte eines Quadrupels $iH + \lambda j f$ sind, unter x, y, z Koordination eines beliebigen Kugelpunktes verstanden, durch das Schema

$$\begin{array}{ccc} x, & y, & z, \\ x, & -y, & -z, \\ -x, & y, & -z, \\ -x, & -y, & z \end{array}$$

---

[48]) Vgl. hierzu die betr. Abschnitte von Clebsch: Theorie der binären Formen(1871).

[49]) Durch Betrachtung der linearen Transformationen von f in sich selbst, vgl. Math. Annalen, Bd. 4, S. 352. [Über eine geometrische Repräsentation der Resolventen algebraischer Gleichungen. Siehe Bd. II dieser Ausgabe.]

[50]) [Man vgl. auch Beltrami, Ricerche sulla geometria delle forme binarie cubiche, Accademia di Bologna, Memorie, 1870 (1893).] [Beltramis Werke, Bd. II.]

vorgestellt. Die vier Punkte bilden jedesmal die Ecken eines symmetrischen Tetraeders, dessen gegenüberstehende Seiten von den Achsen des Koordinatensystems halbiert werden, wodurch die Rolle, welche T in der Theorie der biquadratischen Gleichungen als Resolvente von $iH + \lambda jf$ spielt, gekennzeichnet ist[51]).

Erlangen, im Oktober 1872.

---

[51]) [An die Andeutungen des Textes schließen sich als unmittelbare Ausführung meine im Band II dieser Ausgabe abzudruckenden Arbeiten über „Binäre Formen mit linearen Transformationen in sich" an (siehe insbesondere Math. Annalen, Bd. 9, 1875).

Im übrigen verweise ich gern noch, indem ich diesen Wiederabdruck des Erlanger Programms abschließe, auf die Arbeiten von Moebius (die ich selbst erst nach ihrem inneren Zusammenhang erfaßte, nachdem ich bei der von der sächsischen Gesellschaft der Wissenschaften in den Jahren 1885—1887 veranstalteten Gesamtausgabe seiner Werke mitwirken durfte). Moebius hat den allgemeinen Gruppenbegriff und auch viele der geometrischen Transformationen, die zu seiner Illustration im Erlanger Programm herangezogen werden, noch nicht gekannt, aber er hat, von einem sicheren Gefühl geleitet, seine aufeinanderfolgenden geometrischen Arbeiten genau so eingerichtet, wie es dem Grundgedanken des Programms entspricht. Schon im Mittelabschnitt seines Baryzentrischen Kalkuls (1827) ordnet er die „geometrischen Aufgaben" nach den „Verwandtschaften" der „Gleichheit" (Kongruenz), „Ähnlichkeit", „Affinität" und „Kollineation". Von 1853 an beginnen seine Veröffentlichungen über „Kreisverwandtschaft" (= Geometrie der reziproken Radien in der Ebene). Schon vorher (1849) liegen seine ersten Mitteilungen über die Symmetrie der Kristalle. 1863 aber, im Alter von 73 Jahren, setzt er mit Mitteilungen über „Elementarverwandtschaft" ein (d. h. über dasjenige Gebiet der Geometrie, welches wir heute Analysis situs nennen). Mit diesen Angaben wolle man die interessanten Ausführungen vergleichen, welche Herr Curt Reinhardt in Bd. II und Bd. IV von Moebius' Gesammelten Werken über die Entstehung und den Zusammenhang der einzelnen Arbeiten gemäß dem reichen Inhalt des handschriftlichen Nachlasses hat geben können. K.]

XXVIII. Autographierte Vorlesungshefte.

[Math. Annalen, Bd. 45 (1894).]

Höhere Geometrie[1]).

(Doppelvorlesung 1892—93.)

Wenn wir die Untersuchungen über die Prinzipien der Geometrie beiseite lassen (also die Nicht-Euklidische Geometrie im engeren Sinne des Wortes, die Inbetrachtnahme nicht analytischer Kurven usw.), so gruppieren sich die Arbeiten der neueren Geometer oder auch die Geometer selbst in der Hauptsache um zwei Mittelpunkte. Wir haben auf der einen Seite die *Differentialgeometrie*, auf der anderen Seite die *Geometrie der algebraischen Gebilde* (bei der selbst wieder eine Scheidung nach analytischer und synthetischer Methode vorliegt). Und doch stehen die Materialien zu einer einheitlichen Auffassung des ganzen Gebietes seit lange bereit. Ich hatte zu dem Zwecke nur an die Arbeiten anzuknüpfen, welche von Lie und mir selbst in den Jahren 1869—1872 veröffentlicht worden sind, und dann den weitern Fortschritten der Lieschen Arbeiten sowie der geometrischen Funktionentheorie zu folgen. Natürlich bin ich nach keiner Seite in Einzelheiten gegangen.

Meine erste Einteilung ist, wie dies nicht anders sein kann, funktionentheoretischer Natur, nämlich die Unterscheidung zwischen analytischen und algebraischen Funktionen. Erstere sind, allgemein zu reden, nur in einem begrenzten Raumstücke definiert; es ist unmöglich (solange man nicht spezifizieren will) über ihr Verhalten bei weiterer „analytischer Fortsetzung" eine bestimmte Aussage zu machen. Letztere dagegen sind von vornherein im Gesamtraum gegeben. Dabei ist uns beidemal anheimgestellt, ob wir komplexe Wertsysteme mit in Betracht ziehen wollen oder nicht.

---

[1]) [Aus meinem ersten Referate über autographierte Vorlesungshefte. Die Einleitung wurde bereits auf S. 382—383 abgedruckt. Im übrigen ist über Vorlesungen funktionentheoretischen Inhaltes referiert, worauf im Band III dieser Ausgabe zurückzukommen sein wird.].

Des weiteren aber gruppiere ich den Stoff, ohne mich gerade ängstlich an die Einteilung zu binden, um drei Grundbegriffe: Koordinatensystem, Transformation, Gruppe.

1. Koordinatensystem.

Hier machen die verschiedenen Arten der Punktkoordinaten natürlich den Anfang, die geradlinigen wie die krummlinigen, deren Bedeutung insbesondere auch für die Anwendungen dargelegt wird. So erörtere ich bei den elliptischen Koordinaten die Staudesche Fadenkonstruktion des Ellipsoids, Henricis bewegliches Hyperboloid. Darbouxs pentasphärische Koordinaten geben den Anlaß zu einer Besprechung von Peaucelliers Inversor.

Aber statt des Punktes kann ebensowohl jedes andere Gebilde als „Raumelement" der Koordinatenbestimmung zugrunde gelegt werden (Plücker). Ich verweile ganz besonders bei der Kugelgeometrie und ihrer von Lie entdeckten Beziehung zur Liniengeometrie; man vergleiche Lies Abhandlung über Komplexe in Bd. 5 der Math. Ann., die überhaupt für meine folgenden Entwicklungen fundamental ist. Wir haben zweierlei Kugelgeometrie zu unterscheiden: die elementare und die höhere (die Liesche). In der elementaren Kugelgeometrie kommt nur das Quadrat des Kugelradius in Betracht, in der höheren Kugelgeometrie aber der Radius selbst, d. h. der mit bestimmtem Vorzeichen genommene Radius. Liniengeometrie des R_3 ist soviel wie Punktgeometrie auf einer Fläche zweiten Grades des R_5. Projizieren wir diese Fläche stereographisch von einem ihrer Punkte aus auf den R_4, so erhalten wir hier die Punktgeometrie der reziproken Radien, d. h. diejenige Art der metrischen Geometrie, welche nur Beziehungen gelten läßt, die bei beliebiger Inversion invariant sind. Dies ist, was in meiner Arbeit über Liniengeometrie und metrische Geometrie auseinandergesetzt wird [ebenfalls in Bd. 5 der Math. Annalen (s. Abh. VIII dieser Ausgabe)]. Wie man von hier zur Kugelgeometrie kommt, wurde von Lie in den Göttinger Nachrichten von 1871 entwickelt. Es handelt sich um ein Verfahren, welches ich als Minimalprojektion bezeichne, d. h. man zieht durch den Punkt des R_4 alle Minimalgeraden (alle Geraden von der Länge Null) und schneidet diese mit dem R_3.

Wichtig ist auch, daß man sich hinsichtlich der Gebilde, die durch Gleichungen zwischen den Koordinaten dargestellt werden sollen, bez. hinsichtlich dieser Gleichungen selbst keine zu weitgehende Beschränkung auferlegt. Ich betone von vornherein, daß wir Gleichungen betrachten dürfen, welche mehrere Reihen von Koordinaten nebeneinander enthalten, daß insbesondere die Differentialgleichungen als solche Objekt der geometrischen Betrachtung sind.

2. Transformation.

Schon die Transformation der Punktkoordinaten gibt zu längeren Erörterungen Anlaß.

Ich bespreche zunächst die Entwicklung der projektiven Geometrie,
die Kurven mit unendlich vielen linearen Transformationen in sich, die
Theorie der projektiven Differentialinvarianten. Immerzu betone ich, daß
die projektive Geometrie nur eines der möglichen geometrischen Abbilder
der linearen Invariantentheorie ist, daß also letztere weiter reicht als erstere.

Ich bespreche ferner die Imaginärtransformation, d. h. die Methode,
imaginäre Punkte genau so in die Betrachtungen einzuführen, als ob sie
reell wären. Lies Theorie der Minimalflächen gibt ein neues vorzügliches
Beispiel für die Wirksamkeit dieser Methode.

Dann weiter die Projektionen aus höheren Räumen. Hier finden
Maxwells und Cremonas Untersuchungen zur graphischen Statik ihre
gebührende Stellung.

Höhere Punkttransformationen der allgemeinsten Art kommen bei
der Klassifikation der Differentialausdrücke zur Geltung. Ich verweise
auf die Differentialparameter Beltramis und die Theorie der Biegungs-
invarianten.

Birationale Punkttransformationen insbesondere sind für das Studium
der algebraischen Gebilde fundamental. Clebsch stellte die Aufgabe, die
genannten Transformationen im Gebiete der algebraischen Differentialgleichungen zur Geltung zu bringen. In dieser Richtung ist nur erst wenig
gearbeitet, doch haben neuerdings die französischen Geometer eine Reihe
bemerkenswerter Ansätze gefunden.

Sehr viel erweitert sich der Gesichtskreis, sobald Transformationen
mit Wechsel des Raumelements in Betracht gezogen werden.

Hier ist die Stelle, wo ich die Lieschen „Flächenelemente" einführe,
um dann gleich zum allgemeinen Begriff der „Berührungstransformation"
überzugehen. Die dualistischen Transformationen, die Transformationen
der Kugelgeometrie usw. werden mit gebührender Ausführlichkeit besprochen. Daneben ziehe ich Beispiele heran, welche in scheinbar sehr
heterogene Teile der Mathematik eingreifen: die astronomische Methode
der Variation der Konstanten und die kinematische Aufgabe der Konstruktion
von Zahnrädern. —

Ich möchte hier eine Bemerkung einfügen, welche in der Vorlesung
nur angedeutet wurde. Man kann sich die Aufgabe stellen, alle in der
Analysis vorkommenden Transformationen auf ihren geometrischen Gehalt
zu prüfen. Man nehme folgende Formeln aus der Theorie der Fourier-
schen Integrale:

$$\varphi(x) = \sqrt{\frac{2}{\pi}} \int_0^\infty f(\alpha) \cdot \cos \alpha x \cdot d\alpha,$$

$$f(x) = \sqrt{\frac{2}{\pi}} \int_0^\infty \varphi(\alpha) \cdot \cos \alpha x \cdot d\alpha.$$

Was bedeutet die so zwischen f und φ festgelegte Reziprozitätsbeziehung geometrisch? Man denke sich die beiden Kurven $y = \varphi(x)$ und $Y = f(x)$; welche geometrische Abhängigkeit findet zwischen ihnen statt? —

3. Gruppe.

Bei den Gruppen der Geometrie spielt die Unterscheidung der kontinuierlichen Gruppen und der diskontinuierlichen selbstverständlich eine Hauptrolle. Die letzteren trennt man wieder in eigentliche diskontinuierliche (bei denen die äquivalenten Elemente durch endliche Intervalle getrennt sind) und uneigentlich diskontinuierliche (bei denen die äquivalenten Elemente „überall dicht" liegen). Es scheint fast, als würden die uneigentlich diskontinuierlichen Gruppen nicht überall richtig verstanden oder doch nicht nach ihrer Wichtigkeit richtig gewürdigt. *Jede uneigentlich diskontinuierliche Gruppe wird eigentlich diskontinuierlich, wenn man in einen zweckmäßig gewählten höheren Raum aufsteigt.* Dieses Prinzip ist vielleicht noch nicht so explizite formuliert worden, wie mit den vorstehenden Worten geschieht, aber kommt tatsächlich in den verschiedensten Teilen der Mathematik seit lange zur Geltung. Man nehme die unimodularen ganzzahligen Kollineationen der Ebene. Dieselben bilden eine diskontinuierliche Gruppe, welche sofort eigentlich diskontinuierlich wird, wenn man die nullteiligen Kegelschnitte der Ebene als Elemente einführt. Hiervon wissen die Zahlentheoretiker ihren Vorteil zu ziehen. Oder man betrachte die Umkehr der Abelschen Integrale. Was ist der Kern des Jacobischen Umkehrproblems? Die vielfache Periodizität, welche das Integral besitzt, ergibt bei der Umkehr des einzelnen Integrals eine uneigentlich diskontinuierliche Gruppe, die aber eigentlich diskontinuierlich wird, sobald man eine hinreichend große Zahl zusammengehöriger Integrale nebeneinander betrachtet.

Das weiteren bespreche ich in meiner Vorlesung die *Systematik*, welche sich für die Geometrie bei Zugrundelegung des Gruppenbegriffs ergibt. Ich brauche hierauf an gegenwärtiger Stelle um so weniger einzugehen, als ich mein Programm von 1872, in welchem ich diesen Grundgedanken entwickelte, in Bd. 43 der Math. Annalen neuerdings habe abdrucken lassen [s. Abh. XXVII dieser Ausgabe].

Es folgt eine kurze Einleitung in die *Liesche Theorie der kontinuier-*

lichen Transformationsgruppen, bei der ich bemüht war, überall die geometrische Auffassung zur Geltung zu bringen. Ich nehme dabei insbesondere Gelegenheit, die neuen Untersuchungen von Lie über das Helmholtzsche Raumproblem darzulegen. Ich bin hierauf um so ausführlicher eingegangen, als mir daran lag, die bez. Entwicklungen meiner autographierten Vorlesung über die Nicht-Euklidische Geometrie zu berichtigen, bez. zu vervollständigen. Ich erkläre auch ausführlich meine Bemerkungen über die Monodromie des Raumes in Bd. 37 der Math. Annalen, S. 565 [Abh. XXI dieser Ausgabe, S. 373—374]. „Ich sehe diese meine Betrachtungen nur mehr als ein Aperçu an, durch welches deutlich wird, daß hier zwischen zwei und drei Dimensionen ein Unterschied besteht; durch welches aber die eingehenden Lieschen Untersuchungen keineswegs überflüssig gemacht werden." —

Dann weiter die *diskontinuierlichen Gruppen*. Sei hier nur angegeben, daß ich den Gegenstand möglichst vielseitig zu fassen suche, indem beispielsweise ebensowohl auf die Untersuchungen der Krystallographen Rücksicht genommen wird wie auf die hierher gehörigen Untersuchungen der Arithmetiker und Funktionentheoretiker.

Noch eine besondere Fragestellung habe ich berührt, welche in die Theorie der kontinuierlichen wie der diskontinuierlichen Gruppen gleichförmig eingreift. Ich meine die Klassifikation der linearen Differentialgleichungen nach den Prinzipien der Herren Picard und Vessiot. Indem ich die große Wichtigkeit der Sache hervorhebe, kritisiere ich gleichzeitig die Darstellung von Vessiot, die in einem wesentlichen Punkte unzureichend scheint. —

Ich schließe meine Vorlesung mit dem Plückerschen Zitate (1830, Vorrede zum zweiten Bande der analytisch-geometrischen Entwicklungen): „Man kann das Verhältnis der Geometrie zur Analysis aus verschiedenen Gesichtspunkten betrachten. Ich möchte mich zu der Ansicht bekennen, daß die Analysis eine Wissenschaft ist, die unabhängig von jeder Anwendung selbständig für sich allein dasteht, und die Geometrie, wie von einer anderen Seite die Mechanik, bloß als bildliche Darstellung gewisser Beziehungen aus dem großen erhabenen Ganzen erscheint."

Göttingen, im März 1894.

XXIX. Zur Schraubentheorie von Sir Robert Ball.

[Zeitschrift f. Math. u. Physik Bd. 47 (1902); mit einem Zusatz wieder abgedruckt in den Math. Annalen, Bd. 62 (1906).]

Sir Robert Ball hat seine langjährigen Untersuchungen über Schraubentheorie im vorigen Jahre in einem stattlichen Bande zusammengefaßt[1]), der nicht verfehlen kann, dieser geometrischen Weiterbildung der Mechanik starrer Körper erneut das allgemeine Interesse zuzuwenden. Zwei Vorzüge sind es insbesondere, die dem Ballschen Werke von vornherein einen zahlreichen Leserkreis sichern dürften, nämlich die *Anschaulichkeit* und der *elementare Charakter* seiner grundlegenden Entwicklungen. Ich wünsche diese Vorzüge lebhaft anzuerkennen, will aber andererseits hervorheben, daß dieselben von einem gewissen Verzicht auf die Darlegung der im weiteren Verfolg der Theorie notwendig in Betracht kommenden tiefer greifenden Fragen begleitet werden (wie dies übrigens der Verfasser selbst an verschiedenen Stellen seines Buches deutlich hervorhebt[2])).

Jedenfalls möchte ich im folgenden einige Ergänzungen zum Ballschen Werke geben, die manchem Leser willkommen sein dürften. Diese Ergänzungen betreffen erstlich die *allgemeine Systematik* des Gebietes im Sinne moderner invariantentheoretischer (oder gruppentheoretischer) Prinzipien, zweitens aber die Verwendung der Schraubentheorie in der Lehre von den *endlichen* Bewegungen starrer Körper (wo ich übrigens in der Hauptsache nur systematisch zusammenstelle, was zerstreut in der Literatur vorliegt). Ich darf vielleicht hinzufügen, daß ich die betreffenden Überlegungen seit Jahren in Vorlesungen und gelegentlichen Vorträgen wiederholt zur Geltung gebracht habe; speziell knüpfe ich mit den Dar-

---

[1]) A Treatise on the Theory of Screws, Cambridge 1900.

[2]) Man vgl. z. B. die amüsante Auseinandersetzung, die der Verf. 1887 über die Ziele seiner Untersuchungen vor der British Association in Manchester gab und die nun aus den bez. Reports auf S. 496—509 des vorliegenden Buches wieder abgedruckt ist. Eine Kommission ist niedergesetzt, um die Bewegungen eines starren Körpers zu untersuchen. „Let it suffice for us", sagt der Präsident der Kommission gleich zu Anfang, „to experiment upon the dynamics of this body so long it remains in or near the position it now occupies. We may leave to *some more ambitious committee* the task of following the body in all conceivable gyrations through the universe."

legungen der nächstfolgenden Paragraphen an meine eigenen Beiträge zur Liniengeometrie und Schraubentheorie aus den Jahren 1869 und 1871[3]), sowie an die Auseinandersetzung meines Erlanger Programmes von 1872[4]) an. Es hat seinen guten Sinn, daß ich mich dabei von vornherein der Methoden der *analytischen* Geometrie bediene; in der Tat meine ich, dadurch die in Betracht kommenden Beziehungen kürzer und präziser bezeichnen zu können, als dies auf andere Weise möglich wäre.

§ 1.
Von der rationellen Klassifikation geometrischer und mechanischer Größen.

Als *Hauptgruppe räumlicher Änderungen* bezeichne ich in meinem Erlanger Programme den Inbegriff der Bewegungen des Raumes und seiner Ähnlichkeitstransformationen. Es möge ein rechtwinkliges Koordinatensystem zugrunde gelegt werden; ich deute an, wie die Operationen der Hauptgruppe auf die zugehörigen Punktkoordinaten wirken. Wir haben erstlich für *Drehungen um den Anfangspunkt* Formeln folgender Bauart:

$$(1) \qquad \begin{cases} x_1 = a\,x + b\,y + c\,z, \\ y_1 = a'\,x + b'\,y + c'\,z, \\ z_1 = a''x + b''y + c''z; \end{cases}$$

dabei hat man zwischen den a, b, c, ... die bekannten Relationen, und insbesondere ist jede dieser Größen gleich der ihr in der Determinante

$$\begin{vmatrix} a & b & c \\ a' & b' & c' \\ a'' & b'' & c'' \end{vmatrix}$$

zugehörigen Unterdeterminante. Wir haben ferner für *Parallelverschiebungen des Raumes* Formeln, die ich so bezeichne:

$$(2) \qquad x_1 = x + A, \quad y_1 = y + B, \quad z_1 = z + C,$$

endlich für diejenigen *Ähnlichkeitstransformationen*, die den Koordinatenanfangspunkt festlassen:

$$(3) \qquad x_1 = \lambda x, \quad y_1 = \lambda y, \quad z_1 = \lambda z;$$

unter ihnen mögen wir die *Inversionen*

$$(4) \qquad x_1 = -x, \quad y_1 = -y, \quad z_1 = -z$$

---

[3]) Math. Annalen, Bd. 2 und 4 [Abh. II und XIV dieser Ausgabe]. Vgl. insbesondere die „Notiz, betreffend den Zusammenhang der Liniengeometrie mit der Mechanik starrer Körper" in Bd. 4 daselbst. [Siehe Abh. XIV dieser Ausgabe.]

[4]) „Vergleichende Betrachtungen über neuere geometrische Forschungen" (Erlangen 1872), abgedruckt in Bd. 43 der Math. Annalen und anderwärts. [Siehe Abh. XXVII dieser Ausgabe.]

besonders hervorheben. Die Formeln für beliebige Transformationen der Hauptgruppe ergeben sich aus (1), (2), (3) durch Kombination; wir mögen dementsprechend die (1), (2), (3) als *erzeugende Substitutionen* der Hauptgruppe bezeichnen. Es handelt sich dabei zunächst um *Raumtransformationen bei festem Koordinatensystem*. Es steht aber nichts im Wege, die Formeln auch so zu interpretieren, daß sie bei festgehaltenem Raume den Übergang je zu einem neuen rechtwinkligen Koordinatensysteme vorstellen (so daß es sich bei den Operationen der Hauptgruppe überhaupt um die allgemeinste Transformation der rechtwinkligen Koordinaten handelt). Wir werden in der Folge diese Auffassung, die zumal bei den Verallgemeinerungen eine Kleinigkeit bequemer erscheint, bevorzugen. Die Formeln (1) und (2) ergeben dann zusammengenommen die allgemeinste Abänderung des rechtwinkligen Koordinatensystems durch *Bewegung*, Formel (4) den Übergang zu einem *inversen Koordinatensystem*, Formel (3) für die allein nur noch in Betracht kommenden positiven Werte von λ die allgemeinste Abänderung, welche aus geänderter Wahl der *Längeneinheit* resultiert.

Wir legen nunmehr nicht bloß Punkte, sondern *beliebige andere geometrische Gebilde* hinsichtlich unseres Koordinatensystems durch „Koordinaten" fest, wobei wir uns diese Gebilde in geeigneter Weise durch Punkte definiert denken, so daß ihre „Koordinaten" Verbindungen verschiedener Reihen von Punktkoordinaten sind. *Den Inbegriff der solcherweise zur Festlegung eines geometrischen Gebildes dienenden Koordinaten mögen wir jeweils als „geometrische Größe" bezeichnen*. Und nun ruht die rationelle Klassifikation geometrischer Größen, von der im folgenden ausgegangen werden soll, einfach darauf, daß wir zusehen, wie sich die in Betracht kommenden Koordinaten bei den Operationen (1), (2), (3) bez. (4) (und also überhaupt bei den Operationen der Hauptgruppe) verhalten. *Wir werden alle diejenigen und nur diejenigen geometrischen Größen als gleichartig ansehen, deren Koordinaten bei den Operationen der Hauptgruppe die gleichen Änderungen erleiden.* Erleiden aber die Koordinaten zweier Gebilde verschiedene Änderungen, so ergibt sich die geometrische Beziehung der beiden Arten geometrischer Größen zueinander unmittelbar und in erschöpfender Weise durch den Vergleich der beiderlei Änderungen.

Ausführungen zu diesem Prinzip enthält u. a. der neuerdings erschienene Artikel von Abraham über die geometrischen Grundbegriffe in der Mechanik der deformierbaren Körper, Bd. IV der Math. Enzyklopädie, Art. 14 (1901)[5]). In der Sache hat man selbstverständlich immer

---

[5]) [Vgl. auch den Artikel von H. E. Timerding, Geometrische Grundlegung der Mechanik eines starren Körpers. Bd. IV der Math. Enzyklopädie, Art. 2 (1902)].

dem Prinzip entsprechend verfahren. Insbesondere ist die in der Mechanik (und Physik) übliche Unterscheidung der geometrischen Größen nach ihrer *Dimension* nichts anderes als eine Inbetrachtnahme der Substitutionen (3) im Sinne unseres Prinzips (wobei man sich stillschweigend auf positive Werte von λ beschränkt). In dieser Bemerkung liegt zugleich, wie unser Prinzip auf allgemeine, mechanische oder physikalische Größen auszudehnen ist. Es ist weiterhin bequem, neben der *Längeneinheit* und *Zeiteinheit* nicht, wie sonst üblich, eine Masseneinheit, sondern eine *Krafteinheit* eingeführt zu denken. Man wird daraufhin den Formeln (3) noch diejenigen zur Seite stellen, die sich auf die *Änderung der Zeiteinheit* bez. die *Änderung der Krafteinheit* beziehen:

$$(5) \qquad t_1 = \varrho t, \qquad\qquad (6) \qquad P_1 = \sigma P;$$

man wird dann sagen, daß die Formeln (1) bis (6) zusammen die *Hauptgruppe der Mechanik* (bez. der *Physik*) definieren, und ferner die mechanischen (bez. die physikalischen) Größen nach dem *Verhalten* einteilen, *welches ihre Koordinaten bei den Operationen dieser Hauptgruppe zeigen.* Übrigens werden wir auf diese erweiterten Festsetzungen nur bei Gelegenheit zurückkommen; für die laufenden Entwicklungen genügt uns die Inbetrachtnahme der räumlichen Hauptgruppe.

§ 2.

Koordinaten für die unendlich kleine Bewegung eines starren Körpers sowie für die an ihm angreifenden Kraftsysteme.

Eine unendlich kleine Bewegung mag durch folgende Formeln vorgestellt sein:

$$(7) \qquad \begin{cases} dx = (-ry + qz + u)\,dt, \\ dy = (-pz + rx + v)\,dt, \\ dz = (-qx + py + w)\,dt. \end{cases}$$

Wir bezeichnen die Größen

$$(8) \qquad p,\, q,\, r,\, u,\, v,\, w$$

als die *Koordinaten der instantanen Geschwindigkeit*, dagegen die Größen

$$(9) \qquad p\,dt,\, q\,dt,\, r\,dt,\, u\,dt,\, v\,dt,\, w\,dt$$

als die *Koordinaten der unendlich kleinen Bewegung* selbst.

Kräfte am starren Körper stellen wir in üblicher Weise durch Strecken dar, welche auf bestimmte gerade Linien aufgetragen und längs dieser geraden Linien verschiebbar sind. Dabei werden wir die Länge dieser Strecken je der Größe der Kräfte gleich setzen; es ist gleichgültig, ob wir uns dabei die Kräfte sämtlich als Stoßkräfte oder als kontinuierlich wirkende Kräfte denken[6]). Es seien x, y, z bzw. x', y', z' Anfangs- und Endpunkt einer „linienflüchtigen" Strecke. *Dann hat man in üblicher Weise als Koordinaten derselben*:

$$x' - x, \quad y' - y, \quad z' - z, \quad yz' - y'z, \quad zx' - z'x, \quad xy' - x'y;$$

dieselben sechs Größen werden als Koordinaten der Kraft gelten, sofern man die Länge l der Strecke gleich der Zahl P gewählt hat, welche die Größe der Kraft mißt. Wollen wir die Abhängigkeit von der Wahl der Krafteinheit und der Längeneinheit deutlicher hervorkehren, so wird es zweckmäßiger sein, als Koordinaten der Kraft folgende sechs Größen zu bezeichnen:

$$\frac{P}{l}(x' - x), \qquad \frac{P}{l}(y' - y), \qquad \frac{P}{l}(z' - z),$$

$$\frac{P}{l}(yz' - y'z), \qquad \frac{P}{l}(zx' - z'x), \qquad \frac{P}{l}(xy' - x'y).$$

Als *Kräftesystem* bezeichnen wir den Inbegriff beliebig vieler auf den starren Körper wirkender Einzelkräfte und wählen als Koordinaten desselben die Summen der zusammengehörigen Koordinaten dieser Einzelkräfte. *Solcherweise erhalten wir als Koordinaten eines Kräftesystems die sechs Größen*:

$$X = \sum \frac{P_i}{l_i}(x_i' - x_i), \qquad Y = \sum \frac{P_i}{l_i}(y_i' - y_i), \qquad Z = \sum \frac{P_i}{l_i}(z_i' - z_i),$$

(10)

$$L = \sum \frac{P_i}{l_i}(y_i z_i' - y_i' z_i), \quad M = \sum \frac{P_i}{l_i}(z_i x_i' - z_i' x_i), \quad N = \sum \frac{P_i}{l_i}(x_i y_i' - x_i' y_i).$$

Es wird nunmehr darauf ankommen, zuzusehen, wie sich die Koordinaten p, q, r, u, v, w (8) und die jetzt eingeführten X, Y, Z, L, M, N bei den Operationen (1) bis (6) der Hauptgruppe verhalten. Ich stelle hier die Resultate einfach zusammen:

1. *Drehung um den Koordinatenanfangspunkt* (Formel (1)).

Die Koordinaten p, q, r und die u, v, w, andererseits die X, Y, Z und die L, M, N erleiden je für sich genau dieselbe Substitution wie die Punktkoordinaten x, y, z. (Dies Resultat ruht wesentlich auf dem oben hervorgehobenen Umstande, daß die Substitutionskoeffizienten $a, b, c, \ldots$ ihren bez. Unterdeterminanten gleich sind.)

2. *Verschiebung* (Formel (2)).

Die p, q, r, andererseits die X, Y, Z bleiben ungeändert. Dagegen erleiden die u, v, w die folgende Substitution:

---

[6]) Die Unterscheidung tritt erst ein, wenn wir zur Kinetik schreiten, wo dann die Verabredung sein wird, daß die Einheit der Stoßkraft an irgendeinem Massenpunkte instantan dieselbe Geschwindigkeitsänderung hervorbringt, wie die Einheit der kontinuierlichen Kraft während der Zeiteinheit.

$$(11)\quad\begin{cases} u_1 = u - Cq + Br, \\ v_1 = v - Ar + Cp, \\ w_1 = w - Bp + Aq, \end{cases}$$

und genau entsprechende Formeln ergeben sich für L, M, N:

$$(11')\quad\begin{cases} L_1 = L - CY + BZ, \\ M_1 = M - AZ + CX, \\ N_1 = N - BX + AY. \end{cases}$$

3. *Ähnlichkeitstransformation* (Formel (3) bez. (4)).

Ist λ positiv, so werden

$$(12)\qquad p_1, q_1, r_1, u_1, v_1, w_1 \quad \text{bez. gleich}\quad p, q, r, \lambda u, \lambda v, \lambda w$$

und genau so

$$(12')\quad X_1, Y_1, Z_1, L_1, M_1, N_1 \quad \text{bez. gleich}\quad X, Y, Z, \lambda L, \lambda M, \lambda N.$$

Dagegen tritt bei *negativem* λ ein Unterschied ein, der sich am einfachsten darin ausprägt, daß bei *Inversion*

$$(13)\qquad p_1, q_1, r_1, u_1, v_1, w_1 \quad \text{gleich}\quad p, q, r, -u, -v, -w,$$

dagegen

$$(13')\quad X_1, Y_1, Z_1, L_1, M_1, N_1 \quad \text{gleich}\quad -X, -Y, -Z, L, M, N$$

werden. (Dieser Unterschied kommt dadurch hervor, daß die in den Formeln (10) auftretenden Längen l_i absolute Beträge sind, welche als solche ihr Vorzeichen bei Inversion nicht wechseln.)

4. *Änderung der Zeiteinheit* (Formel (5)).

$$(14)\quad p_1, q_1, r_1, u_1, v_1, w_1 \quad \text{sind bez. gleich}\quad \frac{p}{\varrho}, \frac{q}{\varrho}, \frac{r}{\varrho}, \frac{u}{\varrho}, \frac{v}{\varrho}, \frac{w}{\varrho};$$

die Koordinaten des Kräftesystems bleiben ungeändert.

5. *Änderung der Krafteinheit* (Formel (6)).

Die p, q, r, u, v, w bleiben ungeändert, dagegen werden

$$(15)\quad X_1, Y_1, Z_1, L_1, M_1, N_1 \quad \text{bzw. gleich}\quad \sigma X, \sigma Y, \sigma Z, \sigma L, \sigma M, \sigma N.$$

Indem wir uns der Kürze halber auf die *Hauptgruppe räumlicher Änderungen* beschränken, werden wir zusammenfassend sagen können:

Bei bloßer Bewegung des Koordinatensystems, ebenso auch bei Ähnlichkeitstransformation von positivem Ähnlichkeitsmodul, transformieren sich die Kraftkoordinaten

$$X, \quad Y, \quad Z, \quad L, \quad M, \quad N$$

genau wie die Geschwindigkeitskoordinaten

$$p, \quad q, \quad r, \quad u, \quad v, \quad w.$$

Dagegen tritt bei Inversion des Koordinatensystems ein abweichendes Verhalten ein; während die

$$p, q, r, u, v, w \quad in \quad p, q, r, -u, -v, -w$$

übergehen, verwandeln sich die

$$X, Y, Z, L, M, N \quad bez. in \quad -X, -Y, -Z, L, M, N.$$

§ 3.

Die Analogie der unendlich kleinen Bewegungen und der Kräftesysteme (beim starren Körper). Schraubengrößen der ersten und zweiten Art. Ballsche Schrauben.

Durch die Formeln des vorigen Paragraphen ist die Analogie von unendlich kleinen Bewegungen und Kräftesystemen, welche die ganze Mechanik der starren Körper und insbesondere die Ballsche Schraubentheorie durchzieht, auf das klarste begründet und gleichzeitig umgrenzt.

Bemerken wir vorab, daß das Größensystem

$$p\,dt, \quad q\,dt, \quad r\,dt, \quad u\,dt, \quad v\,dt, \quad w\,dt$$

vermöge der Formeln (7) ohne weiteres eine (unendlich kleine) *Schraubung* des Raumes der x, y, z (von bestimmter Achse, Ganghöhe und Amplitude) bedeutet, das Größensystem der

$$p, \quad q, \quad r, \quad u, \quad v, \quad w$$

dementsprechend eine *Schraubungsgeschwindigkeit*. Ich will in diesem Sinne den Inbegriff der p, q, r, u, v, w fortan als eine *Schraubengröße* bezeichnen, genauer, wenn es darauf ankommt, als eine *Schraubengröße erster Art*.

Nunmehr wolle man den Inbegriff der Koordinaten eines Kräftesystems, also die in (10) definierten

$$X, \quad Y, \quad Z, \quad L, \quad M, \quad N$$

zum Vergleich heranziehen. Wir wollen insbesondere ein Kräftesystem und eine Schraubengröße erster Art in Zusammenhang bringen, indem wir setzen:

$$X = p, \quad Y = q, \quad Z = r, \quad L = u, \quad M = v, \quad N = w,$$

und uns fragen, wie weit diese Zusammenordnung *eine vom Koordinatensystem unabhängige Bedeutung* hat (also gegenüber den Operationen der Hauptgruppe invariant ist). Zunächst ergeben die Formeln (14), (15) des vorigen Paragraphen, *daß die Zuordnung von der Wahl der Zeiteinheit und der Krafteinheit abhängig ist*. Ferner aber ergeben die Formeln für Drehung, Parallelverschiebung und Ähnlichkeitstransformation mit positivem Ähnlichkeitsmodul, *daß die Zuordnung von allen in diese Worte einbegriffenen Änderungen des räumlichen Koordinatensystems unabhängig ist*. Endlich die Formeln (13), (13'), *daß sich die Zuordnung bei Inversion in ihr Gegenteil verkehrt*:

$$(17) \quad X_1 = -p_1, \; Y_1 = -q_1, \; Z_1 = -r_1, \; L_1 = -u_1, \; M_1 = -v_1, \; N_1 = -w_1.$$

Die geometrische Überlegung bestätigt das so formulierte Resultat natürlich Schritt für Schritt. Ich will, um dies im Detail auszuführen, angeben, daß die *Achse* der Schraubengeschwindigkeit p, q, r, u, v, w die Linienkoordinaten hat:

$$(18) \qquad p:q:r:u - kp:v - kq:w - kr,$$

wo der „Parameter"

$$(18') \qquad k = \frac{pu + qv + rw}{p^2 + q^2 + r^2},$$

und daß die *Drehgeschwindigkeit* um diese Achse die Komponenten p, q, r, die *Translationsgeschwindigkeit* längs der Achse die Komponenten kp, kq, kr besitzt. Genau entsprechend kann man bei einem Kräftesystem X, Y, Z, L, M, N eine *Zentralachse* finden, deren Linienkoordinaten durch

$$(19) \qquad X:Y:Z:L - kX:M - kY:N - kZ$$

gegeben sind, unter k die Größe

$$(19') \qquad k = \frac{XL + YM + ZN}{X^2 + Y^2 + Z^2}$$

verstanden, und das Kräftesystem läßt sich dann auf eine *Einzelkraft* mit den Komponenten X, Y, Z entlang dieser Achse und ein *Paar* mit den Komponenten kX, kY, kZ in einer zur Achse senkrechten Ebene reduzieren. Die Zusammenordnung verlangt, der Drehgeschwindigkeit *um* die Achse die *längs* der Achse wirkende Einzelkraft und der *in Richtung* der Achse liegenden Translationsgeschwindigkeit ein Paar in einer zur Achse *senkrechten* Ebene gleich zu setzen. Hierzu ist selbstverständlich eine vorherige Verständigung über die Zeiteinheit und die Krafteinheit notwendig. Erst wenn dies geschehen, kann man sagen, daß die *Intensität* eines Kräftesystems (gemessen durch $\sqrt{X^2 + Y^2 + Z^2}$) gleich der durch $\sqrt{p^2 + q^2 + r^2}$ gemessenen *Intensität* einer Geschwindigkeit sei. *Darüber hinaus aber brauchen wir eine Verabredung, welchen Sinn um die Achse man einem entlang der Achse weisenden Sinne zuweisen will:* — ob denjenigen Sinn um die Achse, der beim Entlangblicken längs der Achse in der vorgegebenen Richtung durch die Bewegung des Uhrzeigers gegeben ist, oder den entgegengesetzten. Erst durch diese Verabredung wird die Zusammenordnung von Kräftesystem und Geschwindigkeit eindeutig. *Jede solche Verabredung verwandelt sich aber bei Inversion der Figur bekanntlich in ihr Gegenteil*, und dies ist, was durch Formel (17) ausgedrückt wird.

Der Inbegriff der ($XYZLMN$) steht also zwar dem Inbegriff der ($pqruvw$), d. h. der Schraubengröße erster Art sehr nahe, ist aber nicht selbst eine Schraubengröße erster Art. Wir werden ihn als *Schraubengröße zweiter Art* bezeichnen. Die Zusammenordnung der beiderlei Größenarten aber werden wir so in Worte fassen, daß wir sagen:

Nachdem Zeiteinheit und Krafteinheit festgelegt sind, gehören zu einer Schraubengröße zweiter Art immer noch zwei (entgegengesetzt gleiche)

Schraubengrößen erster Art, und umgekehrt; die Zusammengehörigkeit wird erst eine eindeutige, wenn man im angegebenen Sinne eine Verabredung über rechts und links hinzufügt.

Neben die so besprochenen Schraubengrößen erster und zweiter Art treten dann *drittens* als engverwandte geometrische Gebilde die *Ballschen Schrauben* selbst. Die Ballsche Schraube ist der Inbegriff der um eine Achse herumgelegten Schraubenlinien von gegebenem Windungssinn, die eine bestimmte Ganghöhe haben, oder, wie Ball sagt, der Inbegriff von Zentralachse und Parameter (pitch). Die so definierte Ballsche Schraube ist mit dem Nullsystem, das jedem Punkte die Normalebene der durch ihn gehenden Schraubenlinien zuordnet, oder auch mit dem linearen Linienkomplex, der von den Normalen der sämtlichen Schraubenlinien gebildet wird, eineindeutig zusammengeordnet; ob ich von der Ballschen Schraube, dem Nullsystem oder dem linearen Komplex spreche, ist für den hier vertretenen Standpunkt dasselbe. Jedes dieser Gebilde wird durch die *Verhältnisse* $X:Y:Z:L:M:N$ der Koordinaten einer Schraubengröße zweiter Art, oder auch durch die *Verhältnisse* $p:q:r:u:v:w$ der Koordinaten oder Schraubengröße erster Art festgelegt. In der Tat verschwindet, wenn man sich auf die Betrachtung dieser „Verhältnisse" beschränkt, der Unterschied der beiden Arten von Schraubengrößen. *Entsprechend gibt es nur eine Art Ballscher Schrauben.* Zu jeder Ballschen Schraube gehören unendlich viele Schraubengrößen erster wie zweiter Art, die sich untereinander durch Intensität und Sinn unterscheiden.

Hiermit dürfte der Zusammenhang der verschiedenen in Betracht kommenden Gebilde so vollständig dargelegt sein, als man wünschen mag. Die einzelne „Schraube" ist Trägerin von unendlich vielen „Schraubengrößen erster und zweiter Art". Indem wir die letzteren sprachlich unterscheiden, dürfte zugleich dem immer wiederkehrenden Mißverständnisse, als handele es sich bei der Zusammenordnung der zweierlei Schraubengrößen um einen *kausalen* Zusammenhang, nach Möglichkeit vorgebeugt sein[7]).

---

[7]) Vgl. die Erörterungen in meiner oben genannten Notiz, Math. Annalen, Bd. 4. [Siehe Abhandlung XIV dieser Ausgabe.] Die Hartnäckigkeit des Mißverständnisses hat offenbar eine psychologische Wurzel. Wir sind durch unsere tägliche Beschäftigung gewöhnt, wenn wir eine Einzelkraft auf einen Körper wirken lassen, diese auf den Schwerpunkt des Körpers zu richten, worauf sie natürlich Translation des Körpers erzeugt. Von hier aus hat sich zwischen den beiden Dingen (Einzelkraft und Translation) eine Assoziation gebildet, die sich in unseren Überlegungen unwillkürlich immer wieder geltend macht, wenn man sie nicht durch eine immer wiederholte Erklärung und eine möglichst unzweideutige Sprechweise ausdrücklich abschneidet.

§ 4.

Über die Invarianten der Schraubengrößen und die Begründung der Artunterscheidung aus dem Arbeitsbegriff.

Die gegenseitige Beziehung der beiden Arten von Schraubengrößen findet einen sehr prägnanten Ausdruck, wenn man ihre *Invarianten* betrachtet, d. h. diejenigen aus ihren Koordinaten gebildeten rationalen ganzen Funktionen, welche gegenüber den Operationen der Hauptgruppe entweder überhaupt ungeändert bleiben oder sich nur um einen Faktor ändern. Ich werde mich hier der Kürze wegen auf diejenigen Operationen der Hauptgruppe beschränken, die entweder *Bewegungen* vorstellen oder aus Bewegungen durch Hinzutreten einer Inversion entstehen, und die ich mit Herrn Study als *Umlegungen* bezeichnen will.

Als Invarianten der einzelnen Schraubengröße ergeben sich bekanntlich erstens die Ausdrücke:

$$(20) \qquad p^2 + q^2 + r^2 \quad \text{bez.} \quad X^2 + Y^2 + Z^2,$$

die bei Bewegungen und Umlegungen gleichmäßig ungeändert bleiben, zweitens aber die folgenden:

$$(21) \qquad pu + qv + rw \quad \text{bez.} \quad XL + YM + ZN;$$

dieselben bleiben bei beliebigen Bewegungen ungeändert, kehren aber bei Umlegungen (wie aus ihrem Verhalten bei Inversion hervorgeht) ihr Zeichen um. Wir werden dementsprechend die (20) als *gerade* Invarianten bezeichnen, die (21) als *schiefe*, oder auch die (20) als *Skalare der ersten Art*, die (21) als *Skalare der zweiten Art*[8]).

Die hiermit eingeführte Unterscheidung überträgt sich selbstverständlich auf diejenigen „simultanen" Invarianten zweier Schraubengrößen derselben Art, die sich aus den (20), bez. (21) durch „Polarisieren" ergeben. Ich will hier nur die Polaren der Ausdrücke (21) betrachten:

$$(22) \qquad \begin{cases} pu' + qv' + rw' + p'u + q'v + r'w \\ XL' + YM' + ZN' + X'L + Y'M + Z'N. \end{cases}$$

Indem dieselben auch ihrerseits Skalare zweiter Art sind, folgt:

Satz I. *Die*

$$p, \quad q, \quad r, \quad u, \quad v, \quad w$$

sind zu den

$$u, \quad v, \quad w, \quad p, \quad q, \quad r$$

und ebenso natürlich die

$$X, \quad Y, \quad Z, \quad L, \quad M, \quad N$$

---

[8]) Vgl. den schon genannten Artikel von Abraham in Bd. IV der Math. Enzyklopädie, Art. 14 (Nr. 11 daselbst).

zu den

$$L, \quad M, \quad N, \quad X, \quad Y, \quad Z$$

bei Bewegungen direkt kontragredient, bei Umlegungen kontragredient mit Zeichenwechsel.

Dem entgegen betrachte man nun den Ausdruck, der sich nach Analogie von (22) bilinear aus den Koordinaten zweier Schraubengrößen verschiedener Art zusammensetzt:

$$(23) \qquad Xu + Yv + Zw + Lp + Mq + Nr.$$

Es folgt sofort, daß derselbe nicht nur bei Bewegungen, sondern (wegen seines Verhaltens bei Inversion) auch bei Umlegungen durchaus ungeändert bleibt; *er ist ein Skalar erster Art.* Daher kommt:

Satz II. *Die*

$$X, \quad Y, \quad Z, \quad L, \quad M, \quad N$$

sind zu den

$$u, \quad v, \quad w, \quad p, \quad q, \quad r$$

sowohl bei Bewegungen wie bei Umlegungen schlechtweg kontragredient.

Durch diesen Satz dürfte die Zusammengehörigkeit der beiden Arte von Schraubengrößen in einfachster Weise bezeichnet sein. Verbinden wir ihn mit Satz I, so fallen wir auf die Analogie der zweierlei Schraubengrößen zurück, die der Gegenstand des vorigen Paragraphen war. Dieselbe mag hier folgendermaßen ausgesprochen werden:

Satz III. *Die*

$$X, \quad Y, \quad Z, \quad L, \quad M, \quad N$$

sind den

$$p, \quad q, \quad r, \quad u, \quad v, \quad w$$

bei Bewegungen direkt kogredient, bei Umlegungen kogredient mit Zeichenwechsel.

Die in Rede stehende Analogie folgt hier also aus dem Umstande, daß vermöge des besonderen, durch Satz I festgelegten Verhaltens der Schraubenkoordinaten p, q, r, u, v, w die zu ihnen *kontragredienten* Größen X, Y, Z, L, M, N zugleich in dem durch Satz III festgelegten Sinne *kogredient* sind. Hiermit dürfte der algebraische Grundgedanke dieser Beziehung so klar herausgearbeitet sein, als überhaupt möglich ist. Wir können diesen Gedanken an die Spitze der Schraubentheorie rücken, wenn wir uns das invariante Verhalten des Ausdrucks (23), bez. der Ausdrücke (22), direkt aus ihrer geometrisch-mechanischen Bedeutung klar machen. Dies ist, was ich in meiner wiederholt genannten Notiz in Bd. 4 der Math. Annalen [s. Abhandlung XIV dieser Ausgabe] im Auge hatte. Im gegenwärtigen Zusammenhange läßt sich die Sache folgendermaßen präzis darstellen:

1. Man interpretiere die $X, Y, Z, \ldots$ als die Koordinaten eines Systems kontinuierlich wirkender Kräfte. Dann bedeutet der Ausdruck (23) multipliziert mit dt, also das Produkt:

$$(24) \qquad (Xu + Yv + Zw + Lp + Mq + Nr)\, dt$$

die *Arbeit*, welche das Kräftesystem bei Eintritt der unendlich kleinen Bewegung $udt, vdt, wdt, \ldots$ leistet, und ist eben darum ein *Skalar erster Art*.

2. Dagegen haben die Ausdrücke (22) vermöge ihrer geometrischen Bedeutung von vornherein den Charakter von *Skalaren zweiter Art*. Es genügt, dies hier an dem Beispiele zweier Kräftesysteme nachzuweisen, die sich auf Einzelkräfte reduzieren lassen. Wir setzen dementsprechend

$$X_1 = \frac{P_1}{l_1}(x_1 - x_1'), \quad Y_1 = \frac{P_1}{l_1}(y_1 - y_1'), \ldots$$

und analog

$$X_2 = \frac{P_2}{l_2}(x_2 - x_2'), \quad Y_2 = \frac{P_2}{l_2}(y_2 - y_2'), \ldots$$

Hierdurch verwandelt sich $X_1 L_2 + Y_1 M_2 + Z_1 N_2 + X_2 L_1 + Y_2 M_1 + Z_2 N_1$ in das Produkt von $\dfrac{P_1 P_2}{l_2 l_1}$ in die Determinante:

$$\begin{vmatrix} x_1 & y_1 & z_1 & 1 \\ x_1' & y_1' & z_1' & 1 \\ x_2 & y_2 & z_2 & 1 \\ x_2' & y_2' & z_2' & 1 \end{vmatrix},$$

die einen sechsfachen Tetraederinhalt vorstellt und gewiß ein Skalar zweiter Art ist.

3. Aus der Nebeneinanderstellung von 1. und 2. ergibt sich nun sofort der Satz III, der das zu beweisende Resultat in präziser Form ausspricht.

§ 5.

Gruppentheoretische Charakterisierung der verschiedenen Arten von Schraubentheorien.

Bisher haben wir die Substitutionen, welche die Schraubenkoordinaten p, q, r, u, v, w (um nur von diesen zu reden) bei den Bewegungen und Umlegungen erfuhren, nur erst durch das Verhalten der $p, q, \ldots$ bei den erzeugenden Operationen (1), (2), (4) definiert. Es ist von Interesse, den Inbegriff dieser Substitutionen von den Invarianten

$$p^2 + q^2 + r^2 \qquad \text{und} \qquad pu + qv + rw$$

aus zu charakterisieren. In dieser Hinsicht stelle ich folgenden Satz auf:

Die p, q, r erleiden alle ternären linearen Substitutionen von der Determinante $+1$, welche $p^2 + q^2 + r^2$ ungeändert lassen, die p, q, r, *u, v, w zusammen aber alle senären linearen Substitutionen von der Determinante* ± 1, *[bei denen p, q, r nur unter sich transformiert werden, und die* $p^2 + q^2 + r^2$ *ungeändert lassen und außerdem]* $pu + qv + rw$ *beziehungsweise in* $\pm(pu + qv + rw)$ *überführen.*

Der erste Teil dieses Satzes (der sich auf die ternären Substitutionen der p, q, r bezieht) braucht nach den Angaben, die wir über das Verhalten der p, q, r bei den erzeugenden Operationen machten, nicht weiter erläutert zu werden; er bringt nur die bekannte Beziehung der Drehungen um den Koordinatenanfangspunkt O zu den ternären orthogonalen Substitutionen zum Ausdruck. Sei nun irgendeine ternäre orthogonale Substitution der p, q, r von der Determinante $+1$ als Teil einer senären Substitution der p, q, r, u, v, w von der Determinante ± 1 vorgelegt, welche $(pu + qv + rw)$ bez. in $\pm(pu + qv + rw)$ verwandelt. Wir kombinieren sie mit einer Drehung um O, welche die p, q, r zu ihren Anfangswerten zurückführt (und übrigens für die u, v, w nach den Angaben von § 2 genau dieselbe ternäre Substitution von der Determinante $+1$ ergibt, wie für die p, q, r selbst, so daß der Wert von $pu + pv + rw$ und der Wert der senären Substitutionsdeterminante dabei ungeändert bleibt). Wir ziehen ferner nötigenfalls eine Inversion heran, um zu erreichen, daß $pu + qv + rw$ seinem ursprünglichen Werte direkt gleich wird; dabei erhält die senäre Substitutionsdeterminante von selbst den Wert $+1$. Die so vereinfachte Substitution hat jetzt (weil $pu + qv + rw$ in sich selbst übergehen soll) notwendig die Form

$$\begin{cases} p_1 = p, & u_1 = u - Cq + Br, \\ q_1 = q, & v_1 = v - Ar + Cp, \\ r_1 = r, & w_1 = w - Bp + Aq, \end{cases}$$

wo einzig die A, B, C noch willkürlich sind. Eine solche Substitution stellt aber nach (11), § 2, eine Translation dar. Also unsere anfängliche Substitution ergibt eine Translation, wenn wir sie mit einer geeigneten Rotation und eventuell einer Inversion verbinden, — *sie stellt daher von Hause aus entweder eine Bewegung oder eine Umlegung dar*, was zu beweisen war.

So viel über die Substitutionen der p, q, r, u, v, w. Die Substitutionen der X, Y, Z, L, M, N ergeben sich von da aus sofort, wenn wir nur festhalten, daß sie zu den u, v, w, p, q, r kontragredient sind.

Mit dieser Festlegung der beiderlei Substitutionsgruppen ist nach den Grundsätzen meines Erlanger Programms die zugehörige *Schraubentheorie* vollkommen charakterisiert.

Wir schreiten nach dem oben Gesagten zur Ballschen Schraubentheorie im engeren Sinne, indem wir nur die *Verhältnisse* $p : q : r : u : v : w$

beziehungsweise $X : Y : Z : L : M : N$ in Betracht ziehen (wobei der Unterschied zwischen den Schraubengrößen der beiden Arten wegfällt). Die $p : q : r : u : v : w$ (um nur von diesen zu sprechen) erleiden solche (und alle solchen) linearen Substitutionen, bei denen die *Gleichungen*

$$p^2 + q^2 + r^2 = 0 \quad \text{und} \quad pu + qv + rw = 0$$

in sich übergehen, der Parameter $\dfrac{pu + qv + rw}{p^2 + q^2 + r^2}$ aber entweder überhaupt ungeändert bleibt oder doch nur sein Zeichen wechselt. Wollen wir neben Bewegungen und Umlegungen auch noch Ähnlichkeitstransformationen in Betracht ziehen, so wird sich $\dfrac{pu + qv + rw}{p^2 + q^2 + r^2}$ um einen beliebigen Faktor ändern können; die auf den Parameter bezügliche Einschränkung der Substitution kommt dann in Wegfall.

Die so umgrenzte Ballsche Schraubentheorie ist mit derjenigen Liniengeometrie. welche das Nullsystem (oder, was dasselbe ist, den linearen Linienkomplex) *als Raumelement benutzt, nach dem Klassifikationsprinzip des § 1 im Wesen identisch.* Aber natürlich ist, wenn wir uns so ausdrücken, diejenige Liniengeometrie gemeint, welche die Hauptgruppe räumlicher Änderungen zu grunde legt; ich möchte sie die *konkrete Liniengeometrie* nennen. Statt dessen ist in meinen eigenen alten Arbeiten (wie auch in der Mehrzahl der seitdem erschienenen deutschen und italienischen Arbeiten) die Liniengeometrie in mehr abstrakter Form behandelt worden, nämlich unter Zugrundelegung der 15-gliedrigen Gruppe, welche einerseits alle projektiven Umformungen unseres Raumes, andererseits aber die dualistischen Umformungen enthält. Für diese *abstrakte* Liniengeometrie (wie ich sie hier des Gegensatzes halber nennen möchte) gilt dann der Satz, den ich in Bd. 4 der Math. Annalen, S. 356 [Über eine geometrische Repräsentation der Resolventen algebraischer Gleichungen, siehe Bd. II dieser Ausgabe], aufstellte, daß bei ihr die Gruppe aller derjenigen linearen Substitutionen der $p : q : r : u : v : w$ zugrunde liegt, welche die Gleichung $pv + qu + rw = 0$ in sich überführen. *Die Bezugnahme auf die quadratische Form* $p^2 + q^2 + r^2$ *ist einfach weggefallen.*

Mit der so gegebenen Entgegenstellung der zugehörigen Gruppe dürfte die Beziehung meiner eigenen alten Arbeiten und beispielsweise des Werkes von Sturm über Liniengeometrie[9]) zu denjenigen von Ball mit aller Schärfe gegeben sein. Auf Einzelheiten einzugehen ist hier nicht der Ort.

---

[9]) Die Gebilde ersten und zweiten Grades der Liniengeometrie in synthetischer Behandlung, 3 Teile, Leipzig 1892—1896.

§ 6.

Lineare Schraubensysteme.

Nachdem solcherweise die Grundlagen der Schraubentheorie festgelegt sind, mögen wir mit Ball dazu übergehen, die *linearen Systeme* von Schrauben zu studieren, d. h. die Mannigfaltigkeiten solcher Schrauben, deren Koordinaten sich aus den Koordinaten von 2, 3, 4, 5 Schrauben mit Hilfe einer entsprechenden Zahl veränderlicher Parameter homogen linear zusammensetzen lassen. Bei der bezüglichen Diskussion beschränkt sich Ball im wesentlichen auf die Besprechung der allgemeinen Fälle oder zieht doch nur Beispiele von Spezialfällen heran. Es scheint aber erwünscht, die Diskussion systematisch durchzuführen[10]).

Ich will dies hier für die zweigliedrige Schar skizzieren, beschränke mich aber dabei der Kürze halber darauf, nur die *Verhältnisse* der sechs Koordinaten in Betracht zu ziehen. Sei dementsprechend:

$$(25) \quad \varrho p = \lambda_1 p_1 + \lambda_2 p_2, \quad \varrho q = \lambda_1 q_1 + \lambda_2 q_2, \ldots, \quad \varrho w = \lambda_1 w_1 + \lambda_2 w_2,$$

unter ϱ einen Proportionalitätsfaktor verstanden. Es erleichtert die Ausdrucksweise, wenn wir die so definierten $p : q : \ldots : w$ als homogene Punktkoordinaten in einem Raume von fünf Dimensionen bezeichnen. Die Formeln (25) repräsentieren dann in diesem Raume eine *gerade Linie,* und es wird sich darum handeln, die sämtlichen Geraden, die es in unserem fünfdimensionalen Raume gibt, nach ihrer Beziehung zu den beiden quadratischen Mannigfaltigkeiten $p^2 + q^2 + r^2 = 0$ und $pu + qv + rw = 0$ zu studieren, resp. zu klassifizieren. Dabei wird sich unsere Aufmerksamkeit in erster Linie auf die *Schnittpunkte* richten, welche unsere Gerade mit diesen Mannigfaltigkeiten gemein hat. Die Schnittpunkte mit jeder der beiden Mannigfaltigkeiten können getrennt sein, zusammenfallen oder unbestimmt werden. Außerdem können die Schnittpunkte, welche die gerade Linie mit der einen Mannigfaltigkeit gemein hat, mit denen, die sie mit der anderen Mannigfaltigkeit gemein hat, teilweise oder ganz koinzidieren. Des weiteren möge man Realitätsunterschiede heranziehen. *Hiernach ergibt sich eine von vornherein übersehbare Reihe von Fallunterscheidungen, die nicht nur mit leichter Mühe aufgezählt, sondern ebensowohl nach ihrer schraubentheoretischen Bedeutung diskutiert werden können.* Jeder Geometer, der mit algebraischen Betrachtungen in mehrdimensionalen Räumen einigermaßen vertraut ist, wird dies ohne weiteres ausführen; es scheint unnötig, hierbei noch länger zu verweilen.

---

[10]) In ähnlichem Sinne äußert sich Hr. Study auf S. 226—228 der (bis jetzt allein erschienenen) ersten Lieferung seiner *Geometrie der Dynamen* (Leipzig, 1901) und stellt für die demnächst erscheinende zweite Lieferung weitergehende Entwicklungen in Aussicht.

Immerhin wird es gut sein, einen Unterschied hervorzuheben, den der geschilderte Ansatz den Ballschen Entwicklungen gegenüber zeigt. Ball berücksichtigt prinzipiell nur die *reellen* Vorkommnisse, hier dagegen wird reell und imaginär zunächst als gleichwertig betrachtet und die Frage nach den Realitätsverhältnissen erst zum Schlusse eingeführt. Um an einem Beispiel den Vorteil zu zeigen, den das letztere Verfahren haben kann, betrachten wir die Regelfläche, welche von den Achsen der Schrauben (25) gebildet wird, das sogenannte *Zylindroid*. Nach Ball ist dasselbe im allgemeinen von der dritten Ordnung; wenn aber die komponierenden Schrauben p_1, q_1, r_1, ... und p_2, q_2, r_2, ... sich auf zwei Rotationen reduzieren, deren Achsen sich schneiden, so artet es in dasjenige ebene Strahlbüschel aus, dem die Achsen angehören. Statt der Fläche von der dritten Ordnung haben wir dann also eine von der ersten. Wie kommt diese Ausartung zustande? Wenn wir das Imaginäre mitnehmen, finden wir zunächst, daß es Rotationen mit unbestimmter Achse gibt (es sind diejenigen Schraubenbewegungen, bei denen der durch Formel (19′) gegebene Parameter den Wert $\frac{0}{0}$ erhält). Dieselben lassen nämlich alle Minimallinien fest, welche durch einen festen Punkt des Kugelkreises in einer festen Tangentenebene desselben verlaufen, also ihrerseits ein Strahlbüschel bilden. Solcher Rotationen treten nun im vorliegenden Spezialfalle unter der Schar (25) *zwei* auf, entsprechend den beiden Minimallinien, die unter den Strahlen des Ballschen Strahlbüschels enthalten sind. Die Folge ist, daß sich von dem Zylindroid zwei imaginäre Ebenen abtrennen, nämlich die beiden Ebenen, welche sich durch die Normale zum Ballschen Strahlbüschel und die beiden Minimallinien desselben legen lassen. Der Rest, eben das Ballsche Strahlbüschel, ist dann natürlich von der ersten Ordnung. Der Leser muß entscheiden, ob der Gewinn an Einsicht, der hier und in ähnlichen Fällen resultiert, ein Äquivalent für die weitläufigere Vorbereitung ist, die erforderlich scheint, wenn man in der Geometrie mit imaginären Elementen bequem und sicher operieren will.

Übrigens möchte ich nicht minder eine Ausgestaltung der Theorie der linearen Schraubensysteme nach der *eigentlich mechanischen* Seite hin in Anregung bringen. Die Diskussion der linearen Schraubensysteme, von der ich gerade sprach, versieht uns mit einer endlichen Zahl unterschiedener Fälle der Beweglichkeit eines starren Körpers im Unendlich-Kleinen; es kann sich dabei der Reihe nach um 2, 3, 4, 5 Grade der Freiheit handeln. Nun findet man in der *Natural Philosophy* von Thomson und Tait (2. Ausg., Bd. I, S. 155 (Nr. 201)) einen einfachen Mechanismus beschrieben, vermöge dessen man einem starren Körper fünf Grade der Beweglichkeit im Unendlich-Kleinen in allgemeinster Weise erteilen kann:

der Körper ist um eine Schraubenspindel drehbar, die mit Hilfe zweier aneinander geketteter Hookescher Schlüssel an ein Postament befestigt ist. Ich stelle die Aufgabe, *die sämtlichen gemäß unserer Diskussion zu unterscheidenden reellen Fälle infinitesimaler Beweglichkeit eines starren Körpers durch möglichst einfache Mechanismen zu realisieren.*

Eine letzte Bemerkung zur Theorie der linearen Schraubensysteme möge wieder nach Seite der Gruppentheorie liegen. Camille Jordan hat bekanntlich zuerst alle kontinuierlichen und diskontinuierlichen Gruppen aufgestellt, die sich aus den reellen Bewegungen des Raumes bilden lassen[11]). Unter diesen interessieren uns hier nur die *kontinuierlichen* Gruppen. Man findet dieselben bei Study im 39. Bande der Math. Annalen, S. 486—487 (1891), übersichtlich zusammengestellt und geometrisch charakterisiert; eine Tabelle der zugehörigen unendlich kleinen Bewegungen gibt Lie in Bd. 3 seiner Theorie der Transformationsgruppen (Leipzig, 1893), S. 385. Ich nenne hier von diesen Gruppen nur die einfachsten, nämlich:

a) die Gesamtheit aller ∞^3 Translationen,

b) die Gesamtheit aller ∞^4 Bewegungen, die einen unendlich fernen Punkt (oder, was auf dasselbe hinauskommt, eine unendlich ferne Gerade) fest lassen,

c) die Gesamtheit aller ∞^3 Bewegungen, welche einen im Endlichen gelegenen Punkt fest lassen,

d) die Gesamtheit aller ∞^3 Bewegungen, welche eine im Endlichen gelegene Ebene fest lassen.

Offenbar empfiehlt es sich, die Mechanik solcher starrer Körper, welche die Beweglichkeit einer dieser Untergruppen haben, gesondert zu bearbeiten (wie dies für den Körper mit im Endlichen gelegenem festem Punkt von jeher geschehen ist). Die unendlich kleinen Bewegungen jeder solchen Untergruppe bilden aber ein lineares Schraubensystem, und die so entstehenden linearen Schraubensysteme heben sich also vor anderen durch ihre Wichtigkeit für die Mechanik hervor; ich werde sie lineare Schraubensysteme von *selbständiger gruppentheoretischer Bedeutung* nennen. Indem ich das Koordinatensystem in geeigneter Weise wähle, bekomme ich in den Fällen a) bis d) für die Koordinaten

$$p, \quad q, \quad r, \quad u, \quad v, \quad w$$

der betreffenden Schrauben folgende Werte:

$$\text{a)} \quad 0, \quad 0, \quad 0, \quad \lambda_1, \quad \lambda_2, \quad \lambda_3;$$
$$\text{b)} \quad 0, \quad 0, \quad \lambda_1, \quad \lambda_2, \quad \lambda_3, \quad \lambda_4;$$
$$\text{c)} \quad \lambda_1, \quad \lambda_2, \quad \lambda_3, \quad 0, \quad 0, \quad 0;$$
$$\text{d)} \quad 0, \quad 0, \quad \lambda_1, \quad \lambda_2, \quad \lambda_3, \quad 0.$$

---

[11]) Annali di Matematica, Ser. 2, Bd. 2 (1869).

Hier sind die λ_1, λ_2, . . ., wie in (25), beliebig veränderliche Parameter.
Man sollte jedes einzelne der so gewonnenen linearen Schraubensysteme
genau so für die Mechanik der ihm zugehörigen endlichen Bewegungen
benutzen, wie dies sofort mit dem System c) für die Drehung eines
Körpers um einen festen Punkt und hernach mit der Gesamtheit aller
Schrauben für den in allgemeinster Weise beweglichen starren Körper
geschehen wird.

§ 7.

**Übergang zur Kinetik. Unterscheidung holonomer und nicht
holonomer Differentialausdrücke bez. Differentialbedingungen.**

Daß für $n \geq 2$ nicht jeder Differentialausdruck

$$(26) \qquad \sum \varphi_i(x_1, \ldots, x_n)\, d x_i$$

ein exaktes Differential dF einer Funktion von $x_1, \ldots, x_n$ ist, und daß
für $n \geq 3$ nicht jede Differentialbedingung

$$(26') \qquad \sum \varphi_i d x_i = 0$$

mit einer Gleichung $dF = 0$ gleichbedeutend ist, ist bekannt genug; die
Klassifikation der verschiedenen in dieser Hinsicht vorliegenden Möglichkeiten wird in der Theorie des „Pfaffschen Problems" entwickelt. Wir
sprechen nach der Ausdrucksweise von Hertz in allen den Fällen, wo
der Differentialausdruck oder die Differentialbedingung nicht durch ein
einfaches dF ersetzt werden kann, von einem *nicht holonomen* Differentialausdruck, bez. einer *nicht holonomen* Differentialbedingung.

In der Mechanik liegt die Sache, allgemein zu reden, nun merkwürdigerweise so, daß man zwar von je Anlaß hatte, nicht holonome
Differentialausdrücke und -bedingungen in Betracht zu ziehen, daß man
aber erst in den letzten Jahren angefangen hat, diesem Umstande besondere Aufmerksamkeit zuzuwenden [12]).

Was zunächst *nicht holonome Differentialausdrücke* angeht, so treten
dieselben in unsere jetzige Betrachtung dadurch ein, daß bereits die Koordinaten $p\,dt$, $q\,dt$, $r\,dt$ einer unendlich kleinen *Drehung* um O, und um
so mehr die *Schraubenkoordinaten $p\,dt$, $q\,dt$, . . ., $w\,dt$* einer beliebigen unendlich kleinen Verrückung eines starren Körpers nicht holonome Verbindungen der Differentiale der drei oder sechs endlichen Parameter sind,
durch welche man die Lage des Körpers in den beiden Fällen festlegen
mag; wir werden hierfür sogleich noch explizite Formeln geben.

Was aber *nicht holonome Bedingungsgleichungen* betrifft, so bilden

---

[12]) Vgl. verschiedene Stellen in Voß, *Die Prinzipien der rationellen Mechanik*
(Enzyklopädie der Math. Wiss. IV, 1 (1901)), insbesondere Nr. 38 daselbst.

dieselben nicht etwa einen Ausnahmefall, sondern treten bei den mechanischen Vorgängen, die wir täglich beobachten, außerordentlich häufig auf. So macht Hertz in seinem Werke über die Prinzipien der Mechanik[13]) darauf aufmerksam, daß eine Kugel, die auf einer Ebene rollt, das Beispiel eines mechanischen Systems von fünf Freiheitsgraden abgibt, das an eine nicht holonome Bedingungsgleichung gebunden ist. Noch einfacher ist vielleicht das Beispiel eines auf horizontaler Ebene beweglichen Wagens oder Schlittens, der (wegen der Reibung an der Unterlage) immer nur in Richtung seiner Achse fortschreiten kann; wir haben hier die nicht holonome Bedingungsgleichung $dy - \tan\vartheta \cdot dx = 0$, unter ϑ das Azimut der Achse verstanden. Wir schließen, *daß die Betrachtung nicht holonomer Bedingungsgleichungen in der Mechanik nichts Künstliches ist, sondern von vornherein mit in Betracht gezogen werden muß, wenn anders wir die Bewegungsvorgänge der uns umgebenden Wirklichkeit verstehen wollen.*

Wir werden daher die nicht holonomen Bedingungsgleichungen im folgenden immer mit erwähnen. Bei Ball geschieht dies nicht und braucht nicht zu geschehen, da Ball seine Betrachtungen von vornherein in der Weise auf unendlich kleine Ortsänderungen einschränkt, daß er nur die ersten Potenzen der Differentiale beibehält. Infolgedessen kann Ball auch den starren Körper, der irgend k Differentialbeziehungen vom Typus (26) unterworfen ist, kurzweg als ein mechanisches System von $(6-k)$ Freiheitsgraden bezeichnen. Dies würde im Falle endlicher Bewegungen nicht richtig sein: die rollende Kugel vermag trotz der nicht holonomen Bedingung, der ihre infinitesimalen Bewegungen unterworfen sind, ∞^5 Lagen anzunehmen, ebenso der auf der (x, y)-Ebene bewegliche Wagen sämtliche ∞^3 Lagen (x, y, ϑ).

§ 8.

Über die Verwendung der Geschwindigkeitskoordinaten p, q, r in der Kinetik des starren Körpers mit festem Punkt.

Ehe wir zur Verwendung der Schraubenkoordinaten p, q, r, u, v, w in der Kinetik beliebiger starrer Körper schreiten, mögen wir die Verwendung der p, q, r in der Kinetik des starren Körpers mit festem Punkt betrachten. Es handelt sich dabei zwar im Prinzip um lauter bekannte Dinge, aber man findet dieselben nicht überall in der einfachen und präzisen Form beisammen, die wir ihnen hier geben wollen, und die sich hernach unmittelbar auf die Schraubenkoordinaten p, q, r, u, v, w überträgt. Den einzelnen Angaben Beweise hinzuzufügen, wird kaum nötig sein; ich verweise wegen der etwaigen Ableitung der Resultate, sofern

---

[13]) Einleitung, S. 23.

deutsche Literatur in Betracht gezogen werden soll, am liebsten auf die von Sommerfeld und mir herausgegebenen Vorlesungen über die *Theorie des Kreisels* (Teil I, Leipzig 1897); insbesondere geschieht dort (S. 138 ff.) die Herleitung der Eulerschen Bewegungsgleichungen (im Anschluß an die ursprüngliche Entwicklung von Hayward[14]) genau so, wie es im folgenden skizziert wird.

1. *Zusammenhang der p, q, r mit den Geschwindigkeitskoordinaten φ', ψ', ϑ'.*

Wir nehmen ein im Körper festes Koordinatensystem XYZ und ein im Raume festes xyz (mit gemeinsamem Anfangspunkt), deren gegenseitige Beziehung wir durch irgend drei Parameter, für welche wir hier wegen ihres elementaren Charakters die Eulerschen Winkel φ, ψ, ϑ nehmen wollen, festlegen (Kreisel, S. 19). Der Übergang von der Lage φ, ψ, ϑ zur Lage $\varphi + \varphi'dt$, $\psi + \psi'dt$, $\vartheta + \vartheta'dt$ sei äquivalent mit einer Drehung durch pdt, qdt, rdt um die Achsen des XYZ-Systems in seiner den Parameterwerten φ, ψ, ϑ entsprechenden Lage. Die Nebeneinanderstellung der bezüglichen Formeln ergibt dann folgenden Zusammenhang zwischen den p, q, r und den φ, ψ, ϑ, bzw. φ', ψ', ϑ' (Kreisel, S. 45):

$$(27) \quad \begin{cases} p = \vartheta' \cos \varphi + \psi' \sin \vartheta \sin \varphi, \\ q = -\vartheta' \sin \varphi + \psi' \sin \vartheta \cos \varphi, \\ r = \varphi' + \psi' \cos \vartheta. \end{cases}$$

Man erkennt, daß die p, q, r nicht holonome Verbindungen der φ', ψ', ϑ' sind. Die Folge ist, daß ich in den Bewegungsgleichungen des starren Körpers zwar die φ', ψ' ϑ' gern durch die p, q, r ersetzen kann, daß ich aber daneben zur Lagenbestimmung des Körpers die φ, ψ, ϑ festhalten muß, die dann mit den p, q, r durch die Gleichungen (27), welche ich die *kinematischen Gleichungen* nenne, verbunden sind.

2. *Kraftkoordinaten.*

Hat man bei irgendeinem mechanischen System bestimmte Geschwindigkeitskoordinaten (hier also die p, q, r) ausgewählt, so hat man als Koordinaten der kontinuierlich wirkenden Kräfte allgemein diejenigen Größen zu nehmen, mit denen multipliziert die Koordinaten der unendlich kleinen Bewegung in den Ausdruck für die Arbeit eingehen. Im vorliegenden Falle haben wir für die Arbeit nach (24) oben (indem die u, v, w verschwinden):

$$dA = (Lp + Mq + Nr)dt;$$

wir werden also das Kräftesystem, das am starren Körper angreift, durch *seine Drehmomente L, M, N um die Achsen des im Körper festen*

---

[14] [Diese Herleitung war schon vorher von P. Saint-Guilhem gegeben worden, Journ. de math. (1) 19 (1854).]

Koordinatensystems festzulegen haben. Genau so werden wir als Koordinaten einer Stoßkraft ihre bezüglichen Drehmomente wählen, wie wir nicht weiter ausführen.

3. *Aufstellung der kinetischen Gleichungen für die p, q, r.*

Die Aufstellung der eigentlichen Bewegungsgleichungen für die p, q, r (der Eulerschen Bewegungsgleichungen) erfolgt nun am kürzesten folgendermaßen:

a) Man drücke die lebendige Kraft des rotierenden Körpers durch die p, q, r aus. Als Einheit der Masse ist dabei natürlich, auf Grund unserer früheren Verabredungen, diejenige zu wählen, die bei Einwirkung einer kontinuierlichen Kraft von der Größe 1 in der Zeiteinheit die Geschwindigkeit 1 erhält. Da sich die p, q, r auf ein im Körper festes Koordinatensystem beziehen, erhält man eine quadratische Form derselben mit konstanten Koeffizienten

$$(28) \qquad T = \tfrac{1}{2}(A p^2 + B q^2 + C r^2 + 2 D qr + 2 E rp + 2 F pq).$$

b) Hierauf bilde man die Koordinaten L, M, N des sogenannten „Impulses", d. h. desjenigen Systems von Stoßkräften, welches imstande wäre, den in seiner augenblicklichen Lage ruhend gedachten Körper instantan in den Geschwindigkeitszustand p, q, r zu versetzen. Nach den Grundgesetzen der Kinetik, die in der sogenannten „ersten Zeile der Lagrangeschen Gleichungen" ihren Ausdruck finden, erhält man dieselben aus T durch Differentiation nach den entsprechenden Geschwindigkeitskoordinaten. *Die Formeln sind:*

$$(29) \qquad L = \frac{\partial T}{\partial p}, \quad M = \frac{\partial T}{\partial q}, \quad N = \frac{\partial T}{\partial r}.$$

c) Von hier aus erhält man nun die gesuchten kinetischen Gleichungen, indem man überlegt, daß sich die Koordinaten L, M, N des Impulses während des Zeitelementes dt aus zwei Gründen um unendlich kleine Beträge abändern.

Erstlich dadurch, daß an unserem Körper von außen gegebenenfalls ein System kontinuierlich wirkender Kräfte angreift. Wir nennen die Koordinaten dieses Systems (d. h. seine Drehmomente um die X-, Y-, Z-Achse) Λ, M, N. Die von hier aus resultierenden Änderungen der L, M, N sind:

$$(30) \qquad d'L = \Lambda dt, \quad d'M = \mathsf{M}dt, \quad d'N = \mathsf{N}dt.$$

Zweitens aber ändern sich die L, M, N dadurch, daß sich das Koordinatensystem XYZ, auf welches sie bezogen sind, während des Zeitelementes dt gegen seine ursprüngliche Lage um pdt, qdt, rdt gedreht hat. Wir können ebensowohl sagen, daß wir den Raum (und also den im Raume feststehenden Impulsvektor) gegen das Koordinatensystem der

X, Y, Z um $-p\,dt$, $-q\,dt$, $-r\,dt$ gedreht haben. Dies gibt als Änderungen der L, M, N:

(31) $\quad d''L = (rM - qN)\,dt, \quad d''M = (pN - rL)\,dt, \quad d''N = (qL - pM)\,dt.$

Die Gesamtänderung der L, M, N ist die Summe der Änderungen (30), (31); daher kommt, wenn wir noch durch dt dividieren:

$$(32) \qquad \begin{cases} \dfrac{dL}{dt} = (rM - qN) + \Lambda, \\[2mm] \dfrac{dM}{dt} = (pN - rL) + \mathsf{M}, \\[2mm] \dfrac{dN}{dt} = (qL - pM) + \mathsf{N}, \end{cases}$$

und dieses sind die gesuchten kinetischen Gleichungen. Die Λ, M, N werden dabei zunächst als Funktionen der φ, ψ, ϑ anzusetzen sein.

    4. *Bemerkungen zu den gewonnenen Gleichungen.*

    Schließlich haben wir zur Darstellung der Bewegung die Gleichungen (27), (28), (29), (32), wo wir noch die aus (29) folgenden Werte der L, M, N in die (32) eintragen können. Wir haben dann sechs Differential-gleichungen erster Ordnung für die φ, ψ, ϑ, p, q, r. Ist insbesondere irgendeine (holonome oder nicht holonome) Bedingungsgleichung für die φ', ψ', ϑ' gegeben, so wird sich diese in eine lineare Gleichung für die p, q, r umsetzen lassen (deren Koeffizienten, allgemein zu reden, Funktionen der φ, ψ, ϑ sind):

$$(33) \qquad Pp + Qq + Rr = 0.$$

Es werden dann in den Λ, M, N neben Gliedern, welche sich auf die anderweitigen äußeren Kräfte beziehen, Terme folgender Form auftreten:

$$(34) \qquad -\lambda P, \quad -\lambda Q, \quad -\lambda R,$$

unter λ einen Lagrangeschen Multiplikator verstanden, der so zu bestimmen ist, daß die Gleichung (33) fortgesetzt erfüllt ist.

§ 9.

Fortsetzung. Fälle, wo die p, q, r wie Lagrangesche Geschwindigkeits-koordinaten gebraucht werden können.

    Die Betrachtungen, welche wir im vorigen Paragraphen unter 3. gaben, sind wesentlich durch den Umstand veranlaßt, daß die p, q, r keine Lagrangesche Geschwindigkeitskoordinaten, d. h. keine holonomen Verbindungen der φ', ψ', ϑ' sind; wir hätten andernfalls nur die „zweite Zeile" der allgemeinen Lagrangeschen Bewegungsgleichungen heranzuziehen brauchen. Es hat daher Interesse, zuzusehen, bei welchen Ansätzen und Problemen der Unterschied der p, q, r und der Lagrangeschen Geschwindigkeitskoordinaten noch nicht hervortritt; wir lösen dadurch aus der allgemeinen Theorie der Rotation eines starren Körpers einen relativ elementaren Teil heraus. In dieser Hinsicht ergibt sich zunächst folgende Zusammenstellung:

1. Die Bedingungsgleichungen, welche gegebenenfalls die Beweglichkeit des Körpers *im Unendlich-Kleinen* einschränken, sind in den p, q, r ebenso *linear*, wie in den φ', ψ', ϑ' (vgl. Gl. (33)).

2. Der Unterschied verschwindet ferner bei den Fragen der *Statik*, insofern bei ihnen die p, q, r (und also auch die L, M, N) durchweg gleich Null zu setzen sind.

3. Er verschwindet endlich in der *Stoßtheorie*; in der Tat sind die Gleichungen (29), die den Zusammenhang des Impulses mit den erzeugten Geschwindigkeitskoordinaten p, q, r ergeben, ihrer Form nach von dem Umstande, daß die p, q, r nicht holonome Geschwindigkeitskoordinaten sind, durchaus unabhängig.

Es sind dies einfach diejenigen Teile der Mechanik, welche der Aufstellung der auf kontinuierliche Kräfte bezüglichen Bewegungsgleichungen vorangehen. Hierzu tritt aber, wenn man approximative Rechnung zulassen will, noch ein *vierter* Punkt. Derselbe liegt vor, *wenn man die Theorie der kleinen Schwingungen unseres starren Körpers um eine Gleichgewichtslage behandelt, und dabei die üblichen Vernachlässigungen eintreten läßt.* Man nimmt dann nämlich an, daß man die in (32) rechter Hand auftretenden „Glieder zweiter Ordnung", also die $(rM - qN)$ usw., gegen die übrigen Glieder, also die $\dfrac{dL}{dt}$ und Λ, usw., vernachlässigen kann. Man erhält solcherweise die vereinfachten Formeln:

$$(35) \quad \begin{cases} \dfrac{dL}{dt} = \Lambda, \\[2mm] \dfrac{dM}{dt} = \mathsf{M}, \\[2mm] \dfrac{dN}{dt} = \mathsf{N}, \end{cases}$$

und diese hängen mit dem Ausdruck (28) der lebendigen Kraft in der Tat so zusammen, als wenn die p, q, r Lagrangesche Geschwindigkeitskoordinaten wären.

Es steht überhaupt nichts im Wege, *sofern man Glieder höherer Ordnung vernachlässigen will*, die p, q, r nach der Zeit genommenen exakten Differentialquotienten von Funktionen der φ, ψ, ϑ gleichzusetzen. Wir werden eine unendlich kleine Drehung vor uns haben, wenn wir ϑ und $\varphi + \psi = \chi$ unendlich klein nehmen. Ersetzen wir dementsprechend in (27) $\sin \vartheta$ durch ϑ, $\cos \vartheta$ durch 1, $\psi' \cdot \vartheta$ durch $- \varphi' \cdot \vartheta$ und $\varphi' + \psi'$ durch χ', so kommt:

$$(36) \quad \begin{cases} p = \vartheta' \cos \varphi - \varphi' \cdot \vartheta \sin \varphi \;\;\;\; = \dfrac{d\,(\vartheta \cos \varphi)}{dt}\,, \\[2mm] q = - \vartheta' \sin \varphi - \varphi' \cdot \vartheta \cos \varphi = \dfrac{d\,(- \vartheta \sin \varphi)}{dt}\,, \\[2mm] r = \chi' \; = \dfrac{d\chi}{dt}\,. \end{cases}$$

Hier sind $\vartheta \cos \varphi$, $- \vartheta \sin \varphi$, χ die unendlich kleinen Winkel, durch welche der Körper von seiner Anfangslage aus um die Achsen OX, OY, OZ gedreht ist.

Die Aufzählung der vorgenannten vier Punkte ist für das Verständnis der Ballschen Schraubenuntersuchungen von unmittelbarster Wichtigkeit. Wir dürfen vorgreifend erwähnen, daß die Schraubenkoordinaten p, q, r, u, v, w (wie überhaupt irgendwelche nicht-holonome Geschwindigkeitskoordinaten) genau in den entsprechenden vier Fällen ebenfalls wie Lagrangesche Geschwindigkeitskoordinaten behandelt werden können. Und nun trifft es sich so, daß Ball in seinen ursprünglichen Untersuchungen über die Anwendung der Schraubentheorie auf die Mechanik der starren Körper gerade die vier hiermit bezeichneten Kapitel herausgegriffen hat. Und auch die weitere Frage, die er später in Angriff nahm und von der noch genauer weiter unten die Rede sein soll, die Frage nach den jeweils vorhandenen *permanenten* Schrauben, läßt sich unter denselben Gesichtspunkt bringen. Dies ist gewiß nicht zufällig, sondern wohlbedacht, entsprechend der Auffassung, daß es in der Mechanik vor allen Dingen darauf ankommt, sich die jeweils *einfachsten* Beziehungen und Vorgänge klarzumachen.

§ 10.

Verwendung der Schraubenkoordinaten für allgemeine Kinetik der starren Körper.

Das in § 7 Entwickelte läßt sich nun Schritt für Schritt auf die Frage nach der Verwendung der Schraubenkoordinaten für die allgemeine Kinetik der starren Körper übertragen.

1. Wir fixieren die jeweilige Ortsänderung des starren Körpers durch irgend sechs Parameter, etwa so, daß wir wieder ein im Körper festes Koordinatensystem XYZ einführen und dessen Lage gegen ein im Raume festes System xyz durch die Verschiebungskomponenten ξ, η, ζ des Anfangspunktes und die drei Eulerschen Winkel φ, ψ, ϑ festlegen (was freilich sehr unsymmetrische Formeln ergibt). *Die auf das Koordinatensystem XYZ bezüglichen Schraubenkoordinaten p, q, r, u, v, w der instan-*

tanen Geschwindigkeit werden sich dann in folgender Weise als lineare, nicht holonome Verbindungen der $\xi', \eta', \zeta', \varphi', \psi', \vartheta'$ darstellen:

$$(37) \quad \begin{cases} p = \vartheta' \cos \varphi + \psi' \sin \vartheta \sin \varphi, \quad q = -\vartheta' \sin \varphi + \psi' \sin \vartheta \cos \varphi, \\ \qquad\qquad r = \varphi' + \psi' \cos \vartheta, \\ u = \xi' (\cos \varphi \cos \psi - \cos \vartheta \sin \varphi \sin \psi) \\ \qquad + \eta' (\cos \varphi \sin \psi + \cos \vartheta \sin \varphi \cos \psi) + \zeta' \sin \vartheta \sin \varphi, \\ v = \xi' (-\sin \varphi \cos \psi - \cos \vartheta \cos \varphi \sin \psi) \\ \qquad + \eta' (-\sin \varphi \sin \psi + \cos \vartheta \cos \varphi \cos \psi) + \zeta' \sin \vartheta \cos \varphi, \\ w = \xi' \sin \vartheta \sin \psi - \eta' \sin \vartheta \cos \psi + \zeta' \cos \vartheta. \end{cases}$$

Wir bezeichnen diese Gleichungen wieder als die *kinematischen* Gleichungen.

2. Um nunmehr zu den *kinetischen* Gleichungen zu kommen, drücken wir erstlich die lebendige Kraft des Körpers durch die p, q, r, u, v, w aus; wir erhalten eine *quadratische Form mit konstanten Koeffizienten:*

$$(38) \qquad T = F(p, q, r, u, v, w).$$

Wir berechnen ferner, gemäß der ersten Zeile der Lagrangeschen Gleichungen und dem Ausdruck (24) für die virtuelle Arbeit eines Kräftesystems, die Schraubenkoordinaten X, Y, Z, L, M, N des zum Geschwindigkeitszustande p, q, r, u, v, w gehörigen Impulses durch die Formeln:

$$(39) \quad X = \frac{\partial T}{\partial u}, \; Y = \frac{\partial T}{\partial v}, \; Z = \frac{\partial T}{\partial w}, \; L = \frac{\partial T}{\partial p}, \; M = \frac{\partial T}{\partial q}, \; N = \frac{\partial T}{\partial r}.$$

Wir überlegen endlich, daß diese Impulskoordinaten während des Zeitelementes dt aus zwei Gründen Änderungen erfahren, die sich superponieren, nämlich durch die von außen auf den Körper wirkenden Kräfte, die zusammengenommen die Koordinaten

$$\Xi, \mathsf{H}, \mathsf{Z}, \Lambda, \mathsf{M}, \mathsf{N}$$

ergeben mögen, und durch die Bewegung des im Körper festen Koordinatensystems mit dem Körper. Von hier aus erhalten wir:

$$(40) \quad \begin{cases} \dfrac{dX}{dt} = (rY - qZ) + \Xi, \quad \dfrac{dL}{dt} = (wY - vZ) + (rM - qN) + \Lambda, \\[2mm] \dfrac{dY}{dt} = (pZ - rX) + \mathsf{H}, \quad \dfrac{dM}{dt} = (uZ - wX) + (pN - rL) + \mathsf{M}, \\[2mm] \dfrac{dZ}{dt} = (qX - pY) + \mathsf{Z}, \quad \dfrac{dN}{dt} = (vX - uY) + (qL - pM) + \mathsf{N}, \end{cases}$$

und dies sind die gesuchten *kinetischen Gleichungen*.

3. An diese Entwicklung schließen sich dann genau dieselben Bemerkungen wie in § 7, insbesondere auch, was die Berücksichtigung irgendwelcher Bedingungsgleichungen angeht.

§ 11.

Spezielle Ausführungen zu den Entwicklungen des vorigen Paragraphen.

Um die Entwicklungen des vorigen Paragraphen durch spezielle Ausführungen zu belegen, ziehen wir zuvörderst den Fall eines isolierten, frei beweglichen Körpers heran. *Die Sache wird dann eminent einfach, verliert aber zugleich einen guten Teil ihrer spezifischen Bedeutung.* Wir legen den Anfangspunkt des Koordinatensystems in den Schwerpunkt des Körpers. Die lebendige Kraft (38) nimmt dann bekanntlich folgende einfache Form an:

$$(41) \qquad T = \frac{m}{2}(u^2 + v^2 + w^2) + f(p, q, r),$$

unter f eine quadratische Form der beigesetzten Argumente mit konstanten Koeffizienten verstanden. Die Impulskoordinaten (39) werden daraufhin

$$(42) \quad X = mu, \quad Y = mv, \quad Z = mw, \quad L = \frac{\partial f}{\partial p}, \quad M = \frac{\partial f}{\partial q}, \quad N = \frac{\partial f}{\partial r}.$$

Es nehmen daher die letzten drei Gleichungen (40) folgende einfache Form an:

$$(43) \qquad \begin{cases} \dfrac{dL}{dt} = (rM - qN) + \Lambda, \\[2mm] \dfrac{dM}{dt} = (pN - rL) + \mathsf{M}, \\[2mm] \dfrac{dN}{dt} = (pL - pM) + \mathsf{N}. \end{cases}$$

Wollen wir nun noch voraussetzen, daß die Λ, M, N nur von den φ, ψ, ϑ (nicht von den ξ, η, ζ) abhängen, so haben wir ersichtlich zur Bestimmung der p, q, r, d. h. *der Drehung um den Schwerpunkt*, genau denselben Ansatz, den man von jeher benutzt hat. *Das Eigenartige der Schraubentheorie entschwindet;* man wird das Problem am einfachsten so weiter behandeln, daß man nach Bestimmung der Drehung *um* den Schwerpunkt die fortschreitende Bewegung des letzteren direkt bestimmt, d. h. die gewöhnlichen Bewegungsgleichungen für die ξ, η, ζ aufstellt. Die Schraubentheorie erleidet hier also so zu sagen einen Mißerfolg. An diesem Mißerfolg mag es liegen, daß sich die Schraubentheorie die große Geltung, welche sie zweifellos für die Mechanik der starren Körper besitzt, immer nur erst partiell hat erringen können. *Gäbe es in der Mechanik der starren Körper keine anderen Aufgaben, als die gerade besprochenen, so wäre es überflüssig, eine besondere Schraubentheorie zu entwickeln.*

Es gibt aber andere Aufgaben die Menge. Ich nenne hier die Bewegung eines starren Körpers in einem widerstehenden Mittel (wo die Λ, M, N gewiß nicht von den φ, ψ, ϑ allein abhängen), ferner aber die Bewegung eines starren Körpers, der gezwungen ist, auf anderen starren Körpern zu rollen oder zu gleiten.

Ich möchte hier insbesondere auf dasjenige Problem hinweisen, bei welchem die Schraubentheorie bislang die glänzendste Verwendung gefunden haben dürfte, *das Problem von der Bewegung des starren Körpers in einer reibungslosen inkompressiblen Flüssigkeit*[15]). Die lebendige Kraft des aus Körper und Flüssigkeit gebildeten Systems kann in diesem Falle ohne weiteres in der Form (38) angeschrieben werden, worauf die gesamten Entwicklungen des vorigen Paragraphen Platz greifen. Diese Entwicklungen sind in der Tat nichts anderes als eine Transskription der Ansätze, welche Lord Kelvin und Kirchhoff ursprünglich für den Körper in Flüssigkeit gemacht haben; man vergleiche die Darstellung bei Lamb, *Hydrodynamics* (Cambridge, 1895; Kap. 6) der sich direkt an die Ausdrucksweise der Schraubentheorie anschließt, sowie das Referat von Love in IV, 15 und IV, 16 der Mathematischen Enzyklopädie (1901). Die verschiedenen Formen, welche die lebendige Kraft T je nach der Symmetrie des in die Flüssigkeit getauchten Körpers annimmt, der jeweilige Zusammenhang zwischen der instantanen Geschwindigkeitsschraube und der Impulsschraube, endlich die resultierende Bewegung des Körpers selbst sind ebenso viele Gegenstände, welche sich auch für eine anschaulich-geometrische Diskussion im Sinne der Ballschen Schraubentheorie vorzüglich eignen dürften. Es würde dies eine direkte und doch nicht triviale Weiterbildung von Poinsots berühmten Untersuchungen über die Rotation eines starren Körpers um einen festen Punkt sein. Hierzu wolle man insbesondere die Arbeit von Minkowski in den Sitzungsberichten der Berliner Akademie von 1888 vergleichen.

§ 12.

Abschließende Bemerkungen über die mechanischen Kapitel des Ballschen Werkes. — Verallgemeinerungen des in § 7 und § 9 gegebenen Ansatzes.

Es wurde bereits in § 8 hervorgehoben, daß die Untersuchungen über die Mechanik der starren Körper, welche Ball in seinem Werke ausführt[16]), einen übereinstimmenden Charakter zeigen: es handelt sich bei Ball durchweg um solche Fragen, *bei denen die Schraubenkoordinaten p, q, r,*

---

[15]) Leider ist die mathematische Eleganz dieser Untersuchungen kein Maßstab für ihre physikalische Wichtigkeit; vielmehr ist das praktische Geltungsgebiet derselben wegen der in allen Fällen vorhandenen Flüssigkeitsreibung und der bei größeren Geschwindigkeiten auftretenden turbulenten Bewegungen ein sehr geringes.

[16]) Nur von diesen *mechanischen* Entwicklungen des Ballschen Werkes ist im vorliegenden Artikel die Rede, nicht von den anschließenden *geometrischen*. Ich möchte aber nicht unterlassen anzuführen, daß Herr Ball die geometrischen Fragen neuerdings in einer besonderen Abhandlung in den Transactions der R. Irish Academy (vol. 31, part 12, Dublin 1901) weiter verfolgt hat; dieselbe trägt den Titel: *Further developments of the geometrical theory of six screws.*

u, v, w der instantanen Geschwindigkeit wie Lagrangesche Geschwindig-keitskoordinaten benutzt werden können. Ich habe dies hier nur noch betreffs der letzten Frage, die in § 8 genannt wurde, der Frage nach den jeweiligen *permanenten Schrauben* auszuführen. Dies gelingt in einfachster Weise im Anschluß an die kinetischen Gleichungen (40). Man findet nämlich, daß es sich bei Ball dabei um die Aufsuchung solcher Werte der p, q, r, u, v, w bez. $\varphi, \psi, \vartheta, \xi, \eta, \zeta$ handelt, *für welche die rechten Seiten der kinetischen Gleichungen* (40) *verschwinden;* es bleiben dann die X, Y, Z, L, M, N des Impulses und also auch die p, q, r, u, v, w wenigstens für ein Zeitelement konstant, und eben deshalb spricht Ball in einem solchen Falle von einer permanenten Schraube. Als einfache Beispiele möchte ich anführen Staudes permanente Drehachsen eines um einen Punkt rotierenden schweren Körpers (Journal für Mathematik, Bd. 113, 1894), sowie Kirchhoffs Theorem, daß bei jedem Körper in einer reibungslosen, inkompressiblen Flüssigkeit bei Abwesenheit äußerer Kräfte drei zueinander senkrechte Richtungen gleichförmiger Translation existieren. Die sämtlichen Fälle stationärer Bewegung, welche in dem genannten Falle bei dem Körper in Flüssigkeit auftreten können, diskutiert Minkowski l. c. In diesen Beispielen sind zugleich die p, q, r, u, v, w nicht nur zeitweise, sondern dauernd konstant, so daß man von *Permanenz* der bez. Schrauben im vollsten Sinne des Wortes reden kann.

Letzterer Umstand hängt ersichtlich mit der Tatsache zusammen, daß die Drehungen um einen Punkt, wie andererseits die Bewegungen eines freien Körpers eine *Gruppe* bilden: gehört eine unendlich kleine Bewegung der Gruppe an, so auch die endliche Bewegung, welche aus ihr durch unendlichmalige Wiederholung entsteht. Daß dies bei der Bewegung starrer Körper keineswegs immer der Fall ist, zeigt das einfache Beispiel eines auf einer Ebene rollenden Zylinders. Hier treten daher die in § 5 genannten *Gruppen von Bewegungen* (bez. die mit ihnen verknüpften linearen Schraubensysteme von „selbständiger gruppentheoretischer Bedeutung“) in charakteristischer Weise in den Vordergrund. In der Tat läßt sich die Kinetik aller dieser Gruppen genau so in Ansatz bringen wie in § 7 die Kinetik der Drehungen um einen Punkt und in § 9 diejenige der freien Bewegungen (eines starren Körpers); man wird sagen können, daß in allen diesen Fällen die *Methode der Eulerschen Gleichungen* eine naturgemäße Verallgemeinerung findet[17]). Die Gesamtheit der Bewegungen, welche ein

---

[17]) Diese Bemerkungen stehen in naher Beziehung zu gewissen allgemeineren Betrachtungen über dynamische Probleme, die Herr Volterra in den Jahren 1899 bis 1900 in den Atti di Torino veröffentlichte; siehe insbesondere den Aufsatz: *Sopra una classe di equazioni dinamiche* in Bd. 33 und den anderen: *Sopra una classe di moti permanenti stabili* in Bd. 34.

starrer Körper nach der Natur der ihm auferlegten Bedingungen gegebenenfalls ausführen kann, ist immer in einer *kleinsten* Gruppe von Bewegungen enthalten. Es dürfte sich empfehlen, die kinetischen Gleichungen für den Körper jeweils so aufzustellen, daß man diese Gruppe als Ausgangspunkt nimmt, also für sie „kinematische Gleichungen" und das Analogon der Eulerschen Gleichungen aufstellt.

Göttingen, den 3. September 1901.

Nachträgliche Bemerkungen[18]).

Den vorstehenden Artikel, der die Bedeutung der Ballschen Schraubentheorie für das Gesamtgebiet der Mechanik zusammenhängend darlegen und zugleich begrenzen soll, habe ich s. Z. verfaßt, weil es mir bei der Redaktion des Bandes IV der Mathematischen Enzyklopädie (der die Mechanik behandelt) erwünscht war, eine derartige Darstellung zur Hand zu haben; ich verweise in dieser Hinsicht auf den Artikel IV, 2 (Timerding, geometrische Grundlegung der Mechanik eines starren Körpers (1902)) und IV, 6 (Stäckel, elementare Dynamik; erscheint demnächst). Wenn ich jetzt diesen Artikel in den Math. Annalen wieder abdrucke, so geschieht es, weil das Klassifikationsprinzip des § 1, dem ich allgemeine Bedeutung beilege, mit den sich daran anschließenden Einzelausführungen seither nicht so beachtet scheint, wie ich es für richtig halte.

Vielleicht darf ich über die historische Entstehung dieses Prinzips hier folgendes bemerken. Der Gedanke, alle vorkommenden Größen nach ihrem Verhalten bei beliebigen linearen Transformationen zu klassifizieren, durchzieht bekanntlich die ganze Invariantentheorie und liegt bereits den ersten invariantentheoretischen Arbeiten von Cayley und Sylvester zugrunde. In meinem Erlanger Programm (1872) wurde sodann der Gesichtspunkt aufgestellt, daß die Gesamtheit der linearen Transformationen nur ein Beispiel irgendeiner anderen Gruppe von Transformationen ist, denen man die jeweiligen Urvariabelen unterworfen denken mag. In Physik und Mechanik hat man allen Anlaß, als solche Gruppe eben die *Hauptgruppe* der räumlichen Änderungen, d. h. den Inbegriff der Bewegungen des Raumes und seiner Ähnlichkeitstransformationen zu wählen, und es ergibt sich dann durch sinngemäße Übertragung der Auffassungsweise der Invariantentheoretiker das Klassifikationsprinzip des § 1 mit Notwendigkeit. Ich habe dasselbe dementsprechend seit Jahren in meinen Vorlesungen zur Geltung gebracht, worauf auch Hr. Abraham in dem Enzyklopädieartikel IV, 14 (Geometrische Grundbegriffe für die Mechanik der deformierbaren Körper (1901)), wo er das in Rede stehende Klassifikationsprinzip durchweg anwendet, ausdrücklich Bezug nimmt.

Im übrigen ergibt sich, wie ich ausdrücklich hervorheben möchte, eben nach den Grundsätzen meines Erlanger Programms, für die Darlegung und die Durchführung des Prinzips eine gewisse Latitüde. Um dies nur nach einer Seite auszuführen: die „Hauptgruppe" der räumlichen Änderungen ist eine Untergruppe in der Gesamtheit der *affinen* Transformationen. Man kann unsere Klassifikationen also in der Weise durchführen, daß man zunächst ein Schema der affinen Klassifikation aufstellt und in dieses dann die feineren Einzelheiten der metrischen Klassifikation erst hinterher einordnet. *Eine wissenschaftliche Notwendigkeit, so vorzugehen, besteht aber keineswegs.* Ich hebe dies hervor, um zu der Meinungsverschiedenheit Stellung zu

---

[18]) [Beim Abdruck in den Math. Ann., Bd. 62 (1906) hinzugefügt. Das außerordentlich reichhaltige Stäckelsche Referat ist 1908 erschienen.]

34*

nehmen, welche bei den neueren Diskussionen über die Grundlagen der Vektorenrechnung zwischen den Herren Mehmke und Prandtl hervorgetreten ist (Jahresbericht der Deutschen Mathematiker-Vereinigung; Bd. 13, 1903).

Ich zitiere zum Schluß gern noch einige neuerdings erschienene Literatur, die zu den vorstehend wiederabgedruckten Entwicklungen in näherer Beziehung steht.

Zunächst ein *Lehrbuch der analytischen Geometrie*, in welchem die Unterscheidung der projektiven, affinen und metrischen (oder, wie die Autoren sagen, äquiformen) Geometrie in dem hier in Betracht kommenden Sinne von vornherein mit Konsequenz durchgeführt wird. Es ist dies das Lehrbuch von Heffter und Köhler (Leipzig, erster Teil, 1905).

Sodann, was Untersuchungen über Schraubentheorie angeht, vor allen Dingen die nun vollendete *Geometrie der Dynamen* von Study (Leipzig, 1903) die neben vielem anderen Neuen, was über den Bereich des vorstehend abgedruckten Aufsatzes hinausliegt, insbesondere eine völlig durchgeführte Diskussion der verschiedenen Arten der linearen Schraubensysteme enthält. Ferner die Untersuchungen von Grünwald in den Bänden 48, 49 und 52 der Zeitschrift für Mathematik und Physik (1901, 1902, 1905), deren Titel ich hier wenigstens anführen will:

1. Sir Robert Balls lineare Schraubengebiete,

2. Zur Veranschaulichung des Schraubenbündels,

3. Darstellung aller Elementarbewegungen eines starren Körpers von beliebigem Freiheitsgrad.

Endlich, was die am Schlusse meines Aufsatzes benutzte Untersuchung holonomer und nichtholonomer Geschwindigkeitskoordinaten angeht, die neuesten Publikationen:

Hamel, Die Lagrange-Eulerschen Gleichungen der Mechanik (in Bd. 50 der Zeitschrift für Mathematik und Physik, 1903), und Appell, Traité de Mécanique rationnelle, 2. Band, 2. Auflage (Paris 1904).

Göttingen, im Mai 1906.

XXX. Über die geometrischen Grundlagen der Lorentzgruppe.

Vortrag, gehalten in der Göttinger Mathematischen Gesellschaft am 10. Mai 1910.
[Jahresbericht der Deutschen Mathematiker-Vereinigung, Bd. 19 (1910).]

Sie haben alle in mehr oder minder bestimmter Form davon gehört, daß sich die Theorie der Lorentzgruppe oder, was dasselbe ist, das moderne Relativitätsprinzip der Physiker in die *allgemeine Lehre von der projektiven Maßbestimmung* einordnet, wie sich diese im Anschluß an Cayleys grundlegende Arbeit von 1859 entwickelt hat. Es entsprach noch einer Verabredung mit unserem verstorbenen Freunde Minkowski, daß ich diese Sachlage im verflossenen Wintersemester in meiner Vorlesung über projektive Geometrie des näheren ausführte, bzw. als das abschließende Ergebnis meiner Vorlesung hervortreten ließ. Die Lehre von der projektiven Maßbestimmung, die schon nach so manchen Seiten hin grundlegend geworden ist, gewinnt hier eine neue und überraschende Anwendung, während sich andererseits die modernen Entwicklungen der Physiker, die dem Neuling so leicht den Eindruck des Paradoxen machen, sozusagen als Korollare eines allgemeinen seit lange wohlgeordneten Gedankenganges erweisen. Es kann nicht fehlen, daß dieses Zusammentreffen zweier nach ihrer historischen Entstehung gänzlich getrennter Gedankenkreise nach beiden Seiten hin in hohem Maße anregend wirken muß; ich hoffe um so mehr auf einiges Interesse hierfür gerade auch seitens der Physiker, als die Geometer schon mancherlei Einzelresultate herausgearbeitet haben, die sich in der Werkstätte der theoretischen Physik nunmehr als willkommene Hilfsmittel bewähren möchten.

Wenn ich nun heute unternehme, Ihnen das Gesagte nach seinen wesentlichen Grundlinien näher auszuführen, so stehe ich allerdings vor einer großen Schwierigkeit: ich werde nicht umhin können, den *Gruppenbegriff* sowie gewisse fundamentale Begriffsbildungen der projektiven Geometrie, wie *homogene Punkt- und Ebenenkoordinaten*, die den linearen Substitutionen dieser Koordinaten entsprechenden *Kollineationen*, endlich für jede aus Kollineationen gebildete Gruppe das Vorhandensein einer zugehörigen *Invariantentheorie,* — dies alles wohlverstanden für Gebiete von beliebig viel Dimensionen — als geläufig vorauszusetzen, während ich doch recht gut weiß, daß nicht nur die zahlreich anwesenden Physiker, die ich hier als Gäste besonders willkommen heiße, sondern auch die Mehrzahl der jüngeren Fachmathematiker, die unserer Gesellschaft angehören, sich mit diesen Dingen sozusagen nur per distans beschäftigt haben. Viele von Ihnen sind bisher zweifellos der Meinung gewesen, daß die projektive Geometrie, nachdem sie so lange im Vordergrunde der mathematischen Produktion stand, heute doch nur die Bedeutung einer mathematischen Spezialdisziplin beanspruchen könne. Da ist es ja an sich sehr nützlich, daß mein heutiger Vortrag der entgegengesetzten Auffassung Ausdruck geben muß, daß nämlich die projektive Geometrie im Rahmen der von uns allen anzustrebenden mathematischen Gesamtbildung als gleichwertig anzusehen sei mit anderen grundlegenden Fächern, wie etwa Algebra oder Funktionentheorie. Aber dieses ideale Moment kann doch die Schwierigkeit, die sich aus dem tatsächlichen Fehlen ausreichender Vorkenntnisse ergibt, nicht aus der Welt schaffen. Ich greife also zu der Methode, die unter derartigen Umständen noch am ehesten Erfolg verspricht: *daß ich Ihnen die Dinge nach ihrem historischen Werdegang vorführe,* und muß Sie übrigens bitten, daß Sie dabei die Lebhaftigkeit, mit der ich von der Wichtigkeit des projektiven Denkens spreche, als ein Äquivalent für die fehlende Ausführlichkeit in den Einzelangaben hinnehmen.

Ich beginne, dem Gesagten entsprechend, damit, daß ich Ihnen *Cayleys Originalarbeit von 1859* vorlege, die *sechste* einer Reihe von Abhandlungen, in denen Cayley damals seine Auffassungen und Kenntnisse auf dem Gebiete der Invariantentheorie linearer Substitutionen zusammengefaßt hat (a sixth memoir upon Quantics, Bd. 149 der Philosoph. Transactions der R. Society, — Bd. 2 der Werke, S. 561 ff.). Beim Durchblättern werden Sie zunächst keinen besonderen Eindruck haben, weil vor allen Dingen Einzelheiten über quadratische Formen entwickelt werden; es ist aber doch einfach, die Fragestellung und ihre glänzende Beantwortung herauszuheben. Die Entwicklung der Geometrie in der ersten Hälfte des vorigen Jahrhunderts hatte dahin geführt, den Gesamtinhalt der Raumlehre in zwei verschiedene Gebiete zu sondern: die Geometrie der Lage (deskriptive Geometrie), die von solchen Eigenschaften der Figuren handelt, welche bei beliebigem Projizieren ungeändert erhalten bleiben, und die Geometrie des Maßes, deren Grundbegriffe (Abstand, Winkel usw.) diese Invarianz keineswegs besitzen. Diese Trennung hatte sich im Bewußtsein der damaligen Mathematiker festgesetzt, trotzdem bereits Poncelet die entscheidende Bemerkung gemacht hatte, daß, für eine allgemeine Auffassung, die Kreise der Ebene und die Kugeln des Raumes — also die Hauptobjekte der metrischen Betrachtung — als Kegelschnitte, bzw. Flächen zweiten Grades angesehen werden können, die mit dem Unendlichweiten der Ebene, bzw. des Raumes ein bestimmtes durch eine Gleichung zweiten Grades gegebenes, imaginäres Gebilde gemein haben, — die sogenannten *Kreispunkte* der Ebene, bzw. den *Kugelkreis* des Raumes. Nun ist Cayleys Leistung, erkannt zu haben, daß in diesen Ponceletschen Aussagen das Mittel gegeben ist, die genannte Trennung der Geometrie in zweierlei einander fremde Disziplinen wieder rückgängig zu machen, oder vielmehr sie durch eine prinzipiell andere Auffassung zu ersetzen. Sein Resultat ist, — wie alle grundlegenden Gedanken der mathematischen Wissenschaft —, äußerst einfach: alle Maßbeziehungen geometrischer Figuren können ohne weiteres als projektive Beziehungen aufgefaßt werden, *sofern man den Figuren* — je nachdem sie eben oder räumlich sind — *die Kreispunkte, bzw. den Kugelkreis hinzufügt;* die Maßgeometrie erscheint so als dasjenige Stück der projektiven Geometrie, das von Figuren handelt, bei denen das Paar der Kreispunkte, bzw. der Kugelkreis beteiligt ist.

Diese Aussage wird sehr viel deutlicher werden, wenn ich einige einfachste Formeln schreibe.

Zunächst nur in der Ebene. Seien x, y gewöhnliche rechtwinklige Punktkoordinaten. Wir setzen, homogen machend, $x = \frac{x_1}{x_3}$, $y = \frac{x_2}{x_3}$; wir nennen ferner u_1, u_2, u_3 die homogenen Koordinaten der durch die Gleichung $u_1 x_1 + u_2 x_2 + u_3 x_3 = 0$ dargestellten geraden Linie. Das Kreispunktepaar ist dann in Punktkoordinaten durch die Nebeneinanderstellung der beiden Gleichungen

$$(1) \qquad x_3 = 0, \quad x_1^2 + x_2^2 = 0$$

gegeben, in Linienkoordinaten aber als Umhüllungsgebilde aller Geraden, welche die *eine* Gleichung

$$(2) \qquad u_1^2 + u_2^2 = 0$$

erfüllen. — Man beachte nun, um bei dem Einfachsten zu bleiben, die Formel für die Entfernung zweier Punkte

$$r = \sqrt{(x - \bar{x})^2 + (y - \bar{y})^2}\,.$$

Wir schreiben, homogen machend:

$$x = \frac{x_1}{x_3}, \quad y = \frac{x_2}{x_3}; \quad \bar{x} = \frac{y_1}{y_3}, \quad \bar{y} = \frac{y_2}{y_3}$$

und erhalten:

$$(3) \qquad r = \frac{\sqrt{(x_1 y_3 - y_1 x_3)^2 + (x_2 y_3 - y_2 x_3)^2}}{x_3 y_3}\,.$$

Hier verschwindet der Zähler, wenn die beiden gegebenen Punkte mit einem der Kreispunkte auf gerader Linie liegen, der Nenner, wenn einer der gegebenen Punkte auf der Verbindungslinie der beiden Kreispunkte liegt. Beides sind projektive Eigenschaften der von den gegebenen zwei Punkten und den Kreispunkten gebildeten Gesamtfigur! Algebraisch aber folgt hieraus (wie ich unmöglich näher ausführen kann), daß der Ausdruck r sich nur um einen konstanten Faktor ändert, wenn man unsere vier Punkte gleichzeitig einer beliebigen Kollineation unterwirft. Deshalb nennt man r eine *Invariante* unserer vier Punkte gegenüber der Gesamtheit aller Kollineationen, oder auch eine „simultane Invariante" der zwei zunächst gegebenen Punkte und der in (1) bzw. (2) linker Hand stehenden algebraischen Formen. Der Inhalt der projektiven Geometrie der Ebene ist aber, algebraisch zu reden, nichts anderes, als die Lehre von den Invarianten, welche irgendwelche ebene Figuren gegenüber der Gesamtheit der ebenen Kollineationen besitzen, insbesondere auch von den Relationen, welche solche Invarianten untereinander aufweisen mögen; es ordnen sich also alle Sätze, die zwischen den Entfernungen irgendwelcher Punkte der Ebene bestehen mögen, in die projektive Geometrie ein. —

Im Raume ist die Sache nur durch die vermehrte Zahl der Koordinaten komplizierter. Seien x, y, z gewöhnliche rechtwinklige Koordinaten so setzen wir, homogen machend, $x = \dfrac{x_1}{x_4}$, $y = \dfrac{x_2}{x_4}$, $z = \dfrac{x_3}{x_4}$. Der „Kugelkreis" ist dann in Punktkoordinaten durch das Gleichungspaar

$$(4) \qquad x_4 = 0, \quad x_1^2 + x_2^2 + x_3^2 = 0$$

gegeben, in zugehörigen Ebenenkoordinaten (u_1, u_2, u_3, u_4) aber durch die *eine* Gleichung:

$$(5) \qquad u_1^2 + u_2^2 + u_3^2 = 0.$$

Man betrachte wieder den Ausdruck für die Entfernung zweier Punkte. Indem wir letzteren die homogenen Koordinaten $x_1 : x_2 : x_3 : x_4$ und $y_1 : y_2 : y_3 : y_4$ erteilen, erhalten wir

$$(6) \qquad r = \frac{\sqrt{(x_1 y_4 - y_1 x_4)^2 + (x_2 y_4 - y_2 x_4)^2 + (x_3 y_4 - y_3 x_4)^2}}{x_4 y_4}$$

und knüpfen an diese Formel Erörterungen, die den soeben an (3) angeschlossenen ganz ähnlich sind. —

Die vorstehenden Andeutungen werden genügen, um den Sinn von Cayleys grundlegender Arbeit einigermaßen verständlich zu machen. Ich darf nun einen Augenblick von den Überlegungen reden, die ich in meinem Erlanger Antrittsprogramm 1872 entwickelt habe[1]). Bei Cayley ist

---

[1]) „Vergleichende Betrachtungen über neuere geometrische Forschungen", abgedruckt in Bd. 43 der Math. Annalen und anderswo. [S. Abh. XXVII dieser Ausgabe.

immer nur von Invarianten gegenüber der *Gesamtheit* der Kollineationen des gerade in Betracht kommenden Gebietes die Rede. Demgegenüber betonte ich damals, daß man ebensowohl von Invarianten gegenüber einer *Untergruppe* von Kollineationen reden könne. Von hier aus ergab sich eine neue Beleuchtung des Wesens der metrischen Geometrie und der hierauf bezüglichen Cayleyschen Auffassung. Es ist eine triviale Bemerkung, daß alle Aussagen der metrischen Geometrie unabhängig von der Lage und von der absoluten Größe der Figuren bestehen und eben hierdurch gegenüber den Aussagen individuellen Inhaltes, wie man sie in der Topographie aufstellt, charakterisiert werden können. Man wird dies modern-mathematisch in der Weise ausdrücken, daß man zunächst zwei nahe miteinander verwandte *Gruppen* kollinearer Umformungen einführt: die Gruppe der *Bewegungen und Umlegungen* und die umfassendere Gruppe der *Ähnlichkeitstransformationen* (die Gruppe der „kongruenten" und die Gruppe der „äquiformen" Transformationen nach der von Heffter und Koehler in ihrem Lehrbuch eingeführten Ausdrucksweise)[2]), und nun sagt: die metrischen Eigenschaften sind dadurch charakterisiert, daß sie *relativ zu diesen Gruppen* invariant sind. Wir haben danach: *Metrische Geometrie und projektive Geometrie kommen beide auf das Studium einer Invariantentheorie heraus, und ihre gegenseitige Beziehung liegt darin, daß die Gruppe der metrischen Geometrie eine Untergruppe der zur projektiven Geometrie gehörigen Gruppe ist.*

Ein paar einfache Formeln werden diesen Sachverhalt verdeutlichen und noch weiter gliedern. Wir mögen in der Ebene bleiben und der Einfachheit halber gewöhnliche (nicht homogene) rechtwinklige Koordinaten x, y gebrauchen. Schreiben wir dann

$$(7) \quad \begin{cases} x' = \alpha_{11} x + \alpha_{12} y + \alpha_{13}, \\ y' = \alpha_{21} x + \alpha_{22} y + \alpha_{23}, \end{cases}$$

und betrachten hier die $\alpha_{11}, \ldots, \alpha_{23}$ als beliebig veränderliche Größen, so haben wir die sechsparametrige Gruppe der sogenannten *affinen* Transformationen vor uns. Aus ihr entsteht die vierparametrige Gruppe der *äquiformen* Transformationen, wenn man verlangt, daß $dx'^2 + dy'^2$ bis auf einen Faktor mit $dx^2 + dy^2$ übereinstimme. Es ist dies dann und nur dann der Fall, wenn die Bedingungen erfüllt sind:

$$\alpha_{11}^2 + \alpha_{21}^2 = \alpha_{12}^2 + \alpha_{22}^2, \quad \alpha_{11}\alpha_{12} + \alpha_{21}\alpha_{22} = 0,$$

wenn also die Matrix

$$\begin{vmatrix} \alpha_{11} & \alpha_{12} \\ \alpha_{21} & \alpha_{22} \end{vmatrix},$$

---

[2]) Lehrbuch der analytischen Geometrie, Bd. 1, Leipzig 1905.

wie man sagt, *orthogonal*[3]) ist. Die dreiparametrige Gruppe der kongruenten Transformationen aber entsteht, wenn man die Determinante

$\begin{vmatrix} \alpha_{11} & \alpha_{12} \\ \alpha_{21} & \alpha_{22} \end{vmatrix}$ gleich ± 1 setzt. Es wird dann $dx'^2 + dy'^2 = dx^2 + dy^2$. —

Wir schreiben endlich die allgemeinsten Kollineationen der Ebene an:

$$(8) \quad \begin{cases} x' = \dfrac{\alpha_{11}x + \alpha_{12}y + \alpha_{13}}{\alpha_{31}x + \alpha_{32}y + \alpha_{33}}, \\[2ex] y' = \dfrac{\alpha_{21}x + \alpha_{22}y + \alpha_{23}}{\alpha_{31}x + \alpha_{32}y + \alpha_{33}}. \end{cases}$$

Man erkennt nun ohne Mühe:

Die Gruppe der affinen Transformationen (7) *besteht aus denjenigen Kollineationen, welche eine bestimmte gerade Linie, nämlich die unendlich ferne Gerade, in sich transformieren.*

Die Gruppe der äquiformen Transformationen aber besteht aus den Kollineationen, welche ein bestimmtes auf dieser geraden Linie liegendes Punktepaar, eben das Kreispunktepaar, ungeändert lassen.

Geometrisch nicht ganz so einfach ist die Definition der Gruppe der kongruenten Transformationen. Wir begnügen uns hier mit der algebraischen Charakterisierung: es sind die äquiformen Transformationen, deren vorbezeichnete Determinante gleich ± 1 ist. Die äquiformen Transformationen sind natürlich eo ipso affin.

Soll ich einfügen, daß man nun — als Mittelglied zwischen projektiver Geometrie und metrischer Geometrie — eine *affine* Geometrie definieren kann, welche alle diejenigen Eigenschaften ebener Figuren behandelt, die bei der Gruppe (7) invariant sind? Wir hätten dann dreierlei Geometrien zu vergleichen, von denen projektive und metrische Geometrie die beiden extremen Fälle sind. Die Systematik würde dadurch gewinnen, die Darstellung aber unnötig schleppend werden, weil mehreremal im Grunde dasselbe zu sagen wäre. So soll also weiterhin in der Hauptsache doch nur von projektiver und metrischer Geometrie die Rede sein und der affinen Geometrie, die allerdings zum Schluß besonders hervortreten wird, nur beiläufig gedacht werden. —

In diesem Sinne unterscheide ich also nur zwischen der *elementaren* (direkten) Behandlung der metrischen Beziehungen und der durch Cayley angebahnten · *projektiven*. Und dieser Unterschied formuliert sich (im Sinne des Erlanger Programms) dahin: „Die projektive (höhere) Behandlung sucht die invarianten Beziehungen, welche die vorzugebenden Figuren *nach Hinzufügung der Kreispunkte* gegenüber der *Gesamtheit* der Kolli-

---

[3]) Der Term ist hier so gebraucht, daß die Ähnlichkeitstransformationen als mit eingeschlossen gelten (also auf den Zahlenwert der Determinante der α_{ik} kein Gewicht gelegt ist).

neationen besitzen; die elementare Behandlung die invarianten Beziehungen, welche die Figuren als solche gegenüber der engeren Gruppe derjenigen (äquiformen und kongruenten) Kollineationen besitzen, welche die Kreispunkte in sich überführen."

Nun bin ich mit diesen allgemeinen Vorbetrachtungen zu Ende und ich bitte Sie nur, insbesondere folgenden Gedanken festzuhalten: Invariantentheorie ist ein relativer Begriff; man kann gegenüber jeder Gruppe von Transformationen von einer zugehörigen Invariantentheorie sprechen. Dieser Gedanke ist so selbstverständlich, daß er in den verschiedensten Anwendungsgebieten und so auch in der theoretischen Physik überall spontan hervortritt. Die Terminologie, durch die er zum Ausdruck gebracht wird, ist natürlich je nach den Gebieten eine sehr verschiedene. Denn die Forscher verschiedener Art, und so auch die Physiker, haben bei ihren Arbeiten nicht die Zeit und vielfach auch nicht die Gelegenheit, nachzusehen, ob irgendwelche begriffliche Ansätze, deren sie bedürfen, sich in den Vorratskammern der reinen Mathematik bereits fertig ausgebildet vorfinden, sie verfahren daher so — und es bringt dies eine gewisse Frische ihrer Gedankengänge mit sich —, daß sie sich die mathematischen Instrumente, deren sie bedürfen, von Fall zu Fall selbst anfertigen. Die spätere Verständigung mit den zünftigen Mathematikern, die mir allerdings eine wichtige Sache zu sein scheint, weil sie die Gedanken präzisiert und allerlei Zusammenhänge aufdeckt, verlangt dann vor allen Dingen eine Übersetzung der hier und dort gebrauchten Ausdrucksweisen in die Sprache des anderen. So will ich hier vorgreifend den Satz aussprechen:

„Was die modernen Physiker *Relativitätstheorie* nennen, ist die Invariantentheorie des vierdimensionalen Raum-Zeit-Gebietes, x, y, z, t (der Minkowskischen „Welt") gegenüber einer bestimmten Gruppe von Kollineationen, eben der „Lorentzgruppe"; — oder allgemeiner, und nach der anderen Seite gewandt:

„Man könnte, wenn man Wert darauf legen will, den Namen ‚Invariantentheorie relativ zu einer Gruppe von Transformationen' sehr wohl durch das Wort ‚Relativitätstheorie bezüglich einer Gruppe' ersetzen."

Ich behandele nunmehr einiges betreffend die rein mathematischen Untersuchungen, die sich s. Z. an Cayleys Abhandlung anschlossen. Das ist in der Tat die historische Stellung dieser hervorragenden Arbeit, daß sie nicht nur das alte Problem von der Beziehung zwischen metrischer Geometrie und projektiver Geometrie entscheidend beantwortete, sondern damit zugleich eine neue Fragestellung, die nach den verschiedensten Richtungen folgenreich werden sollte, in den Vordergrund brachte. Die metrische Geometrie erwächst aus der projektiven, wenn man die Kreispunkte, gegeben durch die Gleichung $u_1^2 + u_2^2 = 0$ (oder, im **Raume**, den Kugelkreis, gegeben durch die Gleichung $u_1^2 + u_2^2 + u_3^2 = 0$) hinzunimmt. Was wird geschehen, wenn man statt dessen *irgendeine Gleichung zweiten Grades* $\sum \sum a_{ik} u_i u_k = 0$ in sinngemäßer Weise zugrunde legt?

Bleiben wir bei der Ebene, wo unsere neue Gleichung irgendeine Kurve zweiter Klasse vorstellt. Für den projektiven Geometer zerfallen diese Kurven in fünf verschiedene Arten, die ich hier aufzähle, indem ich mir statt des seither benutzten rechtwinkligen Parallelkoordinatensystems jeweils ein geeignetes Dreieckkoordinatensystem (dessen „Linienkoordinaten" ebenfalls $u_1 : u_2 : u_3$ genannt werden) zugrunde gelegt denke. Die Liste ist folgende:

    A. Eigentliche Kegelschnitte
        1. $u_1^2 + u_2^2 + u_3^2 = 0$, imaginärer Kegelschnitt
        2. $u_1^2 + u_2^2 - u_3^2 = 0$, reeller Kegelschnitt

    B. Punktepaare
        3. $u_1^2 + u_2^2 = 0$, imaginäres Punktepaar (übereinstimmend mit der Gleichung (2) der Kreispunkte)
        4. $u_1^2 - u_2^2 = 0$, reelles Punktepaar

    C. Einzelner Punkt, doppeltzählend
        5. $u_1^2 = 0$.

— Das Prinzip dieser Aufzählung ist so einfach, daß jedermann die entsprechende Tabelle nach Analogie gleich für n Veränderliche $u_1, \ldots, u_n$ hinschreiben wird: zuerst Gleichungen mit n Quadraten, die wechselnd mit $+$ oder $-$ aneinandergefügt werden, dann solche mit $(n-1)$ Quadraten usw. Die Fälle der ersten Kategorie sollen die *allgemeinen* heißen, die nachfolgenden *einfach spezialisiert*, die der dritten Kategorie *doppelt spezialisiert* usw.

Für jeden dieser Fälle konstruieren wir nun ein Analogon zur Formel (3) für die Entfernung zweier Punkte und erhalten, was Cayley die zugehörige *Quasientfernung* nannte. Für den Fall des imaginären Punktepaares werden wir einfach die Formel (3) beibehalten (nur daß jetzt $x_1 : x_2 : x_3$ und $y_1 : y_2 : y_3$ nicht notwendig rechtwinklige Parallelkoordinaten, sondern allgemein zu reden zugehörige Dreieckskoordinaten sein werden). In den folgenden beiden Fällen (des reellen Punktepaares und des Doppelpunktes) werden kleine Änderungen anzubringen sein, auf die wir sogleich noch zurückkommen. Schwieriger ergibt sich der geeignete Ansatz für die Quasientfernung in den vorangehenden beiden Fällen (der eigentlichen Kegelschnitte); wir wollen hier darauf nicht näher eingehen, weil es zu viel Raum beanspruchen würde und nach seinen Einzelheiten für den heutigen Vortrag doch nicht in Betracht kommt. Das Resultat ist jedenfalls dieses, *daß wir fünf Arten (und nur fünf Arten) Maßgeometrie in der Ebene erhalten, von denen uns nur die eine, die dem imaginären Punktepaar entspricht, von dem Beispiel der elementaren Metrik her bekannt ist.* Den Inbegriff aber der so entstehenden Theorien nennen wir die *allgemeine Lehre von der projektiven Maßbestimmung* (zunächst für die Ebene, dann für den Raum, überhaupt für beliebig ausgedehnte Mannigfaltigkeiten).

Nun kann ja heute keineswegs meine Absicht sein, in die Einzelheiten dieser Theorien einzugehen; nur ihre allgemeine Bedeutung soll hervorgehoben werden. Ich habe da zunächst ein Vorurteil, das mancher hegen mag, zurückzuweisen: der Laie wird von vornherein sehr wenig geneigt sein, der Beschäftigung mit Fragestellungen, die zunächst nur aus dem subjektiven, sozusagen ästhetischen Erkenntnistrieb des Mathematikers hervorgehen, irgendwelchen Wert beizulegen. Die Geschichte der Wissenschaft aber zeigt, daß die Sache ganz anders liegt; es ist ein großes Geheimnis und schwer in bestimmte Worte zu fassen; ich werde sagen, daß alles, was mathematisch gesund ist, früher oder später über sein engeres Gebiet hinaus eine weiterreichende Bedeutung gewinnt. So ging es mit der Theorie der Kegelschnitte, die von den Geometern des Altertums um ihrer selbst willen entwickelt war und mit der Entdeckung der Keplerschen Gesetze plötzlich die größte Wichtigkeit für unser Naturverständnis gewann. Und genau so ging es mit der an die Theorie der Kegelschnitte sich unmittelbar anlehnenden Lehre von der projektiven Maßbestimmung. Das erste war, daß sie hohe erkenntnistheoretische Bedeutung erhielt, indem sie sich als die einfachste Grundlage für die *Nicht-Euklidischen Geometrien* erwies, die aus den Untersuchungen über die Unabhängigkeit des Parallelenaxioms von den anderen Axiomen entstanden waren und zunächst als etwas besonders schwer Zugängliches galten[4]); ich werde sogleich noch einige hierauf bezügliche Einzelheiten anführen. Das zweite war, daß sie sich in anderen Gebieten der reinen Mathematik als eine brauchbare *Methode* zur Klarstellung komplizierter Verhältnisse bewährte, so in der Theorie der automorphen Funktionen oder auch in der Zahlentheorie[5]). Und nun, in den letzten Jahren, kommt hervor, daß sie ebensowohl eine rationelle Grundlage für die modernsten Spekulationen der Physik abgibt, insbesondere den Gegensatz zwischen *klassischer* und *neuer Mechanik* einfach begreifen läßt.

---

[4]) Vgl. meine Arbeiten „Über die sogenannte Nicht-Euklidische Geometrie" in den Bänden 4 und 6 der Math. Annalen (1871 und 1873). [Siehe Abh. XVI und XVIII dieser Ausgabe.]

[5]) Vgl. die allgemeine Darstellung bei Fricke-Klein, Vorlesungen über die Theorie der automorphen Funktionen (Teil I, Leipzig 1897), ferner meine autographierten Vorlesungen über ausgewählte Kapitel der Zahlentheorie (Leipzig 1897).

Die Beziehung zwischen projektiver Maßbestimmung und Parallelentheorie, auf die ich Bezug nahm, läßt sich, wenn wir uns wieder auf die Ebene beschränken, ihrem äußeren Ergebnisse nach dahin fassen, daß wir im Falle 1) der auf S. 540 aufgestellten Tabelle (also bei Zugrundelegung eines imaginären Kegelschnitts) die Nicht-Euklidische Geometrie von Riemann erhalten, im Falle 2) aber (d. h. bei Zugrundelegung eines reellen Kegelschnitts) die Nicht-Euklidische Geometrie von Bolyai-Lobatschewsky-Gauß. Ich möchte einen besonderen Punkt erwähnen, der infolge der projektiven Auffassung ohne weiteres klar ist, während er sonst leicht von dem Schimmer des Mystischen umgeben scheint: Die Zahl der Kollineationen, durch welche ein nicht zerfallender Kegelschnitt in sich transformiert wird, ist ∞^3, sie steigt auf ∞^4, sobald der Kegelschnitt in ein Punktepaar ausartet. Hierin liegt, daß die aus den Elementen uns so geläufigen äquiformen Transformationen (Ähnlichkeitstransformationen) der Euklidischen Metrik in den Nicht-Euklidischen Geometrien als besondere Kategorie in Wegfall kommen; es bleiben nur die ∞^3 kongruenten Transformationen (Bewegungen und Umlegungen). Die Folge ist, daß es in den Nicht-Euklidischen Geometrien ein absolutes Längenmaß gibt, nicht nur, wie bei Euklid, ein absolutes Winkelmaß. Übrigens haben die beiden Gruppen, die G_3 der einen oder anderen Nicht-Euklidischen Geometrie und die G_4 der Euklidischen Geometrie, ihrer inneren Struktur nach wenig miteinander zu tun. Eben darum ist es so schwer, vom Standpunkte der Euklidischen Geometrie aus die Nicht-Euklidische zu verstehen: eine Figur, die sich Nicht-Euklidisch bewegt, erleidet, Euklidisch betrachtet, seltsame Verzerrungen. Alle Schwierigkeit verschwindet aber, sobald ich mich an das allgemeine projektive Denken gewöhnt habe. In der Tat schließt die G_8 der projektiven Geometrie (d. h. die Gesamtheit aller Kollineationen der Ebene) ebensowohl die G_3 der einen oder anderen Nicht-Euklidischen Geometrie wie die G_4 der Euklidischen Geometrie ein. Verfüge ich über die projektive Auffassung, so habe ich denselben Vorteil, wie ein Wanderer, der auf einem Berge stehend in verschiedene Täler gleichzeitig hinabblickt, während er vorher, im einzelnen Tale stehend, sich von dem Verlauf der anderen Täler nur schwer eine Vorstellung machen konnte. Noch ein letzter, nicht unwichtiger Punkt! Bei aller prinzipiellen Verschiedenheit der Fälle 1), 2) und 3) ist es für den Projektiviker doch so gut wie selbstverständlich, daß man zwischen den drei Fällen einen kontinuierlichen Übergang herstellen kann. Man wähle einfach als fundamentale Gleichung der projektiven Maßbestimmung:

$$(9) \qquad u_1^2 + u_2^2 + \varepsilon\, u_3^2 = 0$$

und lasse hier den Parameter ε von positiven Werten beginnend durch Null hindurch zu negativen Werten übergehen! Es wird sich dann die

Riemannsche Geometrie durch die Euklidische Geometrie hindurch in die Geometrie von Bolyai, Lobatschewsky, Gauß verwandeln Des näheren stellt sich die Sache so, daß ich um den Punkt $u_3 = 0$ herum ein Gebiet beliebiger Ausdehnung abgrenzen kann (so groß, wenn es Vergnügen macht, daß es unser ganzes Sonnensystem oder auch die gesamte Fixsternwelt umschließt) und dann das ε, positiv oder negativ, so klein annehmen kann, daß innerhalb dieses Gebietes irgendwelche Abstände, Nicht-Euklidisch gemessen, von ihren Euklidischen Beträgen um weniger ab-weichen, als eine noch so kleine vorgegebene Größe beträgt. —

Man möge gestatten, daß ich mit diesen Einzelbetrachtungen über die projektive Maßbestimmung in der Ebene noch ein weniges weiter fort-fahre; es geschieht dies natürlich, um gewisse Überlegungen, die ich beim Vergleich der neuen und der klassischen Mechanik späterhin gebrauche, zweckmäßig vorzubereiten. Ich wende das obengenannte Kontinuitäts-prinzip nunmehr auf die Fälle 3), 4) und 5) unserer Tabelle von S. 540 an. Das fundamentale Gebilde sei, bezogen auf ein gewöhnliches recht-winkliges Koordinatensystem:

$$(10) \qquad u_1^2 + \varepsilon u_2^2 = 0$$

und hier gebe ich ε das eine Mal einen sehr kleinen positiven, das andere Mal einen sehr kleinen negativen Wert, das dritte Mal den Wert Null. Mit x, y seien die zugehörigen (gewöhnlichen, nicht homogenen) Koordinaten eines Punktes bezeichnet. Als Entfernung dieses Punkes vom Koordinaten-anfangspunkte erhält man dann durch sinngemäße Abänderung der Formel (3):

$$(11) \qquad r = \sqrt{\varepsilon x^2 + y^2},$$

und hier wolle man nun überlegen, wie das System der um O als Zentrum herumgelegten Kreise (d. h. der Kurven $r = \mathrm{Konst.}$) gestaltet ist. Offen-bar bekommen wir bei positivem ε langgestreckte Ellipsen (deren große Achse in die Richtung der X-Achse fällt), bei negativem ε Hyperbeln, deren Asymptoten $\frac{y}{x} = \pm \sqrt{-\varepsilon}$ einen sehr kleinen Winkel mit der X-Achse machen, bei verschwindendem Paare gerader Linien $y = \pm \sqrt{\mathrm{konst.}}$, die parallel zur X-Achse verlaufen. Es ist amüsant, sich zu überlegen, wieso diese Parallellinienpaare Übergangsformen zwischen den Ellipsen und Hyperbeln der Fälle mit positivem bzw. negativem ε sind!

Wir mögen ferner die zu unserer Maßbestimmung gehörigen äqui-formen und kongruenten Transformationen zunächst in den Fällen mit nicht verschwindendem ε betrachten. Da die beiden durch (10) dar-gestellten Punkte für $\varepsilon \lessgtr 0$ voneinander verschieden sind, bestimmen sie ihre Verbindungslinie, die unendlich ferne Gerade, eindeutig. Unsere Transformationen werden also *affine* Transformationen sein und können in der Form angesetzt werden:

$$(12) \qquad \begin{cases} x' = \alpha_{11}x + \alpha_{12}y + \alpha_{13} \\ y' = \alpha_{21}x + \alpha_{22}y + \alpha_{23}. \end{cases}$$

Hier sind die Koeffizienten rechter Hand im äquiformen Falle so zu bemessen, daß $\varepsilon\,(\alpha_{11}x + \alpha_{12}y)^2 + (\alpha_{21}x + \alpha_{12}y)^2$ bis auf einen willkürlich bleibenden Faktor mit $\varepsilon x^2 + y^2$ übereinstimmt. Dies gibt für die Koeffizienten α_{ik} zwei Bedingungen, deren Zahl auf drei steigt, wenn wir, zu den kongruenten Transformationen gehend, die Determinante $\begin{vmatrix} \alpha_{11} & \alpha_{12} \\ \alpha_{21} & \alpha_{22} \end{vmatrix}$ gleich ± 1 setzen. Wir haben hiernach ∞^4 äquiforme und ∞^3 kongruente Transformationen, in genauer Übereinstimmung selbstverständlich mit dem, was wir im Falle $\varepsilon = 1$ von der Euklidischen Metrik her wissen.

Wir wenden uns nun zum doppelt spezialisierten Falle $\varepsilon = 0$, indem wir als Bedingung festhalten wollen, *daß auch hier nur affine Transformationen* (12) *in Betracht gezogen werden sollen* (— dies ist hier eine freie Verabredung, weil die unendlich ferne Gerade nur eine von den geraden Linien ist, die den Punkt $u_1^2 = 0$, d. h. den unendlich fernen Punkt der X-Achse, enthalten, von Hause aus also keine Notwendigkeit vorliegt, daß sie bei den von uns zu betrachtenden Transformationen in sich übergeht —). Wir erhalten dann für die äquiformen Transformationen einfach $\alpha_{21} = 0$; jede Transformation

$$(13) \qquad \begin{cases} x' = \alpha_{11}x + \alpha_{12}y + \alpha_{13} \\ y' = \qquad\quad\ \alpha_{22}y + \alpha_{23} \end{cases}$$

wird als äquiform anzusprechen sein. *Die äquiforme Gruppe enthält trotz unserer einschränkenden Verabredung hier noch fünf Parameter.* Als „Bewegungen", d. h. kongruente Transformationen ohne Umlegung möge man dann unter den (13) diejenigen bezeichnen, welche erstlich unimodular sind, zweitens die Entfernung zweier Punkte x, y und $\bar{x}$, $\bar{y}$, d. h. im vorliegenden Falle $(y - \bar{y})$, unverändert lassen. Dies gibt $\alpha_{11} = 1$, $\alpha_{22} = 1$ und *die dreigliedrige Bewegungsgruppe ist durch die Formeln gegeben:*

$$(14) \qquad \begin{cases} x' = x + \alpha_{12}y + \alpha_{13} \\ y' = \qquad\quad\ y + \alpha_{23}. \end{cases}$$

Die äquiformen Transformationen enthalten sonach zwei Parameter mehr als die kongruenten. Wir werden sagen, daß wir jetzt die Einheiten für den Maßstab auf der X-Achse und der Y-Achse unabhängig wählen können. Insbesondere werden wir in $y - \bar{y}$ bei beliebig gegebenen zwei Punkten eine Bewegungsinvariante haben; *ist aber insbesondere $y - \bar{y} = 0$, so ist auch $x - \bar{x}$ eine Bewegungsinvariante.*

Es gilt jetzt, alle diese gewiß sehr einfachen Ansätze auf größere Variabelenzahlen zu übertragen. Oder vielmehr, wir wollen gleich zu vier Variabelen x, y, z, t übergehen (wobei wir den Inbegriff aller Wertsysteme dieser Variabelen mit Minkowski als *Welt*, x, y, z als *Raumkoordinaten*, t als *Zeit* bezeichnen). Wir verzichten darauf, die zugehörigen möglichen Arten der projektiven Maßbestimmung systematisch aufzuzählen, so einfach dies schließlich sein würde. Vielmehr beschränken wir uns darauf zu zeigen, daß hier, in der vierdimensionalen Welt, das *System der Mechanik* sich unter den Begriff der projektiven Maßbestimmung einordnet, und zwar sowohl das System der *klassischen* Mechanik, wie das der *neuen* Mechanik von Lorentz, Poincaré, Einstein und Minkowski, womit das Wesen dieser beiden Systeme, wie insbesondere ihre gegenseitige Stellung zur vollsten Klarheit gebracht sein dürfte.

Wolle man vorab vorübergehend $x = \dfrac{x_1}{x_5}$, $y = \dfrac{x_2}{x_5}$, $z = \dfrac{x_3}{x_5}$, $t = \dfrac{x_4}{x_5}$ setzen. Die allgemeine lineare Gleichung zwischen x, y, z, t werde dementsprechend so geschrieben: $u_1 x_1 + u_2 x_2 + u_3 x_3 + u_4 x_4 + u_5 x_5 = 0$; speziell ist $x_5 = 0$ dasjenige, was wir das „unendlich Ferne" der Welt nennen wollen. Unser alter Bekannter, der Kugelkreis, erhält wie früher die Gleichung:

$$(15) \qquad u_1^2 + u_2^2 + u_3^2 = 0;$$

er ist jetzt aber, da wir fünf homogene Koordinaten haben, als *zweifach spezialisiertes* Gebilde zu bezeichnen. Neben ihn stellen wir als *einfach spezialisiertes* Gebilde:

$$(16) \qquad u_1^2 + u_2^2 + u_3^2 - \frac{u_4^2}{c^2} = 0,$$

wo c die „Lichtgeschwindigkeit" bezeichnen soll, $\dfrac{1}{c^2}$ also (bei Zugrundelegung der Einheiten, deren man sich in der Mechanik allgemein zu bedienen pflegt) eine sehr kleine Größe ist. In Punktkoordinaten ist dieses Gebilde durch das Gleichungspaar gegeben:

$$(17) \qquad x_5 = 0, \quad x_1^2 + x_2^2 + x_3^2 - c^2 x_4^2 = 0,$$

bestimmt also eindeutig das „unendlich Ferne" der Welt. Läßt man hier, um zum Kugelkreise zu gelangen, c unendlich werden, so wird man für diesen *drei* Gleichungen in Punktkoordinaten erhalten:

$$(18) \qquad x_5 = 0, \quad x_4 = 0, \quad x_1^2 + x_2^2 + x_3^2 = 0.$$

Wir haben hier $\dfrac{x_4}{x_5} = t = \dfrac{0}{0}$; der Kugelkreis ist, könnte man sagen, *zeitlos* zu denken. Das unendlich Ferne der Welt ist nur eine der linearen Mannigfaltigkeiten, welche den Kugelkreis enthalten, es erscheint erst dann vor anderen linearen Mannigfaltigkeiten derselben Art bevorzugt, wenn wir den Kugelkreis aus (16), bzw. (17) durch Grenzübergang entstehen lassen. — *Auf diese Gebilde* (16, 17), *bzw.* (15, 18) *wollen wir nun alle Betrachtungen, die wir vorhin an die Gleichung* (10), *d. h.* $u_1^2 + \varepsilon u_2^2 = 0$ *knüpften, sinngemäß übertragen.*

Ich will gleich mit dem Kugelkreis beginnen, indem ich das Prinzip herübernehme, daß wir entsprechend der begrifflichen Auszeichnung der linearen Mannigfaltigkeit $x_5 = 0$ die zugehörigen äquiformen und kongruenten Transformationen der Welt nur unter den affinen Welttransformationen suchen sollen. Es hat dementsprechend jetzt keinen Zweck mehr, die homogene Schreibweise festzuhalten; vielmehr werden wir das allgemeine Schema der in Betracht kommenden Transformationen entsprechend den Gleichungen (13) gleich in folgender Gestalt anschreiben:

$$(19) \quad \begin{cases} x' = \alpha_{11} x + \alpha_{12} y + \alpha_{13} z + \alpha_{14} t + \alpha_{15} \\ y' = \alpha_{21} x + \alpha_{22} y + \alpha_{23} z + \alpha_{24} t + \alpha_{25} \\ z' = \alpha_{31} x + \alpha_{32} y + \alpha_{33} z + \alpha_{34} t + \alpha_{35} \\ t' = \qquad\qquad\qquad\qquad\quad \alpha_{44} t + \alpha_{55} . \end{cases}$$

Äquiform werden wir diese Transformationen nennen, wenn sie das Gleichungssystem (18) in sich überführen. Hierfür ergibt sich als einzige Bedingung, daß die Matrix

$$(20) \quad \begin{vmatrix} \alpha_{11} & \alpha_{12} & \alpha_{13} \\ \alpha_{21} & \alpha_{22} & \alpha_{23} \\ \alpha_{31} & \alpha_{32} & \alpha_{33} \end{vmatrix}$$

orthogonal sei. Dies liefert für die neun Koeffizienten $\alpha_{11}, \ldots, \alpha_{33}$ in bekannter Weise fünf Gleichungen; im ganzen bleiben von den 17 in (19) auftretenden Koeffizienten also 12 willkürlich. — Unter den so bestimmten äquiformen Transformationen werden wir dann gemäß (14) diejenigen als *kongruente Transformationen* bezeichnen, für die die Determinante der Matrix (20) gleich ± 1 und überdies $\alpha_{44} = 1$ ist. *Die Gruppe der so bestimmten kongruenten Transformationen enthält noch zehn Parameter.* Sind x, y, z, t und $\bar{x}, \bar{y}, \bar{z}, \bar{t}$ die Koordinaten zweier Weltpunkte, so bleibt bei der Gruppe der kongruenten Transformationen allgemein zu reden nur die Differenz $t - \bar{t}$ unverändert; nur wenn $t - \bar{t}$ insbesondere gleich Null ist, so ist auch $(x - \bar{x})^2 + (y - \bar{y})^2 + (z - \bar{z})^2$ eine Invariante. *Zwei Weltpunkte haben also nur dann eine „rein geometrische" Invariante, wenn ihre Zeitdifferenz verschwindet.*

Das wir mit diesen Angaben über die zum Kugelkreis gehörigen äquiformen und kongruenten Welttransformationen in der Tat die Grundlagen der klassischen Mechanik treffen, bedarf nach dem, was neuerdings von anderen Autoren vielfach hervorgehoben ist, kaum der Ausführung.

Die Grundgleichungen der klassischen Mechanik bleiben in der Tat ungeändert, wenn wir

1. das beliebig gewählte rechtwinklige Raumkoordinatensystem x, y, z durch irgendein anderes gleichorientiertes ersetzen,

2. dem rechtwinkligen System irgendeine gleichförmige Translation erteilt denken,

3. den Anfangspunkt, von dem aus wir die Zeit t zählen, beliebig ändern.

Genau dieses findet in der Gruppe unserer kongruenten Transformationen seinen Ausdruck. Speziell den gleichförmigen Translationen 2 entsprechen in unseren Formeln die Glieder mit $\alpha_{14} t, \alpha_{24} t, \alpha_{34} t$. Dem Umstande aber, daß unsere äquiformen Transformationen zwei Parameter mehr enthalten, als die kongruenten, korrespondiert die Tatsache, daß in der klassischen Mechanik die Zeiteinheit und die Längeneinheit unabhängig voneinander willkürlich gewählt werden können (worauf sich die Lehre von der „Ähnlichkeit" in der klassischen Mechanik stützt). —

Wir betrachten zweitens den Fall des nur einfach spezialisierten Grundgebildes (17) (das noch keinen besonderen Namen trägt, aber gewiß einen solchen verdiente):

$$x_5 = 0, \quad x_1^2 + x_2^2 + x_3^2 - c^2 x_4^2 = 0.$$

Die äquiformen Transformationen sind hier notwendig affin, um so mehr gehen wir wieder zur nicht-homogenen Schreibweise zurück. Das allgemeine Schema einer affinen Transformation ist dann:

$$(21) \quad \begin{cases} x' = \alpha_{11} x + \alpha_{12} y + \alpha_{13} z + \alpha_{14} t + \alpha_{15} \\ y' = \alpha_{21} x + \ldots \ldots \ldots + \alpha_{25} \\ z' = \alpha_{31} x + \ldots \ldots \ldots + \alpha_{35} \\ t' = \alpha_{41} x + \ldots \ldots \ldots + \alpha_{45}. \end{cases}$$

Wir haben eine äquiforme Transformation, sobald die durch die Matrix

$$\begin{vmatrix} \alpha_{11} & \cdot & \cdot & \cdot & \alpha_{14} \\ \cdot & \cdot & \cdot & \cdot & \cdot \\ \cdot & \cdot & \cdot & \cdot & \cdot \\ \alpha_{41} & \cdot & \cdot & \cdot & \alpha_{44} \end{vmatrix}$$

gegebene homogene Substitution der x, y, z, t die quadratische Form $x^2 + y^2 + z^2 - c^2 t^2$ in ein Multiplum ihrer selbst überführt. Dies legt den 20 Koeffizienten α_{ik} neun Bedingungen auf; *die Gruppe der äquiformen Transformationen enthält also jetzt elf Parameter.* Aus ihr entsteht die Gruppe der kongruenten Transformationen (wie wir sie seither definierten), indem wir verlangen, daß die Determinante

$$\begin{vmatrix} \alpha_{11} & \cdot & \cdot & \cdot & \alpha_{14} \\ \cdot & \cdot & \cdot & \cdot & \cdot \\ \cdot & \cdot & \cdot & \cdot & \cdot \\ \alpha_{41} & \cdot & \cdot & \cdot & \alpha_{44} \end{vmatrix}$$

einen der Werte ± 1 haben soll. *Wir haben so eine Gruppe von zehn Parametern.* Sind x, y, z, t und $\bar{x}$, $\bar{y}$, $\bar{z}$, $\bar{t}$ die Koordinaten irgend zweier Weltpunkte, so erweist sich ihr gegenüber das Quadrat der Quasientfernung:

$$(x - \bar{x})^2 + (y - \bar{y})^2 + (z - \bar{z})^2 - c^2 (t - \bar{t})^2$$

als unveränderlich.

Wir haben nun noch einen feineren Punkt herauszuarbeiten, der schon oben, bei den Erörterungen über das Punktepaar $u_1^2 + \varepsilon u_2^2 = 0$ als Fundamentalgebilde einer ebenen Maßbestimmung, hätte herangebracht werden können. Um aus der Gesamtheit der äquiformen Transformationen die kongruenten ohne Umlegung herauszuheben, kann man sich darauf beschränken, in den Substitutionen (12) die Determinante $\begin{vmatrix} \alpha_{11} & \alpha_{12} \\ \alpha_{21} & \alpha_{22} \end{vmatrix} = 1$ zu setzen. So macht man es ja in der Tat bei Euklidischer Maßbestimmung, wo als Fundamentalgebilde ein *imaginäres* Punktepaar zugrunde liegt. Aber dies führt doch nur für den Fall des imaginären Punktepaars (für den Fall eines positiven ε) zu den Bewegungen. Ist das Punktepaar reell (ε negativ), so ergibt die nähere geometrische Überlegung,, daß die unimodularen äquiformen Transformationen für sich kein Kontinuum mehr bilden, wie man dies doch billigerweise von dem Inbegriff der Bewegungen verlangen sollte. Ihre Gesamtheit zerfällt vielmehr in vier Kontinua. *Nur diejenigen Transformationen, welche das Vorzeichen des Differentialausdrucks $\varepsilon d x^2 + d y^2$ ungeändert lassen und überdies positives α_{22} aufweisen, werden im engeren Sinne als Bewegungen zu bezeichnen sein, weil sie allein sich an die „identische" Transformation $x' = x$, $y' = y$ kontinuierlich anschließen.* Der früher gegebenen Definition der kongruenten Transformationen sind also, um Bewegungen auszusondern, bei negativem ε die beiden genannten Forderungen noch ausdrücklich zuzusetzen. Auf die damals gegebene Abzählung der Parameter hat dies keinen Einfluß. Auch haben wir im Grenzfalle $\varepsilon = 0$, indem wir $\alpha_{22} = 1$ setzten, bereits der neuen Verabredung entsprechend gehandelt. — Etwas Ähnliches ist es nun auch mit dem jetzt zu behandelnden Falle des Gebildes (17) (das wegen des negativen Vorzeichens, mit dem der Term $c^2 x_4^2$ in seine Gleichung eingeht, bis zu einem gewissen Grade dem Falle des reellen Punktepaares der Ebene zu vergleichen ist). Jetzt zeigt die genauere geometrische Überlegung, — die nicht etwa schwer ist, die aber mehr Platz beanspruchen würde, als wir ihr hier geben können —, daß die Gruppe der kongruenten Transformationen, wie wir sie zunächst definierten, noch zwei Kontinua umfaßt, und *daß wir als Gruppe der Bewegungen von diesen beiden Kontinuen nur dasjenige brauchen können, welches durch positives α_{44} charakterisiert ist.*

Mögen wir die Forderung eines *positiven* α_{44} also der Definition unserer zehngliedrigen Gruppe noch ausdrücklich hinzufügen. Wir haben dann genau die *Lorentzgruppe* der „neuen" Mechanik vor uns. Allerdings sagt man von der Lorentzgruppe zumeist, sie habe sechs (nicht zehn) Parameter. Das ist aber nur eine Folge davon, daß man in der mathematischen Physik gewöhnlich nicht die Transformationen (21) der Koordinaten x, y, z, t, sondern nur die entsprechenden Transformationen der Differentiale dx, dy, dz, dt betrachtet, bei denen die additiven Konstanten $\alpha_{15}, \alpha_{25}, \alpha_{35}, \alpha_{45}$ der Formeln (21) selbstverständlich fortfallen. Der Umstand aber, daß die Gruppe der äquiformen Transformationen jetzt nur einen Parameter mehr enthält als die der kongruenten, findet sein Gegenstück in dem Umstande, daß durch Vorgabe der Konstanten c (der Lichtgeschwindigkeit) in der neuen Mechanik Raumeinheit und Zeiteinheit aneinander geknüpft sind (so daß nur eine der beiden willkürlich angenommen werden kann).

So sind denn alte Mechanik und neue Mechanik gleichmäßig in das Schema der projektiven Maßbestimmung bei vier Variabeln x, y, z, t eingeordnet, — der Zielpunkt, den ich zu Anfang dieses Vortrags in Aussicht nahm, ist erreicht. Alles, was ich zu Eingang über das Verhältnis der metrischen Geometrie zur projektiven gesagt habe, würde sich sinngemäß übertragen lassen. Ich beschränke mich aber darauf, noch zwei kurze Bemerkungen zuzufügen.

Zunächst: Gemäß der Terminologie, die ich oben bei Gelegenheit berührte, dürfen wir sagen, daß die klassische Mechanik ebenso wie die neue Mechanik eine „Relativitätstheorie" bezüglich einer Gruppe von zehn Parametern ist. Man möchte fragen, warum denn in der physikalischen Literatur das Wort „Relativitätstheorie" ausschließlich als ein Attribut der neuen Mechanik gebraucht wird? Hierauf scheint zu antworten: weil die neue Mechanik historisch auf dem Umwege über die Elektrodynamik entstanden ist. Es genügt, um die Sachlage klarzumachen, die Maxwellschen Gleichungen für den reinen Äther etwa in der Hertzschen Bezeichnung herzusetzen:

$$\frac{1}{c} \cdot \frac{\partial L}{\partial t} = \frac{\partial Z}{\partial y} - \frac{\partial Y}{\partial z}, \qquad \frac{1}{c} \cdot \frac{\partial X}{\partial t} = \frac{\partial M}{\partial z} - \frac{\partial N}{\partial y},$$

$$\frac{1}{c} \cdot \frac{\partial M}{\partial t} = \frac{\partial X}{\partial z} - \frac{\partial Z}{\partial x}, \qquad \frac{1}{c} \cdot \frac{\partial Y}{\partial t} = \frac{\partial N}{\partial x} - \frac{\partial L}{\partial z},$$

$$\frac{1}{c} \cdot \frac{\partial N}{\partial t} = \frac{\partial Y}{\partial x} - \frac{\partial X}{\partial y}, \qquad \frac{1}{c} \cdot \frac{\partial Z}{\partial t} = \frac{\partial L}{\partial y} - \frac{\partial M}{\partial x}.$$

$$\frac{\partial L}{\partial x} + \frac{\partial M}{\partial y} + \frac{\partial N}{\partial z} = 0, \qquad \frac{\partial X}{\partial x} + \frac{\partial Y}{\partial y} + \frac{\partial Z}{\partial z} = 0.$$

Diese Gleichungen bleiben selbstverständlich ungeändert, wenn man das x, y, z-System durch irgendein anderes (gleichorientiertes) rechtwinkliges

Koordinatensystem ersetzt, oder wenn man den Anfangspunkt der Zeit beliebig verschiebt; — das macht zusammen eine Gruppe von sieben Parametern. Sie bleiben aber keineswegs mehr ungeändert, wenn man das Koordinatensystem einer gleichförmigen Translation unterwirft, also setzt:

$$x' = x + \alpha_{14} t, \quad y' = y + \alpha_{24} t, \quad z' = z + \alpha_{34} t.$$

Hierin lag der Anlaß, daß man unter der Herrschaft der **Maxwell**schen Gleichungen den elektrodynamischen Äther zunächst als im Raume ruhend ansah, daß die Auffassung des *absoluten* Raumes wieder zu Ehren kam. Es blieb die siebengliedrige Gruppe der Änderungen, welche dem rein-äußerlichen Übergang von einem Koordinatensystem x, y, z, t zu einem gleichberechtigten anderen entspricht. — Da kam die Entdeckung, daß diese siebengliedrige Gruppe in einer anderen zehngliedrigen enthalten sei, welche die **Maxwell**schen Gleichungen ihrerseits unverändert läßt, eben der Lorentzgruppe. Wieder entschwand der absolute Raum (oder vielleicht besser: die absolute Welt), — die Welt ward wieder, was sie früher war, ein relativer Begriff —, und man bildete sich, ohne daran zu denken, daß man nur das frühere Sachverhältnis mutatis mutandis wiederherstellte, das Wort „Relativitätstheorie" als einen neuen, auf die Lorentzgruppe ausschließlich bezüglichen Term.

Als Schlußbemerkung aber möchte ich diese wählen: es wurde oben darauf hingewiesen, daß die Schwierigkeiten, die jedermann empfindet, der, von der Gewöhnung der Euklidischen Geometrie beginnend, versucht, in die Nicht-Euklidischen Doktrinen einzudringen, ohne weiteres wegfallen, wenn man den übergeordneten Standpunkt des projektiven Denkens als Ausgangspunkt nimmt. Analoges möchte für das Studium der neuen Verhältnisse gelten, die innerhalb der Mechanik bei Zugrundelegung der Lorentzgruppe hervortreten. Es scheint unzweckmäßig, bei diesem Studium immer von den in der klassischen Mechanik geltenden Auffassungen auszugehen und dann zu überlegen, wie diese künstlich deformiert werden müssen, um auf die neue Mechanik zu passen. Vielmehr scheint es richtiger, sich vom Standpunkte der alten Mechanik zunächst zu einem umfassenderen zu erheben, der dann die alte und die neue Mechanik nebeneinander als spezielle Fälle umschließt. Nach dem, was oben angeführt wurde, ist hierfür nicht einmal nötig, sich in die *projektive* Auffassung der Welt hineinzudenken, denn es genügt die *affine* Auffassung. Es wird darauf ankommen, eine systematische Invariantentheorie der affinen „Welt" zu schreiben, wozu übrigens alle Elemente in den mehrdimensionalen Untersuchungen der Mathematiker bereits vorliegen, und von ihr aus die beiden Arten der Mechanik, die alte und neue, nebeneinander zu behandeln. Wieso die alte Mechanik ein Grenzfall der neuen ist, inwieweit sie also als eine Annäherung an letztere angesehen werden darf, kommt dann von selbst hervor. Wer bringt dieses Programm zur Ausführung?

Minkowski hatte die hier geforderten Dinge für sich zweifellos sehr genau überlegt. Aber da er für den weiten Kreis der physikalisch interessierten Leser schrieb, hielt er es im Interesse der Verständlichkeit seiner Entwicklungen für zweckmäßiger, nicht seine bezüglichen inneren Überlegungen vorzutragen, sondern nur die auskristallisierte Form des Algorithmus, zu dem sie im Falle der Lorentzgruppe hinführen. Das ist Minkowskis vierdimensionale Vektorrechnung, die er ohne nähere Begründung als ein bestimmtes System fest verabredeter algebraischer Prozesse an die Spitze seiner elektrodynamischen Entwicklungen stellt.[6]

P. S. von August 1910. Ich hatte in meinem Vortrage vom 10. Mai insbesondere auch von der eleganten Darstellung der Koeffizienten der Lorentzgruppe durch zehn unabhängige Parameter gesprochen, die sich auf Grund einer wieder zuerst von Cayley aufgestellten berühmten Quaternionenformel ergibt.

Die Schlußformel ist die folgende. Ich verstehe unter i die gewöhnliche imaginäre Einheit, unter i_1, i_2, i_3 die spezifischen Einheiten des Quaternionenkalkuls. $A, A', \ldots, D, D'$ seien acht Parameter, welche an die bilineare Gleichung

$$A A' + B B' + C C' + D D' = 0$$

und übrigens die Ungleichung

$$A^2 + B^2 + C^2 + D^2 > A'^2 + B'^2 + C'^2 + D'^2$$

gebunden sein sollen. Ebenso seien x_0, y_0, z_0, t_0 vier Parameter. Die Substitutionen der Lorentzgruppe sind dann durch folgende Formel gegeben:

$$(i_1 x' + i_2 y' + i_3 z' + i c t') - (i_1 x_0 + i_2 y_0 + i_3 z_0 + i c t_0)$$
$$= \frac{\begin{bmatrix} (i_1(A + iA') + i_2(B + iB') + i_3(C + iC') + (D + iD')) \\ \cdot (i_1 x + i_2 y + i_3 z + i c t) \\ \cdot (i_1(A - iA') + i_2(B - iB') + i_3(C - iC') - (D - iD')) \end{bmatrix}}{(A'^2 + B'^2 + C'^2 + D'^2) - (A^2 + B^2 + C^2 + D^2)}$$

---

[6] [Diese Bemerkungen über die von Minkowski gewählte Darstellungsweise beziehen sich auf die Veröffentlichungen, die 1910 vorlagen und auch für Minkowskis gesammelte Werke (Leipzig, 1911) maßgebend gewesen sind. Inzwischen hat sich 1915 in seinem Nachlaß das Manuskript einer von ihm noch vor jenen Veröffentlichungen, nämlich am 5. Nov. 1907, in der Göttinger Mathematischen Gesellschaft gehaltenen Vortrags gefunden, in welchem er seine mathematischen Gedanken unverhüllt dargelegt hat. Dieser Vortrag ist gleich 1915 unter dem Titel „Das Relativitätsprinzip" von Sommerfeld in Bd. 47 der 4. Folge der Annalen der Physik abgedruckt worden und findet sich übrigens auch im 24. Bande der Jahresberichte der Deutschen Mathematischen Vereinigung (1916). Hierauf möchte ich an gegenwärtiger Stelle ganz besonders aufmerksam machen. K.]

Da die Multiplikation der $A, A', \ldots, D, D'$ mit einem beliebigen gemeinsamen Faktor die Formel nicht ändert, die $A, A', \ldots$ aber andererseits der obigen Bilinearrelation unterworfen sind, haben wir in der Tat zehnfach unendlich viele Substitutionen vor uns.

Wegen der näheren Einzelheiten und der literarischen Nachweise vergleiche man etwa die „Zusätze und Ergänzungen", welche Herr Fritz Nöther dem eben erscheinenden Schlußhefte von Sommerfelds und meiner „Theorie des Kreisels" (Leipzig, Teubner 1910) hinzugefügt hat.

[Cunningham und Bateman haben bereits 1909 bemerkt, daß die Maxwellschen Gleichungen nicht nur bei den linearen Transformationen der Lorentzgruppe invariant bleiben, sondern auch bei der erweiterten G_{15}, die sich aus der Lorentzgruppe ergibt, wenn man eine gerade Anzahl von Transformationen folgender Art, (die einer Umformung der Welt durch „reziproke Radien" entsprechen):

$$x' = \frac{x}{x^2 + y^2 + z^2 - c^2 t^2}, \quad y' = \frac{y}{-}, \quad z' = \frac{z}{-}, \quad t' = \frac{t}{-}$$

hinzunimmt[7]). Hiervon macht Bateman 1910 in den Proceedings der Londoner Mathematical Society (2) 8 interessante Anwendungen auf die Theorie der Maxwellschen Gleichungen.

Bateman geht l. c. ferner dazu über, das Wertsystem x, y, z, t durch eine Kugel des dreidimensionalen Raumes mit den Mittelpunktskoordinaten x, y, z und dem Radius $c\,t$ zu interpretieren (es ist dies derselbe Gedanke, den Timerding unabhängig im 21. Bd. des Jahresberichts der Deutschen Mathematiker-Vereinigung, 1912, entwickelt hat). Die Transformationen der vierdimensiona'en „Welt", welche wir gerade erwähnten, verwandeln sich dann, wie Bateman sagt, in „spherical wave transformations". *Es sind dies genau die Transformationen der Lieschen Kugelgeometrie.* Unter ihnen ist die G_{10} der Lorentztransformationen dadurch ausgezeichnet, daß sie Ebenen in Ebenen verwandelt.

Offenbar schließen sich diese Entwicklungen auf das innigste mit denjenigen zusammen, die Lie und ich 1871 gegeben haben und wegen deren ich hier insbesondere auf Nr. VIII der vorliegenden Gesamtausgabe (Über Liniengeometrie und metrische Geometrie) verweisen darf.

Für die Physik hat diese G_{15} allerdings nicht dieselbe Bedeutung wie ihre Untergruppe, die G_{10} der Lorentzgruppe. Es liegt dies daran, daß nur letztere eine Verallgemeinerung der G_{10} der klassischen Mechanik ist (in die sie übergeht, wenn man die Lichtgeschwindigkeit unendlich setzt), eine allgemeine Physik aber ebensowohl die Mechanik wie die Elektrodynamik umfassen muß. Einstein drückte dieses Sachverhältnis mir gegenüber gelegentlich so aus: Die Transformation durch reziproke Radien wahrt zwar die Form der Maxwellschen Gleichungen, nicht aber den Zusammenhang zwischen Koordinaten und Maßergebnissen von Maßstäben und Uhren. K.]

---

[7]) Die einzelne Transformation dieser Art würde die Maxwellschen Gleichungen so umändern, wie ein Vorzeichenwechsel von t, oder, was auf dasselbe hinauskommt, der Übergang von einem Linkskoordinatensystem x, y, z, wie es Hertz benutzt, zu einem Rechtskoordinatensystem.

XXXI. Zu Hilberts erster Note über die Grundlagen der Physik[1]).

[Nachrichten der Kgl. Gesellschaft der Wissenschaften zu Göttingen. Mathematisch-physikalische Klasse. (1917.) Vorgelegt in der Sitzung vom 25. Januar 1918.]

I. Aus einem Briefe von F. Klein an D. Hilbert.

... Indem ich Ihre Note sorgfältig studierte, bemerkte ich, daß man die Zwischenrechnungen, die Sie anstellen, durch Benutzung des gewöhnlichen Lagrangeschen Variationsansatzes wesentlich abkürzen kann und im Zusammenhang damit genauere Einsicht in die Bedeutung des Erhaltungssatzes gewinnt, den Sie für Ihren Energievektor aufstellen. Bei der folgenden Darstellung meiner Überlegungen schließe ich mich möglichst an Ihre Bezeichnungsweise an, nur daß ich der Konsequenz halber die Weltparameter w durch *obere* Indizes unterscheide:

$$w^I, \ w^{II}, \ \ldots, \ w^{IV}$$

und unbestimmte Indizes durchweg durch griechische Buchstaben bezeichne. Dadurch erleichtere ich den Vergleich mit den parallellaufenden Einsteinschen Entwicklungen, über die ich gleichfalls einige Bemerkungen zu machen habe.

1. Ich beginne gleich damit, nach S. 404 Ihrer Note die beiden Integrale einzuführen, die ich I_1 und I_2 nenne:

$$(1) \qquad I_1 = \int K\,d\omega, \qquad I_2 = \int L\,d\omega,$$

unter $d\omega$ das invariante Raumelement

$$d\omega = \sqrt{g} \cdot dw^I \ldots dw^{IV}$$

verstanden. Hier ist K die fundamentale Ortsinvariante des zugrunde gelegten ds^2, die sich unter Benutzung Riemannscher Vierindizessymbole so schreibt:

$$(2) \qquad K = \sum_{\mu,\nu,\varrho,\sigma} (\mu\nu,\varrho\sigma)(g^{\mu\varrho}g^{\nu\sigma} - g^{\mu\sigma}g^{\nu\varrho}),$$

für L aber will ich, da es mir nicht auf Allgemeinheit der physikalischen

---

[1]) Göttinger Nachrichten, Math.-phys. Klasse, (1915), S. 395—407 (Mitteilung vom 20. November 1915).

Voraussetzungen ankommt, den einfachsten nach S. 407 Ihrer Note zulässigen Wert schreiben:

$$(3) \qquad L = \alpha Q = - \alpha \sum_{\mu,\nu,\varrho,\sigma}{}' (q_{\mu\nu} - q_{\nu\mu})(q_{\varrho\sigma} - q_{\sigma\varrho})(g^{\mu\varrho} g^{\nu\sigma} - g^{\mu\sigma} g^{\nu\varrho}).$$

Dabei ist α, gemäß den Einsteinschen Auffassungen, gleich der mit $\frac{8\pi}{c^2}$ multiplizierten Gravitationskonstanten zu nehmen, also in den bei den Physikern gebräuchlichen Einheiten eine sehr kleine Zahl:

$$- \alpha = 1{,}87 \cdot 10^{-27};$$

ich führe diesen Zahlenwert ausdrücklich an, damit man sieht, daß die alte Maxwellsche Theorie des von Elektronen freien Raumes, welche $\alpha = 0$ setzt und von K überhaupt nicht spricht, als eine für die gewöhnlichen Messungen zureichende Annäherung an die hier zu besprechenden neuen Ansätze aufgefaßt werden kann. Vgl. weiter unten Nr. 5.

2. Ich bilde nun zunächst rein formal die Variationen der Integrale I_1, I_2, welche einer beliebigen Abänderung der $g^{\mu\nu}$, q_ϱ um $\delta g^{\mu\nu}$, δq_ϱ entsprechen[2]), und schreibe sie abkürzend so:

$$(4\,\mathrm{a}) \qquad \delta I_1 = \int \sum_{\mu,\nu} K_{\mu\nu}\, \delta g^{\mu\nu}\, d\omega$$

$$(4\,\mathrm{b}) \qquad \delta I_2 = \alpha \int \Big(\sum_{\mu,\nu} Q_{\mu\nu}\, \delta g^{\mu\nu} + \sum_{\varrho} Q^\varrho\, \delta q_\varrho \Big)\, d\omega.$$

Hier bezeichnen die $K_{\mu\nu}$, $Q_{\mu\nu}$ die wohlbekannten zu den Produkten $dw^\mu\, dw^\nu$ kontragredienten Tensoren:

$$(5\,\mathrm{a}) \qquad K_{\mu\nu} = \left(\frac{\partial \sqrt{g}\, K}{\partial g^{\mu\nu}} - \sum_{\varrho} \frac{\partial \left(\dfrac{\partial \sqrt{g}\, K}{\partial g^{\mu\nu}_{\varrho}} \right)}{\partial w^\varrho} + \sum_{\varrho,\sigma} \frac{\partial^2 \left(\dfrac{\partial \sqrt{g}\, K}{\partial g^{\mu\nu}_{\varrho\sigma}} \right)}{\partial w^\varrho\, \partial w^\sigma} \right) : \sqrt{g},$$

$$(5\,\mathrm{b}) \qquad Q_{\mu\nu} = \left(\frac{\partial \sqrt{g}\, Q}{\partial g^{\mu\nu}} \right) : \sqrt{g},$$

die Q^ϱ aber den zu den $d w^\varrho$ kogredienten Vektor:

$$(6) \qquad Q^\varrho = - \left(\sum_{\sigma} \frac{\partial \left(\dfrac{\partial \sqrt{g}\, Q}{\partial q_{\varrho\sigma}} \right)}{\partial w^\sigma} \right) : \sqrt{g}.$$

Die Gleichungen

$$(7) \qquad Q^\varrho = 0$$

sind, in den Koordinaten w geschrieben, die unseren physikalischen Voraussetzungen entsprechenden Maxwellschen Gleichungen; andererseits

---

[2]) [Wir machen hier die Voraussetzung, daß $\delta g^{\mu\nu}$, $\delta y^{\mu\nu}_{\varrho}$ und δq_ϱ am Rande des Integrationsgebietes verschwinden.]

sind die $Q_{\mu\nu}$, wie Sie auf S. 407 Ihrer Note bemerken, die Energiekomponenten des elektromagnetischen Feldes.

3. Noch will ich, der Deutlichkeit halber, gleich vorab zwischen der *skalaren Divergenz* eines „Vektors p^ϱ" und der *vektoriellen Divergenz* eines „Tensors $t_{\mu\nu}$" unterscheiden. In unseren allgemeinen Koordinaten w^ν drückt sich erstere bekanntlich durch die Summe aus:

$$(8) \qquad \sum_\nu \frac{\partial(\sqrt{g}\,p^\nu)}{\partial w^\nu} : \sqrt{g}\,,$$

die letztere aber wird etwas komplizierter; ihre vier Komponenten lauten:

$$(9) \qquad \left(\sum_{\mu,\,\nu} \frac{\partial(\sqrt{g}\,t_{\mu\sigma}\,g^{\mu\nu})}{\partial w^\nu} + \frac{1}{2}\sqrt{g}\sum_{\mu,\,\nu} t_{\mu\nu}g_\sigma^{\mu\nu} \right) : \sqrt{g}$$

für $\sigma = 1, 2, 3, 4$.

4. Ich entwickle nun gleich *die vier einfachen partiellen Differentialgleichungen*, denen I_1 bzw. I_2 (weil beide Invarianten bei beliebigen Transformationen der w sind) genügen. Zu diesem Zwecke bestimmt man natürlich, wie dies insbesondere Lie in seinen zahlreichen einschlägigen Veröffentlichungen getan hat, die formellen Änderungen, welche sich bei einer beliebigen infinitesimalen Transformation

$$(10) \qquad \delta w^I = p^I, \ldots, \delta w^{IV} = p^{IV}$$

ergeben. (unter p^σ einen infinitesimalen Vektor verstanden, dessen höhere Potenzen vernachlässigt werden dürfen). — Sie haben dies für das Integral I_1 auf S. 398—400 Ihrer Note in der Weise ausgeführt, daß Sie zunächst die verhältnismäßig komplizierten Änderungen von K in Betracht zogen, um von da durch Integration zur Änderung des I_1 aufzusteigen. Meine ganze Vereinfachung der Überlegung besteht darin, daß ich an die Formel (4a) anknüpfe, d. h. die Änderung des I_1 direkt aus der Lagrangeschen Ableitung berechne. *Die Änderung von I_1 muß Null sein, wenn ich (in 4a) für die $\delta g^{\mu\nu}$ diejenigen Werte einsetze, welche der infinitesimalen Transformation* (10) *entsprechen.* Da die $g^{\mu\nu}$ den $dw^\mu\,dw^\nu$ kogredient sind, findet man als solche einfach

$$(11) \qquad \delta g^{\mu\nu} = \sum_\sigma (g_\sigma^{\mu\nu}\,p^\sigma - g^{\mu\sigma}\,p_\sigma^\nu - g^{\nu\sigma}\,p_\sigma^\mu)^3).$$

Wir haben also [indem wir die p^σ am Rande gleich Null setzen]:

$$\int \sum_{\mu,\,\nu} K_{\mu\nu} \left(\sum_\sigma g_\sigma^{\mu\nu}\,p^\sigma - \sum_\sigma g^{\mu\sigma}\,p_\sigma^\nu - \sum_\sigma g^{\nu\sigma}\,p_\sigma^\mu \right) d\omega = 0.$$

Hier gestalten wir die Glieder mit p_σ^ν, p_σ^μ in bekannter Weise durch partielle Integration um, wobei wir die sonst willkürlichen p^σ noch der

---

3) [Dies wird in § 1 der folgenden Abh. XXXII noch genauer erläutert.]

Bedingung unterwerfen, an den Grenzen der Integration verschwindende erste und zweite Differentialquotienten zu haben. Wir bekommen dann

$$\int \sum_\sigma p^\sigma \left(\sqrt{g} \sum_{\mu,\nu} K_{\mu\nu}\, g_\sigma^{\mu\nu} + 2 \sum_{\mu,\nu} \frac{\partial(\sqrt{g}\, K_{\mu\sigma}\, g^{\mu\nu})}{\partial w^\nu} \right) d\,w^I \ldots d\,w^{IV} = 0$$

und hieraus, wegen der Willkür der p^σ, *die vier für den Tensor $K_{\mu\nu}$ geltenden, auch von Ihnen (bzw. Einstein) aufgestellten Differentialgleichungen:*

$$(12) \qquad \sqrt{g} \sum_{\mu,\nu} K_{\mu\nu}\, g_\sigma^{\mu\nu} + 2 \sum_{\mu,\nu} \frac{\partial(\sqrt{g}\, K_{\mu\sigma}\, g^{\mu\nu})}{\partial w^\nu} = 0 \qquad (\sigma = 1, 2, 3, 4).$$

die wir offenbar dahin interpretieren können, daß wir sagen: *die vektorielle Divergenz des Tensors $K_{\mu\nu}$ verschwindet.*

Genau so wird man das Integral I_2 behandeln können. Neben die Inkremente (11) der $g^{\mu\nu}$ treten dann nur noch folgende Inkremente der q_ϱ[4]):

$$(13) \qquad\qquad \delta q_\varrho = \sum_\sigma \left(q_{\varrho\sigma}\, p^\sigma + q_\sigma\, p_\varrho^\sigma \right).$$

Wir bekommen so folgende vier Differentialgleichungen für die $Q_{\mu\nu}$, Q^ϱ:

$$(14) \quad \sum_{\mu,\nu} \left(\sqrt{g}\, Q_{\mu\nu}\, g_\sigma^{\mu\nu} + 2 \frac{\partial(\sqrt{g}\, Q_{\mu\sigma}\, g^{\mu\nu})}{\partial w^\nu} \right) + \sum_\varrho \left(\sqrt{g}\, Q^\varrho\, q_{\varrho\sigma} - \frac{\partial(\sqrt{g}\, Q^\varrho\, q_\sigma)}{\partial w^\varrho} \right) = 0,$$
$$\text{für } \sigma = 1, 2, 3, 4.$$

Es ist wohl unnötig, sie noch besonders in Worte zu fassen. Wohl aber verlohnt es sich, einer Umgestaltung zu gedenken, die sie wegen der besonderen Form unseres Q gestatten (und die mutatis mutandis an verschiedenen Stellen Ihrer Note ebenfalls auftritt). Q hängt nur von den Differenzen $q_{\varrho\sigma} - q_{\sigma\varrho}$ ab und hat daher, wie ein Blick auf (6) zeigt, eine verschwindende skalare Divergenz:

$$\sum_\varrho \frac{\partial(\sqrt{g}\, Q^\varrho)}{\partial w^\varrho} = 0.$$

Infolge dessen können wir die Differentialgleichungen (14) *in die andere Gestalt setzen:*

$$(14') \quad \sum_{\mu,\nu} \left(\sqrt{g}\, Q_{\mu\nu}\, g_\sigma^{\mu\nu} + 2 \frac{\partial(\sqrt{g}\, Q_{\mu\sigma}\, g^{\mu\nu})}{\partial w^\nu} \right) + \sum_\varrho (\sqrt{g}\, Q^\varrho\, (q_{\varrho\sigma} - q_{\sigma\varrho})) = 0,$$
$$\text{für } \sigma = 1, 2, 3, 4.$$

5. Jetzt erst führe ich die Grundannahme der Einsteinschen Theorie

---

[4]) Meine $\delta g^{\mu\nu}$ (11) und δq_ϱ (13) sind nichts anderes, als die von Ihnen auf S. 398 Ihrer Note mit $p^{\mu\nu}$ bzw. p_ϱ bezeichneten Größen.

ein, am liebsten natürlich in der von Ihnen in Ihrer Note gewählten Form, die sich hier dahin ausspricht, *daß die Variation*

$$(15) \qquad\qquad \delta I_1 + \delta I_2 = 0$$

sein soll, für beliebige $\delta g^{\mu\nu}$, δq_ϱ.

Dies gibt gemäß (4a), (4b) die bekannten 14 „*Feldgleichungen*", nämlich die zehn Gleichungen:

$$(16\,\mathrm{a}) \qquad\qquad K_{\mu\nu} + \alpha\, Q_{\mu\nu} = 0$$

und die vier Gleichungen

$$(16\,\mathrm{b}) \qquad\qquad Q^\varrho = 0.$$

Sie bemerken in Ihrer Note, daß zwischen diesen 14 Gleichungen vier Abhängigkeiten bestehen müssen, und zeigen auf S. 406 durch besondere Rechnung, welcher Zusammenhang zwischen den vier Gleichungen (16b) — den Maxwellschen Gleichungen — und den zehn Gleichungen (16a) besteht. Dies ist bei mir natürlich in den Formeln der vorigen Nummer bereits mit enthalten. In der Tat braucht man nur die Gleichungen (14′) mit α multipliziert zu den Gleichungen (12) zu addieren, um unmittelbar abzulesen, daß aus den Gleichungen (16a) das Verschwinden der Q^ϱ folgt.

Zugleich ergibt sich völlig klar, was über den Charakter der alten Maxwellschen Theorie als einen Grenzfall der neuen Theorie gesagt wurde. Wenn wir die alte Maxwellsche Theorie in beliebigen krummlinigen Koordinaten $w^I \cdots w^{IV}$ behandeln, haben wir es doch immer mit einem ds^2 zu tun, dessen Riemannsches Krümmungsmaß identisch verschwindet, für welches also auch die $K_{\mu\nu}$ schlechtweg Null sind. Andererseits werde $\alpha = 0$ genommen. *Damit sind die zehn Gleichungen* (16a) *von selbst erfüllt; die Energiekomponenten* $Q_{\mu\nu}$ *des elektromagnetischen Feldes unterliegen von da aus keiner Bindung mehr.* Es bleiben nur mehr die vier Gleichungen (16b); d. h. eben die Maxwellschen Gleichungen, bestehen. Als eine Folge derselben haben die $Q_{\mu\nu}$ gemäß (14) eine verschwindende vektorielle Divergenz.

Natürlich haben vor Einstein wir andern die krummlinigen Koordinaten w in der Physik nur so eingeführt, daß wir die drei Raumkoordinaten beliebig transformierten, das t aber wesentlich ungeändert ließen. Das t gleichberechtigt mit in die Koordinatentransformation einzubeziehen, erscheint als die eine große Leistung von Einstein. Die andere ist dann selbstverständlich die, daß der Gravitation Rechnung getragen werden kann, indem an die Stelle des ds^2 von verschwindendem Riemannschen Krümmungsmaße ein allgemeineres ds^2 gesetzt wird. — Andererseits war, um auch dies zu betonen, das mathematische Rüstzeug zur Bearbeitung dieser neuen physikalischen Gedanken längst bereit gestellt, da uns Räume von beliebig vielen Dimensionen mit beliebigem Bogenelement doch seit Riemann geläufig sind. Es ist hier nicht der Ort, einen historischen Exkurs einzuschalten, der mit den Methoden von Lagranges Mécanique analytique beginnen müßte; es wären sonst außer den immer genannten Arbeiten Christoffels namentlich diejenigen von Beltrami und Lipschitz zu besprechen.

6. Ich will jetzt, ohne die Feldgleichungen (16) zu benutzen, die Gleichungen (12), (14) zusammen addieren, nachdem ich letztere mit α multipliziert habe. Dies gibt für $\sigma = 1, 2, 3, 4$ die Identitäten:

$$(17) \qquad \sum_{\mu, \nu}{}' \sqrt{g}\, (K_{\mu\nu} + \alpha Q_{\mu\nu})\, g_\sigma^{\mu\nu} + \sum_\varrho {}' \alpha \sqrt{g}\, Q^\varrho\, q_{\varrho\sigma}$$

$$= -2 \sum_{\mu, \nu} \frac{\partial \left[\sqrt{g}\, (K_{\mu\sigma} + \alpha Q_{\mu\sigma})\, g^{\mu\nu} - \dfrac{\alpha}{2} \sqrt{g}\, Q^\nu\, q_\sigma \right]}{\partial w^\nu}.$$

Diese Gleichungen multipliziere ich mit p^σ (unter p^σ einen beliebigen zu den dw^σ kogredienten Vektor verstanden) und summiere nach σ. Hier kann ich rechter Hand die p^σ mit unter die Differentiationszeichen hineinnehmen, indem ich linker Hand entsprechende Ergänzungsterme hinzusetze. Dabei will ich linker Hand die Buchstabenbezeichnungen σ und ν vertauschen, auch statt $2\, g^{\mu\nu}\, p_\sigma^\nu$ das, im Zusammenhange dieser Überlegungen gleichbedeutende, symmetrische $g^{\mu\sigma}\, p_\sigma^\nu + g^{\nu\sigma}\, p_\sigma^\mu$ setzen. Solcherweise entsteht:

$$(18) \qquad \sum_{\mu, \nu, \sigma}{}' \sqrt{g}\, (K_{\mu\nu} + \alpha Q_{\mu\nu})\, (g_\sigma^{\mu\nu}\, p^\sigma - g^{\mu\sigma}\, p_\sigma^\nu - g^{\nu\sigma}\, p_\sigma^\mu)$$

$$+ \sum_{\varrho, \sigma} \alpha \sqrt{g}\, Q^\varrho\, (q_{\varrho\sigma}\, p^\sigma + q_\sigma\, p_\varrho^\sigma)$$

$$= -2 \sum_{\mu, \nu, \sigma} \frac{\partial \left\{ \left[\sqrt{g}\, (K_{\mu\sigma} + \alpha Q_{\mu\sigma})\, g^{\mu\nu} - \dfrac{\alpha}{2} \sqrt{g}\, Q^\nu\, q_\sigma \right] p^\sigma \right\}}{\partial w^\nu},$$

was natürlich nur eine andere Schreibweise der (17) ist. In Anbetracht des besonderen Wertes, den ich für Ihr H von vornherein angenommen habe ($H = K + \alpha Q$), steht hier nun linker Hand genau, was Sie als Wert der mit $\sqrt{g}$ multiplizierten skalaren Divergenz Ihres *Energievektors* e^ν angeben (S. 402 Ihrer Note), also

$$\sum_\nu \frac{\partial \sqrt{g}\, e^\nu}{\partial w^\nu}.$$

Es folgt, *daß Ihr Energievektor* e^ν *von*

$$-2 \sum_{\mu, \sigma} \left((K_{\mu\sigma} + \alpha Q_{\mu\sigma})\, g^{\mu\nu} + \frac{\alpha}{2}\, Q^\nu\, q_\sigma \right) p^\sigma$$

nur um einen Term verschieden ist, dessen skalare Divergenz identisch verschwindet.

Nehmen wir jetzt die 14 Feldgleichungen (16a), (16b) hinzu, so reduziert sich e^ν auf diesen Zusatzterm und die Angabe S. 402 Ihrer Note, daß

$$(19) \qquad \sum_\nu \frac{\partial \sqrt{g}\, e^\nu}{\partial w^\nu} = 0$$

statthat, erscheint als eine identische Aussage. Besagte Angabe kann also wohl nicht als Analogie zum Erhaltungssatze der Energie, wie er in der gewöhnlichen Mechanik herrscht, angesehen werden. Denn wenn wir in letzterer schreiben:

$$\frac{d(T+U)}{dt} = 0\,,$$

so besteht diese Differentialbeziehung doch nicht identisch, sondern erst infolge der Differentialgleichungen der Mechanik.

7. Natürlich wäre es erwünscht, den Zusatzterm, um den sich Ihr e^ν von den infolge der Feldgleichungen verschwindenden Gliedern unterscheidet, explizite anzugeben. Ich finde aber Ihre Formeln so kompliziert, daß ich die Nachrechnung nicht unternommen habe. Nur das scheint klar, daß er Bestandteile umfaßt, die in den p^σ linear sind, andere, welche die p^σ_μ, und vielleicht noch solche, welche die $p^\sigma_{\mu\nu}$ linear enthalten. Es kann eigentlich nicht schwer sein, die allgemeinsten Vektoren dieser Bauart anzugeben, deren skalare Divergenz identisch verschwindet. Man erhält überhaupt Vektoren X^ν verschwindender Divergenz, indem man von irgendeinem Sechsertensor (einem schief symmetrischen Tensor) $\lambda^{\mu\nu}$ ausgeht und

$$(20) \qquad \sqrt{g}\, X^\nu = \sum_\mu \frac{\partial \lambda^{\mu\nu}}{\partial w^\mu}$$

setzt. Will man Linearität der X^ν in den p^σ und den p^σ_μ haben, so kann man beispielsweise wählen

$$(21) \qquad \lambda^{\mu\nu} = \left(\left(\sum_\varrho g^{\mu\varrho} q_\varrho\right) p^\nu - \left(\sum_\varrho g^{\nu\varrho} q_\varrho\right) p^\mu\right).$$

8. Hier habe ich eine wesentliche Einschaltung zu machen. Sie wissen, daß mich Frl. Nöther bei meinen Arbeiten fortgesetzt berät und daß ich eigentlich nur durch sie in die vorliegende Materie eingedrungen bin. Als ich nun Frl. Nöther letzthin von meinem Ergebnis betr. Ihren Energievektor sprach, konnte sie mir mitteilen, daß sie dasselbe aus den Entwicklungen Ihrer Note (also nicht aus den vereinfachten Rechnungen meiner Nr. 4) schon vor Jahresfrist abgeleitet und damals in einem Manuskript festgelegt habe (in welches ich dann Einsicht nahm); sie hatte es nur nicht mit solcher Entschiedenheit zur Geltung gebracht, wie ich kürzlich in der Mathematischen Gesellschaft (22. Januar).

9. Zum Schluß will ich noch darauf aufmerksam machen, daß für die „Erhaltungssätze", wie sie Einstein 1916 formuliert hat[5]), selbstverständlich das gleiche gilt, wie für Ihren Satz (19). Er spricht es eigentlich selbst völlig klar aus. Ich will hier nicht auf die Einzelheiten seiner Rechnung eingehen, sondern nur an sein Schlußresultat anknüpfen, das er so schreibt:

$$(22) \qquad \sum_{\nu} \frac{\partial}{\partial w^{\nu}} (\mathfrak{T}_{\sigma}^{\nu} + \mathfrak{t}_{\sigma}^{\nu}) = 0, \qquad (\sigma = 1, 2, 3, 4),$$

wo er die $\mathfrak{T}_{\sigma}^{\nu}$ und die $\mathfrak{t}_{\sigma}^{\nu}$ als die „gemischten" Energiekomponenten des elektromagnetischen, bzw. des Gravitationsfeldes bezeichnet. Dabei gibt er an, daß sich diese $\mathfrak{T}_{\sigma}^{\nu} + \mathfrak{t}_{\sigma}^{\nu}$ unter Zuziehung der Feldgleichungen vermöge einer von ihm näher definierten, vom Koordinatensystem abhängigen Funktion $\mathfrak{G}^{*}$ so ausdrücken lassen:

$$(23) \qquad \mathfrak{T}_{\sigma}^{\nu} + \mathfrak{t}_{\sigma}^{\nu} = - \sum_{\mu, \varrho} \left(\frac{\partial}{\partial w^{\varrho}} \left(\frac{\partial \mathfrak{G}^{*}}{\partial g_{\varrho}^{\mu \sigma}} g^{\mu \nu} \right) \right),$$

und daß für dieses $\mathfrak{G}^{*}$ unabhängig von dem Werte des σ die *identische* Gleichung besteht:

$$(24) \qquad \sum_{\mu, \nu, \varrho} \frac{\partial^{2}}{\partial w^{\nu} \partial w^{\varrho}} \left(\frac{\partial \mathfrak{G}^{*}}{\partial g_{\varrho}^{\mu \sigma}} g^{\mu \nu} \right) = 0.$$

Das ist genau, worauf es hier ankommt.

Um den Zusammenhang mit der von mir benutzten Bezeichnung herzustellen, bemerke ich, daß Einsteins $\mathfrak{T}_{\sigma}^{\nu}$ dasselbe sind, wie meine $\sum\limits_{\mu} \sqrt{g}\, Q_{\mu \sigma} g^{\mu \nu}$, Einsteins $\mathfrak{t}_{\sigma}^{\nu}$ aber von den entsprechenden $\frac{1}{\alpha} \sum\limits_{\mu} \sqrt{g}\, K_{\mu \sigma} g^{\mu \nu}$ um einen Summanden abweichen, der sich ergibt, wenn man die Gleichungen (23) mit den Feldgleichungen

$$K_{\mu \nu} + \alpha Q_{\mu \nu} = 0$$

vergleicht.

II. Aus der Antwort von D. Hilbert.

... Mit Ihren Ausführungen über den Energiesatz stimme ich sachlich völlig überein: Emmy Nöther, deren Hilfe ich zur Klärung derartiger analytischer meinen Energiesatz betreffenden Fragen vor mehr als Jahresfrist anrief, fand damals, daß die von mir aufgestellten Energiekomponenten — ebenso wie die Einsteinschen — formal mittels der Lagrangeschen Differentialgleichungen (4), (5) in meiner ersten Mit-

---

[5]) Vgl. die selbständig erschienene Schrift: Die Grundlagen der allgemeinen Relativitätstheorie (Leipzig 1916) sowie namentlich die Mitteilung an die Berliner Akademie vom 29. Okt. 1916 „Hamiltonsches Prinzip und allgemeine Relativitätstheorie" (Sitzungsberichte, S. 1111—1116).

teilung in Ausdrücke verwandelt werden können, deren Divergenz *identisch*, d. h. ohne Benutzung der Lagrangeschen Gleichungen (4), (5) verschwindet. Da andererseits die Energiegleichungen der klassischen Mechanik, der Elastizitätstheorie und Elektrodynamik nur als Folge der Lagrangeschen Differentialgleichungen des Problems erfüllt sind, so ist es gerechtfertigt, wenn Sie deswegen in meinen Energiegleichungen nicht das Analogon zu denen jener Theorien erblicken. Freilich behaupte ich dann, daß für die *allgemeine* Relativität, d. h. im Falle der *allgemeinen* Invarianz der Hamiltonschen Funktion, Energiegleichungen, die in Ihrem Sinne den Energiegleichungen der orthogonalinvarianten Theorien entsprechen, überhaupt nicht existieren; ja ich möchte diesen Umstand sogar als ein charakteristisches Merkmal der allgemeinen Relativitätstheorie bezeichnen. Für meine Behauptung wäre der mathematische Beweis erbringbar.

Gestatten Sie mir bei dieser Gelegenheit kurz auszuführen, wie ich in meiner Vorlesung des letzten Winters die Frage nach den Energiegleichungen der orthogonalinvarianten Theorien der Physik (Elektrodynamik, Hydrodynamik und Elastizitätstheorie) behandelt habe.

Nehmen wir der Kürze wegen die Weltfunktion H als orthogonale Invariante an, die nur von den Komponenten eines elektrodynamischen Viererpotentials q_s und deren ersten Ableitungen q_{sl} nach w_k $(s, l = 1, 2, 3, 4)$ abhängt — die Methoden gelten in gleicher Weise, wenn H etwa die Viererdichte r und deren Ableitungen oder noch andere physikalische Parameter nebst Ableitungen enthält —: alsdann führt das Hamiltonsche Prinzip

$$(1) \qquad\qquad \delta \int H d\omega = 0$$

zu dem System der vier Lagrangeschen Differentialgleichungen

$$(2) \qquad\qquad [H]_s = 0, \qquad\qquad (s = 1, 2, 3, 4),$$

wo allgemein

$$[H]_s = \frac{\partial H}{\partial q_s} - \sum_k \frac{\partial}{\partial w_k} \frac{\partial H}{\partial q_{sk}}$$

bedeutet.

Um zu den Energiegleichungen dieses Problems zu gelangen, schlagen wir den Weg ein, den die Darlegungen meiner ersten Mitteilung weisen, nämlich den Weg über die Gravitationstheorie. Es sei $\overline{H}$ diejenige allgemeine Invariante mit den Argumenten

$$q_s, \ q_{sl}, \ g^{\mu\nu}, \ g_l^{\mu\nu},$$

die für

$$(3) \qquad\qquad g^{\mu\nu} = g_{\mu\nu} = \delta_{\mu\nu}, \qquad g_l^{\mu\nu} = 0$$

in H übergeht; dieselbe verschaffen wir uns, indem wir in H an Stelle von q_{sl} die kovarianten Ableitungen

$$\bar{q}_{sl} = q_{sl} - \sum_h{}' \begin{Bmatrix} sl \\ h \end{Bmatrix} q_h$$

einsetzen und zugleich die Faltung mit den $g^{\mu\nu}$ vornehmen. Enthält beispielsweise H als Term den orthogonalinvarianten Ausdruck

$$(4) \qquad -Q = \sum_{m,n} (q_{mn} - q_{nm})^2 = \tfrac{1}{4} \sum_{m,n} M_{mn}^2,$$

so ist dieser durch

$$-\bar{Q} = \tfrac{1}{4} \sum_{m,n,k,l} M_{mn} M_{kl} g^{mk} g^{nl}$$

zu ersetzen. Der Ausdruck

$$T = \sum_{s,h} q_{sh}^2$$

ist in

$$\bar{T} = \sum_{s,h,m,n} q_{sh}\, \bar{q}_{mn}\, g^{sm} g^{hn}$$

umzuwandeln usf.

Nun gilt für jede allgemeine Invariante eine Identität, die in meiner ersten Mitteilung (Theorem III) zwar nur für den Fall bewiesen worden ist, daß die Invariante von den $g^{\mu\nu}$ und deren Ableitungen abhängt; aber das eingeschlagene Beweisverfahren gilt auch für unsere allgemeine Invariante $\bar{H}$. Unter Verwendung der Bezeichnungen meiner ersten Mitteilung bekommen wir an Stelle der dortigen Gleichung

$$\int P_g (J \sqrt{g})\, d\omega = 0$$

nunmehr in unserem Falle die Gleichung

$$\int \{ P_g (\bar{H} \sqrt{g}) + P_q (\bar{H} \sqrt{g}) \}\, d\omega \equiv \int \{ P (\bar{H} \sqrt{g}) \}\, d\omega = 0,$$

eine Identität, die unmittelbar

$$\int \Big\{ \sum_{\mu,\nu} [\sqrt{g}\, \bar{H}]_{\mu\nu}\, p^{\mu\nu} + \sum_{\mu} [\sqrt{g}\, \bar{H}]_{\mu}\, p_{\mu} \Big\}\, d\omega = 0$$

zur Folge hat. Nach Einführung von $p^{\mu\nu}$, p_μ und Anwendung der partiellen Integration können wir das Integral linker Hand auf eine Gestalt bringen, in der der Integrand mit p^s multipliziert ist; da aber p^s ein willkürlicher Vektor ist, so muß der andere Faktor unter dem Integralzeichen identisch Null sein, und hieraus ergeben sich die Identitäten $(s = 1, 2, 3, 4)$:

$$(5) \qquad \sum_{\mu,\nu} [\sqrt{g}\, \bar{H}]_{\mu\nu}\, g_s^{\mu\nu} - 2 \sum_m \frac{\partial}{\partial w_m} \Big\{ \sum_\mu [\sqrt{g}\, \bar{H}]_{\mu s}\, g^{\mu m} \Big\}$$
$$+ \sum_\mu [\sqrt{g}\, \bar{H}]_\mu\, q_{\mu s} - \sum_\mu \frac{\partial}{\partial w_\mu} ([\sqrt{g}\, \bar{H}]_\mu\, q_s) = 0\,^6).$$

---

^{6}) [Vgl. hierzu meine Formel (14), die mit dieser Term für Term übereinstimmt. K.]

Diese vier Identitäten sind zugleich — genau wie Sie oben bemerkt haben — diejenigen, deren Existenz in dem von mir aufgestellten Theorem I zwischen den 14 **Lagrange**schen Gleichungen unseres Problems behauptet wird.

Kehren wir nunmehr zum ursprünglichen Problem (1) zurück, indem wir vermöge (3) die Gravitationspotentiale beseitigen, und berücksichtigen die **Lagrange**schen Differentialgleichungen (2), so gehen die Identitäten (5) über in

$$(6) \qquad \sum_m \frac{\partial}{\partial w_m} \left\{ [\sqrt{g}\,\overline{H}]_{ms} \right\}_{g_{\mu\nu} = \delta_{\mu\nu}} = 0.$$

Bezeichnen wir demnach die Klammerausdrücke

$$(7) \qquad \varepsilon_{ms} = 2 \left\{ [\sqrt{g}\,\overline{H}]_{ms} \right\}_{g_{\mu\nu} = \delta_{\mu\nu}}$$

als die *Komponenten des Energietensors*, so erhalten wir in den Divergenzgleichungen (6) die gewünschten Energiegleichungen des physikalischen Problems (1).

Nehmen wir insbesondere für H die Invariante Q in (4), so werden ε_{ms} die Komponenten des bekannten elektromagnetischen Energietensors, und wegen der **Maxwell**schen Gleichungen

$$\left\{ [\sqrt{g}\,\overline{H}]_m \right\}_{g_{\mu\nu} = \delta_{\mu\nu}} = \mathrm{Div}_m\, M = r_m$$

— unter r die elektrische Viererdichte verstanden — ergeben in diesem Falle unsere Identitäten (5)

$$\mathrm{Div}_s\, \varepsilon - \sum_m r_m q_{ms} + \sum_m \frac{\partial}{\partial w_m}(r_m q_s) = 0$$

oder wegen $\mathrm{Div}_s\, r = 0$:

$$\mathrm{Div}_s\, \varepsilon = - r_s \cdot M,$$

d. h. sie liefern den bekannten Divergenzausdruck für die ponderomotorische Kraft.

Nur für den Fall der allgemeinen Relativität, d. h. wenn schon die ursprüngliche Invariante H eine allgemeine Invariante ist, versagt der angegebene Weg zur Herstellung von Energiegleichungen für das Problem (1). In der allgemeinen Relativitätstheorie haben wir als Ersatz für die fehlenden Energiegleichungen in Ihrem Sinne eben die Tatsache der vierfachen Überzähligkeit der **Lagrange**schen Gleichungen (Theorem I meiner ersten Mitteilung), wie sie oben in den vier Identitäten (5) zum Ausdruck kommt. Umgekehrt erscheinen die Energiesätze der orthogonalinvarianten Theorien als das Residuum jener vier Identitäten der Gravitationstheorie.

Es sei noch bemerkt, daß der Energietensor (7) nicht nur, wie man sofort sieht, die Eigenschaften der orthogonalen Invarianz und der Symmetrie besitzt, sondern darüber hinaus jedesmal die Erfordernisse der speziellen physikalischen Theorie erfüllt: so wird derselbe im Falle der Elektrodynamik, wo H die q_{sl} nur in den Verbindungen

$$M_{ks} = q_{sk} - q_{ks}$$

enthält, ebenfalls nur von diesen Komponenten des Sechservektors M, und andererseits im Falle der Elastizitätstheorie auch nur von den eigentlichen Verzerrungsgrößen abhängig, wie sie in den Fragen über Elastizität auftreten. ...

III. Aus einem weiteren Schreiben von F. Klein.

... Es liegt mir daran, den Unterschied zwischen der orthogonal-invarianten Theorie der Elektrodynamik und der die Schwerkraft mit berücksichtigenden auch meinerseits noch durch einige Worte zu kennzeichnen.

In dieser Hinsicht schafft besondere Klarheit, wenn man, wie ich das schon oben (Nr. 5) andeutete, als Zwischenglied die Behandlung der klassischen Elektrodynamik in beliebigen („krummlinigen") Weltkoordinaten einschaltet.

Ihr Hauptsatz, daß sich die Energiekomponenten des elektrodynamischen Feldes einfach durch die $Q_{\mu\nu}$ darstellen, tritt dann bereits in seiner ganzen Bedeutung in den Vordergrund; ich würde also vorziehen, bei diesem Satz sich nicht schon auf die moderne Gravitationstheorie zu berufen.

Auch finde ich es nützlich, die Integrale $\int K\,d\omega$ und $\int Q\,d\omega$ bei der Darstellung auseinanderzuhalten und nicht von vornherein zu einem Integral $\int H\,d\omega$ zu verschmelzen.

Wir haben dann für die $K_{\mu\nu}$ und die $Q_{\mu\nu}$ je *vier* Identitäten [die Gleichungen (12) und (14) — oder (14') — meines ersten Briefes], im ganzen also *acht*, und der Gegensatz der früheren und der heutigen Theorie läßt sich dann folgendermaßen in präzise Sätze formen:

1. Beidemal haben wir für den hier in Betracht kommenden Vergleich neben den acht Identitäten 14 „Feldgleichungen".

2. Diese lauten in der früheren Theorie

$$\text{a)} \quad K_{\mu\nu} = 0^7), \qquad \text{b)} \quad Q^\varrho = 0.$$

Vermöge der zehn Gleichungen a) sind die vier Identitäten (12) von selbst erfüllt, die Identitäten (14) — oder (14') —

---

⁷) [Als Folge der 20 Gleichungen, welche das identische Verschwinden des Riemannschen Krümmungsmaßes aussagen. K.]

aber reduzieren sich vermöge der vier Gleichungen b) auf die vier Aussagen, welche man die vier Erhaltungssätze (Impuls-Energiesätze) nennt.

3. Dafür hat man in der neuen Theorie die Feldgleichungen

$$\text{a')} \quad K_{\mu\nu} + \alpha Q_{\mu\nu} = 0, \quad \text{mit } \alpha \neq 0, \qquad \text{b')} \quad Q^{\varrho} = 0.$$

Jetzt erscheinen die Gleichungen $Q^{\varrho} = 0$ vermöge der acht Identitäten als eine Folge der zehn Gleichungen a').

Aus den Identitäten (14) folgen, wenn man die Q^{ϱ} wegstreicht, nach wie vor „Erhaltungssätze" für die $Q_{\mu\nu}$. Aber diese haben jetzt keine selbständige (physikalische) Bedeutung mehr, weil sie sich vermöge der zehn Gleichungen a') auf die vier Identitäten (12) reduzieren; sie sind eben schon in den zehn Feldgleichungen mit enthalten.

Alles dieses ist sachlich in voller Übereinstimmung mit den Darlegungen Ihres Briefes. Es würde mich aber sehr interessieren, die Ausführung des mathematischen Beweises zu sehen, den Sie am Ende des ersten Absatzes Ihrer Antwort in Aussicht stellen. . . . .

[Besagte Ausführung ist inzwischen von Frl. E. Nöther geliefert worden, siehe deren Note über „Invariante Variationsprobleme" in den Göttinger Nachrichten vom 26. Juli 1918. Ich komme hierauf am Schluß von XXXII zurück.

Im übrigen möchte ich, um die Beziehungen der Aufsätze XXXI bis XXXIII zum Erlanger Programm klar hervortreten zu lassen, hier noch folgende Bemerkungen anschließen:

1. Die Invariantentheorie der in XXX behandelten Lorentzgruppe ist genau das, was die modernen Physiker als „spezielle Relativitätstheorie" bezeichnen.

2. Dabei läßt sich die Lorentzgruppe ersichtlich als größte kontinuierliche Schar der allgemeinsten für endliche Werte der x, y, z, t stetigen Transformationen definieren, welche die quadratische Differentialform

$$ds^2 = dt^2 - \frac{dx^2 + dy^2 + dz^2}{c^2}$$

in sich überführen.

3. Man denke sich nun statt der $x\,y\,z\,t$ irgendwelche reelle, im Endlichen überall stetige, hinreichend oft differentiierbare, eindeutig umkehrbare Funktionen

$$w^{\varrho} = \varphi^{\varrho}(x, y, z, t) \qquad\qquad (\varrho = 1, 2, 3, 4)$$

eingeführt. Hierdurch möge das gerade hingeschriebene ds^2 in eine allgemeinere quadratische Form der dw übergehen, die wir gleich in Einsteinscher Weise als

$$ds^2 = \sum g_{\mu\nu}\, dw^{\mu}\, dw^{\nu}$$

schreiben wollen.

4. Dieses neue ds^2 hat natürlich wie das unter 2. angegebene den Trägheitscharakter $+ - - -$. Seine Koeffizienten $g_{\mu\nu}$ sind stetige, hinreichend oft differentiierbare reelle Funktionen der w, die nur dadurch partikularisiert sind, daß das für ds^2 gebildete Riemannsche Krümmungsmaß identisch verschwindet.

5. Nach den Grundsätzen des Erlanger Programms können wir nun die spezielle Relativitätstheorie auch in der Weise behandeln, daß wir die Gesamtgruppe aller reellen, stetigen, hinreichend oft differentiierbaren, eindeutig umkehrbaren Transformationen der w^ϱ zugrunde legen, dabei aber das ds^2 von 3. *adjungieren*, d. h. die Umänderungen hinzunehmen, welche die $g_{\mu\nu}$ bei den jeweiligen Transformationen der w erleiden. Man erhält dabei eindeutig bestimmte lineare Transformationen der $g_{\mu\nu}$, da die Relationen, an die die $g_{\mu\nu}$ als Koeffizienten einer Form von verschwindendem Krümmungsmaß gebunden sind, zu hohen Charakter haben, um dabei von Einfluß zu sein. Außerdem will beachtet sein, daß nicht nur die Substitutionskoeffizienten, sondern auch die $g_{\mu\nu}$ selbst Funktionen der $x\,y\,z\,t$ bzw. der w^ϱ sind. Von hier aus ergeben sich dann die Umänderungen, welche die Differentialquotienten der $g_{\mu\nu}$ bei der jeweiligen Transformation erfahren. Die durch alle diese Formeln „erweiterte" Gruppe ist fernerhin der Betrachtung zugrunde zu legen.

6. Tun wir dies, so haben wir einen entscheidenden Schritt auf die „allgemeine Relativitätstheorie" zu getan. Ein weiterer Schritt wird sein, daß wir als Koeffizienten $g_{\mu\nu}$ des ds^2 die allgemeinsten für reelle w überall reellen, stetigen, hinreichend oft differentiierbaren Funktionen der w einführen. Das Riemannsche Krümmungsmaß und die aus ihm abzuleitende, von Hilbert mit K bezeichnete Invariante sind dann nicht mehr identisch Null.

Im übrigen wird man die „Gruppe" so wählen, wie gerade unter 5. angegeben. —

Nebenbei erhebt sich auch die Frage nach dem Zusammenhang der Welt als Ganzes, analog wie bei den auf den Fall der Geometrie der Ebene bezüglichen Betrachtungen der Abh. XXI. Diese Frage scheint noch wenig bearbeitet zu sein. Bestimmte dabei vorliegende Möglichkeiten treten in Abh. XXXIII hervor. Bei der speziellen Relativitätstheorie, bei der wir, um alle Weltpunkte zu erhalten, $x\,y\,z\,t$ kurzweg von $-\infty$ bis $+\infty$ laufen lassen, fällt die ganze Frage natürlich weg.

7. Die allgemeine Relativitätstheorie des reinen Schwerefeldes ergibt sich hieraus nach Einsteins grundlegendem Ansatz (der von Einstein und Hilbert fast gleichzeitig exakt formuliert wurde[8])), indem man die $g_{\mu\nu}$ den zehn, in ihrer Gesamtheit der in Rede stehenden Gruppe gegenüber invarianten Gleichungen $K_{\mu\nu} = 0$ unterwirft (ich gebrauche hier der Kürze halber die Bezeichnung (5a) meiner eigenen Note).

8. Wir mögen nun neben der Gravitation irgendwelche weitere physikalische Erscheinungen in Betracht ziehen, oder vielmehr, wir mögen, wie es im vorstehenden Texte im Anschluß an Hilberts erste Note geschieht, uns neben der Gravitation auf die elektromagnetischen Vorgänge im leeren Raume beschränken.

9. Man wird diese am einfachsten berücksichtigen, auch im Falle der speziellen Relativitätstheorie (was in Abh. XXX leider nicht zum Ausdruck kommt), wenn man neben unser ds^2 noch die Linearform

$$\sum q_\varrho \, dw^\varrho$$

---

[8]) Einstein „Zur allgemeinen Relativitätstheorie" in den Sitzungsberichten der Berliner Akademie vom 11. und 25. Nov. 1915 (S. 799 bis 801 bez. S. 844 bis 847 des Jahrgangs), Hilbert in seiner (vorstehend kommentierten) ersten Note über die „Grundlagen der Physik" in den Göttinger Nachrichten vom 20. Nov. 1915. Von einer Prioritätsfrage kann dabei keine Rede sein, weil beide Autoren ganz verschiedene Gedankengänge verfolgen (und zwar so, daß die Verträglichkeit der Resultate zunächst nicht einmal sicher schien). Einstein geht *induktiv* vor und denkt gleich an beliebige materielle Systeme. Hilbert *deduziert*, indem er übrigens die im Texte unter 8. genannte Beschränkung auf Elektrodynamik eintreten läßt, aus voraufgestellten obersten Variationsprinzipien. Hilbert hat dabei insbesondere auch an Mie angeknüpft. — Erst in seiner oben (S. 560) genannten Mitteilung an die Berliner Akademie vom 29. Okt. 1916 stellte Einstein die Verbindung der beiderlei Ansätze her.

stellt, wo die reellen, überall stetigen, hinreichend oft differentiierbaren Funktionen q_ϱ das sogenannte Viererpotential des elektromagnetischen Feldes vorstellen.

10. Die zugrunde zu legende Gruppe erweitert sich nun gegenüber 5. dadurch, daß neben die Transformationen der $g_{\mu\nu}$ und ihrer Differentialquotienten, die durch die Transformationen der w veranlaßt („induziert") werden, jetzt noch diejenigen der q_ϱ und ihrer Differentialquotienten treten.

11. Die $g_{\mu\nu}$, q_ϱ aber sind nunmehr den 14, gegenüber der erweiterten Gruppe wieder invarianten, Gleichungen (16a), (16b) des Textes:

$$K_{\mu\nu} + \alpha\, Q_{\mu\nu} = 0, \qquad Q^\varrho = 0$$

zu unterwerfen. Dies ist in Verbindung mit 10. der Kern der allgemeinen Relativitätstheorie der Physik, soweit sie hier in Betracht kommt. —

Diese Formulierungen drücken selbstverständlich nur in anderer Sprache aus, was bei Einstein und Hilbert ohnehin gesagt ist. Ich möchte hier insbesondere auf Hilberts zweite Mitteilung über die Grundlagen der Physik (in den Göttinger Nachrichten 1917, S. 53—76) verweisen[9]). Hier wird auf S. 61 ausdrücklich ausgeführt, daß nur solche aus den Differentialgleichungen 11. zu ziehenden Folgerungen einen *physikalischen Sinn* haben, welche, gleich den Differentialgleichungen selbst (NB. gegenüber der unter 10. definierten Gruppe) *invarianten Charakter* besitzen. Das ist mutatis mutandis genau dasselbe, was im Erlanger Programm von den Aussagen irgendwelcher (durch eine Gruppe willkürlich zu charakterisierenden) Geometrie verlangt wird.

Es braucht wohl kaum gesagt zu werden, daß ebenso auch die Weiterbildung der Einsteinschen Theorie, wie sie Weyl gegeben hat, mit dem Schema des Erlanger Programms in Zusammenhang gebracht werden kann.

Es ist sogar besonders nahe Beziehung zu Einzelausführungen dort (Note VI der Abh. XXVII, S. 491—492) vorhanden, insofern dort nicht eine Form ds^2, sondern eine Gleichung $ds^2 = 0$ zugrunde gelegt ist. K.]

---

[9]) Vorgelegt am 23. Dez. 1916.

XXXII. Über die Differentialgesetze für die Erhaltung von Impuls und Energie in der Einsteinschen Gravitationstheorie.

[Nachrichten der Kgl. Gesellschaft der Wissenschaften zu Göttingen. Mathematisch-physikalische Klasse. (1918.) Vorgelegt in der Sitzung vom 19. Juli 1918[1]).]

Durch Fortsetzung der Untersuchungen, die ich der Gesellschaft der Wissenschaften am 25. Januar dieses Jahres vorlegte[2]), ist es mir gelungen, die verschiedenen Formen der Differentialgesetze für die Erhaltung von Impuls und Energie, wie sie, für die Einsteinsche Gravitationstheorie, von verschiedenen Autoren aufgestellt worden sind[3]), von einem einheitlichen Gesichtspunkte aus abzuleiten und dadurch, wenn ich nicht irre, in deren Bedeutung und wechselseitige Beziehung eine wesentlich verbesserte Einsicht zu gewinnen. Ich habe, wie man sehen wird, bei der im folgenden zu gebenden Darstellung eigentlich überhaupt nicht mehr zu rechnen, sondern nur von den elementarsten Formeln der klassischen Variationsrechnung sinngemäßen Gebrauch zu machen.

Der Kürze wegen knüpfe ich hier gleich, auch in der Bezeichnung, an meine vorige Note an. Als eigentlichen Grund des nunmehrigen Fort-

---

[1]) Das Manuskript hat erst Mitte September dieses Jahres seine endgültige Form erhalten.

[2]) Siehe das Schlußheft des Jahrgangs 1917 dieser Nachrichten: „Zu Hilberts erster Note über die Grundlagen der Physik". [Abh. XXXI dieser Ausgabe.]

[3]) Von Einstein kommen hier in erster Linie in Betracht die zusammenfassende Schrift von 1916: „Die Grundlagen der allgemeinen Relativitätstheorie" (Leipzig) und die Mitteilung an die Berliner Akademie „Hamiltonsches Prinzip und allgemeine Relativitätstheorie" (Sitzungsbericht vom 26. Oktober 1916), von Hilbert die bereits genannte Note (Göttinger Nachrichten vom 20. November 1915), von Lorentz die vier Artikel, die er auf Grund einer von März bis Juni 1916 in Leiden gehaltenen Vorlesung im Verslag der Amsterdamer Akademie veröffentlicht hat — „over Einsteins theorie der zwaartekracht" —, siehe insbesondere Art. III vom April bzw. September 1916 und Art. IV vom Oktober 1916 bzw. Mai 1917. Ich nenne hier ferner gleich das neuerdings erschienene Buch von Weyl „Raum — Zeit — Materie" (Berlin 1918), auf welches ich mich weiterhin ebenfalls zu beziehen habe. [Weyls Buch liegt bereits in dritter Auflage vor; im Texte wird immer die erste Auflage zitiert.]

schritts kann ich dann nennen, daß ich die damals betrachtete infinitesimale Transformation

$$(1) \qquad \delta w^\tau = p^\tau$$

nicht mehr der Beschränkung unterwerfe, an der Grenze des Integrationsgebietes in geeigneter Weise (nämlich mit ihren nach den w genommenen ersten und zweiten Differentialquotienten p^τ_ϱ, $p^\tau_{\varrho\sigma}$) zu verschwinden. Dadurch stellen sich bei den in Betracht kommenden Integralen Randbestandteile ein, deren nähere Untersuchung alles Weitere liefert. — Für den bestimmten, hier ins Auge gefaßten Zweck genügt es dabei, nur das erste der beiden früher betrachteten Integrale zu betrachten:

$$(2) \qquad I_1 = \iiint K \, d\omega.$$

Die Betrachtung gliedert sich des weiteren zweckmäßigerweise so, daß ich K zunächst nur als irgendeine Funktion der $g^{\mu\nu}$, $g^{\mu\nu}_\varrho$, $g^{\mu\nu}_{\varrho\sigma}$ ansehe, dann als eine (ebenfalls noch nicht näher bestimmte) Invariante gegenüber beliebigen Transformationen der Weltparameter w, und erst zum Schluß als eine Invariante bestimmter Bauart.

Indem ich solcherweise (1) auf (2) anwende, entstehen eine Reihe von Differentialbeziehungen, denen K identisch genügt. Nun erst wende ich mich zur Physik, wobei ich mich nicht mehr, wie das vorige Mal, auf den Fall des freien elektromagnetischen Feldes beschränke, sondern gleich ein beliebiges „materielles“ Feld voraussetze. Wenn man den Hilbertschen Ansatz mit dem von Einstein kombiniert, kann man die zugehörigen zehn Feldgleichungen der Gravitation bekanntlich in der einfachen Form schreiben [4]:

$$(3) \qquad K_{\mu\nu} - \varkappa T_{\mu\nu} = 0 \, [5]),$$

unter $K_{\mu\nu}$ die durch $\sqrt{g}$ dividierte, zu I_1 gehörige Lagrangesche Ableitung nach den $g^{\mu\nu}$, unter $T_{\mu\nu}$ die Energiekomponenten der Materie verstanden. *Der Übergang zu den verschiedenen Formen der Erhaltungssätze ergibt sich dann einfach nach dem Prinzip, daß man in die für das K abgeleiteten Identitäten je nach Belieben $\varkappa T_{\mu\nu}$ für $K_{\mu\nu}$ einsetzt.*

---

[4]) Siehe z. B. Herglotz in den Sächsischen Berichten 1916, S. 202, Formel (16). — Der Genauigkeit halber vermerke ich noch, daß die Konstante $\varkappa$ (die ich in meiner vorigen Note an Hilbert anknüpfend $-\alpha$ nannte), nur dann den dort von mir benutzten Wert

$$\varkappa = 1{,}87 \cdot 10^{-27} \cdot \mathrm{cm}^{+1} \mathrm{gr}^{-1}$$

hat, wenn das zugrunde gelegte ds^2 der Dimension und dem Vorzeichen nach mit dem $d\tau^2$ der speziellen Relativitätstheorie:

$$d\tau^2 = dt^2 - \frac{dx^2 + dy^2 + dz^2}{c^2} \sim \mathrm{sek}^2$$

übereinstimmt.

[5]) [Beim Wiederabdruck wurde hier und im folgenden das Vorzeichen von $T_{\mu\nu}$, $\mathfrak{T}_{\mu\nu}$, T^σ_τ, $\mathfrak{T}^\sigma_\tau$, t^σ_τ, $\mathfrak{t}^\sigma_\tau$ umgedreht, um mit den in der Physik üblichen Bezeichnungen in Übereinstimmung zu kommen. Zum Beispiel ist T_{44} alsdann positiv. K.]

§ 1.
Infinitesimale Transformation der $g^{\mu\nu}$.

Um dem Leser alle Hilfsmittel der Kontrolle an die Hand zu geben, schicke ich hier die kleine Zwischenrechnung voraus, welche die $\delta g^{\mu\nu}$ bestimmt, die der infinitesimalen Transformation (1) der w entsprechen.

Ich schreibe statt (1) zunächst

$$\overline{w}^{\mu} = w^{\mu} + p^{\mu}$$

(wo mit dem „Hilfsvektor" p und seinen Differentialquotienten p_{ϱ}, $p_{\varrho\sigma}$ weiterhin so zu rechnen sein wird, daß man alle Glieder höherer Ordnung gegen die linearen vernachlässigt). Wir haben dann:

$$d\,\overline{w}^{\mu} = d\,w^{\mu} + \sum p_{\tau}^{\mu}\,d\,w^{\tau}.$$

Nun sind die $g^{\mu\nu}$ nach ihrer Definition den Produkten $d\,w^{\mu}\,d\,w^{\nu}$ kogredient. Daher kommt:

$$\overline{g}^{\mu\nu}(\overline{w}) = g^{\mu\nu}(w) + \sum g^{\mu\tau}(w)\,p_{\tau}^{\nu} + \sum g^{\nu\tau}(w)\,p_{\tau}^{\mu}.$$

Aber

$$g^{\mu\nu}(\overline{w}) = \overline{g}^{\mu\nu}(w) + \sum g_{\tau}^{\mu\nu}(w)\cdot p^{\tau}.$$

Es ist nun die Differenz $g^{\mu\nu}(w) - \overline{g}^{\mu\nu}(w)$, die ich in meiner vorigen Note $\delta g^{\mu\nu}$ genannt habe und die ich jetzt in Anlehnung an die Hilbertsche Note mit $p^{\mu\nu}$ bezeichnen werde. Danach ist:

$$(4) \qquad \delta g^{\mu\nu} = p^{\mu\nu} = \sum_{\tau}\left(g_{\tau}^{\mu\nu}\,p^{\tau} - g^{\mu\tau}\,p_{\tau}^{\nu} - g^{\nu\tau}\,p_{\tau}^{\mu}\right).$$

Die Differentialquotienten der $p^{\mu\nu}$ nach den w werden weiterhin, wie bei Hilbert, mit $p_{\varrho}^{\mu\nu}$, $p_{\varrho\sigma}^{\mu\nu}$ bezeichnet.

Ich notiere noch den Wert, den $p^{\mu\nu}$ in dem später besonders in Betracht kommenden Falle konstanter p^{τ} erhält (wo ich dann $p_{0}^{\mu\nu}$, bzw. p_{0}^{τ} schreibe):

$$(5) \qquad p_{0}^{\mu\nu} = \sum_{\tau} g_{\tau}^{\mu\nu}\,p_{0}^{\tau}.$$

Es ist in diesem Falle also so, als ob die $g^{\mu\nu}$ fest vorgegebene Funktionen der w [Skalare] wären (nicht eine durch die jeweilige Transformation der w induzierte Substitution erlitten).

§ 2.

Berechnung von δI_{1} unter der alleinigen Voraussetzung, daß K eine Funktion der $g^{\mu\nu}$, $g_{\varrho}^{\mu\nu}$, $g_{\varrho\sigma}^{\mu\nu}$ ist. — Ein Hauptsatz.

Gemeint ist, daß K nicht noch explizite von den w abhängt. — Wir haben dann für unsere infinitesimale Transformation [welche sich sowohl auf die abhängigen, wie unabhängigen Variabeln des Integrals I_{1} erstreckt] zunächst:

$$(6) \quad \delta I_1 = -\iiiint \sum_{\mu\nu} \left(\frac{\partial \sqrt{g}\,K}{\partial g^{\mu\nu}} p^{\mu\nu} + \sum_{\varrho} \frac{\partial \sqrt{g}\,K}{\partial g_{\varrho}^{\mu\nu}} p_{\varrho}^{\mu\nu} + \sum_{\varrho,\sigma} \frac{\partial \sqrt{g}\,K}{\partial g_{\varrho\sigma}^{\mu\nu}} p_{\varrho\sigma}^{\mu\nu} \right) dS$$
$$+ \iiint \sqrt{g}\,K \left(p^I\, dw^{II}\, dw^{III}\, dw^{IV} + \ldots + p^{IV}\, dw^I\, dw^{II}\, dw^{III} \right);$$

dS ist für $dw^I\, dw^{II}\, dw^{III}\, dw^{IV}$ geschrieben, das dreifache Integral in bekannter vektorieller Weise über den Rand des Integrationsgebietes von I_1 zu erstrecken[6]).

Hier werden wir nun die unter dem vierfachen Integral auftretenden Differentialquotienten $p_{\varrho}^{\mu\nu}$, $p_{\varrho\sigma}^{\mu\nu}$ nach dem alten Verfahren von Lagrange durch einmalige, bez. zweimalige partielle Integration fortschaffen, dann $p^{\mu\nu}$ durch seinen Wert (4) ersetzen und die dadurch hereinkommenden Differentialquotienten p_{τ}^{ν} und p_{τ}^{μ} durch eine vierte partielle Integration beseitigen. *Wir finden so:*

$$(7) \quad \delta I_1 = -\iiiint \sum_{\tau} \left(\sqrt{g}\, \sum_{\mu\nu} K_{\mu\nu} g_{\tau}^{\mu\nu} + 2 \sum_{\sigma} \frac{\partial \sqrt{g}\,K_{\tau}^{\sigma}}{\partial w^{\sigma}} \right) p^{\tau} \cdot dS$$
$$+ \iiint \sqrt{g}\, \left(\varepsilon^I\, dw^{II}\, dw^{III}\, dw^{IV} + \ldots + \varepsilon^{IV}\, dw^I\, dw^{II}\, dw^{III} \right),$$

wo folgende Abkürzungen eingeführt sind:

1. $K_{\mu\nu}$ ist die schon in (3) benutzte, durch $\sqrt{g}$ dividierte, Lagrangesche Ableitung:

$$(8) \quad K_{\mu\nu} = \left(\frac{\partial \sqrt{g}\,K}{\partial g^{\mu\nu}} - \sum_{\varrho} \frac{\partial \left(\frac{\partial \sqrt{g}\,K}{\partial g_{\varrho}^{\mu\nu}} \right)}{\partial w^{\varrho}} + \sum_{\varrho\sigma} \frac{\partial^2 \left(\frac{\partial \sqrt{g}\,K}{\partial g_{\varrho\sigma}^{\mu\nu}} \right)}{\partial w^{\varrho}\, \partial w^{\sigma}} \right) : \sqrt{g}\,;$$

2. K_{τ}^{σ} die folgende lineare Kombination der $K_{\mu\nu}$:

$$(9) \quad K_{\tau}^{\sigma} = \sum_{\mu}{}' K_{\mu\tau} g^{\mu\sigma};$$

3. ε^{σ}, für $\sigma = 1, 2, 3, 4$, je ein fünfgliedriger Ausdruck, den ich vorab so schreibe (indem ich den Term, der von der vierten partiellen Integration herrührt, besonders hervorkehre):

$$(10) \quad \varepsilon^{\sigma} = \eta^{\sigma} + 2 \sum_{\tau} K_{\tau}^{\sigma} p^{\tau}.$$

Hier ist dann

4. η^{σ} noch ein viergliedriger Ausdruck:

$$(11) \quad \eta^{\sigma} = K p^{\sigma} - \sum_{\mu\nu} \frac{\partial K}{\partial g_{\sigma}^{\mu\nu}} p^{\mu\nu} - \sum_{\mu\nu\varrho} \frac{\partial K}{\partial g_{\varrho\sigma}^{\mu\nu}} p_{\varrho}^{\mu\nu} + \frac{1}{\sqrt{g}} \sum_{\mu\nu\varrho} \frac{\partial \left(\frac{\partial \sqrt{g}\,K}{\partial g_{\varrho\sigma}^{\mu\nu}} \right)}{\partial w^{\varrho}} p^{\mu\nu}.$$

---

[6]) [Es ist ein wesentlicher Unterschied und zugleich Fortschritt gegen meine vorige Note, daß ich hier nichts über das Verhalten der p^{τ}, $p^{\mu\nu}$, $p_{\varrho}^{\mu\nu}$, $p_{\varrho\sigma}^{\mu\nu}$ am Rande des Integrationsgebietes voraussetze. K.]

Das in dem neuen Ausdruck (7) von δI_1 voranstehende vierfache Integral soll fortan, nach Weglassung des Minuszeichens, *das Integral A* genannt werden.

Ferner werden wir das in (7) auftretende dreifache Integral durch elementare Divergenzbildung in ein *zweites* vierfaches Integral verwandeln

$$(12) \qquad \iiiint \left(\frac{\partial \sqrt{g}\,\varepsilon^{I}}{\partial w^{I}} + \cdots + \frac{\partial \sqrt{g}\,\varepsilon^{IV}}{\partial w^{IV}} \right) dS,$$

welches *das Integral B* genannt werden soll. Also

$$(13) \qquad \delta I_1 = -A + B.$$

Hier bietet sich nun die wichtige Bemerkung, daß $A \equiv B$ wird, wenn wir die p^τ konstant, also $= \underset{0}{p^\tau}$, wählen.

In der Tat verschwindet dann der ursprüngliche Wert (6) von δI_1, *weil K die w nicht explizite enthält*, unter Benutzung der in (5) angegebenen Werte der $\underset{0}{p^{\mu\nu}}$ identisch.

Aus $A \equiv B$ aber schließen wir bei der vollen Willkür, die hinsichtlich der Wahl des Integrationsgebietes besteht, daß auch die Integranden von A und B übereinstimmen müssen.　Wir haben

$$(14) \qquad \sum_\tau \left(\sqrt{g} \sum_{\mu\nu} K_{\mu\nu}\, g_\tau^{\mu\nu} + 2 \sum_\sigma \frac{\partial \sqrt{g}\, K_\tau^\sigma}{\partial w^\sigma} \right) \underset{0}{p^\tau} \equiv \sum_\sigma \frac{\partial \sqrt{g}\, \underset{0}{\varepsilon^\sigma}}{\partial w^\sigma}$$

$$\equiv \sum_\sigma \frac{\partial \sqrt{g}\, \underset{0}{\eta^\sigma}}{\partial w^\sigma} + 2 \sum_{\sigma\tau} \frac{\partial \sqrt{g}\, K_\tau^\sigma}{\partial w^\sigma} \underset{0}{p^\tau}.$$

Diese Identität soll weiterhin der Hauptsatz heißen.

Wir können natürlich die Glieder mit K_τ^σ beiderseits wegheben.　Wir wollen dann noch $\underset{0}{\eta^\sigma}$ folgendermaßen als Funktion der $\underset{0}{p^\tau}$ anschreiben:

$$(15) \qquad \underset{0}{\eta^\sigma} = 2 \sum U_\tau^\sigma \underset{0}{p^\tau}$$

(wo wir rechter Hand die 2 zusetzen, weil es später angezeigt ist, durch eine 2 zu dividieren).　Dabei ist (unter Benutzung der üblichen Bezeichnung δ_τ^σ für 1 oder 0, je nachdem $\sigma = \tau$ oder $\sigma \neq \tau$):

$$(16) \quad 2 U_\tau^\sigma = K \delta_\tau^\sigma - \sum_{\mu\nu} \frac{\partial K}{\partial g_\sigma^{\mu\nu}} g_\tau^{\mu\nu} - \sum_{\mu\nu\varrho} \frac{\partial K}{\partial g_{\varrho\sigma}^{\mu\nu}} g_{\varrho\tau}^{\mu\nu} + \frac{1}{\sqrt{g}} \sum_{\mu\nu\varrho} \frac{\partial \left(\dfrac{\partial \sqrt{g}\, K}{\partial g_{\varrho\sigma}^{\mu\nu}} \right)}{\partial w^\varrho} g_\tau^{\mu\nu}.$$

Der Hauptsatz aber nimmt folgende Form an:

$$(17) \qquad {\sum_{\mu\nu}}' \sqrt{g}\, K_{\mu\nu}\, g_\tau^{\mu\nu} \equiv 2 \sum_\sigma \frac{\partial \sqrt{g}\, U_\tau^\sigma}{\partial w^\sigma}, \quad \text{für } \tau = 1,\, 2,\, 3,\, 4.$$

Die auf der linken Seite stehenden Ausdrücke sind also in elementare Divergenzen umgeformt.

§ 3.

Vereinfachte Schreibweise der Formeln. — Eine Erweiterung des Hauptsatzes.

Ich habe im vorigen Paragraph die Schreibweise so gewählt, wie sie für ihre spätere invariantentheoretische Auswertung geeignet scheint und übrigens alter Gewöhnung ·entspricht. — Inzwischen läßt sich nach Einsteinschen Vorschlägen Vieles dabei abkürzen:

1. Es wird schon manches eingespart, wenn man das Produkt von $\sqrt{g}$ mit einer durch einen großen lateinischen Buchstaben bezeichneten Größe durch den entsprechenden deutschen Buchstaben ersetzt. Also: $\sqrt{g}\,K$ durch $\mathfrak{K}$, $\sqrt{g}\,K_{\mu\nu}$ durch $\mathfrak{K}_{\mu\nu}$, $\sqrt{g}\,K_\tau^\sigma$ durch $\mathfrak{K}_\tau^\sigma$, $\sqrt{g}\,U_\tau^\sigma$ durch $\mathfrak{U}_\tau^\sigma$. (Im Sinne dieser Verabredung wird es liegen, eine *elementare Divergenz* so zu schreiben:

$$(18) \qquad \frac{\partial \mathfrak{W}^I}{\partial w^I} + \frac{\partial \mathfrak{W}^{II}}{\partial w^{II}} + \frac{\partial \mathfrak{W}^{III}}{\partial w^{III}} + \frac{\partial \mathfrak{W}^{IV}}{\partial w^{IV}} = \mathfrak{Div}.$$

Hier sollen fernerhin die $\mathfrak{W}^I, \ldots, \mathfrak{W}^{IV}$ nur von den $g^{\mu\nu}$, $g_\varrho^{\mu\nu}$ abhängen, so daß unsere $\mathfrak{Div}$ ein spezieller Fall der bisher betrachteten Funktionen $\mathfrak{K}$ ist.)

2. Ferner können bei den Summenzeichen die Summationsbuchstaben weggelassen werden, indem man bemerkt, daß immer nach denjenigen Indizes summiert wird, welche zweimal (einmal oben und einmal unten) vorkommen.

3. Endlich können aus demselben Grunde auch noch die Summenzeichen selbst weggelassen werden.

Wir werden von der so verabredeten Kurzschrift mehr oder minder Gebrauch machen, sobald es uns paßt. Die Formeln (17) z. B. schreiben sich dann so:

$$(19) \qquad \mathfrak{K}_{\mu\nu}\, g_\tau^{\mu\nu} \equiv 2\, \frac{\partial \mathfrak{U}_\tau^\sigma}{\partial w^\sigma}.$$

Im Zusammenhang damit gedenke ich gleich einer bemerkenswerten Verallgemeinerung der Formeln (17), bez. (19).

Für die soeben eingeführten Divergenzen ($\mathfrak{Div}$) werden in bekannter Weise die Lagrangeschen Ableitungen identisch verschwinden:

$$(20) \qquad \mathfrak{Div}_{\mu\nu} \equiv 0.$$

Setzen wir also in (19) statt $\mathfrak{K}_{\mu\nu}$ die Lagrangeschen Ableitungen einer Funktion $\mathfrak{K}^*$, die mit $\mathfrak{K}$ durch eine Gleichung zusammenhängt:

$$(21) \qquad \mathfrak{K}^* = \mathfrak{K} + \mathfrak{Div},$$

so bleibt die linke Seite von (19) ungeändert, während auf der rechten Seite statt $\mathfrak{U}_\tau^\sigma$ eine neue Funktion $\mathfrak{U}_\tau^{*\sigma}$ auftritt. Wir haben dann

$$(22) \qquad \Re_{\mu\nu}\, g_{\tau}^{\mu\nu} \equiv 2\, \frac{\partial \mathfrak{U}_{\tau}^{*\,\sigma}}{\partial w^{\sigma}}.$$

Die Formel (19) *ist damit in bemerkenswerter Weise verallgemeinert.*
(Natürlich unterscheiden sich die $\mathfrak{U}_{\tau}^{*\,\sigma}$ von den $\mathfrak{U}_{\tau}^{\sigma}$ bei festgehaltenem τ nur um Terme, deren elementare Divergenzen $\sum \dfrac{\partial}{\partial w^{\sigma}}$ identisch verschwinden.)

§ 4.
Invariantentheoretische Gesichtspunkte.

Wir werden jetzt — im Sinne der allgemeinen Relativitätstheorie — annehmen, daß K gegenüber der Gruppe aller Transformationen der w (die wir uns natürlich durch Hinzunahme der entsprechenden Umsetzungen der $g^{\mu\nu}$ „erweitert" denken müssen) invariant sei.

Indem $d\omega$ von Hause aus eine Invariante ist, gilt dasselbe von dem Integrale I_1.

$K_{\mu\nu}$ erscheint als kontragredienter Tensor; der Komplex der 16 Größen K_{τ}^{σ} als gemischter Tensor.

Ferner werden wir (indem wir den Hilfsvektor p immer so transformiert denken, wie die dw) die ε^{σ}, η^{σ} als kogrediente Vektoren[7]) bezeichnen dürfen.

Wenn wir A nunmehr so schreiben:

$$(23) \qquad A = \iiiint \sum \left(\frac{\sqrt{g}\,\sum K_{\mu\nu}\, g_{\tau}^{\mu\nu} + 2\,\sum \dfrac{\partial \sqrt{g}\,K_{\tau}^{\sigma}}{\partial w^{\sigma}}}{\sqrt{g}} \cdot p^{\tau} \right) d\omega,$$

erscheint das mit den verschiedenen p^{τ} multiplizierte Größensystem als kontragredienter Vektor (es ist, im Sinne meiner vorigen Note, die „vektorielle Divergenz" des Tensors $K_{\mu\nu}$).

Entsprechend gewinnen wir aus B eine Invariante:

$$(24) \qquad \frac{1}{\sqrt{g}} \sum \frac{\partial \sqrt{g}\,\varepsilon^{\sigma}}{d w^{\sigma}};$$

wir werden sie (wieder im Sinne meiner vorigen Note) als „skalare Divergenz" des (mit Hilfe des Vektors p gebildeten) Vektors ε bezeichnen.

Nicht minder werden die beiden Bestandteile von (24):

$$(25) \qquad \frac{1}{\sqrt{g}} \sum \frac{\partial \sqrt{g}\,\eta^{\sigma}}{\partial w^{\sigma}} \quad \text{und} \quad \frac{1}{\sqrt{g}} \sum \frac{\partial (\sqrt{g}\,K_{\tau}^{\sigma}\,p^{\tau})}{\partial w^{\sigma}}$$

für sich genommen Invarianten sein.

----

[7]) [Daß ε^{σ} und η^{σ} kogrediente Vektoren sind, sieht man am einfachsten, wenn man ihre Ausdrücke (Formel (10) und (11)) mit den Formeln (8), (9) und (14) der ersten Mitteilung von Hilbert über die Grundlagen der Physik (l. c.) vergleicht. K.]

Wie aber ist es mit den U_τ^σ, die unter der Voraussetzung konstanter p^τ ($= \underset{0}{p}{}^\tau$) abgeleitet waren?

Konstante p^τ bleiben nicht mehr bei beliebigen Transformationen der w, sondern nur noch bei den „affinen“ Transformationen:

$$\bar{w}^\varrho = a_1^\varrho \cdot w^I + \ldots + a_4^\varrho \cdot w^{IV} + c^\varrho$$

konstant. Man denke sich die $g^{\mu\nu}$ natürlich entsprechend (also linear mit konstanten Koeffizienten) transformiert. Wozu immer tritt, daß die einzelnen $g^{\mu\nu}$ Funktionen der w^ϱ sind.

Wir werden dann sagen dürfen:

U_τ^σ ist ein gemischter Tensor der so erweiterten affinen Gruppe.

Dies hindert nicht, daß nach unseren Gleichungen (14), (17) und der Schreibweise (23) der von den p^τ unabhängige Ausdruck

$$(26) \qquad \frac{2}{\sqrt{g}} \sum \frac{\partial\left(\sqrt{g}\,(U_\tau^\sigma + K_\tau^\sigma)\right)}{\partial w^\sigma}$$

ein kontragredienter Vektor der *allgemeinen* Gruppe ist.

Es ist dies ein sehr merkwürdiges Sachverhältnis, welches für die später folgenden Ausführungen grundlegend ist.

Nimmt man noch nach (21) statt $\mathfrak{K}$ irgendein $\mathfrak{K}^*$ und fügt die Voraussetzung hinzu, daß die in (18) auftretenden $\mathfrak{W}^I \ldots \mathfrak{W}^{IV}$ gleich den mit $\sqrt{g}$ multiplizierten Komponenten eines Vektors $W^I \ldots W^{IV}$ der affinen Gruppe sein sollen:

$$(27) \qquad \mathfrak{W}^\sigma = \sqrt{g}\, W^\sigma,$$

so wird genau dasselbe Sachverhältnis wie bei (26) bei den allgemeineren Ausdrücken

$$(28) \qquad \frac{2}{\sqrt{g}} \sum \frac{\partial\left(\sqrt{g}\,(U_\tau^{*\sigma} + K_\tau^\sigma)\right)}{\partial w^\sigma}$$

statthaben.

§ 5.

Identitäten, denen unser K als Invariante der allgemeinen Gruppe genügt.

Wir verfolgen jetzt den Gedanken: *Weil K eine Invariante unserer allgemeinen Gruppe ist, folgt, bei beliebigen Werten der p^τ:*

$$(29) \qquad \delta I_1 = \delta \iiint K\, d\omega = 0.$$

(Umgekehrt, wenn bei beliebigen p^τ die Relation (29) statthat, wird I_1 und damit K eine Invariante der allgemeinen Gruppe sein Denn alle endlichen Transformationen der w^τ setzen sich doch aus den infinitesimalen $\delta w^\tau = p^\tau$ zusammen.)

Wir erhalten damit aus den Formeln der §§ 2, 3 eine große Anzahl von Differentialbeziehungen, denen die Invariante K (die noch gar nicht individualisiert ist) identisch zu genügen hat.

1. Wir nehmen, wie in meiner vorigen Note, die p^τ so — ohne sonst ihre Willkür zu beschränken , daß der Vektor ε^σ und damit das zugehörige Randintegral schlechthin wegfällt. Hierzu gehört offenbar, daß p^τ, $p^{\mu\nu}$ und $p_\varrho^{\mu\nu}$ entlang dem Rande verschwinden, d. h. das Nullsein von p^τ, p_ϱ^τ, $p_{\varrho\sigma}^\tau$. Dann kommt also gemäß (13) $A = 0$, d. h. bei beliebigem Integrationsgebiet und beliebiger Annahme der p^τ im Innern des Gebietes. Wir schließen gemäß (23), *daß die vektorielle Divergenz des Tensors $K_{\mu\nu}$ identisch Null sein muß.* In Formeln:

$$(30) \qquad \frac{\sqrt{g}\, \sum K_{\mu\nu}\, g_\tau^{\mu\nu} + 2 \sum \dfrac{\partial \sqrt{g}\, K_\tau^\sigma}{\partial w^\sigma}}{\sqrt{g}} \equiv 0 \qquad (\text{für } \tau = 1, 2, 3, 4).$$

Es sind dies die Identitäten (12) meiner vorigen Note, die ich jetzt *die Identitäten A* nennen werde. — Man mache sich klar: da es sich um einen Vektor handelt, werden die linken Seiten von (30), aufgestellt für ein beliebiges Koordinatensystem, gleich wohlbekannten linearen Kombinationen ihrer ursprünglichen Werte sein. Das Verschwinden der transformierten Ausdrücke besagt also gar nichts anderes als das Verschwinden der ursprünglichen Ausdrücke.

2. Infolge der Identitäten (30) fällt jetzt das Integral A bei *beliebigen* p^τ weg. Also verschwindet gemäß (13), (29) immer auch das Integral B. Wieder überlegen wir, daß das Integrationsgebiet und der Vektor p^τ ganz beliebig angenommen werden können. Es folgt, daß der Integrand von B, d. h. die skalare Divergenz des Vektors ε, identisch Null sein muß:

$$(31) \qquad \frac{1}{\sqrt{g}} \sum \frac{\partial \sqrt{g}\, \varepsilon^\sigma}{\partial w^\sigma} \equiv 0,$$

oder, was dasselbe ist:

$$(31') \qquad \frac{1}{\sqrt{g}} \sum \frac{\partial \sqrt{g}\,(\eta^\sigma + 2 \sum K_\tau^\sigma p^\tau)}{\partial w^\sigma} \equiv 0.$$

In dieser einen Formel (31) und (31') sind bei der Willkür der p^τ noch sehr viele Einzelgleichungen enthalten. Man betrachte die Terme, welche aus $\sum K_\tau^\sigma p^\tau$ bei der Differentiation entstehen, und überlege, daß η^σ aus Gliedern aufgebaut ist, welche beziehungsweise die $p^{\mu\nu}$, $p_\varrho^{\mu\nu}$ linear enthalten, während die $p^{\mu\nu}$ selbst wieder linear in den p und ihren nach den w genommenen Differentialquotienten sind. Aber die η^σ werden in (31) bez. (31') noch einmal nach den w^σ differentiiert. Wir schließen, daß die linken Seiten von (31) und (31') homogen linear in den p^τ und ihren nach den w genommenen ersten, zweiten und dritten Differentialquotienten sind. Da diese alle unabhängig voneinander angenommen werden können, haben wir im ganzen

$$4\left(1 + 4 + \frac{4\cdot 5}{1\cdot 2} + \frac{4\cdot 5\cdot 6}{1\cdot 2\cdot 3}\right) = 140$$

Gleichungen. Ich werde diese die *Identitäten B* nennen.

Es verlohnt sich, diese 140 Gleichungen wenigstens schematisch anzusetzen. Ich werde mit der oben, in (15), eingeführten Bezeichnung nicht in Widerspruch sein, wenn ich schreibe:

$$(32) \qquad \eta^{\sigma} = 2\left(\sum U_{\tau}^{\sigma}\, p^{\tau} + \sum U_{\tau}^{\sigma,\,\sigma'}\, p_{\sigma'}^{\tau} + \sum' U_{\tau}^{\sigma,\,\sigma'\,\sigma''}\, p_{\sigma'\,\sigma''}^{\tau}\right)$$

(je zu summieren über alle zweimal vorkommenden Indizes. Indizes, welche durch kein Komma getrennt sind, sind vertauschbar, nicht so die durch die Komma getrennten. Danach gibt es $16(1 + 4 + 10) = 240$ Größen U). — Die Gleichung (31′) wird sich nun, indem ich den voranstehenden Faktor $\dfrac{2}{\sqrt{g}}$ weglasse und für $\sqrt{g}\,U$ wieder U schreibe, folgendermaßen zerlegen:

1. 4 Gleichungen, welche den Termen mit p^{τ} entsprechen:

$$(33) \qquad \sum (U_{\tau,\,\sigma}^{\sigma} + \Re_{\tau,\,\sigma}^{\sigma}) \equiv 0\,,$$

2. 16 Gleichungen, welche den Termen mit p_{σ}^{τ} entsprechen:

$$(34) \qquad U_{\tau}^{\sigma} + \Re_{\tau}^{\sigma} + \sum_{\sigma'} U_{\tau,\,\sigma'}^{\sigma',\,\sigma} \equiv 0\,,$$

3. 40 Gleichungen, welche den Termen mit $p_{\sigma',\,\sigma''}^{\tau}$ entsprechen:

$$(35) \qquad U_{\tau}^{\sigma',\,\sigma''} + U_{\tau}^{\sigma'',\,\sigma'} + \sum_{\sigma} U_{\tau,\,\sigma}^{\sigma,\,\sigma'\,\sigma''} \equiv 0\,,$$

4. 80 Gleichungen, welche den Termen mit $p_{\sigma\sigma'\,\sigma''}^{\tau}$ zugehören:

$$(36) \qquad U_{\tau}^{\sigma,\,\sigma'\,\sigma''} + U_{\tau}^{\sigma',\,\sigma''\,\sigma} + U_{\tau}^{\sigma'',\,\sigma\sigma'} \equiv 0\,.$$

Die Abhängigkeiten, die zwischen diesen 140 Gleichungen B bestehen mögen, habe ich nicht untersucht.

Im übrigen ergeben sich nun unmittelbar folgende Schlußfolgerungen:

a) Die Identitäten A $(= (30))$ und die B $(= (33), (34), (35), (36))$ ergeben zusammen die *hinreichenden* Bedingungen, daß eine Funktion K der $g^{\mu\nu}$, $g_{\varrho}^{\mu\nu}$, $g_{\varrho\sigma}^{\mu\nu}$ eine Invariante unserer allgemeinen Gruppe ist.

b) Aber die linken Seiten von (33), multipliziert mit $\dfrac{2}{\sqrt{g}}$, sind wegen des Hauptsatzes von § 2 mit den linken Seiten von (30) direkt identisch.

c) Also sind die B allein die hinreichenden Bedingungen für die Invarianz von K.

d) Die A allein aber sind es nicht. Denn die Gleichungen A werden auch bestehen, wenn man K durch $K^{*} = K + \mathrm{Div}$ ersetzt, — allgemeiner, wenn K eine solche Funktion ist, die sich bei beliebiger Transformation der w immer um eine Divergenz vermehrt.

e) Daher sind die Identitäten B nicht etwa allgemein aus den A ableitbar.

Für uns gehören aber doch, mit Rücksicht auf die zu entwickelnden physikalischen Schlußfolgerungen, die A in die erste Reihe. So möge noch einmal der drei Formen gedacht werden, die sie nach dem Früheren annehmen können:

$$(37) \quad \begin{cases} \textit{Identitäten } A_\alpha: \ \dfrac{\overset{\bullet}{2}}{\sqrt{g}} \sum \dfrac{\partial \, \mathfrak{K}_\tau^{\,\sigma}}{\partial \, w^\sigma} + \sum K_{\mu\nu}\, g_\tau^{\mu\nu} \equiv 0, \\[3ex] \textit{Identitäten } A_\beta: \ \dfrac{2}{\sqrt{g}} \sum \dfrac{\partial \, (\mathfrak{K}_\tau^{\,\sigma} + \mathfrak{U}_\tau^{\,\sigma})}{\partial \, w^\sigma} \equiv 0, \qquad \text{für } \tau = 1, 2, 3, 4. \\[3ex] \textit{Identitäten } A_\gamma: \ \dfrac{2}{\sqrt{g}} \sum \dfrac{\partial \, (\mathfrak{K}_\tau^{\,\sigma} + \mathfrak{U}_\tau^{*\,\sigma})}{\partial \, w^\sigma} \equiv 0. \end{cases}$$

Ich habe dabei nur, was weiterhin zweckmäßig scheint, immer die Terme mit den $\mathfrak{K}_\tau^{\,\sigma}$ vorausgenommen und übrigens wieder solche Zahlenfaktoren zugefügt, daß linkerseits alleweil dieselben vier Vektorkomponenten stehen.

§ 6.
Übergang zu den Erhaltungssätzen.

Was ich im Verfolg des systematischen Gedankenganges jetzt noch über die besondere Bauart der Invariante K, wie sie der modernen Gravitationstheorie zugrunde liegt, zu sagen hätte, schließt sich so eng an Einsteins einschlägige Untersuchungen an, daß ich es lieber bis zum folgenden Paragraphen verschiebe und hier gleich den prinzipiellen Übergang zu den Differentialgesetzen der Erhaltung von Impuls und Energie und eine Übersicht über die verschiedenen Gestalten, in der diese Gesetze in der Literatur hervorgetreten sind, folgen lasse. Für das materielle Feld, mit dem wir uns jeweils beschäftigen, lauten bei unserer Bezeichnung die zehn Gravitationsgleichungen, wie ich schon in der Einleitung unter (3) bemerkte, besonders einfach. Ich werde hier gleich statt der lateinischen Buchstaben deutsche setzen und habe dann

$$(38) \qquad\qquad \mathfrak{K}_{\mu\nu} - \varkappa\, \mathfrak{T}_{\mu\nu} = 0.$$

Statt dessen kann ich natürlich auch die 16 Gleichungen schreiben:

$$(39) \qquad\qquad \mathfrak{K}_\tau^{\,\sigma} - \varkappa\, \mathfrak{T}_\tau^{\,\sigma} = 0.$$

Alles, was wir nun zu tun haben, ist, daß wir die hieraus folgenden Werte der $\mathfrak{K}_{\mu\nu}$ bez. der $\mathfrak{K}_\tau^{\,\sigma}$ in die für die Invariante K aufgestellten Identitäten einsetzen. Die Sache ist so einfach, daß ich die Ergebnisse gleich tabellarisch zusammenstellen und erläutern kann.

Ich beginne mit den Identitäten A_α bis A_γ (37):

1. Aus den A_α folgt durch Division mit $\dfrac{2\varkappa}{\sqrt{g}}$:

$$(40) \qquad \sum \frac{\partial \mathfrak{T}_\tau^\sigma}{\partial w^\sigma} + \frac{1}{2} \sum \mathfrak{T}_{\mu\nu} g_\tau^{\mu\nu} = 0.$$

Es sind dies die Erhaltungssätze für die Energiekomponenten des materiellen Feldes als solche, wie sie sich überall in der Literatur vorfinden.

2. Ich kann natürlich auch schreiben, was gewissermaßen neu ist:

$$(41) \qquad \sum \frac{\partial \mathfrak{T}_\tau^\sigma}{\partial w^\sigma} + \frac{1}{2\varkappa} \sum \mathfrak{R}_{\mu\nu} g_\tau^{\mu\nu} = 0.$$

3. Hiermit völlig gleichbedeutend ist es, wenn ich den A_β entnehme:

$$(42) \qquad \sum \frac{\partial \left(\mathfrak{T}_\tau^\sigma + \dfrac{1}{\varkappa} \mathfrak{U}_\tau^\sigma \right)}{\partial w^\sigma} = 0.$$

Dies sind dem Wesen nach die Erhaltungssätze, wie sie Lorentz in Teil III seiner eingangs genannten Artikelreihe aufgestellt hat, vgl. daselbst S. 482, Formel (79). (Die direkte Identifizierung ist nur insofern etwas weitläufig, als Lorentz das δI_1 zunächst nicht nach den $\delta g^{\mu\nu}$, sondern den $\delta g_{\mu\nu}$ geordnet hat; es kann aber an der Übereinstimmung nicht gezweifelt werden, weil er zu ihrer Gewinnung von derselben infinitesimalen Transformation $\delta w^\tau = p^\tau$ (mit konstantem p^τ) ausgeht, die uns zu den Identitäten A_β geführt hat[8]).

4. Endlich schreiben sich dieselben Relationen gemäß dem A_γ auch:

$$(43) \qquad \sum \frac{\partial \left(\mathfrak{T}_\tau^\sigma + \dfrac{1}{\varkappa} \mathfrak{U}_\tau^{*\sigma} \right)}{\partial w^\sigma} = 0.$$

Man hat das K^* (Formel (21)) und damit zusammenhängend die $\mathfrak{U}_\tau^{*\sigma}$ nur noch zweckmäßig zu partikularisieren, um die bekannten Einsteinschen Formeln zu erhalten:

$$(44) \qquad \sum \frac{\partial (\mathfrak{T}_\tau^\sigma + \mathfrak{t}_\tau^\sigma)}{\partial w^\sigma} = 0.$$

Das Nähere wird im folgenden Paragraphen noch darzulegen sein. Jedenfalls versteht man schon hier, daß die linken Seiten der Einsteinschen Relationen, multipliziert mit $\sqrt{g}$, ebenso Vektorkomponenten darstellen, wie die mit ihnen genau übereinstimmenden linken Seiten von (41), (42). Ich hebe das nur deshalb hervor, weil die Sachlage nicht überall klar erkannt zu sein scheint.

---

[8] [In der Tat hat Herr Vermeil die Identität der beiderseitigen Resultate nachträglich durch direkte Rechnung bestätigt. K.]

Wir gehen nun zu der ursprünglichen Zusammenfassung (31), (31′) der Identitäten B zurück:

$$\left[\frac{1}{\sqrt{g}}\sum\frac{\partial\sqrt{g}\,\varepsilon^{\sigma}}{\partial w^{\sigma}}=\frac{1}{\sqrt{g}}\sum\frac{\partial\sqrt{g}\,(\eta^{\sigma}+2\sum K_{\tau}^{\sigma}p^{\tau})}{\partial w^{\sigma}}\right]\equiv 0.$$

Indem wir hier für K_{τ}^{σ} den aus den Gravitationsgleichungen des Feldes folgenden Wert $\varkappa\,T_{\tau}^{\sigma}$ eintragen, tritt an Stelle des Vektors ε^{σ} ein neuer Vektor, der e^{σ} heißen mag:

$$(45)\qquad e^{\sigma}=\eta^{\sigma}+2\varkappa\sum T_{\tau}^{\sigma}p^{\tau}.$$

Dieser neue Vektor ist nun, wie ich behaupte, *genau derjenige, den Hilbert in seiner Note — unter Beschränkung auf den elektromagnetischen Fall — als Energievektor bezeichnet hat* (so daß die Erhaltungssätze für Hilbert in die eine Gleichung

$$(46)\qquad \frac{1}{\sqrt{g}}\sum\frac{\partial\sqrt{g}\,e^{\sigma}}{\partial w^{\sigma}}=0$$

zusammengefaßt sind).

Zum Beweise bemerke ich:

a) Was den von der „Materie" herrührenden Teil in (45), also den Term $2\varkappa\sum T_{\tau}^{\sigma}p^{\tau}$ angeht, so stimmt dieser, wenn ich nur $\varkappa$ in Anlehnung an Hilbert gleich 1 setze, nach gehöriger Umänderung der Bezeichnung mit den Angaben, welche Hilbert in Formel (19) seiner Note und in den sich anschließenden Sätzen macht, ohne weiteres.

b) Sodann, was den „Gravitationsteil", das η^{σ}, betrifft, so hat mir schon vor längerer Zeit Herr Freedericks die zunächst unübersichtlich erscheinenden Terme, wie sie Hilbert l. c. in den Formeln (8), (9) und (14) angibt, rechnerisch zusammengezogen und ist dabei genau auf den Ausdruck gekommen, den ich in (11) als η^{σ} eingeführt habe [9]).

Nun sieht die Formel (46), auch wenn ich den Faktor $\dfrac{2\varkappa}{\sqrt{g}}$ abtrenne, zunächst ganz anders aus als die Formeln (42), (43). Die Sachbeziehung aber ergibt sich ganz klar, wenn ich (46) nach dem Schema (33) bis (36) in $4+16+40+80$ Gleichungen auseinanderziehe:

Die ersten vier Gleichungen werden lauten:

$$(47)\qquad \sum(\mathfrak{U}_{\tau,\sigma}^{\sigma}+\varkappa\,\mathfrak{T}_{\tau,\sigma}^{\sigma})=0,$$

stimmen also genau mit den Gleichungen (42) überein.

Die folgenden 16 Gleichungen werden lauten:

$$(48)\qquad \mathfrak{U}_{\tau}^{\sigma}+\varkappa\,\mathfrak{T}_{\tau}^{\sigma}+\sum_{\sigma'}\mathfrak{U}_{\tau,\sigma'}^{\sigma';\sigma}=0.$$

---

[9]) [Offenbar hat Hilbert seine zunächst sehr kompliziert scheinende Darstellung von e^{σ} gewählt, um den Vektorcharakter dieser Größe von vornherein hervortreten zu lassen. K.]

Dies ist nur eine besondere Schreibweise der Feldgleichungen (39), denn $\mathfrak{U}_\tau^\sigma + \sum \mathfrak{U}_{\tau,\sigma}^{\sigma'}$ ist nach (34) mit $-\mathfrak{K}_\tau^\sigma$ identisch.

Die dann noch verbleibenden $40 + 80$ Gleichungen aber stimmen ohne weiteres mit den Identitäten (35), (36) überein; sie haben mit dem materiellen Felde, welches wir gerade betrachten, gar nichts zu tun.

Im Grunde reduziert sich also die Hilbertsche Aussage (46) auf die Erhaltungssätze (42); was dazutritt, sind ohnehin bekannte Gleichungen. Dafür hat die Aussage den Vorzug, daß sie nicht nur selbst etwas invariantentheoretisch Einfaches behauptet, sondern daß auch die in ihr auftretende Größe e^σ invariantentheoretisch kurz charakterisiert werden kann: *sie ist ein den Hilfsvektor p^τ enthaltender, im übrigen aber von den $T_{\mu\nu}$, den $K_{\mu\nu}$ und deren Differentialquotienten abhängender kogredienter Vektor.*

Mit den im vorliegenden Paragraphen gemachten expliziten Angaben über die verschiedenen Formen der Erhaltungssätze wird, wie man sieht, ergänzt, was in den Nummern (6) bis (8) meiner vorigen Note nur erst mehr unbestimmt ausgedrückt war.

§ 7.

Näheres über die Einsteinsche Formulierung der Erhaltungssätze.

Ich habe nun noch nachzutragen, wie man die von mir mit K^* bezeichnete Größe partikularisieren muß, um zu Einsteins Schlußformeln:

$$(44) \qquad \sum \frac{\partial (\mathfrak{T}_\tau^\sigma + \mathfrak{t}_\tau^\sigma)}{\partial w^\sigma} = 0$$

zu kommen, auch noch einiges darüber zu sagen, welche Vereinfachung damit erzielt ist.

Ich beziehe mich dabei am liebsten auf Einsteins oben genannte Darstellung in den Sitzungsberichten der Berliner Akademie vom Oktober 1916. Einstein geht dort davon aus, daß die Invariante K (die er G nennt) die zweiten Differentialquotienten der $g^{\mu\nu}$ nur linear enthält, multipliziert mit Funktionen der $g^{\mu\nu}$ selbst. Man kann daher besagte Differentialquotienten aus dem Integral $I_1 = \iiint K\, d\omega$ durch partielle Integration wegschaffen, also

$$(49) \qquad K = G^* + \mathrm{Div}$$

setzen, wo G^* eine Funktion nur der ersten Differentialquotienten ist. Insbesondere gibt Einstein für G^* den Wert:

$$(50) \qquad G^* = \sum_{\mu\nu\varrho\sigma} g^{\mu\nu} \{ \Gamma_{\mu\varrho}^\sigma \Gamma_{\nu\sigma}^\varrho - \Gamma_{\mu\nu}^\varrho \Gamma_{\varrho\sigma}^\sigma \}\ ^{10}),$$

---

[10]) [Beim Wiederabdruck wurde das Vorzeichen von G^* und $\mathfrak{G}^*$ hier und im folgenden umgeändert, entsprechend dem bei der ersten Veröffentlichung nicht genügend berücksichtigten Umstande, daß man in Übereinstimmung mit Einstein das Vorzeichen von ds^2 so nimmt, wie es in der Fußnote [4]) Seite 569 dieser Abhandlung verabredet wurde; alsdann wird das Einsteinsche G mit dem Hilbertschen K identisch. K.]

unter $-\Gamma^{\varrho}_{\mu\nu}$ die sogenannten Symbole zweiter Art verstanden:

$$(51) \qquad -\Gamma^{\varrho}_{\mu\nu} = \sum_\tau \frac{g^{\varrho\tau}}{2}\left(\frac{\partial g_{\mu\tau}}{\partial w^\nu} + \frac{\partial g_{\nu\tau}}{\partial w^\mu} - \frac{\partial g_{\mu\nu}}{\partial w^\tau}\right) {}^{11}).$$

Augenscheinlich ist dieses G^* bei affinen Transformationen der w invariant.

Die ferneren Einsteinschen Schlußformeln folgen nun ohne weiteres aus unseren früheren Ansätzen, wenn wir

$$(52) \qquad K^* = G^*, \text{ also } \mathfrak{K}^* = \mathfrak{G}^*$$

setzen; wir müssen nur hinterher noch, um volle Übereinstimmung zu haben,

$$\varkappa = 1$$

nehmen.

Es handelt sich eigentlich nur mehr um zwei Punkte:

a) Nach (21) haben wir

$$(53) \qquad \mathfrak{K}_{\mu\nu} \equiv \mathfrak{G}^*_{\mu\nu}.$$

Aber $\mathfrak{G}^*_{\mu\nu}$ stellt sich, weil $\mathfrak{G}^*$ nur die Differentialquotienten erster Ordnung der $g^{\mu\nu}$ enthält, formal einfacher dar als die $\mathfrak{K}_{\mu\nu}$:

$$(54) \qquad \mathfrak{G}^*_{\mu\nu} = \frac{\partial \mathfrak{G}^*}{\partial g^{\mu\nu}} - \sum \frac{\partial\left(\dfrac{\partial \mathfrak{G}^*}{\partial g^{\mu\nu}_{\varrho}}\right)}{\partial w^\varrho}.$$

Als solche treten die $\mathfrak{G}^*_{\mu\nu}$ bei Einstein in der Tat statt der $\mathfrak{K}_{\mu\nu}$ in den Feldgleichungen auf (Formel (7) seines Artikels). — Man wird sagen dürfen, daß durch Einführung der $\mathfrak{G}^*_{\mu\nu}$ eine besondere Eigenschaft der $\mathfrak{K}_{\mu\nu}$, nämlich keine Differentialquotienten der $g^{\mu\nu}$ von höherer als der zweiten Ordnung zu enthalten, sichtbar hervorgekehrt ist.

b) Ferner haben wir nun für die $\mathfrak{U}^{*\sigma}_\tau$ nach (16), (22) die einfachen Formeln

$$(55) \qquad \mathfrak{U}^{*\sigma}_\tau = \frac{1}{2}\left(\mathfrak{G}^* \delta^\sigma_\tau - \sum \frac{\partial \mathfrak{G}^*}{\partial g^{\mu\nu}_\sigma} g^{\mu\nu}_\tau\right).$$

Diese $\mathfrak{U}^{*\sigma}_\tau$ sind gegenüber den allgemeinen $\mathfrak{U}^\sigma_\tau$ tatsächlich gekürzt, aber das Resultat der Divergenzbildung

$$\sum \frac{\partial \mathfrak{U}^{*\sigma}_\tau}{\partial w^\sigma}$$

ist doch wieder dasselbe. Also auch hier bringt die Reduktion der Formeln nur die Vereinfachung zur klaren Anschauung, welche das für uns in Betracht kommende Schlußergebnis infolge der Bauart von K ohnehin besitzt.

---

^{11}) Vgl. die Durchführung der Zwischenrechnung auf S. 110, 191 des Weylschen Buches.

Die durch (55) *definierten* $\mathfrak{U}_\tau^{*\sigma}$, *dividiert durch* $\varkappa$, *sind nun ohne weiteres die* **Einsteinschen** $\mathfrak{t}_\tau^\sigma$:

$$(56) \qquad \frac{1}{\varkappa}\,\mathfrak{U}_\tau^{*\sigma} = \mathfrak{t}_\tau^\sigma.$$

In der Tat gibt **Einstein** in Formel (20) seiner Abhandlung — auf Grund einer ganz anders angelegten Rechnung —, indem er $\varkappa = 1$ nimmt, für seine $\mathfrak{t}_\tau^\sigma$ genau die in (55) rechter Hand stehenden Werte.

Tragen wir dementsprechend in (43) für die $\dfrac{1}{\varkappa}\mathfrak{U}_\tau^{*\sigma}$ die $\mathfrak{t}_\tau^\sigma$ ein, so erhalten wir die Gleichungen (44), w. z. b. w.

––––––

Ich wünsche diesen Entwicklungen noch einen kleinen Zusatz zu geben. In seinen „Kosmologischen Betrachtungen zur allgemeinen Relativitätstheorie"[12]) hat **Einstein** bekanntlich den Vorschlag gemacht, die fundamentalen Feldgleichungen der Gravitation dahin zu modifizieren, daß — in unserer Bezeichnung — statt (3) geschrieben wird

$$(57) \qquad K_{\mu\nu} - \lambda g_{\mu\nu} - \varkappa T_{\mu\nu} = 0,$$

unter λ eine Konstante verstanden. Da

$$\frac{\partial\sqrt{g}}{\partial g^{\mu\nu}} : \sqrt{g} = -\frac{1}{2}\,g_{\mu\nu},$$

so können wir (57) auch so schreiben

$$(58) \qquad \overline{K}_{\mu\nu} - \varkappa T_{\mu\nu} = 0, \quad \text{oder auch} \quad \overline{K}_\tau^\sigma - \varkappa T_\tau^\sigma = 0,$$

wo

$$(59) \qquad \overline{K} = K + 2\lambda.$$

Nun gelten für dieses $\overline{K}$ *alle die Voraussetzungen, auf die wir in den Paragraphen 2 bis 5 die Identitäten für* K *aufgebaut haben.* Wir können also beispielsweise für das $\overline{K}$ gleich die Identitäten (37) anschreiben, in denen wir die U_τ^σ nur durch die $\overline{U}_\tau^\sigma$ zu ersetzen haben, wo gemäß (16)

$$(60) \qquad \overline{U}_\tau^\sigma = U_\tau^\sigma + \lambda\delta_\tau^\sigma$$

sein wird. Wir bekommen also auch Erhaltungssätze, wie früher, etwa der Formel (42) entsprechend

$$(61) \qquad \sum \frac{\partial\left(\mathfrak{T}_\tau^\sigma + \dfrac{1}{\varkappa}\,\overline{\mathfrak{U}}_\tau^\sigma\right)}{\partial w^\sigma} = 0,$$

wo wir nun noch das $\overline{\mathfrak{U}}_\tau^\sigma$ abändern mögen, indem wir statt $\overline{K}$

$$(62) \qquad \overline{K}^* = \overline{K} + \mathfrak{Div}$$

––––––

[12]) Sitzungsberichte der Berliner Akademie vom 8. Februar 1917.

setzen. Speziell wollen wir für $\overline{K}*$, gemäß unseren neuesten Entwicklungen

$$(63) \qquad \overline{G}* = G* + 2\lambda, \text{ d. h. } \overline{\mathfrak{G}}* = \mathfrak{G}* + 2\lambda\sqrt{g}$$

nehmen. Schreiben wir dann unter Übertragung von (55), (56):

$$(64) \qquad \overline{\mathfrak{t}}_\tau^\sigma = \frac{1}{2\varkappa}\left(\overline{\mathfrak{G}}* \delta_\tau^\sigma - \sum \frac{\partial \overline{\mathfrak{G}}*}{\partial g_\sigma^{\mu\nu}} g_\tau^{\mu\nu}\right),$$

so werden wir nunmehr

$$(65) \qquad \sum \frac{\partial(\mathfrak{T}_\tau^\sigma + \overline{\mathfrak{t}}_\tau^\sigma)}{\partial w^\sigma} = 0$$

haben. Dies entspricht der Angabe, die Einstein in seiner neuesten Publikation macht[13]).

———

§ 8.

Schlußbemerkung.

Die Beziehungen, welche die so weit gegebenen Entwicklungen zu den von mir zitierten Arbeiten von Einstein, Hilbert und Lorentz und Weyl haben, sind im einzelnen noch enger, als durch den bloßen Vergleich der Schlußresultate hervortritt. Viele Formeln, die bei mir in den Zwischenüberlegungen auftreten, finden sich auch dort, nur nicht in dem von mir eingehaltenen einheitlichen Gedankengange. Es ist sehr interessant, dies im einzelnen zu verfolgen. Am nächsten stehen meinen Entwicklungen wohl diejenigen von Lorentz, der sich dann aber bald auf solche infinitesimale Transformationen $\delta w^\tau = p^\tau$ beschränkt, deren p^τ von den w unabhängig sind. Einstein betrachtet solche p^τ, die affinen Transformationen der w entsprechen, Weyl (wie ich selbst in meiner vorigen Note) solche p^τ, die im übrigen willkürlich sind, aber am Rande des Integrationsgebietes in geeigneter Weise verschwinden[14]).

Ich darf auch nicht unterlassen, für fördernde Teilnahme an meinen neuen Arbeiten wieder Frl. Nöther zu danken, welche die mathematischen Gedanken, die ich in Anpassung an die physikalische Fragestellung für das Integral I_1 benutze, ihrerseits allgemein herausgearbeitet hat und in einer demnächst in diesen Nachrichten zu veröffentlichenden Note darstellen wird[15]).

---

[13]) Sitzungsberichte der Berliner Akademie vom 16. Mai 1918, S. 456.

[14]) So schon in einem Aufsatze „Zur Gravitationstheorie" (in Bd. 54 der Annalen der Physik), der vor meiner Note abgeschlossen, aber erst nach ihr veröffentlicht wurde.

[15]) [Die Hauptsätze von Frl. Nöther habe ich am 26. Juli der Gesellschaft der Wissenschaften vorgelegt. Die Note selbst ist weiterhin in den Göttinger Nachrichten 1918, S. 235—257, unter dem Titel „Invariante Variationsprobleme" erschienen.] —

[Der vorstehend in § 2 aufgestellte „Hauptsatz" ist ein besonderer Fall des folgenden von Frl. Nöther am angegebenen Orte bewiesenen weitreichenden Theorems:

„Ist ein Integral I invariant gegenüber einer G_ϱ (d. h. einer kontinuierlichen Gruppe mit ϱ wesentlichen Parametern), so werden ϱ linear unabhängige Verbindungen der Lagrangeschen Ausdrücke zu Divergenzen "

Was aber insbesondere die in XXXI enthaltene Behauptung von Hilbert angeht (siehe S. 561 und 565 der vorliegenden Ausgabe), so ergibt sich als deren exakte Formulierung nach Frl. Nöther die folgende:

„Gestattet ein Integral I die Verschiebungsgruppe, so werden die Energierelationen dann und nur dann uneigentliche, wenn I invariant ist gegenüber einer unendlichen Gruppe, die die Verschiebungsgruppe als Untergruppe enthält."

Übrigens findet auch der Satz von Hilbert bzw. von XXXI, daß zwischen den Feldgleichungen der Relativitätstheorie vier Relationen bestehen, bei Frl. Nöther seine Verallgemeinerung. Ihr Theorem lautet so: „Ist das Integral I invariant gegenüber einer Gruppe mit ϱ willkürlichen Funktionen, in der diese Funktionen bis zur σ-ten Ableitung auftreten, so bestehen ϱ identische Relationen zwischen den Lagrangeschen Ausdrücken und ihren Ableitungen bis zur σ-ten Ordnung." K.]

XXXIII. Über die Integralform der Erhaltungssätze und die Theorie der räumlich-geschlossenen Welt.

Nachrichten der Kgl. Gesellschaft der Wissenschaften zu Göttingen. Mathematisch-physikalische Klasse. (1918.) Vorgelegt in der Sitzung vom 6. Dezember 1918.][1]

In meiner Note vom 19. Juli 1918 habe ich versucht, über die verschiedenen Formen, welche man in der Einsteinschen Gravitationstheorie den Differentialgesetzen für die Erhaltung von Impuls und Energie geben kann, eine Übersicht zu gewinnen; meine Aufgabe soll heute in erster Linie sein, zu der Integralform der Erhaltungssätze Stellung zu nehmen, welche Einstein für die von ihm bevorzugte Form der Differentialgesetze aufgestellt hat. Im Zusammenhang damit werde ich Einsteins Theorie der räumlich-geschlossenen Welt und die Abänderung, welche diese durch de Sitter gefunden hat, behandeln[2]). Die physikalischen Fragen werden nur gestreift, das Ziel ist, die *mathematischen* Zusammenhänge völlig klarzustellen; ich empfinde eine gewisse Genugtuung, daß dabei meine alten Ideen von 1871—72 zu entscheidender Geltung kommen[3]). Wie weit Fortschritte erzielt sind, möge der Leser selbst durch Vergleich mit den Darstellungen der anderen Autoren entscheiden.

---

[1]) Zum Druck eingereicht Ende Januar 1919.

[2]) Die in Betracht kommenden Veröffentlichungen sind:
Einstein. 1. Kosmologische Betrachtungen zur allgemeinen Relativitätstheorie. Sitzungsberichte der Berliner Akademie vom 8. Februar 1917.
2. Kritisches zu einer von Herrn de Sitter gegebenen Lösung der Gravitationsgleichungen, ebenda, 7. März 1918.
3. Der Energiesatz in der allgemeinen Relativitätstheorie, ebenda, 16. Mai 1918.
de Sitter. In verschiedenen Mitteilungen im Verslag der Amsterdamer Akademie, 1917, sowie in einer zusammenfassenden Artikelreihe in den Monthly Notices of the R. Astronomical Society: On Einsteins theory of gravitation and its astronomical consequences (siehe insbesondere den Schlußteil III vom November 1917).

[3]) Siehe insbesondere:
1. Über die sogenannte Nicht-Euklidische Geometrie. Math. Annalen (1871), Bd. 4. [Abh. XVI dieser Ausgabe.]
2. Das Antrittsprogramm: Vergleichende Betrachtungen über neuere geometrische Forschungen, Erlangen 1872. [Abh. XXVII dieser Ausgabe.]

Ich erinnere zunächst an folgende Ergebnisse: Die Erhaltungssätze in der Form, die ich nach Lorentz benenne, (Formel (42) der vorigen Note), lauten:

$$(1) \qquad \frac{\partial\left(\mathfrak{T}_\tau^\sigma + \frac{1}{\varkappa}\,\mathfrak{U}_\tau^\sigma\right)}{\partial w^\sigma} = 0\,.$$

Schreiben wir

$$(2) \qquad \frac{1}{\varkappa}\,\mathfrak{U}_\tau^{*\,\sigma} = \mathfrak{t}_\tau^\sigma,$$

so erhalten wir die Einsteinsche Form der Erhaltungssätze:

$$(3) \qquad \frac{\partial\left(\mathfrak{T}_\tau^\sigma + \mathfrak{t}_\tau^\sigma\right)}{\partial w^\sigma} = 0$$

(Formel (44) der vorigen Note)[4]).

Nun wird es der Einsteinschen Grundauffassung entsprechen, wenn ich weiterhin

$$\text{die } \frac{\mathfrak{U}_\tau^\sigma}{\varkappa}, \quad \text{bez. die } \frac{\mathfrak{U}_\tau^{*\,\sigma}}{\varkappa}$$

kurzweg als *die (durch die zufällige Koordinatenwahl und den jeweiligen Ansatz bedingten) Gravitationskomponenten der Energie* bezeichne. Im übrigen will ich die hiernach sich ergebenden Komponenten der „Gesamtenergie" abkürzend mit dem Buchstaben V, bez. $\mathfrak{V}$, bezeichnen:

$$(4) \qquad \mathfrak{T}_\tau^\sigma + \frac{1}{\varkappa}\,\mathfrak{U}_\tau^\sigma = \mathfrak{V}_\tau^\sigma, \qquad \mathfrak{T}_\tau^\sigma + \frac{1}{\varkappa}\,\mathfrak{U}_\tau^{*\,\sigma} = \mathfrak{V}_\tau^{*\,\sigma}.$$

Es ist eine Besonderheit meiner folgenden Darstellung, auf die ich hier vorweg hinweise, daß ich die $\mathfrak{U}$ und $\mathfrak{U}^*$ (oder auch die $\mathfrak{V}$ und $\mathfrak{V}^*$) — welche beide ihre Vorzüge haben — immer nebeneinander betrachte; man sieht dann deutlicher, wie weit in den aufzustellenden Integralformen der Erhaltungssätze ein subjektives Moment zur Geltung kommt.

Zur Bequemlichkeit des Lesers setze ich die zugrunde liegende Definition der entsprechenden lateinischen Buchstaben nach Formel (16), (55) der vorigen Note noch einmal her. Man hat:

$$(5) \qquad 2\,U_\tau^\sigma = K\,\delta_\tau^\sigma - \frac{\partial K}{\partial g_\sigma^{\mu\nu}}\,g_\tau^{\mu\nu} - \frac{\partial K}{\partial g_{\varrho\sigma}^{\mu\nu}}\,g_{\varrho\tau}^{\mu\nu} + \frac{1}{\sqrt{g}}\,\frac{\partial\left(\dfrac{\partial \sqrt{g}\,K}{\partial g_{\varrho\sigma}^{\mu\nu}}\right)}{\partial w^\varrho}\,g_\tau^{\mu\nu},$$

$$(6) \qquad 2\,U_\tau^* = G^*\,\delta_\tau^\sigma - \frac{\partial G^*}{\partial g_\sigma^{\mu\nu}}\,g_\tau^{\mu\nu}.$$

---

[4]) [Dieser ganze Absatz konnte wesentlich gekürzt werden, nachdem die bei der ersten Veröffentlichung an dieser Stelle aufgeführten, in der vorigen Note notwendigen Vorzeichenänderungen beim Wiederabdruck in dieser Ausgabe bereits daselbst Berücksichtigung gefunden haben. Auf die Notwendigkeit dieser Vorzeichenänderungen hat mich Herr Vermeil aufmerksam gemacht, der mich auch sonst bei vielen für die folgenden Betrachtungen erwünschten Rechnungen in dankenswerter Weise unterstützt hat. K.]

Ich habe in (5), wie durchweg in meiner vorigen Note, im Anschluß an Hilberts ursprüngliche Schreibweise, die Quadratwurzel $\sqrt{g}$ benutzt. Will man vollen Anschluß an die Einsteinsche Bezeichnungsweise haben, muß man überall $\sqrt{-g}$ nehmen. Auf die Schlußformeln (1) bis (3) hat diese Änderung keinen Einfluß; sie ist aber doch zweckmäßig, damit die der unmittelbaren Beobachtung unterliegenden Größen durchweg reelle Komponenten bekommen; sie soll also weiterhin ebenfalls als angenommen gelten.

I. Die Integralsätze für abgeschlossene Systeme der gewöhnlichen Theorie.

§ 1.

Von der vektoriellen Schreibweise mehrfacher Integrale. Erste Einführung des I_τ bzw. I_τ^*.

Wo immer man mit der Transformation mehrfacher Integrale zu tun hat, ist die übliche Schreibweise, z. B. $\iint f(xy)\,dx\,dy$, nicht zweckdienlich. Die Stückchen dx, dy sind doch auf verschiedene Richtungen abgetragen zu denken, gehören also zwei verschiedenen Vektoren an, so daß schon etwas gewonnen ist, wenn man $\iint f(xy)\,d'x\,d''y$ schreibt. Noch klarer wird die Bezeichnung, wenn man die Vektoren d', d'' nicht gerade parallel den beiden Koordinatenachsen, sondern beliebig wählt und das Produkt $d'x\,d''y$ dementsprechend durch den Inhalt des zwischen den beiden Vektoren eingeschlossenen Parallelogramms ersetzt. So kommen wir zu der Schreibweise

$$(7) \qquad \iint f(xy) \cdot \begin{vmatrix} d'x & d'y \\ d''x & d''y \end{vmatrix},$$

die ich gern die Graßmannsche nenne, weil sie den Ideenbildungen in Graßmanns Ausdehnungslehre von 1861 entspricht: die Formel ist der Beweglichkeit, die wir in den Begriff des mehrfachen Integrals legen, besser angepaßt.

Zum Zwecke der speziellen Auswertung wird man von (7) selbstverständlich in jedem Augenblicke zur gewöhnlichen Schreibweise zurückgehen können. Für alle Transformationsbetrachtungen aber ist (7) vorzuziehen. Setzen wir z. B. $x = \varphi(\xi, \eta)$, $y = \psi(\xi, \eta)$, so ist aus (7) unmittelbar klar, warum in die Transformationsformel des Integrals die Jacobische Funktionaldeterminante eingeht. Denn man hat identisch:

$$f(xy) \cdot \begin{vmatrix} d'x & d'y \\ d''x & d''y \end{vmatrix} = f(\varphi\psi) \cdot \begin{vmatrix} \varphi_\xi & \varphi_\eta \\ \psi_\xi & \psi_\eta \end{vmatrix} \cdot \begin{vmatrix} d'\xi & d'\eta \\ d''\xi & d''\eta \end{vmatrix}.$$

Dies vorausgeschickt werden wir nun in der Folge gewisse dreifache Integrale betrachten, die sich so anschreiben:

$$(8) \qquad I_\tau = \iiint \begin{vmatrix} \mathfrak{V}_\tau^{I} & \dots & \mathfrak{V}_\tau^{IV} \\ d'w^{I} & \dots & d'w^{IV} \\ d''w^{I} & \dots & d''w^{IV} \\ d'''w^{I} & \dots & d'''w^{IV} \end{vmatrix},$$

oder auch die anderen, die ich

$$(9) \qquad I_\tau^{*}$$

nenne und die sich aus dem Vorstehenden ergeben, indem man die $\mathfrak{V}_\tau^{\sigma}$ durch die $\mathfrak{V}_\tau^{*\sigma}$ ersetzt. — Zu erstrecken sind diese Integrale über irgendein Stück einer in der vierdimensionalen Welt $w^{I} \dots w^{IV}$ gelegenen „Hyperfläche"; d', d'', d''' bezeichnen drei voneinander unabhängige Vektoren, die von dem einzelnen Punkt der Hyperfläche je in tangentialer Richtung auslaufen.

Aus den Differentialgesetzen (1), (3), denen die $\mathfrak{V}_\tau^{\sigma}$ bez. $\mathfrak{V}_\tau^{*\sigma}$ genügen, wird man — bei Voraussetzung der gewöhnlichen Stetigkeits- bez. Eindeutigkeitseigenschaften für die $\mathfrak{V}$ — von vornherein schließen, *daß diese I_τ, bez. I_τ^{*} Null sind, wenn man ihr Integrationsgebiet in der Weise geschlossen annimmt, daß es ein bestimmtes Weltstück umgrenzt.* In der Tat verwandeln sich dann die I_τ in bekannter Weise in die über das umschlossene Weltstück erstreckten vierfachen Integrale

$$(10) \qquad I_\tau = \iiiint \left(\frac{\partial \mathfrak{V}_\tau^{\sigma}}{\partial w^{\sigma}} \right) \cdot \begin{vmatrix} d\,w^{I} & \dots & d\,w^{IV} \\ d'\,w^{I} & \dots & \cdot \\ d''\,w^{I} & \dots & \cdot \\ d'''\,w^{I} & \dots & \cdot \end{vmatrix},$$

und ähnlich die I_τ^{*}, wo nun die Integranden selbst wegen der Erhaltungssätze (1), (3) ohne weiteres verschwinden. —

Unser besonderes Interesse aber richtet sich darauf, wie sich die I_τ, I_τ^{*} bei *affinen* Transformationen der w verhalten, wenn man also die w linearen Transformationen mit konstanten Koeffizienten unterwirft:

$$(11) \qquad \overline{w}^{\varrho} = a_1^{\varrho}\,w^{I} + \dots + a_4^{\varrho}\,w^{IV} + c^{\varrho}.$$

Eben hier bewährt sich nun unsere vektorielle Schreibweise. Wir wissen aus den Entwicklungen der vorigen Note, daß sich die V_τ^{σ}, bez. $V_\tau^{*\sigma}$, bei den Transformationen (11) wie gemischte Tensoren verhalten; aus ihnen erwachsen die $\mathfrak{V}_\tau^{\sigma}$, bez. $\mathfrak{V}_\tau^{*\sigma}$ durch Multiplikation mit $\sqrt{g}$ (bez. $\sqrt{-g}$). Danach ist ohne weiteres ersichtlich, daß sich die Integranden dI_τ, bez. dI_τ^{*}, wie „kontragrediente" Vektoren transformieren. Es will dies heißen, daß sie die aus (11) abgeleiteten *homogenen* linearen Substitutionen erleiden:

$$d I_\tau = a_\tau^{I}\,d\overline{I}_1 + \dots + a_\tau^{IV}\,d\overline{I}_4.$$

Nun sind aber die Koeffizienten a in (11) nach Voraussetzung Konstante.

Wir werden also entsprechende Substitutionsformeln für unsere Integrale I_τ selbst haben:

$$(12) \qquad I_\tau = a_\tau^I \, \overline{I}_1 + \ldots + a_\tau^{IV} \, \overline{I}_4 \, .$$

(und natürlich ebenso für die I_τ^*), womit das hier abzuleitende Resultat bereits erreicht ist.

Der gedankliche Fortschritt aber, der sich mit diesen Formeln (12) verbindet, läßt sich so aussprechen: die dI_τ, dI_τ^* sind, wie alle Vektoren der allgemeinen Transformationstheorie, von Hause aus je an einen bestimmten Weltpunkt w als Ausgangspunkt angeknüpft, es sind *gebundene* Vektoren (oder, wenn wir uns noch genauer ausdrücken wollen: Vierervektoren). Diese Bindung an einen besonderen Punkt tritt nun bei den Transformationsformeln für die I_τ, I_τ^* ganz zurück. *Man wird die I_τ. I_τ^* zweckmäßigerweise als freie kontragrediente Vierervektoren bezeichnen*, d. h. als Vierervektoren, die nur eine Richtung und eine Intensität $\left(= \sqrt{\sum g^{\mu\nu} I_\mu I_\nu} \right)$ haben, aber keinen bestimmten Ort in der vierdimensionalen Welt.

Dieser Begriff des freien Vierervektors haftet natürlich durchaus daran, daß wir die Gruppe (11) der affinen Transformationen der w zugrunde legten. In der Physik, bez. Mechanik ist es eben genau so, wie ich es in meinem Erlanger Programm für die Geometrie darlegte: daß nämlich von einer Unterscheidung bestimmter Größenarten immer erst dann die Rede sein kann, wenn man sich über die Transformationsgruppe verständigt hat, an der man die Begriffsbildungen messen will. Ich bin schon seit Jahrzehnten dafür eingetreten, daß die Physiker die hierin liegende Auffassung, welche allein Klarheit schafft, bewußt aufnehmen möchten[5]). Insbesondere habe ich 1910 in meinem Vortrag über die geometrischen Grundlagen der Lorentzgruppe[6]) ausdrücklich bemerkt, daß man nie von Relativitätstheorie schlechtweg reden sollte, sondern immer nur von der Invariantentheorie relativ zu einer Gruppe. — Es gibt so viele Arten Relativitätstheorie als es Gruppen gibt[7]).

Die so formulierte Auffassung steht vielleicht im Gegensatz zu den Auseinandersetzungen, wie sie im Anschluß an Einsteins allgemeine Dar

---

[5]) Vergl. u. a. meinen Aufsatz „Zur Schraubentheorie von Sir Robert Ball" im 47. Bande der Zeitschrift für Math. und Physik (1902), (1906 im 62. Bande der Math. Annalen mit einigen Erweiterungen wieder abgedruckt). [S. Abh. XXIX dieser Ausgabe.] (Es werden dort wie im Text nicht etwa neue physikalische Begriffsbildungen eingeführt, sondern es wird nur das, was bei eingehender Beschäftigung mit den Einzelproblemen von Vielen gemacht ist, auf ein klares mathematisches Prinzip bezogen.)

[6]) Jahresbericht der Deutschen Mathematiker-Vereinigung, Bd. 19 (1910), abgedruckt in der Physikalischen Zeitschrift, 12. Jahrgang, 1911. [S. Abh. XXX dieser Ausgabe.]

[7]) Vergleiche auch die Mitteilung über „Invariante Variationsprobleme" von Frl. Nöther im Jahrgang 1918, Göttinger Nachrichten (Schlußbemerkung daselbst).

legungen zurzeit vielfach propagiert werden, nicht aber, worauf ich großen Wert lege, zu **Einsteins** eigenen weitergehenden Einzelentwicklungen. Vielmehr zeigen die **Einsteinschen** Arbeiten, die ich in der vorliegenden Note kommentiere, daß sich **Einstein** im einzelnen Falle — ohne den Gedanken systematisch zu fassen — genau der Freiheit der Ideenbildung bedient, wie ich sie in meinem Erlanger Programm empfohlen habe.

§ 2.

Die Integrale I_τ, I_τ^* für abgeschlossene Systeme.

Unter einem „abgeschlossenen" System versteht **Einstein** in seiner oben unter 3) genannten Mitteilung ein solches, welches sozusagen in einer **Minkowskischen** Welt „schwimmt", d. h. ein System, dessen Einzelteilchen eine Weltröhre durchlaufen, *außerhalb deren* ein ds^2 von verschwindendem **Riemannschen** Krümmungsmaß herrscht. Man kann dieses ds^2 mit konstanten Koeffizienten schreiben (ohne es darum gerade in die typische Form $dt^2 - \dfrac{dx^2 + dy^2 + dz^2}{c^2}$ setzen zu müssen): **Einstein** spricht dann von „Galileischen" Koordinaten. Als solche sollen die w^ϱ außerhalb der Weltröhre fortan gewählt sein, innerhalb mögen sie, stetigen Übergang vorausgesetzt, beliebig verlaufen. Über die Werte der $\mathfrak{V}_\tau^\sigma$, $\mathfrak{V}_\tau^{*\sigma}$ im Inneren der Röhre kann dementsprechend nichts Besonderes ausgesagt werden, außerhalb aber sind sie jedenfalls Null. Denn es verschwinden dort nicht nur alle $\mathfrak{T}_\tau^\sigma$, sondern, wegen der Konstanz der $g_{\mu\nu}$ — wie ein Blick auf die Definitionsformeln (5), (6) zeigt —, auch alle $\mathfrak{U}_\tau^\sigma$, bez. $\mathfrak{U}_\tau^{*\sigma}$.

Das Innere der Weltröhre denken wir uns, den Punkten des Systems entsprechend, natürlich von einer kontinuierlichen Schar von Weltlinien durchfurcht, denen allen ein gemeinsamer positiver Sinn beizulegen ist. Irgendein die Weltlinie tangierender Vektor, der diesen Sinn markiert, möge die Komponenten $dw^I, \ldots, dw^{IV}$ besitzen.

Es liegt auf der Hand, welche dreidimensionalen Mannigfaltigkeiten (Hyperflächen) man als „Querschnitte" Q der Weltröhre bezeichnen wird. Um uns bequemer ausdrücken zu können, werden wir in der Folge ausschließlich solche Querschnitte in Betracht ziehen, welche von jeder Weltlinie nur in *einem* Punkte geschnitten werden. Drei voneinander unabhängige, den Querschnitt tangierende Vektoren d', d'', d''' mögen dann so gewählt werden, daß die Determinante

$$\begin{vmatrix} dw^I & \ldots & dw^{IV} \\ d'w^I & \ldots & \cdot \\ d''w^I & \ldots & \cdot \\ d'''w^I & \ldots & \cdot \end{vmatrix}$$

ein festes Vorzeichen erhält. Indem wir an das Beispiel:

$$d \ \ \ = 0, \ \ 0, \ \ 0, \ \ dt$$
$$d' \ = dx, \ 0, \ \ 0, \ \ 0$$
$$d'' = 0, \ \ dy, \ 0, \ \ 0$$
$$d''' = 0, \ \ 0, \ \ dz, \ 0$$

anknüpfen, wählen wir dieses Vorzeichen zweckmäßigerweise negativ.

Dies vorausgesetzt bilden wir uns für den Querschnitt die vier Integrale

$$I_\tau, \ \ \text{bez.} \ \ I_\tau^*$$

des vorigen Paragraphen.

Im genauen Anschluß an die Einsteinschen Entwicklungen werden wir dann die Behauptung aufstellen, *daß diese Integrale sowohl von der Auswahl der Querschnitte, als von der Koordinatenwahl, die wir im Innern der Röhre treffen mögen, unabhängig sind.* Vom Standpunkte der die ganze Welt umfassenden affinen Transformationen der w definieren die I_τ, bez. I_τ^* jedenfalls einen freien kontragredienten Vektor. Die von Einstein aufgestellten neuen Sätze besagen, *daß diese Vektoren nur von dem materiellen Systeme als solchem, nicht aber von den Zufälligkeiten der analytischen Darstellung abhängig sind.*

Zum Beweise der neuen Sätze genügt es jedenfalls, solche zwei Querschnitte nebeneinander zu stellen, Q und $\overline{Q}$, die zusammengenommen ein einheitliches Stück der Weltröhre abgrenzen (die also einander nicht schneiden); — der allgemeine Fall, wo Q und $\overline{Q}$ einander durchdringen, erledigt sich hinterher mit Leichtigkeit dadurch, daß man einen dritten Querschnitt (Q) hinzunimmt, der weder Q noch $\overline{Q}$ begegnet, und nun erstlich Q mit (Q), dann (Q) mit $\overline{Q}$ zusammenstellt.

Im übrigen gliedert sich der Beweis (alles im Anschluß an Einstein) in zwei Teile:

a) Wir denken uns zunächst das Koordinatensystem der w innerhalb und außerhalb der Weltröhre irgendwie nach Vorschrift gewählt. Wir denken uns dann das zwischen Q und $\overline{Q}$ befindliche Röhrenstück nach außen stetig abgerundet, so daß es von einer einheitlichen Hyperfläche umgrenzt erscheint, welche das Innere der Röhre in Q und $\overline{Q}$ durchsetzt. Die Integrale I_τ, I_τ^* geben, sinngemäß über diese geschlossene Hyperfläche erstreckt, gemäß dem vorigen Paragraphen sämtlich Null. Aber diejenigen Teile unserer Hyperfläche, welche über die Weltröhre hinausragen, liefern zu diesen Integralen — weil für sie die Integranden $\mathfrak{W}_\tau^\sigma$, $\mathfrak{W}_\tau^{*\sigma}$ selbst verschwinden — überhaupt keinen Beitrag. Es bleiben die Beiträge der beiden Querschnitte Q und $\overline{Q}$, die aber, wenn wir sie nach der früher verabredeten Vorzeichenregel berechnen, in das über die geschlossene Hyperfläche genommene Integral mit entgegengesetztem Vorzeichen eingehen. Da die Summe Null ist, werden die genannten Beiträge einander gleich sein, w. z. b. w.

b) Nun kommt es noch darauf an einzusehen, daß die auf den einzelnen Querschnitt Q treffenden I_τ, I_τ^* bei allen Abänderungen der w^ϱ, die außerhalb der Weltröhre verschwinden, tatsächlich ungeändert bleiben. Wir machen das in der Weise, daß wir uns zunächst innerhalb der Röhre zweierlei Koordinatensysteme, w und $\bar{w}$, gegeben denken, die sich am Rande der Röhre beide in stetiger Weise an dasselbe äußere (Galileische) Koordinatensystem anschließen. Von dem ersteren machen wir Gebrauch, um für den Querschnitt Q die Integrale I_τ, bez. I_τ^* zu berechnen, von dem anderen für $\bar{Q}$, wobei sich die Werte $\bar{I}_\tau$, bez. $\bar{I}_\tau^*$ ergeben mögen. Es ist zu zeigen, daß $I_\tau = \bar{I}_\tau$, bez. $I_\tau^* = \bar{I}_\tau^*$, und dieser Nachweis wird erbracht sein, wenn es uns gelingt, eine dritte Koordinatenbestimmung, $\bar{\bar{w}}$, einzuführen, welche sich entlang Q hinreichend genau an die der w, entlang $\bar{Q}$ desgleichen an die der $\bar{w}$ anschließt, während sie längs des Mantels der Röhre und außerhalb derselben nach wie vor die dort herrschenden Galileischen Koordinaten liefert. „Hinreichend genau" heißt dabei, daß die Berechnung der V_τ^σ, bzw. der $V_\tau^{*\sigma}$ aus den $\bar{\bar{w}}$ für den Querschnitt Q dieselben Resultate liefert, wie die Benutzung der w, und entsprechend für den Querschnitt $\bar{Q}$ dieselben Resultate, wie die Benutzung der $\bar{w}$. Wegen der in den Formeln (5), (6) bei der Definition der V_τ^σ, $V_\tau^{*\sigma}$ vorkommenden Differentialquotienten der $g_{\mu\nu}$ genügt es in dieser Hinsicht, — nach einem Überschlag, den mir Herr Vermeil gemacht hat —, daß die $\bar{\bar{w}}$ mit den w entlang Q auch noch in ihren drei ersten Differentialquotienten übereinstimmen, desgleichen mit dem $\bar{w}$ entlang $\bar{Q}$. Allen den solcherweise der Koordinatenbestimmung $\bar{\bar{w}}$ auferlegten Bedingungen genügt man nun offenbar durch folgendes Beispiel: Man führe die *Gleichungen* ein, welchen die Querschnitte Q, $\bar{Q}$ bzw. in den $\bar{w}$ und den w genügen. Sei $f(\bar{w}) = 0$ die erste dieser Gleichungen, $\bar{f}(w) = 0$ die zweite. Ich schreibe dann einfach:

$$(13) \qquad \bar{\bar{w}} = \frac{\left(\bar{f}(w)\right)^4 \cdot w + \left(f(\bar{w})\right)^4 \cdot \bar{w}}{\left(\bar{f}(w)\right)^4 + \left(f(\bar{w})\right)^4}$$

und habe damit in der Tat allen Bedingungen entsprochen. Unser zweiter Nachweis ist also erbracht und damit der Beweis der neuen Sätze überhaupt erledigt.

§ 3.

Endgültige Festlegung freier Impuls-Energievektoren für das abgeschlossene System.

Die I_τ, bez. I_τ^* bilden natürlich die Grundlage für die dem abgeschlossenen System beizulegenden Impuls-Energievektoren. Zur vollen Festlegung der letzteren wird es aber noch notwendig sein, die Dimensionen der miteinander verbundenen Größenarten in Betracht zu ziehen. Auf Seite 569 meiner vorigen Note wurde verabredet, dem ds^2 die Dimension sek^2 beizulegen. Wollen wir dementsprechend nun voraussetzen, daß die benutzten w^ϱ sämtlich die Dimensionen sek^{+1} haben. Die $g^{\mu\nu}$, $g_{\mu\nu}$ und das g sind dann dimensionslos, die K, U_τ^σ, $\mathfrak{U}_\tau^\sigma$, $U_\tau^{*\sigma}$, $\mathfrak{U}_\tau^{*\sigma}$, werden übereinstimmend von der Dimension sek^{-2}. Da die Gravitationskonstante $\varkappa$ die Dimension gr^{-1} cm^{+1} besitzt, erhalten die $\dfrac{\mathfrak{U}_\tau^\sigma}{\varkappa}$, $\dfrac{\mathfrak{U}_\tau^{\sigma*}}{\varkappa}$ die Dimension gr^{+1} cm^{-1} sek^{-2}, d. h. die Dimension einer „spezifischen" (auf die Raumeinheit bezogenen) Energie. Es stimmt das damit, daß sie in den $\mathfrak{B}_\tau^\sigma$, $\mathfrak{B}_\tau^{*\sigma}$ mit den $\mathfrak{T}_\tau^\sigma$ additiv zusammentreten.

Nun werden diese $\mathfrak{B}_\tau^\sigma$, $\mathfrak{B}_\tau^{*\sigma}$ unter den Integralzeichen I_τ, I_τ^* mit dreigliedrigen Determinanten multipliziert, die, nach unserer Verabredung über die Dimension der w, selbst die Dimension sek^{+3} haben. Offenbar muß ich, um die Dimension einer eigentlichen Energie zu bekommen, den I_τ, I_τ^* noch den Faktor c^3 ($c = $ Lichtgeschwindigkeit) hinzufügen. *In Übereinstimmung hiermit sollen als freie Impuls-Energievektoren des vorgelegten abgeschlossenen Systems endgültig die Größenquadrupel:*

$$(14) \qquad J_\tau = c^3 I_\tau, \quad J_\tau^* = c^3 I_\tau^*$$

bezeichnet werden. Zahlenfaktoren, die noch zweifelhaft sein könnten, sollen nicht weiter beigefügt werden; auch soll an unserer Vorzeichenbestimmung festgehalten werden.

Den Beweis für die Richtigkeit dieses Ansatzes erblicke ich darin, daß in der Definition unserer J_τ^* Einsteins eigene Definition des zu dem abgeschlossenen System gehörigen Impuls-Energievektors eingeschlossen ist. Um dies einzusehen, werden wir in unserer Definition der J_τ^* zunächst den Faktor c^3 wieder wegstreichen (weil nämlich Einstein solche Maßeinheiten zugrunde legt, daß $c = 1$ wird, was für den in Betracht kommenden Vergleich eine bloße Äußerlichkeit ist). Dann aber müssen wir, was eine wirkliche Partikularisation ist, den Querschnitt Q so wählen, daß er bei der uns gelassenen Freiheit der Koordinatenwahl durch die Gleichung $w^{IV} = 0$ dargestellt werden kann. Um die Tragweite dieser Einschränkung einzusehen, überlege man, daß die Galileischen Koordinaten außerhalb der Weltröhre bis auf eine affine Transformation festgelegt sind. Die neue Bedingung läuft also darauf hinaus, den Querschnitt Q so zu wählen, daß er den Mantel der Weltröhre unseres Systems in einem Gebilde durchsetzt, welches, von außen her gesehen, bei zunächst willkürlich angenommenen Galileischen Koordinaten durch eine *lineare* Gleichung dargestellt wird.

Wollen wir nun in der Tat annehmen, daß entlang des Querschnittes w^{IV} verschwindet, also $d'w^{IV}$, $d''w^{IV}$, $d'''w^{IV}$ eo ipso Null sind. Unser Integral I_τ^* reduziert sich dann (indem wir $c = 1$ setzen) auf

$$\iiint \mathfrak{V}_\tau^{*4} \begin{vmatrix} d'w^I & \ldots & d'w^{III} \\ d''w^I & \ldots & d''w^{III} \\ d'''w^I & \ldots & d'''w^{III} \end{vmatrix}$$

also, wenn wir auf die gewöhnliche Schreibweise zurückgehen, auf

$$(15) \qquad J_\tau^* = \iiint \mathfrak{V}_\tau^{*4}\, dw^I\, dw^{II}\, dw^{III},$$

was bis auf die Buchstabenwahl genau die Einsteinsche Formel ist.

Diese Formel ist ja, äußerlich genommen, ohne Zweifel einfacher, als die von mir zugrunde gelegte. Dafür ist dann der Vektorcharakter der J_τ^*, wie ihn Einstein behauptet aber nicht ausführlicher begründet hatte, schwieriger einzusehen. In längerer Korrespondenz mit Einstein wollte mir in der Tat ursprünglich nicht gelingen, diesen Vektorcharakter zu begründen, bis ich zu der Graßmannschen Schreibweise der Integrale griff, von der ich oben ausging. Damit war aber auch die von mir gewählte Verallgemeinerung des Querschnittbegriffs gegeben.

Bleibt der wesentliche Unterschied gegen die Einsteinsche Darstellung, daß ich neben den Vektor J_τ^* als gleichberechtigt den Vektor J_τ stelle, — indem ich, unter dem Integralzeichen, statt der Einsteinschen $\mathfrak{t}_\tau^\sigma = \frac{1}{\varkappa}\mathfrak{U}_\tau^{*\sigma}$ die Lorentzschen $\frac{1}{\varkappa}\mathfrak{U}_\tau^\sigma$ setze. *Daß die J_τ und die J_τ^* im allgemeinen verschieden sind, werden wir sogleich an einem Beispiele einsehen.* Ich würde dem abgeschlossenen System danach sogar unendlich viele verschiedene Impuls-Energievektoren zuordnen können, wenn ich z. B. statt $\mathfrak{t}_\tau^\sigma$ das Aggregat $\mathfrak{t}_\tau^\sigma + \lambda\left(\dfrac{\mathfrak{U}_\tau^\sigma}{\varkappa} - \mathfrak{t}_\tau^\sigma\right)$ setzen wollte, unter λ irgendeine numerische Konstante verstanden. Überhaupt würde ich statt der $\mathfrak{t}_\tau^\sigma$ irgendein $\mathfrak{U}_\tau^\sigma$ setzen dürfen, das sich von den $\mathfrak{t}_\tau^\sigma$ nur um einen Term der erforderlichen Dimension unterscheidet, welcher gegenüber affinen Transformationen einen gemischten Tensor vorstellt, der außerhalb der Weltröhre identisch verschwindet, im Inneren aber eine verschwindende Divergenz hat. Welcher von diesen unendlich vielen Vektoren zu bevorzugen ist, bleibt, solange ich nur das Bestehen der Integralsätze verlange, unentschieden. Eine Entscheidung kann nur getroffen werden, wenn man neue Gründe heranbringt, die einen bestimmen, unter den unendlich vielen Formen des Differentials gerade eine einzelne zu bevorzugen.

II. Einsteins räumlich geschlossene Welt (Zylinderwelt).

§ 4.

Der geschlossene Raum konstanter positiver Krümmung.

In Einsteins Note vom Februar 1917 ist nur erst der Möglichkeit eines *sphärischen* Raumes gedacht, wie er aus einer Mannigfaltigkeit von vier Dimensionen $(= \xi, \eta, \zeta, \omega)$, deren Bogenelement durch die Gleichung

$$(16) \qquad d\sigma^2 = d\xi^2 + d\eta^2 + d\zeta^2 + d\omega^2$$

gegeben ist, unmittelbar durch die „Kugelgleichung"

$$(17) \qquad \xi^2 + \eta^2 + \zeta^2 + \omega^2 = R^2$$

ausgeschnitten wird[8]). Für den Kenner der geometrischen Literatur ist es wohl selbstverständlich, daß ich Einstein damals gleich auf meine alten Untersuchungen über Nicht-Euklidische Geometrie von 1871 aufmerksam machte, denen zufolge sich neben die sphärische Raumform eine andere geschlossene Raumform konstanter positiver Krümmung stellt, der *elliptische* Raum (wie er von mir in Verbindung mit meinen sonstigen Betrachtungen damals genannt wurde). Man erhält ihn aus dem sphärischen Raum, indem man einfach je zwei diametral gegenüberstehende Punkte der Kugel durch Zentralprojektion auf einen berührenden linearen Raum zusammenfaßt. Wir mögen dementsprechend setzen:

$$(18) \qquad x = R\,\frac{\xi}{\omega}, \quad y = R\,\frac{\eta}{\omega}, \quad z = R\,\frac{\zeta}{\omega}.$$

Rückwärts wird dann:

$$(19) \qquad \xi = \frac{R\,x}{\sqrt{x^2 + y^2 + z^2 + R^2}}, \quad \eta = \ldots, \quad \zeta = \ldots, \quad \omega = \frac{R^2}{\sqrt{x^2 + y^2 + z^2 + R^2}}.$$

Der elliptische Raum ist einfacher als der sphärische, indem sich seine geodätischen Linien schlechtweg als *gerade* Linien darstellen (die sich, wenn sie sich überhaupt treffen, immer nur in *einem* Punkte schneiden[9])); die Länge einer solchen geodätischen Linie ist $R\pi$, der

---

[8]) Unter „Raum" soll fortan durchaus ein dreidimensionales Gebiet verstanden werden (das in der vierdimensionalen „Welt" enthalten ist).

[9]) Deshalb steht der elliptische Raum voran, wenn man, wie ich das 1871 tat, von den Grundbegriffen der projektiven Geometrie ausgeht. Er ist dann dem hyperbolischen Raume (dem Raume von Bolyai und Lobatschewsky), wie dem parabolischen Raume (dem Euklidischen Raume) direkt nebengeordnet, und es heißt dieses Sachverhältnis gründlich verkennen, wenn man, wie es bei der Mehrzahl der Autoren immer wieder heißt, die Formeln (18) als eine „Abbildung" des sphärischen Raumes auf den „Euklidischen" bezeichnet. „Euklidisch" wird der Inbegriff der Wertsysteme dreier Variabeln x, y, z erst, wenn wir die Differentialform $dx^2 + dy^2 + dz^2$ hinzunehmen, — oder, für die gruppentheoretische Auffassung, wenn wir die Gesamtheit der projektiven Umformungen der x, y, z (deren Invariantentheorie die projektive Geometrie ist) durch die Untergruppe derjenigen

Gesamtinhalt des Raumes $R^3 \pi^2$ (statt $2 R \pi$, bez. $2 R^3 \pi^2$ im sphärischen Falle).

Bei der bloßen Angabe des Bogenelementes tritt der Unterschied der beiden Raumformen natürlich noch nicht hervor[10]). Ich kann das durch (16) und (17) gegebene $d\sigma^2$ ebensowohl für den elliptischen Raum gebrauchen wie seinen in x, y, z umgerechneten Wert:

$$(20) \quad d\sigma^2 = \frac{R^2}{(x^2 + y^2 + z^2 + R^2)^2} \{ R^2 (dx^2 + dy^2 + dz^2) + (y\,dz - z\,dy)^2$$
$$+ (z\,dx - x\,dz)^2 + (x\,dy - y\,dx)^2 \}$$

im sphärischen Falle, oder auch beidemal den in Polarkoordinaten ausgedrückten Wert:

$$(21) \quad d\sigma^2 = R^2 (d\vartheta^2 + \sin^2 \vartheta \cdot d\varphi^2 + \sin^2 \vartheta \sin^2 \varphi \cdot d\psi^2).$$

§ 5.

Einsteins „Zylinderwelt" und deren Gruppe.

Weiterhin soll $d\sigma^2$, wie im vorigen Paragraphen, — auch ohne daß wir das Koordinatensystem spezifizieren — kurzweg das Quadrat des Bogenelementes eines geschlossenen Raumes von der konstanten Krümmung $\frac{1}{R^2}$ bedeuten, möge dieser nun sphärisch oder elliptisch angenommen werden. Der Anstieg zu Einsteins räumlich geschlossener Welt wird sich dann einfach so vollziehen, daß wir

$$(22) \quad ds^2 = dt^2 - \frac{d\sigma^2}{c^2}$$

setzen und übrigens t von $-\infty$ bis $+\infty$ (unter Ausschluß dieser Grenzen) laufen lassen. (Dimension und Vorzeichen dieses ds^2 stimmen mit unseren allgemeinen Verabredungen. Berechnen wir danach formal das Krümmungsmaß für den Raum $t = \text{Konst.}$, so erhalten wir $-\frac{c^2}{R^2}$. Dieses negative

---

ersetzen, welche die genannte Differentialform ungeändert lassen. — Ich bringe alle diese Dinge, die anderweitig bekannt genug sind, in der gegenwärtigen Mitteilung, die doch auch für Physiker bestimmt ist, zur Sprache, weil sie im Physikerkreise unter Nachwirkung der einseitigen, auf 1868 zurückgehenden Helmholtzschen Tradition immer noch wenig verbreitet scheinen.

[10]) Mit der Angabe des $d\sigma^2$ ist in der Tat der „Zusammenhang", den die zugehörige Raumform im Großen zeigt, noch nicht bestimmt. Auch dieses wird in der zeitgenössischen Literatur immer noch vielfach nicht beachtet. Für Räume konstanter Krümmung habe ich die einschlägigen Verhältnisse in einer Abhandlung von 1890 [Math. Annalen, Bd. 37 (siehe Abhandlung XXI dieser Ausgabe)], eingehend behandelt. Von Lehrbüchern geht hierauf insbesondere dasjenige on Killing ein (Einführung in die Grundlagen der Geometrie, Teil I, 1893). Ich verweise auch gern auf neuere Veröffentlichungen von Hadamard und Weyl.

Vorzeichen entspricht natürlich nur dem Umstande, daß das in (22) eingeführte ds für den genannten Raum rein imaginär wird; es liegt also kein Widerspruch gegen den vorigen Paragraphen vor, wo wir den Raum kurzweg als einen solchen konstanter positiver Krümmung bezeichnet haben.)

Wir fragen in erster Linie nach der größten kontinuierlichen Gruppe von Koordinatentransformationen, durch welche das ds^2 (22) in sich übergeht.

Von vornherein ist klar, daß zum mindesten eine G_7 solcher Transformationen existiert. Denn es gibt bereits eine kontinuierliche G_6, welche $d\sigma^2$ in sich überführt: um an (16) anzuknüpfen, der Inbegriff der orthogonalen Transformationen der ξ, η, ζ, ω von der Determinante $+1$. Zu ihr tritt dann noch die G_1, welche einer Vermehrung von t um eine beliebige Konstante entspricht. Die so gewonnene G_7 ist gewiß transitiv. d. h. man kann durch sie jeden Weltpunkt in jeden anderen, beispielsweise in den Punkt $t = 0$, $\vartheta = 0$ überführen (um von dem in (21) eingeführten Polarkoordinatensystem Gebrauch zu machen). Möge dieser Punkt kurzweg O heißen; um ihn herum ist noch eine kontinuierliche G_3 von Raumdrehungen möglich.

Wir behaupten nun, *daß es auch keine größere kontinuierliche Gruppe von Koordinatentransformationen gibt, die ds^2 in sich überführt, als eben unsere G_7.* Zu dem Zwecke genügt es zu zeigen, daß bei festgehaltenem O eben nur die genannte G_3 von Drehungen besteht. Zum Beweise führe man von O auslaufende „Riemannsche Normalkoordinaten" ein. Man erreicht dies beispielsweise, indem man t als Variable beibehält und statt der Polarkoordinaten ϑ, φ, ψ die Verbindungen einführt:

$$(23) \quad y_1 = \frac{R}{c}\, \vartheta \cdot \cos\varphi, \quad y_2 = \frac{R}{c}\, \vartheta \cdot \sin\varphi \cos\psi, \quad y_3 = \frac{R}{c}\, \vartheta \cdot \sin\varphi \sin\psi.$$

Schreiben wir noch für t der Gleichförmigkeit wegen y_4, so erhalten wir für ds^2

$$(24) \quad ds^2 = (dy_4^2 - dy_1^2 - dy_2^2 - dy_3^2) + \frac{c^2}{3R^2} \sum_{1,2,3} (y_i\, dy_\varkappa - y_\varkappa\, dy_i)^2$$

$$+ \text{Glieder höherer Ordnung in den } y_1,\ y_2,\ y_3,$$

was zeigt, daß wir es in der Tat mit Normalkoordinaten zu tun haben. Was nun die Transformationen von ds^2 in sich angeht, so haben wir, da O festbleiben soll, gemäß der allgemeinen Theorie der Normalkoordinaten nur mehr nach der größten kontinuierlichen Gruppe *homogener linearer* Substitutionen der y zu fragen, welche dieses ds^2 in sich verwandelt. Die beiden hingeschriebenen Terme der ds^2 müssen dabei, ihrer Dimensionen halber, jeder für sich in sich übergehen. Es ist danach klar, daß y_4 ungeändert bleiben muß, während y_1, y_2, y_3 höchstens der kontinuierlichen Gruppe ternärer orthogonaler Substitutionen von der Determinante 1 unterworfen werden können. Damit aber sind wir bereits am Ziele.

Nach dem so bewiesenen Satze ist es vielleicht gestattet, Einsteins räumlich-geschlossene Welt kurzweg als *Zylinderwelt* zu bezeichnen, weil sie sozusagen die Symmetrie eines Rotationszylinders besitzt: beliebige Verschiebung längs der t-Achse und beliebige Drehung um O bei festgehaltenem t. Natürlich ist die Analogie keine vollkommene, weil ebensowohl um einen beliebigen anderen Punkt (als O) gedreht werden kann. Ich möchte auch keinen bleibenden Term einführen, sondern nur ad hoc einen kurzen Ausdruck haben, der den Gegensatz gegen die im nächsten Abschnitt zu behandelnde de Sittersche Hypothese B markiert.

Im übrigen werden wir sagen dürfen, daß im vorliegenden Falle, nachdem wir uns über die Zeiteinheit und den Anfangspunkt der Zeitrechnung geeinigt haben, *der Zeitbegriff weiter keine Willkür enthält*[11]), oder, wenn man es lieber so ausdrückt, daß innerhalb der vierdimensionalen Welt *die dreifach ausgedehnten Räume $t = Konst.$ Mannigfaltigkeiten sui generis sind.* Also eine bemerkenswerte Annäherung an die Vorstellungsweisen der klassischen Mechanik.

Dies ist, wenn man die physikalische Überlegung erwägt, von der aus Einstein die Zylinderwelt eingeführt hat, von vornherein selbstverständlich. Um nämlich die Gesamtheit der Massenverteilungen und Geschehnisse der Welt vom höheren Standpunkte zu übersehen, fingiert Einstein zunächst einen Durchschnittszustand, bei welchem die Gesamtheit der Massen in dem als geschlossen vorausgesetzten Raume *inkohärent* und *gleichförmig verteilt* ist, und innerhalb dieses Raumes, während t von $-\infty$ bis $+\infty$ läuft, *ruht.* Die wirklichen Massenverteilungen und Geschehnisse sollen als Abweichungen von diesem Durchschnittszustand aufgefaßt werden. An diesem Durchschnittzustand gemessen ist dann die Zeit (oder genauer die in verabredeter Einheit gemessene Zeitdifferenz zweier Weltpunkte) eo ipso etwas Absolutes, der Raum in sich homogen[12]). Ihren präzisen mathematischen Ausdruck aber findet diese Auffassung in der Invariantentheorie unserer G_7.

Besonders interessant ist es noch, zu sehen, wie sich unsere G_7 zur *Lorentzgruppe G_{10}* erweitert, man also zu den *Vorstellungen der „speziellen"* *Relativitätstheorie* kommt, wenn man das Krümmungsmaß unseres Raumes verschwindend nimmt, d. h. $R = \infty$ setzt. Unser ds^2 (22) reduziert sich

---

[11]) So auch bei de Sitter l. c. vermerkt.

[12]) Daß der Raum dabei noch nach Belieben sphärisch oder elliptisch vorausgesetzt werden kann, hat Einstein s. Z. ohne weiteres gutgeheißen. Übrigens behandelt auch de Sitter diese beiden Annahmen immer nebeneinander. Ebenso auch das neue Weylsche Buch (Raum, Zeit, Materie).

dann nämlich überhaupt auf seinen ersten Term[13]): $dy_4^2 - dy_1^2 - dy_2^2 - dy_3^2$ und bleibt danach bei allen homogenen linearen Substitutionen der dy_1, dy_2, dy_3, dy_4 ungeändert, welche diese *einzelne* quadratische Form in sich transformieren. *Damit hört $y_4 = t$ auf, eine für sich stehende Variable zu sein, kombiniert sich vielmehr bei den zulässigen Substitutionen mit den y_1, y_2, y_3, wie dies gerade das Wesen der speziellen Relativitätstheorie ausmacht.*

§ 6.
Die Feldgleichungen der Zylinderwelt.

Wir müssen noch bestätigen, daß die Annahme einer den ganzen Raum gleichförmig erfüllenden, ruhenden Materie, sagen wir von der konstanten Dichte ϱ, mit den für unser ds^2 aufgestellten Einsteinschen Feldgleichungen in der Tat verträglich ist. Gedacht ist dabei natürlich an die Feldgleichungen „mit λ-Glied", von denen bereits in meiner vorigen Note (Formel 57) die Rede war:

$$(25) \qquad K_{\mu\nu} - \lambda g_{\mu\nu} - \varkappa T_{\mu\nu} = 0.$$

Da die Verteilung der Materie im Raume eine durchaus gleichförmige sein soll, genügt es, die Verifikation für den Punkt O zu machen. Auch werden wir, da es sich um eine Relation zwischen Tensorkomponenten handelt, von vornherein das in Normalkoordinaten geschriebene ds^2 (24) zugrunde legen dürfen.

Von hier aus aber findet man ohne alle besondere Rechnung, vgl. die Note von Vermeil in den Göttinger Nachrichten vom 26. Oktober 1917 („Notiz über das mittlere Krümmungsmaß einer n-fach ausgedehnten Riemannschen Mannigfaltigkeit"):

$$(26) \qquad K_{11} = K_{22} = K_{33} = -\frac{c^2}{R^2}, \quad K_{44} = \frac{3c^2}{R^2},$$

während alle anderen $K_{\mu\nu}$ verschwinden.

Nun hat man für den Punkt O bei Zugrundelegung der Normalkoordinaten:

$$(27) \qquad \text{alle } T_{\mu\nu} = 0, \text{ bis auf } T_{44} = c^2 \varrho.$$

Daher ergeben die Feldgleichungen (25):

$$-\frac{c^2}{R^2} + \lambda = 0, \quad \frac{3c^2}{R^2} - \lambda - \varkappa c^2 \varrho = 0,$$

d. h.

$$(28) \qquad \lambda = \frac{c^2}{R^2}, \quad \varrho = \frac{2}{\varkappa R^2},$$

---

[13]) Nicht nur der zweite Term, sondern auch alle höheren Terme fallen fort.

was mit dem von Einstein selbst gegebenen Resultate stimmt (sofern man noch $c^2 = 1$ setzt).

Hierzu die Bemerkung, daß sich für K selbst folgender konstanter Wert berechnet:

$$(29) \qquad K = \frac{6\,c^2}{R^2}.$$

Für die Anwendung auf das Weltall bleibt natürlich der unseren heutigen Kenntnissen der Stellarastronomie mit einiger Wahrscheinlichkeit entsprechende Wert von R abzuschätzen. Dies hat de Sitter in seiner wiederholt genannten Mitteilung ausgeführt. Ich führe gern sein Resultat an, damit man sieht, daß Einsteins kosmologische Betrachtung, deren mathematischen Inhalt allein wir hier behandeln, doch auch physikalisch nicht völlig in der Luft hängt. Man hat nach de Sitter

$$R = 10^{12} \text{ bis } 10^{13} \text{ Halbmessern der Erdbahn}$$

zu nehmen. Die Dichte ϱ wird so gering, daß nur etwa 10^{-26} gr Masse auf den Kubikzentimeter treffen, d. h. in etwa 100 Kubikzentimetern befindet sich die Masse eines Wasserstoffmoleküls. Die Konstante λ aber wird beiläufig 10^{-30} sek^{-2}.

§ 7.
Die Integralsätze für die Zylinderwelt.

Nimmt man die Feldgleichungen mit λ-Glied, so sind, wie ich in § 7 meiner vorigen Note im Anschluß an Einsteins Entwicklungen ausführte, U_τ^σ und $t_\tau^\sigma = \frac{1}{\varkappa} U^{*\sigma}_\tau$, damit die Erhaltungssätze gewahrt bleiben, durch

$$(30) \qquad \overline{U}_\tau^\sigma = U_\tau^\sigma + \lambda \delta_\tau^\sigma, \qquad \overline{t}_\tau^\sigma = t_\tau^\sigma + \frac{\lambda}{\varkappa} \delta_\tau^\sigma$$

zu ersetzen. Wir werden dementsprechend statt der Integrale I_τ, bez. I_τ^* des § 1 Integrale $\overline{I}_\tau$ bez. $\overline{I}_\tau^*$ bilden und von vornherein sicher sein, daß diese Integrale, genommen über solche geschlossene Hyperflächen, welche einen Teil der Zylinderwelt abgrenzen, verschwinden.

Nunmehr wird der Begriff des *Querschnitts*, den wir in I für die damals betrachtete „Weltröhre" benutzten, zu übertragen sein. Wir werden als solchen eine sonst beliebige geschlossene Hyperfläche bezeichnen wollen, welche jede Weltlinie der Zylinderwelt, d. h. jede Parallele zur t-Achse, einmal schneidet. Das einfachste Beispiel bilden die „Räume" $t = $ Konstans.

Wir werden dann wie früher den Doppelsatz haben:

1. daß die Integrale $\overline{I}_\tau$, bez. $\overline{I}_\tau^*$, genommen für einen beliebigen Querschnitt, einen von dessen Auswahl unabhängigen Wert haben;

2. daß dieser Wert auch nicht davon abhängt, welche Koordinaten man bei der Ausführung der über den Querschnitt hinerstreckten Integration benutzt.

Nur das wird sich ändern, daß es nicht mehr angeht, den Inbegriff der Integrale $\bar{I}_\tau$, bez. I_τ^* als einen (freien) Vierervektor zu bezeichnen. Denn für diese Benennung fehlt, gemäß der Natur unseres G_7, die gruppentheoretische Grundlage. Jedenfalls gilt:

I_4, bez. I_4^* wird von Hause aus für sich stehen. Wir mögen seinen Wert, mit c^3 multipliziert, als *Gesamtenergie der Zylinderwelt* bezeichnen.

Um die Klassifikation der Größen $\bar{I}_1$, $\bar{I}_2$, $\bar{I}_3$ aber (bez. der $\bar{I}_1^*$, $\bar{I}_2^*$, $\bar{I}_3^*$) brauchen wir uns nicht viel zu kümmern, da man sich auf verschiedenartige Weise überzeugen kann, *daß sie sämtlich Null sind.*

Erstlich folgt dies (wie auch Einstein betr. der $\bar{I}_\tau^*$ ausführt) aus Symmetriegründen. Ich resumiere die Sache von meinem Standpunkte aus. Wenn wir an den Normalkoordinaten y festhalten, so werden von den ∞^6 kontinuierlichen Transformationen, die den Raum $y_4 = 0$ in sich überführen, natürlich nur die ∞^3 sich als homogene lineare Substitutionen der y_1, y_2, y_3 darstellen, welche Drehungen des Raumes um O vorstellen. Aber es genügt für unsere Zwecke auch, die von ihnen gebildete Untergruppe zu betrachten. Ihr gegenüber werden sich die $\bar{U}_1^\sigma$, $\bar{U}_2^\sigma$, $\bar{U}_3^\sigma$ (und ebenso die $\bar{U}_1^{*\sigma}$, $\bar{U}_2^{*\sigma}$, $\bar{U}_3^{*\sigma}$) wie die Komponenten eines dreidimensionalen Tensors, also die $\bar{I}_1$, $\bar{I}_2$, $\bar{I}_3$ (bez. die $\bar{I}_1^*$, $\bar{I}_2^*$, $\bar{I}_3^*$) wie die Komponenten eines von O auslaufenden Dreiervektors verhalten. Nun ist aber die Zylinderwelt, wie wir wissen, um O herum räumlich isotrop. Besagter Dreiervektor muß also bei einer beliebigen Raumdrehung um O herum ungeändert bleiben, und das kann er nur, wenn seine sämtlichen Komponenten verschwinden.

Zweitens mögen wir den Weg direkter Rechnung beschreiten. Wir wählen als den Querschnitt, über den unsere Integrale zu erstrecken sind, irgendeine der Mannigfaltigkeiten $y_4 = $ Konst. Innerhalb derselben mögen irgendwelche Koordinaten w^I, w^{II}, w^{III} eingeführt gedacht werden. Die Integrale $\bar{I}_\tau$, bzw. $\bar{I}_\tau^*$ werden dann, gemäß den Darlegungen von § 3, in der abgekürzten Form geschrieben werden können:

$$(31) \qquad \bar{I}_\tau = \iiint \left(T_\tau^4 + \frac{1}{\varkappa}\, \bar{U}_\tau^4\right) \sqrt{-g} \cdot dw^I\, dw^{II}\, dw^{III}$$

bez.

$$(31^*) \qquad \bar{I}_\tau^* = \iiint \left(T_\tau^4 + \bar{t}_\tau^4\right) \sqrt{-g} \cdot dw^I\, dw^{II}\, dw^{III}.$$

Die direkte Rechnung ergibt nun, daß die T_τ^4, $\bar{U}_\tau^4$, $\bar{t}_\tau^4$ für $\tau = 1, 2, 3$ sämtlich verschwinden.

Für die *Gesamtenergie der Zylinderwelt* haben wir mit diesen Formeln die Ausdrücke gewonnen:

$$(32) \qquad \bar{J}_4 = c^3 \iiint \left(T_4^4 + \frac{1}{\varkappa}\, \bar{U}_4^4 \right) \sqrt{-g}\, dw^I\, dw^{II}\, dw^{III},$$

bez.

$$(32^*) \qquad \bar{J}_4^* = c^3 \iiint \left(T_4^4 + \bar{t}_4^4 \right) \sqrt{-g}\, dw^I\, dw^{II}\, dw^{III}.$$

Der Energiebetrag stellt sich danach in dem einen wie dem anderen Falle als Summe zweier Summanden dar. — Wir mögen denjenigen Summanden, der T_4^4 entspricht, als *Massenenergie* bezeichnen, den anderen als die *Gravitationsenergie*.

Die Massenenergie berechnet sich jetzt ohne weiteres. T_4^4 nämlich wird, wie wir auch die w^I, w^{II}, w^{III} wählen mögen, gleich $c^2\varrho$, und $c^3 \sqrt{-g}\, dw^I\, dw^{II}\, dw^{III}$ ist nichts anderes, als das Volumelement dV unseres Raumes $y_4 = $ Konst. *Die Massenenergie wird also einfach* $c^2 \varrho\, V$, unter V das Gesamtvolumen des Raumes verstanden, also, je nachdem wir die sphärische oder die elliptische Hypothese annehmen wollen, $2\pi^2 R^3$ oder $\pi^2 R^3$.

Für die Gravitationsenergie aber hat Einstein in seinem Falle, also bei Zugrundelegung der Formel (32^*), indem er räumliche Polarkoordinaten benutzte, *Null gefunden.* Das dV wird in diesem Falle $= \sin^2 \vartheta \sin \varphi \cdot d\vartheta\, d\varphi\, d\psi$, das $\bar{t}_4^4$ (wenn ich die Einsteinsche Terme zusammenziehe) $\dfrac{\cos 2\vartheta}{\sin^2 \vartheta}$, das Resultat der Integration wird Null, weil das $\int \cos 2\vartheta \cdot d\vartheta$ von 0 bis π zu nehmen ist. — Dieses Ergebnis ist gewiß sehr bemerkenswert. Da es von der Wahl der w^I, w^{II}, w^{III} unabhängig sein muß, fragt es sich, ob man statt der Polarkoordinaten, die eine (von Einstein nur angedeutete) längere mechanische Rechnung mit sich bringen, nicht zweckmäßigerweise andere einführen soll. Ich möchte vorschlagen, durchweg mit den überzähligen Koordinaten ξ, η, ζ, ω des § 4 (zwischen denen dann die Abhängigkeit $\xi^2 + \eta^2 + \zeta^2 + \omega^2 = R^2$ besteht) zu operieren. Man wird dann natürlich die Grundformeln der Tensorrechnung auf den Fall abhängiger Koordinaten verallgemeinern müssen, wozu indes alle Ansätze in der Literatur vorliegen. Ich vermute, daß bei Durchführung dieser Umsetzung nicht nur das Integral über die Gravitationsenergie sämtlicher Volumelemente des Raumes, sondern bereits das dem einzelnen Volumelement entsprechende Differential verschwinden dürfte, wodurch doch eine verbesserte Einsicht in die Einfachheit des Einsteinschen Resultates erreicht wäre.

So viel über das $\bar{t}_4^4$. Das Neue, was ich nun auszuführen habe, ist, *daß wir ein ganz anderes Resultat bekommen* (und dies gleich ohne komplizierte Rechnung), *wenn wir an Stelle des $\bar{t}_4^4$ das $\frac{1}{\varkappa}\,\bar{U}_4^4$, also an Stelle von $\bar{J}_4^*$ das $\bar{J}_4$ wählen.* — $\bar{U}_4^4$ ist, wie wir wissen $= U_4^4 + \lambda$. Wenn wir nun auf die oben unter (5) wieder angeführte Formel für U_4^4 zurückgreifen, so zeigt sich, daß im Falle der Zylinderwelt, bei beliebiger Wahl der w^I, w^{II}, w^{III}, alle Terme bis auf den ersten fortfallen. U_4^4 wird einfach $=\frac{1}{2}K$ und also

$$(33) \qquad \bar{U}_4^4 = \frac{1}{2}K + \lambda = \frac{4\,c^2}{R^2}.$$

Es hat also einen konstanten, aber nicht verschwindenden Wert. Infolgedessen wird bei Zugrundelegung der U_τ^σ *die Gravitationsenergie der Zylinderwelt nicht etwa Null, sondern doppelt so groß wie die Massenenergie.*

Die hiermit festgelegte Sachlage hat ersichtlich eine über den Fall der Zylinderwelt hinausreichende Bedeutung. Sie zeigt am Beispiele, daß die Energiekomponenten $\dfrac{U_\tau^\sigma}{\varkappa}$ auch für die *Integralformen* der Erhaltungssätze allgemein andere Resultate als die t_τ^σ geben. Dies ist, was ich in der Einleitung das Hineinspielen eines subjektiven Momentes in die Aufstellung der Energiebilanz genannt und in seiner Tragweite für abgeschlossene Systeme am Schlusse von § 3 näher erläutert habe. Das Ergebnis ist an sich gewiß in keiner Weise wunderbar, aber widerspricht doch dem Eindruck, den man beim ersten Durchlesen der Einsteinschen Note hat, als sei es ein ausschließlicher Rechtstitel der t_τ^σ, zu einfachen Integralsätzen zu führen.

III. Über de Sitters Hypothese *B.*

In seinen wiederholt genannten Mitteilungen, insbesondere in Note 3 der Monthly Notices, hat de Sitter die Annahme der Zylinderwelt, die er als Hypothese *A* bezeichnet, u. a. dahin modifiziert, daß er statt der Zylinderwelt — unter Aufrechterhaltung der für ds^2 charakteristischen Vorzeichen — eine Welt *konstanter Krümmung* setzte. Es ist dies die von ihm mit *B* bezeichnete Hypothese [14]); ich stelle mir die Aufgabe, die hierbei vorkommenden Verhältnisse durch möglichst einfache Formeln überzeugend darzulegen. Das Wesentliche meiner Überlegungen findet man

---

[14]) de Sitter bemerkt, daß ihm diese Annahme (die sich dem Mathematiker durch ihre Symmetrie empfiehlt) zunächst durch Ehrenfest vorgeschlagen worden sei. Ich selbst habe in meinen Vorträgen vom Frühjahr 1917 (deren Ausarbeitung in einer kleinen Zahl von Exemplaren verbreitet ist), indem ich über Einsteins damals eben erschienene „Kosmologische Betrachtungen" referieren wollte, aber die Formeln nicht genau verglich, unwillkürlich denselben Ansatz gemacht und mich dann später, als ich zur Ausarbeitung der physikalischen Folgerungen schritt, gewundert, daß die Resultate mit den von Einstein für seine Zylinderwelt angegebenen natürlich nicht stimmen wollten.

übrigens bereits in den Protokollen über die Sitzungen der Göttinger Mathematischen Gesellschaft vom Sommer 1918 angegeben, die in dem im Oktober 1918 ausgegebenen Hefte des Jahresberichts der Deutschen Mathematiker-Vereinigung abgedruckt sind (schräge pagina, S. 42—44). Vgl. auch eine Mitteilung an die Amsterdamer Akademie (Verslag vom 29. Sept. 1918).

§ 8.

Die geometrischen Grundlagen für die Welt konstanter Krümmung.

Wir werden der Annahme, daß die Welt eine Mannigfaltigkeit konstanter Krümmung sei, in einfacher Weise gerecht werden, indem wir bei fünf Variabeln *mit Änderung eines Vorzeichens* die gewöhnliche Gleichung einer Kugel anschreiben, und auf dieser „Pseudokugel" euklidisch messen [15]. Dabei wollen wir indes, um die frühere Verabredung betr. die Dimension der Variabeln einzuhalten, den Radius nicht R, sondern $\dfrac{R}{c}$ nennen; wir werden ebenso, der Konsequenz halber, das übliche Vorzeichen von ds^2 umkehren. Ich schreibe also als Gleichung der Pseudokugel

$$(34) \qquad \xi^2 + \eta^2 + \zeta^2 - v^2 + \omega^2 = \frac{R^2}{c^2}$$

und für das zugehörige ds^2:

$$(35) \qquad - ds^2 = d\xi^2 + d\eta^2 + d\zeta^2 - dv^2 + d\omega^2.$$

Die hierdurch gegebene *pseudosphärische Welt* $(\xi, \eta, \zeta, v, \omega)$ hat wegen des dem ds^2 zugesetzten Minuszeichens das konstante (Riemannsche) Krümmungsmaß $-\dfrac{c^2}{R^2}$. Im übrigen geht sie durch eine kontinuierliche G_{10} „pseudoorthogonaler" Substitutionen, d. h. geeigneter linearer homogener Substitutionen der $\xi, \eta, \zeta, v, \omega$ in sich über, nicht aber, wie man leicht nachweisen kann, durch eine noch umfassendere Gruppe.

An ihre Seite stellen wir dann gleich eine *pseudoelliptische Welt*, indem wir, unter Beibehaltung des in (35) gegebenen ds^2, schreiben:

$$(36) \qquad x = \frac{R}{c}\cdot\frac{\xi}{\omega}, \qquad y = \frac{R}{c}\cdot\frac{\eta}{\omega}, \qquad z = \frac{R}{c}\cdot\frac{\zeta}{\omega}, \qquad u = \frac{R}{c}\cdot\frac{v}{\omega},$$

woraus rückwärts

$$(37) \qquad \xi = \frac{Rx}{c\,\sqrt{x^2 + y^2 + z^2 - u^2 + \dfrac{R^2}{c^2}}}, \qquad \eta = \;, \qquad \zeta = \;, \qquad v = \;,$$

$$\omega = \frac{R^2}{c^2\,\sqrt{x^2 + y^2 + z^2 - u^2 + \dfrac{R^2}{c^2}}}.$$

---

[15] Die Vorschlagssilbe „pseudo" soll immer auf das Auftreten eines abweichenden Vorzeichens hinweisen.

Diese ξ, η, ζ, v, ω werden wir bei Behandlung der pseudoelliptischen Welt zum Homogenisieren der Gleichungen gebrauchen können (wie vielfach geschehen soll). Bemerken wir noch, daß

$$(38) \qquad x^2 + y^2 + z^2 - u^2 + \frac{R^2}{c^2} = \frac{R^2}{c^2} \frac{(\xi^2 + \eta^2 + \zeta^2 - v^2 + \omega^2)}{\omega^2} = \frac{R^4}{c^4\,\omega^2},$$

insofern wir uns, wie selbstverständlich, auf reelle Werte der ursprünglichen Koordinaten $\xi, \ldots, \omega$ beschränken, immer positiv ist.

Wir werden nun der Kürze wegen allein von dieser pseudoelliptischen Welt sprechen (also die pseudosphärische beiseite lassen) und ich muß schon den Leser bitten, mich hierbei durchaus *projektiver* Auffassungen bedienen zu dürfen, welche allein den in Betracht kommenden Verhältnissen wirklich gerecht werden. Ich will in dieser Hinsicht eine Reihe von Aussagen, die dem geschulten Geometer selbstverständlich sind, kurz zusammenstellen:

1. Es handelt sich in der pseudoelliptischen Welt um eine *projektive Maßbestimmung*, deren Fundamentalgebilde durch

$$(39) \qquad x^2 + y^2 + z^2 - u^2 + \frac{R^2}{c^2} = 0$$

gegeben ist und, der Analogie nach, fortan kurz als (zweischaliges) Hyperboloid bezeichnet sein mag. Nach der Vorzeichenbestimmung (38) befinden wir uns *zwischen* den Schalen dieses Hyperboloids (d. h. in dem Weltstück, von dem aus reelle Tangentialkegel an das Hyperboloid laufen), in Übereinstimmung mit dem indefiniten Charakter unseres ds^2. In homogenen Koordinaten $\xi, \ldots$ geschrieben lautet die Gleichung des Hyperboloids:

$$(40) \qquad \xi^2 + \eta^2 + \zeta^2 - v^2 + \omega^2 = 0,$$

das Hyperboloid ist also der Schnitt des *Asymptotenkegels* unserer Pseudokugel mit unserem x, y, z, u-Gebiet.

2. Die kontinuierliche Schar der pseudoorthogonalen Substitutionen der $\xi, \eta, \ldots$ liefert für die x, y, z, u die größte kontinuierliche Gruppe von Kollineationen, durch welche unser Hyperboloid in sich übergeht.

3. Mögen neue Gebilde, welche durch eine einzelne lineare Gleichung zwischen den x, y, z, u (bez. durch eine entsprechende homogene Gleichung zwischen den $\xi, \eta, \ldots$) dargestellt werden, schlechtweg *Räume* heißen.

4. Räume, welche das fundamentale Hyperboloid nur in imaginären Punkten schneiden (wie z. B. $u = 0$), werden elliptische Maßbestimmung schlechtweg aufweisen, also endlich ausgedehnt sein. Insofern wird man also unsere Welt als „räumlich geschlossen" bezeichnen dürfen und direkt neben die Einsteinsche Zylinderwelt stellen.

5. Als Grenzfälle treten neben diese Räume solche, welche das Hyperboloid in einem Punkte berühren, z. B. die Räume

$$(41) \qquad u = \pm \frac{R}{c}, \text{ oder, was dasselbe ist, } v \mp \omega = 0.$$

Solche Räume mögen kurzweg Tangentialräume genannt werden.

6. Irgend zwei Tangentialräume umgrenzen, bei projektiver Auffassung, ein zusammenhängendes Weltstück, in dessen Inneres das Hyperboloid nicht eindringt und das man nach seiner Gestalt gemäß projektiver Auffassung zweckmäßigerweise als *Doppelkeil* bezeichnen wird. Dieser Doppelkeil ragt von zwei Seiten an das noch immer zweidimensionale Gebiet heran, das den beiden Tangentialräumen gemeinsam ist und das man daher zweckmäßigerweise die *Doppelschneide* (des Keils) nennen dürfte.

7. Man überblickt diese Sachlage am einfachsten, indem man die beiden Tangentialräume der Nr. 5 betrachtet (in welche man vermöge der G_{10} unserer Kollineationen noch jedes andere Paar zweier Tangentialräume auf ∞^4 Weisen überführen kann). Der Doppelkeil umfaßt dann die Punkte, für welche

$$(42) \qquad -\frac{R}{c} < u < +\frac{R}{c}, \quad \text{d. h.} -1 < \frac{v}{\omega} < +1.$$

Die Schneide wird durch diejenigen Punkte gebildet, für welche u unbestimmt wird, für die also v und ω gleichzeitig verschwinden (womit x, y, z unendlich werden).

8. Gemäß der Lehre von der projektiven Maßbestimmung gibt jeder solche Doppelkeil nun Anlaß, für irgend zwei seine Schneide enthaltenden elliptischen Räume einen reellen *Pseudowinkel* einzuführen.

9. Ich will der Deutlichkeit halber gleich an das Beispiel (41), (42) anknüpfen. Zwei zugehörige (ihrem ganzen Verlaufe nach dem Doppelkeil angehörige) elliptische Räume werden dann durch Gleichungen:

$$(43) \qquad u = u_1, \quad u = u_2 \quad \text{bez. } \frac{v}{\omega} = \frac{v_1}{\omega_1}, \quad \frac{v}{\omega} = \frac{v_2}{\omega_2}$$

gegeben sein (wobei u_1 und u_2 zwischen $\pm \dfrac{R}{c}$ und $\dfrac{v_1}{\omega_1}, \dfrac{v_2}{\omega_2}$ zwischen ± 1 liegen). Sie bilden mit den *Flanken* des Doppelkeils, d. h. den beiden Tangentialräumen (42), zwei zueinander inverse Doppelverhältnisse, von denen wir etwa dieses herausgreifen wollen:

$$(44) \qquad Dv = \frac{u_1 + R/c}{u_1 - R/c} \cdot \frac{u_2 - R/c}{u_2 + R/c} = \frac{v_1 + \omega_1}{v_1 - \omega_1} \cdot \frac{v_2 - \omega_2}{v_2 + \omega_2}.$$

Als Pseudowinkel der beiden elliptischen Räume (43) wird man dann den mit irgendeiner reellen Konstanten A multiplizierten Logarithmus dieses Doppelverhältnisses definieren.

10. Mit Rücksicht auf die de Sitterschen Entwicklungen wollen wir $A = \dfrac{R}{2c}$ nehmen und wollen übrigens $u_2 = 0$ setzen, d. h. den Pseudowinkel von $u = 0$ beginnend nehmen. *Wir haben dann*, indem wir bei u_1, v_1, ω_1 noch den Index weglassen, *als Definitionsformel des Pseudowinkels*:

$$(45) \qquad \varphi = \frac{R}{2c} \log \frac{R/c+u}{R/c-u} = \frac{R}{2c} \log \frac{\omega+v}{\omega-v}$$

und 'sehen deutlich, wie er von $-\infty$ bis $+\infty$ wächst, wenn u von $-\dfrac{R}{c}$ bis $\dfrac{R}{c}$ geht, d. h. den ganzen Doppelkeil durchwandert.

11. Für die Punkte der Schneide selbst, wo ω und v gleichzeitig verschwinden, wird φ naturgemäß völlig unbestimmt. Man hat damit, für die allgemeine analytische Auffassung, keine andere Singularität vor sich als beim Polarwinkel φ im Nullpunkte eines gewöhnlichen ebenen (Polar-)Koordinatensystems. Nur daß die beiden absoluten Richtungen, welche der Winkelbestimmung (im Sinne der projektiven Theorie) zugrunde liegen, im gewöhnlichen Falle imaginär, bei (45) aber reell sind [16]).

§ 9.

Einführung von Materie und Zeit.

Wir denken uns jetzt unser ds^2 (35) durch vier unabhängige, vorläufig noch beliebige Parameter w (für welche wir gern unsere x, y, z, u nehmen können) ausgedrückt:

$$(46) \qquad ds^2 = \sum g_{\mu\nu}\, dw^\mu\, dw^\nu.$$

Da wir wissen, daß dieses ds^2 konstantes Riemannsches Krümmungsmaß hat, können wir die zugehörigen $K_{\mu\nu}$ nach den Entwicklungen von Herglotz [17]) gleich hinschreiben:

$$(47) \qquad K_{\mu\nu} = \frac{3c^2}{R^2} \cdot g_{\mu\nu}.$$

Wir werden also den Einsteinschen Feldgleichungen mit dem λ-Glied

$$(48) \qquad K_{\mu\nu} - \lambda g_{\mu\nu} - \varkappa T_{\mu\nu} = 0$$

genügen, indem wir

$$(49) \qquad \lambda = \frac{3c^2}{R^2} \text{ und alle } T_{\mu\nu} = 0$$

setzen, d. h. *überhaupt keine Materie annehmen*. Wir werden auch weiter unten sehen, daß man notwendig zu dieser Annahme geführt wird, wenn

---

[16]) Für die Nr. 8—11 möge der diesen Dingen ferner stehende Leser meine alten Entwicklungen in Bd. 4 der Math. Annalen [siehe Abh. XVI dieser Ausgabe] vergleichen (wo die in Betracht kommenden Beziehungen und Überlegungen mit aller Ausführlichkeit geschildert sind).

[17]) Sächsische Berichte von 1916, S. 202.

man von der Voraussetzung einer die Welt gleichförmig erfüllenden, inkohärenten, bei geeigneter Einführung einer „Zeit" t „ruhenden" Materie ausgeht. In der Tat kommt auch de Sitter zu diesem Resultat, nur daß er es etwas anders ausdrückt, wie man an Ort und Stelle nachsehen mag.

Natürlich entfernen wir uns mit dieser Formel (49) durchaus von Einsteins ursprünglicher physikalischer Absicht, welche darauf ausging, sich durch gleichförmige Verteilung der Materie über den Raum hin ein mittleres Weltbild zu verschaffen. Wir setzen uns aber auch überhaupt in mindestens formalen Widerspruch mit einem anderen Grundsatz von Einstein, demzufolge es keine von Null verschiedene Lösung der Gleichungen (48) ohne Annahme von Materie geben soll (vgl. die oben zitierte Note Einsteins vom März 1918). Dieser Grundsatz ist bei Einstein ursprünglich ohne Zweifel aus physikalischen Überlegungen erwachsen, er ist aber an sich rein mathematischer Natur, er wird also (worauf mich Einstein gelegentlich einer Korrespondenz selbst aufmerksam machte) durch die bloße Existenz unseres ds^2 (46) widerlegt. Allerdings kann man bemerken, daß die $g_{\mu\nu}$ dieses ds^2 (man führe die Rechnung etwa für die x, y, z, u aus) entlang dem fundamentalen Hyperboloid unendlich werden, was als ein Äquivalent für das Nichtvorhandensein von Materie an den nichtsingulären Stellen der Welt angesehen werden kann.

Handeln wir jetzt von der geeigneten Einführung einer „Zeit" t (die wir dann als w^{IV} wählen). Den Ausgangspunkt muß gemäß Einsteinscher Auffassung die Bemerkung bilden, daß die Welt, die wir suchen, als *statisches* System soll aufgefaßt werden können, d. h. daß ds^2 unverändert bleiben soll, wenn man, unter Festhaltung von w^I, w^{II}, w^{III}, das $w^{IV} = t$ um eine beliebige Konstante vermehrt. Es soll also die eingliedrige Gruppe:

$$(50) \qquad \overline{w}^I = w^{II}, \quad \overline{w}^I = w^{II}, \quad \overline{w}^{III} = w^{III}, \quad \overline{w}^{IV} = w^{IV} + C$$

in der zehngliedrigen Gruppe, durch welche unser ds^2 in sich übergeht, enthalten sein. Es genügen einige geometrische Schlüsse, um einzusehen, daß eine solche eingliedrige Gruppe gleichbedeutend mit einer fortgesetzten Drehung unserer pseudoelliptischen Welt um eine festliegende, zweidimensionale Achse sein muß, daß t *darum* (nach geeigneter Wahl der Zeiteinheit) *bis auf eine additive Konstante mit dem Pseudowinkel eines Doppelkeils, wie er durch (45) definiert ist, übereinstimmen muß.* Wir haben also, wenn wir unter $v = 0$, $\omega = 0$ in früherer Weise irgendzwei Tangentialräume des fundamentalen Hyperboloids verstehen und auf die additive Konstante keinen Wert legen:

$$(51) \qquad t = \frac{R}{2c} \log \frac{\omega + v}{\omega - v}$$

zu nehmen. Nun gibt es solcher Paare von Tangentialräumen ∞^6. *Wir
haben danach ∞^6 Weisen, gemäß* (51) *ein t einzuführen*, — im Gegensatz zur Zylinderwelt, wo das t bis auf eine additive Konstante völlig
festgelegt war, im Gegensatz auch zur speziellen Relativitätstheorie (der
Lorentzgruppe), wo das t (immer nach Festlegung der Zeiteinheit und des
Anfangspunktes) noch drei willkürliche Parameter enthält.

Konstatieren wir zunächst, daß wir mit (51) genau zu dem ds^2
kommen, welches de Sitter seiner Hypothese B zugrunde legt. Unter
Benutzung räumlicher Polarkoordinaten schreibt nämlich de Sitter (sofern ich gleich die von mir sonst gebrauchten Buchstaben verwenden, auch
das ds^2 mit dem früher verabredeten Vorzeichen nehmen darf):

$$(52) \quad -ds^2 = \frac{R^2}{c^2}(d\vartheta^2 + \sin^2\vartheta \cdot d\varphi^2 + \sin^2\vartheta \sin^2\varphi \cdot d\psi^2) - \cos^2\vartheta \cdot dt^2$$

und dieses ds^2 entsteht aus dem in (35) an die Spitze gestellten:

$$-ds^2 = d\xi^2 + d\eta^2 + d\zeta^2 - dv^2 + d\omega^2,$$

wenn ich, unter Einhaltung der Bedingung (34):

$$\xi^2 + \eta^2 + \zeta^2 - v^2 + \omega^2 = \frac{R^2}{c^2}$$

einfach ansetze:

$$(53) \quad \begin{cases} \xi = \dfrac{R}{c}\sin\vartheta\cos\varphi, & \eta = \dfrac{R}{c}\sin\vartheta\sin\varphi\cos\psi, \\[2mm] \zeta = \dfrac{R}{c}\sin\vartheta\sin\varphi\sin\psi, & v = \dfrac{R}{c}\cos\vartheta\,\mathfrak{Sin}\,\dfrac{ct}{R}, \\[2mm] \omega = \dfrac{R}{c}\cos\vartheta\,\mathfrak{Cof}\,\dfrac{ct}{R}. \end{cases}$$

Hier sollen $\mathfrak{Sin}$ und $\mathfrak{Cof}$ in gewöhnlicher Weise hyperbolische Funktionen
bedeuten. Es wird dann:

$$54) \qquad \mathfrak{Tang}\,\frac{ct}{R} = \frac{v}{\omega},$$

was in der Tat mit Formel (51) übereinstimmt.

Ich werde das Stück unserer pseudoelliptischen Welt, welches gemäß
(53) durchlaufen wird, wenn man ϑ, φ, ψ innerhalb der üblichen Grenzen,
t aber von $-\infty$ bis $+\infty$ laufen läßt, eine *de Sittersche Welt* nennen.
Gemäß (54) durchläuft $\dfrac{v}{\omega}$ dabei nur die Werte von -1 bis $+1$. Offenbar ist diese de Sittersche Welt nichts anderes, als der *Doppelkeil* der
vorigen Paragraphen. Seine beiden „Flanken", $v - \omega = 0$ und $v + \omega = 0$,
erscheinen als unendlich ferne Zukunft, bez. unendlich ferne Vergangenheit.
Seine Kante aber (die für die allgemeine Auffassung der pseudoelliptischen
Welt aus lauter gewöhnlichen Punkten besteht) erscheint als etwas Singuläres, nämlich als Ort solcher Weltpunkte, für welche t den Wert $^0/_0$
annimmt. —

Ich habe diese Verhältnisse schon an der oben genannten Stelle des Jahresberichts der Deutschen Mathematiker-Vereinigung berührt (Vortrag vor der Göttinger Mathematischen Gesellschaft vom 11. Juni 1918). Um die paradoxen Beziehungen, welche für die physikalische Auffassung vorliegen, klar als solche hervortreten zu lassen, habe ich mich damals folgendermaßen geäußert: „Zwei Astronomen, die, beide in einer de Sitterschen Welt lebend, mit verschiedenen de Sitterschen Uhren ausgestattet wären, würden sich hinsichtlich der Realität oder Imaginärität irgendwelcher Weltereignisse in sehr interessanter Weise unterhalten können". Gemeint ist, daß die Doppelkeile, welche aus der pseudoelliptischen Welt durch verschiedene Paare von Tangentialräumen der fundamentalen Hyperboloide ausgeschnitten werden, immer nur Stücke gemein haben, mit anderen Stücken übereinander hinausgreifen. —

Im übrigen kann, wer will, sich über die Einzelheiten der de Sitterschen Welt leicht genauer orientieren. Die Welt reicht nur in den beiden Punkten: $\xi = 0$, $\eta = 0$, $\zeta = 0$, $v \mp \omega = 0$ an das fundamentale Hyperboloid heran. Alle Weltlinien sind solche Kegelschnitte, welche das Hyperboloid in diesen beiden Punkten berühren (deren Ebene also die eindimensionale Achse $\xi = 0$, $\eta = 0$, $\zeta = 0$ enthalten). Es gibt nur noch eine kontinuierliche G_4, welche die de Sittersche Welt in sich transformiert, entsprechend der Substitution $\bar{t} = t + C$ verbunden mit der kontinuierlichen G_3 der unimodularen orthogonalen Substitutionen von ξ, η, ζ. Hierbei ist $\xi^2 + \eta^2 + \zeta^2$ invariant, die Gruppe der de Sitterschen Welt ist also nicht mehr transitiv. Die „Achse" $\xi = 0$, $\eta = 0$, $\zeta = 0$ und die „Schneide" $v = 0$, $\omega = 0$ sind invariante Gebilde.

Zum Schluß überzeugen wir uns noch, daß die Dichte ϱ der ruhenden, inkohärenten Materie, welche die de Sittersche Welt gleichförmig erfüllen soll, in der Tat notwendigerweise $= 0$ gesetzt werden muß. Bleiben wir nämlich bei unseren „statischen" Koordinaten. Wir haben dann für alle anderen Indexkombinationen μ, ν:

$$\lambda g_{\mu\nu} = \frac{3c^2}{R^2} g_{\mu\nu}$$

und nur für $\mu = 4$, $\nu = 4$:

$$\lambda g_{44} = \frac{3c^2}{R^2} g_{44} + \varkappa c^2 \varrho,$$

woraus eindeutig

$$\lambda = \frac{3c^2}{R^2}, \qquad \varrho = 0$$

folgt, wie wir in Formel (49) bereits angenommen hatten. —

Alle diese Resultate sind in voller Übereinstimmung mit de Sitters eigenen Angaben. Sie widersprechen aber dem Einwande, den Einstein

in seiner Mitteilung vom März 1918 gegen de Sitter erhob und den dann
Weyl in seinem Buche[18]), sowie neuerdings in einem besonderen Aufsatz
in der Physikalischen Zeïtschrift[19]) durch ausführliche Rechnungen gestützt
hat. Beide Autoren finden, daß entlang der Schneide des Doppelkeils
(ich bleibe der Kürze halber in meiner Ausdrucksweise) Materie vorhanden
sein müsse. Ich habe die Richtigkeit der Weylschen Rechnungen nicht
nachgeprüft, schließe mich aber gern der Auffassung an, die mir Einstein
brieflich aussprach, daß die Verschiedenheit der beiderseitigen Resultate
in der Verschiedenheit der benutzten Koordinaten begründet sein muß.
Was ich, unter Verwendung der ξ, η, ζ, v, ω, als einzelnen Punkt
der Schneide bezeichne, ist bei Benutzung der ϑ, φ, ψ, t (wegen des
unbestimmt bleibenden Wertes von t) ein einfach ausgedehntes Gebiet.
Es sollte nicht schwierig sein, hierüber volle Aufklärung zu schaffen.

Mein abschließendes Votum über die de Sitterschen Angaben aber
ist, daß mathematisch — jedenfalls bis auf diesen einen noch nicht völlig
geklärten Punkt [den ich gern in allgemeiner Weise erläutert sehen
möchte] — alles in Ordnung ist, man aber zu physikalischen Folgerungen
geführt wird, welche unserer gewöhnlichen Denkweise und jedenfalls den
Absichten, welche Einstein bei Einführung der räumlich geschlossenen
Welt verfolgte, widersprechen.

---

[18]) Raum, Zeit, Materie. S. 225.
[19]) 1919, Nr. II (vom 15. Januar 1919).

Druck von Oscar Brandstetter in Leipzig.